中山大学学报七十年学术文选

中山大学学报自然科学版
（1955—2025）

数理卷（影印本）

胡建勋　主编
张冰　副主编

中山大学出版社
·广州·

版权所有　翻印必究

图书在版编目（CIP）数据

中山大学学报自然科学版：1955—2025. 数理卷 / 胡建勋主编；张冰副主编. -- 影印本. -- 广州：中山大学出版社, 2025.6. (中山大学学报七十年学术文选). -- ISBN 978-7-306-08428-6

Ⅰ. N53

中国国家版本馆CIP数据核字第20257Q9T29号

ZHONGSHAN DAXUE XUEBAO ZIRAN KEXUE BAN (1955—2025)·SHULI JUAN

出 版 人：	王天琪
策划编辑：	徐诗荣　梁锐萍
责任编辑：	梁锐萍
责任校对：	邓诗漫
封面设计：	林绵华
责任技编：	靳晓虹
出版发行：	中山大学出版社
电　　话：	编辑部 020-84111901，84113349，84111997，84110779
	发行部 020-84111998，84111981，84111160
地　　址：	广州市新港西路135号
邮　　编：	510275　　传　真：020-84036565
网　　址：	http://www.zsup.com.cn　 E-mail：zdcbs@mail.sysu.edu.cn
印 刷 者：	恒美印务（广州）有限公司
规　　格：	787 mm×1092 mm　1/16　43印张　1040千字
版次印次：	2025年6月第1版　2025年6月第1次印刷
定　　价：	168.00元

如发现本书因印装质量影响阅读，请与出版社发行部联系调换

本书编委会

主　　编：胡建勋

副主编：张　冰

编　　委：秦社彩　李志兵　王建华　廖文波
　　　　　陈月琴　叶保辉　汪　波　林永成
　　　　　王海蓉　冯兆永　江　睿

序言

七秩春秋砥砺行,栉风沐雨谱华章。欣逢《中山大学学报(自然科学版中英文)》创刊七十周年,我们编纂了"中山大学学报七十年学术文选"系列丛书,《中山大学学报自然科学版(1955—2025)》分设数理、生化、地学三卷,系统梳理学报七十载在自然科学领域积淀的学术菁华,以期回顾过往成就,传承学术文脉,礼赞创新精神。

作为新中国成立后最早创办的学术期刊之一,《中山大学学报(自然科学版中英文)》自1955年创刊伊始,便肩负着推动基础科学创新、服务国家战略需求的使命。依托中山大学深厚的学术土壤,学报始终坚持政治导向与学术品质并重,秉持根植百年学府、聚焦科技前沿、服务国家需求、专注品质提升、致力学术传播的办刊理念,推出了一系列具有重要科学价值与应用价值的研究成果。许多著名学者如华罗庚、杨振宁等,皆曾在本刊发表力作。本刊的被引频次与影响因子长期稳居全国综合性大学自然科学学报前列,先后被EI、Scopus、CA、SA、AJ、JST、ZR、CSA、MR、Zbl MATH、EBSCO、CAB Abstracts等国际著名数据库收录,多次获得"国家期刊奖""教育部科技期刊一等奖""中国杰出学术期刊""中国精品科技期刊"等荣誉,成为展示中国科技实力、传播学术成果的重要窗口,见证并参与了新中国科学事业从筚路蓝缕到硕果累累的壮阔历程。

本套文选中《中山大学学报自然科学版(1955—2025)》三卷图书的编纂以学科脉络为经、学术贡献为纬,涵盖基础研究突破、应用技术革新及交叉学科探索等,构成一幅多维度的学术长卷。

数理卷精选数学论文33篇，涵盖代数学、分析学、几何学、计算数学及概率论等研究方向，既有华罗庚先生关于辛矩阵的经典论述，也有当代学者在现代数学物理领域的创新；精选物理学论文45篇，其中规范场理论研究独占21篇，展现了郭硕鸿、李华钟团队在该领域的开拓性贡献——他们发表于学报的系列论文，曾助推中国粒子物理研究跻身国际前沿。

生化卷精选生物学与化学论文共97篇。其中生物学研究内容涵盖分类学、生态学、生理学、遗传育种、分子生物学等领域，体现了从传统生物学到应用分子技术、多学科交叉解决农业、医学及生态问题的趋势，推动基础理论与应用实践的融合。化学研究内容涵盖分析化学、无机化学、高分子化学、新功能材料的开发与利用等，勾勒出从基础理论到功能化应用的演进历程，推进化学在能源、医疗、环保、材料等领域的应用创新。"华夏植物区系分类、生态地理与起源演化研究论文集萃"与"南海海洋天然产物化学研究论文集萃"则分别聚焦张宏达、龙康侯两位学术巨擘开创的华夏植物区系学说、南海海洋天然产物化学研究领域的拓荒性学术成果，彰显学报作为原创学术成果首发平台的学术敏锐度。

地学卷精选地理学、地质学、大气科学等领域的48篇文献，既收录早期学者对珠江流域地貌演化及其古代历史地理的奠基性研究，亦纳入南海深海探索、全球城市化进程与环境变化的前沿成果。从20世纪区域地质调查的原始数据记录，到21世纪全球气候变化模型的构建，串联起中国地学研究从经验描述向定量分析、从局部观察到全球视野的发展轨迹。

回望来路，七十年风雨兼程，学报始终与民族复兴同频共振；展望未来，新时代的征程上，我们期待学术薪火继续照亮科技创新之路。愿这套承载着历史厚度的文选，既能成为致敬前辈的纪念碑，更能化作启迪后学的灯塔，在传承中不断超越，续写辉煌。

《中山大学学报自然科学版（1955—2025）》三卷图书编选的文章时间跨度大，分属不同时代，为尊重历史，遵循"原貌影印、学术考古"原则，仅对个别无页眉的论文在首页以页下注形式补录了出版时间；本套文选为黑白印刷，所辑录的文章中，原始文章的图表为彩色的，敬请参阅原文。七十载卷帙浩繁，成果丰富，受编者的学术境界与文选篇幅所限，论文遴选难免有遗漏或不当之处，敬请专家、读者不吝指正。

胡建勋

2025年5月9日

目 录

数 学 篇

关于阿波罗尼问题和它的推广 ……………………………………… 黄树棠 3

二次有理分式函数的单叶性 ………………………………… 刘俊贤 范达 16

关于娄五纳（Löwner）微分方程式的几种单叶映射 ………………… 林伟 25

欧氏空间中一对曲线它们的Frenet标架的相关位置是不变的 ……… 梅向明 34

关于临界情形某一类微分方程组的稳定性 I ………………… 胡金昌 许淞庆 40

动态规划理论 …… R. Bellman（原作） 黎国良 马麟浚 邓永录（编译） 47

Е. Б. Дыикин及其学派在近代马氏过程理论中的贡献 ……………… 梁之舜 57

关于一类二阶线性椭圆型方程组的最大模原理 ……………………… 马汝念 75

辛方阵的辛相似 ……………………………………………………… 华罗庚 81

方阵的实相合 ………………………………………………………… 华罗庚 93

线性泛函的积分表示及测度的弱收敛 ……………………………… 郑曾同 112

辛群与典型系统的稳定域 …………………………………………… 胡金昌 122

（λ，k）型双解析函数 …………………………………… 林伟 吴兹潜 135

二元马尔科夫链 ……………………………………………………… 戴永隆 154

非线性微分方程组的解的有界性和稳定性 ………………………… 周之铭 171

高次样条函数的插值方法与偶次样条函数的极值理论 …………… 李岳生 184

Hilbert第12个问题：互反律及Langlands的猜想 …………………… 黎景辉 207

关于构造李雅普诺夫函数的微分矩方法（Ⅱ） …………… 王寿松 徐远通 218

高阶非线性波动方程组的差分方法 ………………………… 郭柏灵 常谦顺 229

临界指数变系数半线性方程的正解 ………………………………… 朱熹平 237

遍历测度的一个定理及其应用 ……………………………… 周作领 钟洵 244

Lagrange相交数的下界估计 ………………………………………… 胡建勋 248

多维门限自回归序列的混合性	宋心远 邓集贤 陈少玲	254
Lipschitz曲面上Besov空间及其特征刻划	颜立新	258
Lipschitz曲线上函数空间的B-小波刻画	李彤彤 邓东皋	264
局间通信负荷监控问题的形式化方法	赖剑煌	269
齐型空间上BMO的原子分解	李文明 邓东皋	275
On the Generalized Kloosterman Sums	ZHENG Zhiyong	280
平均曲率流的第Ⅲ类奇点	陈兵龙	282
一种有意义的图像水印算法	王振武 刘九芬 黄达人	284
Landau-Ginzburg A模型研究进展	范辉军 蒋文峰 YANG Dingyu	288
卡拉比-丘代数的导出表示概型与平移泊松结构	陈小俊 陈友明 A. 艾西玛多夫 F. 艾西玛多夫	296
A Road Map to Higher Genus Gromov-Witten Invariants of Calabi-Yau Quintics	CHANG Huailiang LI Weiping	314

物　理　篇

☆规范场论文集萃☆

编者按：20世纪中山大学粒子物理研究历程		**325**
π介子的辐射衰变	郭硕鸿	327
$π^+$介子辐射衰变分枝比	陈炎发 宋燠	334
Λ超子的衰变	罗蓓玲 郭硕鸿	340
Λ超子的轻子衰变	郭硕鸿	346
τ衰变振幅解析性	郭硕鸿	349
散射变分法和Regge轨迹	郭硕鸿	356
费米子Regge极迹的解析性和阈行为	李华钟	366
ρ-介子Regge极迹与π介子电磁形式因子	李华钟	389
Σ、Λ超子的轻子蜕变和SU_3对称性	王永丰	395
关于非亚贝尔规范群的对偶荷（单磁荷）问题	李华钟 冼鼎昌 郭硕鸿	401

超对称性 …………………………………………………………… 郭硕鸿 409
关于非亚贝尔规范群的（Ⅱ、Ⅲ）对偶荷（单磁荷）问题
　　………………………………………… 李华钟　冼鼎昌　郭硕鸿 422
非亚贝尔规范场的类粒子解 ………………… 李华钟　冼鼎昌　郭硕鸿 436
关于一种Yang-Mills场的类粒子解 …… 吴咏时　李华钟　冼鼎昌　郭硕鸿 442
磁单极的非相对论理论引论 ………………………… 李华钟　冼鼎昌 447
赝粒子物理（一个详细的评述提纲） ………………… 郭硕鸿　李华钟 466
半子（Meron）解及其他
　　——M^4中无源SU(2)规范场方程的经典解 ………………… 吴咏时 476
对偶对称和磁荷守恒 ……… R. A. B. Randt　杨纲凯（原作）　郭硕鸿（译） 493
磁单极、纤维丛和规范场 ………………… 杨振宁（原作）　刘金明（译） 499
关于SU(3)群拓扑荷为4的瞬子 …………………… 郭硕鸿　陈启洲　关洪 510
纯格点规范场相变的变分分析 ………………… 郭硕鸿　刘金明　陈启洲 516

DJS——21机编译系统标准过程的扩充 ………………… 姚卿达　肖金声 523
脉冲氮分子激光器 …………………………………………… 中山大学物理系 552
可调谐染料激光器 …………………………………………… 中山大学物理系 552
用掺砷二氧化硅乳胶源作砷在硅中扩散的研究
　　………………………… 中山大学物理系半导体专业73级师生赴连县实习分队 554
铁电体电畴转动的电极化过程 …………………………… 史隆培　许煜寰 562
引力波探测器结构设计
　　……………… 陈嘉言　管同仁　丘仲兴　于珀　陈耀和　甘百青 571
一种可调谐的引力波天线 ………………………………… 郑庆璋　崔世治 573
主动型天线用于引力波探测的可能性探讨 ………………………… 唐孟希 578
引力波对电磁场的作用与引力波的电磁探测的可能性 …… 陶福臻　何志强 583
用稳态与时间分辨光谱研究新的激光染料及其溶剂效应
　　………………………… 高兆兰　汪河洲　源永安　黄祯启　余振新 592
研究固态相变中界面动力学的一个新方法 ……………… 张进修　李燮均 599

中山大学常温共振型引力波探测器
………………… 胡恩科　管同仁　于珀　唐孟希　陈树森　黄庆翔　604
一个精确的引力Soliton解 ………………………………………… 陶福臻　608
硅衬底上薄金膜的椭偏光谱和光学性质 ……………………… 陈东　莫党　613
相变潜热测量的扫描速率依赖性
　——$RbNO_3$在结构相变中的热耗散 ……………… 张进修　钟凡　621
部份熔融YBCO超导体的载流特性
　………………… 林光明　方衡　张进修　曾文光　冯戬云　627
高T_c超导体的室温飞秒时间分辨谱研究
　………………… 皮飞鹏　曾文生　朱德瑞　林位株　莫党　635
理想介观环AC型持续流 ……………… 周义昌　朱诗亮　曾柱石　641
线性驱动下一级相变的重正化群理论 ……………………… 钟凡　647
冷阴极电子源在微波器件上的应用 ……… 邓少芝　陈军　许宁生　652
修正Pöschl-Teller势的Schrödinger方程散射态的精确解
　………………………………………… 陈昌远　孙东升　孙国耀　656
n型掺杂GaAs中电子与空穴的超快弛豫特性
　………………… 张海潮　黄淳　文锦辉　赖天树　林位株　662
在脉冲星的观测证据中寻找夸克解禁态
　……………………………………………………… 文德华　刘良钢　667
中山大学月球激光测距研究与实验
　………………… 高添泉　张才士　李明　李语强　韩西达　练军想
　　　　　　　　　刘胜前　黎樽彪　涂良成　吴先霖　杨山清　叶贤基
　　　　　　　　　闫勇　张蜡宝　张鸿博　张锦绣　周立祥　赵勇志　赵宏超　672

数 学 篇

關於阿波羅尼問題和它的推廣

黃 樹 棠

(數學系)

　　阿波羅尼問題是最古老的幾何問題之一。它的目的在求作一個圓和平面上三個已知圓中每一個相切。一般說來，有八個這樣的圓存在，但阿波羅尼的解法早已失傳。歷史上很多著名的數學家，包括 Vieta, Newton, Gergonne, Plücker 和 Study 在內，都研究過這個問題，提出許多不同的解法。據說在十九世紀中，便有七十餘篇關於本題的論文[1]。他們的解法往往不夠全面，很少注意到解的存在的必要而又充分的條件。

　　本文作者手頭缺乏資料，無從查考前人的著作，僅在學習方陣代數和圓形幾何的過程中，在姜立夫教授指導下，解決了這個問題。這里所用的方法相信是新的，所得的結果十分簡單而又全面，並且同時解決了關於空間四個球面的和這相類似的問題。

　　為了深入地了解這個問題的幾何性質，讓我們採用二級對稱方陣為圓的坐標，改述拉格爾(Laguerre)圓素幾何學上的幾個基本事實，作為後來進行解題的準備。

1. 格拉爾的圓素幾何學。圓列與圓彙[2]

本文所討論的圓都是有定向的，用二級對稱方陣

$$(1) \qquad X = \begin{pmatrix} \rho + \xi & \eta \\ \eta & \rho - \xi \end{pmatrix}$$

代表它，這裏 ρ, ξ, η 都是實數，ρ 是有定向的半徑，(ξ, η) 是圓心的笛卡兒坐標。

　　方陣 X 的行列式

$$(2) \qquad \delta(X) = \rho^2 - \xi^2 - \eta^2$$

和跡函數

$$(3) \qquad \tau(X) = 2\rho,$$

分別稱爲圓的行列式和跡函數。跡函數爲零的圓是點圓，沒有定向。無論有沒有定向的直綫，都不是圓。

兩圓 X_1 和 X_2 同向相切的條件爲

(4) $\qquad \delta(X_1-X_2)=(\rho_1-\rho_2)^2-(\xi_1-\xi_2)^2-(\eta_1-\eta_2)^2=0。$

兩個定圓 P 和 Q 的綫性組合

(5) $\qquad X=P+\lambda(Q-P),$

稱爲拉氏圓列，λ 是列的參數。每個圓列一般地僅有一個點圓，這就是列的中心。（例外情形：由半徑相等的圓構成的圓列沒有中心；由點圓構成的圓列，列中每一點都可看作中心。）

圓列爲橢圓式的，如果

(6_1) $\qquad \delta(Q-P)=\delta(P-Q)>0。$

中心在列中每個圓的內部。列中任何兩圓不能同向相切。

圓列爲雙曲式的，如果

(6_2) $\qquad \delta(Q-P)<0。$

中心在列中每個圓的外部。列中任何兩圓亦不能同向相切。

圓列爲拋物式的，如果

(6_3) $\qquad \delta(Q-P)=0。$

中心在列中每個圓上。列中所有的圓都在列的中心彼此同向相切。

給定三個不屬於同一圓列的圓 P, Q, R，它們的綫性組合

(7) $\qquad X=P+\lambda(Q-P)+\mu(R-P),$

稱爲拉氏圓彙，λ 和 μ 是彙的參數。每個圓彙有無窮多個點圓，都在一條直綫上，這就是彙的軸。（例外情形：由半徑相等的圓構成的圓彙沒有軸；由點圓構成的圓彙，彙中任兩點的聯綫都可看作軸。）

令 $\delta_{pq}=\delta_{qp}=\delta(P-Q),\ \delta_{qr}=\delta_{rq}=\delta(Q-R),\ \delta_{pr}=\delta_{rp}=\delta(R-P),$

(8) $\qquad \triangle_{pqr}=\begin{vmatrix} 0 & \delta_{pq} & \delta_{pr} & 1 \\ \delta_{qp} & 0 & \delta_{qr} & 1 \\ \delta_{rp} & \delta_{rq} & 0 & 1 \\ 1 & 1 & 1 & 0 \end{vmatrix}$

$\qquad\qquad =\delta^2_{pq}+\delta^2_{qr}+\delta^2_{rp}-2\delta_{pq}\delta_{qr}-2\delta_{qr}\delta_{rp}-2\delta_{rp}\delta_{pq}。$

圓彙爲橢圓式的，如果

$$(8_1) \qquad \triangle_{pqr} > 0.$$

彙中每一個圓 X_0 有無窮多個同彙的圓和它同向相切。這些圓，包括 X_0 在內，組成兩個拋物式的圓列，列的中心在 X_0 上。所以，彙軸和彙中每個圓 X_0 相交於兩點。

圓彙為拋物式的，如果

$$(8_2) \qquad \triangle_{pqr} = 0.$$

彙中每一個圓 X_0 也有無窮多個同彙的圓和它同向相切。這些圓，包括 X_0 在內，組成一個拋物式的圓列，列的中心在 X_0 上。所以，彙軸和彙中每個圓 X_0 相切於一點。

圓彙為雙曲式的，如果

$$(8_3) \qquad \triangle_{pqr} < 0.$$

彙中每一個圓 X_0 不能和同彙的另一個圓同向相切。所以彙軸和彙中任何圓都沒有公共點。

2. 拉氏圓變換和拉氏反演[3][4][5]

對稱方陣的一次整式變換，

$$(9) \qquad T: X^* = kA'XA + B, \quad k \neq 0, \quad \delta(A) = \pm 1, \quad B' = B,$$

稱為拉氏圓變換，這裏 k 是實數，A 和 B 是實的二級方陣，A' 表 A 的轉置方陣。（雖然 $\pm A$ 給出同一變換，$\delta(A)$ 的正負號還是有意義的。）

這種變換把有定向的圓變為有定向的圓，而且由於 $\delta(X^*_1 - X^*_2) = k^2 \delta(X_1 - X_2)$，同向相切的兩圓變為同向相切的兩圓。不但如此，經過變換 T 之後，圓列仍為圓列，圓彙仍為圓彙，每一圓列或圓彙是橢圓式的，雙曲式的或拋物式的這種性質，也保持不變。

如果拉氏圓變換 T 有一個不變圓 F 存在，便可將它寫作下式：

$$X^* - F = kA'(X - F)A.$$

如果 F 是點圓，還可取它為笛氏坐標 (ξ, η) 的原點，將 T 寫作

$$X^* = kA'XA.$$

如果 T 為對合變換 ($T^2 = I$)，並且除原點外，ξ 軸上另有一點不變，那末，不但 ξ 軸上其餘諸點都不變，並將有一個以 ξ 軸為彙軸的圓彙存在，它的每個圓都被變換 T 保持不變。這時可將 T 寫成

$$(10) \quad T: X^* = kA'XA, \quad k = -\delta(A) = \pm 1, \quad a_{11} + a_{22} = 0, \quad a_{12} + a_{21} = 0。$$

這樣的對合變換，稱為拉氏反演（對於圓彙的反演）。拉氏反演可按照它的不變圓彙的性質，分為橢圓式的和雙曲式的。拋物式的反演不存在。

首先考慮 $k = -\delta(A) = 1$ 的情形。從

$$a_{11} + a_{22} = 0, \quad a_{12} + a_{21} = 0,$$

推得

$$\delta(A) = a_{11}a_{22} - a_{12}a_{21} = -a^2_{11} + a^2_{21} = -1,$$

由此可取

$$A = \begin{pmatrix} \text{ch } t & -\text{sh } t \\ \text{sh } t & -\text{ch } t \end{pmatrix}。$$

將拉氏反演 T 展開為

$$(11) \quad T_t : X^* = \begin{pmatrix} \text{ch } t & \text{sh } t \\ -\text{sh } t & -\text{ch } t \end{pmatrix} X \begin{pmatrix} \text{ch } t & -\text{sh } t \\ \text{sh } t & -\text{ch } t \end{pmatrix}$$

$$= \begin{pmatrix} \rho \text{ ch } 2t + \eta \text{sh } 2t + \xi & -\rho \text{ sh } 2t - \eta \text{ch } 2t \\ -\rho \text{ sh } 2t - \eta \text{ch } 2t & \rho \text{ ch } 2t + \eta \text{sh } 2t - \xi \end{pmatrix},$$

或卽

$$\rho^* = \rho \text{ ch } 2t + \eta \text{ sh } 2t, \quad \xi^* = \xi, \quad \eta^* = -\rho \text{ sh } 2t - \eta \text{ch } 2t。$$

這些都是橢圓式的反演，因為不變的圓 $X^* = X$ 適合條件

$$\rho(\text{ch } 2t - 1) + \eta \text{sh } 2t = 0, \quad \rho \text{ sh } 2t + \eta(\text{ch } 2t + 1) = 0,$$

亦卽

$$\frac{\eta}{\rho} = -\frac{\text{ch } 2t - 1}{\text{sh } 2t} = -\frac{\text{sh } 2t}{\text{ch } 2t + 1} = -\frac{\text{sh } t}{\text{ch } t},$$

由於 $|\text{sh } t| < \text{ch } t$，每個不變的圓都和 ξ 軸相交於兩點，那便是說，每個反演 T_t 的不變圓彙都是橢圓式的。例如令 $t = 0$, $A = \begin{pmatrix} 1 & 0 \\ 0 & -1 \end{pmatrix}$，$T_0$ 的不變圓彙為 $\eta = 0$，由中心在 ξ 軸上的一切圓所組成。

所有的 T_t 都保持 ξ 軸上的點圓不變，所以當 $t \neq 0$ 時，T_t 把圓彙 $\eta = 0$ 變為另一個同軸的橢圓式的圓彙。因為反演是對合，同一 T_t 也同時把那個圓彙變為圓彙 $\eta^* = 0$。那個圓彙可用下面的關係來決定：

$$\eta^* = -\rho \text{ sh } 2t - \eta \text{ch } 2t = 0,$$

即

(12) $$\frac{\eta}{\rho} = -\frac{\text{sh } 2t}{\text{ch } 2t}.$$

任何以 ξ 軸爲彙軸的圓彙都可用 ξ 軸（兩個點圓所決定的）和一個與它相交的圓來決定，所以給定了任何以 ξ 軸爲彙軸的橢圓式的圓彙，總可利用關係 (12) 找到一個 T_t 把它變爲圓彙 $\eta = 0$。

同理，T_t 把雙曲式的圓彙 $\rho = 0$ 變爲另一個以 ξ 軸爲彙軸的雙曲式的圓彙，同時也把那個圓彙變爲圓彙 $\rho^* = 0$。那個圓彙可用下面的關係來決定：
$$\rho^* = \rho \text{ch } 2t + \eta \text{sh } 2t = 0,$$
即

(13) $$\frac{\rho}{\eta} = -\frac{\text{sh } 2t}{\text{ch } 2t}.$$

任何以 ξ 軸爲彙軸的雙曲式的圓彙，都可用 ξ 軸和一個不與它相交的圓來決定，所以給定了任何一個以 ξ 軸爲彙軸的雙曲式的圓彙，總可利用關係 (13) 找到一個 T_t 把它變爲圓彙 $\rho = 0$。

其次考慮 $k = -\delta(A) = -1$ 的情形。這時可取 $A = \begin{pmatrix} \text{sh } t & -\text{ch } t \\ \text{ch } t & -\text{sh } t \end{pmatrix}$。將拉氏反演展開爲

(14) $$S_t : X^* = -\begin{pmatrix} \text{sh } t & \text{ch } t \\ -\text{ch } t & -\text{sh } t \end{pmatrix} X \begin{pmatrix} \text{sh } t & -\text{ch } t \\ \text{ch } t & -\text{sh } t \end{pmatrix}$$

$$= \begin{pmatrix} -\rho \text{ch } 2t - \eta \text{sh } 2t + \xi & \rho \text{sh } 2t + \eta \text{ch } 2t \\ \rho \text{sh } 2t + \eta \text{ch } 2t & -\rho \text{ch } 2t - \eta \text{sh } 2t - \xi \end{pmatrix},$$

或即
$$\rho^* = -\rho \text{ch } 2t - \eta \text{sh } 2t, \quad \xi^* = \xi, \quad \eta^* = \rho \text{sh } 2t + \eta \text{ch } 2t.$$

這些都是雙曲式的反演，因爲不變的圓 $X^* = X$ 適合條件
$$\rho(\text{ch } 2t + 1) + \eta \text{sh } 2t = 0, \quad \rho \text{sh } 2t + \eta(\text{ch } 2t - 1) = 0,$$
亦即
$$\frac{\rho}{\eta} = -\frac{\text{sh } 2t}{\text{ch } 2t + 1} = -\frac{\text{ch } 2t - 1}{\text{sh } 2t} = -\frac{\text{sh } t}{\text{ch } t},$$

所以每個不變的圓都和 ξ 軸不相交，那就是說，每個反演 S_t 的不變圓彙都是雙曲式的。例如，令 $t = 0$，$A = \begin{pmatrix} 0 & -1 \\ 1 & 0 \end{pmatrix}$，$S_0$ 的不變圓彙爲 $\rho = 0$，由平面上一切點圓

所組成。

依照前面對於 T_t 所作的討論得知，給定了任何一個橢圓式的（或雙曲式的）圓彙，總可找到一個 S_t 把它變為圓彙 $\eta=0$（或 $\rho=0$）。

3. 阿波羅尼問題

如果把已知三圓的每一個分別看作有定向的圓 P,Q,R，阿波羅尼問題要求作出一個有定向的圓 X，同時和它們同向相切，也就是要求對稱方陣 X，使適合下面三條件：

$$(15) \quad \begin{aligned} \delta(X-P) &= (\rho-\rho_p)^2-(\xi-\xi_p)^2-(\eta-\eta_p)^2=0, \\ \delta(X-Q) &= (\rho-\rho_q)^2-(\xi-\xi_q)^2-(\eta-\eta_q)^2=0, \\ \delta(X-R) &= (\rho-\rho_r)^2-(\xi-\xi_r)^2-(\eta-\eta_r)^2=0. \end{aligned}$$

這在理論上只須解決三個聯立的二次方程式，可是要將所求的通解用文字寫出來並不簡單。現在把問題分為三欸討論如下：

（一） $\triangle_{pqr}<0$，P,Q,R 所決定的圓彙是雙曲式的。取彙軸為 ξ 軸，根據上節的結果，總可找到一個拉氏反演 T_t（或 S_t），把這個圓彙變為圓彙 $\rho=0$，所以可設

$$(16) \quad \rho_p=\rho_q=\rho_r=0,$$

這時

$$\begin{aligned} \delta_{pq} &= -(\xi_p-\xi_q)^2-(\eta_p-\eta_q)^2, \\ \delta_{qr} &= -(\xi_q-\xi_r)^2-(\eta_q-\eta_r)^2, \\ \delta_{rp} &= -(\xi_r-\xi_p)^2-(\eta_r-\eta_p)^2, \\ \delta_{pq}\delta_{qr}\delta_{rp} &< 0. \end{aligned}$$

我們可以從方程系（15）中消去二次項，得到

$$(17) \quad \begin{aligned} 2(\xi_q-\xi_p)(\xi-\xi_p)+2(\eta_q-\eta_p)(\eta-\eta_p) &= -\delta_{pq}, \\ 2(\xi_r-\xi_p)(\xi-\xi_p)+2(\eta_r-\eta_p)(\eta-\eta_p) &= -\delta_{pr}. \end{aligned}$$

只要 P,Q,R 三點不共綫（三圓不屬於同一圓列），卽

$$(18) \quad \Phi = \begin{vmatrix} \xi_q-\xi_p & \eta_q-\eta_p \\ \xi_r-\xi_p & \eta_r-\eta_p \end{vmatrix} = \begin{vmatrix} \xi_p & \eta_p & 1 \\ \xi_q & \eta_q & 1 \\ \xi_r & \eta_r & 1 \end{vmatrix} \neq 0,$$

便可得到

關於阿波羅尼問題和它的推廣

$$(19)\quad \begin{aligned}\xi-\xi_p &= \frac{1}{2\Phi}\left[-(\eta_r-\eta_p)\delta_{pq}+(\eta_q-\eta_p)\delta_{pr}\right],\\ \eta-\eta_p &= \frac{1}{2\Phi}\left[(\xi_r-\xi_p)\delta_{pq}-(\xi_q-\xi_p)\delta_{pr}\right].\end{aligned}$$

代入(15)中第一方程，得

$$(20)\quad \rho^2=\frac{-\delta_{pq}\,\delta_{qr}\,\delta_{rp}}{4\Phi^2}。$$

因爲 $\delta_{pq}\delta_{qr}\delta_{rp}<0$，所以總有兩個不同的解 X_1 和 X_2 存在。最後按照所用的拉氏反演 T_t（或 S_t）還原，便得這一欵的通解。

（二）$\triangle_{pqr}>0$，P,Q,R 所決定的圓彙是橢圓式的。取彙軸爲 ξ 軸，根據上節的結果，總可找到一個拉氏反演 T_t（或 S_t），把這個圓彙變爲圓彙 $\eta=0$，所以可設

$$(21)\quad \eta_p=\eta_q=\eta_r=0,$$

這時

$$\delta_{pq}=(\rho_p-\rho_q)^2-(\xi_p-\xi_q)^2,\quad \delta_{qr}=(\rho_q-\rho_r)^2-(\xi_q-\xi_r)^2,$$
$$\delta_{rp}=(\rho_r-\rho_p)^2-(\xi_r-\xi_p)^2,$$

$\delta_{pq}\,\delta_{pr}\,\delta_{rp}$ 的符號是不定的，但我們仍可從方程系（15）中消去二次項，得到

$$(22)\quad \begin{aligned}2(\rho_q-\rho_p)(\rho-\rho_p)-2(\xi_q-\xi_p)(\xi-\xi_p)&=\delta_{pq},\\ 2(\rho_r-\rho_p)(\rho-\rho_p)-2(\xi_r-\xi_p)(\xi-\xi_p)&=\delta_{pr}。\end{aligned}$$

只要 P,Q,R 不屬於同一圓列，卽

$$(23)\quad \Psi=\begin{vmatrix}\rho_q-\rho_p & \xi_q-\xi_p\\ \rho_r-\rho_p & \xi_r-\xi_p\end{vmatrix}=\begin{vmatrix}\rho_p & \xi_p & 1\\ \rho_q & \xi_q & 1\\ \rho_r & \xi_r & 1\end{vmatrix}\neq 0,$$

便可得到

$$(24)\quad \begin{aligned}\rho-\rho_p &= \frac{1}{2\Psi}\left[(\xi_r-\xi_p)\delta_{pq}-(\xi_q-\xi_p)\delta_{pr}\right],\\ \xi-\xi_p &= \frac{1}{2\Psi}\left[-(\rho_r-\rho_p)\delta_{pq}+(\rho_q-\rho_p)\delta_{pr}\right]。\end{aligned}$$

代入(15)中第一方程，得

$$(25)\quad \eta^2=\frac{-\delta_{pq}\,\delta_{qr}\,\delta_{rp}}{4\Psi^2}。$$

所以，在這一欵，只當 $\delta_{pq}\delta_{qr}\delta_{rp} < 0$ 時有兩個解。當 $\delta_{pq}\delta_{qr}\delta_{rp} > 0$ 時，沒有解。$\delta_{pq}\delta_{qr}\delta_{rp} = 0$ 的情形值得仔細考察：(a) 如果 $\delta_{pq}=0$，$\delta_{qr}\neq 0$，$\delta_{rp}\neq 0$，P 和 Q 所決定的拋物式的圓列中，有一個圓同時也和 R 同向相切；(b) 如果 $\delta_{pq}=\delta_{qr}=0$，$\delta_{rp}\neq 0$，圓 Q 本身可以看作一解；(c) 如果 $\delta_{pq}=\delta_{qr}=\delta_{rp}=0$，三圓屬於同一拋物式的圓列。

(三) $\triangle_{pqr}=0$，P,Q,R 所決定的圓彙是拋物式的，這時它們已有彙軸作爲公切綫，問題比較容易解決。取彙軸爲 ξ 軸，便有

(26) $\qquad \rho_p = \eta_p, \quad \rho_q = \eta_q, \quad \rho_r = \eta_r,$

這時

$$\delta_{pq} = -(\xi_p - \xi_q)^2, \delta_{qr} = -(\xi_q - \xi_r)^2, \delta_{rq} = -(\xi_r - \xi_p)^2,$$
$$\delta_{pq}\delta_{qr}\delta_{rq} \leq 0.$$

方程系 (15) 化爲

(27) $\qquad \begin{aligned} \delta(X-P) &= \rho^2 - \eta^2 - 2\rho_p(\rho-\eta) - (\xi-\xi_p)^2 = 0, \\ \delta(X-Q) &= \rho^2 - \eta^2 - 2\rho_q(\rho-\eta) - (\xi-\xi_q)^2 = 0, \\ \delta(X-R) &= \rho^2 - \eta^2 - 2\rho_r(\rho-\eta) - (\xi-\xi_r)^2 = 0. \end{aligned}$

仿上消去二次項，得

(28) $\qquad \begin{aligned} 2(\rho_q - \rho_p)(\rho-\eta) - 2(\xi_q - \xi_p)(\xi-\xi_q) &= \delta_{pq}, \\ 2(\rho_r - \rho_p)(\rho-\eta) - 2(\xi_r - \xi_p)(\xi-\xi_p) &= \delta_{pr}. \end{aligned}$

只要 P,Q,R 不屬於同一圓列，由 (23)，$\Psi \neq 0$，我們得到

(29) $\qquad \begin{aligned} \rho - \eta &= \frac{1}{2\Psi}(\xi_p - \xi_q)(\xi_q - \xi_r)(\xi_r - \xi_p), \\ \xi - \xi_p &= \frac{1}{2\Psi}\left[(\rho_r - \rho_p)\delta_{pq} - (\rho_q - \rho_p)\delta_{pr}\right]. \end{aligned}$

然後代入 (27) 中第一方程，得

(30) $\qquad \begin{aligned} \rho - \rho_p &= \frac{1}{4\Psi} \cdot \frac{\left[(\rho_r - \rho_p)\delta_{pq} - (\rho_q - \rho_p)\delta_{pr}\right]^2 - \delta_{pq}\delta_{qr}\delta_{rp}}{(\xi_p - \xi_q)(\xi_q - \xi_r)(\xi_r - \xi_p)}, \\ \xi - \xi_p &= \frac{1}{4\Psi} \cdot \frac{\left[(\rho_r - \rho_p)\delta_{pq} - (\rho_q - \rho_p)\delta_{pr}\right]^2 + \delta_{pq}\delta_{qr}\delta_{rp}}{(\xi_p - \xi_q)(\xi_q - \xi_r)(\xi_r - \xi_p)}. \end{aligned}$

如果 $\delta_{pq}\delta_{qr}\delta_{rp} = -(\xi_p - \xi_q)^2(\xi_q - \xi_r)^2(\xi_r - \xi_p)^2 < 0$，方程 (30) 里的分

母不能爲零，本題有唯一的解。如果 $\delta_{pq}\delta_{qr}\delta_{rp}=0$，解不存在，除非 $\delta_{pq}=\delta_{qr}=\delta_{rp}=0$。

綜合上面三種情形，如果已知三圓不屬於同一圓列，要有同時和它們同向相切的圓存在，必要而又充分的條件爲

$$(31) \quad \Omega_{pqr} = \begin{vmatrix} 0 & \delta_{pq} & \delta_{pr} \\ \delta_{qp} & 0 & \delta_{qr} \\ \delta_{rp} & \delta_{rq} & 0 \end{vmatrix} = 2\delta_{pq}\delta_{qr}\delta_{rp} \leq 0。$$

條件 $\triangle_{pqr} \leq 0$ 只是充分的，並不必要。

我們屢次把 P, Q, R 三圓同列的情形撇開。其實，如果屬於同一雙曲式的圓列，它們有兩條實的公切綫，我們不承認直綫是圓，才說問題沒有解。還有一個例外情形，卽當三圓屬於同一拋物式的圓列時，全列的圓都同時和它們同向相切。

文獻中關於本題的解法，很多是假定已知三圓屬於同一雙曲式的圓彙的。最近 Blaschke 在他的解析幾何書中還是這樣做[6]。

每一個無定向的圓可以看作兩個有定向的圓，所以一般地說，阿波羅尼問題有八個解。

4. 拉格爾的球素幾何學

在推廣阿波羅尼問題之前，讓我們採用方陣坐標改寫拉氏的球素幾何學。空間一個有定向的球面，可取二級愛爾米德方陣爲坐標：

$$(32) \quad Z = \begin{pmatrix} \rho+\xi & \eta+i\zeta \\ \eta-i\zeta & \rho-\xi \end{pmatrix}, \quad \overline{Z}=Z',$$

這裏 ρ 是有定向的半徑，(ξ, η, ζ) 是球心的笛卡兒坐標。點球沒有定向。無論有沒有定向的平面，都不是球面。兩個球面同向相切的條件爲

$$(33) \quad \delta(Z_1-Z_2) = (\rho_1-\rho_2)^2 - (\xi_1-\xi_2)^2 - (\eta_1-\eta_2)^2 - (\zeta_1-\zeta_2)^2 = 0。$$

兩個球面 P 和 Q 的綫性組合，稱爲拉氏球列：

$$(34) \quad Z = P + \lambda(Q-P)。$$

球列爲橢圓式的，雙曲式的或拋物式的，按照

$$(35) \quad \triangle_{pq} = \begin{vmatrix} 0 & \delta_{pq} & 1 \\ \delta_{qp} & 0 & 1 \\ 1 & 1 & 0 \end{vmatrix} = 2\delta_{pq} > 0, < 0 \text{ 或 } = 0$$

而定。列裏有一個點球（撇開簡單的例外情形不提），作為列的中心，分別落在全列各球面的內部（橢圓式的），外部（雙曲式的）或球面上（拋物式的）。

三個綫性無關的球面 P, Q, R 決定一個拉氏球彙：

(36) $$Z = P + \lambda(Q-P) + \mu(R-P)。$$

球彙為橢圓式的，雙曲式的或拋物式的，按照

(37) $$\triangle_{pqr} = \begin{vmatrix} 0 & \delta_{pq} & \delta_{pr} & 1 \\ \delta_{qp} & 0 & \delta_{qr} & 1 \\ \delta_{rp} & \delta_{rq} & 0 & 1 \\ 1 & 1 & 1 & 0 \end{vmatrix} > 0, < 0 \text{ 或 } = 0$$

而定。彙裏的點球組成一條直綫，這是彙的軸，分別和全彙各球面相交於兩點（橢圓式的），沒有交點（雙曲式的）或相切於一點（拋物式的）。

四個綫性無關的球面 P, Q, R, S 決定一個拉氏球叢：

(38) $$Z = P + \lambda(Q-P) + \mu(R-P) + \nu(S-P)。$$

球叢為橢圓式的，雙曲式的或拋物式的，按照

(39) $$\triangle_{pqrs} = \begin{vmatrix} 0 & \delta_{pq} & \delta_{pr} & \delta_{ps} & 1 \\ \delta_{qp} & 0 & \delta_{qr} & \delta_{qs} & 1 \\ \delta_{rp} & \delta_{rq} & 0 & \delta_{rs} & 1 \\ \delta_{sp} & \delta_{sq} & \delta_{sr} & 0 & 1 \\ 1 & 1 & 1 & 1 & 0 \end{vmatrix} > 0, < 0 \text{ 或 } = 0$$

而定。叢裏的點球組成一個平面，這是叢的底面，分別和全叢各球面相交於一圓（橢圓式的），沒有交點（雙曲式的）或相切於一點（拋物式的）。

拉氏球變換可表為愛爾米德方陣的一次蟄式變換：

(40) $$T: Z^* = kA'Z\bar{A} + B, \quad \text{或 } Z^* = kA'\bar{Z}A + B, \quad k \neq 0, \quad \delta(A)\delta(\bar{A}) = 1, B' = \bar{B},$$

式中 k 是實數，A 和 B 是複的二級方陣，$\bar{A}$ 表 A 的共軛方陣。這些變換不但保持兩個球面同向相切的性質不變，並也保持 $\triangle_{pq}, \triangle_{pqr}, \triangle_{pqrs}$ 的正負號不變。

對於拉氏球叢的反演可用實的系數方陣表達出來。事實上，

(41) $$T_t: Z^* = \begin{pmatrix} \text{ch } t & \text{sh } t \\ -\text{sh } t & -\text{ch } t \end{pmatrix} \bar{Z} \begin{pmatrix} \text{ch } t & -\text{sh } t \\ \text{sh } t & -\text{ch } t \end{pmatrix}$$

第五期　　　　關於阿波羅尼問題和它的推廣　　　　31

$$= \begin{pmatrix} \rho \text{ ch } 2t + \eta \text{ sh } 2t + \xi & -\rho \text{ sh } 2t - \eta \text{ ch } 2t + i\zeta \\ -\rho \text{ sh } 2t - \eta \text{ ch } 2t - i\zeta & \rho \text{ ch } 2t + \eta \text{ sh } 2t - \xi \end{pmatrix},$$

$$(42) \quad S_t : \quad Z^* = -\begin{pmatrix} \text{sh } t & \text{ch } t \\ -\text{ch } t & -\text{sh } t \end{pmatrix} \bar{Z} \begin{pmatrix} \text{sh } t & -\text{ch } t \\ \text{ch } t & -\text{sh } t \end{pmatrix}$$

$$= \begin{pmatrix} -\rho \text{ ch } 2t - \eta \text{ sh } 2t + \xi & \rho \text{ sh } 2t + \eta \text{ ch } 2t + i\zeta \\ \rho \text{ sh } 2t + \eta \text{ ch } 2t - i\zeta & -\rho \text{ ch } 2t - \eta \text{ sh } 2t - \xi \end{pmatrix}。$$

T_t 都是橢圓式的反演，S_t 都是雙曲式的反演。它們的不變球叢有公共的底面，即 $\xi\zeta$ 平面，由點球 $\rho=0$，$\eta=0$ 組成。同以這個平面爲底面的球叢，橢圓式的和橢圓式的，雙曲式的和雙曲式的，由於反演而兩兩配成對偶。特別是橢圓式的球叢 $\eta=0$（由球心在 $\xi\zeta$ 平面上的球面組成）和雙曲式的球叢 $\rho=0$（由空間所有球點組成），在每個 T_t 或 S_t 中各有它的對偶，因此給定了一個以 $\xi\zeta$ 平面爲底面的橢圓式的（雙曲式的）球叢，我們總可找到一個拉氏反演 T_t 或 S_t，把它變爲球叢 $\eta=0(\rho=0)$。

5. 阿波羅尼問題的推廣

在空間有多少個球面同時和四個已知的球面相切？這是阿波羅尼問題最自然的推廣，並可相應地推廣第三節的解法。給球半徑以一定的方向，問題要求有定向的球面 Z 同時和四個有定向的已知球面 P,Q,R,S 同向相切，也便是要求愛爾米德方陣 Z 適合下面四個條件：

$$(43) \quad \delta(Z-P)=0, \; \delta(Z-Q)=0, \; \delta(Z-R)=0,$$
$$\delta(Z-S)=0。$$

（一）設 P,Q,R,S 所決定的拉氏球叢是雙曲式的，$\triangle_{pqrs}<0$。首先求出這個球叢的底面，取它做 $\xi\zeta$ 平面。其次求出一個拉氏反演 T_t（或 S_t），把這球叢變爲球叢 $\rho=0$。這樣便把本問題化爲求作球面通過空間四個已知點，很容易得到兩個有定向的球面。最後用同一 T_t（或 S_t）還原，便得同時和 P,Q,R,S 同向相切的兩個球面。在假定 $\rho_p=\rho_q=\rho_r=\rho_s=0$，仿照第三節第一欵進行計算之後，我們有

$$(44) \quad \rho^2 = \frac{-\Omega_{pqrs}}{4\Phi^2_{\xi\eta\zeta}},$$

式中

$$\Phi_{\xi\eta\zeta}=\begin{vmatrix} \xi_p & \eta_p & \zeta_p & 1 \\ \xi_q & \eta_q & \zeta_q & 1 \\ \xi_r & \eta_r & \zeta_r & 1 \\ \xi_s & \eta_s & \zeta_s & 1 \end{vmatrix}, \quad \Omega_{pqrs}=\begin{vmatrix} 0 & \delta_{pq} & \delta_{pr} & \delta_{ps} \\ \delta_{qp} & 0 & \delta_{qr} & \delta_{qs} \\ \delta_{rp} & \delta_{rq} & 0 & \delta_{rs} \\ \delta_{sp} & \delta_{sq} & \delta_{sr} & 0 \end{vmatrix}。$$

只要四點不共面（四球不屬於同一球彙），總有 $\Phi_{\xi\eta\zeta}\neq 0$。條件 $\Omega_{pqrs}<0$ 顯然是 $\triangle_{pqrs}<0$ 的當然結果。

（二）設 P,Q,R,S 所決定的拉氏球叢是橢圓式的，$\triangle_{pqrs}>0$。取這個球叢的底面做 $\xi\zeta$ 平面，總可找到一個拉氏反演 T_t（或 S_t），把這個球叢變爲球叢 $\eta=0$。這樣，P,Q,R,S 的球心都落在 $\xi\zeta$ 平面上，我們可先假定 $\eta_p=\eta_q=\eta_r=\eta_s=0$，仿照第三節第二欵的辦法求出 ρ,ξ,ζ，再開方求 η，最後用同一 T_t（或 S_t）還原。這裏進行計算的結果，得

$$(45) \qquad \eta^2 = \frac{-\Omega_{pqrs}}{4\Phi^2_{\rho\xi\zeta}},$$

式中

$$\Phi_{\rho\xi\zeta}=\begin{vmatrix} \rho_p & \xi_p & \zeta_p & 1 \\ \rho_q & \xi_q & \zeta_q & 1 \\ \rho_r & \xi_r & \zeta_r & 1 \\ \rho_s & \xi_s & \zeta_s & 1 \end{vmatrix}, \quad \Omega_{pqrs} \text{ 同前。}$$

只要 P,Q,R,S 不屬於同一球叢（$\xi\zeta$ 平面和 P,Q,R,S 相交所得的四個圓不屬於同一圓彙），總有 $\Phi_{\rho\xi\zeta}\neq 0$。所以當 $\Omega_{pqrs}<0$ 時，有兩個解；當 $\Omega_{pqrs}=0$ 時，只有一個解。

（三）設 P,Q,R,S 所決定的拉氏球叢是拋物式的，$\triangle_{pqrs}=0$。這時四球都和球叢的底面相切。取了它做 $\xi\zeta$ 平面，便有 $\rho_p=\eta_p$，$\rho_q=\eta_q$，$\rho_r=\eta_r$，$\rho_s=\eta_s$，問題的解決只用到一次方程系。但在仿照第三節第三欵進行計算的結果中，又有 $-\Omega_{pqrs}$ 的平方根作爲分母而出現。所以只在 $\Omega_{pqrs}<0$ 的條件下，本題才有一個解，且僅有一個解。

最後應加聲明，我們經常假定 P,Q,R,S 是綫性無關的四個球面。如果它們中間有綫性關係，那麼，它們屬於同一個球彙或球列，顯然沒有公共的切球面存在。唯一的例外是當六個 δ_{ij} 全部爲零時，它們屬於同一拋物式的球列，和全列的球面

都是同向相切的。

綜合以上情形，現在可說，推廣後的阿波羅尼題問有解存在的必要而又充分的條件爲

$$\Omega_{pqrs} = \begin{vmatrix} 0 & \delta_{pq} & \delta_{pr} & \delta_{ps} \\ \delta_{qp} & 0 & \delta_{qr} & \delta_{qs} \\ \delta_{rp} & \delta_{rq} & 0 & \delta_{rs} \\ \delta_{sp} & \delta_{sq} & \delta_{sr} & 0 \end{vmatrix} \leqslant 0。$$

條件 $\triangle_{pqrs} \leqslant 0$ 只是充分的，並不必要。

一般地說，任給空間四個球面，有 16 個球面存在，每一個都是同時和它們相切的。

參 考 文 獻

（1） J. L. Coolidge : A treatise on the circle and the sphere. 1916. 第三章和第十章。

（2） W. Blaschke : Differentialgeometrie. Bd III. Differentialgeometrie der Kreise und Kugeln. 1929. 第四章和第六章。

（3） 姜立夫： A matrix theoy of circles and spheres. 科學記錄，I (1942—45), 257—262。

（4） 華羅庚： Geometries of matrices. 科學記錄，同卷, 263—267。

（5） 華羅庚： Geometry of matrices I — II — III. Trans. Amer. Math. Soc., 57 (1945), 441—490；61 (1947), 193—255。

（6） W. Blaschke : Analytische Geometrie. 1954.

二次有理分式函數的單葉性

劉俊賢　范　達

(數學系)

大家知道在單位圓內單葉全純的函數族

$$f(z)=z+a_2z^2+\cdots=z+\sum_{n=2}^{\infty}a_nz^n$$

是否以 $\dfrac{z}{(1+e^{i\alpha}z)^2}$ 爲大值函數是一問題，換言之是否一般的 $|a_n|\leq n$？在 $f(z)$ 的係數 a_n 全是實數或 $f(z)$ 表一星形函數族時這問題已有了肯定的答案 $|a_n|\leq n$ [1]。現在我們攷察二次有理分式函數作爲對於這個問題研究的開始，指出二次有理分式函數在它的最大單葉全純圓內的展開式也得 $|a_n|\leq\dfrac{n}{R^{n-1}}$，其中 R 表單葉全純半徑。

I. $f(z)$ 的單葉半徑

設有二次有理分式函數 $w=f(z)=\dfrac{az^2+bz+c}{a'z^2+b'z+c'}$，我們稱 z,z' 爲一雙同值點如果 $z\neq z'$ 而 $f(z)=f(z')$，一雙同值點各畫的兩個曲綫弧稱爲一雙同值弧，一雙同值點所各組成的兩個區域稱爲一雙同值區域。平面上一雙同值點 z,z' 是在下二次方程式的兩個根：

$$(a-wa')z^2+(b-wb')z+(c-wc')=0。$$

如 $a-wa'\neq 0$ 則 $z+z'=-\dfrac{b-wb'}{a-wa'}$，$zz'=\dfrac{c-wc'}{a-wa'}$，消去其中的 w 即得一互換關係：

$$Azz'+B(z+z')+C=0 \quad\cdots\cdots\cdots\cdots\cdots\cdots(1)$$

其中 $A=ab'-a'b$，$B=ac'-a'c$，$C=bc'-b'c$，如 $a-wa'=0$ 則 $z=\infty$ 和 $z'=-(ac'-a'c)/(ab'-a'b)$ 是一雙同值點同時對應於 $w=\dfrac{a}{a'}$，$(a=a'=0$ 時則 $f(z)$ 變爲一

次分式〕，而這雙同值點也適合在上互換關係，故平面上任何一雙同值點z,z'均適合一複數直綫上的互換投射關係如(1)。

令α，β表這互換(z,z')的兩個重點；α，β不是$f'(z)$的零點就是$f(z)$的極點。如$f(z)$不是變爲一次分式則必$\alpha \neq \beta$；因爲$\alpha = \beta \neq \infty$時則$\frac{B}{A}=\frac{C}{B}$而$f(z)$可約去因子$Az+B$；$\alpha = \beta = \infty$時則$A=B=0$而$f(z)$也爲一綫性函數或一個常數。故除了$f(z)$是一綫性函數情形外在上同值點的互換關係可寫爲：

$$\frac{z-\alpha}{z-\beta}+\frac{z'-\alpha}{z'-\beta}=0;$$

或於$\beta=\infty$時寫爲：

$$z-\alpha+z'-\alpha=0。$$

於是若把直綫看做圓之特殊情形時我們可從這調和複比關係得到在下的幾何性質：

1°. 任何一雙同值點z,z'和兩重點α，β共圓。

2°. 通過α，β的圓r與從$\alpha\beta$弦對r的極點所引的直綫相交於一雙同值點；通過α，β的圓叢與對稱於α，β的圓叢相交於一雙同值點。

3°. $f(z)$的兩個零點及兩個極點各與α，β兩點共圓。

4°. α，β在r圓周上割分r爲兩段同值弧$\overparen{\alpha z \beta}$，$\overparen{\alpha z' \beta}$。

5°. 如令$\alpha_1=f(\alpha)$，$\beta_1=f(\beta)$，$w=f(z)=f(z')$則r圓的兩個同值弧$\overparen{\alpha z \beta}$，$\overparen{\alpha z' \beta}$同對應於$w$平面的某一圓弧$\overparen{\alpha_1 w \beta_1}$。

6°. 通過α，β的任一圓r割分平面爲兩個同值區域，卽若z在r圓內時則它的相配同值點z'必在r圓之外。

7°. $f(z)$的兩個極點不是同在通過α，β的某圓周r時則必分別在該圓周r的內外。

8°. z_0點和近於z_0的重點α或β的距離就是以z_0爲心$f(z)$的最大單葉性圓的半徑（我們就稱爲在z_0點的單葉半徑）。

以上各點容易證明，茲只就最後一點來說：

設β適合$|\beta-z_0| \leq |\alpha-z_0|$及$\alpha \neq \infty$；並令$\xi=z-z_0$，$\xi'=z'-z_0$，$p=\alpha-z_0$，$q=\beta-z_0$，則同值點的互換關係(1)可寫爲：

$$\frac{\xi-p}{\xi-q}+\frac{\xi'-p}{\xi'-q}=0$$

或寫如：

$$\frac{\xi-p}{\xi-q}=Z, \quad \frac{\xi'-p}{\xi'-q}=-Z;$$

$$\frac{\xi}{q}=\frac{Z-\frac{p}{q}}{Z-1}, \quad \frac{\xi'}{q}=\frac{Z+\frac{p}{q}}{Z+1}。$$

令從 $Z=0$ 點對連結 $Z=1$ 與 $Z=\frac{p}{q}$ 的直綫的垂足爲 E；從 $Z=0$ 對連結 $Z=-1$ 與 $Z=-\frac{p}{q}$ 的直綫的垂足爲 E'；則 E,E' 及 $Z=0$ 三點共綫，先察 $\left|\frac{p}{q}\right|=\left|\frac{\alpha-z_0}{\beta-z_0}\right|>1$ 情形，這時直綫 $\left|\frac{Z-p/q}{Z-1}\right|=1$ 和 $Z=\frac{p}{q}$ 點必同落在直綫 EE' 的一邊而直綫 $\left|\frac{Z+p/q}{Z+1}\right|=1$ 和 $Z=-\frac{p}{q}$ 則落在 EE' 的另一邊（參見圖一），故當 $\left|\frac{\xi}{q}\right|=\left|\frac{Z-p/q}{Z-1}\right|<1$ 時必然 $\left|\frac{\xi'}{q}\right|=\left|\frac{Z+p/q}{Z+1}\right|>1$。次察 $\left|\frac{p}{q}\right|=\left|\frac{\alpha-z_0}{\beta-z_0}\right|=1$ 情形，這時 E 點與綫段 $(1,\frac{p}{q})$ 的中點 $\frac{1}{2}+\frac{p}{2q}$ 重合，E' 與綫段 $(-1,-\frac{p}{q})$ 的中點 $-\frac{1}{2}-\frac{p}{2q}$ 重合；因而 $\left|\frac{Z-p/q}{Z-1}\right|=1$ 與 $\left|\frac{Z+p/q}{Z+1}\right|=1$ 都和 EE' 綫重合而 $Z=\frac{p}{q}$ 與 $Z=-\frac{p}{q}$ 兩點則分在 EE' 的兩邊，故仍得 $\left|\frac{\xi}{q}\right|<1$ 時必使 $\left|\frac{\xi'}{q}\right|>1$。

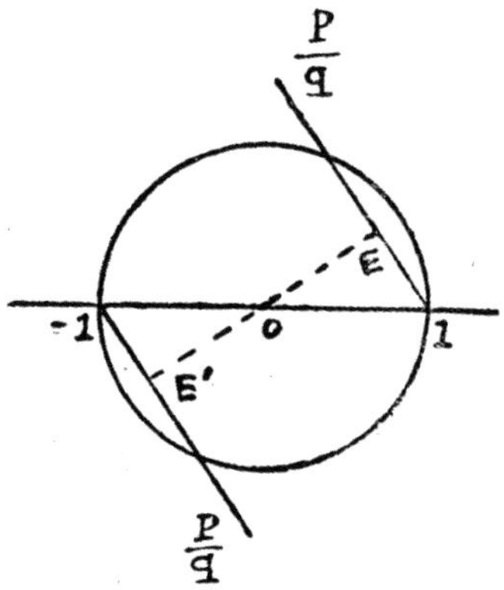

再攷察 $\alpha=\infty$ 時 z,z' 的互換關係可寫爲：$z-\beta+z'-\beta=0$ 的一情形（這時同值點 z 與 z' 對稱於 β 點）。我們得 $\xi-q+\xi'-q=0$ 及 $\frac{\xi}{q}=2-\frac{\xi'}{q}$ 故當 $\left|\frac{\xi}{q}\right|<1$ 時必使 $\left|\frac{\xi'}{q}\right|>1$。

（圖一）

總之，不論 z 點如何若 $|z-z_0|<|\beta-z_0|$ 則必 $|z'-z_0|<|\beta-z_0|$ 其中設

$|\beta-z_0| \leqslant |\alpha-z_0|$. $f(z)$ 在 z_0 點的最大單葉性圓就是以 z_0 爲心及通過最近於 z_0 的 $f'(z)$ 的零點或通過 $f(z)$ 的二級極點的圓。

這是在有理分式函數族中二次分式函數獨有的性質。例如：

$f(z) = z^m$, $m = 3, 4, \ldots$。$z = 0$ 是 $f'(z) = mz^{m-1}$ 的唯一零點，但 $|z-z_0| = |z_0|$ 不是 $f(z)$ 在 z_0 點的單葉性圓。如圖二，在 $|z-z_0| = |z_0|$ 圓內 OI 弦上的點 z 和 OJ 弦上的點 z' 與 O 等距離者都是使 $z^m = z'^m$ 的點。

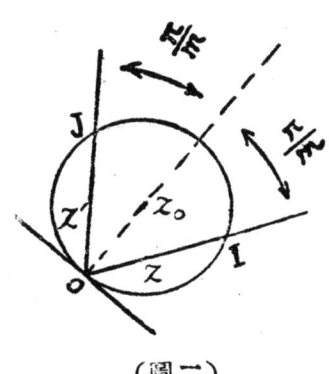

（圖二）

9° 通過一個重點 α 及以一雙同值點 z, z' 爲對稱點的圓必同時通過第二個重點 β。

事實上：因爲通過 α 及以 z, z' 爲對稱點的圓 Γ_1 與通過 α 及 z, z' 的圓 Γ 是正交的，並且 Γ 在 α 點的切綫和連結 z, z' 的直綫相交於 Γ_1 的心，故 Γ 與 Γ_1 的第二個交點就是 β。

10° 任與一個以 z_0, z_0' 爲對稱點的圓 C，它的相配同值圓 C' 也是以 z_0, z_0' 爲對稱點並且 C 和 C' 分別落在 Γ_1 的內外。同樣情形，令 λ 及 μ 表 $f(z)$ 的兩個極點我們得：

$$\left(\frac{\alpha-z_0}{\alpha-z_0'}\right)^2 = \frac{\lambda-z_0}{\lambda-z_0'} \cdot \frac{\mu-z_0}{\mu-z_0'} \quad \cdots\cdots\cdots (2)$$

事實上：因爲由在上互換關係(1)得：

$$\frac{\alpha-z_0}{\alpha-z_0'} = -\frac{\beta-z_0}{\beta-z_0'} = \frac{\alpha+\beta-2z_0}{\alpha-\beta} = \frac{\alpha-\beta}{\alpha+\beta-2z_0'},$$

$$\frac{\alpha-\lambda}{\alpha-\mu} = -\frac{\beta-\lambda}{\beta-\mu} = \frac{\alpha+\beta-2\lambda}{\alpha-\beta} = \frac{\alpha-\beta}{\alpha+\beta-2\mu};$$

兩式相減即得：

$$-\frac{\lambda-z_0}{\mu-z_0'} = \frac{\alpha+\beta-2\lambda}{\alpha+\beta-2z_0'}; \quad -\frac{\mu-z_0}{\lambda-z_0'} = \frac{\alpha+\beta-2z_0}{\alpha+\beta-2\lambda};$$

故有：$\dfrac{\lambda-z_0}{\lambda-z_0'} \cdot \dfrac{\mu-z_0}{\mu-z_0'} = \dfrac{\alpha+\beta-2z_0}{\alpha+\beta-2z_0'} = \left(\dfrac{\alpha-z_0}{\alpha-z_0'}\right)^2$。

II. $f(z)$ 的係數模的一般界限

現在我們攷察 $f(z)$ 在一個最大單葉全純圓內的展開式中係數模的一般界限。

上文說過 $|z-z_0|<|\alpha-z_0|$ 是在 $z=z_0$ 點 $f(z)$ 的最大單葉性圓，如果 α 是距離 z_0 最近的一個重點。當然可能這個圓包含 $f(z)$ 的一個極點 $z=\lambda$ 在圓內，這時 $f(z)$ 的最大單葉全純圓便是 $|z-z_0|<|\lambda-z_0|$；如果圓 $|z-z_0|<|\alpha-z_0|$ 之內沒 $f(z)$ 的極點則 $|z-z_0|<|\alpha-z_0|$ 是 $f(z)$ 最大單葉全純的圓。

為要寫 $f(z)$ 在這樣的圓內的展式：

$$f(z)=z-z_0+a_2(z-z_0)^2+\cdots\cdots=(z-z_0)+\sum_{n=2}^{\infty}a_n(z-z_0)^n$$

我們可先令：

$$f(z)=\frac{(z_0-\lambda)(z_0-\mu)}{z_0-z_0'}\cdot\frac{(z-z_0)(z-z_0')}{(z-\lambda)(z-\mu)},$$

其中 z,z_0',λ,μ 設為相異的有限常數。然後再攷察 $\lambda=\mu$ 及 λ,μ,z_0' 等表 ∞ 的情形。

令 C_0,C_λ,C_μ 表以 z_0,λ,μ 為心互相在外的正向圓，因為 $z=\infty$ 已設為 $f(z)$ 的一個常點故得：

$$a_n=\frac{1}{2\pi i}\int_{C_0}\frac{f(\zeta)d\zeta}{(\zeta-z_0)^{n+1}}$$

$$=-\left[\frac{1}{2\pi i}\int_{C_\lambda}\frac{f(\zeta)d\zeta}{(\zeta-z_0)^{n+1}}+\frac{1}{2\pi i}\int_{C_\mu}\frac{f(\zeta)d\zeta}{(\zeta-z_0)^{n+1}}\right]$$

$$1=a_1=-\frac{R_\lambda}{(\lambda-z_0)^2}-\frac{R_\mu}{(\mu-z_0)^2};\quad R_\lambda=\frac{(\lambda-z_0)^2(\mu-z_0)(\lambda-z_0')}{(z_0-z_0')(\lambda-\mu)},$$

$$R_\mu=\frac{(\mu-z_0)^2(\lambda-z_0)(\mu-z_0')}{(z-z_0')(\mu-\lambda)}.$$

設 $|\lambda-z_0|\leq|\mu-z_0|$，可寫：

$$a_n=-\frac{R_\lambda}{(\lambda-z_0)^{n+1}}-\frac{R_\mu}{(\mu-z_0)^{n+1}}$$

$$=\frac{1}{(\lambda-z_0)^{n-1}}+\frac{\frac{(\lambda-z_0)(\mu-z_0')}{(z_0-z_0')(\mu-\lambda)}}{(\lambda-z_0)^{n-1}}\left[1-\left(\frac{\lambda-z_0}{\mu-z_0}\right)^{n-1}\right]$$

以 $\mu-\lambda=\mu-z_0-(\lambda-z_0)=(\mu-z_0)\left(1-\frac{\lambda-z_0}{\mu-z_0}\right)$ 代入則得：

$$(\lambda-z_0)^{n-1}a_n=1+\frac{\mu-z_0'}{z_0-z_0'}\cdot\frac{\lambda-z_0}{\mu-z_0}+\frac{\mu-z_0'}{z_0-z_0'}\left(\frac{\lambda-z_0}{\mu-z_0}\right)^2+$$

$$\cdots\cdots + \frac{\mu - z_0'}{z_0 - z_0'} \left(\frac{\lambda - z_0}{\mu - z_0} \right)^{n-1} \text{。} \tag{3}$$

其中 $n = 2, 3, \cdots\cdots$

在特別情形: 當 $\lambda = \mu$ 時我們得:

$$f(z) = \frac{(\lambda - z_0)^2}{z_0 - z_0'} \cdot \frac{(z - z_0)(z - z_0')}{(z - \lambda)^2} \text{。}$$

$$a_n = \frac{1}{2\pi i} \int_{C_\lambda} \frac{f(\zeta) d\zeta}{(\zeta - z_0)^{n+1}} = \frac{1}{(\lambda - z_0)^{n-1}} \left[1 + \frac{(n-1)(\lambda - z_0')}{z_0 - z_0'} \right]$$

與取上(3)式 $\lambda = \mu$ 的結果相同

當 $z_0' = \infty$ 時我們得:

$$f(z) = (z_0 - \lambda)(z_0 - \mu) \frac{z - z_0}{(z - \lambda)(z - \mu)},$$

$$a_n = \frac{1}{(\lambda - z_0)^{n-1}} \left[1 + \frac{\lambda - z_0}{\mu - z_0} + \left(\frac{\lambda - z_0}{\mu - z_0} \right)^2 + \cdots\cdots + \left(\frac{\lambda - z_0}{\mu - z_0} \right)^{n-1} \right]$$

這也等於取 (3) 式於 $z_0' \to \infty$ 的極限。

當 $\mu = \infty$ 時我們得:

$$f(z) = \frac{z_0 - \lambda}{z_0 - z_0'} \cdot \frac{(z - z_0)(z - z_0')}{z - \lambda},$$

$$a_n = \frac{1}{(\lambda - z_0)^{n-1}} \left[1 + \frac{\lambda - z_0}{z_0 - z_0'} \right]$$

($n > 1$) 仍和 (3) 式于 $\mu \to \infty$ 時的極限相同。

當 $\lambda = \mu = \infty$ 時我們得:

$$f(z) = z - z_0 + \frac{(z - z_0)^2}{z_0 - z_0'}$$

是一個二次多項式以 ∞ 點爲二級極點, 而這時在上 (3) 式中的 a_n 應根據哥西定理寫爲:

$$a_n = \frac{1}{2\pi i} \int_{C_0} \frac{f(\zeta) d\zeta}{(\zeta - z_0)^{n+1}} = -\frac{1}{2\pi i} \int_{C_\infty} \frac{f(\zeta) d\zeta}{(\zeta - z_0)^{n+1}},$$

函數 $\frac{f(z)}{(z - z_0)^{n+1}}$ 在 ∞ 點的殘數 R_∞ 於 $n = 1$ 時 $R_\infty = -1$, 於 $n = 2$ 時 $R_\infty = \frac{-1}{z_0 - z_0'}$, 於 $n \geqslant 3$ 時 $R_\infty = 0$; 故上 (3) 式仍有效。

因此，在上(3)式可視爲 $f(z)$ 展開式中係數的一般表達式，它指出展式中各項係數與函數的零點 z_0, z_0' 及極點 λ, μ 的關係。

茲進而討論 a_n 的模的界。

先察最大全純圓小於或等於最大單葉性圓的情形即 $|\lambda - z_0| \leqslant |\alpha - z_0|$。由此我們有在下不等式：

$$(a) \text{ 當 } \left|\frac{\lambda-z_0}{\lambda-z_0'}\right| \leqslant \left|\frac{\alpha-z_0}{\alpha-z_0'}\right| \text{ 時則 } \left|\frac{\mu-z_0'}{z_0-z_0'} \cdot \frac{\lambda-z_0}{\mu-z_0}\right| < 1$$

$$(b) \text{ 當 } \left|\frac{\lambda-z_0}{\lambda-z_0'}\right| > \left|\frac{\alpha-z_0}{\alpha-z_0'}\right| \text{ 時則 } \left|1 - \frac{\lambda-z_0}{\mu-z_0} + \frac{\mu-z_0'}{z_0-z_0'} \cdot \frac{\lambda-z_0}{\mu-z_0}\right| < 1 \quad (4)$$

（其中 $z_0' \neq \infty$ 及 $|\lambda-z_0| \leqslant |\alpha-z_0| \leqslant |\beta-z_0|$）

事實上：由在上(2)式：

$$\left|\frac{\alpha-z_0}{\alpha-z_0'}\right|^2 = \left|\frac{\lambda-z_0}{\lambda-z_0'}\right| \cdot \left|\frac{\mu-z_0}{\mu-z_0'}\right|$$

及根據 (a) 的條件得：

$$\left|\frac{\mu-z_0'}{\mu-z_0} \cdot \frac{\lambda-z_0}{z_0-z_0'}\right| = \left|\frac{\alpha-z_0'}{\alpha-z_0}\right|^2 \cdot \left|\frac{\lambda-z_0}{\lambda-z_0'}\right| \cdot \left|\frac{\lambda-z_0}{z_0-z_0'}\right|$$

$$\leqslant \left|\frac{\alpha-z_0'}{\alpha-z_0}\right| \cdot \left|\frac{\lambda-z_0}{z_0-z_0'}\right| \leqslant \left|\frac{\alpha-z_0'}{z_0-z_0'}\right|,$$

因爲 z_0, z_0' 在一個 Γ 圓的兩個同值弧之上而 $|\alpha-z_0| \leqslant |\beta-z_0'|$，故 α 點必落在以 z_0, z_0' 爲弦的劣弧之上或半圓之上，於是必：

$$\left|\frac{\alpha-z_0'}{z_0-z_0'}\right| < 1,$$

而不等式 (a) 得到證明。

又在 (b) 的條件之下必 $|\lambda-z_0'| < |\alpha-z_0'|$，因爲我們已設其中 $|\lambda-z_0| \leqslant |\alpha-z_0|$，故得寫：

$$\left|1 - \frac{\lambda-z_0}{\mu-z_0} + \frac{\mu-z_0'}{z_0-z_0'} \cdot \frac{\lambda-z_0}{\mu-z_0}\right| = \left|1 + \frac{\lambda-z_0}{z_0-z_0'}\right| = \left|\frac{\lambda-z_0'}{z_0-z_0'}\right| < \left|\frac{\alpha-z_0'}{z_0-z_0'}\right| < 1。$$

在特別情形 $\lambda = \mu$ 或 $\mu = \infty$ 不等式 (a) 及 (b) 仍適用，只當 $z_0' = \infty$ 時才得：

$$\left|1-\frac{\lambda-z_0}{\mu-z_0}+\frac{\mu-z_0'}{z_0-z_0'}\cdot\frac{\lambda-z_0}{\mu-z_0}\right|=1,$$

及當 $z_0'=\infty$, $|\lambda-z_0|=|\mu-z_0|$ 時才得：$\left|\frac{\mu-z_0'}{z_0-z_0'}\cdot\frac{\lambda-z_0}{\mu-z_0}\right|=1$

由不等式 (a) 及在上 (3) 式我們察知：當 $\left|\frac{\lambda-z_0}{\lambda-z_0'}\right|\leq\left|\frac{\alpha-z_0}{\alpha-z_0'}\right|$ 時得

$$|(\lambda-z_0)^{n-1}a_n|<n;$$

至於 $\left|\frac{\lambda-z_0}{\lambda-z_0'}\right|>\left|\frac{\alpha-z_0}{\alpha-z_0'}\right|$ 時則令 (3) 式中的 $n=2,3,\ldots$ 及計及不等式 (b) 得：

$$|(\lambda-z_0)a_2|=\left|1-\frac{\lambda-z_0}{\mu-z_0}+\frac{\mu-z_0'}{z_0-z_0'}\cdot\frac{\lambda-z_0}{\mu-z_0}+\frac{\lambda-z_0}{\mu-z_0}\right|<1+\left|\frac{\lambda-z_0}{\mu-z_0}\right|<2。$$

$$|(\lambda-z_0)^2 a_3|=\left|1-\frac{\lambda-z_0}{\mu-z_0}+\frac{\mu-z_0'}{z_0-z_0'}\cdot\frac{\lambda-z_0}{\mu-z_0}+\frac{\lambda-z_0}{\mu-z_0}(\lambda-z_0)a_2\right|<1+$$

$$|(\lambda-z_0)a_2|<3。$$

....

$$|(\lambda-z_0)^{n-1}a_n|=\left|1-\frac{\lambda-z_0}{\mu-z_0}+\frac{\mu-z_0'}{z_0-z_0'}\cdot\frac{\lambda-z_0}{\mu-z_0}+\frac{\lambda-z_0}{\mu-z_0}(\lambda-z_0)^{n-2}a_{n-1}\right|$$

$$<1+|(\lambda-z_0)^{n-2}a_{n-1}|<n。$$

這樣，我們證明了當全純圓（$|z-z_0|\leq|\lambda-z_0|\leq|\alpha-z_0|$）不大於最大單葉性圓時如 $z_0'\neq\infty$ 亦即如 z_0 點不是重點 α,β 的中點，則 $f(z)$ 在以 z_0 點為心的單葉全純圓內的展式的係數 a_n 常適合 $|(\lambda-z_0)^{n-1}a_n|<n$。

當 $z_0'=\infty$ 時如 $|\lambda-z_0|<|\mu-z_0|$ 從 (3) 式仍得 $|(\lambda-z_0)^{n-1}a_n|<n$，只有於 $z_0'=\infty$ 及 $|\lambda-z_0|=|\mu-z_0|$ 時才可能得 $|(\lambda-z_0)^{n-1}a_n|\leq n$，亦即只有在 $z_0'=\infty$，$\lambda=\mu$ 時才能得 $|(\lambda-z_0)^{n-1}a_n|=n$。

再察 $f(z)$ 在 z_0 點最大全純圓大於在該點的最大單葉性圓的情形，設 $|\alpha-z_0|<|\lambda-z_0|=|\mu-z_0|$，得寫：

$$(\alpha-z_0)^{n-1}a_n = \left(\frac{\alpha-z_0}{\lambda-z_0}\right)^{n-1}(\lambda-z_0)^{n-1}a_n$$

$$= \left(\frac{\alpha-z_0}{\lambda-z_0}\right)^{n-1} \cdot \left[1 + \frac{\mu-z_0}{z_0-z_0'}\sum_{k=1}^{k-n-1}\left(\frac{\lambda-z_0}{\mu-z_0}\right)^k\right].$$

而上文不等式 (a) 與 (b) 可改爲如下的不等式：

$$(a') \quad \text{當} \left|\frac{\lambda-z_0}{\lambda-z_0'}\right| \leq \left|\frac{\alpha-z_0}{\alpha-z_0'}\right| \text{時則} \left|\frac{\lambda-z_0}{\lambda-z_0} \cdot \frac{\mu-z_0'}{\mu-z_0} \cdot \frac{\lambda-z_0}{z_0-z_0'}\right| < 1$$

$$(b') \quad \text{當} \left|\frac{\lambda-z_0}{\lambda-z_0'}\right| > \left|\frac{\alpha-z_0}{\alpha-z_0'}\right| \text{時則} \left|\frac{\lambda-z_0}{\lambda-z_0}\right| \cdot \left|1 - \frac{\lambda-z_0}{\mu-z_0} + \frac{\mu-z_0'}{\mu-z_0} \cdot \frac{\lambda-z_0}{z_0-z_0'}\right| < 1 \quad (4')$$

我們仿照上文的證法同樣地可以證明：

$$\left|(\alpha-z_0)^{n-1}a_n\right| = \left|\left(\frac{\alpha-z_0}{\lambda-z_0}\right)^{n-1} \cdot (\lambda-z_0)^{n-1}a_n\right| \leq \left|\frac{\alpha-z_0}{\lambda-z_0}\right|^{n-2} \cdot n < n.$$

這樣就一般地證明了二次有理分式函數在最大單葉全純圓內的展式的係數 a_n 總適合不等式：

$$R^{n-1}|a_n| \leq n.$$

其中 R 表單葉全純半徑。

從在上 (3) 式推知 $f(z)$ 於 $z_0'=\infty$ 及 $z_0=\dfrac{\lambda+\mu}{2}$ 時爲一對稱函數，換言之 z_0 爲以綫段 $\alpha\beta$ 爲直徑的圓的心時則 $f(z)$ 在 z_0 的展式的係數 $a_{2k}=0$，這時我們得：

$$(\lambda-z_0)^{2k}a_{2k+1}=1. \qquad k=1,2,\cdots\cdots$$

1°) 參攷 И. И. ПРИВАЛОВ: ВВЕДЕНИЕ В ТЕОРИЮ ФУНКЦИЙ КОМПЛЕКСНОГО ПЕРЕМЕННОГО.

(本文於1956年4月5日收到)

關於婁五納 (Löwner) 微分方程式的幾種單葉映射[*]

林 偉

(數學系)

由 Голузин 的論文[1]，我們知道下面定理：

定理 A：任與一沒有外點，包含點 $W=0$ 及不包含點 $W=\infty$ 的以有限條約當割綫爲其邊界的單連通區域 B_0，可以對應地建立一複數函數 $k(t)$，它在 $0 \leqslant t < +\infty$ 除了有限個第一類不連續點外是連續的，且模爲 1，使得單葉映射圓 $|z|<1$ 爲區域 B_0 的函數 $W=f(z), f(0)=0, f'(0)>0$，可用下式表示：

$$f(z) = \lim_{t \to \infty} \beta \, e^t f(z,t), \qquad \beta = f'(0)$$

此處 $f(z,t)$ 是在 $0 < t < +\infty$ 中微分方程

$$-\frac{\delta f}{\delta t} = -f \frac{1+kf}{1-kf} \qquad (1)$$

滿足初始條件：$f|_{t=0} = z$ 的解

在定理 A 中，方程 (1) 藉助函數

$$g(z_1,t) = g(z,0), \; z_1 = f(z,t), \; g(0,t)=0, \; g'_z(0,t) = \beta e^t > 0 \text{ 聯繫於方程}$$

$$\frac{\delta g}{\delta t} = z \frac{\delta g}{\delta z} \frac{1+kz}{1-kz} \qquad (2)$$

函數 $W=g(z,t)$ 單葉保角映射圓 $|z|<1$ 爲區域 B_t，設 B_0^* 的邊界 L 表爲 $W=W(t), W(t)$ 是確定在 $0 \leqslant t < +\infty$ 的分段連續函數，當 t 從 $0 \to \infty$ 時，點 $W(t)$ 連續單調沿 L 收縮於點 $W=\infty$，則 B_t 爲從整個平面除去割綫 $L_t: W=W(\tau)(t \leqslant \tau < +\infty)$ 的區域，當 $t' < t''$ 時，區域 $B_{t'}$ 被包含在 $B_{t''}$ 中且不與 $B_{t''}$ 一致，顯然，割綫 L_t 上的點

---

[*]本文是作者 1956 年在劉俊賢教授指導下所作畢業論文的一部份。（現在是本校數學系研究生）。

與 τ 單葉對應。方程 (1) 被稱為 Löwner 方程，在單葉函數論的研究中起巨大作用，我們稱上述函數 $k(t)$ 為 Löwner 方程的單葉保角映射的特性函數，本文擬研究特性函數 $k(t)=\pm e^{iv}$, $k(t)=e^{-it}$, $k(t)=e^{-i(\mu t+v)}$ 的情況，這裡 μ, v 是任意實常數。

預備定理 設沒有外點的單連通區域 D, B 分別以有弧長的約當曲綫 $(PQ), (P_1 Q_1)$ 為邊界（圖一 (δ)），若 D, B 分別由函數 $\xi = \varphi(z)$, $W = f(z)$ 與單位圓 $|z| < 1$ 構成單葉保角映射，且在此映射下邊界上各點對應於圓周 $|z| = 1$ 上同二點，則 $W = f(\varphi^{-1}(\xi)) = \psi(\xi)$ 為一綫性變換，卽存在一綫性變換將區域 D, B 相互映射。

証：邊界 $(PQ), (P_1 Q_1)$ 為約當曲綫，故函數 $\xi = \varphi(z)$, $W = f(z)$ 也分別雙方單值連續映射圓周 $|z| = 1$ 為曲綫 $(PQ), (P_1 Q_1)$，區域 D, B 沒有外點，按黎曼定理[4]的做法（先由二次根式 $\sqrt{\dfrac{\xi - P}{\xi - Q}}$ 和 $\sqrt{\dfrac{W - P_1}{W - Q_1}}$ 映射 D 和 B 為有外點的區域）曲綫

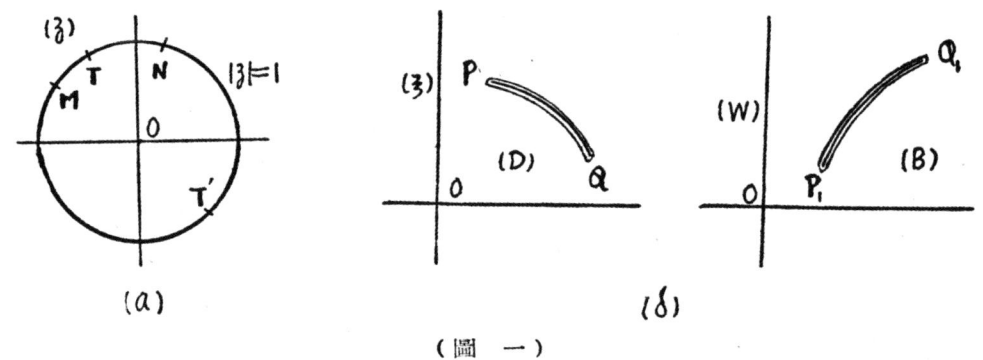

（圖 一）

$(PQ), (P_1 Q_1)$ 應畫二囘，由假設，端點 P, Q 和 P_1, Q_1 對應於圓 $|z| = 1$ 上同二點，令為 M, N（圖一 (a)），於是在映射 $\xi = \varphi(z), W = f(z)$ 下在圓周 $|z| = 1$ 上畫弧 $\overparen{MTN}$ 時，則在 ξ, W 平面上對應畫曲綫 $(PQ), (P_1 Q_1)$ 之一邊，畫弧 $\overparen{MT'N}$ 時，對應畫 $(PQ), (P_1 Q_1)$ 之另一邊，但邊界各點對應 $|z| = 1$ 上同二點，故 $W = f(\varphi^{-1}(\xi)) = \psi(\xi)$ 非但雙方單值映射 D 為 B，同時也雙方單值映射其邊界，卽函數 $W = \psi(\xi)$ 雙方單值保角映射 ξ 平面為 W 平面，是為一綫性變換。

註：容易証明，若特性函數 $k(t)$ 是正則的，則方程 (2) 的所有映射 $|z| < 1$ 為沒有外點的單連通區域（其割綫沿 t 連續單調收縮）的解，映射圓周 $|z| = 1$ 為解析約當綫弧，弧上每點都對應 $|z| = 1$ 上同二點，按預備定理，則所有這些解可通過綫性變換互相獲得。

以 $[|z|<1, f(z)]$ 表 $f(z)$ 映射圓 $|z|<1$ 所成的區域，則我們有下列定理：

定理1 在定理 A 中，若特性函數 $k(t)=P(t)e^{iv}$，v 爲任一實常數，$P(t)$ 取 $+1$ 或 -1，其不連續點僅有限個，則對應區域 $B_0= \left[|z|<1, f(z)=\dfrac{\beta z}{e^{i2v}z^2-ce^{iv}z+1} \right]$ $(\beta>0$，c 爲 $|c|\leq 2$ 之一個實數)爲整個平面除去射綫割綫：$\left[e^{-iv}\dfrac{\beta}{2-c}, e^{-iv}\infty \right)$，$\left[e^{-iv}\dfrac{-\beta}{2+c}, -e^{-iv}\infty \right)$；反之也然。

註：此結果龔昇已於1953年從另一方面獲得。[3]

証：先察 $v=0$

(i) **必要性** 若 $k(t)=P(t)$，則方程(2)對應之常微分方程爲

$$dt+\frac{(1-kz)\,dz}{z(1+kz)}=0 \qquad 積之，得通積分$$

$$g_0(z,t)=\frac{e^t z}{(1+kz)^2}=C \tag{3}$$

初始條件：$z=0$, $g(z,t)=0$ 爲方程(2)的特徵綫，故滿足條件 $g(0,t)=0$, $g_z'(0,t)>0$ 方程(2)之解爲 $W=g(z,t)=\psi(g_0)$，ψ 爲任一可微函數 $\psi(0)=0$, $\psi'(0)>0$。

由二次有理分式的幾何性質[2]，函數(3)單葉保角映射圓 $|z|<1$ 爲全 g_0 平面除去割綫 $l_t: g_0=\dfrac{ke^\tau}{4}(t\leq\tau<\infty)$, l_t 爲實軸上綫段 $\left[\dfrac{ke^t}{4}, \infty\right)$，綫段上的點與 τ 單葉對應，當 t 從 $0\to\infty$ 時端點 $g_0=\dfrac{ke^t}{4}$ 從 $\dfrac{k}{4}\to\infty$。另一方面函數 $g(z,t)=\psi(g_0)$ 單葉保角映射 $|z|<1$ 爲沒外點的單連通區域 B_t，其邊界 L_t 應爲 g_0 平面割綫 l_t 的映像，表爲 $W=\psi\left(\dfrac{ke^\tau}{4}\right)$ 由定理 A 區域 B_t 的性質，L_t 上的點與 τ 單葉對應，因 l_t 也如此，所以按預備定理及其註，作爲方程(2)的解 $g(z,t)$ 與 $g_0(z,t)$ 的關係，函數 $W=\psi(g_0)$ 必爲一綫性變換，注意及 $\psi(0)=0$, $\psi'(0)>0$ 則得

$$\psi(g_0)=\frac{\beta g_0}{1-rg_0}, \qquad \beta=\psi'(0)>0$$

故方程(2)滿足定理 A 的要求的解必爲

$$g(z,t) = \frac{\beta g_0}{1 - rg_0} = \frac{\beta e^t z}{z^2 - (re^t \mp 2)z + 1}$$

$$\therefore f(z) = \lim_{t \to \infty} \beta e^t f(z,t) = g(z,0) = \frac{\beta z}{z^2 - cz + 1}, \quad c = r \mp 2, \text{ 函數 } W = f(z) \text{ 爲}$$

一二次有理分式，其同值點互換投射關係爲 $-\beta z'z + \beta = 0$ 以 $z = \pm 1$ 爲重點，令 $W = f(z)$ 的極點爲 λ, μ，則 $\lambda + \mu = c$，按同值點的性質，$(\lambda, \mu, +1, -1) = -1$，又 λ, μ 其中必有一在 $|z| = 1$ 上（$|z| = 1$ 的像爲割綫 L_0，它通過無窮遠點），於是，λ, μ 同在圓周 $|z| = 1$ 上，並對稱於實軸，故 $c = \lambda + \mu$ 爲實數，且 $|c| \leq 2$。

(ii) 充分性　若 $B_0 = \left\{ |z| < 1, f(z) = \frac{\beta z}{z^2 - cz + 1} \right\}$，$\beta > 0, c$ 爲 $|c| \leq 2$ 之一實數，則按二次有理分式的幾何性質，B_0 爲全平面除去實軸上綫段 $(-\infty, \beta_1]$，$[\alpha_1, +\infty)$，$\alpha_1 = \frac{\beta}{2-c}$，$\beta_1 = \frac{-\beta}{2+c}$，把 $\overline{\alpha_1, +\infty}$，$\overline{\beta_1, -\infty}$ 看爲組成割綫 L_0 之二約當割綫，則按 Гоиузин 的做法，區域 B_t 沿 t 的變化可有二情況（圖二）：

(a) t 遞增，割綫 $W = W(t)$ 從 $\alpha_1 \to +\infty$ 後由 $\beta_1 \to -\infty$。此時函數 $g(z,t)$

$$= \frac{\beta e^t z}{(z+1)^2 - (2+c)e^t z} \text{ 單葉保角映射 } |z| < 1$$

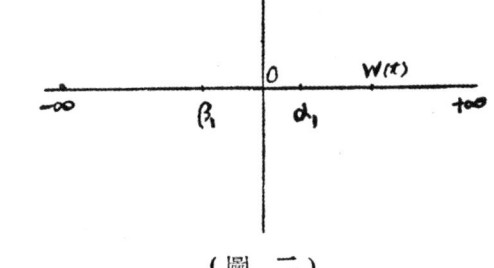

（圖二）

爲區域 B_t，當 t 從 $0 \to t_1 = \ln \frac{4}{2+c}$ 時，

割綫 $W(t) = \frac{\beta e^t}{4 - (2+c)e^t}$ 從 α_1 沿正實軸收

縮於 $W = \infty$；同樣函數 $g(z,t) = \frac{\beta e^t z}{(z-1)^2}$ 單葉保角映射 $|z| < 1$ 爲區域 B_t，當 t 從 $t_1 \to \infty$ 時對應割綫 $W(t) = \frac{-\beta e^t}{4}$ 從 $W = \beta_1$ 沿負實軸收縮於點 $W = -\infty$，故具有方向點要素 $g(0,t) = 0$，$g_z'(0,t) > 0$ 單葉映射圓 $|z| < 1$ 爲 B_t 的函數爲

$$g(z,t) = \begin{cases} \dfrac{\beta e^t z}{(z+1)^2 - (2+c)e^t z} & 0 \leq t < t_1 \\ \dfrac{\beta e^t z}{(z-1)^2} & t_1 \leq t < +\infty \end{cases}$$

直接計算 $\dfrac{\partial g}{\partial t}$，$\dfrac{\partial g}{\partial z}$ 則它滿足方程 (2)，此時特性函數

$$k(t) = \begin{cases} +1 & 0 \leq t < t_1 \\ -1 & t_1 \leq t < +\infty \end{cases}$$

爲一具有一個第一類不連續點的實函數。

(b) t 遞增，割綫 $W=W(t)$ 從 $\beta_1 \to -\infty$ 後由 $\alpha_1 \to +\infty$。此時對應函數爲

$$g(z,t)=\begin{cases} \dfrac{\beta e^t z}{(z-1)^2+(2-c)e^t z} & 0 \leq t < t_1 = ln\dfrac{4}{2-c} \\ \dfrac{\beta e^t z}{(z+1)^2} & t_1 \leq t < +\infty \end{cases}$$

它同樣滿足方程 (2)，不過特性函數 $k(t)=-1$ $(0 \leq t < t_1)$, $k(t)=+1$ $(t_1 \leq t < +\infty)$。

在一般情況，割綫 L 的組成爲下面類型：若割綫的方程爲 $W=W(t)$，則當 t 從 $0 \to t_1$ 時，$W(t)$ 從 $\alpha_1 \to \alpha_2$ (或 $\beta_1 \to \beta_2$)，t 從 $t_1 \to t_2$ 時，$W(t)$ 從 $\beta_1 \to \beta_2$ (或 $\alpha_1 \to \alpha_2$)，t 從 $t_2 \to t_3$ 時，$W(t)$ 從 $\alpha_2 \to \alpha_3$ (或 $\beta_2 \to \beta_3$)，……等。其中正數 $\alpha_1 < \alpha_2 < \cdots < \alpha_n$ 和負數 $\beta_1 > \beta_2 > \cdots > \beta_m$ 除 α_1, β_1 外爲任意預先選定的，此時割綫作 $n+m-1$ 次左右跳動（圖三）。仿前面同樣可證實我們的定理，此時特性函數仍取 $+1$ 或 -1，有有限個不連續點，對應於 $t_1, t_2 \cdots t_{n+m-1}$。

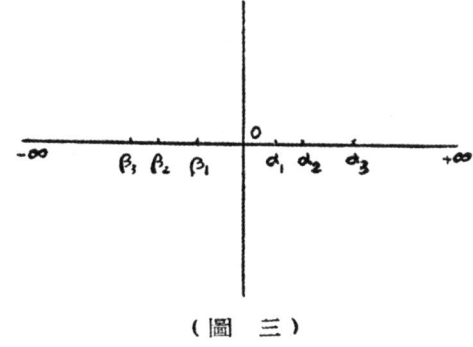

（圖 三）

這樣一來，我們便証明了定理在 $v=0$ 的情況。注意及函數 $W=e^{-iv}f(e^{iv}z)$ 和 $W=f(z)$ 的區域可經旋轉一定角 v 而重合，則在任一 v 定理也成立，定理證畢。*

例如

若 $k(t)=\begin{cases} i & 0 \leq t < t_1 \\ -i & t_1 \leq t < t_2 \\ i & t_2 \leq t < +\infty \end{cases}$ 則對應 $g(z,t)=\begin{cases} \dfrac{\beta e^t z}{-z^2-2i\left(\dfrac{m}{2}e^t-1\right)z+1} \\ \dfrac{\beta e^t z}{-z^2+2i(2e^{-t_2}e^t-1)z+1} \\ \dfrac{\beta e^t z}{(1+iz)^2} \end{cases}$

---

* 我們可給必要性另一証明，若 $g(z,t)=\beta e^t \sum\limits_{n=1}^{\infty} a_n(t)z^n$, $F(\zeta,t)=\dfrac{\beta e^t}{g\left(\dfrac{1}{\zeta},t\right)}+a_2(t)=\zeta+\sum\limits_{n=2}^{\infty}\dfrac{b_n(t)}{\zeta^n}$ 則當 $k(t)=\pm 1$ 時，$b_2(t)=a_2^2(t)-a_3(t)=1$，$\therefore g(z,t)=\dfrac{\beta e^t z}{z^2-a_2(t)z+1}$，$a_2(0)=-2\int_0^{\infty}e^{-\tau}k(\tau)d\tau$，爲實數，且 $|a_2(0)| \leq 2$。

其中 $m=4(e^{-t_1}-e^{-t_2})$，$0<m<4$，$\therefore f(z)=g(z,0)=\dfrac{\beta z}{e^{i\pi}z^2-ce^{i\frac{\pi}{2}}z+1}$，

$c=2\left(\dfrac{m}{2}-1\right)$，為實數且 $|c|\leq 2$。

定理 II 在定理 A 中，若特性函數 $k(t)=e^{-it}$，則 $B_0=\Big[|z|<1, f(z)=\dfrac{\beta z}{(1-iz)^{1+i}}=\beta\sum\limits_{n=1}^{\infty}c_n z^n\Big]$ $(\beta>0, |c_n|<n)$ 為全平面除去螺旋割綫 L：

$r=\beta e^{-\frac{\pi}{2}}e^{\varphi}$，$\dfrac{\pi}{4}-\ln\sqrt{2}\leq\varphi<+\infty$。反之也然。

証：(I) 必要性　若 $k(t)=e^{-it}$，則方程 (2) 對應之常微分方程為

$$\frac{dt}{1-e^{-it}z}+\frac{dz}{z(1+e^{-it}z)}=0 \quad \text{作變換 } z=e^Z \text{ 便得}$$

$$\frac{dZ}{dt}+\frac{1+e^{Z-it}}{1-e^{Z-it}}=0 \quad \text{令 } u=Z-it \text{ 得}$$

$$-\frac{d(e^u+i)}{(e^u+i)}+\frac{du}{1+i}+dt=0$$

積之，並以 $u=\ln z-it$ 代入便得通積分

$$g_0(z,t)=\frac{ze^t}{(1-ie^{-it}z)^{1+i}}=C \qquad (4)$$

它以點 $z_0=e^{it}$，$-ie^{it}$ 為支點，$|z_0|=1$，z 畫圓 $|z|=\rho<1$ 時，g_0 平面對應畫一閉曲綫，設 $z_1=\rho e^{i\theta_1}, z_2=\rho e^{i\theta_2}$ 為圓 $|z|=\rho$ 上任二點，其幅角可寫為 $\theta_1=\theta-\theta_0, \theta_2=-\theta-\theta_0, \theta_0=\dfrac{\pi}{2}-t$，若不然設 $\theta_1+\theta_2=2\alpha_0$，作坐標變換 $\theta'=\theta-(\theta_0+\alpha_0)$ 便可達到，設 $g_0(z_1,t)=g_0(z_2,t)$ 則，

$$\left(\frac{1-\rho e^{i\theta}}{1-\rho e^{-i\theta}}\right)=\left(\frac{\rho e^{i(\theta-\theta_0)}}{\rho e^{i(-\theta-\theta_0)}}\right)^{\frac{1}{1+i}}=\left(e^{i2\theta}\right)^{\frac{1-i}{2}}=e^{\theta+i\theta}$$

$$1=\left|\frac{1-\rho e^{i\theta}}{1-\rho e^{-i\theta}}\right|=e^{\theta}$$

$\therefore \theta=0, \theta_1=\theta_2=-\theta_0 \qquad \therefore z_1=z_2$

因之函數 (4) 在圓周 $|z|=\rho$ 上單葉，按雙方單值原則[4] 函數 (4) 單葉保角映射圓 $|z|\leq\rho$ 為 W 平面某閉區域，令 $\rho\to 1$，便得 $g_0(z,t)$ 在 $|z|<1$ 的單葉性。$|z|=1$ 時函數

$$g_0(z,t)=re^{i\varphi}=\frac{e^t e^{i\theta}}{(1+e^{i(-\frac{\pi}{2}+\theta-t)})^{1+i}}$$

$$=e^t e^{i\theta}\Big/\text{epx}(1+i)(ln2|\cos\frac{-\frac{\pi}{2}+\theta-t}{2}|+i\frac{-\frac{\pi}{2}+\theta-t}{2})$$

$$\therefore \begin{cases} r=e^{-\frac{\pi}{4}}e^{\frac{\theta+t}{2}}\Big/2|\cos(-\frac{\pi}{4}+\frac{\theta-t}{2})| \\ \varphi=\frac{\pi}{4}+\frac{\theta+t}{2}-ln2|\cos(-\frac{\pi}{4}+\frac{\theta-t}{2})| \end{cases}$$

易証 φ 在 $\theta=t-\frac{\pi}{2}$, $\theta=t+\frac{3}{2}\pi$ 取最大值 $\varphi=+\infty$, 在 $\theta=t$ 取最小值 $\varphi=t+\frac{\pi}{4}-ln\sqrt{2}$, 故 z 畫 $|z|=1$ 時, g_0 對應畫螺旋綫 $l_t: r=e^{-\frac{\pi}{2}}e^\varphi$, $t+\frac{\pi}{4}-ln\sqrt{2}\leq\varphi<+\infty$. $t\leq\theta\leq t+\frac{3}{2}\pi$ 對應 l_t 之一邊, $t-\frac{\pi}{2}\leq\theta\leq t$ 對應 l_t 之另一邊。

仿定理 I 的證明, 方程 (2) 滿足定理 A 的解必為

$$g(z,t)=\psi(g_0)=\frac{\beta g_0}{1-\gamma g_0}$$

其極點 $\frac{1}{\gamma}$ 在 l_0 上。由 $k(t)=e^{-it}$ 在 $(0,\infty)$ 上連續, g_0 平面的割綫僅為 l_0 一支, 注意及 W 平面區域 B_t 的單連通性和其割綫 L_t 沿 t 的連續收縮性, 割綫 L_t 與 l_t 的無窮遠端點應相對應, 所以函數 $W=\psi(g_0)$ 的極點 $\frac{1}{\gamma}=\infty$, $\gamma=0$, 故

$$g(z,t)=\beta g_0=\frac{\beta e^t z}{(1-ie^{-it}z)^{1+i}}$$

$$W=f(z)=g(z,0)=\frac{\beta z}{(1-iz)^{1+i}}=\beta\sum_{n=t}^{\infty}C_n z^n$$

它映射 $|z|<1$ 為全 W 平面除去螺旋割綫 $L: r=\beta e^{-\frac{\pi}{2}}e^\varphi$, $\frac{\pi}{4}-ln\sqrt{2}\leq\varphi<+\infty$

由牛頓二項式定理展開式係數 $C_n=(i)^{n-1}\frac{(1+i)(2+i)\cdots(n-1+i)}{(n-1)}$

$$\therefore |C_n|<n, (n\geq 2)$$

(II) **充份性** 若 $B_0 = \left[|z|<1, f(z) = \dfrac{\beta z}{(1-iz)^{1+i}} \right]$, $\beta>0$, 它爲全平面除去螺旋割綫 $L: r = \beta e^{-\frac{\pi}{2}} e^{\varphi}$, $\dfrac{\pi}{4} - \ln\sqrt{2} \leq \varphi < +\infty$, B_t 沿 t 的變化僅有一情況: 若割綫 $L_t: W = W(t)$, 則當 t 從 $0 \to \infty$ 時, 點 $W = W(t)$ 沿 L 從 $W_0 = \beta e^{-\frac{\pi}{4} - \ln\sqrt{2} + i(\frac{\pi}{4} - \ln\sqrt{2})} \to W = \infty$. 顯然函數 $W = g(z,t) = \dfrac{\beta e^t z}{(1-ie^{-it}z)^{1+i}}$ 映射 $|z|<1$ 爲區域 B_t, 且具有方向點要素 $g(0,t) = 0$, $g_z'(0,t) > 0$, 它是唯一確定的 直接計算 $\dfrac{\partial g}{\partial z}, \dfrac{\partial g}{\partial t}$ 則 $W = g(z,t)$ 滿足方程 (2), 此時特性函數 $k(t) = e^{-it}$. 定理證畢.

注意, 定理中特性函數 $k(t) = e^{-it}$ 所對應函數 $f(z) = \dfrac{\beta z}{(1-iz)^{1+i}}$ 正爲 M. Špaček 在研究星形函數理論中所攷察的函數的一種[5], 事實上, $|z|=1$ 時, $\left| arg \left(e^{-i\frac{\pi}{4}} \dfrac{zf'(z)}{f(z)} \right) \right| = \dfrac{\pi}{2}$, 而區域 $B_0 = [|z|<1, f(z)]$ 的幾何性質正與他所指出的相同.

仿本定理同樣可得下列 $k(t)$ 與 B_0 之對應關係:

(a) 若 $k(t) = e^{-i(t+v)}$, v 爲任一實常數, 則 $B_0 = \left[|z|<1, \dfrac{\beta z}{(1-ie^{-iv}z)^{1+i}} \right]$ $\beta>0$, 爲全平面除去螺旋割綫 $L': r = \beta e^{-\frac{\pi}{2} - v} e^{\varphi}$, $\left(\dfrac{\pi}{4} - \ln\sqrt{2}\right) + v \leq \varphi < +\infty$, 它由定理 II 中的割綫 L 繞原點沿正向作 v 角旋轉而獲得.

(b) 若 $k(t) = e^{it}$, 則 $B_0 = \left[|z|<1, \dfrac{\beta z}{(1+iz)^{1-i}} \right]$ $\beta>0$, 爲全平面除去螺旋綫 $L'': r = \beta e^{-\frac{\pi}{2}} e^{-\varphi}$, $\dfrac{\pi}{4} - \ln\sqrt{2} \leq -\varphi < +\infty$, 它與定理 II 中的 L 對稱於實軸.

在一般情況, 我們得

定理 III 在定理 A 中, 若特性函數 $k(t) = e^{-i(\mu t + v)}$, μ, v 爲任意實常數, 則 $B_0 = \left[|z|<1, \dfrac{\beta z}{\left(1 + \frac{1-i\mu}{1+i\mu} e^{-iv} z\right)^{\frac{2}{1-i\mu}}} \right]$, 爲全平面除去交角爲 $arc\, tg\,\mu$ 的對數螺旋割綫; 反之也然.

參考文獻

(1) Г. М. Голузин，單葉函數論中的一些問題，數學譯叢（1956）

(2) 劉俊賢和范達，二次有理分式函數的單葉性，中山大學學報（2）1956

(3) 龔昇，關於戈魯净一婁五納微分方程，數學學報（3）1953。

(4) И. И. Привалов，複變函數引論

(5) MoNtel, P., Lecons sur les fonctions univalentes ou Multivalentes, (1933) P.15

本文於 1957 年 1 月 24 日收到。

歐氏空間中一對曲線它們的 Frenet 標架的相關位置是不變的

梅向明[*]

在 n 維歐氏空間 E_n 中一條曲線，如果它的曲率和一系列常數成比例，則稱爲 Syptak 型的 Generalized 螺旋曲線 (Generalized helix of Syptak)[1] 本文中將研究這種曲線的一個性質。

我們希望在 E_n 中指出有這樣一對曲線存在，我們能夠在它們上面建立點對應使對應點的 Frenet 標架的相關位置不變 (Rigidly Connected)，換言之，其中一標架的每一個向量和另一標架各向量的夾角爲定角 (Constant angle)。

在 E_n 中給出一對曲線 C 和 C^*，假定它們不是極小曲線，同時每一曲線不包含在 E_n 的任何子空間中，它們的方程分別是：

C: $\quad x^i = f^i(S)$,

$$(i = 1, 2, \cdots, n)$$

C^*: $\quad x^i = \varphi^i(S^*)$.

其中 S 和 S^* 分別表示 C 和 C^* 的弧長。

令 $\xi^i_{(1)}$ 和 $\xi^{*i}_{(1)}$ 分別表示 C 和 C^* 的單位切向量，則

(1) $\qquad \xi^i_{(1)} = \dfrac{df^i}{ds}, \qquad \xi^{*i}_{(1)} = \dfrac{d\varphi^i}{ds^*}$

再令 C 和 C^* 的單位法向量分別爲 $\xi^i_{(k)}$ 和 $\xi^{*i}_{(k)}$ ($k = 2, 3, \cdots, n$)，它們都由 Frenet 公式所確定：

---

[1] 見 Y. C. wong (黃用諏): Generalized helicesiin an ordinary Vn. Proceedings of Cambridge Philosophy Society, Vol. 37(1941), P.P.14−28.

[*] 本文作者，是我校數學系的畢業同學。

(2) $\quad \dfrac{d\xi^i_{(l)}}{ds} = -k_{l-1}\xi^i_{(l-1)} + k_l\xi^i_{(l+1)}$

$$(l, k = 1, 2, \cdots, n; k_0 = k_n = 0, k_0^* = k_n^* = 0)$$

(3) $\quad \dfrac{d\xi^{*i}_{(k)}}{ds^*} = -k^*_{k-1}\xi^{*i}_{(k-1)} + k^*_k\xi^{*i}_{(k+1)}$。

式中 k_k 和 k_k^* ($k = 1, 2, \cdots, n-1$) 分別表示 C 和 C^* 的曲率，它們都不等於零。

如果 C 和 C^* 之間能找到這樣的點對應

(4) $\quad S^* = S^*(S)$,

使對應點的 Frenet 標架的相關位置不變，則應有[2]

(5) $\quad \xi^{*i}_{(k)} \cdot \xi^i_{(l)} = Const.\ a_{kl} \quad (l, k = 1, 2, \cdots, n)$

由於 Frenet 標架的正交性質，并且標架的每向量都是單位向量，所以常數 a_{kl} 中祇有 $\dfrac{n(n-1)}{2}$ 個是獨立的。

我們首先討論一下，如果條件 (4) 和 (5) 被滿足的話，C 和 C^* 的曲率 k_k 和 k_k^* 之間將存在什麼關係？

將 (5) 式的兩邊對 S 微分之，得

(6) $\quad \dfrac{ds^*}{ds} \dfrac{d\xi^{*i}_{(k)}}{ds^*} \cdot \xi^i_{(l)} + \xi^{*i}_{(k)} \cdot \dfrac{d\xi^i_{(l)}}{ds} = 0$

根據 (2) 和 (3) 式，又得

(7) $\quad ds^*\left(-k^*_{k-1}\xi^{*i}_{(k-1)} + k^*_k\xi^{*i}_{(k+1)}\right) \cdot \xi^i_{(l)} + \xi^{*i}_{(k)} \cdot ds\left(-k_{l-1}\xi^i_{(l-1)} + k_l\xi^i_{(l+1)}\right) = 0$

---

[2] 從這兒我們把 $\sum\limits_{i=1}^{n} \xi^{*i}_{(k)} \xi^i_{(l)}$ 簡寫成 $\xi^{*i}_{(k)} \cdot \xi^i_{(l)}$。

再根據(5)式，則得

(8) $\quad -\left(K_{k-1}^{*} ds^{*}\right) a_{k-1, l} + \left(K_{k}^{*} ds^{*}\right) a_{k+1, l} = (K_{l-1} ds) a_{k, l-1} - (K_l ds) a_{k, l+1}$

從上式中挑出 $(2n-3)$ 個獨立的式子如下：

(9) $\quad (K_1^{*} ds^{*}) a_{2l} = (K_{l-1} ds) a_{1, l-1} - (K_l ds) a_{1, l+1}, \quad (k=1, l=1, 2, \cdots, n-1)$

(10) $\quad -\left(K_{k-1}^{*} ds^{*}\right) a_{k-1, 1} + \left(K_{k}^{*} ds^{*}\right) a_{k+1, 1} = -(K_1 ds) a_{k, 2},$

$$(l=1, k=2, 3, \cdots, n-1)$$

假定 $a_{k, 1}$ 和 a_{1l} $(k, l=2, 3, \cdots n)$ 不等於零，換言之，在 C 和 C^{*} 的對應點的切向量都不垂直於另一曲綫的各法向量，則我們可以解出 $K_p^{*} ds^{*}$ 和 $K_p ds$ $(p=1, 2, \cdots, n-1)$ 如下：

(9)式中當 $l=1$ 時我們有

(11) $\quad K_1 ds = -\dfrac{a_{21}}{a_{12}} (K_1^{*} ds^{*}) = C_1 (K_1^{*} ds^{*}), \quad K_1^{*} ds^{*} = -\dfrac{a_{12}}{a_{21}} (K_1 ds) = C_1^{*} (K_1 ds).$

式中 C_1 和 C_1^{*} 表示相應的常數。

(9)式可以改寫為

$$a_{1, l+1} (K_l ds) = a_{1, l-1} (K_{l-1} ds) - a_{2l} (K_1^{*} ds^{*}),$$

這是一個循環方程式，從(11)式已求出 $K_1 ds$，於是可以循環地求出 $K_2 ds, K_3 ds, \cdots$，如下：

(12) $\quad K_l ds = \dfrac{K_1^{*} ds^{*}}{a_{12} a_{13} \cdots a_{1, l+1}} (a_{21} a_{11} a_{12} a_{13} \cdots a_{1, l-1} + a_{12} a_{22} a_{12} a_{13} \cdots a_{1, l-1}$

$\quad + \cdots + a_{12} a_{13} \cdots a_{1r} a_{2r} \cdots a_{1, l-1} + \cdots + a_{12} a_{13} \cdots a_{1, l-1} a_{2, l-1} a_{1, l-1} + a_{12}$

$\quad a_{13} \cdots a_{1l} a_{2l}) = C_l (K_1^{*} ds^{*})$

其中 C_l 代表相應的常數。

同樣地，從(10)式中能環地解出 $K_k^{*} ds^{*}$，注意(10)式和(9)式的差別祗是 a_k^l 的上下指標相反，因此很容易從(12)式推出(10)式的解：

(13) $\quad K_k^{*} ds^{*} = \dfrac{K_1 ds}{a_{21} a_{31} \cdots a_{k+1, 1}} (a_{12} a_{11} a_{21} a_{31} \cdots a_{k-1, 1} + a_{21} a_{22} a_{21} a_{31} \cdots$

$$a_{k-1,1} + \cdots a_{21} a_{31} \cdots a_{r1} a_{r2} a_{r1} \cdots a_{k-1,1} + \cdots a_{21} a_{31} \cdots a_{k-1,1} a_{k-1,2}$$

$$a_{k-1,1} + a_{21} a_{31} \cdots a_{k1} a_{k2}) = C_k^* (K_1 ds).$$

其中 C_k^* 代表相應的常數。

根據 (11), (12) 和 (13), 可知

$$K_1 : K_2 : \cdots : K_{n-1} = C_1 : C_2 : \cdots : C_{n-1},$$

$$K_1^* : K_2^* : \cdots : K_{n-1}^* = C_1^* : C_2^* : \cdots : C_{n-1}^*.$$

這說明 C 和 C^* 都是 Syptak 型的 Generalized 螺旋曲線。於是則下定理:

定理 1: E_n 中兩條曲線 C 和 C^*,它們不是極小曲線,並且都不包含於 E_n 的任何子空間中,如果它們之間存在這樣的點對應使對應點的 Frenet 標架的相關位置不變,並且每曲線在對應點的切線不垂直於另一曲線的各法線,則 C 和 C^* 必須是 Syptak 型的 Generalized 螺旋曲線。

如果 C 和 C^* 重合,則導出下面的推論:

推論: E_n 中一曲線 C,它不是極小曲線,也不包含在 E_n 的任何子空間中,如果在它上面能找出這樣的點對應,使對應點的 Frenet 標架的相關位置不變,且對應點的切線不垂直於他一對應點的各法線,則 C 必須是 Syptak 型的 Generalized 螺旋曲線。

反過來,給出 E_n 中兩條 Syptak 型的 Generalized 螺旋曲線 C 和 C^*,它們的曲率 K_k 和 K_k^* 分別適合下列等式:

(14) $K_1 : K_2 : \cdots : K_{n-1} = C_1 : C_2 : \cdots : C_{n-1},$

(15) $K_1^* : K_2^* : \cdots : K_{n-1}^* = C_1^* : C_2^* : \cdots : C_{n-1}^*.$

其中 C_k 和 C_k^* 是已知常數。在 C 和 C^* 上分別給出一對對應定點 P_o 和 P_o^*,它們的對應參數值分別為 S_o 和 S_o^* 點的 Frenet 標架的各向量分別表為

$$\xi^{i}_{o(k)} \text{ 和 } \xi^{*i}_{o(k)} \qquad (k=1,2,\cdots,n).$$

我們考察下面的微分方程

(16) $\quad K_1^* \, ds^* = k \, K_1 ds$

其中 k 是待定常數。給出一對對應點 (P_o, P_o^*) 這微分方程唯一決定 C 和 C^* 間的一對應關係

(17) $\quad S^* = S^*(s)$

其中函數 $S^*(s)$ 當 $S = S_o$ 時的值為 S_o^* (即 $S_o^* = S^*(s_o)$)。

現在我們要適當地選擇常數 k,使在對應關係 (17) 下,C 和 C_* 的 Frenet 標架的相關位置不變,換言之,$\xi^{*i}_{(k)} \cdot \xi^{i}_{(l)} = Const.$

將 $\xi^{*i}_{(k)} \cdot \xi^{i}_{(l)}$ 對 S 微分之,根據 Frenet 公式 (2),(3) 和 (14),(15) 易知

$$\frac{d}{ds}\left(\xi^{*i}_{(k)} \cdot \xi^{i}_{(l)}\right) = \frac{k_1^*}{k_1}\frac{ds^*}{ds}\left(-C^*_{k-1}\xi^{*i}_{(k-1)} \cdot \xi^{i}_{(l)} + C^*_k \xi^{*i}_{(k+1)} \cdot \xi^{i}_{(l)}\right) +$$
$$+ \left(-C_{l-1}\xi^{*i}_{(k)} \cdot \xi^{i}_{(l-1)} + C_l \xi^{*i}_{(k)} \cdot \xi^{i}_{(l-1)}\right)$$

根據 (16) 式,上式又可寫成

$$\frac{d}{ds}\left(\xi^{*i}_{(k)} \cdot \xi^{i}_{(l)}\right) = k\left(-C^*_{k-1}\xi^{*i}_{(k-1)} \cdot \xi^{i}_{(l)} + C^*_k \xi^{*i}_{(k+1)} \xi^{i}_{(l)}\right)$$
$$+ \left(-C_{l-1}\xi^{*i}_{(k)} \cdot \xi^{i}_{(l-)} + C_l \xi^{*i}_{(k)} \cdot \xi^{i}_{(l+1)}\right)$$

因此,$\xi^{*i}_{(k)} \cdot \xi^{i}_{(l)} = \text{const.}$ 的充分和必要條件就是

$$\left(-K C^*_{k-1}\right)\left(\xi^{*i}_{(k-1)} \cdot \xi^{i}_{(l)}\right) + \left(K C^*_k\right)\left(\xi^{*i}_{(k+1)} \cdot \xi^{i}_{(l)}\right) + \left(-C_{l-1}\right)$$

第一期　　歐氏空間中一對曲線它們的 Frenet 標架的相關位置是不變的　　15

$$\left(\xi_{(k)}^{*i}\cdot\xi_{(l-1)}^{i}\right)+\left(C_l\right)\left(\xi_{(k)}^{*i}\cdot\xi_{(l+1)}^{i}\right)=0.$$

這是以 $\xi_{(k)}^{*i}\cdot\xi_{(l)}^{i}$ 爲未知數的線性齊次方程組，要從它解出 $\xi_{(k)}^{*i}\cdot\xi_{(l)}^{i}$ 必須使係數行列式爲零，這是待定常數 k 的 n^2 次方程，這兒，我們不詳列出它的形式，而祇用下式來表示：

(18) 　　　$D(k)=0.$

對於方程(18)的每一實根 k，給出一對應關係

$$K_1^{*}\,ds^{*}=k\,K_1 ds$$

或　　　$S^{*}=S^{*}(S)$　　（但 $S_0^{*}=S^{*}(S_0)$）

在這對應關係下，

$$\xi_{(k)}^{*i}\cdot\xi_{(l)}^{i}=\text{const}$$

但是 P_0 和 P_0^{*} 是一對對應點，所以有

$$\xi_{(k)}^{*i}\cdot\xi_{(l)}^{i}=\xi_{0(k)}^{*i}\cdot\xi_{0(l)}^{i}.$$

於是得下定理：

定理2. E_n 中給出兩條 Srptak 型的 Generalized 螺旋曲線 C 和 C^{*}，在 C 和 C^{*} 上分別給出一對對應定點 P_0 和 P_0^{*}，則我們能在 C 和 C^{*} 的點之間最多找出 n^2 個對應關係，使對應點的 Frenet 標架的相關位置相同於 P_0 和 P_0^{*} 點的 Frenet 標架的相關位置。

推論：E_n 中給一出條 Srptak 型的 Generalized 螺旋曲線 C，在 C 上給出一對對應定點 P_0 和 P_0^{*}，我們能在 C 的點之間最多找出 n^2 個對應關係使對應點的 Frenet 標架的相關位置相同於 P_0 和 P_0^{*} 點的 Frenet 標架的相關位置。

＊梅同志在這論文的結果僅根據所假設得來沒有指出假設的現實性。在 $n=3$ 時問題已非簡單還可解決，梅同志對於所得的方程組沒有詳細分析；但，我們對梅同志提出論文認爲可以引起對 n 維幾何研究者進一步的探討 —— 數學系編輯負責人。

关于临界情形某一类微分方程组的稳定性 I

胡金昌　許淞庆

討論具有特征根为 m 重单零根的方程組：

$$\frac{dx}{dt} = AX, \qquad X = \begin{pmatrix} X_1 \\ X_2 \end{pmatrix}, \qquad A = \begin{pmatrix} t^\alpha R_0 & t^\beta R_1 \\ t^\alpha R_2 & t^\beta(P+Q) \end{pmatrix}$$

这里各矩陣：$X_1 = (x_{ij})\begin{smallmatrix}j=1,\cdots,n\\i=1,\cdots,n\end{smallmatrix}$, $X_2 = (x_{ij})\begin{smallmatrix}j=1,\cdots,n\\i=m+1,\cdots,n\end{smallmatrix}$, $R_0 = (r_{ij})\begin{smallmatrix}j=1,\cdots,m\\i=1,\cdots,m\end{smallmatrix}$

$R_1 = \begin{pmatrix} r_{ij} \\ r_{ij} \end{pmatrix}\begin{smallmatrix}j=m+1,\cdots,n\\i=1,\cdots,m,\end{smallmatrix}$ $R_2 = (r_{ij})\begin{smallmatrix}j=1,\cdots,m\\i=m+1,\cdots,n,\end{smallmatrix}$ $P+Q = (p_{ij}+q_{ij})\begin{smallmatrix}j=m+1,\cdots,n\\i=m+1,\cdots,n.\end{smallmatrix}$

各 r_{ij}, q_{ij} 为 t 的連續实函数，$t \geqslant T > 0$；又当 $t \to +\infty$ 时，各 $q_{ij} \to 0$，各 r_{ij} 有界。

本文对于某几种类型的方程組写出其基解組在 $t = \infty$ 的邻域的构造，由此推知其零解为稳定的条件。关于此类問題，若容許各 r_{ij}, q_{ij} 用漸近展开式，則在文〔3〕，〔4〕对于三阶方程組，文〔5〕对于一个三阶方程已經有了解案，其間 r_{ij}, q_{ij} 表以幂的漸近展式或 Laurent 級数。若容許各 r_{ij} 当 $t \to +\infty$ 时有极限值的情形备见文〔5〕。但本文不涉及展式，故求作基解組这問題，要附加条件。先設

$$(0) \qquad \qquad \det(P - \lambda E) = 0$$

所有的根的实部为負数，又 α, β 为实数。玆分論各情形如下：

情形一。設 $\alpha < -1 < \beta$。在此情形内文〔1〕已知有 $n \times m$ 矩陣解

$$\begin{pmatrix} X_1^0 \\ X_2^0 \end{pmatrix} = \begin{pmatrix} E + t^{\alpha+1} U_1 \\ t^{\alpha-\beta} U_2 \end{pmatrix}$$

其間 $U_1 = (u_{ij})\begin{smallmatrix}j=1,\cdots,m\\i=1,\cdots,m,\end{smallmatrix}$ $U_2 = (u_{ij})\begin{smallmatrix}j=1,\cdots,m\\i=m+1,\cdots,n,\end{smallmatrix}$ 各 $u_{ij}(t)$ 当 $t \in (T, \infty)$ 时有界。

用代換：

$$\begin{pmatrix} X_1 \\ X_2 \end{pmatrix} = \begin{pmatrix} X_1^0 & O \\ X_2^0 & E \end{pmatrix} \begin{pmatrix} Z_1 \\ Z_2 \end{pmatrix}$$

則得如下計算

$$\begin{pmatrix} X_1^0 & O \\ X_2^0 & E \end{pmatrix} \frac{d}{dt} \begin{pmatrix} Z_1 \\ Z_2 \end{pmatrix} = \left[A \begin{pmatrix} X_1^0 & O \\ X_2^0 & E \end{pmatrix} - \frac{d}{dt} \begin{pmatrix} X_1 & O \\ X_2 & E \end{pmatrix} \right] \begin{pmatrix} Z_1 \\ Z_2 \end{pmatrix} = A \begin{pmatrix} O \\ Z_2 \end{pmatrix}$$

即

$$X_1^0 \frac{dZ_1}{dt} = t^\beta R_1 Z_2$$

$$t^{\alpha-\beta} U_2 \frac{dZ_1}{dt} + \frac{dZ_2}{dt} = t^\beta (P+Q) Z_2$$

由于 $t^{\alpha+1}U_1 \to 0$ 当 $t \to +\infty$，故 $X_1^{(0)-1}$ 在 $t=\infty$ 的邻域可写成 $E+t^{\alpha+1}S \equiv W$ 之形，其間 S 有界。故上两式化为：

$$\frac{dZ_1}{dt} = t^\beta WR_1 Z_2$$

$$\frac{dZ_2}{dt} = t^\beta (P+Q-t^{\alpha-\beta}U_2 WR_1)Z_2.$$

用变换：$\tau = t^{\beta+1}$，把上两式化为：

$$\frac{dZ_1}{d\tau} = \frac{1}{\beta+1} WR_1 Z_2$$

$$\frac{dZ_2}{d\tau} = \frac{1}{\beta+1}(P+Q - \tau^{\frac{\alpha-\beta}{\beta+1}} U_2 WR_1)Z_2$$

其間的 Q，U_2，W，R_1 当然以 τ 表之。因 $(\alpha-\beta)(\beta+1)<0$，而 Q_1，U_2，W_1，R_1 与前同样性态当 $\tau \to +\infty$，故由文〔2〕，上面方程的第二个的特征根仍保持有负实部性质，且其基解組为 $n-m$ 阶方阵：

$$Z_2^0 = V_2(\tau)$$

这里 $V_2(\tau)$ 的递降率如 $O(e^{-\rho\tau})$ 之型，故当 $t \to +\infty$ 时，$V_2 \to 0$。由此代入第一个方程所得的积分存在，当 $\tau \in [\tau_0, \infty)$：

$$Z_1^0 = \frac{1}{\beta+1}\int_{\tau_0}^\tau WR_1 Z_2^0 \, d\tau = V_1(\tau)+C.$$

且当 $t \to +\infty$ 时，$V_1 \to 0$。

因 $\det V_2 \neq 0$，故原方程的基解組为：

$$X = \begin{pmatrix} E+t^{\alpha+1}U_1(t) & O \\ t^{\alpha-\beta}U_2(t) & E \end{pmatrix} \begin{pmatrix} E & V_1(t^{\beta+1})+C \\ O & V_2(t^{\beta+1}) \end{pmatrix}.$$

<u>結論1.</u> 原方程組的零解在此情形为稳定。

<u>情形二.</u> 設 $-1 \leq \alpha < -\frac{1}{2+h} \leq \beta$，$(h \geq 0)$。在此情形，設 R_0，R_1，更适合下两条件：

(*) $R_0 = r(t)E$，$r(t)$ 为有界的（数量）函数。

(**) $R_1 = t^{(h+1)\alpha}F$，F 为有界矩阵。

用代换：$X_1 = fY_1$，$X_2 = t^{-(h+1)\alpha}fY_2$

这里 $f(t) = \exp\int_T^t t^\alpha r(t)dt$，则原方程組化为：

$$\frac{dY_1}{dt} = t^\beta F Y_2$$

$$\frac{dY_2}{dt} = t^{(h+2)\alpha}R_2 Y_1 + t^\beta\left[P+Q+(h+1)\alpha t^{-\beta-1}E - t^{\alpha-\beta}r(t)E\right]Y_2$$

所得結果适合文[1]条件，故有解存在：

$$Y_1^0 = E + t^{(h+2)\alpha+1} U_1, \quad Y_2^0 = t^{(h+2)\alpha-\beta} U_2$$

其間 U_1, U_2 为有界矩陣。故原方程有矩陣解:

$$X_1^0 = f \cdot (E + t^{(h+2)\alpha+1} U_1), \quad X_2^0 = t^{\alpha-\beta} f \cdot U_2$$

仿照情形一的方法用代換: $\begin{pmatrix} X_1 \\ X_2 \end{pmatrix} = \begin{pmatrix} X_1^0 & O \\ X_2^0 & E \end{pmatrix} \begin{pmatrix} Z_1 \\ Z_2 \end{pmatrix}$,

則依同法計算得

$$\frac{dZ_1}{dt} = t^\beta f_{-1} W_1 F Z_2, \quad \frac{dZ_2}{dt} = t^\beta (P + Q - t^{\alpha-\beta} U_2 W_1 F) Z_2$$

这里記号 $f_{-1} \equiv [f(t)]^{-1}$, $W_1 = (E + t^{(h+2)\alpha-1} U_1)^{-1}$. 再用变换 $\tau = t^{\beta+1}$ 則得

$$\frac{dZ_1}{d\tau} = \frac{1}{\beta+1} f_{-1} W_1 F Z_2$$

$$\frac{dZ_2}{d\tau} = \frac{1}{\beta+1} (P + Q - \tau^{\frac{\alpha-\beta}{\beta+1}} U_2 W_1 F) Z_2$$

其間 f_{-1}, W_1, F, U_2 当然以 τ 表之。上面第二个方程可由文 [2] 得知其右边的特征根仍保持有负实部,且有 $_{n-m}$ 阶方陣解:

$$Z_2^0 = V_2(\tau).$$

此处 $V_2(\tau)$ 的递降率形如 $O(e^{-\rho\tau})$ 型,因而当 $t \to +\infty$ 时 $V_2 \to 0$.

其次,第一个方程的右边未必有界,但因估計

$$f_{-1} \equiv \exp\int_T^{\tau^{\frac{1}{\beta+1}}} t\alpha(-r(t))dt \leq \exp\left(\frac{M}{\alpha+1}(\tau^{\frac{\alpha+1}{\beta+1}} - T^{\alpha+1})\right) =$$

$$= a \exp\left(b\tau^{\frac{\alpha+1}{\beta+1}}\right) = a \exp(-\tau\varphi)$$

而 $\quad 0 - \varphi = b\tau^{\frac{\alpha-\beta}{\beta+1}} \to 0 \quad 当 \quad t \to +\infty$

故 f_{-1} 的李雅普諾夫特征数为 0。由是得証如下的积分存在当 $\tau \in [\tau_0, \infty)$:

$$Z_1^0 = \frac{1}{\beta+1} \int_{\tau_0}^{\tau} f_{-1} W F V_2 d\tau = V_1(\tau) + C$$

这里 $V_1(\tau)$ 为 $O(\tau^k e^{-\rho\tau})$ 之型。更当 $t \to +\infty$ 时,$V_1 \to 0$.

故得原方程的基解組为:

$$X = \exp\int_T^t t^\alpha r(t) dt \cdot \begin{pmatrix} E + t^{(h+2)\alpha+1} U_2(t) & O \\ t^{\alpha-\beta} U_2(t) & E \end{pmatrix} \begin{pmatrix} E & V_1(t^{\beta+1}) + C \\ O & V_2(t^{\beta+1}) \end{pmatrix}$$

__结论2.__ 在所设条件（*），（**）之下，此情形为稳定的充分且必要条件为：
$$\sup_{t \geq T} \int_T^t t^\alpha r(t)dt < +\infty.$$

且 $\int_T^\infty t^\alpha r(t)dt = -\infty$ 此情形取得渐近稳定的充分且必要条件。

__情形三.__ 仍设 $-1 \leq \alpha < -\dfrac{1}{2+h} \leq \beta$，$(h \geq 0)$.

（甲）先讨论 $m = \dfrac{1}{2}n$ 的情形. 则得两个 m 阶方阵方程:

$$\frac{dX_1}{dt} = t^\alpha R_0 X_1 + t^\beta R_1 X_2$$

$$\frac{dX_2}{dt} = t^\alpha R_2 X_1 + t^\beta (P+Q) X_2$$

更设 R_0，R_1 适合下三条件：

(*) R_0 为对角线阵且有界，以下简写作 $R = (r_i)$.

(**) $R_1 = t^{(h+1)\alpha} F$，F 为有界方阵.

(***) $\int_T^t t^\alpha (s(t) - r_i(t))dt$ 有界，$t \in [T, \infty)$，$(i = 1, \cdots, m)$，

这里 $s(t) = \sup_{i=1,\cdots m} \{r_i(t)\}$，$t \in [T, \infty)$.

在这些条件之下，则基解组如下进行求之，

作代换: $X_1 = GY_1$, $X_2 = t^{-(h+1)\alpha} g Y_2$

其间 方阵 $G(t) = \exp \int_T^t t^\alpha R(t)dt$; 数函数 $g(t) = \exp \int_T^t t^\alpha s(t)dt$.

则原方程组化为

$$\frac{dY_1}{dt} = t^\beta g G^{-1} F Y_2$$

$$\frac{dY_2}{dt} = t^{(h+2)\alpha} R_2 g^{-1} G Y_1 + t^\beta [P+Q+(h+1)\alpha t^{-\beta-1}E - t^{\alpha-\beta}SR]Y_2$$

由条件（***）故 $g^{-1}G$，gG^{-1} 有界，故同上理这方程组有解：

$$Y_1^0 = E + t^{(h+2)\alpha+1} U_1, \quad Y_2^0 = t^{(h+2)\alpha+\beta} U_2$$

因而原方程组有 $n \times m$ 矩阵解：

(A) $\quad X_1^0 = G(E + t^{(h+2)\alpha+1} U_1)$，$\quad X_2^{(0)} = t^{\alpha-\beta} g U_2$.

以后便顺利地仿照前法用代换 $\begin{pmatrix} X_1 \\ X_2 \end{pmatrix} = \begin{pmatrix} X_1^0 & O \\ X_2^0 & E \end{pmatrix} \begin{pmatrix} Z_1 \\ Z_2 \end{pmatrix}$ 把原方程组化成

(B)
$$\frac{dZ_1}{dt} = t^\beta X_1^{0-1} G^{-1} F Z_2$$

$$\frac{dZ_2}{dt} = t^\beta (P + Q - t^{\alpha-\beta} U_2 X_1^{0-1} g G^{-1} F) Z_2$$

由于 gG^{-1} 有界,故这方程组与情形二相仿。因而有解
$$Z_2^0 = V_2(t^{\beta+1}), \quad Z_1^0 = V_1(t^{\beta+1}) + C$$

且当 $t \to +\infty$ 时,$V_2 \to 0$,$V_1 \to 0$。故原方程的基解组为:

$$(C) \quad X = \begin{pmatrix} \exp\int_T^t t^\alpha R dt \left(E + t^{(b+2)\alpha+1} U_1(t)\right) & O \\ \exp\int_T^t t^\alpha s dt \cdot t^{\alpha-\beta} U_2(t) & E \end{pmatrix} \begin{pmatrix} E & V_1(t^{\beta+1}) + C \\ O & V_2(t^{\beta+1}) \end{pmatrix}$$

结论3. 在 ($*$),($**$),($***$) 各条件下,若 $\int_T^t t^\alpha R dt$ 有界,则得其零解稳定。若此积分无界而有 $\int_T^\infty t^\alpha r_i dt = -\infty$,则零解为渐近稳定。

逆命题亦成立。

(乙) 若 $m < \frac{1}{2} n$,则暂添补 $n - 2m$ 个方程:
$$\frac{dx_i}{dt} = t^\alpha s(t) x_i, \quad (i = -1, -2, \cdots, 2m-n)$$

则得 $2(n-m)$ 阶新方程组:
$$\frac{d\tilde{X}_1}{dt} = t^\alpha \tilde{R}_0 \tilde{X}_1 + t^\beta \tilde{R}_1 X_2, \quad \frac{d\tilde{X}_2}{dt} = t^\alpha \tilde{R}_2 \tilde{X}_1 + t^\beta (P+Q) X_2,$$

这里 $\tilde{X}_1 = \begin{pmatrix} X_- \\ X_1 \end{pmatrix}$,$\tilde{R}_0 = \begin{pmatrix} sE & O \\ O & R_0 \end{pmatrix}$,$\tilde{R}_1 = \begin{pmatrix} O \\ R_1 \end{pmatrix}$,$\tilde{R}_2 = (O\ R_2)$。

故由(甲)得解:$\tilde{X}_1^{(0)} = \tilde{G}(E + t^{(b+2)\alpha+1} \tilde{U}_1)$,$\tilde{X}_2 = t^{\alpha-\beta} g \tilde{U}_2$。

这里 $\tilde{G} = \begin{pmatrix} gE & O \\ O & G \end{pmatrix}$,$\tilde{U}_1 = \begin{pmatrix} * & * \\ * & U_1 \end{pmatrix}$,$\tilde{U}_2 = \begin{pmatrix} * \\ U_2 \end{pmatrix}$。

注意到这新方程组的特殊构造,即 x_{-1},x_{-2},$\cdots$,x_{2m-n} 各自独立,且与原方程组无关。既然说已知有 $n-m$ 个特解
$$\left(x_{-1}^{(j)}, x_{-2}^{(j)}, \cdots, x_{2m-n}^{(j)}, x_1^{(j)}, \cdots, x_n^{(j)}\right), \quad j = 2m-n, \cdots, -2, -1, 1, \cdots m,$$
的每一个都适合新方程组,故可说有 m 个线性无关特解
$$\left(x_1^{(j)}, \cdots, x_n^{(j)}\right), \quad j = 1, \cdots, m,$$
适合原方程组,即
$$X_1^0 = G(E + t^{(b+2)\alpha+1} U_1), \quad X_2^0 = t^{\alpha-\beta} g U_2.$$

这与(甲)的(A)式完全相同,以下便得同一结果。在推演过程中的(B)式里,Z_2 为 $n-m \times n$ 矩阵,F 为 $m \times n-m$ 矩阵,U_2 为 $n-m \times m$ 矩阵,其余为 m 阶方阵,此与以前计算无影响。

更且在新添补的 $n-2m$ 个方程，每个的解为
$$x_i = c_i g(t), \quad i = -1, -2, \cdots, n-m,$$
与原方程组的解同样渐近性态，故在（甲）之结论3里两种情形皆可施用。

（丙） 若 $m > \frac{1}{2}n$，添补 $2m-n$ 个方程
$$\frac{dx_i}{dt} = -t^\beta x_i \quad (i = n+1, \cdots, 2m)$$
则得 $2m$ 阶新方程组：
$$\frac{d\overline{X_1}}{dt} = t^\alpha R_0 X_1 + t^\beta \overline{R_1} \overline{X_2}, \qquad \frac{d\overline{X_2}}{dt} = t^\alpha \overline{R_2} X_1 + t^\beta (\overline{P} + \overline{Q}) \overline{X_2}$$

这里 $\overline{X}_2 = \begin{pmatrix} X_2 \\ X_* \end{pmatrix}$, $\overline{R}_1 = (R_1, 0)$, $\overline{R}_2 = \begin{pmatrix} R_2 \\ 0 \end{pmatrix}$, $\overline{P} = \begin{pmatrix} P & 0 \\ 0 & -E \end{pmatrix}$, $\overline{Q} = \begin{pmatrix} Q & 0 \\ 0 & 0 \end{pmatrix}$

故由（甲）得解： $X_1^0 = G(E + t^{(h+2)\alpha} U_1)$, $\overline{X}_2^0 = t^{\alpha-\beta} g \overline{U}_2$

这里 $\overline{U}_2 = \begin{pmatrix} U_2 \\ * \end{pmatrix}$。与（乙）同样，由于此新方程组的特殊构造，既然已知有 m 个解 $\left(x_1^{(j)}, \cdots, x_n^{(j)}, x_{n+1}^{(j)}, \cdots, x_{2m}^{(j)}\right), j=1, \cdots, m,$ 的每一个适合新方程组，故有 m 个线性无关解 $\left(x_1^{(j)}, \cdots, x_n^{(j)}\right) j=1, \cdots m$，适合原方程组，亦即回复到（甲）（A）的形式，故所得解案亦相同。

[附记] 若只用条件（*），（**），则得零解为稳定的充分条件为：
$$\int_T^\infty t^\alpha r_j(t) dt \text{ 有界 } (j = 1, \cdots m).$$

其证明方法用代换： $X_1 = GY$, $X_2 = t^{-(h+1)\alpha} Y_2$ 仿照上法做，所得的基解组则不含 $g(t)$。

综合以上结果得

定理1. 在题设方程组及所设条件（O）之下，若 $\alpha < -1 < \beta$，则其零解为稳定。若 $-1 \leqslant \alpha < -\frac{1}{2+h} \leqslant \beta$，($h \geqslant 0$)，在附加（*），（**），（***）条件之下，此方程组的基解组为（C）式，其零解为稳定的充分且必要条件为：
$$\sup_{t \geqslant T} \int_T^t t^\alpha r_i(t) dt < +\infty, \quad i = 1, \cdots m;$$
且其零解为渐近稳定的充分且必要条件为
$$\int_T^\infty t^\alpha r_j(t) dt = -\infty, \quad i = 1, \cdots, m.$$

参 考 文 献

1. Басов В. П.: Построение решений одного класса систем линейных дифференциальных уравнений. ПММ 18, в.3, 1954.
2. Perron O.: Ueber Stabilitaet und asymptotische Verhalten der Integrale von Differentialgleichungssystemen Math. Z. Bd. 29, 1929.
3. Донская Л. И.: О структуре решений системы трех линейных дифференциадьных уравнений в окрестности иррегулярной особой точки $t=\infty$, ДАН 80, No 3, 1951.
4. Донская Л. И.: О структуре решенайй системы трех линейных однородных дифференциальных уравнений с особой точкой. Вест. ЛГУ No5, 1953.
5. Love C.: On the asymptotic solutions of linear differential equation. Amer. J. of Math. 36, No2, 1914.
6. Басов В. П.: Об асимптотическом поведении решений систем линейных дифференциальных уравнений. ДАН 106 No 6, 1956.

ON A CRITICAL CASE OF STABILITY OF A CERTAIN TYPE OF DIFFERENTIAL EQUATIONS, I

Hu Jinchang and Shu Shung-ching

Abstract

Consider the matrix equation:

$$\frac{dX}{dt} = AX, \quad X = \begin{pmatrix} X_1 \\ X_2 \end{pmatrix}, \quad A = \begin{pmatrix} t^d R_0 & t^\beta R_1 \\ t^d R_2 & t^\beta (P+Q) \end{pmatrix}$$

where the block matrices R_0, R_1, R_2 and Q are continuous and bounded on $t \geq T > 0$; and, in particular, $Q \to 0$ when $t \to \infty$. Let the real parts of the characteristic roots of the constant matrix P be negative. No supposition is imposed on the coefficients to have any asymptotic expansion. In this paper, we proved

Theorem 1. If $\alpha < -1 < \beta$, then the trial solution of the system is stable. If $-1 \leq \alpha < -\frac{1}{2+h} \leq \beta, (h \geq 0)$, and under the conditions (*), (**), (***), the fundamental matrix of solutions in the vicinity of $t = \infty$ behaves as the asymptotic expansion (C). Thence, the trivial solution is stable when and only when

$$\sup_{t \geq T} \int_T^t t^a r_i(t) dt < +\infty, \qquad i=1,\cdots,m;$$

and asymptotically stable when and only when the integral envisaged equals $-\infty$, for $t \uparrow +\infty$.

动态规划理论

原作：R.Bellman

编译：数学力学系 黎国良 馬麟浚 邓永录

编译者序

动态规划理论是一門嶄新的数学学科，它是从一系列技术和經济問題中产生的，在不同的理論和实践活动的領域中常常会出现这样的情况，即在采取決定时应当是逐步的而不是一步就馬上决定的，因此决定的采取不是看作单一的行动而是看作由若干阶段（步）組成的过程来討論。这样的方法在相当早以前在研究某些特殊問題时已曾被利用过，特别是A.Wald在他的序貫統計分析理論中最完全地体现了这种思想。通过大量类似問題的系統化研究获得一种适宜于处理这类問題的数学方法——这就产生了由R.Bellman 等人所建立起来的动态规划理論。

动态规划是研究在某种意义下最优的多步决定問題，在这理論中最主要的一点是用解決基于所謂"最优性原则"所建立起来的泛函方程来代替解决多变量函数的极值問題。因为前者的解常可利用现代的数学方法——計算数学而得到，后者却常因維数太多而使到在实际上要得到解答变成差不多是不可能的。

几乎在所有的科学、技术和經济部門中都会碰到最优化問題。在工业工艺、生产組織、經济計划、水庫調度和各种不同的物理、生物和軍事活动的問題都必須涉及它，因此动态规划的应用是很广泛的。

应当指出，动态规划本貭上是一种数学理論，但是在把它应用到某个实际問題时应根据相应的科学的特点来决定在这問題中应用动态规划的方法和理論是否适合，特别是在应用中，还要注意到当时当地的社会环境和政治因素。不能孤立片面地强調动态规划的作用和盲目地搬用其它国家（特别是資本主义国家）的結果。

我們几个人都是剛剛开始学习动态规划。前些时我們学习了由R.Bellman所写汇編在"工程师用现代数学"（英文原本，有俄文譯本）一书中有关动态规划理論这一章以后，觉得这篇文章篇幅不多，但能把理論的基本原理和主要內容扼要地介紹出来，也很有启发性。这对于有意学习或希望懂得一些动态规划知识的人来說都是会有一些帮助的，而且据我們所知，国內有关这方面的文章发表得很少。因而我們就大胆的把这一文章譯出幷作了一些删改和說明。由于水平很低，錯漏之处在所难免，希讀者发觉后严加指正。此外，由于篇幅所限，我們准备把全文分两次刊登。

1. 引言

在这一篇文章中将要概略地描述由于多步选择过程而产生的一类新的而且又是困难的数学問題，同时也闡明某些为了解决这类問題而产生的数学方法。

我們所討論的是属于"规划問題"中的一类特别的問題。为了强調在問題中时間所起的作用和它具有一系列重要的选择，我們特别称这类問題为"动态规划"問題。加以正确解释时，这种动态观点能帮助我們对这个問題在数学上作更深入的理解。

我們将要研究的多步过程是由一系列的行动所组成的，在这些行动的序列中从前的行动结果可以利用来指导将来的行动。下面将引进两类显然不同的行动的例子：一类是行动的结果是完全确定的，另一类是行动的结果沒有确定，但是可以借助于某一个概率分布給出預报。我們将前者称为确定的，而将后者称为随机的。

为了使讀者明了在解决这类困难的和嶄新的数学問題所用的数学方法，我們选出下面一些簡单而又能說明問題的例子来討論。

首先我們从一个在购买理論引起——因而它是属于一般的供应理論的問題开始，这問題是討論一种以若干年为使用时期而在使用之后可以折旧出售設备的购置問題。

第二个問題是討論在金矿开采中一些容易损坏的开采設备的最有效利用問題，这个問題虽然沒有象第一个問題那样明显的应用，但它却显示出一系列很重要的数学特征。

第三个問題是在工业生产中的一个突出問題。它是討論为了生产某种产品而要求某些工业部門的綜合利用問題（下面是这类問題的一个簡单例子，这个例子我們以后还要詳細討論。在汽车的生产中要用到鋼鉄和許多种仪表，因此汽车制造厂能生产多少汽车除了决定于本厂的生产能力以外，还依賴于鋼鉄工厂和仪表工厂所能提供的鋼鉄和仪表的数量。其次因仪表的生产要用到鋼鉄，因此它是依賴于仪表工厂的生产能力和鋼鉄工厂的生产能力。最后，鋼鉄工厂的生产能力的增加需要鋼鉄。在这样情况下，如何根据現有的鋼鉄，仪表存量和三种工厂的生产能力来組織这三个部門的生产，使經过一定的时間后生产出最多的汽车）。这个問題我們称之为"狹窄地点問題"（也有人称之为"交义路口問題"或"瓶口問題"。）

最后，我們将簡单地指出如何把处理这些問題的数学技巧应用到多步博奕理論，特别是"生存博奕"中去。

2. 預备的討論

在开始討論上述問題之前，我們先用最普通的語言来描述这些問題所固有的公共特征。

（1）在任何时刻 t，过程的状况被一个很小的参数集合所描述。

在购置問題中，最重要的信息是手中所有的款数，可供折旧利用的設备数量，下一周期所需要的設备数量和当前的价格。在金矿問題中我們应当設想已知留在矿山的金矿数量，已經开采的金矿数量和开采的設备情况。在关于生产过程的問題中我們需要知道在給定时刻的生产能力，产品的儲存量和过程剩下的时間。在"生存博奕"中，例如在一种一直継續到其中一个博奕者破产为止的二人扑克博奕中，博奕的状况可用博奕者的賭本来描述，如果在博奕中双方賭本的总和不变时，博奕的状况只須由一个博奕者的賭本来完全确定。

（2）选择行动的作用就是把这个参数集合变换为一个簡单的数值集合。

例如在"狹窄地点"問題中选择行动的作用是用分配給每一种有关的工业部門以不

同的基本资源——在上述例子中就是钢铁的数量来改变各工业部门的生产能力和原料的储存量。

（3）系统过去的历史对确定将来的行动是不起作用的（马尔可夫性质）。

这性质一般可由引入附加的参数于所描述的过程中而得到。当然，这性质仅当所需的参数数目是很少时才会有用。

在时滞（即有推迟作用）的情形，例如在工业生产过程中，有时必须利用函数而不是利用参数来描述系统。

现在让我们引入某些基本的术语。在所有被讨论的过程中，我们致力于制造一个行动选择的序列，这样一个行动选择的序列被称为一个策略，按照某种预定的准则是最理想的策略称为最优策略。

下面是在"动态规划"的全部理论中起着最基本的作用的一条直观上显明的原则。

最优性原则：最优策略具有这样的性质：无论初始形势和初始选择是怎样，余下的选择对于由第一个选择所造成的形势来说应当组成一个最优策略。

这个原则的数学表示法将导向一类新的具有有趣性质的泛函方程。另一方面，在处理这些问题时所发展起来的数学方法使我们能按新的途径去解决古典的变分法问题。因此，这种数学方法提供了理论上和实用上的兴趣。

资源的最优分配

3. 引言

作为与多步过程相联系的第一个例子我们将讨论一个购买问题。开始我们在古典范围来叙述这个问题并且指出这种做法不妥当之处。接着用"动态规划"方法来处理它。

后一方法引进了一些新的和重要的泛函方程类。我们首先以分析观点然后从计算观点简短地讨论它的性质。这两种方法事实上是紧密地联系着的。

最后，我们将以相应于随机情形的处理作为结束。

4. 购买问题

在供应中最经常发生的是购买设备来完成一项指定的工作的问题。因为这些工作常常不是简单的而是由一些具有不同性质的行为所组成，所以可能有适应于某一个行为的设备对于第二个行为起间接的作用而对于第三个行为则是完全没有作用。为了避免这种情况，通常是购买合起来就能满意地完成工作的各种各样的设备。

让我们考虑这类型的一种情形，这种情形是相当实在的，使能足够令人产生兴趣和简单，并很容易获得分析形式。

问题：在一个N年的时期内，每一年开始需要定购某些为了完成指定工作的设备。我们有初始款项为x，它分为y及$x-y$两部分。y用来购买类型A的设备，余下$x-y$用来购买类型B的设备。用于设备A的y将产生$g(y)$个有用工时，同样用于设备B的$x-y$将产生$h(x-y)$个有用工时。到年终时可将折旧出售设备A的ay元用来购买新的设备之用，这里$0<a<1$，同样可将折旧出售设备B的$b(x-y)$元用来购买新的设备。这样每年重复这个过程直至完结N年时期为止。

问题是需要确定款项的逐年分配方法使得经过N年期间后，由设备而得到的总的有用工时数达到最大。

5. 問題的古典提法

設 $y_1, y_2, \ldots, y_N$, 是在第一，第二，……，第N年开始时購买設备A的欵項，相应地經过N年期間从兩类設备所得的总工时数是：

$$J(y_1, y_2, \ldots, y_N) = g(y_1) + h(x_1 - y_1) + g(y_2) + h(x_2 - y_2) + \cdots + g(y_N) + h(x_N - y_N)$$

这里 $0 \leq y_i \leq x_i$ (1)

和 $x_1 = x$

$x_2 = ay_1 + b(x_1 - y_1)$

$\vdots$

$x_N = ay_{N-1} + b(x_{N-1} - y_{N-1})$

在第四节中所提出的問題等价于确定函数 $J(y_1, y_2, \ldots, y_N)$ 的最大值問題，这个函数是为不等式（1）所描述的N維区域所約束的。虽然微分学对于这个問題的討論是有用的，但是应用时必须加以留意，因为有些最大值可能发生在区域边界上（正如在下面某些情形所看到的）。

如果N是很小的話，求出問題的解是不困难的。然而对于任意选取的数N，例如 $N = 10$，研究由于方程組（2）所定义的N維空間区域問題就会变成很困难的了。

更要注意，从实踐观点来看这种办法产生太多信息。当給出 x 和 N 时，在第一步的开始只需要知道 y_1 而不需要知道 $y_2, y_3, \ldots, y_N$。因此如果我知道了作为 x 和 N 的函数的 y_1 时，解就完全确定了。

在这个简单的想法引导下，我們在下一节用一种新的和与前不同的办法来提出問題。

6. 从动态规划的观点提出問題

容易看出，当給出不依賴于时間的函数 g 和 h 时，經过一个N年期間后，由于费用的使用而得到总的有用工时仅仅是欵項的初始数 x 和在过程余下步数（年）N的函数。对于 $N = 1, 2, \ldots$，我們定义 $f_N(x)$ 为給定了一个欵項初始数目 x 和使用一个最优策略經过一个N年期間所后得到有用工时的数目。

这时有 $f_1(x) = \max_{0 \leq y \leq x} [g(y) + h(x - y)]$

让我們引进連結 $f_{N+1}(x)$ 和 $f_N(x)$ 的基本递推关系。考虑 $N + 1$ 步过程。設在第一步将 x 分为 y 和 $x - y$。經过 $N + 1$ 年后所得到的工时总数是由第一年所获得的 $g(y) + h(x - y)$ 再加上余下N年后所得的工时，对于后者有初始数 $ay + b(x - y)$。

显然，不管开始的 y 是如何选择，和数 $ax + b(x - y)$ 应这样利用，使得經过余下的N步后有最优的結果。因此經过后面N步所得到的工时数可用 $f_N[ay + b(x - y)]$ 来定义。那末开始分为 y 和 $x - y$ 时总的收入是

$$R_{N+1}(x, y) = g(y) + h(x - y) + f_N[ay + b(x - y)]$$

为了使总的收入最大，y 必须选择得使 $R_{N+1}(x, y)$ 最大。这样就得到了方程

$$f_{N+1}(x) = \max_{0 \leq y \leq x} R_{N+1}(x, y) = \max_{0 \leq y \leq x} \{g(y) + h(x - y) + f_N[ay + b(x - y)]\}$$

对于 $N = 1, 2, \cdots\cdots$

在下一节中我们将讨论这个非线性方程的一种重要逼近。

7. 无限步逼近

虽然对于这个问题及其类似问题起着不大重要的作用，然而在未来却是一个很有用的方法就是假设N是无穷的。这个数学的虚构引导出问题的一个重要简化，因为序列 $\{f_N(x)\}$ 可由一个简单函数

$$f(x) = \lim_{N \to \infty} f_N(x)$$

所代替

代替方程（4），我们得到方程

$$f(x) = \max_{0 \leq y \leq x} \{g(y) + h(x-y) + f[ay + b(x-y)]\} \qquad (5)$$

虽然无限步过程的引入使研究大大简化，但却引进一系列有限过程所完全没有的困难。现在我们必须考虑方程（5）解的存在性与唯一性。

显然易见，例如在方程（5）的一个解上加上任意常数就给出一个新的解。为明确起见，条件 $f(o) = o$ 必须附加到由原来问题所确定的函数上。

在下一节中我们将建立一个存在性与唯一性定理。它将括包这类问题的很大部分。

8. 存在性与唯一性定理

我们将提出一个关于方程（5）的存在性与唯一性定理和它的证明，以便阐明某些可能应用到的方法。

定理1：考虑方程

$$f(x) = \max_{R} \{a(x_1, x_2, \cdots\cdots, x_N) + f[b(x_1, x_2, \cdots\cdots, x_N)]\} \qquad (6)$$

这里 $R = R(x)$ 是由下式所定义

$$x_k \geq 0 \qquad x = \sum_{k=1}^{N} x_K$$

假如

(a) 对于 $0 \leq x \leq x_0$，$a(x_1, x_2, \cdots\cdots, x_N)$ 是在 $R(x)$ 上连续和非负的，而且 $a(o, o, \cdots\cdots, o) = o$；

(b) $b(x_1, x_2, \cdots\cdots, x_N)$ 是在 R 上连续和非负的，而且在 $R(x_0)$ 内 $b(x_1, x_2, \cdots\cdots, x_N) \leq c$，$\sum_{k=1}^{N} x_K = cx$，$o < c < 1$；

(c) $\sum_{j=0}^{\infty} h(c^j x_0) < \infty$，

这里 $h(x) = \max_{0 \leq y \leq x} \left[\max_{R(y)} a(x_1, x_2, \cdots\cdots, x_N) \right]$，

则对于 $f(o) = o$ 和 $o \leq x \leq x_0$，方程（6）有唯一解。

証明 設 $f_0(x)$ 为选择 $x_1 = x$,

$x_2 = x_3 = \cdots\cdots = x_n = 0$ 对于 $n = 2, 3, \cdots\cdots$

所得到的值，于是

$$f_0(x) = a(x) + a[b(x)] + \cdots\cdots$$

这里我們令 $a(x) = a(x, 0, \cdots\cdots, 0), b(x) = b(x, 0, \cdots\cdots, 0)$。右边級数的优級数是 $\sum_{j=0}^{\infty} R(c^j x_0)$,

因此是一致收斂的。

定义
$$f_{n+1}(x) = \max_{R(x)} \{a(x_1, x_2, \cdots\cdots, x_N) + f_n[b(x_1, x_2, \cdots\cdots, x_N)]\} \tag{7}$$

由 f_0 的定义得出 $f_1 \geqslant 0$，因而 $f_{n+1} \geqslant f_n$。

設 $M_n(x) = \max_{0 \leqslant y \leqslant x} f_n(y)$

于是由方程(7)有 $M_{n+1}(x) \leqslant h(x) + M_n(cx)$,

由此得出 $M_n(x) \leqslant \sum_{j=0}^{\infty} h(c^j x)$

因此对于所有 $x \in [0, x_0]$, $f_n(x)$ 收斂于函数 $f(x)$。容易看出，$f(x)$ 滿足方程

$$f(x) = \sup_R \{a(x_1, x_2, \cdots\cdots, x_N) + f[b(x_1, x_2, \cdots\cdots, x_N)]\}。 \tag{8}$$

为了确定連續解的存在性和在这个基础上用最大值代替在方程(8)的上确界，我們还应做另外一些工作。設 $(\bar{x}_1, \bar{x}_2, \cdots, \bar{x}_N)$ 为 $R(x)$ 达到最大值的点，这时

$$f_{n+1}(x) = \{a(\bar{x}_1, \bar{x}_2, \cdots \bar{x}_N) + f_n[b(\bar{x}_1, \bar{x}_2, \cdots \bar{x}_N)]\}$$
$$\geqslant \{a(\bar{y}_1, \bar{y}_2, \cdots\cdots, \bar{y}_N) + f_n[b(\bar{y}_1, \bar{y}_2, \cdots\cdots, \bar{y}_N)]\} \tag{9}$$

这里 $(\bar{y}_1, \bar{y}_2, \cdots\cdots, \bar{y}_N)$ 为 $R(x)$ 內任意的其它点。特别是如取使对于 $n-1$ 的相应表示式达到最大值的点作为 $(\bar{y}_1, \bar{y}_2, \cdots\cdots, \bar{y}_N)$，那末我們得到补充的关系式

$$f_n(x) = \{a(\bar{y}_1, \bar{y}_2, \cdots\cdots, \bar{y}_N) + f_{n-1}[b(\bar{y}_1, \bar{y}_2, \cdots\cdots, \bar{y}_N)]\}$$
$$\geqslant \{a(\bar{x}_1, \bar{x}_2, \cdots\cdots, \bar{x}_N) + f_{n-1}[b(\bar{x}_1, \bar{x}_2, \cdots, \bar{x}_N)]\} \tag{10}$$

由不等式(9)和(10)得出重要的不等式

$$\left|f_{n+1}(x) - f_n(x)\right| \leqslant \max \begin{cases} f_n[b(\bar{x}_1, \bar{x}_2, \cdots, \bar{x}_N)] - f_{n-1}[b(\bar{x}_1, \bar{x}_2, \cdots, \bar{x}_N)] \\ f[b(\bar{x}_1, \bar{x}_2, \cdots, \bar{x}_N)] - f_{n-1}[b(\bar{y}_1, \bar{y}_2, \cdots \bar{y}_N)] \end{cases} \tag{11}$$

现在假設 $M_0(x) = \max_{0 \leqslant y \leqslant x} f_0(y)$

$$M_{n+1}(x) = \max_{0 \leqslant y \leqslant x} \left|f_{n+1}(y) - f_n(y)\right| \quad n \geqslant 0$$

因为按照假設, $b(x_1, x_2, \cdots\cdots, x_N) \leqslant cx$ 对于所有的 $(x_1, x_2, \cdots\cdots, x_N) \in R(x)$ 都成立，那么当 $n > 0$ 时，从不等式(11)得到

$$M_{n+1}(x) \leqslant M_n(cx)$$

因此 $M_n(x) \leqslant M_0(c^n x) = h(c^n x)$。由假設，級数

是收歛的，所以級数
$$\sum_{n=0}^{\infty}[f_{n+1}(x)-f_n(x)]$$
于 $0 \leqslant x \leqslant x_0$ 一致收歛。由此得出
$$f(x) = \lim_{n \to \infty} f_n(x)$$
是$[0, x_0]$区間上的連續函数和$f(x)$是方程(6)的解。

因为$M(x)$連續和$M(0)=0$，那么就得到$M(x) \leqslant 0$，这意味着$M(x)$恒等于零。定理証明。

9. 分析結果

在上一节中証明了最一般的存在性和唯一性定理。现在我們再給出一些可以得到的毕显分析结果的例子。在这里不打算给出証明了。

定理2：如果$g(x)$和$h(x)$都是 x 的严格凸函数，那末最优策略要求$y=0$或$y=x$。

当g和h都是凹函数时情况将更为复杂：

定理3：設

(a) $g(0)=h(0)=0$

(b) $g'(x) \geqslant 0$ $h'(x) \geqslant 0$ 对于 $x \geqslant 0$

(c) $g''(x) \leqslant 0$ $h''(x) \leqslant 0$ 对于 $x \geqslant 0$

和討論方程序列

$$f_1(x) = \max_{0 \leqslant y \leqslant x}\{g(x)+h(x-y)\}$$

$$f_{n+1}(x) = \max_{0 \leqslant y \leqslant x}\{g(y)+h(x-y)+f_n[ay+b(x-y)]\} \quad n=1, 2, \cdots\cdots,$$

则对于每一个n，存在唯一的給出最大值的 $y_n = y_n(x)$。如$b<a$那末有 $y_1 \leqslant y_2 \leqslant y_3 \leqslant$ ……；如果 $b>a$ 那末不等式反方向。特别地；如果$b=a$和对某一 n 有$y_n(x)=x$，则对于所有$m \geqslant n, y_m(x)=x$。

这結果对于近似計算是有用的。因为y_1, y_2甚至y_3也能相当快地用手搖計算机求出。

甚至g和h是凸的和我們知道或者$y=0$或者$y=x$，也不是容易来确定 y 的正确值。下列結果对于近似計算是有用的：

定理4：方程$F(x) = \max_{0 \leqslant y \leqslant x}[cx^d+F(ax), ex^f+F(bx)]$的解由公式

$$y = \begin{cases} x, & \text{当}0 \leqslant x \leqslant x_0 \\ 0, & \text{当}x_0 \leqslant x \end{cases} \quad \text{給出,}$$

这里 $x_0 = \left[\dfrac{c/(1-a^d)}{e/(1-b^d)}\right]^{1/(f-d)}$.

另外一个特别情形是当g和h都是关于 x 二次的情形也能容易地求出解。

10. 計算技术

在建立任何实际问题的数学模型时，常常在要求充分正确地刻画实际现象与要求相应模型的分析简单化之间发生矛盾。因此，应当想到，表达实际愈正确，则仅仅用分析工具解决问题的机会就愈少。

这样一来，就很明显，数学的应用应追求两个目标：

    a．寻求出解决低维问题一致的方法；

    b．提供高维问题近似解法的充分广阔的基础，包含依靠附加时间与劳力的耗费来提高近似值的精确度的方法。

引用其它领域的一个例子，我们讨论确定炮弹弹道的问题。我们知道，必须考虑炮弹的空气动力学的特性，看作速度的函数的空气阻力，风速，地球曲率，看作以前射击次数的函数的炮筒特性的变化，以及许多其它的因素。虽然如此，就我们所知，讨论还是从仅仅是重力起作用的空间质点的抛物线弹道开始。

由此得出结论，研究具有一定的原有性质的简单模型的整个目的是找寻以后研究更复杂的模型的出发点。

在研究动态规划问题时，我们拥有在分析的泛函方程的大量研究中是采取的逼近法。这个工具就是存在于泛函方程的解与最优策略之间的对偶性。

借助方程（5），我们就可看到，对于给定的函数$f(x)$，可以不仅确定一个最大化的y，而且可以确定全部最大化的y．反之，如果我们知道了作为x的函数的y，就可以用简单的迭代得到$f(x)$．于是，函数$f(x)$确定了全部最优策略y，而一个最优策略y就确定了函数$f(x)$．

由此得出，在企图找出作为主要目标的最优策略时，我们可以在函数空间或在策略空间中选取初始近似。

在大多数情形，选取初始策略是较为上算的，因为实践的经验给问题的试验性质的解提供了坚实的基础。在具有三个或更多参加者的扑克博弈中，情形就是如此。虽然没有指导正确地博弈的数学理论，但博弈的多年实践提供了许许多多很好的博弈规则，违反它就会吃亏。顺便指出，两个参加者的扑克博弈，可由数学分析达到。

恰好在被作为一系列近似的第一个的初始近似的选取时，讨论简单的模型时所得到的实际经验与理论的洞察力就能够最有效地结合。

此外，借助于策略逼近的方法较之借助于函数逼近的方法有很大的优越性，借助于策略的逐次逼近将自动地得出较好的结果。

让我们讨论方程（5）来确证这些意见。如果开始选取$f_0 = f_g$，那末以后的近似就由递推关系

$$f_{N+1}(x) = \max_{0 \leq y \leq x} \{g(y) + h(x-y) + f_N(ay + b(x-y))\}, \quad N = 0, 1, 2 \cdots$$

得到。在定理1的同样条件下，倘若f_g是区间$0 \leq x \leq x_0$上的连续函数，且$f_g(0) = 0$，则可证f_N收敛于解。

值得指出的是，一般来说，对于任意的f_g，收敛不一定是单调的。然而，如果选取由方程（3）所确定的单步的最大收入f_1作为初始近似，则收敛一定是单调的，但通常

是很慢。可是，由于函数$f_N(x)$常常同样是有兴趣的，所以这个方法还是十分有用的。

现在我們較詳細地討論借助于策略逼近的方法。若干合理的近似是：

a）在每一步，我們可以选取使单步收入$g(y)+h(x-y)$达到最大的y。

b）我們可以用凸函数，凹函数，二次函数或者形如ax^b的函数来逼近$g(x)$和$h(x)$同时使用从这些較簡单的情形所得到的策略作为近似策略。

c）我們可采用单位成本作为标准与选取使得单位成本相等，即

$$\frac{g(y)}{(1-a)y}=\frac{h(x-y)}{(1-b)(x-y)},$$

的 y．

d）我們可以采用边沿单位成本作为标准与选取使得

$$\frac{g'(y)}{1-a}=\frac{h'(x-y)}{1-b}$$

的 y．

最后的一个实际上是最好的近似。

在上面所有討論的情形，我們有了确定作用为 x 的函数的 y 的近似表示式的一系列方法。利用这些方法的某一种，我們就可以递推地計算近似解。我們用$F_g(x)$表示所得的函数。它滿足方程

$$F_g(x)=g(y)+h(x-y)+F_g\{ay+b(x-y)\},\quad y=y_g(x).$$

现在討論由下面关系所确定的第二近似：

$$f_2(x)=\max_{0\leqslant y\leqslant x}\{g(y)+h(x-y)+F_g\{ay+b(x-y)\}\}.$$

显然，对于所有$y\in[0,x]$，我們有

$$f_2(x)\geqslant\{g(y)+h(x-y)+F_g\{ay+b(x-y)\}\}. \tag{12}$$

因而

$$f_2(x)\geqslant F_g(x)=g(y)+h(x-y)+F_g\{ay+b(x-y)\} \qquad y=y_g(x)$$

因为

$$f_3(x)=\max_{0\leqslant y\leqslant x}\{g(y)+h(x-y)+f_2\{ay+b(x-y)\}\} \tag{13}$$

则因为$f_2\geqslant F_g$，由比較方程(12)与(13)便得$f_3\geqslant f_2$．因此，由归納法，可見

$$f_{N+1}\geqslant f_N\geqslant\cdots\cdots\geqslant F_g$$

除了某些使$F_g=f$的x之外，不等式是严格的。

11. 不确定性

在前面几节里，我們假定每一次消耗的结果由一定的工时与收入而完全确定。但事实上我們仅仅可以預料由购买y元設备A或B所得到的平均工时数，以及估計在年終时废品折旧的收入，这是依賴于經济中的价格起落与年終設备的可能状况的。

于是，馬上就产生这样的問題，在作为任何活动的结果的不确定性的面前，如何才能作出最优策略的形式的确定断言呢？

首先，很明显，我們不可能找出經过N年期間后所得到的总工时数的最大值，因为

这个量是一个受许多因素所影响的随机量，而这些因素中有很多是完全不能为我们所控制的。因此，我们必须约定使用这个量的某类型的平均值。无论在理论上或实用上，最简单的是采用通常的平均值，在数学上，这意味着我们应集中注意力于有用的工时的期望之上。

其它的一个很重要的量是得到有用工时不小于h的概率。在很多情形中，这是一个较之直接的平均值更重要得多的标准。

然而，我们这里仅仅讨论与平均或期望值相联系的问题的数学提法。

为了在这一阶段不致于产生非分析本质的困难，我们假设：如果用y元购买设备A，则仅仅存在两种可能：

a) 我们将得到$g_1(y)$个工时与有折旧费a_1y元的概率为p_1。

b) 我们将得到$g_2(y)$个工时与有折旧费a_2y元的概率为$p_2 = 1 - p_1$。

类似地，我们假设：如果用x—y元购买设备B，则也仅仅存在两种可能：

a) 我们将得到$h_1(x-y)$个工时与有折旧费$b_1(x-y)$元的概率为q_1。

b) 我们所得到$h_2(x-y)$个工时与有折旧费$b_2(x-y)$元的概率为q_2。

上面牵涉到的常数均满足条件$0 < a_1, a_2, b_1, b_2 < 1$。为简单起见，仅仅讨论无限的过程，假如我们定义f(x)为由于使用初始的x元与最优购买策略而得到的工时的期望总数。则正如上面的一样，f(x)满足泛函方程

$$f(x) = \max_{0 \leq y \leq x} (p_1q_1\{g_1(y) + h_1(x-y) + f(a_1y + b_1(x-y))\}$$
$$+ p_1q_2\{g_1(y) + h_2(x-y) + f(a_1y + b_2(x-y))\}$$
$$+ p_2q_1\{g_2(y)h_1(x-y) + f(a_2y + b_1(x-y))\}$$
$$+ p_2q_2\{g_2(y) + h_2(x-y) + f(a_2y + b_2(x-y))\}.$$

这个方程实质上属于如在确定情形中所出现的同一类型，且有极相似的结果。值得指出的是，在引入期望值的概念之后，为了所有数学目的，我们已经转向研究确定的过程。

（未完，待续）

Е.Б.Дынкин 及其学派在近代馬氏过程理論中的貢献[*]

梁之舜

引 言

Е.Б.Дынкин 是苏联莫斯科大学数学力学系的年青教授（现年38岁）。他一方面在代数領域进行工作，对李群李代数的理論作出重要貢献；另一方面在概率論馬氏过程方面发展和开辟了很多方向，培养了一批优秀的年青数学工作者，成为一个强有力的学派。1958年春天他曾到北京大学和中国科学院数学研究所講学，把近代的馬氏过程理論介紹到中国来。

本文的目的是企图較系統地介紹 Е.Б.Дынкин 和他的学生在馬氏过程方面的主要工作，以供国内从事或正准备在这方向工作的同仁参考。

（一）馬氏过程邏輯基础的建立

正如大家所知道的，馬氏过程是一类随机过程，它所描述的系統 S 的演变規律具有无后效的特性，或者称为滿足馬尔可夫原則："知道现在，过去与将来无关。"从 А·А·馬尔可夫研究时間离散的场合（馬氏鏈）开始到 А·Н·柯尔莫哥洛夫研究时間連續的一般场合（他首先系統地研究扩散过程）都是以研究轉移概率的有关性質为中心。換句話說唯一地通过轉移概率来反映"馬氏原則"。但轉移概率 $P(s, x; t, \Gamma)$（在 s 时处于状态 x 的条件下到 $t>s$ 时将处在的状态属于集合 Γ 的概率）所具有的性質只是說明：知道了 s 时（现在）系統所处的状态即完全决定了任意 $t>s$ 时（将来）系統将处的状态的概率分布而不再受任意 $s'>s$ 时（过去）系統所曾处在的状态的补充知識所影响。但"馬氏原則"的內容是否只限于此？

首先，系統过去与将来的某些性質并不能单純由系統某一个时刻的状态所能确定而往往連系于过程在某整段时間的演变情况（例如布朗质点在吸收壁被吸收的速度）。換句話說，这些关系不能单純通过轉移函数来表达（参看[1]）。

其次，所謂"现在"是否单指一固定时間，抑或可以是一个随机时間？例如存在否

---

[*] 本文是作者于1961年8月中旬在北京举行的概率論座談会上的报告。

这样的关系：知道布朗質点在碰到器壁时的位置则后此它所在的位置的概率分布即与前此所曾經过的位置无关？

前一情况提出了直接研究过程軌道的需要，后一情况导致了强馬氏过程概念的产生。

此外，过程可能在某一随机时間中断（例如質点的运动可能在碰到某一壁后中止）因此需要考虑到过程的生命。

近代馬氏过程理論的发展已經远远越出古典的范围。为了适应各种新发展的需要，必需建立馬氏过程理論严格的邏輯基础。

这项工作是艱巨而复杂的，但 Дынкин（总结在他的书"馬氏过程理論基础"）已成功地完成了这项工作。按照他的定义[2]馬氏过呈是一組滿足一定关系的元素：

$$X = \{x_t(\omega), \mathcal{P}(\omega), M_t^s, P_{s,x}\},$$

其中 $x_t(\omega)$ 表示过程的軌道，它对规定的每一个 t 值对应一个定义于某基本空間 Ω 取值于某可測空間（相空間）$(E, \mathcal{B})$ 的函数；$\mathcal{P}(\omega)$ 表示过程的生命；M_t^s 是由空間 $\Omega_t = \{\omega : \mathcal{P}(\omega) > t\}$ 的子集所产生的 σ-代数，它可了解为从时間 s 到 t 連系于过程的事件集体；$P_{s,x}$ 是一族倚賴于 s 与 $x \in E$ 而定义于 σ-代数 $M^s \supset M_t^s$ 之上的測度。轉移函数可以定义为

$$P(s, x; t, \Gamma) = P_{s,x}\{x_t \in \Gamma\}, \quad \Gamma \in \mathcal{B}.$$

对任何 $0 \leq s \leq t \leq u$，$x \in E$，$\Gamma \in B$ 过呈以 $P_{s,x}$ 測度为 1 应滿足关系

$$P_{s,x}\{x_u \in \Gamma | M_t^s\} = P(t, x_t; u, \Gamma), \quad (1)$$

它更进一步地反映馬氏原則。还可以据此推証其他更深刻地反映馬氏原則的关系（見[2]定理2.1，2.1'）。

在新的理論中轉移函数仍占一重要地位，但已不是唯一的地位了。Дынкин建立了轉移函数与馬氏过呈的对应关系。他指出，当相空間是一般 σ-列紧的可測拓朴空間且可測集 σ-代数由全部或部分开集所产生时，丹尼爱尔——柯尔莫哥洛夫的概率測度一致性定理仍成立，因而証明了在这样的相空間具有某些性质的轉移函数恒对应一个不斷（$\mathcal{P}(\omega) = +\infty$）或可斷（$\mathcal{P}(\omega) \leq +\infty$）馬氏过程。（[2]定理4.1，4.2）

这样的对应不是唯一的。給定的轉移函数可对应一族馬氏过呈，构成一个等价类。Дынкин 对馬氏过程的等价类进行深入分析，給出了判别准則（[2]定理2.8，6.1）使能够判别是否在等价类中能找到这样的过程，它的所有軌道具有某些預先指定的性質。（例如連續性或右連續性）。

时齐过呈是馬氏过呈中最常見最有兴趣的一类。古典理論仅通过轉移函数（$P(t, x, t+\tau, \Gamma)$ 与 t 无关）来定义时齐性，这显然是不够的。邓肯引进了集合变換算子 θ_t 幷給出两个不完全等价的时齐馬氏过呈定义。第二定义比較常用：时齐馬氏过程是滿足某些关系的一組五个元素

$$X = (x_t, \mathcal{P}, M_t, P_x, \theta_t)$$

連系于过程的相空間 $(E, \mathcal{B})$ 是可測空間幷沒有拓朴結构，但在很多具体問題中（例如有关軌道的性質）却需要引进拓朴結构，設 C 表决定拓朴結构的开集組則 $(E, C, \mathcal{B})$ 是一

可测拓朴空间，Дынкин研究了在何种可测拓朴空间具有马氏过呈问题所需要的最广泛性质（见[2] §1.9)，它大大地推广了过去只限于度量空间的结果。

（二）强马氏过程

强马氏过程概念的引进是近代马氏过程理论的发展中一个重要转折点，它使马氏过程理论的发展进入新的非常富有成果的阶段。

前面已经提到过在马氏原则中"现在"是否可以了解为某一随机时间的问题。我们回到关于马氏过程较简单的定义。随机过程$\{x_t, t\geq 0\}$称为马氏过程，如果对任何$\Gamma \in \mathcal{B}$以概率为1地有

$$P\{x(t+h)\in\Gamma | X_s, S\leq t\}=P(t, x_t, t+h, \Gamma) \qquad (2)$$

因此问题成为：式中的t是否可改为随机时间$\tau(\omega)$? 过去一些作者给了肯定的回答并且加以应用，但没有把理论基础严格建立起来，只把它看作是一般马氏性质的自然推论（见[7]）; 其后Doob和其他学者在一些特殊场合对"强马氏性质"给以严格的证明。但把强马氏过程作为单独一类过程来研究并给出严格定义的应该说始于Дынкин和А.А.Юшкевич，后者首先给出马氏过呈而非强马氏过程的例子（见[13]及[2]6.18.5)。在给定强马氏过程时，首先必须确切规定$\tau(\omega)$的可测性：它要求$\tau(\omega)$是一个与s一过去及将来无关的随机变量（伊藤清的"确率过程"II，称这样的$\tau(\omega)$为马尔可夫时间简称马时，或s—马时。直观来说$\tau(\omega)$是这样的一个随机变量，对任意$0\leq s \leq t$，是否出现事件$\{\tau(\omega)< t\}$由过程在$[s, t]$间的行为即能决定）。其次，从把$P(t, X_t, t+h, \Gamma)$中的t换为$\tau(\omega)$时可以看到，这里需要对$X_t(\omega)$的可测性加以规定。此外在考虑Дынкин的一般关系（1）时还要定义σ-代数M_τ^s。

在[13]他们首先给出了时齐不断强马氏过程的定义并给出一般时齐不断马氏过程为强马氏过程的充要条件。其后定义推广于时齐可断非时齐不断与非时齐可断的场合（见[33],[6][2])。于[6]中Дынкин对非时齐不断强马氏过程给出两个不尽相同的定义，并指出在轨道右连续时两定义是等价的（证明见[2]定理5.6）。二者主要差别在于把（1）式的t换为$\tau(\omega)$时第一定义要求满足$\tau(\omega)\leq t$，第二定义要求可以把u换为对M_τ^s可测而$\geq \tau(\omega)$的随机变量$\eta(\omega)$。第一定义显然更广，但第二定义似较自然。在[33]及[2]中都是采取第二定义。

根据他们的研究，强马氏性与过程轨道及转移函数的某种连续性有关，因而与相空间的拓朴结构有关。于[33][13]证明了对任意具可测转移函数的马氏过程只要于相空间适宜引进拓朴结构恒可使马氏过程成为强马氏过程；而在散拓朴空间中所有时齐跳跃马氏过程（轨道为跳跃函数）均为强马氏过程。于[33]中Юшкевич对拓朴结构与强马氏性的关系还作了进一步的讨论。在一般给定的相空间马氏过程为强马氏过呈的判别法总结在[2]定理5.6，5.9，它们要求过程的轨道右连续。[2]定理6,8给出了在任意转移函数的等价类中存在右连续强马氏过程的条件。

强马氏过程的研究特别联系到过程轨道性质的研究，即如何从转移函数的性质判明在等价类的马氏过程中，存在与否马氏过程，在离开某一集合或集合系之前它的所有轨道都是连续的或右连续的。在Дынкин的书[2]中对轨道为连续为右连续而没有第二类间断点和为跳值函数或阶梯函数的场合给出了判别法。

有趣的是，不久以前Юшкевич[34]证明了在一般场合Дынкин关于强马氏过程的两定义是等价的，而无须轨道右连续的条件。因此Дынкин关于强马氏过程的某些结果，可能除去有关轨道连续性质的条件。

（三）马氏过程的分类与无穷小算子

一般的马氏过程理论奠基于 А. Н. 柯尔莫哥洛夫1931年发表的著作："关于马氏过程的解析方法"[24]，[25]。这篇文章建立了马氏过程与分析数学的联系，说明利用偏微分方程方法来研究马氏过程的可能性，还更重要的是指出了研究马氏过程中的几个主要方向：*

1° 过程的分类

2° 对每一类过程找出一组对应的函数，使能够唯一确定过程的无穷小特征。

3° 研究何种函数类能够是某些马氏过程的特征，由此特征构造马氏过程。

柯尔莫哥洛夫首先考虑的是直线上的扩散过程。在齐次的场合规定转移函数 $P(t, x, \Gamma)$ 满足关系：

$$\int_E (y-x)^3 P(t,x,dy) = o(t);$$

$$\int_E (y-x)^2 p(t,x,dy) = a(x)t + o(t), \quad a(x) > 0;$$

$$\int_E (y-x) p(t,x,dy) = b(x)t + o(t)^{**};$$

从而推得转移函数 $P(t,x,\Gamma)$ 所应满足的微分方程。

$$\frac{\partial p(t,x,\Gamma)}{\partial t} = \frac{a(x)}{2}\frac{\partial^2 p}{\partial x^2} + b(x)\frac{\partial p}{\partial x} \tag{3}$$

这里过程的无穷小特征是微分算子

$$A = \frac{a(x)}{2}\frac{\partial^2}{\partial x^2} + b(x)\frac{\partial}{\partial x}$$

规定这无穷小特征的是函数 $b(x)$（移转系数）与正函数 $a(x)$（扩散系数）（在可断过程还有非负函数 $c(x)$）。

给定这样的 $a(x)$，$b(x)$（并满足一些连续与可微性的条件）所对应的偏微分方程

$$\frac{\partial u(t,x)}{\partial t} = Au(t,x) \tag{4}$$

---

* 参照 Е.Б.Дынкин 于1960年在Вильбнюс举行的全苏概率论及数理统计论会上的报告。

** 在可断过程还应加上条件：$\int_E P(t,x,dy) = 1 - c(x)t + o(t)$ 其中 $c(x) \geq 0$ 称为生存系数。

具有轉移函数性質的解是唯一的。故函数 $a(x)$，$b(x)$，因而微分算子 A，唯一确定扩散过程的轉移函数。

近几年来馬氏过程理論虽然已經进入一个全新的阶段但在某些方面基本上可以說仍循着这个基本方向发展。

作为一般馬氏过程的无穷小特征是无穷小算子。

在柯氏的著作[25]中就提出了这样的問題：存在否一維馬氏过程它可由偏微分方程（4）来描述，其中 A 是高于二阶的微分算子（参看[5]）。

这一問題由 Feller 一系列著作得到完全解决（[35][37]）他利用了一般函数 $f(x)$ 对单調函数 $u(x)$ 的广义导数一概念，单純从分析的方法証明了連續的一維馬氏过程恒可以由方程（4）决定，其中 A 是一个广义的二阶导数：

$$Af(x) = D\nu Duf(x)$$

($u(x)$，$\nu(x)$ 单調上升函数）。但他的方法很难推广到多維的场合。

Дынкин 于[5]中利用軌道汎函的性質发展了另外一种更富成果的方法，証明了任意維的連續馬氏过程（并可推广到右連續馬氏过程）都可以由方程（4）确定，其中算子 A 是二阶广义椭圓型微分算子。

作为馬氏过程与分析数学的桥梁的是所謂挪移算子 T_t：对任意有界可測函数所构成之巴拿哈空間 B 之元素 $f(x)$ 定义

$$T_t f(x) = \int_E p(t,x,dy)f(y) = M_x f(x_t)。 \quad (5)$$

T_t 是从 B 到自己的綫性算子 $\|T_t f(x)\| \leq \|f(x)\|$ 且具有半群性：

$$T_{t+s} f(x) = T_t T_s f(x), \quad s,t \geq 0,$$

因而称为压縮半群算子，（但在这里 T_t 还有其他重要性質）。

Feller 初时考虑的是特殊的过程，它所对应的半群算子把任何有界連續数函变为有界連續函数，（这样的过程 Дынкин 称之为 Feller 过程）。

对任意馬氏过程可連系以无穷小算子：

$$Af(x) = \lim_{t \searrow 0} \frac{T_t f(x) - f(x)}{t} = \lim_{t \searrow 0} \frac{M_x f(x_t) - f(x)}{t},$$

由所取极限的为强收斂或弱收斂对应强算子 A 或弱算子 $\widetilde{A}$。（見[4]）D_A 及 $D_{\widetilde{A}}$ 是算子的定义域。

Hille—Yosida 定理确定了无穷小算子与半群算子間的关系。（見[11]或[35]），于[11]証明了在滿足某些条件的可測拓扑空間所有概連續时齐轉移函数由它的无穷小算子一意确定，同时給出了当相空間为列紧度量空間 (E,ρ) 而 A 为連續函数空間的綫性算子时，A 是某概連續 Feller 轉移函数的无穷小算子的充要条件。

在无穷小算子理論中 Дынкин 的重要貢献是証明了对于右連續强馬氏过程，一般有关系（在 $Af(x)$ 連續而非过程的吸收点）。

$$Af(x) = \lim_{d(U)\to 0} \frac{M_x f(^x\tau_U) - f(x)}{M_x \tau_U} \qquad (7)$$

其中U是x的邻域，τ_U是首先离开U的时间，d(U)为U的直径。这一结果连系了算子方法与轨道行为并使Дынкин有可能定义广无穷小算子$\mathcal{A}$：

$$\mathcal{A}f(x) = \begin{cases} \lim\limits_{d(U)\to 0} \dfrac{M_x f(^x\tau_U) - f(x)}{M_x \tau_U}, & M_x\tau_U \not\equiv \infty, \\ 0, & M_x\tau_U = \infty。 \end{cases} \qquad (8)$$

称$f(x) \in D_A$如对任何x极限存在且$f(x)$与$\mathcal{A}f(x)$均有界连续。他证明了对右连续Feller过程（这样的过程是强马氏过程）$A \subseteq \bar{A} \subseteq \mathcal{A}^*$）。若空间为列紧则$A = \bar{A} = \mathcal{A}$（见[5]定理4，5）。

上面的结果大大增加了在研究马氏过程时无穷小算子的威力。公式（7）创立了把马氏过呈进行分类的基础。这项工作即使在一维连续强马氏过程的场合也是相当繁复而艰巨的，但在这一场合Дынкин先后的工作中已全部完成。

无穷小算子并不是由它的表达式所唯一决定，还有重要的是它的定义域。相同形式的算子由于定义域的不同产生不同的半群算子，因而可能对应相异的转移函数与马氏过程。

连续Feller过程的转移函数与它的无穷小算子有一一对应关系。Дынкин意义的广义算子$\mathcal{A}$的定义域一般较A广。A可以说由$\mathcal{A}$藉某些附加条件收缩定义域而得。这种条件一般表现为边值条件。

于[5]中Дынкин详细地研究了在线段上连续且规则**）的Feller过程求出无穷小算子的表达式

$$Af = D_n D_p f$$

与Feller的结果不同这里$n(x)$，$p(x)$是具有概率意义而连系于过程的函数。

对闭区间上规则的连续强马氏过程Дынкин同样通过几个连系于过程本身的函数$p(x)$，$n(x)$，$l(x)$（他依次称为过程的<u>自然标度</u>，<u>自然测度</u>，<u>下降函数</u>）求出无穷小算子的表达式及其边界条件。

反之，给定任意上升连续函数$u(x)$上升右连续函数$v(x)$恒可以构造具有相应属性的$p(x)$，$n(x)$，$l(x)$；而由$p(x)$，$n(x)$，$l(x)$可以构造相应的过程。

在开区间上规则与一般场合他也同样进行了详细的分析并得出完满的结果。在这一类场合情况当然要大为复杂，因为需要仔细研究各种类型的点与边点的性质。（见[11][8]）。

（四）马氏过程的变换与可加汛函

如所知，马氏过程一般决定于基本空间Ω，集合T，相空间$(E, \mathcal{B})$及一组元素$\mathcal{X} =$

---

* 称算子$A \subseteq B$如定义域$D_A \subseteq D_B$，且如$f \in D_A$则$Af = Bf$。

* 从线段上任何点均可以正概率到其他任何点。

$(x_t(\omega), \mathscr{P}(\omega), M_t^s, P_{s,x})$. 对这些构成元素进行满足一定条件的某些变换,可能得新的馬氏过程。

Дынкин在[10]中叙述到馬氏过程变换理论的重要性时談到,如果一个比较复杂的过程是由一个较简单的过程經某些变换而得,則由后者的性质往往即可以判断前者,在连系到微分方程或算子方程时也常可以利用馬氏过程变换把复杂问题化为簡单。

1) 初等变换

最簡单的一种变换是基本空間的变换,主要是"净化"基本空間(除去零概集)与分裂基本事件的变换。另外一种簡单的变换是扩大或縮小基本 σ–代数 M_t^s 与 M^s。这样的变换主要是增加或縮小馬氏原則的适用范围。

特別有意义的是利用这二者的复合变换可把任意过程变为典范形式,(基本空間为取值于E,定义于各种区間〔O, λ〕的函数空間),它在研究过程等价类中起重要作用(参看[2]第二章)。

上項变换幷没有改变相空間与轉移函数。

2) 縮短过程的生命——子过程

所謂縮短过程生命是規定新的 $\bar{\mathscr{P}}(\omega) \leq \mathscr{P}(\omega)$ 作为过呈的生命。生命的縮短将引起 σ–代数,概率測度过程軌道的变化。

称馬氏过程 $\bar{X} = (\bar{x}_t, \bar{\mathscr{P}}, \bar{M}_t^s, \bar{P}_{s,x})$ 为馬氏过程 $X = (x_t, \mathscr{P}, M_t^s, p_{s,x})$ 的子过程如果 $\bar{X}$ 是 X 經过初等变换及縮短过程生命而得。

在沒有經过基本空間改变的情况它們的关系是

$0 \leq \bar{\mathscr{P}}(\omega) \leq \mathscr{P}(\omega)$; $\bar{x}_t(\omega) = x_t(\omega)$ 当 $0 \leq t < \bar{\mathscr{P}}(\omega)$;

$\bar{M}_t^s = M_t^s \{\bar{\mathscr{P}} > t\}$; $\bar{M}^s \supseteq M^s$ 且 $\bar{P}_{s,x}(A) = P_{s,x}(A), A \in M^s$.

这样的規定过于广泛得不出具体有趣的结果。Дынкин提出一个附加条件:

对 $0 \leq s \leq t$, 以 $p_{s,x}$ 概率为 1 地有

$$\bar{P}_{s,x}\{\bar{\mathscr{P}} > t | M^s\} = \alpha_t^s(\omega) \qquad (9)$$

其中 $\alpha_t^s(\omega)$ 具有某些規定的可測性而其值不依賴于 x, 利用这关系可以求出新轉移概率的簡单表达式:

$$\bar{P}(s, x; t, \Gamma) = M_{s,x} \alpha_t^s \chi_\Gamma(x_t). \qquad (10)$$

条件(9)不特使我們能用各种不同的方法构造子过程,而且建立了可乘汛函(或可加汛函)与子过程的关系。

所謂馬氏过程的汛函是指这样的 ω 函数,它对某些連系于这馬氏过程的 σ–代数可測。汛函 $\varphi_t^s(\omega)$ 称为可乘汛函,如果对任何 $s \leq t \leq u$ 有关系。

$$\varphi_u^s(\omega) = \varphi_t^s(\omega) \varphi_u^t(\omega) \qquad (11)$$

汎函称为可加汎函如满足

$$\varphi_u^t(\omega) = \varphi_s^t(\omega) + \varphi_u^s(\omega) \tag{12}$$

显然，正可乘汎函的对数是可加汎函。汎函称为右连续如 $\varphi_{t_n}^s \to \varphi_t^s$ 当 $t_n \downarrow t$。汎函称为几可乘几可加或几右连续如果上上面的关系仅以概率为 1 被满足（参看 [10], [11]）。

（9）所规定的 $\alpha_s^t(\omega)$ 是几可乘几右连续汎函以概率为 1 地满足关系 $0 \le \alpha_s^t \le 1$（见[2]引3.3）。Дынкин 证明了，如 $\alpha_s^t(\omega)$ 对 s 也几右连续或者 $\mathbf{x}$ 之转移函数为正则，则子过程对应一个取值介乎 0，1 间的右连续可乘汎函 $\alpha_s^t(\omega)$（[2]定理3.2）。反过来，他证明了任意一个取值介乎 0，1 间的右连续可乘汎函 $\alpha_s^t(\omega)$，恒对应一个子过程。这主要是由于在固定 s 时，$\alpha_s^t(\omega)$ 能定义概率测度以缩短过程生命。（$\alpha_s^t(\omega)$ 表过程对应于 ω 的轨道将不在 [s, t] 时间内中止的测度）。

从可乘汎函与子过程的关系，可以进一步给出了那一种随机函数 $\mathcal{F}(\omega)$ 可以作为新过程生命的条件。定义

$$\xi_s(\omega) = \begin{cases} \inf\{t: \alpha_s^t(\omega) = 0\}, & \omega \in \Omega_s = \{\omega: \mathcal{F} > s\}; \\ 0, & \omega \in \Omega_s \end{cases} \tag{13}$$

由 $\xi_s(\omega)$ 性质的分析发现了满足某些性质的函数 $\xi_s(\omega)$ 与只取 0，1 二值的可乘汎函间有一一对应的关系，从而证明了任意满足这些性质的函数都对应可乘汎函，因而都对应子过程。

特别是证明了，如 $\xi_s(\omega)$ 表首出（或首达或首触）某集合 Γ 或首出一族集合的时间在满足某些可测性条件下，都可以取为新过程的生命，换句话说都对应子过程。

特别有意义的是利用这结果可以定义<u>部分过程</u>。如过程 $\widetilde{\mathbf{x}}$ 是由过程 $\mathbf{x}$ 经过初等<u>变换</u>并限制于相空间 $\widetilde{E} \in \mathcal{B}$ 以首出 $\widetilde{E}$ 的时间作为生命的终结而得到，则 $\widetilde{\mathbf{x}}$ 称为 $\mathbf{x}$ 的"部分过程"在引进这概念以后 Дынкин 证明了对于一种集合（外不可达集合，且首出时间满足某些可测性要求）恒可以构造子过程。

此外比较有趣的是一种对应于可测马氏过程的所谓积分型可乘汎函

$$\alpha_s^t(\omega) = \exp\left[-\int_s^t v(u, x_u) du\right] \tag{14}$$

其中 $V(u, x)$ 为非负二元可测函数对应子过程的转移函数 $\widetilde{P}(s, x; t, r)$ 应满足积分方程

$$\widetilde{p}(s, x; t, r) + \int_s^t \int_E p(s, x; u, dy) v(u, y) \widetilde{p}(u, y; t, r) du = p(s, x; t, r) \tag{15}$$

这一类汎函在求微分方程的解时有重要应用（参看[3][31]）

对于时齐马氏过程的时齐子过程问题，Дынкин 同样得出了时齐可乘汎函（满足

$\theta_t \alpha_{t-s}^0 = \alpha_t^s$))与时齐子过程的关系。

于[21]中 В. А. Волконский 証明了在某些条件下給定于綫段内規則的可断时齐連續馬氏过程 $\bar{x}$ 存在(而且到等价类的准确度是唯一的)不断馬氏过程 x 使 $\bar{x}$ 为 x 的子过程,因而証明了綫段内規則的連續 Feller 过程恒为同类型不断过程的子过程。

子过程与部分过程的理論在解决微分方程問題时有重要应用(参看[30],[32])。

3) Дынкин 变换

由前面(10)式可知,縮短过程生命引起了轉移函数的改变对 $\alpha_t^s(\omega)$ 規定是以概率为 1 地介乎 0,1 的。一般可以証明([10])只要几可乘汛函滿足关系

$$M_{s,x}\alpha_t^s \leq 1 \quad 0 \leq s \leq t \quad (x \in E),$$

公式(10)即定义新的轉移函数。这結果使 Дынкин 能定义更广泛的一类变换(被称为 Дынкин 变换),它把前面子过程的变换作为一特例。这样的变换虽仍然基于过程的非負几可乘汛函 $\alpha_t^s(\omega)$ 但因为 $\alpha_t^s(\omega)$ 已非 ≤ 1 故不能直接由它定义測度以縮短过程生命而需要引进另一个非負函数 $\xi_s(\omega)$ 使共同滿足某些条件。在这样的条件下 $\psi_t^s(\omega) = \alpha_t^s(\omega)\xi_s(\omega)$ 将定义随机測度以縮短过程生命。

这样得出来的过程他称为 (α,ξ)—子过程,2)所討論的 $\bar{x}$ 过程对应 $\xi(\omega) \equiv 1$。

于[27]中推广了 Дынкин 在[2]中关于子过程的結果証明了在相当广泛的条件下强馬氏过程所产生的 (α,ξ)——子过程仍为强馬氏过程。

4) 測度的变换

設有一族函数 $\xi_s(\omega)$,如对 $\xi_s(\omega)$ 給以一些限制则由

$$p'_{s,x}(A) = \int_A \xi_s(\omega) p_{s,x}(d\omega) \quad A \in M^s$$

可以定义一族 M^s 上的測度,因而由馬氏过程 $x = (x_t(\omega), \mathscr{P}(\omega), M_t^s, p_{s,x})$ 可以得到新的馬氏过程 $X' = (x_t(\omega), \mathscr{P}(\omega), M_t^s, p'_{s,x})$ 轉移函数为

$$p'(s,x;t,\Gamma) = M_{s,x}\{x_\Gamma(x_t)\xi_s(\omega)\}$$

在可乘汛函如滿足条件

i) 存在极限 $\lim_{t \uparrow \varphi}\alpha_t^s = \alpha_{\varphi-0}^s$,

ii) $\qquad M_{s,x}\alpha_{\varphi-0}^s = 1$。

则 $\alpha_{\varphi-0}^s$ 即可取为 $\xi_s(\omega)$.

5) 随机改变时間

В. А. Волконский 首先在时齐[17]的场合研究了在何种条件下如将馬氏过程 $x_t(\omega)$ 所倚

赖的时间参数 t 改为与将来无关而严格上升的随机变量 τ_t，得到新的马氏过程 $y(t,\omega) = x\{\tau_t(\omega),\omega\}$。在相空间为度量空间时他得到了下面的结果：

a) 如 $x_t(\omega)$ 为时齐右连续强马氏过程 $\tau_t(\omega)$ 为右连续马时满足关系：
$$\tau_{t+h} - \tau_t = \theta_{\tau_t} \tau_h,$$
则 y_t 为时齐马氏过程。

b) 如 $\varphi(t)$ 为马时，则 $\tau_{\varphi(t)}$ 亦然；如对任意马时 $\varphi(t)$ 恒有 $\tau_{\varphi+h} - \tau_\varphi = \theta_{\tau_\varphi} \tau_h$，则 y_t 为强马氏过程。

c) 如 $\alpha(t)$ 为任意有界可测正函数满足关系
$$\int_0^\infty \frac{ds}{\alpha(x_s)} = \infty, \quad \text{则对由} \int_0^{\tau_t} \frac{ds}{\alpha(x_s)} = t \text{所规定的} \tau_t, y_t \text{为时齐右连续强马氏过程。}$$

特别有趣的是于研究在线段内规则的连续强马氏过程时他证明了由维恩那过呈出发，利用随机改变时间及单调改变相空间可以得出广泛的一类强马氏过程，并且直接证明了给定单调严格上升函数 $u(x)$, $v(x)$ ($u(x)$ 连续) 可以对维恩那过程施以改变随机时间的变换使得到连续强马氏过程具有无穷小算子为 $DvDu$ 依某一边值的收缩。

于[11] Дынкин 总结了 Волконский 的结果并利用可乘汛函来定义随机时间 $\tau_t(\omega)$ 得到了在一般相空间时齐强马氏过程经过随机改变时间后得到新马氏过呈与强马氏性质不变的条件。

于非时齐的场合 Волконский 于[19]亦得到相应的结果。

6) 一般变换与可加汛函

在一次报告中 Дынкин 指出了过去曾经被研究过的有关马氏过程的变换，实质上都可以找到对应的可加汛函。考虑齐次马氏过程 $X = (x_t(\omega), \mathcal{F}_t(\omega), M_t, P_x)$ 它的无穷小算子为 A。关于过程的变换有

a) Ito 变换

$$\varphi_t^*(k) = \int_0^t m[\varphi_u^\circ(k-1)] du + \int_0^t \delta[\varphi_u^\circ(k-1)] dx_u \tag{16}$$

可加汛函数为 $\varphi_t^*(\omega) = \underset{k\to\infty}{\ell \cdot i \cdot m} \cdot \varphi_t^*(k)$、如令 $y_t(\omega) = \varphi_t^* + y_0$ 可以得到新的过程而为扩散过程，对应无穷小算子

$$\widetilde{A} = \frac{1}{2} \delta^2(x) \frac{d^2}{dx^2} + m(x) \frac{d}{dx} \tag{17}$$

b) Kac 变换　（改变转移函数）

$$\overline{P}(t,x,r) = \int_{x_t \in E} \exp\left\{-\int_0^t V(x_u) du\right\} p_x(d\omega), V \geqslant 0 \tag{18}$$

对应可加汛函

$$\varphi_t^*(\omega) = \int_0^t V(x_u) du, \tag{19}$$

得到新马氏过程的无穷小算子为 $\widetilde{A} = A - V$。

c) Cameron—Martin变换　　（改变测度）

$$\bar{P}_x(A) = \int_A \exp\{-\int_0^{\rho(\omega)} m(x_u)dx_u - \frac{1}{2}\int_0^{\rho(\omega)} m^2(x_u)du\} p_x(d\omega), \quad (20)$$

对应可加汎函为

$$\varphi_t^*(\omega) = \int_s^t m(x_u)dx_u + \frac{1}{2}\int_s^t m^2(x_u)du_u - \varphi_\rho^0 \quad (21)$$

对应无穷小算子为 $\bar{A} = \frac{1}{2}\frac{d^2}{dx^2} + m\frac{d}{dx}$。

d) Doob变换（利用过份函数改变转移函数）

$$\bar{P}(t,x,r) = \frac{1}{f(x)}\int P(t,x,dy)f(y) \quad f>0 \quad (22)$$

要求f(x)为过份函数（意义见(六)3°）对应的可加汎函与无穷小算子为

$$\varphi_t^*(\omega) = -\ln\frac{f(x_t)}{f(x_s)}, \quad \bar{A} = \frac{1}{f}Af。 \quad (23)$$

e) Волконский变换（随机改变时间）

利用 $t = \int_0^{\tau_t} \frac{du}{\alpha(x_u)} \quad \alpha(x) > 0 \quad (24)$

得$y_t = x_{\tau_t}$，对应无穷小算子为$\bar{A} = \varphi(x)A$。

Дынкин指出研究过程轨道可加汎函的重要性不下于无穷小算子的研究。

于[21]Волконский对马氏过呈轨道可加汎函进行了系统的研究分为连续与跳跃的两部分求出一般表达形式。他指出连续的可加汎函的主要特征是

$$m_t^*(\omega) = M_{s,x}\varphi_t^*(\omega),$$

证明了在某种条件下可加汎函$\varphi_t^*(\omega)$由其特征到等价类的准确度而唯一决定，因此求可加汎函的一般形式问题化为求可加汎函特征的一般形式问题。

在时齐的场合，对于特殊马氏过程，（标准马氏过程）Волконский得到了由可加汎函φ_t所对应的子过程的无穷小算子与原过程的关系（见前面Волконский变换）。

（五.）马氏过程与微分方程

从柯尔莫哥洛夫关于扩散过程的研究开始（著名的柯尔莫哥洛夫方程），微分方程即被认为是研究马氏过程的重要工具。近几年由于马氏过程理论的发展越来越多地利用概率论的方法反过来解决微分方程的题。（见[1]）

于[40]Doob在论述热传导方程的概率论方法时就曾经指出"在概率论学者以扩散型过程来研究这些问题显得更为自然，它把抛物型与椭圆型微分方程的问题统一起来，本来在抛物型方程一般不大研究狄氏问题的"。

马氏过程与微分方程的联系在于它的半群算子与无穷小算子，如所知如马氏过程X

的半群算子为T_t，无穷小算子为A，则对任何$f \in D_A, u(t, x) = T_t f(x)$是方程

$$\frac{\partial u}{\partial t} = Au(t, x) \tag{25}$$

滿足 $\lim_{t \downarrow 0} u(t, x) = f(x)$的唯一囿解。因为

$$u(t, x) = T_t f(x) = \int_E P(t, x, dy) f(y),$$

故馬氏过程的轉移函数可视为方程(25)的基本解或格林函数。

用半群求解偏微分方程的問題自 Hille—yosida 之后已为人所熟知。Hille—yosida 的定理即建立了一个綫性算子可以产生半群的充要条件。

什么算子可以是馬氏过程的无穷小算子，这在馬氏过程本身固然有其重要意义，因为在某种条件下由无穷小算子可以返求馬氏过程，但在微分方程的研究亦有重要意义，因为它可以知道那种算子对应的方程可以借助于概率方法来解决。

关于这方面的研究，Дынкин 的公式(7)是一个重要的工具。如前所述对一維連續强馬过程无穷小算子的形式問題已由Дынкин的工作而完全解決。

此外关于无穷小算子的可能边界条件問題亦是一个重要的問題。給定一个綫性算子因不同边界条件Σ的限制得到不同的无穷小算子因而产生不同的半群。但并不是所有条件都可以作为边界条件，（因为它必須要求得到的算子的定义域在所考虑的函数空間到处稠密）。Feller 早就提出[35][37]求扩散过程与广义扩散过程的所有边界問題。他自己本人对一維的场合巳基本上得到完全解决([35][37][38])。于[14]中 А. Д. Вентцель 指出了 Feller 工作的一个重要错誤，并予以改正，得到了扩散过程无穷小算子最一般的边界条件。

多维的场合一般比较复杂。于[15]中Вентцель对特殊多维扩散过程的問題进行研究。在所考虑的有界閉域为球或圓的场合他得到了最一般的边界条件类型。Дынкин 于[1]中指出Вентцель所得到的一些新的边界条件类型在微分方程理論中还没有研究。

从(25)的解可以看出，給定初值条件$f(x)$作为方呈的解

$$T_t f(x) = M_x f(x_t)$$

是馬氏过程軌道的一个汛函。因此寻求过程的某些汛函使能作为某种微分方程的解是一个有实际意义的問題。于[3]中Дынкин研究了一类特殊的可加汛函：

$$\mathscr{P}(s, t) = \int_s^t V(\tau, x_\tau) d\tau,$$

其中 $V(\tau, x)$复值二元可測函数，并証明了

$$\phi(\lambda; t, x) = M_x \exp\{i\lambda \mathscr{P}(0, t)\}$$

是微分方程

$$\frac{\partial u}{\partial t} = Au + i\lambda V(t, x) u \tag{25}$$

滿足初始条件 $u \to 1$ 当 $t \to 0$ 及当 $t \to \infty$ $\varphi \cdot e^{-\|V\|t}$有界的唯一解。

Дынкин早就指出微分方程的解在边界的性質对应于馬氏过程軌道在边界的行为。因

此馬氏过程在边界点性質的不同区別不同的边界点研究这些边界点与无穷小算子的关系对于解决微分方程的边界問題有重要意义。

关于一維連續强馬氏过程在边界点性質的研究在 Дынкин 的书[11]中已全部完成。在解决具体微分方程問題 P.З.Хасьминский 做了一系列工作。于[29]中他研究一維扩散过程的求解問題。从过程的边界行为定义了所謂吸引点与排斥点，建立了方程系数的某些汎函在边界点的可积性与过程在边界点行为之間的关系，然后构造馬氏过程的某些汎函使为相应方程滿足某些边界条件的唯一囿模解。

于[30]他进一步利用子过程与部分过程理論研究一般在边界退化的椭圓型方程的求解問題，得出了完备的解答。

于[31]中他研究了連續时齐强馬氏过 程 $X=(X_t, \tau, M_t, P_x, \theta_t)$ 所对应的算子方程
$$Au \mp V \cdot u = 0,$$
具有連續正解与过程汎函 $M_x \exp\{\int_0^\tau V(x_t)dt\}$ 的有限性間的关系，并构造对应的解。

于[32]中他研究了拋物型方呈歌西問題的稳定性問題和它的解在 $t \to \infty$ 时的漸近性質。它的結果可以通过过呈的不变测度表出。

在[31]，[32]他都利用了 Гирсанов 所引进的（見六，4°）关于强Feller过呈的理論。

（六）其　　他

1°　首出集合时間的可測性——由前面可以看到有些問題緊密地連系着馬氏过程的軌道首出（或首达）某集合（或集合系）的时間 $\xi_s(\omega)$ 的可測性。例如在子过程理論中是否能取 S 后首出集合 Γ 的时間 $\xi_s(\Gamma)$，作为新过程的生命，就要求 $\xi_s(\Gamma)$ 具有某些可測性；对过程的不可达集是否能够构造部分过程也与这类条件有关。

$\xi_s(\Gamma)$ 的可測性显然倚賴于相空間的拓朴性質，集合Γ的类別与过程軌道的性質。

对此問題 Дынкин 作了詳尽深入的研究（見[2]附录）。它主要利用了 Choquet 在具可数基局部列緊豪士多夫空間的容度延拓定理来解决右連續过程首达（或首出）各类集合的可測性問題。

2°　自然拓朴——前面已談到过，如果过程是 Feller 过程則有好些問題化为非常簡单，而 Feller 过程則是这样的过呈对应半群算子把有界連續函数变为有界連續函数。但在具有拓朴結构的相空間那些函数是連續函数与这空間的拓朴結构有关。改变拓朴結构可能把本来不是Feller的过程变为Feller过程。

很自然地会产生这样的問題，在給定于任意可測空間 $(E, \mathscr{B})$ 上的馬氏过程如何引进与过程有最自然連系的拓朴結构？ Дынкин 首先研究了这一問題。

設有 $(E, \mathscr{B})$ 上的时齐正則*）馬氏过程 $X = (x_t, \rho, M_t, P_x, \theta_t)$。以 $\tau(\Gamma)$ 表首出集合Γ的时間。称 Γ∈$\mathscr{B}$ 如 Γ∈$\mathscr{B}$ 且
$$\{\tau(\Gamma) > 0\} \in M^\circ, \quad p_x\{\tau(\Gamma) > 0\} = 1.$$
（概略来說，$\mathscr{B}$ 中的集合Γ属于B。如果質点从Γ的某点出发恒不馬上离开）$\mathscr{B}$集合的所有

可能的和集构成集组 $\mathcal{E}_0$。可以证明 $(E, \mathcal{E}_0)$ 是一拓空间它称为连系于马氏过程的自然拓朴。

他详细研究了在自然拓朴下标准过呈所具有的性质。

于[22]中 И.Г.Гирсанов 用另外的方法引进自然拓朴。

3° 对马氏过程的"过份函数"与"过份随机变量"

过份函数的概念由 Hunt[39] 所首先引进。Дынкин 称之为对转移概率的过份函数，按定义，非负 $\mathcal{B}$—可测函数 $f(x)$ 称为对 $P(t, x, \Gamma)$ 为过份如果满足

A) $T_t f(x) \leq f(x)$ 对所有 $t \geq 0$ $x \in E$

B) $T_t f(x) \to f(x)$ 当 $t \downarrow 0$。

Дынкин 引进对过程的过份函数。设有时齐马氏过呈 $X = (x_t, \mathcal{P}, M_t, P_x, \theta_t)$，非负 $\mathcal{B}$—可测函数 $f(x)$ 称为对 X 为过份，如果对所有 $x \in E$

A¹) 对任何马时 τ

$$M_x f(x_\tau) \leq f(x)$$

B¹) 对任何马时序列 τ_n, 满足 $p_x\{\tau_n \downarrow 0\} = 1$ 恒有关系

$$\lim_{n \to \infty} M_x f(x_{\tau_n}) = f(x)$$

（因定义类似于一般上调和函数且在过程对应于拉普拉斯算子的扩散过程时二者重合故又称为上调和函数）。

* 满足 $P_x\{\mathcal{P} > 0\} = 1$，对所有 $x \in E$。

Дынкин 证明了如果 X 是强马氏过程则对转移函数为过份与对过程为过份两个概念等价，因而 Hunt 关于过份函数的一些性质得到推广。

过份函数还揭示了马氏过程与势函数之间的关系：如 X 为强马氏过程则任何非负函数 $g(x)$ 的势函数

$$f(x) = M_x \int_0^{\mathcal{P}} g(x_t) dt$$

如果存在则它是对 X 的过份函数。如过呈的生命恒几乎有限则更可得到 f 对 X 为过份的必要与充分条件是它为非负函数的势函数非降序列的极限。

Дынкин 还证明过份函数与自然拓朴的关系：对标准过程，自然拓朴是使所有过份函数为连续的最弱拓朴。

连系于过份函数 Дынкин 引进了过份随机变量的概念，按定义称 ξ 为过份随机变量如果

α) ξ $\mathbb{N}^*$—可测

β) $\theta_t \xi \leq \xi$ 对任何 t,

γ) $\theta_t \xi \downarrow \xi$ 当 $t \downarrow 0$。

作为过份随机变量的例是

$$\xi = \int_0^\infty f(x_t) dt。$$

显然，如果 ξ 是过份随机变量，则 $f(x) = M_x \xi$ 是过份函数。Doob 的变换与过份函数 $f(x)$ 有

关((22)式)，而这种变换是否规则却与过份函数是否能表为某一过份随机变量的数学期望有联系(见[10])。

有一类Дынкин变换联系于过份随机变量：过份随机变量ξ，如果满足关系

$$0 < M_x \xi < \infty \quad x \in E,$$

则
$$\alpha_t^{\xi} = \frac{M_{xt}\xi}{M_{xs}\xi}, \quad \xi_t = \frac{\theta_t \xi}{M_{xt}\xi}$$

定义(α, ξ)子过程。

4°. 强Feller过程——联系于$f(x) = M_x\xi$的连续性问题 И.В.Гирсанов 引进了强 Feller 过程这一概念。它是这样的过程，对应的半群算子把有界可测函数变为有界连续函数。宿命过程是Feller过程而非强Feller过呈的例子，但很多常见的过程例如 n 维维思那过程则是强Feller过程。Гирсанов证明了在某些条件下 n 维Ito过程是强Feller过程。强 Feller 过呈的概念在研究微分方程问题时有重要应用。(见[31],[32])

5. 条件马氏过程

在信息论中，因有效信号x(t)受到各种形式的干扰故经过接收器所收到的是函数

$$y(t) = f\{x(t), \xi(t)\}$$

设计最好接收器的问题就是求 x(t), ξ(t)的最佳变换 f 使收到的 y(t)在某种概率意义下最佳地反映有效信号 x(t)，当 x(t), ξ(t)均为高斯分布则 f 为线性函数，对于非高斯分布而为马氏过程的场合，物理学者 Р.Л.Стратонович 提出了解决办法[41]同时引出了研究当二维马氏过程的一分量现实为已知而求另一分量的条件过程问题。在马氏链的场合 Стратонович已得到重要的结果[42]。对一般空间连续马氏过程，情况比较复杂。Дынкин 提出考虑重要条件概率

$$V_t^s(\omega, \mathcal{F}, \Gamma) = P_{s,x,\varphi}\{y_t \in \Gamma | x_\nu, s \leq \nu \leq t\}$$

以定义条件转移函数，于[26]中证明了这样构造的可能性。

对于条件马氏过呈А.Д.Вентцель得到进一步的结果。见[16]。

附　言

关于由 Е. Б. Дынкин 所领导的年青数学工作者的工作这里只介绍了 А. Д. Вентцель И. В. Гирсанов Р. З. Хасьминский А. А. Юшкевич В. А. Волконский, 尚有 П. В. Серегин, В. Тутубалин, М. И.Фрейдлин, М. Г Щур等几人的工作未及介绍。

参 考 文 献

〔1〕 Е.Б. Дынкин, марковские процессы и связанные сними задачи анализа УМН 15 вып 2　92 (1960).

〔2〕 Е.Б. Дынкин, Основания теории марковских процессов, М.,(1959)

〔3〕 Е.Б. Дыпкин, функционалы от траекторий марковских случайных проце-

---

*) $\overline{N}$是联系于过程轨道的一个σ-代数。

ссов, ДАН 104 (1955), 691—694.

[4] Е.Б. Дынкин, Марковские процессы и полугруппы операторов, Теория вероятн. и ее прим. 1:1 (1956), 25—37.

[5] Е.Б. Дынкин, Инфинитезимальные операторы марковских процессов, Теория вероятн. и ее прим. 1:1 (1956), 38—60.

[6] Е.Б. Дынкин, Неоднородные строго марковские процессы, ДАН 113 (1957), 261—263.

[7] Е.Б. Дынкин, Новые методы в теории марковских процессов, Труды III Всесоюзного матем. съезда, т. 3, М. (1958), 334—342.

[8] Е.Б. Дынкин, Одномерные непрерывные строго марковские процессы, Теория вероятн. и ее прим. 4:1 (1959), 3—54.

[9] Е.Б. Дынкин, Естественная топология и эксцессивные функции, связанные с марковским процессом, ДАН 127, № 1 (1959), 17—19.

[10] Е.Б. Дынкин, Преобразования марковских процессов, связанные с аддитивными функционалами. Proceedings of the F Fourth Berkeley Symposium on Math. Statistics and probability (1960).

[11] Е.Б. Дынкин, Марковские процессы и их инфинтевимальные зимальные операторы, М. Препринт.

[12] Е.Б. Дынкин, О некоторых преобразованиях марковских процессов, ДАН (1960).

[13] Е.Б. Дынкин, А.А. Юшкевич, Строго марковские процессы, Теория вероятн. и ее прим. 1:1 (1956), 149—155.

[14] А.Д. Вентцель, Полугруппы операторов, соответствующие обобщенному дифференциальному оператору второго порядка, ДАН 111, № 2 (1956), 269—272.

[15] А.Д. Вентцель, О граничных условиях для многомерных диффузионных процессов, Теория вероятн. и ее прим. 4:2 (1959), 172—185.

[16] А.Д. Вентцель, Условные марковские процессы Препринт.

[17] В.А. Волконский, Случайная замена времени в строго марковских процессах, Теория вероятн. и ее прим. :3 332—350.

[18] В.А. Волконский, Непрерывные одномерные марковские процессы и аддитивные функционалы от них, Теория роятн. и ее прим. 4:2 (1959), 208—211.

[19] В.А. Волконский, Построение неоднородных марковских процессов с помощью случайной замены времени, ория вероятн. и ее прим. (1960) 6:1.

[20] В.А. Волконский, Аддитивные функционалы от марковских процессов, ДАН 127, № 4 (1959).

[21] В.А. Волконский, Аддитивные функционалы от марковских процессов, Труды Моск. матем. о-ва 9 (1960).

[22] И.В. Гирсанов, О некоторых топологиях, связанных с марковским процессом, ДАН 129, № 3 (1959).

[23] И.В. Гирсанов, Сильно Фелдеровские процессы. 1, Теория вероятн. и ее прим. 5:1 (1960).

[24] А.Н. Колмогоров, Об аналитических в методах теории вероятностей, УМН, вын. 5 (1938), 5—41.

[25] A. Kolmogorov, Uber die analytischen Methoden in der Wahrscheinlich-h-keitsrechnung, Math. Ann. 104 (1931), 415—458.

[26] Лян Чжи-шуэн, об условных марковских процессах, Теория вероятн. и ее прим. 5:2 (1960).

[27] Лян Чжи-шузн. Инвариантность сторого марковского свойётва при преобразованиях Дынкина теория вероятн. и ее прим. 6:2 (1961).

[28]

[29] Р.З. Хасьминский, Распределение вероятностей для Функционалов от траектории случайного процесса диффузионного, Типа, ДАН 104 № 1 (1955) 22—25.

[30] Р.З. Хасьминский, Диффузионные процессы и эллиптические дифференциальные уравнения, вырождающиеся на границе области, Теория вероятн. и ее прим 3:4 (1958) 430—451.

[31] Р.З. Хасьминский, О положительных решениях уравнения $U_u + V_u = 0$ Теория вероятн. и ее прим. 4:3 (1959) 332—341.

[32] Р.З. Хасьминский, Эргодические свойства диффузионных процессов и стабилизация решений параболических уравнений, Теория вероятн. и ее прим. 5:2 (1960)

[33] А.А. Юшкевич, О строго марковских процессах, Теория вероятн. и ее прим. 2:2 (1957), 187—213.

[34] А.А. Юшкевич, К определению строго марковского процесса, Теория вероятн и ее прим 5:2 (1960).

[35] W. Feller, The paraboic differential equations and the associated semi-groups of transformations, Amm. Math 55 (1952), 468—519. (Перевод: В. Феллер, Параболические дифференциальные уравнения и соответствующие им полугруппы преобразований, Математика 1:4 (1957), 105—153.

[36] W. Feller, Diffusion processes in one dimension, Trans. Amer, Soc. 77:1 (1954), 1—31. (Перевод: В. феллер, Одномерные диффузионные процессы, Математика 2:2 (1958) 119—146.

[37] W. Feller, The general diffusion operator and positivity preserving semi-groups in one dimension, Ann. Math. 60:3 (1954), 417—436.

[38] W. Feller, Generalized second order differential operators and their lateral

conditions, Illinois, Journ. Maoh. 1:4 (1957), 459—504.

〔39〕 G.A. Hunt, Markov processes and potentials, 1--111, Illionois, Jouin. Math. 1 (1957), 44—93:1 (1957), 316—369:2 (1958), 151—213.

〔40〕 J.L. Doob, A probability approach to the heat equation, Trans. Amer. Math. Soc. 80:1 (1955). 216—280.

〔41〕 Р.Л. Стратонович, К теории оптимальной нелинейной фильтации случайных функций, Теория вероят. и её примен. 4, 2, 1959, 239.

〔42〕 Р.Л. Стратонович, условные процессы Маркова. теория вероят. и её примен. 5, 2, (1960).

关于一类二阶线性椭圆型方程组的最大模原理

馬汝念

(数学力学系)

Ⅰ. 众所周知，一般 n 維二阶线性椭圓型方程具有两个极重要的性質，即它的解在存在域內为其全体自变数的解析函数和它的Dirichlet問題解是唯一的。

1939年 И.Г. Петровский [1] 証明了一般线性方程組

$$Lu \equiv \sum_{ij=1}^{n} A_{ij}(x_1,\cdots,x_n)\frac{\partial^2 u}{\partial x_i \partial x_j} + \sum_{i=1}^{n} B_i(x_1,\cdots x_n)\frac{\partial u}{\partial x_i} + C(x_1,\cdots,x_n)u = 0 \tag{1}$$

或

$$Lu \equiv \sum_{i=1}^{n}\frac{\partial}{\partial x_i}\left(\sum_{j=1}^{n} A_{ij}(x_1,\cdots x_n)\frac{\partial u}{\partial x_j}\right) + \sum_{i=1}^{n} B_i(x_1,\cdots,x_n)\frac{\partial u}{\partial x_i} + C(x_1,\cdots,x_n)u = 0 \tag{1'}$$

的解在其存在域內为其全体自变数的解析函数，其充分必要条件为：对于任何不同时为零的实数 $\xi_1,\cdots\cdots,\xi_n$ 恒有

$$\left|\sum_{ij=1}^{n} A_{ij}(x_1,\cdots,x_n)\xi_i \xi_j\right| \neq 0 \tag{2}$$

其中 $A_{ij}(x_1\cdots,x_n)$，$B_i(x_1,\cdots x_n)$ （$ij=1,\cdots,n$）及 $C(x_1,\cdots,x_n)$ 設为 N 阶实函数方陣，u 为 N 維实向量函数 $\vec{u} \equiv \{u_1(x_1,\cdots,x_n),\cdots\cdots,u_n(x_1,\cdots,x_n)\}$。并因此称滿足条件（2）的方程組（1）或（1'）为二阶线性椭圓型方程組。

1948年 А.В.Бицадзе [2] 举出了两个著名的反例，指出按 И.Г. Петровский 意义下的一般椭圓型方程組的Dirichlet問題解是不唯一的，甚而有无穷多个解。这两个反例是：

例一：$\begin{pmatrix} 1 & 0 \\ 0 & 1 \end{pmatrix}\frac{\partial^2 u}{\partial x^2} + 2\begin{pmatrix} 0 & -1 \\ 1 & 0 \end{pmatrix}\frac{\partial^2 u}{\partial x \partial y} + \begin{pmatrix} -1 & 0 \\ 0 & -1 \end{pmatrix}\frac{\partial^2 u}{\partial y^2} = 0$

例二：$\begin{pmatrix} 1 & 0 \\ 0 & 1 \end{pmatrix}\frac{\partial^2 u}{\partial x^2} + 2\begin{pmatrix} 0 & \frac{1}{\sqrt{2}} \\ -\frac{1}{\sqrt{2}} & 0 \end{pmatrix}\frac{\partial^2 u}{\partial x \partial y} + \begin{pmatrix} -1 & 0 \\ 0 & -1 \end{pmatrix}\frac{\partial^2 u}{\partial y^2} = 0$

其中 $u = (u_1(x,y), u_2(x,y))$。

其后，引起許多作者对二阶綫性椭圓型方程組（1）或（1'）还在补加某些条件下，証明它的Dirichlet問題有唯一解。如A.B.Бицадзе在So-migliana[3]給出的充分条件，即若对于任意不为零的两实向量$\xi = (\xi_1, \cdots, \xi_n)$及$\eta = (\eta_1, \cdots, \eta_n)$使下面的二次型为正定

$$\eta A\eta + \eta B\xi + \xi B\eta + \xi C\xi \geq 0.$$

应用能量积分方法証明了二个自变量的二阶綫性椭圓型方程組

$$A(x,y)\frac{\partial^2 u}{\partial x^2} + 2B(x,y)\frac{\partial^2 u}{\partial x \partial y} + C(x,y)\frac{\partial^2 u}{\partial y^2} = 0 \tag{4}$$

的Dirichlet問題解的唯一性。其中仍設u为N維实向量函数，A，B，C为任意N阶实函数方陣。

1950年，М.И.Вишик[4]对方程組（1）或（1'）給出另一个充分条件（即所謂强椭圓条件）：对于任意不等于零的n維实向量$\xi = (\xi_1, \cdots, \xi_n)$及N維实向量$\eta = (\eta_1, \cdots, \eta_N)$，存在一正数$\alpha > 0$恒有

$$\eta \left(\sum_{ij=1}^{n} A_{ij}(x_1, \cdots, x_n) \xi_i \xi_j \right) \eta \geq \alpha \left(\sum_{i=1}^{n} \xi_i^2 \right) \left(\sum_{j=1}^{N} \eta_j^2 \right).$$

1960年我們在[5][6]給出二阶常系数椭圓型方程組（4）的Dirichlet問題解为唯一的充分必要条件是：

对于任意两实数b及c且$b^2 \leq c$恒有

$$|A + 2Bb + Cc| \neq 0.$$

另一方面若确立椭圓型方程組（1）或（1'）的最大模原理，同样容易証明其Dirichlet問題解的唯一性。在这方面工作有1953年B., Pini[7]証明了二阶椭圓型方程組

$$E\frac{\partial^2 u}{\partial x^2} + E\frac{\partial^2 u}{\partial y^2} + Cu = 0$$

当其系数矩陣C为負定时则其解u的模不能在存在域D內达到极大值。其中E为单位方陣。1957年A.B. Бицадзе[8]把这結果推广到如下方程組

$$\frac{\partial}{\partial x}\left(A\frac{\partial u}{\partial x} \right) + \frac{\partial}{\partial y}\left(C\frac{\partial u}{\partial y} \right) + A_1\frac{\partial u}{\partial x} + B_1\frac{\partial u}{\partial y} + C_1 u = 0$$

其中 $A(x,y) = \alpha(x,y)E$，$C = \beta(x,y)E$，$A_1 = \alpha_1(x,y)E$，$B_1 = \beta_1(x,y)E$。且$\alpha(x,y) > 0$，$\beta(x,y) > 0$。E仍設为单位方陣。

本文目的，再把这一最大模原理推广到一类更一般的二阶綫性椭圓型方程組（1）或（1'）。并从而証明其Dirichlet問題解的唯一性，它的解連續依賴于边值函数和一致收斂性定理。

Ⅱ. 設D为n維欧基里德空間E_n的有界閉域，它的边界記为Γ。为了簡便，記E_n内的点为$x = (x_1, \cdots, x_n)$和N維实向量函数$u(x)$及$v(x)$的数量积为$(u \cdot v) = \sum_{k=1}^{N} u_k(x) v_k(x)$。

我們在D內考虑方程組

$$L(u) \equiv \sum_{i=1}^{n} \frac{\partial}{\partial x_i} \left(\sum_{j=1}^{n} A_{ij}(x) \frac{\partial u}{\partial x_j} \right) + \sum_{i=1}^{n} B_i(x) \frac{\partial u}{\partial x_i} + C(x)u = 0 \qquad (1')$$

其中 $u(x)$ 为 N 维实向量函数；系数 $A_{ij}(x)$，$B_i(x)$ 及 $C(x)$ 为 N 阶实函数方阵且设

$$A_{ij}(x) = a_{ij}(x)E$$
$$B_i(x) = b_i(x)E$$
$$a_{ij}(x) = a_{ji}(x) \qquad (i, j = 1, \cdots n)$$

而 E 为 N 阶单位方阵。假设 $a_{ij}(x)$ 为 D 内的一阶连续可微函数，$b_i(x)$ 为 D 内的有界函数。

此时，方程组（$1'$）在 x^0 点的椭圆型条件为：对于任何不同时为零的实数 $\xi_1, \cdots, \xi_n$ 恒使

$$\left| \sum_{ij=1}^{n} A_{ij}(x^0) \xi_i \xi_j \right| = \left(\sum_{ij=1}^{n} a_{ij}(x^0) \xi_i \xi_j \right)^N \neq 0 \qquad (5)$$

不伤一般性，我们恒设

$$\sum_{ij=1}^{n} a_{ij}(x^0) \xi_i \xi_j > 0$$

定理：若二阶线性椭圆型方程组（$1'$）的系数 $C(x)$ 为负定的，则方程组（$1'$）的任一正规解 $u(x)$ 的模不能在 D 内达到极大值。

[证明] 令正规解 $u(x)$ 的模为

$$\rho(x_1, \cdots, x_n) = \left(\sum_{i=1}^{N} u_i^2(x) \right)^{\frac{1}{2}} = |u(x)|,$$

若 $\rho(x)$ 在 D 内某点 x^0 达到极大值，那么在 x^0 点处有

$$\frac{\partial \rho(x^0)}{\partial x_i} = 0 \qquad i = 1, 2, \cdots n, \qquad (6)$$

及对于一切不同时为零的 $\lambda_1, \cdots, \lambda_n$ 恒有

$$\sum_{ij=1}^{n} \frac{\partial \rho(x^0)}{\partial x_i \partial x_j} \lambda_i \lambda_j \leq 0 \text{。} \qquad (7)$$

根据在 x^0 点的椭圆性条件，不等式（7）有

$$\sum_{ij=1}^{n} a_{ij}(x^0) \frac{\partial \rho(x^0)}{\partial x_i \partial x_j} \leq 0 \text{。} \qquad (8)$$

但另一方面：

$$\frac{\partial \rho(x)}{\partial x_i} = \frac{1}{\rho} \left(u \cdot \frac{\partial u}{\partial x_i} \right),$$

$$\frac{\partial \rho(x)}{\partial x_i \partial x_j} = \frac{1}{\rho} \left[\left(\frac{\partial u}{\partial x_i} \cdot \frac{\partial u}{\partial x_j} \right) + \left(u \cdot \frac{\partial^2 u}{\partial x_i \partial x_j} \right) - \frac{\partial \rho(x)}{\partial x_i} \frac{\partial \rho(x)}{\partial x_j} \right],$$

和以向量u左乘方組(1')的兩端，我們可得下列的关系式：

$$(u \cdot Lu) = \sum_{ij=1}^{n} a_{ij}(x)\left(u \cdot \frac{\partial^2 u}{\partial x_i \partial x_j}\right) + \sum_{ij=1}^{n} \frac{\partial a_{ij}(x)}{\partial x_i}\left(u \cdot \frac{\partial u}{\partial x_j}\right) +$$
$$+ \sum_{i=1}^{n} b_i(x)\left(u \cdot \frac{\partial u}{\partial x_i}\right) + uCu = 0。 \tag{9}$$

在x^0点处考虑等式（9），幷注意关系式（6）立得

$$\sum_{ij=1}^{n} a_{ij}(x^0)\left(u(x^0), \frac{\partial^2 u(x^0)}{\partial x_i \partial x_j}\right) = -u(x^0)C(x^0)u(x^0)。 \tag{10}$$

所以由（10）及（5）我們推知

$$\sum_{ij=1}^{n} a_{ij}(x^0)\frac{\partial \rho(x^0)}{\partial x_i \partial x_j} = \left[\sum_{ij=1}^{n} a_{ij}(x^0)\left(\frac{\partial u(x^0)}{\partial x_i} \cdot \frac{\partial u(x^0)}{\partial x_j}\right) - u(x^0)C(x^0)u(x^0)\right]\frac{1}{\rho(x^0)} =$$

$$= \sum_{k=1}^{N} \sum_{ij=1}^{n} a_{ij}(x^0)\frac{\partial u_k(x^0)}{\partial x_i}\frac{\partial u_k(x^0)}{\partial x_j} - u(x^0)C(x^0)u(x^0) > 0,$$

这样，它与（8）式相矛盾，故定理得証。

如果系数方陣$C(x)$是正定的，則上述最大模原理不一定成立。例如在閉区域$-\frac{\pi}{2} \leqslant x, y, z \leqslant \frac{\pi}{2}$上向量函数（$u_1 = \cos x \cos y \cos z$, $u_2 = 2\cos x \cos y \cos z$）滿足二阶綫性椭圓型方程組

$$\frac{\partial^2 u_1}{\partial x^2} + \frac{\partial^2 u_1}{\partial y^2} + \frac{\partial^2 u_1}{\partial z^2} + u_1 + u_2 = 0$$

$$\frac{\partial^2 u_2}{\partial x^2} + \frac{\partial^2 u_2}{\partial y^2} + \frac{\partial^2 u_2}{\partial z^2} + \frac{2}{3}u_1 + \frac{8}{3}u_2 = 0$$

但是在閉区域內$u_1(x,y,z) > 0$, $u_2(x,y,z) > 0$而在边界上$u_1(x,y,z) = 0$, $u_2(x,y,z) = 0$。

由上述最大模原理立即推知下列的推論：

推論 I．椭圓型方程組(1')的 Dirichlet 問題解是唯一的。

[証明]：設存在两个解，分別記为$u^*(x)$及$u^{**}(x)$。令
$u(x) = u^*(x) - u^{**}(x)$ 則 $u(x)$ 为方程組(1')的齐次边值問題的解，由定理推知

$$0 \leqslant |u_i(x)| \leqslant \max_{x \in \Gamma} |u(x)|,$$

$$\therefore \quad |u_i(x)| \equiv 0 \quad i = 1, 2, \cdots, N.$$

推論 II：椭圓型方程組(1')的 Dirichlet 問題的解是稳定的，即解 $u(x)$ 連續依賴于它的边值函数。

[証明]：設$u^*(x)$及$u^{**}(x)$分別为方程組(1')以已知向量函数$f^*(x)$及$f^{**}(x)$为边值的解。則$u(x) = u^*(x) - u^{**}(x)$为方程組(1')以$f^*(x) - f^{**}(x)$为边值的解。于是由定理知

$$0 \leqslant |u_i^*(x) - u_i(x)| \leqslant \underset{x \in \Gamma}{\text{Max}} |f^*(x) - f^{**}(x)| \qquad i=1,\cdots,N_\circ$$

由于$|f^*(x)-f^{**}(x)|$的充分小推得：$|u_i^*(x)-u_i^{**}(x)|$的任意小。

推论Ⅲ. 若定义在Γ上的向量函数叙列$\{f^{(n)}(x)\}$在Γ上一致收敛，则以$\{f^{(n)}(x)\}$为边值的 Dirichlet 问题的解叙列$\{u_n(x)\}$也于 D 内一致收敛。

[证明]：根据定理和$\{f^{(n)}(x)\}$的一致收敛性推得，任给定正数ε，存在正数n_0，使当$m,n > n_0$时而在 D 内处处恒有

$$\left| u_i^{(m)}(x) - u_i^{(n)}(x) \right| \leqslant \underset{x \in \Gamma}{\text{Max}} \left| f^{(m)}(x) - f^{(n)}(x) \right| < \varepsilon \qquad i=1,\cdots,N_\circ$$

所以$\{u_i^{(n)}(x)\}$ $i=1,2,\cdots N$, $n=1,2,\cdots$是一基本叙列，由于连续函数空间的完备性，因此$\{u^{(n)}(x)\}$在 D 内处处一致收敛。

参 考 文 献

[1] И.Г. Петровский Sur l'analyticité des Solutions des Systemes d'e'quations differentielles Мат.сб.том5 (1939)

[2] А.В.Бицадзе О единственности решения задачи дирихле для эллиптических уравнений с частными производными У.М.Н С.С.С.Р. Т.3 (1948)

[3] C.Somigliana Ann. di Matem. Pura ed appl. Ser Ⅱ 22 143 (1894)

[4] М.И.Вишик О сильно эллиптический Системах дифференциальных Уравнений Мат. сб. том 29 (1951)

[5] 丁夏畦 王康廷 马汝念 张同 常系数二阶椭圆型微分方程组的定义 科学记录 4卷3 (1960)

[6] 丁夏畦 王康廷 马汝念 孙家乐 张同 常系数二阶偏微分方程组椭圆性的定义 数学学报 第10卷 第3期 (1960)

[7] B.Pini. Rend. Sem. Mat. Uuiv. Padove 22 265 (1953)

[8] А.В.Бицадзе Об эллиптичесних системах дифференциаьнах уравнений счастными производными второро порядка. Д.А.Н С.С.С.Р. 112 (1957)

О ПРИНЦИПЕ МАКСИМАЛЬНОГО МОДУЛЯ ОДНОГО КЛАССА ЛИНЕЙНЫХ ДИФФЕРЕНЦИАЛЬНЫХ УРАВНЕНИЙ СИСТЕМИ ВТОРОГО ПОРЯДКА ЭЛЛИПТИЧЕСКОГО ТИПА.

Ма Жу-нянь

В настоящей работе рассмотрим системы линейных дифференциальных уравнений второго порядка эллиптического типа

$$\sum_{i=1}^{n} \frac{\partial}{\partial x_i} \left(\sum_{i=1}^{n} A_{ij}(x_1, \cdots, x_n) \frac{\partial u}{\partial x_j} \right) + \sum_{i=1}^{n} B_i(x_1, \cdots, x_n) \frac{\partial u}{\partial x_i} + C(x_1, \cdots, x_n) u = 0 \quad (I)$$

где $u(x_1, \cdots, x_n) = \{u_1(x_1, \cdots, x_n), \cdots, u_N(x_1, \cdots, x_n)\}$ N— мерные вектор - функции, коэффиценты $A_{ij}(x_1, \cdots, x_n)$, $B_i(x_1, \cdots, x_n)$ И $C(x_1, \cdots, x_n)$ $(ij=1,2,\cdots n)$ матрицы N-го порядка действительных функций и предположим что

$$A_{ij}(x_1, \cdots, x_n) = a_{ij}(x_1, \cdots, x_n) E$$
$$B_i(x_1, \cdots, x_n) = b_i(x_1, \cdots, x_n) E$$
$$a_{ij}(x_1, \cdots, x_n) = a_{ji}(x_1, \cdots, x_n) \quad (ij=1,2,\cdots,n)$$

а E единичная матрица N-го порядка.

Предположим что функции $a_{ij}(x_1, \cdots, x_n)$ $(ij=1,2,\cdots,n)$ определенны в некоторой ограниченой замкнутой области в n-мерном эвклидом пространстве и их производные первого порядка в D непрерывны, и функции $b_i(x_2, \cdots, x_n)(i=1,2,\cdots,n)$ ограничены в области D.

Мы Докажим утверждение:

Теорема. Если коэффициент $C(x_1, \cdots, x_n)$ линейных системы дифференциальных уравнений системы (I) второго порядка эллиптического типа — отрицательно определённая форма, то модуля никакого регулярного решения $u(x_1, \cdots, x_n)$ системы (I) не может иметь в точке $p \varepsilon D$ максимум.

Из этого принципа максимального модуля сразу следуют что:

Следствие 1. Решение задачи дирихле системы (I) единственное.

Следствие 2. Решение задачи дирихле системы (I) непрерывно зависит от граничных данных для произвольной ограниченной области D.

Следствие 3. Если последовательность непрерывных на некоторой замкнутой ограниченной области и всюду удовлетворяющих систему (I) внутри этой области решений равномерно сходится на границе области, то она также равномерно сходится на всей рассматриваемой области.

На конец построим пример, который показывает, что если матриц $C(x_1, \cdots, x_n)$ положительно определённая форма, то принцип максимального модуля системы (I) может бать и не верен.

辛方陣的辛相似[1]

华罗庚

在复数域內，大家知有四个主要类型的連續单群：射影群，奇維或偶維的正交群及偶維的辛群。射影群下的相似問題見于任何的矩陣論教科书上。正交群下的相似問題已为 Hilton[2] 所解决。本文的目的在于解决辛群下辛方陣的相似問題。用几何术語来講，以下的結果寻求使基本綫丛不变的条件下求出辛变换的标准型来。

所用的方法也可以給出比 Hilton 更簡单的关于正交群的証明来。

以下的結果似乎值得在引言中一提：

任一辛变换是两个辛对合的乘积。

在酉辛群下，任一酉辛方陣可以化为对角綫型。

在实域上，我們还有一些結果。

§1. 辛 相 似

假定我們的域是代数封閉的。

命

(1) $$F=\begin{pmatrix} 0 & I \\ -I & 0 \end{pmatrix}$$

这儿 I 及 0 各表 n 行列的单位及 0 方陣。如果一方陣 A 适合于

(2) $$AFA'=F,$$

則 A 称为辛方陣。这儿 A' 代表 A 的轉置。求(2)式的逆，立刻可知 A' 也是辛方陣。

命 A, B 是二辛方陣，如果有一辛方陣 T 使

(3) $$TAT^{-1}=B,$$

則 A, B 称为辛相似。

定理1. 二辛方陣辛相似的必要且充分条件是它們的特征方陣有相同的初等因子。

証：如果 A, B 辛相似，显然它們的特征方陣有相同的初等因子。反之，假定 A, B 有初等因子，則有一滿秩方陣 P（不一定是辛方陣）使

$$PAP^{-1}=B.$$

---

(1) 这是1945年的旧稿，整理出來就正于中山大學諸同志。

(2) Mess. of Math, 41(1912), 146–154. 或参酌 Turubull-Aitken, An Introduction to the theory of Canonical Matrices, p. 160.

由于 A 与 B 是辛方阵，因此
$$PAP^{-1}FP'^{-1}A'P' = BFB' = F,$$
即
(4) $\qquad QA = AQ,$

此处
(5) $\qquad Q = -FP'FP.$

因此
(6) $\qquad P'FP = FQ = Q'F.$

命 $Q = R^2$，这儿 R 是 Q 的多项式 $f(Q)$（习知其存在）。命
$$T = PR^{-1},$$
则由(6)可知
(7) $\qquad P'FP = FR^2 = FR \cdot R = Ff(Q)R = f(Q')FR = R'FR,$

因此 T 是辛方阵。

又由(4)可知
(8) $\qquad TAT^{-1} = PR^{-1}ARP^{-1} = PAP^{-1} = B.$

定理証毕。

这个证法可以用到正交群上，即可以证明以下的习知的

定理1'. [1] 二正交方阵 A, B 正交相似的必要且充分条件是它們的特征方阵有相同的初等因子。

証：我們有满秩的 P 使 $PAP^{-1} = B$。由于正交性 $PP'A = AP'P$。命 R 是 $P'P$ 的多项式，而且 $R^2 = P'P$。则正交方阵 $T = PR^{-1}$ 把 A 变为 B。

§2. 分 解

定义. 一个辛方阵 A 称为可分解，如果存在一个辛方阵 P 使

(9) $\qquad P^{-1}AP = \begin{pmatrix} \alpha & \beta \\ \gamma & \delta \end{pmatrix} \qquad 0 < r < n.$

这儿

(10) $\qquad \alpha = \begin{pmatrix} \alpha_1^{(r)} & 0 \\ 0 & \alpha_2^{(n-r)} \end{pmatrix}, \qquad \beta = \begin{pmatrix} \beta_1^{(r)} & 0 \\ 0 & \beta_2^{(n-r)} \end{pmatrix},$

$\qquad \gamma = \begin{pmatrix} \gamma_1^{(r)} & 0 \\ 0 & \gamma_2^{(n-r)} \end{pmatrix}, \qquad \delta = \begin{pmatrix} \delta_1^{(r)} & 0 \\ 0 & \delta_2^{(n-r)} \end{pmatrix},$

---

(1) Turnbull—Aitken, 上見, 160頁。

而
$$\begin{pmatrix} \alpha_1 & \beta_1 \\ \gamma_1 & \delta_1 \end{pmatrix}, \qquad \begin{pmatrix} \alpha_2 & \beta_2 \\ \gamma_2 & \delta_2 \end{pmatrix}$$

各为 $2r$ 行列、$2(n-r)$ 行列的辛方阵。或称为 A 可分解为以上二支量的直和。

不能分解的方阵是指不存在这样 P 的方阵。

定理2. 命 $\alpha_1 = \alpha_1^{(r)}$, $\alpha_2 = \alpha_2^{(n-r)}$。假定 α_1 与 α_2^{-1} 无公共特征根，及 $B^{(m)}$ 是辛方阵。并

$$\begin{pmatrix} \alpha_1 & 0 \\ 0 & \alpha_2 \end{pmatrix} \quad \text{与} \quad B$$

的特征方阵有相同的初等因子，则 B 是可分解的。

证：有满秩的 P 使

(11) $$P \begin{pmatrix} \alpha_1 & 0 \\ 0 & \alpha_2 \end{pmatrix} P^{-1} = B.$$

由于 $BFB' = F$，我們有

$$P \begin{pmatrix} \alpha_1 & 0 \\ 0 & \alpha_2 \end{pmatrix} P^{-1} F P'^{-1} \begin{pmatrix} \alpha_1' & 0 \\ 0 & \alpha_2' \end{pmatrix} P' = F,$$

即

(12) $$\begin{pmatrix} \alpha_1 & 0 \\ 0 & \alpha_2 \end{pmatrix} Q = Q \begin{pmatrix} \alpha_1'^{-1} & 0 \\ 0 & \alpha_2'^{-1} \end{pmatrix}, \quad Q = P^{-1} F P'^{-1}$$

由于 α_1, α_2^{-1} 无公共特征根，故

(13) $$Q = \begin{pmatrix} q_1 & 0 \\ 0 & q_2 \end{pmatrix},$$

这儿 q_1 与 q_2 都是斜对称。因此，r 是偶数。可以有一方阵

$$R = \begin{pmatrix} r_2 & 0 \\ 0 & r_2 \end{pmatrix}$$

使 $Q = R F_0 R'$，这儿

$$F_0 = \begin{pmatrix} F_1 & 0 \\ 0 & F_2 \end{pmatrix}$$

而 F_1, F_2 各是 r 行列及 $m-r$ 行列的 F.方阵。$R^{-1} P^{-1} = T$ 把 F 变为 F_0，即

(14) $$TFT' = F_0.$$

又我們有

(15) $$TBT^{-1} = R^{-1} \begin{pmatrix} \alpha_1 & 0 \\ 0 & \alpha_2 \end{pmatrix} R.$$

变换行列即得所证。

附記：这证明对任何域都行。

§3. 辛方陣的初等因子

定理3. 辛方陣的特征多項式是自返多項式。

証：命 T 表一辛方陣。由于

(16) $$(T-\lambda I)FT'=F(I-\lambda T')$$

即 $T-\lambda I$ 与 $T-\dfrac{1}{\lambda}I$ 相抵，即得定理。

系。一方陣特征根 +1 或 -1 的重数都是偶的。

这可由定理3及辛方陣的行列式常等于1推出之。

由定理2可知任一辛方陣可以分解成为以以下辛方陣为支量的和：

(i) $$T\left(\alpha,\dfrac{1}{\alpha}\right) \qquad (\alpha\neq\pm 1),$$

这儿 T 是仅有 α，$\dfrac{1}{\alpha}$ 为特征根的辛方陣；

(ii) $$T(1)$$

及

(iii) $$T(-1).$$

后二者仅以 +1 或 -1 为其特征根的辛方陣。(ii) 及 (iii) 称为抛物支量。

由定理3，我們可以完整地作为支量 $T(\alpha,\dfrac{1}{\alpha})$。

由于

(17) $$\begin{pmatrix} J_\alpha & 0 \\ 0 & J_\alpha'^{-1} \end{pmatrix}, \qquad J_\alpha=J_\alpha^{(r)}=\begin{pmatrix} \alpha & 0 & \cdots & 0 \\ 1 & \alpha & \cdots & 0 \\ \multicolumn{4}{c}{\dotfill} \\ 0 & 0 & \cdots & \alpha \end{pmatrix}$$

是辛方陣，并以

(18) $$\lambda-\alpha)^r, \qquad \left(\lambda-\dfrac{1}{\alpha}\right)^r$$

为其初等因子，因此由定理3推得

定理4. 支量 $T(\alpha,\dfrac{1}{\alpha})$ 是形如(17)的辛方陣的直和。

§4. 抛物支量的初等因子

今考虑 $T(1)$。写 $T=T(1)$。命

(19) $$K=(I-T)(I+T)^{-1},$$

则

(20) $$T=(I-K)(I+K)^{-1}$$

及

(21) $$KF+FK'=0$$

即 KF 是对称方阵。

由 Turnbull—Aitken[1]，有一辛方阵 Γ 使

$$\Gamma KF\Gamma'$$

变为以下方阵的直和：

$$J_0^{(p)}, \quad \text{对 } p \text{ 偶},$$

及

$$\begin{pmatrix} 0 & JJ_0^{(q)} \\ JJ_0^{(q)} & 0 \end{pmatrix}, \quad \text{对 } q \text{ 奇},$$

这儿

(22) $$J=\begin{pmatrix} 0 & 0 & \cdots & 0 & 1 \\ 0 & 0 & \cdots & 1 & 0 \\ \cdots\cdots\cdots\cdots\cdots \\ 1 & 0 & \cdots & 0 & 0 \end{pmatrix}.$$

（由于 $KF-\lambda F$ 的行列式的根都是 0）因此得

定理5. 一个抛物支量 $T(1)$ 可以分解成为有以下二类初等因子的方阵的直和：

(i) $(\lambda-1)^p,$ 对偶数 p

及

(ii) $(\lambda-1)^q, (\lambda-1)^q,$ 对奇数 q。

而

(23) $$\begin{pmatrix} J_1 & 0 \\ 0 & J_1'^{-1} \end{pmatrix} \quad J_1=J_1^{(q)},$$

就有初等因子，$(\lambda-1)^q, (\lambda-1)^q$ 及

(24) $$\begin{pmatrix} J_1 & SJ_1'^{-1} \\ 0 & J_1'^{-1} \end{pmatrix}, \quad S=S^{(p/2)}=[1,0,\cdots,0], \quad J_1=J_1^{(p/2)},$$

就有初等因子 $(\lambda-1)^p$。

对 $T(-1)$ 有同样的结果。

故获得以下的结论

定理6. 任一辛方阵一定辛相似于以下形式的辛方阵的直和：

（Ⅰ） $$\begin{pmatrix} J_\alpha & 0 \\ 0 & J_\alpha'^{-1} \end{pmatrix}, \quad J_\alpha=J_\alpha^{(r)};$$

（$\alpha\neq\pm 1$；当 $\alpha\neq\pm 1$ 时，r 是奇数）。

（Ⅱ） $$\begin{pmatrix} J_{\pm 1} & SJ_{\pm 1}'^{-1} \\ 0 & J_{\pm 1}'^{-1} \end{pmatrix}.$$

---

[1] 已见，P.138—139。

每一支量不能再分解。

相似的方法可以推出 Hilton 的結果來。

§5. 方陣的平方根

在定理1的証明中，"一个方阵的开方根"是一重要工具。当然我們可以在一般的矩陣論上找到的。如果用以下的降秩方阵求方根法，因而可以避免所征引的 Turnbull—Aitken[1]。

引理1. 一个仅有0为特征根的方陣有平方根的必要且充分条件是其初等因子配对为

$$x^m, x^n,$$

或为

$$x^m, x^{m-1}.$$

这引理可从以下的事实推得：命

$$L=L^{(t)}=\begin{pmatrix} 0 & 0 & 0 & \cdots & 0 & 0 \\ 1 & 0 & 0 & \cdots & 0 & 0 \\ 0 & 1 & 0 & \cdots & 0 & 0 \\ \cdots & \cdots & \cdots & \cdots & \cdots & \cdots \\ 0 & 0 & 0 & \cdots & 1 & 0 \end{pmatrix}.$$

则 L^2 相似于

$$L^{[\frac{1}{2}(t+1)]}, L^{[\frac{1}{2}t]}$$

的直和，而 $[\xi]$ 表 ξ 的整数部分。

我們不詳細处理这一綫索。

实域中情况有所不同。以下的引理变为进一步研究所不可缺少的工具。

引理2. 任一无0根及負特征根的实方阵有实的平方根。

这引理的証明见作者早年著作[5]。

由引理2及与定理1的証法相同易于推出以下的习知的结果：

二酉方阵（或实正交）方阵酉相似（或实正交相似）的必要且充分条件是它們有相同的初等因子。

又

定理7. 任一酉辛方阵一定酉辛相似于对角綫方阵

$$\left[e^{i\theta_1}, \cdots, e^{i\theta_n}, e^{-i\theta_1}, \cdots, e^{-i\theta_n} \right].$$

証：仅需证明：二酉辛方阵 A,B 酉辛相似的必要且充分条件是它們相似。

我們有一酉方阵 U 使

---

(1) Hua, On the theory of automorphic functions of a matrix variable II, §6, Amer. Jour. of Math. 66(1944), 531−563.

(25) $$UAU^{-1}=B.$$
由辛陣性质，得
(26) $$AP=PA,$$
这儿 $P=-U^{-1}FU'^{-1}F$. 故
(27) $$U^{-1}FU'^{-1}=PF=FP'.$$
用作者另一结果[1]稍加变化，可知有一酉方阵 Q 使
(28) $$Q^2=P,\ AQ=QA,\ QF=FQ'.$$
于是
$$U^{-1}FU'^{-1}=Q^2F=QFQ',$$
即 UQ 是酉辛方阵。又
(29) $$TAT^{-1}=UQAQ^{-1}U^{-1}=B.$$

§6. 实 相 似

在实域中情况较稍复杂。因为一个方阵 Q 的平方根 $f(Q)$ 不一定有实系数。又辛方阵
$$\begin{pmatrix}1 & 1\\ 0 & 1\end{pmatrix},\ \begin{pmatrix}1 & -1\\ 0 & 1\end{pmatrix}$$
在实数范围内不能辛相似，这一事实说明了实域中辛相似的复杂性。

由 §2 的结果说明，我们只要研究不可分解的支量就够了。今假定 A 是不可分解，是实的，是辛方阵。而且辛方阵 B 与 A 实相似（注意，不一定辛相似。）即有一实方阵 P 使
$$PAP^{-1}=B.$$
仍如 §1，我们有
$$QA=AQ,$$
这儿
$$Q=-FP'FP.$$
如果 Q 的特征根中没有负的，则定理 1 的证明中的 R 是实的（由引理 2 保证它的存在性），即 A 与 B 实辛相似。

如果 Q 的特征根全是负的，则有一实 R 使 $R^2=-Q$.
命
$$T=PR^{-1}\begin{pmatrix}I & 0\\ 0 & -I\end{pmatrix},$$
由于
$$P'FP=-R'FR$$

---

(1) Hua, On the theory of automorphic functions of a matrix variable I, §6 引理. Amer. Jour. of Math. 66 (1944), 470—488.

及

$$\begin{pmatrix} I & O \\ O & -I \end{pmatrix} F \begin{pmatrix} I & O \\ O & -I \end{pmatrix} = -F$$

可是 T 是（实）辛方阵。故

(30) $\quad T^-BT = \begin{pmatrix} I & O \\ O & -I \end{pmatrix} RP^{-1}BPR^{-1} \begin{pmatrix} I & O \\ O & -I \end{pmatrix}$

$\quad\quad\quad = \begin{pmatrix} I & O \\ O & -I \end{pmatrix} A \begin{pmatrix} I & O \\ O & -I \end{pmatrix}.$

现在考虑：Q 既有非负根又有负根的情况（注意，无 0 根）。

由于 QF 是斜对称，故有辛方阵 T 使

$$Q^*F = T \cdot QF \cdot T' = \begin{pmatrix} O & O & t_1 & O \\ O & O & O & t_2 \\ -t_1' & O & O & O \\ O & -t_2' & O & O \end{pmatrix},$$

这儿 t_1 的特征根非负，而 t_2 的特征根全负。今命

$$A^* = TAT^{-1}, \quad P^* = TPT^{-1},$$

而相应地定义 Q^*，则（4）变为

$$A^*Q^* = Q^*A^*,$$

即

$$A^* = \begin{pmatrix} a_1 & O & b_1 & O \\ O & a_2 & O & b_2 \\ c_1 & O & d_1 & O \\ O & c_2 & O & d_2 \end{pmatrix},$$

这是可分解的，故得

定理8. 假定 A 不可分解。如果 A,B 是二实相似的辛方阵，则 B 或实辛相似于 A，或实辛相似于

$$\begin{pmatrix} I & O \\ O & -I \end{pmatrix} A \begin{pmatrix} I & O \\ O & -I \end{pmatrix}.$$

§7. 构造出所有的实的不可分解的辛方阵

由于复根成对出现，故不可分解的支量共有五种初等因子：

(i) $\quad\quad (x-\alpha)^r, \quad \left(x-\dfrac{1}{\alpha}\right)^r, \quad \alpha$ 是实数 >1；

(ii) $\quad (x-\alpha)^r, \left(x-\dfrac{1}{\alpha}\right)^r, (x-\overline{\alpha})^r, \left(x-\dfrac{1}{\overline{\alpha}}\right)^r,$

$$\alpha = \rho e^{i\theta} \text{ 是复数}; \rho > 1, 0 < \theta < \pi;$$

(iii) $\quad (x-e^{i\theta})^r, (x-e^{-i\theta})^r, \quad 0 < \theta < \pi;$

(iv) $\quad (x\pm 1)^r, (x\pm 1)^r, \quad r \text{ 奇数};$

及

(v) $\quad (x\pm 1)^{2r}.$

以下的方阵是各以 (i), (ii), (iii), (iv), (v) 为初等因子的实辛方阵：

(i) $\quad \begin{pmatrix} J_\alpha & O \\ O & J_\alpha'^{-1} \end{pmatrix}, \quad$ 对实 $\alpha > 1$。

(ii) $\quad \begin{pmatrix} J_{\alpha,\overline{\alpha}} & O \\ O & J_{\alpha,\overline{\alpha}}'^{-1} \end{pmatrix},$

这儿 $\alpha = \rho e^{i\theta}, \rho > 1, 0 < \theta < \pi,$

$$J_{\alpha,\overline{\alpha}} = \begin{pmatrix} \rho\mu & 0 & 0 & \cdots \\ \iota & \rho\mu & 0 & \cdots \\ 0 & \iota & \rho\mu & \cdots \\ \multicolumn{4}{c}{\dotfill} \end{pmatrix}, \mu = \begin{pmatrix} \cos\theta & \sin\theta \\ -\sin\theta & \cos\theta \end{pmatrix},$$

$$\iota = \begin{pmatrix} 1 & 0 \\ 0 & 1 \end{pmatrix};$$

(iii) 需分为两个情况来讨论：对偶 r，有

(iii$_1$) $\quad \begin{pmatrix} J_{(\theta)} & SJ_{(\theta)}'^{-1} \\ 0 & J_{(\theta)}'^{-1} \end{pmatrix},$

这儿

$$J_{(\theta)} = J_{\alpha,\overline{\alpha}}, \quad \alpha = e^{i\theta}, \quad S = [1, 0, \cdots, 0];$$

又对奇 r, 有

(iii$_2$) $\quad \begin{pmatrix} \cos\theta & 0 & \sin\theta & -\sin\theta\, u\, J_{(\theta)}'^{-1} \\ u' & J_{(\theta)}^{(r-1)} & 0 & SJ_{(\theta)}'^{-1} \\ -\sin\theta & 0 & \cos\theta & \cos\theta\, u\, J_{(\theta)}'^{-1} \\ 0 & 0 & 0 & J_{(\theta)}'^{-1} \end{pmatrix}$

这儿 u 表示矢量 $(1, 0, \cdots, 0);$

(iv) $\quad \begin{pmatrix} J_{\pm 1} & 0 \\ 0 & J_{1\pm}'^{-1} \end{pmatrix}$

及

(v) $\quad \begin{pmatrix} J_{\pm 1} & SJ'^{-1}_{\pm 1} \\ 0 & J'^{-1}_{\pm 1} \end{pmatrix}, \quad S=[1, 0, \cdots, 0]$。

应用定理 8 的结果，我们还有三种新类型

$(iii_1)°\quad \begin{pmatrix} J_{(\theta)} & -SJ'^{-1}_{(\theta)} \\ 0 & J'^{-1}_{(\theta)} \end{pmatrix}$

$(iii_2)°\quad \begin{pmatrix} \cos\theta & 0 & -\sin\theta & \sin\theta\, u\, J'^{-1}_{(\theta)} \\ u' & J_{(\theta)} & 0 & -SJ'^{-1}_{(\theta)} \\ \sin\theta & 0 & \cos\theta & \cos\theta\, u\, J'^{-1}_{(\theta)} \\ 0 & 0 & 0 & J'^{-1}_{(\theta)} \end{pmatrix}$

及

$(v)°\quad \begin{pmatrix} J_{\pm 1} & -SJ'^{-1}_{\pm 1} \\ 0 & J'^{-1}_{\pm 1} \end{pmatrix}.$

定理9. 每一实辛方阵一定实辛等价于一直和，其支量是 (i), (ii), (iii_1), (iii_2), (iv), (v), $(iii_1)°$, $(iii_2)°$ 及 $(v)°$ 九种之一。

附记：考虑有理数域。我们可以分解为支量 T，$T(1)$ 及 $T(-1)$ 的直和，其中 T 的特征根异于 ± 1。命

$$T=(I+K)^{-1}(I-K) \quad (\text{或}=(I-K)^{-1}(I+K))。$$

由 Turnbull-Aitken, p. 140 可以求出 KF 的标准型。因而有理域上辛方阵的标准型。

§8. 辛 对 合

定义 如果辛方阵 T 适合于 $T^2=\pm I$，则称为辛对合。取上号的称为第一类对合，取下号的称为第二类对合。

由 $T^2=+I$ 及 $-I$ 显然可推得 TF 是斜对称或对称。

定理10. 任一第一类辛对合一定辛相似于

$$\begin{pmatrix} H & 0 \\ 0 & H \end{pmatrix}, \quad H=[1, \cdots, 1, -1, \cdots, -1];$$

任一第二类辛对合一定辛相似于

$$\begin{pmatrix} 0 & I \\ -I & 0 \end{pmatrix}.$$

証：现在只研究第二类辛对合，第一类可以相仿地处理。

考虑方阵对
$$(TF, F)$$

前者对称后者斜对称。$TF-\lambda F$ 的初等因子，就是 $T-\lambda I$ '的初等因子。由于 $T^2=-I$，所以初等因子是单的，而且特征根是 $\pm i$。由定理3，它们有同样的重数。由于

(31) $$\begin{pmatrix} I & 0 \\ 0 & I \end{pmatrix} - \lambda \begin{pmatrix} 0 & I \\ -I & 0 \end{pmatrix}$$

就是有这样的初等因子的，因此得出定理。

§9. 把辛方阵表为对合的乘积

定理11. 每一辛方阵一定是两个第二类辛对合的乘积。

証：只须証明以下的两个特例即足

1) $$T = \begin{pmatrix} J_\alpha & 0 \\ 0 & J_\alpha'^{-1} \end{pmatrix}.$$

命
$$J = \begin{pmatrix} 0 & 0 & \cdots & 0 & 1 \\ 0 & 0 & \cdots & 1 & 0 \\ \multicolumn{5}{c}{\cdots\cdots\cdots\cdots\cdots} \\ 1 & 0 & \cdots & 0 & 0 \end{pmatrix}, \qquad P = \begin{pmatrix} 0 & J \\ -J & 0 \end{pmatrix}.$$

显然 P 是第二类辛对合。又由 $J_\alpha J = J J_\alpha'$ 可知

$$(TP)^2 = \begin{pmatrix} 0 & J_\alpha J \\ -J_\alpha'^{-1}J & 0 \end{pmatrix}^2 = -I,$$

即 TP 也是第二类辛对合。

2) 现在考虑

$$T = T^{(2n)} = \begin{pmatrix} J_1' & SJ_1'^{-1} \\ 0 & J_1^{-1} \end{pmatrix}, \qquad S = [1, 0, \cdots, 0].$$

这是以下两个第二类辛对合的乘积：

$$P_1 = \begin{pmatrix} iM' & iSM^{-1} \\ 0 & -iM^{-1} \end{pmatrix},$$

及

$$P_2 = \begin{pmatrix} i(MJ_1)' & 0 \\ 0 & -i(MJ_1)^{-1} \end{pmatrix},$$

这儿
$$M=(m_{ij}), \quad m_{ij}=\begin{cases}(-1)^{i-1}\binom{i-1}{j-1}, & \text{若 } i\geq j,\\ 0, & \text{若 } i<j.\end{cases}$$

首先命 $M^2=(t_{ij})$,则

$$t_{ij}=\sum_{k=1}^{n}m_{ik}m_{kj}=(-1)^{i-1}\sum_{j\leq k\leq i}(-1)^{k-1}\binom{i-1}{k-1}\binom{k-1}{j-1}$$

$$=\begin{cases}0 & \text{若 } i<j\\ 1 & \text{若 } i=j\\ \binom{i-1}{j-1}\sum_{j\leq k\leq i}(-1)^{k-i}\binom{i-j}{k-j}=\end{cases}$$

$$=\binom{i-1}{j-1}\sum_{l=0}^{i-j}(-1)^l\binom{i-j}{l}=0, \text{ 若 } i>j,$$

即得
$$M^2=I.$$

又,命 $MJ_1=(q_{ij})$ 及 $J=(j_{ik})$,则

$$q_{ij}=\sum_{k=1}^{n}m_{ik}j_{kj}=(-1)^{i-1}\binom{i}{j},$$

当 $i<j$ 时,我們定义 $\binom{i}{j}=0$。不难直接驗算

$$(MJ)^2=I.$$

因此 P_2 是第二类对合。

因为 $M'SM=S$,也不难驗算 P_1 也是一第二类对合。

最后

$$P_2P_1=\begin{pmatrix}iJ_1'M' & 0\\ 0 & iJ_1^{-1}M^{-1}\end{pmatrix}\begin{pmatrix}iM' & -iSM^{-1}\\ 0 & -iM^{-1}\end{pmatrix}$$

$$=\begin{pmatrix}J_1' & J_1'S\\ 0 & J_1^{-1}\end{pmatrix}=T.$$

故得定理。

这些结果在复数域內成立。对实数域如何?留給讀者。

方阵的实相合[1]

华罗庚

引言。除非特别声明外，本文所考虑的基域是实域。

二实方阵 A, B 称为实相合，如果有一实方阵 Γ 使

(1) $$\Gamma A \Gamma' = B$$

这儿 Γ' 表 Γ 的转置。

本文的目的在于解决实相合问题并给出一些应用。比起代数封闭域来，这是稍为复杂些的。

由(1)立得

(2) $$\Gamma A' \Gamma' = B'$$

故由 A, B 的相合可知 $\lambda A + \mu A'$ 与 $\lambda B + \mu B'$ 有相同的初等因子。在代数封闭域上这一条件也就是充分的了，但在实域上，这些不变量之外，我们还要引起新不变量"号标系"。

命

$$S = A + A', \quad K = A - A'.$$

前者是对称，后者是斜对称。因此我们所研究的问题也就变为一对方阵的分类问题；其中一个是对称的，一个是斜对称的。

又命

$$K = \begin{pmatrix} 0 & I \\ -I & 0 \end{pmatrix}$$

如果方阵 T 适合于

$$TKT' = K,$$

则 T 称为辛方阵。因此我们这儿所研究的问题可以作为"对称方阵的辛分类"看。其相仿的问题"Hermitian 方阵的辛分类"已为作者所处理[2]。

命 S 表一对角线方阵只有 ± 1 在其对角线上。如果

$$TST' = S$$

则 T 称为对 S 的 Lorentz 方阵。作为本文的应用之一，我们在 Lorentz 群下研究 Lorentz 方阵的相似问题。

---

(1) 这是1944年旧稿。作为配合1962年在中山大学讲课的补充发表于此。

(2) Hua, On the theory of automorphic functions of a matrix variable II, Amer. Jour. of Math. 66(1944), 531–563。

在論述之前，先引述一条有用的

引理[1]：任一滿秩的，仅有非负特征根的（即有正的，或复的）实方阵一定有一实的平方根，而且它可以表为原方阵的实系数的多項式。

也就是如果 M 是这样的方陣，則有一实系数多項式 $f(x)$，使 $f(M)^2 = M$。

§1. 分 解

用 S 及 K 典型地各表一实对称或实斜对称方陣。形如
$$\lambda S + \mu K$$
的方陣称为組成一串 P。

定理1. 命 P 与 P_1 为二串有相同的初等因子。則有二实的滿秩方陣 Γ 与 Γ_1 使
$$\Gamma' P \Gamma = p^{(r_1)} \dotplus q^{(r_2)},$$
$$\Gamma'_1 P \Gamma_1 = p_1^{(r_1)} \dotplus q_1^{(r_2)}, \quad r_1 + r_2 = n, \ r_1 \geq 0, \ r_2 \geq 0$$

并且有二实的滿秩方陣 $g = g^{(r_1)}$，$g_0 = g_0^{(r_2)}$ 使
$$g' p g = p_1$$
及
$$g'_0 q g_0 = -q_1.$$

証：由假定，有二实方陣 Q 与 R 使
$$QPR = P_1$$
这儿 $P = \lambda S + \mu K$ 及 $P_1 = \lambda S_1 + \mu K_1$。

用 P 及 R 来代表 QPQ' 及 $Q'^{-1}R$，則并不失去普遍性可以假定 $Q = I$。

我們有 T 使
$$TRT^{-1} = \begin{pmatrix} r & 0 \\ 0 & r_0 \end{pmatrix}$$

这儿 r 的特征根都是非负的，而 r_0 的都是负的。并不失去普遍性，我們就假定
$$R = \begin{pmatrix} r & 0 \\ 0 & r_0 \end{pmatrix}。$$

现在我們有
$$S_1 = SR = R'S, \quad K_1 = KR = R'K.$$
由此推得
$$S = \begin{pmatrix} s & 0 \\ 0 & s_0 \end{pmatrix}, \quad K = \begin{pmatrix} k & 0 \\ 0 & k_0 \end{pmatrix}。$$

命
$$p = \lambda s + \mu k, \quad q = \lambda s_0 + \mu k_0,$$

---

(1) 上文，§6引理。

并且相应地定义 p_1 与 q_1。则得
$$p_1 = pr = r'p, \qquad q_1 = qr_0 = r_0'q.$$
由引理，有一个实系数多项式 $g(x)$，使
$$(g(r))^2 = r.$$
因此
$$p_1 = pg(r)^2 = pg(r)g(r) = g(r')pg(r).$$
又有一实多项式 g_0 使
$$(g_0(r))^2 = -r_0.$$
故
$$q_1 = -qg_0^2 = -g_0'qg_0.$$
定理已经证明。

§2. 构 造

在一个代数封闭域上，习知："一个方阵串可以分解为具有以下五种初等因子的方阵串的直和"。[1]（而这五种不能再分解）

(i°) $(\lambda - \alpha\mu)^r$, $(\lambda + \alpha\mu)^r$, $\alpha \neq 0$,

(iv) λ^r,   r 奇数,

(v) λ^r, λ^r,   r 偶数,

(vi) μ^r,   r 偶数,

(vii) μ^r, μ^r,   r 奇数,

在实数域上，后四者都能出现，但 (i°) 又可以分为以下三种:

(i) $(\lambda - \alpha\mu)^r$, $(\lambda + \alpha\mu)^r$, α 实数;

(ii) $(\lambda - \alpha\mu)^r$, $(\lambda + \alpha\mu)^r$, $(\lambda - \overline{\alpha}\mu)^r$, $(\lambda + \overline{\alpha}\mu)^r$

α 是复数，但非实及纯虚的; 及

(iii) $(\lambda - \alpha\mu)^r$, $(\lambda + \alpha\mu)^r$

这儿 α 是纯虚的。

现在作出具有以上七种初等因子的方阵。我们用以下的符号:

$$J = \begin{pmatrix} 0 & 0 & \cdots & 0 & 1 \\ 0 & 0 & \cdots & 1 & 0 \\ \multicolumn{5}{c}{\cdots\cdots\cdots\cdots\cdots\cdots} \\ 1 & 0 & \cdots & 0 & 0 \end{pmatrix},$$

$$J_\alpha = \begin{pmatrix} \alpha & 0 & \cdots & 0 & 0 \\ 1 & \alpha & \cdots & 0 & 0 \\ \cdots & \cdots & \cdots & \cdots & \cdots \\ 0 & 0 & \cdots & 1 & \alpha \end{pmatrix}, \text{对实 } \alpha$$

---

[1] 见 Turnbull—Aitken, Theory of Canonical Matrices, 138—9 页。

及
$$L_\theta = \begin{pmatrix} u & j & 0 & 0 & \cdots \\ 0 & u & j & 0 & \cdots \\ \multicolumn{5}{c}{\cdots\cdots\cdots\cdots\cdots} \end{pmatrix}$$

这儿
$$u = \begin{pmatrix} \cos\theta & \sin\theta \\ -\sin\theta & \cos\theta \end{pmatrix}, \qquad j = \begin{pmatrix} 0 & 0 \\ 1 & 0 \end{pmatrix},$$

并且特别命
$$L = L_{\frac{\pi}{2}}.$$

又以 U 表对角綫方陣
$$U = [1, 0, \cdots, 0]$$

及 u 表矢量
$$u = (1, 0, \cdots, 0).$$

下表表示具有初等因子 (i)—(vii) 的方陣串：

		S	K	S+K	阶数
(i)		$\begin{pmatrix} 0 & J_\alpha \\ J'_\alpha & 0 \end{pmatrix}$	$\begin{pmatrix} 0 & I \\ -I & 0 \end{pmatrix}$	$\begin{pmatrix} 0 & J_\alpha + I \\ J'_\alpha - I & 0 \end{pmatrix}$	$2r$
(ii)		$\rho \begin{pmatrix} 0 & L_\theta \\ L'_\theta & 0 \end{pmatrix}$ $\alpha = \rho e^{i\theta}$	$\begin{pmatrix} 0 & I \\ -I & 0 \end{pmatrix}$	$\begin{pmatrix} 0 & \rho L_\theta + I \\ \rho L'_\theta - I & 0 \end{pmatrix}$	$4r$
(iii)	$(iii)_e$	$\rho \begin{pmatrix} 0 & L \\ L' & U \end{pmatrix}$	$\begin{pmatrix} 0 & I \\ -I & 0 \end{pmatrix}$	$\begin{pmatrix} 0 & \rho L + I \\ \rho L' - I & U \end{pmatrix}$	$2r$ r 偶数
	$(iii)_0$	$\rho \begin{pmatrix} 1 & 0 & 0 & u \\ 0 & 0^{(r-1)} & 0 & L \\ 0 & 0 & 1 & 0 \\ u' & L' & 0 & 0 \end{pmatrix}$	$\begin{pmatrix} 0 & I \\ -I & 0 \end{pmatrix}$	$\begin{pmatrix} \rho & 0 & 1 & \rho u \\ 0 & 0 & 0 & \rho L + I \\ -1 & 0 & \rho & 0 \\ \rho u' & \rho L' - I & 0 & 0 \end{pmatrix}$	$2r$ r 奇数
(iv)		$J^{(r)}$	$\begin{pmatrix} 0^{(1)} & 0 & 0 \\ 0 & 0 & J \\ 0 & -J & 0 \end{pmatrix}$	例如当 $r=5$ $\begin{pmatrix} 0 & 0 & 0 & 0 & 1 \\ 0 & 0 & 0 & 1 & 1 \\ 0 & 0 & 1 & 1 & 0 \\ 0 & 1 & -1 & 0 & 0 \\ 1 & -1 & 0 & 0 & 0 \end{pmatrix}$	r 奇数
(v)		$J^{(2r)}$	$\begin{pmatrix} 0 & JJ_0 \\ -(JJ_0)' & 0 \end{pmatrix}$	$\begin{pmatrix} 0 & JJ_1 \\ -JJ_{-1} & 0 \end{pmatrix}$	$2r$ r 偶数
(vi)		JJ_0	$\begin{pmatrix} 0 & J \\ -J & 0 \end{pmatrix}$	$\begin{pmatrix} 0 & JJ_1 \\ JJ_{-1} & 0 \end{pmatrix}$	$2r$ r 偶数
(vii)		$\begin{pmatrix} 0 & J_0 J \\ J_0 J & 0 \end{pmatrix}$	$\begin{pmatrix} 0 & J \\ -J & 0 \end{pmatrix}$	$\begin{pmatrix} 0 & J_1 J \\ J_{-1} J & 0 \end{pmatrix}$	$2r$ r 奇数

（註：为了方便起见，我们把初等因子稍作修改，例如 (i) 的初等因子是 $(\alpha\lambda+\mu)^r$, $(\alpha\lambda-\mu)^r$ 这和原来给的稍有不同）。

可以直接验证：在 (i), (ii), (v) 与 (vii) 中 P 与 $-P$ 是实相合的，其理由是

$$\begin{pmatrix} I & 0 \\ 0 & -I \end{pmatrix}\begin{pmatrix} 0 & A \\ B & 0 \end{pmatrix}\begin{pmatrix} I & 0 \\ 0 & -I \end{pmatrix}' = -\begin{pmatrix} 0 & A \\ B & 0 \end{pmatrix}.$$

(iii)$_o$, (iv) 与 (vi) 中的 S 的标号各为 $2, 1, 1$，故在这三种情况下 P 与 $-P$ 是不实相合的。

今往证明在 (iii)$_e$ 时，P 与 $-P$ 也不能实相合的。为了容易说明问题，我们选取最简单的但有代表性的例子。例如

$$\begin{pmatrix} 0 & 0 & 0 & 1 \\ 0 & 0 & -1 & 0 \\ 0 & -1 & 1 & 0 \\ 1 & 0 & 0 & 0 \end{pmatrix}, \quad \begin{pmatrix} 0 & 0 & 0 & 1 \\ 0 & 0 & -1 & 0 \\ 0 & -1 & -1 & 0 \\ 1 & 0 & 0 & 0 \end{pmatrix}$$

不实辛相合。命

$$L = \begin{pmatrix} 0 & 1 \\ -1 & 0 \end{pmatrix}, \quad U = \begin{pmatrix} 1 & 0 \\ 0 & 0 \end{pmatrix}.$$

并假定有实辛方阵

$$\begin{pmatrix} A & B \\ C & D \end{pmatrix}$$

使

$$\begin{pmatrix} A & B \\ C & D \end{pmatrix}\begin{pmatrix} O & L \\ L' & U \end{pmatrix}\begin{pmatrix} A & B \\ C & D \end{pmatrix}' = \begin{pmatrix} O & L \\ L' & -U \end{pmatrix}.$$

由

$$\begin{pmatrix} A & B \\ C & D \end{pmatrix}\begin{pmatrix} O & I \\ -I & O \end{pmatrix}\begin{pmatrix} A & B \\ C & D \end{pmatrix}' = \begin{pmatrix} O & I \\ -I & O \end{pmatrix}$$

可知

$$\begin{pmatrix} A & B \\ C & D \end{pmatrix}\begin{pmatrix} -L & O \\ -U & L' \end{pmatrix} = \begin{pmatrix} -L & O \\ U & L' \end{pmatrix}\begin{pmatrix} A & B \\ C & D \end{pmatrix}.$$

由此得出

$$BL' = -LB$$
$$DL' = UB + L'D.$$

由这两方程推得 $B = 0$。

写出

$$\begin{pmatrix} A & B \\ C & D \end{pmatrix} = \begin{pmatrix} A & O \\ SA & A'^{-1} \end{pmatrix}$$

这儿 S 是对称方阵。于是

$$\begin{pmatrix} A & O \\ SA & A'^{-1} \end{pmatrix}\begin{pmatrix} -L & O \\ -U & L' \end{pmatrix} = \begin{pmatrix} -L & O \\ U & L' \end{pmatrix}\begin{pmatrix} A & O \\ SA & A'^{-1} \end{pmatrix},$$

由此推出
$$-SAL - A'^{-1}U = UA + L'SA,$$
即
$$-U = A(U + L'S + SL)A'.$$
左边是一个半定负方阵, 而 $U + L'S + SL$ 的对角线上二元素各为
$$1 + s_{12}, -s_{12}$$
不能同时非正。故得所证。

由上表及定理 1 可知

定理2. 任一方阵实 P 可以实分解为以下诸类方阵的直和: 表上所给的 (i)—(vii) 及表上所给的 $(iii)_e$, $(iii)_o$, (iv) 及 (vi) 的变号。

系1. 假定 $|\lambda S + \mu K| = 0$ 的根不是 $\lambda : \mu = \eta : i\xi$ (η, ξ 实数), 则 $\lambda S + \mu K$ 与 $\lambda S_1 + \mu K_1$ 实相合的必要且充分的条件是它们有相同的初等因子。

系2. 任一方阵实相合于以下诸类方阵的直和: 表上 "$S + K$" 栏中各方阵及 $(iii)_e$, $(iii)_o$, (iv) 与 (vi) 的变号方阵。

§3. 各 种 应 用

定理3. 在实辛变换下, 一个对称方阵一定相合于以下的一些类型的方阵的直和:

(a) $\begin{pmatrix} 0 & J_\alpha \\ J'_\alpha & 0 \end{pmatrix}$, 对实 α;

(b) $\rho \begin{pmatrix} 0 & L_\theta \\ L'_\theta & 0 \end{pmatrix}$, $\rho > 0$, $\theta \neq \frac{\pi}{2}$;

(c) $\pm \rho \begin{pmatrix} 0 & L \\ L' & U \end{pmatrix}$;

(d) $\pm \rho \begin{pmatrix} 1 & 0 & 0 & u \\ 0 & 0 & 0 & L \\ 0 & 0 & 1 & 0 \\ u' & L' & 0 & 0 \end{pmatrix}$,

(e) $\pm \begin{pmatrix} 0 & J_0 \\ J'_0 & V \end{pmatrix}$, $V = [0, \cdots, 0, 1]$

及

(f) $\begin{pmatrix} 0 & J_0 \\ J'_0 & 0 \end{pmatrix}$。

这是定理 2 的推论, 我们仅需注意

$$\lambda \begin{pmatrix} 0 & J_0 \\ J'_0 & V \end{pmatrix} + \mu \begin{pmatrix} 0 & I \\ -I & 0 \end{pmatrix}$$

及
$$\lambda \begin{pmatrix} 0 & J_0 \\ J_0' & 0 \end{pmatrix} + \mu \begin{pmatrix} 0 & I \\ -I & 0 \end{pmatrix}$$

各与(vi)及(vii)实辛相合就够了。

定理4. 命 S 的标号是 s。则方阵串 P 的初等因子的重数 $\leq n-|s|+1$。特别如果，S 是定正的（即 s=n），则串 P 的初等因子都是单的。

这也是定理 2 的推论，只要逐一检查表中 S 的标号即足。

由此可以推得：

定理5. 經过实辛变換，任何一个定正二次型一定可以化为标准型

$$\sum_{i=1}^{p} \alpha_i (x_i^2 + y_i^2).$$

定理6. 一个非奇异的斜对称方阵可以用正交方阵变为标准型

$$\dot{\sum} \rho_i \begin{pmatrix} 0 & 1 \\ -1 & 0 \end{pmatrix}, \qquad \rho_i > 0.$$

由此也偶然証明了：方程式

$$|I - \lambda K| = 0$$

的根只能是純虛的，这是大家都知道的结果。

§4. 关于标号的註記

命

$$|\lambda S + \mu K| = 0$$

的根为

$$\frac{\mu}{\lambda} = \xi_1, \cdots, \xi_l \qquad (\xi_\nu = \infty \text{ 表示 } \lambda = 0 \text{ 是根}).$$

则方阵串 P 实相合于

$$C_{\xi_1}, \cdots, C_{\xi_l}$$

的直和，这儿 C_{ξ_i} 中以 ξ_i, ξ_i^{-1}, $\bar{\xi}_i$ 及 $\bar{\xi}_i^{-1}$ 为根。

若 ξ_i 非純虛的复数，则

$$C_{\xi_i} = \dot{\sum_j} p_j$$

这儿

$$p_j = \lambda \begin{pmatrix} 0 & J_{\xi_j} \\ J_{\xi_j}' & 0 \end{pmatrix} + \mu \begin{pmatrix} 0 & I \\ -I & 0 \end{pmatrix}.$$

若 ξ_i 是純虛的（但 $\neq 0$，$\neq \infty$），則

$$C_\xi = \sum_j \dot{} \, \varepsilon_j p_j$$

这几 p_j 由 $(iii)_e$ 或 $(iii)_0$ 給出。把相等 p 加在一起

$$\sum_{1 \leqslant i \leqslant \tau} \dot{} \, \{a_i - b_i\} p_i^{(r_i)}, \quad r_1 > r_2 > \cdots > r_\tau,$$

这几 $\{a_j - b_j\} p_j$ 表示 p_j 出现 a_j 次，$-p_j$ 出现 b_j 次。

整数
$$(a_i, b_i), \quad 1 \leqslant i \leqslant \tau$$

称为方阵串 P 对根 ξ_i 的标号系。同法定义 $\xi_i = 0$ 及 $\xi_i = \infty$ 的标号系。

与作者前文同法[1]可以証明

初等因子及标号系完全刻划一个非奇异串 P 的实相合问题。

作者不进入具体的証明，但必須指出由 $(iii)_e$ 型的支量所引出的困难可以用 §2 中的方法来解决。

§5. Lorentz 方阵的分解

命 F 表一对角綫方阵，在其主对角綫上仅有 $+1$ 或 -1。一个实方阵 T 如果适合于
$$TFT' = F$$
则称为对 F 的 Lorentz 方阵。

（注意：我們可以假定 S 是任一給定的滿秩实对称方阵，这样做并沒有本質的推广。）

如果一个方阵代表置换，则称为置换方阵。例如

$$\begin{pmatrix} 0 & 1 & 0 \\ 1 & 0 & 0 \\ 0 & 0 & 1 \end{pmatrix}$$

代表一个置换，x_1, x_2 互换，x_3 不动。

定理 7. 命

$$\alpha_1 = \alpha_1^{(r)}, \qquad \alpha_2 = \alpha_2^{(n-r)}.$$

假定 α_1 与 α_2 无公共的特征根并假定 $B^{(n)}$ 是对 F 的 Lorentz 方阵。若方阵

$$\begin{pmatrix} \alpha_1 & 0 \\ 0 & \alpha_2 \end{pmatrix} \text{ 与 } B$$

有相同的初等因子，则 B 是可以分解的。更确切些說：有一置换方阵 C 使 $CFC' = F_0$，

---

(1) 見前引文献。

而有一对 F_0 的 Lorentz 方阵 T 它把 CBC^{-1} 变为

$$\begin{pmatrix} \beta_1 & 0 \\ 0 & \beta_2 \end{pmatrix}.$$

证:有一满秩的 P 使

$$P\begin{pmatrix} \alpha_1 & 0 \\ 0 & \alpha_2 \end{pmatrix}P^{-1}=B.$$

由 $BFB'=F$ 可知

$$\begin{pmatrix} \alpha_1 & 0 \\ 0 & \alpha_2 \end{pmatrix}Q=Q\begin{pmatrix} \alpha_1'^{-1} & 0 \\ 0 & \alpha_2'^{-1} \end{pmatrix},$$

这儿 $Q=P^{-1}FP'^{-1}$。由于 α_1 与 α_2^{-1} 无公共特征根,因此

$$Q=\begin{pmatrix} q_1 & 0 \\ 0 & q_2 \end{pmatrix},$$

这儿 q_1 与 q_2 是对称方阵。有一实方阵

$$R=\begin{pmatrix} r_1 & 0 \\ 0 & r_2 \end{pmatrix}$$

使

$$RQR'=\begin{pmatrix} f_1 & 0 \\ 0 & f_2 \end{pmatrix}=F_0$$

这儿 f_1, f_2 仍为 F 的形式,但行列较少耳。有一置换方阵 C 使

$$CFC'=F_0.$$

命 $T=RP^{-1}C^{-1}$,则

$$TF_0T'=F_0.$$

由于 $BFB'=F$,故

$$(CBC^{-1})F_0(CBC^{-1})'=F_0.$$

由于

$$CP\begin{pmatrix} \alpha_1 & 0 \\ 0 & \alpha_2 \end{pmatrix}P^{-1}C^{-1}=CBC^{-1},$$

我们有

$$T^{-1}R\begin{pmatrix} \alpha_1 & 0 \\ 0 & \alpha_2 \end{pmatrix}R^{-1}T=CBC^{-1}.$$

故得定理。

定理8. 假定 A, B 是二对 F 的 Lorentz 方阵,并且相似,而且 A 不可分解。如果 F 的标号非 0,则有一对 F 的 Lorentz 方阵将 B 变为 A。如果 F 的标号等于 0,命

$$F=\begin{pmatrix} 0 & I \\ I & 0 \end{pmatrix},$$

则有两种可能：有一对 F 的 Lorentz 方阵将 B 变为 A，或

$$\begin{pmatrix} I & 0 \\ 0 & -I \end{pmatrix} A \begin{pmatrix} I & 0 \\ 0 & -I \end{pmatrix}.$$

证：由于 A, B 的相似性，有一满秩的 P 使
$$B = P^{-1}AP.$$
由于 $BFB' = F$，可立得
$$QA = AQ, \quad Q = PFP'F.$$
并有
$$PFP' = QF = FQ'.$$
如果 Q 无负特征根，由引理，我们有一实系数的多项式 $f(x)$ 使 $R = f(Q)$，$R^2 = Q$。于是
$$PFP' = R^2 F = RFR'.$$
因此方阵 $R^{-1}P = T$ 是对 F 的 Lorentz 方阵而且
$$TBT^{-1} = R^{-1} \cdot PBP' \cdot R = R^{-1}AR = A.$$
故定理正确。

若 Q 仅有负特征根，则有一实系数的多项式 $f(x)$ 使 $R = f(Q)$ 及 $R^2 = -Q$。于是
$$PFP' = -R^2 F = -RFR'.$$
这仅当 F 的标号等于 0 才有可能性。命
$$F = \begin{pmatrix} 0 & I \\ I & 0 \end{pmatrix}.$$
由
$$\begin{pmatrix} I & 0 \\ 0 & -I \end{pmatrix} F \begin{pmatrix} I & 0 \\ 0 & -I \end{pmatrix} = -F,$$
$T = \begin{pmatrix} I & 0 \\ 0 & -I \end{pmatrix} R^{-1}P$ 是一对 F 的 Lorentz 方阵。于是有
$$TBT^{-1} = \begin{pmatrix} I & 0 \\ 0 & -I \end{pmatrix} A \begin{pmatrix} I & 0 \\ 0 & -I \end{pmatrix}.$$

若 Q 既有负根，又有非负根，则有一方阵 D 使
$$DQD^{-1} = \begin{pmatrix} q_1 & 0 \\ 0 & q_2 \end{pmatrix},$$
这儿 q_1 仅有负根，q_2 仅有非负根。由
$$DQD^{-1} \cdot DAD^{-1} = DAD^{-1} \cdot DQD^{-1},$$
及
$$DQD^{-1} \cdot DFD^{-1} = DFD' \cdot D'^{-1}Q'D',$$
可以推得
$$DAD' = \begin{pmatrix} \alpha_1 & 0 \\ 0 & \alpha_2 \end{pmatrix}$$

及
$$DFD' = \begin{pmatrix} \phi_1 & 0 \\ 0 & \phi_2 \end{pmatrix}.$$

有一方阵
$$T = \begin{pmatrix} t_1 & 0 \\ 0 & t_2 \end{pmatrix}$$

使
$$T \begin{pmatrix} \phi_1 & 0 \\ 0 & \phi_2 \end{pmatrix} T' = \begin{pmatrix} f_1 & 0 \\ 0 & f_2 \end{pmatrix}.$$

此处 f_1 及 f_2 与 F 有相同的形式。则
$$A_1 = TDAD^{-1}T^{-1}$$

是一直和，而且是对
$$\begin{pmatrix} f_1 & 0 \\ 0 & f_2 \end{pmatrix}$$

的 Lorentz 方阵。这与 A 的不可分解性相违背。

§6. 摆 出 来

由定理 7 与 8，每一个 Lorentz 方阵可以分解为一些支量之和，而这些支量的特征根各为：

(1)　　　　　α, α^{-1},　　　　　　　实 $\alpha \neq \pm 1$,

(2)　　　　　$\alpha, \alpha^{-1}, \bar{\alpha}, \bar{\alpha}^{-1}$,　　　α 复数，$|\alpha| \neq 1$,

(3)　　　　　α, α^{-1},　　　　　　　α 复数，$|\alpha| = 1$,

及

(4)　　　　　$\alpha = \pm 1$.

命 T 为 (1)—(4) 类的支量之一。命
$$T = (I+Q)(I-Q)^{-1}.$$

由 $TFT' = F$ 推得
$$QF + FQ = 0,$$

即 QF 是斜对称。如果 $\det(I-Q) = 0$，则考虑
$$T = (I-Q)(I+Q)^{-1}.$$

因此问题一变而为研究方阵对
$$\{F, QF\}$$

的相合问题。

我们现在检阅一下所有的不可分解的支量[1]。假定 F 的标号等于 0，对应于 (i),(ii),

---

[1] 参考本学报前文。

(iii)$_e$ 及 (v)（仍用前文的符号），对 F 的 Lorentz 方阵的特征方阵的初等因子如下：

(i)　　　$(\lambda-\alpha)^r, (\lambda-\alpha^{-1})^r,$　　　α 实 $\neq \pm 1,$

(ii)　　　$(\lambda-\alpha)^r, (\lambda-\bar\alpha)^r, (\lambda-\alpha^{-1})^r, (\lambda-\bar\alpha^{-1})^r,$　　　α 复，$|\alpha|\neq 1,$

(iii)　　　$(\lambda-e^{i\theta})^r, (\lambda-e^{-i\theta})^r,$　　　$0<\theta<\pi$

及

(v)　　　$(\lambda\pm 1)^r, (\lambda\pm 1)^r,$　　　r 偶数。

取

$$F=\begin{pmatrix} 0 & I \\ I & 0 \end{pmatrix} \quad (\text{标号为 0})$$

对 F 的不可分解的 Lorentz 方阵可以列举如下：

(i)　　　$\begin{pmatrix} J_\alpha & 0 \\ 0 & J_\alpha'^{-1} \end{pmatrix},$

(ii)　　　$\begin{pmatrix} \rho L_\theta & 0 \\ 0 & \rho^{-1} L_\theta'^{-1} \end{pmatrix},$　　　$\alpha=\rho e^{i\theta},$

(iii)$_e$　　　$\begin{pmatrix} L_\theta & KL_\theta'^{-1} \\ 0 & L_\theta'^{-1} \end{pmatrix},$　　　$K=\begin{pmatrix} 0 & 1 & 0 & \cdots & 0 \\ -1 & 0 & 0 & \cdots & 0 \\ 0 & 0 & 0 & \cdots & 0 \\ \cdots\cdots\cdots\cdots\cdots\cdots \end{pmatrix}$

及

(v)　　　$\begin{pmatrix} J_{\pm 1} & 0 \\ 0 & J_{\pm 1}'^{-1} \end{pmatrix}.$

由　　　$\begin{pmatrix} I & 0 \\ 0 & -I \end{pmatrix} A \begin{pmatrix} I & 0 \\ 0 & -I \end{pmatrix},$　我们得出一新类型

(iii)$_e'$　　　$\begin{pmatrix} L_\theta & -KL_\theta'^{-1} \\ 0 & L_\theta'^{-1} \end{pmatrix}.$

再考虑标号为 1 的方阵 F，不妨取

$$F=F^{(r)}=\begin{pmatrix} 0 & 0 & \cdots & 0 & 1 \\ 0 & 0 & \cdots & 1 & 0 \\ \cdots\cdots\cdots\cdots\cdots\cdots\cdots \\ 1 & 0 & \cdots & 0 & 0 \end{pmatrix},$$

这儿 r 是奇数。对 F 的不可分解的 Lorentz 方阵是

(iv) $\pm\begin{pmatrix} 1 & 1 & -\frac{1}{2} \\ 0 & 1 & -1 \\ 0 & 0 & 1 \end{pmatrix}$, $\pm\begin{pmatrix} 1 & 1 & -\frac{1}{2} & -\frac{1}{4} & \frac{1}{8} \\ 0 & 1 & -1 & -\frac{1}{2} & \frac{1}{4} \\ 0 & 0 & 1 & 1 & -\frac{1}{2} \\ 0 & 0 & 0 & 1 & -1 \\ 0 & 0 & 0 & 0 & 1 \end{pmatrix}$, 等等。

(r=3, 5, …)。其一般作法是：用 $M^{(2p+1)}$ 表对 $F^{(2p+1)}$ 的一个 Lorentz 方阵（如上式形的）。它的构造可由归纳法作 M^{2p-1} 作出之：

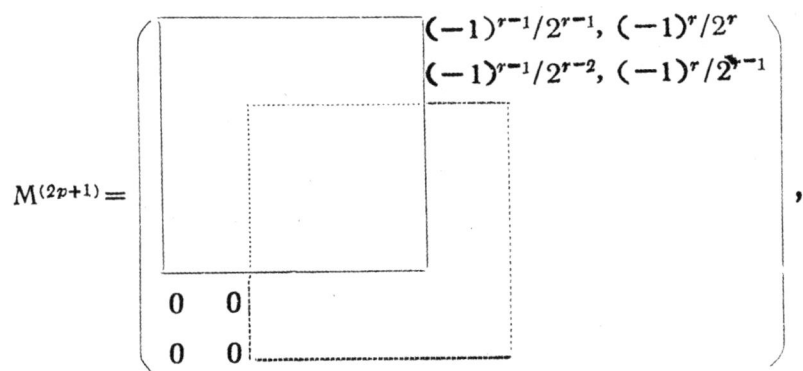

这儿 ▢ 与 ▭ 皆代表 M^{2p-1}。而 $M^{(2p+1)}$ 的初等因子是 $(\lambda\pm1)^r$。

最后考虑：标号等于2的

$$F = \begin{pmatrix} 1^{(1)} & 0 & 0 & 0 \\ 0 & 0 & 0 & I^{(r-1)} \\ 0 & 0 & 1^{(1)} & 0 \\ 0 & I^{(r-1)} & 0 & 0 \end{pmatrix}.$$

对它的 Lorentz 方阵是

(iii)。 $\begin{pmatrix} \cos\theta & u & \sin\theta & 0 \\ 0 & L_\theta^{(r-1)} & 0 & 0 \\ -\sin\theta & 0 & \cos\theta & 0 \\ -\cos\theta\, L'^{-1}u' & -\frac{1}{2}u'uL'^{-1} & -\sin\theta\, L'^{-1}u' & L'^{-1} \end{pmatrix}$,

$$u = (1, 0, \cdots, 0),$$

它的初等因子是 $(\lambda-e^{i\theta})^r$, $(\lambda-e^{-i\theta})^r$。

总之得

定理9. 一个实对称方阵 F 的 Lorentz 方阵可以被对 F 的 Lorentz 方阵变为方阵 (i), (ii), $(iii)_e$, (v), $(iii)'_e$, (iv) 及 $(iii)_o$ 的直和。

作为一个顺带的收获：

定理10. Lorentz 方陣的初等因子的重數 $\leq n-|s|+1$，這兒 s 是 F 的标号。特別有，正交方陣的初等因子是单的。这是熟知的事实。

§7. 应　用

a) 球几何。

在研究球几何与 Hyperablian 函数的时候，以方陣

$$\begin{pmatrix} I^{(n)} & 0 \\ 0 & -I^{(2)} \end{pmatrix}$$

为基础的 Lorentz 方陣起重要作用。

作者的目的在于給出它的显明的标准型。由定理 8 共有十种：

(1) $\begin{pmatrix} n & 2 \\ +; & - \end{pmatrix}$, (2) $\begin{pmatrix} n-1 & 1 & 1 & 1 \\ +; & + & -; & - \end{pmatrix}$,

(3) $\begin{pmatrix} n-1 & 1 & 2 \\ +; & + & - \end{pmatrix}$, (4) $\begin{pmatrix} n-2 & 1 & 1 & 1 & 1 \\ +; & + & -; & + & - \end{pmatrix}$,

(5) $\begin{pmatrix} n-2 & 2 & 2 \\ +; & + & - \end{pmatrix}$, (6) $\begin{pmatrix} n-2 & 2 & 1 & 1 \\ +; & + & -; & - \end{pmatrix}$,

(7) $\begin{pmatrix} n-3 & 2 & 1 & 1 & 1 \\ +; & + & -; & + & - \end{pmatrix}$, (8) $\begin{pmatrix} n-3 & 3 & 2 \\ +; & + & - \end{pmatrix}$,

(9) $\begin{pmatrix} n-4 & 2 & 1 & 2 & 1 \\ +; & + & -; & + & - \end{pmatrix}$, (10) $\begin{pmatrix} n-4 & 4 & 2 \\ +; & + & - \end{pmatrix}$,

这兒例如： $\begin{pmatrix} n-3 & 2 & 1 & 1 & 1 \\ +; & + & -; & + & - \end{pmatrix}$ 表示是

$$F = I^{(n-3)} \dotplus \begin{pmatrix} I^{(2)} & 0 \\ 0 & -1 \end{pmatrix} \dotplus \begin{pmatrix} I & 0 \\ 0 & -1 \end{pmatrix}$$

的 Lorentz 方陣（当 n=3 时，仅有 8 种不同）

命

$$T_{11} = \pm \begin{pmatrix} \cosh \psi & \sinh \psi \\ \sinh \psi & \cosh \psi \end{pmatrix},$$

$$T_{21} = \pm \begin{pmatrix} 0 & 1 & 0 \\ -3 & 0 & 2\sqrt{2} \\ 2\sqrt{2} & 0 & -3 \end{pmatrix},$$

$$T_{22}^a = \pm \begin{pmatrix} \cosh\psi & 1 & \sinh\psi & 1 \\ -1 & \cosh\psi & -1 & \sinh\psi \\ \sinh\psi & -1 & \cosh\psi & -1 \\ 1 & \sinh\psi & 1 & \cosh\psi \end{pmatrix},$$

$$T_{22}^b = \begin{pmatrix} \cosh\psi \begin{pmatrix} \cos\theta & \sin\theta \\ -\sin\theta & \cos\theta \end{pmatrix}, & \sinh\psi \begin{pmatrix} \cos\theta & \sin\theta \\ -\sin\theta & \cos\theta \end{pmatrix} \\ \sinh\psi \begin{pmatrix} \cos\theta & \sin\theta \\ -\sin\theta & \cos\theta \end{pmatrix}, & \cosh\psi \begin{pmatrix} \cos\theta & \sin\theta \\ -\sin\theta & \cos\theta \end{pmatrix} \end{pmatrix},$$

$$T_{22}^c = \begin{pmatrix} -1 & 1 & 1 & 0 \\ 1 & -1 & 0 & 1 \\ -1 & 0 & 1 & -1 \\ 0 & -1 & -1 & 1 \end{pmatrix} \begin{pmatrix} \cos\theta & \sin\theta & 0 & 0 \\ -\sin\theta & \cos\theta & 0 & 0 \\ 0 & 0 & \cos\theta & \sin\theta \\ 0 & 0 & -\sin\theta & \cos\theta \end{pmatrix},$$

$$T_{22}^d = \begin{pmatrix} 1 & 1 & -1 & 0 \\ -1 & 1 & 0 & -1 \\ 1 & 0 & -1 & 1 \\ 0 & 1 & -1 & -1 \end{pmatrix} \begin{pmatrix} \cos\theta & \sin\theta & 0 & 0 \\ -\sin\theta & \cos\theta & 0 & 0 \\ 0 & 0 & \cos\theta & \sin\theta \\ 0 & 0 & -\sin\theta & \cos\theta \end{pmatrix},$$

$$T_{32} = \begin{pmatrix} 0 & 0 & 1 & 0 & 0 \\ 2 & 1 & 0 & 2 & 0 \\ -1 & 2 & 0 & 0 & -2 \\ 2 & 0 & 0 & 2 & 1 \\ 0 & -2 & 0 & -1 & -2 \end{pmatrix}$$

$$T_{42} = \begin{pmatrix} 0 & -\cos\theta & -\sin\theta & 0 & 0 & 0 \\ 3\cos\theta & 0 & 0 & 3\sin\theta & -2\sqrt{2}\cos\theta & -2\sqrt{2}\sin\theta \\ 0 & -\sin\theta & \cos\theta & 0 & 0 & 0 \\ -\sin\theta & 0 & 0 & \cos\theta & 0 & 0 \\ -2\sqrt{2}\cos\theta & 0 & 0 & -2\sqrt{2}\sin\theta & 3\cos\theta & 3\sin\theta \\ 0 & 0 & 0 & 0 & -\sin\theta & \cos\theta \end{pmatrix}$$

这几 T_{ij} 是一 $\begin{pmatrix} i & j \\ + & - \end{pmatrix}$ 方阵。利用这些 T_{ij} 及正交方阵的标准型可以作出：对

$$F = \begin{pmatrix} I^{(n)} & 0 \\ 0 & -I^{(2)} \end{pmatrix}$$

的 Lorentz 方阵的标准型的具体表达式来。

在球几何上这些标准型都是有它們的几何意义的。留作將来讨论。

b) 普通的 Lorentz 群。

在相对論中，Lorentz 群是指

$$F = \begin{pmatrix} I^{(3)} & 0 \\ 0 & -1 \end{pmatrix}$$

的 Lorentz 群。这是相对論中的一个重要东西。我們这儿也列出它所有的标准型的具体表达式来。其中前两者的物理意义是大家所熟知的，第三种的物理意义我不知道。

現在当然有三种：$\begin{pmatrix} 3 & 1 \\ +, & - \end{pmatrix}$, $\begin{pmatrix} 2 & 1 & 1 \\ +, & + & - \end{pmatrix}$, $\begin{pmatrix} 1 & 2 & 1 \\ +, & + & - \end{pmatrix}$。

它們的具体表达式是：

$$\begin{pmatrix} \pm 1 & 0 & 0 & 0 \\ 0 & \cos\theta & \sin\theta & 0 \\ 0 & -\sin\theta & \cos\theta & 0 \\ 0 & 0 & 0 & \pm 1 \end{pmatrix}, \quad (\text{旋轉与时空对称}),$$

$$\begin{pmatrix} \cos\theta & \sin\theta & 0 & 0 \\ -\sin\theta & \cos\theta & 0 & 0 \\ 0 & 0 & \pm\begin{pmatrix} \cosh\psi & \sinh\psi \\ \sinh\psi & \cosh\psi \end{pmatrix} \end{pmatrix}, \quad \begin{pmatrix} 1 & 0 & 0 & 0 \\ 0 & -1 & 0 & 0 \\ 0 & 0 & \pm\begin{pmatrix} \cosh\psi & \sinh\psi \\ \sinh\psi & \cosh\psi \end{pmatrix} \end{pmatrix}$$

$$\begin{pmatrix} \pm 1 & 0 & 0 & 0 \\ 0 & 0 & 1 & 0 \\ 0 & -3 & 0 & 2\sqrt{2} \\ 0 & 2\sqrt{2} & 0 & -3 \end{pmatrix}.$$

§8. Hermitian 方陣的自形群

以上所講的，可以称为以 S 为基本二次型的自形群，即使以 S 为方陣的二次型不变的諸变换所形成的群。

关于 Hermitian 方陣也应有相仿的結果。因为它比較容易些，我們述要如下：

命 F 代表 Hermitian 方陣，而适合于

$$\overline{T}FT' = F$$

的方陣 T 成一群，称为 F 的自形群。

显然有

(1) $\qquad \begin{pmatrix} \overline{J}_\alpha & 0 \\ 0 & J_\alpha'^{-1} \end{pmatrix}$

及
$$\begin{pmatrix} J_1 & UJ_1'^{-1} \\ 0 & J_1'^{-1} \end{pmatrix}$$

是 Hermitian 方阵

$$\begin{pmatrix} 0 & Ii \\ -Ii & 0 \end{pmatrix}$$

的自形变换。

对奇数 r，§ 6(iv) 所給的 M_{2p+1} 是 Hermitian 方阵

$$\begin{pmatrix} 0 & 0 & \cdots & 0 & 1 \\ 0 & 0 & \cdots & 1 & 0 \\ \cdots\cdots\cdots\cdots\cdots \\ 1 & 0 & \cdots & 0 & 0 \end{pmatrix}$$

的自形变换。

适当地选择 F，Hermitian 方阵的自形变换 T 可以分解为以下形式支量的直和

$$\begin{pmatrix} \bar{J}_\alpha & 0 \\ 0 & J_\alpha' \end{pmatrix}, \quad e^{i\theta}\begin{pmatrix} J_1 & \pm UJ_1'^{-1} \\ 0 & J_1'^{-1} \end{pmatrix}, \quad e^{i\theta}M_p$$

并且也易于証明 T 的初等因子的重数 $\leq n-|s|+1$（F 的标号 s）。

附录（1961年12月加于鹿迴头）：§ 7 的结果也可以不太困难地从 Möbius 群推出来。

命

(1) $\qquad H=\begin{pmatrix} a & b \\ \bar{b} & d \end{pmatrix}, \qquad b=y+iz, \ a=t+x, \ d=t-x$

表一二行二列的 Hermitian 方阵，这儿 t, x, y, z 都是实数。

命

(2) $\qquad T=\begin{pmatrix} \alpha & \beta \\ \gamma & \delta \end{pmatrix} \qquad \alpha\delta-\beta\gamma=1$

代表一 Möbius 变形，这儿 $\alpha,\beta,\gamma,\delta$ 是复数。但須注意 $\pm T$ 代表同一Möbius 变形。

把方阵变形

(3) $\qquad H^*=TH\bar{T}'$

写成为 t, x, y, z 的綫性变换

(4) $\qquad (t^*, x^*, y^*, z^*)=(t, x, y, z)A \qquad (A=A(T)),$

这儿 A 是一四行四列的实方阵，不难写出

$$(5)\ A=A(T)=\begin{pmatrix} \frac{1}{2}(|\alpha|^2+|\beta|^2+|\gamma|^2+|\delta|^2) & \frac{1}{2}(|\alpha|^2-|\beta|^2+|\gamma|^2-|\delta|^2) \\ \frac{1}{2}(|\alpha|^2+|\beta|^2-|\gamma|^2-|\delta|^2) & \frac{1}{2}(|\alpha|^2-|\beta|^2-|\gamma|^2+|\delta|^2) \\ \frac{1}{2}(\alpha\overline{\gamma}+\overline{\alpha}\gamma+\beta\overline{\delta}+\overline{\beta}\delta) & \frac{1}{2}(\alpha\overline{\gamma}+\overline{\alpha}\gamma-\beta\overline{\delta}-\overline{\beta}\delta) \\ \frac{i}{2}(-\alpha\overline{\gamma}+\overline{\alpha}\gamma-\beta\overline{\delta}+\overline{\beta}\delta) & \frac{i}{2}(-\alpha\overline{\gamma}+\overline{\alpha}\gamma+\beta\overline{\delta}-\overline{\beta}\delta) \end{pmatrix.}$$

$$\begin{matrix} \frac{1}{2}(\overline{\alpha}\beta+\alpha\overline{\beta}+\overline{\gamma}\delta+\gamma\overline{\delta}) & \frac{i}{2}(\alpha\overline{\beta}-\overline{\alpha}\beta+\gamma\overline{\delta}-\overline{\gamma}\delta) \\ \frac{1}{2}(\overline{\alpha}\beta+\alpha\overline{\beta}-\overline{\gamma}\delta-\gamma\overline{\delta}) & \frac{i}{2}(\alpha\overline{\beta}-\overline{\alpha}\beta-\gamma\overline{\delta}+\overline{\gamma}\delta) \\ \frac{1}{2}(\alpha\overline{\delta}+\overline{\alpha}\delta+\beta\overline{\gamma}+\overline{\beta}\gamma) & \frac{i}{2}(\alpha\overline{\delta}-\overline{\alpha}\delta-\beta\overline{\gamma}+\overline{\beta}\gamma) \\ \frac{i}{2}(-\alpha\overline{\delta}+\overline{\alpha}\delta-\beta\overline{\gamma}+\overline{\beta}\gamma) & \frac{1}{2}(\alpha\overline{\delta}+\overline{\alpha}\delta-\beta\overline{\gamma}-\overline{\beta}\gamma) \end{matrix}$$

（3）式两边取行列式得

$$t^{*2}-x^{*2}-y^{*2}-z^{*2}=t^2-x^2-y^2-z^2.$$

因此，变形（4）使 $t^2-x^2-y^2-z^2$ 不变，也就是 $A=A(T)$ 是一个 Lorentz 方阵。A 所成的群以 L^{++} 表之。首先其行列式等于 $|\alpha\delta-\beta\gamma|^2=1$，其次其（1，1）位置的元素 $\frac{1}{2}(|\alpha|^2+|\beta|^2+|\gamma|^2+|\delta|^2)>0$. Lorentz 变换不止这些，例如有（1，1）位置为负的元素如

(6) $\qquad [-1,\ 1,\ 1,\ 1],$

也有（1，1）位置为正而行列式为负的元素如

(7) $\qquad [1,\ -1,\ 1,\ 1].$

前者代表时对称；后者代表空对称。不难证明，L^{++} 中添进（6）与（7）便得整个的 Lorentz 群。

特别值得注意的是：

$$A(T)A(P)=A(TP),\qquad A(\pm I)=I$$

二行二列的方阵有以下的两个标准型

$$\begin{pmatrix} \lambda_1 & 0 \\ 0 & \lambda_2 \end{pmatrix},\qquad \begin{pmatrix} \lambda & 1 \\ 0 & \lambda \end{pmatrix}.$$

由于行列式等于1及 $\pm P$ 代表同一Möbius 变形，因此 Möbins 变形有以下两种标准型

(i) $\qquad \begin{pmatrix} \lambda & 0 \\ 0 & \lambda^{-1} \end{pmatrix},\qquad \lambda=\rho e^{i\theta},\qquad \rho>1,\qquad |\theta|\leqslant\frac{\pi}{2};$

（当 $\rho=1$ 时，可以进一步限制 $0 \leqslant \theta \leqslant \dfrac{\pi}{2}$）及

(ii) $\begin{pmatrix} 1 & 1 \\ 0 & 1 \end{pmatrix}.$

对应于(i)，(5)等于 $(\rho=e^\psi)$

(8) $\begin{pmatrix} \cosh 2\psi & \sinh 2\psi & 0 & 0 \\ \sinh 2\psi & \cosh 2\psi & 0 & 0 \\ 0 & 0 & \cos 2\theta & \sin 2\theta \\ 0 & 0 & -\sin 2\theta & \cos 2\theta \end{pmatrix},$

而对应于(ii)，(5)等于

(9) $\begin{pmatrix} \frac{3}{2}, & -\frac{1}{2}, & 1, & 0 \\ \frac{1}{2}, & \frac{1}{2}, & 1, & 0 \\ 1, & -1, & 1, & 0 \\ 0, & 0, & 0, & 1 \end{pmatrix}.$

也就是在群 L^{++} 下，任何一个时空定向的 Lorentz 变换一定等价于(8)或(9)。

又如果取 T 是一酉方阵 U，即 $U\bar{U}'=I$，则

$$A(T)=\begin{pmatrix} 1 & 0 \\ 0 & \Gamma \end{pmatrix},$$

而 Γ 代表一旋转。

綫性泛函的积分表示及測度的弱收斂

郑曾同

§1. 引言及結果

为了說明本文所要考虑的問題，我們先叙述关于拓扑测度空間方面的一些定义和已知的結果。設 T 为一拓扑空間，$\mathcal{C}$ 为 T 上的全体有界連續实函数。T 的子集可表为 $f^{-1}(G)$ 形狀者称为 U—集，其中 $f \in \mathcal{C}$，G 为直綫上的开集。令 $\mathcal{U}$ 代表全体 U—集，$\mathcal{G}$ 代表全体开子集。当 T 为距离空間时，$\mathcal{U} = \mathcal{G}$（T 为任意拓扑空間时，$\mathcal{U} \subset \mathcal{G}$）。令 $\hat{\mathcal{B}}$ 及 $\mathcal{B}$ 分别为包含 $\mathcal{U}$ 及 $\mathcal{G}$ 的最小 σ—代数。$\hat{\mathcal{B}}$ 中的集合称为 Baire 集，$\mathcal{B}$ 中的集合称为 Borel 集。$\hat{\mathcal{B}}$ 及 $\mathcal{B}$ 上的测度[1]分别称为 Baire 测度及 Borel 测度。我們知道：

i) 凡 Baire 测度 μ 一定是正則的，就是說：
$$\mu(A) = \inf\{\mu(U); U \in \mathcal{U}, U \supset A\}, 凡 A \in \hat{\mathcal{B}}.$$
（參閱〔2〕, P.45, 定理18.）

ii) 在紧 Hausdorff 空間上每一 Baire 测度可以唯一地扩張成为一正則的 Borel 测度。（Borel 测度 μ 称为正則的, 如果
$$\mu(A) = \inf\{\mu(G); G \in \mathcal{G}, G \supset A\}, 凡 A \in \mathcal{B}.)$$

iii) 当 T 为紧 Hausdorff 空間时，对 $\mathcal{C}$ 上每一非負綫性泛函 Λ，有唯一 Baire 测度（正則的 Borel 测度）μ 存在，使
$$\Lambda(f) = \int f d\mu, f \in \mathcal{C}.$$
（关于 ii) 及 iii), 參閱 Halmos 书〔1〕第十章[2]）。

在本文內，我們从一个任意集合（不需要具有拓扑結构）和它上面的一族函数出发，推出了分别与上述 i), ii), iii) 相应的三个定理（見后面的定理1，定理3，和定理2）。这样就推广了 i), ii), iii) 中的結果，同时使我們对于拓扑結构在这些結果中所起的作用

---

(1) 在本文內，测度恒指 σ—代数上的有限，非負，σ—可加的集函数。

(2) Halmos 书第十章所攷慮的是局部紧 Hausdorff 空間，它里面的結果当然对紧 Hausdorff 空間成立，不过在紧 Hausdorff 空間的情形下，上面 ii), iii) 所說的結果可以用比較簡單的办法來証明（參閱〔4〕里面的定理9）。又依照 Halmos 书上的定义，Baire 集族是全体紧 G_δ 集所产生的 σ—环，Borel 集族是全体紧集所产生的 σ—环，不难看出，在紧 Hausdorff 空間上，这样定义 Baire 集和 Borel 集与上給的一致。

了解得更为清楚。此外，本文还把关于拓扑可测空间上测度弱收敛的一个熟知的结果作了类似的推广（定理4）。

以下，我們总是考虑一个不空集合 X 和它上面的一族有界实函数 $\mathcal{L}$。对于給定的函数族 $\mathcal{L}$，我們令

$w^{**} = \{ f^{-}(G): f \in \mathcal{L}, G$ 为直綫上的开集 $\}$,

$w^* = \{ \cap m: m$ 为 w^{**} 的有限子族 $\}$,

$\hat{w} = \{ \cup \hat{v}: \hat{v}$ 为 w^* 的有限或可数子族 $\}$,

$w = \{ \cup v: v$ 为 w^* 的任意子族 $\}$,

并令 $\hat{\mathcal{S}}$ 及 $\mathcal{S}$ 分别为包含 $\hat{w}$ 及 w 的最小 σ-代数[1]。注意 w 就是在 X 上由函数族 $\mathcal{L}$ 所誘导出的弱拓扑。上列符号我們以后将一直采用而不另加解释。

定理1 对于任意集合 X 上的任意一族有界实函数 $\mathcal{L}$，$\hat{\mathcal{S}}$ 上的测度 μ 一定具有下列正則性：

$$\mu(A) = \inf \{ \mu(B): B \in \hat{w}, B \supset A \}, A \in \hat{\mathcal{S}}.$$

这个定理的証明将在 §2 中给出。

在叙述定理2以前，先引进下面的

定义 1) 設 $\mathcal{L}$ 为集合 X 上的一族有界实函数、Λ 为 $\mathcal{L}$ 上的一个实函数。Λ 称为 σ-光滑，如果

$$f_n, f \in \mathcal{L}, f_n \uparrow f \Rightarrow \lim_{n \to \infty} \Lambda(f_n) = \Lambda(f);$$

Λ 称为 τ-光滑，如果

$$f_\alpha, f \in \mathcal{L}, f_\alpha \uparrow f \Rightarrow \lim_\alpha \Lambda(f_\alpha) = \Lambda(f) \quad [2]$$

2) $\hat{\mathcal{S}}$ 上的测度 μ 称为 τ-光滑，如果

$$A_\alpha \in w^{**}, A_\alpha \uparrow X \Rightarrow \lim_\alpha \mu(A_\alpha) = \mu(X);$$

$\mathcal{S}$ 上的测度 μ 称为 τ-光滑，如果

$$A_\alpha \in w, A_\alpha \uparrow X \Rightarrow \lim_\alpha \mu(A_\alpha) = \mu(X).$$

在 §3 里，我們将証明

定理2 設 $\mathcal{L}$ 为集合 X 上的一族有界实函数，包含恒等于1的函数在内，且

$f, g \in \mathcal{L}, a, b$ 为实数 $\Rightarrow af + bg, fg, \max(f, g)$ 均 $\in \mathcal{L}$.

又設 Λ 是 $\mathcal{L}$ 上的一个非負綫性泛函。

a) 若 Λ 为 σ-光滑，则在 $\hat{\mathcal{S}}$ 上有唯一测度 μ 存在，使

$$\Lambda(f) = \int f d\mu, f \in \mathcal{L}.$$

---

(1) 当 X 为一拓扑空间而 $\mathcal{L}$ 为它上面的全体有界連续实函数时，$\hat{w}$, w^*, 及 w^{**} 相等，而且就是 X 上的全体 U-集，于是 $\hat{\mathcal{S}}$ 就是 X 上的 Baire 集族。若更設 X 为全正則，则全体 U-集組成一个开基。于是 w 就是全体开集，$\mathcal{S}$ 就是 Borel 集族。

(2) $f_n \uparrow f$ ($f_\alpha \uparrow f$) 是指：对每 $x \in X$, 序列 $f_n(x)$ （定向列 $f_\alpha(x)$）單调不减地趋于 $f(x)$。以后我們总是用下标 n 表示序列，下标 α 表示定向列。

b) 若 Λ 为 τ-光滑，则在 $\mathcal{S}$ 上有唯一 τ-光滑测度 μ 存在，使 i) $\Lambda(f)=\int f d\mu$，$f\in\mathcal{L}$，ii) μ 具有下列正则性：

$$\mu(A)=\inf\{\mu(B): B\in\mathcal{W}, B\supset A\}, A\in\mathcal{S}.$$

在 §4 里，我們將証明

<u>定理 3</u>　設 $\mathcal{L}$ 为集合 X 上的一族有界实函数，且包含恒等于 1 的函数在內，且

$$f, g\in\mathcal{L}, a, b \text{ 为实数} \Rightarrow af+bg, fg, \max(f,g) \text{ 均} \in\mathcal{L}$$

则 $\hat{\mathcal{S}}$ 上每一 τ-光滑测度可以唯一地扩張成为 $\mathcal{S}$ 上具有下列正则性的 τ-光滑测度 μ：

$$\mu(A)=\inf\{\mu(B): B\in\mathcal{W}, B\supset A\}, A\in\mathcal{S}.$$

作为定理 3 的直接后果（参看 33 脚註 1），我們有

<u>系 1</u>　在全正则拓扑空間上任意一个 τ-光滑 Baire 测度都可以唯一地扩張成为 τ-光滑的正则 Borel 测度。[1]

由定理 3 还可以推出

<u>系 2</u>　設 $\mathcal{A}$ 为由集合 X 的子集所组成的一个代数，μ 为 $\mathcal{A}$ 上的测度，且

$$A_\alpha\in\mathcal{A}, A_\alpha\uparrow X \Rightarrow \lim_\alpha \mu(A_\alpha)=\mu(X).$$

令 $\mathcal{B}=\{\cup\mathcal{C}: \mathcal{C} \text{ 为 }\mathcal{A}\text{ 的任意子族}\}$，$\mathcal{D}$ 为包含 $\mathcal{B}$ 的最小 σ-代数，则 μ 可以唯一地扩張成为 $\mathcal{D}$ 上具有下列性質的测度 $\tilde{\mu}$：

i) $B_\alpha\in\mathcal{B}, B_\alpha\uparrow X \Rightarrow \lim_\alpha \tilde{\mu}(B_\alpha)=\tilde{\mu}(X)$,

ii) $\tilde{\mu}(D)=\inf\{\tilde{\mu}(B): B\in\mathcal{B}, B\supset D\}, D\in\mathcal{D}.$

事实上，取 $\mathcal{L}$ 为 $\mathcal{A}$ 中集合的特征函数的一切綫性組合，就可以由定理 3 推出系 2 的結論。

在 §5 中，我們將証明下列的定理 4，幷給出它对于测度在弱收斂拓扑下的距离化問題上的应用。

<u>定理 4</u> [2]　設 $\mathcal{L}$ 为可测空間 $(X, \mathcal{G})$ 上包含恒等于 1 的函数在內的一族有界可测实函数，且 $f, g\in\mathcal{L} \Rightarrow fg\in\mathcal{L}$．又設 μ_α 及 μ_0 为 $(X, \mathcal{G})$ 上的测度。则

$$\lim_\alpha \int f d\mu_\alpha = \int f d\mu_0, \text{ 凡 } f\in\mathcal{L}$$

当且只当

$$\mu_\alpha(X)\to\mu(X) \text{ 及 } \varliminf_\alpha \mu_\alpha(A)\geq\mu_0(A), \text{ 凡 } A\in\hat{\mathcal{W}}.$$

---

[1] 拓扑空間 T 上的 Baire 测度（正则 Borel 测度）μ 称为 τ-光滑的，如果对于一个定向列的 U-集（开集）A_α，由 $A_\alpha\uparrow T$ 就得到 $\lim_\alpha \mu(A_\alpha)=\mu(T)$．

[2] 这里 $\mathcal{G}$ 是以 X 的子集为元素的一个 σ-代数。定理 4 可以看作 Колмогоров 和 Прохоров 的一个定理的推广（参閱 [2]，P.59，定理 6）。

§2. 定理1的証明

設 $\mathscr{L}$ 为集合 X 上的一族有界实函数。对每 $f \in \mathscr{L}$，取一包含 $f(X)$ 的闭区間 I_f。令 $R \equiv \underset{f \in \mathscr{L}}{\times} I_f$，并令 T 为这样一个由 X 至 R 內的映象：

$x \in X, f \in \mathscr{L} \Rightarrow T(x)$ 之与 f 相对应的坐标为 $f(x)$。

引理 1[1] $R(\equiv \underset{f \in \mathscr{L}}{\times} I_f)$ 是紧 Hausdorff 空間；它上面的 Baire 集族 $\hat{\mathscr{B}}$ 是 I_f 上的 Baire 集族 $\hat{\mathscr{B}}_f$ 的乘积：$\hat{\mathscr{B}} = \underset{f \in \mathscr{L}}{\times} \hat{\mathscr{B}}_f$。

証 每一 I_f 为紧 Hausdorff 空間，故它們的乘积 R 也是紧 Hausdorff 空間。令 $\mathscr{C}$ 为 R 上全体有界连續实函数，$\mathscr{M}$ 为 $\mathscr{C}$ 中只依赖于变元的一个坐标的元素，$\mathscr{N}$ 为 $\mathscr{C}$ 中能表为 $\mathscr{M}$ 的有限个元素的有理整函数（多项式）的元素。又令 $\sigma(\mathscr{C})$，$\sigma(\mathscr{M})$，$\sigma(\mathscr{N})$ 分别代表使 $\mathscr{C}$，$\mathscr{M}$，$\mathscr{N}$ 中一切函数为可测的最小 σ-代数。显然 $\sigma(\mathscr{M}) = \sigma(\mathscr{N})$。由 Stone-Weierstrass 定理，$\mathscr{N}$ 在 $\mathscr{C}$ 中稠密（在一致收敛的拓扑下），故 $\sigma(\mathscr{N}) = \sigma(\mathscr{C})$。于是 $\sigma(\mathscr{C}) = \sigma(\mathscr{M})$。不难看出，$\hat{\mathscr{B}} = \sigma(\mathscr{C})$，$\underset{f \in \mathscr{L}}{\times} \hat{\mathscr{B}}_f = \sigma(\mathscr{M})$。故 $\hat{\mathscr{B}} = \underset{f \in \mathscr{L}}{\times} \hat{\mathscr{B}}_f$。

引理 2 R 的每一 Baire 子集 A 可表作下列形狀：

$$A = A_{\mathscr{L}'} \times (\underset{f \in \mathscr{L} - \mathscr{L}'}{\times} I_f), \tag{1}$$

其中 $\mathscr{L}'$ 为 $\mathscr{L}$ 的一个有限或可数子集，$A_{\mathscr{L}'}$ 为 $\underset{f \in \mathscr{L}'}{\times} I_f$ 的一个 Borel 子集。

証 由引理 1 知 A 只依赖于有限或可数个指标 f，故可表作 (1) 的形狀，其中 $A_{\mathscr{L}'}$ 为 $\underset{f \in \mathscr{L}'}{\times} I_f$ 的一个 Baire 子集。但 $\underset{f \in \mathscr{L}'}{\times} I_f$ 可以距离化，故 $A_{\mathscr{L}'}$ 也是 $\underset{f \in \mathscr{L}'}{\times} I_f$ 的一个 Borel 子集。

引理 3 $\hat{\mathscr{W}}$ 及 $\mathscr{W}$ 分别为 R 中全体 U-集及全体开集对 T 的反象，因此 $\hat{\mathscr{S}}$ 及 $\mathscr{S}$ 分别是 R 內的 Baire 集族及 Borel 集族对 T 的反象。

証 关于 $\mathscr{W}$ 的論斷是明显的。应用引理 2 并注意当 $\mathscr{L}'$ 是 $\mathscr{L}$ 的有限或可数子集时 $\underset{f \in \mathscr{L}'}{\times} I_f$ 是可分的，就得出关于 $\hat{\mathscr{W}}$ 的論斷。

定理 1 的証明 $\hat{\mathscr{S}}$ 是 R 內的 Baire 集族对映象 T 的反象（引理 3）。故給定 $\hat{\mathscr{S}}$ 上的一个测度 μ 后，就可以利用 T 誘导出 R 內的一个 Baire 测度来。由 R 上面 Baire 测度的正則性即推出测度 μ 的正則性。

---

(1) 引理 1 及証明显然对 I_f 为任意紧 Hausdorff 空間及 $\mathscr{L}$ 为任意指标集的情形成立。这个引理就是 [3] 里面的命题 2.3 和 [5] 里面的定理 2.1。我們这里所給的是一个比较簡易的証法。

§3. 定理 2 的証明

設 $\mathscr{L}$ 为集合 X 上的一族有界实函数, 滿足定理 2 中所說的条件。令 $\mathscr{F}$ 为 X 上全体有界实函数, 并在 $\mathscr{F}$ 内引进范数如下

$$\|f\| = \sup_{x \in X} |f(x)|, \quad f \in \mathscr{F}$$

这样, $\mathscr{F}$ 就成为一个 Banach 空間。令 $\overline{\mathscr{L}}$ 代表 $\mathscr{L}$ 在 $\mathscr{F}$ 内的閉包。又設 Λ 是 $\mathscr{L}$ 上的一个非負綫性泛函。

引理 1 若 $f \in \overline{\mathscr{L}}$, 则有 $\mathscr{L}$ 内一序列函数 f_n 存在, 使得 $f_n \uparrow f$, 且 $\|f_n - f\| \to 0$。在 f 为非負的情形下, 可取此序列 f_n 为非負的。

証甚簡易, 兹从略。

引理 2 扩张 Λ 的定义域使成为 $\overline{\mathscr{L}}$ 上的有界綫性泛函后, Λ 在 $\overline{\mathscr{L}}$ 上仍为非負, 且

Λ 为 σ—光滑于 $\mathscr{L}$ $\Rightarrow$ Λ 为 σ—光滑于 $\overline{\mathscr{L}}$,

Λ 为 τ—光滑于 $\mathscr{L}$ $\Rightarrow$ Λ 为 τ—光滑于 $\overline{\mathscr{L}}$.

証 設 $f \in \overline{\mathscr{L}}$, $f \geq 0$. 取 $f_n \in \mathscr{L}$, $f_n \geq 0$, 使 $\|f_n - f\| \to 0$ (参看定理 1), 则 $\Lambda(f) = \lim_{n \to \infty} \Lambda(f_n) \geq 0$. 于是 Λ 在 $\overline{\mathscr{L}}$ 上的非負性得証。

設 Λ 为 σ—光滑于 $\mathscr{L}$, $f_n, f \in \overline{\mathscr{L}}$ 且 $f_n \uparrow f$. 我們要証 $\lim_{n \to \infty} \Lambda(f_n) = \Lambda(f)$. 为此, 只須証

$$g \in \mathscr{L}, g \leq f \Rightarrow \lim_{n \to \infty} \Lambda(f_n) \geq \Lambda(g) \tag{1}$$

即可。(因为由引理 1 可取一序列 $g_m \in \mathscr{L}$ 使 $g_m \uparrow f$ 且 $\|g_m - f\| \to 0$. 如果 (1) 成立, 则 $\lim_{n \to \infty} \Lambda(f_n) \geq \Lambda(g_m)$. 令 $m \to \infty$ 得 $\lim_{n \to \infty} \Lambda(f_n) \geq \lim_{m \to \infty} \Lambda(g_m) = \Lambda(f)$. 故 $\lim_{n \to \infty} \Lambda(f_n) = \Lambda(f)$.)

現在設 $g \in \mathscr{L}$ 及 $g \leq f$. 对每自然数 n, 取 $g_{n,m}$, $m = 1, 2, \cdots$, 使 $g_{n,m} \in \mathscr{L}$ 且 $g_{n,m} \uparrow f_n$. 令 $h_n = \max\{g_{1,n}, g_{2,n}, \cdots, g_{n,n}\}$, 则 $h_n \in \mathscr{L}$、$h_n \leq f_n$, 且 $h_n \uparrow f$. 由此可知 $\min(h_n, g) \in \mathscr{L}$, $\leq f_n$, 且 $\uparrow g$. 故 $\lim_{n \to \infty} \Lambda(f_n) \geq \lim_{n \to \infty} \Lambda\{\min(h_n, g)\} = \Lambda(g)$. 于是 (1) 成立。

其次, 假設 Λ 为 τ—光滑于 $\mathscr{L}$, $f_\alpha, f \in \overline{\mathscr{L}}$ 且 $f_\alpha \uparrow f$. 我們要証明 $\lim_\alpha \Lambda(f_\alpha) = \Lambda(f)$. 为此, 只須証明

$$g \in \mathscr{L}, g \leq f \Rightarrow \lim_\alpha \Lambda(f_\alpha) \geq \Lambda(g) \tag{2}$$

即可。現在設 $g \in \mathscr{L}$, $g \leq f$. 对每 α, 取 $g_{\alpha,m}$, $m = 1, 2, \cdots$, 使 $g_{\alpha,m} \in \mathscr{L}$, $g_{\alpha,m} \uparrow f_\alpha$. 把一切可表为 $\max\{g_{\alpha_1, m_1}, \cdots, g_{\alpha_r, m_r}\}$ 形状的函数依照大小来定它們先后的次序, 就得到一个以 $\mathscr{L}$ 中的函数为項的定向列 g_α。易見 $g_\alpha \uparrow f$ 及 $\min(g_\alpha, g) \uparrow g$. 故

$$\lim_\alpha \Lambda(f_\alpha) \geq \lim_\alpha \Lambda\{\min(g_\alpha, g)\} = \Lambda(g).$$

于是 (2) 成立。

定理 2 的証明　由引理 2 我們不妨认为 $\wedge$ 的定义域已扩张到 $\overline{\mathcal{L}}$ 且仍具有原来的光滑性。

定义 R 及一个由 X 至 R 內的映象 T 如 §2。对 R 上的任意函数 F，我們用 F^* 来代表把 F 中的变元的坐标換为相应的 $f \in \mathcal{L}$ 而得到的 X 上的函数，即 $F^*(x)=F(T(x))$，$x \in X$。令 $\mathcal{P}$ 代表 R 上的全体多項式，$\mathcal{C}$ 代表 R 上全体有界連續实函数。我們在 $\mathcal{P}$ 上定义一个非負綫性泛函 $\wedge^*$ 如下：

$$\wedge^*(P) = \wedge(P^*), \quad P \in \mathcal{P}.$$

（由关于 $\mathcal{L}$ 的假設即知 $P^* \in \overline{\mathcal{L}}$）。由 Stone-Weierstrass 定理，$\overline{\mathcal{P}} = \mathcal{C}$。故 $\wedge^*$ 可以扩张成为 $\mathcal{C}$ 上非負綫性泛函。于是在 R 上有正則 Borel 測度 λ 存在，使

$$\wedge^*(F) = \int_R F d\lambda, \quad F \in \mathcal{C}.$$

令 λ_1 代表把 λ 的定义范圍限制在 R 的 Baire 集族上面得到的 Baire 測度。若 $\wedge$ 为 σ-光滑，則集合 T(X) 对于 λ_1 的外測度为 1。事实上，若 C 为 R 的一个不与 T(X) 相交的閉 Baire 集（即閉 G_δ 集，参閱 [1]，§51，定理 D）。则有 $\mathcal{C}$ 中的序列 $\{F_n\}$ 存在，使 $F_n \downarrow \chi_c$（C 的特征函数）。于是

$$\lim_n \wedge^*(F_n) = \lim_n \wedge(F_n^*) = \wedge(\chi_c^*) = 0.$$

但

$$\lim_n \wedge^*(F_n) = \lim_n \int_R F_n d\lambda_1 = \lambda_1(C),$$

故 $\lambda_1(C) = 0$。这样就証明了：对于 λ_1 来說，T(X) 的余集的内測度为 0，也就是 T(X) 的外測度为 1。对每 $A \in \mathcal{S}$，定义 $\mu(A) = \lambda_1(B)$，其中 B 为 R 的一个 Baire 子集，满足条件 $T^{-1}(B) = A$（参閱 §2 的引理 3）。由于 T(X) 的外測度为 1，这样来定义 μ 是不含混的。这个 μ 就具有定理 2 內 a) 中所說的性质。事实上，我們有

$$\wedge(F^*) = \int F^* d\mu, \quad \text{凡 } F \in \mathcal{P} \tag{1}$$

对每 $f \in \mathcal{L}$，取 (1) 內的 F 为如下之函数
$$F(x) = x_f, \quad x \in R,$$

其中 x_f 为 x 之与 f 相对应的坐标，得 $\wedge(f) = \int f d\mu$。至于 a) 內的 μ 的唯一性是很明显的。因为如果有两个不同的这样的 μ 的話，那末利用 T 的反象就得到 R 內两个不同的 Baire 測度 λ_1, λ_1'，使得等式

$$\int_R F d\lambda_1 = \int_R F d\lambda_1'$$

对一切 $F \in \mathcal{P}$ 成立，也就是对一切 $F \in \mathcal{C}$ 成立。但这是不可能的。

現在考虑 $\wedge$ 为 τ-光滑的情形。这种情形下 T(X) 对 λ 的外測度为 1。事实上，若 C 为 R 的一个不与 T(X) 相交的閉子集，則可以把 $\mathcal{C}$ 中一切在 C 上等于 1 的函数組成一

个定向列 $\{F_\alpha\}$，使 $F_\alpha \downarrow \chi_c$。于是
$$\lim_\alpha \Lambda^*(F_\alpha) - \lim_\alpha \Lambda(F_\alpha^*) = \Lambda(\chi_c^*) = 0.$$

但
$$\lim_\alpha \Lambda^*(F_\alpha) = \lim_\alpha \int F_\alpha d\lambda = \lambda(C),$$

故 $\lambda(C) = 0$。（上式中极限符号可以搬进积分号下的理由为：对任意 $\varepsilon > 0$，必有开集 $G \supset C$ 使 $\lambda(G) < \lambda(C) + \varepsilon$。于是
$$\lim_\alpha \int_R F_\alpha d\lambda \leqslant \lambda(G) < \lambda(C) + \varepsilon.$$

ε 为任意正数，故
$$\lim_\alpha \int_R F_\alpha d\lambda \leqslant \lambda(C).$$

但左方显然不能比右方小，故两边相等）于是 $T(X)$ 对 λ 的外测度为 1。对每 $A \in \mathcal{S}$，定义 $\mu(A) = \lambda(B)$，其中 B 为 R 的一个 Borel 子集，满足条件 $T^{-1}(B) = A$（参阅 §2 的引理 3）。如前，我們有
$$\Lambda(f) = \int f d\mu, \quad f \in \mathcal{L}.$$

由 λ 的正则性即知 μ 具有定理 2 的 b) 中所說的正则性。剩下来要証明的是 μ 的 τ —光滑性和关于唯一性的論断。

設 $A_\alpha \in \mathcal{W}$，$A_\alpha \uparrow X$。对每 α，取 R 內的开集 G_α 使 $T^{-1}(G_\alpha) = A_\alpha$ 且 $G_\alpha \uparrow$。令 $G = \bigcup_\alpha G_\alpha$，则 $X - G$ 为一不与 $T(X)$ 相交的閉集，故 $\lambda(R - G) = 0$。于是
$$\lim_\alpha \mu(A_\alpha) = \lim_\alpha \lambda(G_\alpha) = \lambda(G) = \lambda(R) = \mu(X),$$

而 μ 的 τ —光滑性得証。

最后，設 μ_1, μ_2 为滿足定理 2 的 b) 中条件 i), ii) 的两个 τ —光滑度。由 a) 的结果知 $\mu_1(U) = \mu_2(U)$，凡 $U \in \hat{\mathcal{W}}$。令 A 为 $\mathcal{W}$ 中任意集合，并取 $U_\alpha \in \hat{\mathcal{W}}$ 使 $U_\alpha \uparrow A$。对任意正数 ε，取 $B \subset A$，使 $X - B \in \mathcal{W}$ 且 $\mu_j(B) > \mu_j(A) - \varepsilon$，$j = 1, 2$。则 $B - U_\alpha \downarrow \phi$。因 μ_j ($j = 1, 2$) 为 τ —光滑的，故 $\mu_j(B - U_\alpha) \downarrow 0$。于是 $\lim_\alpha \mu_j(U_\alpha) \geqslant \mu_j(B) > \mu_j(A) - \varepsilon$。令 $\varepsilon \to 0$ 得 $\lim \mu_j(U_\alpha) = \mu_j(A)$。故 $\mu_1(A) = \mu_2(A)$，凡 $A \in \mathcal{W}$。再由条件 ii) 得 $\mu_1 = \mu_2$。定理証毕。

§4. 定理 3 的証明

引理 設 $\mathcal{L}$ 为集合 X 上任意一族有界实函数 且 $f, g \in \mathcal{L} \Rightarrow f - g \in \mathcal{L}$。若 μ 为 $\hat{\mathcal{S}}$ 上的一个 τ —光滑测度，则
$$f_\alpha, f \in \mathcal{L} \text{ 且 } f_\alpha \uparrow f \Rightarrow \lim_\alpha \int f_\alpha d\mu = \int f d\mu.$$

证 設 $f, f_\alpha \in \mathcal{L}$ 且 $f_\alpha \uparrow f$，ε 为一正数。令 $B_\alpha = \{ x: x \in X, f(x) - f_\alpha(x) < \varepsilon \}$，则 $B_\alpha \in w^{**}$ 且 $B_\alpha \uparrow X$. 故有 α_0，使当 α 在 α_0 之后时，$\mu(B_\alpha) > \mu(X) - \varepsilon$. 于是

$$\int f d\mu - \int f_\alpha d\mu = \int_{B_\alpha} (f-f_\alpha) d\mu + \int_{X-B_\alpha} (f-f_\alpha) d\mu \leqslant \varepsilon \mu(X)$$

$$+ (\|f\| + \|f_{\alpha_0}\|)(\mu(X) - \mu(B_\alpha)) \leqslant \varepsilon (\mu(X) + \|f\| + \|f_{\alpha_0}\|).$$

故 $\lim_\alpha \int f_\alpha d\mu = \int f d\mu$.

<u>定理 3 的証明</u> 設 $\mathcal{L}$ 滿足定理 3 中所說的条件。給定 $\hat{\mathcal{S}}$ 上的一个 τ-光滑測度 μ 后，即可构造 $\mathcal{L}$ 上的一个非負綫性泛函 Λ 如下：

$$\Lambda(f) = \int f d\mu, f \in \mathcal{L}$$

由引理知道这个泛函是 τ-光滑的。再由定理 2 知 $\mathcal{S}$ 上有唯一正則 τ-光滑測度 μ^* 存在，使

$$\Lambda(f) \equiv \int f d\mu = \int f d\mu^*, f \in \mathcal{L}.$$

μ^* 限制在 $\hat{\mathcal{S}}$ 上时与 μ 相等，故 μ^* 是 μ 的扩張。

§5. 定理 4 的証明及其在測度的弱收斂拓撲的距离化問題上的应用

<u>定理 4 的証明</u> 設 $\mathcal{L}$ 滿足定理 4 中所說的条件，令 $\widetilde{\mathcal{L}}$ 为 $\mathcal{L}$ 所产生的綫性空間，則 $\widetilde{\mathcal{L}}$ 中任意兩个函数的乘积仍属于 $\widetilde{\mathcal{L}}$. 不难証明，$\widetilde{\mathcal{L}}$ 所产生的 $\widetilde{w}$ 是和 $\mathcal{L}$ 所产生的 $\widetilde{w}$ 相同的，又因等式

$$\lim_\alpha \int f d\mu_\alpha = \int f d\mu_0$$

对一切 $f \in \mathcal{L}$ 成立的充分必要条件是它对一切 $f \in \widetilde{\mathcal{L}}$ 成立，故在証明定理 4 时，我們可以不失去普遍性而假設 $\mathcal{L}$ 是一个綫性空間。

考虑在 $(X, \mathcal{C})$ 上的一个測度 μ_0 及一个定向列的測度 μ_α. 定义 R 及由 X 至 R 内的映象 T 如 §2. 由 §2 的引理 3 知道 R 内 Baire 集族的反像为 $\hat{\mathcal{S}}$，并由 $\mathcal{L}$ 中函数的可測性知 $\hat{\mathcal{S}} \subset \mathcal{C}$. 对 R 上的每一 Baire 集 B，定义 $\lambda_\alpha(B) = \mu_\alpha T^{-1}(B)$ 及 $\lambda_0(B) = \mu_0 T^{-1}(B)$. 則 λ_α 及 λ_0 均为 R 上的 Baire 測度。令 $\mathcal{P}$ 及 $\mathcal{C}$ 分别代表 R 上的全体多項式及全体有界連續实函数。容易証明：等式

$$\lim_\alpha \int f d\mu_\alpha = \int f d\mu_0, 凡 f \in \mathcal{L} \tag{1}$$

成立的充要条件为

$$\lim_\alpha \int F d\lambda_\alpha = \int F d\lambda_0, \quad \text{凡 } F \in \mathcal{P} \tag{2}$$

在一致收敛的拓扑下，$\mathcal{P}$ 于 $\mathcal{C}$ 中稠。故(2)又等价于

$$\lim_\alpha \int F d\lambda_\alpha = \int F d\lambda_0, \quad \text{凡 } F \in \mathcal{C},$$

即 λ_α 弱收敛于 λ_0，亦即

$$\lambda_\alpha(R) \to \lambda_0(R) \text{ 及 } \varliminf_\alpha \lambda_\alpha(U) \geqslant \lambda_0(U), \text{ 凡 } R \text{ 内的 } U-\text{集 } U.$$

上式可化为

$$\mu_\alpha(X) \to \mu_0(X) \text{ 及 } \varliminf_\alpha \mu_\alpha(A) \geqslant \mu_0(A), \quad \text{凡 } A \in \hat{w}. \tag{3}$$

于是(1)与(3)等价。

现在举一个例子来说明定理4的应用。令 X 为一距离空间，$\mathcal{C}$ 为它的 Borel 集族（即 Baire 集族），$\mathfrak{m}_\sigma$ 及 $\mathfrak{m}_\tau$ 分别代表 $\mathcal{C}$ 上的全体测度及全体 τ-光滑测度。我们来考虑 $\mathfrak{m}_\sigma$ 及 $\mathfrak{m}_\tau$ 在弱收敛拓扑下的距离化问题。

若 X 为可分距离空间，则 $\mathfrak{m}_\sigma (=\mathfrak{m}_\tau)$ 也可以距离化成为可分的距离空间。这个已知的结果可以简单地由定理4推出如下：取 X 的一个可数基 $G_n, n=1, 2 \cdots$，并取 X 上一序列的连续函数 $f_n, n=1, 2, \cdots$，使对每 n，$0 < f_n(x) \leqslant 1$ 当 $x \in G_n, f_n(x) = 0$ 当 $x \bar{\in} G_n$。令 $\mathcal{L}$ 为有限个 f_n 的乘积及在 X 上恒等于1的函数所组成的函数族。则 $\mathcal{L}$ 为 $(X, \mathcal{C})$ 上一族有界可测函数，且满足定理4中的条件。容易看到，$\hat{w}$ 就是全体开集。故 $(X, \mathcal{C})$ 上的一个定向列的测度 μ_α 收敛于一个测度 μ_0 当且只当

$$\mu_\alpha(X) \to \mu(X) \text{ 及 } \varliminf_\alpha \mu_\alpha(A) \geqslant \mu(A), \quad \text{凡 } A \in \hat{w}.$$

由定理4知上式又等价于

$$\lim_\alpha \int f d\mu_\alpha = \int f d\mu_0, \quad \text{凡 } f \in \mathcal{L}.$$

因 $\mathcal{L}$ 为可数族，故 $\mathfrak{m}_\sigma$ 可以距离化且为可分的。

在 X 为任意距离空间的情形，Varadarajan 证明了 $\mathfrak{m}_\tau$ 可以距离化（参阅[2]的第二部分第四节）。我们现在用上面所用的办法来把他的证明化简如下：令 $\mathcal{J}$ 为 X 的一族 σ-散的开基，并设 $\mathcal{J} = \bigcup_{n=1}^{\infty} \mathcal{J}_n$，其中每一 $\mathcal{J}_n$ 为散的。对于任意正整数 n 及 $G \in \mathcal{J}_n$，取 X 上的连续函数 $f_{G,n}$，使 $0 < f_{G,n}(x) \leqslant 1$ 当 $x \in G$，$f_{G,n}(x) = 0$ 当 $x \bar{\in} G$。对任意正整数 k 及一组正整数 $(n_1, \cdots, n_k)$，在 $\mathfrak{m}_\tau$ 上引进一个拟距离 $D_{n_1, \cdots, n_k}$ 如下：

$$D_{n_1, \cdots, n_k}(\mu, \nu) = |\mu(X) - \nu(X)| + \sum_{G_1 \in \mathcal{J}_{n_1}, \cdots, G_k \in \mathcal{J}_{n_k}} \left| \int \prod_{i=1}^{k} f_{G_i, n_i} d(\mu - \nu) \right|$$

令 $\mathcal{L}$ 为由有限个形如 $f_{G,\eta}$ 的函数的乘积的全体及在 X 上恒等于 1 的函数所組成的函数族。則 $\mathcal{L}$ 满足定理 4 的条件。故对于 $(X,\mathcal{C})$ 上一个定向列的测度 μ_α 及一个测度 μ_0.

$$\lim_\alpha \int f d\mu_\alpha = \int f d\mu_0, \quad \text{凡 } f \in \mathcal{L} \tag{1}$$

当且只当

$$\mu_\alpha(X) \to \mu_0(X) \text{ 及 } \varliminf_\alpha \mu_\alpha(A) \geq \mu_0(A), \quad \text{凡 } A \in \hat{\mathcal{W}}.$$

若 μ_0 为 τ 一光滑，则上式等价于

$$\mu_\alpha(X) \to \mu_0(X) \text{ 及 } \varliminf_\alpha \mu_\alpha(A) \geq \mu_0(A), \quad \text{凡 } A \in \mathcal{W}.$$

易见 $\mathcal{W}$ 就是全体开集。故在 $\mathfrak{M}_\tau$ 中，一个定向列 μ_α 弱收敛于一个 $\mu_0 \in \mathfrak{M}_\tau$，当且只当 (1) 成立，也就是当且只当对任意 k 及 $(n_1, \cdots, n_k)$，

$$D_{n_1, \cdots, n_k}(\mu_\alpha, \mu_0) = 0.$$

拟距离 $D_{n_1, \cdots, n_k}$ 有只可数个，故 $\mathfrak{M}_\tau$ 可以距离化。

参 攷 文 献

[1] P. R. Halmos, Measure Theory, 1950 (中譯本"測度論", 科学出版社, 1958)。

[2] V. S. Varadarajan, Меры на топлогических Пространствах, Матем. сборник 55(97)(1961), 35—100。

[3] V. S. Varadarajan, On a theorem of F. Riesz concerning the form of linear functionals, Fund. Math., 46(1958), 209—220。

[4] S. Kakutani, Concrete representations of abstract (M) spaces, Ann. of Math., 42(1941), 994—1024。

[5] E. Nelson, Regular probability measures on function space, Ann. of Math., 69(1959), 630—643。

辛群与典型系统的稳定域[*]

胡 金 昌

研究週期系数的典型系统的永久稳定性，用不着李雅普諾夫函数。因此，从另一角度来看，由这系统的稳定域与不稳定域的結构，及这些域的凸性或域內某些子集的凸性，可获得一系列的稳定性判定法。本文只把辛陣的拓扑群来划分稳定域与不稳定域这一項工作，做綜合的报导。

I. 乘 子 理 論

討論 $2k$ 阶动力系統典型式

$$\frac{dx_i}{dt}=-\frac{\partial \bar{H}}{\partial x_{k+i}}, \qquad \frac{dx_{k+i}}{dt}=\frac{\partial \bar{H}}{\partial x_i}, \qquad (i=1, 2, \cdots k)$$

这里对称实二次型 $\bar{H}\equiv\frac{1}{2}(H(t)x, x)$, $H(t)=(h_{ij}(t))_1^{2k}$，其間 $h_{ij}(t)=h_{ji}(t)$ 为 t 的片段連續实函数，具有公共週期 ω。此方程可簡写成为陣式

$$(1) \qquad \frac{d}{dt}X=JH(t)X, \qquad J=\begin{pmatrix} 0 & -E_k \\ E_k & 0 \end{pmatrix}.$$

設方程 (1) 的实的基解陣为 $X(t)$，其初值为 $X(0)=E$。則陣子 $X(t)$ 在每个固定的 t 时为实的辛陣。卽是說：

(S) $\qquad\qquad X^*(t)J\,X(t)=J$

这里 X^* 表 X 的轉置复共軛，(本文只用到轉置陣 X^τ，因此只需考虑

$$X^\tau(t)J\,X(t)=J)$$

如是則所求各辛陣組成一个簡单拓扑群 G。

反过来說，在实辛陣群（的空間）里，每条曲綫 $X(t)$，$(0\leq t\leq \omega, X(0)=E)$ 对应于某一个动力系統其方程形如 (1)。这因为若把 (S) 式微分之，便可直接驗算計得

$$H(t)=J^{-1}\left[\frac{d}{dt}X(t)\right]X^{-1}(t).$$

---

[*] 本文为 1962年本校校庆科學討論会上作者提出一篇綜合性的报告的原稿。在討論会上承华罗庚教授提出宝貴建議，认为可以用另方法证明报告中所提的一系列已有的成果。現正在根据华教授的意見进行工作，待迟日再行发表。

从此在实辛群 G 里曲线 $X(t)$ ($0 \leq t \leq \omega$, $X(0)=E$) 与对称阵 $H(t)$ 成立了一一对应的关系。由群性，我們不妨指定 t 的值：$t=\omega$. 因此今后所用的实辛群 $G \equiv \{X(\omega)\}$.

由于 $H(t)$ 的週期性，有
$$X(t+\omega)=X(t)X(\omega)$$
这里 $X(\omega)$ 称为单程阵 (monodromic matrix) 而其特征方程
$$\det(X(\omega)-\rho E)=0$$
的各根称为方程（1）的乘子 (multiplier)。 由于辛阵 $X(\omega)$ 为实的，我們便知道（由 Poincaré—Ляпунов 定理）这各乘子成为一对一对关于复平面上单位圆成对称，又关于实軸成对称。这些乘子的分布，四个成为一組的形如 $re^{\pm i\varphi}$, $r^{-1}e^{\pm i\varphi}$，或两个成一組的形如 $e^{i\varphi}$, $e^{-i\varphi}$ 或形如 r, r^{-1}. 这样的譜分布不只是 $X(\omega)$ 如是，凡任一个指定的 t 值，实辛阵 $X(t)$ 皆如是。由此可見綫性方程組（1）必不会取得渐近稳定；而方程（1）在 $t \in [0, \infty)$ 为稳定当且只当其一切乘子的模等于 1 且在阵 $X(\omega)$ 內只有单初级因子（簡称单构）。同时在 $t \in (-\infty, \infty)$ 方程（1）的一切解有界，即所謂永久稳定。

М. Г. Крейн [1] 討論参数方程

（2）
$$\frac{dx}{dt}=\lambda JH(t)x$$

的 λ-稳定区間集（这集可分解为有限多个或可数无穷多个开区間見 [11] стр. 415, 因此他命其名为 λ-зон），設 $H(t)$ 适合如下条件 A：

A1) $\quad\quad\quad\quad (H(t)\xi, \xi) \geq 0, \quad\quad$ 凡 $\xi \neq 0$.

A2) $\quad\quad\quad\quad \int_0^\omega (H(t)\xi, \xi)dt > 0.$

在此条件 (A) 之下，方程（2）称为正型。[1] 証明：

对于每个非实值 λ, 方程（2）有 k 个乘子在单位圆之內（这称为第一类乘子）；其他 k 个乘子在圆之外（这称为第二类乘子）。

若 λ 取实值由 α 递升至 β, 又若有某乘子在在单位圆上，则它随着 λ 单調地反时针 [或順时針] 在圆周上运动，这乘子仍称为第一类 [或第二类] 乘子。

由此論点 М. Г. Крейн 推广了 А. М. Ляпунов 的关于週期系数方程的稳定区間諸定理。这一文献带头引起了一系列工作关于边界問題中本征值的研究，即在振动定理中本征值的譜的序列。关于这方面工作 М. Г. Крейн 已經总結在 А. А. Андронов 紀念集 [11], 把以前所提出的定理作了詳尽的証明。最近 М. Г. Крейн 与 Г. Я. Любарский [12] 由于声波的研究，在工作 [12] 举出正型方程

$$\frac{dx}{dt}=J\{H_{\cdot}(t)+\lambda H_{\cdot}(t)\}x$$

的乘子的解析性貭。这里所說的正型：当 $H_{\cdot}(t) \equiv 0$ 时便是适合于条件 A 之 1), 2) 的 $H_1(t)$. 若 $H_{\cdot}(t) \not\equiv 0$ 则把条件 A2) 改为 A2¹) 如下：

A2¹) 設方程

$$\frac{dx}{dt} = JH_0(t)x$$

沒有一个非零解 $x(t)$ 能使 $H_1(t)x(t)=0$（几乎处处），且 $x(\omega)=\rho x(0)$, $(|\rho|=1)$.

在这 $A1)$, $2^1)$ 条件之下，他們作出乘子 $\rho(\lambda)$ 在 $\rho(\lambda_0)$ 邻域的 d 枝代数函数表示式

$$\rho_i(\lambda) = \rho(\lambda_0) + \sum_{j=1}^{\infty} c_{ij}(\lambda-\lambda_0)^{\frac{j}{q_i}} \qquad (i=1,2\cdots,d)$$

于是把在其先的 [6]、[11] 等工作更加推进。作为研究自共軛算子的扰动论的一种工具，这些是乘子理论发展方向的一方面。本文所要总结的是其另一方面，——即稳定域与不稳定域的結构。

II. 强 稳 定

为着闡明稳定域的涵意，我們首先考虑各乘子对于参数的倚变性質。М. Г. Неигауз 与 В. Б. Лидский [3] 討論方程組

（3） $$\frac{dx}{dt} = JH_0(t)x + \lambda JH(t)x$$

設当 $\lambda = 0$ 时，組（3）的一切解有界；又設 H 适合条件 A。则当 $\lambda = 0$ 时組（3）的单程陣为单构。又当 λ 由 0 递升时，则有 k 个第一类乘子在单位圆上反时针运动，而其他 k 个第二类乘子在此上順时針运动。但当 λ 取某个值 λ_1 时，組（3）的单程陣或許出现高次初级因子，或許某乘子的模不复为 1，这个轉变只当在某个 $\lambda = \lambda_0 (0 < \lambda \leqslant \lambda_0)$ 时发现有不同类乘子相碰撞之后，才会出现。故各乘子由 $\lambda = 0$ 时开始运动，直至它們未經碰撞之前，它們各保持着其属性及单构性，在单位圆上单調运动。

由此可以引起强稳定的概念：若存在有这样的 $\varepsilon > 0$，使无論任何对称陣 Q，其週期为 ω，其元素皆为 t 的片段連續函数，且 $\|Q(t)\| < \varepsilon$ 者，使方程組

$$\frac{dx}{dt} = J(H(t) + Q(t))x$$

的一切解有界，则組（2）称为强稳定。在 [11] стр. 449 改成較弱的条件：

$$\int_0^{\omega} \|Q(t)\| dt < \varepsilon$$

这里所用的范数 $\|Q(t)\|$ 表示 $\max|\rho_i(t)|$，而 $\rho_i(t)$ 为在这 t 值时该陣的各固有值。

在这意义下，使組（2）为强稳定当且只当各乘子适合上述的 稳定条件；更且若有相等的乘子，则必为同类乘子。

И. М. Гельфанд и В. Б. Лидский [6] 考虑两个强稳定系統：

（4） $$\frac{d}{dt}X = JH_1(t)X$$

(5) $$\frac{d}{dt}X = JH_2(t)X$$

若能求得一个形变系统

(6) $$\frac{d}{dt}X = JH(t,v)X, \quad (0 \leqslant v \leqslant 1)$$

在 $0 \leqslant v \leqslant 1$ 都是强稳定，则两个系统（4）与（5）称为属于同一个稳定域；否则说它们在不相同的稳定域。这里所用的形变阵 $H(t,v)$, $(0 \leqslant v \leqslant 1)$ 当然假设它与组（2）的性质相同，且 $H(t,0) = H_1(t)$, $H(t,1) = H_2(t)$.

III. 稳 定 域

兹进行研究实辛群 G 对于各个稳定域的结构的效用，我们首先考虑组（6）的单程阵 $X(\omega,v)$ 由 $v=0$ 到 $v=1$ 时能使（4）的单程阵 $X_1(\omega)$ 形变为（5）的单程阵 $X_2(\omega)$ 所需要的条件。

在单位圆上有 k 个第一类，k 个第二类乘子（前已说过，s 重乘子当作 s 个同类乘子看待）。这两类乘子的排列共有 2^k 个不相同式样的布置型。由此得:

$X_1(\omega)$ 与 $X_2(\omega)$ 的各乘子可接受形变的必要条件为：它们的各乘子同型布置。否则在形变过程中如有不同型布置，便会有互相碰撞的机会了。更且这必要条件也是充分条件。

［证提要］乘子的属性视乎二次型 $-i(Jf,f)$ 为定正或定负而决定，这里 f 为对应于该乘子的固有向量（[11] стр. 425 и 446）。由代数的判定可以推得（[6] стр. 16—29）：凡稳定型的单程阵皆可以表示为如下形式

(7) $$X(\omega) = GRG^{-1}$$

这里 G 与 R 为实辛阵，且

(8) $$R = \begin{pmatrix} \cos\theta & -\sin\theta \\ \sin\theta & \cos\theta \end{pmatrix}, \text{ 其中 } \theta = \begin{pmatrix} \theta_1 & & & \\ & \theta_2 & & \\ & & \ddots & \\ & & & \theta_k \end{pmatrix}$$

$$|\theta_s| < \pi, \quad \theta_s \neq -\theta_{s'} \quad (1 \leqslant s, s' \leqslant k)$$

这些 $\theta_1, \cdots, \theta_k$ 为 $X(\omega)$ 的第一类乘子的各辐角。

因此，施用于（4），（5）得

$$X_1(\omega) = G_1 R_1 G_1^{-1}, \quad X_2(\omega) = G_2 R_2 G_2^{-1}$$

由假设 $X_1(\omega)$ 与 $X_2(\omega)$ 的各乘子同型布置，故我们可以把 R_1, R_2 进行形变，然后再把 G_1 形变为 G_2.

于是在实辛群 G 内两条曲线 $X_1(t), X_2(t)$ 的两端点 $X_1(0) = X_2(0) = E$, $X_1(\omega) = X_2(\omega)$ 已经叠合了，从此便转到考虑此两曲线的同伦问题。

首先证明：实辛群 G 与圆周乘单连通拓扑空间的拓扑积同胚。（[6] стр 20—24）

[証提要] 設把实辛陣 X 分解为极式
$$X = SU$$
其中按照极式的意义，S 为定正的对称陣，U 为正交陣。然后逐欵证明：1° S 与 U 也是辛陣；2° 此各 $2k$ 阶定正对称辛陣的集合 $\{S\}$ 与 $k(k+1)$ 維的歐氏空間同胚；3° 各 $2k$ 阶的正交实辛陣的集合 $\{U\}$ 与 k 阶的复酉陣的群 $\{W\}$ 同胚；4° 由酉陣的性質有
$$\det W = e^{i\psi}$$
茲作 k 阶酉陣
$$V = \begin{pmatrix} e^{i\psi} & & & \\ & 1 & & \\ & & \ddots & \\ & & & 1 \end{pmatrix}$$
則得
$$W = V(V^{-1}W)$$
这时 V 与圓周同胚，而 $V^{-1}W$ 为单位模陣。由群論已知一切单位模的酉陣組成单連通拓扑群。綜上四欵得証本題。

因此可見这兩条同端点的曲綫 $X_1(t)$, $X_2(t)$ 在实辛群空間之內，一般不是同倫的。

要使兩曲綫 $X_1(t)$, $X_2(t)$ 在实辛群內为同倫，則它們在圓周上的投影必須同倫，亦即其旋轉的周数要相等。設 $\det W(t)$ 从 $t=0$ 到 $t=\omega$ 的輻角 ψ 的变差以 $\left.\operatorname{Arg} X(t)\right|_0^\omega$ 表之，即
$$\left.\operatorname{Arg} X(t)\right|_0^\omega = \left.\arg \det W(t)\right|_0^\omega$$
由此得 $X_1(t)$ 与 $X_2(t)$ 同倫的充分必要条件为

(9) $$\left.\operatorname{Arg} X_1(t)\right|_0^\omega = \left.\operatorname{Arg} X_2(t)\right|_0^\omega$$

最后，設在实辛群內有諸曲綫的集合 $\{X_\alpha(t)\}$ ($0 \leqslant t \leqslant \omega$, $X_\alpha(0) = E$)；其中各 $X_\alpha(t)$ 有片段連續导数；且 $X_\alpha(\omega)$ 属于稳定型的諸陣的集合的同一分支。若把它們的端点叠合，則同倫条件（9）适合。如此，这集合 $\{X_\alpha(t)\}$ 將有如下特質，試推出之：

由（7）式有陣 G，茲設
$$X_g(t) = G^{-1} X(t) G.$$
則得 $X_g(t) \in \{X_\alpha(t)\}$

顯見 $X_g(t)$ 的端点为在（8）式中的 R。联結 R 至 E 作曲綫 $R(\tau)$：
$$R(\tau) = \begin{pmatrix} \cos(1-\tau)\theta & -\sin(1-\tau)\theta \\ \sin(1-\tau)\theta & \cos(1-\tau)\theta \end{pmatrix}, \quad (0 \leqslant \tau \leqslant 1)$$
其中 θ 如（8）所定。則合併 $X_g(\tau)$ 与 $R(\tau)$ 成为一条閉曲綫，其旋轉角为 $2n\pi$。故得
$$n = \frac{1}{2\pi}\left[\left.\operatorname{Arg} X_g(t)\right|_0^\omega + \left.\operatorname{Arg} R(\tau)\right|_0^1\right]$$

这里 n 称为稳定域的标数。这标数可用 X(t) 表出之。在 X(ω) 的第一类乘子对应固有向量所张成的子空间内，取任意基底 $h_1, h_2, \cdots, h_k$。作出 k 阶阵子 Z(t)：

$$Z(t) = \left((-iJX(t)h_\mu, h_\nu) \right)_{\mu, \nu=1}^{k}$$

则有

(10) $$n = \frac{1}{2\pi} \left[\text{Arg det } Z(t) \Big|_0^\omega - \sum_{s=1}^{k} \theta_s \right],$$

其中各 θ_s 分别为各个第一类乘子的辐角的主值。

由是得如下结论（[6] стр. 10）：

每个稳定域由诸乘子的 2^k 个布置型中每个式样及稳定域标数 $n(-\infty < n < +\infty)$ 而决定之。

<u>函数空间 L≡{H(t)} 的结构（一）</u>。描述上述定理，以 D 表一切强稳定系统的 H(t) 的集合，以 $D_n^{(\mu)}$ 表其中各稳定域，$\mu = \mu_1, \mu_2, \cdots, \mu_{2^k}$；$n = 0, \pm 1, \pm 2, \cdots$。则 D 的分解表为

$$D = \bigcup_{\mu=\mu_1}^{\mu_{2^k}} \bigcup_{n=-\infty}^{+\infty} D_n^{(\mu)};$$

并且由文 [8] 证明对于同一的 μ 值，每两个域 $D_{n_1}^{(\mu)}, D_{n_2}^{(\mu)}$ 为同胚（任何 n_1, n_2）。

（此处及以后所谓"分解"涵意着各分支每两不相交）。

IV. 特 别 情 形 (k=1)

在动力系统 k=1 的情形与一般的 k≥1 诸情形，在表面上已经有了区别。凡二阶方程

$$\frac{dy}{dt} = A(t)y, \quad y = \begin{pmatrix} y_1 \\ y_2 \end{pmatrix}, \quad A = \begin{pmatrix} a_{11} & a_{12} \\ a_{12} & a_{22} \end{pmatrix}$$

只要 A(t) 为 Lebesgue 可积且设

$$y = x \exp \int_0^t \text{tr } A \, dt$$

便可化成动力系统典型式：

(11) $$\frac{dx}{dt} = J H(t)x, \quad J = \begin{pmatrix} 0 & -1 \\ 1 & 0 \end{pmatrix}, \quad x = \begin{pmatrix} x_1 \\ x_2 \end{pmatrix}.$$

故对于自由度为 1 的动力系统的稳定性问题，便引到二阶线性方程一般化的研究。

А. М. Ляпунов 关于週期系数的二阶方程研究结果备载在其遗集第二卷 стр. 332—390 及 401—472。自从 М. Г. Крейн [1] 用乘子理论推广 А. М. Ляпунов 工作之后，即引起週期系数的二阶方程的一系列的研究。首先 К. Р. Коваленко и М. Г. Крейн [2] 对于稳定区间集（λ—зон）已经达到相当发展。同年間 В. А. Якубович [4]，[5] 研

究週期系数的二阶方程的稳定域，其詳在工作［7］做了一个小結。

A. 稳定域。

关于稳定域的研究結果，在 $k=1$ 的情形与一般情形（$k\geqslant 1$）无区别，故由工作［6］或［7］依照上面所說的，便可推証得如下結論：

二阶实辛群与环体的內部同胚。在該群內对应于諸稳定域的併集的边界面 $r=\sin^2\varphi$ 为在环体的两个錐面［見图1. 在式中的 φ 表經度，r 表經圓內点的輻径］。由此，使动力系統(11)为强稳定的所有 $H(t)$ 的集合 D 可分解为两个无穷序列如：

$$D=\left(\bigcup_{n=-\infty}^{+\infty}D_n^{(1)}\right)\cup\left(\bigcup_{n=-\infty}^{+\infty}D_n^{(2)}\right).$$

此分解式当然是一般情形（$k\geqslant 1$）的特例而已。

B. 不稳定域。

在环体的內部而在边界面 $r=\sin^2\varphi$ 之外的两个区域对应于諸不稳定域的併集。显見它們也被边界面所划分。以 $\widetilde{Я}^+$，$\widetilde{Я}^-$ 表之。由此，凡使动力系統（11）的解为无界的所有 $H(t)$ 的集合 $Я$ 分解为两个无穷序列

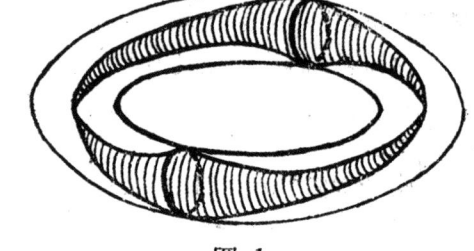

图 1.

$$Я=\left(\bigcup_{n=-\infty}^{+\infty}Я_n^+\right)\cup\left(\bigcup_{n=-\infty}^{+\infty}Я_n^-\right).$$

这里在每个 $Я_n^+$［或 $Я_n^-$］內的 $H(t)$ 所对应的各乘子皆同在正［或负］半实軸之上［見［7］стр. 349］。（須知在 $k=1$ 的情形，实辛陣只有两个乘子；若它們在 $\widetilde{D}$，［～号表对应关系：$H(t)\to X(\omega)$］，則同在单位圓上关于实軸对称；若它們在 $\widetilde{Я}$，則同在实軸上关于单位圓对称。）

对于不稳定域来說，則在 $k=1$ 与 $k>1$ 两个情形的結論不相同！

В. А. Якубович［7］对二阶动力系統的稳定域与不稳定域作了細致研究。但因与本文論题不一致（不是利用辛群为工具），故只擇取其中某些結果与下文相关者。

他的出发点把基解組 $X(t)$ 写成

$$X(t)=P(t)e^{Kt}$$

其間 $P(0)=E$，$\det P(t)\equiv 1$ 且 $P(t)$ 为週期函数或为反週期函数，卽

$$P(t+\omega)=\pm P(t).$$

且 dP/dt 几乎处处存在且为 L—可积；至于 K 則有

$$\operatorname{tr} K=0.$$

从此定理推知集合 $\{H(t)\}$ 与集合 $\{X(t)\}$ 亦卽集合 $\{P(t),K\}$ 有拓扑对应。于是先作集合 $\{K\}$ 的空間 $\widetilde{Я}^3$ 在其內作 K 的几何表象点 (ξ,η,ζ)，卽

$$K=\begin{pmatrix}-\xi & \eta-\zeta\\ \eta+\zeta & \xi\end{pmatrix}\to(\xi,\eta,\zeta)$$

从此 K 的特征方程表以双曲綫 $\xi^2+\eta^2-\zeta^2=\lambda^2$. 于是錐 $\xi^2+\eta^2-\zeta^2=0$ 的頂点，錐面上

各点（頂点除外），其内部，其外部各个点集分别记以 $\tilde{O}$, $\tilde{\Pi}$, $\tilde{D}$, $\tilde{я}$. 特别是在上半空間介乎这錐面与双曲面 $\xi^2 + \eta^2 - \zeta^2 = \omega^{-2}\pi^2$ 之間的域記之以 $\tilde{D}_1^+$.

其次，研究集合 $\Omega \equiv \{P(t)\}$。因单位模二阶阵的群也与环体的内部同胚，故对于任何向量 a，向量 $P(t)a$ 在一週期 ω 时間的轉动角为 $n\pi(n=0, \pm1, \pm2, \cdots)$，其間的奇偶性跟着 $P(t)$ 的反週期或週期性决定之。由此，Ω 可分解为各連通集

$$\Omega = \bigcup_{n=-\infty}^{+\infty} \Omega_n.$$

函数空間 $L^3 \equiv \{H(t)\}$ 的結构（二）。由上記号有

$$L^3 = \Omega \times (\tilde{я} \cup \tilde{\Pi} \cup \tilde{D}_1^+)$$

把 L^3 划分为四种集合：

$$я_n = \Omega_n \times \tilde{я}, \quad \Pi_n^* = \Omega_n \times \tilde{\Pi},$$
$$D_n = \Omega_n \times \tilde{D}_1^+, \quad \Pi_n^{**} = \Omega_n \times \tilde{O}.$$

在每种集合的併集内，动力系統（11）的解有如下性质（[7] стр. 32）：

1°. 在集 $я \equiv \bigcup_{n=-\infty}^{+\infty} я_n$ 之内，（11）有无界解，而不含週期解及反週期解。

2°. 在集 $D \equiv \bigcup_{n=-\infty}^{+\infty} D_n$ 之内，（11）的一切解在 $-\infty < t < +\infty$ 有界，皆为殆週期解（且不是週期或反週期解）。

3°. 在集 $\Pi^* \equiv \bigcup_{n=-\infty}^{+\infty} \Pi_n^*$ 之内，（11）有一个且只一个週期解

4°. 在集 $\Pi^{**} \equiv \bigcup_{n=-\infty}^{+\infty} \Pi_n^{**}$ 之内，（11）的一切解为週期解或为反週期解。

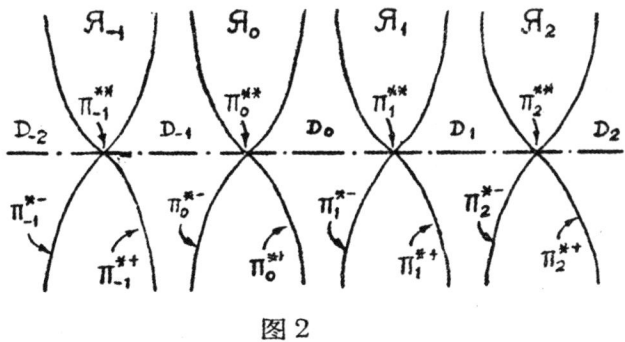

图 2

上述这样的集合分解只依靠于（11）的軌綫在一週期 ω 时的端点 $X(\omega)$ 在环体内的位置，即把单位模阵的群对应于零跡阵的代数 $я^3$. 借此对应关系，作出该环体的泛复蓋

空間 R^3 [(universal covering space), 見例如 Лонтрягин 的《連續群》书 359 頁] 則得同胚关系式

$$L^3 = \Omega_0 \times R^3.$$

把图 2 繞水平軸迴轉, 表示这泛复盖空間 R^3 和在其内諸域的划分。由上同胚关系故这泛复盖空間 R^3 可以用作函数空間 L^3 的模型。

此外, 附带提出如下的比較定理 ([7] стр. 51), 作为当 $k=1$ 时稳定域与不稳定域的凸性定理 ([13] стр. 62) 的先声。

設 $H_1(t) \leqslant H(t) \leqslant H_2(t)$

若 $H_1(t)$ 与 $H_2(t)$ 皆 $\subset D_n^{(v)}$ [或 $Я_n^{(v)}$]

則在同此 n, v 有 $H(t) \subset D_n^{(v)}$ [或 $Я_n^{(v)}$].   (12)

这里 $H_1 \leqslant H_2$ 表示对于任何向量 c 有

$$(H_1 c, c) \leqslant (H_2 c, c).$$

V. 不 穩 定 域（$k \neq 1$ 情形）

現在囘复到实辛陣群的探討。对于不穩定域而論, 在一般情形 ($k \neq 1$) 与前节結論有所区别。В. А. Якубович[8] 引入实辛陣群的譜 $\zeta = \zeta(X)$ 这概念。譜 ζ 为乘子 (且計及其属性) 的集合:

$$\zeta \equiv \{ \rho_1, \cdots, \rho_k; \rho_1^{-1}, \cdots, \rho_k^{-1} \}$$

主要規定 $\rho_1, \cdots, \rho_k$ 为第一类乘子, 卽 $0 < |\rho_j| \leqslant 1$; 而且若有 $|\rho_j| < 1$, 則 $\rho_j \in \zeta$ 应該跟着有 $\rho_j^* \in \zeta$. 至于这 k 个乘子 $\rho_1, \cdots, \rho_k$ 的排列不論次序。

設集合 $\Sigma \equiv \{ \zeta \}$。在 Σ 內与 Я, D 对应的集以 $\widetilde{Я}$, $\widehat{D}$ 記之。

从此有連續映像 $\zeta = \zeta(X)$ 把辛群 G 映成 Σ。在工作 [8] стр. 334 証明它是弱性开映像。故推証得: 在 Σ 的任何域其完全原像为在 G 的域。(这里域字会意为連通开集。故在 Σ 內考虑 $\widetilde{Я}$, $\widehat{D}$, … 的結构, 便可推知在 G 內 $\widetilde{Я}$, $\widetilde{D}$, … 的拓扑性質。

为着进行研究 G 的結构, В. А. Якубович 在工作 [8] 更引入 Argζ 的定义:

$$\mathrm{Arg}\zeta = \sum_{j=1}^{k} \arg \rho_j \quad (\rho_j \in \zeta)$$

从此便用之作为 Arg X, 卽

$$\mathrm{Arg} X = \sum_{j=1}^{k} \arg \rho_j.$$

此定义表面上和上述 И. М. Гельфанд [6] 的定义不相同, 但有其等价性。在 [8] стр. 328 証明: 若同倫条件 (9) 在前定义适合, 則在現时新定义也适合。反之亦然。

Arg X 的定义許有多种。在工作 [10] 里 В. А. Якубович 証明在 G 里 Arg X 可用如下抽象定义:

設 $X \in G$, 而 Arg X 为 X 的可数无穷多个实值的函数, 适合下列条件者:

1) 对于任何 $X \in G$, 函数 $\text{Arg } X$ 有定义。
2) 若 $(\text{Arg } X)_0$ 为函数 $\text{Arg } X$ 的一个值，则它的其他各值为
$$(\text{Arg } X)_m = (\text{Arg } X)_0 + 2\pi m, \quad (m = \pm 1, \pm 2, \cdots)$$
3) 每分支 $(\text{Arg } X)_m$ 为 $X \in G$ 的连续函数。
4) 存在有标数为 1 的一个闭曲线 $U(t) \in G$ 使 $\text{Arg } U(t)|_0^\omega = 2\pi$。

上述两种 $\text{Arg } X$ 皆适合此定义。在[10]里还列举出好几种 $\text{Arg } X$, 在振动系统需要的。凡适合于上列抽象定义的 $\text{Arg } X$, 都一起适合或一起不适合同伦条件(9)。此外，各种 $\text{Arg } X$ 不独是柔性（拓扑地）等价而且是刚性（尺度地）等价。（见[10]стр.269）。

根据上述的准备工具——映像 $\zeta(X)$ 和 $\text{Arg } X$ ——便可以推得 $\widetilde{D} \subset G(k \geq 1)$ 及 $\widetilde{\mathcal{A}} \subset G$ $(k = 1)$ 的结构, 其结果与前的相同。但对于 $k \neq 1$ 这情形则 $\widetilde{\mathcal{A}}$ 为连通集故：

在 $k \neq 1$ 这情形，在函数空间 L 内不稳定集 $\mathcal{A}$ 只是一个域。

于是转到如下问题，在 $k = 1$ 这情形有比较定理(12), 但在 $k \neq 1$ 的情形则失效。兹把 $\mathcal{A}$ 再行剖分为可数无穷多个域, 使在其每域中比较定理(12)仍然成立。因此把 $\widetilde{\mathcal{A}}$ 作出与 $\widetilde{D}$ 相仿拟的剖分。设 $\widetilde{\Gamma}$ 表示具有不同类而相等的乘子的诸单程阵 $X(\omega)$ 的集合。对应地在 Σ 内将有 $\widehat{\Gamma}$。于是考虑在 $\widetilde{\mathcal{A}} \setminus \widetilde{\Gamma}$ 内乘子的布置型有多少式样

我们说：$X_1, X_2 \in \widetilde{\mathcal{A}} \setminus \widetilde{\Gamma}$ 内为同型布置若它们的谱 $\zeta(X_1), \zeta(X_2)$ 适合下列条件：
1) $\zeta(X_1), \zeta(X_2)$ 在单位圆上的乘子为同型布置（布置型定义同前第III节）
2) 它们在正半实轴上的乘子耦的耦数同一奇偶性。

如此，则共可能有 $N = 2(2^k - 1)$ 个式样的布置型，故得分解定理：

集 $\widetilde{\mathcal{A}} \setminus \widetilde{\Gamma}$ 可分解为 N 个在 G 为单连通的域 $\widetilde{\mathcal{A}}^{(v)}, (v = 1, 2, \cdots\cdots N,)$, 其中每一分支的各 $X(\omega)$ 为同型布置。

函数空间 $L \equiv \{H(t)\}$ 的结构（三）。由第1节所得的映像
$$X(\omega) = \Phi[H(t)] \in G$$
是把 L 映成 G 的连续映像，故企图由 G 的结构来推求在 L 的完全原像的结构。于是把上文 $\widetilde{D}, \widetilde{\mathcal{A}}$ 等集总以一个字母 $\widetilde{S}$ 代表之。在工作 [8] стр. 344—346 有如下结论：

设 $\widetilde{S}$ 为在 G 的域, 而 S 为其完全原像, 即
$$\Phi(S) = \widetilde{S}.$$

A) 若 $\widetilde{S}$ 为在 G 内单连通的集, 则 S 可分解为可数无穷多个互相同胚的域 S_n:
$$S = \bigcup_{n=-\infty}^{+\infty} S_n$$
使凡一切 n 皆有 $\Phi(S_n) = \widetilde{S}$.

B) 若 $\widetilde{S}$ 不是在 G 的单连通的集, 其标数 $m > 0$, 则 S 分解为有限的 m 个互相同胚的集 $S_1, \cdots\cdots S_m$ 而已。

註：在 A) 里 n 字的意义：设 $X_1(t) \in S_{n_1}, X_2(t) \in S_{n_2}$, 则 n_1, n_2 的关系如：
$$\text{Arg } X_2(t)\Big|_0^\omega - \text{Arg } X_1(t)\Big|_0^\omega = \text{Arg } Y(t)\Big|_0^1 + 2(n_2 - n_1)\pi$$

这里 Y(t) 为在 $\widetilde{S}$ 內联結两端点 $X_1(t)$, $X_2(t)$ 的任何曲綫，即 $Y(0)=X_1(\omega)$, $Y(1)=X_2(\omega)$.

在 B) 里 m 字的意义：因 $\widetilde{S}$ 在 G 内不是单连通，故在 $\widetilde{S}$ 内有諸閉曲綫 V(t), $0 \leqslant t \leqslant 1$, 其

$$\left.\mathrm{Arg}\, V(t)\right|_1^0 = 2m_\mu \pi \neq 0.$$

在所有的 m_μ 中取最小的 $m>0$, 称之为域 $\widetilde{S}$ 的标数。

在 $k \neq 1$ 这情形我們也可仿照 $k=1$ 的情形作出 G 的泛复盖空間 U。設 Ω 为一切由 E 到 E 的零伦路綫的集合，（路綫意义見前引用 Лонтрягин《連續群》书 346 頁。）則函数空間 L 与拓扑积 $\Omega \times U$ 同胚；而 U 可以作为函数空間 L 的模型。

从此可得在 $k \neq 1$ 情形不稳定域 Я 的結构：

Ⅰ. Я 为一个域,

Ⅱ. 集合 Я\Γ 可分解为

$$\text{Я} \backslash \Gamma = \bigcup_{v=v_1}^{v_n} \bigcup_{u=-\infty}^{+\infty} \text{Я}_n^{(v)}$$

其中各分支 Я_n^v 在同一个 v 的互相同胚

Ⅵ. 解 的 增 长 域

从解的不稳定性再可以进一步研究不稳定的程度,即是說,不稳定解的增长与某一条給定曲綫的增长相比较。已給 $\alpha>0$, 试研究在函数空間 L 有那些 H(t), 使方程（2）的解适合于所給定的估值

$$(13) \qquad \|x(t)\| < C\, e^{\alpha t}, \qquad t \to +\infty.$$

这题的研究可施用上文同样工具。依同理便得如下結論：

設 $\widetilde{M}_\alpha$ 表示这些 $X(\omega)$ 的集合，其乘子有些在半径$=e^\alpha(>1)$ 之圆之外者〔即得不适合于估值（13）的解〕。又設 $\widetilde{m}_\alpha$ 表这些 $X(\omega)$ 的集合，其一切乘子皆在半径$=e^\alpha(>1)$ 之圆之内者〔即各解适合于（13）〕。則有如下結論

Ⅰ. 在 $k \geqslant 1$ 情形：在 L 内集 m_α 为一个域。

Ⅱ. 在 $k>1$ 情形：在 L 内集 M_α 为一个域。

Ⅲ. 在 $k=1$ 情形：在 L 内集 M_α 可分解为

$$M_\alpha = \left(\bigcup_{n=-\infty}^{+\infty} M_{\alpha n}^+ \right) \cup \left(\bigcup_{n=-\infty}^{+\infty} M_{\alpha n}^- \right),$$

其間对同一的上标各 $M_{\alpha n}^+$（或 $M_{\alpha n}^-$）互相同胚；而在 $\widetilde{M}_{\alpha n}^+$（$\widetilde{M}_{\alpha n}^-$）内的 $X(\omega)$ 的諸乘子在正（負）半实軸上。

VII. 凸 性

最后归结到考虑 $H(t)$ 为稳定型的判定法。 正如本文开头所说，В. А. Якубович [13] 因此引用稳定域或其子集的凸性，作为研究这问题的工具。

在函数空间 L 内，若有集 S 使由关系式：
$$H_1(t) \leqslant H(t) \leqslant H_2(t); \quad H_1(t), H_2(t) \text{ 皆} \subset S$$

便推得 $\quad H(t) \subset S$.

如此，则 S 称为（在递升方向的）凸集。

既然稳定域的结构已经解决，从此可考虑其中的凸性。在 [13] 结论为：

I. 在 $k \leqslant 2$ 这些情形，一切稳定域 $D_n^{(p)}$ 皆为凸集。

II. 在 $k > 2$ 的各情形，设在稳定域 $D_n^{(p)}$ 内有子集 D 适合如下条件：若把单位圆划分为若干个弧，能使每个弧都含有所有每个 $H(t) \in D$ 的第一类与第二类乘子，且不会有两类乘子互相间隔地在这弧上分布。如此则子集 D 为凸集。

由每各个凸集的解析性质，便可推得一系列的稳定性判定法。

引 用 文 献

[1] Крейн М. Г. Обобщение некоторых исследований А. М. Ляпунова о нелинейных диФФеренциальных уравнениях с периодичеkими коэффициентами. ДАН СССР 73 No. 3, 1950, стр. 445—448.

[2] Коваленко К. Р. и Крейн М. Г. О некоторых исследованиях А. М. Ляпунова по диФФеренциальным уравнениям с периодичеkими коэффициентами. ДАН СССР 75 No. 4, 1950, стр. 495—498.

[3] Нейгауз М. Г. и Лидский В. Б. Об ограниченности рещении систем линейных дифференциалыных уравнений с периодическими коэффициентами. ДАН СССР 77 No. 2, 1951, стр. 189—192.

[4] Якубович В. А. Критерии устойчивости для системы двух уравнений канонического вида с периодическими коэффициентами. ДАН СССР 78, No. 2, 1951, стр. 221—224.

[5] Якубович В. А. Об ограниченности решений уравнения $y'' + p(t)y = 0$, $p(t + \omega) = p(t)$ ДАН 74 No. 5, 1950. стр. 901—903

[6] Гельфанд И. М. и Лидский В. Б. О структуре областей устойчивости линейных канонических систем дифференциальных уравнений с периодическими коэффициентами. УМН 10 вы. 1, 1955, стр. 3—40

[7] Якубович В. А. Вопросы устойчивости решений системы двух линейных дифференциальных уравнений канонического вида с периодическими коэффи-

циентами. Матем. сб. 37, No. 1, 1955, стр. 21—68.

[8] Якубович В. А. Строение группы симплектических матриц и структура множества неуотойчивых канонических систем с периодическими коэффициентами. Матем. сб 44 No. 3, 1958, стр 313—352 [см. Опечатка, Матем. Сб 55 No. 3, 1961, стр. 278]

[9] Якубович В. А. Системы линейных дифференциальных уравнений канонического вида с периодическими коэффициентами. (Автореферат докторской диссертации) УМН 16 вы. 1, 1961, стр. 223—234.

[10] Якубович В. А. Аргументы на группе симплектичесих матриц. Матем. сб. 55. No. 3, 1961, стр. 255—280.

[11] Крейн М. Г. Основные положения теории л-зон устойчивости канонической системы линейных дифференциальных уравнений с периодическими коэффициентами. Памяти А. А. Андронова. Изд А. Н. СССР, 1955. стр. 413–498

[12] Крейн М. Г. и Любарский Г. Я. Об аналитических свойствах мультипликаторов периодических канонических дифференциальных систем положительного типа. Изв. АН СССР 26 No. 4, 1962 стр. 548—572.

[13] Якубович В. А. О свойствах выпуклости областей устойчивости линейных гамильтоновых систем дифференциальных уравнений с периодическими коэффициентами. Вест. Ленинг. ун-та. No. 13 в. 3, 1962 стр 61—86.

(λ, k) 型双解析函数

林 偉 吳兹潛

(数学力学系)

摘 要

如果 u, v, θ, ω 是 x, y 的連續可微函数，并且适合于方程組

$$\left.\begin{array}{l} \dfrac{1}{k}\dfrac{\partial u}{\partial x} - \dfrac{\partial v}{\partial y} = \theta \\ \dfrac{\partial u}{\partial y} + \dfrac{1}{k}\dfrac{\partial v}{\partial x} = \omega \\ k\dfrac{\partial \theta}{\partial x} + \lambda \dfrac{\partial \omega}{\partial y} = 0 \\ k\dfrac{\partial \theta}{\partial y} - \lambda \dfrac{\partial \omega}{\partial x} = 0 \end{array}\right\}$$

这儿 λ, k 是实常数，$\lambda \neq 0$，$0 < k \leqslant 1$，則我們称 $f(z) = u + iv$ 为 (λ, k) 型双解析函数，而解析函数 $\varphi(z) = k\theta - i\lambda\omega$ 称为它的相联函数。

本文的主要目的在于研究 (λ, k) 型双解析函数的性质，拟把解析函数的 Cauchy 理論推广到这类函上去，先引入这类函数的积分和导数，然后証明 Cauchy 积分定理，Morera 定理，Weierstrass 定理，Cauchy 积分公式及 Taylor 展开式，Laurent 展开式等。

§1 引 言

如果 u, v, θ, ω 是 x, y 的連續可微函数，并且适合于方程組

1964年9月28日收到。
本文于1964.9在上海全国函数論会議宣讀过。

$$\begin{aligned}
\frac{1}{k}\frac{\partial u}{\partial x} - \frac{\partial u}{\partial y} &= \theta, \\
\frac{\partial u}{\partial y} + \frac{1}{k}\frac{\partial v}{\partial x} &= \omega, \\
k\frac{\partial \theta}{\partial x} + \lambda\frac{\partial \omega}{\partial y} &= 0, \\
k\frac{\partial \theta}{\partial y} - \lambda\frac{\partial \omega}{\partial x} &= 0.
\end{aligned} \quad (1.1)$$

这儿 λ, k 是实常数，$\lambda \neq 0$，$0 < k \leq 1$，则我們称函数 $f(z) = u + iv$ 为 (λ, k) 型双解析函数。显见 $\varphi(z) = k\theta - i\lambda\omega$ 是解析函数，我們称它为 $f(z)$ 的相联函数。

Sander.J.[1] 曾考虑由方程组

$$\begin{aligned}
\frac{\partial u}{\partial x} - \frac{\partial v}{\partial y} &= \theta, \\
\frac{\partial u}{\partial y} + \frac{\partial v}{\partial x} &= \omega, \\
\frac{\partial \theta}{\partial x} + \frac{1}{k_1+1}\frac{\partial \omega}{\partial y} &= 0, \\
\frac{\partial \theta}{\partial y} - \frac{1}{k_1+1}\frac{\partial \omega}{\partial x} &= 0,
\end{aligned} \quad (1.2)$$

（k_1 为实数，$k_1 \neq -1$）

及方程组

$$\begin{aligned}
\frac{\partial u}{\partial x} - \frac{\partial v}{\partial y} &= \theta, \\
\frac{\partial u}{\partial y} + \frac{\partial v}{\partial x} &= \omega, \\
\frac{\partial \theta}{\partial x} - \frac{\partial w}{\partial y} &= 0, \\
\frac{\partial \theta}{\partial y} + \frac{\partial w}{\partial x} &= 0,
\end{aligned} \quad (1.3)$$

所决定的解函数 $f(z) = u + iv$ 的性质。如果命 $\frac{1}{k_1+1} = \lambda$，则 (1.2) 正好是方程组 (1.1) 在 $k=1$ 的情况。而当 $k \neq 1$ 时，方程组确有解函数不属于 Sander 的函数类。直接计算，易知函数

$$f(z) = u + iv = e^{\frac{k+1}{2k}z + \frac{k-1}{2k}\bar{z}} =$$
$$= e^{x + i\frac{y}{k}} = e^x(\cos\frac{y}{k} + i\sin\frac{y}{k}) \quad (0 < k < 1) \quad (1.4)$$

滿足(1.1)。但不滿足(1.2)，事实上，命

$$\left.\begin{array}{l}\dfrac{\partial u}{\partial x} - \dfrac{\partial v}{\partial y} = \theta, \\ \dfrac{\partial u}{\partial x} + \dfrac{\partial v}{\partial y} = \omega. \end{array}\right\}$$

則

$$\left.\begin{array}{l}\theta = \dfrac{k-1}{k} e^x \cos \dfrac{y}{k}, \\ \omega = \dfrac{k-1}{k} e^x \sin \dfrac{y}{k}. \end{array}\right\}$$

設(1.4)滿足Sander的方程(1.2)，則存在λ使

$$\left.\begin{array}{l}\dfrac{\partial \theta}{\partial x} - \lambda \dfrac{\partial \omega}{\partial y} = 0, \\ \dfrac{\partial \theta}{\partial y} + \lambda \dfrac{\partial \omega}{\partial x} = 0. \end{array}\right\}$$

卽

$$\left.\begin{array}{l}\dfrac{k-1}{k}\left[\left(1-\dfrac{\lambda}{k}\right)e^x \cos \dfrac{y}{k}\right] = 0, \\ \dfrac{k-1}{k}\left[\left(-\dfrac{1}{k}+\lambda\right)e^x \sin \dfrac{y}{k}\right] = 0. \end{array}\right\}$$

所以

$$1 - \dfrac{\lambda}{k} = -\dfrac{1}{k} + \lambda = 0,$$

卽

$$1 - \left(\dfrac{1}{k}\right)^2 = 0.$$

得 $k = \pm 1$，这是不可能的。

方程組(1.1)所确定的函数类比Sander的函数类要广，这事实是很自然的。因为方程組(1.1)相应于二阶椭园型方程組[2]

$$\left[\begin{pmatrix} 1 & 0 \\ 0 & \dfrac{\lambda}{k^2} \end{pmatrix} \dfrac{\partial^2}{\partial x^2} + \begin{pmatrix} 0 & \dfrac{\lambda-k^2}{k} \\ \dfrac{\lambda-1}{k} & 0 \end{pmatrix} \dfrac{\partial^2}{\partial x \partial y} + \begin{pmatrix} \lambda & 0 \\ 0 & 1 \end{pmatrix} \dfrac{\partial^2}{\partial y^2} \right] \begin{pmatrix} u \\ v \end{pmatrix} = 0, \quad (1.5)$$

我們知道，当$0 < k < 1$时，(1.5)的特征方程有两对不同复根，而当$k = 1$时，(1.5)的特征方程有一对复重根，这是两类性质很不相同的方程組[2]，而Sander的函数类仅对应于重特征的情况。

本文将考虑方程組(1.1)在$0 < k < 1$时解函数的性质，拟把解析函数的Cauchy理論推广到这函数类上去，先引入这类函数的积分和导数，然后証明Cauchy积分定理，Morera定理，Weierstrass定理，Cauchy积分公式及Taylor展开式，Laurent展

开式等。

本文是在华罗庚教授指导下写成的，特此志谢。

§2 (λ, k) 型双解析函数

由§1 我們称 $f(z) = u + iv$ 为 (λ, k) 型双解析函数，如果 u, v 是

$$\left.\begin{array}{r}\dfrac{1}{k}\dfrac{\partial u}{\partial x} - \dfrac{\partial v}{\partial y} = \theta, \\ \dfrac{\partial u}{\partial y} + \dfrac{1}{k}\dfrac{\partial v}{\partial x} = \omega,\end{array}\right\} \quad (2.1)$$

的解，而 θ, ω 适合于

$$\left.\begin{array}{r}k\dfrac{\partial \theta}{\partial x} + \lambda\dfrac{\partial \omega}{\partial y} = 0, \\ k\dfrac{\partial \theta}{\partial y} - \lambda\dfrac{\partial \omega}{\partial x} = 0。\end{array}\right\} \quad (2.2)$$

这儿 λ, k 是实常数，$\lambda \neq 0$，$0 < k < 1$。由(2.1)得

$$\left(\dfrac{\partial}{\partial x} + ik\dfrac{\partial}{\partial y}\right)(u + iv) = k\theta + ik\omega$$

$$\left[\dfrac{1+k}{2}\left(\dfrac{\partial}{\partial x} + i\dfrac{\partial}{\partial y}\right) + \dfrac{1-k}{2}\left(\dfrac{\partial}{\partial x} - i\dfrac{\partial}{\partial y}\right)\right]f(z) = \dfrac{1-\dfrac{k}{\lambda}}{2}(k\theta - i\lambda\omega) +$$

$$+ \dfrac{1+\dfrac{k}{\lambda}}{2}(k\theta + i\lambda\omega)$$

我們引入符号

$$\dfrac{\partial}{\partial z} = \dfrac{1}{2}\left(\dfrac{\partial}{\partial x} - i\dfrac{\partial}{\partial y}\right), \qquad \dfrac{\partial}{\partial \bar{z}} = \dfrac{1}{2}\left(\dfrac{\partial}{\partial x} + i\dfrac{\partial}{\partial y}\right),$$

则得

$$\dfrac{k+1}{2}\dfrac{\partial f}{\partial \bar{z}} - \dfrac{k-1}{2}\dfrac{\partial f}{\partial z} = \dfrac{\lambda - k}{4\lambda}\varphi(z) + \dfrac{\lambda + k}{4\lambda}\overline{\varphi(z)}, \quad (2.3)$$

这是方程組(1.1)的复数形式，这里 $\varphi(z) = k\theta - i\lambda\omega$ 是解析函数，我們称它为 $f(z)$ 的相联函数。如果命 $\Phi(z) = \int_{z_0}^{z} \varphi(z)dz$，则

$$f(z) = \dfrac{\lambda - k}{2(1-k)\lambda}\Phi(z) + \dfrac{\lambda + k}{2(1+k)\lambda}\overline{\Phi(z)} \quad (2.4)$$

是(2.3)的特解，易证(2.3)对应的齐次方程

$$\frac{k+1}{2}\frac{\partial f}{\partial \bar{z}} - \frac{k-1}{2}\frac{\partial f}{\partial z} = 0 \qquad (2.5)$$

的通解是

$$f(z) = \psi_1\left(\frac{k+1}{2}z + \frac{k-1}{2}\bar{z}\right) = \psi\left(\frac{k+1}{2k}z + \frac{k-1}{2k}\bar{z}\right), \qquad (2.6)$$

这儿 $\psi(z_1)$ 是 z_1 的解析函数。由(2.4)及(2.6)可知(2.3)的一般解是

$$f(z) = \frac{\lambda-k}{2(1-k)\lambda}\Phi(z) + \frac{\lambda+k}{2(1+k)\lambda}\overline{\Phi(z)} + \psi\left(\frac{k+1}{2k}z + \frac{k-1}{2k}\bar{z}\right) \qquad (2.7)$$

这是 (λ,k) 型双解析函数的一般表达式。$\psi(z_1)$ 可由 $f(z)$ 完全决定，事实上，如果命 $z_1 = \frac{k+1}{2k}z + \frac{k-1}{2k}\bar{z}$，设 G_1 是区域 G 在 z_1 平面上的象，C_1 是 G 的边界 C 的象。则

$$\psi(z_1) = f\left(\frac{1+k}{2}z_1 + \frac{1-k}{2}\bar{z}_1\right) - \frac{\lambda-k}{2(1-k)\lambda}\Phi\left(\frac{1+k}{2}z_1 + \frac{1-k}{2}\bar{z}_1\right) -$$
$$- \frac{\lambda+k}{2(1+k)\lambda}\overline{\Phi\left(\frac{1+k}{2}z_1 + \frac{1-k}{2}\bar{z}_1\right)}$$

它可表为 Cauchy 积分

$$\psi(z_1) = \frac{1}{2\pi i}\oint_{C_1}\left[f\left(\frac{1+k}{2}\zeta_1 + \frac{1-k}{2}\bar{\zeta}_1\right) - \frac{\lambda-k}{2(1-k)\lambda}\Phi\left(\frac{1+k}{2}\zeta_1 + \frac{1-k}{2}\bar{\zeta}_1\right) - \right.$$
$$\left. - \frac{\lambda+k}{2(1+k)\lambda}\overline{\Phi\left(\frac{1+k}{2}\zeta_1 + \frac{1-k}{2}\bar{\zeta}_1\right)}\right]\frac{d\zeta_1}{\zeta_1-z_1}.$$

所以

$$\psi\left(\frac{k+1}{2k}z + \frac{k-1}{2k}\bar{z}\right) = \frac{1}{2\pi i}\oint_C \frac{f(\zeta)}{\frac{k+1}{2k}(\zeta-z) + \frac{k-1}{2k}\overline{(\zeta-z)}}\left(\frac{k+1}{2k}d\zeta + \frac{k-1}{2k}\overline{d\zeta}\right) -$$
$$- \frac{1}{2\pi i}\oint_C \frac{\frac{\lambda-k}{2(1-k)\lambda}\Phi(\zeta) + \frac{\lambda+k}{2(1+k)\lambda}\overline{\Phi(\zeta)}}{\frac{k+1}{2k}(\zeta-z) + \frac{k-1}{2k}\overline{(\zeta-z)}}\left(\frac{k+1}{2k}d\zeta + \frac{k-1}{2k}\overline{d\zeta}\right).$$

代入(2.7)得

$$f(z) = \frac{\lambda-k}{2(1-k)\lambda}\frac{1}{2\pi i}\oint_C \frac{\Phi(\zeta)}{\zeta-z}d\zeta + \frac{\lambda+k}{2(1+k)\lambda}\overline{\left(\frac{1}{2\pi i}\oint_C \frac{\Phi(\zeta)}{\zeta-z}d\zeta\right)} +$$
$$+ \frac{1}{2\pi i}\oint_C \frac{f(\zeta)}{\frac{k+1}{2k}(\zeta-z) + \frac{k-1}{2k}\overline{(\zeta-z)}}\left(\frac{k+1}{2k}d\zeta + \frac{k-1}{2k}\overline{d\zeta}\right) -$$

$$-\frac{1}{2\pi i}\oint_c \frac{\frac{\lambda-k}{2(1-k)\lambda}\Phi(\zeta)+\frac{\lambda+k}{2(1+k)\lambda}\overline{\Phi(\zeta)}}{\frac{k+1}{2k}(\zeta-z)+\frac{k-1}{2k}\overline{(\zeta-z)}}\left(\frac{k+1}{2k}d\zeta+\frac{k-1}{2k}\overline{d\zeta}\right).$$

即得

$$f(z)=\frac{1}{2\pi i}\oint_c \frac{f(\zeta)}{\frac{k+1}{2k}(\zeta-z)+\frac{k-1}{2k}\overline{(\zeta-z)}}\left(\frac{k+1}{2k}d\zeta+\frac{k-1}{2k}\overline{d\zeta}\right)+$$

$$+\frac{1}{2\pi i}\oint_c \frac{\lambda-k}{2(1-k)\lambda}\Phi(\zeta)\left[\frac{d\zeta}{\zeta-z}-\frac{\frac{k+1}{2k}d\zeta+\frac{k-1}{2k}\overline{d\zeta}}{\frac{k+1}{2k}(\zeta-z)+\left(\frac{k-1}{2k}\right)\overline{(\zeta-z)}}\right]$$

$$-\frac{1}{2\pi i}\oint_c \frac{\lambda+k}{2(1+k)\lambda}\overline{\Phi(\zeta)}\left[\frac{\overline{d\zeta}}{\overline{\zeta-z}}+\frac{\frac{k+1}{2k}d\zeta+\frac{k-1}{2k}\overline{d\zeta}}{\frac{k+1}{2k}(\zeta-z)+\frac{k-1}{2k}\overline{(\zeta-z)}}\right], \quad (2.8)$$

这公式在 $f(z)$ 及 $\Phi(z)$ 的单值区域成立，它用 $f(z)$ 及 $\Phi(z)$ 的边界值来表达了 $f(z)$ 在区域內部的值。在§4中我们将看到，(2.8)实质上就是 (λ,k) 型双解析函数的 Cauchy 积分公式。

§3 (λ,k)型双解析函数的积分和导数 Cauchy 积分定理

命 $$k\theta-i\lambda\Omega=\Phi(z)=\int_{z_0}^{z}\varphi(z)dz=\int_{z_0}^{z}(k\theta-i\lambda\omega)\,dz.$$

则

$$\frac{\partial\Theta}{\partial x}=\theta,\quad \frac{\partial\Omega}{\partial x}=\omega.$$

由(2.1)得

$$\left.\begin{array}{l}\dfrac{\partial u}{\partial y}=\dfrac{\partial}{\partial x}\left(-\dfrac{v}{k}+\Omega\right),\\[2mm] \dfrac{\partial v}{\partial y}=\dfrac{\partial}{\partial x}\left(\dfrac{u}{k}-\Theta\right).\end{array}\right\} \quad (3.1)$$

这可视作 Cauchy–Riemann 条件的推广。因此我们很自然地会考察积分

$$F(z)=\int_{z_0}^{z}\left[udx+\left(-\frac{v}{k}+\Omega\right)dy\right]+i\int_{z_0}^{z}\left[vdx+\left(\frac{u}{k}-\Theta\right)dy\right]$$

$$=\int_{z_0}^{z}(u+iv)\left(dx+i\frac{dy}{k}\right)-i\int_{z_0}^{z}(\Theta+i\Omega)dy$$

$$= \int_{z_0}^{z} f(z)\left(\frac{k+1}{2k}dz + \frac{k-1}{2k}\overline{dz}\right) + \int_{z_0}^{z}\left[\frac{\lambda-k}{4\lambda}\Phi(z) + \right.$$

$$\left. + \frac{\lambda+k}{4\lambda}\overline{\Phi(z)}\right]\frac{\overline{dz}-dz}{k}.$$

这里，綫积分的起点和終点是 z_0 和 z，而积分路徑是区域 G 內某一可求长的曲綫 L。我們定义 $F(z)$ 作为双解析函数 $f(z)$ 的积分。

定义1：如果 $f(z)$ 在 G 內是以 $\varphi(z)$ 为相联函数的 (λ,k) 型双解析函数，命 $\Phi(z) = \int_{z_0}^{z}\varphi(z)dz = k\theta - i\lambda\Omega$。設 L 为在 G 內連結点 z_0 与 z 的任一可求长曲綫，則我們称

$$\int_{z_0}^{z}\left[udx + \left(-\frac{v}{k}+\Omega\right)dy\right] + i\int_{z_0}^{z}\left[vdx + \left(\frac{u}{k}-\theta\right)dy\right] =$$

$$= \int_{z_0}^{z} f(z)\left(\frac{k+1}{2k}dz + \frac{k-1}{2k}\overline{dz}\right) + \int_{z_0}^{z}\left[\frac{\lambda-k}{4\lambda}\Phi(z) + \frac{\lambda+k}{4\lambda}\overline{\Phi(z)}\right]\frac{\overline{dz}-dz}{k}$$

为 $f(z)$ 沿 L 的积分，表为 $\int_{z_0}^{z} f(z)\delta z$。

我們定义导数作为积分的逆运算。即

定义2：如果 $f(z)$ 是以 $\varphi(z)$ 为相联函数的 (λ,k) 型双解析函数，我們称 $\frac{\partial f}{\partial x} = \left(\frac{\partial f}{\partial z} + \frac{\partial f}{\partial \bar{z}}\right)$ 为 $f(z)$ 的导数，記为 $\frac{\delta f}{\delta z}$。

定理1：如果 $f(z)$ 是以 $\varphi(z)$ 为相联函数的 (λ,k) 型双解析函数，則其导数 $\frac{\delta f}{\delta z}$ 也是 (λ,k) 型双解析函数，而且 $\frac{\delta f}{\delta z}$ 的相联函数就是 $\varphi'(z)$。

証．由 (2.3) 得

$$\frac{k+1}{2}\frac{\partial f}{\partial \bar{z}} - \frac{k-1}{2}\frac{\partial f}{\partial z} = \frac{\lambda-k}{4\lambda}\varphi(z) + \frac{\lambda+k}{4\lambda}\overline{\varphi(z)}.$$

分别对 z 及 $\bar{z}$ 求导数得

$$\frac{k+1}{2}\frac{\partial^2 f}{\partial z\partial \bar{z}} - \frac{k-1}{2}\frac{\partial^2 f}{\partial z^2} = \frac{\lambda-k}{4\lambda}\varphi'(z), \qquad (3.2)$$

$$\frac{k+1}{2}\frac{\partial^2 f}{\partial \bar{z}^2} - \frac{k-1}{2}\frac{\partial^2 f}{\partial \bar{z}\partial z} = \frac{\lambda+k}{4\lambda}\overline{\varphi'(z)}. \qquad (3.3)$$

将上二式相加得

$$\frac{k+1}{2}\frac{\partial}{\partial \bar{z}}\left(\frac{\delta f}{\delta z}\right) - \frac{k-1}{2}\frac{\partial}{\partial z}\left(\frac{\delta f}{\delta z}\right) = \frac{\lambda-k}{4\lambda}\varphi'(z) + \frac{\lambda+k}{4\lambda}\overline{\varphi'(z)}. \quad (3.4)$$

因此 $\frac{\delta f}{\delta z}$ 满足(2.3), 在§4我们将证明(λ,k)型双解析函数的各级导数存在, 因此$\frac{\delta f}{\delta z}$ 连续可微, 即 $\frac{\delta f}{\delta z}$ 是(λ,k)双解析函数, 其相联函数就是$\varphi'(z)$。

定理2, (Cauchy积分定理)。如果区域G的边界C是由有限条可求长的闭Jordan曲线组成, 函数$f(z)$在区域G内是以$\varphi(z)$为相联函数的(λ,k)型双解析函数, $\varphi(z)$, $\varPhi(z)$, 及$f(z)$在$\overline{G}=G+C$上单值连续,

则
$$\oint_c f(z)\delta z = 0.$$

证.
$$\oint_c f(z)\delta z = \oint_c \left[udx + \left(-\frac{v}{k}+\varOmega\right)dy\right] + i\oint_c \left[vdx + \left(\frac{u}{k}-\theta\right)dy\right].$$

由Green公式及(3.1)得
$$\oint_c f(z)\delta z = \iint_G \left[\frac{\partial}{\partial x}\left(-\frac{v}{k}+\varOmega\right) - \frac{\partial u}{\partial y}\right]dxdy + i\iint_G \left[\frac{\partial}{\partial x}\left(\frac{u}{k}-\theta\right) - \frac{\partial v}{\partial y}\right]dxdy = 0$$

即得所证。

定理3, 如果$f(z)$在单连通区域G内是以$\varphi(z)$为相联函数的(λ,k)型双解析函数, 则$F(z) = \int_{z_0}^{z} f(z)\delta z$也为$(\lambda,k)$型双解析函数, 其相联函数就是$\varPhi(z) = \int_{z_0}^{z}\varphi(z)dz$, 且 $\frac{\delta F}{\delta z} = f(z)$.

证. 由定理2, $F(z)$为单值函数, 记$F(z) = U+iV$,

即
$$F(z) = \int_{z_0}^{z}\left[udx + \left(-\frac{v}{k}+\varOmega\right)dy\right] + i\int_{z_0}^{z}\left[vdx + \left(\frac{u}{k}-\theta\right)dy\right] = U+iV, \quad (3.5)$$

则
$$\left.\begin{aligned}\frac{\partial U}{\partial x} &= u \\ \frac{\partial U}{\partial y} &= -\frac{v}{k}+\varOmega\end{aligned}\right\}, \qquad \left.\begin{aligned}\frac{\partial V}{\partial x} &= v \\ \frac{\partial V}{\partial y} &= \frac{u}{k}-\theta\end{aligned}\right\},$$

$$\left.\begin{aligned}\frac{1}{k}\frac{\partial U}{\partial x} - \frac{\partial V}{\partial y} &= \theta, \\ \frac{\partial U}{\partial y} + \frac{1}{k}\frac{\partial V}{\partial x} &= \varOmega.\end{aligned}\right\} \quad (3.6)$$

由于 $k\theta - i\lambda\Omega$ 解析，故有

$$\begin{cases} k\dfrac{\partial \theta}{\partial x} + \lambda \dfrac{\partial \Omega}{\partial y} = 0 \\ k\dfrac{\partial \theta}{\partial y} - \lambda \dfrac{\partial \Omega}{\partial x} = 0 \end{cases} \qquad (3.7)$$

由(3.6),(3.7)可見 $F(z)$ 是 (λ,k) 型双解析函数。由(3.5)

$$\frac{\partial F}{\partial z} = \frac{\partial F}{\partial x} = u + iv = f(z)$$

明所欲証。

定理4. (Morera), 假設函数 $f(z)$ 在区域 G 內单值連續，而 $\varphi(z) = k\theta - i\lambda\omega$ 在 G 內解析, $\Phi(z) = k\Theta - i\lambda\Omega = \int_{z_0}^{z} \varphi(z)dz$, 如果对任一可求长的閉曲綫 c（其內域全落在 G 內）有

$$\oint_c f(z)\left[\frac{k+1}{2k}dz + \frac{k-1}{2k}\overline{dz}\right] + \oint_c \left[\frac{\lambda-k}{4\lambda}\Phi(z) + \frac{\lambda+k}{4\lambda}\overline{\Phi(z)}\right]\left(\frac{dz - \overline{dz}}{k}\right) \qquad (3.8)$$

$$= \oint_c \left[udx + \left(-\frac{v}{k} + \Omega\right)dy\right] + i\oint_c \left[vdx + \left(\frac{u}{k} - \theta\right)dy\right] = 0$$

則 $f(z)$ 是 (λ,k) 型双解析函数，且其相聯函数就是 $\varphi(z)$。

証. 命

$$F(z) = U + iV = \int_{z_0}^{z} \left[udx + \left(-\frac{v}{k} + \Omega\right)dy\right] + i\int_{z_0}^{z}\left[vdx + \left(\frac{u}{k} - \theta\right)dy\right]$$

由(3.8)可見 $F(z)$ 在 G 內是单值函数。且

$$\begin{cases} \dfrac{\partial U}{\partial x} = u, \\ \dfrac{\partial U}{\partial y} = -\dfrac{v}{k} + \Omega, \end{cases} \qquad \begin{cases} \dfrac{\partial V}{\partial x} = v \\ \dfrac{\partial V}{\partial y} = \dfrac{u}{k} - \theta \end{cases}$$

所以

$$\begin{cases} \dfrac{1}{k}\dfrac{\partial U}{\partial x} - \dfrac{\partial V}{\partial y} = \theta \\ \dfrac{\partial U}{\partial y} + \dfrac{1}{k}\dfrac{\partial V}{\partial x} = \Omega \end{cases},$$

而

$$\begin{cases} k\dfrac{\partial \theta}{\partial x} + \lambda\dfrac{\partial \Omega}{\partial y} = 0 \\ k\dfrac{\partial \theta}{\partial y} - \lambda\dfrac{\partial \Omega}{\partial x} = 0 \end{cases}$$

故 $F(z) = U + iV = \int_{z_0}^{z} f(z)\delta z$ 是 (λ, k) 型解析函数，其相联函数就是 $\Phi(z)$。按定理 1，$f(z) = \dfrac{\delta F}{\delta z}$ 也是 (λ, k) 型解析函数，其相联函数就是 $\varphi(z)$。

定理 5.（Weierstrass）假如 $f_n(z) = u_n + iv_n$ 在区域 G 内是 (λ, k) 型双解析函数，其相联函数为 $\varphi_n(z) = k\theta_n - i\lambda\omega_n$，$f_n(z)$ 及 $\varphi_n(z)$ 在 G 内的任一闭区域分别一致收敛于函数 $f(z)$ 及 $\varphi(z)$*），则 $f(z) = \lim\limits_{n \to \infty} f_n(z)$ 在 G 内是 (λ, k) 型双解析函数，其相联函数就是 $\varphi(z)$。

证. 由解析函数的 Weierstrass 定理，$\varphi(z) = k\theta - i\lambda\omega = \lim\limits_{n \to \infty} \varphi_n(z)$ 在 G 内解析。命

$$k\Theta_n - i\lambda\Omega_n = \int_{z_0}^{z}(k\theta_n - i\lambda\omega_n)dz = \int_{z_0}^{z}\varphi_n(z)dz$$

$$\Phi(z) = k\Theta - i\lambda\Omega = \lim_{n\to\infty}(k\Theta_n - i\lambda\Omega_n)$$

则

$$\Phi(z) = \lim_{n\to\infty}\int_{z_0}^{z}(k\theta_n - i\lambda\omega_n)dz = \int_{z_0}^{z}(k\theta - i\lambda\omega)dz = \int_{z_0}^{z}\varphi(z)dz$$

设 C 为 G 内任一可求长的 Jordan 闭曲线，其内域全落在 G 内，由于 $f_n(z) = u_n + iv_n$ 是以 $\varphi_n(z)$ 为相联函数的 (λ, k) 双解析函数，按 Cauchy 积分定理有

$$\oint_C f_n(z)\delta z = \oint_C \left[u_n dx + \left(-\frac{v_n}{k} + \Omega_n\right)dy\right] + i\oint_C \left[v_n dx + \left(\frac{u_n}{k} - \Theta_n\right)dy\right] = 0$$

令 $n \to \infty$，由一致收敛性立得

$$\oint_C \left[u dx + \left(-\frac{v}{k} + \Omega\right)dy\right] + i\oint_C \left[v dx + \left(\frac{u}{k} - \Theta\right)dy\right] = 0$$

按 Morera 定理，$f(z) = u + iv$ 是 (λ, k) 双解析函数，其相联函数就是 $\varphi(z)$。

§4 (λ, k) 型双解析函数的 Cauchy 公式及幂级数展开式

我们先来确定解析函数与 (λ, k) 型双解析函数的"乘积"，并定义幂函数。

定义 3： 如果 $f(z)$ 是以 $\varphi(z)$ 为相联函数的 (λ, k) 型双解析函数，$\sigma(z)$ 为一解析函数，我们称以乘积 $\sigma(z)\varphi(z)$ 为相联函数的 (λ, k) 型双解析函数为 $f(z)$ 与 $\sigma(z)$ 之乘积，并记为 $\sigma \circ f$。如果命 $k(z) = \sigma(z)\varphi(z)$，$K(z) = \int_{z_0}^{z} k(z)dz$，则

---

*) 关于 $\varphi_n(z)$ 在 G 内任一闭区域一致收敛这一假定可由定理的其他条件推出来，这可参考林和曾同志的"(λ, k) 双解析函数的特征性质"。（中山大学学报（自然科学）；1965, NO.1）

$$\sigma \circ f = \frac{\lambda-k}{2(1-k)\lambda} K(z) + \frac{\lambda+k}{2(1+k)\lambda} \overline{K(z)} + \psi\left(\frac{k+1}{2k} z + \frac{k-1}{2k} \bar{z}\right)$$

定义 4. 我们称

$$Z^{(n)}(z;\lambda,k) = \frac{\lambda-k}{2(1-k)\lambda} \frac{1}{n+1} z^{n+1} + \frac{\lambda+k}{2(1+k)\lambda} \frac{1}{n+1} \overline{z^{n+1}}, \quad (n \neq -1)$$

$$Z^{(-1)}(z;\lambda,k) = \frac{\lambda-k}{2(1-k)\lambda} \ln z + \frac{\lambda+k}{2(1+k)\lambda} \overline{\ln z}$$

为 n 次幂函数。

显然 $Z^{(n)}(z;\lambda,k)$ 是以 z^n 为相联函数的 (λ,k) 型双解析函数，而 $c_n \circ Z^{(n)}(z;\lambda,k)$ 是以 $c_n z^n$ 为相联函数的 (λ,k) 型双解析函数。而且

$$\frac{\partial}{\partial \bar{z}}\left(c_n \circ Z^{(n)}(z;\lambda,h)\right) = \frac{\lambda-k}{2(1-k)\lambda} c n z^{n-1} + \frac{\lambda+k}{2(1+k)\lambda} \overline{c_n z^{n-1}} =$$
$$= n\left(\frac{\lambda-k}{2(1-k)\lambda} \frac{1}{n} c_n z^{n-1} + \frac{\lambda+k}{2(1+k)\lambda} \frac{1}{n} \overline{c_n z^{n-1}}\right) =$$
$$= nC_n \circ Z^{(n-1)}(z,\lambda,k) \qquad (n \neq 0)$$

$$\frac{\partial}{\partial \bar{z}}\left(C_0 \circ Z^{(0)}(z;\lambda,k)\right) = \frac{\lambda-k}{2(1-k)\lambda} C_0 + \frac{\lambda+k}{2(1+k)\lambda} \bar{C}_0.$$

现在我们先来建立 (λ,k) 型双解析函数的 Cauchy 积分公式。正如解析函数的做法一样，我们从 Cauchy 积分定理出发。

按定义，函数

$$-Z^{(-2)}(\zeta-z;\lambda,k) = \frac{\lambda-k}{2(1-k)\lambda} \frac{1}{\zeta-z} + \frac{\lambda+k}{2(1+k)\lambda} \frac{1}{\overline{\zeta-z}}。 \quad (4.1)$$

在 $\zeta \neq z$ 时以 $\frac{1}{\zeta-z}$ 为相联函数，设 $f(z)$ 在区域 G 内是以 $\varphi(z)$ 为相联函数的双解析函数。即

$$f(\zeta) = \frac{\lambda-k}{2(1-k)\lambda} \Phi(\zeta) + \frac{\lambda+k}{2(1+k)\lambda} \overline{\Phi(\zeta)} + \psi\left(\frac{k+1}{2k} \zeta + \frac{k-1}{2h} \bar{\zeta}\right), \quad (4.2)$$

这里 $\Phi(\zeta) = \int_{\zeta_0}^{\zeta} \varphi(\zeta) d\zeta$ 则函数

$$\left(\frac{-i}{\zeta-z}\right) \circ f(\zeta) + (-i\Phi(\zeta)) \circ \left(-Z^{(-2)}(\zeta-z;\lambda,k)\right) \qquad (4.3)$$

是以函数

$$\frac{-i\varphi(\zeta)}{\zeta-z} + (-i\Phi(\zeta))\left(\frac{-1}{(\zeta-z)^2}\right) = \frac{d}{d\zeta}\left(\frac{-i\Phi(\zeta)}{\zeta-z}\right) \qquad (4.4)$$

为相联函数的(λ, k)型双解析函数。

假设区域G的边界C是由有限条可求长的Jordan闭曲线组成，z为G内任一点，以z为中心以r为半径作一小园ν：$|\zeta-z|=r$，使$|\zeta-z|\leqslant r$全落在区域G内。记区域G除去这小园后剩下的区域为G_r，其边界为$C+\nu^-$，如果$f(\zeta)$在$\overline{G}$上单值连续，则函数(4.3)在G_r内是(λ,k)型双解析函数，在$\overline{G_r}$上连续，按定理2（Cauchy积分定理）有

$$\oint_{C+\nu^-}\left[\frac{-i}{\zeta-z}\circ f(\zeta)+(-i\varPhi(\zeta))\circ(-Z^{(-2)}(\zeta-z;\lambda,k))\right]\delta z=0, \quad (4.5)$$

即

$$\oint_{C}\left[\frac{-i}{\zeta-z}\circ f(\zeta)+(-i\varPhi(\zeta))\circ(-Z^{(-2)}(\zeta-z;\lambda,k))\right]\delta z=$$

$$=\oint_{\nu}\left[\frac{-i}{\zeta-z}\circ f(\zeta)+(-i\varPhi(\zeta))\circ(-Z^{(-2)}(\zeta-z;\lambda,k))\right]\delta z. \quad (4.5)'$$

但

$$\frac{-i}{\zeta-z}\circ f(\zeta)+(-i\varPhi(\zeta))\circ(-Z^{(-2)}(\zeta-z;\lambda,k))=$$

$$=\frac{\lambda-k}{2(1-k)\lambda}\left(\frac{-i\varPhi(\zeta)}{\zeta-z}\right)+\frac{\lambda+k}{2(1+k)\lambda}\left(\overline{\frac{-i\varPhi(\zeta)}{\zeta-z}}\right)+\psi_1\left(\frac{k+1}{2k}\zeta+\frac{k-1}{2k}\bar\zeta\right)$$

$$=-i\left\{\frac{f(\zeta)}{\frac{k+1}{2k}(\zeta-z)+\frac{k-1}{2k}\overline{(\zeta-z)}}+\frac{\lambda-k}{2(1-k)\lambda}\varPhi(\zeta)\right.$$

$$\left(\frac{1}{\zeta-z}-\frac{1}{\frac{k+1}{2k}(\zeta-z)+\frac{k-1}{2k}\overline{(\zeta-z)}}\right)-$$

$$-\frac{\lambda+k}{2(1+k)\lambda}\overline{\varPhi(\zeta)}\left(\frac{1}{\overline{\zeta-z}}+\frac{1}{\frac{k+1}{2k}(\zeta-z)+\frac{k-1}{2k}\overline{(\zeta-z)}}\right)+$$

$$\left.+i\psi_2\left(\frac{k+1}{2k}\zeta+\frac{k-1}{2k}\bar\zeta\right)\right\}$$

所以

$$\oint_{\nu}\left[\frac{-i}{\zeta-z}\circ f(\zeta)+(-i\varPhi(\zeta))\circ(-Z^{(-2)}(\zeta-z;\lambda,k))\right]\delta z$$

$$=-i\oint_{\nu}\frac{f(\zeta)}{\frac{k+1}{2k}(\zeta-z)+\frac{k-1}{2k}\overline{(\zeta-z)}}\left(\frac{k+1}{2k}d\zeta+\frac{k-1}{2k}\overline{d\zeta}\right)-$$

$$-i\oint_\nu \frac{\lambda-k}{2(1-k)\lambda}\, \Phi(\zeta)\left[\left(\frac{1}{\zeta-z}-\frac{1}{\frac{k+1}{2k}(\zeta-z)+\frac{k-1}{2k}\overline{(\zeta-z)}}\right)\right.$$

$$\left.\left(\frac{k+1}{2k}d\zeta+\frac{k-1}{2k}\overline{d\zeta}\right)+\frac{1}{\zeta-z}\left(\frac{1-k}{2k}\right)(\overline{d\zeta}-d\zeta)\right]$$

$$+i\oint_\nu \frac{\lambda+k}{2(1+k)\lambda}\overline{\Phi(\zeta)}\left[\left(\frac{1}{\overline{(\zeta-z)}}+\frac{1}{\frac{k+1}{2k}(\zeta-z)+\frac{k-1}{2k}\overline{(\zeta-z)}}\right)\right.$$

$$\left.\left(\frac{k+1}{2k}d\zeta+\frac{k-1}{2k}\overline{d\zeta}\right)+\frac{1}{\overline{(\zeta-z)}}\frac{1+k}{2k}(\overline{d\zeta}-d\zeta)\right],$$

故得

$$\oint_\nu\left[\frac{-i}{\zeta-z}\circ f(\zeta)+(-i\Phi(\zeta))\circ(-Z^{(-2)}(\zeta-z;\lambda,k))\right]\delta z \qquad (4.6)$$

$$=-i\oint_\nu\frac{f(\zeta)}{\frac{k+1}{2k}(\zeta-z)+\frac{k-1}{2k}\overline{(\zeta-z)}}\left(\frac{k+1}{2k}d\zeta+\frac{k-1}{2k}\overline{d\zeta}\right)$$

$$-i\frac{\lambda-k}{2(1-k)\lambda}\oint_\nu \Phi(\zeta)\left\{\frac{d\zeta}{\zeta-z}-\frac{\frac{k+1}{2k}d\zeta+\frac{k-1}{2k}\overline{d\zeta}}{\frac{k+1}{2k}(\zeta-z)+\frac{k-1}{2k}\overline{(\zeta-z)}}\right\}$$

$$+i\left(\frac{\lambda+k}{2(1+k)\lambda}\right)\oint_\nu \overline{\Phi}(\zeta)\left\{\frac{\overline{d\zeta}}{\overline{(\zeta-z)}}+\frac{\frac{k+1}{2k}d\zeta+\frac{k-1}{2k}\overline{d\zeta}}{\frac{k+1}{2k}(\zeta-z)+\frac{k-1}{2k}\overline{(\zeta-z)}}\right\}$$

另一方面我們有

$$\oint_\nu\frac{\Phi(\zeta)}{\zeta-z}d\zeta=2\pi i\Phi(z),\quad \oint_\nu\frac{\overline{\Phi(\zeta)}}{\overline{(\zeta-z)}}\overline{d\zeta}=-2\pi i\overline{\Phi(z)}, \qquad (4.7)$$

$$\lim_{r\to 0}\oint_\nu f(\zeta)\frac{\frac{k+1}{2k}d\zeta+\frac{k-1}{2k}\overline{d\zeta}}{\frac{k+1}{2k}(\zeta-z)+\frac{k-1}{2k}\overline{(\zeta-z)}}=$$

$$=\lim_{r\to 0}\int_0^{2\pi}f(z+re^{i\theta})\frac{\frac{k+1}{2k}ire^{i\theta}-\frac{k-1}{2k}ire^{-i\theta}}{\frac{k+1}{2k}re^{i\theta}+\frac{k-1}{2k}re^{-i\theta}}d\theta$$

$$=\lim_{r\to 0}i\int_0^{2\pi}f(z+re^{i\theta})\frac{e^{i2\theta}-\frac{k-1}{k+1}}{e^{i2\theta}+\frac{k-1}{k+1}}d\theta$$

$$= 2\pi i f(z) \left[\frac{1}{2\pi} \int_0^{2\pi} \frac{e^{i\varphi} - \frac{k-1}{k+1}}{e^{i\varphi} + \frac{k-1}{k+1}} d\varphi \right] = 2\pi i f(z). \quad (4.8)$$

同理

$$\lim_{r \to 0} \oint_\nu \Phi(\zeta) \frac{\frac{k+1}{2k} d\zeta + \frac{k-1}{2k} \overline{d\zeta}}{\frac{k+1}{2k}(\zeta-z) + \frac{k-1}{2k}\overline{(\zeta-z)}} = 2\pi i \Phi(z), \quad (4.9)$$

$$\lim_{r \to 0} \oint_\nu \overline{\Phi(\zeta)} \frac{\frac{k+1}{2k} d\zeta + \frac{k-1}{2k} \overline{d\zeta}}{\frac{k+1}{2k}(\zeta-z) + \frac{k-1}{2k}\overline{(\zeta-z)}} = 2\pi i \overline{\Phi(z)}. \quad (4.10)$$

将 (4.7)(4.8)(4.9)(4.10) 代入 (4.6) 得

$$\lim_{r \to 0} \oint_\nu \left[\frac{-i}{\zeta-z} \circ f(\zeta) + (-i\Phi(\zeta)) \circ (-Z^{(-2)}(\zeta-z;\lambda,k)) \right] \partial z = 2\pi f(z).$$

由 (4.5)' 得

$$f(z) = \frac{1}{2\pi} \oint_\sigma \left[\frac{-i}{\zeta-z} \circ f(\zeta) + (-i\Phi(\zeta)) \circ (-Z^{(-2)}(\zeta-z;\lambda,k)) \right] \partial z.$$

綜合上述，我們得

定理 6： (Cauchy 积分公式) 假設区域 G 的边界 C 是由有限条可求长的 Jordan 闭曲綫組成，函数 $f(z)$ 在 G 內是以 $\varphi(z)$ 为相联函数的 (λ, k) 型双解析函数，$f(z)$，$\varphi(z)$ 及 $\Phi(z)$ 在 $\bar{G} = G + C$ 上单值連續，則对于 G 內任一点 z 我們有

$$f(z) = \frac{1}{2\pi} \oint_\sigma \left[\frac{-i}{\zeta-z} \circ f(\zeta) + (-i\Phi(\zeta)) \circ (-Z^{(-2)}(\zeta-z;\lambda,k)) \right] \partial z. \quad (4.11)$$

仿照 (4.6) 的推导，我們可把 (4.11) 写成

$$f(z) = \frac{1}{2\pi i} \oint_\sigma \frac{f(\zeta)}{\frac{k+1}{2k}(\zeta-z) + \frac{k-1}{2k}\overline{(\zeta-z)}} \left(\frac{k+1}{2k} d\zeta + \frac{k-1}{2k}\overline{d\zeta} \right) +$$

$$+ \frac{\lambda-k}{2(1-k)\lambda} \frac{1}{2\pi i} \oint_C \Phi(\zeta) \left[\frac{d\zeta}{\zeta-z} - \frac{\frac{k+1}{2k} d\zeta + \frac{k-1}{2k}\overline{d\zeta}}{\frac{k+1}{2k}(\zeta-z) + \frac{k-1}{2k}\overline{(\zeta-z)}} \right] -$$

$$- \frac{\lambda+k}{2(1+k)\lambda} \frac{1}{2\pi i} \oint_\sigma \overline{\Phi(\zeta)} \left[\frac{\overline{d\zeta}}{\overline{(\zeta-z)}} + \frac{\frac{k+1}{2k} d\zeta + \frac{k-1}{2k}\overline{d\zeta}}{\frac{k+1}{2k}(\zeta-z) + \frac{k-1}{2k}\overline{(\zeta-z)}} \right]$$

这正是(2.8)的结果。

作为 Cauchy 积分公式的直接推论，我们可证明(λ,k)型双解析函数的各级导数存在，其证法正如解析函数的做法一样。我们还可加强 Weierstrass 定理，得

定理7：(Weierstrass) 假设无穷级数$\sum_{n=1}^{\infty} f_n(z)$的通项$f_n(z)$在$G$内是$(\lambda,k)$型双解析函数，其相联函数为$\varphi_n(z) = k\theta_n - i\lambda\omega_n$，级数$\sum_{n=1}^{\infty} f_n(z)$与$\sum_{n=1}^{\infty} \varphi_n(z)$在$G$内的任一闭区域分别一致收敛予$f(z)$与$\varphi(z) = k\theta - i\lambda\omega$，则：1) $f(z) = \sum_{n=1}^{\infty} f_n(z)$在$G$内是$(\lambda,k)$型双解析函数，其相联函数就是$\varphi(z)$；2) $\frac{\partial f}{\partial z} = \sum_{n=1}^{\infty} \frac{\partial f_n}{\partial z}$，其相联函数$\frac{d\varphi}{dz} = \sum_{n=1}^{\infty} \frac{d\varphi_n}{dz}$，而且这导数级数在$G$内的任一闭区域也是一致收敛的。

这定理的证法正如解析函数的 Weierstrass 定理一样。

定理8：(Taylor展开定理) 如果$f(z)$是在圆$|z-z_0| < R$内的(λ,k)型双解析函数，其相联函数$\varphi(z)$在$|z-z_0| < R$内可展为

$$\varphi(z) = \sum_{n=0}^{\infty} C_n(z-z_0)^n,$$

则在圆$|z-z_0| < R$内$f(z)$可展成一个绝对且局部一致收敛的形式幂级数

$$f(z) = \sum_{n=0}^{\infty} C_n \circ Z^{(n)}(z-z_0;\lambda,k) + \sum_{n=0}^{\infty} d_n \left[\frac{k+1}{2k}(z-z_0) + \frac{k-1}{2k}\overline{(z-z_0)}\right]^n$$

这儿 $C_n = \frac{1}{n!}\varphi^{(n)}(z_0)$, $d_n = \frac{1}{n!}\frac{\delta^{(n)}f(z_0)}{\delta z^n} - \frac{1}{n}\frac{1}{2\lambda}\left[\frac{\lambda-k}{1-k}C_{n-1} + \frac{\lambda+k}{1+k}\overline{C}_{n-1}\right]$。

证：作 $S_n(z-z_0;\lambda,k) = \sum_{j=0}^{n} C_j \circ Z^{(j)}(z-z_0;\lambda,k)$，易见$S_n(z-z_0;\lambda,k)$是以 $s_n(z) = \sum_{j=0}^{n} C_j(z-z_0)^j$ 为相联函数的(λ,k)型双解析函数。

$$\left|C_n \circ Z^{(n)}(z-z_0;\lambda,k)\right| \leq \frac{|\lambda-k|}{|2(1-k)\lambda|}\left|\frac{C_n}{n+1}(z-z_0)^{n+1}\right| + \frac{|\lambda+k|}{|2(1+k)\lambda|}$$

$$\left|\frac{\overline{C_n}}{n+1}\overline{(z-z_0)}^{n+1}\right| \leq \left[\frac{|\lambda-k|}{1-k} + \frac{|\lambda+k|}{1+k}\right]\frac{|C_n|}{2(n+1)|\lambda|}|z-z_0|^{n+1}$$

因为 $\varphi(z) = \sum_{n=0}^{\infty} C_n(z-z_0)^n$ 在$|z-z_0| < R$内收敛，故$S_n(z-z_0;\lambda,k)$在$|z-z_0| \leq$

$\leqslant R_0 < R$ 上一致絕对收斂，命

$$f_1(z) = \lim_{n\to\infty} S_n(z-z_0;\lambda,k) = \sum_{n=0}^{\infty} C_n{}^\circ Z^{(n)}(z-z_0;\lambda,k)$$

按 Weierstrass 定理，$f(z)$ 是以 $\varphi(z)$ 为相联函数的 (λ,k) 型双解析函数，故

$$\frac{1-k}{2}\frac{\partial(f-f_1)}{\partial z} + \frac{1+k}{2}\frac{\partial(f-f_1)}{\partial \bar{z}} = 0。$$

所以

$$f - f_1 = \psi\left(\frac{k+1}{2k}z + \frac{k-1}{2k}\bar{z}\right)$$

$\psi(z_1)$ 是 z_1 的解析函数，令 $\psi(z_1) = \sum_{n=0}^{\infty} d_n(z_1 - z_0)^n$，则

$$f(z) = \sum_{n=0}^{\infty} C_n{}^\circ Z^{(n)}(z-z_0;\lambda,k) + \sum_{n=0}^{\infty} d_n \left[\frac{k+1}{2k}(z-z_0) + \frac{k-1}{2k}\overline{(z-z_0)}\right]^n,$$

因为

$$\frac{\partial}{\partial z}\left[\frac{k+1}{2k}(z-z_0) + \frac{k-1}{2k}\overline{(z-z_0)}\right]^n = \frac{n(k+1)}{2k}\left[\frac{k+1}{2k}(z-z_0) + \frac{k-1}{2k}\overline{(z-z_0)}\right]^{n-1},$$

$$\frac{\partial}{\partial \bar{z}}\left[\frac{k+1}{2k}(z-z_0) + \frac{k-1}{2k}\overline{(z-z_0)}\right]^n = \frac{n(k-1)}{2k}\left[\frac{k+1}{2k}(z-z_0) + \frac{k-1}{2k}\overline{(z-z_0)}\right]^{n-1},$$

所以

$$\frac{\delta}{\delta z}\left[\frac{k+1}{2k}(z-z_0) + \frac{k-1}{2k}\overline{(z-z_0)}\right]^n = n\left[\frac{k+1}{2k}(z-z_0) + \frac{k-1}{2k}\overline{(z-z_0)}\right]^{n-1},$$

$$\frac{\delta^{(n)}f(z)}{\delta z^n} = (n-1)!\frac{\delta}{\delta z}\left[C_{n-1}{}^\circ Z^{(0)}(z-z_0;\lambda,k)\right] + \sum_{k=n}^{\infty}\frac{\Gamma(k)}{\Gamma(k-n+1)}C_k{}^\circ Z^{(k-n)}(z-z_0;\lambda,k) + \sum_{k=n}^{\infty}\frac{\Gamma(k)}{\Gamma(k-n+1)}d_k\left[\frac{k+1}{2k}(z-z_0) + \frac{k-1}{2k}\overline{(z-z_0)}\right]^{k-1},$$

令 $z = z_0$，则得

$$\frac{\delta^{(n)}f(z_0)}{\partial z^n} = (n-1)!\left[\frac{\lambda-k}{2(1-k)\lambda}C_{n-1} + \frac{\lambda+k}{2(1+k)\lambda}\overline{C_{n-1}}\right] + n!d_n,$$

$$d_n = \frac{1}{n!}\frac{\delta^{(n)}f(z_0)}{\partial z^n} - \frac{1}{n}\left[\frac{\lambda-k}{2(1-k)\lambda}C_{n-1} + \right.$$
$$\left. + \frac{\lambda+k}{2(1+k)\lambda}\overline{C_{n-1}}\right].$$

明所欲証。

类似地我们可以証明

定理 9. （Laurent 展开定理）如果在园环 $r<|z-z_0|<R$ 内 $f(z)$ 是 (λ,k) 型双解析函数，其相联函数 $\varphi(z)$ 在这园环內有如下的 Laurent 展开式

$$\varphi(z) = \sum_{n=-\infty}^{+\infty} C_n(z-z_0)^n,$$

则在园环 $r<|z-z_0|<R$ 内 $f(z)$ 可展成一个絕对且局部一致收斂的形式幂級数

$$f(z) = \sum_{n=-\infty}^{+\infty} C_n \circ Z^{(n)}(z-z_0;\lambda,k) + \sum_{n=-\infty}^{+\infty} d_n\left[\frac{k+1}{2k}(z-z_0) + \right.$$
$$\left. + \frac{k-1}{2k}\overline{(z-z_0)}\right]^n$$

d_n 可由 C_n 与 $f(z)$ 完全确定。

附記：定义 Sander 函数类的方程組 (1.2),(1.3) 可写为如下的复数形式:

$$\frac{\partial f}{\partial \bar{z}} = \frac{\lambda-1}{4\lambda}\varphi(z) + \frac{\lambda+1}{4\lambda}\overline{\varphi(z)}, \qquad (1.2)'$$

$$\frac{\partial f}{\partial \bar{z}} = \frac{1}{4}(\psi(z) + \overline{\psi(z)}), \qquad (1.3)'$$

这儿 $\varphi(z) = \theta - i\lambda\omega$, $\psi(z) = \theta + i\omega$, 陈杰先生[3]曾推广了 $(1.2)'$ 及 $(1.3)'$，考虑由方程

$$\frac{\partial f}{\partial \bar{z}} = a\varphi(z) + b\overline{\varphi(z)} \qquad (*)$$

所决定的解函数的性质，这儿 a,b 是常数，$\varphi(z)$ 是解析函数。但陈杰先生实質上没有推广 Sander 的工作，我们证明方程 $(*)$ 経过函数的綫性变换后可化为 $(1.2)'$ 或 $(1.3)'$，事实上，設 $a = \alpha e^{i\theta}$, $b = \beta e^{i\psi}$, 这儿 $\alpha \geq 0$, $\beta \geq 0$, $\alpha+\beta > 0$, 则 (1.4) 可写为

$$\frac{\partial f}{\partial \bar{z}} = \alpha e^{i\theta}\varphi(z) + \beta e^{i\psi}\overline{\varphi(z)} =$$

$$= e^{i\frac{\theta+\psi}{2}}\left[\alpha e^{i\frac{\theta-\psi}{2}}\varphi(z) + \beta e^{-i\frac{\theta-\psi}{2}}\overline{\varphi(z)}\right]$$

命 $f_1(z) = e^{-i\frac{\theta+\psi}{2}}f(z)$, $\varphi_1(z) = e^{i\frac{\theta-\psi}{2}}\psi(z)$,, 则得

$$\frac{\partial f_1}{\partial \bar{z}} = \alpha\varphi_1(z) + \beta\overline{\varphi_1(z)} \qquad (**)$$

如果 $\alpha = \beta$,则 $(**)$ 可写为

$$\frac{\partial f}{\partial \bar{z}} = \frac{1}{4}(4\alpha\varphi_1(z)) + \frac{1}{4}\overline{(4\alpha\varphi_1(z))}$$

这是属于 $(1.3)'$ 的情况。如果 $\alpha \neq \beta$,则 $(**)$ 可写为

$$\frac{\partial f_1}{\partial \bar{z}} = \frac{\frac{\beta+\alpha}{\beta-\alpha}-1}{4\left(\frac{\beta+\alpha}{\beta-\alpha}\right)}(2(\beta+\alpha)\varphi_1(z)) + \frac{\frac{\beta+\alpha}{\beta-\alpha}+1}{4\left(\frac{\beta+\alpha}{\beta-\alpha}\right)}\overline{(2(\beta+\alpha)\varphi_1(z))}$$

这是属于 $(1.2)'$ 的情况,此时 $\lambda = \frac{\beta+\alpha}{\beta-\alpha}$。

参 考 文 献

[1] Sander, J., Viscous fluids elasticity and function theory, I, Trans. of Amer. Math. Soc., 98(1961), 85—147.

[2] 华罗庚 吴兹潜 林 伟,二阶两个自变数两个未知函数的常系数线性偏微分方程组的标准型。科学通报,1964, No. 12, P. 1100—1103.

[3] 陈 杰,关于方程 $\frac{\partial f}{\partial \bar{z}} = h$ 的解析函数族,内蒙古大学学报(1962.2), P. 1—10.〔或高等学校自然科学学报,数学、力学、天文学版,(1964. No. 3) P. 229—240.〕

On the Bi-analytic Functions of Type (λ, k)

Lin Wei   Woo Tzy-Chine

Abstract

The function $f(z) = u + iv$ is called the Bi-analytic function of z of type (λ, k), if u, v for some fixed λ, k satisfy the system of differential equations:

$$\begin{cases} \dfrac{1}{k}\dfrac{\partial u}{\partial x} - \dfrac{\partial u}{\partial y} = \theta, \\ \dfrac{\partial u}{\partial y} + \dfrac{1}{k}\dfrac{\partial v}{\partial x} = \omega \\ k\dfrac{\partial \theta}{\partial x} + \lambda\dfrac{\partial \omega}{\partial y} = 0 \\ k\dfrac{\partial \theta}{\partial y} - \lambda\dfrac{\partial \omega}{\partial x} = 0 \end{cases}$$

here λ, k are any real numbers such that $\lambda \neq 0$, $0 < k \leqslant 1$. In this paper we are going to consider the properties of the Bi-analytic function with $\lambda \neq 0$, $0 < k < 1$. We shall show that the elementary properties of analytic functions can be extended to Bi-analytic functions.

二元馬尔科夫鏈

戴 永 隆

（数学力学系）

摘 要

本文提出的二元馬尔科夫鏈，直观上可以这样理解：一个质点的运动具有两个"时間"参数（非负整数），在已知某时（s, t）〔現在〕质点所处的状态时，它在$s'>s$，$t'>t$〔将来〕的运动状况与$s'<s$，$t'<t$〔过去〕的运动状况无关。〔見§1第一段〕，还可以把这种过程理解为以半序参数为多数的馬氏鏈〔見定理2后的說明。〕

§1的結果主要是研究这种过程的結构，定理2基本上完成了它，那里說明二元馬氏鏈可看作一族具有某种相容性質的轉移矩陣組成。§2指出这种过程的一般性質。§3研究了与它相联系的所謂对角綫馬氏鏈的性质。

§1 定义与存在定理

1. 設(Ω, F, P)为基本概率空間。I_1, I_2为两可列集，$I = I_1 \times I_2$为其乘积。

設$\{x_n^{(1)}, n \geq 0$ 为整数$\}$，$\{x_m^{(2)}, m \geq 0$ 为整数$\}$为定义在基本概率空間，分别取值于I_1及I_2上的两随机过程，如果对任意$0 \leq t_1 < t_2 < \cdots < t_n$，$0 \leq u_1 < u_2 < \cdots < u_m$及任意$i_1^{(1)}, \cdots, i_n^{(1)} \in I_1$，$i_1^{(2)}, \cdots, i_m^{(2)} \in I_2$成立

$$P\left(x_{t_n}^{(1)} = i_n^{(1)} ; x_{u_m}^{(2)} = i_m^{(2)} \mid x_{t_v}^{(1)} = i_v^{(1)} \; 0 \leq v \leq n-1 ; \right.$$
$$\left. x_{u_s}^{(2)} = i_s^{(2)} \; 0 \leq s \leq m-1\right)$$
$$= P\left(x_{t_n}^{(1)} = i_n^{(1)} ; x_{u_m}^{(2)} = i_m^{(2)} \mid x_{t_{n-1}}^{(1)} = i_{n-1}^{(1)} ; \right.$$
$$\left. x_{u_{m-1}}^{(2)} = i_{m-1}^{(2)}\right) \qquad (1)$$

本文于1965年10月26日收到。

（当然，这是指上述条件概率有意义的情形下。）则称 $\left(x_n^{(1)}, x_m^{(2)}\right)$ 为二元马尔科夫链，简称为二元马氏链。

条件（1）等价于，对任意 $n, m \geq 0$
$$P\left(x_n^{(1)} = i_n^{(1)} ; x_m^{(2)} = i_m^{(2)} \middle| x_v^{(1)} = i_v^{(1)}, 0 \leq v \leq n-1 ;\right.$$
$$\left. x_s^{(2)} = i_s^{(2)}, 0 \leq s \leq m-1\right)$$
$$= P\left(x_n^{(1)} = i_n^{(1)} ; x_m^{(2)} = i_m^{(2)} \middle| x_{n-1}^{(1)} = i_{n-1}^{(1)} ;\right.$$
$$\left. x_{m-1}^{(1)} = i_{m-1}^{(2)}\right) \quad (2)$$

更一般地，设 $M \in \mathscr{F}(C_{t_n u_m})$ 而
$$C_{t_n u_m} \equiv \{A \cap B: A \in \mathscr{F}(x_t^{(1)}(0t \geq t_n) B \in \mathscr{F}(x_u^{(2)} u \geq u_m)\}$$
（此处 $\mathscr{F}\{\xi_\lambda, \lambda \in \Lambda\}$ 表示随机族 $\{\xi_\lambda, \lambda \in \Lambda\}$ 产生的 σ-代数。）则有
$$P\left(M \middle| x_{t_v}^{(1)} = i_v^{(1)}, 0 \leq V \leq n ; x_{u_s}^{(2)} = i_s^{(2)}, 0 \leq s \leq m\right)$$
$$= P\left(M \middle| x_{t_n}^{(1)} = i_n^{(1)}, x_{u_m}^{(2)} = i_m^{(2)}\right) \quad (3)$$

（1）（2）（3）的等价性是显而易见的。和（1）一样，（2）（3）均假定在条件概率有意义的时候才予以考虑，今后的类似表达式都附有这个说明。

2. 今后常使用如下的记号，$i \in I$ 意味着 $i^{(1)} \in I_1$，$i^{(2)} \in I_2$ $i = (i^{(1)}, i^{(2)})$。$x_{nm} = \left(x_n^{(1)}, x_m^{(2)}\right) = i$ 意味着 $x_n^{(1)} = i_n^{(1)}$ $x_m^{(2)} = i^{(2)}$ $i = \left(i^{(1)}, i^{(2)}\right)$。

显然当 $\left\{x_n^{(1)}, x_m^{(2)}, n \geq 0, m \geq 0\right\}$ 为二元马氏链，则 $\left\{x_n^{(1)}, x_n^{(2)} n \geq 0\right\}$ 为相空间 I 上的马氏链，记这个马氏链为 $\{x_n^D, n \geq 0\}$ 称为对角线马氏链。

今后恒设二元马氏链满足
$$P\left(x_{n+h}^{(1)} = j^{(1)} ; x_{m+h'}^{(2)} = j^{(2)} \middle| x_h^{(1)} = i^{(1)} x_{h'}^{(2)} = i^{(2)}\right) = P_{ij}(n, m)$$
与 h, h' 无关。此处 $i = (i^{(1)}, i^{(2)})$ $j = (j^{(1)}, j^{(2)})$。

定理1. $P_{ij}(n+n', m+m') = \sum\limits_{k \in I} P_{ik}(n, m) P_{kj}(n', m') \quad i, j \in I$.

证明 当 $n' = m' = 0$，结论显然成立。

固定 $n' = 0$，设已有
$$P_{ij}(n, m+m') = \sum_{k \in I} P_{ik}(n, m) P_{kj}(0, m')$$

則因

$$P(x_{n,m+m'+1}=j|x_{0,0}=i)$$
$$=\sum_{k\in I}P(x_{n,m+m'}=k|x_{0,0}=i)P(x_{n,m+m'+1}=j|x_{n,m+m'}=k)$$
$$=\sum_{k\in I}P_{ik}(n,m+m')P_{kj}(0,1)$$
$$=\sum_{k\in I}\left[\sum_{l\in I}P_{il}(n,m)P_{lk}(0,m')\right]P_{kj}(0,1)$$
$$=\sum_{l\in I}P_{il}(n,m)\sum_{k\in I}P_{lk}(0,m')P_{kj}(0,1)$$
$$=\sum_{l\in I}P_{il}(n,m)P_{lj}(0,m'+1)$$

即当 $n'=0$ 时，对任意 m' 結論成立。

現固定 $m'\geqslant 0$，由 $n'=0$ 結論成立，再对 n' 行归納法，可知定理結論全成立，証完

3. 由定理1，我們得：

$$P_{ij}(n,m)=\sum_{k\in I}P_{ik}(n,0)P_{kj}(0,m)$$
$$=\sum_{k\in I}P(x_n^{(1)}=k^{(1)};x_0^{(2)}=k^{(2)}|x_0^{(1)}=i^{(1)};x_0^{(2)}=i^{(2)})$$
$$\times P(x_0^{(1)}=j^{(1)};x_m^{(2)}=j^{(2)}|x_0^{(1)}=k^{(1)};x_0^{(2)}=k^{(2)})$$
$$=P(x_n^{(1)}=j^{(1)};x_0^{(2)}=i^{(2)}|x_0^{(1)}=i^{(1)};x_0^{(2)}=i^{(2)})$$
$$\times P(x_0^{(1)}=j^{(1)};x_m^{(2)}=j^{(2)}|x_0^{(1)}=j^{(1)};x_0^{(2)}=i^{(2)})$$
$$=P_{(i^{(1)},i^{(2)})(j^{(1)},i^{(2)})}(n,0)P_{(j^{(1)},i^{(2)})(j^{(1)},j^{(2)})}(0,m) \quad (4)$$

完全同样計算得

$$P_{ij}(n,m)=\sum_{k\in I}P_{ik}(0,m)P_{kj}(n,0)$$
$$=P_{(i^{(1)},i^{(2)})(i^{(1)},j^{(2)})}(0,m)P_{(i^{(1)},j^{(2)})(j^{(1)},i^{(2)})}(n,0) \quad (5)$$

固定 $i^{(2)}\in I_2$ 引进

$$P_{i_1^{(1)}j^{(1)}}(i^{(2)})=P_{(i_1^{(1)},i^{(2)})(j^{(1)},i^{(2)})}(1,0) \quad i_1^{(1)},j^{(1)}\in I_1 \quad (6)$$

固定 $i^{(1)}\in I_1$ 引进

$$P_{i_1^{(2)}j^{(2)}}(i^{(1)})=P_{(i^{(1)},i_1^{(2)})(i^{(1)},j^{(2)})}(0,1) \quad i_1^{(2)},j^{(2)}\in I_2 \quad (7)$$

当 $i=(i^{(1)}, i^{(2)})$ 固定时，(6),(7)分别决定了 I_1, I_2 上的转移矩阵，这两个转移矩阵分别称作：在点 i 到 I_1, I_2 上的投影，它们的 n 步转移概率记作

$$P_{i_1^{(1)} j^{(1)}}^{(n)}(i^{(2)}) \; ; \; P_{i_1^{(2)} j^{(2)}}^{(n)}(i^{(1)})$$

由(4)(5)的计算可知，对 $i, j \in I$ 的投影存在关系，

$$P_{ij}(n, m) = P_{i^{(1)} j^{(1)}}^{(n)}(i^{(2)}) P_{i^{(2)} j^{(2)}}^{(m)}(j^{(1)})$$
$$= P_{i^{(2)} j^{(2)}}^{(m)}(i^{(1)}) P_{i^{(1)} j^{(1)}}^{(n)}(j^{(2)}) \tag{8}$$

特别，令 $n = m = 1$ 得

$$P_{i^{(1)} j^{(1)}}(i^{(2)}) P_{i^{(2)} j^{(2)}}(j^{(1)})$$
$$= P_{i^{(2)} j^{(2)}}(i^{(1)}) P_{i^{(1)} j^{(1)}}(j^{(2)}) \tag{9}$$

关系式(8)(9)称为相容关系。

定理2. 若设 I_1, I_2 是可列集，$I = I_1 \times I_2$ 为其乘积，设给定

$$\{P_i, i \in I\} \quad P_i \geq 0 \quad \sum_{i \in I} P_i = 1.$$ 而对每点 $i = (i^{(1)}, i^{(2)}) \in I$ 存在

$$P_{i_1^{(1)} j^{(1)}}(i^{(2)})(i_1^{(1)}, j^{(1)} \in I_1) ;$$
$$P_{i_1^{(2)} j^{(2)}}(i^{(1)})(i_1^{(2)}, j^{(2)} \in I_2) \tag{10}$$

分别为 I_1, 及 I_2 上的转移矩阵，而且对任意 $i, j \in I$, 它们满足相容关系(9)

在这些条件下，可以找到概率空间 $(\Omega, \mathscr{A}, P)$ 和在它上面定义取值于 I 上的二元马氏链 $\{x_n^{(1)}, x_m^{(2)}\}$ 满足：(称为初始分布)

$$P[(x_0^{(1)}, x_0^{(2)}) = i] = P_i$$

而且以(10)为点 i 到 I_1, I_2 上的投影。

证明. 设取值于 I_1, I_2 上的无穷序列 $\{\xi_n, n \geq 0\}$ $\{\eta_m, m \geq 0\}$ 全体组成空间 Ω_1, Ω_2, 令 $\Omega = \Omega_1 \times \Omega_2$, 记：

$$Z^{(1)}(i_0^{(1)}, \cdots i_n^{(1)}) = \{\xi \in \Omega_1 : \xi_v = i_v^{(1)} \; 0 \leq v \leq n\}$$

$$Z^{(2)}(i_0^{(2)}, \cdots i_m^{(2)}) = \{\eta \in \Omega_2 : \eta_v = i_v^{(2)} \; 0 \leq v \leq m\}$$

称为柱集，此处 $\{i_v^{(1)}, 0 \leq v \leq n\} \subset I_1$ $\{i_v^{(2)}, 0 \leq v \leq m\} \subset I_2$，

令

$$P[Z^{(1)}(i_0^{(1)}, \cdots i_n^{(1)}) \times Z^{(2)}(i_0^{(2)}, \cdots i_m^{(2)})]$$

$$= P_{(i_0^{(1)}, i_0^{(2)})} \prod_{v=1}^{m} P_{i_{v-1}^{(2)} i_v^{(2)}}(i_0^{(1)}) \prod_{s=1}^{n} P_{i_{s-1}^{(1)} i_s^{(1)}}(i_m^{(2)}) \quad (11)$$

往证由(11)所定义的P能扩张成Ω上的概率测度，只须证相容性，而且显然只须证关系：

$$P[Z^{(1)}(i_0^{(1)}, \cdots i_n^{(1)}) \times Z^{(2)}(i_0^{(2)}, \cdots i_{m-1}^{(2)})]$$

$$= \sum_{i_m^{(2)} \in I_2} P[Z^{(1)}(i_0^{(1)}, \cdots i_n^{(1)}) \times Z^{(2)}(i_0^{(2)}, \cdots i_m^{(2)})]$$

事实上，我们有

$$\sum_{i_m^{(2)} \in I_2} P_{(i_0^{(1)}, i_0^{(2)})} \prod_{v=1}^{m} P_{i_{v-1}^{(2)} i_v^{(2)}}(i_0^{(1)}) \prod_{s=1}^{n} P_{i_{s-1}^{(1)} i_s^{(1)}}(i_m^{(2)})$$

$$= P_{(i_0^{(1)}, i_0^{(2)})} \prod_{v=1}^{m-1} P_{i_{v-1}^{(2)} i_v^{(2)}}(i_0^{(1)}) \left\{ \sum_{i_m^{(2)} \in I_2} \prod_{s=1}^{n} P_{i_{s-1}^{(1)} i_s^{(1)}}(i_m^{(2)}) \; P_{i_{m-1}^{(2)} i_m^{(2)}}(i_0^{(1)}) \right\}$$

由相容关系(9)得

$$P_{i_{s-1}^{(1)} i_s^{(1)}}(i_m^{(2)}) = \frac{P_{i_{m-1}^{(2)} i_m^{(2)}}(i_s^{(1)}) P_{i_{s-1}^{(1)} i_s^{(1)}}(i_{m-1}^{(2)})}{P_{i_{m-1}^{(2)} i_m^{(2)}}(i_{s-1}^{(1)})}$$

故代入上式有

$$\sum_{i_m^{(2)} \in I_2} P[Z^{(1)}(i_0^{(1)}, \cdots i_n^{(1)}) \times Z^{(2)}(i_0^{(2)}, \cdots i_m^{(2)})]$$

$$= \sum_{i_m^{(2)} \in I_2} P_{(i_0^{(1)}, i_0^{(2)})} \prod_{v=1}^{m} P_{i_{v-1}^{(2)} i_v^{(2)}}(i_0^{(1)}) \prod_{s=1}^{n} P_{i_{s-1}^{(1)} i_s^{(1)}}(i_m^{(2)})$$

$$= P_{(i_0^{(1)}, i_0^{(2)})} \prod_{v=1}^{m-1} P_{i_{v-1}^{(2)} i_v^{(2)}}(i_0^{(1)})$$

$$\left\{ \sum_{i_m^{(2)} \in I_2} \prod_{s=1}^{n} \frac{P_{i_{m-1}^{(2)} i_m^{(2)}}(i_s^{(1)}) P_{i_{s-1}^{(1)} i_s^{(1)}}(i_{m-1}^{(2)})}{P_{i_{m-1}^{(2)} i_m^{(2)}}(i_{s-1}^{(1)})} P_{i_{m-1}^{(2)} i_m^{(2)}}(i_0^{(1)}) \right\}$$

$$= P_{(i_0^{(1)},\ i_0^{(2)})} \prod_{v=1}^{m-1} P_{i_{v-1}^{(2)} i_v^{(2)}}(i_0^{(2)})$$

$$\left\{ \sum_{i_m^{(2)} \in I_2} \prod_{s=1}^{n} P_{i_s^{(1)}}(i_{m-1}^{(2)}) P_{i_{m-1}^{(2)} i_m^{(2)}}(i_n^{(1)}) \right\}$$

$$= P_{(i_0^{(1)},\ i_0^{(2)})} \prod_{v=1}^{m-1} P_{i_v^{(2)} i_v^{(2)}}(i_0^{(1)}) \prod_{s=1}^{n} P_{i_{s-1}^{(1)} i_s^{(1)}}(i_{m-1}^{(2)})$$

从而可以把 P 唯一扩张成 Ω 上由柱集产生的 σ 代数 $\mathcal{F}$ 上的测度，设 $(\xi, \eta) \in \Omega$，令

$$x_n^{(1)}(\xi, \eta) = \xi_n,\quad x_m^{(2)}(\xi, \eta) = \eta_m$$

经过一番计算之后，可以验证 $\{x_n^{(1)}, x_m^{(2)}\}$ 为 $(\Omega, \mathcal{F}, P)$ 上的二元马氏链，而且满足定理中的条件，证完

从定理2可以看出，对于二元马氏链关系式(9)起着重要作用。因为我们若把格子点 $(m, n)(m \geq 0, n \geq 0)$ 定义半序 $P_1(m_1 n_1) \leq P_2(m_2, n_2)$ 当且仅当 $m_1 \leq m_2, n_1 \leq n_2$，而等号成立当且仅当 $m_1 = m_2\ n_1 = n_2$. 则二元马氏链就是照这个半序参数为参数的马氏链即若 $P_1 \leq P_2 \leq \cdots \leq P_n$ 则

$$P\left(x_{p_n} = k_n | x_{p_1} = k_1 \cdots x_{p_{n-1}} = k_{n-1}\right) = P\left(x_{p_n} = k_n | x_{p_{n-1}} = k_{n-1}\right)$$

此处 $k_1, k_2, \cdots k_n \in I = I_1 \times I_2$，由于关系(9)，我们已经基本上弄清楚了这种半序参数马氏链的结构。

不难想见，在定义好了"多元"马氏链以后，关系式(9)将会起怎样的变化，本文的结果还可推广到这种情形

4. 设 I_1, I_2 为两可列集，对每 $i^{(1)} \in I_1$，$i^{(2)} \in I_2$ 分别给出了投影

$$\mathrm{I} \cdot P_{i^{(2)} j^{(2)}}(i^{(1)}) ;\quad \mathrm{II} \cdot P_{i^{(1)} j^{(1)}}(i^{(2)})$$

若投影 I 与 $i^{(1)} \in I_1$ 无关，投影 II 与 $i^{(2)} \in I_2$ 无关，则称所给的投影是独立的。此时投影 I、II 简记为 $P_{i^{(2)} j^{(2)}}$，$P_{i^{(1)} j^{(1)}}$。

定理3. 设 $(x_n^{(1)}, x_m^{(2)})$ 为二元马氏链，则随机过程 $\{x_n^{(1)} n \geq 0\}$ 与 $\{x_m^{(2)}, m \geq 0\}$ 独立的充分而且必要条件是：二元马氏链的投影独立，而且具有独立的初始分布。

证明：如果投影独立，而且有独立的初始分布 $P_i = P_{i^{(1)}}^{\{1\}} P_{i^{(2)}}^{\{2\}}$，则

$$P_{ij}(n, m) = P_{i^{(1)} j^{(1)}} P_{i^{(2)} j^{(2)}}$$

而且

$$P(x_n^{(1)}=j^{(1)};\ x_m^{(2)}=j^{(2)}) = \sum_{i\in I} P_i P_{ij}(n,m)$$
$$= \sum_{i^{(1)}\in I_1} \sum_{i^{(2)}\in I_2} P_{i^{(1)}}^{(1)} P_{i^{(2)}}^{(2)} P_{i^{(1)}j^{(1)}} P_{i^{(2)}j^{(2)}}$$
$$= P(x_n^{(1)}=j^{(1)})(x_m^{(2)}=j^{(2)})$$

从而 $\{x_n^{(1)},\ n\geqslant 0\}$ 与 $\{x_m^{(2)},\ m\geqslant 0\}$ 独立。

反之，若二馬元鏈 $\{x_n^{(1)},\ x_m^{(2)}\}$ 中 $\{x_n^{(1)},\ n\geqslant 0\}$ 与 $\{x_m^{(2)}\ m\geqslant\}0$ 独立，显然它有独立的初始分布，而且

$$P(x_n^{(1)}=j^{(1)},\ x_m^{(2)}=j^{(2)}|x_0^{(1)}=i^{(1)},\ x_0^{(2)}=i^{(2)})$$
$$= P(x_n^{(1)}=j^{(1)}|x_0^{(1)}=i^{(1)})P(x_m^{(2)}=j^{(2)}|x_0^{(2)}=i^{(2)})$$
$$= P_{i^{(1)}j^{(1)}}\ P_{i^{(2)}j^{(2)}}$$

从而它們的投影独立。证完。

§2 二元馬氏鏈的基本性質

5. 本节以二元馬氏鏈的投影为基础来考虑二元馬氏鏈的局部与全局性质。

固定 $i\in I$，考虑在 i 的投影

$$P_{i^{(1)}j^{(1)}}(i^{(2)});\qquad P_{i^{(2)}j^{(2)}}(i^{(1)})$$

（此处第一个下标的 $i^{(1)}$ 与第二个投影括号的 $i^{(1)}$ 不同，后者是固定的，而前者是变动的，在 §1，（6）（7）式中以 $i_1^{(1)},i^{(1)}$ 区别記之，但以后为了方便起見，就如上述記法亦不会混乱，对 $i^{(2)}$ 的記法亦附有同样解释。）

如果对在点 i 到 I_1 上的投影說来 $i^{(1)}$ 常返，对到 I_2 上的投影說来 $i^{(2)}$ 常返，则称 i 对二元馬氏鏈說来是常返的。

如果在点 i，对 I_1 上的投影 $i^{(1)}$ 有周期 $d^{(1)}$，对 I_2 上的投影 $i^{(2)}$ 有周期 $d^{(2)}$，则称二元馬氏鏈有周期偶 $(d^{(1)},d^{(2)})$。

下面开始来叙述二元馬氏鏈在一点的局部性质。

性質1. i 对 $\{x_n^{(1)},\ x_m^{(2)}\}$ 为常返，当且仅当

$$P(x_{nm}=i\ \ 存在某\ n,m\geqslant 1|x_{0,0}=i)=1$$

要証明这个性质，先証明如下的引理。这个引理对我們今后尚有用处。

引理1. 固定 $i=(i^{(1)}i^{(2)})\in I$，設 $\mathscr{F}_1$ 为全体集合 $\{x_n^{(1)}=i^{(1)}\}\ n\geqslant 1$ 所产生的 σ 代数。$\mathscr{F}_2$ 为全体集合 $\{x_m^{(2)}=i^{(2)}\}\ m\geqslant 1$ 所产生的 σ 代数，则对任意 $A\in\mathscr{F}_1$，

$B \in \mathcal{F}_2$ 有

$$P(AB|x_0^{(1)} = i^{(1)}, x_0^{(2)} = i^{(2)}) = P(A|x_0^{(1)} = i^{(1)},$$

$$x_0^{(2)} = i^{(2)})P(B|x_0^{(1)} = i^{(1)}, x_0^{(2)} = i^{(2)})$$

即 $\mathcal{F}_1$ 与 $\mathcal{F}_2$ 对集合 $\{x_{0\,0} = i\}$ 条件独立。

证明. 设 $1 \leq n_1 < \cdots < n_k$　　$1 \leq m_1 < \cdots < m_s$ 则

$$P(x_{n_u}^{(1)} = i^{(1)}\ 1 \leq u \leq k\ ;\ x_{m_v}^{(2)} = i^{(2)}\ 1 \leq v \leq s | x_0^{(1)} = i^{(1)}, x_0^{(2)} = i^{(2)})$$

$$= \frac{P(x_{00} = i) \prod_{h=1}^{k} P_{i^{(1)}i^{(1)}}^{n_h - n_{h-1}}(i^{(2)}) \prod_{h=1}^{s} P_{i^{(2)}i^{(2)}}^{m_{h'} - m_{h'-1}}(i^{(1)})}{P(x_{00} = i)}$$

$$= P(x_{n_u}^{(1)} = i^{(1)}\ 1 \leq u \leq k\ ;\ x_0^{(2)} = i^{(2)} | x_{00} = i)$$

$$\times P(x_{m_v}^{(2)} = i^{(2)}\ 1 \leq v \leq s\ ;\ x_0^{(1)} = i^{(1)} | x_{0\,0} = i)$$

$$= P(x_{n_u}^{(1)} = i^{(1)}\ 1 \leq u \leq k | x_{00} = i) P(x_{m_v}^{(2)} = i^{(2)}\ 1 \leq v \leq s | x_{0\,0} = i)$$

从而当 $A = \{x_{n_u}^{(1)} = i^{(1)}\ 1 \leq u \leq k\}$；$B = \{x_{n_v}^{(2)} = i^{(2)}\ 1 \leq v \leq s\}$ 时引理的结论成立，从而很容易证明对任意 $A \in \mathcal{F}_1$，$B \in \mathcal{F}_2$ 引理的结论是成立的。

性质1的证明. 由引理1显然有

$$P(x_{nm} = i\ 存在某\ n \geq 1,\ m \geq 1 | x_{00} = i)$$

$$= P(x_n^{(1)} = i^{(1)} 存在某\ n \geq 1 | x_{0\,0} = i) P(x_m^{(2)} = i 存在某 m \geq 1 | x_{0\,0} = i)$$

如果 i 常返，由定义当且仅当 $i^{(1)}$，$i^{(2)}$ 在点 i 的投影上是常返的，容易看出当且仅当上面的概率为 1 . 证完.

下面令

$$f_{ij}(n, m) = P(x_{nm} = j\ ;\ x_{uv} \neq j\ 1 \leq u < n,\ 1 \leq v < m | x_{0\,0} = i) \quad (12)$$

$$i,\ j \in I \quad n \geq 1 \quad m \geq 1$$

$$f_{ij}^* = \sum_{n=1}^{\infty} \sum_{m=1}^{\infty} f_{ij}(n, m) \quad (13)$$

以 $f_{i^{(1)}j^{(1)}}^{n}(i^{(2)})$ ($f_{i^{(2)}j^{(2)}}^{m}(i^{(1)})$) 记到 I_1 上的投影（到 I_2 上的投影），由 $i^{(1)}(i^{(2)})$ 出发，$n(m)$ 步首次到 $j^{(1)}(j^{(2)})$ 的概率，由引理1看出

性质2. 对任意 $i \in I$，成立关系式

$$f_{ii}(n, m) = f_{i^{(1)}i^{(1)}}^{n}(i^{(2)}) f_{i^{(2)}i^{(2)}}^{m}(i^{(1)}) \quad (14)$$

从而又得到

$$f_{ii}^* = f^*_{i^{(1)}i^{(1)}}(i^{(2)}) f^*_{i^{(2)}i^{(2)}}(i^{(1)})$$

性質3. i 常返，当且仅当 $f_{ii}^* = 1$，

这直接由上面的关系式得出。

令

$$m_{ii} = \sum_{n=1}^{\infty}\sum_{m=1}^{\infty} nm f_{ii}(n,m) \qquad i \in I$$

当右边级数发散，令 $m_{ii} = \infty$

性質4. 当 i 非常返，则

$$\lim_{\substack{n\to\infty\\m\to\infty}} P_{ii}(n,m) = 0$$

当 i 常返时，则

$$\lim_{\substack{n\to\infty\\m\to\infty}} P_{ii}(nd^{(1)}, md^{(2)}) = \frac{d^{(1)}d^{(2)}}{m_{ii}}$$

此处 $(d^{(1)}, d^{(2)})$ 为 i 的周期偶，

証明. 由于 $P_{ii}(n,m) = P^n_{i^{(1)}i^{(1)}}(i^{(2)}) P^m_{i^{(2)}i^{(2)}}(i^{(1)})$，当 i 非常返，则由定义或者 $\lim_{n\to\infty} P^n_{i^{(1)}i^{(1)}}(i^{(2)}) = 0$，者或 $\lim_{m\to\infty} P^m_{i^{(2)}i^{(2)}}(i^{(1)}) = 0$，无论那种情形均有

$$\lim_{\substack{n\to\infty\\m\to\infty}} P_{ii}(n,m) = 0$$

当 i 常返时，则

$$\lim_{\substack{n\to\infty\\m\to\infty}} P_{ii}(nd^{(1)}, md^{(2)}) = \lim_{n\to\infty} P^{nd^{(1)}}_{i^{(1)}i^{(1)}}(i^{(2)}) \lim_{m\to\infty} P^{md^{(2)}}_{i^{(2)}i^{(2)}}(i^{(1)})$$

$$= \frac{d^{(1)}}{m_{i^{(1)}i^{(1)}}(i^{(2)})} \cdot \frac{d^{(2)}}{m_{i^{(2)}i^{(2)}}(i^{(1)})}$$

此处

$$m_{i^{(1)}i^{(1)}}(i^{(2)}) = \sum_{n=1}^{\infty} n f^n_{i^{(1)}i^{(1)}}(i^{(2)})$$

$$m_{i^{(2)}i^{(2)}}(i^{(1)}) = \sum_{m=1}^{\infty} m f^m_{i^{(2)}i^{(2)}}(i^{(1)})$$

故显然有 $m_{ii}=m_{i^{(1)}i^{(1)}}(i^{(2)})m_{i^{(2)}i^{(2)}}(i^{(1)})$，代入上面的等式就得性质的4第二个结论。

附記：由于

$$\sum_{n=1}^{\infty}\sum_{m=1}^{\infty}P_{ii}(n,m)=\sum_{n=1}^{\infty}P_{i^{(1)}\ i^{(1)}}^{n}(i^{(2)})\sum_{m=1}^{\infty}P_{i^{(2)}\ i^{(2)}}^{m}(i^{(1)})$$

故 i 非常返，并不保证 $\sum_{n=1}^{\infty}\sum_{m=1}^{\infty}P_{ii}(n,m)<\infty$，但当 i 常返则必有 $\sum_{n=1}^{\infty}\sum_{m=1}^{\infty}P_{ii}(n,m)=\infty$。

6. 上一段以一点的投影来考虑二元馬氏鏈的性质，結果得到在 i 点的局部性质，要得到二元馬氏鏈的全局性质，我們必須考虑在两点以上的投影。

考虑在 i，j 的投影

$$P_{i^{(1)}j^{(1)}}(i^{(2)});\ P_{i^{(2)}j^{(2)}}(j^{(1)});\ P_{i^{(1)}j^{(1)}}(j^{(2)});\ P_{i^{(2)}j^{(2)}}(i^{(1)});$$

它們滿足相容关系（9），称 i 可以到 j（記作 $i \leadsto j$），如果对投影 $P_{i^{(1)}j^{(1)}}(i^{(2)})$ $i^{(1)} \leadsto j^{(1)}$，而且对投影 $P_{i^{(2)}j^{(2)}}(j^{(1)})$ $i^{(2)} \leadsto j^{(2)}$。利用相容关系（9），得到得到完全对称的定义：称 $i \leadsto j$，如果对投影 $P_{i^{(2)}j^{(2)}}(i^{(1)})$ 有 $i^{(2)} \leadsto j^{(2)}$，而且对投影 $P_{i^{(1)}j^{(1)}}(j^{(2)})$ $i^{(1)} \leadsto j^{(1)}$，两种定义等价。

性質5. $i \leadsto j$，$j \leadsto k \Longrightarrow i \leadsto k$。

证明。如 $i \leadsto j$ $j \leadsto k$ 由定义

对投影 $P_{i^{(2)}j^{(2)}}(i^{(1)})$；$i^{(2)} \leadsto j^{(2)}$，故存在 $n_1>0$ $P_{i^{(2)}j^{(2)}}^{n_1}(i^{(1)})>0$

对投影 $P_{i^{(1)}j^{(1)}}(j^{(2)})$；$i^{(1)} \leadsto j^{(1)}$，故存在 $n_2>0$ $P_{i^{(1)}j^{(1)}}^{n_2}(j^{(2)})>0$

对投影 $P_{j^{(2)}k^{(2)}}(j^{(1)})$；$j^{(2)} \leadsto k^{(2)}$，故存在 $n_3>0$ $P_{j^{(2)}k^{(2)}}^{n_3}(j^{(1)})>0$

对投影 $P_{j^{(1)}k^{(1)}}(k^{(2)})$ $j^{(1)} \leadsto k^{(1)}$，故存在 $n_4>0$ $P_{j^{(1)}k^{(1)}}^{n_4}(k^{(2)})>0$

从而

$$P_{i^{(2)}j^{(2)}}^{n_1}(i^{(1)})\ P_{i^{(1)}j^{(1)}}^{n_2}(j^{(2)})\ P_{j^{(2)}k^{(2)}}^{n_3}(j^{(1)})$$
$$P_{j^{(1)}k^{(1)}}^{n_4}(k^{(2)})>0 \tag{15}$$

由相容关系（8）有

$$P_{i^{(1)}j^{(1)}}^{n_2}(j^{(2)})\ P_{j^{(2)}k^{(2)}}^{n_3}(j^{(1)})=P_{j^{(2)}k^{(2)}}^{n_3}(i^{(1)})\ P_{i^{(1)}j^{(1)}}^{n_2}(k^{(2)})$$

代入(15)得

$$P_{i^{(2)}j^{(2)}}^{n_1}(i^{(1)})\ P_{j^{(2)}k^{(2)}}^{n_3}(i^{(1)})\ P_{i^{(1)}j^{(1)}}^{n_2}(k^{(2)})\ P_{j^{(1)}k^{(1)}}^{n_4}(k^{(2)})>0$$

但由于上式左边的乘积，前面两个因子在同一投影上，后面两个因子在同一投影上，而且由于

$$P_{i^{(2)}k^{(2)}}^{n_1+n_3}(i^{(1)})>P_{i^{(2)}j^{(2)}}^{n_1}(i^{(1)})\ P_{j^{(2)}k^{(2)}}^{n_3}(i^{(1)})>0 \tag{16}$$

$$P_{i^{(1)}k^{(1)}}^{n_2+n_4}(k^{(2)})>P_{i^{(1)}j^{(1)}}^{n_2}(k^{(2)})\ P_{j^{(1)}k^{(1)}}^{n_4}(k^{(2)})>0 \tag{17}$$

故对投影 $P_{i^{(2)}k^{(2)}}(i^{(1)})$ 由(16) $i^{(2)} \leadsto k^{(2)}$，对投影 $P_{i^{(1)}k^{(1)}}(k^{(2)})$ 由(17) $i^{(1)} \leadsto k^{(1)}$. 从而由定义 $i \leadsto k$. 证完

性质6. $i \leadsto j \Longleftrightarrow$ 存在正整数组 (n,m)，使 $P_{ij}(n,m)>0$，
（此处 $\Longleftrightarrow$ 表示左右两边的命题等价，）

性质6可由定义直接算出，性质5本可以由性质6证出，但如上面的直接证明也很有趣。

如果 $i \leadsto j, j \leadsto i$ 则称 i, j 在同一组，如果从 $i \leadsto j$ 推出 $j \leadsto i$ 则称 i 是基本状态. 利用性质5与性质6容易证明，i, j 若在同一组，则有相同的周期偶，而且若 i 是基本的，则 j 亦是基本的，这样的组称为基本组。

设 C 是二元马氏链的一基本组，周期偶为 $(d^{(1)}, d^{(2)})$，考虑表达式

$$P_{ij}(n,m)=P_{i^{(1)}j^{(1)}}^{n}(i^{(2)})\ P_{i^{(2)}j^{(2)}}^{m}(j^{(1)})\quad i,j \in C$$

容易见出 $i^{(1)}, j^{(1)}$ 在投影 $P_{i^{(1)}j^{(1)}}(i^{(2)})$ 中的周期是 $d^{(1)}$，而且是在同一基本组里，$i^{(2)}, j^{(2)}$ 在投影 $P_{i^{(2)}j^{(2)}}(j^{(1)})$ 中的周期是 $d^{(2)}$ 而且是在同一基本组里.

依照这种推理方法，可得 $C = C_1 \times C_2$ 其中 $C_1 \subset I_1$，$C_2 \subset I_2$，而且 C_1 中的元满足条件：对任意 $i \in C$，对在点 i 到 I_1 上的投影而言，C_1 是周期为 $d^{(1)}$ 的基本组。C_2 具有对偶的性质。

固定 $i \in C$，考虑在 i 的投影。对在 i 到 I_1 上的投影而言，C_1 又分成了 $d^{(1)}$ 个子组 $C_1^{(\gamma)}(i^{(2)}) 1 \leqslant \gamma \leqslant d^{(1)}$ 满足：

若 $j^{(1)} \in C_1^{(\gamma)}(i^{(1)})$ 则 $P_{i^{(1)}j^{(1)}}^{n}(i^{(2)}) > 0 \Longrightarrow n \equiv \gamma (\bmod d^{(1)})$

对于 C_2 具有完全对偶的性质。

从而我们把 C 分成了 $d^{(1)}d^{(2)}$ 个子组，记作 $C_{\gamma s} | \leqslant \gamma \leqslant d^{(1)} | \leqslant s \leqslant d^{(2)}$，而且由我们的分析显然可以使得 $C_{\gamma s}$ 具有如上的性质：

如果 $j \in C_{\gamma s}$，则

$$P_{ij}(n,m) > 0 \Longrightarrow n \equiv \gamma (mod\, d^{(1)})\ m \equiv s (mod\, d^{(2)}) \tag{18}$$

对于包含 i 的组记作 $C(i)$，如 i 基本，则由点 i 的投影所分成的满足关系式(18)的子组记作 $C_{\gamma s}(i)\ 1 \leq \gamma \leq d^{(1)}\ 1 \leq s \leq d^{(2)}$，$(d^{(1)}, d^{(2)})$ 为 i 的周期偶。

容易看出，常返状态是**基本状态**。

利用上述投影的分析方法，我们实际上证明了如下的定理，这个定理包含了性质4的结论，它全面地考察了 $P_{ij}(n,m)$ 当 $n \to \infty$ $m \to \infty$ 的极限性质。

定理1. （Ⅰ）如 j 非常返，则

$$\lim_{\substack{n \to \infty \\ m \to \infty}} P_{ij}(n,m) = 0$$

（Ⅱ）如 j 是常返的，周期偶为 $(d^{(1)}, d^{(2)})$ 则

a). 如 i 是不同于 j 的基本类，则 $P_{ij}(n,m) = 0$

b). 如 $j \in C_{\gamma s}(i)$ 则

$$\lim_{\substack{n \to \infty \\ m \to \infty}} P_{ij}(nd^{(1)} + \gamma, md^{(2)} + s) = \frac{d^{(1)} d^{(2)}}{m_{jj}}$$

及

$P_{ij}(n,m) = 0$，当 $n \not\equiv \gamma (mod\, d^{(1)})$ 或 $m \not\equiv s (mod\, d^{(2)})$

c). 如 i 非基本，则对 $l \leq \gamma \leq d^{(1)}\ l \leq s \leq d^{(2)}$ 有

$$\lim_{\substack{n \to \infty \\ m \to \infty}} P_{ij}(nd^{(1)} + \gamma, md^{(2)} + s) = f^*_{ij}(\gamma, s) \frac{d^{(1)} d^{(2)}}{m_{jj}}$$

此处

$$f^*_{ij}(\gamma, s) = \sum_{\substack{n=l \\ n \equiv \gamma (mod\, d^{(1)})}}^{\infty} \sum_{\substack{m=l \\ m \equiv s (mod\, d^{(2)})}}^{\infty} f_{ij}(n,m)$$

推论，对任意 $i, j \in I$ 存在极限

$$\lim_{\substack{n \to \infty \\ m \to \infty}} \frac{1}{nm} \sum_{v=0}^{n} \sum_{s=0}^{m} P_{ij}(v,s) = \pi_{ij}$$

此处 $\pi_{ij} = \dfrac{f^*_{ij}}{m_{jj}}$，$\pi_i = \pi_{ii} = \dfrac{f^*_{ii}}{m_{ii}}$，当 i 常返，$\pi_i = \dfrac{1}{m_{ii}}$，在 $\pi_i > 0$ 时称 i 是正常返。

§3 对角綫馬氏鏈的某些性質

7. 設 $\left(x_n^{(1)}, x_m^{(2)}\right)$ 为二元馬氏鏈，本节考虑对角綫馬氏鏈 $\left\{x_n^D = (x_n^{(1)}, x_n^{(2)}) n \geqslant 0\right\}$ 的性质。

显然，$(x_n^D n \geqslant 0)$ 的 n 步轉移概率是 $P_{ij}(n, n) i, j \in I$，它的轉移矩陣即为 $\{P_{ij}(1,1) i, j \in I\}$。

本节要用到的几个符号先作說明。$a|b$ 表示 a 除尽 b；$d_L = [d^{(1)}, d^{(2)}]$ 表示 $d^{(1)}, d^{(2)}$ 的最小公倍数。$d_H = (d^{(1)}, d^{(2)})$ 表示 $d^{(1)}, d^{(2)}$ 的最大公约数。

設 $i \in I$，对二元馬氏鏈有周期偶 $(d^{(1)}, d^{(2)})$，令 d 为 i 在馬氏鏈 $(x_n^D, n \geqslant 0)$ 的周期，则因：

$$P_{ii}(n,n) > 0 \Longrightarrow d^{(1)}|n, d^{(2)}|n$$

故亦有

$$P_{ii}(n,n) > 0 \Longrightarrow d_L = [d^{(1)}, d^{(2)}]|n$$

从而 $d_L = [d^{(1)}, d^{(2)}]|d$，事实上还有 $d = d_L$，因为由二元馬氏鏈周期偶的定义，容易推出当 n, m 充分大时，恒有

$$P_{ii}(nd^{(1)}, md^{(2)}) > 0$$

从而对于充分大的 $N = nd^{(1)} = md^{(2)}$

$$P_{ii}(N, N) > 0$$

所有这样的 N 的最大公约数显然是 $d_L = [d^{(1)}, d^{(2)}]$，結合已有的 $[d^{(1)}, d^{(2)}] = d_L | d$ 得 $d = d_L$ 故有

性質 1 如果 $i \in I$ 对二元馬氏鏈 $\{x_n^{(1)}, x_m^{(2)}\}$ 有周期偶 $(d^{(1)}, d^{(2)})$ 则 i 对对角綫馬氏鏈而言有周期 $d = d_L = [d^{(1)}, d^{(2)}]$。

现設 C 为二元馬氏鏈的一基本組，周期偶为 $(d^{(1)}, d^{(2)})$，已知 C 中的元在对角綫馬氏鏈中有周期 $d_L = [d^{(1)}, d^{(2)}]$（性質1！），在二元馬氏鏈中 C 分为 $d^{(1)}d^{(2)}$ 个子組，記为 $C_{\gamma s}(i)$ 滿足关系(18)，設 $j \in C_{\gamma s}(i)$ 则由(18)

$$P_{ij}(n,m) > 0 \Longrightarrow n \equiv \gamma (\bmod\ d^{(1)}) m \equiv s (\bmod\ d^{(2)})$$

取

$$n = k^{(1)} d^{(1)} + \gamma \qquad m = k^{(2)} d^{(2)} + s$$

要使 j 在对角綫馬氏鏈中仍与 i 同組，必须而且只须存在充分大的 $k^{(1)}, k^{(2)}$ 使

$$n = k^{(1)}d^{(1)} + \gamma = k^{(2)}d^{(2)} + s = m \qquad P_{ii}(n,n) > 0$$

即必須

$$k^{(1)}d^{(1)} - k^{(2)}d^{(2)} = s - \gamma \tag{19}$$

由于 $d^{(1)}, d^{(2)}$ 的最小公倍数为 $d_L = [d^{(1)}, d^{(2)}]$，故 $d^{(1)}, d^{(2)}$ 的最大公約数 d_H 为

$$d_H = \frac{d^{(1)}d^{(2)}}{d_L}$$

由(19)得

$$k^{(1)}\frac{d^{(1)}}{d_H} - k^{(2)}\frac{d^{(2)}}{d_H} = \frac{s-\gamma}{d_H}$$

从而 $s - \gamma$ 必須被 d_H 除尽，依照簡单的数論知識尚可証其逆，当 $j \in C_{\gamma_s}(i)$ 如果 $s - \gamma$ 被 d_H 除尽則 i, j 在对角綫馬氏鏈中是处在同一組，于是 C 在对角綫馬氏鏈中被分成了 d_H 个組，显然每个組仍是基本組。

上面的分組法，对非基本組也是对的，只不过它們仍对应非基本組，故得

性質 2 若 C 是二元馬氏鏈中一組，周期偶为 $(d^{(1)}, d^{(2)})$，則 C 在对对角綫馬氏鏈中被分成 $d_H = (d^{(1)}, d^{(2)})$ 个組，它們的周期都是 $d_L = [d^{(1)}, d^{(2)}]$，而且这些組在对角綫馬氏鏈中为基本組，当且仅当 C 在二元馬氏鏈中是基本組。

8. 現設 i 在二元馬氏鏈中是常返的，則它在对角綫馬氏鏈中是否还是常返的？

首先考虑 i 是正常返的情形，此时由定理 3 得：

$$\lim_{n \to \infty} P_{ii}(n,n) = \frac{d^{(1)}d^{(2)}}{m_{ii}} \tag{20}$$

此处 $(d^{(1)}, d^{(2)})$ 为 i 的周期偶，$\frac{1}{m_{ii}} = \pi_i > 0$

由此看出，i 在对角綫馬氏鏈中仍然是正常返的。

設 $P_{ij}^{(n)}$ 为 $\{x_n^D, n \geq 0\}$ 从 i 到 j 的 n 步轉移概率，$f_{ij}^{(n)}$ 为从 i 出发 n 步首次到 j 的概率，当 i 正常返时，由馬氏鏈已有的結論：

$$\lim_{n \to \infty} P_{ii}^{(nd_L)} = \frac{d_L}{m_{ii}^D} \tag{21}$$

此处 $d_L(d^{(1)}, d^{(2)})$ 的最小公倍数，$m_{ii}^D = \sum_{n=1}^{\infty} n f_{ii}^{(n)}$，

上面的式子之所以成立是因为在对角綫馬氏鏈中 i 有周期 d_L。

比較 (20) 与 (21) 得到

$$\frac{d_L}{m_{ii}^D} = \frac{d^{(1)}d^{(2)}}{m_{ii}}$$

从而得到 $m_{ii}^D = \frac{m_{ii}}{d_H}$。

总结上述结果，得到：

性质 3 如 i 对二元马氏链是正常返，则 i 对对角线马氏链仍是正常返，而且若 $m_{ii}^D(d)$ 为对角线马氏链从 i 出发首次返回 i 的时间的数学期望，则 $m_{ii}^D = \frac{m_{ii}}{d_H}$，（此处 d_H，m_{ii} 的意义依照第5.6段）

当 i 在二元马氏链中是非常返的，则：

$$P(x_n^{(1)} = i^{(1)}, x_m^{(2)} = i^{(2)} \text{ 存在某 } n>0, m>0 | x_{0,0} = i) < 1$$

更有

$$P(x_n^D = i \text{ 存在某 } n>0 | x_0^D = i) < 1$$

故 i 在对角线马氏链中仍然是非常返的。

最后，当 i 是零常返时，下面将举例说明 i 在对角线马氏链中可能是零常返，也可能是非常返的。

9. 例1. 定理 3 说明，任意两个马氏链的"乘积"就是一独立的二元马氏链，例如设 $\{x_n^{(1)}, n \geq 0\}$，$\{x_m^{(2)}, m \geq 0\}$ 为直线上的简单自由随机游动，则 $\{x_n^{(1)}, x_m^{(2)}\}$ 形成一独立的二元马氏链，此时对角线马氏链即平面上的简单随机游动。由上一段可推得这个随机游动的一些简单性质：有周期 2，且分成两个基本组。熟知，这个随机游动是零常返的。

把平面上的简单随机游动再自相"乘"，则得到零常返的二元马氏链，但那时对角线马氏链则是非常返的了。因为那时 $P_{ii}^{(2n)} \sim \left(\frac{1}{n\pi}\right)^2$。

因此我们可作结论如下：若 i 在二元马氏链中是非常返或者正常返，则它在对角线马氏链中亦然。若 i 在二元马氏链中是零常返则它在对角线马氏链中可能是零常返，也可能是非常返。

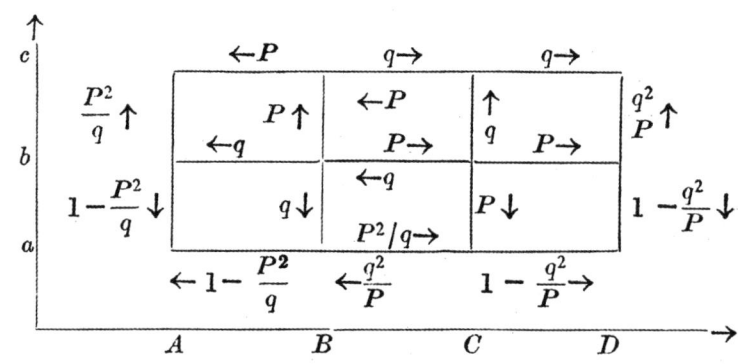

例2. 設 $0<P<1$，$q^2<P$，$q>0$，$P^2<qP+q=1$

如右图，設 $I_1=(a,b,c)$ $I_2=(A,B,C,D)$，每一横行与直行都給定了一轉移矩陣（依箭头的方向。）例如，固定 a 有

$$P_{AA}^a=1, \quad P_{BA}^a=1-\frac{P^2}{q}, \quad P_{BC}^a=\frac{P^2}{q},$$

$$P_{CB}^a=\frac{P^2}{q}, \quad P_{CD}^a=1-\frac{q^2}{P}, \quad P_{DD}^a=1$$

而固定 A 有

$$P_{aa}^A=1, \quad P_{ba}^A=1-\frac{P^2}{q} \quad P_{bc}^A=\frac{P^2}{q} \quad P_{cc}^A=1$$

余此类似。

容易驗算，这一族轉移矩陣滿足定理2中的相容条件，这个二元馬氏鏈不一定是独立的（只要 $P\ne q$）

由于这些例子的繁复性，不拟多举，它只是对我們研究对象提供一个說明。

参 考 文 献

〔1〕 Kai Lai Chung. Markov Chains with Stationary Transition Probabilities, 1960

Markov Chains with Two Parameters of Time

Di Yung-lung

Abstract

Let (Ω, F, P) be a probability space and let I_1 and I_2 be two denumerable sets.

Suppose $\{x_n^{(1)}, \geq 0\}$ ard $\{x_m^{(2)}, m\geq 0\}$ are two sequences of discrete random variables with state spaces I_1 and I_2 respectlvely. Then $(x_n^{(1)}, x_m^{(2)})$ is called markov chain with two parameters of time, if it has the property that for any

$0 \leqslant t_1 < \cdots < t_n, 0 \leqslant u_1 < \cdots < u_m$ and $i^{(1)}, \cdots, i_n^{(1)} \epsilon I_1, i_1^{(2)}, \cdots, i_m^{(2)} \epsilon I_2$ we have

$$P\left(x_{t_n}^{(1)} = i_n^{(1)}, x_{u_m}^{(2)} = i_m^{(2)} \Big/ x_{t_v}^{(1)} = i_v^{(1)}, 0 \leqslant v \leqslant n-1, x_{u_s}^{(2)} = i_s^{(2)}\right.$$
$$\left. 0 \leqslant s \leqslant m-1\right) = P\left(x_{t_x}^{(1)} = i_m^{(1)}, x_{u_m}^{(2)} = i_m^{(2)} \Big/ x_{t_{n-1}}^{(1)} = i_{n-1}^{(1)}, x_{u_{m-1}}^{(2)} = i_{m-1}^{(2)}\right)$$

whenever the left member is defined.

In section 1 of this paper we have studied the structures of markov chains with two parameters of time. In section 2 and section 3 we have obtained some general properties of them.

非綫性微分方程組的解的有界性和穩定性

周 之 銘

(数学力学系)

摘 要

本文討論n維方程組(1.1)。在假設(1.4)与(1.5)之下，得基本定理——若方程(2.7)的最大解可延拓，則方程組(1.1)的解的范不超过它，且也可延拓。由此給出(1.1)的解的有界性和穩定性的判别法，这概括了一系列的有关結果，如文献[1]、[2]、[3]、[6]、[16]、从而看出这些結果的相互关系。

§1 引 言

本文討論 n 維微分方程組

$$\frac{dx}{dt} = A(t)x + f(t,x) \qquad x(t_0) = x_0 \qquad (1.1)$$

的解的有界性和穩定性，其中 $A(t)$ 是 $t \geq t_0 \geq 0$ 的 $n \times n$ 連續矩陣，$f(t,x)$ 是 $t \geq t_0$，$D = \left\{ x \mid |x| < H \right\} \subset R^n$ 上的連續向量函数，这里 $|\cdot|$ 代表 n 維空間的任意一种模。

关于(1.1)的解的有界性和穩定性，Bellman[2] Coddington[1] 李岳生[6] 等人应用积分不等式获得了很多結果，但对 $f(t,x)$ 都附加了不少特殊的限制；Lakshmikanth[9] Brauer[12] 等人应用微分不等式也得到了若干結果,可惜一般只能在 $A(t) \equiv 0$ 的情况下得到；Brauer[13] 应用 V 函数和微分不等式相結合的办法，克服了单純应用微分不等式所存在的局限性，使得討論的方程范圍有所扩大，但由于 V 函数的引进

本文于1965年8月4日收到。

* 本文得到胡金昌教授經常的热情的鼓勵和指导，并承审阅原稿。作者在此表示衷心的感謝。

又出现了新的局限。本文所用方法避免了应用 V 函数及微分不等式的某些局限性，并且将积分不等式方法加以统一和推广，使讨论方程范围扩大。

本文在 §2 中首先证明一个引理（基本不等式），然后利用之证明基本定理，它是本文的主要工具。跟着应用基本定理在 §3，§4 中给出解的有界性和稳定性的相当广泛的判别法，它概括了一系列的有关结果[1][2][3][6]，从而看出这些结果之间的内部联系。本文也获得了 Stokes[16] 应用局部凸拓扑线性空间的 Tychonoff 不动点原理得到的类似结果，细心的读者不难看出两文结果的差别。

方程(1.1)的解可以写成

$$x(t) = Y(t_0, t)x_0 + \int_{t_0}^{t} Y(t_0, t)[Y(t_0, \tau)]^{-1} f(\tau, x(\tau)) d\tau \qquad (1.2)$$

其中 $Y(t_0, t)$ 是(1.1)所对应的线性微分方程组

$$\frac{dy}{dt} = A(t)y \qquad (1.3)$$

的标准基解矩阵。

我们假设

$$|Y(t_0, t)[Y(t_0, \tau)]^{-1}| \leqslant K e^{\int_\tau^t \lambda(t)dt} \qquad t \geqslant \tau \geqslant t_0 \qquad (1.4)$$

这里 $K \geqslant 1$ 是常数，$\lambda(t)$ 是 $t \geqslant t_0$ 的连续函数。

关于条件(1.4)，我们可以引进如下附注：

附注 1.[7] 若向量 x 的模分别取成

$$|x|_1 = \max_i |x_i|, \quad |x|_2 = \sum_i |x_i|, \quad |x|_3 = (\sum_i x_i^2)^{\frac{1}{2}}$$

则方程(1.2)的标准基解矩阵 $Y(t_0, t)$ 满足

$$|Y(t_0, t)[Y(t_0, \tau)]^{-1}|_i \leqslant e^{\int_\tau^t \lambda_i(t)dt} \qquad (i=1,2,3,) \quad t \geqslant \tau \geqslant t_0$$

其中

$$\lambda_1(t) = \max_i \left\{ Rea_{ii}(t) + \sum_{j \neq i} |a_{ij}(t)| \right\}$$

$$\lambda_2(t) = \max_j \left\{ Rea_{jj}(t) + \sum_{i \neq j} |a_{ij}(t)| \right\}$$

$\lambda_3(t) = \frac{1}{2}(A(t) + A^T(t))$ 的最大特征数，$A^T(t)$ 是 $A(t)$ 的转置矩阵。

附注 2. 若 $A(t) \equiv A$——常矩阵，则(1.4)中的 $\lambda(t)$ 可以取为常数，特别当 A 的特征根的实部全为负时，$\lambda(t)$ 可以取为某一负常数 λ；当(1.2)的解有界时，$\lambda(t)$ 可

以取为 0。

附注3. (1.4)中，$\lambda(t)=0$ 的充分条件，[3]中有一系列的讨论，例如(1.2)的解有界又 $\varliminf\limits_{t\to+\infty}\int_{t_0}^t trA(t)dt > -\infty$

我们假设 $f(t,x)$ 满足条件

$$|f(t,x)| \leqslant G(t,|x|) \qquad t \geqslant t_0 \qquad x \in D \subset R^n \qquad (1.5)$$

其中 $G(t,\gamma)$ 在 $t \geqslant t_0$，$0 \leqslant \gamma < H$ 上连续，且对固定的 t 是 γ 单调不降函数。

当 $x_0 \in D$ 时，由(1.2),(1.4)和(1.5)，在 $x(t)$ 存在的区间上有不等式

$$|x(t)| \leqslant K|x_0|e^{\int_{t_0}^t \lambda(t)dt} + K\int_{t_0}^t e^{\int_\tau^t \lambda(\xi)d\xi} G(\tau, |x(\tau)|)d\tau \qquad (1.6)$$

§2 基本定理的建立

我们首先证明如下

引理（基本不等式）

设 $$\gamma(t) \leqslant \gamma_0 e^{\int_{t_0}^t \lambda(t)dt} + \int_{t_0}^t e^{\int_\tau^t \lambda(\xi)d\xi} G(\tau, \gamma(\tau))d\tau \qquad (2.1)$$

其中 $\gamma(t), \lambda(t)$ 是 $[t_0, t_0+a]$ 上的连续函数，$G(t,\gamma)$ 连续于闭域

$$\Omega = \left\{ t_0 \leqslant t \leqslant t_0+a, \quad \left| \gamma - \gamma_0 e^{\int_{t_0}^t \lambda(t)dt} \right| \leqslant b \right\} \qquad a,b > 0 \text{ 是常数。当}$$

$t \in [t_0, t_0+a]$ 时，$(t, \gamma(t)) \in \Omega$，$G$ 对固定的 t 是 γ 的单调不降函数，则在 $t_0 \leqslant t \leqslant t_0+h$ 上

$$\gamma(t) \leqslant y(t)$$

这里 $y(t)$ 是方程

$$\frac{dy}{dt} = \lambda(t)y + G(t,y) \qquad (2.2)$$

经过点 (t_0, γ_0) 的最大解，$h = \min\left\{a, \frac{b}{M}\right\}$,

$$M = \max_{t \in [t_0, t_0+a]} e^{\int_{t_0}^t \lambda(t)dt} \cdot \max_{(\tau,\gamma) \in \Omega} e^{\int_\tau^{t_0} \lambda(\xi)d\xi} |G(\tau, \gamma(\tau))|$$

证明. 令

$$y_0(t) = \gamma(t) \tag{2.3}$$

$$y_n(t) = \gamma_0 e^{\int_{t_0}^{t} \lambda(t)dt} + \int_{t_0}^{t} e^{\int_{\tau}^{t_0} \lambda(\xi)d\xi} G(\tau, y_{n-1}(\tau))d\tau \quad n=1,2\cdots$$

用数学归纳法容易证明：对一切 n，$y_n(t)$ 在 $[t_0, t_0+h]$ 上存在、连续且

$$\left| y_n(t) - \gamma_0 e^{\int_{t_0}^{t} \lambda(t)dt} \right| \leqslant b$$

由于 G 的单调性及(2.1)，应用归纳法得

$$\gamma(t) = y_0(t) \leqslant y_1(t) \leqslant y_2(t) \leqslant \cdots \tag{2.4}$$

注意到：

$$y'_n(t) = \lambda(t)e^{\int_{t_0}^{t} \lambda(t)dt}\left[\gamma_0 + \int_{t_0}^{t} e^{\int_{\tau}^{t_0} \lambda(\xi)d\xi} G(\tau, y_{n-1}(\tau))d\tau\right] + G(t, y_{n-1}(t))$$

因为在 $[t_0, t_0+h]$ 上

$$|y_n'(t)| \leqslant C \qquad \text{其中 } C \text{ 是某一常数}$$

这样在 $[t_0, t_0+h]$ 上

$$|y_n(t) - y_n(\widetilde{t})| = |y_n'(\overline{t})||t-\widetilde{t}| \leqslant C|t-\widetilde{t}| \tag{2.5}$$

其中 $\overline{t}$ 介于 t 与 $\widetilde{t}$ 之间；

$$|y_n(t)| \leqslant \gamma_0 e^{\int_{t_0}^{t} \lambda(t)dt} + b \tag{2.6}$$

由(2.5),(2.6)推知 $\{y_n(t)\}$ 在 $[t_0, t_0+h]$ 上等度连续，一致有界。根据Arzela定理及(2.4)就知

$$y_n(t) \rightrightarrows y^*(t) \in c \qquad \text{当 } t \in [t_0, t_0+h]$$

对(2.3)两边取极限，就有

$$y^*(t) = \gamma_0 e^{\int_{t_0}^{t} \lambda(t)dt} + \int_{t_0}^{t} e^{\int_{\tau}^{t} \lambda(\xi)d\xi} G(\tau, y^*(\tau))d\tau$$

即 $y^*(t)$ 是(2.2)的过点 (t_0, γ_0) 的解，由此及(2.4)，再注意到 $y(t)$ 是(2.2)的过点 (t_0, γ_0) 的最大解，就有

$$\gamma(t) \leqslant y(t) \qquad t \in [t_0, t_0+h]$$

引理得证。

附注1. 引理也可以利用微分不等式[4]证明，不过我们还是利用逐次逼近法

直接給出证明。

附注2. 令$\lambda(t)=0$，就得Viswanatham[11]的结果。适当选取$G(t,\gamma)$可以得到Bellman[1] Bihari[8] Langenhop[10]及李岳生[5]等一系列的积分不等式。因而引理可以看作是花样繁多的各种积分不等式的統一形式，从而使我們看出了它們之間的內部联系。

附注3. 关于$G(t,\gamma)$的連續性假設可以放宽，只要G对固定的t是γ的連續函数，对固定的γ是t的可测函数，且$|G(t,\gamma)|\leqslant m(t)$其中$m(t)$Lebesque可积。自然，这时对(2.2)的解应理解为在Caratheódory意义下的广义解[1]。

附注4. 应用同样的方法，引理中的不等号可以改变方向，不过这时最大解要改为最小解。

现在我們建立

基本定理.

假設　1) 方程(1.1)滿足条件(1.4)及(1.5)

　　　2) 方程

$$\frac{dy}{dt}=\lambda(t)y+KG(t,y) \qquad (2.7)$$

的經过点$(t_0,K|x_0|)$的最大解$y(t)$可以延拓到$t_0\leqslant t<t_0+\alpha$，其中 $K|x_0|<H$，$\alpha>0$是某常数或$+\infty$。

则　方程(1.1)的經过点(t_0,x_0)的解$x(t)$可以延拓到$t_0\leqslant t<t_0+\alpha$，且

$$|x(t)|\leqslant y(t) \qquad t_0\leqslant t<t_0+\alpha$$

证明. 1)首先证明：如果$x(t)$，$y(t)$都可以延拓到$t_0\leqslant t\leqslant t_0+\beta,(\beta<\alpha)$，则在$[t_0,t_0+\beta]$上，有$|x(t)|\leqslant y(t)$。事实上，由于$x_0\epsilon D$在$t_0$的某一右邻域上(1.6)成立，根据引理，必然存在$h>0$，使得 在$[t_0,t_0+h]$上有$|x(t)|\leqslant y(t)$。我們断言$h=\beta$。否则，如果$h<\beta$，必有某一常数$\delta>0$存在，使得

$$\begin{aligned}|x(t)|&\leqslant y(t) & t_0\leqslant t\leqslant t_0+h\\ |x(t)|&>y(t) & t_0+h<t<t_0+h+\delta\end{aligned} \qquad (2.8)$$

此时，在$[t_0+h,t_0+\beta)$上仍有

$$|x(t)|\leqslant K|x_0|e^{\int_{t_0}^{t}\lambda(t)dt}+K\int_{t_0}^{t}e^{\int_{\tau}^{t}\lambda(\xi)d\xi}G(\tau,|x(\tau)|)d\tau$$

$$=Ke^{\int_{t_0+h}^{t}\lambda(t)dt}\left\{|x_0|e^{\int_{t_0}^{t_0+h}\lambda(t)dt}+\int_{t_0}^{t_0+h}e^{\int_{\tau}^{t_0+h}\lambda(\xi)d\xi}G(\tau,|x(\tau)|)d\tau\right\}+K\int_{t_0+h}^{t}e^{\int_{\tau}^{t}\lambda(\xi)d(\xi)}G(\tau,|x(\tau)|)d\tau$$

但

$$y(t_0+h) = K|x_0|e^{\int_{t_0}^{t_0+h}\lambda(t)dt} + K\int_{t_0}^{t_0+h} e^{\int_{\tau}^{t_0+h}\lambda(\xi)d\xi} G(\tau, y(\tau)) d\tau \geqslant$$

$$\geqslant K|x_0|e^{\int_{t_0}^{t_0+h}\lambda(t)dt} + K\int_{t_0}^{t_0+h} e^{\int_{\tau}^{t_0+h}\lambda(\xi)d\xi} G(\tau, |x(\tau)|) d\tau$$

因而,

$$|x(t)| \leqslant y(t_0+h)e^{\int_{t_0+h}^{t}\lambda(t)dt} + K\int_{t_0+h}^{t} e^{\int_{\tau}^{t}\lambda(\xi)d\xi} G(\tau, |x(\tau)|) d\tau$$

应用引理, 存在 $h_1 > 0$, 使得

$$|x(t)| \leqslant y^*(t) \qquad t \in [t_0+h, t_0+h+h_1]$$

其中 $y^*(t)$ 是 (2.7) 的过点 $(t_0+h, y(t_0+h))$ 的最大解。由最大解的唯一性, $y(t) \equiv y^*(t)$, 所以

$$|x(t)| \leqslant y(t) \qquad t_0+h \leqslant t \leqslant t_0+h+h_1$$

这就与 (2.8) 矛盾。

2) 现设 $x(t)$ 只能延拓到 $t_0 \leqslant t < t_0+\alpha^* < t_0+\alpha$, 由刚才证明的 1), 得

$$|x(t)| \leqslant y(t) \qquad t_0 \leqslant t < t_0+\alpha^*$$

因为 $y(t)$ 可以延拓到 $t_0 \leqslant t < t_0+\alpha^*$ 之外, 因而, $|x(t)| \leqslant \max_{[t_0, t_0+\alpha^*]} y(t) < H$。由此 $x(t)$ 也可以延拓到 $t_0 \leqslant t < t_0+\alpha^*$ 之外, 这就得到矛盾。这样, 就证明了 $x(t)$ 也可以延拓到 $t_0 \leqslant t < t_0+\alpha$。再由 1) 即得

$$|x(t)| \leqslant y(t) \qquad t_0 \leqslant t < t_0+\alpha$$

基本定理证毕。

附注1. 如果 $\lambda(t) \leqslant \mu(t)$, $t \geqslant t_0$, 则方程 (2.7) 可以代以方程

$$\frac{dy}{dt} = \mu(t)y + KG(t,y) \qquad (2.7)'$$

事实上, 这时 (1.4) 可以代以

$$\left| Y(t_0, t)[Y(t_0, \tau)]^{-1} \right| \leqslant K e^{\int_{\tau}^{t}\mu(t)dt} \qquad t \geqslant \tau \geqslant t_0$$

附注2. 关于 $G(t,\gamma)$ 的连续假设参看引理的附注3，更且，我们还可以将 $G(t,\gamma)$ 对 γ 的连续性代以 $G(t,\gamma)$ 对 γ 的片段连续性，这点附注对以后是有用的。

附注3. 适当选取 $\lambda(t)$ 及 $G(t,\gamma)$ 可以得到解的界的各种估计定理。例如取 $G(t,\gamma)=P(t)\gamma+Q(t)\gamma^\alpha$，其中 $P(t), Q(t)$ 是 $t\geqslant t_0$ 的片段连续函数，$\alpha>0$ 是常数，即得[6]中的定理1（界的估计定理）。

基本定理是研究方程（1.1）的解的延拓性、有界性和稳定性的有力工具。关于延拓性，我们容易利用之推得 Wintner [14][15] 的结果，为了节省篇幅，兹不赘述。本文后面将只利用之讨论有界性和稳定性。

§3 解的有界性

我们建立（1.1）的解的有界性的判别法，在本节中恒假设方程（1.1）满足条件（1.4）和（1.5）且 $D=R^n$。

除了考察一般的有界性概念，我们引进（1.1）的解最终有界（ultimate bounbedness）的概念[16]：如果（1.1）的所有解有界，且当 $t\to+\infty$ 时，所有解都进入某一与初值无关的有界域，则称（1.1）的解最终有界。

定理1. 如果方程（2.7）在域 $t\geqslant t_0, \gamma\geqslant\gamma_0$（其中 γ_0 为某一非负常数）的所有解有界、最终有界，则方程（1.1）的所有解有界、最终有界。

证明. 注意一阶方程（2.7）的最大解有如下性质：

$$y_1(t)\leqslant y_2(t)$$

其中 $y_i(t)$ （$i=1,2$）是经过点 (t_0,γ_i) 的最大解，$\gamma_1\leqslant\gamma_2$。再根据基本定理，即得定理1。

附注. 适当选取 $\lambda(t), G(t,\gamma)$ 可以得到具体的有界性的判别法，例如：

推论1. 设 1) $\lambda(t)=0$, $\quad t\geqslant t_0$

2) $|f(t,x)|\leqslant M(t)L(|x|) \quad t\geqslant t_0, \quad x\in R^n$

其中 M, L 是片段连续函数，L 单调不降。

3) $\int_{\gamma_0}^\infty \dfrac{ds}{L(s)}=\infty \quad$ 对某 $\gamma_0>0$ 且 $\int_{t_0}^\infty M(s)ds<\infty$

则（1.1）的所有解有界。

证明. 根据定理1，只需证明方程

$$\frac{d\gamma}{dt}=KM(t)L(\gamma)$$

的经过点 $(t_0,\bar\gamma_0)$ $\quad \bar\gamma_0\geqslant\gamma_0$ 的解有界。事实上，由

$$\int_{\gamma_0}^{\gamma} \frac{ds}{L(s)} = K \int_{t_0}^{t} M(s)ds$$

及条件3）知道这是对的。推论得证。

附注．当 $L(\gamma)=\gamma$ 时，就得 Bellman[2] 的结果，这说明 L 的綫性条件是不必要的。如果条件1）改为1'） $\lambda(t) \leqslant 0, t \geqslant t_0$，結論仍然成立．

推論2． 設 1） $\lambda(t)=-\lambda$， $\lambda \geqslant 0$ 是常数

2） 任給 $\varepsilon > 0$， 存在 $R(\varepsilon) > 0$, 使得

$$|f(t,x)| \leqslant \begin{cases} N & \text{当 } |x| \leqslant R, \quad t \geqslant t_0 \\ \varepsilon|x| & \text{当 } |x| > R, \quad t \geqslant t_0 \end{cases}$$

其中 N 为常数。

则(1.1)的解最終有界。

証明．选取 $\varepsilon < \frac{\lambda}{k}$，又由条件2）总可以取 $R(\varepsilon) > \frac{NK}{\lambda}$

令

$$G(t,y) = \begin{cases} N & \text{当 } y \leqslant R, \quad t \geqslant t_0 \\ \varepsilon y & \text{当 } y > R, \quad t \geqslant t_0 \end{cases}$$

根据定理1，只需証明(2.7)的过点 (t_0, γ_0) $\gamma_0 > R$ 的解最終有界。

方程(2.7)的过点 $(t_0, \gamma_0)\gamma_0 > R$ 的解为

$$y(t) = \begin{cases} \gamma_0 e^{(-\lambda+K\varepsilon)(t-t_0)} & \text{当 } t_0 \leqslant t < t_1 \\ \left(R - \frac{NK}{\lambda}\right)e^{-\lambda(t-t_1)} + \frac{NK}{\lambda} & \text{当 } t \geqslant t_1 \end{cases}$$

其中 t_1 由方程 $R = \gamma_0 e^{(-\gamma+K\varepsilon)(t_1-t_0)}$ 决定。

显然，当 $t \to +\infty$ 时，所有这些解都趋于 $\frac{NK}{\lambda}$，因而(2.7)的解最終有界，推論得証。

附注．条件1）改为1'） $\lambda(t) \leqslant -\lambda, \lambda > 0$，結論仍然成立。如果 $f(t,x) = 0(|x|), |x| \to \infty$ 时，对 t 一致成立，推論的条件2）可以得到满足。

讀者不难看出，关于有界性的其他的更细致的概念[17]，同样可以利用基本定理得到相应的结果。

§4　解的稳定性

在本节中，假設(1.1)存在零解，即假設 $f(t,0) \equiv 0, t \geqslant t_0$。我們研究(1.1)的零解的稳定性。由于所研究問題的局部性质，我們假設 $D = \{x \mid |x| < H\}$

是原点的某一邻域，H 是给定的正常数。我们假设(1.1)满足(1.4)和(1.5)且 $G(t,0)=0$, $t\geq t_0$。

定理2. 如果方程(2.7)的零解(对 $\gamma_0>0$)稳定、渐近稳定，则方程(1.1)的零解也稳定、渐近稳定。

证明. 由定理条件，任给 $\varepsilon>0$，存在 $\delta>0$ 使得只要 $0<\gamma_0\leq\delta$ 则方程(2.7)的经过点 (t_0,γ_0) 的解 $y(t)$ 满足

$$y(t)<\varepsilon \qquad t\geq t_0 \tag{4.1}$$

应用基本定理，取 $\delta'=\dfrac{\delta}{K}$，则只要 $|x_0|\leq\delta'$，(1.1)的经过点 (t_0,x_0) 的解 $x(t)$ 满足

$$|x(t)|\leq y^*(t) \qquad t\geq t_0$$

其中 $y^*(t)$ 是(2.7)经过点 $(t_0,K|x_0|)$ 的最大解，由此及(4.1)

$$|x(t)|<\varepsilon \qquad t\geq t_0$$

因而(1.1)的零解稳定。应用基本定理，同样可以证明渐近稳定性。

附注. 适当选取 $\lambda(t)$, $G(t,\gamma)$ 就可以得到[1][2][3][6]的一系列关于稳定性的结果。例如取 $G(t,\gamma)=P(t)\gamma+Q(t)\gamma^{1+a}$，就得[6]中的结果。

推论1[6]. 设 1) $|f(t,x)|\leq P(t)|x|+Q(t)|x|^{1+a}$, $t\geq t_0$, $|x|<\eta\leq H$ 其中 $P(t)$, $Q(t)$ 是 $t\geq t_0$ 的片段连续函数, $a>0$, $\eta\geq 0$ 为常数

2) $\int_{t_0}^{\infty}[\lambda(t)+KP(t)]dt<+\infty$

3) $\int_{t_0}^{\infty}Q(\tau)e^{a\int_{t_0}^{\tau}[\lambda(\xi)+KP(\xi)]d\xi}d\tau<+\infty$

则(1.1)的零解稳定。

如将2)改为

$2')\int_{t_0}^{\infty}[\lambda(t)+KP(t)]dt=-\infty$

则(1.1)的零解渐近稳定。

证明. 根据定理2，只要证明方程

$$\frac{dy}{dt}=[\lambda(t)+KP(t)]y+KQ(t)y^{1+a} \tag{4.2}$$

的零解对 $\gamma_0>0$ 在推论的条件下分别为稳定、渐近稳定。

但(4.2)是 Bernoulli 方程。解之得

$$y(t) = \gamma_0 e^{\int_{t_0}^{t}[\lambda(t)+KP(t)]dt} \left\{ 1 - a\gamma_0^a K\int_{t_0}^{t} Q(\tau)e^{a\int_{t_0}^{\tau}[\lambda(\xi)+KP(\xi)]d\xi}d\tau \right\}^{-\frac{1}{a}}$$

由此可見，只要取 $\gamma_0 > 0$ 足够小，即知在推論的條件下，(4.2)的零解分別为稳定、漸近稳定。

附注．再选定 $\lambda(t)$，$P(t)$，$Q(t)$ 就可以得到很多熟知的結果，我們不一一列出，只举[1]中的一条定理($p.318$)为例：

設 1) $A(t) \equiv A$ 的特徵根的实部全为負，

2) 任給 $\varepsilon > 0$，存在 $T \geqslant t_0$ 使得

$$|f(t,x)| \leqslant \begin{cases} k|x| + t^b|x|^{1+a} & t \leqslant T, \ |x| < \eta \\ \varepsilon|x| + t^b|x|^{1+a} & t > T, \ |x| < \eta \end{cases}$$

其中 k, a, b, η 为正常数，

則(1.1)的零解漸近稳定。

証明．取 $\lambda(t) = -\lambda$，$\lambda > 0$ 又 $\varepsilon > \frac{\lambda}{K}$

$$P(t) = \begin{cases} k & t \leqslant T \\ \varepsilon & t > T \end{cases} \qquad Q(t) = t^b$$

一眼看出，推論1的条件完全滿足，故(1.1)的零解漸近稳定。

推論2．設 1) $\lambda(t) = 0$， $t \geqslant t_0$

2) $|f(t,x)| \leqslant M(t)L(|x|)$ $t \geqslant t_0$，$|x| < \eta \leqslant H$

其中 η 为常数，M, L 是片段連續函数，L 对 $\gamma > 0$ 单調不降。

3) $L(0) = 0$，$\lim_{\gamma_0 \to 0^+} \int_{\gamma_0}^{\gamma} \frac{ds}{L(s)} = \infty$ 对 $\gamma > 0$，$\int_{t_0}^{\infty} M(s)ds < \infty$

則(1.1)的零解稳定。

証明．应用定理2，只要証明方程

$$\frac{d\gamma}{dt} = KM(t)L(\gamma) \tag{4.3}$$

的零解对 $\gamma_0 > 0$ 稳定。

任給 $\varepsilon > 0$，存在 $\delta > 0$，使得

$$\int_{\delta}^{\varepsilon}\frac{ds}{L(s)} > K\int_{t_0}^{\infty} M(s)ds$$

选取 $0 < \gamma_0 \leqslant \delta$, 由

$$\int_{\gamma_0}^{\gamma}\frac{ds}{L(s)} = K\int_{t_0}^{t} M(s)ds$$

得知(4.3)的經过点(t_0, γ_0)的解$\gamma(t)$滿足

$$\gamma(t) < \varepsilon \qquad t \geqslant t_0$$

因而(4.3)的零解对 $\gamma_0 > 0$ 稳定。

附注. 令 $L(\gamma) = \gamma$, 又得[2]中的結果, 說明 L 的綫性条件是不必要的。条件 1)改为1') $\lambda(t) \leqslant 0$, $t \geqslant t_0$。結論仍然成立。

讀者不难看出, 关于稳定性的更細致的概念[17], 同样可以利用基本定理获得相应的結果。

最后指出, 如果注意到§1中的附注, 应用本文的各个定理可以判別相当广泛类型的微分方程的解的有界性和稳定性。

参 考 文 献

[1] E. A Coddington and N. Levinson, Theory of Ordinary Differential Equations. 1955.

[2] R. Bellman, 微分方程的解的稳定性理論 科学出版社 1957.

[3] L. Cesari, Asymptotic Behavior and Stability Problems in Ordinary Differential Equations. 1959.

[4] G. Sansone, Обыкновенные Дифференциальных Уравнения. Москва 1954.

[5] 李岳生 基本不等式与微分方程解的唯一性(Ⅰ) 吉林大学自然科学学报 1 (1960) 7—34.

[6] 李岳生 非綫性微分方程的解的界、稳定性和誤差估計《数学学报》12 (1962) 32—39.

[7] С.М.Лозинский, Оценка погрешности численного интегрирования обыкновенные дифференциальнные уравнения, Изв. Высших Завебений. Математика 5 (1958) 52—90.

[8] I. Bilari, A Generalization of a Lemma of Bellman and its Application to Uniqueness Problems of Differential Equations. Acta Math.

Acad. Sci Hungar. 7 (1956) 81—94.

[9] V. Lakshmikanth, On the Boundedness of Solutions of Nonlinear Differential Equations. Proc. Amer. Math. Soc. 8 (1957) 1044—1048.

[10] C. E. Langenhop, Bounds on the Norm of a Solution of a General Differential Equation. Ibid. 11 (1960) 795—799.

[11] B. Viswanatham, A Generalization of Bellman's Lemma. Ibid. 14 (1963) 15—18.

[12] F. Brauer, Bounds for Solutions of Ordinary Differential Equations. Ibid. 14 (1963) 36—43.

[13] F. Brauer, Global Behavior of Solutions of Ordinary Differential Equations. J. Math. Anal. App. 2 (1961) 145—159.

[14] A. Wintner, The Nonlocal Existence Problems of Ordinary Differential Equations. Amer. J. Math. 67 (1945) 277—284.

[15] A. Wintnes, Ordinary Differential Equations and Laplace Transforms (appendix). Ibid. 79 (1957) 265—294.

[16] A. Stokes, The Applications of a Fixed Point Theorem to a Variety of Nonlinear Stability Problems. Contrib. Theory Nonlinear Oscillations 5 (1960) 173—184.

[17] H. A. Antosiewicz, A Survey of Lyapunov's Second Method. Ibid. 4 (1958) 141—166.

Boundedness and Stability of Solutions of Nonlinear Systems of Differential Equations

Chow Chi-ming

Abstract

In the present paper, we study the boundedness and stability of solutions of the following n-dimensional system of differential equations:

$$\frac{dx}{dt} = A(t)x + f(t,x) \qquad x(t_0) = x_0 \qquad (1.1)$$

where $A(t)$ is a continuous n×n matrix for $t \geq t_0 \geq 0$ and $f(t,x)$ is a continuous vector function for $t \geq t_0$, $x \in D = \{ x \mid |x| < H \} \subset R^n$.

Let

$$|Y(t_0,t)(Y(t_0,\tau))^{-1}| \leq K e^{\int_\tau^t \lambda(t)dt} \qquad t \geq \tau \geq t_0 \qquad (1.4)$$

where $Y(t_0,t)$ is a standard fundamental matrix of the linear system

$$\frac{dy}{dt} = A(t)y \qquad (1.3)$$

$K \geq 1$ is a constant and $\lambda(t)$ is continuous for $t \geq t_0$

$$|f(t,x)| \leq G(t,|x|) \qquad t \geq t_0, \quad x \in D \qquad (1.5)$$

where $G(t,\gamma)$ is continuous for $t \geq t_0$, $0 \leq \gamma < H$ and nondecreasing in γ for fixed t.

In §2, we prove a fundamental inequality with which we obtain the following fundamental theorem.

FUNDAMENTAL THEOREM. Assume 1) (1.1) satisfies the conditions (1.4) and (1.5); 2) the maximum solution $y(t)$ of the equation

$$\frac{dy}{dt} = \lambda(t)y + KG(t,y) \qquad (2.7)$$

passing through $(t_0, K|x_0|)$ can be continued to the interval $[t_0, t_0+\alpha)$, where $K|x_0| < H$ and $\alpha > 0$ is a certain constant or $+\infty$. Then the solution of (1.1) passing through (t_0, x_0) can be continued to the interval $[t_0, t_0+\alpha)$ and

$$|x(t)| \leq y(t) \qquad \text{for} \quad t \in [t_0, t_0+\alpha)$$

In §3, §4, we use the fundamental theorem to obtain some rather general criteria for boundedness and stability of solutions of (1.1) which include a series of results concerned [1] [2] [3] [6], and in this manner one may see the internal relation between these results. In this paper we also come to a similar result obtained by Stokes [16] which relies on a fixed point theorem for locally convex topological linear space due to Tychonoff.

高次样条函数的插值方法与偶次样条函数的极值理论*

李 岳 生

(数学力学系计算数学教研室)

摘 要

现在只有奇次样条函数的极值理论和插值方法，它們是在三次样条函数基础上建立起来的[1]。而现有的三次以上样条函数插值方法实际上是不好用的。本文指出，偶次(二次及更高次)样条函数，同样是有力学意义的。并针对任意高次(不論奇偶)样条函数提出了三类基本的插值問題，給出了統一的、便于程序标准化的插值方法；这些方法都归結为解帶狀矩陣綫代数方程組，很便求解。同时，针对稍微改变了提法的偶次样条函数插值問題，建立了偶次样条函数插值的极值理论，它是集中弯矩作用下的梁的撓度曲綫变形能极小性質的推广。此外，作为本文插值方法的基础的是我們提出和論証的 δ-样条基函数系統。

引 言

在[2]中，我們把 $a \leqslant x \leqslant b$ 上以 x_j ($j=1,2,\cdots,N-1$) 为"結点"的任意 k 次样条函数定义为 $k+1$ 阶广义微分方程式

$$y^{(k+1)}(x) = \sum_{j=1}^{N-1} \beta_j \delta(x-x_j) \tag{0.1}$$

的广义解，其中結点 x_j 为分划

$$\Delta: \quad a = x_0 < x_1 < \cdots < x_{N-1} < x_N = b$$

的内分点 将(0.1)积分 $k+1$ 次得通解

---

* 1974.10.15 接稿。

$$y(x) = \sum_{j=0}^{k} a_j x^j + \sum_{j=1}^{N-1} \beta_j (x-x_j)_+^k / k! \qquad (0.2)$$

由此可见，如下 $N+k$ 个函数作成的函数系：

$$\left\{ 1, x, \cdots, x^k, (x-x_j)_+^k / k! \ (j=1, 2, \cdots, N-1) \right\}, \qquad (基 I)$$

作成上述 k 次样条函数空间的一组基底，简称基 I。问题是基 I 常使计算不稳定，不便直接应用。本文 §1 就是要建立起与基 I 等价的 δ-样条函数基，作为本文的基本工具。在 §2 利用 δ-基给出统一的插值方法。§3 论证偶次样条函数插值的极值性质即变分性质。这些就是本文的基本结果，在[1]中是没有涉及的。

§1. δ-样条基函数系的建立

1. 等距分划的情形

设分划 $\varDelta$ 是等距的，$x_0 = a$，$x_j = x_0 + jh$，$(j=0, 1, \cdots, N)$ $h = (b-a)/N$，往下一律采用[2]中记号，定义

$$\varOmega_k(x) = \overline{\varDelta}^{k+1}\left\{ x_+^k / k! \right\} = \sum_{j=0}^{k+1} (-1)^j \binom{k+1}{j} \left(x + \frac{k+1}{2} - j \right)_+^k / k!$$

$$\overline{\varDelta} f(x) = f\left(x+\frac{1}{2}\right) - f\left(x-\frac{1}{2}\right).$$

$\varOmega_k(x)$ 的各种基本性质详见[2]。它按段为 k 次多项式，属于 $C^{k-1}(-\infty, \infty)$，于结点 $\xi_j^{(k)} = -\frac{k+1}{2} + j\,(j=0,1,\cdots,k+1)$ 处，其 k 阶导数不连续，且呈对称山形，以 $x=0$ 为山峰，夸度为 $|x| \leqslant \frac{k+1}{2}$ 即

$$\varOmega_k(x) \begin{cases} > 0 & \text{当 } |x| < \frac{k+1}{2}, \\ = 0 & \text{当 } |x| \geqslant \frac{k+1}{2} \end{cases}$$

定理1. 于 $a \leqslant x \leqslant b$ 上看，基 I 和如下 δ-基：

$$\left\{ \varOmega_k\left(\frac{x-x_i}{h}\right), \left(i = -\frac{k-1}{2}, -\frac{k-1}{2}+1, \cdots, N+\frac{k-1}{2} \right) \right\}$$

是线性等价的。且

$$p(x) = \sum_{j=-\frac{k-1}{2}}^{N+\frac{k-1}{2}} C_j \varOmega_k\left(\frac{x-x_j}{h}\right) \qquad (1.1)$$

是 $a \leqslant x \leqslant b$ 上任意 $\mu (\leqslant k)$ 次多项式的充要条件是其系数 $\{C_j\}$ 为 $\mu+1$ 阶差分方程式

$$\bar{\Delta}^{\mu+1} C_j = 0 \quad \left(j = -\frac{k-\mu-2}{2}, \cdots, N + \frac{k-\mu-2}{2}\right) \qquad (1.2)$$

之解。又若 $\{C_j\}$ 满足

$$\bar{\Delta}^{k+1} C_j = \delta_{ij} = \begin{cases} 1 & \text{当 } j = i, \\ 0 & \text{当 } j \neq i \end{cases}$$

对 $j = 1, 2, \cdots, N-1$, $i = 1, 2, \cdots, N-1$, 且

$$C_{i-\frac{k+1}{2}} = \cdots = C_{i+\frac{k-1}{2}} = 0$$

则 (1.1) 式的 $p(x) = \left(\frac{x-x_i}{h}\right)_+^k / k!$

证明. 对任一非负整数 k, 基 I 和 δ-基中函数, 在 $a < x < b$ 内同以 $x_i (i = 1, 2, \cdots, N-1)$ 为结点且 δ-基中每一函数均可由基 I 线性表示出来, 这是比较明显的。往证定理1的其余部分。为此将 $p(x)$ 求 $\mu+1$ 阶导数, 注意 $\Omega_k(x)$ 求导的性质并利用分部求和法便得

$$h^{\mu+1} p^{(\mu+1)}(x) = \sum_{j=-\frac{k-1}{2}}^{N+\frac{k-1}{2}} C_j \bar{\Delta}^{\mu+1} \Omega_{k-\mu-1}\left(\frac{x-x_j}{h}\right) =$$

$$= \sum_{j=-\frac{k-\mu-2}{2}}^{N+\frac{k-\mu-2}{2}} \Omega_{k-\mu-1}\left(\frac{x-x_j}{h}\right) \bar{\Delta}^{\mu+1} C_j \qquad (1.3)$$

当 $\mu = k$ 时, (1.3) 中 $\Omega_{-1}(x) = \delta(x)$, 由 (1.3) 立得定理1.

2. 分划结点任意分布的情形

$\Delta_i: \cdots x_{-1} < x_0 = a < x_1 < \cdots < x_{N-1} < x_N = b \leqslant x_{N+1} < \cdots$ 以上区间 $[a,b]$ 外的分点 $\cdots x_{-1}, \cdots x_{N+1} \cdots$ 等可以是任意设置的。只有讨论周期插值的情形, 才自然要求分划也是周期地开拓出去, 即 $x_{j+N} - x_j = b - a$。

代替 $\Omega_k\left(\frac{x-x_i}{h}\right)$ 的取非对称山形样条函数[2]

$$G_{k,i}(x) = \sum_{j=i-\frac{k+1}{2}}^{i+\frac{k+1}{2}} \prod_{l \neq j} \left(\frac{1}{x_j - x_l}\right) G_k(x_j - x) \qquad (1.4)$$

$$\left(i = -\frac{k-1}{2},\ -\frac{k-1}{2}+1,\ \cdots,\ N + \frac{k-1}{2}\right)$$

其中 $G_k(x) = x_+^k/k!$。$G_{k,i}(x)$ 有许多类似 $\Omega_k\left(\frac{x-x_i}{h}\right)$ 的性质（参[2]）. 定义

$$\omega_{ji} = \begin{cases} \prod\limits_{\substack{l=j-\frac{k+1}{2} \\ l \neq i}}^{j+\frac{k+1}{2}} \left(\frac{1}{x_i - x_l}\right), & j = -\frac{k-1}{2},\ \cdots,\ N + \frac{k-1}{2} \\ 0, & \text{当 } |j-i| > \frac{k+1}{2} \end{cases}$$

定理2. 于 $a \leqslant x \leqslant b$ 上看

$$p(x) = \sum_{j=-\frac{k-1}{2}}^{N+\frac{k-1}{2}} C_j G_{k,j}(x)$$

为 $k+1$ 阶微分方程式 $y^{(k+1)}(x) = 0$ 之解的充要条件是数列 $\{C_j\}$，$\left(j = -\frac{k-1}{2},\ \cdots,\ N + \frac{k-1}{2}\right)$ 为 $k+1$ 阶差分方程式之解：

$$\sum_{j=i-\frac{k+1}{2}}^{i+\frac{k+1}{2}} C_j \omega_{ji} = 0 \quad (i = 1, 2, \cdots, N-1) \tag{1.5}$$

又若 $\{C_l\}$ 满足 $k+1$ 阶非齐差分方程式

$$(-1)^{k+1} \sum_{l=j-\frac{k+1}{2}}^{j+\frac{k+1}{2}} C_l \omega_{lj} = \delta_{ij} \quad (i, j = 1, 2, \cdots, N-1) \tag{1.6}$$

且

$$C_{i-\frac{k+1}{2}} = C_{i-\frac{k+1}{2}+1} = \cdots = C_{i+\frac{k-1}{2}} = 0 \tag{1.7}$$

则 $p(x) = (x - x_i)_+^k / k!$

证明，注意

$$G_{k,j}(x) = \sum_{l=j-\frac{k+1}{2}}^{j+\frac{k+1}{2}} \omega_{jl} G_k(x_l - x)$$

$$p(x) = \sum_{j=-\frac{k-1}{2}}^{N+\frac{k-1}{2}} C_j G_{k,j}(x) = \sum_{l=-k,}^{N+k} \sum_{j=l-\frac{k+1}{2}}^{l+\frac{k+1}{2}} C_j \omega_{jl} G_k(x_l - x)$$

$$G_{k,j}^{(k)}(x_i + 0) - G_{k,j}^{(k)}(x_i - 0) = (-)^{k+1} \omega_{ji}$$

$$p^{(k)}(x_i + 0) - p^{(k)}(x_i - 0) = (-1)^{k+1} \sum_{j=i-\frac{k+1}{2}}^{i+\frac{k+1}{2}} C_j \omega_{ji} \qquad (1.8)$$

由于 $p(x)$ 显然为按段 k 次多项式且有 $k-1$ 次连续导数，比较(1.5)，(1.8)看出，当且仅当(1.5)满足时，$p^{(k)}(x)$ 于 $x = x_i (i = 1, 2, \cdots, N-1)$ 处连续，从而 $p(x)$ 为 $a \leqslant x \leqslant b$ 上的 k 次(不超过 k 次) 多项式。

又比较(1.6)，(1.7)和(1.8)看出，当(1.6)满足时，$p^{(k)}(x)$ 仅在结点 x_i 处有单位跳跃，再由条件(1.7)及方程式(1.5)得知 $p(x) = 0$ 于 $x \leqslant x_i$，而 $(x - x_i)_+^k / k!$ 也是如此，即 $p(x) = (x - x_i)_+^k / k!$。定理 2 证完。

由定理 1 和定理 2，今后总取

(δ-基)：$\varphi_i(x) = \begin{cases} \Omega_k\left(\dfrac{x-x_i}{h}\right) = \Omega_k\left(\dfrac{x-x_0}{h} - i\right) & \text{等距结点情形} \\ G_{k,i}(x) & \text{非等距结点情形} \end{cases}$

$$\left(i = -\frac{k-1}{2}, -\frac{k-1}{2} + 1, \cdots, N + \frac{k-1}{2} \right)$$

作为 k 次样条函数的 δ-基。

3. 广义结点样条函数的 δ-基

我们称

$$y^{(k+1)}(x) = \sum_{i=1}^{N-1} \sum_{0 \leqslant j \leqslant r_i} \beta_{ij} \delta^{(j)}(x - x_i) \qquad (1 \leqslant r_i \leqslant k-1)$$

之解

$$y(x) = \sum_{j=0}^{k} \alpha_j x^j + \sum_{i=1}^{N-1} \sum_{0 \leqslant j \leqslant r_i} \beta_{ij} (x - x_i)_+^{k-j} \Big/ (k-j)!$$

为广义结点样条函数，它们仍为按段 k 次多项式，但在结点处只保证连续性要求。对这类样条函数的 δ-基可取为：

$$\varphi_i^j(x) = \begin{cases} \varphi_i(x) & \text{对} -\frac{k-1}{2} \leqslant i < 1 \text{及} N-1 < i \leqslant N+\frac{k-1}{2}, j=0, \\ \varphi_i^{(j)}(x) & \text{对} 0 \leqslant j \leqslant r_i, 1 \leqslant i \leqslant N-1 \end{cases}$$

最后，我们给出前几个 $\Omega_k(x)$ 的函数值表，它们是在计算中反复用到的。

$\Omega_k(x)$ 的函数值表

k \ x	0	$\pm\frac{1}{2}$	± 1	± 1.5	± 2	± 2.5	$+3$
1	1	$\frac{1}{2}$	0	0	0	0	0
2	$\frac{3}{4}$	$\frac{1}{2}$	$\frac{1}{8}$	0	0	0	0
3	$\frac{2}{3}$	$\frac{23}{48}$	$\frac{1}{6}$	$\frac{1}{48}$	0	0	0
4	$\frac{230}{384}$	$\frac{11}{24}$	$\frac{76}{384}$	$\frac{1}{24}$	$\frac{1}{384}$	0	0
5	$\frac{66}{120}$	$\frac{1682}{3840}$	$\frac{26}{120}$	$\frac{237}{3840}$	$\frac{1}{120}$	$\frac{1}{3840}$	0

§2. 样条函数插值方法

现有的样条函数插值法仅限于奇次样条函数，且对 $2n-1$ 次样条插值，由于直接推广"三弯矩法"，总以 $S^{(2n-2)}(x_i) = M_i$ 作为基本未知量，尚须积分 $2n-2$ 次才能得到 $S(x)$ 本身。对 $n > 2$ 的情形，这种作法很不方便。对偶次样条函数插值则仅仅提及[1]。

本节的方法是对任意 k 次样条插值作统一处理。系数矩阵一般是宽度为 k 的带矩阵，具有对角优势，计算稳定，程序便于标准化。

1. 不带边界条件的样条函数插值

设给了插值节点 x_i 及相应函数值 y_i，求 k 次样条函数 $S_k(x) = \sum\limits_{j=-\frac{k-1}{2}}^{N+\frac{k-1}{2}} C_j \varphi_j(x)$

使满足：

$$S_k(x_i) = y_i \left(i = -\frac{k-1}{2}, -\frac{k-1}{2}+1, \cdots, N+\frac{k-1}{2} \right) \quad (2.1)$$

其中 $\{\varphi_i(x)\}$ 为 §1 所准备好的 δ-基。

条件(2.1)导致决定 $C = \left(C_{-\frac{k-1}{2}}, \cdots, C_{N+\frac{k-1}{2}}\right)^T$ 的 $N+k$ 阶线性代数方程组:

$$AC = F \tag{2.2}$$

其中 $A = (a_{ij})$ 为 $N+k$ 阶方阵:

$$a_{ij} = \varphi_j(x_i)$$

$$F = \left(y_{-\frac{k-1}{2}}, \cdots, y_{N+\frac{k-1}{2}}\right)^T$$

对任意非负整数 k,不论节点 x_i 的分布等距与否,总有 $\varphi_j(x_i) = 0$ 当 $|i-j| \geq \frac{k+1}{2}$ 时。因此,当 k 为奇(偶)数时,矩阵 A 为 k、$(k+1)$ 对角带矩阵。

对 $k = 1$ 时,A 为对角形,且

$$a_{ii} = \begin{cases} 1 & \text{对等距情形,} \\ \dfrac{1}{x_{i+1} - x_{i-1}} & \text{对非等距情形} \end{cases}$$

从而

$$S_1(x) = \begin{cases} \sum\limits_{j=0}^{N} y_j \Omega_1\left(\dfrac{x-x_0}{h} - j\right) & \text{等距情形} \\ \sum\limits_{j=0}^{N} y_j (x_{j+1} - x_{j-1}) G_{1,j}(x) & \text{非等距情形} \end{cases}$$

这就是折线函数的表达式。它把离散数据连续化,便于数据磨光之用。

须注意,当 k 为偶数时,(2.1)中的插值节点 x_i 的下标为半整数点,此时规定 $x_i = \frac{1}{2}\left(x_{i+\frac{1}{2}} + x_{i-\frac{1}{2}}\right)$,但样条函数结点仍保持为整下标点。

对等距节点情形,系数矩阵 A 变得特别简单,其各行由同样几个正数和零作成,且最大的数位在对角线上。例如,由 $\Omega_k(x)$ 的表知:

$k = 2$ 时 A 由 $\left(\frac{1}{8}, \frac{6}{8}, \frac{1}{8}\right)$ 作成三对角矩阵,

$k = 3$ 时 A 由 $\left(\frac{1}{6}, \frac{4}{6}, \frac{1}{6}\right)$ 作成三对角矩阵,

$k = 4$ 时 A 由 $\left(\dfrac{1}{384}, \dfrac{76}{384}, \dfrac{230}{384}, \dfrac{76}{384}, \dfrac{1}{384}\right)$ 作成五对角矩阵,

$k = 5$ 时 A 由 $\left(\dfrac{1}{120}, \dfrac{26}{120}, \dfrac{66}{120}, \dfrac{26}{120}, \dfrac{1}{120}\right)$ 作成五对角矩阵,

形成 A 的第一行(最末一行)时,须把上述第一个(最后一个)数去掉,如 $k=2$ 时的 $\frac{1}{8}$。

矩阵A的元素是非负的，且是对称的具有不可约对角优势的矩阵，从而是正定矩阵。很易用对称带矩阵消元法求解。

对非等矩情形，A的带状结构完全一样，但其每行数据已和节点分布有关。只要给出节点坐标，总可自动形成A。

以下讲带边界条件的插值，分三种常用情形。

2. 第一类边界条件插值

求 $S_k(x) = \sum\limits_{i=-\frac{k-1}{2}}^{N+\frac{k-1}{2}} C_i \varphi_i(x)$ 使满足：

内点插值条件：$S_k(x_i) = y_i \ (i=1,2,\cdots,N-1)$，

边界插值条件：

当$k = 2m+1$为奇数时：

$$S_k^{(a)}(x_0) = y_0^{(a)} \quad (a=0,1,\cdots,m)$$
$$S_k^{(a)}(x_N) = y_N^{(a)} \quad (a=0,1,\cdots,m)$$

当$k = 2m$为偶数时：

$$S_k^{(a)}(x_0) = y_0^{(a)} \quad (a=0,1,\cdots,m)$$
$$S_k^{(a)}(x_N) = y_N^{(a)} \quad (a=0,1,\cdots,m-1)$$

以上插值条件和待定常数C_i都是$N+k$个。对k为偶数时，左、右边界条件个数不等，以上是左边比右边多一个条件。当然，也可以反过来，使右边比左边多一个条件。

问题归结为求解

$$AC = F$$

其中

$$F = \begin{cases} (y_0^{(m)}, y_0^{(m-1)}, \cdots, y_0', y_0, y_1, \cdots, y_N, y_N' \cdots, y_N^{(m)}) & \text{当}k=2m+1\text{时}, \\ (y_0^{(m)}, y_0^{(m-1)}, \cdots, y_0', y_0, y_1, \cdots, y_N, y_N' \cdots, y_N^{(m-1)}) & \text{当}k=2m\text{时} \end{cases}$$

A为$(N+k) \times (N+k)$阶方阵，其结构形式如下：

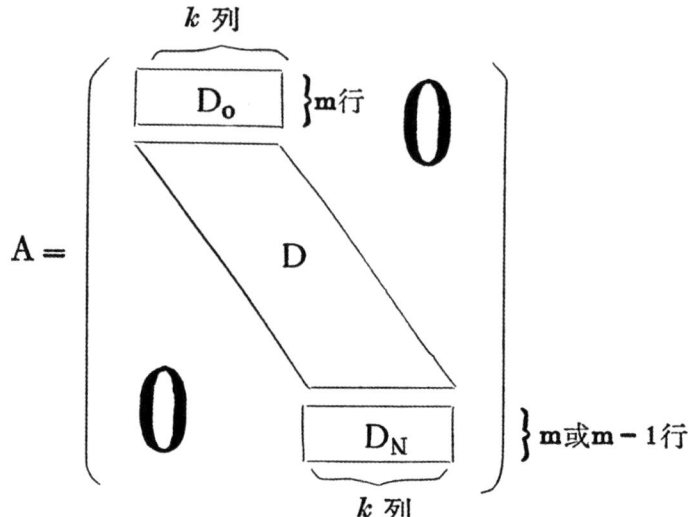

根据节点坐标，A 可自动形成，无须详细写出。

作为举例，介绍几个等距节点的情形。

$K = 2m = 2$ 时：

$$A = \begin{pmatrix} -\frac{1}{h} & \frac{1}{h} & 0 & & & & \mathbf{0} \\ \frac{1}{2} & \frac{1}{2} & 0 & & & & \\ 0 & \frac{1}{2} & \frac{1}{2} & & & & \\ & & 0 & \frac{1}{2} & \frac{1}{2} & & \\ & & & & \ddots & \ddots & \\ \mathbf{0} & & & & & \frac{1}{2} & \frac{1}{2} \end{pmatrix} \quad \cdots\cdots N+2 \text{ 阶}$$

由此容易解得

$$\left.\begin{aligned} C_{-\frac{1}{2}} &= y_0 - \frac{h}{2} y_0' \\ C_{i+\frac{1}{2}} &= 2y_i - C_{i-\frac{1}{2}} \quad (i = 0, 1, \cdots, N) \end{aligned}\right\} \quad (2、3)$$

这种分段二次曲线插值属于 C^1，有良好的保凸性。关于它有下列定理。

定理3. $S_2(x) = \sum\limits_{j=-\frac{1}{2}}^{N+\frac{1}{2}} C_j \Omega_2 \left(\frac{x-x_0}{h} - j \right)$ 是"近似保凸"的，即

$$\left. \frac{\overline{\varDelta}}{h} S_2'(x) \right|_{x=x_i} = \frac{y_{i+1} - 2y_i + y_{i-1}}{h^2}$$

定理4. $S_2''(x) \geqslant 0$（或 $\leqslant 0$）于 $a \leqslant x \leqslant b$（但在其结点 x_i 处须理解为左、右导数）的必要条件是原始数据的二阶差分

$$y_{i+1} - 2y_i + y_{i-1} \geq 0 (\text{或} \leq 0), (i = 1, \cdots, N-1)$$

充分条件则是：

1) $\Delta^2 y_i \geq 0 (\text{或} \leq 0), (i = 0, 1, \cdots, N-2)$；

2) $\Delta^3 y_i \geq 0 (\text{或} \leq 0), (i = 0, 1, \cdots, N-3)$；

3) $y_1 - y_0 - y_0' h \geq 0 (\text{或} \leq 0)$；

   $y_2 - 3y_1 + 2y_0 + y_0' h \geq 0 (\text{或} \leq 0)$。

证明。 在每一小区间 $x_i \leq x \leq x_{i+1}$ $(i = 0, 1, \cdots, N-1)$ 上，$S_2''(x)$ 为常数，从而

$$S_2''(x) = S_2''\left(x_{i+\frac{1}{2}}\right) = \frac{1}{h^2}\left(C_{i+\frac{3}{2}} - 2C_{i+\frac{1}{2}} + C_{i-\frac{1}{2}}\right) = \frac{1}{h^2}\Delta^2 C_{i-\frac{1}{2}}$$

而由(2、3)有

$$\Delta^2 C_{i-\frac{1}{2}} + \Delta^2 C_{i+\frac{1}{2}} = 2\Delta^2 y_i \quad (i = 0, 1, \cdots, N-2) \tag{2、4}$$

由此立见条件的必要性。

为证充分性，只要把差分方程(2、4)解出来：

$$\Delta^2 C_{-\frac{1}{2}} = 2(y_1 - y_0 - y_0' h),$$

$$\Delta^2 C_{\frac{1}{2}} = 2\Delta^2 y_0 - \Delta^2 C_{-\frac{1}{2}}$$

$$= 2(y_2 - 3y_1 + 2y_0 + y_0' h)$$

$$\Delta^2 C_{i+\frac{1}{2}} = 2(\Delta^2 y_i - \Delta^2 y_{i-1}) + 2(\Delta^2 y_{i-2} - \Delta^2 y_{i-3}) + \cdots$$

$$+ 2(\Delta^2 y_2 - \Delta^2 y_1) + \Delta^2 C_{\frac{1}{2}} \quad \text{当 } i \text{ 为偶数时，}$$

$$\Delta^2 C_{i+\frac{1}{2}} = 2(\Delta^2 y_i - \Delta^2 y_{i-1}) + 2(\Delta^2 y_{i-1} - \Delta^2 y_{i-2}) + \cdots$$

$$+ 2(\Delta^2 y_1 - \Delta^2 y_0) + \Delta^2 C_{-\frac{1}{2}} \quad \text{当 } i \text{ 为奇数时}$$

后二式又可写成

$$\Delta^2 C_{2\mu+\frac{1}{2}} = 2\sum_{j=1}^{\mu} \Delta^3 y_{2j-1} + \Delta^2 C_{\frac{1}{2}},$$

$$\Delta^2 C_{2\mu+1+\frac{1}{2}} = 2\sum_{j=0}^{\mu} \Delta^3 y_{2j} + \Delta C^2_{-\frac{1}{2}}$$

由此可见，条件3)就是

$$\Delta^2 C_{-\frac{1}{2}} \geq 0 (\text{或} \leq 0), \quad \Delta^2 C_{\frac{1}{2}} \geq 0 (\text{或} \leq 0)$$

条件3)和2)合起来则足以保证

$$\Delta^2 C_{i+\frac{1}{2}} \geq 0 (\text{或} \leq 0), \quad (i = 0, 1, \cdots\cdots, N-2)$$

即保证$S_2''(x) \geq 0$(或≤ 0)于$a \leq x \leq b$. 定理4证完。

推论1. 设定理4条件1)、2)保留,将条件3)换成3)' $y_0'' > 0$(或< 0)则当h甚小时,定理4结论仍对。

因为据泰劳展开,3)成为

$$y_1 - y_0 - y_0'h = \frac{1}{2}y_0''h^2 + \frac{1}{6}y_0'''h^3 + O(h^4),$$

$$y_2 - 3y_1 + 2y_0 + y_0'h = y_0''h^2 + \frac{5}{3}y_0'''h^3 + O(h^3).$$

推论2. 设被插函数$f(x)$满足$f''(x) > 0$(或<0)和$f'''(x) > 0$(或< 0)于$a \leq x \leq b$, 则当h甚小时,其二次样条插值函数$S_2(f;x)$也满足$S_2''(f;x) > 0$(或< 0)和$S_2'''(f;x) > 0$(或< 0)。

定理5. 设被插函数$f(x) \in C^3[a,b]$, $S_2(f;x)$为其二次样条插值函数,则于$a \leq x \leq b$上一致地有

$$R_2^{(\alpha)}(f;x) = f^{(\alpha)}(x) - S_2^{(\alpha)}(f;x) = O(h^{3-\alpha}) \quad (\alpha = 0, 1, 2, 3)$$

证明。由于

$$R_2''\left(f; x_{i+\frac{1}{2}}\right) = f''\left(x_{i+\frac{1}{2}}\right) - S_2''\left(f; x_{i+\frac{1}{2}}\right)$$

$$= \frac{1}{h^2}\left(\overline{\Delta}^2 f_{i+\frac{1}{2}} - \overline{\Delta}^2 C_{i+\frac{1}{2}}\right) + \left(f''(x_{i+\frac{1}{2}}) - \frac{\overline{\Delta}^2}{h^2}f_{i+\frac{1}{2}}\right)$$

$$= \frac{1}{h^2}\left(\overline{\Delta}^2 f_{i+\frac{1}{2}} - \overline{\Delta}^2 C_{i+\frac{1}{2}}\right) + O(h)$$

令 $\eta_{i+\frac{1}{2}} = f_{i+\frac{1}{2}} - C_{i+\frac{1}{2}}$ 则

$$\overline{\Delta}^2 \eta_{i-\frac{1}{2}} + \overline{\Delta}^2 \eta_{i+\frac{1}{2}} = \overline{\Delta}^2\left(f_{i-\frac{1}{2}} + f_{i+\frac{1}{2}}\right) - \overline{\Delta}^2\left(C_{i-\frac{1}{2}} + C_{i+\frac{1}{2}}\right)$$

$$= \overline{\Delta}^2\left(f_{i-\frac{1}{2}} + f_{i+\frac{1}{2}}\right) - 2\overline{\Delta}^2 f_i = O(h^3)$$

解出 $\overline{\Delta}^2 \eta_{i+\frac{1}{2}}$ 得

$$\overline{\Delta}\eta_{i+\frac{1}{2}} = O(h^3), \qquad \frac{\overline{\Delta}^2}{h^2}\eta_{i+\frac{1}{2}} = O(h)$$

于是 $R_2''\left(f; x_{i+\frac{1}{2}}\right) = O(h)$ $(i = 0, 1, \cdots, N-1)$ 进而于子区间 $x_i \leq x \leq x_{i+1}$ 上有

$$R_2''(f;x) = R_2''\left(f; x_{i+\frac{1}{2}}\right) + \int_{x_{i+\frac{1}{2}}}^{x} f'''(x)dx = O(h)$$

由罗尔定理知，至少有一点 ξ，$x_i < \xi < x_{i+1}$ 使 $R_2'(f;\xi) = 0$，从而 $R_2'(f;x) =$
$= \int_\xi^x R_2''(f;x)dx = O(h^2)$，再进一步有 $R_2(f;x) = R_2(f;x_i) + \int_{x_i}^x R_2'(f;x)dx$
$= O(h^3)$，定理五证完。

以上 $k = 2m = 2$ 的结果，是针对如下提法：
$$S_2(x_i) = y_i (i = 0, 1, \cdots, N), \quad S_2'(x_0) = y_0'$$
而言的。但应用上也有要求把导数条件作为右边界条件的，即要求：
$$S_2(x_i) = y_i \ (i = 0, 1, \cdots, N), \ S'(x_N) = y'_N \tag{2.5}$$
此时，$S_2(x)$ 的系数可以由右到左递推得到：
$$\left.\begin{array}{l} C_{N+\frac{1}{2}} = y_N + \dfrac{h}{2} y'_N \\ C_{i-\frac{1}{2}} = 2y_i - C_{i+\frac{1}{2}} \quad (i = N, N-1, \cdots, 0) \end{array}\right\} \tag{2.6}$$
定理3、5仍对，定理4的充分条件1)—3)则要改成：

1') $\Delta^2 y_i \geq 0(\text{或} \leq 0), (i = 0, 1, \cdots, N-2)$

2') $\Delta^3 y_i \leq 0(\text{或} \geq 0), (i = 0, 1, \cdots, N-3)$

3') $y_{N-1} - y_N + y'_N h \geq 0(\leq 0), y_{N-2} - 3y_{N-1} + 2y_N - y'_N h \geq 0(\text{或} \leq 0)$

差别就在于由要求 $\Delta^2 y_i$，$\Delta^3 y_i$ 为同号不等式 1)、2) 改成反号不等式 1')、2')。

3') 则是右端条件 $\nabla^2 C_{N+\frac{1}{2}} \geq 0(\text{或} \leq 0)$，$\nabla^2 C_{N-\frac{1}{2}} \geq 0(\leq 0)$

下表是要求作保凸光滑插值的实际问题。正属于此后一情况。我们是用由右向左作按段二次插值的方法解决的。

$k = 2m + 1 = 3$ 的情形：

$$A = \begin{pmatrix} -\dfrac{1}{2h} & 0 & \dfrac{1}{2h} & 0 & & & & \\ \dfrac{1}{6} & \dfrac{2}{3} & \dfrac{1}{6} & 0 & & \text{\huge 0} & & \\ 0 & \dfrac{1}{6} & \dfrac{2}{3} & \dfrac{1}{6} & & & & \\ & & \ddots & \ddots & \ddots & & & \\ & \text{\huge 0} & & & \dfrac{1}{6} & \dfrac{2}{3} & \dfrac{1}{6} \\ & & & & -\dfrac{1}{2h} & 0 & \dfrac{1}{2h} \end{pmatrix} \cdots N+3 \text{ 阶}$$

x_i	y_i	$\bar{\Delta} y_i$	$\bar{\Delta}^2 y_i$	$\bar{\Delta}^3 y_i$
30	80			
		30		
80	110		−8	
		22		2.75
130	132		−5.25	
		16.75		2.75
180	148.75		−2.5	
		14.25		0.25
230	163		−2.25	
		12		0.75
280	175		−1.5	
		10.5		0.5
330	185.5		−1	
		9.5		0.5
380	195		−0.5	
		9		0.25
430	204		−0.25	
		8.75		
480	212.75			

在此值得指出我们这里的方法和熟知的"三弯矩法"和"三转角法"(参[1]中第一章)的区别与联系。将 $S_3(x) = \sum_{j=-1}^{N+1} C_j \Omega_3\left(\frac{x-x_j}{h}\right)$ 求一次和二次导数,并利用分部求和法得

$$S_3'(x) = \sum_{j=-1}^{N+1} C_j \bar{\Delta}\Omega_2\left(\frac{x-x_j}{h}\right)\Big/h = \sum_{j=-\frac{1}{2}}^{N+\frac{1}{2}} \bar{\Delta} C_j \Omega_2\left(\frac{x-x_j}{h}\right)\Big/h$$

$$S_3''(x) = \sum_{j=0}^{N} \bar{\Delta}^2 C_j \Omega_1\left(\frac{x-x_j}{h}\right)\Big/h^2$$

于是

$$m_i = S_3'(x_i) = \frac{\bar{\Delta}}{2h}\left(C_{i-\frac{1}{2}} + C_{i+\frac{1}{2}}\right) = \frac{1}{2h}\left(C_{i+1} - C_{i-1}\right),$$

$$M_i = S_3''(x_i) = \frac{1}{h^2}(C_{i+1} - 2C_i + C_{i-1})$$

在[1]中是将 M_i 或 m_i 作为基本未知量,求到它们之后再作积分反求 $S_3(x)$;我们则相反,先求出 C_i 即 $S_3(x)$ 的表达式,然后通过求导数得到 M_i 或 m_i。

若对 $S_3(x_i) = \sum_{j=-1}^{N+1} C_j \Omega_3\left(\frac{x_i - x_j}{h}\right) = \sum_{j=-1}^{N+1} C_j \Omega_3(i-j) = y_i$ 两端对 i 作二阶差分，则得

$$\sum_{j=0}^{N} \Omega_3(i-j) \bar{\Delta}^2 C_j/h^2 = \bar{\Delta}^2 y_i/h^2 \quad (i=1, \cdots\cdots, N-1)$$

以 $M_i = \bar{\Delta}^2 C_i/h^2$ 作基本未知量，则上式成为[1]中熟知的"三弯矩方程"：

$$\frac{1}{6}M_{i-1} + \frac{2}{3}M_i + \frac{1}{6}M_{i+1} = \bar{\Delta}^2 y_i/h^2$$

对非等距情形，以上联系也可以建立。总之，既使是对对三次样条插值，我们的方法也比三弯矩法来得灵活和统一。

$K = 2m = 4$ 的情形：

$$A = \begin{pmatrix} \frac{1}{2h^2} & -\frac{1}{2h^2} & -\frac{1}{2h^2} & \frac{1}{2h^2} & & & & \\ -\frac{1}{6h} & -\frac{1}{2h} & \frac{1}{2h} & \frac{1}{6h} & & & \mathbf{0} & \\ \frac{1}{24} & \frac{11}{24} & \frac{11}{24} & \frac{1}{24} & & & & \\ & \ddots & \ddots & \ddots & \ddots & & & \\ & & & & & & & \\ & \mathbf{0} & & & \frac{1}{24} & \frac{11}{24} & \frac{11}{24} & \frac{1}{24} \\ & & & & -\frac{1}{6h} & -\frac{1}{2h} & \frac{1}{2h} & \frac{1}{6h} \end{pmatrix} \cdots N+4 \text{ 阶}$$

3. 第二类边界条件插值

求2中同一形式的 $S_k(x)$ 且满足同样的内点插值条件和如下的边界插值条件：

当 $k = 2m+1$ 为奇数时：

$$\left.\begin{array}{l} S_k^{(\alpha)}(x_0) = y_0^{(\alpha)} \quad (\alpha = 0, m+1, m+2, \cdots, 2m) \\ S_k^{(\alpha)}(x_N) = y_N^{(\alpha)} \quad (\alpha = 0, m+1, m+2, \cdots, 2m) \end{array}\right\}$$

第四期　　　　高次样条函数的插值方法与偶次样条函数的极值理論　　　　　　37

当 $k = 2m$ 为偶数时：

$$\left.\begin{array}{l} S_k^{(\alpha)}(x_0) = y_0^{(\alpha)} \quad (\alpha = 0, m, m+1, \cdots, 2m-1) \\ S_k^{(\alpha)}(x_N) = y_N^{(\alpha)} \quad (\alpha = 0, m, m+1, \cdots, 2m-2) \end{array}\right\},$$

此时仍归结为求解 $AC = F$，A 的结构与2中相似，可按节点坐标自动形成，不再赘述。

4. 第三类即周期性边界条件插值

同上求 $S_k(x)$ 使满足同样的内点插值条件和周期性边界插值条件：

$$\left.\begin{array}{l} S_k^{(\alpha)}(x_0) = y_0^{(\alpha)}, \quad (\alpha = 0, 1, \cdots, k_0) \\ S_k^{(\alpha)}(x_N) = S_k^{(\alpha)}(x_0), \quad (\alpha = 0, 1, \cdots k - k_0) \end{array}\right\}$$

其中 $0 \leqslant k_0 \leqslant k - k_0$ 或 $0 \leqslant 2k_0 \leqslant k$。

此时归结为 $AC = F$，A 的结构和上述情形略为不同，主要是左下角将出现非零元素，但仍可自动形成，用标准程序求解。

以上几种插值都能保证在 $a \leqslant x \leqslant b$ 上对 k 次多项式为精确，误差为 $O(h^{k+1})$。但在开拓更大些的区间上达不到这一点。

5. 磨光法

在〔2〕中我们引进了 $f(x)$ 的 $k+1$ 次磨光公式：

$$f_{k+1}(x) = \frac{1}{h} \int_{-\infty}^{\infty} \Omega_k\left(\frac{x-t}{h}\right) f(t) dt$$

由分部积分法不难得到

$$f_{k+1}(x) = \overline{\Delta}^{k+1} \{ f^{(-k-1)}(x) \} / h^{k+1}$$

$f^{(-k-1)}(x)$ 表 $f(x)$ 的 $k+1$ 次积分。

$k = 0$ 时：$\quad f_1''(x) = \overline{\Delta} f'(x)/h$，

$k = 1$ 时：$\quad f_2''(x) = \overline{\Delta}^2 f(x)/h^2$。

由此可见，一次，二次磨光公式有很好的保凸性。若任给了一组离散节点 x_i 及相应型值 $y_i (i = 0, 1, \cdots, N)$，我们可以把它们用折线连接起来得

$$S_1(x) = \begin{cases} \sum\limits_{j=0}^{N} y_j \Omega_1\left(\dfrac{x - x_j}{h}\right) & \text{等距节点情形,} \\ \sum\limits_{j=0}^{N} (x_{j+1} - x_{j-1}) y_j G_{1,j}(x) & \text{非等距节点情形.} \end{cases}$$

将之磨光得 $f_{k+1}(x) = \frac{1}{h} \int_{-\infty}^{\infty} \Omega_k\left(\frac{x-t}{h}\right) S_1(t)dt$。在等距节点 $x_{i+1} - x_i = h$ ($i = 0, 1, \cdots N-1$)，易得

$$f_1''(x_i) = (y_{i+1} - 2y_i + y_{i-1})/h^2,$$
$$f_2''(x_i) = (y_{i+1} - 2y_i + y_{i-1})/h^2,$$
$$f_1(x_i) = y_i + (y_{i+1} - 2y_i + y_{i-1})/8,$$
$$f_2(x_i) = y_i + (y_{i+1} - 2y_i + y_{i-1})/6 \text{。}$$

可见一次，二次磨光公式完全保存了原型值的凹凸性，但型值点经磨光后有偏差。为了克服这一偏差以改进磨光法的逼近性，在吉林大学、三机部六院一所的研究工作中，曾引进"盈亏型值"的概念，即先将原型值 y_i 修改成

$$\widetilde{y_i} = y_i - (y_{i+1} - 2y_i + y_{i-1})/8 \qquad (k=0 \text{ 时})$$
$$\widetilde{y_i} = y_i - (y_{i+1} - 2y_i + y_{i-1})/6 \qquad (k=1 \text{ 时})$$

对型值 $\{\widetilde{y_i}\}$ 磨光得 $\widetilde{f_1}(x)$，$\widetilde{f_2}(x)$，于是 $\widetilde{f_1}(x_i) = y_i - \overline{\Delta}^4 y_i/64$，$\widetilde{f_2}(x_i) = y_i - \overline{\Delta}^4 y_i/36$，从而大大提高了逼近性，同时又保存了凹凸性。这一方法对一些实际模线型值磨光的结果，得到了实际上满意的结果。对非等距情形可作类似分析。

这一方法容易推广到任意形状的空间曲线（包括封闭曲线）和曲面的磨光上去。设 $\vec{R} = \vec{R}(t)$ $0 \leqslant t \leqslant L$ 为曲线的参数方程，t 为弧长参数（特别应用上为一空间折线），则磨光公式为

$$\vec{R}_{k+1}(s) = \frac{1}{h^{k+1}} \int_{-\infty}^{\infty} \Omega_k\left(\frac{x-t}{h}\right) \vec{R}(t)dt = \overline{\Delta}^{k+1}\{\vec{R}^{(-k-1)}\}/h^{k+1}$$

设 $\vec{R} = \vec{R}(\xi, \eta)$ 为空间曲面，则磨光公式为

$$\vec{R}_{p,q}(u,v) = \int_{-\infty}^{\infty} \Omega_{P-1}\left(\frac{u-\xi}{\Delta\xi}\right) \Omega_{q-1}\left(\frac{v-\eta}{\Delta\eta}\right) \vec{R}(\xi,\eta)d\xi d\eta$$
$$/(\Delta\xi)^p (\Delta\eta)^q$$

这样从离散数据出发，可得到样条曲面。

§3. 偶次样条函数的极值理论

迄今只有奇次样条函数的极值理论，它是在三次样条函数基础上建立起来的。这一理论不能简单地推广到偶次样条函数上去。但二次样条函数即如下微分方程式

$$y'''(x) = \sum_{j=1}^{N-1} \beta_j \delta(x - x_j) \quad (= q(x)) \tag{3.1}$$

的解,可以解释为集中弯矩作用下的梁的挠度曲线。将它再求一次导数得

$$y^{(4)}(x) = q'(x) \tag{3.2}$$

它可以看作如下泛函

$$J(y) = \frac{1}{2} \int_a^b y''(x)^2 dx - \int_a^b q'(x) y dx$$

的欧勒方程,事实上,求 $J(y)$ 的一次变分

$$\delta J(y) = \int_a^b y''(x) \delta y''(x) dx - \int_a^b q'(x) \delta y dx =$$
$$= \{ y'' \delta y' - y''' \delta y \} \Big|_a^b + \int_a^b (y^{(4)}(x) - q'(x)) \delta y dx$$
$$= y'' \delta y' \Big|_a^b + \int_a^b (y^{(4)}(x) - q'(x)) \delta y dx$$

($\because$ 由(3.1)知 $y'''(a) = y'''(b) = 0$),从 $\delta J(y) = 0$ 导至方程(3.2)及如下各种边值条件:

$$\delta y'(a) = \delta y'(b) = 0 \quad ; \tag{3.3}$$

或

$$y''(a) = y''(b) = 0 \quad ; \tag{3.4}$$

等等。由于 $J(y) = \frac{1}{2} \int_a^b y''(x)^2 dx - \sum_{j=1}^{N-1} \beta_j y'(x_j)$,如果求(3.1)的解 $y(x)$ 不仅要求它满足边值条件(3.3)或(3.4)而且将 $y'(x_j)(j = 1, 2, \cdots, N-1)$ 约束住(即指定它们的值),则

$$\min J(y) \xleftrightarrow{\text{等价于}} \min \int_a^b y''(x)^2 dx$$

由此可以作出结论:在所有属于 $H^2[a, b]^{*)}$ 的函数 $f(x)$ 中,如果满足边值条件(3.3)或(3.4)同时在内结点 $x_j(j = 1, \cdots, N-1)$ 处 $f'(x_j)$ 被约束住(即给定),则以(3.1)的解即二次样条函数使积分

$$\int_a^b f''(x)^2 dx \qquad \text{取极小}.$$

---

*) $H^{m+1}[a, b]$ 表 $[a, b]$ 上 m 阶导数绝对连续而 $m+1$ 阶导数平方可积的函数类

二次样条函数的这一极小模性质也就是变形能的极小性质，它成为我们推广到任意偶次样条函数上去的基础。

下面我们研究 $k=2m$ 次样条函数的插值问题。$2m$ 次样条函数乃 $2m+1$ 阶方程式

$$S^{(2m+1)}(x)=\sum_{j=1}^{N-1}\beta_j\delta(x-x_j)$$

$$(a=x_0<x_1<\cdots<x_{N-1}<x_N=b)$$

的解：

$$S(x)=\sum_{j=0}^{2m}a_jx^j+\sum_{j=1}^{N-1}\beta_j(x-x_j)_+^{2m}\bigg/2m! \tag{3.5}$$

第一类边界条件插值问题：求形如(3.5)的 $S(x)$ 使满足：

内点插值条件： $S'(x_i)=y_i'$ $(i=1,2,\cdots,N-1)$

边界插值条件： $S(x_0)=y_0,\ S^{(\alpha)}(x_0)=y_0^{(\alpha)},\ S^{(\alpha)}(x_N)=y_N^{(\alpha)}$

$$(\alpha=1,2,\cdots,m)$$

第二类边界条件插值问题：求 $S(x)$ 除满足上述同一内点条件外，还要求满边界插值条件：

$$S(x_0)=y_0,\ S^{(\alpha)}(x_0)=y_0^{(\alpha)},\ S^{(\alpha)}(x_N)=y_N^{(\alpha)}\quad(\alpha=m+1,\cdots,2m)$$

第三类即周期性条件插值问题：同上求 $S(x)$ 满足内点条件及边界插值条件：

$$S^{(\alpha)}(x_0)=y_0^{(\alpha)}\quad(\alpha=0,1,2,\cdots,m_0)$$
$$S^{(\alpha)}(x_N)=S^{(\alpha)}(x_0)\quad(\alpha=1,2,\cdots,2m-m_0)$$

$(1\leqslant m_0\leqslant m)$

以上 $\{y_i',\ y_0^{(\alpha)},\ y_N^{(\alpha)}\}$ 等为给定数据。又加在 x_0 处的条件 $S(x_0)=y_0$ 等可改成右端点条件 $S(x_N)=y_N$。

定理 6（存在唯一性）。以上三种类型的插值问题的解是存在而且唯一的，但对第二类插值问题须补充要求 $N>m$。

证明。只须证齐插值问题的解恒为零。为此设 $S(x)$ 为齐插值问题的任一 $2m$ 次样条函数解。则一方面

$$\int_a^b S^{(2m+1)}(x)S'(x)dx=\sum_{j=1}^{N-1}\int_a^b\beta_j\delta(x-x_j)S'(x)dx=\sum_{j=1}^{N-1}\beta_jS'(x_j)=0$$

另一方面，由分部积分法又有

$$\int_a^b S^{(2m+1)}(x)S'(x)dx = \left\{ S^{(2m)}(x)S'(x) - S^{(2m-1)}(x)S''(x) + \cdots \right.$$
$$\left. + (-1)^{m-1}S^{(m+1)}(x)S^{(m)}(x) \right\}\Big|_a^b + (-1)^m \int_a^b \left\{ S^{(m+1)}(x) \right\}^2 dx$$

而不论对那一类边界插值条件，都有

$$\left\{ S^{(2m)}(x)S'(x) - S^{(2m-1)}(x)S''(x) + \cdots + (-1)^{m-1}S^{(m+1)}(x)S^{(m)}(x) \right\}\Big|_a^b = 0$$

从而

$$\int_a^b \left\{ S^{(m+1)}(x) \right\}^2 dx = 0$$

由于 $S(x) \in C^{2m-1}[a,b]$，$S^{(m+1)}(x) \in C^{m-2}[a,b]$，对 $m \geqslant 1$ $S^{(m+1)}(x)$ 最低限度也是按段连续函数。于是 $S^{(m+1)}(x) = 0$ 于 $a \leqslant x \leqslant b$，即 $S(x)$ 为 m 次多项式。

由第一类边值条件，立即得 $S(x) \equiv 0$ 于 $a \leqslant x \leqslant b$。

对第二类边值条件，由于要求 $N > m$，即 $S'(x)$ 有 m 个以上的零点，从而 $S'(x) \equiv 0$ 于 $[a,b]$。再由边值条件 $S(x_0) = 0$ 推得 $S(x) \equiv 0$ 于 $[a,b]$。

对第三类插值条件，至少有 m 个形如：

$$S^{(\alpha)}(x_N) = S^{(\alpha)}(x_0) \quad (\alpha = 1, 2, \cdots, 2m - m_0)$$ 的条件。从 $S^{(m-1)}(x) = S^{(m-1)}(a) + S^{(m)}(a)(x-a)$，$S^{(m-1)}(b) = S^{(m-1)}(a)$ 推到 $S^{(m)}(a) = 0$，依此类推得 $S^{(m-1)}(a) = S^{(m-2)}(a) = \cdots = S''(a) = 0$，而 $S'(x) = S'(a)$。再据边值条件 $S'(a) = S(a) = 0$ 推得 $S(x) \equiv 0$ 于 $[a,b]$。至此定理 6 证完。

定理 7（第一积分关系）设给定被插函数 $f(x) \in H^{m+1}[a,b]$，$S(f;x)$ 为其 $2m$ 次样条插值函数，边界条件为上述三类中的任何一类。但第二类边界条件限制为齐条件，而周期性边界条件自然要求 $f(x)$ 本身满足。则有第一积分关系：

$$\int_a^b \left\{ f^{(m+1)}(x) \right\}^2 dx = \int_a^b \left\{ S^{(m+1)}(f;x) \right\}^2 dx + \int_a^b \left\{ f^{(m+1)}(x) - S^{(m+1)}(f;x) \right\}^2 dx$$

证明。令 $g(x) = f(x) - S(f;x)$ 则 $g(x)$ 满足齐边值条件。所要证的等价于要证

$$\int_a^b S^{(m+1)}(x)g^{(m+1)}(x)dx = 0$$

由分部积分法有

$$\int_a^b S^{(m+1)}(x)g^{(m+1)}(x)dx = \left\{ S^{(m+1)}(x)g^{(m)}(a) - S^{(m+2)}(x)g^{(m-1)}(x) \right.$$
$$\left. + \cdots + (-1)^{m-1}S^{(2m)}(x)g'(x) \right\}\Big|_a^b + (-1)^m \int_a^b S^{(2m+1)}(x)g'(x)dx =$$

$$0 + \sum_{j=1}^{N-1} \beta_j g'(x_j) = 0$$

上述 $\left\{\cdots\right\}\Big|_a^b = 0$ 是由于边界插值条件，而 $g'(x_j) = 0$ $(j = 1, \cdots, N-1)$ 则根据内点插值条件。定理 7 得证。

定理 8（极小模性质）。设 $f(x) \in H^{m+1}[a,b]$ 为任一给定的被插函数，$g(f;x)$ 为其任一插值函数，且设 $g(f;x) \in H^{m+1}[a,b]$。又设 $S(f;x)$ 为 $f(x)$ 的 $2m$ 次样条插值函数。第二类边界插值条件假定是齐条件。则有如下不等关系式

$$\int_a^b \left\{ S^{(m+1)}(f;x) \right\}^2 dx \leq \int_a^b \left\{ g^{(m+1)}(f;x) \right\}^2 dx$$

当且仅当 $g(f;x) = S(f;x)$ 时方取等号。

证明。可视 $g(f;x)$ 为 $S(f;x)$ 的被插函数，且满足定理 7 条件，于是由第一积分关系得

$$\int_a^b \left\{ g^{(m+1)}(f;x) \right\}^2 dx = \int_a^b \left\{ S^{(m+1)}(f;x) \right\}^2 dx +$$

$$+ \int_a^b \left\{ g^{(m+1)} - S^{(m+1)}(f;x) \right\}^2 dx \geq \int_a^b \left\{ S^{(m+1)}(f;x) \right\}^2 dx$$

除非 $\int_a^b \left\{ g^{(m+1)}(f;x) - S^{(m+1)}(f;x) \right\}^2 dx = 0$ 即 $g^{(m+1)}(f;x) = S^{(m+1)}(f;x)$ 于 $a \leq x \leq b$ 方取等号。但由 $g^{(m+1)}(f;x) = S^{(m+1)}(f;x)$ 推出 $g(f;x) = S(f;x) + m$ 次多项式。从而 $g(f;x)$ 本身也是我们所考虑的 $2m$ 次样条函数。据定理 6，$2m$ 次样条插值函数是唯一的，从而 $g(f;x) = S(f;x)$。定理 8 证完。

定理 9（最佳逼近性）设 $f(x) \in H^{m+1}[a,b]$ 为任意给定的被插函数。$S(f;x)$ 为其 $2m$ 次样条插值函数，$S(x)$ 为形如 $(3,5)$ 的任一 $2m$ 次样条函数和 $S(f;x)$ 满足同样的边值条件。则

$$\int_a^b \left\{ f^{(m+1)}(x) - S^{(m+1)}(f;x) \right\}^2 dx \leq \int_a^b \left\{ f^{(m+1)}(x) - S^{(m+1)}(x) \right\}^2 dx$$

当且仅当 $S(x) = S(f;x)$ 时方取等号；对第二类边值条件，当且仅当 $S(x) = S(f;x) + m$ 次多项式时方取等号。

证明。$f(x) - S(x) = \{f(x) - S(f;x)\} + \{S(f;x) - S(x)\} = g(x) + \widetilde{S}(x)$，$g(x) = f(x) - S(f;x)$ 满足齐边值条件，$\widetilde{S}(x) = S(f;x) - S(x)$ 则为一形如 (3.5) 的样条函数。如前，由分部积分法可以证得 $\int_a^b g^{(m+1)}(x) \widetilde{S}^{(m+1)}(x) dx = 0$，从而

$$\int_a^b \{f^{(m+1)} - S^{(m+1)}(x)\}^2 dx = \int_a^b \{f^{(m+1)}(x) - S^{(m+1)}(f;x)\}^2 dx +$$
$$+ \int_a^b \{S^{(m+1)}(f;x) - S^{(m+1)}(x)\}^2 dx \geq \int_a^b \{f^{(m+1)}(x) -$$
$$- S^{(m+1)}(f;x)\} dx$$
当且仅当 $\widetilde{S}^{(m+1)}(x) \equiv 0$ 于 $[a,b]$ 时方取等号。对第一、第三类边值条件，由 $\widetilde{S}^{(m+1)}(x) \equiv 0$ 于 $[a,b]$ 立即推出 $\widetilde{S}(x) \equiv 0$ 即 $S(x) \equiv S(f;x)$ 于 $[a,b]$；对第二类边值条件则推出 $S(x) = S(f;x) + m$ 次多项式于 $[a,b]$，定理 9 证完。

定理 10（第二积分关系）设 $f(x) \in C^{2m+1}[a,b]$ 为任意给定的被插函数，$S(f;x)$ 为其样条插值函数，则总有第二积分关系：

$$\int_a^b \{f^{(m+1)}(x) S^{(m+1)}(f;x)\}^2 dx = (-1)^m \int_a^b \{f'(x) - S'(f;x)\} f^{(2m+1)}(x) dx$$

证明，将上式左端积分反复作 m 次分部积分得

$$\int_a^b \{f^{(m+1)}(x) S^{(m+1)}(f;x)\}^2 dx = \{(f^{(m+1)}(x) - S^{(m+1)}(f;x))$$
$$(f^{(m)}(x) - S^{(m)}(f;x)) - \cdots + (-1)^{m-1}(f^{(2m)}(x) - S^{(2m)}(f;x))$$
$$(f'(x) - S'(f;x))\}\Big|_a^b + (-1)^m \int_a^b \{f^{(2m+1)}(x) - S^{(2m+1)}(f;x)\}$$
$$\{f'(x) - S'(f;x)\} dx = (-1)^m \int_a^b f^{(2m+1)}(x) \{f'(x) -$$
$$S'(f;x)\} dx$$

上式 $\{\cdots\}\Big|_a^b = 0$ 是由于插值边界条件，而 $\int_a^b S^{(2m+1)}(f;x) \{f'(x) - S'(f;x)\} dx$
$= \sum_{j=1}^{N-1} \beta_j \{f'(x_j) - S'(f;x_j)\} = 0$ 则是由于插值的内点条件。定理 10 证完。

定理 11，设 $f(x) \in C^{2m+1}[a,b]$，则
$$R(f;x) = f(x) - S(f;x) = 0(h^{2m-1}),$$
$$R^{(\alpha)}(f;x) = 0(h^{2m-\alpha}) \quad (\alpha = 1, 2, \cdots, m)$$

于 $a \leq x \leq b$ 上一致地成立。其中 $h = \underset{i}{Max}|x_{i+1} - x_i|$。

证明，对任意 x，$x_i \leqslant x \leqslant x_{i+1}$，由于 $R'(f;x_j) = 0 (j=1,2,\cdots,N-1)$，反复应用劳尔定理得知，在 $x_i \leqslant x \leqslant x_{i+1}$ 上，至少有 $R''(f;x)$ 的一个零点。在 $x_i \leqslant x \leqslant x_{i+1}$ 隣近而长度不超过 $2h$ 的区上，至少有 $R'''(f;x)$ 的一个零点。依此类推，在 $x_i \leqslant x \leqslant x_{i+1}$ 隣近而长度不超过 $(m-1)h$ 的区间内，至少有 $R^{(m)}(f;x)$ 的一个零点 ξ，于是 $R^{(m)}(f;x) = \int_\xi^x R^{(m+1)}(f;x)dx$ 从而

$$|R^{(m)}(f;x)| \leqslant L \|R^{(m+1)}(f;x)\| h^{\frac{1}{2}} \tag{3.6}$$

其中 $\|R^{(m+1)}(f)\| = \left\{ \int_a^b |R^{(m+1)}(f;x)|^2 dx \right\}^{\frac{1}{2}}$，$L$ 为某常数。进而将 (3.6) 积分 $(m-1)$ 次得

$$|R'(f;x)| \leqslant L_1 \|R^{(m+1)}(f) \cdot \| h^{\frac{1}{2}+m-1} \tag{3.7}$$

由第二积分关系

$$\|R^{(m+1)}(f)\| \leqslant \underset{a \leqslant x \leqslant b}{Max} |R'(f;x)|^{\frac{1}{2}} \left\{ \int_a^b |f^{(2m+1)}(x)|^2 dx \right\}^{\frac{1}{2}} \tag{3.8}$$

以之代入 (3.7) 右端得

$$\underset{a \leqslant x \leqslant b}{Max} |R'(f;x)| \leqslant \underset{a \leqslant x \leqslant b}{Max} |R'(f;x)|^{\frac{1}{2}} L_1 \left\{ \int_a^b |f^{(2m+1)}(x)|^2 dx \right\} h^{m-\frac{1}{2}}$$

两边平方之得

$$\underset{a \leqslant x \leqslant b}{Max} |R'(f;x)| = O(h^{2m-1}) \tag{3.9}$$

进而

$$\underset{a \leqslant x \leqslant b}{Max} |R(f;x)| = \underset{a \leqslant x \leqslant b}{Max} \left| \int_a^x R'(f;x) dx \right| = O(h^{2m-1})$$

此后一不等式正是要证的第一个不等式。

将 (3.9) 再代入 (3.8) 又得

$$\|R^{(m+1)}(f)\| = O\left(h^{m-\frac{1}{2}} \right)$$

再代入 (3.6) 得

$$|R^{(m)}(f;x)| = O(h^m)$$

将它逐次积分，便得定理所要证的不等式。

对 $m=1$ 的二次样条函数插值的具体分析表明 $R'(f,x_i) = 0$，从而 $R'(f;x) = O(h^2)$，$R(f;x) = O(h^2)$ 这比定理 11 中的估计关于 h 要高一阶。一般说来，定理 11 的估计关于 h 也可以提高一阶，但证明不能借第二积分关系，而需更细致的矩阵分析。

关于本节所述插值的实际构造，我们仍建议采用 δ-基。如果事先只给了 $f(x)$ 的

一组离散值 $f(x_i)(i=0,1,\cdots,N)$，则可令

$$f'(x_i) = \mu_i \frac{f(x_{i+1}) - f(x_i)}{x_{i+1} - x_i} + \lambda_i \frac{f(x_i) - f(x_{i-1})}{x_i - x_{i-1}}$$

$$\lambda_i = \frac{x_{i+1} - x_i}{x_{i+1} - x_{i-1}}, \quad \mu_i = 1 - \lambda_i$$

从而可作本节所述的插值。

本节的结果可以推广到 $2m$ 次广义结点样条函数

$$S(x) = \sum_{j=0}^{2m} a_j x^j + \sum_{i=1}^{N-1} \sum_{0 \leqslant j \leqslant r_i} \beta_{ij} (x - z_i)_+^{2m-j} / (2m-j)!$$

上去，只要限制 $0 \leqslant r_i \leqslant m-1(i=1,2,\cdots,N-1)$。而相应插值问题的三类边值条件不变。内点条件则换成：

$$S^{(j)}(x_i) = y_i^{(j)} \quad (0 \leqslant j \leqslant r_i, i=1,2,\cdots,N-1) \tag{3.10}$$

j 不一定要求取遍由 0 到 r_i 的各整数，即不一定要求是埃尔米特型的插值条件，可以是伯尔柯夫型插值条件，即所谓 HB 问题[3]。但要求插值条件(3.10)中的 j 的变化和广义结点样条函数中 j 的变化完全一致。

作此推广以后，本节定理 6 到定理 11 依然成立。关键是此广义结点样条函数属于 $H^{m+1}[a,b]$。

参 考 文 献

〔1〕 Ahlberg, J. H., Nilson, E. N., amd Walsh, J. L., The Theory of Splines and Their Applications (1967)
〔2〕 李岳生，∂ 函数的逼近与应用(Ⅰ)，吉林大学学报，自然科学版，1974年第 2 期
〔3〕 Schoenberg, J. H., J. Math. Anal Appl. 21, 207—231(1968)

·综述·

Hilbert 第12个问题：互反律及 Langlands 的猜想

黎 景 辉

(香港中文大学)

引 言

Hilbert[24]在1900年提出23个数学问题，其中第12个问题至今未被解决，本文介绍在引入代数几何、自守形及调和分析的方法后，关于这个问题的工作进展，并提出有关的参考资料。

1.1 Hilbert 第12个问题

设F是代数数域，问：怎样刻画F的交换扩张？这是Hilbert的第9个问题，我们基本上，已知这一问题的答案是类域论(CLASSFIELD THEORY)[1]的主要内容，其中心定理是互反律(RECIPROCITY LAW)：

定理 代数数域的交换ARTIN L-函数都是HECKE L-函数[2]。以F^{ab}记F的极大交换扩张，$\mathbf{A}_F^x$记F的乘值量群(IDÈLE GROUP)[3]，C_F记F的(乘值量)类群$\mathbf{A}_F^x/F^x$，C_F^O记C_F的单位元的连通分支，则从以上定理可以证明存在同构[4]：

$$(1.1) \qquad [\,\cdot\,]\; C_F/C_F^O \longrightarrow Gal\,(F^{ab}/F)$$

其中 $Gal\,(F^{ab}/F)$是扩张F^{ab}/F的 Galois 群。根据Galois 理论，利用这个同构就可以找到F的任一个交换扩张 E/F 的 Galois 群，也可以说是找到了E。不过这个同构并没有给出E的明显构造方法。

当F是有理数数域$\mathbf{Q}$时，类域论告诉我们[5]

$$\mathbf{Q}^{ab} = \mathbf{Q}\,(\,e_N\,(1))_{N \in \mathbf{Z}_+^x}.$$

这就是说$\mathbf{Q}$的极大交换扩张是由 1 的N次根 $e_N(1) = exp\dfrac{2\pi i}{N}$ 所生成($\mathbf{Z}_+^x$是指正整数集)。而上面的同构(1.1)则是[6]对$s \in \mathbf{A}_Q^x$，

$$(1.2) \qquad e_N(1)^{(s)} = e_N\,(s^{-1}).$$

请注意两点：(一)$e_N(1)$只不过是指数函数的特殊值，(二)以上的(1.2)是一个明显的互反律。

Hilbert 的第12个**问题**可以表述为：如果把$\mathbf{Q}$换为任意的代数数域F，可否找到一

·207·

些解析函数 f 使在某些点的值生成 F 的极大交换扩张 F^{ab}。进一步，我们要求有像(1.2)的明显互反律(explicit reciprocity law)。

1.2 椭圆模函数

$\mathbf{Q}$ 以外的最简单代数数域就是二次扩张，当 K 是虚二次扩张[7]时，Hilbert 的第12个问题早在本世纪初由 Kronecker, Weber, Tagaki 及 Hasse 等人的工作解决了。这时我们用椭圆模函数代替指数函数。

设 L 为 $\mathbf{C}$ 内的格，以 $j(L)$ 记椭圆曲线 C/L 的 j-不变量，以 $f_{a,b,N}^k(L)$ ($k=1,2,3$) 记 Weber—Fricke 函数[8]（我们假设 $\Delta(L) \neq 0$ 及 $(a,b) \neq (0,0) \mod N$）。椭圆曲线的 n 阶点的坐标可由 Weber Fricke 函数算出。对 z 在上复半平面内，以 $\langle z \rangle$ 记格 $z\mathbf{Z} \times \mathbf{Z}$，则 j 和 $f_{a,b,N}^k$ 可看成上复半平面上的函数：$j(z) = j(\langle z \rangle)$，$f_{a,b,N}^k(z) = f_{a,b,N}^k(\langle z \rangle)$。这样 j 是一个一阶的模函数而 $f_{a,b,N}^k$ 是 N 阶的模函数[9]。

现设 F 是虚二次扩张。固定 F 内的一个分式理想 I。可以把 I 看成 $\mathbf{C}$ 内的格。设 $2k$ 是椭圆曲线的自同构群的阶。则由类域论可推出：

$$(1.2) \qquad F^{ab} = F(j(\mathcal{O}), f_{a,b,N}^k(\mathcal{O})) \quad a,b \in \mathbf{Z}, \; N \in \mathbf{Z}_+^\times$$

(其中 $(a,b) \not\equiv (0,0) \mod N$)。而且有以下的互反律，对 $s \in \mathbf{A}_F^\times$，

$$j(\mathcal{O})^{(s)} = j(s^{-1}\mathcal{O})$$

$$f_{a,b,N}^k(\mathcal{O})^{(s)} = (f_{a,b,N}^k)^{v(s^{-1})}(\mathcal{O})$$

($v(s^{-1})$ 的定义在注10)。[33]

这一个虚二次扩张的理论有四个部份：

(一) 定义在上复半平面上关于 $SL(2)$ 的同余子群的模函数；

(二) 虚二次扩张 $F/\mathbf{Q}$；

(三) 由 F 的理想所决定在上复半平面内 $GL(2,\mathbf{Q})_+$ 的子群的不动点；

(四) 椭圆曲线及它的自同态环和 N 阶点。

这显然只是一个一维的情形，在高维数的情形，Shimura[42]，Deligne[14] 把以上四个部份分别推广如下：

(一) 定义在有界对称域 H 上，关于代数群 G 的算术子群[11]的自守函数；

(二) 代数数域；

(三) $G(\mathbf{Q})$ 的离散子群在 H 内的不动点；

(四) 交换簇的 PEL 结构[12]，或 Hodge 结构。

当 G 是典型群的时候，问题已解决了。对于一般的代数群，这问题仍未解决[34]。

1.3 Shimura 簇

本节简单介绍 Shimura 的结果。[13]

设 F 是全实代数数域[14]，B 是 F 上的全不定[15]四元数代数，I 是 B 的主对合，G 是定

义在有理数域 **Q** 上的代数群，G 的有理点是
$$G(\mathbf{Q}) = \{a \in GL(n, B) | a \cdot {}^t a^I = v(a) 1\}$$
其中 ${}^t a$ 是转置，$v: G \longrightarrow F^x$ 是同态。设
$$G^u = \{a \in G | v(a) = 1\}.$$

取 $G^u(\mathbf{R})$ 的一个极大紧子群 K。则有界对称域 $G^u(\mathbf{R})/K$[16] 与 H_n^g 同构，其中 $g=[F:\mathbf{Q}]$（F 的次数），H_n 是 n 次 Siegel 上半空间[17]。以 $G(\mathbf{A})$ 记 G 的加值量点[18]，G_0 记 $G(\mathbf{A})$ 的有限部份，$G_{\infty+}$ 记 $G(\mathbf{A})$ 无限部份包含单位元的连通分支，对 G_0 的任一个开紧子群 S_0，我们考虑 $G(\mathbf{A})$ 的子群 $G_{\infty+} \cdot S_0$。以 Z 记由这些 $G(\mathbf{A})$ 的子群所组成的集合。

Shimura 证明：(i) 对每一个 $S \in Z$，存在一个关于 $\Gamma_S = G(\mathbf{Q}) \cap S$ 的自守函数 f_S，使这个函数诱导出一个双正则同构 $H_n^g / \Gamma_S \longrightarrow V_S$，其中 V_S 是似投影簇[19]；(ii) 对 $S, T \in Z$，若有 $x \in G_{\infty+} \cdot G_0$ 使 $xSx^{-1} \subset T$，则有簇同态 $J_{TS}(x): V_S \longrightarrow V_T^{\sigma(x)}$[20]。

在 H_n^g 内有一些特别点，每一个这样的点都是 $G(\mathbf{Q})$ 的某一个子群的唯一不动点对。任一特别点 z，Shimura 证明存出代数数域 P'，这 P' 是由有限个全实域的虚二次扩张所合成，而且对 $S \in Z$，我们可证明

(iii) $P'(\varphi_S(z))/P'$ 是交换扩张，(iv) 存在映射 $e: P'^X \to G$

使，对 $u \in \mathbf{A}_{P'}^X$，$\varphi_T(z)^{(u)} = J_{TS}(e(u)^{-1}) \varphi_S(z)$

这里的(iii)是相对于上一节的公式(1-2)，而(iv)可以看成互反律。

透过标准的化简步骤（例如看[42] I Prop 3.14），只需要对适当的同余子群证明以上的结果，而这时就可以借用 PEL 结构的模簇[21]。

2.1 自守 L 函数

要推广 §1.1 的定理，可以先看怎样推广 Hecke L—函数。设 χ 是 C_F 的特征标，则 $\chi = (\chi_P)$，其中 χ_P 是完备域 F_P 的特征标。若 π 生成 F_P 的素理想，则设 $\chi(p) = \chi_P(\pi)$。这样 Hecke 的 L 函数是由以下公式定义：
$$L(s, \chi) = \prod_p (1 - \chi(p)(N_P)^{-s})^{-1}$$

其中 s 是复数。以 O_F 记 F 的代数整数环，则 N_P 是指环 O_F/p 的阶数。可以证明：当 $Re s > 1$ 时，$L(s, \chi)$ 是解析函数；$L(s, \chi)$ 可以延拓为半纯函数，而且存在函数 $\varepsilon(s, \chi)$ 使 $L(s, \chi)$ 满足函数方程：
$$L(s, \chi) = \varepsilon(s, \chi) L(1-s, \chi^{-1})$$

([18] §8.3)显然 $F \backslash O$ 只不过是最简单的代数群 $GL(1, F)$。若把 $GL(1, F)$ 换为既约代数群[11]，则相应于 χ 就是 G 的自守表示 π[22]。对 G 的 L 群 ${}^L G$（又称 associated group）的有限维表示 r，Langlands[30] 用 Euler 积定义了 L 函数 $L(s, \pi, r)$ 并证明了当 $Re s$ 足够大时，$L(s, \pi, r)$ 绝对收敛。同时还猜想 $L(s, \pi, r)$ 可以延拓为半纯函数，而且存在函数 $\varepsilon(s, \pi, r)$ 使
$$L(s, \pi, r) = \varepsilon(s, \pi, r) L(s, \widetilde{\pi}, r)$$

其中 $\tilde{\pi}$ 是与 π 逆步的表示。这些猜想还未被解决，其部份的结果可看[25]、[17]、[31]。

2.2 局部 L 函数

G 的自守表示 π 是 $G(\mathbf{A})$ 的容许表示[23]。π 可以写成限制张量积 $\otimes \pi_P$，其中 π_P 是 $G(F_P)$ 的容许表示，以上一节的 $L(s,\pi,r)$ 是局部 L 函数 $L(S,\pi_P,r_P)$ 的积，其中 $r = \otimes r_P$。本节讨论这些局部的 L 函数。假设 F 是部局域。

以 $\Pi(G(F))$ 记由 $G(F)$ 的不可约容许表示（的无限小等价类[24]）所组成的集合。设
$$\Pi(F) = \bigcup_{n \geq 1} \Pi(GL(n,F)).$$

则 $\Pi(F)$ 是交换范畴[25] Langlands 猜想：假如可以用 Tannaka 对偶，则有 $\mathbf{C}$ 上既约代数群 $G_{\Pi(F)}$ 及匹满映射 $\Pi(GL(n,F)) \leftrightarrow Rep(G_{\Pi(F)})_n$，其中 $Rep(G_{\Pi(F)})_n$ 是指 $G_{\Pi(F)}$ 的 n 维表示的等价类所组成的集合[26]。以 $\Phi(G(F))$ 记所有 $Gal(\bar{F}/F)$ 上的容许同态[27] $\varphi: G_{\Pi(F)} \to {}^L G$。Langlands 猜想：存在满映射 $\Pi_G: \Pi(G(F)) \to \Phi(G(F))$ 使对 $\varphi \in \Phi(G(F))$，$\Pi_G^{-1}(\varphi)$ 内的的表示为 L-不可辨别[28] 这时，若 $\pi \in \Pi_G^{-1}(\varphi)$ 则取 $L(s,\pi,r)$ 为 Artin L-函数 $L(s,r\circ\varphi)$[29]。

2.3 L 同态

设 G 及 H 均为既约 F 群，G 为似裂群 (guasi-split)，及 $u: {}^L H \to {}^L G$ 为 L-同态 ([7] §15)。设 $\pi = \otimes \pi_P$ 是 $H(\mathbf{A})$ 的不可约容许表示，$\tilde{\pi} = \otimes \tilde{\pi}_P$ 是 $G(\mathbf{A})$ 的不可约容许表示。若对每一个 p，存在 $\varphi \in \Phi(H(F_P))$ 使 $\pi_P \in \Pi_H^{-1}(\varphi)$ 及 $\tilde{\pi}_P \in \Pi_G^{-1}(u \cdot \varphi)$，我们说 π 升为 $\tilde{\pi}$ 这时便有 $L(s,\tilde{\pi},r) = L(s,\pi,r\circ u)$。以 $A(G/F)$ 记 $G(\mathbf{A})$ 的所有不可约自守表示的等价类。Langlands 猜想 ([7] §17.1)：存在一个映射 $u^*: A(H/F) \to A(G/F)$ 使 π 升为 $u^*(\pi)$。

例如若取 $H = \{1\}$，$G = GL_n$，则当 $n=1$ 时，以上的猜想便是 §1.1 的定理，当 $n=2$ 时，这个猜想是与 Artin 猜想等价 ([20])。又若设 E/F 为有限 Galois 扩张，H 为 F 裂群，$G = R_{H/F}H$，则以上的猜想便是 BASE CHANGE 问题 (部份的解答可看[33])。又若取 $G = GL_2$，H 为 F 上的一个四元数代数的可逆元，则这猜想已在[25]中解决。

3.1 Hasse-Weil ζ 函数

设 d 为 ≥ 1 的整数，X 为 $\mathbf{Z}[1/d]$ 上的光滑真概型[30]，对素数 $p \nmid d$，X 在 p 的 ζ-函数可由以下公式决定：
$$\log Z_P(s,X) = \sum_{m=1}^{\infty} \frac{1}{m_P^{ms}} (\# X(\mathbf{F}_P m))$$

其中 $\mathbf{F}_P m$ 是指只有 $_P m$ 个元的域。除了有限个因子外，X 的 Hasse-Weil ζ-函数 $Z(s,X)$ 是积 $\prod_{p \nmid d} Z_P(s,X)$。代数几何和数论的工作者一直对这个函数很有兴趣。[48]介绍这方面的一些工作，对任意光滑完备簇的 ζ-函数，我们所知很少。假如 V_S 是 §1.3 中的代数簇，Larglands 猜想 V_S 的 ζ 函数，除了有限个因子外，是可以写成 §2.1 中的 L 函数的乘积[31]。

3.2 Shimura簇的 ζ 函数.

取 F, B, G 如§1.3, 并设 $n=1$. 这时 $^L G$ 是半直积 $GL(2,\mathbf{C})^g \rtimes Gal(\overline{\mathbf{Q}}/\mathbf{Q})$. 作表示 $\rho: {^L G} \to \bigotimes_1^g \mathbf{C}^2$ 如下: ρ 在 $GL(2,\mathbf{C})^g$ 上是对每一个因子的标准表示, ρ 在 $Gal(\overline{\mathbf{Q}}/\mathbf{Q})$ 上是把因子排列. Langlands[34]证明了以下的

定理 除了有限个因子外, V_s 的 Hasse-weil ζ-函数是 $\Pi_\pi L(s-g/2, \pi, \rho)^{m(\pi)}$ 其中 π 为 G 的自守表示, 整数 $m(\pi) \geqslant 0$.

证明分三部份, 首先用代数几何学的方法算出 $\log Z(s, V_s)$ 的系数, 再用 Selberg trace 公式算 $L(s-g/2, \pi, \rho)$, 最后利用 local orbit integrals(及 Bruhat-Tits building 的理论)来比较两边的结果[32].

结语: 综上所述, 在引入调和分析([51], [49]), 自守函数([41], [25])和代数几何([11], [37])的方法后, 互反律是本世纪上半叶数论中的一项伟大成就, 它为更多更好的工作迈出了第一步. Langlands 的猜想[35]是今后的成果的轮廓.

注:

1) 关于类域论早期的历史可以看[21]. 目前讲类域论的教科书有[39], [3]都是用上同调群的方法.

(关于这方面用的上同调群可看[29]). [52]用代数语言(但基本上也是上同调群). 比较古典的(用理想的语言)有[22], [26].

2) 见[18]定理10-1-1和166页. 互反律有很多等价的说法, 这里讲的只不过是其中的一个, 关于ARTIN及HECKE的 L 函数, 请看以下第2.1段.

3) 见[52]第四章; [10].

4) 见[47]§5.6; [10].

5) 见[52]Chap Ⅷ §4. 这原是KRONECKER的猜想. 首先由 WEBER 在1886年证出.

6) 在以下公式中 $e_N(s^{-1})$ 是这样算出来的: 对 $s=(s_p) \in \mathbf{A}_Q^x$, 存在唯一的 $b \in \hat{\mathbf{Z}}$ 使 $(b\mathbf{Z})_p = s_p^{-1} \mathbf{Z}_p$ 对所有 p 成立, 这时则做 $e_N(s^{-1})$ 为 $e_N(b) = \exp(\frac{2\pi i b}{N})$.

7) 即 $F = \mathbf{Q}(\sqrt{d})$, d 是一个没有平方因子的负整数.

8) 设 L 的基是 $\{\omega_1, \omega_2\}$. 定义

$$g_2(L) = \sum_{\omega \in L \setminus \{0\}} \frac{1}{\omega^4}$$

$$g_3(L) = 140 \sum_{\omega \in L \setminus \{0\}} \frac{1}{\omega^6}$$

$$\Delta(L) = g_2^3(L) - 27 g_3^2(L)$$

$$\wp(Z, L) = \frac{1}{Z^2} + \sum_{\omega \in L \setminus \{0\}} \left(\frac{1}{(Z-\omega)^2} - \frac{1}{\omega^2} \right)$$

则

$$j(L) = \frac{1728 g_2^3(L)}{\Delta(L)}$$

$$f_{a,b,N}^1(L) = \frac{g_2(L)g_3(L)}{\Delta(L)} \wp\left(\frac{a\omega_1 + b\omega_2}{N}, L\right)$$

$$f_{a,b,N}^2(L) = \frac{g_2(L)^2}{\Delta(L)} \wp\left(\frac{a\omega_1 + b\omega_2}{N}, L\right)^2$$

$$f_{a,b,N}^3(L) = \frac{g_3(L)}{\Delta(L)} \wp\left(\frac{a\omega_1 + b\omega_2}{N}, L\right)^3$$

9) 这就是说：对 $\alpha = \begin{pmatrix} a & b \\ c & d \end{pmatrix} \in SL(2,\mathbf{Z})$，设

$$\alpha(Z) = \frac{az+b}{cz+d}$$

则
$$j(\alpha(Z)) = j(Z)$$

若 $\alpha \in \Gamma(N) = \{\alpha \in SL(\alpha, \mathbf{Z}) | \alpha \equiv 1 \bmod N\}$

则
$$f_{a,b,N}^k(\alpha(Z)) = f_{a,b,N}^k(Z)$$

10) 在 I 内可找到一个基 $\{\omega_1, \omega_2\}$ 使 $Z = \omega_1 \omega_2^{-1}$ 在上复半平面上，则 $F = \mathbf{Q}(Z)$，$F \approx End_Q(\mathbf{C}/I)$。利用公式

$$x\begin{pmatrix} Z \\ 1 \end{pmatrix} = q(x)\begin{pmatrix} Z \\ 1 \end{pmatrix}$$

及注意到 $xI \subseteq I$，我们可以定义一个匹同态

$$q: F^x \longrightarrow GL(2, \mathbf{Q})_+$$

使 z 为 $q(F^x)$ 的固定点。对 $s \in \mathbf{A}_F^x$，$q(s)$ 可以写成 rt，其中 $r \in GL(2,\mathbf{Q})_+$，$t \in GL(2,\infty)_+ \Pi GL(2, \mathbf{Z}_p)$。这样则存在 $\beta \in M_2(\mathbf{Z}) \cap GL(2,\mathbf{Q})_+$ 使

$$t_p \equiv \beta \bmod N \cdot M(2, \mathbf{Z}_p)$$

若 $(a,b)\beta = (c,d)$ 则设

$$\left(f_{a,b,N}^k\right)^{\nu(s)} = f_{c,d,N}^k$$

关于这一节的理论可以参看〔41〕。

11) 代数群，算术子群见〔27〕。

12) 见〔43〕。

13) 本节所讲的是〔42〕Ⅱ 定理5.2的一个特殊情形，我们把原来的定理适当的简化了，希望容易明白。

14) 即 totally real algebraic number field, 意思是：若 g 是 F 的次数，则有 g

个各不相同的匹同态$F \to \mathbf{R}$.

15) 即 $B \underset{F}{\otimes} \mathbf{R} \approx G_2(\mathbf{R})^g$.

16) 参看〔23〕第Ⅵ,Ⅷ章.

17) H_n的元是$n \times n$对称复矩阵z,并要求$I_m z > 0$.

18) 即 adelic points of G, 见〔53〕.

19) 由〔4〕知H_n^g/Γ_s是同构于似投影簇. 常称V_s为Shimura簇. Γ_s是算术子群. 两篇介绍自守形的近代理论的文章是〔5〕,〔6〕.

20) 在这里$\sigma(x)$是一个适当的Galois群内的元. 关于V^σ的定义可看〔41〕Appendix §6.

21) 即 moduli variety, 见〔43〕. 我们讲一个例子. 设e_i是正整数满足条件$e_{i+1} \equiv 0(\mathrm{mod}\, e_i)$. 又设

$$e = \begin{bmatrix} e_1 & & \\ & \ddots & \\ & & e_n \end{bmatrix}, \quad B = \begin{bmatrix} 0 & -e \\ e & 0 \end{bmatrix}$$

对$z \in H_n, a \in \mathbf{R}^{2n}$, 以$f_z(a)$记复列向量$(e\ z)a$ 则$f_z: \mathbf{R}^{2n} \to \mathbf{C}^n$ 为 $\mathbf{R}$-线性同构. 以D_z记$f_z(\mathbf{Z}^{2n})$. 则 $\mathbf{C}^n/D_z$是一个以$E_z(x,y) = B(f_z^{-1}(x), f_z^{-1}(y))$为 Riemann 形 的 配 极 交 换 簇. 记它为A_z. 现设

$$\Gamma = \{T \in GL(2n, \mathbf{Z}) | {}^t TBT = B\}$$

若$T \in \Gamma$ 及

$$P_e = \begin{bmatrix} 1 & 0 \\ 0 & e \end{bmatrix}, \quad P_e^{-1} \cdot {}^t T^{-1} \cdot P_e = \begin{bmatrix} a & b \\ c & d \end{bmatrix}$$

则 设 $T \cdot z = (az+b)(cz+d)^{-1}$. 这样对$z, w \in H_n, A_z$与$A_w$同构的充要条件是存在$T \in \Gamma$使$T \cdot z = w$. 于是$H_n/\Gamma$便可看成由$e$所决定的配极交换簇的模簇. 关于交换簇与 数论可看两篇介绍性的文章〔44〕, 〔46〕.

22) 见〔6〕§4·6. 自守表示是$G(\mathbf{A})$在$G(\mathbf{A})$的自守形上的正则表示的subquotient. 比如, 设为G的中心, x为$z(\mathbf{A}_F)/z(F)$的特征标及

$$L^2(G(F) \backslash G(\mathbf{A}_F))_x = \{f \in L^2(G(F)z(\mathbf{A}) \backslash G(\mathbf{A})) | f(zx) = f(z)f(x), x \in G(\mathbf{A})\ z \in \mathbf{Z}(\mathbf{A})\}$$

其中L^2是指平方可积函数, 则$G(\mathbf{A})$在$L^2(G(F) \backslash G(\mathbf{A}_F))_x$的$G$-不变不可约闭子空间上的正则表示为自守表示.

23) 即admissible representation. 可看〔25〕308页, 〔50〕§2, 〔9〕§1.5.

24) 这些表示都是无限维的表示. 关于无穷小等价见〔51〕§4·5·5.

25) abelian category 见〔19〕, 〔16〕, 〔45〕.

26) 这猜想见〔32〕§2; Tannaka对偶见〔38〕第Ⅲ章(特别是§1.1.1, 2.3.1, 3.2.2, 3.3.1).

27) 见〔7〕§8.

28) L-indistinguishable 的条件见[7]§10.3. 这个猜想是local class field的推广，事实上当$G=GL(1)$时，这就是local class field theory.

29) Artin L函数见[13]，[54]，[2]. 我们是要适当地解释文中的$L(s,r\circ\varphi)$. Weil在推广Artin的L函数时引入一个拓扑群W_F（现在称它为Weil群）及同态$\Psi:W_F\to Gal(\bar{F}/F)$以$G^c$记拓扑群$G$的交换子子群的闭包，以$G^{ab}$记$G/G^c$. 对任一有限扩张$E/F$, 局部类域论的互反同态可以写为

$$E^{\times}\to W_E^{ab}\to Gal(\bar{F}/F)$$

其中$W_E=\Psi^{-1}(Gal\bar{F}/E)$. 当$F=\mathbf{C}$或$\mathbf{R}$设$W_F^1$是$W_E$当$F$是nonarchimedean时，设$W_F^1$是$SL(2,\mathbf{C})\times W_F$, 则存在一个由Weil Deligne群$WD_F$到$W_F^1$的同态把$w\in W_F$映为：

$$\begin{pmatrix} |w|^{\frac{1}{2}} & 0 \\ 0 & |w|^{-\frac{1}{2}} \end{pmatrix}\times w.$$

这时$\Pi(F)$就等价于由W_F'的连续半单$\mathbf{C}$表示所组成的范畴. 并且还有同态$G_{\Pi(F)}\longrightarrow Gal(\bar{F}/F)$. 这就是说在Atren的$L$-函数的定义中，我们用$G_{\Pi(G)}$代替了Galois群.

30) smooth proper scheme

31) 这个猜想只不过是一个更一般的猜想的特例. Grothendieck引入motif这个概念([38]Ⅶ§4, [36], [15]). 每一个motif M有一个L-函数$L(s,M)$, Deligne, Langlands, Sene, Tate等人的猜想是：

$$L(s,M)=\prod_i L(s-a_i,\pi_i,r_i)$$

其中右边的是自守表示的L函数. 我们离开能够解决这样的猜想还很远，过去的工作虽然提供很多例子，但是还有很多工作要做. Langlands[32]和Deligne[14]的文章提出他们所遇到的困难和一些结果；§1.1的定理及[28]中所讲的weil猜想亦可以算是这个motif的猜想的特例，总之一切有待各人努力！

32) 关于selberg trace formula可看[1], orbital integrals[40]及Bruhat—Tits building可看[8].

33) [33]的前一半把本段用代数几何的语言写出，读者可作比较.

34) 这个问题又称为shimura猜想：canonical models ([14]§2.2)的存在性及互反律([14])§2.6).

35) 关于这些猜想，见Langlands在[32]的序.

参 考 文 献

[1] J. ARTHUR, A trace formula for reductive groups, *Duke Math. J.*, (1979).
[2] E. ARTIN, Zur Theorie der L-Reihen mit allgemeinen Gruppencharakteren, *Abh. Math. SEm. Univ. Hamburg*, 8 (1930), 292—306.
[3] E. ARTIN and J. TATE, *Class Field Theory*, Benjamin, New York, 1967.
[4] W. L. BAILY and A. BOREL, Compactification of arithmetic quotients of bounded symmetric domains, *Ann. Math.*, 84 (1966), 442—528.
[5] A. SOREL, Introduction to Automorphic Forms, *Proc. Symp. Pure Maths.*, IX (1966), 199—210.
[6] A. BOREL and H. JACQUET, Automorphic Forms and Automorphic Representation, *Proc. Symp. Pure Math.*, 33 (1979), 189—202.
[7] A. BOREL, Automorphic L-function, *Proc. Symp. Pure Math. AMS*, 33 (1979), 27—62.
[8] F. BRUHAT and J. TITS, 4 papers in C. R. Acad. Sci. Paris, 263 (1966), 598—601, 766—768, 822—825, 867—869.
[9] P. CARTIER, Representations of p—adic groups, *Proc. Symp. Pure Math. AMS*, 331 (1979), 111—156.
[10] C. CHEVALLEY, La theorie du corps de classes, *Ann. Math.*, 41 (1940), 394—417.
[11] P. DELIGNE, Hodge Theory I, II, III, *Publ. Math. IHES* 40.
[12] P. DELIGNE, Valeurs de fonctions L et periodes d'integrales, *Proc. Symp. Pure Math.*, 33 (1979) II, 313—342.
[13] P. DELIGNE, Les constantes des equations fonctionnelles des fonctions L, *Springer Lect. Notes Maths.*, 349 (1973), 501—595.
[14] P. DELIGNE, Varietes de Shimura, *Proc. Symp. Pure Math.*, 33 (1979) II, 247—290.
[15] M. DEMAZURE, Motifs des varietes algebrique, Sem. Bourbaki 非365 (1969), *Springer LN Math.*, 180.
[16] P. GABRIEL, Des categories abeliennes, *Bull. Soc. Math. France.*, 90 (1962), 323—448.
[17] R. GODEMENT and H. JACQUET, Zeta functions of simple algebras, *Springer Lecture Notes in Math.*, Springer, New York, 260 (1972).
[18] L. GOLDSTEIN, *Analytic Number Theory*, Prentice Hall, 1971.
[19] A. GROTHENDIECK, Sur quelques points d'algebre homologique, *Tohoku Math. J.*, 9 (1957), 119—221.
[20] S. GELBART, Automorphic forms and Artin's conjecture, *Springer Lecture Notes in Math.*, 627 (1977), 241—276.
[21] H. IIASSE, *History of class field Theory*, in *Algebraic Number Theory*, ed. Cassels & Froblich, Academic press, 1967.
[22] H. HASSE, Vorlesungen über Klassenkorpertheorie, Physica-Verlag, Wurz-

burg, 1967.

[23] S. HELGASON, *Differential Geometry, Lie Groups and Symmetric Spaces*, Academic Press, New York, 1978.

[24] D. HILBERT, Mathematical problems, *Bull. AMS*, (1902), 437—478.

[25] H. JACQUET and R.P. LANGLANDS, Automorphic forms on GL(2), *Springer Lecture Notes in Math.*, 114 (1970), 278(1972).

[26] G. JANUSZ, *Algebraic Number Fields*, Academic Press, New York.

[27] 黎景辉,代数群,中山大学学报(自然科学版),1980,2.

[28] 黎景辉,一个椭圆曲线的猜想,应用数学(重庆),1980.

[29] S. LANG, *Rapport sur la cohomologie des groupes*, Benjamin, New York, 1966.

[30] R.P. LANGLANDS, Problems in the theory of automorphic forms, *Springer Lecture Notes in Math.*, 170 (1970), 18—86.

[31] R.P. LANGLANDS, *Euler products*, Yale University Press, 1967.

[32] R.P. LANGLANDS, Automorphic representations, Shimura varieties, and motives, *Proc. Symp. Pure Math. AMS*, 33 (1979) Ⅰ, 205—246.

[33] R.P. LANGLANDS, Base change for GL_2, Annals of Math. Studies, Princeton University Press.

[34] R.P. LANGLANDS, Shimura varieties and the Selberg trace formula, *Canadian J. Math.*, 39 (1977), 1292—1299.

[35] R.P. LANGLANDS, Some contemporary problems with origins in the Jugendtraum, *Proc. Symp. Pure Math.*, 28 (1976), 401—418.

[36] J. MANIN, Correspondences, Motifs and Moncidal Transformations, AMS Transl., Math USSR. Sbornik, 6 (1968), 439—470.

[37] D. MUMFORD, *Gesmetric Invariant Theory*, Springer Verlag, 1965.

[38] N. SAAVEDRA RIVANO, Categories Tannakiennes, *Springer Lecture Notes Math.*, 265 (1972), Springer Verlag, New York.

[39] J.-P SERRE, *CORPS LOCAUX*, Hermann, Paris, 1962.

[40] D. SHELSTAD, Orbital integrals, *Ann. Sc. E. N. S.*, 12 (1979), 1—31.

[41] G. SHIMURA, *Introduction to the arithmetic theory of automorphic functions*, Princeton University Press, 1971.

[42] G. SHIMURA, On canonical models of arithmetic quotients of bounded symmetric domains, I, Ⅰ, *Ann. Math.*, 91 (1970), 144—222; 92(1970), 528—549.

[43] G. SHIMURA, Moduli and fibre system of abelian varieties, *Ann. Math.*, 83 (1966), 294—338.

[44] G. SHIMURA, Moduli of Abelian Varieties and Number Theory, *Proc. Symp. Pure Math. AMS*, 9(1966), 312—332.

[45] H. SCHUBERT, *Categories*, Springer Verlag, New York, 1972.

[46] H. SWINNERTON-DYER, Applications of algebraic geometry to number theory, *Proc. Symp. Pure Math. AMS*, 20(1971), 1-52.

[47] J. TATE, *Global class field theory*, in *Algebraic Number Theory*, ed. Cassels & Frohlich, Academic Press, 1967.

[48] A. D. THOMAS, *Zeta functions*, Pitman Publishing Co., London, 1977.
[49] V. VARADARAJAN, Harmonic analysis on real reductive groups, *Syringer Lecture Notes in Math.*, 576(1977), Springer Verlag, New York.
[50] N. WALLACH, Representaions of reductive Lie groups, *Proc. Symp. Pure Math. AMS*, 331(1977), 71—86.
[51] G. WARNER, Harmonic analysis on Semi-simple Lie groups, I, II, Springer Verlag, 1972.
[52] A. WEIL, *BASIC NUMBER THEORY*, Springer-Verlag, 3rd ed., 1974.
[53] A. WEIL, Adeles and algebraic groups, Institute for Advanced Study, Princeton, 1961.
[54] A. WEIL, Sur la theorie du corps de classes, *J. Math. Soc. Japan*, 3 (1951), 1—35.

关于构造李雅普诺夫函数的微分矩方法（II）

王寿松 徐远通

（数学力学系）

摘　要

本文对用微分矩方法构造李雅普诺夫函数提出各种充分性条件，具体解决了确定组合系数的问题，各定理为实际应用提供了明确的运算法则。

本文继续文[1]的工作，对几类不同的方程研究如何用微分矩方法构造李雅普诺夫函数，着重讨论如何选择组合微分矩方程的各种系数，并用实例说明它在应用上的方便之处。

§1. 构造二次型的李雅普诺夫函数

考虑非驻定系统

$$\dot{x}_i = X_i(t, x_1, \cdots, x_n), \quad (i=1,2,\cdots,n) \tag{1.1}$$

这里 $\dot{x}_i \equiv \dfrac{dx_i}{dt}$，$X_i(t, x_1, \cdots, x_n)$ 对一切 $t \geq 0$ 及 $x_1, \cdots, x_n$ 连续，满足解的唯一性条件，$X_i(t, 0, \cdots, 0) \equiv 0$ $(i=1,2,\cdots,n)$。

对于微分矩方程组

$$\begin{cases} x_i \dot{x}_i = x_i X_i, \\ x_i \dot{x}_j + x_j \dot{x}_i = x_i X_j + x_j X_i, \end{cases} \quad (i,j=1,2,\cdots,n; i>j) \tag{1.2}$$

如果能选择适当的组合系数，使其右端组合成为文[1]所说的第一类函数，那么可构造出二次型的李雅普诺夫函数。

定理1.1　如果对于某个整数 $l(1 \leq l \leq n)$，存在 n 个正实数 $p_{ii}(i=1,2,\cdots,n)$ 和 $n-1$ 个实数 $p_{li}(i=1,2,\cdots,n, i \neq l)$，满足 $p_{ll} > \sum\limits_{i=1, i \neq l}^{n} \dfrac{p_{li}^2}{p_{ii}}$，组合微分矩方程组(1.2)右端，得

$$\sum_{i=1}^{n} p_{ii} x_i X_i + \sum_{i=1, i \neq l}^{n} p_{li}(x_i X_l + x_l X_i) = W(t, x_1, \cdots, x_n) \tag{1.3}$$

其中 $W(t, x_1, \cdots, x_n)$ 是常负函数，那么，这些实数便是(1.2)的组合系数，可作出二次

型的李雅普诺夫函数为

$$V = \frac{1}{2}\sum_{i=1, i\neq l}^{n} p_{ii}(x_i + \frac{p_{li}}{p_{ii}}x_l)^2 + \frac{1}{2}(p_{ll} - \sum_{i=1, i\neq l}^{n} \frac{p_{li}^2}{p_{ii}})x_l^2 \quad (1.4)$$

它通过方程组(1.1)对t的全导数为

$$\dot{V} = W(t, x_1, \cdots, x_n).$$

〔证〕 由(1.3)得

$$W(t, x_1, \cdots, x_n) = \sum_{i=1}^{n} p_{ii} x_i \dot{x}_i + \sum_{i=1, i\neq l}^{n} p_{li}(\dot{x}_i x_l + x_i \dot{x}_l) \quad (1.5)$$

利用关系式：$\frac{1}{2}\frac{d}{dt}x_i^2 = x_i \dot{x}_i$，$\frac{d}{dt}(x_i x_l) = \dot{x}_i x_l + x_i \dot{x}_l$，则(1.5)右端进一步化为

$$\frac{d}{dt}\left(\frac{1}{2}\sum_{i=1}^{n} p_{ii} x_i^2 + \sum_{i=1, i\neq l}^{n} p_{li} x_i x_l \right)$$

$$= \frac{d}{dt}\left[\frac{1}{2}\sum_{i=1, i\neq l}^{n} p_{ii}(x_i + \frac{p_{li}}{p_{ii}}x_l)^2 + \frac{1}{2}(p_{ll} - \sum_{i=1, i\neq l}^{n} \frac{p_{li}^2}{p_{ii}})x_l^2 \right]$$

即得

$$\frac{d}{dt}\left[\frac{1}{2}\sum_{i=1, i\neq l}^{n} p_{ii}(x_i + \frac{p_{li}}{p_{ii}}x_l)^2 + \frac{1}{2}(p_{ll} - \sum_{i=1, i\neq l}^{n} \frac{p_{li}^2}{p_{ii}})x_l^2 \right] = W(t, x_1, \cdots, x_n) \quad (1.6)$$

注意到 $p_{ll} > \sum_{i=1, i\neq l}^{n} \frac{p_{li}^2}{p_{ii}}$，故取(1.4)形式的$V$函数，则$V$是定正函数，而且由(1.6)知

$$\dot{V} = W(t, x_1, \cdots, x_n)$$

而$W(t, x_1, \cdots, x_n)$是常负函数，可见V是二次型的李雅普诺夫函数。定理得证。

定理1.2* 如果存在n组非零实数$p_{11}^{(1)}$和$p_{ij}^{(s)}$ ($i \leq j \leq s; i, j = 1, 2, \cdots, n; s = 2, 3, \cdots, n$)满足等式

$$[p_{ij}^{(s)}]^2 = p_{ii}^{(s)} \cdot p_{jj}^{(s)}$$

组合微分矩方程组(1.2)右端，得：

$$[p_{11}^{(1)}]^2 x_1 X_1 + \sum_{s=2}^{n} \left\{ \sum_{i=1}^{s} [p_{ii}^{(s)}]^2 x_i X_i + \sum_{i,j=1, i<j}^{s} [p_{ij}^{(s)}]^2 (x_i X_j + x_j X_i) \right\}$$

$$= W(t, x_1, \cdots, x_n) \quad (1.7)$$

其中$W(t, x_1, \cdots, x_n)$是常负函数，那么这些实数便是(1.2)的组合系数，有二次型李雅普诺夫函数为

---

* 为方便起见，定理1.2及其推论所给出的V函数是按变元顺序先后出现平方项的。在实际应用时，不一定按这种次序，可适当选取变元x_k代替x_1，以x_k代替x_2等等

$$V = \frac{1}{2}\sum_{s=1}^{n}\left[\sum_{i=1}^{s} p_{ii}^{(s)} x_i\right]^2 \tag{1.8}$$

它通过方程组(1.1)对 t 的全导数为

$$\dot{V} = W(t, x_1, \cdots, x_n)$$

〔证〕 实际上，由(1.7)有

$$W(t, x_1, \cdots, x_n) = [p_{11}^{(1)}]^2 x_1 \dot{x}_1 + \sum_{s=2}^{n}\left\{\sum_{i=1}^{s}[p_{ii}^{(s)}]^2 x_i \dot{x}_i\right.$$

$$\left. + \sum_{\substack{i,j=1 \\ i<j}}^{s}[p_{ij}^{(s)}]^2(\dot{x}_i x_j + x_j \dot{x}_i)\right\}$$

$$= \frac{d}{dt}\left\{\frac{1}{2}[p_{11}^{(1)} x_1]^2 + \frac{1}{2}\sum_{s=2}^{n}\left(\sum_{i=1}^{s}[p_{ii}^{(s)} x_i]^2\right.\right.$$

$$\left.\left. + 2\sum_{\substack{i,j=1 \\ i<j}}^{s}[p_{ii}^{(s)} x_i][p_{jj}^{(s)} x_j]\right)\right\}$$

$$= \frac{d}{dt}\left\{\frac{1}{2}\sum_{s=1}^{n}\left(\sum_{i=1}^{s} p_{ii}^{(s)} x_i\right)^2\right\}$$

因而易知(1.8)是定正的李雅普诺夫函数。定理得证。

推论 如果存在 n 组实数 $p_{is} \neq 0 (i=1,2,\cdots,s; s=1,2,\cdots n)$ 使得组合微分矩方程 组右端得到

$$\left(\sum_{i=1}^{s} p_{is} x_i\right)\left(\sum_{i=1}^{s} p_{is} X_i\right) = W_s(t, x_1, \cdots, x_n) \quad (s=1,2,\cdots,n)$$

其中 $W_s(t, x_1, \cdots, x_n)$ 是常负函数，那么可作出二次型李雅普诺夫函数

$$V = \frac{1}{2}\sum_{s=1}^{n}\left[\sum_{i=1}^{s} p_{is} x_i\right]^2$$

它通过方程组(1.1)对 t 的全导数为

$$\dot{V} = \sum_{s=1}^{n} W_s(t, x_1, \cdots, x_n)$$

下面用例子说明上述定理的应用。

例 考虑方程

$$\dddot{x} + a(t)(\dot{x} + \ddot{x})^3 + \ddot{x} + 2\dot{x} + x = 0 \tag{1.9}$$

其中 $a(t)$ 是 $t \geq 0$ 的连续正值函数

(1.9)的等价方程组及其微分矩方程组分别为：

$$\begin{cases} \dot{x} = y \\ \dot{y} = z \\ \dot{z} = -a(t)(y+z)^3 - x - 2y - z \end{cases} \tag{1.10}$$

第一期　　　关于构造李雅普诺夫函数的微分矩方法（I）　　　11

$$\begin{cases} x\dot{x} = xy \\ y\dot{y} = yz \\ z\dot{z} = -a(t)z(y+z)^3 - xz - 2yz - z^2 \\ x\dot{y} + y\dot{x} = xz + y^2 \\ y\dot{z} + z\dot{y} = -a(t)y(y+z)^3 - xy - 2y^2 + z^2 - yz \end{cases}$$

选取 $p_{11} = \frac{1}{3}$，$p_{22} = 1$，$p_{33} = \frac{1}{3}$，$p_{21} = \frac{1}{3}$，$p_{23} = \frac{1}{3}$，得：

$$\frac{d}{dt}\left[\frac{(x+y)^2 + (y+z)^2 + y^2}{6}\right] = \frac{1}{3}x\dot{x} + y\dot{y} + \frac{1}{3}z\dot{z} + \frac{1}{3}(x\dot{y} + y\dot{x}) + \frac{1}{3}(y\dot{z} + z\dot{y})$$
$$= -\frac{1}{3}[a(t)(y+z)^4 + y^2]$$

因此取 $V = \frac{1}{6}[(x+y)^2 + (y+z)^2 + y^2]$ 作为李雅普诺夫函数，可知方程组 (1.10) 零解稳定。而对于如下形式的方程

$$\dddot{x} + (mn+1)\ddot{x} + (m^2+1)\dot{x} + a(t)(x + \dot{x} + \ddot{x})^{2k-1} = 0$$

($m > n > 0$，k 是正整数，$a(t)$ 是正值连续函数) 引进变换 $\dot{x} = y$，$\ddot{x} = z$，写出其等价方程组及相应微分矩方程组后组合其右端，有：

$$(x\dot{x} + y\dot{y} + z\dot{z}) + (x\dot{z} + z\dot{x}) + (y\dot{z} + z\dot{y}) + (x\dot{y} + y\dot{x}) + m^2 x\dot{x} + n^2 y\dot{y} + mn(x\dot{y} + y\dot{x})$$
$$= -a(t)(x+y+z)^{2k} - m(m-n)y^2 - mnz^2 - (m^2 - n^2 + mn)yz$$

注意到：$(m^2 - n^2 + mn)y\dot{y} = (m^2 - n^2 + mn)yz$，于是有

$$\frac{d}{dt}\left\{\frac{1}{2}[(x+y+z)^2 + (mx+ny)^2 + (m^2-n^2+mn)y^2]\right\}$$
$$= -a(t)(x+y+z)^{2k} - m(m-n)y^2 - mnz^2$$

因此取 $V = \frac{1}{2}[(x+y+z)^2 + (mx+ny)^2 + (m^2-n^2+mn)y^2]$ 作为李雅普诺夫函数，同样可知上述方程零解稳定。

§2. 构造二次型加积分项的李雅普诺夫函数

当微分矩方程组(1.2)的右端可以组合成文[1]提出的第一类和第二类函数时，那么，可以考虑构造二次型加积分项的李雅普诺夫函数。

定理2.1 如果对于整数 $l(1 \leq l \leq n)$ 存在 n 个正数 $p_{ii}(i=1,2,\cdots,n)$ 和 $n-1$ 个实数 $p_{li}(i=1,2,\cdots,n, i \neq l)$ 组合微分矩方程组(1.2)右端，得

$$\sum_{i=1}^{n} p_{ii} x_i X_i + \sum_{i=1, i \neq l}^{n} p_{li}(x_i X_l + x_l X_i) = W(t, x_1, \cdots, x_n) - F(x_l)X_l \quad (2.1)$$

其中 $W(t, x_1, \cdots, x_n)$ 是常负函数，$F(x_l)$ 仅是含 x_l 的连续函数，且满足

$$\frac{F(x_l)}{x_l} > \sum_{i=1, i \neq l}^{n} \frac{p_{li}^2}{p_{ii}} - p_{ll}$$

那么可作出二次型加积分项的李雅普诺夫函数

$$V = \frac{1}{2}\sum_{i=1, i \neq l}^{n} p_{ii}(x_i + \frac{p_{li}}{p_{ii}}x_l)^2 + \int_0^{x_l}[(p_{ll} - \sum_{i=1, i \neq l}^{n}\frac{p_{li}^2}{p_{ii}}) + \frac{F(\xi)}{\xi}]\xi d\xi \quad (2.2)$$

它通过方程组(1.1)对 t 的全导数为

$$\dot{V} = W(t, x_1, \cdots, x_n)$$

〔证〕 由(2.1),可得

$$W(t, x_1, \cdots, x_n) = \frac{d}{dt}\left\{\frac{1}{2}\left[\sum_{i=1, i \neq l}^{n} p_{ii}(x_i + \frac{p_{li}}{p_{ii}}x_l)^2 + (p_{ll} - \sum_{i=1, i \neq l}^{n}\frac{p_{li}^2}{p_{ii}})x_l^2\right]\right\} + F(x_l)\dot{x}_l$$

注意到 $\frac{d}{dt}\left[\int_0^{x_l} F(\xi)d\xi\right] = F(x_l)\dot{x}_l$,因此

$$W(t, x_1, \cdots, x_n) = \frac{d}{dt}\left\{\frac{1}{2}\sum_{i=1, i \neq l}^{n} p_{ii}(x_i + \frac{p_{li}}{p_{ii}}x_l)^2 + \int_0^{x_l}[(p_{ll} - \sum_{i=1, i \neq l}^{n}\frac{p_{li}^2}{p_{ii}}) + \frac{F(\xi)}{\xi}]\xi d\xi\right\}$$

可见(2.2)是定正的李雅普诺夫函数. 定理得证.

定理2.2 如果存在 $n-1$ 组非零实数 $p_{ik}(i=1,2,\cdots,k+1, k=1,2,\cdots,n-1)$, 组合微分矩方程组(1.2)右端得:

$$\sum_{i=1}^{k+1} p_{ik} x_k X_i = F_k(x_k) x_k \quad (k=1, 2, \cdots, n-1) \tag{2.3}$$

其中 $F_k(x_k)x_k$ 是定正函数, 而且

$$\frac{1}{x_k}(\sum_{i=1}^{k+1} p_{ik} x_i + X_k) \leq 0 \quad (x_k \neq 0)$$

那么可作出二次型加积分项的李雅普诺夫函数

$$V = \sum_{k=1}^{n-1}\left[\frac{1}{2}(\sum_{i=1}^{k+1} p_{ik} x_i)^2 + \int_0^{x_k} F_k(\xi)d\xi\right] \tag{2.4}$$

它通过方程组(1.1)对 t 的全导数为

$$\dot{V} = \sum_{k=1}^{n-1} F_k(x_k)(\sum_{i=1}^{k+1} p_{ik} x_i + X_k)$$

〔证〕 首先注意

$$\frac{d}{dt}\left[\int_0^{x_k} F_k(\xi)d\xi\right] = F_k(x_k)X_k \quad (k=1,2,\cdots,n-1) \tag{2.5}$$

计及 $\frac{1}{2}\frac{d}{dt}(\sum_{i=1}^{k+1} p_{ik}x_i)^2 = (\sum_{i=1}^{k+1} p_{ik}x_i)(\sum_{i=1}^{k+1} p_{ik}X_i)$, 由(2.3)有

$$\frac{d}{dt}\left[\frac{1}{2}(\sum_{i=1}^{k+1} p_{ik}x_i)^2\right] = F_k(x_k)(\sum_{i=1}^{k+1} p_{ik}x_i) \quad (k=1,2,\cdots,n-1) \tag{2.6}$$

将(2.5)及(2.6)的 $n-1$ 个关系式相加, 便得到

$$\frac{d}{dt}\left\{\sum_{k=1}^{n-1}\left[\frac{1}{2}(\sum_{i=1}^{k+1}p_{ik}x_i)^2 + \int_0^{x_k}F_k(\xi)d\xi\right]\right\}$$

$$=\sum_{k=1}^{n-1}F_k'(x_k)\cdot(\sum_{i=1}^{k+1}p_{ik}x_i + X_k)$$

由已知条件有

$$\sum_{k=1}^{n-1}F_k(x_k)\cdot(\sum_{i=1}^{k+1}p_{ik}x_i + X_k)\leqslant 0$$

可见(2.4)是定正的李雅普诺夫函数. 定理得证.

例 考虑方程

$$x^{(IV)} + ax^{(III)} + bx^{(II)} + \varphi(\dot{x}) + cx = 0$$

其中 $a>0, b>0, c>0, b^2-4c>0$ 且 $\frac{1}{2}ab < \frac{\varphi(y)}{y} < \frac{1}{2}a(b+\sqrt{b^2-4c})$.

其等价方程组为

$$\begin{cases}\dot{x}=y\\ \dot{y}=z\\ \dot{z}=u\\ \dot{u}=-au-bz-\varphi(y)-cx\end{cases}$$

研究微分矩方程组

$$\begin{cases}x\dot{x}=xy\\ y\dot{y}=yz\\ z\dot{z}=zu\\ u\dot{u}=-au^2-bzu-\varphi(y)u-cxu\end{cases}$$

$$\begin{cases}x\dot{y}+y\dot{x}=xz+y^2\\ x\dot{z}+z\dot{x}=xu+yz\\ y\dot{z}+z\dot{y}=yu+z^2\\ y\dot{u}+u\dot{y}=-auy-bzy-\varphi(y)y-cxy+uz\\ z\dot{u}+u\dot{z}=-auz-bz^2-\varphi(y)z-cxz+u^2\end{cases}$$

先取 $p_{44}^{(1)}=1, p_{33}^{(1)}=a^2, p_{22}^{(1)}=b^2$ 及 $p_{44}^{(2)}=1$, 便有 $p_{43}^{(1)}=\sqrt{1\times a^2}=a$, $p_{42}^{(1)}=\sqrt{1\times b^2}=b$, $p_{32}^{(1)}=\sqrt{a^2\times b^2}=ab$.

其次取 $p_{33}^{(3)}=b, p_{31}^{(3)}=2c$, 便有 $p_{11}^{(3)}=\frac{(2c)^2}{b}=\frac{4c^2}{b}$. 于是, 得出:

$$2u\dot{u}+(a^2+b)z\dot{z}+b^2y\dot{y}+a(u\dot{z}+\dot{u}z)+ab(y\dot{z}+\dot{y}z)+b(u\dot{z}+\dot{u}z)+2c(x\dot{z}+\dot{x}z)$$

$$+\frac{4c^2}{b}x\dot{x} = -(bc-\frac{4c^2}{b})xy - acxz + 2cyz - 2\varphi(y)u - a\varphi(y)z - b\varphi(y)y - au^2$$

最后，取 $p_{11}^{(4)} = (bc-\frac{4c^2}{b})$, $p_{12}^{(4)} = ac$, $p_{22}^{(4)} = -2c$, 那么

$$(bc-\frac{4c^2}{b})x\dot{x} + ac(x\dot{y}+\dot{x}y) - 2cy\dot{y} = (bc-\frac{4c^2}{b})xy + acxz + acy^2 - 2cyz$$

综合上述两式，最后可得：

$$\frac{d}{dt}\left[\frac{bc}{2}x^2 + \frac{b^2-2c}{2}y^2 + \frac{a^2+b}{2}z^2 + u^2 + auz + buy + 2cxz + abyz + acxy + a\int_0^y \varphi(y)dy\right]$$
$$= -\frac{1}{a}\{ab\frac{\varphi(y)}{y} - [\frac{\varphi(y)}{y}]^2 - a^2c\}y^2 - \frac{1}{a}[\varphi(y)+au]^2$$

因此，取二次型加积分项函数

$$V = \frac{bc}{2}x^2 + \frac{b^2-2c}{2}y^2 + \frac{a^2+b}{2}z^2 + u^2 + auz + buy + 2cxz + abyz + acxy + a\int_0^y \varphi(y)dy$$

按所给条件即可推知 V 是李雅普诺夫函数。这正是Огурцов[2]中所采用过的函数。

要指出的是，为了构造李雅普诺夫函数，对方程的等价组应选取适当形式以利运算。如考察方程

$$\dddot{x} + a\ddot{x} + b\dot{x} + f(x) = 0$$

($f(x)$ 为连续函数，$f(0)=0$, $a>0$, $0<\frac{f(x)}{x}<ab$)，作以下等价方程组

$$\begin{cases} \dot{x} = y - ax \\ \dot{y} = z - bx \\ \dot{z} = -f(x) \end{cases}$$

记 $\Delta_1 = x$, $\Delta_2 = \begin{vmatrix} x & -1 \\ y & -a \end{vmatrix}$, $\Delta_3 = \begin{vmatrix} x & -1 & 0 \\ y & -a & -1 \\ z & -b & -a \end{vmatrix}$, 则有

$$\dot{\Delta}_1 = \Delta_2, \quad \dot{\Delta}_2 = \Delta_3, \quad \dot{\Delta}_3 = -a\Delta_3 - b\Delta_2 - f(\Delta_1)$$

对上述关系式作"微分矩方程组"如下：

$$\begin{cases} \Delta_2\dot{\Delta}_2 = \Delta_2\Delta_3 \\ \Delta_3\dot{\Delta}_3 = -a\Delta_3^2 - b\Delta_2\Delta_3 - f(\Delta_1)\Delta_3 \end{cases}$$

于是有：

$$b\Delta_2\dot{\Delta}_2 + \Delta_3\dot{\Delta}_3 = -a[\Delta_3 + \frac{f(\Delta_1)}{a}]^2 - af(\Delta_1)\dot{\Delta}_1 - bf(\Delta_1)\Delta_1 + f(\Delta_1)z + \frac{f^2(\Delta_1)}{a}$$

利用 $f(\Delta_1) = -\dot{z}$, 得出：

$$\frac{d}{dt}[\frac{b}{2}\Delta_2^2 + \frac{1}{2}\Delta_3^2 + \frac{1}{2}z^2 + a\int_0^x f(x)dx] = -a[\Delta_3 + \frac{f(x)}{a}]^2 - \frac{f(x)}{a}[abx - f(x)]$$

因此，取李雅普诺夫函数为：

$$V = \frac{b}{2}(y-ax)^2 + \frac{1}{2}[(a^2-b)x-ay+z]^2 + \frac{1}{2}z^2 + a\int_0^x f(x)dx$$

则
$$\dot{V} = -a[(a^2-b)x-ay+z+\frac{f(x)}{a}]^2 - \frac{f(x)}{a}[abx-f(x)]$$

上述函数 V 便是 J. O. C. Ezeilo [3] 中所采用的函数。

§3. 构造广义二次型加积分项的李雅普诺夫函数

本节考虑构造形式上更广泛的一类李雅普诺夫函数，其二次项是某些函数的平方形式。

定理3.1 如果存在具有连续一阶偏导数的函数 $U(x_1,\cdots,x_n)$ 使 $U(0,\cdots,0)=0$，而对某个整数 l，当 $x_l=0$ 时，只要有一个 $x_i \neq 0 (i=1,2,\cdots,n, i \neq l)$，便有 $U(x_1,\cdots,x_n) \neq 0$；并满足

1) $[U(x_1,\cdots,x_n) + X_l(t,x_1,\cdots,x_n)]/x_l$ 是常负函数；

2) 记 $F(t,x_1,\cdots,x_n) = \sum_{i=1}^{n} \frac{\partial U}{\partial x_i} X_i$，$F(t,x_1,\cdots x_n)/x_l$ 定正；

3) $\int_0^{x_l} \frac{\partial F}{\partial t} dx_l + \sum_{i=1,i \neq l}^{n} (\int_0^{x_l} \frac{\partial F}{\partial x_i} dx_l) X_i \leq 0$；

那么，可构造出广义的二次型加积分项的李雅普诺夫函数

$$V = \frac{1}{2}[U(x_1,\cdots,x_n)]^2 + \int_0^{x_l} F(t,x_1,\cdots,x_n) dx_l \tag{3.1}$$

它通过方程组(1.1)对 t 的全导数为

$$\dot{V} = \int_0^{x_l} \frac{\partial F}{\partial t} dx_l + \sum_{i=1,i \neq l}^{n} (\int_0^{x_l} \frac{\partial F}{\partial x_i} dx_l) X_i + (U+X_l)F$$

〔证〕 注意到

$$\frac{dU(x_1,\cdots,x_n)}{dt} = \sum_{i=1}^{n} \frac{\partial U}{\partial x_i} X_i = F(t,x_1,\cdots,x_n)$$

因而

$$\frac{1}{2}\frac{d}{dt}[U(x_1,\cdots,x_n)]^2 = U(x_1,\cdots,x_n)F(t,x_1,\cdots,x_n)$$

另一方面，有

$$\frac{d}{dt}[\int_0^{x_l} F(t,x_1,\cdots,x_n)dx_l] = \int_0^{x_l} \frac{\partial F}{\partial t}dx_l + \sum_{i=1,i \neq l}^{n}[\int_0^{x_l} \frac{\partial F}{\partial x_i}dx_l]X_i + F(t,x_1,\cdots,x_n)X_l$$

将两式相加，得到

$$\frac{d}{dt}\left\{\frac{1}{2}[U(x_1,\cdots,x_n)]^2 + \int_0^{x_l} F(t,x_1,\cdots,x_n)dx_l\right\}$$

$$= [\int_0^{x_l} \frac{\partial F}{\partial t}dx_l + \sum_{i=1,i \neq l}^{n}[\int_0^{x_l} \frac{\partial F}{\partial x_i}dx_l]X_i + (U+X_l)F$$

故取(3.1)形式的函数，由条件1) 2) 3)容易验证V是定正的李雅普诺夫函数。定理得证。

类似地，还可以证明

定理3.2 如果存在仅依赖于部分变元$x_1,\cdots,x_m(1\leq m\leq n-1)$的函数$U(x_1,\cdots,x_m)$使$U(0,\cdots,0)=0$，而对某个整数$l$，当$x_l=0$(或$U$不含$x_l$时)，只要有一个$x_i\neq 0(i=1,2,\cdots,m,i\neq l)$，便有$U(x_1,\cdots,x_m)\neq 0$；并满足：

1) $\int_0^{x_l}\dfrac{\partial F}{\partial t}dx_l+\sum\limits_{i=1,i\neq l}^{n}(\int_0^{x_l}\dfrac{\partial F}{\partial x_i}dx_l)X_i\leq 0$;

2) 记 $F(t,x_1,\cdots,x_n)=\sum\limits_{i=1}^{m}\dfrac{\partial U}{\partial x_i}X_i-x_l$, $F(t,x_1,\cdots,x_n)/x_l$定正；

3) 有$2(n-m)$个正数p_i和实数$q_i(i=m+1,\cdots,n)$，使

$$\sum_{i=m+1,i\neq l}^{n}[q_i(x_iX_l+x_lX_i)-p_ix_iX_i]\geq K(U+X_l)\sum_{i=1}^{n}\dfrac{\partial U}{\partial x_i}X_i;$$

$$(\text{其中}\quad K=\sum_{i=m+1}^{n}\dfrac{q_i^2}{p_i},\ K\neq 0)$$

那么，可构造出广义的二次型加积分项的李雅普诺夫函数为

$$V=\dfrac{K}{2}[U(x_1,\cdots,x_m)]^2+\sum_{i=m+1,i\neq l}^{n}\dfrac{p_i}{2}(x_i-\dfrac{q_i}{p_i}x_l)^2+K\int_0^{x_l}F(t,x_1,\cdots,x_n)dx_l \quad (3.2)$$

通过方程组(1.1)对t的全导数为

$$\dot{V}=K\left[\int_0^{x_l}\dfrac{\partial F}{\partial t}dx_l+\sum_{i=1,i\neq l}^{n}(\int_0^{x_l}\dfrac{\partial F}{\partial x_i}dx_l)X_i\right]+K[U+X_l](\sum_{i=1}^{m}\dfrac{\partial U}{\partial x_i}X_i)$$

$$-\sum_{i=1,i\neq l}^{n}[q_i(x_iX_l+x_lX_i)-p_ix_iX_i]$$

上述这两个定理均需要考虑取函数U。对于方程组右端是分离变量函数时，一般可以考虑取U，使$\dfrac{\partial U}{\partial x_i}=\int_0^{x_i}f_i(\xi)d\xi$。

例 考虑方程组

$$\begin{cases}\dot{x}=e^{2y}-e^{y}\\ \dot{y}=xz+x^2z\\ \dot{z}=-(1+x^2)[a(x+\dfrac{x^3}{3})+b(e^y-1)+h(y)z]e^y\end{cases}$$

其中 $a>0, b>0, h(y)>\dfrac{a}{b}$

分析其右端，可令$F(x)=\int_0^{x}(x^2+1)dx$, $G(y)=\int_0^{y}e^ydy$。建立"广义的"微分矩方程组：

$$\begin{cases} (1+x^2)F(x)\,\dot{x} = (1+x^2)F(x)G(y)e^y \\ e^y G(y)\,\dot{y} = (1+x^2)G(y)e^y \cdot z \\ \dot{z}\dot{z} = -(1+x^2)[aF(x)+bG(y)+h(y)z]e^y \cdot z \\ (1+x^2)G(y)\,\dot{x} + e^y F(x)\,\dot{y} = (1+x^2)[G^2(y)+F(x)z]e^y \\ ze^y\,\dot{y} + G(y)\,\dot{z} = (1+x^2)e^y z^2 - (1+x^2)[aF(x)+bG(y)+h(y)z]G(y)e^y \end{cases}$$

取组合系数 $p_{11}=a^2$，$p_{22}=b^2$，$p_{33}=b$，$p_{12}=ab$，$p_{23}=a$，得

$$\frac{d}{dt}\left[\frac{a^2}{2}F^2(x) + \frac{b^2}{2}G^2(y) + \frac{b}{2}z^2 + abF(x)G(y) + aG(y)z + a\int_0^y G(y)h(y)e^y dy\right]$$
$$= -b(1+x^2)z^2[h(y) - \frac{a}{b}]e^y$$

因此取

$$V = \frac{1}{2}[aF(x)+bG(y)]^2 + \frac{1}{2b}[aG(y)+bz]^2 + a\int_0^y G(y)[h(y)-\frac{a}{b}]e^y dy$$

则此函数是定正的李雅普诺夫函数。

一般地说，对方程组

$$\begin{cases} \dot{x} = g(y)\int_0^y g(y)dy, \\ \dot{y} = f(x)z, \\ \dot{z} = -f(x)[a\int_0^x f(x)dx + b\int_0^y g(y)dy + h(y)z]e^y \end{cases}$$

($a>0$, $b>0$, $f(x)>0$, $g(y)>0$, $h(y)>\frac{a}{b}$) 可以作出广义的二次型加积分项的李雅普诺夫函数

$$V = \frac{1}{2}[aF(x)+bG(y)]^2 + \frac{1}{2b}[aG(y)+bz]^2 + a\int_0^y g(y)G(y)[h(y)-\frac{a}{b}]dy$$

其中 $F(x)=\int_0^x f(x)dx$，$G(y)=\int_0^y g(y)dy$。则通过方程组对 t 的全导数为

$$\dot{V} = -b[h(y)-\frac{a}{b}]f(x)g(y)z^2$$

特别当 $f(x)\equiv 1$ 及 $g(y)\equiv 1$ 时，所得结果化为对方程

$$\dddot{x} + h(\dot{x})\ddot{x} + b\dot{x} + ax = 0$$

的稳定性结论[4]。

参 考 文 献

〔1〕 王寿松、徐远通，关于构造李雅普诺夫函数的微分矩方法(I)，中山大学学报（自然科学版），(1981)，4.
〔2〕 Огурцов, А. И., ПММ, 23 (1959), 1, 179～181.
〔3〕 Ezeilo, J.O.C., *J. London Math. Soc.*, 43 (1968), 2, 161～167.
〔4〕 Nagoraja, T. and Chalam, V.V., *International Journal of Control*, 19 (1974), 4, 781～787.

On the Method for Constructing Liapunov's Functions by Differential Moment (II)

Wang Shousong　　*Xu Yuantong*

Abstract

In this paper we give some sufficient conditions for constructing Liapunov's function to the nonautonomous system

$$\dot{x}_i = X_i(t, x_1, \cdots, x_n) \qquad (i = 1, 2, \cdots, n)$$

by differential moments and resolve certain problems for determining the combination coefficients. These results present some calculating rules for applications.

高阶非线性波动方程组的差分方法

郭 柏 灵
(北京应用物理和计算数学研究所)

常 谦 顺
(中国科学院应用数学研究所)

摘 要

本文首先用 Galerkin 方法证明一类非线性波动方程组初边值问题的适定性，其次还讨论该问题的有限差分方法，证明了一类差分格式的收敛性和稳定性.

§1 引 言

在文献[1]中讨论了一类非线性波动方程的周期解（对时间t）存在性问题. 本文主要是考虑该类非线性波动方程组的近似解. 定解问题是

$$\begin{cases} \vec{u}_{tt} + \vec{u}_{xxxx} + a\vec{u}_t + \vec{g}(\vec{u}) = \vec{f}(x,t), & 0<x<1,\ t>0, \quad (1.1)\\ \vec{u}(0,t) = \vec{u}(1,t) = 0, & (1.2)\\ \vec{u}_{xx}(0,t) = \vec{u}_{xx}(1,t) = 0, & (1.3)\\ \vec{u}\big|_{t=0} = \vec{u}_0(x),\quad \vec{u}_t\big|_{t=0} = \vec{u}_1(x), & (1.4) \end{cases}$$

其中$\vec{u} = (u_1, u_2, \cdots, u_m, \cdots, u_M)$是$M$维未知函数的向量，$\vec{f}(x,t)$，$\vec{u}_0(x)$，$\vec{u}_1(x)$都是$M$维已知函数的向量，$\vec{g}(\vec{u})$是自变量为$u_1, u_2, \cdots, u_M$的$M$维已知函数向量，$a$是常数.

本文采用通常的符号：区域$Q_T=[0,1]\times[0,T]$，H^m为Sobolev空间，H_0^m为具有紧致支集的无穷可微函数依模H^m的闭包. 对连续函数向量$\vec{u}$和$\vec{v}$定义内积为

$$(\vec{u}, \vec{v}) = \sum_{m=1}^{M} \int_0^1 u_m v_m dx.$$

对离散向量$\vec{u}_j$, $\vec{v}_j$, $1 \leq j \leq J-1$，定义内积为

$$\langle \vec{u}_j, \vec{v}_j \rangle = \sum_{m=1}^{M} \sum_{j=1}^{J-1} u_{mj} \cdot v_{mj} \cdot h.$$

与内积相应地我们定义Sobolev空间中向量的范数. 用τ和h分别表示时间和空间步长.

本文1984年4月收到

§2 微分方程广义解的存在唯一性

本节中用 Galerkin 方法证明初边值问题（1.1）—（1.4）解的存在唯一性。首先选取 L 维试验函数空间 $V_L \subset H^2 \cap H_0^1$，$V_L$ 是由满足边界条件（1.2）和（1.3）的基函数 $\{\varphi_l(x)\}$ 所张的空间，$1 \leqslant l \leqslant L$，并且当 $L \to \infty$ 时 V_L 在 H^2 中稠密。例如这种基函数可以取为 $\varphi_l(x) = \sin l\pi x$。

构造问题（1.1）—（1.4）的近似解为

$$\vec{u}^L(x, t) = \sum_{l=1}^{L} \vec{a}_l(t) \cdot \varphi_l(x), \tag{2.1}$$

其中 $\vec{u}^L(x,t) = (u_1^L(x,t), u_2^L(x,t), \cdots, u_M^L(x,t))$，$\vec{a}_l(t) = (\alpha_{1,l}(t), \alpha_{2,l}(t), \cdots, \alpha_{Ml}(t))$。根据 Galerkin 方法，这些系数向量 $\vec{a}_l(t)$ 应满足以下常微分方程组的初值问题

$$\begin{cases} (u_{mtt}^L + u_{mxxxx}^L + au_{mt}^L + g_m(\vec{u}^L), \varphi_l) = (f_m(x, t), \varphi_l), \\ \qquad\qquad l = 1, 2, \cdots L, \quad m = 1, 2 \cdots M, \end{cases} \tag{2.2}$$

$$u_m^L \big|_{t=0} = u_{0,m}^L(x), \qquad u_{mt}^L \big|_{t=0} = u_{1,m}^L(x), \tag{2.3}$$

其中 $u_{0,m}^L(x)$ 和 $u_{1,m}^L(x)$ 分别是 $u_{0,m}(x)$ 和 $u_{1,m}(x)$ 在空间 V_L 上的投影。

下面我们对问题（2.2）和（2.3）的解作先验估计。在以下引理条件和所作先验估计下可以知道非线性常微分方程组的初值问题（2.2）和（2.3）在区间 $[0, T]$ 上有解存在。

引理 1 设 (i) $g_m(u_1, u_2, \cdots, u_M) = \dfrac{\partial G(u_1, u_2, \cdots, u_M)}{\partial u_m}$，$m = 1, 2, \cdots, M$，$G(u_1, u_2, \cdots, u_M) \geqslant 0$；(ii) $f(x,t) \in L_2(Q_T)$；(iii) $u_0(x) \in H^2 \cap H_0^1$，$u_1(x) \in L_2$，$G(\vec{u}_0(x)) \in L_1$，则对问题（2.2）和（2.3）的解有先验估计

$$\left\| \vec{u}_t^L \right\|_{L_2}^2 + \left\| \vec{u}_{xx}^L \right\|_{L_2}^2 + 2\int_0^1 G(\vec{u}^L)dx \leqslant c_1, \quad 0 \leqslant t \leqslant T, \text{ 其中常数 } c_1 \text{ 与 } L \text{ 无关。}$$

证 将（2.2）式乘以 α_{mlt}，并对 l 求和得到

$$(u_{mtt}^L + u_{mxxxx}^L + au_{mt}^L + g_m(\vec{u}^L), u_{mt}^L) = (f_m, u_{mt}^L), \tag{2.4}$$

因

$$(u_{mtt}^L, u_{mt}^L) = \frac{1}{2}\frac{d}{dt} \left\| u_{mt}^L \right\|_{L_2}^2,$$

从边界条件（1.2），（1.3）得到

$$(u_{mxxxx}^L, u_{mt}^L) = (u_{mxx}^L, u_{mxxt}^L) = \frac{1}{2}\frac{d}{dt} \left\| u_{mxx}^L \right\|_{L_2}^2,$$

$$\sum_{m=1}^{M}(g_m(\vec{u}^L), u_{mt}^L) = \frac{d}{dt}\int_0^1 G(\vec{u}^L)dx,$$

$$(f_m, u_{mt}^L) \leqslant \frac{1}{2}\|f_m\|_{L_2}^2 + \frac{1}{2}\|u_{mt}^L\|_{L_2}^2,$$

这样由(2.4)对 m 从1到 M 求和得出

$$\frac{1}{2}\frac{d}{dt}\|\vec{u}_t^L\|_{L_2}^2 + \frac{1}{2}\frac{d}{dt}\|\vec{u}_{xx}^L\|_{L_2}^2 + a\|\vec{u}_t^L\|_{L_2}^2 + \frac{d}{dt}\int_0^1 G(\vec{u}^L)dx$$

$$\leqslant \frac{1}{2}\|\vec{f}(x,t)\|_{L_2}^2 + \frac{1}{2}\|\vec{u}_t^L\|_{L_2}^2.$$

上式对 t 积分有

$$\|\vec{u}_t^L\|_{L_2}^2 + \|\vec{u}_{xx}^L\|_{L_2}^2 + 2\int_0^1 G(\vec{u}^L)dx \leqslant k_1 + k_2\int_0^t \|\vec{u}_t^L\|_{L_2}^2 dt$$

其中 k_1 和 k_2 是正常数。再利用 Gronwall 不等式得到本引理的结论。

引理 2 在引理 1 的条件下有估计式

$$\|\vec{u}_t^L\|_{L_2}^2 \leqslant c_2, \quad \|\vec{u}^L\|_{L_\infty}^2 \leqslant c_2, \quad \|\vec{u}_{xx}^L\|_{L_2}^2 \leqslant c_2, \quad \|\vec{u}_x^L\|_{L_\infty}^2 \leqslant c_2, \quad 0 \leqslant t \leqslant T,$$

其中常数 c_2 与 L 无关。

证 因为

$$\frac{d}{dt}\|u_m^L\|_{L_2}^2 = 2(u_{mt}^L, u_m^L) \leqslant \|u_m^L\|_{L_2}^2 + \|u_{mt}^L\|_{L_2}^2 \leqslant \|u_m^L\|_{L_2}^2 + c_1,$$

由此得出 $\sum_{m=1}^{M}\|u_m^L\|_{L_2}^2 \leqslant c_2,$

再从 Sobolev 不等式和引理 1 得到本引理的结论。

引理 3 设引理 1 的条件满足，并设

$g_m \in C^1$, $1 \leqslant m \leqslant M$, $\dfrac{\partial f(x,t)}{\partial t} \in L_2(Q_T)$, $u_0(x) \in H^4 \cap H_0^1$, $u_1(x) \in H^2$，则有估计式

$$\|\vec{u}_{tt}^L\|_{L_2}^2 \leqslant c_3, \quad 0 \leqslant t \leqslant T,$$

其中常数 c_3 与 L 无关。

证 将(2.2)式对 t 微商一次，乘以 α_{mltt} 并对 l 求和得到

$$(u_{mttt}^L + u_{mxxxxt}^L + au_{mtt}^L + (g_m(\vec{u}^L))_t, u_{mtt}^L) = (f_{mt}, u_{mtt}^L), \tag{2.5}$$

因为

$$\left|\left((g_m(\vec{u}^L))_t, u_{mtt}^L\right)\right| = \left|\int_0^1 (\text{grad } g_m \cdot \vec{u}_t^L) u_{mtt}^L dx\right|$$

$$\leqslant \frac{1}{2}\left\{\int_0^1 (\text{grad } g_m \cdot \vec{u}_t^L)^2 dx + \int_0^1 (u_{mtt}^L)^2 dx\right\}$$

记

$$k_g = \max_{\substack{|\eta_m| \leq \sqrt{c_2} \\ 1 \leq m \leq M}} \|\text{grad } g_m(\eta_1, \eta_2, \cdots, \eta_M)\|_{L_\infty}$$

则有

$$\left|\left((g_m(\vec{u}^L))_t, u^L_{mtt}\right)\right| \leq \frac{1}{2} M k_g^2 \|\vec{u}^L_t\|^2_{L_2} + \frac{1}{2}\|u^L_{mtt}\|^2_{L_2}.$$

这样从(2.5)式对m求和得到

$$\frac{1}{2}\frac{d}{dt}\|\vec{u}^L_{tt}\|^2_{L_2} + \frac{1}{2}\frac{d}{dt}\|\vec{u}^L_{x\times t}\|^2_{L_2} + a\|\vec{u}^L_{tt}\|^2_{L_2}$$
$$\leq \frac{1}{2}\|\vec{f}_t(x,t)\|^2_{L_2} + \frac{1}{2}\|\vec{u}^L_{tt}\|^2_{L_2} + \frac{1}{2}M^2 k_g^2 \|\vec{u}^L_t\|^2_{L_2} + \frac{1}{2}\|\vec{u}^L_{tt}\|^2_{L_2},$$

即

$$\|\vec{u}^L_{tt}\|^2_{L_2} + \|\vec{u}^L_{xxt}\|^2_{L_2} \leq k_3 + k_4 \int_0^t \|\vec{u}^L_{tt}\|^2_{L_2} dt$$

其中k_3和k_4是正常数。由此得出本引理的结论。

引理4 在引理3的条件下有估计式

$$\|\vec{u}^L_{xxxx}\|^2_{L_2} \leq c_4, \qquad 0 \leq t \leq T,$$

其中c_4是与L无关的正常数。

证 将(2.2)式乘以$(l\pi)^4 \alpha_l$并对l求和，注意到我们选择的$\phi_l(x) = \sin l\pi x$得到

$$\left(u^L_{mtt} + u^L_{mxxxx} + au^L_{mt} + g_m(\vec{u}^L), u^L_{mxxxx}\right) = \left(f_m(x,t), u^L_{mxxxx}\right), \quad (2.6)$$

由此得出

$$\|u^L_{mxxxx}\|^2_{L_2} \leq \left(\|u^L_{mtt}\|_{L_2} + |a|\|u^L_{mt}\|_{L_2} + \|g_m(\vec{u}^L)\|_{L_2} + \|f_m\|_{L_2}\right) \|u^L_{mxxxx}\|_{L_2}$$
$$\leq k_5 \|u^L_{mxxxx}\|_{L_2},$$

其中k_5是正常数。上式直接给出

$$\|\vec{u}^L_{xxxx}\|^2_{L_2} \leq c_2$$

我们定义定解问题(1.1)—(1.4)的广义解为函数向量$\vec{u}(x,t) \in L_\infty\left(0,T; H^4 \cap H_0^1\right)$，$\vec{u}_{tt} \in L_\infty(0,T; L_2)$，并且它满足下列积分等式和条件

$$\begin{cases} (u_{mtt} + u_{mxxxx} + au_{mt} + g_m(\vec{u}), v) = (f_m, v), & 1 \leq m \leq M, \ \forall v \in \overset{0}{H_0^0}, \\ \vec{u}_{xx}|_{x=0} = \vec{u}_{xx}|_{x=1} = 0, \\ \vec{u}|_{t=0} = \vec{u}_0(x), \ \vec{u}_t|_{t=0} = \vec{u}_1(x) \end{cases} \quad (2.7)$$

于是从上面证明的引理1至引理4中得出的一致有界性估计和致密性原理我们可得到下列定理。

定理1 设(i) $g_m = \dfrac{\partial G(u_1, u_2, \cdots, u_M)}{\partial u_m}$, $1 \leq m \leq M$, $G(u_1, u_2, \cdots, u_M) \geq 0$,

$g_m(u_1, u_2, \cdots, u_M) \in C^1$; (ii) $f(x,t) \in L_2(Q_T)$, $\dfrac{\partial f(x,t)}{\partial t} \in L_2(Q_T)$; (iii) $u_0(x) \in H^4 \cap H_0^1$, $u_1(x) \in H^2$, $G(u_0(x)) \in L_1$, 则定解问题(1.1)—(1.4)的广义解存在.

根据一致有界性估计, 用通常证明唯一性的办法. 不难证明下面唯一性定理

定理 2. 在定理 1 的条件下, 定解问题(1.1)—(1.4)的广义解是唯一的.

§3 差 分 方 法

将区间$[0,1]$以步长$h = \dfrac{1}{J}$分为J份, 网格点为$x_0 = 0$, $x_1 = h, \cdots, x_J = 1$.

对定解问题(1.1)—(1.4)我们考虑如下的隐式差分格式:

$$\left(u_{m,j}^{n+1}\right)_{\bar{t}\bar{t}} + \left(u_{m,j}^{n+1}\right)_{xx\bar{x}\bar{x}} + a\left(u_{m,j}^{n+1}\right)_{\bar{t}} + g_m\left(u_{1,j}^{n+1}, u_{2,j}^{n+1}, \cdots, u_{M,j}^{n+1}\right) = f_{m,j}^{n+1},$$
$$m = 1, 2, \cdots M, \quad j = 1, 2, \cdots, J-1, \quad n = 0, 1, \cdots, \tag{3.1}$$

$$u_{m,0}^n = 0, \qquad u_{m,J}^n = 0, \tag{3.2}$$

$$\left(u_{m,0}^n\right)_{x\bar{x}} = 0, \quad \left(u_{m,J}^n\right)_{x\bar{x}} = 0, \tag{3.3}$$

$$u_{m,j}^0 = u_{m,0}(x_j), \quad \left(u_{m,j}^0\right)_{\bar{t}} = u_{m,1}(x_j), \tag{3.4}$$

我们补充定义$u_{m,-1}^n$和$u_{m,J+1}^n$由(3.3)式求出, $u_{m,j}^{-1}$由(3.4)式求出. 为了研究差分问题(3.1)—(3.4)的收敛性和稳定性首先对差分解作先验估计.

引理 5 设引理 1 的条件满足, 并设 $g_m(u_1, u_2, \cdots, u_M) \in C^1$, $1 \leq m \leq M$, $\sum\limits_{m,k=1}^{M} \dfrac{\partial G}{\partial u_m \cdot \partial u_k} \eta_m \cdot \eta_k$ 非负定, $\forall \vec{\eta} \in R^M$, 则对(3.1)—(3.4)的解有估计式

$$\left\|\vec{u}_j^{n+1}\right\|_{L_2}^2 \leq c_5, \quad \left\|\left(\vec{u}_j^{n+1}\right)_x\right\|_{L_2}^2 \leq c_5, \quad \left\|\left(\vec{u}_j^{n+1}\right)_{x\bar{x}}\right\|_{L_2}^2 \leq c_5,$$

$$\left\|\left(\vec{u}_j^{n+1}\right)_{\bar{t}}\right\|_{L_2}^2 \leq c_5, \quad \left\|\vec{u}_j^{n+1}\right\|_{L_\infty}^2 \leq c_5, \quad \left\|\left(\vec{u}_j^{n+1}\right)_x\right\|_{L_\infty}^2 \leq c_5,$$

其中常数c_5与n, j无关, $0 \leq n\tau \leq T$.

证 将(3.1)式与$\left(u_{m,j}^{n+1}\right)_{\bar{t}}$作内积得到

$$\left(\left(u_{m,j}^{n+1}\right)_{\bar{t}\bar{t}}, \left(u_{m,j}^{n+1}\right)_{\bar{t}}\right) + \left(\left(u_{m,j}^{n+1}\right)_{xx\bar{x}\bar{x}}, \left(u_{m,j}^{n+1}\right)_{\bar{t}}\right) + a\left(\left(u_{m,j}^{n+1}\right)_{\bar{t}}, \left(u_{m,j}^{n+1}\right)_{\bar{t}}\right)$$
$$+ \left(g_m(\vec{u}_j^{n+1}), \left(u_{m,j}^{n+1}\right)_{\bar{t}}\right) = \left(f_{m,j}^{n+1}, \left(u_{m,j}^{n+1}\right)_{\bar{t}}\right), \tag{3.5}$$

上式中各项推导如下

$$\left(\left(u_{m,j}^{n+1}\right)_{\bar{t}\bar{t}}, \left(u_{m,j}^{n+1}\right)_{\bar{t}}\right) = \frac{1}{2}\left(\left\|\left(u_{m,j}^{n+1}\right)_{\bar{t}}\right\|_{L_2}^2\right)_{\bar{t}} + \frac{1}{2}\tau\left\|\left(u_{m,j}^{n+1}\right)_{\bar{t}\bar{t}}\right\|_{L_2}^2,$$

作Taylor展开并利用本引理中非负定条件得到

$$\sum_{m=1}^{M}\left(g_m(\vec{u}_j^{n+1}),(u_{m,j}^{n+1})_{\bar{t}}\right)\geq\left[h\sum_{j=1}^{J-1}G(\vec{u}_j^{n+1})\right]_{\bar{t}},$$

考虑到边界条件(2.2)和(2.3)有

$$\left((u_{m,j}^{n+1})_{xx\bar{x}\bar{x}},(u_{m,j}^{n+1})_{\bar{t}}\right) = -h\sum_{j=0}^{J-1}(u_{m,j}^{n+1})_{x\bar{x}x}(u_{m,j}^{n+1})_{x\bar{t}}$$

$$= h\sum_{j=1}^{J-1}(u_{m,j}^{n+1})_{x\bar{x}}(u_{m,j}^{n+1})_{x\bar{x}\bar{t}} = \frac{1}{2}\left(\left\|(u_{m,j}^{n+1})_{x\bar{x}}\right\|_{L_2}^2\right)_{\bar{t}} + \frac{1}{2}\tau\left\|(u_{m,j}^{n+1})_{x\bar{x}\bar{t}}\right\|_{L_2}^2,$$

利用这些式子，从(3.5)对m求和得到

$$\frac{1}{2}\left(\left\|(\vec{u}_j^{n+1})_{\bar{t}}\right\|_{L_2}^2\right)_{\bar{t}} + \frac{1}{2}\left(\left\|(\vec{u}_j^{n+1})_{x\bar{x}}\right\|_{L_2}^2\right)_{\bar{t}} + a\left\|(\vec{u}_j^{n+1})_{\bar{t}}\right\|_{L_2}^2 + \left[h\sum_{j=1}^{J-1}G(\vec{u}_j^{n+1})\right]_{\bar{t}}$$

$$\leq \frac{1}{2}\left\|\vec{f}_j^{n+1}\right\|_{L_2}^2 + \frac{1}{2}\left\|(\vec{u}_j^{n+1})_{\bar{t}}\right\|_{L_2}^2.$$

利用离散算子的Gronwall不等式有

$$\left\|(\vec{u}_j^{n+1})_{\bar{t}}\right\|_{L_2}^2 \leq c_5, \qquad \left\|(\vec{u}_j^{n+1})_{x\bar{x}}\right\|_{L_2}^2 \leq c_5.$$

因为

$$\left[\left\|\vec{u}_j^{n+1}\right\|_{L_2}^2\right]_{\bar{t}} \leq \frac{1}{2}\left\|\vec{u}_j^{n+1}\right\|_{L_2}^2 + \frac{1}{2}\left\|\vec{u}_j^n\right\|_{L_2}^2 + \left\|(\vec{u}_j^{n+1})_{\bar{t}}\right\|_{L_2}^2,$$

由此得出

$$\left\|\vec{u}_j^{n+1}\right\|_{L_2}^2 \leq c_5,$$

再利用Sobolev嵌入定理得到本引理的结论。

定理3 设引理5的条件满足，并设微分方程解 $u(x,t)$ 对t有有界的三阶导数，对x有有界的六阶偏导数，$u(x,t)$对t的三阶和对x的四阶混合偏导数有界，则差分问题(3.1)—(3.4)的解依L_∞模收敛到微分方程(1.1)—(1.4)的解，收敛阶数为$O(\tau+h^2)$。

证 令 $\varepsilon_{m,j}^n = u_m(x_j,t_n) - u_{m,j}^n$，则从(1.1)—(1.4)和(3.1)—(3.4)得到误差所满足的方程

$$\begin{cases}\left(\varepsilon_{m,j}^{n+1}\right)_{\bar{t}t} + \left(\varepsilon_{m,j\,xx\bar{x}\bar{x}}^{n+1}\right) + a\left(\varepsilon_{m,j}^{n+1}\right)_{\bar{t}} + g_m\left(\vec{u}(x_j,t_{n+1})\right) - g_m\left(\vec{u}_j^{n+1}\right) \\
\qquad = R_{m,j}^{n+1}, \quad 1\leq m\leq M, \quad 1\leq j\leq J-1, \quad n=0,1\cdots, \qquad (3.6) \\
\varepsilon_{m,0}^n = 0, \quad \varepsilon_{m,J}^n = 0, \quad 1\leq m\leq M, \; n=1,2,\cdots, \qquad (3.7) \\
\left(\varepsilon_{m,0}^n\right)_{x\bar{x}} = R_{m,0}^n, \quad \left(\varepsilon_{m,J}^n\right)_{x\bar{x}} = R_{m,J}^n, \quad 1\leq m\leq M, \; n=1,2,\cdots, \qquad (3.8) \\
\varepsilon_{m,j}^0 = 0, \quad \left(\varepsilon_{m,j}^0\right)_{\bar{t}} = R_{m,j}^0, \quad 1\leq m\leq M, \; 0\leq j\leq J, \qquad (3.9)
\end{cases}$$

作Taylor展开，得到对截断误差的估计式

$$\left|R_{m,j}^{n}\right|\leqslant k_6(\tau+h^2), \qquad \left|R_{m,j}^{o}\right|\leqslant k_6\cdot\tau,$$

$$\left|R_{m,o}^{n}\right|\leqslant k_6\cdot h^2, \qquad \left|R_{m,J}^{n}\right|\leqslant k_6\cdot h^2,$$

$$\left|\left(R_{m,o}^{n}\right)_{\bar t}\right|\leqslant k_6(\tau+h^2), \qquad \left|\left(R_{m,J}^{n}\right)_{\bar t}\right|\leqslant k_6(\tau+h^2),$$

$$\left|\left(R_{m,o}^{n}\right)_{\bar t \bar t}\right|\leqslant k_6(\tau+h^2), \qquad \left|\left(R_{m,J}^{n}\right)_{\bar t \bar t}\right|\leqslant k_6(\tau+h^2), \quad k_6 \text{是正常数}.$$

为了处理非齐次边界条件，引入离散量 $z_{m,j}^n$，它满足下列方程式

$$\begin{cases} \left(z_{m,J}^{n}\right)_{x\bar x}=\frac{1}{J}\left(j\, R_{m,J}^n+(J-j)\,R_{m,o}^n\right), & 1\leqslant m\leqslant M,\ n=1,2,\cdots,\ (3.10) \\ & 0\leqslant j\leqslant J, \\ z_{m,o}^{n}=0,\quad z_{m,J}^{n}=0,\quad z_{m,j}^{o}=0. & (3.11) \end{cases}$$

从上式我们能得出

$$\left(z_{m,j}^{n}\right)_{xx\bar x\bar x}=0,$$

$$z_{m,j}^{n}=\frac{h^2}{6}j(J-j)\left[\frac{j}{J}\left(R_{m,J}^n-R_{m,o}^n\right)-\left(2R_{m,o}^n+R_{m,J}^n\right)\right],$$

由这个 $z_{m,j}^n$ 的表达式算出

$$\left\|z_{m,j}^{n+1}\right\|_{L_2}\leqslant k_7(J+h^2), \qquad \left\|\left(z_{m,j}^{n+1}\right)_{x}\right\|_{L_2}\leqslant k_7(\tau+h^2),$$

$$\left\|\left(z_{m,j}^{n+1}\right)_{\bar t}\right\|_{L_2}\leqslant k_7(\tau+h^2), \qquad \left\|\left(z_{m,j}^{n+1}\right)_{\bar t \bar t}\right\|_{L_2}\leqslant k_7(\tau+h^2),$$

其中 k_7 是正常数。

令 $y_{m,j}^n=\varepsilon_{m,j}^n-z_{m,j}^n$，则离散量 $y_{m,j}^n$ 满足的定解问题是

$$\begin{cases} \left(y_{m,j}^{n+1}\right)_{\bar t \bar t}+\left(y_{m,j}^{n+1}\right)_{xx\bar x\bar x}+a\left(y_{m,j}^{n+1}\right)_{\bar t}+g_m\left(\bar u(x_j,t_{n+1})\right)-g_m\left(\bar u_j^{n+1}\right) \\ \qquad =R_{m,j}^{n+1}-\left(z_{m,j}^{n+1}\right)_{\bar t \bar t}-a\left(z_{m,j}^{n+1}\right)_{\bar t}, & (3.12) \\ y_{m,o}^{n}=0,\quad y_{m,J}^{n}=0, & (3.13) \\ \left(y_{m,o}^{n}\right)_{x\bar x}=0,\quad \left(y_{m,J}^{n}\right)_{x\bar x}=0, & (3.14) \\ y_{m,j}^{o}=0,\quad \left(y_{m,j}^{o}\right)_{\bar t}=R_j^o, & (3.15) \end{cases}$$

将 (3.12) 与 $\left(y_{m,j}^{n+1}\right)_{\bar t}$ 作内积，类似于引理 5 的推导得到

$$\frac{1}{2}\left(\left\|\left(y_{m,j}^{n+1}\right)_{\bar t}\right\|_{L_2}^2\right)_{\bar t}+\frac{1}{2}\left(\left\|\left(y_{m,j}^{n+1}\right)_{x\bar x}\right\|_{L_2}^2\right)_{\bar t}+a\cdot\left\|\left(y_{m,j}^{n+1}\right)_{\bar t}\right\|_{L_2}^2$$

$$\leqslant\left|\left(g_m(\bar u(x_j,t_{n+1}))-g_m(\bar u_j^{n+1}),\left(y_{m,j}^{n+1}\right)_{\bar t}\right)\right|+\left|\left(R_{m,j}^{n+1},\left(y_{m,j}^{n+1}\right)_{\bar t}\right)\right|$$

$$+\left|\left(\left(z_{m,j}^{n+1}\right)_{\bar t \bar t},\left(y_{m,j}^{n+1}\right)_{\bar t}\right)\right|+|a|\cdot\left|\left(\left(z_{mj}^{n+1}\right)_{\bar t},\left(y_{m,j}^{n+1}\right)_{\bar t}\right)\right|, \qquad (3.16)$$

记

$$\bar{k}_g = \max_{|\eta_m| < \max(\sqrt{c_2}, \sqrt{c_5}),\ 1 \leq m \leq M} \|\text{grad } g_m(\eta_1, \eta_2, \cdots, \eta_M)\|_{L_\infty}$$

则

$$\left\| g_m(\vec{u}(x_j, t_{n+1})) - g_m(\vec{u}_j^{n+1}) \right\|_{L_2}^2 \leq M \bar{k}_g^2 \left\| \vec{e}_j^{n+1} \right\|_{L_2}^2$$

$$\leq M \bar{k}_g^2 \left(\left\| \vec{y}_j^{n+1} \right\|_{L_2}^2 + \left\| \vec{z}_j^{n+1} \right\|_{L_2}^2 \right).$$

这样(3.16)对m求和给出

$$\frac{1}{2}\left(\left\|(\vec{y}_j^{n+1})_{\bar{t}}\right\|_{L_2}^2\right)_{\hat{t}} + \frac{1}{2}\left(\left\|(\vec{y}_j^{n+1})_{x\bar{x}}\right\|_{L_2}^2\right)_{\hat{t}} + a\left\|(\vec{y}_j^{n+1})_{\bar{t}}\right\|_{L_2}^2$$

$$\leq M^2 \bar{k}_g^2 \left(\left\|\vec{y}_j^{n+1}\right\|_{L_2}^2 + \left\|\vec{z}_j^{n+1}\right\|_{L_2}^2\right) + \frac{1}{2}\left(\left\|\vec{R}_j^{n+1}\right\|_{L_2}^2 + \left\|(\vec{y}_j^{n+1})_{\bar{t}}\right\|_{L_2}^2\right)$$

$$+ \frac{1}{2}\left(\left\|(\vec{z}_j^{n+1})_{\bar{t}\bar{t}}\right\|_{L_2}^2 + \left\|(\vec{y}_j^{n+1})_{\bar{t}}\right\|_{L_2}^2\right) + \frac{1}{2}|a|\cdot\left(\left\|(\vec{z}_j^{n+1})_{\bar{t}}\right\|_{L_2}^2 + \left\|(\vec{y}_j^{n+1})_{\bar{t}}\right\|_{L_2}^2\right).$$

从Gronwall不等式和Sobolev嵌入定理得到

$$\left\|(\vec{y}_j^{n+1})_{\bar{t}}\right\|_{L_2}^2 \leq k_8(\tau^2 + h^4),\quad \left\|(\vec{y}_j^{n+1})_{x\bar{x}}\right\|_{L_2}^2 \leq k_8(\tau^2 + h^4),$$

$$\left\|\vec{y}_j^{n+1}\right\|_{L_2}^2 \leq k_8(\tau^2 + h^4),\quad \left\|\vec{y}_j^{n+1}\right\|_{L_\infty}^2 \leq k_8(\tau^2 + h^4).$$

这里k_8是正常数。从定义直接得出

$$\left\|\vec{e}_j^n\right\|_{L_\infty} \leq k_9 \cdot (\tau + h^2),$$

其中k_9是正常数。这就给出定理的结论。

定理 4 设引理5的条件满足，则差分问题(3.1)—(3.4)的解对初值稳定。

证 设初值有扰动量ε_j^0，能建立起扰动量ε_j^n所满足的方程和边界条件、初始条件。利用引理5中已证明的差分解的一致有界性，类似于定理3的证明不难证出差分格式对初值的稳定性。

参 考 文 献

[1] L.cesari and R. Kannan, Nonlinear Analgsis Theory, *Math. Appl.*, 6 (1982), 751—805.

[2] 郭柏灵，中国科学(A辑)，1983，2，134—146.

[3] 常谦顺，中国科学(A辑)，1983，3，202—214.

Finite Difference Method in the Initial-Boundary Value Problems for Nonlinear Wave Systems of Higher Order

Guo Bailin   Chang Qianshun

Abstract

We first use the Galerkin method to prove the existence and uniqueness of weak solutions to the initial-boundary value problems for nonlinear wave systems of higher order. we also consider the finite difference method for this problem and prove the convergence and stability of some finite differencing schemes.

临界指数变系数半线性方程的正解

朱熹平
(数学系)

摘 要

证明了当 $\lambda<\lambda_1$ 且足够靠近 λ_1 时方程 $-\sum_{i,j=1}^{n}\frac{\partial}{\partial x^i}(a_{ij}\frac{\partial u}{\partial x^j})=u^p+\lambda u (p=\frac{n+2}{n-2})$ 存在正解 (其中 λ_1 是算子 $Lu=-\sum_{i,j=1}^{n}\frac{\partial}{\partial x^i}(a_{ij}\frac{\partial u}{\partial x^j})(n\geq 3)$ 的第一个特征值)；讨论了更一般的方程，给出了方程存在正解的充分条件。解决了H.Brezis和L.Nirenberg在文[1]中提出的一个问题，并把[1]中对应的结果作为特例重新得到.

我们考虑半线性椭圆方程定解问题

$$\begin{cases} -\sum_{i,j=1}^{n}\frac{\partial}{\partial x^i}\left(a_{ij}(x)\frac{\partial u}{\partial x^j}\right)=u^p+h(x)u & x\in\Omega, \\ u>0 \quad x\in\Omega, \quad u=0 \quad x\in\partial\Omega, \end{cases} \quad (1)$$

其中 Ω 是 $\mathbf{R}^n(n\geq 3)$ 上的一个有界光滑区域，存在 Λ_1 及 Λ_2 使

$$0<\Lambda_1\left(\sum_{i=1}^{n}(\xi^i)^2\right)\leq\sum_{i,j=1}^{n}a_{ij}(x)\xi^i\xi^j\leq\Lambda_2\left(\sum_{i=1}^{n}(\xi^i)^2\right), \quad \forall\xi=(\xi^1,\cdots,\xi^n)\neq 0, \quad p=(n+2)/(n-2)$$

, $a_{ij}(x)$, $h(x)$ 是 Ω 上的光滑函数, $a_{ij}(x)=a_{ji}(x)$.

注意到 $p+1=2n/(n-2)$ 是Sobolev嵌入 $H_0^1 \hookrightarrow L^{p+1}$ 的极限指数。此时嵌入不是紧致的，给定解问题解的存在性带来很大困难。H. Brezis和L. Nirenberg在文[1]中利用 T. Aubin[2]的方法，通过利用Sobolev嵌入定理的最优常数得到了当 $a_{ij}=\delta_{ij}$, $h(x)=\lambda$(某常数)这种特殊情形时问题(1)的正解存在性结果。我们利用相应的方法处理(1), 首先碰到的困难是(1)中的方程为变系数, 不能作出相应的嵌入不等式的最优常数。我们认为, 方程的变系数是由于空间弯曲造成的, 我们考察了黎曼流形上相应的定解问题, 从而得到变系数方程问题的解决。这一思想是基于T. Aubin的工作 (见[2])——

本文1984年10月收到

Sobolev 不等式的最优常数与流形的选取无关。

文[1]中还提出如何给出定解问题

$$\begin{cases} -\triangle u = f(x)u^p + \lambda u & x\in\Omega, \\ u > 0 \quad x\in\Omega, \quad u = 0 & x\in\partial\Omega \end{cases} \tag{2}$$

的正解存在这个问题。本文解决了这一问题。

一、方程在 λ_1 附近存在正解

考察方程

$$\begin{cases} -\sum_{i,j=1}^{n} \frac{\partial}{\partial x^i}\left(a_{ij}(x)\frac{\partial u}{\partial x^j}\right) = u^p + \lambda u & x\in\Omega \\ u > 0 \quad x\in\Omega, \quad u = 0 \quad x\in\partial\Omega, \end{cases} \tag{3}$$

其中方程是严格椭圆的，$\lambda\in\mathbf{R}$，$p = (n+2)/(n-2)$

考虑对应的变分泛函

$$J(u) = \int_\Omega \sum_{i,j=1}^{n} a_{ij}(x)\frac{\partial u}{\partial x^i}\frac{\partial u}{\partial x^j}dx - \int_\Omega \lambda u^2 dx, \quad u\in H_0^1 \text{且} \|u\|_{p+1} = 1.$$

记 $S_\lambda = \inf_{u\in H_0^1, \|u\|_{p+1}=1} \left\{ \int_\Omega \sum_{i,j=1}^{n} a_{ij}(x)\frac{\partial u}{\partial x^i}\frac{\partial u}{\partial x^j}dx - \lambda \int_\Omega u^2 dx \right\}.$

命题 1 ($E.\ Lieb$) 当 $S_\lambda < S_0$ 时，下确界 S_λ 达到。

证明完全按[1]中的证明得到。

记 $\lambda_1 > 0$ 是特征方程 $-\sum_{i,j=1}^{n} \frac{\partial}{\partial x^i}\left(a_{ij}\frac{\partial u}{\partial x^j}\right) = \lambda u$，$u|_{\partial\Omega} = 0$ 的第一个特征值。

命题 2 S_λ 具有如下性质：

1) S_λ 是 λ 的连续函数且是单调递减的；
2) $S_{\lambda_1} = 0$，$S_0 > 0$；
3) 对于 $\lambda\in[0,\lambda_1)$，$S_\lambda > 0$。

证 1) 由于 Ω 是有界区域，任给 $\varepsilon > 0$，可以找到 $\delta_0 > 0$，使得对于所有满足 $\|u\|_{p+1} = 1$ 的 H_0^1 中元素 u，当 $0 < \delta \leq \delta_0$ 时 $\delta\int_\Omega u^2 dx < \varepsilon.$

$$S_\lambda - S_{\lambda+\delta} \leq \inf_{u\in H_0^1, \|u\|_{p+1}=1} \left\{ \int_\Omega \sum_{i,j=1}^{n} a_{ij}\frac{\partial u}{\partial x^i}\frac{\partial u}{\partial x^j}dx - \int_\Omega \lambda u^2 dx \right\}$$

$$-\left(\int_\Omega \sum_{i,j=1}^{n} a_{ij}\frac{\partial u_1}{\partial x^i}\frac{\partial u_1}{\partial x^j}dx - \lambda \int_\Omega u_1^2 dx \right) + \varepsilon + \delta\int_\Omega u_1^2 dx \leq 2\varepsilon$$

（这里取 u_1 充分接近下确界 $S_{\lambda+\delta}$）

同样有对于任意的正数 $\varepsilon_0 > 0$，

$$S_\lambda - S_{\lambda+\delta} \geq -\varepsilon_0 + \int_\Omega \sum_{i,j=1}^n a_{ij} \frac{\partial u_2}{\partial x^i} \frac{\partial u_2}{\partial x^j} dx - \lambda \int u_2^2 dx -$$

$$\inf_{u\in H_0^1, \|u\|_{p+1}=1} \left\{ \int_\Omega \sum_{i,j=1}^n a_{ij} \frac{\partial u}{\partial x^i} \frac{\partial u}{\partial x^j} dx - \lambda \int u^2 dx - \delta \int_\Omega u^2 dx \right\}$$

$$\geq -\varepsilon_0 + \delta \int_\Omega u_2^2 dx \geq -\varepsilon_0 \;(\text{取} u_2 \text{使得充分接近下确界})$$

这样 $S_\lambda - S_{\lambda+\delta} \geq 0$

从而证得 S_λ 是 λ 的单调递减连续函数。

2) 和 3) 利用Sobolev不等式以及 λ_1 是第一个特征值这个事实容易得到。Q.E.D.

由命题1和命题2我们即得如下结论：

定理1 存在 $\lambda_0 \in [0, \lambda_1)$，使得对每个 $\lambda \in (\lambda_0, \lambda_1)$ 方程（3）至少存在一个正解。Q.E.D.

二、黎曼流形 $(\overline{\Omega}, g_{ij})$ 上的方程

考虑流形上的定解问题

$$\begin{cases} -\triangle u = f(x)u^q + h(x)u & x\in\Omega \\ u>0 \quad x\in\Omega, \quad u=0 & x\in\partial\Omega \end{cases} \quad (4)$$

其中 $-\triangle$ 是 $(\overline{\Omega}, g_{ij})$ 上的Laplacian，f、h 是 $\overline{\Omega}$ 上的光滑函数且 $f>0$ 在 $\overline{\Omega}$ 上，$2<q\leq p=\frac{n+2}{n-2}$。

方程对应的变分泛函

$$I_q(u) = \left[\int_\Omega \nabla^i u \nabla_i u \, dv - \int_\Omega h(x) u^2 dv \right] \left[\int_\Omega f(x) |u|^{q+1} dv \right]^{-2/(q+1)}$$

其中 $u\in H_0^1$, $u\not\equiv 0$, $dv = \sqrt{|g|}\, dx^1 \cdots dx^n (|g|=\det(g_{ij}))$ 是黎曼体积元。

首先我们易知 $\mu_q = \inf\limits_{u\in H_0^1, u\not\equiv 0} I_q(u)$ $\left(2<q\leq \frac{n+2}{n-2}\right)$ 是有限的，按照通常的变分法易得，对于 $2<q<\frac{n+2}{n-2}$，存在 u_q（$u_q>0$ $x\in\Omega$，且 $u_q \in C^\infty(\Omega)\cap H_0^1(\Omega)$）满足泛函 $I_q(u)$ 对应的Eular方程

$$-\triangle u_q = \mu_q f(x) u_q^q + h(x) u_q$$

现在我们讨论 $q=\frac{n+2}{n-2}$ 时的定解问题（4），对应 $I_p(u)$ 以及 μ_p。

性质1 $\mu_p \leq K^{-2}(n,2) \left[\sup\limits_{x\in\overline{\Omega}} f\right]^{-2/(P+1)}$ 其中 $K(n,2)$ 是嵌入定理最优常数。

证 设 f 在 $p\in\overline{\Omega}$ 上取得最大值 $\sup\limits_{x\in\overline{\Omega}} f(x)$，取 p 附近的一个球邻域 $s_{p_0}(r_0) = \{Q \mid d(p_0, Q)$

$<r_0\}\subset\Omega$（如果 $p\in\Omega$，则取 $p_0=p$），在 $s_{p_0}(r_0)$ 中选取标准坐标系（$x^1,\cdots,x^n$），对应测地极坐标系（$r,Q_1,\cdots,Q_{n-1}$）。取 $\phi(r)$ 具有紧支集在此邻域内且在 p_0 的一个小邻域内 $\phi(r)$ 等于1的光滑函数。知 $U(x)=\dfrac{1}{(1+|x|^2)^{\frac{n-2}{2}}}$ 是 $\mathbf{R}^n$ 中达到最优常数 $K(n,2)$ 的函数[2]。

作
$$u_\varepsilon(r)=\frac{\phi(r)}{(\varepsilon+r^2)^{\frac{n-2}{2}}}$$

利用 $\sqrt{|g|}=1-\dfrac{1}{6}\sum\limits_{i,j=1}^n R_{ij}x^ix^j+O(r^3)$ （R_{ij} 是 p_0 点处的Ricci曲率），当 $\varepsilon\to 0$ 时有

$$\int_\Omega \nabla^i u_\varepsilon \nabla_i u_\varepsilon dv=\int_\Omega\left(\frac{\partial u_\varepsilon}{\partial r}\right)^2\sqrt{|g|}dx=\frac{\|\nabla U\|_2}{\varepsilon^{(n-2)/2}}+O\left(\frac{1}{\varepsilon^{(n-4)/2}}\right)+O(1)$$

$$\int_\Omega f(x)u_\varepsilon^{p+1}dv=f(p_0)\frac{\|U\|_{p+1}^{p+1}}{\varepsilon^{n/2}}+O\left(\frac{1}{\varepsilon^{(n-1)/2}}\right)$$

$$\int_\Omega h(x)u_\varepsilon^2 dv=\begin{cases}\dfrac{K_3}{\varepsilon^{(n-4)/2}}h(p_0)+O(1) & n\geqslant 5\\ K_3^1|\log\varepsilon|h(p_0)+O(1) & n=4\\ O(1) & n=3\end{cases}$$

这里 K_3，K_3^1 是正常数。

代入 $I_p(u_\varepsilon)$ 即得当 ε 足够小时，p_0 足够靠近 p 时，$I_p(u_\varepsilon)$ 足够接近 $K^{-2}(n,2)\left[\sup\limits_{x\in\overline{\Omega}}f\right]^{-2/(p+1)}$。 Q.E.D.

如果 f 在 $p\in\Omega$ 上取得最大值，这时

$$I_p(u_\varepsilon)=\frac{\int_\Omega \nabla^i u_\varepsilon\nabla_i u_\varepsilon dv-\int_\Omega h(x)u_\varepsilon^2 dv}{\left[\int_\Omega f(x)u_\varepsilon^{p+1}dv\right]^{2/(p+1)}}$$

$$=\begin{cases}K^{-2}(n,2)\left[f(p)\right]^{-\frac{2}{p+1}}\left[1-\left(\dfrac{R(p)}{n(n-4)}+\dfrac{4(n-1)h(p)}{n(n-2)(n-4)}+\dfrac{\triangle f(p)}{2nf(p)}\right)\varepsilon+o(\varepsilon)\right], & n\geqslant 5\\ K^{-2}(n,2)\left[f(p)\right]^{-\frac{2}{p+1}}\left[1-\left(6h(p)+R(p)\right)\dfrac{\varepsilon}{8}|\log\varepsilon|+o(\varepsilon|\log\varepsilon|)\right], & n=4\end{cases}$$

其中 $R(p)$ 是 p 处的标量曲率。

由此得出

性质2 如果 f 在 $p\in\Omega$ 上取得最大值，$n\geqslant 4$，并满足

$$R(p)+\frac{4(n-1)}{n-2}h(p)+\frac{(n-4)\triangle f(p)}{2f(p)}>0$$

则有 $\mu_p<K^{-2}(n,2)\left[\sup\limits_{x\in\Omega}f\right]^{-2/(p+1)}$ Q.E.D.

还易得到

性质 3 $\lim\limits_{q \to p} \mu_q = \mu_p$ Q.E.D.

定理 2 当 $0 < \mu_p < K^{-2}(n,2)\left[\sup\limits_{x \in \Omega} f\right]^{-2/(p+1)}$ 时，对于 $q = \dfrac{n+2}{n-2}$ 时的方程（4）至少有一正解。

证 考虑上面达到 $\mu_q(2 < q < p)$ 的集合 $\{u_q\}$，它们属于 H_0^1，在 Ω 上 $u_q > 0$ 且 $\int_\Omega f(x) u_q^{q+1} dv = 1$。

由 Ω 有界知 $\{\|u_q\|_2^2\}$ 是有界的。

而 $\|\nabla u_q\|_2^2 \leq \mu_q + \int h(x) u_q^2 dv \leq \mu_q + \left|\sup\limits_{x \in \Omega} h(x)\right| \|u_q\|_2^2$

由性质 3 知存在 $q_0 \in (2, p)$，使当 $q \in [q_0, p)$ 时，$\{u_q\}$ 在 H_0^1 中是有界的。这样可选取子序列 u_{q_i}（$q_i \in [q_0, p)$，$q_i \to p$）使得

$$u_{q_i} \rightharpoonup u_0 \in H_0^1 \quad \text{在 } H_0^1 \text{ 中弱收敛},$$

$$u_{q_i} \to u_0 \quad \text{在 } L^2 \text{ 中强收敛},$$

$$u_{q_i} \to u_0 \quad \text{在 } \Omega \text{ 中几乎处处收敛}(\Rightarrow u_0 \geq 0),$$

$$u_{q_i}^{q_i} \rightharpoonup u_0^p \quad \text{在 } (L^{p+1})^* \text{ 中弱收敛}.$$

由 u_{q_i} 满足 $\int_\Omega \nabla^i u_{q_i} \nabla_i \varphi dv = \mu_{q_i} \int_\Omega f(x) u_{q_i}^{q_i} \varphi dv + \int_\Omega h(x) u_{q_i} \varphi dv$，$\forall \varphi \in H_0^1$。令 $q_i \to p$ 时有

u_0 是方程 $-\triangle u_0 = \mu_p f(x) u_0^p + h(x) u_0$ 的弱解。

下面说明 u_0 是非零的。

对于 $q_i \to p$，任给 $\varepsilon > 0$，利用 Sobolev 嵌入最优常数，知有 $A(\varepsilon) > 0$，使

$$1 \leq \left[\sup\limits_{x \in \Omega} f\right]^{\frac{2}{p+1}} \left[(K^2(n,2) + \varepsilon)\left(\mu_p + \int_\Omega h(x) u_0^2 dv\right) + A(\varepsilon) \|u_0\|_2^2\right]$$

取 $\varepsilon = \varepsilon_0$ 足够小，使

$$0 < 1 - \left[\sup\limits_{x \in \Omega} f\right]^{\frac{2}{p+1}} \left(K^2(n,2) + \varepsilon_0\right) \mu_p \leq c\left(A(\varepsilon_0) + \left|\sup\limits_{x \in \Omega} h(x)\right|\right) \|u_0\|_2^2$$

所以 $u_0 \neq 0$，由 Brezis-Kato[1] 和 Agmon[3] 的正则性定理知 $u_0 \in C^\infty(\overline{\Omega})$，又依强极值原理，知 $u_0 > 0$（在 Ω 上）。

这样知 $(\mu_p)^{\frac{1}{p-1}} u_0$ 是问题（4）的正解。   Q.E.D.

推论 如果 f 在 $p \in \Omega$ 上取得最大值，$n \geq 4$，$h(x) < \lambda_1$，且满足 $R(p) + \dfrac{4(n-1)}{n-2} h(p)$

$+\dfrac{(n-4)}{2}\dfrac{\triangle f(p)}{f(p)}>0$, 则对于 $q=\dfrac{n+2}{n-2}$ 时的问题(4)具有一正解.   Q.E.D.

注：特别地当 $g_{ij}=\delta_{ij}$ 时（即欧氏空间的情形），问题

$$\begin{cases} -\triangle u = f(x)u^p + \lambda u & x\in\Omega \\ u>0 \quad x\in\Omega,\ u=0 & x\in\partial\Omega \end{cases} \quad (p=\dfrac{n+2}{n-2},\ f(x) \text{ 在 } \overline{\Omega} \text{ 上大于零})$$

对于 $\lambda\in\left(-\dfrac{(n-4)(n-2)}{8(n-1)}\dfrac{\triangle f(p)}{f(p)},\ \lambda_1\right)$ 存在正解（这里 p 处 f 取得最大值）. 这样我们对于〔1〕中提出的问题给予了回答.

三、变 系 数 方 程

现在考虑定解问题（1）.

记 $|a|=\det(a_{ij})$, $g^{ij}=a_{ij}|a|^{\frac{-1}{n-2}}$, $(g_{ij})=(g^{ij})^{-1}$.

这样 $a_{ij}(x)=g^{ij}(x)\sqrt{|g|}$ ($|g|=\det(g_{ij})$)

显然 (g_{ij}) 是正定对称的.

记 $f(x)=\dfrac{1}{\sqrt{|g|}}$, $h_1(x)=\dfrac{h(x)}{\sqrt{|g|}}$ 视为标量函数，视 (g_{ij}) 为 $\overline{\Omega}$ 上的度规，（1）成为黎曼流形 $(\overline{\Omega},g_{ij})$ 上的问题

$$\begin{cases} -\triangle u = f(x)u^p + h_1(x)u & x\in\Omega \\ u>0 \quad x\in\Omega,\ u=0 & x\in\partial\Omega \end{cases}$$

其中 $-\triangle$ 为 $(\overline{\Omega},g_{ij})$ 上的 Laplacian.

根据上一节的结果有

定理 3 当 $0<\inf\limits_{u\in H_0^1,u\geqslant 0 \atop \text{且} u\not\equiv 0}\left\{\int_\Omega\sum\limits_{i,j=1}^n a_{ij}\dfrac{\partial u}{\partial x^i}\dfrac{\partial u}{\partial x^j}dx-\int_\Omega h(x)u^2 dx\right\}\left(\int_\Omega u^{p+1}dx\right)^{\frac{-2}{p+1}}$

$<K^{-2}(n,2)\left[\sup\limits_{x\in\overline{\Omega}}\left(|a|^{\frac{-1}{n-2}}\right)\right]^{-2/p+1}$ 时，方程(1)具有一正解.   Q.E.D.

定理 4 如果 $|a|=\det(a_{ij})$ 在 $p\in\Omega$ 上取得最小值，$n\geqslant 4$，$h(x)<\lambda_1\ \forall x\in\overline{\Omega}$ 且满足

$$R(p)+\dfrac{4(n-1)}{n-2}\dfrac{h(p)}{|a|^{\frac{1}{n-2}}(p)}+\dfrac{(n-4)}{2}\sum_{i,j=1}^n a_{ij}(p)\dfrac{\partial^2\left(|a|^{\frac{-1}{n-2}}(p)\right)}{\partial x^i\partial x^j}>0$$

则方程(1)具有一正解.   Q.E.D.

注：标量曲率 $R(p)$ 是通过 $g^{ij}=a_{ij}|a|^{\frac{-1}{n-2}}$ 来计算.

例 1 在方程 (1) 中，取 (a_{ij}) 为常数矩阵，$h(x)=\lambda\in\mathbf{R}$，$n\geqslant 4$，有如下结论

① 如果 $\lambda\in(0,\lambda_1)$，方程存在正解.

依上面定理 4 即得出此结论（此时 $R\equiv 0$）. 利用通常的办法还易得到

② 如果 $\lambda \geqslant \lambda_1$，方程(1)不具有正解。

③ 如果 $\lambda \leqslant 0$，对于星形域方程(1)不具有正解。

特别地，当 $a_{ij} = \delta_{ij}$ 时，就是H. Brezis和L. Nirenberg在〔1〕中给出的结果。

例2 在方程(1)中，当 $|a| = \det(a_{ij})$ 为常数，$h(x) = \lambda \in \mathbf{R}$ 时，$(n \geqslant 4)$，依定理4，当 $\lambda \in \left(-\dfrac{(n-2)}{4(n-1)} |a|^{\frac{1}{n-2}} \sup\limits_{x \in \Omega} R(x), \lambda_1 \right)$ 时，方程(1)具有正解。

特别地，当通过 $a_{ij}(x)$ 算得的标量曲率 $R(x)$ 在某点处大于零时，存在正解的 λ 的区间是跨过0点的。

参 考 文 献

〔1〕 Brezis, H. & Nirenberg, L., *Comm. Pure Appl. Math.*, 36 (1983), 437—477.

〔2〕 Aubin, T., *Nonlinear Analysis on Manifolds, Monge-Ampere Equation*, Springer-Verlag, New York, 1982.

〔3〕 Agmon, S., *Lectures on Elliptic Boundary Value Problem*, Van Nostrand, Princeton, 1965.

Positive Solution of Variable Coefficient Semilinear Equation Involving Critical Exponents

Zhu Xiping

Abstract

We study the existence of positive solution of variable coefficient equation. We have proved that the equation $-\sum\limits_{i,j=1}^{n} \dfrac{\partial}{\partial x^i}(a_{ii}\dfrac{\partial u}{\partial x^i}) = u^p + \lambda u$ ($p = \dfrac{n+2}{n-2}$, $n \geqslant 3$) exists a positive solution when $\lambda < \lambda_1$ and near λ_1 〔λ_1 is the first eigenvalue of the operator $Lu = -\sum\limits_{i,j=1}^{n} \dfrac{\partial}{\partial x^i}(a_{ij}\dfrac{\partial u}{\partial x^i})$〕. Some existence results of the equation $-\sum\limits_{i,j=1}^{n} \dfrac{\partial}{\partial x^i}(a_{ij}\dfrac{\partial u}{\partial x^j}) = u^p + h(x)u$ are obtained. A problem of 〔1〕 is solved and the results of〔1〕 is deduced as a special case of ours.

This work is supported in part by the Foundation of Zhongshan University Advanced Research Centre.

遍历测度的一个定理及其应用*

周作领 钟洵

(计算机科学系)

摘 要

设f是紧度量空间上的连续自映射。本文证明，如果f的所有非渐近周期的非游荡点的集合的基数是可列的，则f的遍历测度是它的周期轨道原子测度，且f的拓扑熵为零。作为推论还得到，逐点周期映射有零拓扑熵。另外，当f没有周期点时，其非游荡点的集合的基数是不可列的。

关键词 非游荡集，遍历测度，拓扑熵

1 引 言

文[1]引进了拓扑熵的定义。估计拓扑熵的值，特别是找出拓扑熵为零的条件是动力系统理论的一个重要而又困难的问题。本文首先证明遍历测度的一个定理，然后由此证明，对于紧度量空间上的一个连续自映射，其拓扑熵为零和非渐近周期的非游荡点的集合的基数有关。作为上述结果的简单推论，证明了逐点周期映射的拓扑熵为零。

本文记(X, d)是一个紧度量空间。f是X到X的连续映射。以$P(f)$，$\Omega(f)$和 ent(f)分别记f的周期点集、非游荡集和拓扑熵。

2 预备知识和主要结果

以下参照[2]的记号。

记$\mathscr{B}(X)$为X的Borel子集的σ代数。$M(X)$为定义在可测空间$(X, \mathscr{B}(X))$上的所有概率测度的集合。$M(X, f)$为$M(X)$中所有对f不变的测度的集合。$E(X, f)$为$M(X, f)$中所有对f是遍历测度的集合。所以，$M(X) \supset M(X, f) \supset E(X, f) \neq \phi$。$M(X)$在弱收敛拓扑下是一个紧度量空间。$M(X, f)$是$M(X)$的一个凸紧子集。对$x \in X$，$\forall A \in \mathscr{B}(X)$，定义

$$\delta_x(A) = \begin{cases} 1, & x \in A, \\ 0, & x \overline{\in} A, \end{cases}$$

则$\delta_x \in M(X)$。

本文1990年3月20日收到

* 中山大学高等学术研究中心基金会和国家自然科学基金会资助项目

定义1 设 $m \in M(X)$，如果 $m = \sum_{i=1}^{\infty} P_i \delta_{x_i}$，其中 $x_i \in (X), P_i \geq 0, \sum_{i=1}^{\infty} P_i = 1$，则称 m 是纯原子测度。

定义2 设 $x \in X$，如果存在一个 $p \in P(f)$，使得 $\lim_{n \to \infty} d(f^n(x), f^n(p)) = 0$，则称 x 是 f 的渐近周期点。用 $AP(f)$ 记 f 的所有渐近周期点集合。

以下定理是周知的。证明从略，可参见〔2〕。

定理A 设 $m \in M(X), m_i \in M(X), i > 0$，则 $m_i \to m$ 的充要条件是对 X 的每个开子集 U，$\liminf_{i \to \infty} m_i(U) \geq m(U)$。

定理B 设 $N \geq 1, x \in X$，则 $f^N(x) = x$ 的充要条件是

$$\frac{1}{N} \sum_{i=0}^{N-1} \delta_{f^i(x)} \in M(X, f).$$

按照定理B，f 的每个周期轨道可以看作是 f 的不变概率测度，故有 $PO(f) \subset M(X,f)$，其中 $PO(f)$ 是 f 的周期轨道集合，$PO(f)$ 的元素称为 f 的周期轨道原子测度。

定理C 设 $m \in M(X, f)$ 是纯原子的，则 m 是 f 的周期轨道原子测度的凸组合（可能是可列无穷个的组合）。

定理D 设 $m \in M(X,f)$，则 $m \in E(X,f)$ 的充要条件是存在一个 $Y \in \mathscr{B}(X), m(Y) = 1$，$\forall x \in Y$，

$$\frac{1}{n} \sum_{i=0}^{n-1} \delta_{f^i(x)} \longrightarrow m.$$

定理E $ent(f) = \sup\{h_m(f) | m \in M(X, f)\} = \sup\{h_m(f) | m \in E(x,f)\}$，其中 $h_m(f)$ 为 f 关于 m 的测度熵。这个定理称为变分原理。

以下是本文的主要结果。

定理1 当 $\Omega(f) - AP(f)$ 是可列集时，$E(X,f) = PO(f)$。

推论1 当 $\Omega(f) - AP(f)$ 是可列集时，$ent(f) = 0$，特别地，当 $X = P(f)$，即 f 为逐点周期映射时，$ent(f) = 0$。

推论2 当 $P(f) = \phi$ 时，$\Omega(f)$ 是不可列集。

3 定理的证明

首先证明4个引理

引理1 当 $m \in PO(f)$ 时，$h_m(f) = 0$。

这是测度熵定义〔2〕的直接结果。

引理2 设 $x \in AP(f)$，即存在一个周期为 $N > 0$ 的 $p \in P(f)$，使得

$$\lim_{n \to \infty} d(f^n(x), f^n(p)) = 0, 则$$

$$\frac{1}{n} \sum_{i=0}^{n-1} \delta_{f^i(x)} \longrightarrow \frac{1}{N} \sum_{i=0}^{N-1} \delta_{f^i(p)}.$$

证明 对 X 的任一开子集 U 和使得极限 $\lim \frac{1}{n_K}\sum_{i=0}^{n_K-1}\delta_{f^i(x)}(U)$ 存在的任一序列 $n_1 < n_2 < \cdots < n_K < \cdots$，易证

$$\lim \frac{1}{n_K}\sum_{i=0}^{N_K-1}\delta_{f^i(x)}(U) \geq \frac{1}{N}\sum_{i=0}^{N-1}\delta_{f^i(p)}(U).$$

由定理 A 得证本引理。

引理 3 设 $p \in P(f)$ 的周期为 $N > 0$，则

$$\frac{1}{n}\sum_{i=0}^{n-1}\delta_{f^i(p)} \longrightarrow \frac{1}{N}\sum_{i=0}^{N-1}\delta_{f^i(p)} \quad .$$

显然这是引理 2 的直接推论。

引理 4 设 $m \in M(X,f)$。如果存在 $Y \in \mathscr{B}(X)$，$m(Y) = 1$ 且 Y 是可列集，则 m 是纯原子测度。

证明 由于度量空间中单点集是闭集，所以 $\{x\} \in \mathscr{B}(X)$。$\forall x \in Y$，令 $m(\{x\}) = P_x$，则 $0 \leq P_x \leq 1$，由测度的基本性质易知，$m = \sum_{x \in Y} P_x \delta_x$，其中 $\sum_{x \in Y} P_x = 1$。即 m 是纯原子测度。

定理 1 的证明 设 $p \in P(f)$ 的周期为 $N > 0$，令 $m = \frac{1}{N}\sum_{i=0}^{N-1}\delta_{f^i(p)}$，则

$$m\left(\left\{p, f(p), \cdots, f^{N-1}(p)\right\}\right) = 1, \text{ 且 } m \in M(X,f).$$

由定理 D 和引理 3，易见 $m \in E(X,f)$。这就证明了 $PO(f) \subset E(X,f)$。往证 $PO(f) \supset E(X,f)$。设 $m \in E(X,f)$。由定理 D，存在 $Y \in \mathscr{B}(X), Y \subset \Omega(f)$，且 $m(Y) = 1$，使得 $\forall x \in Y$，$\frac{1}{n}\sum_{i=0}^{n-1}\delta_{f^i(x)} \longrightarrow m$。可以肯定 $Y \cap AP(f) \neq \phi$。假设其不然，$Y \cap AP(f) = \phi$，则 $Y \subset \Omega(f) - AP(f)$ 是可列集。由引理 4，m 是纯原子测度，即 $m = \sum_{i=1}^{\infty} P_i \delta_{x_i}$，其中 $x_i \in Y$，$P_i \geq 0$，$\sum_{i=1}^{\infty} P_i = 1$。由定理 C，每个 x_i 是周期点，这就与 $Y \subset \Omega(f) - AP(f)$ 矛盾。从而证明了 $Y \cap AP(f) \neq \phi$。现在取 $x \in Y \cap AP(f)$，使得 $\frac{1}{n}\sum_{i=0}^{n-1}\delta_{f^i(x)} \longrightarrow m$。由引理 2，易见 $m \in PO(f)$。定理得证。

推论 1 是定理 1，引理 1 和定理 E 的结果。当 $X = P(f)$ 时，显然 $X = AP(f)$，即 $X - AP(f) = \phi$，故 $\text{ent}(f) = 0$。

推论 2 的证明 考虑限制映射 $f|_{\Omega(f)} : \Omega(f) \to \Omega(f)$。如果 $\Omega(f)$ 是可列集，由引理 4，则每个 $m \in M(\Omega(f), f|_{\Omega(f)})$ 是纯原子测度。按定理 C，m 是周期轨道原子测度的凸组合，这与 $PO(f) = \phi$ 矛盾。

值得注意，推论 1 的逆命题不成立。考虑下面的反例。设 $g : s^1 \to s^1$ 是无周期点的圆周连续自映射（这样的映射是存在的），$\text{ent}(g) = 0$。但由推论 2，$\Omega(g) - AP(g) = \Omega(g)$ 是不可列的。

参 考 文 献

1 Adler R L, Konheim A G, Mcandrew M H. Trans Amer Math Soc, 1965; 114: 309~319
2 Walters P. An introduction to ergodic thory. Springer: New York, 1982

A Theorem on Ergodic Measures and Its Applications

Zhou Zuoling   Chung Shung

Abstract

Let f be a continuous self-map on a compact metric space. We prove that if the cardinality of the set of all nonwandering points of f which are not asymptotically periodic is countable, then its every ergodic measure is its periodic orbit atomic measure and its topological entropy vanishes. As a consequence, we get that, each pointwise periodic map has zero topological entropy. We also prove that if f has no peirodic point, then its nonwandering set is uncountable.

keywords nonwandering set, ergodic measure, topoloyical engropy

●Department of Computer Science

Lagrange 相交数的下界估计*

胡建勋

(中山大学物理学系,广州 510275)

摘 要 本文给出了 T^{2n}, CP^m 与 CP^m 的乘积中一类 Lagrange 子流形相交数的下界估计.

关键词 Lagrange 相交,Hamilton 系统,复投影空间

分类号 Q189.32

设 (M,ω) 为紧致辛流形. $L \subset M$ 为一个闭 Lagrange 子流形. 对于光滑函数 $H: R \times M \to R$, 我们可以在 M 上定义一族光滑向量场 X_H 满足

$$\omega(\cdot, X_H) = d_x H$$

我们称 X_H 为对应于 H 的 Hamilton 向量场. 而且微分方程

$$\frac{d}{dt}\Phi_t = X_t(\Phi_t), \quad \Phi_0 = id$$

定义 M 的一族辛微分同胚. 称 Φ_1 为恰当(exact)辛微分同胚. Arnold 给出了如下猜测[1]

$$\#(L \cap \Phi_1(L)) \geqslant \begin{cases} CL(L)+1, \\ SB(L), \text{若 } L \text{ 与 } \Phi_1(L) \text{ 横截相交} \end{cases}$$

其中 $CL(L)$ 为 L 的上积长, $SB(L)$ 为 L 的 Betti 数之和, 继 Conley 和 Zehnder 之后[2], 又有许多数学家致力于这一猜测的研究. 其中以 Floer 的工作最为独出[3,4]. 但他的工作中有一个关键性的条件 $\pi_2(M, L) = 0$. 关于 $\pi_2(M, L) \neq 0$ 时的 Lagrange 相交数估计可参见蒋美跃的工作[5~7]. 本文将在 $\pi_2(M, L) \neq 0$ 的一个特殊情形下给出 Lagrange 相交数的一个下界估计.

令

$$T^{2n} = \{(x_1, \cdots, x_{2n}) \in R^{2n}\}/Z^{2n}$$

$$\omega_1 = \sum_{i=1}^{n} dx_i \wedge dx_{i+n}$$

为 T^{2n} 上标准辛结构, 令

$$CP^m = S^{2m+1}/S^1 = \{(y_0, \cdots, y_m) \in \mathbb{C}^{m+1} \mid \sum_{i=0}^{m} |y_i|^2 = 1\}/S^1$$

ω_2 为 CP^m 上标准 Kähler 结构所确定的 Kähler 形式. 则 (CP^m, ω_2) 为一紧致辛流形. 从而

收稿日期:1993-08-24
* 中山大学高等学术研究中心基金会资助项目

我们有$(CP^m \times CP^m, \omega_2 \oplus (-\omega_2))$也是紧致辛流形. 令
$$M = T^{2n} \times CP^m \times CP^m, \Omega = \pi_1^* \omega_1 \oplus \pi_2^*[\omega_2 \oplus (-\omega_2)],$$ 其中 $\pi_1: M \to T^{2n}, \pi_2: M \to CP^m \times CP^m$ 为自然投影. 令
$$T^n = \{(x_1, \cdots, x_{2n}) \in R^{2n} | x_{n+1} = \cdots = x_{2n} = 0\}$$
$$L_1 = \{(y_1, y_2) \in CP^m \times CP^m | y_1 = y_2\}$$
则 T^n 和 L_1 分别为 T^{2n} 和 $CP^m \times CP^m$ 的 Lagrange 子流形. 而且 $L = T^n \times L_1$ 为 (M, Ω) 的 Lagrange 子流形.

定理 设 $h(t, x, y_1, y_2)$ 为 M 上光滑函数. X_h 为相应于 $h(t, x, y_1, y_2)$ 的 Hamilton 向量场. Φ_t 满足
$$\frac{d}{dt}\Phi_t = X_h(\Phi_t), \quad \Phi_0 = id$$
则
$$\#(L \cap \Phi_1(L)) \geq m + 1$$

1 问题的转化

先将问题转化成欧氏空间中 Hamilton 系统的一类边值问题,然后证明这类边值问题多重解的存在性.

设 M, L 如定理所述,则 $L \cap \Phi_1(L)$ 中的点与边值问题
$$\dot{z} = X_h(z(t)), z(0), \quad z(1) \in L \tag{1}$$
的解一一对应. 设 $\pi: S^{2m+1} \to CP^m$ 为投影. 我们先将 M 上光滑函数 h 延拓至 $R^{2n} \times C^{m+1} \times C^{m+1}$ 上. 首先,对 x 作周期延拓,得到 $R^{2n} \times CP^m \times CP^m$ 上的函数,仍记为 $h(t, x, y_1, y_2)$, 定义 $R^{2n} \times C^{m+1} \times C^{m+1}$ 上函数 $H(t, x, y_1, y_2)$ 满足

(1) $H(t, x, y_1, y_2)|_{(y_1, y_2) \in S^{2m+1} \times S^{2m+1}} = h(t, x, \pi y_1, \pi y_2)$,

(2) $H(t, x, e^{i\theta_1} y_1, e^{i\theta_2} y_2) = H(t, x, y_1, y_2)$, 对所有的 θ_1, θ_2,

(3) $H(t, x, y_1, y_2)$ 为 C^1 有界.

现在,我们在 $R^{2n} \times C^{m+1} \times C^{m+1}$ 上考虑 Hamilton 系统
$$\begin{cases} \dot{x} = J_1 H_x(t, x, y_1, y_2), x \in R^{2n}, \\ \dot{y}_1 = J_2(H_{y_1}(t, x, y_1, y_2) + \lambda y_1), \\ -\dot{y}_2 = J_2(H_{y_2}(t, x, y_1, y_2) + \lambda y_2), \\ (x(0), y_1(0), y_2(0)), (x(1), y_1(1), y_2(1)) \in L \end{cases} \tag{2}$$

其中:
$$J_1 = \begin{pmatrix} 0 & I_n \\ -I_n & 0 \end{pmatrix}, \quad J_2 = \begin{pmatrix} 0 & I_{m+1} \\ -I_{m+1} & 0 \end{pmatrix}$$

引理 1 1) 设 $(x(t), y_1(t), y_2(t))$ 为 (2) 的解,则 $|y_1(t)|^2 \equiv$ 常数, $|y_2(t)|^2 \equiv$ 常数.

2) 设 $(x(t), y_1(t), y_2(t))$ 为 (2) 的解, $y_1(t) \in S^{2m+1}, y_2(t) \in S^{2m+1}$,则 $z(t) = (Px(t), \pi y_1(t), \pi y_2(t))$ 为 (1) 的解. 进一步,如果 $(x^1(t), y_1^1(t), y_2^1(t), \lambda_1), (x^2(t), y_1^2(t), y_2^2(t), \lambda_2)$ 为 (2) 的解,且
$$(y_1^1(t), y_2^1(t)) \in S^{2m+1} \times S^{2m+1}, (y_1^2(t), y_2^2(t)) \in S^{2m+1} \times S^{2m+1}$$
那末

$$(Px^1(t), \pi y_1^1(t), \pi y_2^1(t)) = (Px^2(t), \pi y_1^2(t), \pi y_2^2(t))$$

当且仅当 $x^1(t) \equiv x^2(t) (mod Z^{2n}); \lambda_1 \equiv \lambda_2 (mod \pi)$

其中 $P: R^{2n} \to T^{2n}$ 为投影.

证明 1) 设 $K_1(t, x, y_1, y_2) = \frac{1}{2}|y_1|^2$, $K_2(t, x, y_1, y_2) = \frac{1}{2}|y_2|^2$, 则

$$\{H, K_1\} = \frac{d}{ds} H(t, x, e^{is} y_1, y_2)|_{s=0} = 0$$

于是 $K_1(x(t), y_1(t), y_2(t)) = \frac{1}{2}|y_1(t)|^2 \equiv $ 常数

同理可得 $K_2(t, x(t), y_1(t), y_2(t)) = \frac{1}{2}|y_2(t)|^2 \equiv $ 常数

2) 我们先证 $Z(t) = (Px(t), \pi y_1(t), \pi y_2(t))$ 为 (1) 的解. 为此, 只需证明

$$\omega_2 \left(\frac{d}{dt} \pi y_1(t), u \right) = d_{y_1} H(t, x(t), y_1(t), y_2(t))(u) \tag{3}$$

$$\omega_2 \left(\frac{d}{dt} \pi y_2(t), v \right) = d_{y_2} H(t, x(t), y_1(t), y_2(t))(v) \tag{4}$$

$\forall (u, v) \in T_{(\pi y_1(t), \pi y_2(t))} CP^m \times CP^m$.

若用 ω_0 记 C^{m+1} 上的标准辛结构. 则可以注意到下述事实: $\pi^* \omega_2 = i^* \omega_0$, 其中

$$S^{2m+1} \xrightarrow{i} C^{m+1}$$
$$\downarrow \pi$$
$$CP^m$$

由于 $(x(t), y_1(t), y_2(t))$ 满足 (2), 故有

$$\omega_0 \left(\frac{d}{dt} y_1, v \right) - d_{y_1} H(t, x(t), y_1(t), y_2(t))(v) - \lambda(y_1(t), v) = 0, \quad v \in T_{y_1(t)} C^{m+1}$$

令 $v \in T_{y_1(t)} S^{2m+1}$, 有

$$\omega_0 \left(i_* \frac{d}{dt} y_1, i_* v \right) - d_{y_1} H(t, x, y_1, y_2)(i_* v) = 0$$

$$i^* \omega_0 \left(\frac{d}{dt} y_1, v \right) - \pi^* d_{y_1} h(t, x, \pi y_1, \pi y_2)(v) = 0$$

$$\omega_2 \left(\frac{d}{dt} \pi y_1, \pi_* v \right) - d_{y_1} h(t, x, \pi y_1, \pi y_2)(\pi_* v) = 0$$

而 $\pi_*(T_{y_1(t)} S^{2m+1}) = T_{\pi y_1(t)} CP^m$, 故得 (3). 类似地可得 (4).

设 $(x^1(t), y_1^1(t), y_2^1(t), \lambda_1)$, $(x^2(t), y_1^2(t), y_2^2(t), \lambda_2)$ 为满足 (2) 的两个解, 且

$(y_1^1(t), y_2^1(t)) \in S^{2m+1} \times S^{2m+1}$, $(y_1^2(t), y_2^2(t)) \in S^{2m+1} \times S^{2m+1}$

$(px^1(t), \pi y_1^1(t), \pi y_2^1(t)) = (px^2(t), \pi y_1^2(t), \pi y_2^2(t))$

则显然有 $x^1(t) \equiv x^2(t) (mod z^{2n})$

设 $K(t, x, y_1, y_2) = \frac{1}{2}(|y_1|^2 + |y_2|^2)$. 则

$$\{H_t + \lambda K, K\} = 0$$

意味着 $y_1^1(t) = e^{i\mu_1} e^{i(\lambda_2 - \lambda_1)t} y_1^2(t)$

$y_2^1(t) = e^{i\mu_2} e^{-i(\lambda_2 - \lambda_1)t} y_2^2(t)$

对某个实数 μ_1, μ_2. 因为

$$y_1^1(0) = y_2^1(0), \quad y_1^2(0) = y_2^2(0),$$

$$y_1^1(1)=y_2^1(0), \quad y_1^2(1)=y_2^2(1)$$

从而 $\mu_1-\mu_2\equiv 0(mod2\pi)$，$\lambda_1-\lambda_2\equiv 0(mod\pi)$. 证毕.

引理 2 设 $(y_1,y_2)\in C^{m+1}\times C^{m+1}$，则算子

$$A_2:\begin{bmatrix}y_1\\y_2\end{bmatrix}\to\begin{bmatrix}-J_2\dot{y}_1\\J_2\dot{y}_2\end{bmatrix}$$ 且 $y_1(0)=y_2(0)$, $y_1(1)=y_2(1)$ 是 $L^2([0,1],C^{m+1})\times L^2([0,1],C^{m+1})$ 上的自伴算子. A_2 的定义域为

$$D(A_2)=\{H'([0,1],C^{m+1})\times H'([0,1],C^{m+1})\}\cap\{y_1(0)=y_2(0),y_1(1)=y_2(1)\}$$

A_2 的谱集为 $\mathrm{spec}(A)=\{k\pi|k\in Z\}$ 且每个 $k\pi$ 都是 $2(m+1)$ 重本征值.

算子 $A_1=-J_1\dfrac{d}{dt}$ 为 $L^2([0,1],R^{2n})$ 上的自伴算子. A_1 的定义域为

$$D(A_1)=\{z\in H'([0,1],R^{2n})|z(0),z(1)\in T^n\}$$

引理证明和文[5]中引理 2.3 一样.

我们引进 Hilbert 空间 $E_1=D(|A_1|^{1/2})$ 和 $\Lambda=D(|A_2|^{1/2})$. 其上的范数分别为 $\|x\|_{E_1}^2=(\|x\|_{L^2}^2+\||A_1|^{1/2}x\|_{L^2}^2)$ 和 $\|y\|_\Lambda^2=\|y\|_{L^2}^2+\||A_2|^{1/2}y\|_{L^2}^2$.

在 $E_1\times\Lambda$ 上，我们定义泛函

$$I(x,y)=\int_0^1(\frac{1}{2}(-J_1\dot{x},x)+\frac{1}{2}(-J_2\dot{y}_1,y_1)+\frac{1}{2}(J_2\dot{y}_2,y_2)-H(x,y_1,y_2))dt$$

其中 $y=(y_1,y_2)$.

引理 3 令

$$S=\{y\in\Lambda|\int_0^1(|y_1|^2+|y_2|^2)dt=2\}$$

则 I 在 $E_1\times S$ 上的临界点满足

$$\dot{x}=J_1H_x(t,x,y_1,y_2)$$
$$\dot{y}_1=J_2(H_{y_1}(t,x,y_1,y_2)+\lambda y_1)$$
$$\dot{y}_2=-J_2(H_{y_2}(t,x,y_1,y_2)+\lambda y_2)$$

且 $|y_1(t)|^2=|y_2(t)|^2=1$, $(x(0),y_1(0),y_2(0)),(x(1),y_1(1),y_2(1))\in L$.

引理证明可参见文[6]中引理 2.3.

2 定理证明

假定 $h,H\geqslant 0$，利用 $H(t,x,y_1,y_2)$ 对 x 是周期的以及 $H(t,x,e^{i\theta}y_1,e^{i\theta}y_2)=H(t,x,y_1,y_2)$，泛函 $I(x,y_1,y_2)$ 可约化为 $T^n\times E^1\times\Lambda/S^1$ 上的泛函 $I(\xi,x,y_1,y_2)$. 这里有 $E_1=R^n\times E^1$. 通过找泛函 $I(\xi,x,y_1,y_2)$ 在 $T^n\times E^1\times\Lambda/S^1$ 上的临界点来证明定理. 由于 $I(\xi,x,y_1,y_2)$ 既不是上方有界也不是下方有界，负空间的维数是无穷的. 文中采用有限维 Galerkin 逼近的方法求 $I(\xi,x,y_1,y_2)$ 的临界点. 为此，需要引进一些记号和定义.

对自然数 k，定义

$$E_k^1=\{x\in E^1|x=\sum_{-k}^k a_ie_i,-J_1\dot{e}_i=2\pi i\cdot e_i,|i|\leqslant k\},$$
$$\Lambda_k=\{y\in\Lambda|y\in\mathrm{span}\{f|A_2f=\mu f,|u|\leqslant k\}\},$$
$$S_k=S\cap\Lambda_k.$$

$$I_k(\xi,x,y_1,y_2)=I(\xi,x,y_1,y_2)|_{T^m\times E_k^1\times S_k/S^1}.$$

定义 1 称 $I(\xi,x,y_1,y_2)$ 在 $T^m\times E^1\times S/S^1$ 上满足 $(P.S)^*$ 条件,若 $(\xi_k,x_k,y_{1k},y_{2k})\in T^m\times E_k^1\times S_k/S^1$ 满足
$I_k(\xi_k,x_k,y_{1k},y_{2k})$ 有界, $I'_k(\xi_k,x_k,y_{1k},y_{2k})\to 0$, 则 $(\xi_k,x_k,y_{1k},y_{2k})$ 中存在收敛子列.

命题 1 设 $H(t,x,y_1,y_2)$ 是 C^1 有界的,则 $I(\xi,x,y_1,y_2)$ 在 $T^m\times E^1\times S/S^1$ 上满足 $(P.S)^*$ 条件.

证明 设 $I_k(\xi_k,x_k,y_{1k},y_{2k})$ 有界, $I'_k(\xi_k,x_k,y_{1k},y_{2k})\to 0$.

我们先证 $\{x_k\}$ 有界. 事实上, 由于
$$I'_{k,x}(\xi,x,y_1,y_2)=A_1x-\frac{\partial}{\partial x}(\int_0^1 H(t,\xi+x,y_1,y_2)dt)$$
以及 H 是 C^1 有界的. 不难看出,存在整数 k_0,常数 C_1, R,使得当 $k\geq k_0$ 时有
$$\|I'_{k,x}\|\geq C_1\|x\|, 当 \|x\|>R, x\in E_k^1$$
由于 $I'_k(\xi_k,x_k,y_{1k},y_{2k})\to 0$,从而有 $I'_{k,x}(\xi_k,x_k,y_{1k},y_{2k})\to 0$. 从而有 $\{x_k\}$ 有界.

剩下的证明类似于文[7]中命题 2.1. 证毕.

令 Λ_k^+ 记 A_2 的正空间,用 S_k^+ 记 $S_k\bigcap\Lambda_k^+$. 用 E^{1+} 记 A_1 的正空间, $E_k^{1+}=E_k^1\bigcap E^{1+}$. 容易看出 S_k/S^1 为 $(2k+1)(m+1)-1$ 维复投影空间, S_k^+/S^1 为 $k(m+1)-1$ 维复投影空间,从而存在非零奇异同调类
$$[Z_1]<[Z_2]<\cdots<[Z_{k(m+1)}]$$
其中 $[Z_i]\in H_*(T^m\times E_k^1\times S_k/S^1, T^m\times E_k^1\times S_k/S^1\backslash T^m\times E_k^{1+}\times S_k^+/S^1)$, $[Z]<[\omega]$,意味着存在 $\omega\in H^*(T^m\times E_k^1\times S_k/S^1)$, $\dim\omega>0$,使得 $[Z]=[\omega]\bigcap\omega$.

引理 4 设
$$C_i^k=\inf_{\alpha\in[Z_i]}\sup_{(x,y)\in\alpha}I_k(x,y), i=1,2,\cdots,k(m+1)$$
则, 1) C_i^k 为 $I_k(x,y_1,y_2)$ 的临界值.

2) $C_1^k\leq C_2^k\leq\cdots\leq C_{k(m+1)}^k$.

3) $(l-1)2\pi-N\leq C_i^k\leq 2l\pi$, 对 $(l-1)(m+1)\leq i\leq l(m+1), l=1,\cdots,k, N$ 为 $H(t,x,y_1,y_2)$ 的上界.

引理的证明与文[5]中引理 3.2 一样(略).

令
$$C_i=\lim_{k\to\infty}C_i^k$$
由 $(P.S)^*$ 条件知, C_i 均为 $I(\xi,x,y_1,y_2)$ 的临界值,且有
$$2\pi-N\leq C_1\leq\cdots\leq C_{l(m+1)}\leq 2l\pi$$

定理证明 我们已经证明 $I(x,y_1,y_2)$ 具有一列临界值满足
$$2\pi-N\leq C_1\leq\cdots\leq C_{l(m+1)}\leq 2l\pi, l=1,2,\cdots$$

和文[5]一样,我们可以证明 $I(x,y_1,y_2)$ 至少有 $m+1$ 个临界点使得其相应的监界值位于长度小于 2π 的区间内. 而这些临界点恰恰对应于 $L\bigcap\Phi_1(L)$ 中的点. 由于 $I(x,y_1,y_2)$ 的 2 个临界点对应于同一相交点当且仅当相应的 λ 的差为 $k_0\pi$. 因而有相应的临界值的差为 $k_0 2\pi$.

参 考 文 献

1. Arnold V I. Mathematial methods of classical mechanics. Beijing: World Publishing Corporation, 1985
2. Conley C, Zehnder E. The Birkhoff—Lewis fixed point theorem and a conjecture of V. I. Arnold. Invent Math, 1983, 73: 33~49
3. Floer A. A Morse theory for Lagrangian intersections. J Diff Geom, 1988, 28: 513~547
4. Floer A. A cuplenth estimates for Lagrange intersections. Comm Pure Appl Math, 1989, 42: 335~356
5. Chang K C, Jiang M Y. The Lagrange intersections for (CP^n, RP^n). Mauscripta Math, 1990, 68: 89~100
6. 蒋美跃. 一个 Lagrange 相交定理. 北京大学学报(自然科学版), 1991, 27(3): 257~263
7. 蒋美跃. 一个辛不动点定理. 数学学报, 1992, 35(2): 167~177

Lower Limit Estimation to Lagrangian Intersections

Hu Jianxun[*]

Abstract A lower limit estimation to intersection number of a class of Lagrangian submani folds in $T^{2n} \times CP^m \times CP^m$.

Keywords Lagrangian intersection, Hamiltonian system, complex projective space

---

[*] Department of Physics, Zhongshan University, Guangzhou 510275

多维门限自回归序列的混合性*

宋心远　邓集贤　　　陈少玲
（中山大学数学系，广州 510275）　（惠州大学数学系）

摘　要　对多维门限自回归模型在给定阶数，门限及延迟参数的假定下，研究了模型所构成的 Markov 链的常返性、遍历性及混合性．

关键词　门限自回归，常返性，遍历性，混合性

分类号　O211.61

1　有关 Markov 链的一些定义和性质

设 $\{x_n\}$ 为取值于一般状态空间 $(x, \mathcal{T})$ 的 Markov 链，$P^{(n)}(x, A)$ 为其 n 步转移概率．令

$$G(x, A) = \sum_{n=1}^{\infty} P^{(n)}(x, A)$$

$$L(x, A) = P\{\bigcup_{n=1}^{\infty} (x_n \in A) | x_0 = x\}$$

$$\mathcal{T}^+ = \{A : M(A) > 0, A \in \mathcal{T}\}$$

其中 M 为 φ-不可约链的最大不可约测度

定义 1　对 φ-不可约链 $\{x_n\}$，若对任意的 $x \in \mathcal{X}, A \in \mathcal{T}^+$ 均有 $G(x, A) = \infty$，则称 $\{x_n\}$ 为常返的．若 $L(x, A) = 1$，则称 $\{x_n\}$ 为 Harris 常返的．

定义 2　不可约链 $\{x_n\}$ 称为遍历的，如果存在 $(\mathcal{X}, \mathcal{T})$ 上唯一的概率测度 π，使得对任意的 $A \in \mathcal{T}$ 均满足

$$\int P(x, A) \pi(dx) = \pi(A) \quad x \in \mathcal{X}$$

定义 3　Markov 链 $\{x_n\}$ 称为是 Harris 遍历的，如果存在 $(\mathcal{X}, \mathcal{T})$ 上的一个概率测度 π，使得

$$\lim_{n \to \infty} \| P^{(n)}(x, \cdot) - \pi \| = 0 \quad x \in \mathcal{X}$$

其中 $\| \cdot \|$ 为全变差范数．

定义 4　若序列 $\{x_n\}$ 满足

收稿日期：1994-12-29
* 国家自然科学基金及国家教委博士点基金资助项目

$$|P(A\cap B)-P(A)P(B)|\leqslant \alpha(n)\to 0, \quad n\to\infty$$

其中，$A\in \mathscr{T}k\triangleq\sigma\{x_t:t\leqslant k\}$，$B\in \mathscr{T}_{k+n}\triangleq\sigma\{x_t:t\geqslant k+n\}$ 则称 $\{x_n\}$ 为混合的．

性质 1 设 $\{x_n\}$ 为强不可约的，且它是常返链，则 $\{x_n\}$ 为 Harris 常返的．

证明 见[1]．

性质 2 设 $\{x_n\}$ 为 φ-不可约链，则或者 $\{x_n\}$ 为常返，或者存在集列 $A_n \uparrow \mathscr{X}$，使得
$$G(x, A_n) < +\infty, \quad \forall x\in \mathscr{X}, \quad n\geqslant 1$$

证明 见[1]．

性质 3 设 $\{x_n\}$ 是遍历的，则 $\{x_n\}$ 是常返的．

证明 设 $\{x_n\}$ 是遍历的，但不是常返的．由性质 2，存在集列 $A_n \uparrow \mathscr{X}$，使得
$$G(x, A_n) < +\infty, \quad \forall x\in \mathscr{X}, \quad n\geqslant 1$$

但由遍历性，
$$\pi(A_n)=\int P^{(m)}(x, A_n)\pi(\mathrm{d}x), \quad n\geqslant 1, m\geqslant 1$$

故对任意的正整数 K，
$$K\pi(A_n) = \int \sum_{m=1}^{k} P^{(m)}(x, A_n)\pi(\mathrm{d}x)$$
$$\leqslant \int G(x, A_n)\pi(\mathrm{d}x), \quad n\geqslant 1$$

由 $A_n \uparrow \mathscr{X}$ 及 π 的下半连续性，
$$\pi(A_n)\to \pi(\mathscr{X})=1, \quad n\to\infty$$

从而存在 n_0，使得 $\pi(A_{n_0}) > \frac{1}{2}$．故
$$\frac{k}{2}\leqslant k\pi(A_{n_0})\leqslant \int G(x, A_{n_0})\pi(\mathrm{d}x)$$

在上式中，左边是一无界量，而右边关于 K 有界，矛盾．因此，$\{x_n\}$ 必为常返的．

性质 4 设 $\{x_n\}$ 为 φ-不可约的，则 $\{x_n\}$ 是 Harris 遍历的充分必要条件是 $\{x_n\}$ 为非周期和 Harris 常返的遍历链．

证明 见[2]．

性质 5 若 Markov 链 $\{x_n\}$ 是 Harris 遍历的，则 $\{x_n\}$ 是混合的．

证明 任取 $A\in\mathscr{T}_k, B\in\mathscr{T}_{k+n}$，由 Markov 性，
$$|P(A\cap B)-P(A)P(B)|=|P(A)[P(B|A)-P(B)]|$$
$$\leqslant |P(B|x_k)-P(B)| = |\int_x P(B|x_{k+n})[P^{(n)}(x_k, \mathrm{d}x_{k+n})-\pi(\mathrm{d}x_{k+n})]|$$
$$\leqslant \|P^{(n)}(x, \cdot)-\pi\| \triangleq \alpha(n)$$

其中，$\pi(\cdot)$ 为 $\{x_n\}$ 唯一的平稳绝对概率分布．

由假设，$\alpha(n)\to 0, n\to\infty$．结论得证．

2 多维门限自回归序列的混合性

考虑 K 维门限自回归模型
$$Z_t = \sum_{j=1}^{P} A_j^{(i)} Z_{t-j} + \varepsilon_t^{(i)} \quad \text{当} Z_{t-d}\in R_i^k \quad i=1,\cdots,l \tag{1}$$

其中,$\{R_i^k\}_1^l$ 是 K 维欧氏空间的一个剖分,参数 ρ、d、l 均假定为已知. $A_j^{(i)}=(a_j^{(i)}(m,n))_{k\times k}$, $\{\varepsilon_t^{(i)}\}$ 的假定见[3]. 令

$$Z_t=(Z_{t-p}'\ Z_{t-p+1}'\cdots Z_{t-1}')'$$

[3]中已证明了 $\{Z_t\}$ 为 R^{kp} 上具有平稳转移概率的 Markov 链.

令 $x=(x_1'\ x_2'\cdots x_p')'$, $y=(y_1'\ y_2'\cdots y_p')'$

则上述 Markov 链的转移概率密度为

$$P(x,y)=\begin{cases} f_i(y_p-\sum_{j=1}^p A_j^{(i)}y_{p-j}) & \text{当 } y_{j-1}=x_j, j=1,\cdots,P, \text{且 } y_{p-d}\in R_i^k \\ 0 & \text{其它} \end{cases}$$

其中,$f_i(\cdot)$ 为自噪声 $\varepsilon_t^{(i)}$ 的正概率密度.

定理 1 Markov 链 $\{Z_t\}$ 是强不可约,非周期的.

证明 设 L_{kp} 为 kp-维 Lebesque 测度,则对任意的 $x\in R^{kp}$, $A\in \mathscr{B}^{kp}$, $L_{kp}(A)>0$,显然有 $P(x,A)>0$,从而 $G(x,A)>0$,故 $\{Z_t\}$ 是 L_{kp}-不可约的.

设 M 为其最大不可约测度,则对任意的 $A\in \mathscr{B}^{kp}$,

$$M(A)=0\Rightarrow L_{kp}(A)=0\Rightarrow P(x,A)=0,\forall x\in R^{kp}$$

而

$$P^{(n+1)}(x,A)=\int P(x,dy)P^{(n)}(x,A),\quad n\geq 1$$

故对一切 $n\geq 1$, $P^{(n)}(x,A)=0$,即 $G(x,A)=0$, $\forall x\in R^{kp}$,从而 $\{x:G(x,A)>0\}$ 为空集. 所以 $\{Z_t\}$ 为强不可约的.

又若 $\{Z_t\}$ 具有周期 d,则存在 n_0,使得当 $n>n_0$ 时有

$$P^{(nd)}(x,\{x\})>0,\quad \forall x\in R^{kp}$$

记 $\Omega=R^{kp}-\{x\}$,则显然有

$$P(x,\Omega)=1, \forall x\in R^{kp}$$

故

$$P^{(nd)}(x,\Omega)=\int P^{(nd-1)}(x,dy)P(y,\Omega)=1$$

从而

$$P^{(nd)}(x,R^{kp})=P^{(nd)}(x,\{x\})+P^{(nd)}(x,\Omega)>1$$

矛盾. 所以 $\{Z_t\}$ 是非周期的.

定理 2 若模型(1)满足条件

$$\sum_{j=1}^P \|A_j^{(i)}\|<1, i=1,\cdots,l \tag{2}$$

其中

$$\|A_j^{(i)}\|=\max_{1\leq n\leq k}\sum_{m=1}^k |a_j^{(i)}(m,n)|$$

则 $\{Z_t\}$ 是遍历的.

证明 见[3].

定理 3 在条件(2)下,$\{Z_t\}$ 是混合的.

证明 由于 $\{Z_t\}$ 是强不可约的遍历链,由性质 1 和性质 3,$\{Z_t\}$ 是 Harris 常返的,由性质 4,$\{Z_t\}$ 是 Harris 遍历的,再由性质 5,$\{Z_t\}$ 是混合的.

参 考 文 献

1. Tweedie R L. Griteria for classifying general Markov Chains. Adv Appl, 1976, Prob 8, 737~771
2. 盛昭瀚等. 非线性时间序列的稳定性分析. 遍历性理论与应用. 北京：科学出版社, 1993
3. 宋心远, 邓集贤. 多维门限自回归模型参数估计的强相容性. 中山大学学报（自然科学版）, 1990, 29(1)：23~28

Mixing Property for Multiple TAR Models

Song Xinyuan*   Deng Jixian   Chen Shaoling

Abstract   We study the recurrence, ergodicity and mixing property of Markov chain formed by the (TAR) model in which the order, thresholds and paramerters are fixed.

Keywords   threshold autorgressive, recurrence, ergodicity, mixing

---

·简讯·

本刊从 1996 年起改为双月刊

为适应本校教学、科研发展的需要，经上级部门批准，中山大学学报（自然科学版）从 1996 年起由季刊改为双月刊．每期逢单月 25 日出版，128 页，定价不变，每本仍为 5 元．

改刊后，拟增设"科技快报"专栏．其内容包括自然科学领域内各种新理论、新实验、新材料、新器件、新工艺、新设计和新产品等，字数一般在 1000 字以内，由单独版面刊出．将在收稿后半年内发表．

（朱 娴）

---

* Department of Mathematics, Zhongshan University, Guangzhou 510275

Lipschitz 曲面上 Besov 空间及其特征刻划

颜立新

(中山大学数学系,广州 510275)

摘 要 利用 Clifford 分析工具,给出了 Lipschitz 曲面上的左型 Besov 空间 $LB_p^{\alpha,q}(\Sigma)$ 及右型 Besov 空间 $RB_p^{\alpha,q}(\Sigma)$ 定义,其中 $\alpha \in \mathbf{R}, 1 \leqslant p, q \leqslant \infty$,并且在 $0 < \alpha < 2$ 时,给出了它的特征刻划.

关键词 Besov 空间,光滑分子,Clifford 分析,Calderón–Zygmund 算子

分类号 O174.2

1 Besov 空间的研究

设 $A(x): \mathbf{R}^n \to \mathbf{R}$ 是实值的 Lipschitz 函数,即满足 $|A(x) - A(y)| \leqslant M|x-y|$. 设 $\Sigma = \{(x_0, x_1, \cdots, x_n) | x_0 = A(x_1, \cdots, x_n)\}$ 是 $\mathbf{R}^{n+1}$ 上的 Lipschitz 曲面. 本文主要目的是在 Lipschitz 曲面 Σ 上定义 Besov 空间并给出它的两个等价刻划.

对于 $\mathbf{R}^n$ 情形,经典 Besov 空间的研究已有很长历史[1,2]. 近年来,邓东皋和韩永生在 Lipschitz 曲线上引入一类分布,通过 Calderón-Zygmund 算子理论,建立了 Lipschitz 曲线上的 Besov 空间理论[3,4]. 本文第一个目的就是在 Lipschitz 曲面 Σ 上,利用 Clifford 分析工具,给出 Σ 上的左右型 Besov 空间 $LB_p^{\alpha,q}(\Sigma)$、$RB_p^{\alpha,q}(\Sigma)$ 定义,其中 $\alpha \in \mathbf{R}, 1 \leqslant p, q \leqslant \infty$.

在 $\mathbf{R}^n$ 情形,任给一局部可积函数 $f(x)$ 以及任意方体 Q 与整数 k,我们知道必存在多项式 $P_Q f(x)$,其次数不超过 k,使得

$$\int_Q (f - P_Q f) x^j dx = 0 \quad \forall \ 0 \leqslant |j| \leqslant k \tag{1}$$

记 $\Omega_f(x,t) = \sup_Q \frac{1}{|Q|} \int_Q |f - P_Q f| dy$,上确界表示取遍所有包含 x 且边长为 t 的方体. Dorronsor[5] 证明了如下结果:对于 $\alpha > 0, 1 \leqslant p, q \leqslant \infty$ 有: $f \in B_p^{\alpha,q}(\mathbf{R}^n) \Leftrightarrow \{\int_0^\infty (t^{-\alpha} \| \Omega_f(x,t) \|_p)^q dt/t\}^{\frac{1}{q}} < \infty$ 此时(1)中 $k = [\alpha]$ 即不超过 α 的最大整数. 本文另一目的就是运用 Calderón-Zygmund 算子理论,将此结果推广到曲面 Σ 情形. 我们还给出 Besov 空间另一等价刻划,它是 Calderón-Zygmund 算子理论的直接结果.

2 Clifford 分析

记 $\mathbf{R}_{(n)}$ (或 $C_{(n)}$)为 2^n 维实(或复) Clifford 代数,其生成元为 $e_0, e_1, \cdots, e_n$ 满足

收稿日期:1995-07-13   颜立新,男,28 岁,博士

$$e_0 = 1$$

且
$$e_j e_k + e_k e_j = -2\delta_{jk}, \quad 1 \leqslant j \leqslant k \leqslant n, \tag{2}$$
$$e_{j_1} e_{j_2} \cdots e_{j_s} = e_s, \quad 1 \leqslant j_1 < \cdots < j_s \leqslant n, \quad s = \{j_1, \cdots, j_s\}$$

于是若规定 $e_\varphi = e_0$，则 $\mathbf{R}_{(n)}$（或 $C_{(n)}$）中任意元 $u = \sum_s u_s e_s$，其中 $u_s \in \mathbf{R}$（或 C）. 范数定义为 $|u|^2 = \sum_s |u_s|^2$. $u = \sum_s u_s e_s$ 共轭定义为 $\bar{u} = \sum_s \bar{u}_s \bar{e}_s$，其中 $\bar{e}_s = \pm e_s$，正，负号选取使得 $\bar{u}_s u_s = u_s \bar{u}_s = 1$.

给定 C^1 函数 $f(x) = \sum_s f_s(x) e_s$，其定义域为 $\mathbf{R}^{n+1}$ 中开集 Ω，定义

及
$$Df = \sum_{j,s} \frac{\partial f_s}{\partial x_j} e_j e_s, \qquad fD = \sum_{j,s} \frac{\partial f_s}{\partial x_j} e_s e_j \tag{3}$$

称 $f(x)$ 为左（或右）正则函数，如果 $Df = 0$（或 $fD = 0$），记为 $f \in LM(\Omega)$（或 $f \in RM(\Omega)$）. 若 $fD = Df = 0$，则称 f 为正则函数，记为 $f \in M(\Omega)$.

例1 Cauchy 核 $E(x) = \frac{1}{\sigma_n} \frac{\bar{x}}{|x|^{n+1}} \in M(\mathbf{R}^{n+1} \setminus \{0\})$，其中 σ_n 表示 $\mathbf{R}^{n+1}$ 中单位球面积.

例2 记 $x = (x_0, x_1, \cdots, x_n) \in \mathbf{R}^{n+1}, a = (a_0, a_1, \cdots, a_n) \in \mathbf{R}^{n+1}$，
$$Z_l^{(a)} = (x_l - a_l) e_0 - (x_0 - a_0) e_l, \quad l = 1, \cdots, n$$
$$V_{l_1 \cdots l_k}^{(a)} = \frac{1}{k!} \sum_{(b_1 \cdots b_k)} Z_{b_1}^{(a)} \cdots Z_{b_k}^{(a)}, \quad (l_1, \cdots, l_k) \in \{1, \cdots, n\}^k$$

其中求和表示 $b_1, \cdots, b_k$ 是从数组 $\{l_1, \cdots, l_k\}$ 中任取 k 个重排整数，则 $V_{l_1 \cdots l_k}^{(a)} \in M(\mathbf{R}^{n+1})$.

命题1[7] 设 Ω 为 $\mathbf{R}^{n+1}$ 中有界 Lipschitz 区域，边界 $\partial \Omega$ 上单位外法向 $n(y)$ 几乎处处存在，并记 $d\sigma_y = n(y) ds_y$，设 $f(x)$ 在 $\bar{\Omega} = \Omega \cup \partial \Omega$ 邻域内左正则，则有

$$\int_{\partial \Omega} E(y-x) d\sigma_y f(y) = \begin{cases} f(x), & x \in \Omega \\ 0, & x \notin \bar{\Omega} \end{cases}$$

$$\int_{\partial \Omega} d\sigma_y f(y) = 0$$

3 Lipschitz 曲面上的 Besov 空间

记 $D_j = \frac{\partial}{\partial x_j}, \quad j = 0, 1, \cdots, n;$

$$D^\alpha = D_0^{\alpha_0} \cdots D_n^{\alpha_n}, \quad |\alpha| = \sum_{j=0}^n \alpha_j;$$

$$F_t(f)(x) = \frac{1}{\sigma_n} \int_\Sigma \frac{\overline{x-y+t}}{|x-y+t|^{n+1}} d\sigma_y f(y), \quad t \neq 0, \quad x \in \Sigma;$$

$$\widetilde{F}_t(f)(x) = \frac{1}{\sigma_n} \int_\Sigma f(y) d\sigma_y (\frac{\overline{x-y+t}}{|x-y+t|^{n+1}}), \quad t \neq 0, x \in \Sigma;$$

$$J_t(f)(x) = l! \ t^l D_0^l F_t(f)(x) \widetilde{J}_t(f)(x) = l! \ t^l D_0^l \widetilde{F}_t(f)(x), l \in N \tag{4}$$

定义1 $f(x): \Sigma \to \mathbf{R}_{(n)}$ 称为 Σ 上中心在 $z_0 \in \Sigma$，宽度为 d 的 (β, r, k) 左型光滑分子，其中 $0 < \beta \leqslant 1, 0 < r, 0 \leqslant k$，如果满足条件

① $f(x) \in LM(\Sigma_\Omega), \Sigma_\Omega$ 是 Σ 某一邻域；

② $|D^v f(x)| \leqslant C \dfrac{d^r}{(d+|x-z_0|)^{|v|+r+n}}, \quad x \in \Sigma, \ 0 \leqslant |v| \leqslant k;$

③ $|D^k f(x) - D^k f(y)| \leqslant C \Big(\dfrac{x-y}{d+|x-z_0|}\Big)^\beta \dfrac{d^r}{(d+|x-z_0|)^{|k|+r+n}};$

$$\forall x, y \in \Sigma, \ |x-y| \leqslant \frac{1}{2}(d+|x-z_0|)$$

$$\text{④} \int_\Sigma V_{l_1^{(z_0)}\cdots l_k}^{(z_0)} d\sigma_x f(x) = 0 \quad \forall \ 0 \leqslant k \leqslant J = [r-1] \tag{5}$$

其中 $V_{l_1^{(z_0)}\cdots l_k}^{(z_0)}(x)$ 如例 2 所述.

记满足上述条件的函数集合为 $LM_{(z_0;d)}^{(\beta,r,k)}$,记 $\|f\|_{LM_{(z_0;d)}^{(\beta,r,k)}} = \inf\{C \geqslant 0;$ 使(5)中②,③)成立} 特别地,如果 $z_0 = (A(0), 0, \cdots, 0), d=1$, 则记 $LM_{(z_0;d)}^{(\beta,r,k)}$ 为 $LM^{(\beta,r,k)}$, 显然 $LM^{(\beta,r,k)}$ 是 Banach 空间. 类似地, 可定义右型光滑分子 $RM_{(z_0;d)}^{(\beta,r,k)}$, 只需将定义中的①, ④换成相应的

①′ $f(x) \in RM(\Sigma_0), \Sigma_0$ 是 Σ 的某一领域;

$$\text{④}' \int_\Sigma f(x) d\sigma_x V_{l_1^{(z_0)}\cdots l_k}^{(z_0)} = 0, \ \forall \ 0 \leqslant k \leqslant J = [r-1] \tag{6}$$

其中 $V_{l_1^{(z_0)}\cdots l_k}^{(z_0)}$ 如例 2 所述.

定义 2 设 $1 \leqslant p, q \leqslant \infty$, 取 l, β, k 满足 $|\alpha| < l, \max(0, \alpha) < \beta + k < l, \max(0, -\alpha) < r < l$, 定义 Lipschitz 曲面 Σ 上左型 Besov 空间 $LB_p^{\alpha,q}(\Sigma)$ (或右型 Besov 空间 $RB_p^{\alpha,q}(\Sigma)$)为所有满足如下不等式的分布 $f \in (RM^{(\beta,r,k)})'$ (或 $(LM^{(\beta,r,k)})')$ 即 $RM^{(\beta,r,k)}$ (或 $LM^{(\beta,r,k)}$) 上全体有界线性泛函组成的空间:

$$\|f\|_{LB_p^{\alpha,q}(\Sigma)} = \left\{\int_{-\infty}^\infty (|t|^{-\alpha} \|J_t(f)\|_p)^q \frac{dt}{|t|}\right\}^{\frac{1}{q}} < \infty$$

$$\left(\text{或} \ \|f\|_{RB_p^{\alpha,q}(\Sigma)} = \left\{\int_{-\infty}^\infty (|t|^{-\alpha} \|\mathcal{J}_t(f)\|_p)^q \frac{dt}{|t|}\right\}^{\frac{1}{q}} < \infty\right) \tag{7}$$

以下只考虑与 $LB_p^{\alpha,q}(\Sigma)$ 有关结果, 对于 $RB_p^{\alpha,q}(\Sigma)$, 其结果类似.

命题 2 (Calderón 型表示定理)

$$p \cdot V \int_{-\infty}^\infty J_t^2(f) \frac{dt}{t} = 2^{-2l}(2l-1)! \ f(x) \tag{8}$$

① 当 $f \in L^p(\Sigma), p > 1$ 时, 则(8)式在 $L^p(\Sigma)$ 意义下及几乎处处意义下成立;

② 当 $f \in LM^{(\beta,r,k)}$ 时, 则(8)式在 $LM^{(\beta',r',k')}, 0 < \beta' < \beta, 0 < r' < r, k' \leqslant k$ 意义下成立;

③ 当 $f \in (RM^{(\beta,r,k)})'$ 时, 则(8)式在 $(RM^{(\beta',r',k')})', \beta < \beta', r < r', k \leqslant k'$ 意义下成立.

由 Calderón 型表示定理, 可证定义 2 中的 $LB_p^{\alpha,q}(\Sigma)$ 与 l, β, k 的选取无关.

4 Besov 空间等价刻划

定义 3 设 $0 < \alpha < 2, 1 \leqslant p, q \leqslant \infty$, 定义

$$Lb_p^{\alpha,q}(\Sigma) = \left\{f \mid \in L^p(\Sigma), \left\{\int_{-\infty}^\infty (|t|^{-\alpha} \|t^2 \nabla^2 F_t(f)\|_p)^q \frac{dt}{|t|}\right\}^{\frac{1}{q}} < \infty\right\}$$

其中, $\nabla^2 F_t(f)(x) = \{D^V F_t(f)(x)\}_{|V|=2}$, 范数定义为

$$\|f\|_{Lb_p^{\alpha,q}(\Sigma)} = \|f\|_p + \left\{\int_{-\infty}^\infty (|t|^{-\alpha} \|t^2 \nabla^2 F_t(f)\|_p)^q \frac{dt}{|t|}\right\}^{\frac{1}{q}}$$

定义 4 设 $0 < \alpha < 2, 1 \leqslant p, q \leqslant \infty$, 定义

$$LY_p^{\alpha,q}(\Sigma) = \left\{f \mid \in L^p(\Sigma), \left\{\int_{-\infty}^\infty (|t|^{-\alpha} \|\Omega_f(x, |t|)\|_p)^q \frac{dt}{|t|}\right\}^{\frac{1}{q}} < \infty\right\}$$

其中 $\Omega_f(x, |t|) = \inf\left\{\frac{1}{|t|^n} \int_{B(x,|t|) \cap \Sigma} |f(y) - A(y)| dy\right\}, A(y) \in Lp(\Sigma)$

$Lp(\Sigma) = \{\text{Clifford 代数意义下左正则的一次多项式}\}$

范数定义为 $\|f\|_{LY_p^{\alpha,q}(\Sigma)} = \|f\|_p + \left\{\int_{-\infty}^\infty (|t|^{-\alpha} \|\Omega_f(x, |t|)\|_p)^q \frac{dt}{|t|}\right\}^{\frac{1}{q}}$

如同 $\mathbf{R}^n$ 情形, 当 $f \in L^p(\Sigma)$ 时, 定义 $LB_p^{\alpha,q}(\Sigma)$ 为

$$\|f\|_{LB_p^{\alpha,q}(\Sigma)} = \|f\|_p + \|f\|_{LB_p^{\alpha,q}(\Sigma)}$$

本文主要结果是:

定理 1 设 $f \in L^p(\Sigma)$, $0 < \alpha < 2$, $1 < p, q < \infty$, 则有下列等价关系

$$\|f\|_{LB_p^{\alpha,q}(\Sigma)} \approx \|f\|_{LB_p^{\alpha,q}(\Sigma)} \approx \|f\|_{LY_p^{\alpha,q}(\Sigma)}$$

即上述定义的三个函数空间是相互等价的.

证明 分两部分证明. 第一部分证明

$$\|f\|_{LB_p^{\alpha,q}(\Sigma)} \approx \|f\|_{LB_p^{\alpha,q}(\Sigma)} \tag{9}$$

为证(9)式,只需验证

$$\left\{\int_{-\infty}^{\infty} (|t|^{-\alpha} \|t^2 D_{x_i x_j} F_t(f)\|_p)^q \frac{dt}{|t|}\right\}^{\frac{1}{q}} \leq C\|f\|_{LB_p^{\alpha,q}(\Sigma)} \tag{10}$$
$$\forall\ i,j = 0,1,\cdots,n$$

一旦(10)式得证,不难得出(9)式,因为反过来不等式显然. 下面证明(10)式,由(4)式有

$$\|t^2 D_{x_i x_j} F_t(f)\|_p \leq C \int_{-\infty}^{\infty} \left(\frac{|t|^2}{|h|^2} \wedge 1\right) \|J_h(f)\|_p \frac{dh}{|h|} \tag{11}$$
$$\forall\ i,j = 0,1,\cdots,n$$

其中, $a \wedge b = \min(a,b)$.

因为
$$t^2 D_{x_i x_j} F_t(J_h^2(f))(x) =$$
$$\frac{1}{\sigma_n} \int_{\Sigma} t^2 h^2 D_{x_i x_j x_0 x_0} \left(\overline{\frac{x+t+h-y}{|x+t+h-y|^{n+1}}}\right) d\sigma_y J_h f(y) H(th)$$

其中 $H(u) = \begin{cases} 1 & u > 0, \\ 0 & u < 0. \end{cases}$

容易证明

$$\left|t^2 h^2 D_{x_i x_j x_0 x_0}\left(\overline{\frac{x+t+h-y}{|x+t+h-y|^{n+1}}}\right)\right| \leq C\left(\frac{|t|^2}{|h|^2} \wedge 1\right) \frac{|t| \vee |h|}{(|t| \vee |h| + |x-y|)^{n+1}}$$

其中 $a \vee b = \max\{a,b\}$

根据这个不等式,利用 Calderón 型表示定理便不难验证(11)式,并由[3]中定理(3.5)的技巧,(10)式也是容易验证的. 从而(9)式得证.

第二部分证明 $\|f\|_{LB_p^{\alpha,q}(\Sigma)} \approx \|f\|_{LY_p^{\alpha,q}(\Sigma)} \tag{12}$

先设 $\|f\|_{LY_p^{\alpha,q}(\Sigma)} < \infty$,我们来证明

$$\|f\|_{LB_p^{\alpha,q}(\Sigma)} \leq C\|f\|_{LY_p^{\alpha,q}(\Sigma)} \tag{13}$$

由[6]技巧,不难证得

$$|t^2 D_0^2 F_t(f)(x)| \leq C\sum_{j=0}^{\infty} 2^{-2j} \Omega_f(x, 2^j|t|) \tag{14}$$

于是,由(14)式有

$$\int_{-\infty}^{\infty} (|t|^{-\alpha} \|J_t(f)\|_p)^q \frac{dt}{|t|} \leq$$
$$C\int_{-\infty}^{\infty} \left[\int_{\Sigma} \left(|t|^{-\alpha} \sum_{j=0}^{\infty} 2^{-2j} \Omega_f(x, 2^j|t|)\right)^p dx\right]^{q/p} \frac{dt}{|t|} \leq$$
$$C\int_{-\infty}^{\infty} \sum_{j=0}^{\infty} \left(\int_{\Sigma} |t|^{-\alpha p} \cdot 2^{-2j}(j+1)^p \Omega_f(x, 2^j|t|)^p ds_x\right)^{q/p} \frac{dt}{|t|} \leq$$
$$C\left(\sum_{j=0}^{\infty} ((j+1) \cdot 2^{-2j})^p \cdot 2^{j\alpha p}\right) \|f\|_{LY_p^{\alpha,q}(\Sigma)}^q \leq C\|f\|_{LY_p^{\alpha,q}(\Sigma)}^q$$

现设 $\|f\|_{LB_p^{\alpha,q}(\Sigma)} < \infty$, 要证

$$\|f\|_{LY^{a,q}_p(\Sigma)} \leqslant C \|f\|_{LB^{a,q}_p(\Sigma)} \tag{15}$$

由[8]知,在 $L^p(\Sigma), p>1$ 意义下,我们有 $F_+(f)(x)-F_-(f)(x)=f(x)$
其中 $F_\pm(f)(x)=\lim\limits_{t\to\pm 0}F_t(f)(x)$,因此,为证(15)式,只需验证

$$\left\{\int_{-\infty}^{\infty}(|t|^{-a}\|\Omega_{F_t(f)(x)}(x,|t|)\|_p)^q\frac{\mathrm{d}t}{|t|}\right\}^{1/q} \leqslant C\|f\|_{LB^{a,q}_p(\Sigma)} \tag{16}$$

以及

$$\left\{\int_{-\infty}^{\infty}(|t|^{-a}\|\Omega_{F_1(f)(x)}(x,|t|)\|_p)^q\frac{\mathrm{d}t}{|t|}\right\}^{1/q} \leqslant C\|f\|_{LB^{a,q}_p(\Sigma)} \tag{17}$$

我们只证明(16)式,(17)式类似可得,如记 $x=\vec{x}+A(\vec{x})$,当 $x\in\Sigma$ 时,设 $y=\vec{y}+A(\vec{y})\in B(x,|t|)\cap\Sigma$,构造一序列 $\{y_j\}_{j=0}^{\infty}$ 如下:

$$y_0=x+4|t|, \quad y_j=\vec{y}+\left(\left(\frac{4-k}{2}\right)^j d+A(\vec{y})\right), \quad j=1,2,\cdots$$

其中 $\quad k=2\cos(\frac{1}{2}\arctg\|A'\|_\infty), \quad d=4(|t|+(A(\vec{x})-A(\vec{y}))$

且记 $B(y_j,r_j)=\{z\in\mathbf{R}^{n+1}, |z-y_j|\leqslant r_j\}, j=1,2,\cdots$

于是,设 $z\in B(y_j,r_j)$,令 $z=\vec{z}+A(\vec{z})+h$,则必有 $c_1 h\leqslant r_j\leqslant c_2 h$,注意到

$$\sup_{Z=(\vec{z}+A(\vec{z})+h)\in B(y_j,r_j)}|F(f)(y_j)-F(f)(y_{j-1})-\nabla F(f)(y_{j-1})(y_j-y_{j-1})| \leqslant$$
$$C\int_{B(y_j,r_j)} h^2|\nabla^2 F(f)(z)|\frac{\mathrm{d}z}{h^{n+1}} \tag{18}$$

其中 $\quad F(f)(x)=\frac{1}{\sigma_n}\int_\Sigma\frac{\overline{x-y}}{|x-y|^{n+1}}\mathrm{d}\sigma_y f(y), \quad x\in\mathbf{R}^{n+1}|\Sigma$

从而,由(18)式有:

$$|F_t(f)(y)-F(f)(y_0)-\nabla F(f)(y_0)(y-y_0)| \leqslant$$
$$\left|\sum_{j=1}^{\infty}\{F(f)(y_j)-F(f)(y_{j-1})-\nabla F(f)(y_{j-1})(y_j-y_{j-1})\}\right|+$$
$$\left|\sum_{j=1}^{\infty}\nabla F(f)(y_j)-\nabla F(f)(y_{j-1})(y-y_{j-1})\right| \leqslant$$
$$C\sum_{j=0}^{\infty}\int_{z=\vec{z}+A(\vec{z})+h\in B(y_j,r_j)} h^2|\nabla^2 F(f)(z)|\frac{\mathrm{d}z}{h^{n+1}}$$

又显然有 $A(y)=F(f)(y_0)-\nabla F(f)(y_0)(y-y_0)\in Lp(\Sigma)$,于是我们有

$$\Omega_{F_t(f)}(x,|t|) \leqslant \frac{1}{|t|^n}\int_{B(x,|t|)\cap\Sigma}|F_t(f)-A(y)|\mathrm{d}y \leqslant$$
$$C\frac{1}{|t|^n}\int_{B(x,|t|)\cap\Sigma}\sum_{j=0}^{\infty}\int_{z=\vec{z}+A(\vec{z})+h\in B(y_j,r_j)} h^2|\nabla^2 F(f)(z)|\frac{\mathrm{d}z}{h^{n+1}} \leqslant$$
$$C\frac{1}{|t|^n}\int_0^{|t|}\int_{B(x,|t|)\cap\Sigma} h|\nabla^2 F_h(f)|\mathrm{d}y\mathrm{d}h \leqslant CM\left(\int_0^{|t|}h|\nabla^2 F_h(f)|\mathrm{d}y\right)(x)$$

其中 M 是 Hardy-Littlewood 极大函数. 故对 $p>1$,有

$$\|\Omega_{F_t(f)}(x,|t|)\|_p \leqslant \left\|\int_0^{|t|}h|\nabla^2 F_h(f)(x)|\mathrm{d}h\right\|_p \leqslant$$
$$C\int_{-\infty}^{\infty}\left\|\int_0^{|t|}h\cdot|\nabla^2 F_h(J_y^2(f)|\mathrm{d}h\right\|_p\frac{\mathrm{d}y}{|y|}$$

同样,由[3]中定理(3.5)技巧,只需证

$$\left\|\int_0^{|t|}h\cdot|\nabla^2 F_h(J_y^2(f))\mathrm{d}h\right\|_p \leqslant C\left(\frac{|t|^2}{|h|^2}\wedge 1\right)\|J_y(f)\|_p$$

便可得(15)式. 而上式证明只需一些初等估计,我们在此省略了.

参 考 文 献

1 Peetre J, New thoughts of Besov spaces. Duke Univ Press, 1976
2 Stein E M. Singular integrals and differentiability properties of functions. Princeton Univ Press, 1970
3 邓东皋,韩永生. Lipschitz 曲线上的 Besov 空间和 Triebel-Lizorkin 空间,I,II. 数学学报, 1992,35:608~619; 1993,36:122~135
4 Deng D G, Han Y S. The Besov and Triebel-Lizorkin spaces with higber order on Lipschitz curves. Approximation Theory and its Applications, 1993,9:89~106
5 Dorronsoro J R, Mean oscillation and Besov spaces. Canad Math Bull, 1995,28:474~480
6 Semmes S, Differentiable function theory on Hypersurfaces in $\mathbf{R}^n$ (without bounds on their smoothness). Indian Univ Math J, 1990,39:983~1002
7 Brackx F, Delanghe R, Sommen F, Clifforel analysis. Res Notes in Math, No. 76. Pitman Boston,1982
8 Li C, McIntosh A, Semmes S. Convolution singluar integrals on Lipschitz surfaces. Journal of A. M. S., 1992,5:455~481

The Besov Spaces on Lipschitz Surfaces and Characterizations

Yan Lixin*

Abstract The left Besov spaces $LB_p^{a,q}(\Sigma)$ and right Bexov spaces $RB_p^{a,q}(\Sigma)$ are given by using Clifford analysis, where $a \in \mathbf{R}$ and $1 \leqslant p, q \leqslant \infty$. Furthermore, we obtain two characterizations of the Besov spaces for $0 < \alpha < 2$.

Keywords Besov spaces, smooth molecule, Clifford analysis; Calderón-Zygmund operator

---

* Department of Mathematics, Zhongshan University, Guangzhou, 510275

Lipschitz 曲线上函数空间的 B-小波刻画[*]

李彤彤　邓东皋

(中山大学数学系, 广州 510275)

摘　要　利用 Tchamitchian 的 B-小波, 给出了 Lipschitz 曲线上相应的 Besov 空间及 Triebel—Lizorkin 空间的小波刻画.

关键词　Lipschitz 曲线, Besov 空间, Triebel—Lizorkin 空间, B—小波

分类号　O 174.3

在 $\mathbf{R}^n$ 上, Besov 空间及 Triebel-Lizorkin 空间提供了一个对函数空间进行统一处理的框架. 许多经典函数空间, 都是 Besov 空间或 Triebel-Lizorkin 空间的特殊情形或与之有密切的关系. 为了深入研究 Lipschitz 曲线上的函数空间理论及 Lipschitz 区域上的椭圆边值问题, 给出 Lipschitz 曲线上的 Besov 空间及 Triebel-Lizorkin 空间的定义是关键的一步.

设 $A: \mathbf{R} \to \mathbf{R}$ 是一个实值的 Lipschitz 函数, 即满足 $|A(x) - A(y)| \leqslant M|x - y|$. Γ 是由 $Z = x + iA(x)$ 给出的复平面 $\mathbf{C}$ 上的 Lipschitz 曲线.

邓东皋和韩永生以 Calderón—Zygmund 算子理论为工具, 从 Lipschitz 曲线上的 Calderón 表示定理出发, 引入了 "(β, γ) 型光滑分子" 的概念, 并在此基础上给出了 Lipschitz 曲线上的 Besov 空间 $\dot{B}_p^{a,q}(\Gamma)$ ($|\alpha| < 1$, $1 \leqslant p, q \leqslant \infty$) 及 Triebel-Lizorkin 空间 $\dot{F}_p^{a,\beta}(\Gamma)$ ($|\alpha| < 1$, $1 < p, q < \infty$) 的定义及基本性质[1,2].

另一方面, 在 $\mathbf{R}^n$ 上, 小波分析是研究函数空间的有力工具[3]. 在 Lipschitz 曲线上, Tchamitchian 于 1989 年证明了有正交小波存在, 这就是所谓的 B-小波[4,5].

设 V_j 是 $L^2(\mathbf{R})$ 上的 r 正则多尺度分析, 令 $b(x) = 1 + iA'(x)$, 则存在 $\eta > 0$ 及一族函数 $\widetilde{\Psi}_{jk}$, $j, k \in \mathbf{Z}$, 满足:

① $\widetilde{\Psi}_{jk} \in V_{j+1}, \forall j, k \in \mathbf{Z}$;

② $|\partial^a \widetilde{\Psi}_{jk}(x)| \leqslant C 2^{(ja + \frac{1}{2})} \exp(-\eta |2^j x - k|)$, $|\alpha| \leqslant r$;

③ $\int_{\mathbf{R}} \widetilde{\Psi}_{jk}(x) \widetilde{\Psi}_{j'k'}(x) b(x) \mathrm{d}x = \delta_{jj'} \delta_{kk'}$;

④ $\{\widetilde{\Psi}_{jk}\}_{(j,k) \in \mathbf{Z} \times \mathbf{Z}}$ 构成 $L^2(\mathbf{R})$ 的 Riesz 基 $\{\widetilde{\Psi}_{jk}\}$. $\{\widetilde{\Psi}_{jk}\}_{(j,k) \in \mathbf{Z} \times \mathbf{Z}}$ 即称为 B—小波基.

令 $\Psi_{jk}(Z) = \widetilde{\Psi}_{jk}(x)$, 其中 $Z = x + iA(x)$, 则易知 $\{\Psi_{jk}\}_{(j,k) \in \mathbf{Z} \times \mathbf{Z}}$ 是 $L^2(\Gamma)$ 上的 "正交小波基".

本文利用 Tchamitchian 的 B-小波, 给出了 $\dot{B}_p^{a,q}(\Gamma)$ ($|\alpha| < 1$, $1 \leqslant p, q \leqslant \infty$) 及 $\dot{F}_p^{a,q}(\Gamma)$ ($|\alpha| <$

---

[*] 中山大学高等学术研究中心资助项目

收稿日期: 1995-07-13　李彤彤, 女, 26岁, 博士

$1,1<p,q<\infty$)的 B-小波刻画,并对$|\alpha|>1$时的情形进行了讨论.

1 $\dot{B}_p^{\alpha,q}(\Gamma)$ 与 $\dot{F}_p^{\alpha,q}(\Gamma)$ 的 B-小波刻画

定义1[1] 设 $0<\beta\leqslant 1,\gamma>0$,我们称函数 $f:\Gamma\to\mathbf{C}$ 为一个中心在 $\omega_0\in\Gamma$,宽度为 $d>0$ 的 (β,γ) 型光滑分子,如果 f 满足下面的性质:

① $|f(\omega)|\leqslant Cd^\gamma/(d+|\omega-\omega_0|)^{1+\gamma},\forall\,\omega\in\Gamma$;

② $|f(\omega)-f(\omega')|\leqslant C(\frac{|\omega-\omega'|}{d+|\omega-\omega_0|})^\beta[\frac{d^\gamma}{(d+|\omega-\omega_0|)^{1+\gamma}}+\frac{d^\gamma}{(d+|\omega'-\omega_0|)^{1+\gamma}}]$,

$\forall\,\omega,\omega'\in\Gamma$ 且 $|\omega-\omega'|<\frac{1}{2}(d+|\omega-\omega_0|)$;

③ $\int_\Gamma f(\omega)\mathrm{d}\omega = 0$

记 $\mu^{(\beta,\gamma)}(\omega_0,d)$ 为所有中心在 $\omega_0\in\Gamma$,宽度为 $d>0$ 的 (β,γ) 型光滑分子组成的集合. 如果 $f\in\mu^{(\beta,\gamma)}(\omega_0,d)$,则定义 f 在 $\mu^{(\beta,\gamma)}(\omega_0,d)$ 的范数为:

$$\|f\|_{M^{(\beta,\gamma)}(\omega_0,d)}=\inf\{C>0:\text{使定义1中的①②成立}\}.$$

特别地,记 $\mu^{(\beta,\gamma)}=\mu^{(\beta,\gamma)}(iA(0),1)$. 易证 $\mu^{(\beta,\gamma)}$ 构成 Banach 空间,并且 $f\in\mu^{(\beta,\gamma)}(\omega_0,d)$ 为且仅当 $f\in\mu^{(\beta,\gamma)}$. 记 $(\mu^{(\beta,\gamma)})'$ 为 $\mu^{(\beta,\gamma)}$ 的对偶空间,即定义在 $\mu^{(\beta,\gamma)}$ 上的有界线性泛函的全体组成的空间,则对任意 $h\in(\mu^{(\beta,\gamma)})'$ 及 $f\in\mu^{(\beta,\gamma)}(\omega_0,d)$,$\langle h,f\rangle$ 有意义.

在文[6]中,David,Journe 及 Semmes 证明了如下的 "Calderon 型"表示定理:

$$P.V.\int_{-\infty}^\infty J_t^2(f)\mathrm{d}t/t = -f/4 \tag{1}$$

其中算子 J_t 的核为

$$J_t(Z,\omega)=(1/2\pi i)t/(\omega-Z-it)^2 \tag{2}$$

等式(1)在几乎处处与 $L^p(1<p<\infty)$ 范数收敛的意义下成立.

在此基础上,邓、韩证明了(1)式在 $\mu^{(\beta,\gamma)}$ 及 $(\mu^{(\beta,\gamma)})'$ 意义下也成立,并由此给出了下述定义.

定义2[1] 设 $-1<\alpha<1,\max(0,\alpha)<\beta<1,\max(0,-\alpha)<\gamma<1$. 定义 Lipschitz 曲线 Γ 上的 Besov 空间 $\dot{B}_p^{\alpha,q}(\Gamma)(|\alpha|<1,1\leqslant p,q\leqslant\infty)$ 为所有满足下列不等式的分布 $f\in(\mu^{(\beta,\gamma)})'$ 组成的空间:

$$\|f\|_{\dot{B}_p^{\alpha,q}(\Gamma)} = \{\int_{-\infty}^\infty (|t|^{-\alpha}\|J_t(f)\|_{L^p(\Gamma)})^q \mathrm{d}t/|t|\}^{\frac{1}{q}} < \infty \tag{3}$$

类似地,定义 Lipschitz 曲线上的 Triebel-Lizorkin 空间 $\dot{F}_p^{\alpha,q}(\Gamma)(|\alpha|<1,1<p,q<\infty)$ 为所有满足下述不等式的分布 $f\in(\mu^{(\beta,\gamma)})'$ 所组成的空间:

$$\|f\|_{\dot{F}_p^{\alpha,q}(\Gamma)} = \|\{\int_{-\infty}^\infty (|t|^{-\alpha}|J_t(f)|)^q \mathrm{d}t/|t|\}^{\frac{1}{q}}\|_{L^p(\Gamma)} < \infty \tag{4}$$

本文主要结果有:

定理1 设 $-1<\alpha<1,\max(0,\alpha)<\beta<1,\max(0,-\alpha)<\gamma<1,f\in(\mu^{(\beta,\gamma)})'$,则 $f\in\dot{B}_p^{\alpha,q}(\Gamma)$ 当且仅当 $f=\sum_{j,k\in\mathbf{Z}}\alpha_{jk}\Psi_{jk}$,满足

$$\{\sum_{j\in\mathbf{Z}}(\sum_{k\in\mathbf{Z}}|2^{(-\frac{1}{p}+\alpha+\frac{1}{2})j}\alpha_{jk}|^p)^{\frac{q}{p}}\}^{\frac{1}{q}} < \infty \tag{5}$$

其中 $1\leqslant p,q\leqslant\infty$.

定理2 设 $-1<\alpha<1, \max(0,\alpha)<\beta<1, \max(0,\alpha)<\gamma<1, 1<P,q<\infty, f\in(\mu^{\beta,\gamma})'$，则 $f\in\dot{F}_p^{\alpha,q}(\Gamma)$ 当且仅当 $f=\sum_{j,k\in\mathbf{Z}}\alpha_{jk}\Psi_{jk}$ 且满足

$$\|\{\sum_{j\in\mathbf{Z}}(\sum_{j\in\mathbf{Z}}|2^{(\alpha+\frac{1}{2})j}\alpha_{jk}\chi_{\tilde{Q}_{jk}}|)^q\}^{\frac{1}{q}}\|_{L^p(\Gamma)}<\infty \tag{6}$$

其中 $\chi_{\tilde{Q}_{jk}}$ 表示 $\tilde{Q}_{jk}=\{Z\in C|Z=x+iA(x), x\in Q_{jk}\}$ 的特征函数，$Q_{jk}=\{x\in\mathbf{R}|2^j x-k\in[0,1]\}$.

根据 B-小波的性质知，$\Psi_{jk}(Z)\in\mu^{\beta,\gamma}, \forall j,k\in\mathbf{Z}$；而对 $\dot{B}_p^{\alpha,q}(\Gamma)$ 及 $\dot{F}_p^{\alpha,q}(\Gamma)$，类似于 R 的情形，也有分子分解定理[2]，因此定理1及定理2的充分性是显然的，故只需证明必要性.

记 $<f,g>=\int_\Gamma f(Z)g(Z)\mathrm{d}Z$. 定理的必要性证明依赖于下列引理.

引理1 设 $f\in(\mu^{\beta,\gamma})'$，则 $f(Z)=\sum_{j,k\in\mathbf{Z}}\alpha_{jk}\Psi_{jk}(Z)$ 其中 $\alpha_{jk}=<f,\Psi_{jk}>$ 且级数在分布意义下收敛. 更确切地说，对任意 $0<\beta<\beta'<1, 0<\gamma<\gamma'<1, g\in\mu^{(\beta',\gamma')}$，有

$$<f,g>=\lim_{M,N\to\infty}<\sum_{|j|\leqslant M}\sum_{|k|\leqslant N}\alpha_{jk}<\Psi_{jk},g> \tag{7}$$

证明 根据对偶推理，我们只需证

$$\|\sum_{|j|\leqslant M}\sum_{|k|\leqslant N}\beta_{jk}\Psi_{jk}-g\|_{\mu^{(\beta,\gamma)}}\to 0, M,N\to\infty, \text{其中 }\beta_{jk}=\langle g,\Psi_{jk}\rangle,$$

由于 $\mu^{(\beta',\gamma')}\subset L^2(\Gamma)$，故

$$g(Z)=\lim_{M,N\to\infty}\sum_{|j|\leqslant M}\sum_{|j|\leqslant N}\beta_{jk}\Psi_{jk} \quad (L^2(\Gamma))$$

因此只需证明

$$\|\sum_{|j|>M}\sum_{|j|>N}\beta_{jk}\Psi_{jk}\|_{\mu^{(\beta,\gamma)}}\to 0, M,N\to\infty \tag{8}$$

(8)式可利用分子的定义直接证明，在此略去细节. 引理1证毕.

引理2 对 $1\leqslant p\leqslant\infty$，有

$$(\sum_K|2^{\frac{j}{2}}\alpha_{jk}|^p)^{\frac{1}{p}}\leqslant C 2^{\frac{j}{p}}\|D_jf\|_{L^p(\Gamma)}$$

其中 $D_jf=\sum_k<f,\Psi_{jk}>\Psi_{jk}$

证明 事实上

$$|\alpha_{jk}|=|<f,\Psi_{jk}>|=|<D_jf,\Psi_{jk}>|\leqslant\int_\Gamma|D_jf(Z)|\cdot|\Psi_{jk}(Z)||\mathrm{d}Z|$$

① 当 $p=\infty$ 时，由 $\|\Psi_{jk}\|_{L^1(\Gamma)}\leqslant C 2^{-\frac{j}{2}}$ 即得

$$\|\{2^{\frac{j}{2}}|\alpha_{jk}|\}_{k\in\mathbf{Z}}\|_{l^\infty}\leqslant C\|D_jf\|_\infty.$$

$p=1$ 的情形是类似的.

② 当 $1<p<\infty$ 时，设 (p,p') 为共轭指标，

$$|\alpha_{jk}|\leqslant\int_\Gamma|D_jf||\Psi_{jk}(Z)|^{\frac{1}{p'}}|\Psi_{jk}(Z)|^{\frac{1}{p}}\cdot|\mathrm{d}Z|\leqslant$$
$$\|\Psi_{jk}\|_{L^{p'}(\Gamma)}^{\frac{1}{p'}}(\int_\Gamma|D_j(f)(Z)|^p|\Psi_{jk}(Z)\|\mathrm{d}Z|)^{\frac{1}{p}}$$

故

$$(\sum_k|2^{\frac{j}{2}}\alpha_{jk}|^p)^{\frac{1}{p}}\leqslant C 2^{\frac{j}{p}}\|D_jf\|_{L^p(\Gamma)}.$$

引理2证毕.

引理3 $\left\{\sum_{j\in\mathbf{Z}}(2^{ja}\|D_jf\|_p)^q\right\}^{\frac{1}{q}} \leqslant C\|f\|_{B_p^{a,q}(\Gamma)}$

证明 由 Calderón 表示定理，有
$$D_jf = P.V. \, C\int_{-\infty}^{\infty} D_j J_t^2(f)\mathrm{d}t/t,$$
所以
$$\|D_jf\|_p \leqslant C\int_{-\infty}^{\infty}\|D_j J_t^2(f)\|_p \mathrm{d}t/|t| \leqslant$$
$$C\int_{-\infty}^{\infty}\|D_j J_t\|_{p,p}\|J_t(f)\|_p \mathrm{d}t/|t|$$

记 $D_jf(Z) = \sum_k <f,\Psi_{jk}>\Psi_{jk}(Z) = \int_\Gamma D_j(Z,\omega)f(\omega)\mathrm{d}\omega$，即 $D_j(Z,\omega) = \sum_k \Psi_{jk}(Z)\Psi_{jk}(\omega)$，由 Ψ_{jk} 的性质，容易得到
$$|D_j(Z,\omega)| \leqslant C \, 2^{-j}/(2^{-j}+|Z-\omega|)^2$$

注意到 $D_j(Z,\omega)$ 及 $J_t(Z,\omega)$ 都有零阶消失矩，经过简单运算即得
$$|D_j J_t(Z,\omega)| \leqslant C\left(\frac{2^{-j}}{|t|} \wedge \frac{|t|}{2^{-j}}\right)^{\varepsilon} \frac{(2^{-j}\vee|t|)^{\varepsilon}}{[(2^{-j}\vee|t|)+|Z-\omega|]^{1+\varepsilon}}$$

$\forall \, 0<\varepsilon<1$，其中 $a\vee b=\max(a,b), a\wedge b=\min(a,b)$. 从而
$$\|D_j J_t\|_{p,p} \leqslant C(2^{-j}/|t| \wedge |t|/2^{-j})^{\varepsilon}.$$

我们总可以取 $|\alpha|<\varepsilon$，则
$$\left\{\sum_{j\in\mathbf{Z}}(2^{ja}\|D_jf\|_p)^q\right\}^{\frac{1}{q}} \leqslant C\left\{\sum_{j\in\mathbf{Z}}\left(2^{ja}\int_{-\infty}^{\infty}\|D_j J_t\|_{p,p}\|J_t(f)\|_p \frac{\mathrm{d}t}{|t|}\right)^q\right\}^{\frac{1}{q}} \leqslant$$
$$C\left\{\sum_{j\in\mathbf{Z}}\left[2^{ja}\int_{-\infty}^{\infty}\left(\frac{2^{-j}}{|t|}\wedge\frac{|t|}{2^{-j}}\right)^{\varepsilon}\|J_t(f)\|_p \frac{\mathrm{d}t}{|t|}\right]^q\right\}^{\frac{1}{q}} \leqslant$$
$$C\left\{\int_{-\infty}^{\infty}(|t|^{-a}\|J_t(f)\|_p)^q \frac{\mathrm{d}t}{|t|}\right\}^{\frac{1}{q}} = C\|f\|_{B_p^{a,q}(\Gamma)}$$

引理3证毕.

综合引理1、2、3就得到定理1的必要性证明. Triebel—Lizorkin 空间的情形（即定理2）是类似的，我们在此不再赘述.

2 讨 论

利用高阶的 Calderón 表示定理，Lipschitz 曲线上的 Besov 空间及 Triebel-Lizorkin 空间的定义问题是可以彻底解决的，即指标可以扩展到 $|\alpha|<\infty, 0<p,q\leqslant\infty$，参见文献[1,2,7,8].

但当 $|\alpha|\geqslant 1$ 时，就无法再用 Tchamitchian 的 B—小波刻画 $B_p^{a,q}(\Gamma)$ 与 $F_p^{a,q}(\Gamma)$. 原因是 $|\alpha|\geqslant 1$ 时，我们需要相应的小波函数是高阶光滑分子[7,8]，这个性质是 B-小波所没有的. 如何在 Lipschitz 曲线上建立具有高阶光滑性及高阶消失矩的小波基，或者退一步说，Lipschitz 曲线上是否存在具有高阶光滑性与高阶消失矩的正交小波基，仍是一个需要继续探讨的问题.

参 考 文 献

1. 邓东皋,韩永生. Lipschitz 曲线上的 Besov 空间与 Triebel-Lizorkin 空间(Ⅰ). 数学学报,1992,35(5),608~619
2. 邓东皋,韩永生. Lipschitz 曲线上的 Besov 空间与 Triebel-lizorkin 空间(Ⅱ),数学学报,1993,36(1):122~135
3. Meyer Y. Ondelettes et opérateur(Ⅰ). Hermann, 1990
4. Meyer Y. Ondelettes et opérateur(Ⅱ). Hermann, 1990
5. Tchamitchian P. Ondelettes et intégrale de cauchy sur les courbes Lipschitziennes. Annals of Math, 1989, 129, 641~649
6. David, G, Journé J. L, Semmes S. Opérateurs de Caledrón-Zygmund, Functions para—accretives et Intepolation. Revista Mathematica Iberoamericana, 1985, I4:1~56
7. Deng Donggao, Han Yongsheng, The Besov spaces and Triebel Lizorkin spaces with high order on Lipschitz curves. Approximation Theory and its Applications, 1993, 9(4):89~106
8. 李彤彤. Lipschitz 曲线上的函数空间与平面非光滑区域上的 Hilbert 边值问题.[学位论文]. 广州:中山大学数学系,1995

The Characterization of Besov and Triebel-Lizorkin Spaces on Lipschitz Curves by B-Wavelets

Li Tongtong* *Deng Donggao*

Abstract By using Tchamitchian's B-Wavelets, a new characterization of Besov and Triebel—Lizorkin Spaces ($|\alpha|<1, 1\leqslant p, q\leqslant\infty$) on Lipschitz curvees is given.

Keywords Lipschitz curves, Besov space, Triebel-Lizorkin space, B-wavelets

* Department of Mathematics, Zhongshan University, Guangzhou 510275

局间通信负荷监控问题的形式化方法

赖剑煌

(中山大学数学系,广州 510275)

摘 要 利用最新时段演算等理论,形式化负荷监测功能的告警原理和组合输出问题,并进行必要的形式化推导,以确保规范说明具有可理解性和准确性.还给出了实现监控的核心算法.

关键词 负荷监测,CPU 占用率,时段演算,形式化方法

分类号 TP 316

局用交换机的负荷指标——CPU 占用率,是评估系统负载能力的重要参数,如果一个程控交换机的话务量忽然增加或者程控交换机出现话务故障,都可能使交换机处于超负荷状态,从而使得与该交换机联接的局间通信线路处于阻塞状态,以至产生不必要的经济损失.因此国标规定,作为 C1,C2,C3,C4 的局的交换机必须具有负荷监测功能.

为了实现这一负荷监测功能,软件开发的规范说明应具有可理解性和准确性.将形式化的理论和方法用于规范说明,有利于简明、准确地反映所要处理问题的本质,并能进行形式化推理和证明[1].本文引入时段演算等数学方法,对局用交换机的负荷监控的告警原理和 CPU 占用率组合输出等问题进行形式化定义.

1 时段演算

时段演算(duration calculus)是 interval temporal 逻辑的扩展[2].它利用对给定时间区间上的状态函数的积分时段,来形式化实时、嵌入系统的软件问题.其基本定义和定理可归纳如下.

定义 1 设 $[b,e]$ 为任一观察区间,P 为任意一个(取值为 0 或 1 的)状态函数,P 的时段定义为

$$\int P = \int_b^e P(t)\mathrm{d}t$$

显然, $\int 1 = e - b.$

定义 2 $\lceil P \rceil = (\int P = \int 1) \wedge (\int 1 > 0).$

$\lceil P \rceil$ 是 interval temporal 逻辑的一个谓词.

定义 3 $\lceil \rceil = (\int 1 = 0)$

收稿日期:1995-10-31 赖剑煌,男,32 岁,副教授

定义 4 设 B 和 C 是带有自由变量 b 和 e 的谓词,定义 interval temporal 逻辑的模态 (modality)是"分号",其语义为:$A;B[b,e] = \exists m: b \leqslant m \leqslant e. A[b,m] \wedge B[m,e]$.

定义 5 对于任意一个谓词 B,记:$\Diamond B = \text{true};B;\text{true}$

定义 6 对于任意一个谓词 B,记:$\Box B = \neg \Diamond \neg B$

时段演算有下列 6 个公理.

公理 1 $\int 0 = 0$

公理 2 $\int P \geqslant 0$

公理 3 $\int P + \int Q = \int (P \vee Q) + \int (P \wedge Q)$

公理 4 $(\int P = r + s) \Leftrightarrow (\int P = r);(\int P = s)$

公理 5 $(\lceil \rceil \vee \lceil P \rceil; \text{true} \vee \lceil \neg P \rceil; \text{true})$

公理 6 $(\lceil \rceil \vee \text{true};\lceil P \rceil \vee \text{true};\lceil \neg P \rceil)$

时段演算是一个相对完备的逻辑理论[3],由上述 6 个公理出发,可推出它的全部定理.

2 问题定义

程控交换机系统本质上可以看做多任务多进程的多 CPU(或单 CPU)系统. 在多 CPU 情况下,往往由一个 CPU 负担呼叫处理,即进行呼叫产生检测,号码分析和处理,路由选择,通信信号的形成和发送等等. 而其他 CPU 负责非呼叫处理,例如数据库的维护,系统各种性能的监控管理等等. 在单 CPU 情形,由同一 CPU 负责两种业务,由于我们关心的是呼叫处理对交换机负荷的影响,故多 CPU 情形可转化为单 CPU 情形考虑.

在操作系统的控制下,各个任务可以周期性使用 CPU. 在每一时刻,CPU 或者被某个任务占用,或者处于空闲状态. 假设用 0 和 1 分别表示 CPU"闲"和"忙"状态,则 CPU 的状态函数 $f(t)$ 是从(代表时间的)实数域 R 到集合 $\{0,1\}$ 上的函数. 记为

$$f(t): R \rightarrow \{0,1\}.$$

状态函数 $f(t)$ 表示每一时刻,程控交换机的所有任务占用 CPU 的情况. 程控交换机的任务(TASK)可分为两大类:一类与呼叫处理有关;另一类与呼叫处理无关,而仅与计算机的基本操作控制、数据库的维护、系统各种性能的监控管理有关.

定义 7 与呼叫处理相关的任务的全体,称为 I 类任务,其他的任务称为 II 类任务.

相应地,我们可以分别定义 I 类任务和 II 类任务占用 CPU 的状态函数 $f_1(t)$ 和 $f_2(t)$,状态函数 $f(t),f_1(t)$ 和 $f_2(t)$ 显然有下列的性质.

性质 1 $f(t) = f_1(t) \vee f_2(t), \forall t \in R$.

性质 2 $f_1(t) \wedge f_2(t) = 0, \forall t \in R$.

为了评估系统的负荷情况,在实际应用中,将以固定的时间周期 T,反复测量 CPU 占用情况. 即我们将考查(代表时间的)实数域区间 (t_0,∞),该区间被等分成若干个长度为 T 的观察区间. 假设 (t_{i-1},t_i) 为其中一个观察区间,我们关心的是其上的 CPU 被占用总体情况.

定义 8 在观察区间 (t_{i-1},t_i) 上,分别定义所有任务 CPU 的总忙时、I 类任务 CPU 的总忙时、II 类任务 CPU 的总忙时为 $\int f, \int f_1, \int f_2$.

由上述公理 3 和性质 1,2,可以推出性质 3.

性质 3 $\int f = \int f_1 + \int f_2$

定义 9 在一个长度为 $T(T>0)$ 的观察区间 $(t_{i-1}, t_i]$ 上,定义 CPU 占用率(RATE)如下:

$$\text{RATE} = (\int f / \int 1) \times 100\%$$

其中,$\int 1 = t_i - t_{i-1} = T$. CPU 占用率实质上是在观察区间上,所有任务平均占用 CPU 的时间比率,相应地,可分别定义 I 类任务的 CPU 占用率(RATE_1)、I 类任务的 CPU 占用率(RATE_2)为:

$$\text{RATE}_1 = (\int f_1 / \int 1) \times 100\%, \quad \text{RATE}_2 = (\int f_2 / \int 1) \times 100\%$$

根据定义 9,由性质 3 可以推出性质 4.

性质 4 $\text{RATE} = \text{RATE}_1 + \text{RATE}_2$

RATE_2 是可控制的,在不做任何数据库的维护和系统各种性能的监控管理的情况下,程控交换机维持基本的操作控制,一般需花费大约 5% 的 CPU 占用率,即可假设 $\text{RATE}_2 = 5\%$. 而 RATE_1 的是随机的,取决于各个时期话务量的多少. 因此,局用交换机负荷问题实质上是对 I 类任务的 CPU 占用率的测量与控制问题. 由性质 4 和 $\text{RATE} \leq 100\%$,可知.

性质 5 在不做任何数据库的维护和系统的监控管理的情况下,$\text{RATE}_1 \leq 95\%$.

3 观察区间的选择和组合输出

在应用中,将以时间周期 T(即固定的观察区间长度 T),反复测量 I 类任务的 CPU 占用率,每获得一个 CPU 占用率,就判断一次告警条件,并将其存于数据库中,以供用户查询.

观察区间大小的选择对局用交换机负荷的监控至关重要. 因为如果观察区间太小,则取样和计算 CPU 占用率过频,势必增加系统负荷;如果观察区间太大,则不能及时发现系统的超负荷情况,从而及时地进行控制. 一般情况下,观察区间长度应为程控交换机任务切换周期的倍数,取值范围以 1~60 s 为宜.

另一方面,观察区间太大也会影响用户查询结果的精确度. 而利用小观察区间上的 CPU 占用率,通过连续 n 个区间迭加的方法,可以重新计算出连续 n 个区间的 CPU 占用率.

定理 1 假设区间 $(t_0, t_n]$ 可等分割为 n 个区间 $(t_{i-1}, t_i]$,即 $t_0 < t_1 < \cdots t_{i-1} < t_i \cdots < t_{n-1} < t_n$,$t_i - t_{i-1} = T(i=1,2,\cdots,n)$,$R$ 和 R_i 分别为区间 $(t_0, t_n]$ 和 $(t_{i-1}, t_i]$ 上的 CPU 占用率,则有

$$R = \sum_{i=1}^{n} R_i / n$$

证明 $\because R = (\int f / \int 1) \times 100\% = (\sum_{i=1}^{n} \int f_i / \sum_{i=1}^{n} \int 1) \times 100\% = (\sum_{i=1}^{n} \int f_i / (n*T)) \times 100\%$

$\therefore R = (\sum_{i=1}^{n} (\int f_i / T) \times 100\%) / n = \sum_{i=1}^{n} R_i / n$

4 数据来源和处理

负荷监控的数据主要来源于操作系统(OS). 程控交换机一般都有一个任务运行管理子系统,负责监控系统的各任务的运行,并分别统计各个任务占用 CPU 的时间. 为了对局用交换机进行负荷统计,只需周期性地从 OS 获取各个任务占用 CPU 时间,从中统计出 I 类任务

总忙时,再根据定义 9 计算出 I 类 CPU 占用率. 每获得一个新的 I 类 CPU 占用率,都将进行负荷统计,判断是否达到告警条件,或者是否达到解除告警条件,并将 I 类 CPU 占用率数据存于数据库,便于定时跟踪或查询处理. 其算法如下.

(1) 定时从 OS 获取各任务占用的时间;
(2) 计算 I 任务总忙时和计算 I 类任务 CPU 占用率;
(3) 进行负荷统计,判断是否达到告警,或者判断是否解除告警;
(4) 若达到告警条件,则做相应告警控制;若达到解除告警条件,则解除其告警控制;
(5) 将 I 的类任务 CPU 点用率存于指定的数据库中;
(6) 重复步骤 1.

5 负荷统计的参数

程控交换机超负荷告警可分为两级告警,其中第一级为小告警,第二级为大告警. 若 $i=1,2$,分别代表小告警和大告警,则告警的判断与下列参数有关:

(1) i 级告警临界值(ALARM(i)):当 CPU 占用率大于或等于这个值时,就开始进行第 i 级告警统计,以判断其条件是否满足.

(2) i 级告警解除临界值(ALM_RELIF(i)):当 CPU 占用率低于这个值时,就开始进行第 i 级解除告警统计,以判断其条件是否满足.

(3) i 级告警最小时间段(ALM_TIME(i)):当不低于 i 级告警临界值的 CPU 占用率的连续时间长度不低于这个时间段,则说明第 i 级告警条件已达到,可发出第 i 级告警.

(4) i 级告警解除最小时间段(AR_TIME(i)):当低于 i 级告警解除临界值的 CPU 占用率的连续时间长度大于或等于这个时间段,则说明第 i 级解除告警条件已达到,如果此时正处于第 i 级告警状态,便发出第 i 级告警解除信息.

其中,可由用户通过数据库的设置命令灵活设定这些参数. 图 1 展示了这些参数的意义. 设置告警临界值 ALARM(i),不能太接近其 CPU 占用率允许的上限,应该为告警出现后的控制程序的运行留些余地. 由性质 5 可知:ALARM(2)≤95%. 假设预留 5% 的 CPU 占用率用于负荷控制程序的运行,则 ALARM(2)≤90%,并且告警参数必须满足下列性质:

性质 6 90%≥ALARM(2)>ALM_RELIF(2)>ALM_RELIF(1)

性质 7 ALARM(2)>ALARM(1)>ALM_RELIF(1)>0

6 负荷监控的告警原理和算法

对于负荷监控而言,最关键的是设计一个恰如其分的告警原理. 由于每收到一个 CPU 占用率,都要判断是否达到告警条件,因此这一判断的算法复杂度不能太大,否则将浪费太多的 CPU 时间.

CPU 占用率实质上是实数区间 (t_0,∞) 上的阶梯函数,设为 $\varphi(t)$. (t) 具有下列性质:

实数区间 (t_0,∞) 可分割成若干长度为 T 的小区间 $(t_{j-1},t_j]$,即 $t_0 < t_1 < t_{j-1} < t_j < \cdots < \infty$,$t_j - t_{j-1} = T(j \in N)$,对 $\forall\ t \in (t_{j-1},t_j](j \in N)$,有 $\varphi(t) = \varphi(t_j)$.

定义 10 定义 $i(i=1,2)$ 级告警点为,找一个区间 $(t_{k'},t_k]$ 的右端点 t_k,满足下列条件:
① $t_{k'},t_k \in \{t_j(j \in N) | t_j$ 为阶梯函数 $\varphi(t)$ 的分割点$\}$,且 $k' \neq k$.
② $\forall\ t \in (t_{k'},t_k],\varphi(t) \geqslant$ ALARM(i),并且 $t_{k'} = t_0$ 或 $\varphi(t_{k'}) <$ ALARM(i)

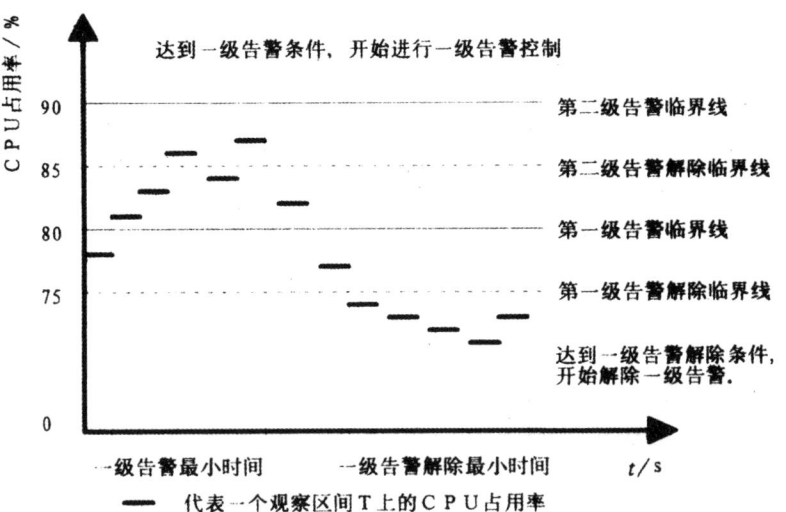

图 1 一级告警及其解除示意图

Fig. 1 An Illustration of The Overload control principle

③ $t_k - t_{k'} \geqslant \text{ALM\_TIME}(i)$ 且 $t_k - t_{k'} < \text{ALM\_TIME}(i) + T$

定义 11 定义 $i(i=1,2)$ 级告警解除点为,找一个区间 $(t_{k'}, t_k]$ 的右端点 t_k,满足下列条件:

① $t_{k'}, t_k \in \{t_j(j \in N) | t_j$ 为阶梯函数 $\varphi(t)$ 的分割点 $\}$,且 $k' \neq k$.

② $\forall t \in (t_{k'}, t_k], \varphi(t) < \text{ALM\_RELIF}(i)$ 且 $\varphi(t_{k'}) \geqslant \text{ALM\_RELIF}(i)$.

③ $t_k - t_{k'} \geqslant \text{AR\_TIME}(i)$ 且 $t_k - t_{k'} < \text{AR\_TIME}(i) + T$

图 2 提供了负荷监控的告警处理算法. 其思想是:当系统处于 i 级非告警状态,该算法

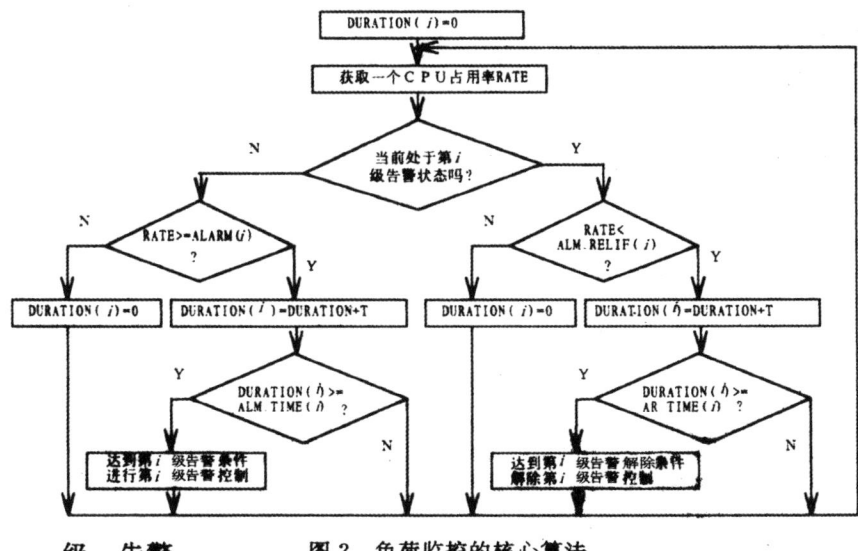

图 2 负荷监控的核心算法

Fig. 2 The heart of the overload control algorithm

监测 i 级告警条件是否成熟,即寻找一个 i 级告警点;当系统处于 i 级告警状态,该算法监测 i 级告警解除条件是否成熟,即寻找一个 i 级告警解除点,其中 $i=1,2$.

其中 DURATION(i) ($i=1,2,$) 为一时间段参数,当系统还未达到第 i 级告警时,DURATION(i) 中存放 CPU 占用率实时连续大于第 i 级告警临界值 (ALARM(i)) 的时间长度;当系统处于第 i 级告警阶段时,DURATION(i) 中存放 CPU 占用率实时连续小于第 i 级告警解除临界值 (ALM_RELIF(i)) 的时间长度.

致谢:感谢联合国大学国际软件研究所(澳门)Dines Bjørner 所长的邀请和周巢尘教授的悉心指导.

<h2 style="text-align:center">参 考 文 献</h2>

1 朱冰,梅宏,杨芙清.软件开发过程中的形式化方法.计算机科学,1995,22(1):31~37
2 Zhou Chaochen, Hoare C A R, Ravn A P. A Calculus of durations. Information Processing Letter, 1991, 40(5):40,269~276
3 Hansen M R. Zhou Chaochen. Semantics and completeness of duration calculus. Bakker, J W de Huizing, C Roever, W —P de (Eds). Real—Time:LNCS 600, Theory in Practice, REX Workshop. 1992, 209
4 Hehner E C. Whats Wrong With Formal Programming Method? LNCS 497 Advance in Computing and Imformation—ICC'91, 1991. 2~23
5 Narayana K T. The Formal Specification of a small bookshop information system. IEEE T—SE, 1988, 14 (2):1089~1103

<h1 style="text-align:center">A Formal Specification of
C. O. Switch Platform Overload Control</h1>

Lai Jiankuang*

Abstract The CPU occupancy rate is a critical parameter to evaluate the system's loading ability. The overload control of C. O. switch platform is an important function that is required by China MPT. A new approach is presented for formalizing the function specification of the overload control of C. O. switch platform with the aid of the duration calculus theory. The heart of the overload control algorithm is given also.

Keywords overload control, CPU occupancy rate, duration calculus, formal specification.

---

* **Department of Mathematics**, Zhongshan University, Guangzhou 510275

齐型空间上 BMO 的原子分解*

李文明 邓东皋

(中山大学数学系,广州 510275)

摘 要 利用齐型空间上 Calderon 型再生公式得到齐型空间上 BMO 函数的光滑原子分解.
关键词 齐型空间,BMO,原子分解
分类号 O 174.3

作为 Hardy 空间 H^1 的对偶空间,BMO 在 R^n 上的调和分析中扮演着十分重要的角色. 经过多年来的研究,得到了 BMO(R^n) 的许多特征刻划[1]. 但是对于更具一般性的齐型空间,其上 BMO 的特征却所得不多[2,3]. 本文利用邓东皋与韩永生[4]得到的齐型空间上的 Calderon 型再生公式,给出齐型空间上 BMO 的一个光滑原子分解特征. 这一分解类似于 R^n 上 BMO 的小波分解,其分解系数满足 Carleson 条件.

1 主要定理

设 (X,d,μ) 是一个齐型空间,定义详见文[2],其中 d 是 X 上的一个拟距离,μ 是 X 上满足两倍条件的非负测度. Macias 与 Segovia[5] 证明了存在与 d 等价的拟距离 ρ 使得存在常数 $C>0$ 以及某个 $\theta,0<\theta<1$ 满足

$$\rho(x,y) \sim \inf\{\mu(B); B \text{ 是包含 } x \text{ 与 } y \text{ 的球}\},$$
$$|\rho(x,y) - \rho(x',y)| \leqslant C\rho(x,x')^\theta[\rho(x,y) + \rho(x',y)]^{1-\theta},\text{对所有的 } x,x' \text{ 与 } y \in X \text{ 成立}.$$

本文恒假定对所有的 $x \in X$ 有 $\mu(\{x\}) = 0$.

定义 1 X 上定义的函数 $a(x)$ 称为是一个 $(1,\infty)$ 原子,如果

(1) 存在 $x_0 \in X, r>0$ 使得 supp $a(x) \subset B(x_0,r)$;

(2) $\|a\|_\infty \leqslant \mu(B(x_0,r))^{-1}$;

(3) $\int a(x) d\mu(x) = 0$.

X 上的 Hardy 空间 H^1 与 BMO 可定义为

$$H^1 = \{f \in L^1(X); f = \sum_j \lambda_j a_j, a_j \text{ 为 } (1,\infty) \text{ 原子}, \sum |\lambda_j| < \infty\},$$

$$\text{BMO} = \{f \in L^1_{loc}(X); \sup \mu(B)^{-1} \int_B |f(x) - f_B| d\mu(x) < \infty\}, \text{其中 } f_B = \mu(B)^{-1} \times$$

---

* 国家自然科学基金(19631080)资助项目
  收稿日期:1996-09-02   李文明,男,33岁,博士,现在河北师范大学数学系工作

$\int_B f(x)\mathrm{d}\mu(x)$, B 为 X 上的球. Coifman 与 Weiss[2] 证明了 $(H^1)^* = $ BMO.

给出齐型空间上 BMO 的光滑原子分解,需要用到 M. Christ[6] 的下列结果.

定理 1 设 (X,ρ,μ) 为齐型空间,对于给定的 $\delta > 0$ 充分小,存在开集族 $\{Q_T^k \subset X; k \in Z, T \in I_k\}$,其中 I_k 表示依赖于 k 的指标集,其可能是有限集,以及正常数 a_0 与 C_0 使得

(1) $\mu(X \setminus \bigcup_T Q_T^k) = 0$,对每个 $k \in Z$ 成立;

(2) 如果 $l \geqslant k$,则 $Q_{T'}^l \subset Q_T^k$ 或 $Q_{T'}^l \cap Q_T^k = \emptyset$ 成立;

(3) 对 (k,T) 及每个 $l < k$,存在唯一的 T' 使得 $Q_T^k \subset Q_{T'}^l$;

(4) Q_T^k 的直径小于或等于 $C_0 \delta^k$;

(5) 每个 Q_T^k 包含某个球 $B(z_T^k, a_0 \delta^k)$.

称定理 1 中的 Q_T^k 为 X 中的第 k 代方体. 当不强调指标 $k \in Z, T \in I_K$ 时,记 Q_T^k 为 Q. 另外易见 $\mu(Q_T^k) \sim \delta^k$.

定义 2 设 $0 < \delta < 1, 0 < r < \theta$,对定理 1 中的开集族 $\{Q_T^k \subset X; k \in Z, T \in I_k\}$, X 上的函数 $a_{Q_T^k}$ 称为是一个对应于 Q_T^k 的 r 阶光滑原子,如果

(1) $\mathrm{Supp}\ a_{Q_T^k} \subseteq B(z_T^k, 3AC_0\delta^k)$;

(2) $\int a_{Q_T^k}(x)\mathrm{d}\mu(x) = 0$;

(3) $|a_{Q_T^k}(x) - a_{Q_T^k}(x')| \leqslant \mu(Q_T^k)^{-\frac{1}{2}-r}\rho(x,x')^r$,且 $|a_{Q_T^k}(x)| \leqslant \mu(Q_T^k)^{-\frac{1}{2}}$.

如 (1) 中. 本文的主要结果为下列两个定理.

定理 2 如果 $f \in $ BMO,则 $f = \sum_{k \in Z}\sum_{T \in I_k} \lambda_{Q_T^k} b_{Q_T^k}$,

其中,$b_{Q_T^k}$ 是对应于 Q_T^k 的 r 阶光滑原子,式中系数满足:存在常数 C,对每个 Q_T^k 有

$$\mu(Q_T^k)^{-1}\Big(\sum_{I \subset Q_T^k}|\lambda_I|^2\Big) \leqslant C, I \text{ 是方体} \tag{1}$$

定理 3 设 $\{b_{Q_T^k}\}(k \in Z, T \in I_k)$ 是 r 阶光滑原子列,$\{\lambda_{Q_T^k}\}$ 是对每个 Q_T^k 满足 (1) 式的数列,则 $f = \sum_{k \in Z}\sum_{T \in I_k} \lambda_{Q_T^k} b_{Q_T^k} \in $ BMO.

2 定理的证明

根据齐型空间上的 Calderon 型再生公式. 对于 $x_0 \in X, d > 0, 0 < \beta \leqslant \theta$ 及 $r > 0$,记 $\mu(x_0, d, \beta, r)$ 为齐型空间上的检验函数空间[4]. 对固定的 $x_0 \in X$,简记 $\mu(\beta, r) = \mu(x_0, 1, \beta, r)$.

定义 3 算子族 $\{S_t\}_{t > 0}$ 称为是一个恒等逼近,如果存在 $0 < \varepsilon \leqslant \theta$ 与 $C < \infty$,使得对任意的 $t > 0$ 以及对任意的 $x, x', y, y' \in X$,算子 S_t 的核 $S_t(x,y)$ 满足

(1) $|S_t(x,y)| \leqslant C[t^{\varepsilon}/(t + \rho(x,y))^{1+\varepsilon}]$;

(2) $|S_t(x,y) - S_t(x',y)| + |S_t(y,x) - S_t(y,x')| \leqslant C[\rho(x,x')/(t + \rho(x,y))]^{\varepsilon'}[t^{\varepsilon'}/(t + \rho(x,y))^{1+\varepsilon'}]$,对任意的 $\rho(x,x') \leqslant (t + \rho(x,y))/2A$ 成立;

(3) $|[S_t(x,y) - S_t(x,y')] - [S_t(x',y) - S_t(x',y')]| \leqslant C\rho(x,x')^{\varepsilon'}\rho(y,y')^{\varepsilon'}[t^{\delta}/(t + \rho(x,y))^{1+2\varepsilon'+\delta}]$

其中,$0 < \varepsilon' < \varepsilon, \delta = \varepsilon - \varepsilon', \rho(x,x') \leqslant (t + \rho(x,y))/3A^2, \rho(y,y') \leqslant (t + \rho(x,y))1/3A^2$;

(4) $\int S_t(x,y)\mathrm{d}\mu(x) = \int S_t(x,y)\mathrm{d}\mu(y) = 1$,对任意的 $t > 0$ 成立.

定理 4[4] 设 $\{S_t\}_{t>0}$ 是定义 3 中的恒等逼近,$D_t = t\,\mathrm{d}S_t/\mathrm{d}t$ 满足定义 3 中的 (1)~(3),且 $\int D_t(x,y)\mathrm{d}\mu(x) = \int D_t(x,y)\mathrm{d}\mu(y) = 0$,则存在算子族 $\{\widetilde{D}_t\}_{t>0}$ 使得对所有的 $f \in (\mu(\beta,r))'$,$0 < r,\beta < \varepsilon$,成立 $f = \int_0^\infty D_t\widetilde{D}_t(f)\dfrac{\mathrm{d}t}{t}$,其中,积分在 $(\mu(\beta',r'))'$,$\beta' > \beta$,$r' > r$ 中收敛.

此外,算子 $\widetilde{D}_t$ 的核 $\widetilde{D}_t(x,y)$ 满足:对 ε',$0 < \varepsilon' < \varepsilon$,存在常数 C 使得

(1) $|\widetilde{D}_t(x,y)| \leqslant C[t^{\varepsilon'}/(t+\rho(x,y))^{1+\varepsilon'}]$;

(2) $|\widetilde{D}_t(x,y) - \widetilde{D}_t(x',y)| \leqslant C[\rho(x,x')/(t+\rho(x,y))]^{\varepsilon'}[t^{\varepsilon'}/(t+\rho(x,y))^{1+\varepsilon'}]$,只要 $\rho(x,x') \leqslant (t+\rho(x,y))/2A$;

(3) $\int \widetilde{D}_t(x,y)\mathrm{d}\mu(x) = \int \widetilde{D}_t(x,y)\mathrm{d}\mu(y) = 0$,对任意的 $t > 0$ 成立.

这里取一个特殊的恒等逼近 $\{S_t\}_{t>0}$,它的核满足当 $\rho(x,y) \geqslant t/(2A)$ 时 $S_t(x,y) = 0$.

定理 5 设 $0 < \beta \leqslant \theta$,$r > 0$,则 $\mu(x_0,d,\beta,r) \subset H^1$,且对每个 $f \in \mu(x_0,d,\beta,r)$,$\|f\|_{H^1} \leqslant C\|f\|_{\mu(x_0,d,\beta,r)}$,其中 C 不依赖于 f.

证明 只需证明对每个 $f(x) \in \mu(x_0,d,\beta,r)$,$f(x)$ 可 $(1,\infty)$ 原子分解. 对 $d > 0$,存在 $k_0 \in Z$ 使得 $\delta^{k_0} < d/(2AC_0) \leqslant \delta^{k_0+1}$,其中常数 A 如定义 2,为齐型空间定义[4]中所涉及到的常数,那么有 $f(x) = \sum_{T \in I_{k_0}}(f(x) - f_{Q_T^{k_0}})\chi_{Q_T^{k_0}} = \sum_{T \in I_{k_0}} b_T(x)$. 对于 $T \in I_{k_0}$,因为对任意的 $t,x \in Q_T^{k_0}$,$\rho(x,t) \leqslant C_0\delta^{k_0} \leqslant (d+\rho(x_0,x))/2A$,得

$$|b_T(x)| \leqslant \mu(Q_T^{k_0})^{-1}\int_{Q_T^{k_0}}|f(x) - f(t)|\mathrm{d}\mu(t) \leqslant$$
$$2AC\|f\|_{\mu(x_0,d,\beta,r)}[d^r/(d+\rho(x_T^{k_0},x_0))^{1+r}],$$

令 $\lambda_{Q_T^{k_0}} = 2AC\|f\|_{\mu(x_0,d,\beta,r)}\mu(B(z_T^{k_0},3AC_0\delta^{k_0})) \cdot [d^r/(d+\rho(z_T^{k_0},x_0))^{1+r}]$,

$a_{Q_T^{k_0}}(x) = (\lambda_{Q_T^{k_0}})^{-1}b_T(x)$,则 $f(x) = \sum_{T \in I_{k_0}} \lambda_{Q_T^{k_0}} a_{Q_T^{k_0}}(x)$.

容易验证 $a_{Q_T^{k_0}}$ 是 $(1,\infty)$ 原子,而

$$\sum_{T \in I_{k_0}}|\lambda_{Q_T^{k_0}}| = 2A\|f\|_{\mu(x_0,d,\beta,r)}\sum_{T \in I_{k_0}}\mu(B(z_T^{k_0},3AC_0\delta^{k_0})) \cdot d^r/(d+\rho(z_T^{k_0},x_0))^{1+r} \leqslant$$

$2AC\|f\|_{\mu(x_0,d,\beta,r)}\int_X \dfrac{d^r}{(d+\rho(x,x_0))^{1+r}}\mathrm{d}\mu(x) < \infty$,且 $\|f\|_{H^1} \leqslant C\|f\|_{\mu(x_0,d,\beta,r)}$. 定理得证.

现证定理 2. 由定理 5 可得 $\mathrm{BMO} \subset (\mu(\beta,r))'$,故对 $f \in \mathrm{BMO}$,由定理 4 得

$$f = \int_0^\infty D_t\widetilde{D}_t(f)\dfrac{\mathrm{d}t}{t} = \int_0^\infty\int_X D_t(x,y)\widetilde{D}_t(f)(y)\dfrac{\mathrm{d}y\mathrm{d}t}{t} = \sum_{k \in Z}\sum_{T \in I_k}\tilde{b}_{Q_T^k}$$

其中 $\tilde{b}_{Q_T^k}(x) = \iint_{\hat{Q}_T^k} D_t(x,y)\widetilde{D}_t(f)(y)\dfrac{\mathrm{d}y\mathrm{d}t}{t}$

$\hat{Q}_T^k = \{(x,t): x \in Q_T^k, 3AC_0\delta^{k+1} \leqslant t < 3AC_0\delta^k\}$.

令 $T(Q_T^k) = \{(x,t): x \in Q_T^k, 0 < t < 3AC_0\delta^k\}$.

显然 $\tilde{b}_{Q_T^k}$ 满足定义 2 的 (1)、(2). 当 $x,x' \in X$,$x' \in Q_T^k$ 时有

$$|\tilde{b}_{Q_T^k}(x) - \tilde{b}_{Q_T^k}(x')| \leqslant \left(\iint_{\hat{Q}_T^k}|D_t(x,y) - D_t(x',y)|^2\dfrac{\mathrm{d}y\mathrm{d}t}{t}\right)^{1/2}\left(\iint_{\hat{Q}_T^k}|\widetilde{D}_t(f)(y)|^2\dfrac{\mathrm{d}y\mathrm{d}t}{t}\right)^{1/2} \leqslant$$

$$C'\mu(Q_T^k)^{1/2-r}\rho(x,x')^r\Big(\iint_{\hat{Q}_T^k}|\widetilde{D}_t(f)|^2\frac{dydt}{t}\Big)^{1/2},\qquad 0<r<\varepsilon.$$

令 $\lambda_{Q_T^k}=C'\Big(\iint_{\hat{Q}_T^k}|\widetilde{D}_t(f)(y)|^2\frac{dydt}{t}\Big)^{1/2}, b_{Q_T^k}(x)=\lambda_{Q_T^k}^{-1}\tilde{b}_{Q_T^k}(x).$

则 $b_{Q_T^k}(x)$ 满足定义 2 的 (3),且 $f=\sum\lambda_{Q_T^k}b_{Q_T^k}.$

下证 (1) 式成立. 事实上,对方体 Q_T^k, I 表示包含于 Q_T^k 中的任意方体,则

$$\sum_{I\subset Q_T^k}|\lambda_I|^2=C'\sum_{I\subset Q_T^k}\iint_I|\widetilde{D}_t(f)|^2\frac{dydt}{t}=C'\iint_{T(Q_T^k)}|\widetilde{D}_t(f)|^2\frac{dydt}{t}.$$ 由于 $f\in$ BMO,易证

$|\widetilde{D}_t(f)|^2\frac{dydt}{t}$ 是 $X\times R$ 上的一个 Carleson 测度,故上式 $\leqslant C\|f\|_{\text{BMO}}^2\cdot\mu(Q_T^k)$,定理证毕.

为证定理 3,需要下列引理.

引理 1 设 $\{b_{Q_T^k}\}$ 与 $\{\lambda_{Q_T^k}\}$ 同定理 3,则对任意方体 Q,有

$$\|\sum_{\substack{I\subset Q\\I\text{是方体}}}\lambda_I b_I\|_2\leqslant C(\sum_{\substack{I\subset Q\\I\text{是方体}}}|\lambda_I|^2)^{1/2},$$

其中,C 不依赖于方体 Q.

证明 对方体 I, J,若 $\operatorname{supp} b_I(x)\bigcap \operatorname{supp} b_J(x)\neq\varnothing$,取 $x_0\in\operatorname{supp} b_I(x)\bigcap\operatorname{supp} b_J(x)$,则

$$\Big|\int b_I(x)\overline{b_J(x)}d\mu(x)\Big|\leqslant\Big|\int(b_I(x)-b_I(x_0))\overline{b_J(x)}d\mu(x)\Big|\leqslant$$

$$\int_J\mu(I)^{-1/2-r}\rho(x,x_0)^r\mu(J)^{-1/2}d\mu(x)\leqslant C(\mu(J)/\mu(I))^{1/2+r}.$$

对方体 I 与整数 $k\geqslant 0$,令 $\mathscr{A}_k(I)$ 表示方体 I 的所有满足 $\operatorname{supp} b_J\bigcap\operatorname{supp} b_I\neq\varnothing$ 的第 k 代子方体的集合,则

$$\iint|\sum_{I\subset Q}\lambda_I b_I(x)|^2 d\mu(x)=\Big|\int(\sum_{I\subset Q}\lambda_I b_I(x))(\sum_{J\subset Q}\overline{\lambda_J b_J(x)})d\mu(x)\leqslant$$

$$2\sum_{k=0}^{\infty}\sum_{I\subset Q}(|\lambda_I|\sum_{J\in\mathscr{A}_k(I)}|\lambda_J|\cdot\Big|\int b_I(x)\overline{b_J(x)}d\mu(x)\Big|)\leqslant$$

$$C\sum_{k=0}^{\infty}\sum_{I\subset Q}|\lambda_I|\sum_{J\in\mathscr{A}_k(I)}|\lambda_J|(\mu(J)/\mu(I))^{1/2+r}.$$

注意到 $J\in\mathscr{A}_k(I), \mu(J)/\mu(I)\leqslant C\delta^k$,可得上式小于或等于下式左端且

$$C\sum_{k=0}^{\infty}\delta^{(1/2+r)k}(\sum_{I\subset Q}|\lambda_I|^2)^{1/2}(\sum_{I\subset Q}\cdot\sum_{J\in\mathscr{A}_k(I)}|\lambda_J|^2)^{1/2}\leqslant C(\sum_{k=0}^{\infty}\delta^{kr}(\sum_{I\subset Q}|\lambda_I|^2))\leqslant C\sum_{I\subset Q}|\lambda_I|^2.$$

定理 3 的证明. 令 $B=B(x_0,r)$ 为 X 为中任意一个球,则存在 $k_1\in Z$ 使得 $c_0\delta^{k_1+1}\leqslant r\leqslant c_0\delta^{k_1}$. 对 $k_1\in Z$,至多 $C[\mu(B)/a_0\delta^{k_1}]=N$ 个第 k_1 代的方体 J 使得 $\operatorname{supp} b_J\bigcap B\neq\varnothing$. 不失一般性,设为 $\{Q_i^{k_1}\}, 1\leqslant i\leqslant N$.

令 $f_1(x)=\sum_{k=1}^{N}\sum_{I\subset \hat{Q}_i^{k_1}}\lambda_I b_I(x), f_2(x)=\sum_{\substack{Q_T^k, k<k_1\\ \text{且}\operatorname{supp} b_{Q_T^k}\bigcap B\neq\varnothing}}\lambda_{Q_T^k}b_{Q_T^k}(x),$

$f_3(x)=f(x)-f_1(x)-f_2(x).$

显然 $f_3(x)=0$ 当 $x\in B$ 时. 由引理 1 及 (1) 式可得

$$\int_B|f_1(x)|^2 d\mu(x)\leqslant N\sum_{i=1}^{N}\int|\sum_{I\subset Q_i^{k_1}}\lambda_I b_I(x)|^2 d\mu(x)\leqslant CN\sum_{i=1}^{N}\sum_{I\subset Q_i^{k_1}}|\lambda_I|^2\leqslant C\mu(B)$$

对 $x \in B$,由(1)式得

$$|f_2(x) - f_2(x_0)| \leqslant \sum_{\substack{Q_T^k, k < k_1 \\ \text{且 supp } b_{Q_T^k} \cap B \neq \varnothing}} |\lambda_{Q_T^k}| \cdot |b_{Q_T^k}(x) - b_{Q_T^k}(x_0)| \leqslant$$

$$C \sum_{\substack{Q_T^k, k < k_1 \\ \text{且 supp } b_{Q_T^k} \cap B \neq \varnothing}} \mu(Q_T^k)^{1/2} \mu(Q_T^k)^{-1/2-r} \rho(x, x_0)^r \leqslant C \frac{\mu(B)}{a_0 \delta^{k_1}} \sum_{k=k_1-1}^{-\infty} \delta^{-kr} \cdot \gamma^r \leqslant C.$$

故 $\int_B |f(x) - f_2(x_0)|^2 d\mu(x) \leqslant$

$$\int_B |f_1(x)|^2 d\mu(x) + \int_B |f_2(x) - f_2(x_0)|^2 d\mu(x) \leqslant C\mu(B).$$

因此 $f \in \text{BMO}$.

参 考 文 献

1 邓东皋,韩永生. H^p 空间论. 北京:北京大学出版社,1992.1~100
2 Coifman R R, Weiss G. Extension of Hardy spaces and their use in analysis. Bull Amer Math Soc, 1977, 83(4):569~645
3 杨乐,龙瑞麟. 齐型空间上的 BMO 函数. 中国科学,1984,A(4):301~312
4 邓东皋,韩永生. 齐型空间上的 Calderon 型再生公式. 中国科学,1994,24(12):1260~1269
5 Macias R A, Segovia C. Lipschitz function on spaces of homogeneous type. Adv Math, 1979,33(3):257~270
6 Christ M. A T(b) theorem with remarks on analytic capacity and the Cauchy integral. Colloq Math, 1990, 60/61:601~628
7 Uchiyama A. A constructive proof of the Fefferman Stein decomposition of BMO. Acta Math, 1982, 148(3):215~241
8 Han Y-S, Sawyer E T. Littlewood-Paley theory on spaces of homogeneous type and the classical function spaces. Mem Amer Amer Math Soc, 1994(110):1~126

The Atomic Decomposition for BMO on Spaces of Homogeneous Type

Li Wenming*   *Deng Donggao*

Abstract   Using the Calderon-type reproducing formula on spaces of homogeneous type, This paper obtains the smooth atomic decomposition for BMO on spaces of homogeneous type.

Keywords   spaces of homogeneous type, BMO, atomic decomposition

---

* Department of Mathematics, Zhongshan University, Guangzhou 510275

On the Generalized Kloosterman Sums*

Zheng Zhiyong

(Department of Mathematics, Zhongshan University Guangzhou 510275)

Keywords   Kloosterman sums, dirichlet character, primitive character
Classificational Number   O 156.4

Let q be a positive integer, χ mod q be the Dirichlet character as usual. If a and b are the integers, the Kloosterman sums with character χ mod q is defined by

$$S_\chi(a,b,q) = \sum_{x \bmod q} \chi(x) e\left(\frac{ax+b\bar{x}}{q}\right) \tag{1}$$

where $x\bar{x} \equiv 1 \pmod{q}$ and $e(\alpha) = e^{2\pi i \alpha}$ for real α. If $\chi = \chi_0$ is the trivial character, then $S_{\chi_0}(a, b, q)$ is known as the classical Kloosterman sums and we have Weil-Esterman type bound as follows

$$|S_{\chi_0}(a, b, q)| \leq d(q) q^{\frac{1}{2}} (a, b, q)^{\frac{1}{2}} \tag{2}$$

where $d(q)$ is the number of positive divisors of q. For the generalized Kloosterman sums, some scholars such as. Selberg[1], Iwaniec[2] and Duke, Friedlander and Iwaniec[3] used the same estimate for $S_\chi(a, b, q)$.

This paper proves the Weil-Esterman type bound is not correct for the generalized Kloosterman sums, and gets the condition for the estimate.

To state the main result, we need a notation of local order for the character χ mod q. For any character χ, there exists a smallest positive integer n such that $\chi^n = \chi_0$, we call n is the order of χ. Let $q = p_1^{e_1} \cdots p_s^{e_s}$, then $\chi = \chi_1 \chi_2 \cdots \chi_s$, where χ_j mod $q_{p_j}^{e_j}$ is the character, it is easy to see that ord $\chi_j | \varphi(p_j^{e_j}) = p_j^{e_j-1}(p_j-1)$, so we define the local order of χ on $p_j^{e_j}$ by the following formula

$$N(\chi, p_j^{e_j}) = (\text{ord } \chi_j, p_j^{e_j}) \tag{3}$$

The main results of this paper is the following theorem.

Theorem   Let q be a positive integer, χ mod q be the Dirichlet character, then we have

(i) If $q = p_1 p_2 \cdots p_s$ is a square-free number, then for all $S_\chi(a, b, q)$ we have uniformly

$$|S_\chi(a, b, q)| \leq d(q) q^{\frac{1}{2}} (a, b, q)^{\frac{1}{2}} \tag{4}$$

---

* 国家杰出青年基金 (19625102) 资助项目
   收稿日期: 1997-10-06   郑志勇, 男, 34岁, 教授

(ii) For all $p_j^{a_j} \| q$ with $a_j > 1$, if $N(\chi, p_j^{a_j})(a, b, p_j^{a_j}) < p_j^{a_j-1}$, then we have
$$|S_\chi(a,b,q)| \leq d(q) q^{\frac{1}{2}} (a,b,q)^{\frac{1}{2}} \tag{5}$$

(iii) If $\chi \neq \chi_0$ and there exists $p_j^{a_j} \| q$ such that $N(\chi, p_j^{a_j})(a, b, p_j^{a_j}) \geq p_j^{a_j}$, then
$$S_\chi(a,b,q) = 0 \tag{6}$$

(iv) If $(a,b,q) > 1$, then for all $\chi \bmod q$ primitive we have
$$S_\chi(a,b,q) = 0 \tag{7}$$

(v) For any integers a and b, there exist many infinite q such that $(a,b,q) = 1$ and exist at least a $\chi \bmod q$ primitive such that
$$|S_\chi(a,b,q)| \geq (1 - 1/\sqrt{2}) q^{\frac{2}{3}} \tag{8}$$

The conclusion (i) of theorem is due to Chowla[4], in which he proved that Weil bound is true for all $S_\chi(a,b,q)$ when q is prime number or this sums is defined over any finite fields.

Acknowledgment The author is very grateful to Professor Deng Donggao, for his kind help and encouragement.

References

1. Selberg A. On the extimation of fourier coefficients of modular forms. In Proc Sympos Pure Math A M S Providence KI, 1965 (8): 1~15
2. Iwaniec H. Small eigenvalues of laplacian for $\Gamma(N)$. Acta Arith, 1990, 56: 65~82
3. Duke W, Friedlander J, Iwaniec H. Bilinear forms with Kloosterman fractions. Invent Math, 1997, 125: 23~42.
4. Chowla S. On Kloosterman sums. Norske Vid Selsk Forh (Trondheim), 1967, 40: 70~72

关于一般的 Kloosterman 和

郑志勇*

摘 要 在整数环上研究一般的 Kloosterman 和,给出其下界估计,否定了 Iwaniec 等人的上界结果,同时在一定条件下证明了 Weil-Esterman 上界的存在时,将 Kloosterman 和与 Salié 和的经典结果进一步以扩张.

关键词 Kloosterman 和, Dirichlet 特征, 本原特征

分类号 O 156.4

---

* 中山大学数学系, 广州 510275

文章编号: 0529-6579 (2000) 02-0131-02

平均曲率流的第Ⅲ类奇点

陈 兵 龙

(中山大学数学系,广州 510275)

关键词: 平均曲率流; 扩张的梯度 Soliton
中图分类号: O186.16 **文献标识码**: A

设 M^n 是欧氏空间 $\mathbf{R}^{n+1}$ 中的一张超曲面,让 M^n 沿着它的法向方向形变,速度等于它的平均曲率 H,即

$$\frac{\partial}{\partial t}F(p,t) = H(p,t), p \in M^n \tag{1}$$

其中, $F(p,t)$ 是 M^n 在 $\mathbf{R}^{n+1}$ 中的坐标向量.

最早研究平均曲率流方程 (1) 的是 Huisken[1],他研究了方程 (1) 解的短时间存在性,在研究解的长时间行为时通过 blow up 得到 3 类奇点模型. 对第Ⅰ类奇点 Huisken 做了完整的分类,对第Ⅱ类奇点 Hamilton 证明它是梯度 Soliton. 本文利用类似的技巧证明第Ⅲ类奇点是扩张的梯度 Soliton.

设 g_{ij} 是 M^n 从 $\mathbf{R}^{n+1}$ 中诱导的度量, h_{ij} 是 M^n 上的第Ⅱ基本形式,那么方程(1)等价于 $\partial g_{ij}/\partial t = -2Hh_{ij}$. 所谓 Soliton 是指上述方程的一种特解,它是在某个单参数的微分同胚群作用下的解. 如果 x 是由该单参数微分同胚群生成的向量场,那么, $\partial g_{ij}/\partial t = Lxg_{ij}$;如果是扩张的梯度 Soliton 的话,上述方程更化为 $D_iD_jf = Hh_{ij} + 1/(2t)g_{ij}$. 其中, f 是 M^n 上的某个光滑函数.

定理 对于方程 (1) 的任何严格凸的解,如果解的存在时间达到 $+\infty$, 且 tH^2 在时空某点取得其极大值,那么该解一定是扩张的梯度 Soliton.

在证明定理之前,我们先回忆 Harnack 不等式. 事实上, Harnack 不等式与 Soliton 的存在性有密切的关系,在后面的论证中会清楚地看到这点.

命题[2] 对任何方程 (1) 的弱凸解有

$$\frac{\partial H}{\partial t} + \frac{1}{2t}H + 2DH(V) + H(V,V) \geq 0 \tag{2}$$

对所有的切向量 V 都成立.

如果固定某个向量丛 X,这个向量丛就是 $t=0$ 时刻 $(M^n, g_{ij}(0))$ 的切丛,再令 F_a^i 是从 X 到 t 时刻的切丛的等距,那么 F_a^i 一定满足 $\partial F_a^i/\partial t = g^{ij}HH_{jk}F_a^k, g_{ij}F_a^iF_b^j = I_{ab}$. 其中, a 是 X 空间上的指标, i 是目标空间上的指标. 这样可把所有在 $(M, g_{ij}(t))$ 上的量都拉回到 X 上考

---

* 收稿日期: 1999-11-05 作者简介: 陈兵龙 (1974~),男,博士.

虑. 将协变导数也一并拉回到 X 上,例如 $V_a = F_a^i V_i$, $H_{ab} = F_a^i F_b^j H_{ij}$, $D_a V_b = F_a^i F_b^j D_i V_j$, 等等.

如果令 $X_a = D_a H + H_{ab} V_b$, $Y_{ab} = D_a V_b - H H_{ab} - \frac{1}{2t} g_{ab}$,

$$Z = D_t H + \frac{H}{2t} + 2 V_a D_a H + H_{ab} V_a V_b,\ W_{ab} = D_t H_{ab} + V_c D_c H_{ab} + \frac{1}{2t} H_{ab}, \quad (3)$$

$$W = D_t H + V_c D_c H + \frac{1}{2t} H,\ U_a = (D_t - \Delta) V_a + H_{ab} D_b H + \frac{1}{t} V_a$$

那么,经过计算可得

$$(D_t - \Delta) Z = |H_{ab}|^2 Z + 2 X_a U_a - 2 H_{bc} Y_{ab} Y_{ac} - 4 Y_{ab} W_{ab} \quad (4)$$

定理的证明 根据假设 tH^2 在时空某点 (x_0, t_0) 取得极大值,不妨设 $t_0 > 0$,那么当 $V = 0$,Harnack 量 Z 在 (x_0, t_0) 处一定等于 0. 对方程(4)用强极值原理,那么对时空上任一点 (x, t), $t < t_0$, 都有某某个向量 V 使 Z 等于 0. 根据命题(2), $Z \geq 0$, 对 V 作变分,得到

$$D_a H + H_{ab} V_b = 0 \quad (5)$$

因为 H_{ab} 严格正定,所以 V 可以唯一反解出来,并形成一个光滑的时空截面.

任给一点 (x_1, t_1), $t_1 < t_0$, 因为 Z 在 V 取得极小,所以任意延拓在 x 邻域上的 V 的值, $Z(V)(x_1, t_1)$ 仍然取得极小. 所以虽然 V 在 (x_1, t_1) 点的值是固定的,但可延拓使 $D_a V_b$ 以及 $(D_t - \Delta) V_a$ 在 (x_1, t_1) 点的取值任意,特别地,一旦选取延拓使方程(3)中的 $Y_{ac} = -W_{ab} H_{bc}^{-1}$, 那么利用极值原理于(4)式得 $0 \leq H_{bc}^{-1} W_{ab} W_{ac}$, 再由 H_{bc} 的正定性, $W_{ab} = 0$, 所以得到 $D_t H_{ab} + V_c D_c H_{ab} + \frac{1}{2t} H_{ab} = 0$. 由 H_{ab} 的方程及 Gauss, Codazzi 方程可得 $D_t H_{ab} = D_a D_b H + H H_{ac} H_{bc}$, 将其代入上式得

$$D_a D_b H + H H_{ac} H_{bc} + D_c H_{ab} V_c + \frac{1}{2t} H_{ab} = 0 \quad (6)$$

另一方面,将(5)式微分得 $D_a D_b H + D_a H_{bc} V_c + H_{bc} D_a V_c = 0$, 再结合方程(6)及 Codazzi 方程可得 $H_{bc} D_a V_c = H H_{ac} H_{bc} + \frac{1}{2t} H_{ab}$

即

$$H_{bc}(D_a V_c - H H_{ac} - \frac{1}{2t} g_{ac}) = 0$$

因为 H_{bc} 可逆,所以 $D_a V_c = H H_{ac} + 1/(2t) g_{ac}$. 由上式知道 $D_a V_c = D_c V_a$, 因为 M 是单连通,所以上式可积,即存在函数 f 使 $D_a f = V_a$, 也就是说 $D_a D_b f = H H_{ab} + 1/(2t) g_{ab}$. 定理证毕.

参考文献:

[1] HUISKEN G. Asymptotic behavior for singularities of the main curvature flow[J]. J Diff Geo, 1990, 31: 285~299.
[2] HAMILTON R. Harnack estimate for the mean curvature flow[J]. J Diff Geo, 1995, 41: 215~226.

Type Ⅲ Singularity of Mean Curvature Flow

CHEN Bing-long [*]

Abstract: The singularity model of the mean curvature flow is studied and it is shown that the type Ⅲ singularity must be the expanding gradient Soliton.

Keywords: mean curvature flow; expanding gradient Soliton

---

[*] Department of Mathematics, Zhongshan University, Guangzhou 510275, China

一种有意义的图像水印算法[*]

王振武[1], 刘九芬[2,3], 黄达人[3]

(1. 中山大学计算机科学系,广东 广州 510275
2. 中国科学院自动化所模式识别国家重点实验室,北京 100080
3. 中山大学科学计算与计算机应用系,广东 广州 510275)

摘 要: 提出了一个基于小波变换的有意义图像水印算法。该算法在 512×512×8 bits 图像上嵌入了一个 536 bits 的有意义字符串,水印检测时不需要原始图像,并借助于模板、登记图像的大小、纠错编码和二维交织技术,水印不但可以对抗一般的信号处理,还可以抵抗缩放、改变长宽比、伴随着剪裁的旋转和随机去行去列等几何攻击。

关键词: 几何攻击;小波变换;有意义水印;二维交织;模板
中图分类号: TP391   **文献标识码**: A   **文章编号**: 0529-6579(2003)01-0001-04

稳健性是数字水印系统的一项基本要求。大量不同的水印算法广泛地提出了"稳健性"声明。不幸的是,大多数水印算法所强调的稳健性只不过是水印对抗一般信号处理的稳健性能,它们甚至不能抵抗微小的几何攻击。如果水印在提取过程中没有原始数据可供利用,几何攻击的问题更加突出。

水印抗几何攻击的研究目前处于刚刚起步阶段。Pereira 等[1-4]利用在变换域嵌入模板(Template)来抵抗几何攻击。该类算法的模板由离散 Fourier 变换(DFT)幅度谱中额外的随机位置的极值点组成,水印按不同的编码也嵌入到 DFT 域。水印检测时,通过检查模板的变化,决定水印图像可能遭受的几何攻击。对水印图像进行逆变换,就可在 DFT 域内检测到水印。但上述算法的最大信息嵌入量是 100 bits,而且算法集中于 DFT 域,它们与新的图像压缩标准 JPEG 2000 不兼容因而限制了其应用。

由于 DWT(Discrete Wavelet Transform)的良好性质,使它成为 JPEG 2000 的核心技术,并逐渐代替 DCT(Discrete Cosine Transform)成为变换域数字水印算法的主要工具。但 DWT 同 DCT 一样,不具有平移、旋转和缩放不变性,使得它抗几何攻击的能力很差。因此,如何解决 DWT 域水印抗几何攻击问题具有重要的意义。

本文提出了一个 DWT 域的盲检测的有意义图像水印算法。该算法在以前工作的基础上[5],又利用了二维交织技术,在 512×512×8 bits 的图像上嵌入了一个 536 bits 的字符串;并借助于嵌入模板、登记图像的大小,除了原有的可以对抗一般的信号处理外,还可以抵抗 StirMark[6]的一些几何攻击。

1 有意义信息的嵌入

本文在以前利用 BCH 纠错编码工作的基础上[5],又利用了二维交织技术以提高水印的稳健性。某些攻击函数,例如裁剪或者 jitter(随机去行去列),会令其中嵌入的水印数据发生突发错误。对于功率受限的水印信息,当一个码字中的错误比特数超过它的纠错能力时,就会发生译码错误。而二维交织技术[7]试图使突发错误尽量分散到各个码字中,降低一个码字中的错误比特数,从而使原来不能纠正的突发错误得到纠正。

图 1 为图像水印嵌入框图。有意义水印 W 由长度为 L 的 ASCII 字符串构成。水印每个字节经过 BCH 编码,然后按序连接起来可得到待嵌入主图像的二进制数据 X。根据 X 数据量的多少,尽量提高图像小波分解的级数,对图像进行分解。这里把低频带 LL 系数先进行二维交织,然后按行扫描变成一维数组,并据文[5]把待嵌入主图像的二进制数据 X 嵌入到小波低频带系数中。对嵌入水印后的 LL,先进行反交织过程,再进行 BCH 解码

---

[*] 收稿日期:2002-05-20
基金项目:国家自然科学基金资助项目(60133020,60172067);国家 863 计划资助项目(2002AA144060);广东省自然科学基金重点资助项目(013164)
作者简介:王振武(1976 年生),男,博士;通讯联系人:刘九芬,E-mail: Liu_jiufen@163.net

和逆小波变换,就得到了嵌入有意义信息的图像。一些具体细节可参见文 [5]。

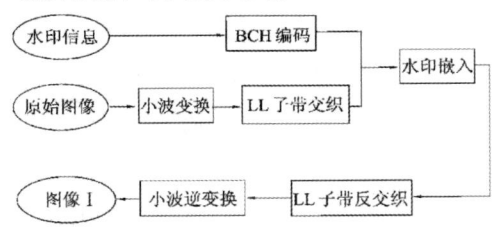

图 1 水印嵌入框图
Fig.1 Watermark embedding diagram

2 水印图像重同步

目前大多数水印算法不能抵抗几何攻击。原因在于,对于给定的水印算法,水印检测器必须知道嵌入水印的确切位置。包括仿射变换、裁剪以及 StirMark 攻击的几何变形趋向于破坏同步性,使得水印嵌入和水印检测位置偏离不再相符。若水印算法没有明确设计抵御这种攻击,则对这种攻击的补偿是十分困难的,最主要的困难在于在载体数据中对原始水印参考点的寻找。本文通过嵌入模板、登记图像的大小,抵抗一些几何攻击。

2.1 基于模板的重同步

本文也在 DFT 的幅度谱上嵌入模板。希望水印图像可能遭遇的旋转攻击能在模板上得以体现,使我们有可能在提取嵌入的有意义信息之前,通过反旋转,使待检测图像和原始图像重同步,从而取得最佳的检测效果。

由于 DFT 低频系数对模板干扰太大,并且对图像旋转不够敏感,小角度的旋转攻击,嵌于低频带的模板不能很好地反映出来。而高频对常见图像的处理(例如压缩)不稳健。因此我们选择了 DFT 中频带来嵌入模板。图 2 为嵌入模板的示意图。

基于模板的算法描述

嵌入模板就是在水印图像 I 的 DFT 域的中频带中选择一定数量的点,改变其幅度。方法如下:

(1) 对嵌入有意义信息后的图像 I,根据精度的要求,图像 I 的四周适当补零得到一个大的图像,计算 DFT 的幅度值,得到相应的矩阵 M;

(2) 在幅度矩阵 M 的中频带区域(离矩阵中心越近,频带越低),选择一定数量的点(这儿选择了半径为 R 圆周上的点),不妨设为 Num 个点;

(3) 依次以这 Num 个点为中心,选择合适大小的窗口,不妨设为 WinLen×WinLen,并计算窗口内像素的局部平均值 A,局部标准偏差 S;然后

用 $A+N\times S$ 值取代该点的原始值。

(4) 为了使改变后的幅度谱和原先得到的相位谱经过逆 Fourier 变换后得到的图像质量损失最小,应该对称地改变幅度上的值(见图 2)。这是因为 Fourier 变换具有共轭对称性,幅度谱是关于图像中心——对应的,若不同时改变幅度谱中相对应的两点,逆 Fourier 变换后会出现复值。相当于一次轻微的攻击。

注意:图像在时域内旋转会引起 Fourier 变换域内旋转相同的角度,所以半径为 R 圆周上的点也旋转相同的角度且仍在半径为 R 的圆周上。

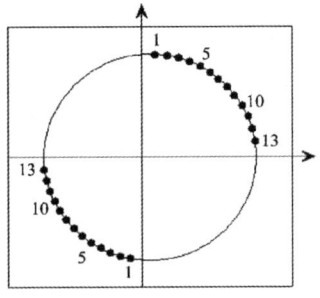

图 2 DFT 域(对称性)嵌入模板
Fig.2 Embedding template (symmetrically) in DFT domain

2.2 基于图像大小的重同步

本文通过登记原始图像的大小,可以使得水印图像重定大小。从而水印可以抵抗图像的缩放、长宽比改变攻击,并和二维交织、BCH 技术一起可以抵抗 jitter、小范围的裁剪等几何攻击。在检测一幅图像是否嵌有水印之前,首先提取待检测图像中的模板,主要是在待检测图像 DFT 的幅度值半径为 R 的圆周上寻找局部峰值点,把这些峰值点作为可能的模板点,然后与原始模板进行比较。由它的变化情况,来决定待检测图像所遭遇的旋转攻击。最后对待检测图像进行逆旋转,使其尽可能地重同步于原始图像,据文 [5] 提取有意义信息。如果检测图像未遭遇的旋转攻击,则根据登记的原始图像的大小,重定待检测图像的大小,然后据文 [5] 提取有意义信息。注意:在实验中,图像的重定大小和旋转都采用双线性插值。

由于本文算法只在一个圆周上搜索局部峰值点,因此搜索空间和同原始模板进行比较的复杂度都很低。对于模板和字符串的嵌入和提取过程,计算量为小波变换和 FFT 变换的计算量之和。另外二维 DWT 的计算复杂度是 $O(N^2)$,FFT 的计算复杂度是 $O(N^2\log N)$(假设原始图像大小为 $N\times N$)。所以该算法的计算复杂度是 $O(N^2\log N)$。

3 实验结果

在纹理复杂性不同的图像"Lena"(512×512×8 bits)和"Baboon"(512×512×8 bits)上测试所提出的算法。2 个测试图像分别嵌入一个 536 bits(67 个字符)的字符串"Dept. of Computer Science, Zhongshan University, Guang Zhou, P.R.China"作为水印,在此基础上再嵌入模板。其中嵌入字符串时,"Lena"图像 S 取 32(改变 5 bits 位),"Baboon"图像 S 取 64(改变 6 bits 位);嵌入字符串和模板后的"Lena"图像的 PSNR(peak signal-to-noise ratio)为 43.09 dB,嵌入字符串和模板后的"Baboon"图像的 PSNR 为 37.63 dB。从视觉效果的角度,嵌入字符串和模板前后的"Lena"图像和"Baboon"图像无明显差异(图 3)。模板的参数选择:$R=100$,$Num=13$,$N=5$,$WinLen=3$。

表 1—3 给出了所嵌入的模板受 StirMark3.1 攻击后的一些性能。表 1 显示模板受到旋转攻击,模板都能准确地纠正。表 2 显示当 JPEG 压缩的质量

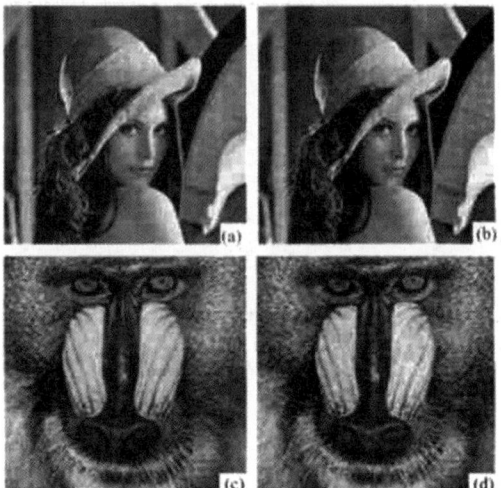

图 3 水印的不可见效果

Fig.3 Demonstration of invisibility

(a) 原始图像; (b) 水印图像 (43.09 dB);
(c) 原始图像; (d) 水印图像 (37.63 dB)

表 1 模板抗 StirMark 3.1 的 Rotation 性能

Tab.1 Template against rotation of StirMark 3.1

旋转角度	90	45	30	15	10	5	−2	1	−0.75	0.5	−0.5	0.25	−0.25
检测结果	90	45	30	15	10	5	−2	1	−0.75	0.5	−0.5	0.25	−0.25

表 2 模板抗 StirMark 3.1 的 JPEG 压缩性能

Tab.2 Template against JPEG compression of StirMark 3.1

JPEG 的质量因子	90	80	70	60	50	40	35	30	25	20	15	10
检测到的模板点个数	13	13	13	13	13	13	13	12	8	4	2	4

表 3 模板抗 StirMark 3.1 的滤波性能

Tab.2 Template against filtering of StirMark 3.1

滤波器的类型	2×2median filter	3×3median filter	4×4median filter	Gaussian filtering
检测到的模板点个数	13	13	13	13

表 4 水印图像抗 StirMark 3.1 性能

Tab.4 Experimental results with StirMark 3.1

StirMark functions	BER(Lena)	BER(Baboon)	StirMark functions	BER(Lena)	BER(Baboon)
jitter, scaling	0	0	rotation-15	3.50	3
cropping-10	0	0	rotation-10	1.10	0.9
cropping-25	4	0	rotation-90,5,2,−2	0	0
Gaussian-filtering	0	0	rotation-1,−1,0.75,−0.5	0	0
aspect ratio change	0	0	rotation-−0.75,0.5	0	0
rotation-45	8.2	11.9	rotation-0.25,−0.25	0	0
rotation-30	7.65	7.3	stirmark-random-bend	46.08	52.61

因子(quality factor)大于 35 的时候,模板的所有 13 个点都能检测到,而 quality factor 为 35 的 JPEG 压缩图像的质量已经较差。表 3 显示了模板对于常见滤波的稳定性。

表 4 给出"Lena"和"Baboon"水印图像受 StirMark 3.1 攻击后的性能。其中 BER(bit error rate)为检测到的信息位错误率。从表 4 中可以看出,所提出的算法在受到 Stimark 的 Scaling 攻击和 Rotation(伴随裁剪的旋转)攻击,借助于登记原始图像的大小和模板,通过逆过程,再用检测算法提取水印,效果普遍较好,只有 Rotation 攻击在裁剪过多时有一些误码。本文的算法也可以较好抵御某些行和列的随机抽取,也称为 jitter 攻击。根据文献[6,8],大多数基于扩频的水印技术都无法抵御 jitter 攻击。为了进行公平的比较,在文[6,8]中通常考虑在 256×256×8 bits 图像中隐藏了 100 bits(有效信息,已去除了纠错编码引入的冗余位)。而本文提出的算法,去除图像尺寸的影响,相当于在 256×256×8 bits 图像中隐藏了 536/4 = 134 bits。本文的算法还可以抵抗长宽比的改变和小范围的裁剪等攻击。

从表 4 中还可以看出,水印图像在随机选择加弯曲(Randomization and Bending)攻击的情况下,导致隐藏信息位的严重错误(许多嵌入的信息位都丢失了),出现比较大的比特差错率。主要因为嵌入的是有意义信息,而非随机序列。较大范围的裁剪或弯曲,容易导致水印信息丢失或无法重同步。当然还有一些攻击本算法无法对抗,需要进一步研究。

参考文献:

[1] PEREIRA S, O'RAUANAIDH J J K, DEGUILLAUME F, et al. Template based recovery of Fourier-based watermarks using log-polar and log-log maps // IEEE Int Conf on Multimedia Computing and Systems (ICMCS'99)[C]. Florence, Italy, 1999.

[2] PEREIRA S, O'RAUANAIDH J J K, PUN T. Secure robust digital watermarking using the lapped orthogonal transform // IST/SPIE Electronic Image'99, Session: Security and Watermarking of Multimedia Contents[C]. San Jose, CA, 1999.

[3] PEREIRA S, PUN T. Fast robust template matching for affine resistant image watermarks // Proc 3rd Int Information Hiding Workshop[C]. 1999: 207-218.

[4] O'RAUANAIDH J J K, PEREIRA S. A secure robust digital image watermark // Electronic Imaging: Processing, Printing and Publishing in Colour, SPIE Proceedings[C]. Zürich, Switzerland, 1998.

[5] 刘九芬. 小波理论及其在图像压缩和数字水印中的应用:一种盲检测的有意义图像水印算法[D]. 杭州:浙江大学, 2001: 87-95.

[6] PETITCOLAS F A P, KUHN M G. StirMark. http://www.cl.cam.ac.uk/~fapp2/watermarking/benchmark/. 1999.

[7] ELMASRY G F, SHI Y Q. 2-D interleaving for enhance the robustness of watermark signals embedded in still image // Proc of IEEE Int Conf on Multimedia and Expo[C]. 2000.

[8] PETITCOLAS F A P, ANDERSON R J, KUHN M G. Attacks on copyright marking systems // Proc of the 2nd Int Workshop on Information Hiding, Lecture Notes in Computer Science [C]. Berlin: Springer-Verlag, 1998.

A Meaning Image Watermarking Algorithm

WANG Zhen-wu[1], LIU Jiu-fen[2,3], HUANG Da-ren[3]

(1. Department of Computer Science, Sun Yat-sen University, Guangzhou 510275, China;
2. NLPR, Institute of Automation, Chinese Academy of Science, Beijing 100080, China;
3. Department of Scientific Computing and Computer Applications,
Sun Yat-sen University, Guangzhou 510275, China)

Abstract: A watermarking algorithm in DWT domain is proposed. The proposed algorithm hides data as many as 536 bits in 512×512×8 bits images. And no original images are required in watermark signals' extraction. By means of BCH coding, 2-D interleaving, template, and registration of the width and height of the original image technology, the algorithm is robust against the common signal processing procedures as well as some geometric attacks of StirMark 3.1, such as aspect ratio variation, jitter, rotation, scaling, etc.

Key words: geometric distortion; wavelet transform; meaning watermark; 2-D interleaving; template

·特约综述·

DOI:10.13471/j.cnki.acta.snus.2020.01.001

Landau-Ginzburg A 模型研究进展*

范辉军[1]，蒋文峰[2]，YANG Dingyu[3]

(1. 北京大学数学科学学院，北京 100871；
2. 中山大学数学学院（珠海），广东 珠海 519082；
3. Humboldt-Universität zu Berlin，Berlin 12489，Germany)

摘　要：简要介绍同调镜像对称中的 Landau-Ginzburg A－模型（LG-A 模型）。首先简要回顾了同调镜像对称的整体图景，然后讨论了 Landau-Ginzburg 模型的背景以及在同调镜像对称中的应用，最后，简要介绍 LG 模型的 Fukaya 范畴的最新研究。本文尝试尽可能地包含数学与物理两方面的背景材料。

关键词：Fukaya 范畴；Landau-Ginzburg 模型
中图分类号：O186.1　　**文献标志码**：A　　**文章编号**：0529-6579(2020)01-0001-08

Progress of the study on Landau-Ginzburg A-model

FAN Huijun[1], JIANG Wenfeng[2], YANG Dingyu[3]

(1. School of Mathematical Sciences, Peking University, Beijing 100871, China;
2. School of Mathematics (Zhuhai), Sun Yat-sen University, Zhuhai 519082, China;
3. Humboldt-Universität zu Berlin, Berlin 12489, Germany)

Abstract: A brief introduction of Landau-Ginzburg A-model (LG A-model) in homological mirror symmetry is given. Firstly, a short review of the general picture of the homological mirror symmetry is given. Then the background of Landau-Ginzburg model and its role in homological mirror symmetry are discussed. Finally, a brief introduction of our recent work on the Fukaya category of LG model is included. Both mathematical and physical backgrounds are tried to include in this introduction as much as posible.
Key words: Fukaya category; Landau-Ginzburg model

In general, mirror symmetry describes a phenomenon, that the structures of two entirely different mathematical objects are equivalent (in a certain sense). In principle, these objects are two realizations of the same physical theory (often in string theory). In 1990s, Candelas, de la Ossa, Green and Parkes [1] found that we can count the number of algebraic curves via transformations of Picard-Fuchs equation, for quintics in $\mathbf{P}^4$. This conjectural result was proved by Givental [2-4] and Liu-Lian-Yau [5-8] respectively in a mathematically rigorous way, and by Hori-Vafa [9] using arguments in physics.

---

* **收稿日期**：2019-09-06
基金项目：国家自然科学基金重大项目（11890661）；国家自然科学基金重点项目（11831017）；国家自然科学基金（8200904630）；高校基本科研业务费（74120-31610002）
作者简介：范辉军（1972 年生），男，**研究方向**：辛几何和数学物理；E-mail: fanhj@math.pku.edu.cn
通信作者：蒋文峰（1984 年生），男，**研究方向**：辛几何与数学物理、图论与概率；E-mail: wen_feng1912@outlook.com

范辉军，教授，博士生导师，国家自然科学基金杰出青年基金获得者，教育部长江奖励计划特聘教授，新世纪百千万人才工程国家级人选，"万人计划"科技创新领军人才，2017 年获国家自然科学奖二等奖。范辉军与 Jarvis 及阮勇斌合作建立的量子奇点理论目前被国际同行称为 FJRW（范-Jarvis-阮-Witten）理论。

The aforementioned curve-counting version of mirror symmetry is about the closed string. Here the terminology 'closed string' means we consider one dimensional string without boundary, moving in certain dimensional physical world. In Hori-Vafa's theory, the T-duality plays an important role, which relates strings of scales R and $1/R$ and gives a correspondence of invariants on them.

If we consider the string with boundary, there also should be some kind of mirror symmetry phenomenon. It is Kontsevich who proposed a conjecture on open string version in 1994. This program is nowadays known as homological mirror symmetry. Instead of numberical curve counting, the homological mirror symmetry is at the categorical level. For a pair of manifolds mirror to each other, the derived Fukaya category (A-model) of one should be equivalent to the the derived category of coherent sheaves (B-model) of the other, and vice versa.

Here we need some explanation of Fukaya categories, which are constructed from the Lagrangian Floer theory on symplectic manifolds. In general, the objects of the Fukaya category of a symplectic manifold M are certain Lagrangian submanifolds. For a pair (L_0, L_1) of such objects, the morphism space $\text{Hom}(L_0, L_1)$ between them are the module freely generated by their intersections, after intersections of Lagrangians are made transverse. We often use $CF(L_0, L_1)$ to denote this Hom space.

For $p_i \in L_{i-1} \cap L_i, i = 1, 2, \cdots, d$, and $p_0 \in L_0 \cap L_d$, we consider maps u from the unit disc to M, satisfying the Cauchy-Riemann equation
$$\bar{\partial} u := du + J \circ du \circ j = 0$$
The disc here has $d+1$ marked points $z_0, \cdots, z_d$ on the boundary, which divide the boundary circle into $d+1$ segments. When z approaches some marked point z_i, the limit of $u(z)$ is required to be p_i. Each boundary segments are required to be mapped to one of Lagragians, and the order of the Lagragians is suitably chosen to make the conditions compatible. If certain tranversality condition is satisfied, or in general virtual technique is applied to achieve the same affect, the moduli space of such maps consists of component of smooth manifolds. Counting the zero dimensional components gives a number, denoted by $<p_0, p_1, \cdots, p_d>$. We then get the composition map
$$\mu^d : \text{Hom}(L_0, L_1) \times \cdots \times \text{Hom}(L_{d-1}, L_d) \to \text{Hom}(L_0, L_d)$$
which is defined by
$$\mu^d(p_1, \cdots, p_d) = \sum_{p \in L_0 \cap L_d} <p, p_1, \cdots, p_d> p$$
on generators (here we assume no disk or sphere bubbling for simplicity in this review).

The collection of composition maps gives rise to differential graded structure of morphism spaces and their associative compositions up to higher homotopy. In algebraic language, Fukaya category is an A_∞ category. That is to say, the composition maps will satisfy some A_∞ relations, which can be verified by the compactification of the moduli spaces. The standard algebraic process of twisting and deriving is then applied to it, in order to access more structures (admitting more objects and making use of higher dimensional moduli spaces).

Mathematically, the best-understood part of homological mirror symmetry is the Calabi-Yau case. In fact, Kontsevich's conjecture is for mirror symmetry between Calabi-Yau manifolds. There are rich results on different kinds of Calabi-Yau manifolds. For example, elliptic curve [10], Abelian varieties [11], SYZ fibrations [12-15], Quartic surfaces [16], Products [17], and Calabi-Yau projective hypersurfaces [18-19].

1 The Landau-Ginzburg Model

Mirror symmetry is not confined to the scope of Calabi-Yau manifolds. Further examples includes Fano cases. In physicists' point of view, especially in Hori-Vafa's notion, mirror symmetry can be interpreted as the correspondence between the 'gauged linear sigma model' and the 'Landau-Ginzburg model'. In general, Landau-Ginzburg model (LG model) introduces a holomorphic function on a Kähler manifold, to study the geometrical and physical properties of the system. The LG model and the Calabi-Yau version theory are related by Landau-Ginzburg/Calabi-Yau correspondence (LG/CY correspondence). Note that in the closed string version, there is also LG/CY correspondence. The invariants of FJRW theory (constructed in [20-22]) of a certain Witten equation are related to Gromov-Witten invariants of a related object.

The global picture of homological mirror symmetry is a square-shaped diagram:

$$\begin{array}{ccc} \text{LG A-model} & \leftrightarrow & \text{LG B-model} \\ \updownarrow & & \updownarrow \\ \text{CY A-model} & \leftrightarrow & \text{CY B-model} \end{array}$$

All two-sided arrows here are conjectured to be equivalences. However, this picture is in principle, that in some cases the LG model might not have a CY corresponding part, and the LG-LG mirror symmetry holds for larger class of examples.

In general, the A-models are string theories, which is mathematically about the Lagrangian Floer theory, which are symplectic geometric studies. The B-models are fields theories, which are depicted in bundles and finally sheaves in abstract version. In [23-24], Orlov constructed his open string LG B-model theory, he also established the open string B-model LG/CY correspondence in [25].

In principle, a LG model (M, h, W) consists of a Kähler manifold M with metric h, and a holomorphic function W on M. The physical theory in $(2, 2)$ supersymmetry often uses a quasi-homogenous polynomial W, to keep some symmetry of the system, but this can also be generalized. The LG A-model on M is algebraically an A_∞ category, arising from some Floer-type equation, encoding the information of W.

The notion of Lefschetz thimble is crucial in our later discussion about this Floer-type equation. So we first elaborate on its definition. For a critical value $w_0 \in \mathbf{C}$ of W, we can consider paths $\gamma: [0,1] \to \mathbf{C}$ ending in w_0, with no intersection with other cirtical values. These paths are called vanishing paths (associated to w_0). If W is holomorphic Morse, we can regard it as a fibration $M \to \mathbf{C}$. Then for a vanishing path γ, we can naturally define a parallel transport ρ_γ. For $x \in W^{-1}(w_0)$, the Lefschetz thimble $B = B_x$ is defined by

$$B = \{ y \in W^{-1}(\gamma(s)), s \in [0,1) \mid \lim_{t \to 1} \rho_\gamma |_{[s,t]}(y) = x \} \cup \{x\}$$

This Lefschetz thimble is a Lagrangian submanifold in M. Given a regular fiber N, and a path going through its base point, the intersection of a Lefschetz thimble with N is called a vanishing cycle. Vanishing cycles are $n-1$ dimensional, topologically spheres. If we take the vanishing path to be some straight ray parallel to the x-axis in $\mathbf{C}$ (instead of segments, we can consider $\gamma: (-\infty, 0]$ (or $[0, +\infty)) \to \mathbf{C}$ and all above construction can be applied), then the Lefschetz thimble B is just the stable/unstable manifold of the flow, generated by the vector field $\nabla \mathrm{Re}\, W$. Note that, the imaginary part of W is constant on B.

This setting originates from the LG theory in $(2,2)$ supersymmetry in physics, where the Lefschetz thimbles play the role of the boundary condition for string worldsheet (see Fig. 1).

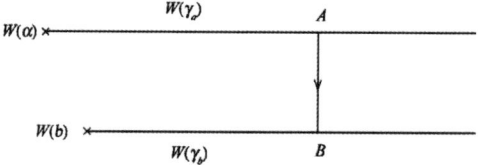

Fig. 1 Strings between two Lefschetz thimbles γ_a, γ_b, whose images under W are parallel rays, where a and b are two critical points. This picture is from [26]

One can see [26] for more details. In short, in this setting, we consider paths $[0,\pi] \to M$ whose ends sit in two Lefschetz thimbles, respectively. In order to consider the 'supersymmetric ground states' of the system, a functional h is introduced, where we rewrite it as α for our compatibility of symbols:

$$\alpha(l) = \int_{[0,1]\times[0,\pi]} \hat{l}^*\omega + \int_{[0,\pi]} \mathrm{Re}W(l)\,\mathrm{d}s \tag{1}$$

Here $\hat{l}$ is a homotopy $[0,1]\times[0,\pi] \to M$ that $\hat{l}(1,\cdot) = l$ and $\hat{l}(0,\cdot)$ is a fixed path. Note that, we need some condition to make it well defined.

The gradient flow of α is

$$\partial_s\varphi + J\partial_t\varphi = \nabla\mathrm{Re}W(\varphi) \tag{2}$$

In complex version, it is

$$\partial_{\bar{z}}u^j = \frac{1}{2}h^{i\bar{j}}\partial_i\overline{W}$$

where h is the Kähler metric of M. This is exactly the Witten equation, which is similar to ones in FJRW theory in [20-22]. However, here we must consider equations with boundary. We will discuss it in the next section.

It is worth noting that, the construction of Lefschetz thimbles and vanishing cycles is not only applied to holomorphic Morse functions W, but can be used to holomorphic Morse fibrations $\pi: E \to S$ for some Riemannian surface S, and we can still get Lefschetz thimbles and Vanishing circles. In Seidel's construction of Fukaya-Seidel category (see Fig. 2), one considers S to be a unit disc, and connects all critical values of π to a fixed point z_0 on the boundary of S. Then one takes vanishing circles in $\pi^{-1}(z_0)$ to be the collection of objects, and gets a Fukaya category in $\pi^{-1}(z_0)$. The vanishing paths are not canonically chosen, but one can prove some equivalence between different choices. This kind of equivalence is called mutation. One can see [27-29] for reference.

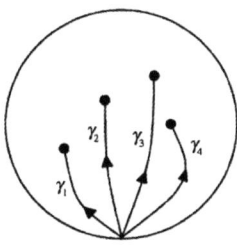

Fig. 2   The setting of Fukaya-Seidel category, in [29]

2 Fukaya category of LG model

We need some definitions here, before further discussions. The tuple (M,h,W) is called a Landau-Ginzburg (LG) system, where (M,h) is an n-complex dimensional complete noncompact Kähler manifold and W is a nontrivial holomorphic function on M. We also require that M is of bounded geometry, using the Kähler metric. If the Kähler form ω of the metric h is exact, we call (M,h,W) an exact LG system.

Given a LG system (M,h,W), we say that it satisfies the tame condition if there exist a base point $q_0 \in M$ and constants $C_1, C_2, \delta > 0$ such that for any point $\varphi = (u_1,\cdots,u_n,\bar{u}_1,\cdots,\bar{u}_n) \in M$

$$\begin{cases} \text{(i)} & |W(u)| + |\nabla_M^2 W(u)| \leqslant C_1 d(\varphi, q_0)|\partial_M W(u)| + C_2 \\ \text{(ii)} & d(\varphi, q_0) \leqslant C_1|\partial_M W(u)| + C_2 \\ \text{(iii)} & |\partial_M W(u)| \leqslant C_1 e^{\delta d(\varphi, q_0)} + C_2 \end{cases} \tag{3}$$

Another concept we introduce is a regular LG system. If W is Morse, and for any pair $p, q \in C_W, p \neq q$, holds $\text{Im } W(p) \neq \text{Im } W(q)$, then the LG system (M, h, W) is called a regular Morse LG system. A regular tame exact LG system (M, h, W) is a regular LG system, which has exact Kähler form ω and satisfies the tame condition.

Note that the condition of exactness will make the functional in (1) well defined.

We will define the LG-Fukaya category of such a regular tame exact LG system. The objects of the category are Lefschetz thimbles with extra data on them. In this context, Lefschetz thimbles are stable manifolds of the flow generated by the gradient of $\text{Re } W$. Note that, the conditions above will make these Lefschetz thimbles finite in number and disjoint. We lift the Lefschetz thimbles to the universal Abelian cover $\widetilde{GM}$ of the bundle GM of the Lagrangian subspaces of TM.

A Landau-Ginzburg Lagrangian brane $L^{\#}$ is a Lefschetz thimble L, together with a lift $i^{\#}: L \to L^{\#}$ and a Pin structure on TL. These Landau-Ginzburg Lagrangian branes are the objects of our category.

To define the morphism between objects $L_0^{\#}, L_1^{\#}$, we consider the equation

$$\frac{\partial l}{\partial t} = X_W \tag{4}$$

whose local coordinate form is

$$i \cdot \frac{\partial z^l(t)}{\partial t} = \sum_i h^{il} \partial_i \overline{W}$$

The solution maps of 'open strings' $[0, T] \to M$ for such an equation with $l(0) \in L_0, l(T) \in L_1$ are called Hamiltonian chords between L_0 and L_1, and they freely generate the Hom space $\text{Hom}(L_0^{\#}, L_1^{\#})$. This space is graded, by topological information of $L_0^{\#}, L_1^{\#}$ (not only L_0, L_1), and it is a $H_1(GM)$ graded module.

In fact, in order to define our A_∞ category, we need to consider strings with different 'speeds'. That is to say, instead of (4), we need to consider

$$\frac{\partial l}{\partial t} = \kappa X_W \tag{5}$$

with $\kappa = 1, 2, \cdots$. The set of solutions with a fixed κ is denoted by $S_{\kappa, W}(L_0, L_1)$, and $S_W(L_0, L_1) = \cup_\kappa S_{\kappa, W}(L_0, L_1)$. First, we need these solutions to be finite in number for each κ, to get a well defined theory. If so, we say that, L_0 and L_1 intersect transversely at time T with speed κ. We can choose generic Kähler metric to get a transverse intersection result, the metric should lie in some space, denoted by $\mathscr{G}_\mu^L$ here.

Theorem 1 (Theorem 3.12 of [30]) Let (M, h, W) be a tame LG system. For a residual metric in $\mathscr{G}_\mu^L$ and a residual $T \in (1/2, 2)$, L_0 and L_1 intersect transversely at time T with speed κ for each κ.

We choose a residual T, and denote $[0, T]$ by $[0, 1]$ by notational convention. In this setting the Hom space $\text{Hom}(L_0^{\#}, L_1^{\#})$ is generated by $S_W(L_0, L_1)$, the grading for this space is enlarged by $\mathbf{Z}$, one can see [30, 8.2] for more detail for the grading. We denote the Hom space by $CF(L_0^{\#}, L_1^{\#})$.

To define composition maps, we must define at first the Witten equation for the pointed discs. Technically, to define the equation, we first need a section σ of the log-canonical bundle of the disc. First, σ needs to be holomorphic. In addition, the imaginary part $\text{Im}\sigma$ should be zero on the boundary. Note that, on strip-like ends, where the part of the disc can be written as $[a, +\infty) \times [0, 1]$ (or $(-\infty, -a] \times [0, 1]$) for some $a > 0$, σ can be written as κdz for some $\kappa \in \mathbf{R}^+$ in this coordinate.

Index formula determines that, the space of such sections is one dimensional. For branes $L_0^{\#}, L_1^{\#}, \cdots, L_d^{\#}$, we consider the maps ϕ from $d + 1$ pointed disc to M, and the equation:

$$\overline{\partial}_J \phi = (X_{\text{Re } W} \text{Im}\sigma + Z(\phi))^{0,1} \tag{6}$$

Here, Z is the perturbation term. Marked points $z_0, \cdots, z_d$ on the boundary divide the boundary circle into $d + 1$ segments. For $l_i \in S_W(L_{i-1}, L_i)$, $i = 1, \cdots, d$ and $l_0 \in S_W(L_0, L_d)$, we can consider such solutions ϕ that the limit of $\phi(z)$ is l_i when $z \to z_i$. We also require that the boundary segments are mapped to one of these Lefschetz thimbles, whose order is suitably chosen to make the conditions compatible. Note that, when $d = 1$, we can regard the pointed disc as a strip $\mathbf{R} \times [0, 1]$, and the equation (6) becomes

$$\partial_s \phi + J\partial_t \phi = \kappa \nabla \mathrm{Re}W + z(\phi)$$

which is similar to (2), except a different coefficient κ and a perturbation $z(\phi) = Z(\phi)\left(\frac{\partial}{\partial s}\right)$. This implies that the equation can be regarded as some kind of gradient flow.

We take the change of the configuration of discs into consideration and find that, for generic perturbations, such maps will make up a smooth manifold of a certain dimension. If the dimension is zero, it is called the rigid one, then counting such maps will give a number $<l_0, l_1, \cdots, l_d>$. Counting these numbers will give rise to composition maps

$$\mu^d : \mathrm{Hom}(L_0^\#, L_1^\#) \times \cdots \times \mathrm{Hom}(L_{d-1}^\#, L_d^\#) \to \mathrm{Hom}(L_0^\#, L_d^\#)$$

where on generators, we have

$$\mu^d(l_1, \cdots, l_d) = \sum_{l \in S_W(L^0, L^d)} (-1)^* <l, l_1, \cdots, l_d> l$$

The symbol $*$ is used to give a sign of the component. By studying the compactness of the moduli spaces, we get the A_∞ relation (132 of [30])

$$\sum_{i+j+k=d} (-1)^{\dagger \mu^{i+k+1}}(l_1, \cdots, l_i, \mu^j(l_{i+1}, \cdots, l_{i+j}), l_{i+j+1}, \cdots, l_{i+j+k}) = 0 \qquad (7)$$

where $(-1)^{\dagger \mu}$ is an integer according to these inputs, which is determined by the coherent orientations of the moduli spaces.

However, the compactness is far from a trivial result. This is because, the target M is not compact. So we need some kind of C^0 estimate. This is done by a mutual control mechanism between the C^0 bound of ϕ and $|d\phi|$, for which one can see [30] for the detail. In short, we need to examine the 'bubbling' phenomenon where $|d\phi| \to +\infty$. However, as it is noncompact, we can not get an actual bubble, for no convergence can be obtained if we carry out the bubbling process. Instead, we use some kind of elliptic estimate to control $|d\phi|$, under the condition that the total energy is bounded. In this process, isoperimetric inequality is used (together with the exactness of the symplectic form associated to h and bounded geometry of (M, h)), and the tame condition is also crucial to control the gradient term $X_{\mathrm{Re}W}\mathrm{Im}\sigma + Z(\phi)$.

Summing up, we get the Fukaya category $\mathrm{Fuk}(M, h, W)$ of a Landau-Ginzburg model (M, h, W), which consists of the following data:

(i) A set $\mathrm{Ob}(\mathrm{Fuk}(M, h, W))$ of objects, consisting of all Landau-Ginzburg branes.

(ii) For each pair $(L_0^\#, L_1^\#)$ of Landau-Ginzburg branes, a morphism space

$$\mathrm{Hom}(L_0^\#, L_1^\#) = CF(L_0^\#, L_1^\#)$$

(iii) Composition maps

$$\mu^d : \mathrm{Hom}(L_0^\#, L_1^\#) \otimes \cdots \otimes \mathrm{Hom}(L_{d-1}^\#, L_d^\#) \to \mathrm{Hom}(L_0^\#, L_d^\#)$$

satisfying the A_∞ relation (7).

3 More discussion

There are many motivations of the construction of this Fukaya category of LG model. On the other hand, we can also expect to have many applications of this theory. We present a brief discussion in this section.

The readily goal of this construction is to extend the homological mirror symmetry to more general cases. There are already many studies of homological mirror symmetry of LG model, one can see the introduction in [30] for a comprehensive summary. Our Fukaya category of LG model is defined on a general class of Kähler manifolds (exact, with bounded geometry). Once it is defined, we can expect that, it can be used to extend the homological mirror symmetry to more general cases (beyond Fano case).

It worth noting that, if we choose a regular fiber $\pi^{-1}(w_0)$, we use Seidel's construction to get a Fukaya-Seidel category Fuk($\pi^{-1}(w_0)$). A natural question is the relation between Fuk($\pi^{-1}(w_0)$) and Fuk(M,h,W), as they are both A-side theory of LG model. There is no evidence for general relation here. However, in special cases, as $\mathbf{C}^n$ and $(\mathbf{C}^*)^n$, we expect there is some A_∞ quasi-equivalence between them. Some construction is done, in a work in progress by H. Fan, W. Jiang and D. Yang. Furthermore, the Fukaya category of LG model constructed here can be expected to 'unify' different constructions for LG A-model ever appeared.

This theory is also related to the quantum singularity theory via Witten equation developed in [20-22] (commonly refered to as FJRW theory), which is a closed string invariant about singularity, constructed by studying the Witten equation on orbifold line bundles on closed Riemannian surfaces. Actually, the construction of LG Fukaya category draws many inspirations from the FJRW theory. In particular, the tame condition we used in the construction above is from there. To go further, we can expect to construct an enriched theory to take both boundary marked points in LG Fukaya category theory, and interior marked points in FJRW theory into consideration. This 'universal' theory, once established, can be used to formulate some kind of open-closed correspondence of LG model.

In addition, in Gaiotto-Moore-Witten's web-based formalism ([31]) of LG theory for holomorphic Morse W, one can consider polytopes generated by singular values of W in $\mathbf{C}$ and secondary fans of all its possible regular polyhedral subdivisions (the dual of which is the space of webs), and establish an L_∞-algebra $\mathscr{R}$. One can find the mathematical formulation in the paper of Kapranov-Kontsevich-Soibelman ([32]). The construction there is expected to recover some kind of LG-Fukaya category ([32, Conjecture 14.10]). In this paper, we are using the same Witten equation as in GMW and KKS, and techniques and viewpoints especially compactness etc. should pave the way to rigorously construct this algebra of infrared and approach this conjecture.

Reference:

[1] CANDELAS P, OSSA X C D L, GREEN P S, et al. A pair of Calabi-Yau manifolds as an exactly soluble superconformal theory [J]. Nuclear Physics B, Particle Physics, 1991, 359(1): 21-74.
[2] GIVENTAL A. A mirror theorem for toric complete intersections [J]. Topological Field Theory, Primitive Forms and Related Topics, 1998: 141-175.
[3] GIVENTAL A. Elliptic Gromov-Witten invariants and the generalized mirror conjecture [J]. Integrable systems and algebraic geometry (Kobe/Kyoto, 1997), 1997: 107-155.
[4] GIVENTAL A. Homological geometry and mirror symmetry [C]//Proceedings of ICM, 1994.
[5] LIAN B, LIU K, YAU S. Mirror principle, I [J]. Asian Journal of Mathematics, 1997, 1(4): 729-763.
[6] LIAN B, LIU K, YAU S. Mirror principle, II [J]. Asian Journal of Mathematics, 1999, 3(a): 109-146.
[7] LIAN B, LIU K, YAU S. Mirror principle, III [J]. Asian Journal of Mathematics, 1999, 3(b): 771-800.
[8] LIAN B, LIU K, YAU S. Mirror principle, IV [J]. Surveys in Differential Geometry, 2000, 7: 475-496.
[9] HORI K, VAFA C. Mirror symmetry [J]. ArXiv, 2000. [arXiv: hep-th/0002222].
[10] POLISHCHUK A, ZASLOW E. Categorical mirror symmetry in the elliptic curve [J]. Winter School on Mirror Symmetry, Vector Bundles and Lagrangian Submanifolds (Cambridge, MA, 1999), 1999: 275-295.
[11] FUKAYA K. Mirror symmetry of abelian varieties and multi-theta functions [J]. J Algebraic Geom, 2002, 11(3): 393-512.
[12] KONTSEVICH M, SOIBELMAN Y. Homological mirror symmetry and torus fibrations [J]. Symplectic Geometry and Mirror Symmetry (Seoul, 2000), 2000: 203-263.

[13] FUKAYA K. Floer homology for families – a progress report [J]. Integrable Systems, Topology, and Physics (Tokyo, 2000), 2000: 33-68.

[14] ABOUZAID M. Family Floer cohomology and mirror symmetry [J]. Proceedings of the International Congress of Mathematicians – Seoul 2014, 2014, II: 813-836.

[15] TU J. On the reconstruction problem in mirror symmetry [J]. Adv Math, 2014, 256: 449-478.

[16] SEIDEL P. Homological mirror symmetry for the quartic surface [J]. Mem Amer Math Soc, 2003, 236(1116): 1-129.

[17] ABOUZAID M, SMITH I. Homological mirror symmetry for the 4-torus [J]. Duke Math J, 2010, 152(3): 373-440.

[18] SEIDEL P. Fukaya categories and deformations [C]//Proceedings of the International Congress of Mathematicians, Vol II (Beijing, 2002), 2002: 351-360.

[19] SHERIDAN N. Homological mirror symmetry for Calabi-Yau hypersurfaces in projective space [J]. Invent Math, 2015, 199(1): 1-186.

[20] FAN H, JARVIS T, RUAN Y. Geometry and analysis of spin equations [J]. Comm Pure Applied Math, 2008, 61: 715-788.

[21] FAN H, JARVIS T, RUAN Y. The Witten equation, mirror symmetry and quantum singularity theory [J]. Ann of Math, 2013, 178(1): 1-106.

[22] FAN H, JARVIS T, RUAN Y. The Witten equation and its virtual fundamental cycle [J]. Mathematics, 2011.

[23] ORLOV D. Triangulated categories of singularities and D-branes in Landau-Ginzburg models [J]. Proc Steklov Inst Math, 2004, 246(3): 227-248.

[24] ORLOV D. Matrix factorizations for nonaffine LG-models [J]. Math Ann, 2012, 353(1): 95-108.

[25] ORLOV D. Derived categories of coherent sheaves and triangulated categories of singularities [J]. Algebra, Arithmetic, and Geometry, 2010, 270: 503-531.

[26] HORI K, IQBAL A, VAFA C. D-branes and mirror symmetry [J]. ArXiv, 2000. [arXiv: hep-th/0005247].

[27] SEIDEL P. Vanishing cycles and mutation [M]. European Congress of Mathematics, Birkhäuser Basel, 2001: 65-85.

[28] SEIDEL P. More about vanishing cycles and mutation [J]. Symplectic Geometry and Mirror Symmetry (Seoul, 2000), 2000: 429-465.

[29] SEIDEL P. Fukaya categories and Picard-Lefschetz theory [M]. European Mathematical Society, 2008.

[30] FAN H, JIANG W, YANG D. Fukaya category of Landau-Ginzburg model [J]. ArXiv, 2018. [arXiv: 1812.11748].

[31] GAIOTTO D, MOORE G, WITTEN E. Algebra of the infrared: string field theoretic structures in massive $N = (2, 2)$ field theory in two dimensions [J]. ArXiv 2015. [arXiv: 1506.04087].

[32] KAPRANOV M, KONTSEVICH M, SOIBELMAN Y. Algebra of the infrared and secondary polytopes [J]. Advances in Mathematics, 2016, 300: 616-671.

（责任编辑　冯兆永）

·特约综述·

DOI:10.13471/j.cnki.acta.snus.2020.03.04.2020A009

卡拉比-丘代数的导出表示概型与平移泊松结构*

陈小俊[1]，陈友明[2]，A. 艾西玛多夫[3]，F. 艾西玛多夫[4]

（1. 四川大学数学学院，四川 成都 610064；
2. 重庆理工大学理学院，重庆 400054；
3. 托莱多大学数学与统计系，美国俄亥俄州托莱多 43606；
4. 首都师范大学北京成像理论与技术高精尖创新中心，北京 100048）

摘 要：导出非交换代数几何是目前数学领域最活跃的分支之一。撷取近年来人们在这一领域里的几个结果向读者作简单介绍，内容侧重于介绍导出的非交换辛结构、非交换泊松结构，以及它们与卡拉比-丘代数和卡拉比-丘范畴之间的关系。

关键词：导出非交换几何；非交换泊松结构；非交换辛结构；卡拉比-丘范畴

中图分类号：O186　　**文献标志码**：A　　**文章编号**：0529-6579（2020）05-0001-18

The shifted Poisson structure on derived representation schemes of Koszul Calabi-Yau algebras

CHEN Xiaojun[1], CHEN Youming[2], Alimjon ESHMATOV[3], Farkhod ESHMATOV[4]

（1. School of Mathematics, Sichuan University, Chengdu 610064, China;
2. School of Science, Chongqing University of Technology, Chongqing 400054, China;
3. Department of Mathematics and Statistics, University of Toledo, Toledo OH 43606, USA;
4. Beijing Advanced Innovation Center for Imaging Theory and Technology, Capital Normal University, Beijing 100048, China）

Abstract: Derived noncommutative algebraic geometry is one of the most active research fields in mathematics. Several important results that mathematicians have obtained in this field are reviewed, with an emphasis on the derived noncommutative symplectic structure, noncommutative Poisson structure, and their relationships with Calabi-Yau algebras and Calabi-Yau categories.

Key words: derived noncommutative geometry; noncommutative Poisson structure; noncommutative symplectic structure; Calabi-Yau category

---

* **收稿日期**：2020-03-04
　基金项目：国家自然科学基金（11671281，11890663）
　作者简介：陈小俊（1976年生），男；**研究方向**：非交换几何、代数拓扑与数学物理；E-mail: xjchen@scu.edu.cn
　通信作者：陈友明（1985年生），男；**研究方向**：微分几何与数学物理；E-mail: youmingchen@cqut.edu.cn

陈小俊，男，四川大学数学科学学院教授。2007年于美国纽约州立大学Stony Brook分校获博士学位。2007年9月~2011年6月，在美国密歇根大学Ann Arbor分校从事博士后研究。2012年1~8月访问德国Max Planck数学研究所。研究方向为弦拓扑与非交换代数几何。主持国家自然科学基金面上项目两项，参加自然科学基金重大项目1项。其构造出的Fukaya范畴上的李双代数、一类非交换空间上的非交换Poisson结构等工作得到Wolf奖得主Sullivan等人的好评。曾入选四川省"百人计划"青年项目。

在代数几何中,仿射概型(affine scheme)组成的范畴与交换代数组成的范畴是等价的。在此对应下,一个几何对象(或者结构)可以用代数的语言来描述,反之亦是如此。例如,仿射概型上的向量丛等价于对应的交换代数上的有限生成投射模,概型上的切向量场等价于对应的代数的导子(derivation),等等。

像投射模、导子这些概念,不仅仅对交换代数可以定义,它们对一般的结合代数也是可以定义的。一个自然的问题是:对于一个结合代数,是不是也存在类似"仿射概型"这样的空间,使得上面这些代数的概念可以对应到相应空间的几何结构上?

在过去几十年中,数学家们一直在寻找这样的空间,但是并不是很成功。虽然如此,我们仍然可以假想这些空间是存在的,并称之为"非交换空间",这些非交换空间上的几何称为"非交换几何"。实际上,我们在研究几何结构的时候,往往是通过这些几何结构与其他已知空间上的几何结构的关系来得到相应的信息。如果我们收集的这种信息足够多,那么"窥一斑而知全豹",这个假想的"非交换空间"的各种几何性质也就足够清楚了,或者更准确地说,对我们的研究而言,就已经足够了。

1 背景介绍

本文接下来从所谓的 Kontsevich-Rosenberg 原理出发,以非交换泊松几何和非交换辛几何为例,介绍非交换几何的研究思想、内容和方法。

我们需要指出的是,导出非交换代数几何是一个非常宏大的研究领域,囿于作者的学识,我们甚至不能对这一领域做一个大概的介绍。在本文中,我们只对我们感兴趣的几个问题做一个简介。读者们不要误认为导出非交换几何仅限于我们文中介绍的几个专题。

1.1 Gelfand-Naimark 定理和 Gabriel 定理

一般认为,非交换几何的研究肇始于 Gelfand-Naimark 定理。设 M 是一个局部紧致的 Hausdorff 拓扑空间。我们记 $\mathscr{C}(M)$ 为 M 上复值连续函数组成的集合,可以证明它是一个交换的 C^* 代数。1943年,Gelfand 和 Naimark 证明了:一个交换的 C^* 代数决定一个拓扑空间(作为集合,它由该 C^* 代数的极大理想组成),使得该代数同构于这个拓扑空间上的复值连续函数。也就是说,M 和 $\mathscr{C}(M)$ 互相决定对方。一般情况下,一个 C^* 代数不一定是交换的,那么我们有没有类似的 Gelfand-Naimark 定理呢?菲尔兹奖获得者 Connes 创立的非交换微分几何说:对于不交换的 C^* 代数,我们可以假想存在一个空间,使得上面的 Gelfand-Naimark 定理"理论上"成立;特别是在做一些计算的时候,我们在很多时候并不需要关注这些 C^* 代数是否来自于一个真实的空间。该假想存在的空间,一般就称为"非交换空间",其上的微分几何,就是"非交换微分几何"。

在 Grothendieck 学派的代数几何研究中,Gabriel 证明了一个类似的定理:两个概型同构当且仅当它们的凝聚层范畴是等价的。也就是说,概型的凝聚层范畴完全决定了这个概型本身。例如,概型的 K-理论,它是凝聚层的不变量,因此要研究 K-理论,我们只要知道凝聚层就够了。

遵循 Grothendieck 学派的这一思想,在 1990 年代,Artin 和 Zhang 在非交换领域做出了极富价值的探索。他们以及很多数学家们如 Tate、Smith、Van den Bergh 的工作,成为了数学的一个研究分支,被称为"非交换射影几何"。

1.2 Kontsevich-Rosenberg 原理

在 2000 年左右,菲尔兹奖获得者 Kontsevich 和 Rosenberg 提出了一个研究"非交换代数几何"的原理[1]:对于一个非交换空间(在本文中,我们把它等同于一个结合代数;我们将会看到,实际情形不限于此),其上的非交换几何结构(例如我们下面要讨论的非交换辛结构、非交换泊松结构等),如果存在的话,它一定诱导该代数表示概型(representation scheme)上的经典几何结构(即通常的辛结构、泊松结构等)。

这一原理现在被人们称为 Kontsevich-Rosenberg 原理。那么,为什么要提出这个原理呢?它的道理何在?

要回答这个问题,我们需要回到文章开始提到的"交换代数-仿射概型"对应。对于一个交换代数 A,

它对应的仿射概型是A的素理想组成的集合（谱），称为素谱，记为Spec A。稍微熟悉代数几何的人都知道，Spec A中真正与我们所熟知的"点"对应的是A的那些极大理想，记为Spm A。这些极大理想组成的集合同构于

$$\text{Spm}\, A \cong \text{Hom}_{\text{Alg}}(A, k)$$

而后者又可以看成A的一维表示组成的集合。

现在，如果我们令k是代数闭域，那么表示论告诉我们，A的所有不可约表示都是一维的。也就是说，在此情形下，A本质上没有高维的表示。但是，如果A是一个结合且非交换的代数，则情况大不相同：A存在非平凡的不可约高维表示！

从这个观察，我们可以认为：对于一般的结合代数，它对应的"素谱"（或者更准确地说，极大理想组成的谱），应该是它所有的表示组成的集合。如果我们记$\text{Rep}_n A$为A的n维表示组成的集合（容易证明，这是一个仿射概型），那么

$$\text{"Spec}\, A\text{"} = \bigcup_n \text{Rep}_n(A)$$

由此，我们得出：结合代数A所对应的"非交换空间"（也即我们要找的"Spec A"）上的几何结构，一定会反映到$\text{Rep}_n(A)$上；反之，如果对所有n，$\text{Rep}_n(A)$上都自然地存在一个几何结构，我们就说A上存在相应的非交换几何结构。这就是Kontsevich-Rosenberg原理提出的背景。

1.3 Kontsevich-Rosenberg原理的应用

Kontsevich-Rosenberg原理是一个十分美妙、十分深刻但同时也是非常粗略的原理。它给出了一个寻找非交换几何结构的指导原则，但并不能给出一些非交换几何结构的具体刻画。虽然如此，它仍然极大地激发了人们的研究兴趣，并努力地寻找符合这一原理的"非交换几何结构"。

在2009年左右，英国数学家Crawley-Boevey[2]、比利时数学家Van den Bergh[3]各自给出了一个版本的"非交换泊松结构"的定义；与此同时，Crawley-Boevey和美国数学家Etingof、Ginzburg一起定义了"非交换辛结构"[4]。

在第2小节中，我们将给出这些结构的具体定义。从Crawley-Boevey等的工作中，我们可以观察到"喜忧参半"的两点：

（i）对于一般的结合代数A，$\text{Rep}_n(A)$是一个不光滑的仿射概型，因此要刻画其上的通常几何对象如微分形式、切向量场等等，都是非常困难的；

（ii）对于自由的结合代数，$\text{Rep}_n(A)$又是相当简单的，就是多项式的素谱，因此其上的几何对象很容易给出。

这两点促使康奈尔大学的数学家Berest等思考如下问题：对于一般的结合代数A，能否找自由的结合代数来逼近A，从而得到相应的多项式来"逼近"$\text{Rep}_n(A)$？如果我们扩大研究的范畴，考虑"微分分次结合代数"组成的范畴，那么，上述问题的答案是可能的。Berest等[5-6]的结果说：一个结合代数A，总存在一个自由的微分分次代数的逼近，与此同时，该逼近也给出了$\text{Rep}_n(A)$的自由的微分分次交换代数的逼近。该$\text{Rep}_n(A)$的充分逼近，被Berest等称为"导出表示概型"（derived representation scheme）。当然这些"逼近"，并不是任意的，而是基于1960年代菲尔兹奖获得者Quillen发展的"有理同伦论"（Rational homotopy theory）。

1.4 Berest等的导出表示概型

根据有理同伦论，特征为0的数域k上的微分分次结合代数组成的范畴，记成DGA，具有"模型范畴"结构，因而每一个结合代数（把它看成具有0微分的微分分次代数）可以由一个自由的微分分次结合代数来逼近，也就是存在一个"预解"（resolution）

$$(QA, \mathrm{d}) \to A$$

其中d是微分，使得同调群$\mathrm{H}_\bullet(QA, \mathrm{d}) \cong A$，并且这个逼近是内蕴的、在相差一个同伦的意义下是唯一的。

类似地，数域k上的交换微分分次代数组成的范畴，记作CDGA，作为微分分次结合代数的子范畴，也具有"模型范畴"结构，因而每一个交换代数也可以由一个自由的、交换的微分分次代数来逼近。

这两个范畴在拟同构下的局部化，称为它们的同伦范畴。现在将$\text{Rep}_n(A)$与其对应的交换代数等同，

Berest 等[5]证明函子
$$\text{Rep}_n: \text{DGA} \to \text{CDGA}, \quad A \mapsto \text{Rep}_n(A)$$
可以提升到两者的同伦范畴上。直观地说，对于一个结合代数 A，如果 QA 是它的一个自由逼近，那么 $\text{Rep}_n(QA)$ 就是 $\text{Rep}_n(A)$ 的一个"充分好"的逼近。

当然，在这里我们需要证明，对于微分分次代数，$\text{Rep}_n(A)$ 也是有意义的，但这并不困难。Berest 等称 $\text{Rep}_n(QA)$ 为 A 的"导出表示概型"。

利用导出表示概型，我们可以将 Crawley-Boevey 等的构造推广到微分分次代数的同伦范畴，从而非常轻松地构造一大类（导出意义下的）非交换的泊松结构和非交换的辛结构。

我们需要注意到一点是：我们这里所有的构造都需要将"微分分次"这个条件考虑进去。例如在研究导出的非交换辛结构时，我们需要构造"切空间"与"余切空间"的同构，如果把微分分次这样条件考虑进去，我们需要将其中一个空间（实际上是链复形）进行一定的平移，才能得到同构（或者拟同构）。这样的辛结构称为"平移辛结构"（shifted symplectic structure）。类似地，我们也有"平移泊松结构"的概念。

1.5 卡拉比-丘范畴与卡拉比-丘代数

假设 X 是一个卡拉比-丘射影代数簇。我们考虑 X 上的有界凝聚层范畴的导出范畴，记为 $D(X)$。由于 X 的典则层（canonical sheaf）是平凡的，因此 $D(X)$ 上的 Serre 函子是恒同函子。对于任意两个凝聚层 $\mathcal{E}$，$\mathcal{F}$，我们有 Serre 对偶定理：
$$\text{Hom}_{D(X)}(\mathcal{E}, \mathcal{F}) \cong \text{Hom}_{D(X)}(\mathcal{F}, \mathcal{E}[n])^* \tag{1}$$

如果我们令 $\mathcal{E} = \mathcal{F}$，Toën 等[7]的结果说，$\text{Hom}_{D(X)}(\mathcal{E}, \mathcal{E})$，作为分次线性空间在相差一次平移下，可以看成 $D(X)$ 中凝聚层组成的模空间在 $\mathcal{E}$ 处的切空间，因而同构（1）可以看成切空间和余切空间的一个同构（在相差（$2-n$）次平移下）。由此，我们可以得到一个结论：$D(X)$ 的模空间上存在一个平移辛结构。

当然，具有同构（1）的三角范畴是很多的，这样的范畴称为"卡拉比-丘范畴"（Calabi-Yau category）。很多的卡拉比-丘范畴等价于一个结合代数的模范畴的导出范畴，这样的结合代数在很多情况下是"卡拉比-丘代数"（Calabi-Yau algebra）。由此，我们得到一串构造：
$$\text{卡拉比-丘代数} \to \text{卡拉比-丘范畴} \to \text{平移辛结构}$$
一个自然的问题是：卡拉比-丘代数上的什么结构导致了其（模范畴的）导出范畴上的平移辛结构？这个问题的答案，如果存在的话，可以看成是 Kontsevich-Rosenberg 原理的推广。

在接下来的小节里，我们将对上面出现的这些概念和结果进行进一步的介绍。

2 非交换辛结构和非交换泊松结构

在物理学中，辛结构和泊松结构是最基本的概念之一，它们最初出现于 19 世纪 Poisson、Hamilton 和 Jacobi 等关于理论力学的研究当中，并由此获得了人们广泛的研究。到了 20 世纪 80 年代，数学和物理又进入了一个大融合的时代，新的理论、新的结构层出不穷。例如物理学中的杨-米尔斯理论、超弦理论，被很多数学家进行了深刻的研究，数学中的纽结理论、陈-西蒙斯理论等等在物理中亦有重要的应用。

在这些理论层出不穷的同时，有识之士如 Kontsevich、Sullivan 等亦在不断地反思，去芜存菁，发掘、总结这些看上去毫不相关的理论背后的共同点，并通过演绎类比，探索、发现一些往往被人忽略了的新的结构。

例如，对于我们耳熟能详的泊松结构、辛结构，经过 200 多年的发展，我们几乎不能够期望再有什么新的发现了。但是，通过发展导出的非交换代数几何，将这些经典的概念作为这种新的几何的特殊情形，我们不仅对这些概念有了全新的理解，而且通过将很多新出现的概念，如我们将要谈到的凝聚层范畴、Fukaya 范畴等纳入这一范畴之中，这些古老的概念获得了新的内涵，焕发了新的生机。

下面，我们将从泊松代数的概念出发，开始我们的导出非交换代数几何的探索之旅。

定义 1（泊松代数） 设 A 是一个交换结合代数。如果 A 上存在着一个对每个分量都满足 Leibniz 法则的

李括号 $\{-,-\}$，即对于任意的 $a, b, c \in A$，
$$\{a, bc\} = b\{a, c\} + \{a, b\}c \tag{2}$$
那么我们称 A 为一个泊松代数。

当代数 A 仅仅是一个结合代数而不具有交换性时，若我们仍然按照刚才的定义来定义 A 上的泊松代数，则 Farkas 和 Letzter 在文 [8, Theorem 1.2] 中证明了下列结论。

定理 1 设 A 是一个非交换的整环，或者更一般地，是一个非交换素环。若 A 上有李括号 $\{-,-\}$ 满足 Leibniz 法则（2），则存在一个 A 的中心元 λ 使得
$$\{a, b\} = \lambda(ab - ba)$$
也就是说，若按照上面这种直接的方法定义非交换泊松结构，则李括号本质上由交换子给出，因此这一定义给出的非交换泊松结构是没有太大的意义的。在下面的几小节里，我们介绍几种版本的非交换泊松结构和辛结构，它们分别是：Crawley-Boevey 的 H_0-泊松结构，Van den Bergh 的双泊松结构（double Poisson structure），以及 Crawley-Boevey, Etingof 和 Ginzburg 提出的双辛结构（bi-symplectic structure），并指出它们之间的联系。

2.1 Crawley-Boevey 的 H_0-泊松结构

在本小节，我们介绍 Crawley-Boevey 在文 [2] 中引进的 H_0-泊松结构。记 $a \in A$ 在 $A/[A,A]$ 上的像为 $\bar{a}$，其中 $[A,A]$ 是由 A 中的所有交换子生成的空间。若 $\delta: A \to A$ 是 A 的一个导子，则
$$\delta[a, b] = [\delta a, b] + [a, \delta b]$$
由此 δ 诱导了 $A/[A,A]$ 上的一个线性映射 $\bar{\delta}: A/[A,A] \to A/[A,A], \bar{a} \mapsto \overline{\delta(a)}$。

定义 2 设 A 是一个结合代数。A 上的一个 H_0-Poisson 结构是指 $A/[A,A]$ 上一个满足以下条件的李括号 $\{-,-\}$：对于任意的 $a \in A$，伴随映射
$$\{\bar{a}, -\}: A/[A,A] \to A/[A,A], \bar{c} \mapsto \{\bar{a}, \bar{c}\}$$
可以提升为 $A \to A$ 的一个导子，即存在 A 上的一个导子 δ 使得 $\bar{\delta} = \{\bar{a}, -\}$。

注记 1 (i) Crawley-Boevey 称上述概念为 H_0-泊松结构的主要原因是因为 $A/[A,A]$ 实际上是 A 的 0-维 Hochschild（也是循环）同调群。后来，Berest 等将这一概念推广到导出代数几何中，这就涉及到所有的循环同调群了。

(ii) 在上述定义中，如果 A 是交换的，我们可以看到：H_0-泊松结构就是通常的泊松结构。在这个意义下，H_0-泊松结构可以说是交换代数的泊松结构的非交换推广（在 §2.6 我们将讨论泊松结构的非交换推广的另一个版本）。

Crawley-Boevey 在文章中证明：

定理 2（[2] Theorem 1.6）设 A 是特征为 0 的数域 k 上的一个结合代数。如果 A 上存在一个 H_0-泊松结构，则
$$\mathrm{Rep}_n(A)//\mathrm{GL}(n)$$
上存在着一个自然的泊松结构。

这个定理主要用到了 Procesi 的一个结论：考虑"迹映射"
$$\mathrm{Tr}: A \to \mathcal{O}\left(\mathrm{Rep}_n(A)//\mathrm{GL}(n)\right), \quad a \mapsto \{\rho \mapsto \mathrm{trace}(\rho(a))\}$$
其中 $\rho \in \mathrm{Rep}_n(A)$，则 Tr 的像生成 $\mathcal{O}\left(\mathrm{Rep}_n(A)//\mathrm{GL}(n)\right)$。我们很容易在 Tr 的像集上定义一个李括号，并且利用 H_0-泊松结构中的导子性质，把这个李括号定义到整个 $\mathrm{Rep}_n(A)//\mathrm{GL}(n)$ 上使之成为一个泊松代数。

我们注意到，这个 H_0-泊松结构非常好地符合了 Kontsevich-Rosenberg 原理。

2.2 Van den Bergh 的双泊松代数

大约与 Crawley-Boevey 同时，Van den Bergh 在文 [3] 中引进了"双泊松结构"（double Poisson structure）。

定义 3（Van den Bergh）设 A 是一个带幺元的结合代数。A 上的一个双括号（double bracket）是一个

双线性映射 $\{\{-,-\}\}: A \otimes A \to A \otimes A$ 使得
$$\{\{a,b\}\} = -\{\{b,a\}\}^\circ,$$
$$\{\{a,bc\}\} = b\{\{a,c\}\} + \{\{a,b\}\}c$$

其中 $(u \otimes v)^\circ = v \otimes u$。这里 b 和 c 的作用是由 $A \otimes A$ 的双模结构给出的，即：$b(a_1 \otimes a_2)c := ba_1 \otimes a_2 c$。

设 $\{\{-,-\}\}$ 是 A 上的一个双括号。任取 $a,b_1,\cdots,b_n \in A, s \in S_n$，记
$$\{\{a, b_1 \otimes \cdots \otimes b_n\}\}_L = \{\{a,b_1\}\} \otimes b_2 \otimes \cdots \otimes b_n,$$
$$\sigma_s(b_1 \otimes \cdots \otimes b_n) = b_{s^{-1}(1)} \otimes \cdots \otimes b_{s^{-1}(n)}$$

则 A 上的一个"双泊松结构"（double Poisson structure）是一个满足"双雅可比恒等式"（double Jacobi identity）的双括号 $\{\{-,-\}\}$，即对于任意的 $a,b,c \in A$，
$$\{\{a,\{\{b,c\}\}\}\}_L + \sigma_{(123)}\{\{b,\{\{c,a\}\}\}\}_L + \sigma_{(132)}\{\{c,\{\{a,b\}\}\}\}_L = 0$$

类似地，Van den Bergh 证明了以下定理：

定理 3（[3] Proposition 7.5.2）设 A 是一个结合代数。如果 A 上存在一个双泊松结构，则 $\mathrm{Rep}_n(A)$ 上存在一个自然的泊松结构。

Van den Bergh 的这个定理也非常好地符合了 Kontsevich-Rosenberg 原理，它与 Crawley-Boevey 定理的区别是：这两种非交换泊松结构诱导的泊松结构，一个是定义在 $\mathrm{Rep}_n(A)$ 上，一个是定义在 $\mathrm{Rep}_n(A)//\mathrm{GL}(n)$ 上。

2.3 Crawley-Boevey, Etingof 和 Ginzburg 的双辛结构

在本小节，我们讨论 Crawley-Boevey，Etingof 和 Ginzburg 在文 [4] 中提出的"双辛结构"（bi-symplectic structure）。

在此之前，我们先回忆几个概念。设 (A,μ) 是一个带幺元的结合代数。$A \otimes A$ 具有自然的 A-双模结构：对于任意的 $a_1, a_2, b, c \in A$，
$$b(a_1 \otimes a_2)c := ba_1 \otimes a_2 c$$

因此 A 的乘法映射 $A \otimes A \xrightarrow{\mu} A$ 是一个 A-双模映射。现在考虑 μ 的核：
$$\Omega^1 A := \mathrm{Ker}(\mu)$$

称为 A 上的"非交换 1-形式"，我们有一个自然的导子 $d: A \to \Omega^1 A, a \mapsto a \otimes 1 - 1 \otimes a$，使得对于任意的 A-双模 M，
$$\mathrm{Der}(A,M) \xrightarrow{\sim} \mathrm{Hom}_{A-bimod}(\Omega^1 A, M), \Theta \mapsto \{\tilde{\iota}_\Theta : \Omega^1 A \to M, xdy \mapsto x \cdot \Theta(y)\}$$

是一个同构，且其逆映射为
$$\mathrm{Hom}_{A-bimod}(\Omega^1 A, M) \ni f \mapsto f \circ d$$

特别地，当 $M = A \otimes A$，$\mathrm{Der}(A, A \otimes A)$ 也是一个 A 上的双模，我们称之为 A 上的"非交换切向量场"。对于任意的 $\Theta \in \mathrm{Der}(A, A \otimes A)$，我们称对应的 A-双模映射
$$\tilde{\iota}_\Theta: \Omega^1 A \to A \otimes A, \alpha \mapsto \tilde{\iota}'_\Theta \alpha \otimes \tilde{\iota}''_\Theta \alpha$$

为缩并算子（contraction operator）。

A 的"非交换微分形式"（noncommutative differential forms）定义为由 $\Omega^1 A$ 在 A 上生成的自由的张量代数，即
$$\Omega^\cdot A := T_A^\cdot(\Omega^1 A)$$

通过莱布尼茨法则，导子 d 诱导了 $\Omega^\cdot A$ 上的导子 d。从而 $(\Omega^\cdot A, d)$ 是一个微分分次代数。然而，对于带幺元的结合代数 A，$(\Omega^\cdot A, d)$ 的同调却总是平凡的：
$$H^n(\Omega^\cdot A, d) = \begin{cases} k, & \text{若 } n = 0; \\ 0, & \text{若 } n \geq 1 \end{cases}$$

但是，A 的 Karoubi-de Rham 复形

$$\mathrm{DR}^{\cdot}A := \Omega^{\cdot}A/[\Omega^{\cdot}A, \Omega^{\cdot}A]$$

有非平凡的同调群，其上的微分由 $\mathrm{DR}^{\cdot}A$ 上的微分 d 诱导而来。

注意到 $\Omega^{\cdot}A$ 是 $\Omega^{1}A$ 在 A 上的张量代数，因此缩并算子 $\tilde{\iota}_{\Theta}: \Omega^{1}A \to A \otimes A$ 诱导了分次代数 $\Omega^{\cdot}A$ 的一个度数为 -1 的 "双导子" $\tilde{\iota}_{\Theta}$，即 $\tilde{\iota}_{\Theta} \in \mathrm{Der}(\Omega^{\cdot}A, \Omega^{\cdot}A \otimes \Omega^{\cdot}A)$。更确切地说，任意给定 $\alpha_1, \alpha_2, \cdots, \alpha_n \in \Omega^{1}A$，我们有

$$\tilde{\iota}_{\Theta}(\alpha_1 \alpha_2 \cdots \alpha_n) = \sum_{1 \leqslant k \leqslant n} (-1)^{k-1} \left(\alpha_1 \cdots \alpha_{k-1} (\tilde{\iota}_{\Theta}' \alpha_k) \right) \otimes \left((\tilde{\iota}_{\Theta}'' \alpha_k) \alpha_{k+1} \cdots \alpha_n \right)$$

下面，我们令

$$\iota_{\Theta} := \mu \circ \tau \circ \tilde{\iota}_{\Theta} : \Omega^{\cdot}(A) \to \Omega^{\cdot-1}(A)$$

其中 μ 是乘积，$\tau: a \otimes b \mapsto (-1)^{|a||b|} b \otimes a$ 是置换算子。特别地，对于 $\omega \in \Omega^{2}A$，我们得到映射

$$\iota_{(-)}\omega: \mathrm{Der}(A, A \otimes A) \to \Omega^{1}A$$

容易看出，这一映射仅仅依赖于 ω 在 $\mathrm{DR}^{2}A$ 中的等价类。

定义 4（Crawley-Boevey-Etingof-Ginzburg）设 A 是一个结合代数。A 上的一个双辛结构（bi-symplectic structure）是指 A 的一个满足以下条件的闭 2-形式 $\omega \in \mathrm{DR}^{2}A$：映射

$$\iota_{(-)}\omega: \mathrm{Der}(A, A \otimes A) \to \mathrm{DR}^{1}A, \quad \Theta \mapsto \iota_{\Theta}\omega$$

是 A-双模同构。

Crawley-Boevey，Etingof 和 Ginzburg 证明了他们引进的该双辛结构也满足 Kontsevich-Rosenberg 原理：

定理 4（[4] Theorem 11.3.1）设 A 是一个结合代数。如果 A 上存在一个双辛结构，则对于任意的自然数 n，$\mathrm{Rep}_n(A)$ 上有一个辛结构。

2.4 以上三种非交换结构之间的关系

上面 3 小节介绍的三种非交换几何结构之间的关系是非常密切的。Van den Bergh 在文 [3] 中证明：

2.4.1 双泊松结构蕴含 H_0-泊松结构

设 $(A, \{\{-,-\}\})$ 是一个双泊松结构。记 A 上的乘法为 μ，并令

$$\{-,-\}: A \otimes A \to A, \quad (a, b) \mapsto \mu \circ \{\{a, b\}\}$$

根据双泊松结构的定义，固定 $\{-,-\}$ 中的一个元素，则括号对另一元素相对于乘法都是一个导子。Van den Bergh 证明（由计算可以直接得到）：$\{-,-\}$ 可以下降到 $A_{\natural} := A/[A, A]$ 上成为其上的一个李括号。由此，我们可以得到

$$\{-,-\}: A_{\natural} \times A_{\natural} \to A_{\natural}$$

是一个 H_0-泊松结构。

2.4.2 双辛结构蕴含双泊松结构

设 (A, ω) 是一个双辛结构。则对于任意的 $a \in A$，存在着对应的哈密顿向量场 $H_a \in \mathrm{Der}(A, A \otimes A)$ 使得 $\iota_{H_a}\omega = da$。若令

$$\{\{a, b\}\}_{\omega} := H_a(b)$$

则 $\{\{-,-\}\}_{\omega}$ 是 A 上的一个双泊松结构；证明见文 [3] 附录。

2.5 箭图代数的例子

本小节，我们给出箭图（quiver）代数的例子。设 $Q = (Q_0, Q_1)$ 是一个箭图，其中 Q_0 是点集，Q_1 是边集。定义一个新的箭图 $\overline{Q} = (Q_0, \overline{Q_1})$（称为 Q 的"倍增"），其中 $\overline{Q_1} = \{e, e^*\}_{e \in Q_1}$，$e^*$ 是一条方向与 e 相反的边。记由箭图 $\overline{Q}$ 定义的路径代数（path algebra）为 P，它是 kQ_0 上的一个自由代数。我们有：

(i) 记 $\mathrm{pr}: P \to P_{\natural} := P/[P, P]$ 为投射映射。定义双线性映射

$$\{-,-\}: P_{\natural} \otimes P_{\natural} \to P_{\natural}, \quad f \otimes g \mapsto \mathrm{pr}\left(\sum_{e \in Q_1} \frac{\partial f}{\partial e} \frac{\partial g}{\partial e^*} - \frac{\partial f}{\partial e^*} \frac{\partial g}{\partial e} \right)$$

其中

$$\frac{\partial}{\partial e}(a_1\cdots a_n) = \sum_{a_r=e} a_{r+1}\cdots a_n a_1 \cdots a_{r-1}$$

则 $\{-,-\}$ 定义了 P 上的一个 H_0-泊松结构（见文 [2]）。

(ii) 对于任意的 $f,g \in \overline{Q_1}$，定义

$$\{\{f,g\}\} := \begin{cases} e_{t(f)} \otimes e_{s(f)}, & f \in Q_0, g = f^*; \\ -e_{s(f)} \otimes e_{t(f)}, & f = g^*, g \in Q_0; \\ 0, & \text{其他情况} \end{cases}$$

其中 $t(-), s(-)$ 分别是相应的边的头和尾，并利用导子的性质将其延拓到 P 上。我们有 $\{\{-,-\}\}$ 给出了 P 上的一个双泊松代数 [3]。

(iii) 记

$$\omega := \sum_{e \in Q_1} dede^*$$

则 (P, ω) 是一个双辛结构 [4]。

2.6 另一种非交换泊松结构

在 1990 年代，Block-Getzler [9] 和宾夕法尼亚州立大学的徐平教授 [10] 分别给出了另一种非交换泊松结构的定义。

定义 5（徐平，Block-Getzler） 设 A 是一个结合代数。A 上的一个"非交换泊松结构"是指 A 的一个 Hochschild 上同调 $\alpha \in \mathrm{HH}^2(A)$ 满足

$$[\alpha, \alpha] = 0$$

如果我们记 $Z(A)$ 为 A 的中心，则 $Z(A)$ 是 A 的一个交换的子代数；反之，我们可以把 A 看成交换代数 $Z(A)$ 的非交换扩张。现在假设 α 是一个非交换泊松结构，那么 α 诱导了 $Z(A)$ 上经典意义下的泊松结构（见文 [10, Proposition 2.1]）。在这个意义下，定义 5 给出的非交换泊松结构也是泊松结构在结合代数范畴上的推广。这种非交换泊松结构曾被 Getzler 和唐翔等仔细研究过。

另一方面，我们难以看到这种非交换泊松结构满足 Kontsevich-Rosenberg 原理。话又说回来，注意到 Hochschild 上同调是结合代数的导出不变量，因此这种非交换泊松结构可以在结合代数的同伦范畴下定义；与此同时，Crawley-Boevey 的 H_0-泊松结构也可以在结合代数的同伦范畴下考虑。我们可以看到，在同伦范畴下，这两个版本的非交换泊松结构，实际上是统一的，具有很好的函子性，它们分别是导出意义下"多重切向量场"的 Maurer-Cartan 方程的解的一个分支。我们将另文做详细的讨论。

注记 2 在本小节，我们详细地介绍了非交换几何而不是"导出代数几何"的几个例子。这样做的原因是：我们首先要对经典的几何有充分的了解，然后才能在导出代数几何中有迹可循而不致迷失。

3 表示概型与 Van den Bergh 函子

在本小节，我们稍加详细地讨论表示概型上的几何结构。特别地，我们讨论如何将一个结合代数上的非交换几何结构转化到它的表示概型上。

3.1 表示概型

设 k 是一特征为 0 的数域，A 是一个带幺元的 k-结合代数，V 是 k 上的线性空间。A 在 V 上的一个表示是一个代数同态 $A \to \mathrm{End}(V)$。A 在 V 上的所有的表示构成的空间 $\mathrm{Rep}_V(A)$ 是一个仿射概型。用函子的语言，这一问题表述如下：

记 Alg 为所有带幺元的结合 k-代数所构成的范畴，CommAlg 为其中的交换结合代数所构成的子范畴。考虑下列函子

$$\mathrm{Rep}_V(A): \mathrm{CommAlg} \to \mathrm{Sets}, \quad B \mapsto \mathrm{Hom}_{\mathrm{Alg}}(A, \mathrm{End}(V) \otimes B) \tag{3}$$

其中 Sets 是所有集合构成的范畴。

命题 1 $\mathrm{Rep}_V(A)$ 是可表的，也就是说，存在一个交换代数 A_V，使得对任意的 B，总有

$$\mathrm{Hom}_{\mathrm{CommAlg}}(A_V, B) \cong \mathrm{Hom}_{\mathrm{Alg}}(A, \mathrm{End}(V) \otimes B) \tag{4}$$

该命题的证明可见参考文献 [11] 的§4.1。我们称由A_V定义的概型为A在V上的表示概型（representation scheme），自然地记为$\mathrm{Rep}_V(A)$，因此A_V又可以写成$k[\mathrm{Rep}_V(A)]$。

在$\mathrm{Rep}_V(A)$上，存在一个自然的$\mathrm{GL}(V)$作用：
$$(g \circ \rho)(a) := g(\rho(a))g^{-1}, \quad \text{for } g \in \mathrm{GL}(V), \rho \in \mathrm{Rep}_V(A), a \in A$$

我们记$\mathrm{Rep}_V(A)^{\mathrm{GL}(V)}$为对应的约化$\mathrm{Rep}_V(A)/\!/\mathrm{GL}(V)$。事实上，$\mathrm{Rep}_V(A)^{\mathrm{GL}(V)}$表示$A$在$V$上的所有表示的同构类。在文献中，如果$V = k^n$，则$\mathrm{Rep}_V(A)$和$\mathrm{Rep}_V(A)^{\mathrm{GL}(V)}$分别记为$\mathrm{Rep}_n(A)$和$\mathrm{Rep}_n(A)^{\mathrm{GL}(n)}$。

一般地，$\mathrm{Rep}_V(A)$和$\mathrm{Rep}_V(A)^{\mathrm{GL}(V)}$都不是光滑的。为此，我们先回顾一个定义：

定义 6（Cuntz-Quillen [13]）如果一个有限生成的结合代数A满足下列等价条件：

(i) 给定任意的k代数R及其幂零双边理想N，任意的同态$\phi \in \mathrm{Hom}_{\mathrm{Alg}_k}(A, R/N)$，总可以提升为一个同态$\bar{\phi} \in \mathrm{Hom}_{\mathrm{Alg}_k}(A, R)$使得$\phi$是和自然投影$R \to R/N$是交换的；

(ii) 对任意的A双模M，二阶Hochschild上同调$\mathrm{HH}^2(A; M) = 0$；

(iii) 记乘法$\mu: A \otimes A \to A$的核为$\Omega^1(A)$，则$\Omega^1(A)$是A的投影双模，

那么我们称A是"形式光滑"的（formally smooth）或"准自由"的（quasi-free）。

例 1 下列代数是形式光滑的：

(i) 由n个变量生成的自由结合代数$k\langle x_1, x_2, \cdots, x_n \rangle$；

(ii) $\mathrm{Mat}_n(k)$；

(iii) $k[X]$，这里X是一个光滑仿射曲线；

(iv) 箭图生成的路径代数。

Ardizzoni，Galluzzi和Vaccarino在文 [12] 中给出了$\mathrm{Rep}_V(A)$光滑的一个充分条件：

定理 5（[12], Theorems 4.6-4.7）若A是有限生成的形式光滑的k代数，则$\mathrm{Rep}_V(A)$总是光滑的。

注意到形式光滑仅仅是一个代数的表示概型式光滑的充分条件，而非必要条件。一个例子是半单李代数的万有包络代数不是形式光滑的，但其表示概型式光滑的。文 [12] 给出了表示概型光滑的充要条件，即：

定理 6（[12], Theorem 3.3）设$f: k[\mathrm{Rep}_V(A)] \to k$是$\mathrm{Rep}_V(A)$的一个点。则$f$是$\mathrm{Rep}_V(A)$的一个正则点当且仅当对应的二阶Harrison上同调
$$\mathrm{Harr}^2(k[\mathrm{Rep}_V(A)], k) = 0$$
其中k表示对应的$k[\mathrm{Rep}_V(A)]$-模k。

在上述定理中，交换代数的Harrison上同调是平行于结合代数的Hochschild上同调的一个同调理论，具体见Harrison的论文 [14]。换句话说，对于一个代数A，其表示概型$\mathrm{Rep}_V(A)$光滑与否存在障碍，而通常情况下，这个障碍不是平凡的。

3.2 Van den Bergh函子

弄清楚表示概型之后，接下来的一个问题是：如何把A上的结构关联到$\mathrm{Rep}_V(A)$上？Van den Bergh在文 [15] 中给出了一个构造，具体如下：设M是一个A-双模，则
$$M_V := M \otimes_{A^e} (\mathrm{End}\,V \otimes A_V)$$
是一个A_V-模。这样，我们就得到了从A的双模范畴到A_V模范畴的一个函子
$$(-)_V : \mathrm{Bimod}(A) \to \mathrm{Mod}(A_V), \quad M \mapsto M_V \tag{5}$$
注意到交换代数的模范畴与其对应的仿射概型上的拟凝聚层范畴是等价的，Van den Bergh的函子实际上也给出了从A的双模范畴到其表示概型的拟凝聚层范畴的一个函子。

在这个函子下，我们可以将A上的非交换切向量、非交换微分形式等（见§2.3）关联到其表示概型上的切向量场、微分形式等等。作为推论，我们重复定理3和定理4：

定理 7[3-4] 设A是一个结合代数，V是任意的一个线性空间。我们有：

(i) 设$\{\!\{-,-\}\!\}$是A上的双泊松结构，则$\mathrm{Rep}_V(A)$上存在一个泊松结构；

(ii) 设$\omega \in \mathrm{DR}^2 A$是$A$上的双辛结构，则$\mathrm{Rep}_V(A)$上存在一个辛结构。

至此，我们在 Kontsevich-Rosenberg 原理的指导下，介绍了非交换泊松结构和非交换辛结构的构造。这是非交换几何的重要结果之一。当然，正如我们前面的所说的，除了箭图的例子之外，我们实际上是很难找到更多的例子了。注意到箭图的路径代数实际上是一个自由代数，同时注意到任何代数都存在一个自由的预解，那么我们有十足的动机作如下的考虑：我们是否可以在同伦的意义下考虑表示概型，并且在同伦的意义下考虑非交换的泊松结构和辛结构？这是我们下面要讨论的内容。

4 导出表示概型

在本小节，我们介绍 Berest 等引进的导出表示概型的概念，讨论它们的切空间、余切空间等性质。

首先注意到：设 A 是一个结合代数，固定线性空间 V，则 A 在 V 上的表示概型给出了一个函子
$$(-)_V : \mathrm{Alg} \to \mathrm{CommAlg}, \quad A \mapsto A_V$$
我们称该函子为 V 上的表示函子。事实上，表示函子可以扩展到微分分次代数上：对于任意给定的一个微分分次向量空间 V，存在着一个函子
$$(-)_V : \mathrm{DGA} \to \mathrm{CDGA}, \quad A \mapsto A_V = k[\mathrm{Rep}_V(A)] \tag{6}$$
使得
$$\mathrm{Hom}_{\mathrm{DGA}}(A, \mathrm{End}(V) \otimes B) \cong \mathrm{Hom}_{\mathrm{CDGA}}(A_V, B)$$

根据前面提到的 Quillen 的有理同伦论，DGA 和 CDGA 这两个范畴都具有"模型范畴结构"，因此都存在相应的同伦范畴，即这两个范畴在拟同构下的局部化，记为 Ho(DGA) 和 Ho(CDGA)。这两个范畴中的对象，都存在着"准自由"的逼近（见§3），也就是说对任意一对象 (A, d)，其中 d 是微分，存在代数的拟同构
$$(QA, d) \xrightarrow{\simeq} (A, d)$$
并且 QA 是准自由的，这些 QA 称为余纤维化分解（cofibrant resolution）。对于函子（6），可以证明，它能够提升到相应的同伦范畴上。这就是 Berest, Khachatryan 和 Ramadoss 在文献 [5] 中证明的一个重要的结果：

定理 8（[5] Theorem 2.2）函子（6）具有左导出函子（left derived functor）：
$$\mathbb{L}(-)_V : \mathrm{Ho}(\mathrm{DGA}) \to \mathrm{Ho}(\mathrm{CDGA}), \quad A \mapsto (QA)_V$$
而且，对任意的 $A \in \mathrm{DGA}$ 和 $B \in \mathrm{CDGA}$，存在着典范同构
$$\mathrm{Hom}_{\mathrm{Ho}(\mathrm{CDGA})}(\mathbb{L}(A)_V, B) \cong \mathrm{Hom}_{\mathrm{Ho}(\mathrm{DGA})}(A, \mathrm{End}(V) \otimes B)$$

定义 7 我们称函子
$$\mathrm{DRep}_V(-) := \mathbb{L}(-)_V : \mathrm{Ho}(\mathrm{DGA}) \to \mathrm{Ho}(\mathrm{CDGA}), \quad A \mapsto (QA)_V$$
为"导出表示函子"（derived representation functor），并称 $\mathrm{DRep}_V(A)$ 为 A 在 V 上的"导出表示概型"（derived representation scheme），称其同调 $\mathrm{H}_\bullet(\mathrm{DRep}_V(A))$ 为 A 在 V 上的"表示同调"（representation homology）。

对结合代数导出表示概型的研究揭示了该代数很多隐秘的信息，比如循环同调群、Hochschild 同调群以及 Hochschild 上同调群等等，都自然而然地出现了。接下来，我们介绍导出表示概型的"函数空间"、"切空间"和"余切空间"，并将它们与上述概念联系起来。

4.1 导出迹映射和循环同调

回忆§2.1 中，对任意的代数 $A \in \mathrm{Alg}$，任意的向量空间 V，存在着一个迹映射
$$A \to k[\mathrm{Rep}_V(A)], \quad a \mapsto \{\mathrm{Rep}_V(A) \ni \rho \mapsto \mathrm{trace}(\rho(a))\}$$
注意到这个迹映射通过（factor through）$A_\natural := A/[A, A]$，并且像总是 $GL(V)$ 不变的，因此一般把这个迹映射写成
$$\mathrm{Tr} : A_\natural \to k[\mathrm{Rep}_V(A)]^{GL(V)}$$
我们也称 $A_\natural$ 为 A 上的函数，即迹映射把函数映到函数。

参考文献[5]的另一个重要结论说迹映射存在着一个导出版本。为了说明该结论，我们首先回忆一下结合代数的循环复形（cyclic complex）的概念。代数A的循环复形$CC.(A)$是下图中$1-T$的余核构成的复形（这部分内容可以参考Loday的书[16]）：

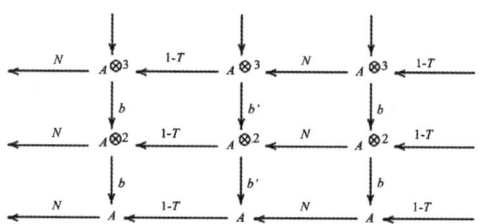

其中
$$b'(a_1 \otimes \cdots a_n) = \sum (-1)^i a_1 \otimes \cdots a_i a_{i+1} \otimes \cdots \otimes a_n,$$
$$b(a_1 \otimes \cdots a_n) = b'(a_1 \otimes \cdots a_n) + (-1)^n a_n a_1 \otimes a_2 \otimes \cdots \otimes a_{n-1},$$
$$T(a_1 \otimes \cdots a_n) = (-1)^{n-1}(a_n \otimes a_1 \otimes \cdots a_{n-1}),$$
$$N(a_1 \otimes \cdots a_n) = (1 + T + \cdots + T^{n-1})(a_1 \otimes \cdots a_n)$$

其同调群称为A的循环同调群，记为$HC.(A)$。在上图中，b-复形称为A的Hochschild链复形，记为$CH.(A)$，其同调群称为A的Hochschild同调群，记为$HH.(A)$。若代数A是增广的（augmented），则我们有如下分解
$$CC.(A) \simeq CC.(k) \oplus \overline{CC}.(A) \tag{8}$$

其中$\overline{CC}.(A)$被称为A的约化循环复形（reduced cyclic complex）。Feigin和Tsygan在文[17]的一个著名结论说约化循环复形可以按如下方法计算：

引理1（Feigin-Tsygan[14], Theorem 1）设$R \twoheadrightarrow A$是A的一个余纤维化预解，则我们有链复形的拟同构
$$\overline{CC}.(A) \simeq \bar{R}_\natural := R/(k \cdot 1 + [R, R]) \tag{9}$$

参考文献[5]的Proposition 4.2给出了该结论一个新的范畴化的证明。因为$CC.(A) \to \overline{CC}.(A)$是分裂的，满的，且$R_\natural = \bar{R}_\natural + k$，所以存在一个满映射
$$CC.(A) \to R_\natural$$

结合式（7）～（9），我们可以得到如下结论：

定理9（[5] Proposition 4.1）设A是一个微分分次代数，则存在一个自然映射，称为"导出迹映射"（derived trace map）
$$\mathrm{Tr}: CC.(A) \to \mathrm{DRep}_V(A)^{\mathrm{GL}(V)}$$
使得该映射的像生成的函数在每一个分次上（degree-wise）是满的。

换句话说，对于一个结合代数A，它的"导出函数"是其循环链复形，并且在导出意义下，我们有迹映射把导出的函数映到其导出表示概型上的函数。

4.2 切向量场与余切向量场

类似地，我们可以考虑导出意义下的"非交换切向量场"和"余切向量场"。这些概念完全平行于§2.3，因此我们只是简略地提一下，具体内容请参考文献[5-6, 18, 20]。

设结合代数A的一个余纤维化分解为QA，我们称$\mathrm{Der}(QA, QA \otimes QA)$和$\Omega^1(QA)$为$A$的导出意义下的"非交换切向量场"和"非交换余切向量场"；在Van den Bergh函子下，它们分别映到A的导出表示概型$\mathrm{DRep}_n(A)$上的切向量场和余切向量场。

此外，$\Omega^1(QA)$和$\mathrm{Der}(QA, QA \otimes QA)$，作为$QA$双模，对应的交换子商空间，$\Omega^1(QA)_\natural$和$\mathrm{Der}(QA, QA \otimes QA)_\natural$分别对应于$A$的Hochschild链复形$CH.(A)$和上链复形$CH^\cdot(A)$，从而我们有导出的迹

映射：

$$\text{Tr: CH}_\bullet(A) \to \Omega^1(\text{DRep}_n(A)^{\text{GL}(V)}), \quad \text{CH}^\bullet(A) \to \mathfrak{X}(\text{DRep}_n(A)^{\text{GL}(V)}) \tag{11}$$

其中 $\Omega^1(-)$ 和 $\mathfrak{X}(-)$ 分别表示相应空间上的微分 1-形式（余切向量场）和切向量场。

4.3 导出非交换泊松结构和辛结构

有了上述这些背景，我们介绍导出的非交换泊松结构和非交换辛结构就非常容易了。

定义 8[18]（导出非交换泊松结构）设 A 是微分分次代数。一个 A 上的度数为 n 的"导出非交换泊松结构"（derived non-commutative Poisson structure）是 A 的一个余纤维化预解 QA 上的度数为 n 的微分分次 H_0-泊松结构，即 $(QA)_\natural$ 是一个度数为 n 的微分分次李代数使得对任意的 $\bar{a} \in (QA)_\natural$

$$[\bar{a}, -] : (QA)_\natural \to (QA)_\natural$$

总是由代数 QA 的一个与微分交换的导子 $d_a: QA \to QA$ 诱导而来的。

在文献上，度数为 n 的泊松结构，也称为 n-次"平移泊松结构"（见 Calaque 等的论文[19]）。导出非交换 Poisson 括号在同伦意义下是不依赖于分解 QA 的选择的，因此在微分分次代数的同伦范畴上是良定义的。下列结果为文献[18]所证明：

定理 10（[18] Theorem 2）设 A 是微分分次代数，且具有一个度数为 n 的导出非交换泊松结构。则对任意的向量空间 V，A 的导出同调 $H_\bullet(\text{DRep}_V(A)^{\text{GL}(V)})$ 上存在唯一的度数为 n 的分次泊松代数结构使得导出迹映射是一个分次李代数同态。

当然，我们也可以讨论导出意义下 Van den Bergh 的双泊松结构以及 $\text{DRep}_V(A)$ 上的泊松结构，在此不再赘述。类似地，我们有：

定义 9[21]（导出非交换辛结构）设 A 是微分分次代数。A 上的度数为 n 的"导出非交换 n-次平移辛结构"（derived non-commutative n-shifted symplectic structure）是 A 的一个余纤维化预解 QA 上的度数为 n 的闭的、非退化的 $(2-n)$-形式 $\omega \in \text{DR}^2(QA)$。

在这里，注意到 $\text{DR}^\bullet(QA)$ 实际上有两个微分，一个是 de Rham 微分，一个是从 QA 上遗传来的微分，因此"闭"在这里的意思是：在 $\text{DR}^\bullet(QA)$ 对应的负循环链复形（negative cyclic complex）中是闭的。我们有如下定理：

定理 11（[21] Theorem 5.7）设 A 是微分分次代数，且具有一个导出非交换 n-次平移辛结构。则对任意的向量空间 V，$\text{DRep}_V(A)$ 上存在 n-次平移辛结构。

在这个定理中，平移辛结构的概念是 Pantev 等在文[22]中首次提出的；定义 9 中给出的可以看成是该概念的非交换版本。前面提到的文献[19]是该论文的后续。

注记 3 在本小节中，我们实际上模糊处理了 $\text{DRep}_V(A)$ 和 $\text{DRep}_V(A)^{\text{GL}(V)}$ 的区别。在介绍非交换泊松结构的时候，因为 Van den Bergh 的双泊松结构自然给出了 Crawley-Boevey 的 H_0-泊松结构，所以前者不仅给出了 $\text{DRep}_V(A)$ 上的泊松结构，也给出了 $\text{DRep}_V(A)^{\text{GL}(V)}$ 上的泊松结构。在研究非交换辛结构的时候，$\text{DRep}_V(A)$ 和 $\text{DRep}_V(A)^{\text{GL}(V)}$ 上的切向量场与余切向量场是有区别的，因此前者上的辛结构并不能给出后者上的辛结构，反之亦是如此。尽管如此，通过对非交换的切向量场和余切向量场的定义稍加改动（具体讨论可见文[21, 23]，并参见定理 16），我们可以分别得到 $\text{DRep}_V(A)^{\text{GL}(V)}$ 上的辛结构。为了得到 $\text{DRep}_V(A)^{\text{GL}(V)}$ 上的辛结构的例子，我们接下来讨论卡拉比-丘代数。

5 卡拉比-丘代数

2007 年，Ginzburg 在 arXiv 论文预印本网站发表了论文[24]。在文中，他首次引入了"卡拉比-丘代数"的概念。这一概念不仅总结了前人（例如 Kontsevich 等）在此领域的结果，而且开辟了很多新的研究方向，引起了很多数学家的关注与研究。

定义 10（Ginzburg）假设 A 是一个特征为 0 的数域 k 上的结合代数。我们称 A 是一个 n 维的"卡拉比-丘代数"，如果它满足以下两个条件：

（i）A 是同调光滑的（homologically smooth），也就是说，作为 A^e-模，A 存在一个有限长度的、并且是有限生成的投射预解；

(ii) 作为 A^e-模范畴的导出范畴中的对象，存在同构
$$\operatorname{RHom}_{A^e}(A, A \otimes A) = A[n] \tag{12}$$

注记 4 （i）在上述定义中，如果 A 是交换的，则：条件（i）等价于说，A 对应的仿射概型，也即素谱 $\operatorname{Spec} A$ 是光滑的（这是 Serre 的一个结果）；条件（ii）等价于说，$\operatorname{Spec} A$ 的典则层（canonical sheaf）是平凡的。由此，我们得到：对于一个交换代数 A，它是一个卡拉比-丘代数当且仅当 $\operatorname{Spec} A$ 是一个卡拉比-丘概型。对于同构（12），Van den Bergh 后来证明：在相差一个内自同构的意义下，该同构是唯一的。

（ii）卡拉比-丘代数与文献中的 Artin-Schelter 正则代数关系非常密切。实际上，如果我们在同构（12）中，只要求同构既是左 A-模同构，又是右 A-模同构，但是不一定是双模同构，则在此情形下，该代数就是一个 Artin-Schelter 正则代数。换句话说，卡拉比-丘代数是 Artin-Schelter 正则代数的特殊情形，反过来，Artin-Schelter 正则代数也称为"扭曲"的（twisted）卡拉比-丘代数（具体内容见 Reyes 等的论文[25]）。

下面我们给出卡拉比-丘代数的几个例子（以下代数有时候不限定基域是 k）。

例 2（包络代数）假设 $\mathfrak{g}$ 是一个有限维的李代数。我们称 $\mathfrak{g}$ 是幺模的（unimodular），如果任意 $a \in \mathfrak{g}$ 的共轭作用
$$\operatorname{ad}_a(-) = [a, -]: \mathfrak{g} \to \mathfrak{g}$$

的迹总是 0。有限维半单李代数、Abelian 李代数、紧李群的李代数等等，都是幺模的，它们的万有包络代数是卡拉比-丘代数。特别地，多项式代数是卡拉比-丘代数（因为它们是 Abel 李代数的万有包络代数）。

例 3（非交换无差异消解）设 Γ 是 $\operatorname{SL}(3, \mathbb{C})$ 的一个有限子群，通过 $\operatorname{SL}(3, \mathbb{C})$ 作用在 $\mathbb{C}^3$ 上。考虑奇点 $\mathbb{C}^3/\Gamma$，Bridgeland 等[26] 证明：$\mathbb{C}^3/\Gamma$ 存在一个光滑的消解 $\widetilde{\mathbb{C}^3/\Gamma}$，并且后者是一个局部卡拉比-丘流形。Van den Bergh[27] 证明：
$$D(\widetilde{\mathbb{C}^3/\Gamma}) \cong D(\mathbb{C}[x, y, z] \rtimes \Gamma)$$

并且称 $\mathbb{C}[x, y, z] \rtimes \Gamma$ 为 $\mathbb{C}^3/\Gamma$ 的"非交换无差异消解"（noncommutative crepant resolution，简称 NCCR）。在一般情况下，一个奇点的非交换无差异消解，如果存在的话，都是卡拉比-丘代数。

例 4（Ginzburg 代数）Ginzburg 在文[24] 中用箭图构造了一类微分分次代数（现在人们称为 Ginzburg 代数），并猜测：这类代数是卡拉比-丘代数。这一猜测后来被 Keller 和 Van den Bergh 证明（见文[28]）。Broomhead 证明，任意一个 3-维仿射、Gorenstein 孤立奇点，都存在非交换的无差异消解；该无差异消解是一个 3 维 Ginzburg 代数[29]。

例 5（基本群的群代数）一个流形 M 称为"无球"（aspherical）的，如果它的万有复叠空间是可缩的。对于一个无球闭流形，它的基本群的群代数是一个卡拉比-丘代数。在文[24] 中，Ginzburg 曾经猜测，3 维无球闭流形的基本群的群代数，作为一个卡拉比-丘代数，是由一个非交换势函数给出的 Jacobi 代数。这一猜测后来被 Davison 否定[30]。

5.1 从卡拉比-丘代数到卡拉比-丘范畴

在 1990 年代初，日本数学家 Fukaya（深谷贤治）在研究辛流形上相交型 Floer 同调群的时候，发现了辛流形的 Lagrange 子流形组成一个特殊的结构，他称之为 A_∞ 范畴。简单地说，一个 A_∞ 范畴不是一个范畴，而是在相差一个"同伦"的意义下形成一个范畴，而这些同伦之间又存在同伦，以及同伦的同伦等等，一直至于无穷。这一结构，现在称为 Fukaya 范畴，可以说是 Stasheff 在 1960 年代发现的流形的闭路空间上的 A_∞ 结构的范畴化版本。

在 1994 年的世界数学家大会上，在数学界崭露头角的 Kontsevich 提出了著名的"同调镜像对称猜测"（Homological Mirror Symmetry Conjecture）指出：对于一个卡拉比-丘流形，存在另一个卡拉比-丘流形，称为前者的"镜像"，使得前者的 Fukaya 范畴与后者的凝聚层范畴导出等价，前者的凝聚层范畴与后者的 Fukaya 范畴导出等价（见文[31]）。同调镜像对称猜测可以说是近二十多年来数学物理领域最重要的猜测，获得了人们广泛的研究，并取得了丰硕的成果。

Kontsevich 还指出，这两个范畴都是一类"非交换的辛空间"，后来 Costello[32] 等称之为卡拉比-丘范畴，并且证明一个卡拉比-丘范畴等价于一个"开"的拓扑共形场论（topological conformal field theory，简称 TCFT）。下面，我们对这一重要概念稍微详细地加以介绍（更详细的内容可见文 [32]）。

定义 11（A_∞ 范畴）一个 A_∞ 范畴 $\mathcal{A}$ 是由对象集合 $\mathrm{Ob}(\mathcal{A})$，及对任意的对象 $A_1, A_2 \in \mathrm{Ob}(\mathcal{A})$ 对应的 k 上的分次线性空间 $\mathrm{Hom}(A_1, A_2)$ 构成的，并且对所有 $n = 1, 2, \cdots$，都存在着度数为 $|m_n| = 2 - n$ 的多重线性映射：

$$m_n: \mathrm{Hom}(A_n, A_{n+1}) \otimes \cdots \otimes \mathrm{Hom}(A_2, A_3) \otimes \mathrm{Hom}(A_1, A_2) \to \mathrm{Hom}(A_1, A_{n+1})$$

且满足下列 A_∞ 关系：

$$\sum_{p=1}^{n} \sum_{k=1}^{n-p+1} (-1)^{\mu_{p,k}} m_{n-k+1}(a_n, \cdots, a_{p+k}, m_k(a_{p+k-1}, \cdots, a_p), a_{p-1}, \cdots, a_1) = 0 \tag{13}$$

其中 $a_i \in \mathrm{Hom}(A_i, A_{i+1})$，$\mu_{p,k} = d \sum_{r=1}^{p-1} |a_r| - (p-1)$。

定义 12（卡拉比-丘 A_∞ 范畴）设 $\mathcal{A}$ 是一个 A_∞ 范畴。若存在一个对称的非退化配对

$$\langle -, - \rangle: \mathrm{Hom}(A_2, A_1) \otimes \mathrm{Hom}(A_1, A_2) \to k[d]$$

使得该形式是循环不变的，即

$$\langle m_{n-1}(a_{n-1} \otimes \cdots \otimes a_1), a_n \rangle = (-1)^{n-1+|a_n|\sum_{i=1}^{n-1}|a_i|} \langle m_{n-1}(a_n \otimes \cdots \otimes a_2), a_1 \rangle \tag{14}$$

则我们称 $\mathcal{A}$ 是一个 d 维的"卡拉比-丘 A_∞ 范畴"。

在文献中，有时候也把上述范畴的同伦范畴称为卡拉比-丘范畴而不加以区分；在文 [33] 中，作者们也称之为非交换的卡拉比-丘空间。

例 6（凝聚层范畴）设 X 是一个 d 维卡拉比-丘流形，则 X 上的有界凝聚层范畴 $D(X)$ 是一个 d 维的卡拉比-丘范畴。

在本例中，m_1 是相应的态射空间上的微分，m_2 是态射的复合，而 m_3 及后面的 m_n 都是 0；相应的配对则由 Serre 对偶给出。具体证明可以参见 Huybrechts[34] 的书第三章。

例 7（Fukaya 范畴）设 M 是一个辛流形。直观地说，辛流形 M 的 Fukaya 范畴 $\mathrm{Fuk}(M)$ 定义如下：其对象为 M 中的 Lagrange 子流形，对任意两个横截相交的对象 L_1 和 L_2，其态射空间 $\mathrm{Hom}(L_1, L_2)$ 定义为对应的 Floer 上链复形，即由所有 L_1 和 L_2 的横截相交点张成的空间，并且对任意的 $n+1$ 个 Lagrange 子流形 $L_1, \cdots, L_{n+1}$，多重线性映射

$$m_n: \mathrm{Hom}(L_n, L_{n+1}) \otimes \cdots \otimes \mathrm{Hom}(L_2, L_3) \otimes \mathrm{Hom}(L_1, L_2) \to \mathrm{Hom}(L_1, L_{n+1})$$

的定义是通过计数边界落在 $L_1, \cdots, L_{n+1}$ 的拟全纯圆盘的个数而得到。Fukaya 和 Seidel 等证明：如果 M 的条件充分好（例如第一陈类为 0），则 $\mathrm{Fuk}(M)$ 是一个卡拉比-丘范畴，其中的配对由流形的 Poincaré 对偶给出。

这一结论中 A_∞ 范畴结构（13）的证明，可以参考 Fukaya 等[35] 的专著以及 Seidel[36] 的专著，而其中非退化配对（14）的存在性在 Seidel 的书中亦有证明。后来 Fukaya 告诉本文作者，对于一般的辛流形，这一结论也是成立的。

关于卡拉比-丘代数和卡拉比-丘范畴的关系，我们有如下定理（其证明见文 [37]）：

定理 12 设 A 是一个卡拉比-丘代数，则 A 的有限维微分分次模组成的范畴的导出范畴是一个卡拉比-丘范畴。

因为这个密切的关系，有些文献中也把满足定义 10 中两个条件的范畴称为卡拉比-丘范畴（例如文献 [38]）。

5.2 卡拉比-丘范畴与非交换几何

如前所述，Kontsevich 等认为（具体可见文 [31, 33]），卡拉比-丘范畴实际上等价于非交换的辛空间。直到现在，人们还在发掘这一论断背后的几何意义。例如，Pantev 等证明：

定理 13（[22] Theorem 0.1）设 X 是一个卡拉比-丘射影流形。则 X 上的凝聚层的导出范畴的模空间

上存在一个平移辛结构。

关于 Fukaya 范畴上的非交换几何理论，这方面的研究近年来有增多的趋势。前面提到的 Seidel 及其学生 Abouzaid、Sheridan，以及 Lekili 等都做出很重要的工作。对于其中的非交换 Poisson 结构，试举一例：

定理 14（[39] Theorem 17）设 M 是一个 $2d$ 维的恰当辛流形且满足 $c_1(M) = 0$。则 M 的 Fukaya 范畴 $\mathrm{Fuk}(M)$ 上具有一个度数为 $2-d$ 的微分分次双泊松结构。

6 卡拉比-丘代数的导出表示概型

在本小节，我们讨论卡拉比-丘代数的导出表示概型，并讨论其上的非交换泊松结构和辛结构。为了表述的方便，我们假设这些代数都是 Koszul 的。事实上，我们遇到的大部分卡拉比-丘代数都是（某种意义下）Koszul 的。

6.1 Koszul 对偶

我们从 Koszul 代数的定义开始。设 V 是数域 k 上的一个有限维向量空间，R 是 $V^{\otimes 2}$ 的子空间。我们记 V 的张量代数为 $T(V)$，并记 R 生成的双边理想为 $\langle R \rangle$。我们称对应的商代数

$$A := T(V)/\langle R \rangle$$

为一个"二次代数"（quadratic algebra），并记为 $A := A(V, R)$。对偶地，我们称二次代数

$$A^! := T(s^{-1}V^*)/\langle s^{-2}R^\perp \rangle$$

为 A 的"二次对偶代数"（quadratic dual algebra），其中 V^* 是向量空间 V 的对偶空间，$R^\perp \subset (V^*)^{\otimes 2}$ 是 R 在 $(V^*)^{\otimes 2}$ 中的正交补，s 是平移算子，同时我们称 $A^i := (A^!)^* \subset TV$ 为 A 的二次对偶余代数（quadratic dual coalgebra）。我们赋予余代数 A^i 以经典分次，在这种情况下 $A^i_0 = k$，$A^i_1 = sV$，而对 $n \geq 2$ 有

$$A^i_n = \bigcap_{p+q=n-2} (sV)^{\otimes p} \otimes R \otimes (sV)^{\otimes q}$$

现在我们选取 V 的一组基 $\{e_i\}$，设 $\{e_i^*\}$ 为其对偶基。定义 $A \otimes A^i$ 上的运算 $d := e_i \otimes s^{-1}e_i^*$ 如下：

$$d(r \otimes f) := \sum e_i r \otimes s^{-1}e_i^* f$$

则我们有 $d^2 = 0$。由此我们得到一个链复形 $(A \otimes A^i, d)$，我们称该链复形为二次代数 A 的 Koszul 复形。

定义 13（Koszul 代数）我们称一个二次代数 A 为 "Koszul 代数"，如果其 Koszul 复形

$$\cdots \xrightarrow{d} A \otimes A^i_m \xrightarrow{d} A \otimes A^i_{m-1} \xrightarrow{d} \cdots \xrightarrow{d} A \otimes A^i_0$$

是 A-模 k 的一个分解。

注记 5 这里给出的是狭义的 Koszul 代数的定义。更一般地，卢涤明等[40]给出了广义的 Koszul 代数的定义。本文中关于 Koszul 的卡拉比-丘代数的结论在广义的 Koszul 意义下也成立。

关于 Koszul 代数，我们有如下定理：

定理 15 设 A 是一个 Koszul 代数，记 A^i 为它的 Koszul 对偶余代数，$\Omega(A^i)$ 为 A^i 的"栏"构造（bar construction）。则我们有自然的映射

$$\Omega(A^i) \to A$$

使之成为拟同构。换句话说，$\Omega(A^i)$ 是 A 的一个余纤维化预解。

利用这个定理，我们能非常方便地给出 A 的导出意义下的非交换切向量场和余切向量场（在这里我们利用了杨伟杰[23]的一个观察，这个观察与本文部分作者在文[21]得到的结论是一致的）：

定理 16[21, 23] 设 A 是一个 Koszul 代数。则 A 的导出意义下的非交换切向量场和余切向量场（非交换微分 1-形式）分别为

$$\Omega(A^i) \otimes A^i \otimes \Omega(A^i) \text{ 和 } \Omega(A^i) \otimes A^i \otimes \Omega(A^i)$$

6.2 非交换泊松结构和辛结构

下面我们考虑 Koszul 的卡拉比-丘代数。这类代数有一个非常好的性质，这是由 Van den Bergh 给出的：

定理 17（[41] Theorem 11.1）设 A 是一个 Koszul 代数，则 A 是一个 n 维卡拉比-丘代数当且仅当它的

Koszul 对偶 $A^!$ 是一个对称的 Frobenius 代数，即存在 $A^!$-双模同构
$$A^! \to A^![n]$$
根据双辛结构的定义，结合定理 16 和定理 17，我们立即得到：

定理 18 [21, 23] 设 A 是一个 Koszul 的 n 维卡拉比-丘代数。则 A 上存在一个导出意义下的非交换的双辛结构，该双辛结构诱导了 $\mathrm{DRep}_V(A)^{\mathrm{GL}(V)}$ 上的 $(2-n)$ 次平移辛结构。

回忆§2.4 中关于非交换辛结构与非交换泊松结构的关系，定理 18 有如下推论：

推论 1 [18, 20, 42, 44] 设 A 是一个 Koszul 的 n 维卡拉比-丘代数。则 A 上存在一个导出意义下的非交换的双泊松结构，该双泊松结构诱导了 $\mathrm{DRep}_V(A)^{\mathrm{GL}(V)}$ 上的 $(2-n)$ 次平移泊松结构。

6.3 应用

通过学习非交换泊松结构，我们得到了结合代数的一些以前不知道的结构。在本文的最后，我们讲述几个这样的例子。

首先回忆在微分几何中，设 (M, π) 是一个泊松流形，则 M 上的微分形式空间 $\Omega^1(M)$ 是泊松代数 $C^\infty(M)$ 的一个李模：
$$(f, \omega) \mapsto L_{X_f}\omega$$
其中 $f \in C^\infty(M)$，$\omega \in \Omega^1(M)$，X_f 是函数 f 的汉密尔顿向量场。同时，de Rham 微分
$$d: C^\infty(M) \to \Omega^1(M)$$
是泊松代数 $C^\infty(M)$ 的李模同态。

在导出泊松几何中，我们也有类似的结论。回忆前面§4.1~4.2 所述，代数 A 的循环同调 $\mathrm{HC}_\cdot(A)$ 可以认为是 A 的导出意义下的函数，而 A 的 Hochschild 同调 $\mathrm{HH}_{\cdot+1}(A)$ 与 A 的导出意义下的微分 1-形式关系密切（见式（11）），Connes 循环算子 B 则类似于 de Rham 微分。本文部分作者和杨松在文 [20] 中证明：

定理 19（[20] Theorems 1.1-1.2）设 A 是一个 n 维的 Koszul 卡拉比-丘代数。则：

(i) A 上存在着一个度数为 $2-n$ 的导出泊松代数结构，且该导出泊松结构诱导了 A 的循环同调 $\mathrm{HC}_\cdot(A)$ 上的一个度数为 $2-n$ 的分次李代数结构；

(ii) $\mathrm{HH}_\cdot(A)$ 上具有一个度数为 $2-n$ 的 $\mathrm{HC}_\cdot(A)$-李模结构，并且正合序列
$$\cdots \xrightarrow{B} \mathrm{HH}_\cdot(A) \xrightarrow{I} \mathrm{HC}_\cdot(A) \xrightarrow{S} \mathrm{HC}_{\cdot-2}(A) \xrightarrow{B} \mathrm{HH}_{\cdot-1}(A) \xrightarrow{I} \cdots$$
是度数为 $2-n$ 的 $\mathrm{HC}_\cdot(A)$ 的李模映射。

关于定理中长正合列的具体内容，请参考 Loday 的书 [16]。在同一文章中，我们还给出如下论断，后来被 Ramadoss 和张忆宁证明：

定理 20（[44] Theorem 4.2）设 A 是一个 n 维的 Koszul 卡拉比-丘代数。我们有李模映射的交换图

$$\begin{array}{ccc} \mathrm{HC}_\bullet(A) & \xrightarrow{B} & \mathrm{HH}_{\bullet+1}(A) \\ \downarrow{\mathrm{Tr}} & & \downarrow{\mathrm{Tr}} \\ H_\bullet(\mathrm{DRep}_V(A)^{\mathrm{GL}(V)}) & \xrightarrow{d} & H_\bullet(\Omega^1(\mathrm{DRep}_V(A)^{\mathrm{GL}(V)})) \end{array}$$

关于导出非交换泊松结构的其他应用，如在弦拓扑、表示论和导出代数几何等领域的应用，可参见文献 [42-43] 等。最后，我们提两个有趣的问题，与大家一起探讨：

问题 1 在§1.5 小节中，我们将卡拉比-丘流形上凝聚层范畴的 Serre 对偶定理解释成其模空间上的平移辛结构。对于一般的 n 维射影流形，我们仍然有 Serre 对偶定理
$$\mathrm{Hom}_{D(X)}(\mathcal{E}, \mathcal{F}) \cong \mathrm{Hom}_{D(X)}(\mathcal{F}, S(\mathcal{E})[n])^*$$
其中 S 是 Serre 函子。我们的问题是：这个一般情形的定理给出了流形凝聚层范畴的模空间上的什么结构？

问题 2 在本文中，我们主要考虑了结合代数在线性空间上的表示及其导出情形。在代数几何中，我

们还可以考虑代数簇的 Hilbert 概型和 Quot 概型，这些函子也都存在导出的版本。一个自然的问题是：对于结合代数，是否存在导出的非交换 Hilbert 概型和 Quot 概型？如果存在，如何刻画它们？

致谢 本文的撰写得到中山大学胡建勋教授的支持与鼓励，并得到杨松、杨向东的协助，作者们向以上诸位表示诚挚的谢意。

参考文献：

[1] KONTSEVICH M, ROSENBERG A. Noncommutative smooth spaces [C]//Gelfand Mathematical Seminars 2000, 2000: 85-108.

[2] CRAWLEY-BOEVEY W. Poisson structures on moduli spaces of representations [J]. Journal of Algebra, 2011, 325: 205-215.

[3] BERGH MVAN DEN. Double Poisson algebras [J]. Trans Amer Math Soc, 2008, 360: 5711-5769.

[4] CRAWLEY-BOEVEY W, ETINGOF P, GINZBURG V. Noncommutative geometry and quiver algebras [J]. Adv Math, 2007, 209(1): 274-336.

[5] BEREST Y, KHACHATRYAN G, RAMADOSS A. Derived representation schemes and cyclic homology [J]. Adv Math, 2013, 245: 625-689.

[6] BEREST Y, FELDER G, RAMADOSS A. Derived representation schemes and noncommutative geometry [C]//Contemp Math, 2014, 607: 113-162.

[7] TOËN B, VAQUIE M. Moduli of objects in dg-categories [J]. Ann Sci Éc Norm Sup, 2007, 40(3): 387-444.

[8] FARKAS D, LETZTER G. Ring theory from symplectic geometry [J]. J Pure Appl Algebra, 1998, 125: 155-190.

[9] BLOCK J, GETZLER E. Quantization of foliations [C]// Proceedings of the XXth International Conference on Differential Geometric Methods in Theoretical Physics, Vol. 1, 2, New York, 1991. River Edge, NJ: World Sci Publishing, 1992: 471-487.

[10] XU P. Noncommutative Poisson algebras [J]. Amer J Math, 1994, 116: 101-125.

[11] PROCESI C. Rings with Polynomial Identities [M]. New York: Marcel Dekker, 1973.

[12] ARDIZZONI A, GALLUZZI F, VACCARINO F. A new family of algebras whose representation schemes are smooth [J]. Ann Inst Fourier (Grenoble), 2016, 66(3): 1261-1277.

[13] CUNTZ J, QUILLEN D. Cyclic homology and nonsingularity [J]. J Amer Math Soc, 1995, 8(2): 373-442.

[14] HARRISON D. Commutative algebras and cohomology [J]. Trans Amer Math Soc, 1962, 104: 191-204.

[15] Van den BERGH M. Non-commutative quasi-Hamiltonian spaces [C]//Poisson geometry in mathematics and physics, 273-299, Contemp Math 450, Amer Math Soc, Providence, RI, 2008.

[16] LODAY J. Cyclic homology [M]. 2nd ed. Berlin: Springer-Verlag, 1998.

[17] FEIGIN B, TSYGAN B. Additive K-theory and crystalline cohomology [J]. Funct Anal Appl, 1985, 19(2): 124-132.

[18] BEREST Y, CHEN X, ESHMATOV A, et al. Noncommutative Poisson structures, derived representation schemes and Calabi-Yau algebras [C]//Contemp Math, 2012, 583: 219-246.

[19] CALAQUE D, PANTEV T, TOËN B, et al. Shifted Poisson structures and deformation quantization [J]. J Topol, 2017, 10(2): 483-584.

[20] CHEN X, ESHMATOV A, ESHMATOV F, et al. The derived non-commutative Poisson bracket on Koszul Calabi-Yau algebras [J]. J Noncommut Geom, 2017, 11(1): 111-160.

[21] CHEN X, ESHMATOV F. Calabi-Yau algebras and the shifted noncommutative symplectic structure [J]. Adv Math, 2020, 367: 107-126.

[22] PANTEV T, TOËN B, VAQUIÉ M, et al. Shifted symplectic structures [J]. Publ Math Inst Hautes Etudes Sci, 2013, 117: 271-328.

[23] YEUNG W. Pre-Calabi-Yau structures and moduli of representations [J]. ArXiv, 2018. [arXiv:1802.05398]

[24] GINZBURG V. Calabi-Yau algebras [J]. ArXiv, 2006. [arXiv:math/0612139]

[25] REYES M, ROGALSKI D, ZHANG J. Skew Calabi-Yau algebras and Homological identities [J]. Adv Math, 2014, 264: 308-354.

[26] BRIDGELAND T, KING A, REID M. The McKay correspondence as an equivalence of derived categories [J]. J Amer Math Soc, 2001, 14(3): 535-554.

[27] Van den BERGH M. Non-commutative crepant resolutions [M]. The Legacy of Niels Henrik Abel (Berlin), Berlin: Springer, 2004: 749-770.
[28] KELLER B. Deformed Calabi-Yau completions [J]. J Reine Angew Math, 2011, 654: 125-180.
[29] BROOMHEAD N. Dimer models and Calabi-Yau algebras [J]. Mem Amer Math Soc, 2012, 215(1011): viii+86.
[30] DAVISON B. Superpotential algebras and manifolds [J]. Adv Math, 2012, 231: 879-912.
[31] KONTSEVICH M. Homological algebra of Mirror Symmetry [J]. Proceedings of the International Congress of Mathematicians, Zürich 1994, (vol. I). Birkhäuser: 1995: 120-139.
[32] COSTELLO K. Topological conformal field theories and Calabi-Yau categories [J]. Adv Math, 2007, 210(1): 165-214.
[33] KONTSEVICH M, SOIBELMAN Y. Notes on A_∞-algebras, A_∞-categories and non-commutative geometry [C]// Homological Mirror Symmetry, Lecture Notes in Phys 757. Berlin: Springer, 2009: 153-219.
[34] HUYBRECHTS D. Fourier-Mukai Transforms In Algebraic Geometry [M]. Oxford Mathematical Monographs, Oxford: Oxford University Press, (2006): viii+307.
[35] FUKAYA K, OH Y, OHTA H, et al. Lagrangian Intersection Floer Theory: Anomaly and Obstruction, Part I and II [M]//AMS/IP Studies in Advanced Mathematics, (Vol 46), 2009.
[36] SEIDEL P. Fukaya categories and Picard-Lefschetz theory [M]// Zürich Lectures in Advanced Mathematics, Zürich: European Mathematical Society (EMS), 2008.
[37] KELLER B. Calabi-Yau triangulated categories [M]. Trends in representation theory of algebras and related topics, EMS Ser Congr Rep, Zürich: European Mathematical Society, 2008: 467-489.
[38] BRAV C, DYCKERHOFF T. Relative Calabi-Yau structures [J]. Compos Math, 2019, 155(2): 372-412.
[39] CHEN X, HER H, SUN S, et al. A double Poisson algebra structure on Fukaya categories [J]. J Geom Phys, 2015, 98: 57-76.
[40] LU D, PALMIERI J, WU Q, et al. A_∞ structure on Ext-algebras [J]. J Pure Appl Algebra, 2009, 213: 2017-2037.
[41] Van den BERGH M. Calabi-Yau algebras and superpotentials [J]. Selecta Math (N. S.), 2015, 21(2): 555-603.
[42] BEREST Y, RAMADOSS A, ZHANG Y. Hodge decomposition of string topology [J]. arXiv, 2002. [arXiv: 2002. 06596v2].
[43] BEREST Y, FELDER G, PATOTSKI A, et al. Lie algebra cohomology and the derived Harish-Chandra homomorphism [J]. J Eur Math Soc, 2017, 19: 2811-2893.
[44] RAMADOSS A, ZHANG Y. Cyclic pairings and derived Poisson structures [J]. New York J Math, 2019, 25: 1-44.

（责任编辑　冯兆永）

·Invited review·

A road map to higher genus Gromov-Witten invariants of Calabi-Yau quintics[*]

CHANG Huailiang, LI Weiping

Department of Mathematics, Hong Kong University of Science and Technology, Hong Kong, China

Abstract: This is a survey of using NMSP method to study higher genus Gromov-Witten invariants of Calabi-Yau quintics. It emphasizes on how and why the various methods are introduced to solve several important conjectures for higher genus Gromov-Witten invariants of Calabi-Yau quintics.

Key words: Gromov-Witten invariants; Calabi-Yau manifolds

CLC number: O187   **Document code:** A   **Article ID:** 2097 - 0137（2023）02 - 0001 - 09

1 Enumerative geometry of counting curves

Enumerative geometry is a research area of algebraic geometry where we count the number of geometric objects. The simplest example is to count the number of lines in the plane passing through two given points. Apparently, the answer is 1, i. e. , there is only one line passing through two given points.

The first golden age of enumerative geometry in modern time is near the end of the nineteenth century. One of the key figures among many enumerative geometers is Hermann Schubert. Many sophisticated methods were developed to solve various enumerative geometric problems. The whole subject is sometimes called Schubert Calculus. Its modern treatment can be found in the book Intersection Theory by Fulton(1984).

We can look at a simple example.

Example 1 Number of conics in $\mathbb{P}^2$ passing through 5 general points.

Consider a conic in the projective plane $\mathbb{P}^2$. The conic $\mathcal{C}$ is the zero locus of a degree two homogeneous polynomial

$$f(x,y,z) = a_1 x^2 + a_2 y^2 + a_3 z^2 + a_4 xy + a_5 yz + a_6 xz = 0.$$

Hence the set of conics can be parametrized by $\mathbb{P}^5$ such that the conic $\mathcal{C}$ corresponds to the point $[a_1,\cdots,a_6] \in \mathbb{P}^5$, where $\{a_i\}$ are the coefficients of the the polynomial f. The set of conics passing through a given point is a linear condition on the coefficients of $f(x,y,z)$, hence it is a linear hypersurface of $\mathbb{P}^5$. The number of conics passing through general 5 points equals the intersection number of 5 linear subspaces, which is 1.

This simple example illustrates the standard way to do enumerative geometry. The geometric objects (conics in the example) form a set ($\mathbb{P}^5$ in the example), called moduli space. A condition on the objects (conics containing a given point in the example) is a subset, usually a divisor, in the moduli space (a linear hypersurface in the example). The enumerative number will be the intersection number of these divisors. How many divisors we

---

[*] **Received**: 2022 - 10 - 29   **Accepted**: 2022 - 11 - 16   **Published online**: 2023 - 01 - 11
Supported by Hong Kong GRF16301515,GRF16301717,GRF16304119 and GRF16306222
Corresponding author: LI Weiping (mawpli@ust.hk)
CHANG Huailiang (mahlchang@ust.hk)

need depends on the dimension of the moduli space.

Example 2 Number of conics in $\mathbb{P}^2$ tangent to 5 general lines.

Conics tangent to a given line L is a quadratic condition. Hence the set of conics tangent to a given line is a quadric Q_L in $\mathbb{P}^5$. The number of conics tangent to 5 general lines would be the number of the intersection of 5 quadrics, which equals $2^5 = 32$. In fact, the answer is 1. What goes wrong?

A line is tangent to a conic if the multiplicity of the intersection of the line with the conic is bigger than 1. Conics can be degenerate into a double line given by an equation
$$(ax + by + cz)^2 = 0.$$
Any line intersects any degenerate conic with multiplicity two, thus the set S of double lines is contained in any divisor Q_L. Even though the five lines L_i are in general position, the corresponding divisors Q_{L_i} don't intersect properly. This is an excess intersection. The intersection theory has a method to deal with this issue. Using it, we obtain the actual number of conics tangent to five general lines is 1.

In summary, many enumerative geometric problems can be reformulated into a problem of intersection theory on the moduli space of geometric objects to be enumerated. And in many cases, the intersection is an excess intersection and hence cannot be naively computed.

2 Enumerating rational curves on Calabi-Yau quintics

A Calabi-Yau quintic X is the zero locus of a degree 5 homogeneous polynomial in $\mathbb{P}^4$, e. g. ,
$$X = \{x_1^5 + \cdots + x_5^5 = 0\} \subset \mathbb{P}^4.$$

Clemens proposed a conjecture that there are only finitely many rational curves of given degree on a general Calabi-Yau quintic X. The conjecture has been proved for low degrees. The next question is the number of rational curves of a given degree on X. For low degrees, the number of rational curves has been computed (Katz, 1983; Katz, 1986). For example, the number of lines on a general quintic is 2 875, and the number of conics on a general quintic is 609 250.

In the seminal paper by physicists Candelas et al. (1991), the number of rational curves of all degrees on quintics X is calculated using a physical conjectural technique, called mirror symmetry.

Let $N_{g,d}$ represent the number of genus g degree d curves on X. Then we have a generating function
$$F_g(q) = \sum_{d=0}^{\infty} N_{g,d} q^d.$$

They constructed another Calabi-Yau three-fold $\hat{X}$ (called a mirror of X), studied the moduli space of complex structures on $\hat{X}$, computed some period integrals, and used a string duality to predict/conclude an explicit formula for $F_0(q)$. The first few terms of F_0 corresponding to the number of rational curves on X of small degrees agree with the computations by mathematicians.

Physicists computed enumerative geometry on X via a non-enumerative computation on the mirror manifold $\hat{X}$, which is called computations in B-model or on B-side. Mathematicians still want to do enumerative computations on X, which is called computations in A-model or on A-side. In order to achieve that, mathematicians have to make several changes to the original enumerative geometric problem.

Recall that the conjecture of Clemens is yet to be proved. We don't know whether the number of rational curves on a general quintic is finite or not. Furthermore, the moduli space of curves on X is hard to work with.

Instead of counting number of curves C on X, we can count the number of maps from curves to X:
$$f: C \to X.$$

If the target of the map $f: C \to X$ is rigid (no deformation) in X and the map is an isomorphism, then the counting the number of such maps f is the same as the counting of the number of curves C.

The set of such maps are called the moduli space of stable maps to X due to Kontsevich(1995), denoted by

$$\mathcal{M}_g(X, d),$$

where g is the genus of the curve $\mathcal{C}$, and d is the degree of the image curve $f(\mathcal{C})$ in $\mathbb{P}^4$.

An element in $\mathcal{M}_g(X, d)$ is represented by a homomorphic map f from a compact nonsingular curve $\mathcal{C}$ to X. Unfortunately, such a space $\mathcal{M}_g(X, d)$ is not compact, and hence is not a good space to perform intersection theory. Kontsevich introduced the concept of stable maps from nodal curves to X. The domain of the map f may not be a nonsingular curve, but it is at worst a union of smooth curves intersecting transversally or a singular curve with only nodal singularities. By adding these maps to $\mathcal{M}_g(X, d)$, we obtain a compactified moduli space of stable maps $\overline{\mathcal{M}}_g(X, d)$. This is the first major change in enumerating curves on X.

Naively, the dimension of $\overline{\mathcal{M}}_g(X, d)$ is expected to be zero. Rigorously, by deformation theory, the expected dimension of $\overline{\mathcal{M}}_g(X, d)$ is zero. However, the actual dimension of $\overline{\mathcal{M}}_g(X, d)$ is not zero. It is due to the similar phenomenon mentioned in the problem of counting number of conics tangent to 5 lines in $\mathbb{P}^2$, i.e., excess intersection.

How do we overcome the difficulty of excess intersection?

In intersection theory, most of the problems of excess intersections can be reduced to computations of Chern classes of some vector bundles. Therefore, it is important to find the vector bundles.

The moduli space is equipped with the so-called deformation and obstruction theory. Due to the work of Behrend et al. (1997) and Li et al. (1998), a method of perfect obstruction theory is developed. Instead of a vector bundle in the case of excess intersection, there should be a two term complex of vector bundles. A virtual cycle $\overline{\mathcal{M}}_g(X, d)^{virt}$ can be constructed from this complex of vector bundles. If the two term complex of vector bundles has only one nonzero term which is a vector bundle, then the virtual cycle is the top Chern class of the vector bundle. Hence the virtual cycle technique is a generalization of the traditional method in intersection theory. The virtual cycle has dimension zero and sits in the moduli space $\overline{\mathcal{M}}_g(X, d)$. The Gromov-Witten invariants is defined to be (Behrend, 1997; Li et al., 1998)

$$N_{g,d} = \deg \overline{\mathcal{M}}_g(X, d)^{virt}.$$

The number defined is actually a virtual counting. Also it is sometimes only a rational number, not an integer. The reason for being a rational number is that the moduli space should be replaced by the moduli stack. This is due to the fact that a stable map may admit nontrivial automorphisms.

The Gromov-Witten invariants have many rich inner structures (Kontsevich et al., 1994; Ruan et al., 1995; Kontsevich et al., 1996; Behrend, 1997; Li et al., 1998). It leads to new topics such as quantum cohomology and Frobenius manifolds.

The perfect obstruction theory and the concept of virtual cycles are the other important developments out of the study of counting curves on Calabi-Yau quintics. It becomes an essential part of defining various invariants for moduli problems such as Donaldson-Thomas invariants and its cousins.

How to compute the Gromov-Witten invariants just defined?

$\mathbb{P}^5$ admits a natural torus $\mathbb{C}^*$ action. For the case of genus zero, the moduli space $\overline{\mathcal{M}}_0(X, d)$ is smooth, and the virtual cycle $\overline{\mathcal{M}}_0(X, d)^{virt}$ is related to Chern classes of some vector bundles over it. Atiyah and Bott developed a theory of torus localisation, which can be used to compute Chern classes.

However, our setup is virtual, the localization formula for computations in traditional intersection theory doesn't apply directly to Gromov-Witten theory. Graber et al. (1999) developed a virtual torus localization method to deal with virtual cycles. This is another new development from the study of Gromov-Witten theory. It becomes one of the mostly used methods for computations of various invariants such Gromov-Witten invariants and Donaldson-Thomas invariants.

There is a standard recipe to carry out torus localization. However, it gives a vast amount of combinatorial data. The formula obtained by Candelas et al is an explicit formula. One of the most challenging problems is how to package these data from localization into a neat formula.

The physical method is the computation of some period integrals from the variation of Hodge structures of the mirror manifold $\hat{X}$. There is a Gauss-Manin connection, and the physical generating function $F_0^B(t)$ is a solution of a differential equation called Picard-Fuchs equation.

The breakthrough came from the work of Givental(1996;1999), Lian et al. (1999) and Bertram(2000). They carried out the computation of $F_0(q)$ by introducing an auxiliary graph space $X \times \mathbb{P}^1$, i. e. , a map $f: \mathbb{P}^1 \to X$ induces a map $g: \mathbb{P}^1 \to X \times \mathbb{P}^1$. Using the torus action on $\mathbb{P}^1$ and the ambient space $\mathbb{P}^4$, Givental studied the $\mathbb{C}^*$-equivariant Gromov-Witten invariants. He defined a Givental connection coming from the quantum product on the cohomology groups of X defined via Gromov-Witten invariants. The connection is flat due to WDVV equation, which is a property of Gromov-Witten invariants first found by physicists Witten-Dijkgraaf-Verlinde-Verlinde. Givental was able to show that $F_0^A(q)$ equals the physical generating function $F^B(t)$ via a change of variable $q = e^t$.

The method developed by Givental is very sophisticated and becomes the standard method for other target manifolds which are not Calabi-Yau manifolds, and for higher genus Gromov-Witten invariants.

It is remarkable that the enumerative geometry of counting rational curves on a quintic Calabi-Yau threefold morphs into a subject of its own. Along the way, several new concepts and new methods are developed. It even ventures into different seemly unrelated research areas such as period integrals, connections, Picard-Fuchs differential equations.

How about higher genus Gromov-Witten invariants of the quintic X?

Once again, physicists Bershadsky et al. (1993) studied higher genus Gromov-Witten invariants of the Calabi-Yau quintics and obtained several surprising results about the structure of the generating function $F_g^B(t)$. In particular, they found a complete formula for genus 1 Gromov-Witten invariants $F_1(q)$. For a complete formula for higher genus Gromov-WItten invariants, one can study the paper by physicists Huang et al. (2009).

For higher genus g, the moduli space $\overline{\mathcal{M}}_g(X, d)$ is no longer smooth, and the virtual cycle is no longer a Chern class of some vector bundle. New methods are needed.

For the genus 1 case, the moduli space $\overline{\mathcal{M}}_1(X, d)$ has many irreducible components, one of which, called ghost component, consists of stable maps mapping the irreducible component with genus 1 of the reducible source curve to a point.

Vakil et al. (2008) and Li et al. (2009) analysed the moduli space $\overline{\mathcal{M}}_1(X,d)$, and they performed blowups to deal with the singularities. A formula relating the Gromov-Witten invariants with a refined invariant is obtained. Zinger(2008) worked out the computation of the refined invariants, thus proved the formula of BCOV for genus 1 case.

There are attempts to use the similar method to study other higher genus cases. However, the singularities of the moduli space for genus bigger than 1 are too complicated and prevent people to get a workable setup.

3 Reformulation of GW invariants and its cousin FJRW invariants

A stable map to the quintic $X = \{ w: = x_1^5 + \cdots + x_5^5 = 0 \}$ is described by
$$f: C \to X.$$
It is also a map to $\mathbb{P}^4$. The projective space $\mathbb{P}^4$ is a geometric invariant quotient in the stack $[\mathbb{C}^5/\mathbb{C}^*]$.

Inspired by physicists Guffin et al. (2009), Chang et al. (2012) developed the theory of P-fields to study Gromov-Witten invariants. Here is a brief description.

Consider a torus $\mathbb{C}^*$ action on $\mathbb{C}^6 = \mathbb{C}^5 \times \mathbb{C}$ given by

$$t \cdot (x_1, \cdots, x_5, p) = (tx_1, \cdots, tx_5, t^{-5}p).$$

The stack $[\mathbb{C}^6/\mathbb{C}^*]$ has a GIT quotient

$$K_{\mathbb{P}^4} = \left(\mathbb{C}^6 - \{(0, \cdots, 0, p) \,|\, \text{all } p\}\right)/\mathbb{C}^*, \tag{1}$$

which is the canonical line bundle of $\mathbb{P}^4$. It admits a function on $K_{\mathbb{P}^4}$:

$$(x_1^5 + \cdots + x_5^5)p : K_{\mathbb{P}^4} \to \mathbb{C},$$

since the function is invariant under the $\mathbb{C}^*$-action on $\mathbb{C}^6$.

If we consider a map f from a curve $\mathcal{C}$ to $K_{\mathbb{P}^4}$, which is a GIT quotient, the map f can be described by

$$\{\mathcal{C}, \mathcal{L}, (\varphi_1, \cdots, \varphi_5) \in H^0(\mathcal{C}, \mathcal{L})^{\oplus 5}, \rho \in H^0(\mathcal{C}, \mathcal{L}^{-5}) \,|\, (\varphi_1, \cdots, \varphi_5) \neq 0\},$$

where $\mathcal{L}$ is the line bundle associated to the map f. The sections φ_i correspond to the coordinates x_i, and the section ρ corresponds to the coordinate p. The symbol $\neq 0$ means nowhere vanishing.

The P-fields theory studies a map f from a curve $\mathcal{C}$ to $K_{\mathbb{P}^4}$ with the section corresponding to p replaced by a section $\rho \in H^0(\mathcal{C}, \mathcal{L}^{-5} \otimes \omega_\mathcal{C})$, i. e. ,

$$\xi = \{\mathcal{C}, \mathcal{L}, (\varphi_1, \cdots, \varphi_5) \in H^0(\mathcal{C}, \mathcal{L})^{\oplus 5}, \rho \in H^0(\mathcal{C}, \mathcal{L}^{-5}\omega_\mathcal{C}) \,|\, (\varphi_1, \cdots, \varphi_5) \neq 0\}. \tag{2}$$

The section ρ is called a P-field of the theory. We can fix some numerical data. The curve $\mathcal{C}$ has genus g, and the line bundle $\mathcal{L}$ has degree d.

The set of such ξ forms the moduli space (stack) of the theory. The moduli space is not compact due the appearance of sections ρ, and hence there is no way one can define invariants. However, the obstruction sheaf $\mathcal{O}b$ of the theory admits a co-section, i. e. ,

$$\sigma: \mathcal{O}b \to \mathcal{O}.$$

Kiem et al. (2013) developed a theory of co-section localization studying the virtual cycle defined on the degenerate locus of the co-section, which is the zero locus $\sigma^{-1}(0)$.

Applying the co-section localization to our setup, the co-section is derived from the function $w = x_1^5 + \cdots + x_5^5$. The degenerate locus is $\{\rho = 0, \varphi_1^5 + \cdots + \varphi_5^5 = 0\}$, which is exactly the moduli stack $\overline{\mathcal{M}}_g(X, d)$. The co-section localization theory defines a virtual cycle lying in the degenerate locus $\overline{\mathcal{M}}_g(X, d)$, and Gromov-Witten theory also has a virtual cycle. The key result of Kiem et al. (2013) is that the two virtual cycles are equal up to a sign.

This gives a reformulation of GW invariants. The original definition of GW invariants is counting maps from curves to X, which is closed to counting curves on X. This version of Gromov-Witten theory deviates from curve counting due to the appearance of extra P-fields. P-fields theory also doesn't provide a better way to compute GW invariants. Its importance will appear when we consider a cousin of Gromov-Witten theory.

In physics, there is another theory, called Landau-Ginzburg theory, which is equivalent to Gromov-Witten theory physically. Gromov-Witten theory of the quintic $X = \{w = 0\}$ studies GW invariants on the quintic X. The corresponding Landau-Ginzburg theory studies the singularity of the function w. The counterpart of GW invariants is the FJRW invariant, defined by Witten(1993) in physics and Fan et al. (2013) in mathematics. The key ingredient is to define invariants from the moduli space of spin curves. Witten enlarged the moduli space of spin curves by adding sections of the line bundle from the spin structure. However the new moduli space is not compact and cannot be used to define invariants. Witten introduced the Witten equation so that the moduli space of solutions of the Witten equation is again compact, hence invariants can be defined, called Witten top Chern class. Unfortunately, the Witten equation involves taking the complex conjugate, and hence it cannot be translated into algebraic geometric language directly.

Polishchuk et al. (2001) defined an algebraic geometric version of the invariants. Chiodo found another definition of Witten top Chern class using K-theory. Fan, Jarvis and Ruan used analytic tools to define invariants for a very general setup.

In Chang et al. (2015), there is another approach to reformulate the FJRW invariants via the method of P-fields already used for GW invariants. The moduli space (stack) $\overline{\mathcal{M}}_g^{1/5,5p}$ of the theory consists of the following objects

$$\xi = \left\{ \mathcal{C}, \mathcal{L}, (\varphi_1, \cdots, \varphi_5) \in H^0(\mathcal{C}, \mathcal{L})^{\oplus 5}, \rho \in H^0(\mathcal{C}, \mathcal{L}^{-5}\omega_{\mathcal{C}}) \mid \rho \neq 0 \right\}. \quad (3)$$

Since the section ρ is nowhere vanishing, it implies that $\mathcal{L}$ is a 5-spin line bundle. Hence it requires the underlying curve $\mathcal{C}$ be a twisted curve (orbi-curve) (Abramovich et al., 2003) and $\mathcal{L}$ be an orbi-line-bundle. Sections $\varphi_1, \cdots, \varphi_5$ are the P-fields of the theory.

One obtains (3) by considering a map from a (twisted) curve $\mathcal{C}$ to the orbifold $[\mathbb{C}^5/\mu_5]$ where μ_5 is the cyclic group of roots of fifth unity acting on $\mathbb{C}^5$ diagonally. It can also be viewed as a map from a curve $\mathcal{C}$ to the following GIT quotient:

$$\left(\mathbb{C}^6 - \left\{ (x_1, \cdots, x_5, 0) \mid \text{all } x_1, \cdots, x_5 \right\} \right) / \mathbb{C}^*, \quad (4)$$

with an $\omega_{\mathcal{C}}$ twist on the section ρ similar to P-fields formulation of GW invariants.

Clearly the moduli space $\overline{\mathcal{M}}_g^{1/5,5p}$ is not compact. Again, the function $w = x_1^5 + \cdots + x_5^5$ induces a co-section of the obstruction sheaf of the theory. By the co-section localization method, the degenerate locus of the co-section is the moduli space of 5-spin twisted curves. The localized virtual cycle defines FJRW invariants in the narrow sector. It is also proved that all the existing definitions of Witten top Chern class agree.

Using physical arguments, the generating function of GW invariants of the quintic, after some change of variables and some transformations, equals the generating function of FJRW invariants of the quintic polynomial. This is called CY-LG correspondence.

4 Mixed-spin-P-fields and its variants

In the reformulations of both GW invariants and FJRW invariants, we can see the same description in (2) and (3). The only difference is that $(\varphi_1, \cdots, \varphi_5)$ is nowhere zero for GW invariants and ρ is nowhere zero for FJRW invariants. It suggests a deeper relation between these two invariants.

We can compare the GIT quotients (1) and (4). They are the GIT quotients of two different stability conditions of the stack $[\mathbb{C}^6/\mathbb{C}^*]$. One can consider the variations of stability conditions. To be precise, we can construct the following space:

$$Z = \left(\mathbb{C}^6 \times \mathbb{P}^1 - \left\{ (0, \cdots, 0, p) \times [0, 1] \right\} \cup \left\{ (x_1, \cdots, x_5, 0) \times [1, 0] \right\} \right) / \mathbb{C}^*,$$

where $\mathbb{C}^*$ acts by weights $(1,1,1,1,1,-5,1,0)$.

Let $[v_1, v_2]$ be the coordinates of the projective line $\mathbb{P}^1$. When $v_2 = 0$, it is $\mathbb{C}^5/\mu_5$; when $v_1 = 0$, it is $K_{\mathbb{P}^4}$. Hence Z is the path connecting two GIT quotients of $[\mathbb{C}^6/\mathbb{C}^*]$.

If we consider maps from a (twisted) curve $\mathcal{C}$ to Z (also with an $\omega_{\mathcal{C}}$ twist on sections ρ), we get the following equivalent description,

$$\begin{aligned}\xi = & \left(\mathcal{C}, \mathcal{L}, \mathcal{N}, (\varphi_1, \cdots, \varphi_5) \in H^0(\mathcal{L}^{\oplus 5}), \rho \in H^0(\mathcal{L}^{\vee 5}\omega_{\mathcal{C}}), \nu_1 \in H^0(\mathcal{L} \otimes \mathcal{N}), \right. \\ & \left. \nu_2 \in H^0(\mathcal{N}) \mid (\varphi_1, \cdots, \varphi_5, \nu_1), (\rho, \nu_2), (\nu_1, \nu_2) \text{ all nowhere zero} \right). \end{aligned}$$

Such a collection is called a mixed-spin-P-field (MSP for short).

If $\nu_1 = 0$, $(\varphi_1, \cdots, \varphi_5)$ nowhere zero and ν_2 nowhere zero. Thus we have $\mathcal{N} \cong \mathcal{O}_{\mathcal{C}}$. We get the GW-invariants via Chang-J. Li's reformulation.

If $\nu_2 = 0$, ρ nowhere zero and ν_1 nowhere zero. Thus we get $\mathcal{N} \cong \mathcal{L}^{\vee}$ and $\mathcal{L}^{\otimes 5} \cong \omega_{\mathcal{C}}$. We get FJRW invariants via Chang-J. Li-Li's definition.

If $\rho = 0$ and $(\varphi_1,\cdots,\varphi_5) = \vec{0}$, then ν_1 and ν_2 are nowhere zero. We have $\mathcal{L} \cong \mathcal{O}$ and $\mathcal{N} \cong \mathcal{O}$. We get the moduli space of curves.

We can fix numerical invariants: the genus g of the curve $\mathcal{C}$, $d_0 = \deg(\mathcal{L} \otimes \mathcal{N})$, $d_\infty = \deg \mathcal{N}$. Let $\mathfrak{W}$ be the moduli stack of such ξ with a fixed set of numerical invariants. The virtual dimension of the moduli stack is $\delta = d_0 + d_\infty + 1 - g$.

The moduli space (stack) of such objects is not compact. Again, its obstruction sheaf admits a co-section whose degenerate locus can be proved to be compact (Chang et al.,2019). Therefore, there is a compact virtual cycle $[\mathfrak{W}]^{vir}_{loc}$.

We consider a torus $T = \mathbb{C}^*$ action on the moduli stack via scaling the section ν_1 only. We don't use the moduli space to construction invariants. Instead, making use of the torus action, we can perform computations on the moduli stack. In fact, we can derive a class of vanishings using the virtual cycle. Applying the virtual localization formula to these vanishings, we can obtain polynomial relations among the GW invariants and the FJRW invariants of Fermat quintic polynomials:

$$\sum_{\Gamma} \mathrm{res}_{t=0}\left(t^{\delta-1} \cdot \frac{[\mathfrak{W}^T_\Gamma]^{vir}_{loc}}{e(N_{\mathfrak{W}^T_\Gamma/\mathfrak{W}})}\right)_0 = 0, \text{ when } \delta > 0. \tag{5}$$

Here Γ is a graph coming out of torus localization, and ι is the equivariant parameter for the group T.

To see if the relations (5) give an effective method to compute the GW invariants of the quintic,Chang et al. (2020) worked on genus 1 GW invariants, which was computed earlier by Zinger. Using the combinatoric techniques in (Zinger, 2008), and some other methods to get rid of combinatoric difficulties, we reproved Zinger's formula. The upshot in this work is that we didn't do analysis such as blowups on the moduli stack of stable curves nor on the moduli stack of mixed-spin-P-fields. The reason is that, by adding LG sector to the moduli space of CY sector, LG sector plays the role of resolution of singularities caused by the ghost component. Clearly, this cannot be done if we use the moduli space of stable maps. We used the P-fields formulation of GW invariants and FJRW invariants, which gives a natural platform to combine them in one geometric setup, i.e., mixed-spin-P-fields.

MSP theory is also used to compute genus 1 FJRW invariants by Guo et al. (2019). These results demonstrate that MSP theory provides an effective method to calculate GW invariants and FJRW invariants. Geometry part of MSP theory has been all established by Chang et al. (2019; 2020; 2022). The most essential remaining part is to find a workable method to package the complicated combinatoric data.

Using MSP theory to compute genus 2 GW invariants met some combinatoric difficulties. It is discovered that if we modify our setup by enlarge the number of v_1 fields to N so that the MSP theory becomes N-MSP theory, and modify Givental's R-matrix method, N-MSP theory can provide an effective tool to handle all genus GW invariants of quintics. The object in N-MSP theory is given by

$$\xi = \left(\mathcal{C}, \mathcal{L}, \mathcal{N}, (\varphi_1, \cdots, \varphi_5) \in H^0(\mathcal{L}^{\oplus 5}), \rho \in H^0(\mathcal{L}^{\vee 5}\omega_\mathcal{C}), \mu \in H^0(\mathcal{L} \otimes \mathcal{N})^{\oplus N},\right.$$
$$\left.\nu \in H^0(\mathcal{N}) \mid (\varphi_1,\cdots,\varphi_5,\mu), (\rho,\nu), (\mu,\nu) \text{ all nowhere zero}\right).$$

A miraculous effect is that counting of chains of rational curves in these N-MSP theory gives precise formula for the *propagator* physicists obtained by solving differential equations in B-model theory, which plays a pivotal role in B-side higher genus theory. After discovering this fact, in the sequence of papers (Chang et al.,2018; Chang et al.,2021a;Chang et al.,2021b), several key conjectures in higher genus GW invariants of quintics, such as Yamaguchi-Yau conjecture (Yamaguchi et al.,2004) and Bershadsky-Cecotti-Ooguri-Vafa conjecture (Bershadsky et al.,1993), are all proved. Regarding its potential applicability to general CY threefolds, the N-MSP theory is now expected to provide the correct framework as the counterpart of the fruitful B-model physical structure on A-side.

There are other works on higher genus GW invariants such as a series of papers by Guo et al. (2018), Lho et al. (2018) and Chen et al. (2021).

In summary, the counting of curves on Calabi-Yau quintics is a very classical problem in enumerative geometry. Yet, due to the infusion of works by physicists and their visions, it developed into one of the hottest research areas for the last thirty years. Along the way, many new concepts and methods are developed. They are not only used to solve curve counting problems on quintics, but also for other enumerative geometry problems arising from moduli spaces of various objects such as bundles on Calabi-Yau threefolds.

References:

ABRAMOVICH D, JARVIS T J, 2003. Moduli of twisted spin curves[J]. Proc Amer Math Soc, 131(3): 685-699.

BEHREND K, 1997. Gromov-Witten invariants in algebraic geometry[J]. Invent Math, 127(3): 601-617.

BEHREND K, FANTECHI B, 1997. The intrinsic normal cone[J]. Invent Math, 128(1): 45-88.

BERSHADSKY M, CECOTTI S, OOGURI H, et al, 1993. Holomorphic anomalies in topological field theories[J]. Nucl Phys B, 405(2/3): 279-304.

BERTRAM A, 2000. Another way to enumerate rational curves with torus actions[J]. Invent Math, 142(3): 487-512.

CANDELAS P, de la OSSA X, GREEN P S, et al, 1991. A pair of Calabi-Yau manifolds as an exactly soluble superconformal theory[J]. Nucl Phys B, 359(1): 21-74.

CHANG H L, GUO S, LI J, 2018. BCOV's Feynman rule of quintic 3-folds[EB/OL]. arXiv: 1810.00394, (2019-03-05) [2022-09-05]. https://arxiv.org/abs/1810.00394.

CHANG H L, GUO S, LI J, 2021a. Polynomial structure of Gromov-Witten potential of quintic 3-folds[J]. Ann Math, 194(3): 585-645.

CHANG H L, GUO S, LI J, et al, 2021b. The theory of NMSP fields[J]. Geom Topol, 25(2): 775-811.

CHANG H L, GUO S, LI W P, et al, 2020. Genus one GW invariants of quintic threefolds via MSP localization[J]. Int Math Res Not, (19): 6421-6462.

CHANG H L, LI J, 2012. Gromov-Witten invariants of stable maps with fields[J]. Int Math Res Not, (18): 4163-4217.

CHANG H L, LI J, 2020. A vanishing associated with irregular MSP fields[J]. Int Math Res Not, (20): 7347-7396.

CHANG H L, LI J, LI W P, 2015. Witten's top Chern class via cosection localization[J]. Invent Math, 200(3): 1015-1063.

CHANG H L, LI J, LI W P, et al, 2019. Mixed-spin-P fields of Fermat quintic polynomials[J]. Camb J Math, 7(3): 319-364.

CHANG H L, LI J, LI W P, et al, 2022. An effective theory of GW and FJRW invariants of quintics Calabi-Yau manifolds[J]. J Differential Geom, 120(2): 251-306.

CHEN Q, JANDA F, RUAN Y, 2021. The logarithmic gauged linear sigma model[J]. Invent Math, 225(3): 1077-1154.

FAN H J, JARVIS T J, RUAN Y B, 2013. The Witten equation, mirror symmetry, and quantum singularity theory[J]. Ann Math, 178(1): 1-106.

FULTON W, 1984. Intersection theory[M]. Berlin: Springer-Verlag.

GIVENTAL A, 1996. Equivariant Gromov-Witten invariants[J]. Int Math Res Not, (13): 613-663.

GIVENTAL A, 1999. The mirror formula for quintic threefolds[M]// ELIASHBERG Y, et al, ed. Northern california symplectic geometry seminar. Providence RI: American Mathematical Society: 49-62.

GRABER T, PANDHARIPANDE R, 1999. Localization of virtual classes[J]. Invent Math, 135(2): 487-518.

GUFFIN J, SHARPE E, 2009. A-twisted Landau-Ginzburg models[J]. J Geom Phys, 59(12): 1547-1580.

GUO S, JANDA F, RUAN Y, 2018. Structure of higher genus Gromov-Witten invariants of quintic 3-folds[EB/OL]. arXiv: 1812.11908, (2018-12-31) [2022-09-05]. https://arxiv.org/abs/1812.11908.

GUO S, ROSS D, 2019. The genus-one global mirror theorem for the quintic 3-fold[J]. Compos Math, 155(5): 995-1024.

HUANG M X, KLEMM A, QUACKENBUSH S, 2009. Topological string theory on compact Calabi-Yau: Modularity and boundary conditions[M]// SCHLESINGER K G, et al, ed. Homological mirror symmetry, Lecture Notes in Physics, Vol 757. Berlin: Springer: 45-102.

KATZ S, 1983. Degenerations of quintic threefolds and their lines[J]. Duke Math J, 50(4): 1127-1135.

KATZ S, 1986. On the finiteness of rational curves on quintic threefolds[J]. Compos Math, 60(2): 151-162.
KIEM Y H, LI J, 2013. Localized virtual cycle by cosections[J]. J Amer Math Soc, 26(4): 1025-1050.
KONTSEVICH M, 1995. Enumeration of rational curves via torus actions[M]// DIJKGRAAF R, et al, ed. The moduli space of curves, Progress in Mathematics 129. Boston: Birkhäuser: 335-368.
KONTSEVICH M, MANIN Y, 1994. Gromov-Witten classes, quantum cohomology, and enumerative geometry[J]. Comm Math Phys, 164(3): 525-562.
KONTSEVICH M, MANIN Y, 1996. Quantum cohomology of a product (with Appendix by R. Kaufmann)[J]. Invent Math, 124(1): 313-339.
LHO H, PANDHARIPANDE R, 2018. Stable quotients and the holomorphic anomaly equation[J]. Adv Math, 332: 349-402.
LI J, TIAN G, 1998. Virtual moduli cycles and Gromov-Witten invariants of algebraic varieties[J]. J Amer Math Soc, 11(1): 119-174.
LI J, ZINGER A, 2009. On the Genus-One Gromov-Witten Invariants of Complete Intersections[J]. J Differential Geom, 82(3): 641-690.
LIAN B H, LIU K F, YAU S T, 1999. Mirror principle I[M]// YAU S T, ed. Surveys in differential geometry: Differential geometry inspired by string theory, Vol V. Boston: International Press: 405-454.
POLISHCHUK A, VAINTROB A, 2001. Algebraic construction of Witten's top Chern class[M]// PREVIATO E, ed. Advances in algebraic geometry motivated by physics, Contemporary Mathematics 276. Providence RI: American Mathematical Society: 229-249.
RUAN Y, TIAN G, 1995. A mathematical theory of quantum cohomology[J]. J Differential Geom, 42(2): 259-367.
VAKIL R, ZINGER A, 2008. A desingularization of the main component of the moduli space of Genus-One stable maps into $\mathbb{P}^n$[J]. Geom Topol, 12(1): 1-95.
WITTEN E, 1993. Phases of $N = 2$ theories in two dimensions[J]. Nucl Phys B, 403(1/2): 159-222.
YAMAGUCHI S, YAU S T, 2004. Topological string partition functions as polynomials[J]. J High Energy Phys, 8(7): 1137-1156.
ZINGER A, 2008. The reduced genus 1 Gromov-Witten invariants of Calabi-Yau hypersurfaces[J]. J Amer Math Soc, 22(3): 691-737.

（责任编辑　冯兆永）

物理篇

规范场论文集萃

编者按：20世纪中山大学粒子物理研究历程

构造物质及与其相互作用的基本成分被称为基本粒子。除了我们熟悉的电磁相互作用和引力相互作用，另外两种基本相互作用是发生在原子核尺度内的强相互作用和弱相互作用。20世纪30年代，汤川秀树唯像地提出由介子传递强作用。而在弱作用研究方面，费米唯像地提出强子流和轻子流耦合模型，用以描写核子贝塔衰变。1949年，第一个成功的量子场论——量子电动力学诞生。之后半个世纪，物理学最重要的问题无疑是在量子场论框架下理解强相互作用和弱相互作用。1954年，杨振宁和米尔斯提出非阿贝尔规范场论，Yang-Mills场后来被证实是描写强、弱和电相互作用的正确方向。但他们的理论直到20世纪60年代末70年代初才被普遍重视。整个20世纪50年代以及60年代前半期，人们对强作用和弱作用的理论形式的争议仍然很大，仍有许多不同模型在互相竞争。

中山大学的粒子物理研究正是在20世纪50年代末开始的。郭硕鸿、罗蓓玲、李华钟等在介子和超子衰变的研究中取得了一系列国际先进的成果，他们从1960年起，连续多年在《物理学报》《中山大学学报（自然科学版）》发表了多篇研究论文。例如郭硕鸿在1960年1月完成的关于π介子辐射衰变与无辐射衰变的分支比的计算结果，比一年多前费米、盖尔曼等当时最优秀的粒子物理学家得出的结果更精确。郭硕鸿的计算结果表明，费米最初提出的V-A型强子流和轻子流耦合模型和当时最新的实验结果不矛盾。后来温伯格、格拉肖、萨拉姆（1967、1968）基于Yang-Mills场框架提出的弱电统一理论在较低能标下正是回复到V-A型模型。李政道曾经感慨，难以理解费米为什么能够一开始就从众多可能道路中选择了一条通往正确弱电理论的道路。20世纪60年代初，诺贝尔奖得主坂田昌一率领日本科学代表团访问中国后，在总结报告中特别提到，中山大学的一组年轻科学家在介子理论领域做出了世界水平的工作。

20世纪六七十年代，李华钟和郭硕鸿等在关于散射振幅解析性的研究中也做出了一些具有创新性的工作。这个研究方向虽然在强、弱相互作用领域被规范场论所取代，但是对80年代后兴起的弦论有影响。1976年，郭硕鸿在全国粒子物理讲习班中对当时另一个粒子物理新课题——超对称性作了详细论述，这个广为国内同行称道的报告发表在《中山大学学报（自然科学版）》。

到了20世纪70年代，Yang-Mills开创的非阿贝尔规范场理论已经被普遍接受，弱电统一理论和关于强相互作用的量子色动力学相继取得巨大的成果。20世纪后半叶，规范场理论成为物理学的主旋律之一。1970年，杨振宁先生指出规范群紧致性可能与电荷量子化有关，1974年，特霍夫特提出和真空拓扑结构有关的瞬子，解决了量子色动力学建立早期遇到的$U_A(1)$反常问题，从此，场的整体性质和拓扑性质引起人们极大的兴趣。同一时期，李华钟、郭硕鸿带领中山大学粒子理论研究组积极开展规范场论的研究，从1975年起连续在《中山大学学报（自然科学版）》《物理学报》发表了关于非阿贝尔规范场磁单极子、瞬子等拓扑性赝粒子的一系列研究论文。例如他们在1975年应用微分几何Gauss-Bonnet定理研究非阿贝尔对偶荷问题，获得无狄拉克的奇异弦的磁单极解。他们的工作和吴大骏、杨振宁关于同样问题的工作几乎同时完成，而吴、杨的工作被视为把微分几何纤维丛理论引入理论物理的里程碑式的工作。中山大学研究组的这些极具原创性的工作被规范场论开拓者杨振宁认为是规范场领域的世界一流成果，也为我国规范场理论的研究融入理论物理主流起到了非常关键的作用。1978年，李华钟、郭硕鸿教授和国内其他研究规范场论的一些同行一起获得全国科学大会奖；1982年，李华钟和郭硕鸿教授又获国家自然科学三等奖。

自20世纪80年代起，郭硕鸿教授进入高能物理另一个前沿领域——格点规范理论。这个理论是威尔逊在1974年提出的，旨在解决微扰论不适用低能区强相互作用的问题。郭硕鸿教授带领中山大学格点规范理论研究组研究了强相互作用的一系列低能行为，发展了哈密顿变分法、强耦合展开法，提出了保持正确连续极限的变形格点哈密顿量和构造准确基态的思想。中山大学的格点规范理论研究在20世纪末处于国内领先地位，郭硕鸿等在国内外发表多篇具有国际水平的研究论文，其中也包括多篇在《中山大学学报（自然科学版）》发表的论文。郭硕鸿教授多次在全国学术会议上作关于格点规范研究的综述或主旨报告，推动了我国相关研究的发展。随着现代超算技术的发展，格点规范成为现在和未来基本粒子物理的一个非常重要的方向。

20世纪80年代末，李华钟教授把规范场整体性思想应用到小量子系统，在国内率先开展介观物理研究，对贝利相位和介观持续电流的研究获得了多项原创性的成果。

（供稿：李志兵）

π介子的輻射衰变

郭碩鴻

一、引 言

本文的目的是計算 π 介子的衰变过程

$$\pi^+ \longrightarrow e^+ + \nu + \gamma \qquad (1)$$

和

$$\pi^+ \longrightarrow \mu^+ + \nu \qquad (2)$$

的相对几率。以前曾有不少作者討論过这問題。[1]—[4] 对这問題的注意主要是和以前实驗上沒有发現

$$\pi^+ \longrightarrow e^+ + \nu \qquad (3)$$

相联系的。这些工作指出对于 A 和 V 耦合，过程（1）的几率特别小，不会超过过程（3）的几率，而給出过程（3）和（2）的相对几率仍然大于当时实驗所允許的限度；至于其他耦合則給出与实驗完全不符的結果。不久以前实驗上証实了过程（3）的存在[5]，并且所得的結果和費曼、盖尔曼以及馬夏克、森德香[6]，[7]所提出的 V—A 型普适費米弱作用所預計的結果在数量級上相符，即过程（3）的分枝比 $\sim 10^{-4}$。把費曼等人的理論应用于介子和超子的衰变問題上也得出很好的結果[8]，[9]。由于这样，我們应用这一理論重新計算过程（1）与（2）的相对几率。

以前的作者对这問題的計算多是利用規范不变性等考虑来确定跃迁矩陣元的形式，所得的結果依賴于一些与强作用的处理有关的未定参数。由于在 V—A 型弱作用中，由規范不变性所得的"主要項"变得特别小，因而强作用的处理的影响就特别重要。本文在微扰論范围內給出这些参数的一个計算，所得的結果不依賴于截断能量。

以下我們首先从协变性和規范不变性的考虑規定矩陣元的形式，当光子能量 $\omega \to 0$ 时，这部分的計算是可以完全不依賴于强作用的处理的。然后我們計算当 $\omega \neq 0$ 时在矩陣元中出現的附加項。这部分用微扰論計算，由于所出現的积分是收斂的，因此和切断无关。这样我們得出过程（1）和（2）的分枝比，它是基本上和在計算过程（2）时所用的切断方法无关的。最后我們討論計算的結果。

二、衰变几率的計算

在最低次微扰論中，和 $\pi^+ \to e^+ + \nu + \gamma$ 相应的費曼图形有三类（图1a—c）。在这里我們認为π介子的衰变是通过重粒子对来进行的。我們注意到，当和 $\pi^+ \to \mu^+ \gamma$ 的費曼图形相比較时（图1d），和图（1a），（1b）相应的S矩陣部分是不依賴于强作用的处

理的。這部分的計算可以通過有效耦合常數來進行，即令π介子與輕子對相互作用的有效哈密頓量為

$$H_1' = \frac{g'}{\sqrt{2}} \bar{\psi}_\nu \gamma_\mu (1+\gamma_5) \psi_e K_\mu \varphi_\pi \qquad (4)$$

其中 g' 為有效耦合常數，K_μ 為π介子的動量四維矢量。圖(1c)的貢獻是依賴於强作用的處理的。但是當光子能量 ω 趨於零時，它的貢獻完全由規範不變性的考慮決定，即由(4)式中的 K_μ 改為 $-eA_\mu$。當光子能量不為零時，圖(1c)給出的附加項低一個($m_\pi \omega / m_N^2$)的數量級，其中 m_N 為核子質量。下面的微擾論計算具體地驗證了這點。首先我們忽略了這附加項，這時躍遷矩陣元為

$$S' = \frac{i(2\pi)^4}{2\sqrt{E_\pi \omega}} \frac{eg'}{\sqrt{2}} \langle \nu | \left\{ \hat{K}(1+\gamma_5)(-i)\frac{i(\hat{P}-\hat{k})-m_e}{(P-k)^2+m_e^2}\hat{\varepsilon} + \right.$$

$$+ (\hat{K}-\hat{k})(1+\gamma_5)(-i)\frac{1}{(K-k)^2+m_\pi^2}(-i)(2K-k)_\nu \varepsilon_\nu +$$

$$\left. i\hat{\varepsilon}(1+\gamma_5) \right\} | e \rangle \qquad (5)$$

其中 K，P，q，k 分別代表 π，e^+，ν，γ 的動量四維矢量，ε 代表光子極化矢量，其他符號和文獻[8]中所用的一致。

容易驗證(5)式的規範不變性。為計算簡便起見，選取特殊規範 $(K\varepsilon)=0$，即在π介子靜止坐標中選取 $\varepsilon_4=0$。這樣，(5)式括號中的第二項消去，在剩下的項中，利用動量能量守恒關係式

$$K = q - P + k, \qquad (6)$$

羅倫茲條件 $(k\varepsilon)=0$ 以及 $\langle \nu | \hat{q} = 0$，$(i\hat{p}+m)|e\rangle = 0$，$k^2=0$，$P^2 = -m_e^2$ 等關係，最后化簡為

$$S' = \frac{-i(2\pi)^4}{2\sqrt{E_\pi}\omega} \frac{eg}{\sqrt{2}} m_e \langle \nu | (1-\gamma_5) \frac{\hat{\varepsilon}\hat{k}+2(P\varepsilon)}{2(Pk)} | e \rangle \qquad (7)$$

我們注意到，在 V—A 耦合的情形下，(7)式中出現一個因子 m_e，由于這點，衰變幾率低了一個 $(m_e/m_\pi)^2$ 的數量級，因此我們原來忽略了的S矩陣中的有($\omega m_\pi/m_N^2$)因子的項就不合法。下面我們用微擾論計算這項。

圖(1c) 對S矩陣元的貢獻為

$$S_c = -\frac{ieg\,G}{\sqrt{2}} J(k) \langle \nu | \gamma_\mu (1+\gamma_5) | e \rangle \qquad (8)$$

其中g為π介子與重粒子對的耦合常數，G為普適弱作用耦合常數，

$$J(k) = \int S_P\left[\gamma_\mu(1+\gamma_5)\frac{i(\hat{P}-\hat{k})-m_1}{(P-k)^2+m_1^2}\hat{\varepsilon}\frac{i\hat{P}-m_1}{P^2+m_1^2}\gamma_5\frac{i(\hat{P}-\hat{K})-m_2}{(P-K)^2+m_2^2}\right]d^4P$$
(9)

首先我們驗証，当 $k=o$ 时，(9)式可从与图(1d)相应的积分 I 导出，

$$I = \int S_P\left[\gamma_\rho(1+\gamma_5)\frac{i(\hat{p}+\hat{K})-m_1}{(p+K)^2+m_1^2}\gamma_5\frac{ip-m_2}{p^2+m_2^2}\right]d^4p$$
(10)

这里我們令带电的那一条重粒子綫的动量为 $p+k$，由于恒等式

$$\frac{\partial}{\partial K_\rho}\frac{i(\hat{p}+\hat{K})-m}{(p+K)^2+m^2} = i\frac{i(\hat{p}+\hat{K})-m}{(p+K)^2+m^2}\gamma_\rho\frac{i(\hat{p}+\hat{K})-m}{(p+K)^2+m^2}$$
(11)

得

$$\frac{\partial}{\partial K_\nu}I = i\int S_P\left[\gamma_\rho(1+\nu_5)\frac{i(\hat{p}+\hat{K})-m_1}{(p+K)^2+m_1^2}\gamma_\nu\frac{i(\hat{p}+\hat{K})-m_1}{(p+K)^2+m_1^2}\gamma_5\frac{i\hat{p}-m_2}{p^2+m_2^2}\right]d^4p$$

因此

$$\varepsilon_\rho\frac{\partial I}{\partial K_\rho} = iJ(o)$$
(12)

从变換性質可見 I 为一矢量，它必与 K_ρ 成正比，即

$$I = C K_\rho$$
(13)

故

$$J(o) = -iC\varepsilon_\rho$$
(14)

比較(13)和(14)式，即得当 $k\to o$ 时，图(1c)的貢献相当于图(1d)的矩陣之中把 K_ρ 代以 $-eA_\rho$。这結論是不依賴于微扰論的，它反映了規范不变性的普遍要求。由此，在(7)式中我們已把 $J(o)$ 項計算在內，因此图(1c)的附加貢献为

$$S'' = -\frac{ie gG}{2\sqrt{2E_\pi\omega}}[J(k)-J(o)]\langle\nu|\gamma_\rho(1+\gamma_5)|e\rangle$$
(15)

表式 $J(k)-J(o)$ 輕过化簡后为

$$J(k)-J(o) = \int S_P\Big[\gamma_\rho(1+\gamma_5)\Big\{\frac{-i\hat{k}\hat{\varepsilon}\gamma_5}{[(p-k)^2+m_1^2][(p-K)^2+m_2^2]}+$$
$$+\frac{-i\hat{k}\hat{\varepsilon}\gamma_5(i\hat{p}+m_1)(i\hat{k}-m_1+m_2)-2(pk)\hat{\varepsilon}\gamma_5 m_2}{(p^2+m_1^2)[(p-k)^2+m_1^2][(p-K)^2+m_2^2]}+$$
$$+\frac{4i(pk)(p\varepsilon)\gamma_5(i\hat{p}+m_1)(i\hat{k}-m_1+m_2)}{(p^2+m_1^2)^2[(p-k)^2+m_1^2][(p-K)^2+m_2^2]}\Big\}\Big]d^4p$$
(16)

利用一些近似，可以把(16)式大为化簡。注意到 $|m_1-m_2|\ll m_1$，我們忽略去 m_1-m_2 的一項。这样(16)式最末一項将比其他項低 $m_\pi\omega/m_N^2$ 的数量級，因而可以忽略不計。在其他項中去掉含奇数 γ 矩陣的項之后，最后(16)式的被积函数变为

$$\frac{Sp[m\gamma_\rho(1+\gamma_5)\hat{k}\hat{\varepsilon}\hat{K}+2m(pk)\gamma_\rho\hat{\varepsilon}]}{(p^2+m^2)[(p-k)^2+m^2][(p-K)^2+m^2]}$$

其中的 m 可取 m_1 和 m_2 的平均值。把 sp 运算算出后，得

$$J(k)-J(o) = 4m\int d^4p\frac{\varepsilon_\rho[2(pk)-(kK)]+\varepsilon_{\rho\nu\lambda\sigma}\varepsilon_\nu k_\lambda K_\sigma}{(p^2+m^2)[(p-k)^2+m^2][(p-K)^2+m^2]}$$
(17)

其中 $\varepsilon_{\rho\nu\lambda\sigma}$ 为全反对称张量，含有它的一項为弱作用中矢量耦合的貢献，另一項为膺矢

耦合的貢献。

把（17）式用标准方法化为

$$J(k) - J(0) = 8m \int d^4 p \int_0^1 dx \int_0^x dy \frac{\varepsilon_\mu [2(pk) - (kK)] + \Delta_\mu}{[(p-a)^2 + b^2]^3} \tag{18}$$

其中

$$\Delta_\mu = \varepsilon_{\mu\nu\lambda\sigma} \varepsilon_\nu k_\lambda K_\sigma \tag{19}$$

$$a = Ky + k(x-y) \tag{20}$$

$$b^2 = m^2 + K^2 y - [Ky + k(x-y)]^2 \simeq m^2 \tag{21}$$

因为 $|K^2| \ll m^2$。把积分变数变换后，得

$$J(k) - J(0) = 8m \int d^4 p \int_0^1 dx \int_0^x dy \frac{\varepsilon_\mu (kK)(2y-1) + \Delta_\mu}{(p^2 + m^2)^3}$$

$$= \frac{4\pi^2 i}{m} \int_0^1 dx \int_0^x dy \left[\varepsilon_\mu (kK)(2y-1) + \Delta_\mu \right]$$

$$= \frac{2\pi^2 i}{m} \left[-\frac{1}{3} \varepsilon_\mu (kK) + \Delta_\mu \right] \tag{22}$$

因为 K 只有第 4 分量，令 k 方向为第 3 方向，即得

$$\Delta_\mu = i\omega m_\pi \varepsilon'_\mu \tag{23}$$

其中

$$\varepsilon'^{(1)} = -\varepsilon^{(2)} \qquad \varepsilon'^{(2)} = \varepsilon^{(1)} \tag{24}$$

$\varepsilon^{(1)}$ 和 $\varepsilon^{(2)}$ 分别为光子的两个独立极化矢量，下面我们将取 $\varepsilon^{(1)}$ 在衰变平面內，$\varepsilon^{(2)}$ 则和衰变平面正交。

由（15）及（22）式，得到

$$S'' = i \frac{2\pi^2 gGe}{2m \sqrt{2m_\pi \omega}} \omega m_\pi \langle \nu | (\hat{\varepsilon}' - \frac{1}{3}\hat{\varepsilon})(1+\gamma_5) | e \rangle \tag{25}$$

把（25）式和（7）式相加即得 $\pi^+ \to e^+ + \nu + \gamma$ 的跃迁矩阵元。由于（7）式中 $\langle \nu | \cdots | e \rangle$ 內出現偶数个 γ 矩阵，而（25）式中出現奇数个 γ 矩阵，因此当在计算 $|S|^2$ 时若在投射算符中忽略去电子质量，这两部分没有相干項。下面我們分别计算（7）和（25）式对衰变几率的貢献。

經过计算，得到 $|S'|^2$ 的对終态粒子自旋和光子极化方向求和后的表式，

$$\sum |S'|^2 = (2\pi)^8 \frac{e^2 g'^2}{4m_\pi \omega} \frac{me^2}{E_e E_\nu} \left\{ -1 - \frac{(kK)}{(kp)} + p^2 \sin^2\theta \left[\frac{(pq)-(kK)}{(pk)^2} \right] \right\}$$

$$= (2\pi)^8 \frac{e^2 g'^2}{m_\pi \omega} \frac{me^2}{E_e E_\nu} \left\{ -1 + \frac{m_\pi}{E_e(1-\alpha\cos\theta)} + \frac{\alpha^2 \sin^2\theta}{(1-\alpha\cos\theta)^2} \cdot \frac{E_e m_\pi - me^2 + \omega[m_\pi - E_e(1-\alpha\cos\theta)]}{\omega^2 E_e^2} \right\} \tag{26}$$

其中 θ 为电子和光子动量方向的夹角，而

$$\alpha = p_e / E_e,$$

对于能谱中的大部分的电子，$\alpha \simeq 1$。在以下的计算中，在不引致积分发散的情形下，都令 $\alpha = 1$。对相空间积分后，得到这部分对衰变几率的貢献为

$$W' = \frac{e^2}{4\pi} \frac{g'^2 m^2_\pi}{4\pi} \frac{m^2_e}{\pi m_\pi} \left\{ \frac{1}{4} \ln \frac{m_\pi}{m_e} + \left(\ln \frac{m_\pi}{m_e} - \frac{1}{2} \right) \left(\ln \frac{1}{2\varepsilon} - 1 \right) - \frac{5}{16} - 0.64 \right\} \quad (28)$$

其中由于有一项对高能电子发散，我们在对电子能量积分时的上限取为

$$E_{emax} - \varepsilon m_\pi = \frac{m^2_\pi + m^2_e}{2m_\pi} - \varepsilon m_\pi$$

这发散来源于电磁场作用的红外发散。$m_\pi \varepsilon$ 亦近似地相当于对低能光子的截断能量。

耦合常数 g' 的值可以从过程（2）的衰变几率得出。令 $\pi\mu\nu$ 的相互作用为（4）的形式，得到

$$\frac{g'^2 m^2_\pi}{4\pi} = \frac{2m_\pi \tau^{-1}}{m^2_\mu \left\{ 1 - \left(\frac{m_\mu}{m_\pi} \right)^2 \right\}^2} \quad (29)$$

其中 τ^{-1} 为过程（2）的衰变几率，从实验值 $\tau = 2.56 \times 10^{-8}$ 秒，得

$$\frac{g'^2 m^2_\pi}{4\pi} = 3.53 \times 10^{-15} \quad (30)$$

取截断能量 $m_\pi \varepsilon = m_e$，得到

$$W' = 4.8 \times 10^2 秒^{-1} \quad (31)$$

现在回到 S'' 的贡献。在（25）式中，$\hat{\varepsilon}'$ 项来自矢量耦合，$\hat{\varepsilon}$ 项来自赝矢耦合。容易看出，在计算衰变几率时，这两项不会干涉。当对光子极化方向求和后，两项得出的结果形式上完全一致，而赝矢部分的贡献为矢量部分的 $1/9$。我们先计算矢量耦合部分。在计算 $\Sigma |S''|^2$ 之前，首先必须对所有可能的重粒子对的贡献求和。这里所用的方法和文献 [9] 所用的一致，并且采用相同的耦合常数。这样（25）式中的 g/m 变为

$$\frac{\sqrt{2} g_1}{m_N} + \frac{2g_2}{m_\Lambda + m_\Sigma} + \frac{\sqrt{2} g_4}{m_\Xi} = 1.92 \frac{g_1}{m_N} \quad (32)$$

其中 g_1, g_2, g_4 分别为 (πNN)，$(\pi\Lambda\Sigma)$ 以及 $(\pi\Xi\Xi)$ 的耦合常数，$g_1 = g_4 = -13.7$，$g_2 = 8.2$。因此

$$S''_V = \frac{2\pi^2 G}{2\sqrt{m_\pi \omega} \sqrt{2}} \omega m_\pi \times 1.92 \frac{g_1}{m_N} <\nu|\hat{\mathfrak{z}}'(1+\gamma_5)|e> \quad (33)$$

对末态自旋求和后，得

$$\Sigma |S''_V|^2 = 2\pi^4 G^2 \frac{m_\pi \omega}{m^2_N} (1.92 g_1)^2 \frac{1}{E\nu} \left\{ \frac{\frac{M}{2}(1+\cos\theta)}{M - E_e + E_e \cos\theta} - E_e \sin^2\theta \right\} \quad (34)$$

对相空间积分后，最后得到 S''_V 对衰变几率的贡献

$$W''_V = 1.0 \times 10^1 秒^{-1} \quad (35)$$

由于 S'' 中赝矢耦合部分对 W 的贡献为矢量部分的 $1/9$，故 S'' 对衰变几率的贡献为

$$W'' = 1.1 \times 10^1 秒^{-1} \quad (36)$$

把（36）和（31）式比较，可见 W'' 比 W' 的值低一个数量级。由于 W' 完全是来自弱作用的赝矢耦合部分，而 W'' 主要来自矢量耦合部分，这也表示在 $\pi \to e + \nu + \gamma$ 中起主要作用的是赝矢耦合部分

把 (36) 和 (31) 相加，即得 $\pi \to e + \nu + \gamma$ 的衰变几率

$$W\gamma \cong W' + W'' = 4.9 \times 10^2 \text{秒}^{-1} \tag{37}$$

与 $\pi \to \mu + \nu$ 的几率 $W = 3.9 \times 10^7 \text{秒}^{-1}$ 比较，得到过程 (1) 的分枝比

$$P\gamma = W\gamma/W = 1.3 \times 10^{-5} \tag{38}$$

三 討 論

我們得出的結果和以前一些作者 [1]—[4] 所得的結果大致上符合，但是也有一些差別。在 [1] 中完全忽略了电子質量，而对 W'' 只作数量級的估計，得到 $P\gamma \sim 10^{-5}$，这結果可能是太低的。其他作者也只是把 W'' 估計出來。我們現在的計算雖然是建立在微扰論的基础上，但是它对于衰变几率的問題仍有一定的参考价值；特別是由于在計算过程中不用切断，它是可以較好地反映出数量級來的。而且由于依賴于强作用处理的一項 W'' 相对地不大，可以預期，当把强作用作更精確的处理时，我們所得的結果不会有太大的改变。雖然目前关于过程 (1) 的衰变几率还沒有准確的实驗数据 [10]，我們的結果和現有的实驗材料也是沒有矛盾的。这一点也进一步验明了 V–A 型普适費米弱作用是可以应用到介子的衰变現象中的。

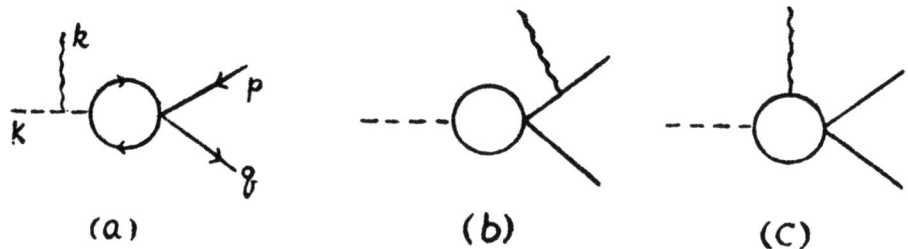

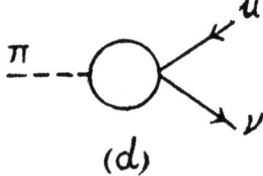

图 (1)

参 考 文 献

① S. B. Treiman & H. W. Wyld Phys. Rev. 101, 1552, (1956)
② Tetsuo Eguchi Phys. Rev. 102, 879, (1956)
③ Kerson Huang & F. E. Low Phys. Rev. 109, 1400, (1958)
④ E. Ferrari Nuo. Cim. 8, 155, (1958)
⑤ T. Fazzini et. al. Phys. Rev. Let. 1, 247, (1958)
　G. Impeduglia et. al. Phys. Rev. Let. 1, 249, (1958)

⑥ R.P.Feynman & M.Gell-mann, Phys. Rev. 109, 193,（1958）
⑦ G.Sundershan & R.Marshak Phys. Rev. 109, 1860,（1958）
⑧ 李文铸、冼鼎昌、何祚庥、朱洪元，物理学报15，32,（1959）
⑨ 陈中謨、何祚庥、冼鼎昌、朱洪元，物理学报15，63,（1959）
⑩ J.M.Cassels, et. al. Proc. Phys. Soc. A. 70, 729（1957）

THE RADIATIVE DECAY OF π-MESONS

Kwok Shek-hung

ABSTRACT

The relative probability of the radiative decay of π-meson to the π-μ decay was calculated, assuming a universal Fermi interaction of V-A type. Matrix elements were write down following the consideration of covariance and gauge invariance. The results though partly made use of perturbation were cut-off independent. A V-A interaction gave results not contradict With experiment.

π⁺介子輻射衰变分枝比

陈炎发　宋焕

一、引言

費曼—盖尔曼① 和夏馬克森德香② 所提出的費米子之間普适弱作用理论应用于 β 衰变等弱作用现象得到很好的结果。中国科学院原子能所的同志③ 利用費曼—盖尔曼等人提出的費米子普适弱作用哈密頓量密度及沙拉姆所提出的强相互作用哈密頓量密度，用截断方法来处理真空极化带来的无穷大，所算出K^+介子衰变的分枝比和实验结果符合得不錯。本文中应用同样的方法来計算π^+介子的輻射衰变。

$$\pi^+ \to e^+ + \nu + \gamma \tag{1}$$

$$\pi^+ \to \mu^+ + \nu \tag{2}$$

的分枝比。我們的结果是$W\gamma : W\mu = 1.23 \times 10^{-5}$。目前实验结果是$W\gamma : W\mu \leqslant 10^{-4}$。后来，我们发现用这种截断方法算出来的结果和利用规范不变性算出来的结果是一样的④。考虑到图Ⅱ 3 中高能光子的貢献后，得到和截断方法无关的結果④。这样算出的分枝比是 1.3×10^{-5} 由此可见用这种截方法計算分枝比仍然可行，在本例中計算产生的相对誤差为 6%，仍然能得出主要項，和目前实验结果沒有矛盾。

二、相互作用哈密頓量密度和 S 陣矩元

我們假設：π^+介子的衰变是通过真空极化来进行的。π^+介子首先轉化为一对重粒子，这对重粒子經过普适弱作用轉化为μ^+介子（或正电子）及中微子，而整个过程中的带电粒子都可产生光子。我們仍用費曼—盖尔曼等人提出的普适弱相互作用和沙拉姆所提出的强相互作用哈密頓量密度

$$H_W = \frac{G}{\sqrt{2}} (\bar{A} \gamma_\mu (1+\gamma_5) B) (\bar{C} \gamma_\mu (1+\gamma_5) D) \tag{3}$$

$$H_S = \sum_{n=1}^{8} g_n H_n \tag{4}$$

上式中的符号和以后本文用的符号都和文献③ 中的一样。

电磁作用哈密頓量密度为 $-j\mu A\mu$

电子：$-ie \bar{\psi} \gamma_\mu \psi A_\mu$ （5）

介子：$-ie(\partial_\mu\varphi^*\cdot\varphi-\varphi^*\partial_\mu\varphi)A_\mu$ （6）

π^+介子二体衰变费曼图为

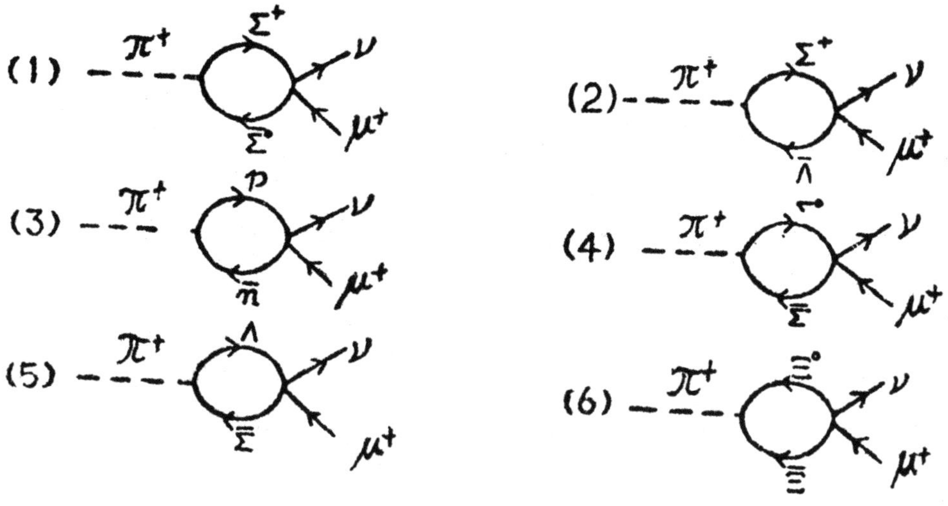

图（I）

据（2）（3）（4）按费曼图写出矩阵元

$$S_2 = \frac{-1}{\sqrt{2\omega_\pi}} \langle\nu|\gamma_\mu(1+\gamma_5)|\mu^+\rangle \sum_{n=1}^{6} I_n \quad (7)$$

例如图（I）（1）的贡献 I_1 为

$$I_1 = \frac{-ig_3 G}{\sqrt{2}} \int \mathrm{Spur}\left\{\frac{i\hat{P}-m_{\Sigma^+}}{P^2+m^2_{\Sigma^+}}\gamma_5 \frac{i(\hat{P}-\hat{K})-m_{\Sigma^0}}{(P-K)^2+m^2_{\Sigma^0}}\gamma_\mu(1+\gamma_5)\right\}d^4P \quad (8)$$

其中K为π^+介子的动量能量四维矢，m_{Σ^+}, m_{Σ^0}为Σ^+，Σ^0的质量。图I中其余费曼图的贡献可照样写出。

我们再画出π^+介子辐射衰变的费曼图，总共有十八个，因为在二体衰变中每一个带电粒子都可以产生光子。其中三个如图II所示。

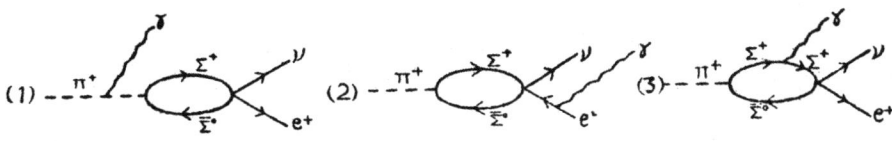

图II

三种类型的过程相应的矩阵元是

$$S_3 = S_3' + S_3'' + S_3''' \quad (9)$$

S_3', S_3'', S_3''' 分别是：

$$S'_3 = \frac{-ie}{2\sqrt{\omega_\pi \omega}} <\nu|\gamma_\mu(1+\gamma_5)|e^+> \varepsilon_\nu \frac{(2K\nu - k\nu)}{(K-k)^2 + m_\pi^2} \sum_{n=1}^{6} I_n \qquad (10)$$

$$S''_3 = \frac{-ie}{2\sqrt{\omega_\pi \omega}} <\nu|\gamma_\mu(1+\gamma_5)\frac{i(\hat{p}-\hat{k})-m_e}{(p-k)^2+m_e^2}\gamma_\mu \varepsilon_\nu|e^+> \sum_{n=1}^{6} I_n \qquad (11)$$

$$S'''_3 = \frac{-1}{2\sqrt{\omega_\pi \omega}} <\nu|\gamma_\mu(1+\gamma_5)|e^+> \sum_{n=1}^{6} I_n \qquad (12)$$

其中 K, k, −P, 是 π⁺介子, 光子, 正电子动量能量四維矢。ε_ν 是光子极化四維矢, ω 是光子能量, m_π 是 π⁺介子静止质量 m_e 是电子静止质量。I_n 的意义和（7）式的一样。和图（Ⅱ）3 相应的 J_1 为

$$J_1 = \frac{-eg_3 G}{\sqrt{2}} \int \text{Spur}\left\{ \frac{i(\hat{p}-\hat{k})-m_{\Sigma^+}}{(P-k)^2+m_{\Sigma^+}^2} \gamma_\nu \varepsilon_\mu \frac{i\hat{p}-m_{\Sigma^+}}{P^2+m_{\Sigma^+}^2} \frac{i(\hat{p}-\hat{k})+m_{\Sigma^0}}{(P-K)^2+m_{\Sigma^0}^2} \right.$$
$$\left. \gamma_\mu(1+\gamma_5)\right\} d^4P \qquad (13)$$

其余五项可同样写出。

三、跃迁几率的計算

要討論的积分有兩类：

$$I = \int \text{Spur}\left\{\frac{i\hat{p}-m_2}{P^2-m_2^2}\gamma_5 \frac{i(\hat{p}-\hat{k})-m_1}{(P-K)^2-m_1^2}\gamma_\mu(1+\gamma_5)\right\} d^4P \qquad (14)$$

$$J = \int \text{spur}\left\{\frac{i(\hat{p}-\hat{k}_1)-m_1}{(p-k_1)^2+m_1^2}\gamma_\nu \varepsilon_\nu \frac{i\hat{p}-m_2}{p^2+m_2^2} \cdot \frac{i(\hat{p}-\hat{k}_3)+m_3}{(p-k_3)^2+m_3^2}\gamma_\mu\right.$$
$$\left. (1+\gamma_5)\right\} d^4 p \qquad (15)$$

据文献③利用截断方法算出 I 为

$$I \cong -2\pi^2 K_\mu (m_1+m_2)\ln \beta^2 \qquad (16)$$

$$\beta^2 = \frac{\lambda^2}{\overline{m}^2} \qquad \overline{m}^2 = \frac{1}{2}(m_1^2 + m_2^2)$$

下面我們来計算 J，先計算 J 中的追迹，分子

$$L = \frac{1}{2}\text{spur}\left\{\left[(i\hat{p}-\hat{k}_1-m_1)\gamma_\nu \varepsilon_\nu\left[i\hat{p}-m_2\right]\left[i(\hat{p}-\hat{k}_3)+m_3\right]\gamma_\mu(1+\gamma_5)\right\}\right.$$

$$= m_1(P_2 \cdot P_3 \varepsilon_\mu + P_{2\nu}\varepsilon_\nu P_{3\mu} - P_{3\nu}\varepsilon_\nu P_{2\mu}) + m_2(P_{1\nu}\varepsilon_\nu P_{3\mu} + P_{3\mu}\varepsilon_\nu P_{1\nu} - P_1 \cdot P_3$$

$$\varepsilon_\mu) - m_3(P_{1\nu}\varepsilon_\nu P_{2\mu} + P_{2\nu}\varepsilon_\nu P_{1\mu} - P_1 P_2 \varepsilon_\mu) - m_1\triangle_{1\mu} - m_2\triangle_{2\mu} + m_3\triangle_{3\mu} +$$

$$m_1 \cdot m_2 \cdot m_3 \, \varepsilon_\mu \quad (17)$$

其中 $p_1 = p - k_1,\quad p_2 = p,\quad p_3 = p - k_3,$

$p_{1\mu} = p_\mu - k_{1\mu},\quad p_{2\mu} = p_\mu,\quad p_{3\mu} = p_\mu - k_{3\mu},$

$$\triangle_{1\mu} = \begin{vmatrix} \varepsilon_1 & \varepsilon_2 & \varepsilon_3 & \varepsilon_4 \\ P_{21} & P_{22} & P_{23} & P_{24} \\ P_{31} & P_{32} & P_{33} & P_{34} \\ \delta_{\mu 1} & \delta_{\mu 2} & \delta_{\mu 3} & \delta_{\mu 4} \end{vmatrix}, \quad \triangle_{2\mu} = \begin{vmatrix} P_{11} & P_{12} & P_{13} & P_{14} \\ \varepsilon_1 & \varepsilon_2 & \varepsilon_3 & \varepsilon_4 \\ P_{31} & P_{32} & P_{33} & P_{34} \\ \delta_{\mu 1} & \delta_{\mu 2} & \delta_{\mu 3} & \delta_{\mu 4} \end{vmatrix},$$

$$\triangle_{3\mu} = \begin{vmatrix} P_{11} & P_{12} & P_{13} & P_{14} \\ P_{21} & P_{22} & P_{23} & P_{24} \\ \varepsilon_1 & \varepsilon_2 & \varepsilon_3 & \varepsilon_4 \\ \delta_{\mu 1} & \delta_{\mu 2} & \delta_{\mu 3} & \delta_{\mu 4} \end{vmatrix}$$

按照标准方法插入因子 $\dfrac{\lambda^2}{P_2 + \lambda^2}$，截断高能重粒子贡献。J 换成下面形状：

$$J = 24\lambda^2 \int_0^1 dx_1 \int_0^{x_1} dx_2 \int_0^{x_2} dx_3 \int d^4p \, \frac{L}{\{(p-e)^2 + d^2\}^4} \quad (18)$$

d 和 e 只和分母有关，故和文献③公式〔20〕中的一样，但 $K_2 = 0$。坐标平移后，L 中 P_μ 项积分后为零。

$$L \longrightarrow L', \qquad L' = \xi p^2 + \eta$$

其中 ξ 为 p^2 系数，η 表示和 P^2 无关的项的和，因为 $\xi p^2 = p^2(m_1 - m_2 + m_3)\varepsilon_\mu + 2p_\mu^2 (m_2 - m_3)$

及在积分中 $p_\mu^2 = \dfrac{p^2}{4} \qquad \therefore\ \xi = \left(m_1 - \dfrac{m_2}{2} + \dfrac{m_3}{2}\right)\varepsilon_\mu \quad (19)$

$$\therefore J = 24\lambda^2 \int_0^1 dx_1 \int_0^{x_1} dx_2 \int_0^{x_2} dx_3 \int d^4p \, \frac{\xi p^2 + \eta}{\{(p-e)^2 + d^2\}^4} \quad (20)$$

对 p 积分得 $J = 4\pi^2 i\lambda^2 \int_0^1 dx_1 \int_0^{x_1} dx_2 \int_0^{x_2} dx_3 \left\{\dfrac{2\xi}{d^2} + \dfrac{\eta}{d^4}\right\} \quad (21)$

略去含 η 项，略去 d^2 中含 k 项，对 $x_1\, x_2\, x_3$ 积分后得到

$$J \cong -2\pi^2 i\, \varepsilon_\mu (m_1 + m_3) \ln \beta^2 \quad (22)$$

在上式中已代入 $m_1 = m_2$，利用符号 $\beta^2 = \dfrac{\lambda^2}{\overline{m}^2}, \qquad \overline{m}^2 = \dfrac{1}{3}(m_1^2 + m_2^2 + m_3^2)$

第3期　π⁺介子辐射衰变分枝比

为了算出 S_2 S_2 数值，在 I 和 J 中 β 取同一数值，强作用常数采取盖尔曼假定：

$$g_1 = g_2 = g_3 = g_4 = g_\pi.$$

把中间态重子质量数值代入 I_n 中，算出 S_2 为

$$S_2 = \frac{i\,8\cdot25\cdot\sqrt{2}\,\pi^2 G g_\pi m_N \ln\beta^2}{\sqrt{W_\pi}} \cdot \langle \nu | \hat{K}(1+\gamma_\mu) | \mu^+ \rangle \tag{23}$$

对中微子及 μ^+ 介子自旋求和后得

$$\sum |S_2|^2 = 4(8.25)^2 \pi^4 m_N^2 m_\pi g_\pi^2 G^2 [\ln\beta^2]^2 \left[1 - \frac{V_\mu}{C}\right] \tag{24}$$

V_μ 是 μ^+ 介子在 π^+ 介子静止坐标系中的速度。

对中微子及 μ^+ 介子相空间积分，最后可算出二体衰变跃迁几率 W_μ。

$$W_\mu = \frac{1}{(2\pi)^{10}} \int \sum |S_2|^2 \cdot d^3 p_\nu \delta(E_f - E_i)$$

$$= \frac{1}{(2\pi)^{10}} \int \sum |S_2|^2 \, p_\nu^2 \frac{dp_\nu}{dE_f} \cdot \delta(E_f - E_i)) dE_f d\Omega$$

$$= \frac{(8\cdot33)^2}{2^6 \pi^4} (Gm_N^2) \left(\frac{g_\pi^2}{4\pi}\right) (\ln\beta^2)^2 \frac{1}{m_N^2} \left[\frac{m_\mu^2 (m_\pi^2 - m_\mu^2)^2}{m_\pi^3}\right] \cdot \frac{C^2}{\hbar} \tag{25}$$

S_3 计算：选择 π^+ 介子静止坐标系，及特殊规范使 $\varepsilon = \varepsilon_4$　这样　$K_\nu \varepsilon_\nu = 0$　由罗仑兹条件　$k_\nu \varepsilon_\nu = 0$　故 $S'_3 = 0$

把 I,J 数值代入（9）（11）（12）三式，利用狄拉克方程化简后得到：

$$S_3 = S''_3 + S'''_3$$

$$= \frac{8\cdot33\, m_N m_e \pi^2 e g_\pi G \ln\beta^2}{\sqrt{m_\pi \omega}} \langle \nu |(1-\gamma_5) \frac{\hat{\varepsilon}\,\hat{k} + 2 p_e \cdot \varepsilon}{2 p_e \cdot k} | e^+ \rangle \tag{26}$$

式中 p_e 是正电子真实动量能量四维矢，即 $p_e = -p$。对 ν, e^+ 自旋求后得到

$$\sum |S_3|^2 = \frac{2\cdot(8.33)^2 m_N^2 m_e^2 \pi^4 e^2 g_\pi^2 G^2 (\ln\beta^2)^2}{m_\pi \omega\,(pk)^2} \frac{1}{E_e E_\nu} [(pk)(kq) - p_e^2 \sin^2\theta$$

$$(pq - kk)] \tag{27}$$

q 是中微子动量，θ 是光子中微子动量夹角。对动量空间积分，就求得辐射衰变迁几率

$$W_\gamma = \frac{1}{(2\pi)^{13}} \int \sum |S_3|^2 \cdot d^3 p_\mu \, d^3 p_e \, \delta(E_f - E_i)$$

$$= \frac{(8\cdot33)^2}{2^5 \pi^5} (G m_N)^2 \left(\frac{m_e}{m_N}\right)^2 \left(\frac{e^2}{4\pi}\right) \left(\frac{g_\pi^2}{4\pi}\right) (\ln\beta^2)^2 \, 5597 \, \frac{C^2}{\hbar} \tag{28}$$

相对几率 $W_\gamma : W_\mu \cong 1.23 \times 10^{-5}$　　　　　　　　　　　　　　　　（29）

实验结果是 $W_\gamma : W_\mu \leq 10^{-4}$ 计算结果和实验结果⑤并不矛盾。

参考文献

① Feynman R.P. & Gell mann M. Phys.Rev.109(1958).193
② Sundershan G. & Marshak R. Phys.Rev.109(1958)1860
③ 李文鑄等 物理学报 15卷1期 1959.1。
④ 郭碩鴻 （本刊发表）
⑤ T.Fazzini et al.Phys Rev. Let 1,（1958）247:
G.Impeduglia et al.Phys.Rev Let 1,（1958）249。

THE BRANCHING RATIO OF RADIATIVE DECAY OF π^+ MESONS

Chen Yen-fa Song Yuh

ABSTRACT

The Branching Ratio of
$$\pi^+ \to e^+ + \nu + \gamma$$
to
$$\pi^+ \to \mu^+ + \nu$$
is calculated by standard perturbation method. The Universal Fermi Weak interaction of V—A type and a strong interaction proposed by Salam are assumed. The result is compatible with the most recent experiments.

Λ 超子的衰变

罗蓓玲　郭硕鸿

（物理学系）

用色散关系来处理 Λ 衰变中强作用的影响，其中忽略了 K 介子的强作用，对中间态作了确定的近似，结果发现 Λ 超子衰变的分枝比和实验的偏差，比微扰论的结果还坏。

§1. 引　言

盖尔曼和费曼[1]提出了普适的费米型弱作用，成功地解决了 β 衰变，μ 介子衰变和 π 介子衰变现象，在这些现象中所遇到的弱作用，只是核子和轻子间的普适费米型弱作用。但是在重子之间是否存在着类似的弱作用，尚须讨论。[2]，[3]实验提出了 Λ 及 Σ 超子衰变上下不对称，所以在衰变的过程中宇称是不守恒的。马夏克[4]等把普适的费米型弱作用推广到 Λ 超子衰变过程中，发现如果不考虑中间过程中重粒子间的强作用，则这一理论可以解释 $\Lambda \to \pi^- + P$ 和 $\Lambda \to \pi^0 + n$ 的分枝比，以及 Λ 衰变中不对称因子等等。应该指出在超子衰变中，不考虑中间过程的强作用是不行的，因为仅是弱作用不能解释 Λ 超子和 Σ 超子平均寿命的比例[5]，也不能解释 Σ 衰变中不对称因子[3]。朱洪元等[6]计算的结果指出，如果考虑了中间过程中重粒子间之强作用至一级微扰，那么 Λ 衰变的分枝比显著地降低，和实验结果的偏差比[4]的结果还坏。

本文的目的是企图比较精确地处理 Λ 超子衰变中强作用的影响，我们如哥伯克[7]一样，用色散关系来处理 Λ 超子的衰变，其中忽略了 K 介子的强作用，因为 $g^2_K/g^2_\pi \sim 0.1$，对中间态作了确定的近似，计算结果发现 Λ 超子衰变的分枝比和实验的偏差比微扰论的结果还坏。

§2. Λ 超子衰变的色散关系

设以 sp_s 表示核子之同位旋，自旋，及动量。

αp_α 表示 π 介子之同位旋，及动量

p_Λ 表示 Λ 超子之动量

在 Λ 超子衰变过程中，只有两个独立矢量，我们选择这二个独立矢量为 P_Λ 及 P_s，由于 $P^2_\Lambda = -m^2_\Lambda$，$p^2_s = -m^2$，其中 m_Λ 及 m 分别为 Λ 超子及核子之质量，故这二独立矢量只能组成一独立标量，现选择为

$$\xi = -(p_\Lambda - p)^2 \tag{1}$$

Λ 超子衰变矩阵元为

$$\langle N\pi_\alpha | S | \Lambda \rangle = -i(2\pi)^4 \delta(p_\Lambda - p_s - p_\alpha) \frac{1}{\sqrt{2\omega}} T^c \tag{2}$$

其中

$$T^c = -i\int dx e^{-i(p_\Lambda - p_س)x} \langle N|T(\bar{j}_\pi(x)j_\Lambda(0))|0\rangle u(p_\Lambda) \qquad (3)$$

另外两个辅助函数 $T^{(+)}$ 和 $T^{(-)}$ 分别为

$$T^{(+)} = -i\int dx e^{-i(p_\Lambda - p_س)x} \langle N|j_\Lambda(0)\bar{j}_\pi(x)|0\rangle u(p_\Lambda)$$
$$= -i(2\pi)^4 \sum_n \langle N|j_\Lambda(0)|n\rangle \langle n|\bar{j}_\pi(0)|0\rangle u(p_\Lambda)\delta(p_n + p_\Lambda - p_س) \qquad (4)$$

$$T^{(-)} = -i\int dx e^{-i(p_\Lambda - p_س)} \langle N|\bar{j}_\pi(x)j_\Lambda(0)|0\rangle u(p_\Lambda$$
$$= -i(2\pi)^4 \sum_n \langle N|\bar{j}_\pi(0)|n\rangle \langle n|j_\Lambda(0)|0\rangle u(p_\Lambda)\delta(p_n - p_\Lambda) \qquad (5)$$

立刻可以看出 $T^{(+)}$ 对衰变过程没有貢献，故

$$T^{(+)} = 0 \qquad (6)$$

因而

$$T^c = T^\gamma \qquad (7)$$

T^γ 为推迟振幅。在 $T^{(-)}$ 中，中間态比较重要的为 $N\pi$，$N\bar{N}N$ 等，其中 $N\pi$ 态表示末态强作用，我們在这里不考虑。在这里所考虑的主要是和 Λ 有直接的弱作用联繫的中間态，即 $N\bar{N}N$ 态。因此

$$T^{(-)} = 0 \quad \text{当} \quad \xi < 4m^2 \qquad (8)$$

現在考虑 Λ 衰变中 T^c 的形式。由于 T^c 中只包含二个独立矢量——$p_س$ 和 p_Λ，由它們及 γ 矩阵可以組成三个标量：ξ、$\hat{p}_س$ 及 $\hat{p}_\Lambda$。但由于狄拉克方程式，$\hat{p}_س$ 和 $\hat{p}_\Lambda$ 部可化为 m 和 m_Λ，因此 $\Lambda \to p + \pi^-$ 矩陣元的形式为

$$T^c = i\bar{u}(p)(a + b\gamma_5)u(p_\Lambda) \qquad (9)$$

同样，$\Lambda \to n + \pi^0$ 的矩陣元的形式为

$$T^c = i\bar{u}(p_n)(a' + b'\gamma_5)u(p_\Lambda) \qquad (10)$$

其中 a, b, c, d 皆为 ξ 的函数。在真实 Λ 衰变情形下，$\xi = m_\pi^2$。我們現在假設 a、b、c、d 分別满足色散关系，其协变形式为

$$a(\xi) = \frac{1}{\pi}\int_{4m^2}^{\infty} d\xi' \frac{Im\, a(\xi)}{\xi' - \xi - i\varepsilon} \qquad (11)$$

b、a'、b' 亦满足相同的色散关系式。

§3. 虛过程 $\pi^- \to \Lambda + \bar{p}$ 的矩陣元

为处理色散关系方便起見，我們不直接考虑 Λ 衰变的矩陣元 T^c，而考虑虛过程 $\pi^- \to \Lambda + \bar{p}$ 的矩陣元 $\bar{T}^c$。T^c 和 $\bar{T}^c$ 的关系如下：

$$T^c = \sqrt{2\omega}\,\bar{u}(p)\langle \pi|i\frac{\delta S}{\delta\bar{\psi}_p(0)}S^+|\Lambda\rangle \qquad (12)$$

而

$$\langle \Lambda\bar{p}|S|\pi\rangle = -i(2\pi)^4\delta(p_\pi - \bar{p} - p_\Lambda)\frac{1}{\sqrt{2\omega}}\bar{T}^c \qquad (13)$$

$$\overline{T}^c = \sqrt{2\omega}\, \langle \Lambda | i\, \frac{\delta S}{\delta \psi_p(0)} S^+ | \pi \rangle v(\bar{p}) \qquad (14)$$

故
$$\overline{T}^c = -i\bar{u}(p_\Lambda)(a^* - b^*\gamma_5)v(\bar{p}) \qquad (15)$$

輔助函數 $\overline{T}^{(+)}$ 和 $\overline{T}^{(-)}$ 为：
$$\overline{T}^{(+)} = -i(2\pi)^4 \sum_n \bar{u}(p_\Lambda) \langle \bar{p} | j_\pi(0) | n \rangle \langle n | \bar{j}_\Lambda(0) | 0 \rangle \delta(p_n + p_\Lambda) = 0 \qquad (16)$$

故
$$\overline{T}^c = \overline{T}^\gamma \qquad (17)$$

$$\overline{T}^{(-)} = -i(2\pi)^4 \sum_n \bar{u}(p_\Lambda) \langle \bar{p} | \bar{j}_\Lambda(0) | n \rangle \langle n | j_\pi(0) | 0 \rangle \delta(p_n - \bar{p} - p_\Lambda) \qquad (18)$$

若只考虑 $\bar{p}'N$ 中間态的貢献，得到
$$Im\,\overline{T}^c = \frac{1}{2i}(\overline{T}^{(+)} - \overline{T}^{(-)})$$
$$= \frac{1}{2}(2\pi)^4 \sum_{\bar{p}'p_N} \bar{u}(p_\Lambda) \langle \bar{p} | \bar{j}_\Lambda(0) | \bar{p}'p_N \rangle \langle \bar{p}'p_N | j_\pi(0) | 0 \rangle \delta(\bar{p}' - p_N - \bar{p} - p_\Lambda) \qquad (19)$$

根据哥伯克一文，得到
$$\langle \bar{p}'n | j_\pi(0) | 0 \rangle = K(\xi)\bar{u}(p_N)i\gamma_5 v(\bar{p}') \qquad (20)$$

其中
$$\xi = -(p_\Lambda + \bar{p})^2$$

由[7]，知
$$\bar{u}(p_\Lambda) \langle \bar{p} | \bar{j}_\Lambda(0) | \bar{p}'p_N \rangle \approx \frac{f}{\sqrt{2}} v(\bar{p}')\gamma_\mu(1+\gamma_5)u(p_N)\bar{u}(p_\Lambda)\gamma_\mu(1+\gamma_5)v(\bar{p})$$
$$- \frac{\sqrt{2}\,Gi}{\xi - m^2_\pi + i\varepsilon} \bar{v}(\bar{p}')i\gamma_5 u(p_N)\bar{u}(p_\Lambda)(a - b\gamma_5)v(\bar{p})$$
$$- \frac{Gi}{\eta - m^2_\pi + i\varepsilon} \bar{v}(\bar{p}')i\gamma_5 v(\bar{p})\bar{u}(p_\Lambda)(a' - b'\gamma_5)u(p_N) \qquad (21)$$

其中
$$\eta = -(p_\Lambda - p_N)^2 \qquad (22)$$

在 π 介子靜止坐标中，$\varepsilon_N = \varepsilon_{\bar{p}'} = \varepsilon$
$$\xi = 4\varepsilon^2 \qquad |p_N| = |\bar{p}'| = \sqrt{\frac{\xi}{4} - m^2}$$

中間态情态密度
$$\rho^{(E)} d\Omega = \frac{1}{2(2\pi)^6} \frac{1}{4}\sqrt{\xi(\xi - 4m^2)}\, d\Omega$$

把(20)及(21)式代入(19)式，得到
$$Im\,\overline{T}(\xi) = \frac{-i}{4\pi} \frac{f}{\sqrt{2}} ReK(\xi) \sqrt{\frac{\xi - 4m^2}{\xi}} \bar{u}(p_\Lambda)[(m_\Lambda - m) + (m_\Lambda + m)\gamma]v(\bar{p})$$
$$+ \frac{i}{4\pi}\sqrt{2}\,G\, \frac{\xi}{2(\xi - m^2_\pi + i\varepsilon)} ReK(\xi) \sqrt{\frac{\xi - 4m^2}{\xi}} \bar{u}(p_\Lambda)[a - b\gamma_5]v(\bar{p})$$
$$+ \frac{i}{8\pi} G\,ReK(\xi) \sqrt{\frac{\xi - 4m^2}{\xi}} \bar{u}(p_\Lambda)[(\xi + m(m_\Lambda - m))a' - (\xi - m(m_\Lambda + m))b'\gamma_5]v(\bar{p})f(\xi)$$
$$(23)$$

其中
$$f(\xi)=\int\frac{1}{\eta-m^2_\pi+i\varepsilon}\frac{d\Omega}{4\pi} \quad (24)$$

由(23)立刻得到

$$Im\, a = \frac{1}{4\pi}\frac{f}{\sqrt{2}} ReK(\xi)\sqrt{\frac{\xi-4m^2}{\xi}}(m_\Lambda-m)$$
$$-\frac{1}{4\pi}\sqrt{2}\,G\frac{\xi}{2(\xi-m^2_\pi)}ReK(\xi)\sqrt{\frac{\xi-4m^2}{\xi}}\,a$$
$$-\frac{1}{8\pi}GReK(\xi)\sqrt{\frac{\xi-4m^2}{\xi}}[\xi+m(m_\Lambda-m)]a'f(\xi) \quad (25)$$

$$Im\, b = -\frac{1}{4\pi}\frac{f}{\sqrt{2}}ReK(\xi)\sqrt{\frac{\xi-4m^2}{\xi}}(m_\Lambda+m)$$
$$-\frac{1}{4\pi}\sqrt{2}\,G\frac{\xi}{2(\xi-m^2_\pi)}ReK(\xi)\sqrt{\frac{\xi-4m^2}{\xi}}\,b$$
$$-\frac{1}{8\pi}GReK(\xi)\sqrt{\frac{\xi-4m^2}{\xi}}[\xi-(m_\Lambda+m)m]b'f(\xi) \quad (26)$$

用同样方法，考虑到虚过程 $\pi^0\to\Lambda+\overline{N}$ 中的 $\overline{T}^{(-)}$ 的中間态只能是总同位旋为1的质子反质子 $p\bar{p}$ 态，故

$$\langle p\bar{p}'|j_\pi(0)|0\rangle = \frac{K(\xi)}{\sqrt{2}}\bar{u}(p)i\gamma_5 v(\bar{p}') \quad (27)$$

按同样的計算得到

$$Im(a') = \frac{1}{4\pi}\frac{f}{2}ReK(\eta)\sqrt{\frac{\eta-4m^2}{\eta}}(m_\Lambda-m)$$
$$-\frac{1}{4\pi}\frac{G}{\sqrt{2}}\frac{\eta}{2(\eta-m^2_\pi)}ReK(\eta)\sqrt{\frac{\eta-4m^2}{\eta}}\,a'$$
$$-\frac{1}{8\pi}GReK(\eta)\sqrt{\frac{\eta-4m^2}{\eta}}(\eta+m(m_\Lambda-m))af(\eta) \quad (28)$$

$$Im(b') = \frac{-1}{4\pi}\frac{f}{2}ReK(\eta)\sqrt{\frac{\eta-4m^2}{\eta}}(m_\Lambda+m)$$
$$-\frac{1}{4\pi}\frac{G}{\sqrt{2}}\frac{\eta}{2(\eta-m^2_\pi)}Re(\eta)\sqrt{\frac{\eta-4m^2}{\eta}}\,b'$$
$$-\frac{1}{8\pi}GReK(\eta)\sqrt{\frac{\eta-4m^2}{\eta}}(\eta-m(m_\Lambda-m))b'f(\eta) \quad (29)$$

把(25)(26)(28)(29)分別代入如(11)的色散关系式中，如果取 $\xi=m_\pi^2$ 即可得到

$$\left(1+\frac{G^2J}{2\pi^2}\right)a-\frac{\sqrt{2}}{4\pi^2}G^2Ia'=\frac{1}{2\pi^2}fG^2(m_\Lambda-m)J \tag{30}$$

$$\left(1+\frac{G^2J}{4\pi^2}\right)a'-\frac{\sqrt{2}}{4\pi^2}G^2Ia=\frac{1}{\sqrt{2}\,2\pi^2}fG^2(m_\Lambda-m)J \tag{31}$$

其中

$$2\sqrt{2}\,GJ=\int_{4m^2}^{\infty}\frac{1}{\xi-m_\pi^2}ReK(\xi)\sqrt{\frac{\xi+4m^2}{\xi}}\,d\xi \tag{32}$$

$$2\sqrt{2}\,GI=\int_{4m^2}^{\infty}\frac{1}{\xi-m_\pi^2}ReK(\xi)\sqrt{\frac{\xi+4m^2}{\xi}}[\xi+m(m_\Lambda-m)]f(\xi)d\xi \tag{33}$$

$$2\sqrt{2}\,GI'=\int_{4m^2}^{\infty}\frac{1}{\xi-m_\pi^2}ReK(\xi)\sqrt{\frac{\xi+4m^2}{\xi}}[\xi-m(m_\Lambda+m)]f(\xi)d\xi \tag{34}$$

解(30)及(31)得到

$$a=\frac{1}{2\pi^2}fG^2(m_\Lambda-m)J\,\frac{1+\frac{G^2J}{4\pi^2}+\frac{G^2I}{4\pi^2}}{\left(1+\frac{G^2J}{2\pi^2}\right)\left(1+\frac{G^2J}{4\pi^2}\right)-2\left(\frac{G^2I}{4\pi^2}\right)^2} \tag{35}$$

$$a'=\frac{1}{\sqrt{2}\,2\pi^2}fG^2(m_\Lambda-m)J\,\frac{1+\frac{2JG^2}{4\pi^2}+\frac{2IG^2}{4\pi^2}}{\left(1+\frac{JG^2}{2\pi^2}\right)\left(1+\frac{JG^2}{4\pi^2}\right)-2\left(\frac{G^2I}{4\pi^2}\right)^2} \tag{36}$$

对于 b 及 b'，只要把 $m_\Lambda-m$ 代之以 $-(m_\Lambda+m)$，I 代之以 I'。

§4. 討 論

按照哥伯克計算結果 $J\geqslant 0.1$ 因此 $\frac{JG^2}{4\pi^2}\geqslant 0.1$，$I$ 的数值我們不知道，不过 J 和 I 相消之可能性非常小，这样的話，(35)及(36)式子中的 1 可以忽畧去，于是

$$a/a'\sim\frac{1}{\sqrt{2}}\qquad b/b'\sim\frac{1}{\sqrt{2}}$$

Λ 衰变的分枝比成为 $\sim\frac{1}{2}$，和实验结果 1.7 相差很大。如果强作用阻尼因子如哥伯克所估計那样大的話，这結果是所用的色散关系处理方法所特有的，可能对所用的近似的依賴性不大。对于理論計算和实驗之間的矛盾，目前仍不能作出很确实的結論。在衰变現象中，强作用发生于 $1/m$ 数量級的范圍中，在这范圍內目前是沒有正确的强作用的理論的。可能对于衰变中这种色散关系的理論本身是有問題的。我們的結果表明，虽然普适弱作用理論在某些方面有了一定的成功，但是要彻底弄清楚超子和介子的衰变現象，还需要做更深入一步的工作。

参 考 文 献

[1] Feynman R. P., Gell-Mann M., Phys. Rev 109 (1958) 193
[2] Gell-Mann M., Rosenfeld, A. H., Annu. Rev. Nucl. Sci. 7 (1957) 447
[3] R L. Cool, Bruce, James, W. Crouin, and William A. Wenzel Phys Rev 114 (1959) 912
[4] Okubo, Marshak, Sudarshan Phys. Rev. 113 (1959) 1156
[5] Akihiko Fujiis. Masaaki Kawaguchi Phys. Rev. 113 (1959) 1156
[6] 陈中谟 何祚庥 冼鼎昌 朱洪元 中国物理学报 15 (1959) 77
[7] 郭硕鸿 罗蓓玲 同刊发表

Decay of Λ Hykeron
Lo Pai-Ling   Kwo She-Hung
ABSTRACT

The Λ decay process is treated by The method of dispersion relations. The calculated values of the branching ratios of Λ decay are in disagreement with experiment.

Λ超子的輕子衰变

郭碩鴻

（物理学系）

1. 引 言

普适弱作用的形式提出之后，必須解决Λ超子的輕子衰变問題。因为假如Λ超子、核子和輕子間存在直接的弱作用，則衰变形式

$$\Lambda \to p + e^- + \bar{\nu} \tag{1}$$

的η率可以直接算出。若忽略了Λ和p之間的强作用，計算結果比实驗值大一个数量級[1]。但是由于目前观察到的事例不多，实驗结果仍不能看作是很确定的。本文用色散关系处理在这过程中强作用的影响，結果表明它的效应是不大的。

2. 衰变矩陣元

衰变过程（1）的矩陣元为

$$\{pe\bar{\nu}|S|\Lambda\} = -i(2\pi)^4\delta(\Lambda-p-p_e-p_{\bar{\nu}})M \tag{2}$$

$$M = \frac{f}{\sqrt{2}}\{p|[\bar{\psi}_p\gamma_\lambda(1+\gamma_5)\psi_\Lambda + \bar{\psi}_p\gamma_\lambda(1+\gamma_5)\psi_{\Sigma^0}]|\Lambda\}\bar{u}_e\gamma_\lambda(1+\gamma_5)u_{\bar{\nu}} \tag{3}$$

由协变性的攷慮，

$$\{p|\bar{\psi}_p\gamma_\lambda\gamma_5\psi_\Lambda + \bar{\psi}_p\gamma_\lambda\gamma_5\psi_\Sigma|\Lambda\}$$
$$= \bar{u}_p[a\gamma_\lambda\gamma_5 + ib(\Lambda-p)_\lambda\gamma_5 + b'\gamma_{\lambda\mu}(\Lambda-p)_\mu\gamma_5]u_\Lambda \tag{4}$$

$$\{p|\bar{\psi}_p\gamma_\lambda\psi_\Lambda + \bar{\psi}_p\gamma_5\psi_\Sigma|\Lambda\} = \bar{u}_p[c\gamma_\lambda - d\gamma_{\lambda\mu}(\Lambda-p)_\mu - d'(\Lambda-p)_\lambda]u_\Lambda \tag{5}$$

其中

$$\gamma_{\lambda\mu} = \frac{i}{2}(\gamma_\lambda\gamma_\mu - \gamma_\mu\gamma_\lambda)$$

系数a, b......等都是 $\xi = -(\Lambda-p)^2$ 的函数。假設它們都分別满足色散关系。令

$$J_\lambda(0) = \bar{\psi}_p(0)i\gamma_\lambda\gamma_5\psi_\Lambda(0) + \bar{\psi}_p(0)i\gamma_\lambda\gamma_5\psi_\Sigma(0) \tag{6}$$

攷慮矩陣元

$$T^c{}_\lambda = -i\{p|J_\lambda(0)|\Lambda\} = -i\bar{u}_p\int dx e^{-ipx}\{0|T(\bar{j}_p(x)J_\lambda(0))|\Lambda\} \tag{7}$$

$$T^{(+)}{}_\lambda = -i\bar{u}_p\int dx e^{-ipx}\{0|J_\lambda(0)\bar{j}_p(x)|\Lambda\}$$
$$= -i(2\pi)^4\Sigma\bar{u}_p\{0|J_\lambda(0)|n\}\{n|\bar{j}_p(0)|\Lambda\}\delta(\Lambda-p-p_n) \tag{8}$$

$$T^{(-)}{}_\lambda = -i(2\pi)^4 \Sigma \bar{u}_p \{0|\bar{j}_p(0)|n\}\{n|J_\lambda(0)|\Lambda\} \delta(p-p_n) = 0 \tag{9}$$

因此 $T^c{}_\lambda$ 的反自厄部分为

$$A_\lambda = \tfrac{1}{2}(2\pi)^4 \Sigma \bar{v}_p \{0|J_\lambda(0)|n\}\{n|\bar{j}_p(0)|\Lambda\} \delta(\Lambda-p-p_n) \tag{10}$$

当 ξ 小时，最重要的中间态为 κ 介子。假如 κ 介子与核子、超子间的耦合为膺标耦合，它只对 $b(\xi)$ 有贡献。在 A_λ 中出现的矩阵元

$$\bar{u}_p\{\kappa|\bar{j}_p(0)|\Lambda\} = \frac{1}{\sqrt{2\omega}} g_\Lambda \bar{v}_p i\gamma_5 u_\Lambda \tag{11}$$

g_Λ 为 κ 介子与核子、Λ 超子的耦合常数，ω 为 κ 介子能量。另一矩阵元 $\{0|J_\lambda(0)|n\}$ 与 κ 介子衰变过程有关。过程 $\kappa^- \to \mu^- + \bar{\nu}$ 的矩阵元为

$$\{\mu\bar{\nu}|S|\kappa\} = i(2\pi)^4 \delta(p_k - p_\mu - p_{\bar{\nu}}) \frac{f}{\sqrt{2}} \bar{u}_\mu i\gamma_\lambda(1+\gamma_5) \cdot u_{\bar{\nu}} \{0|J_\lambda(0)|\kappa\} \tag{12}$$

这矩阵元也可以用等效耦合常数 F 表示出来。在 $\kappa^- \to \mu^- + \bar{\nu}$ 中的等效相互作用哈密顿量为

$$\frac{F}{\sqrt{2}} \bar{\psi}_\mu i\gamma_\lambda(1+\gamma_5)\psi_\nu \partial_\lambda \varphi_k \tag{13}$$

$$\{\mu\bar{\nu}|S|\kappa\} = -i(2\pi)^4 \delta(p_k - p_\mu - p_{\bar{\nu}})\bar{v}_\mu i\gamma_\lambda(1+\gamma_5)u_{\bar{\nu}} i\kappa_\lambda \frac{F}{\sqrt{2}} \Big/ \sqrt{2\omega} \tag{14}$$

由此

$$f\{0|J_\lambda(0)|\kappa\} = -i\kappa_\lambda F(m^2{}_k) \Big/ \sqrt{2\omega} \tag{15}$$

假设 $b(\xi)$ 满足色散关系

$$b(\xi) = \frac{1}{\pi} \int d\xi' \frac{Im\, b(\xi')}{\xi' - \xi - i\varepsilon} \tag{16}$$

则由（4）、（10）、（11）和（15）式，得到

$$f\, b(\xi) \cong \frac{g_\Lambda F(m^2{}_k)}{\xi - m^2{}_\kappa} \tag{17}$$

由 κ 介子衰变的数据，并取 $f = 1.01 \times 10^{-5}/m^2{}_N$，得

$$F(m^2{}_k) = 1.9 \times 10^{-7}/m_k = 3.6 \times 10^{-2} f m_N \tag{18}$$

在 Λ 衰变为 $pe\nu$ 或 $p\mu\nu$ 的情形，ξ 值数 $m^2{}_k$ 小，在（17）式中可忽略 ξ，有效膺标耦合常数在 $p\mu\nu$ 衰变的情形为

$$\frac{f}{\sqrt{2}} m_\mu b(0) \approx -3.6 \times 10^{-2} \frac{m_\mu m_N g_\Lambda}{m^2{}_k} \frac{f}{\sqrt{2}} \tag{19}$$

取 $g_\Lambda \approx 5$，得

$$\frac{f}{\sqrt{2}} m_\mu b(0) \approx -7.3 \times 10^{-2} \frac{f}{\sqrt{2}} \tag{20}$$

对于 $pe\nu$ 衰变，有效膺标耦合的值更小。由此可知，在 Λ 超子的轻子衰变中，重正化效应是很小的。衰变 η 率基本上可由微扰论给出

附带讨论一点。在 $\Lambda \to p + \pi^-$ 衰变中，也遇到（4）和（5）式的矩阵元[2]。这时

的 $\xi > 4m^2_N$。在这样大的 ξ 值下，当然只攷虑 K 态的貢献是不够的。但是可以估計重正化效应的数量級，它应为

$$\frac{g_\Lambda F(m^2_k)/\sqrt{2}}{m_N} \approx 0.2 \frac{f}{\sqrt{2}} \tag{21}$$

它也是相对地不大的。因此我們在处理这矩陣元时应用了微扰論并不影响我們得出的主要結果。

参 攷 文 献

[1] P. Nordin et. al. phys. Rev. Let. 1 (1958) 380
 F. S. Crawford et. al. phys. Rev. Let. 1 (1958) 377
[2] 罗蓓玲、郭硕鸿 本刊发表

Leptsnic Decay of Λ Hyperon

Kwo Lhe-Hung

ABSTRACT

The psudoscalar part of the matrix element of $\Lambda \to p + e^- + \bar{\nu}$ is calculated using dispersion relation. It is found thet the correction to the perturbation matrix element isvery small.

τ衰变振幅解析性

郭 碩 鴻

（物理系）

I. 引 言

τ衰变的能谱和角分布是提供低能 $\pi-\pi$ 作用的实验材料之一。一些作者[1]—[4]曾經用色散关系处理这个問題，并且企图找出 $\pi-\pi$ 散射长度的一些数值。本文的目的是利用費曼图解来研究τ衰变振幅的解释性，从而确定振幅的表示式。结果表明，在一定的近似下，通常的单重色散关系表示式成立。最后并討論了解色散关系所遇到的問題。

II. 运 动 学

令 k 表示 K 介子的动量，k_i 表示 π_i 的动量。衰变振幅为不变量

$$S_i = (k - k_i)^2 \tag{1}$$

的函数。令 π 介子的質量为单位质量，K 介子的质量为 m，S_i 之間有如下关系

$$S_1 + S_2 + S_3 = m^2 + 3 \cong 15.8 \tag{2}$$

在衰变物理区中，S_i 最小值为 4，最大值为 $(m-1)^2 \cong 6.7$。最大对称点为

$$S_0 = \frac{1}{3} \sum S_i^2 \cong 5.3 \tag{3}$$

图（I）描繪了衰变物理区和三个碰撞过程 $\pi_i + K \to \pi_j + \pi_k$ 的物理区。

在 π_2, π_3 的質心坐标系中，令 $\vec{P}$ 为 π_2 的动量，$\vec{P}'$ 为 π_1 的动量，ω, ω' 为 π_2 和 π_1 的能量，θ 为 $\vec{P}, \vec{P}'$ 的夹角，$\nu \equiv p^2$，有

$$\begin{aligned} S_1 &= 4\omega^2 = 4(\nu+1) \\ S_2 &= 2(1 + \omega\omega' + pp'\cos\theta) \\ S_3 &= 2(1 + \omega\omega' - pp'\cos\theta) \end{aligned} \tag{4}$$

图 I

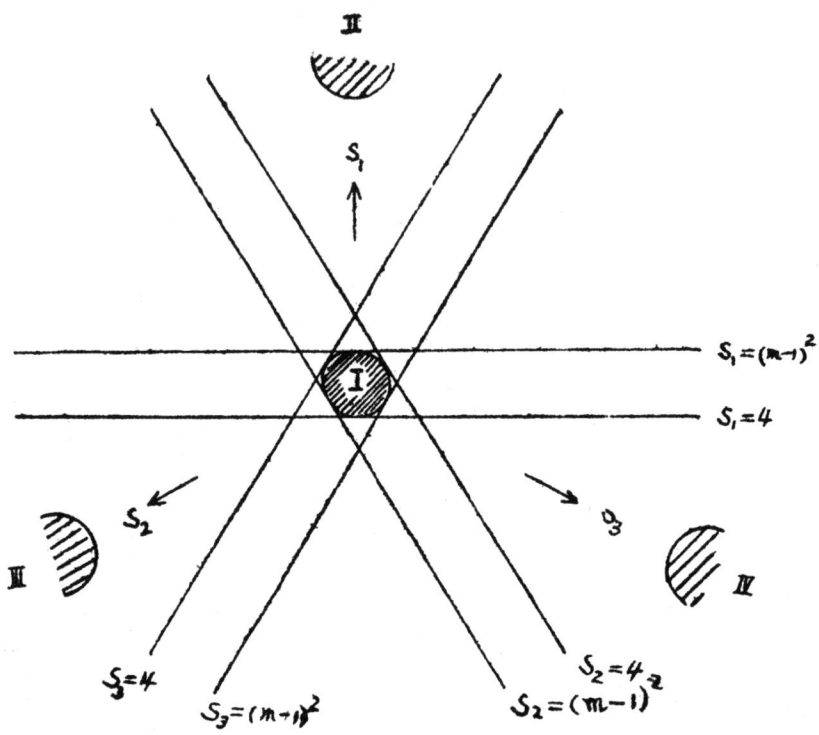

III. 四級微扰图形奇点

振幅的解析性質的主要特点往往可以从四級微扰图形的分析得到。下面我們分析 τ 衰变的一类四級微扰图。

图(IIa)是一个典型的图形,其内綫可以由 π 介子,核子和超子組成。假如与 K 介子綫相邻的两条内綫都不是单介子綫,这种图形的解析性質就和稳定粒子碰撞振幅的解析

图 II

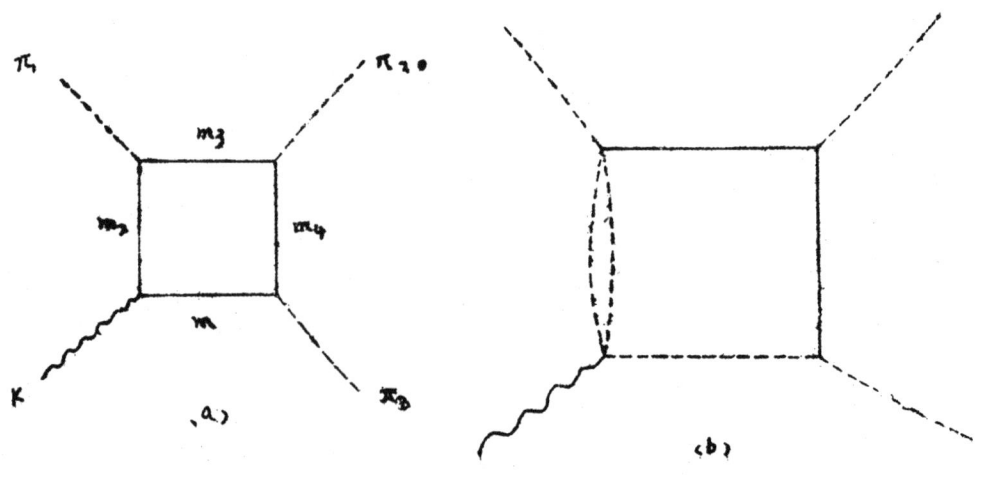

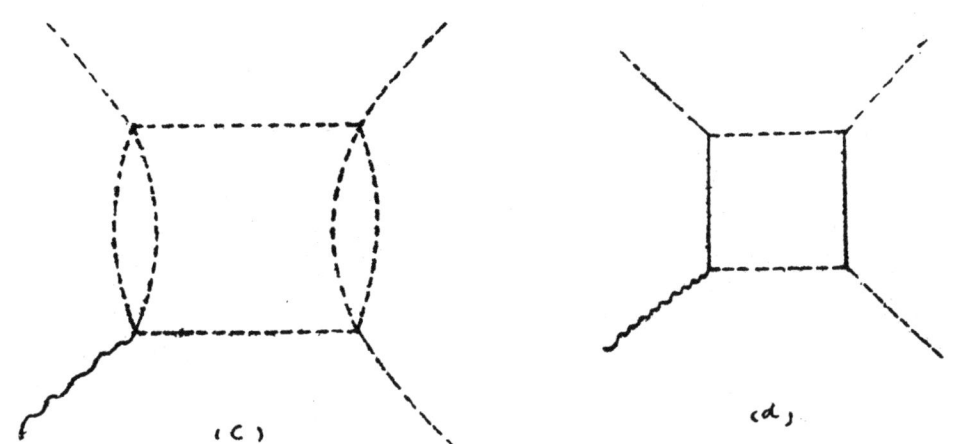

(c)　　　　　　　　　　　(d)

性质相同，对这种图，普通双重色散关系成立。所以，为了探讨由于K介子的不稳定性所导致的特点，只须考虑图（Ⅱb）所示的一类图形，其中内线质量最低的是图（Ⅱc）。图（Ⅱc）和（Ⅱd）应对 τ 衰变物理区内的振幅有特别重要的影响，因此我们只讨论这类图形。

引入 y 变数[5]

$$y_{ik} = (m_i^2 + m_k^2 - p_{ik}^2)/2m_i m_k \qquad (5)$$

其中 m_i, m_k 为内线质量，$p_{12}, p_{23}, p_{34}, p_{41}$ 为外线动量，

$$p_{13} \equiv p_{12} + p_{23}, \quad p_{24} \equiv p_{23} + p_{34}。$$

令K介子的动量为 p_{12}，则图形（Ⅱc）的特点是 y_{12} 可能 < -1，而 y_{23}, y_{34}, y_{41} 都 > 1。为了不使计算过于复杂，而同时保留主要的特点，下面将令 $m_2 = m_4 (\geqslant 2)$，即

$$y_{23} = y_{34} = y_{41} \equiv y$$

振幅中可能出现的奇点可以由一般方法求出。用文献[6]中的符号，衰变振幅的奇点（其中有一些不在物理叶上）为

$$y_{13} = \pm 1, \quad y_{24} = \pm 1$$
$$y_{13} = y y_{12} \pm \sqrt{(y^2-1)(y_{12}^2-1)} \equiv \Delta^{(\pm)}, \quad y_{24} = \Delta^{(\pm)} \qquad (6)$$

$$y_{13} = \square_1(y_{24}), \square_2(y_{24}); \quad y_{24} = \square_1(y_{13}), \square_2(y_{12})$$

其中 $\square_1, \square_2$ 为

$$\begin{vmatrix} 1 & y_{12} & y_{13} & y \\ y_{12} & 1 & y & y_{24} \\ y_{13} & y & 1 & y \\ y & y_{24} & y & 1 \end{vmatrix} = 0$$

的根。图（Ⅲ）表示几种情形下奇异曲线的位置。

因为 m_2 和 m_4 在 $2-\infty$ 区间内，故 $1 < y < \infty$。最后求衰变振幅时，要把图（Ⅱc）的贡

献对 m_2 和 m_4 积分。所以振幅的奇点的位置应由图（Ⅲf）所示（$m_2=m_4=2$）。但是在讨论振幅的解析性质时，仍然要参考其它几个情形的奇点位置（图Ⅲb—3e）。

图Ⅲ

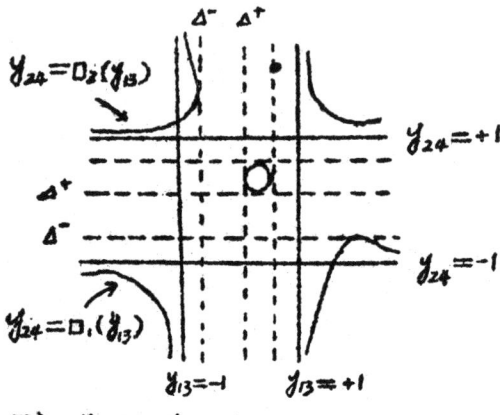

(a) $y<1$, $y_{12}>-1$, $y+y_{12}>0$

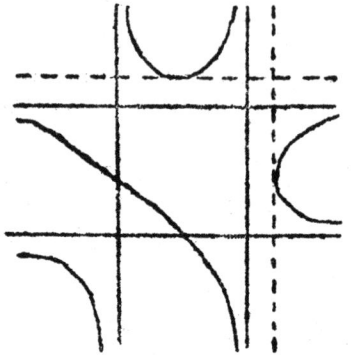

(b) $y>1$, $y_{12}>-1$

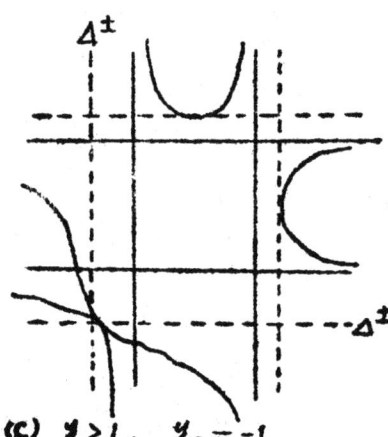

(c) $y>1$, $y_{12}=-1$

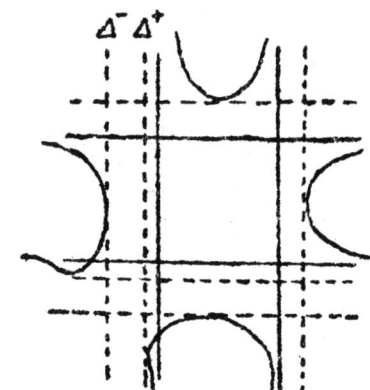

(d) $y>1$, $y_{12}<-1$, $y+y_{12}>0$

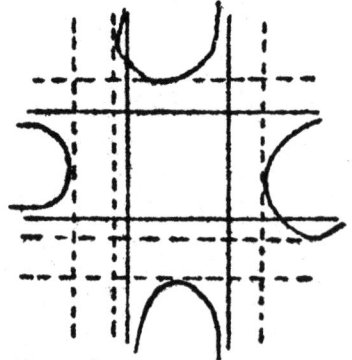

(e) $y>1$, $y_{12}<-1$, $y+y_{12}<0$

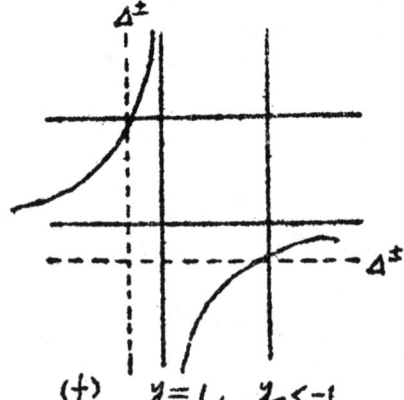

(f) $y=1$, $y_{12}<-1$

Ⅳ.对外质量解析延拓

可以用对外质量解析延拓的方法来求得衰变振幅表示式。已知当 $y_{12}>-1$, $y<1$, 并且外质量足够小时，存在正常表示式（没有反常阈，双重色散关系成立）。过渡到我们所讨论的衰变振幅时，可以先对 y 延拓至 $y>1$。然后对 y_{12} 延拓。在延拓中，令 $y \longrightarrow y-i\varepsilon$, $y_{12} \longrightarrow y_{12}-i\varepsilon$，其中 ε 为趋于零的正数。

1. 奇点 $\Delta^{(\pm)}$

图（Ⅳ）表示由 $y<1$ 和 $y_{12}>-1$ 顺次延拓到 $y>1$ 和 $y_{12}<-1$ 时 $\Delta^{(\pm)}$ 的位置变化。由图可见，$\Delta^{(-)}$ 保持在 y_{13} 轴的下半平面，所以它不是物理叶上的奇点。只有在 $-y<y_{12}<-1$ 范围内，$\Delta^{(+)}$ 为物理叶上的奇点。内线质量 $m_2=2$ 时，$y_{12}<-y$，这时属于图（Ⅳc）的情形，$\Delta^{(+)}$ 不再是奇点。所以在衰变振幅中，不存在 $\Delta^{(\pm)}$ 类型的奇点。

图Ⅳ

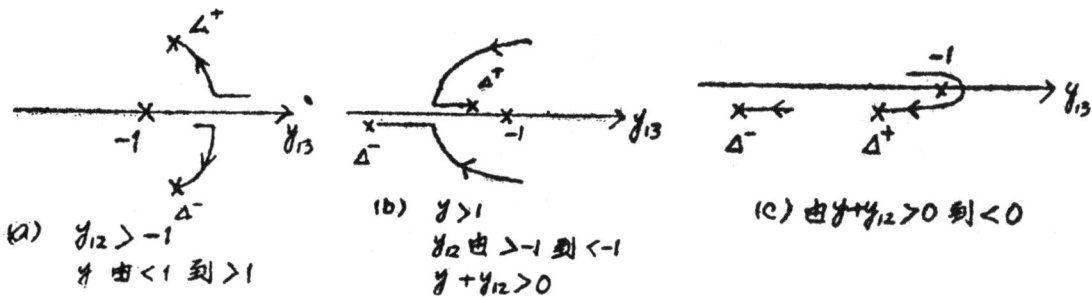

(a) $y_{12}>-1$
  y 由 <1 到 >1

(b) $y>1$
  y_{12} 由 >-1 到 <-1
  $y+y_{12}>0$

(c) 由 $y+y_{12}>0$ 到 <0

应该注意到，虽然 $\Delta^{(\pm)}$ 不是衰变振幅的奇点，但是它们是振幅的"吸收部分"的奇点。不难弄清楚这种奇点的物理意义。经过简单的计算表明，在 $\Delta^{(-)}<y_{13}<\Delta^{(+)}$ 区间上，三条内线 m_1, m_2 和 m_3 可以同时在质量壳层上，并且它们的动量是实数。这是衰变情况的特点。在稳定粒子的相应图形中，当动量为实数时，这三条内线是不能同在质量壳层上的。容易看出（例如用〔7〕中分析振幅虚部的方法），当三条内线分母可以同时为零时，振幅的吸收部分将变为复数。由于三条内线动量为实数时，外线动量 p_{12}, p_{23} 也同时是实数，所以 $(p_{12}+p_{23})^2$ 必然落在物理区内。由上面的分析，知道当 S_i 在衰变物理区上

$$4<S_i<6.7$$

时，相应的振幅吸收部分 $\overline{A}_1$ 为复数。

2. $\square_1$ 和 $\square_2$

在正常情形（图Ⅲa）左下方的曲线 $y_{24}=\square_1(y_{13})$ 是振幅的奇异曲线。当过渡到衰变情形时，在 $\Delta^{(-)}$ 和 $\Delta^{(+)}$ 之间，$\square_1$ 和 $\square_2$ 变为复数。因此，对于衰变图形，不存在 Mandelstam 的双重色散关系表示式。图（Ⅲf）绘出 $m_2=m_4=2$ 时的曲线位置，这时 $\square_1$ 和 $\square_2$ 都不

是物理叶上的奇点。所以，衰变振幅没有这类的奇点。但是，$\Box_1$是吸收部分的奇点。

不难验明，$\Box_1 \leq y_{24} \leq \Box_2$ 区间内，四条内线可以同时在质量壳层上，这时它们的动量不能全为实数，所以$\Box_1$奇点必定在物理区以外。由图(Ⅲf)可见，在衰变情形，$\Box_1$曲线是比较靠近物理区的。

根据上面的分析，对衰变振幅不能写出双重色散关系，但普通的只有正常阈的一维线色散关系仍然成立。

Ⅴ. 衰变振幅表示式

令α, β, γ为三个π介子的同位旋指标。假设衰变满足选择定则$\Delta I = \pm \frac{1}{2}$，则三介子的总同位旋为1。令$\rho$为总同位旋的$z$分量，衰变振幅$M_{\alpha\beta\gamma}(S_1, S_2, S_3)$可以写为

$$M_{\alpha\beta\gamma} = A\delta_{\rho\alpha}\delta_{\beta\gamma} + B\delta_{\rho\beta}\delta_{\gamma\alpha} + C\delta_{\rho\gamma}\delta_{\alpha\beta} \tag{7}$$

A, B, C为S_i的函数。由波色对称性，有

$$\begin{aligned} S_1 &\longrightarrow S_2: & A &\longrightarrow B, & C &\longrightarrow C \\ S_2 &\longrightarrow S_3: & B &\longrightarrow C, & A &\longrightarrow A \\ S_3 &\longrightarrow S_1: & C &\longrightarrow A, & B &\longrightarrow B \end{aligned} \tag{8}$$

对A, B, C可以分别写出色散关系。作变数变换

$$S_i = 4(\nu_i + 1) \tag{9}$$

$$Z_1 = S_2 - S_3, \quad Z_2 = S_3 - S_1, \quad Z_3 = S_1 - S_2 \tag{10}$$

用ν_1和z_1作为独立变数，根据(8)式第二式，有

$$A(\nu_1, z_1) = A(\nu_1, -z_1) \qquad B(\nu_1, z_1) = C(\nu_1, -z_1) \tag{11}$$

由(8)的第一和第三式，有

$$\begin{aligned} \nu_1 &\to \nu_2, & z_1 &\to -z_2: & A &\to B & C &\to C \\ \nu_1 &\to \nu_3, & z_1 &\to -z_3: & A &\to C & B &\to B \end{aligned} \tag{12}$$

利用这些对称性，可以把振幅表为

$$A(\nu_1, z) = \frac{1}{\pi}\int_0^\infty \frac{\overline{A}(\nu', z_1)}{\nu' - \nu_1}d\nu' + \frac{1}{\pi}\int_0^\infty \frac{\overline{B}(\nu', -z_2)}{\nu' - \nu_2}d\nu' + \frac{1}{\pi}\int_0^\infty \frac{\overline{B}(\nu', z_3)}{\nu' - \nu_3}d\nu'$$

$$B(\nu_1, z) = \frac{1}{\pi}\int_0^\infty \frac{\overline{B}(\nu', z_1)}{\nu' - \nu_1}d\nu' + \frac{1}{\pi}\int_0^\infty \frac{\overline{A}(\nu', z_2)}{\nu' - \nu_2}d\nu' + \frac{1}{\pi}\int_0^\infty \frac{\overline{B}(\nu', -z_3)}{\nu' - \nu_3}d\nu' \tag{13}$$

谱函数$\overline{A}, \overline{B}$可以由过程$\pi + \kappa \to \pi + \pi$的幺正条件的解析延拓定出。如前所述，在衰变物理区内，谱函数应为复数。

Ⅵ. 讨论

如果$\overline{A}, \overline{B}$可以对$z$展开

$$\overline{A} = \overline{A}_0 + 3z\overline{A}_1 + \cdots\cdots$$

则我們得到Cini—Fubiui[8]的一維色散关系表示式。其他作者在处理 τ 衰变时，都从只包含$\overline{A}_0$的色散关系出发，即只考虑$\pi-\pi$S波作用。但是必須注意到，在解衰变物理区的振幅时，需要用到非物理区的振幅，而$\overline{A},\overline{B}$在接近物理区处有奇点。（见图Ⅲf）这样，对 z 的展开式将有問题。这种解法是不能訒为滿意的。由于 τ 衰变振幅的解析性質与$\pi-\pi$散射振幅的不同，在解 τ 衰变問題时也就不能完全引用解散射問題的方法。关于这个問題，将作进一步的研究。

附記：本文完成时，作者注意到G.Barfon和C.Kacser(Nuo. Cim. 21(1961), 988) 研究了相同的問題，其中一些結論和本文的相同。

参 考 文 献

[1] N.N. Khuri, S.B. Treiman, Phys. Rev, 119(1960), 115.
[2] R.F. Sawzer, K.C. Wali, Phzs, Rev, 119(1960), 1429.
[3] Б.Н. Грибов, жэтф 41 (1961), 1221.
[4] Ю. Вольф, Б. цёглнер жэтф 41 (1961), 835.
[5] R. Karplus, C.M. Sommerfield, E.H. Wichmann, Phys. Rev. 114 (1959), 376.
[6] Б.Н. Грибов, Г.С. Данилов, И.Т. Дямлов, жэтф, 41 (1961), 924, 1215.
[7] S. Mandelstam, Phys. Rev, 115 (1959), 1741.
[8] M. Cini, S. Fubini, Ann. of Phys. 10, (1960), 352.

散射变分法和 Regge 轨迹

郭 硕 鸿

（物理系）

摘 要

利用散射振幅对能量、角动量和耦合常数的解析性质，可以把求散射相移，定耦合常数，求束縛态能級、共振能量和 Regge 軌迹等問題联系起来，用变分法求近似解。这方法可以推广应用到场論中。

I 引 言

关于变分法在散射問題中的应用，早期曾由 Kohn、Hulthen、Lippmann-Schwinger、Tamm[1]等人开始提出研究，以后在具体問題的計算中得到一定的成功，和束縛态問題一样，变分法在散射問題中也是有力的求近似解的工具。在场論方面，Chew[2] 曾經应用变分法来解决在固定核子近似中的介子---核子散射問題，第一次解釋了 3—3 共振現象。Новожилов[3] 曾經把变分法推广到场論的 Bethe—Salpeter 方程中去。但就作者所知，目前在场論的具体計算中仍然未有成功地应用变分法的工作。由于在场論中只有极少数的問題有精确解，可以預期，变分法在场論中也是很有力的工具，在这方面需要进一步的发展。

近年在位能散射的解析性理論方面有了很大的发展，特别是关于复角动量的理論[4]。由于波函数对能量，角动量和耦合常数有一定的解析性，使散射問題和其他一些問題（如定态、高能极限等）更直接地联系起来，同时也可以把更多种形式的变分法用在这些問題上。本文第二节中討論位能散射問題，并且根据耦合常数的譜，得出与束縛态問題形式相似的变分原理，这种形式在推广到场論中解决束縛态，共振和Regge軌迹問題上是特别方便的。在第三节中从散射积分方程出发得到同一形式的变分原理。第四节给出了一些具体計算的例子。从这些例子看出，用最簡单形式的尝試解和很少参数可以得到相当准确的解答。在第五节中把变分法推广到 Bethe—Salpeter 方程中。一些計算将在以后进行。

II 位能散射

径向散射微分方程

$$\psi'' - \frac{l(l+1)}{r^2}\psi + (k^2 - \alpha V(r))\psi = 0 \qquad (1)$$

含有三个参数：动量 k、角动量 l 和耦合常数 α。波函数 ψ 为 r 和这三个参数的函数：

$$\psi = \psi(r; k, \alpha, l) \qquad (2)$$

若我们要求当 $r \to 0$ 时 $\psi \sim r^{l+1}$，不难证明当三个变量固定时 ψ 对剩下的变量的解析性：对 k^2，在沿正实轴割去的平面上解析；对 α 为整函数；对 l，在 $l+\frac{1}{2}$ 右半平面解析。因此，在上述区域内，ψ 同时为这三参数的解析函数。

对应这三个参数，微分方程(1)确定三类谱问题：

(i) 能谱。当 $k^2 < 0$ 时有分立谱，$k^2 > 0$ 时为连续谱。

(ii) 角动量谱。要求 ψ 满足边界条件

$$\psi \sim r^{l+1} \qquad r \to 0 \qquad (3)$$
$$\psi \sim \sin(kr + \eta) \qquad \eta \text{固定}$$

时，$(l+\frac{1}{2})^2$ 的正实轴上有分立谱，负实轴为连续谱[4]。

(iii) 耦合常数谱。要求 ψ 满足条件(3)时，α 的谱全是分立谱，并且在一般情况下没有最大和最小的谱值。[5]

当我们试图利用这些谱问题来建立散射变分原理时，我们发现，利用能谱是不适当的，因为这时能谱为连续谱，形式如 $\int \psi H \psi d\tau$ 的积分发散。正因为这样，以前[1]研究过的变分原理从另一种泛函出发，此时变分原理失去了束缚态变分原理所特有的极小值性质。角动量谱可以利用，但是当推广到积分方程和场论中时将有困难，因为这时角动量 l 在积分方程中是以较复杂的形式出现的。利用耦合常数 α 的谱最为方便。因为 α 的谱都是分立的，并且无论在微分方程，积分方程以至场论的色散关系中，α 都是以简单的因子出现于方程中。关于 α 的谱问题，Kato[5] 在寻找相移的上下界时曾经讨论过。根据上面的讨论和 ψ 对诸参数的解析性，我们认为进一步利用对 α 的变分原理对于解决散射的一系列问题将是有用的。

令 α_n 为本征值，ψ_n 为相应的本征函数。在 $V \geqslant 0$ 的情形下，可以定义标积

$$(\varphi, \psi) = \int \varphi V \psi dr \qquad (4)$$

φ_n 构成完全正交系。取尝试波函数 $f(x)$，有

$$f(x) = \Sigma c_n \varphi_n(x) \qquad (5)$$

作泛函

$$J[f(x)] = \frac{\int f(x)\left(\frac{d^2}{dx^2} + k^2 - \frac{l(l+1)}{x^2}\right)f(x)dx}{\int f^2 V(x)dx} = \frac{\Sigma c_n^2 \alpha_n}{\Sigma c_n^2} \equiv \langle\alpha\rangle \quad (6)$$

变分原理为

$$\delta J[f(x)] = 0 \quad (7)$$

在一般情况下，变分原理(7)是一个稳定值问题（不是极大或极小值）。但是在某些情况下，α_n 有一极大值，此时(7)式变为极大值问题。在这些情况下，利用这种形式的变分原理特别有效。这些情况包括：(i) 位能在某 r 值处截断时的一般散射问题；(ii) 束缚态和 $k^2 \leqslant 0$，$l \geqslant -\frac{1}{2}$ 的一段 Regge 轨迹问题。对于 $k^2 > 0$ 的 Regge 轨迹和共振问题，由于当 α 为实数时 l 或 k 变为复数，在应用变分原理时比较复杂。但是当 $Im\, l$ 不大时，可以把此问题变为 l 和 k 为实数而 α 为复数的问题。若 $Im\,\alpha$ 不大，则 $Re\,\alpha$ 亦将近似地有一极大值。

如果问题是确定耦合常数，则上述的变分原理直接给出近似解答。如果问题是求散射相移或共振能量等，我们可以根据波函数的解析性质来得到解。由于当相移 δ 固定时 ψ 为 l, k^2, α 的解析函数，当视 l, k^2, δ 为参数时，α 将为这些参数的函数。在附录中我们证明在一定区域内 α 为这些参数的解析函数

$$\alpha = \alpha(l, k^2, \delta) \quad (8)$$

由此方程分别可解出 δ, k^2 或 l，因此可解决与散射有关的各种问题。例如当 δ 延拓至 $-i\infty$，解出 l

$$l = l(k^2; \alpha) \quad (9)$$

即得 Regge 轨迹方程。当然，由变分法得到的近似解往往只在参数的某些小范围内与精确值接近，此时，近似解的整个解析性可能与精确解的解析性相差甚远，但是在确定的范围内，仍然可以得到各种问题的足够准确的解答。

III 散射积分方程

在这节中我们从动量空间的散射积分方程出发。我们讨论某个分波的方程。令此时有效的相互作用算符为 αV，则驻波形式的方程为

$$\psi_p = \Phi_p + P\frac{1}{E - H_0}\alpha V \psi_p = \Phi_p + \sum_{p'}\frac{\Phi_{p'} K_{p'p}}{E - E'} \quad (10)$$

其中

$$K_{p'p} = (\Phi_{p'}, \alpha V \psi_p), \qquad K_{pp} = -p\, tg\,\delta \quad (11)$$

当要求相移 δ 固定时（或更精确一点，δ 只差 2π 的整数倍），α 将有分立譜 α_n。

令相应的驻波解为 $\psi_p^{(n)}$，则有

$$\psi_p^{(n)} = \Phi_p + \frac{1}{E-H_0}\alpha_n V\psi_p^{(n)} = \Phi_p + \sum_{p'}\frac{\Phi_{p'}K^{(n)}_{p'p}}{E-E'} \tag{12}$$

$$K^{(n)}_{p'p} = (\Phi_{p'}, \alpha_n V\psi_p^{(n)}) \tag{13}$$

$$K^{(n)}_{pp} = -p\,tg\delta$$

$\psi_p^{(n)}$ 的正交性是：

$$(\psi_p^{(n)}V\psi_p^{(m)}) = 0 \qquad \text{若 } n \neq m \tag{14}$$

事实上，

$$\alpha_n(\psi^{(n)}V\psi^{(m)}) = (\psi^{(n)},\alpha_n V\Phi) + (\psi^{(n)},\alpha_n V\frac{1}{E-H_0}\alpha_m V\psi^{(m)})$$

$$= K^{(n)}_{pp} + \Sigma\frac{K^{(n)}_{pp'}K^{(m)}_{p'p}}{E-E'}$$

$$\alpha_m(\psi^{(m)},V\psi^{(n)}) = K^{(m)}_{pp} + \Sigma\frac{K^{(m)}_{pp'}K^{(n)}_{p'p}}{E-E'}$$

由于 $K^{(n)}_{pp} = K^{(m)}_{pp}$，故得

$$(\alpha_n - \alpha_m)(\psi^{(n)},V\psi^{(m)}) = 0$$

由此即得正交性（14）式。

取尝试解 $K_{p'p}$，对 $K^{(n)}_{p'p}$ 展开，有

$$K_{p'p} = \Sigma c_n K^{(n)}_{p'p} \tag{15}$$

由于要保持 $K_{pp} = -p\,tg\delta$，故应有

$$\Sigma c_n = 1 \tag{16}$$

把（15）代入（10）式，利用（16），得

$$\psi_p = \Phi_p + \sum_n c_n\sum_{p'}\frac{\Phi_{p'}K^{(n)}_{p'p}}{E-E'} = \Sigma c_n\psi_p^{(n)} \tag{17}$$

注意我们根据此式由 $K_{p'p}$ 确定 ψ_p，假如 $K_{p'p}$ 不是准确解，则（13）式不成立。

由（12）式，有

$$\alpha_n(\psi_p^{(n)},V\psi_p^{(n)}) = K^{(n)}_{pp} + \sum_{p'}\frac{(K^{(n)}_{pp'})^2}{E-E'}$$

利用 $\psi^{(n)}$ 的正交性和条件（16）即可得

$$J\{K_{p'p}\} \equiv \frac{K_{pp} + \Sigma\frac{K^2_{pp'}}{E-E'}}{(\psi_{p'}V\psi_p)} = \frac{\Sigma c_n^2\alpha_n(\psi_p^{(n)}V\psi_p^{(n)})}{\Sigma c_n^2(\psi_p^{(n)}V\psi_p^{(n)})} \equiv \langle\alpha\rangle \tag{18}$$

变分原理为

$$\delta J[K_{p'p}] = 0$$

若 $(\psi_p^{(n)} V \psi_p^{(n)})$ 恒为正和 α_n 有极大值，则（19）式定出 (α) 的极大值。在一般情况下（19）式解出稳定值。

Ⅳ 計算举例

下面我們把以上两种变分法应用在一些简单計算上，这些实例都有准确解，因而可以和近似解比较。

为了計算的方便，下面我們都取尝試解为綫性叠加的形式：

$$f = \sum c_i f_i \tag{20}$$

代入（6）式（18）式中，得

$$(\alpha) = \frac{\sum B_{ij} c_i c_j}{\sum A_{ij} c_i c_j}$$

由 $\partial(\alpha)/\partial c_i = 0$ 得

$$(B_{ij} - (\alpha) A_{ij}) c_j = 0$$

因此行列式

$$|B_{ij} - (\alpha) A_{ij}| = 0 \tag{21}$$

解此行列式，取最小的負根，即为第一次达到某相移的位阱深度。

例(1) 方阱 s 波散射

取

$$V(r) = \begin{cases} 1 & r < \pi/2 \\ 0 & r > \pi/2 \end{cases}$$

在 $k = 1$ 达到 s 波共振 $\delta_0 = \pi/2$ 的位阱深度的准确值为 $\alpha_0 = -3$。取尝試波函数为

$$\varphi = \cos r(1 - ae^{-r} - (1-a)e^{-2r}) \qquad r < \pi/2,$$

解变分原理（7）得 $(\alpha) = -3.006$，与准确解符合得很好。注意在这例中 α 的譜有极大值，因而 $(\alpha) \leqslant \alpha_0$。

若用变分原理（19），首先应确定尝試解的形式。我們可以参考 $V_{p'p}$ 的形式来选擇函数 $K_{p'p}$。同时考虑到，$K_{p'p}$ 在 p' 正实軸上的极点将会影响到波函数在 $r \to \infty$ 处的行为，因此 p' 只能有复奇点，此外当 $p' \to 0$ 时，$K_{p'p} \sim p'^{l+1}$。根据这些考虑以及使計算方便，我們选取最簡单形式的尝試解

$$K_{p'p} = -pt_\sigma\delta_{p'p}$$
$$f_{p'p} = \Sigma c_i \frac{p'}{p} \frac{p^2+\mu_i^2}{p'^2+\mu_i^2} \tag{22}$$

若只取兩項，令 $\mu_1=2, \mu_2=4$，解得 $(\alpha) = -2.76$。注意当用变分原理(19)时，在位阱以外的波函数一般不与准确波函数相合，因而不能保証 $(\alpha) \leqslant \alpha$。

例(2) 束縛态

当 $p=iK, K$ 为实数，且 $t_\sigma\delta = -i$ 时，即化为束縛态問題，此时 α 譜有极大值。

举庫侖场为例，取
$$V(r) = 1/r$$

选尝試解为(22)的形式，取 $\mu_1=2K, \mu_2=4K$，解(19)式得 $(\alpha) = -2.04K$，而准确解为 $\alpha_0 = -2K$。

例(3) Regge 軌迹

以氫原子定态为例。能級 $1s, 2p, 3d\cdots$ 属于同一 Regge 軌迹。我們知道准确波函数为 $x^{l+1}e^{-x}$，准确的軌迹方程为
$$2(l+1) = -\alpha/K \tag{23}$$

由于准确波函数是滿足条件 $x\to 0$ 时 $\psi\sim x^{l+1}$ 和 $x\to\infty$ 时 $\psi\sim e^{-x}$ 的最簡单形式的波函数，我們为了說明一些問題，在变分法中选取較差的形式上与 l 无关的波函数
$$\psi(x) = (c_1 x^2 + c_2 x^4)e^{-x} \quad x=Kr \tag{24}$$

此尝試解在 $l=1$ 和 $l=3$ 是包含准确解，我們察看在其他 l 值下它能否給出滿意的結果。由于它不滿足 $x\to 0$ 时 $\psi\sim x^{l+1}$ 的行为，当 l 很大时它不可能給出較好的近似。把(24)代入(6)式中解变分原理，得到軌迹方程
$$l(l+1) = -\frac{34}{3} - \frac{5\alpha}{2K} + \frac{1}{3}\sqrt{580 + 180\frac{\alpha}{K} + 15\left(\frac{\alpha}{K}\right)^2} \tag{25}$$

此式与(23)式的比較见于下表中。

$-\alpha/K$	l (25式)	l 准确值
2.57	0	0.28
3	0.41	0.50
4	1.00	1.00
5	1.47	1.50
6	1.96	2.00
7	2.48	2.50
8	3.00	3.00

10	3.92	4.00
12	4.69	5.00
16	5.98	7.00

由上表看出,在 $0.5 < l < 5$ 的范围内,变分法给出的 l 值与准确 l 值很好符合。在这范围以外,两者可能有很大差别。这是由于(25)式的解析性质与(23)式是不同的。(23)式给出 $l(l+1)$ 为 α/K 的整函数,而(25)式在 $\alpha/K = -6 \pm i\sqrt{\frac{8}{3}}$ 处有支点。值得注意的是,虽然这支点距离我们所注意的线段 $3 < (-\alpha/K) < 12$ 很近,但是正是在这线段上(25)式与准确解接近。从这例子可以看出,当我们只要求得到 Regge 轨迹某一段的近似时,似乎不必对 Regge 轨迹的整个解析性质太着重考虑。这结果对于场论中 Regge 轨迹的计算有一些启发。一方面从近来对 Yukawa 位能[6]和相对论量子力学[7]所作的一些计算表明,Regge 轨迹的一般性质是相当复杂的,可以存在复奇点、支点等等,在 $l < -\frac{1}{2}$ 半平面上的行为尤其复杂。这些特点很可能在场论中也保持下来。另一方面,从现有的实验事实来看,对我们最有用的只是 $0 < \text{Re}\,l < 3$ 的一段 Regge 轨迹,它给出共振现象以及控制散射的高能行为。因此比较实际的方法似乎是找出计算这一段轨迹的近似方法,变分法可能作为这样一种近似方法。

V Bethe-salepetr 方程

在场论中最适合于讨论束缚态和 Regge 极点问题的是 Bethe-Salpeter 方程。近来一些作者在这方面做了一些工作[8]对于 Regge 轨迹,或者只得到对耦合常数的展开式,或者在忽略能量壳层外的影响的近似下得到一些关系。进一步的计算是必须的。在这一节中,我们在阶梯近似下得出与(18)式形式上相同的变分原理,留待以后再研究利用它作具体计算的可能性。

考虑标量粒子散射过程

$$p+q \to p'+q',$$

两粒子的质量分别为 m 和 μ,交换粒子的质量为 M。在阶梯近似下,不变振幅为 (在各分母中略去 $-i\varepsilon$)

$$\begin{aligned}
T_{p'q';pq} = &-\frac{g^2}{(p'-p)^2+M^2} - ig^2 \iint \frac{d^4k\,d^4k'}{(2\pi)^4}\frac{1}{(p'-k)^2+M^2} \times \\
&\times \frac{1}{k^2+m^2}\frac{1}{k'^2+\mu^2}\delta(p+q-k-k')T_{kk';pq} \\
= &-\frac{g^2}{(p'-p)^2+M^2} - \frac{ig^2}{(2\pi)^4}\int d^4k \frac{1}{(p'-k)^2+M^2} \times \\
&\times \frac{1}{k^2+m^2}\frac{1}{(p+q-k)^2+\mu^2}T_{kk';pq}
\end{aligned} \qquad (26)$$

如一般散射形式理論一样，引入实矩陣K比較方便。K与T的关系是：

$$K = T + \frac{i(2\pi)^6}{2} \iint \frac{d^4k d^4k'}{(2\pi)^8} K\delta(k^2+m^2)\delta(k'^2+\mu^2)\delta(k+k'-p-q)T \quad (27)$$

在质心坐标中，有

$$K = T + \frac{i}{32\pi^2} \int d^3\vec{k} \frac{1}{\omega\omega'} \delta(\omega+\omega'-p_0-q_0) KT \quad (28)$$

按角动量分波后，K 和 T 的本征值为 K_A 和 T_A，它们的关系是

$$K_A = T_A + \frac{i}{8\pi} \frac{k}{W} K_A T_A \quad (29)$$

$$T_A = -\frac{8\pi W}{k} e^{i\delta} \sin\delta \qquad K_A = -\frac{8\pi W}{k} tg\delta \quad (30)$$

其中 W 和 k 分别代表质心系中的两粒子总能量和各粒子的动量。

下面求 K 矩陣所满足的方程。按照色散关系的分析，

$$T_{kk';pq} = \frac{1}{\pi} \int_{M^2}^{\infty} dt' \frac{A(s,t';k^2,k'^2)}{t'+(p-k)^2-i\varepsilon} \quad (31)$$

代入(26)式中，注意到当 $s > (m+\mu)^2$ 和 $t < 0$ 的情形下（$s = -(p+q)^2$，$t = -(p-p')^2$）在(26)式右边第二项的四个分母中，只有 k 和 k' 二条內綫可能同时貢献 δ 函数项。如果令符号 P 表示在对 k_0 积分后的对 $\vec{k}$ 积分中取主值，即除去 k 和 k' 两內綫同时在质量壳层下的貢献，不难验证

$$K_{p'q';pq} = -\frac{g^2}{(p'-p)^2+M^2} - \frac{ig^2}{(2\pi)^4} P \cdot \int d^4k \frac{1}{(p'-k)^2+M^2} \frac{1}{k^2+m^2}$$
$$\frac{1}{(p+q-k)^2+\mu^2} K_{kk';pq} \quad (32)$$

事实上，把(32)右边代入(27)式中，可以验明两边相等。

引入符号

$$V_{p'q';pq} = -\frac{1}{(p'-p)^2+M^2}, \qquad -i\Omega = \frac{1}{k^2+m^2} \frac{1}{k'^2+\mu^2} \quad (33)$$
$$(k' = p+q-k)$$

并略去 $p \int d^4k/(2\pi)^4$，把(32)写为

$$K = g^2 V + g^2 V\Omega K \quad (34)$$

乘以 $K\Omega$，并积分，得

$$K\Omega K = g^2 K\Omega V + g^2 K\Omega V\Omega K \quad (35)$$

由此容易得出下面一些变分原理

$$J_1\{K\} = \frac{K - K\Omega K}{V - K\Omega V\Omega K} \tag{36}$$

或

$$J_2\{K\} = \frac{K + K\Omega K}{(I + K\Omega)V(I + \Omega K)} \tag{37}$$

等。在(37)中 I 为单位矩阵 $IV \equiv V$。(37)式与(18)式完全相似。变分原理为

$$\delta J\{K\} = 0$$

J 的稳定值即为耦合常数 g^2。

附 录

在这里证明 $\alpha(\lambda, k^2, \delta)$ 为这些参数的解析函数。应用文献[4]的符号，对于物理解

$$\psi(\lambda, \alpha; x) = 2\lambda \left[C(\lambda, \alpha) S(\lambda, \alpha; x) - S(\lambda, \alpha) C(\lambda, \alpha; x) \right], \quad (\lambda = l + \tfrac{1}{2}) \tag{A1}$$

其中 $S(\lambda, x)$ 和 $C(\lambda, x)$ 都是微分方程(1)的解，当 $x \to \infty$ 时分别趋于 $\sin\left(x - \frac{\pi}{4}\right)$ 和 $\cos\left(x - \frac{\pi}{4}\right)$。若

$$\psi(\lambda, \alpha; x) \sim \sin\left(x - \frac{l\pi}{2} + \delta\right)$$

则必需有

$$F(\lambda, \alpha, \mu) \equiv C(\lambda, \alpha) \cos\mu + S(\lambda, \alpha) \sin\mu = 0 \tag{A2}$$

$$\mu = \frac{l\pi}{2} - \frac{\pi}{2} - \eta$$

由微分方程(1)可证

$$\psi \frac{\partial}{\partial \alpha} \psi'' - \psi'' \frac{\partial}{\partial \alpha} \psi = \psi^2 v(x)$$

故

$$\int_0^\infty \psi^2 v(x)\, dx = \left(\psi \frac{\partial}{\partial \alpha} \psi' - \psi' \frac{\partial}{\partial \alpha} \psi \right) \Big|_0^\infty$$

$$= (2\lambda)^2 \left(C(\lambda, \alpha) \frac{\partial}{\partial \alpha} S(\lambda, \alpha) - S(\lambda, \alpha) \frac{\partial}{\partial \alpha} C(\lambda, \alpha) \right) > 0 \tag{A3}$$

由于

$$\frac{\partial F}{\partial \alpha} = \frac{\partial C(\lambda, \alpha)}{\partial \alpha} \cos\mu + \frac{\partial S(\lambda, \alpha)}{\partial \alpha} \sin\mu \tag{A4}$$

比较（A2—A4）式，可得

$$\frac{\partial F}{\partial \alpha} \neq 0$$

由于 C 和 S 都是 λ 和 α 的解析函数，$F(\lambda,\alpha,\mu)$ 亦为 λ,α,δ 的解析函数。故由（A2）可解出

$$\alpha = \alpha(\lambda, k^2; \delta) \qquad (A5)$$

在一定区域内它是这些参数的解析函数。

参 考 文 献

[1] W. kohn, phys. Rev. 74 (1948), 1763; 84 (1951), 496. B. A. Lippmann, J. Schwinger. Phys. Rev 79 (1950), 469. N. E. Tamm, ЖЭТФ 18 (1948), 337.
[2] G. F. Chew, phys. Rev 94, (1954), 1755.
[3] Ю. В. Новожилов, ВЛУ 4 (1957), 5
[4] T. Regge, Nuo. Cim. 14 (1959), 951
[5] T. Kato, Prog. Theor. Phys. 6 (1951), 394
[6] A. Ahmadzaden, P. G. Burke, C. Tate, Phys. Rev. 131 (1963), 1315
[7] G. S. Guralnik, C. R. Hagen, Phys. Rev. 130 (1963), 1259.
[8] L. S. Liu, K. Tanaka, Phys. Rev. 129 (1963), 1876. B. W. Lee, R. F. Sawyer, Phys. Rev. 127 (1962), 2299, 2274. N. Nakanishi, Phys. Rev. 130 (1963), 1230.

Variational Method for Scattering and Regge Trajectories

Kwo She—hung

Abstract

A variation method for calculating the scattering phase shift, binding energy, resonance energy and Regge trajectory was proposed on the basis of the analytic properties of the scattering amplitude. The method was extended to field theory in the ladder approximation.

費米子Regge极迹的解析性和阈行为*

李 华 锺

（物理系）

摘 要

从π介子核子散射振幅出发，根据Mamdelstam表示和么正条件。对于奇异量子数为零，重子数为1的费米子Regge极迹，求得了下列结果：（1）位置参数$\alpha(s)$的解析性，只有右方物理割无左方动力割，但是左方有从$s=0$到$-\infty$的运动学割。（2）在当$s<0$时$\alpha(s)$取复数值，并且还有一条同它成复共轭（在$s<0$范围内）的Regge极迹。这一对极迹它们的J-宇称相同，但是空间宇称相反。$0<s<(M+\mu)^2$时，$\alpha(s)$为实数。不同宇称的极迹对S之依赖不同。（3）讨论了费米子Regge迹在阈能（$W_0=M+\mu$）附近的行为，凡是与共振态，束缚态有关的Regge极迹，$\alpha(W_0)\neq 0$。求得了在阈附近的表示，定性方面同玻色子Regge极迹相同，（5）还有一大类Regge极迹，它们同共振态束缚态无关，$\alpha(W_0)=0$，这类极迹在能量趋近阈能时，有无穷多个极点趋于$ReJ=0$，（即我们在费米子情况下得到Gribov-Pomeranchuk极点凝聚现象），这类极迹当能量由阈下趋于阈时，从J平面左半平面共轭成对地趋于$ReJ=0$。当能量从阈上趋于阈时，成对地从第一和第三象限趋于$ReJ=0$。所有这些极点实数部分$Re\alpha\longrightarrow 0$比虚数部$Im\alpha\longrightarrow 0$快一或二个数量级。J平面原点是一个凝聚点，这类"非动力"的Regge极迹阈行为，无论对玻色子，费米子，以至非相对論势散射，定性都相似（只是凝聚的轴綫和点不同）。它们实际上S陣在阈的普遍性质的反映。

§1 导 言

近来基本粒子强相互作用理論方法有了新的发展，人們把散射振幅看成是复数

---

*） 1964年3月收到

能量和复数角动量的函数，研究这样的散射振幅的解析性和它的物理解释。势散射的研究[1]証明了非相对论S阵在角动量 l 右上半平面 $\text{Re}\, l > -\frac{1}{2}$ 是 l 的半纯函数。复 l 平面上的极点（Regge极点）的位置和留数是能量的函数。随着能量变化，极点位置在 l 平面描成轨迹（Regge极迹）。这些极点有确定的物理意义，当极点位置参数实数部分取物理值时便相应于系统出现束缚态或共振态。它的虚数部分则与系统的态的能级宽度联系。对于某些类型短程势（如叠合汤川势），存在最右方的极点，正是这个极点，决定了散射振幅的高能渐近行为。

复角动量理论的概念很快被移用到相对论S矩阵理论上来[2]。对相对论S阵在复 l 平面上解析性的研究[3]，并不象势散射那样直截了当，在势散射时，可以直接写出薛定格方程及其解的渐近形式，由此证明了散射振幅在 l 平面的解析性，再推出散射振幅的渐近行为。（这样相应的Mandelstam表示的有限删去也就确定了）。可是，在Mandelstam表示和么正条件的基础上研究相对论性S阵时，我们并不知道振幅的渐近形式，不知道删去次数是否有限次。此外，主道么正条件的完整式由于包含非弹性道的贡献使问题变得复什，所以人们不得不应用弹性近似的么正条件。对于无自旋粒子两体散射振幅的研究表明[3][4][5]，在某些关于删去或渐近形式和弹性么正条件等的假设下，在一定能量区域内，散射振幅在 l 平面上 $\text{Re}\, l > 1$ 时为半纯函数。把解析区域再推广到 $\text{Re}\, l \leqslant 1$ 还是未解决的问题，对于有自旋粒子散射振幅的 l 解析性还未见系统的研究。在本文中，我们不討论散射振幅的问题，我们将假设所需要的总角动量平面上的解析性。

从复角动量理论的观点来看，物理系统的束缚态和共振态的研究归结为Regge极迹的研究。在相对论性理论中，完全解出Regge极迹是一个困难的问题，目前有一些工作研究了Regge极迹在能量平面的解析性质和在某些能量区域的局部性质。对于玻色子Regge极迹，Грибов和Померанчук[6]，Barut和Zwanziger[5]等的研究得到了位置参数和留数参数在能量平面的解析性，也讨论了Regge极迹在阈附近的行为。Грибов和Померанчук[7]还发现了在阈附近有Regge极点的凝聚现象，他们指出在能量趋于阈能时，有无穷多个玻色Rigge极点趋向集中于 $\text{Re}\, l = -\frac{1}{2}$ 线上。还有不少工作，在已知极迹参数解析和阈行为的基础上对真空极迹和 ρ 介子极迹性质，作更細緻的討论。或者同实验結合作求出极迹的半经验解析式。

对于费米子Regge极迹，情况较为复什一些，Грибов[8]曾从纯粹运动学的考虑和振幅渐近形式的考虑研究了费米子Regge极迹在能量平方 $s < 0$ 时的一个性质。也讨论了交叉道费米子Regge极点同主道大角度散射微分截面的联系[8][9]。

本文从 π 介子核子散射振幅出发，利用Mandelstam表示，求得了对应于奇异量子数为零，重子数为1的费米子Regge极迹的位置参数 $\alpha(s)$ 的解析性，然后加入么正条件，用类似于文献[5]的方法，求得了费米子Regge极迹的阈行为。我们还求出当能量趋近阈能时，还有另一类极点向 $\text{Re}\, J = 0$ 凝聚。

§2 中我們概述了 πN 散射振幅的运动学，我們的工作分述於§§3,4,5,6。§3 討論了开拓到复数总角动量 J 的分波公式，和分波振幅的解析性，其中某些分波振幅式子在[9]也有过。§4 討論了 $\alpha(s)$ 的解析性，我們得出 $\alpha(s)$ 无左方动力割只有物理割，在左方有运动学割从 $-\infty$ 到 0。一般以为[8][9]由于πN振幅有运动学奇点 $\sqrt{s}$，所以不在 s 平面討論，我們的做法表明，$\sqrt{s}$ 运动学奇点实际上也不妨碍我們在 s 平面討論。§5 討論了 $\alpha(s)$ 在 $s < (M+\mu)^2$ 时的性質。在 $s < 0$ 时，α 为复数，这时就有另一条同它互为复共軛 ($s < 0$) 的极迹，相应于相同的 J—宇称而不同的空間宇称。在 $0 < s < (M+\mu)^2$ 时极迹为实数。§6 根据分波振幅的解析性和么正条件討論极迹的阈行为，我們区别在阈附近两类本質不同的极迹的行为。一类相应于"动力的"，它們与束缚或共振态密切有关。另一类完全是"非动力的"。它們同束縛态共振态无关。后者在阈附近向 $\text{Re}\,J = 0$ 聚集。这种凝聚现象是 Грибов 和 Померанчук[7] 在玻色子情况下指出的，我們在費米子情况下，并用不同的推导方法得出。

§2 运 动 学

π 介子核子散射的运动学是众所周知的[10]，为了引入必要的物理量和符号，我們扼要綜述如下。

令 $p_1, q_1; p_2, q_2$ 分別表散射前后核子和 π 介子的四維动量

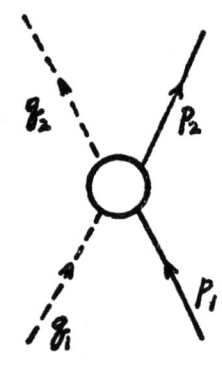

（图1）

$$p_1 + q_1 \longrightarrow p_2 + q_2$$

定义
$$\left.\begin{array}{l} s = -(p_1 + q_1)^2 \\ u = -(p_2 - q_1)^2 \\ t = -(q_1 - q_2)^2 \end{array}\right\} \quad (2.1)$$

$$s + u + t = 2M^2 + 2\mu^2 \quad (2.2)$$

M, μ 各为核子，π 介子的質量。又令 W 为质心坐标系中 πN 系統的总能量，q 为质心坐标中三維动量数值，θ 为质心坐标系中散射角，則有

$$\left.\begin{array}{l} s = W^2 \\ t = -2q^2(1 - \cos\theta) \\ u = 2M^2 + 2\mu^2 - W^2 + 2q^2(1 - \cos\theta) \end{array}\right\} \quad (2.3)$$

$$q^2 = \frac{[s - (M+\mu)^2][s - (M-\mu)^2]}{4s} \quad (2.4)$$

散射不变振幅 T 同 S 矩陣以有下式：

$$S_{fi}= -\delta_{fi}(2\pi)^4 i\delta^{(4)}(p_2+q_2-p_1-q_1)\left(\frac{M^2}{4E_1E_2W_1W_2}\right)^{\frac{1}{2}}\bar{u}_2Tu, \qquad (2.5)$$

E_1, E_2, W_1, W_2 为 核子，介子的总能量。$\bar{u}u=1$。

不变振幅的自旋结构为：

$$T= -A(s,u,t)+ir\cdot Q\,B(s,u,t) \qquad (2.6)$$

$$Q = \frac{q_1+q_2}{2}$$

为简单起见，我们略去同位旋。

物理振幅 $\mathcal{F}$ 的定义为

$$\frac{d\sigma}{d\Omega} = \sum_{\text{自旋}}|<f|\mathcal{F}|i>|^2 \qquad (2.7)$$

$$\mathcal{F}=f_1+\frac{(\vec{\sigma}\cdot\vec{q}_1)(\vec{\sigma}\cdot\vec{q}_2)}{|\vec{q}_1||\vec{q}_2|}f_2 \qquad (2.8)$$

$$\left.\begin{aligned}f_1 &= \frac{(W+M)^2-\mu^2}{16\pi W^2}[A+(W-M)B] \\ f_2 &= \frac{(W-M)^2-\mu^2}{16\pi W^2}[-A+(W+M)B]\end{aligned}\right\} \qquad (2.9)$$

f_1, f_2 按总角动量 j 的分波分解为

$$\left.\begin{aligned}f_1 &= \sum f^j{}_{j-\frac{1}{2}}P'{}_{j+\frac{1}{2}}(z) - \sum f^j{}_{j+\frac{1}{2}}P'{}_{j-\frac{1}{2}}(z) \\ f_2 &= \sum f^j{}_{j+\frac{1}{2}}P'{}_{j+\frac{1}{2}}(z) - \sum f^j{}_{j-\frac{1}{2}}P'{}_{j-\frac{1}{2}}(z)\end{aligned}\right\} \qquad (2.10)$$

其中，$P_j(z)$ 为勒上特多项式，为方便计引入

$$z = \cos\theta$$
$$f^j{}_\pm = f^j{}_{j\pm\frac{1}{2}}$$

而 $\quad f^j{}_\mp = \frac{1}{2}\int_{-1}^1 dz\,[P_{j\mp\frac{1}{2}}(z)f_1(z)+P_{j\pm\frac{1}{2}}(z)f_2(z)] \qquad (2.11)$

由 (2.9)(2.10)(2.11) 得

$$f^j{}_\mp = \frac{[(W+M)^2-\mu^2]}{32\pi W^2}[A_{j\mp\frac{1}{2}}+(W-M)B_{j\mp\frac{1}{2}}]+\frac{[(W-M)^2-\mu^2]}{32\pi W^2}[-A_{j\pm\frac{1}{2}}$$
$$+(W+M)B_{j\pm\frac{1}{2}}] \qquad (2.12)$$

$$\left.\begin{aligned}A_{j\pm\frac{1}{2}}(s) &= \int_{-1}^1 P_{j\pm\frac{1}{2}}(z)A(s,u,t)dz \\ B_{j\pm\frac{1}{2}}(s) &= \int_{-1}^1 P_{j\pm\frac{1}{2}}(z)B(s,u,t)dz\end{aligned}\right\} \qquad (2.13)$$

Mac Dowell[11] 首先指出，$f^j_\pm$ 视为 W 函数时，有下述所谓"反射性质"：

$$f^j_\pm(W) = f^j_\mp(-W) \tag{2.14}$$

（2.13）表明，$f^j_\pm$ 有 $\sqrt{s}$，在 $s = 0$ 有运动学奇点，在§6我们将要应用 $f^j_\pm$ 的幺正条件，我们最好明显地避开这个支点，如采用螺旋振幅（Helecity Amplitude），是可以得到无运动学奇点的振幅[10]，但是§6要用到的是分波相移表示的幺正条件

$$f^j_\pm = \frac{e^{i\delta_\pm}Sin\delta_\pm}{q} \tag{2.15}$$

而螺旋振幅是 f^j_+，f^j_- 的叠合，它失去了使用弹性幺正条件简单形式（2.15）的方便。因此，不用螺旋振幅，在§6我们在 W 平面上讨论。但是，当研究 $\alpha(s)$ 解析性时（§4），我们仍可以在 s 平面上讨论。

为避免（2.13）或分母 $W = 0$ 极点把分波振幅定义为

$$\frac{W^2 e^{i\delta_\pm}Sin\delta_\pm}{q} \tag{2.16}$$

从量子力学知道，在阈附近 $\delta_\pm \sim q^{2l+1}$，现在我们先注意 f^j_-，当能量趋近阈能 $W \longrightarrow M + \mu$ 时，（2.16）式 $\sim q^{2l} \sim q^{2(j-\frac{1}{2})}$，当 $W \longrightarrow -(M+\mu)$（由反射性质（2.14）这相当于 f^j_+，$W \longrightarrow M+\mu$ 时）时，（2.16）$\sim q^{2l+2} \sim q^{2(j+\frac{1}{2})}$。此两情形下，（2.16）表示的分波振幅均趋于零，即（2.16）表示的分波振幅在阈有零点，于是 $(f^j_\pm)^{-1}$ 有 $q = 0$ 极点，此外当 j 开拓到复数时有 $f^j_\pm$ 有 $q = 0$ 运动学分支点。这些在以下讨论（§§4.6）均应避免，为消除这两缺点，引入

$$a^j_-(W) = \frac{W^2}{(W+M)^2-\mu^2}\frac{e^{i\delta_-}sin\delta_-}{q^{2j}} \tag{2.17}$$

或

$$a^j_-(W) = \frac{32\pi W^2}{[(W+M)^2-\mu^2]q^{2j-1}}f^j_-(W) \tag{2.18}$$

f^j_- 是以（2.15）表示。

同样引入

$$a^j_+(W) = \frac{32\pi W^2}{[(W-M)^2-\mu^2]q^{2j-1}}f^j_+(W) \tag{2.19}$$

$$a^j_\pm(W) = -a^j_\mp(-W) \tag{2.20}$$

易见 $a^j_\pm$ 已无一切运动学奇点，并有正确的阈行为。

在§3我们也将看到，这样选择的 $a^j_\pm$ 当 j 开拓到复数 J 时，也有最简单的解析性。$a_\pm(J,W)$ 同 $a^j_\pm(W)$ 在 W（或 s）平面的解析性相同。

§3 分表振幅的解析开拓

假设 A 和 B 满足有限次删去的 Mandelstam 表示

$$A(s,u,t) = \frac{1}{\pi}\int_{(M+\mu)^2}^{\infty} du' \frac{A_u(s,u')}{u'-u} + \frac{1}{\pi}\int_{4\mu^2}^{\infty} dt' \frac{A_t(s,t')}{t'-t} \qquad (3.1)$$

$$\left.\begin{aligned} A_u(s,u') &= \frac{1}{\pi}\int_{(M+\mu)}^{\infty} ds' \frac{a_{12}(s',u')}{s'-s} - \frac{1}{\pi}\int_{-\infty}^{2M^2-2\mu^2-u'} ds' \frac{a_{23}(s,t')}{s'-s} \\ A_t(s,t') &= \frac{1}{\pi}\int_{(M+\mu)^2}^{\infty} ds' \frac{a_{13}(s,t')}{s'-s} - \frac{1}{\pi}\int_{-\infty}^{(M-\mu)^2-t'} ds' \frac{a_{23}(s,u')}{s'-s} \end{aligned}\right\} \qquad (3.2)$$

上式还应有 N 次有限次删去没有明显写出。$B(S,u,t)$ 满足类似的色散关系，但还要加上"核子极点项"。

引入分波投射

$$A_{j\pm\frac{1}{2}}(s) = \int_{-1}^{1} dz A(s,u,t) P_{j\pm\frac{1}{2}}(z) \qquad (3.3)$$

$$A(s,u,t) = \frac{1}{\pi}\int_{(M+\mu)^2}^{\infty} du' \frac{A_u(s,u')}{u'-[2M^2+2\mu^2-s+2q^2(1-z)]}$$

$$+ \frac{1}{\pi}\int_{4\mu^2}^{\infty} dt' \frac{A_t(s,t')}{t'+2q^2(1-z)} \qquad (3.4)$$

$$A_{j\pm\frac{1}{2}}(s) = \frac{1}{\pi q^2}\int_{4\mu^2}^{\infty} dt' A_t(s,t') Q_{j\pm\frac{1}{2}}\left(1+\frac{t'}{2q^2}\right) +$$

$$+ \frac{(-1)^{j\pm\frac{1}{2}}}{\pi q^2}\int_{(M+\mu)^2-(M^2-\mu^2)^2/s}^{\infty} du' A_u\left(s,u'+\frac{(M^2-\mu^2)^2}{s}\right) Q_{j\pm\frac{1}{2}}\left(1+\frac{u'}{2q^2}\right) \qquad (3.5)$$

$Q_{j\pm\frac{1}{2}}(\nu)$ 为第二类勒上特函数。上式当 $j > N$ 成立。

物理值 j 的 $A_{j\pm\frac{1}{2}}$ 在 s 或 W 平面的解析性是已知的[10][11]。可以概括于（图2），（图3）。

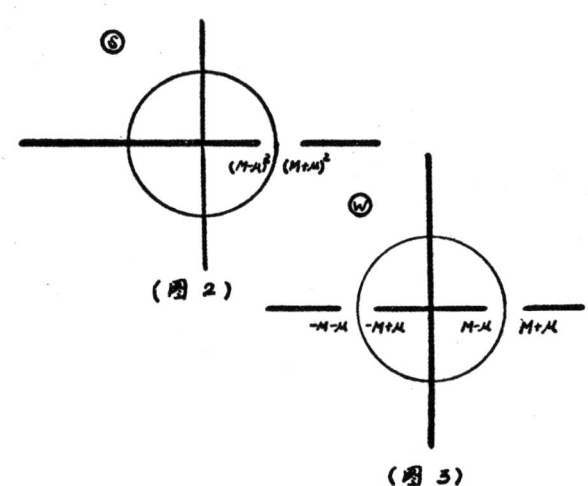

（图2）

（图3）

对于 $B_{j\pm\frac{1}{2}}$，除了（图2）（图3）所列出的割线外，当 $j=\frac{1}{2}$ 时在 $S=M^2(W=\pm M)$ 还有极点，在一般情形下 $S=\left(\dfrac{(M^2-\mu^2)^2}{M^2},\ M^2+2\mu^2\right)$，（$W$ 平面则在 $\left(\dfrac{M^2-\mu^2}{M},\right.$ $+(M^2+2\mu^2)^{\frac{1}{2}}\right)$，$\left(-\dfrac{M^2-\mu^2}{M},\ -(M^2+2\mu^2)^{\frac{1}{2}}\right)$）之间有短割线，这些都是由于核子极点项引起的，下面将看到这些区别对我们的讨论并没有影响。

现在把 $A_{j\pm\frac{1}{2}}$，$B_{j\pm\frac{1}{2}}$ 开拓到复数角动量 J。（3.5）不是合适的开拓式子。因为 $(-1)^{j\pm\frac{1}{2}}$ 导致沿 $J=\pm i\infty$ 开拓的结果不同。

把（3.5）写成

$$A_{j\pm\frac{1}{2}}=A^{(1)}_{j\pm\frac{1}{2}}+(-)^{j\pm\frac{1}{2}}A^{(2)}_{j\pm\frac{1}{2}} \tag{3.6}$$

引入定义
$$\left.\begin{array}{l}A^{(e)}_{j\pm\frac{1}{2}}=A^{(1)}_{j\pm\frac{1}{2}}\mp A^{(2)}_{j\pm\frac{1}{2}}\\[4pt]A^{(0)}_{j\pm\frac{1}{2}}=A^{(1)}_{j\pm\frac{1}{2}}\pm A^{(2)}_{j\pm\frac{1}{2}}\end{array}\right\} \tag{3.7}$$

把物理值 j 的公式换成复数域 J

$$\left.\begin{aligned}
A^{(e)}_{J\pm\frac{1}{2}}(J, s) &= \frac{1}{\pi q^2}\int_{4\mu^2}^{\infty} dt' A_t(s, t') Q_{J\pm\frac{1}{2}}\left(1+\frac{t'}{2q^2}\right) \\
&\mp \frac{1}{\pi q^2}\int_{(M+\mu)^2-\frac{(M^2-\mu^2)^2}{s}}^{\infty} du' A_u\left(s, u'+\frac{(M^2-\mu^2)^2}{s}\right) Q_{J\pm\frac{1}{2}}\left(1-\frac{u'}{2q^2}\right) \\
A^{(0)}_{J\pm\frac{1}{2}}(J, s) &= \frac{1}{\pi q^2}\int_{4\mu^2}^{\infty} dt' A_t(s, t') Q_{J\pm\frac{1}{2}}\left(1+\frac{t'}{2q^2}\right) \\
&\pm \frac{1}{\pi q^2}\int_{(M+\mu)^2-\frac{(M^2-\mu^2)^2}{s}}^{\infty} du' A_u\left(s, u'+\frac{(M^2-\mu^2)^2}{s}\right) Q_{J\pm\frac{1}{2}}\left(1+\frac{u'}{2q^2}\right)
\end{aligned}\right\} \quad (3.8)$$

上式当 $J\pm\frac{1}{2}>N$ 时成立。

完全重复 Грибов[3] 或 Squires[12] 的論証，可以証明(3.8)是满足要求的唯一的开拓，当 $J\pm\frac{1}{2}$ 取物理值时，它们与物理的振幅重合。当 $J\pm\frac{1}{2}>N$，它们是 J 的解析函数，开拓是唯一的。当 $J\pm\frac{1}{2}$ 向 $\leqslant N$ 开拓时，振幅出现 J 的奇异点，本文不討論 A 在 J 平面的解析性問題，我們假設 $J>J_{min}$ 时振幅是 J 的半純函数，使振幅具有我們所需的半純性。

对于 B，我們同样引入

$$\left.\begin{aligned}
B^{(e)}_{J\pm\frac{1}{2}}(J, s) &= \frac{1}{\pi q^2}\int_{4\mu^2}^{\infty} dt' B_t(s, t') Q_{J\pm\frac{1}{2}}\left(1+\frac{t'}{2q^2}\right) \\
&\mp \frac{1}{\pi q^2}\int_{(M+\mu)^2-\frac{(M^2-\mu^2)^2}{s}}^{\infty} du' B_u\left(s, u'+\frac{(M^2-\mu^2)^2}{s}\right) Q_{J\pm\frac{1}{2}}\left(1+\frac{u'}{2q^2}\right) \\
B^{(0)}_{J\pm\frac{1}{2}}(J, s) &= \frac{1}{\pi q^2}\int_{4\mu^2}^{\infty} dt' B_t(s, t') Q_{J\pm\frac{1}{2}}\left(1+\frac{t'}{2q^2}\right) \\
&\pm \frac{1}{\pi q^2}\int_{(M+\mu)^2-\frac{(M^2-\mu^2)^2}{s}}^{\infty} du' B_u\left(s, u'+\frac{(M^2-\mu^2)^2}{s}\right) Q_{J\pm\frac{1}{2}}\left(1+\frac{u'}{2q^2}\right)
\end{aligned}\right\} \quad (3.9)$$

我們注意在(3.9)式中，相应于 Mandelstam 表示中的核子极点项沒 有 写 出。当明显写入这一项时就意味着核子极点在 J 平面上是不动的，不是 Regge 极点。也就是说核子是"基本粒子"。近来不少人建議[2]，核子同其他共振态一样都是 Regge 极点，它也属某一 Regge 极迹。这样在 $B_{J\pm\frac{1}{2}}(J, s)$ 中就不应包含孤立不动的核子极点项。

应用(2.12)：

$$f_{\pm}^{(e),(0)}(J,W) = \frac{[(W+M)^2-\mu^2]}{32\pi W^2}\left[A_{J\mp\frac{1}{2}}^{(e),(0)}(J,s) + (W-M)B_{J\mp\frac{1}{2}}^{(e),(0)}(J,s)\right] + \frac{[(W-M)^2-\mu^2]}{32\pi W^2}\left[-A_{J\pm\frac{1}{2}}^{(e),(0)}(J,s) + (W+M)B_{J\pm\frac{1}{2}}^{(e),(0)}(J,s)\right] \quad (3.10)$$

(2.18),(2.19)得

$$a_{\pm}^{(e),(0)}(J,W) = \mp \frac{A_{J-\frac{1}{2}}^{(e),(0)}}{q^{2J-1}} + (W\pm M)\frac{B_{J-\frac{1}{2}}^{(e),(0)}}{q^{2J-1}} + \frac{[(W\pm M)^2-\mu^2]}{2W^2}\left[\pm\frac{A_{J+\frac{1}{2}}^{(e),(0)}}{q^{2J+1}} + (W\mp M)\frac{B_{J+\frac{1}{2}}^{(e),(0)}}{q^{2J+1}}\right] \quad (3.11)$$

$f_{\pm}^{(e),(0)}$ 或 $a_{\pm}^{(e),(0)}$ 是具有一定的空間宇称和 J-宇称(J-Parity 或 Signature) 的分波，振幅 $\pm$ 号相应于空間宇称 $(-1)^{j\pm\frac{1}{2}}$，$(e),(o)$ 分別表示偶，奇 J-宇称，偶 J-宇称表示当 $j+\frac{1}{2}$ 为奇，$j-\frac{1}{2}$ 偶时(即 $J = \frac{1}{2}, \frac{5}{2}, \frac{9}{2} \cdots$) $a^{(e)}(J)$ 与物理振幅重合，奇 J-宇称表示 当 $j+\frac{1}{2}$ 为偶 $j-\frac{1}{2}$ 为奇时(即 $J = \frac{3}{2}, \frac{7}{2}, \frac{11}{2} \cdots$) $a^{(0)}(J)$ 与物理振幅重合。

现在讨论 $A_{J\pm\frac{1}{2}}^{(e),(0)}$ $B_{J\pm\frac{1}{2}}^{(e),(0)}$ 在 S 或 W 平面的解析性，它们同物理值 j 的振幅的解析性有两点不同。

（1）在求得物理 j 值振幅 $A_{J\pm\frac{1}{2}}$，$B_{J\pm\frac{1}{2}}$ 解析性时，众所周知[10]，吸收部分 A_t, A_u（或 B_t, B_u 下同）第二项（参看(3.2)式）的割綫实际上并无贡献，它们的出现仅仅是由于在 Mandelstam 表示中把 $\frac{1}{(t'-t)(u'-u)}$ 分解为部分分式才出现 $\frac{1}{s'-s}$ 因子，当 A_t, A_u 相加后 $s'-s$ 就消去[10]。但是当我們把振幅分成 (e)，(o) 之后，又把 J 视为复数，此时，上述抵消不复存在，这可以简单地直接計算驗証，因而 A_t, A_u 对 $A_{J\pm\frac{1}{2}}^{(e),(0)}$ 在 s 平面貢献一割綫从 $-\infty$ 到 $(M-\mu)^2-4\mu^2$。相应在在 W 平面貢献为从 $-\sqrt{(M-\mu)^2-4\mu^2}$ 到 $+\sqrt{(M-\mu)^2-4\mu^2}$ 及从 $-i\infty$ 到 $+i\infty$ 不过这些新增的割綫都剛好落在图2图3已給的割之内。因而不增加新的割缝，但是我們注意，这些新增的割綫仍要区别出来，考慮 Regge 极迹的解析性时（§4）这些貢献非另加处理不可。

（2）另一不同处在 $Q_{J\pm\frac{1}{2}}(\nu)$，当 $J\pm\frac{1}{2}$ 为整数时，$Q_{J\pm\frac{1}{2}}(\nu)$ 的割綫从 $\nu=-1$ 到 $+1$，当 $J\pm\frac{1}{2}$ 为非整数时，割綫从 $-\infty$ 到 1。这样 $A_{J\pm\frac{1}{2}}^{(e),(0)}$ 在全实軸有割綫。如同 $\pi-\pi$ 振幅一样，这割綫可消去一部分。应用

$$Q_\lambda(\nu) = \frac{\sqrt{\pi}\,\Gamma(\lambda+1)}{\Gamma(\lambda+\frac{3}{2})(2\nu)^{\lambda+1}} F\left(\frac{\lambda+1}{2}, \frac{\lambda}{2}+1, \lambda+\frac{3}{2}, \frac{1}{\nu^2}\right) \quad (3.12)$$

超几何函数 $F(a, b; c; \frac{1}{\nu^2})$ 割綫由 $\nu=-1$ 到 $+1$，引入

$$\left.\begin{array}{l} \mathrm{A}_{J\pm\frac{1}{2}}^{(e),(0)} = \dfrac{A_{J+\frac{1}{2}}^{(e),(0)}}{q^{2J\pm 1}} \\[2ex] \mathrm{B}_{J\pm\frac{1}{2}}^{(e),(0)} = \dfrac{B_{J+\frac{1}{2}}^{(e),(0)}}{q^{2J\pm 1}} \end{array}\right\}(*注) \quad (3.13)$$

则 A, B 的解析性同物理值 j 的 $A_{j\pm\frac{1}{2}}$, $B_{j\pm\frac{1}{2}}$ 的解析性（图(2,3)相同）。(3.11) 变为:

$$a_\pm^{(e),(0)}(J,W) = \pm \mathrm{A}_{J-\frac{1}{2}}^{(e),(0)} + (W\pm M)\mathrm{B}_{J-\frac{1}{2}}^{(e),(0)} + \\ + \frac{[(W\pm M)^2-\mu^2]^2}{2W^2}\left[\pm \mathrm{A}_{J+\frac{1}{2}}^{(e),(0)} + (W\mp M)\mathrm{B}_{J+\frac{1}{2}}^{(e),(0)}\right] \quad (3.14)$$

a 在 s 及 W 平面的解析性也就知道了，它的割綫如图2，3所示，但还应记住吸收部分第二項的支点貢献。

§4 Regge 极迹的解析性

我們要討論的 Regge 极点是 $a_\pm^{(e),(0)}(J,W)$ 在 J 平面的极点，今后专只討論

〔*注〕 由于排印鉛字所限不能用其他字体，請讀者注意，公式左端是正体 A, B，公式右端是斜体 A, B，以下各式均請注意区别——編者

$a_{-}^{(e)}(J,W)$，从(3.14)看到 $a_{-}^{(e)}$ 的极点来自 $A_{J\pm\frac{1}{2}}^{(e)}$，$B_{J\pm\frac{1}{2}}^{(e)}$ 的极点，或即 $\left[A_{J\pm\frac{1}{2}}^{(e)}\right]^{-1}$，$\left[B_{J\pm\frac{1}{2}}^{(e)}\right]^{-1}$ 的零点。设这些方程的根为 $\alpha_{A\pm}^{(e)}(s)$，$\alpha_{B\pm}^{(e)}(s)$，如这些函数各不相同，则显然它们全是 $a_{-}^{(e)}$ 的 Regge 极迹，若其中有相同的话，例如 $\alpha_{A+}^{(e)}(s) = \alpha_{B+}^{(e)}(s)$，则当这对极点的留数适合某些关系时，两项可能抵消掉，而 $a_{-}^{(e)}$ 不出现这一极迹。不论何种情况，我们只需要讨论 $\left[A_{J\pm\frac{1}{2}}^{(e)}\right]^{-1}=0$，$\left[B_{J\pm\frac{1}{2}}^{(e)}\right]^{-1}=0$ 的根解析性足够了。

兹我们讨论 $A_{J-\frac{1}{2}}^{(e)}$，(3.8)式可改写为

$$A_{J-\frac{1}{2}}^{(e)} = \frac{1}{\pi q^{2J+1}} \int_{4\mu^2}^{\infty} dx' A_t(s,x') Q_{J-\frac{1}{2}}\left(1-\frac{x'}{2q^2}\right) +$$

$$+ \frac{1}{\pi q^{2J+1}} \int_{(M+\mu)^2}^{\infty} dx' A_u(s'x') Q_{J-\frac{1}{2}}\left(-1+\frac{x'+s-2M^2-2\mu^2}{2q^2}\right) \quad (4.1)$$

应用[13]

$$Q_\lambda(\nu) = \frac{2^\lambda [\Gamma(1+\lambda)]^=}{\Gamma(2+2\lambda)} (\nu\pm 1)^{-\lambda-1} F\left(1+\lambda, 1+\lambda; 2+2\lambda; \frac{2}{1\pm\nu}\right) \quad (4.2)$$

按照 Barut–Zwanziger[5] 的办法，可以把超几何函数 F 分为两部分。

$$\left. \begin{array}{l} F\left(1+\lambda, 1+\lambda; 2+2\lambda; \dfrac{2}{1\pm\nu}\right) = F_0 + F_1 \\[1em] F_0 = F - \sum\limits_{n=-p}^{R} \sum\limits_{m=0}^{R'} C_n(J) S^n X'^{-m} \\[1em] F_1 = \sum\limits_{n=-p}^{R} \sum\limits_{m=0}^{R'} C_n(J) S^n X'^{-m} \end{array} \right\} \quad (4.3)$$

（在 $Q_{J-\frac{1}{2}}\left(1+\frac{x'}{2q^2}\right)$ 中 $1-\nu = -\frac{x'}{2q^2}$，在 $Q_{J-\frac{1}{2}}\left(-1+\frac{x'+s-2M^2-2\mu^2}{2q^2}\right)$ 中 $1+\nu = \frac{x'+s-2M^2-2\mu^2}{2q^2}$，而 $q^2 = [s-(M+\mu)^2][s-(M-\mu)^2]/4s$，因此，$F$ 的展开中包含 x' 的负幂，s 的正负幂）。因为 F_1 是有限项和，对 S 是解析的，故 F_0 包含了原来 F 的奇异性，而 F_1 则不含原来 F 的奇异性。相应地 $A_{J-\frac{1}{2}}^{(e)}$ 可以分成两部分

$$A^{(e)}_{J-\frac{1}{2}} = A^{(e)}_{J-\frac{1}{2},1} + A^{(e)}_{J-\frac{1}{2},1} \tag{4.4}$$

A_0 的重要性质是，在 $Re(J-\frac{1}{2}) > N-R'$ 时，A_0 是 J 的全纯函数。（N 为 Mandelstam 表示的删去次数），这是因为在 $Q_{J-\frac{1}{2}}(\nu)$ 中把 F 对 x' 展开后减去了头 R' 项，这结果相当于对 x' 积分多了 R' 次删去，因此足够大的 R' 则 A_0 对于 J 无奇异性，故 $A^{(e)}_{J-\frac{1}{2}}$ 对 J 的奇异性全在 A_1，Regge 极点位置参数乃是 $\left[A^{(e)}_{J-\frac{1}{2},1}\right]^{-1}=0$ 之根。根据二元复变函数的隐函数定理[14]，如 $\left[A^{(e)}_{J-\frac{1}{2},1}\right]^{-1}=0$ 无重根，则 $\alpha(s)$ 的解析区域与 $[A_1]^{-1}$ 解析区域同。

现考察 A_1^{-1} 在 S 平面的解析性。

$$A^{(e)}_{J-\frac{1}{2},1} = \frac{1}{2\pi} \frac{[\Gamma(J+\frac{1}{2})]^2}{\Gamma(2J+1)} \left\{ \int_{4\mu^2}^{\infty} dx' A_t(s,x') x'^{-(J+\frac{1}{2})} F_1 + \right.$$
$$\left. + \int_{(M+\mu)^2}^{\infty} dx' A_u(s,x')(x'+s-2M^2-2\mu^2)^{-(J+\frac{1}{2})} F_1 \right\} \tag{4.5}$$

为方便计令

$$\left.\begin{array}{l} A_{11} \equiv \int_{4\mu^2}^{\infty} dx' A_t(s,x') x'^{-(J+\frac{1}{2})} F_1 \\ \\ A_{12} \equiv \int_{(M+\mu)^2}^{\infty} dx' A_u(s,x')(x'+s-2M^2-2\mu^2)^{-(J+\frac{1}{2})} F_1 \end{array}\right\} \tag{4.6}$$

因为 F_1 为有限项整次幂的和，它对 s 是解析的，对 dx' 积分也不引起奇异性。在 A_{11} 中奇异性来自吸收部分 $A_t(s,x')$ 和 $(x')^{-J-\frac{1}{2}}$，因积分区域 x' 恒大于零故 $(x')^{-J-\frac{1}{2}}$ 亦不贡献奇点。故 A_{11} 只有吸收部分的割线，s 从 $(M+\mu)^2$ 到 $+\infty$，s 从 $-\infty$ 到 $(M-\mu)^2-4\mu^2$。

在 A_{12} 中，$(s+x'-2M^2-2\mu^2)^{-J-\frac{1}{2}}$ 对 dx' 积分时引起端点奇点，为一支点，贡献割线由 s 从 $-\infty$ 到 $(M-\mu)^2$。吸收部分 $A_u(s,x')$ 贡献为 s 从 $(M+\mu)^2$ 到 $+\infty$，从 $-\infty$ 到 $(M+\mu)^2-4\mu^2$。

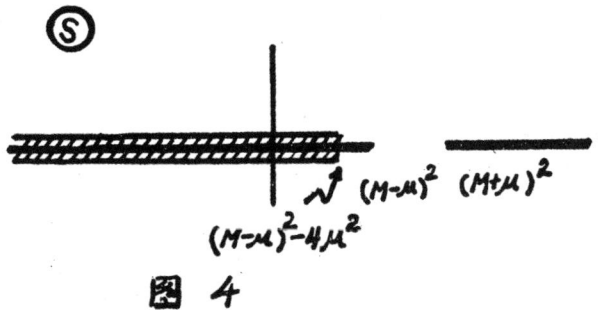

图 4

$A_{J-\frac{1}{2},1}^{(e)}$ 在 s 平面的割线如图 4。这也是 $\alpha(s)$ 可能有的解析性。我们进一步证明 $\alpha(s)$ 上述左方割不存在。

考虑 A_1 在左方割岸上下的跳跃量，

$$A_1(s+i\varepsilon)-A_1(s-i\varepsilon)=\varDelta A_1,(J,s),\quad s<(M-\mu)^2 \tag{4.7}$$

若 $\varDelta A$，对所有 J 值是有限的，则当 $J=\alpha(s+i\varepsilon)$ 为 $[A_1(J,s+i\varepsilon)]^{-1}=0$ 之根时，它也同时是 $[A_1(J,s-i\varepsilon)]^{-1}=0$ 的根。即恒等式

$$\left.\begin{array}{l}A_1^{-1}(\alpha(s+i\varepsilon),s+i\varepsilon))=0\\ A_1^{-1}(\alpha(s+i\varepsilon),s-i\varepsilon))=0\end{array}\right\}\quad s<(M-\mu)^2 \tag{4.8}$$

同时成立。令 $\alpha^1(s-i\varepsilon)$ 为 $A_1^{-1}(J,s-i\varepsilon)=0$ 的根之中同 $\alpha(s+i\varepsilon)$ 相同的一个

$$\alpha^1(s-i\varepsilon)=\alpha(s+i\varepsilon)\quad s<(M-\mu)^2$$

如 $\alpha^1(s-i\varepsilon)$ 适为 $\alpha(s-i\varepsilon)$ ($\alpha(s-\varepsilon)$ 必为 $A^{-1}(J,-i\varepsilon)=0$ 之根) 则

$$\alpha(s-i\varepsilon)=\alpha(s+i\varepsilon)\quad s<(M-\mu)^2$$

即 $\alpha(s)$ 无 $s<(M-\mu)^2$ 割线，若 $\alpha^1(s-i\varepsilon)$ 不为 $\alpha(s-i\varepsilon)$ 则 $A^{-1}(J,s-i\varepsilon)=0$ 至少有两个不同的根 $\alpha(s+i\varepsilon)$，$\alpha(s-i\varepsilon)$。但 $A_1(J,s)$ 是实解析函数，在 $(M-\mu)^2<s<(M+\mu)^2$ 无割线，$\alpha(s)$ 在 $(M-\mu)^2<s<(M+\mu)^2$ 没有割线，故

$$\alpha(s+i\varepsilon)=\alpha(s-i\varepsilon)\quad (M-\mu)^2<s<(M+\mu)^2$$

但 $\alpha(s+i\varepsilon)$ (即 $\alpha^1(s-i\varepsilon)$) 与 $\alpha(s-i\varepsilon)$ 的解析性是相同的，除非 $A_1(J,s)$ 在 $(M-\mu)^2<s<(M+\mu)^2$ 有重根，则意味着两条极迹在 $(M-\mu)^2<s<(M+\mu)^2$ 相重叠，否则两解析函数在一段相同按解析函数唯一性定理，可知

$$\alpha(s+i\varepsilon)=\alpha(s-i\varepsilon)\quad s<(M-\mu)^2$$

因此假设 Regge 极迹无相重，则 $\alpha(s)$ 无上述左方动力割。

当 $\varDelta A_1$ 不是有限时，如能证明 $A_1(s+i\varepsilon)$，$A_1(s-i\varepsilon)$ 对 J 值因时为无穷，则 (4.8) 式仍成立，上述论证仍然成立。

现计算 $\varDelta A_1(J,s)$

$$\varDelta A_{11}=\int_{4\mu^2}^{\infty}dx'[A_t(s+i\varepsilon,x')-A_t(s-i\varepsilon)]x'^{-J-\frac{1}{2}}F_1(s+i\varepsilon,x') \tag{4.9}$$

当 $s<(M-\mu)^2-4\mu^2$ 时，

$$\varDelta A_{11}=\int_a^b dx'2ia_{23}(s,x')x'^{-J-\frac{1}{2}}F_1(s,x') \tag{4.10}$$

a, b 均 >0，为有限。故 ΔA_{11} 是 J 的解析函数。

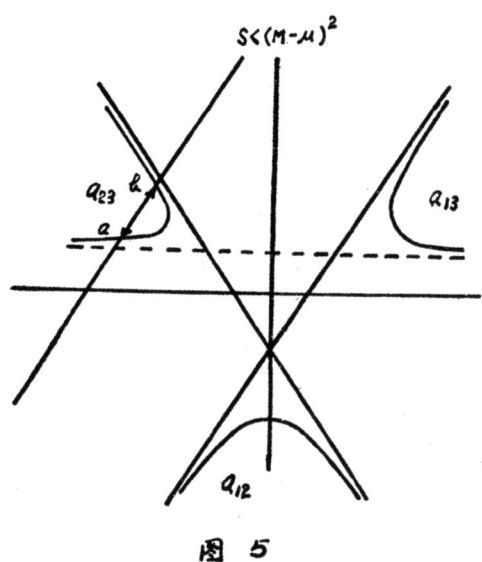

图 5

$$\Delta A_{12} = \int^{\infty}_{(M+\mu)^2} dx' \{ A_u(s+i\varepsilon)[(s+i\varepsilon+x'2M^2-2\mu^2)^{-J-\frac{3}{2}} - (s-i\varepsilon+x'-2M^2- $$
$$-\mu^2)^{-J-\frac{3}{2}}] - (A_u(s+i\varepsilon) - A_u(s-i\varepsilon))(s-i\varepsilon+x-2M^2 $$
$$-2\mu^2)^{-J-\frac{3}{2}} \} F_1(s+i\varepsilon, x'; J) \tag{4.11}$$

当 $s<(M-\mu)^2-4\mu^2$, $A_u(s+i\varepsilon)-A_u(s-i\varepsilon)=2ia_{23}$，积分限也是有限的，$a', b'$。故 ΔA_{12}，中第二项也是对 J 有限。至于第一项，$s=(M-\mu)^2$ 是端点奇点。积分限不能化为有限的。我们注意到 $s<(M-\mu)^2$ 时 $(s+i\varepsilon+x'-2M^2-2\mu^2)^{-J-\frac{3}{2}}$ 同 $(s-i\varepsilon+x'-2M^2-2\mu^2)^{-J-\frac{3}{2}}$ 差一相因子 $e^{+2\pi(J+\frac{3}{2})i}$,

$$\int^{\infty}_{(M+\mu)^2} dx' \frac{A_u(s+i\varepsilon, x')}{(s+i\varepsilon+x'-2M^2-2\mu^2)^{J+\frac{3}{2}}} = e^{-2\pi(J+\frac{3}{2})i}$$

$$\int^{\infty}_{(M+\mu)^2} dx' \frac{A_u(s+i\varepsilon, x')}{(s-i\varepsilon+x'-2M^2-2\mu^2)^{J+\frac{3}{2}}} = e^{-2\pi(J+\frac{3}{2})i}$$

$$\left[\int_{(M+\mu)^2}^{\infty} dx' \frac{A_u(s-i\varepsilon, x')}{(s-i\varepsilon+x'-2M^2-2\mu^2)^{J+\frac{a}{2}}} + \int_{(M+\mu)^2}^{\infty} dx' \frac{A_v(s+i\varepsilon, x')A_u(S-i\varepsilon, x')}{(s-i\varepsilon+x'-2M^2-2\mu^2)^{J+\frac{a}{2}}}\right]$$

$$= e^{-2\pi(J+\frac{a}{2})i} \left[\int_{(M+\mu)^2}^{\infty} dx' \frac{A_u(s-i\varepsilon, x')}{(s-i\varepsilon+x'-2M^2-2\mu^2)^{J+\frac{a}{2}}} + \right.$$

$$\left. +\int_{a''}^{b''} dx' \frac{2ia_{23}(s, x')}{(s-i\varepsilon+x'-2M^2-2\mu^2)^{J+\frac{a}{2}}}\right] \tag{4.12}$$

因此看出，当 $\int_{(M+\mu)^2}^{\infty} dx' \frac{A_u(s-i\varepsilon, x')}{(s-i\varepsilon+x'-2M^2-2\mu^2)^{J+\frac{a}{2}}}$ 中 J 有奇异性

时，同时 $\int_{(M+\mu)^2}^{\infty} dx^1 \frac{Au(s+i\varepsilon, x')}{(s+i\varepsilon+x'-M^2-2\mu^2)^{s+\frac{a}{2}}}$ 也有 J 的奇异性。

$$\Delta A_{12} = \int_{(M+\mu)^2}^{\infty} dx' \frac{A_u(s+i\varepsilon, x')F_1}{(s+i\varepsilon+x'-2M^2-2\mu^2)^{J+\frac{a}{2}}} - \int_{(M+\mu)^2}^{\infty} dx^1 \frac{A(s-i\varepsilon, x')F_1}{(s+i\varepsilon+x'-2M^2-2\mu^2)^{J+\frac{a}{2}}}$$

$$= A_{12}(J, s+i\varepsilon) - A_{12}(J, s-i\varepsilon)$$

当 $A_{12}(J, s+i\varepsilon)$ 在某 J 有奇异性时，$A_{12}(J, s-i\varepsilon)$ 同时有奇异性。

这样，我们证明了（4.8）恒成立，因此只要Regge迹不重叠，就证明 $\alpha(s)$ 无上述左方动力割。只有物理割 s 从 $(M+\mu)^2$ 到 $+\infty$。如果极迹有一相交点，则交点可能是一支点会在割线，我们在§5将证明由于运动学奇点 $s=0$，不同宇称的极迹在 $s=0$ 相交，故在 $-\infty$ 到 0 有附加割线。

为写出 $\alpha(s)$ 的色散关系，我们还稍讨论一下 $\alpha(s)$ 当 $S \rightarrow \infty$ 的行为。u 道振幅的高能渐近行为 $\sim u^{\alpha(s)}$，假设这个振幅当 $s \rightarrow \infty$ 时无本性奇点，则要求 $\text{Re}\alpha(s)$ 有确定的极限，与 s 沿那一方向趋向无穷无关，令 $s \rightarrow \infty$ 时 $\alpha(s) \sim s^k$，当 $u \rightarrow \infty$

$$f(u, s) \sim u^{\alpha(s)} \sim u^{sk} \sim u^{|s|^k e^{ik\theta}}$$
$$\sim u^{|s|^k \cos\theta} e^{i|s|^k \sin k\theta \ln u} \tag{4.14}$$

若 $k\theta = \pm\frac{\pi}{2}$ 不除去，则 $f(u,s)$，$s \longrightarrow \infty$ 有本性奇点。现 $\alpha(s)$ 在 s 平面有右方割，θ 之值可在 0，2π 之间变动，由 $k\theta < \frac{\pi}{2}$，得 $k < \frac{1}{4}$，即 $\alpha(s)$ 可能有一次删去。但这个论证不能视为很可靠的，虽然 Gribov[3][6] 也曾用了振幅在 $s \longrightarrow \infty$ 无本性奇点的假定，可是 Squires[12] 曾指出，这可能是太严的条件，以致没有物理的振幅能满足。

暂设 $\alpha(s)$ 只有一次删去，写出色散关系

$$\alpha(s) = \alpha(0) + \frac{s}{2\pi i}\int_{(M+\mu)^2}^{\infty}\frac{\alpha(s'+i\varepsilon)-\alpha(s'-i\varepsilon)}{s'(s'-s)}ds' \tag{4.15}$$

我们记得，上面的 $\alpha(s)$ 是 A 或 B 的极迹，还不一定是 $a(J,s)$ 的极迹，我们在§5 将指出，倘使不同空间宇称的极迹相重合的话，则散射振幅的 Regge 极迹是 (4.15) 表示。倘使不同空间宇称的 Regge 极迹不相同的话，则散射振幅的 Regge 极迹还有右方运动学割从 $-\infty$ 到 0，而色散关系为

$$\alpha(s) = \alpha(0) + \frac{s}{\pi}\int_{-\infty}^{0}\frac{I_m\alpha(s)}{s'(s'-s)}ds' + \frac{s}{\pi}\int_{(M+\mu)^2}^{\infty}\frac{I_m\alpha(s)}{s'(s'-s)}ds' \tag{4.16}$$

此时 $\alpha(s)$ 为实解析函数。

当然，在实际应用时，在 w 平面的色散关系是最方便的，因为 w 平面上无运动学割线，

$$\alpha(W) = \alpha(0) + \frac{W}{\pi}\int_{-\infty}^{-(M+\mu)}\frac{Im\alpha(W')}{W'(W'-W)}dW' + \frac{W}{\pi}\int_{M+\mu}^{\infty}\frac{Im\alpha(W')}{W'(W'-W)}dW' \tag{4.17}$$

它除开删去次数外同文献[8]一致。

§5 关于 $\alpha(S)$ 性质的一些讨论

在本节中我们先讨论 $\alpha(s)$ 的一些普遍性质。

从 (3.14) 看出，我们必须区别几种情况。

(1) 倘若 $A_{J-\frac{1}{2}}^{(e)}$，$A_{J+\frac{1}{2}}^{(e)}$，$B_{J-\frac{1}{2}}^{(e)}$，$B_{J+\frac{1}{2}}^{(e)}$ 分别解出的极迹彼此全不相同，则因这四个振幅同时出现在 $a_+^{(e)}$ 也出现在 $a_-^{(e)}$，此如果 $\alpha(s)$ 是 $a_+^{(e)}$ 的极迹的话，$\alpha(s)$ 同时是 $a_-^{(e)}$ 的极迹，这意味不同宇称的极迹相同（这种情况今后称之为"宇称

退化"）。从物理的观点来看这种情况是不自然的。物理上幷未发现有宇称相反的一对对的共振$^{(*)}$，幷且一般来説不同宇称的情态其相互作用应不相同。因此不再讨论这一情况。

(2) 倘若 $A^{(e)}_{s\pm\frac{1}{2}}$，$B^{(e)}_{J\pm\frac{1}{2}}$ 的极迹有两个或两个以上相同，但是这些极迹在上述四个振幅中的留数没有相抵消发生。这时情况同(1)一样，也发生宇称退化。

(3) 倘若 $A^{(e)}_{J\pm\frac{1}{2}}$，$B^{(e)}_{J\pm\frac{1}{2}}$ 的极迹留数有抵消发生，这是我們要详细讨论的情况。从(3.7)知 $A^{(e)}_{J+\frac{1}{2}}$（$B^{(e)}_{J+\frac{1}{2}}$）的定义异于 $A^{(e)}_{J-\frac{1}{2}}$（$B^{(e)}_{J-\frac{1}{2}}$）。因此抵消应期待可能发生于 $A^{(e)}_{J-\frac{1}{2}}$ 与 $B^{(e)}_{J-\frac{1}{2}}$（或 $A^{(e)}_{J+\frac{1}{2}}$ 与 $B^{(e)}_{J+\frac{1}{2}}$）之間。（例如 $A^{(e)}_{J-\frac{1}{2}}$ 的极迹一般会异于 $A^{(e)}_{J+\frac{1}{2}}$，$B^{(e)}_{J+\frac{1}{2}}$ 的极迹，极迹不同则抵消不会发生。）当有抵消时，则虽然 $\alpha(s)$ 是 $A^{(e)}$，$B^{(e)}$ 的极迹，但它不是 $a^{(e)}$ 的极迹。从(1)(2)的讨论就知道，要解除宇称退化，必须要有抵消发生。我們以下要证明，只要有抵消发生，宇称退化就解除，幷讨论一对宇称相反其他量子数相同的极迹之間的相互关系。

现設 $A^{(e)}_{J-\frac{1}{2}}$，$B^{(e)}_{J-\frac{1}{2}}$ 的极迹相同幷在振幅 $a^{(e)}_+$ 有抵消，此时由（3.14）式，

$$-b_1 + (W+M) = 0 \qquad (5.1)$$

b_1, b_2 为 $A_{J-1/2}$，$B_{J-1/2}$ 的共同极点 $\alpha(s)$ 的留数。这时 $\alpha(s)$ 不是 a_+ 的极点（前已設 $\alpha(s)$ 为简单极点）。但对于 a_-，发生抵消的条件是

$$b_1 + (W-M)b_2 = 0 \qquad (5.2)$$

（5.1），（5.2）不相容，故若 $\alpha(s)$ 在 a_+ 抵消则在 a_- 不抵消，$\alpha(s)$ 是 a_- 的极迹。若 $\alpha(s)$ 在 $s<0$ 为复数，则因 $s<0$ 时 W 为純虚数，由（5.1）得

$$-b_1^* - (W-M)b_2^* = 0 \qquad (5.3)$$

即 $\alpha^*(s)$ 在 a_- 抵消，而 $\alpha^*(s)$ 在 a_+ 不抵消，（A，B 为实解析函数，$\alpha^*(s)$ 的留数为 $\alpha(s)$ 留数之复共軛），于是 $\alpha^*(s)$ 是 a_+ 的极迹而不是 a_- 的极迹。可见如果 $s<0$ 时 $\alpha(s)$ 为复数的話，则 $\alpha(s)$，$\alpha^*(s)$ 分别为空間宇称相反的极迹。

$$\begin{aligned}\alpha_-(s) &= \alpha(s) \\ \alpha_+(s) &= \alpha^*(s)\end{aligned} \qquad s<0 \qquad (5.4)$$

当 $0<s<(M+\mu)^2$，W 不再为純虚数，这时若果 α_-，α_+ 仍然是互为复数共軛的話，就会有很奇特的性质。例如，$\alpha^*(s)$ $s<0$ 时本来是 a_+，不是 a_- 的极点，但 $s>0$ 时，α^* 在 a_- 抵消条件（5.3）不再满足，于是 α^* 突然变成 a_- 的极点。因此，們我如要排除这种奇怪的間断性，$\alpha_-(s)$，$\alpha_+(s)$ 在 $0<s\leqslant(M+\mu)^2$ 时不能互

为复共軛。因 A，B 为实解析函数，它不能有单个复数根，故 $\alpha_+(s)$，$\alpha_-(s)$ 在 $0<s<(M+\mu)^2$ 为实数，但其函数依赖关系可不相同。

由此可见 α_-，α_+ 在 $s<0$ 为复数；在 $0<s<(M+\mu)^2$ 为实数，故应有割綫从 $-\infty$ 到 0。这割綫是运动学奇点所引起的，从（5.1）（5.3）看，抵消条件成立时，要求 b_1，b_2 在 $s=0$ 有交点，因 A_1，B_1 在 $s=0$ 处本无支点，是故 $\alpha(s)$ 在 $s=0$ 应有支点，可见我們的結論是內部一致的。

$s<0$ 时，$\alpha_-(s)$ 与 $\alpha_+(s)$ 互为复共軛，而 $s>0$，$\alpha_-(s)$，$\alpha_+(s)$ 为实数，于是 $s=0$ 时 $\alpha_+(0)=\alpha_-(0)$，这同由反射关系（2.20）导出的结论[8][9]完全一致。由（2.20），$\alpha(W)$ 为 α_+ 极点时 $\alpha(-W)$ 为 α_- 极点，故在 $W=0$ 处 $\alpha_+(0)=\alpha_-(0)$。

以上讨论中，我們曾假定 $s<0$ 时，$\alpha(s)$ 为复数。关于这点的证明，[8]曾经利用 πN 散射向后散射振幅渐近行为，証明由于吸收部分在 $s<0$ 为实数，散射振幅的运动学奇点导致 $\alpha(s)$ 在 $s<0$ 必为复数。我們在这里也可用全然不同的办法证明这一点。只要抵消条件（5.1）成立，则因 $s<0$ 时 W 为純虛数，故 b_1，b_2 必为复数，且又是 $\sqrt{s}$ 的函数，而 A_1，B_1 本无 $\sqrt{s}$ 支点是 s 的函数不是 $\sqrt{s}$ 的函数，故 $\alpha(s)$ 在 $s<0$ 时 $\alpha(\sqrt{s})\neq\alpha(-\sqrt{s})$，令 $\sqrt{s}=iW$，$\alpha(iW)\neq\alpha(-iW)$，$\alpha(iW)\neq\alpha[(iw)^*]$，$\alpha(iW)\neq\alpha^*(iW)$，故 $\alpha(s)$ 当 $s<0$ 时复数。

綜上所述，費米子 Regge 极迹的运动可示意如下图 6。

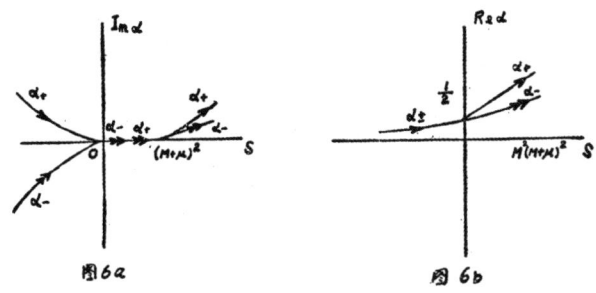

图 6a 图 6b

(1) $s<0$，$\alpha_+=\alpha(s)$，$\alpha_-=\alpha^*(s)$
(2) $s=0$，$\alpha_+(0)=\alpha_-(0)$
(3) $0<s<(M+\mu)^2$，$\alpha_+=\alpha(s)$，$\alpha_-=\alpha'(s)$ 均为实数。

我們的結論同[8]一致，但方法不同，我們并不象[8]限于"領头"的 Regge 极迹。

§6 极迹的閾行为

我們应用弹性幺正条件，为簡便計，把 J-宇称記号 (e)，(0) 省去。为了明显避免运动学奇点的麻煩，本节在 W 平面上讨论。当 $M+\mu\leqslant W\leqslant M+2\mu$，

$$a_-(J,W) = \frac{W^2}{[(W-M)^2-\mu^2]q^{2J-1}} \frac{e^{i\delta_-} \sin\delta_-}{q} \tag{6.1}$$

我們用文献[5]方法，它的精神是，把 $a_-(J,w)$ 分为两部分，一部分有弹性割，另一部分无弹性割，这一部分在 解析的，允許把它作Taylor展开，在 $a_-(J,w)$ 是J 的半純函数的假定下，就得到包含极迹位置参数的超越方程。在 附近的展开給出极迹位置参数的近似表示。

$$[a_-(J,W)]^{-1} = \frac{[(W-M)^2-\mu^2]}{W^2} q^{2J}(\cot\delta_- - i) \tag{6.2}$$

$$q^2 = \frac{[W^2+(M-\mu)^2][W^2-(M-\mu)^2]}{4W^2}$$

我們定义一函数 $G^J(W)$

$$G^J(W) = \left\{ \frac{[W+(M+\mu)][W-(M+\mu)][W+(M-\mu)][W-(M-\mu)]}{4W^2} \right\}^J \tag{6.3}$$

$G^J(W)$ 有五个分支点：$\pm(M+\mu)$，0，$\pm(M-\mu)$，我們定义它的割綫如图7所示。

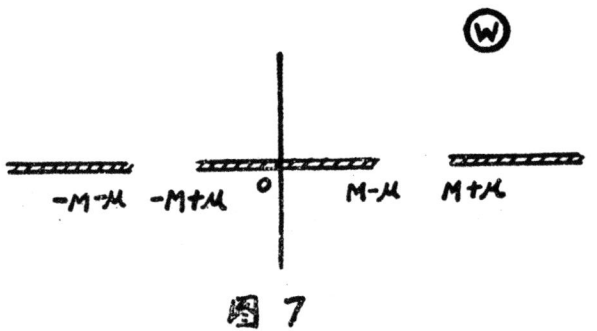

图 7

分别計算 $[a_-(J,W)]^{-1}$ 和 $G^J(W)$ 在右方弹性区域 $M+\mu \leqslant W \leqslant M+2\mu$ 的虚部和实部，因 $[a_-(J,W)]^{-1}$ 及 $G^J(W)$ 均为 W 的实值解析函数，直接計算可得：

$[a_-(J,W)]^{-1}$ 在右方弹性割的虚部 $= \frac{(W+M)^2-\mu^2}{W^2} \frac{e^{J\pi i}}{\sin\pi J} G^J(W)$ 在右方割的虚部。

$[a_-(J,W)]^{-1}$ 在右方弹性割的实部 $= \frac{(W+M)^2-\mu^2}{W^2} q^{2J} \frac{1}{\sin\pi J} \frac{\sin(\pi J-\delta_-)}{\sin\delta_-} +$

$$+ \left\{ \frac{(W+M)^2-\mu^2}{W^2} \frac{e^{-J\pi i}}{\sin\pi J} G^J(W) \text{在右方割的实部} \right\} \tag{6.4}$$

因此，$[a_-(J,W)]^{-1}$ 可写成

$$[a_-(J,W)]^{-1} = \frac{(W+M)^2-\mu^2}{W^2} \frac{1}{\sin\pi J} \left[Y(J,W) + e^{-\pi J i} G^J(W) \right] \tag{6.5}$$

费米子-Regge 极迹的解析性和阈行为

$$Y(J,W) = q^{2J} \frac{Sin(\pi J - \delta_-)}{Sin\delta_-}$$

由于 $[a_-(J,W)]^{-1}$ 在右方弹性割上的跳跃量完全由（6.5）式第二项貢献，可见 $Y(J,W)$ 无右方弹性割，右方割的起点是 $M+2\mu$。$Y(J,W)$ 的性質是：

(1) $Y(J,W_0)$ 在 W 平面是 W 的解析函数，它无弹性割，在 $W=W_0$，$W_0 \equiv W+\mu$ 处是解析的。

(2) 由于 $a_-(J,W)$ 是 J 半純函数，故么正条件所允的 $a_-(J,W)$ 在 J 平面的极点由下式确定

$$Y(J,W) + e^{-\pi J i} G^J(W) = 0 \tag{6.6}$$

(3) $Y(J,W)$ 在 W 固定时，在 $J=0$ 处是解析的。

（6.6）是准确的式子，不包含任何近似，现在我们可以討論在阈附近 Regge 极点的行为。考察（6.6）式，可知实际上存在两大类极点。Regge 极迹是（6.6）式的根 $J=\alpha(W)$。

(1) 第一类极点 $\alpha(W_0) \neq 0$，这时，（6.5）式第二项

$e^{-\pi\alpha(W)} G(\alpha(W),W) \longrightarrow 0$，当 $W \longrightarrow W_0$，而 $Sin\delta_- \sim \delta_- \longrightarrow q^{2J}$，$W \longrightarrow W_0$，故 $Y^0(J,W)$ 当 $W \longrightarrow W_0$ 时 $Y(J,W) \sim Sin(\pi\alpha(W) - \delta_-)$。因此这类极点实际上也是 $Y(J,W)$ 的零点。

我们分别討論 $\alpha(W_0)>0$，$\alpha(W_0)<0$ 两种情况。

当 $\alpha(W_0)>0$，$Y(J,W)$ 在 $(\alpha(W_0),W_0)$ 处是解析的，可以展开

$$Y(\alpha(W),W) = Y(\alpha(W_0),W_0) + (W-W_0)Y_W + (\alpha(W)-\alpha(W_0))Y_J + \cdots \tag{6.7}$$

$$Y_W \equiv \frac{\partial Y}{\partial W}\bigg|_{J=\alpha(W_0),W=W_0}, \quad Y_J \equiv \frac{\partial Y}{\partial J}\bigg|_{J=\alpha(W_0),W=W_0}$$

由（6.6）可得

$$\alpha(W) = \alpha(W_0) - \frac{Y_W}{Y_J}(W-W_0) - \frac{1}{Y_J} e^{-\pi\alpha(W)i} G(\alpha(W),W) + \cdots \tag{6.8}$$

当 $W \longrightarrow W_0$，用叠代近似，右方用 $\alpha(W) \simeq \alpha(W_0)$ 代入得

$$\alpha(W) \simeq \alpha(W_0) - \frac{Y_W}{Y_J}(W-W_0) - \frac{1}{Y_J} e^{-\pi\alpha(W_0)i} G(\alpha(W),W) \tag{6.9}$$

§5 已証明 $\alpha(W_0)$ 为实数，故

$$\left.\begin{aligned} Re\alpha(W) &\simeq \alpha(W_0) - \frac{Y_W}{Y_J}(W-W_0) - \frac{1}{Y_J} G(\alpha(W),W)\cos\pi\alpha(W_0) \\ Im\alpha(W) &\simeq Y_J^{-1} G(\alpha(W),W)Sin\pi\alpha(W_0) \end{aligned}\right\} \tag{6.10}$$

上式給出 Regge 极迹位置参数的阈行为。

当 $q(W_0) < 0$ 时，则展开 $[Y(J,W)]^{-1}$，可得

$$\alpha(W) \simeq \alpha(W_0) - \frac{(Y^{-1})_W}{(Y^{-1})_J}(W-W_0) - \frac{1}{(Y^{-1})_J} e^{\pi\alpha(W_0)i} G(-\alpha(W),W) \quad (6.11)$$

(2) 第二类极点，$\alpha(W_0) = 0$，

因 $Y(0,W) = 1$，我們可以把 $\ln Y(J,W) = 0$ 在 $J = 0$ 展开。

由 $$e^{-\alpha(W)\pi i} G(\alpha(W),W) + Y(\alpha(W),W) = 0$$

得 $$(-|\ln q^2| - \pi i)\alpha(W) = K(W)\alpha + \cdots\cdots + 2\pi m i \quad (6.12)$$
$$m = \pm 1, \pm 2, \cdots\cdots$$

解之得 $$Re\,\alpha(W) = \frac{2\pi^2 m}{[|\ln q^2| + K(W)]^2 - \pi^2}$$

$$Im\,\alpha(W) = \frac{2\pi m}{|\ln q^2| + K(W) - \dfrac{\pi^2}{|\ln q^2| + K(W)}} \quad (6.13)$$

当 $W \longrightarrow W_0$ 时 $\ln q^2 \longrightarrow \infty$

$$Re\,\alpha(W) \simeq \frac{2\pi^2 m}{|\ln q^2|^2} \quad (6.14)$$

$$Im\,\alpha(W) \simeq \frac{2\pi m}{\ln q^2}$$

由此可见，当 $W \longrightarrow W_0$ 时有无穷多个极点趋于虛轴 $Re\,J = 0$，这些点是成对的，每对之中，一个由第一象限，另一个由第三象限趋向虛轴。原点是极点会聚之点。

这就是閾能时极点的凝聚现象，它是 Грибов-Померанчук [7] 所首先发现，他們指出，对于玻色 Regge 极点在閾能时有无穷多个极点趋向 $Re\,l = -\frac{1}{2}$。最近 Desai 和 Newton [15] 对于无自旋粒子非相对論势散射的研究也指出同样的行为。对照几种情况（玻包子，费米子，势散射）看出，这类极点的方程基本上是相同的，区别只在于凝聚的軸綫不同。故这类极迹的性质完全是 S 矩陣普遍性质的反映。它們同过程的动力性质和相对論效应都无关。

至于第一类极点，它們同系統的动力性质密切有关系。系統的束縛态共振态的存在取决于第一类极点。

正如同 [15] 的分析，我們上面所討論的极迹閾行为，实际上均只是相应于能量从閾上趋于閾时的情况（$W \longrightarrow W_0 + 0$）当能量从閾下趋近閾时（$W \longrightarrow W_0 - 0$），$G^J(W)$ 中表示（6.3）中，因子 $[W-(M+\mu)]$ 要换成 $[W-(M+\mu)]e^{-\pi i}$，然后才能令 $W \longrightarrow W_0$（其他因子照旧），这时（6.6）式变为

$$Y(J,W) + |G^J(W)| = 0 \quad (6.15)$$

由此可以完全重复上面的分析，我們概述結果如下，

(1) $\alpha(W_0) \gtrless 0$

$$\alpha(W) \simeq \alpha(W_0) - \frac{Y_m}{Y_J}(W - W_0) - \frac{1}{Y_J}|q^2(W)|^{\pm \alpha(W_0)}$$

$$Im\alpha(W_1) \simeq 0 \qquad (6.16)$$

$$Re\,\alpha(W_1) \simeq \alpha(W_0) - \frac{Y_w}{Y_J}(W - W_0) - |q^2(W)|^{\pm \alpha(W_0)}$$

可见 Regge 极迹在阈下是实数，上式当 $\alpha(W_0) < 0$ Y_w, Y_J 要换成 $(Y^{-1})_w, (Y^{-1})_J$。

（2） $\alpha(W_0) = 0$

这时

$$Y(\alpha(W), W) + |q^2(W)|^{\alpha(W)} = 0$$

展开 $\ln Y(\alpha, W)$，并取到 $K_1(W)\alpha^2$ 项，因 $Re\,\alpha$ 比 $Im\alpha$ 小一个数量级，略去 $(Re\alpha)^2 \ll (I_m\alpha)^2$，得

$$Re\,\alpha(W) \simeq -\frac{[Im\alpha(W)]^2[K_1(W)]^2}{\ln|q^2| - K(W)}$$

$$= -\frac{4m^2\pi^2(K_1(w))^2}{[\ln|q^2| - K(W)]^3} \qquad (6.17)$$

$$Im\alpha(W) \simeq \frac{2m\pi}{\ln|q^2| - K(W)}$$

可见当 $W \to W_0 - 0$ 时也有无穷多个极点向 $ReJ = 0$ 趋近。这些极点也是成对的，但与 $W \to W_0 + 0$ 时不同，现在是共轭地成对，因 $Re\,\alpha \sim m^2$，它们是从左半平面共同成对地趋于 ReJ，最后凝聚于原点。

以上讨论的是 $\alpha_-(J, W)$ 的极点 $J_-(W) = \alpha(W)$，并省去了 J-宇称记号，事实上 J-宇称只有 $Y(J, W)$ 的数值有关系，阈行为的性质是一样的。并且类此 $\alpha_+(J, W)$ 的极迹 $J_+(W) = \alpha(-W)$，也有相似的阈行为。

至此，我们可把费米 Regge 极迹的阈行为图象概括一下，在阈附近有两类极点，第一类极点 $\alpha(W_0) \neq 0$，它们同系统的共振态有密切关系，在阈下附近，它们在 J 平面沿实轴，在阈开始进入上半平面。它们在阈上下对能量的依赖式子是（6.10）（6.16）等。第二类极点 $\alpha(W_0) = 0$，它们是 S 矩阵在阈的普遍性质的反映，它们与系统动力性质无关。它们的运动是能量从阈下趋近阈时，有无穷多对极点，共轭成对地由左半平面趋向 $ReJ = 0$，极点的实数部分趋于 0 比虚数部分快一数量级，最后均聚于原点。能量从阈向阈上增大时，极点从原

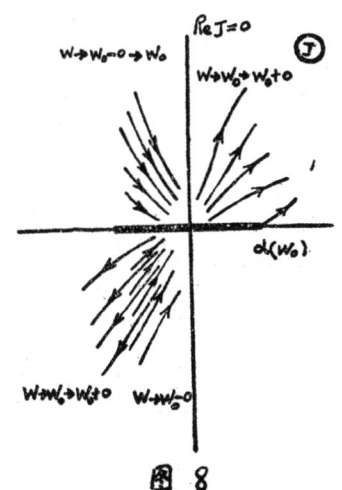

图 8

点出发，自虚轴 ReJ = 0 溢出趋向第一第三象限。

图8是一个简化的示意图象。

× × ×

作者感謝郭碩鴻、罗蓓玲同志的討論，感謝数学系許毅然同志討論有关复变函数的一些問題，感謝全志义同志帮助繪制本文的图。

1963年11月

参 考 文 献

[1] Regge, T. Nuovo Ciments 14(1959), 951; 18(1959), 947。

[2] Chew, G.F, Frauschi, S.C., Mandelstam, S. Phys. Rev. 126(1962), 1201.
Frausehi, S. C., Geil-Mann, M., Zachariasen, F. Phys, Rev 126 (1962), 2204.
Blankenbecler, R., Goldberger, M.L. Phys. Rev, 126(1962), 766.

[3] Грибов, в.н. ЖЭТФ 41(1961), 1962; 42(1962), 1260.

[4] Bardakci, K. Phys. Rev. 127(1962), 1832.
Prospcri, G.M. Nuovo Ciments 26 (1962), 541.

[5] Barut, A.O., Zwanyiger, D.E., Phys. Rev. 127(1962) 674。

[6] Грибов, В.н., Померанчук, и.я. ЖЭТФ 43 (1962), 108.

[7] Грибов, В,Н., Померанчук, и.я. ЖЭТФ 43 (1962), 1970.
或 Phys. Rev. Letters 9(1962), 238.

[8] Грибов, В.Н. ЖЭТФ 43(1962), 1529.

[9] Singh, V. Phys. Rev. 129 (1963), 1889.

[10] Frazer, W.R., Fulco, J.R. Phys. Rev. 119 (1960), 1420.
Frauschi, S.C·, Walecha, J.D. Phys. Rev. 120 (1960), 1486.

[11] Mac Dowell, S.W. phys. Rev. 116(1959), 774.

[12] Squires, E. J. Nuovo Cimento 25(1962) 242.

[13] Erdelyi, A. Higher Transendcental Functions Vol. I. (1953)

[14] Taylor, J. R. Phys. Rev. 127 (1962), 2257.

[15] Desai, B. R., Newton, R. G. Phys. Rev, 130 (1963), 2109.

〔后記〕：

在本文完成之后，作者注意到 Ya, I. Azimov, Phys. Letter 3, 195(1963). 曾討論了自旋对 Regge 极点凝聚的影响。本文結果之一，极点凝聚于 ReJ = 0，同他的結論一致。但是所用的方法全不相同。Hung Cheng, D.

ϱ-介子Regge极迹与π介子电磁形式因子

李華鍾

（物理系）

§1

π介子电磁形式因子，在光生介子和核子电磁結构等一系列低能$\pi-N$系統間电磁場相互作用过程中，起着重要的作用。Frazer和Fulco[1]首先引入幷推导出π介子电磁形式因子。由于还沒有滿意的π-π散射理論，还由于导出的形式因子公式很复杂，不便应用，目前一般都引用唯象或簡化了的π介子电磁形式因子[2]。近年来，出現了应用Regge极点方法来导出形式因子的工作[3]。假設ϱ介子Regge极点是主要貢献，得到了形式因子公式同ϱ介子Regge极跡簡单地联系起来。因为目前还未有极迹的充分知識，所以人們倒过来从实驗的形式因子来定出Regge极迹的粗略形象。但是在这些工作[3]中有显然的缺点，它們为了得到簡单可用的式子，必須对形式因子公式中所含的完全未知性質的函数作出任意的假定——取为常数。此外，現在知道，它們所用旧的Regge項不完全反映Regge极点的全部貢献。本文用Khuri[4]新近所修正的Regge表示形式，这个新的单項近似，在低能下是一个較好的近似[5][7]，我們得到了π介子电磁形式因子用ϱ-Regge极迹参数表出的式子。其次，我們能作較合理的近似，能指出所作近似的适用条件，文献[3]*的形式因子公式在本文中自动得到。

§2

考虑同位旋T的π-π散射振幅$A^T(s,z)$，其Regge表示为：

$$A^T(t,z) = A^{T(e)}(t,z) + A^{T(10)}(t,z) \tag{1}$$

$$A^{T(e),(0)}(t,z) = \tfrac{1}{2}\Sigma(2\alpha_n+1)\beta_n(t)\pi\Big[P_{\alpha_n}(z)+P_{\alpha_n}(-z)\Big]\Big/sin\alpha_n(t) +$$

---

* 这些文献中[3a]討論的是核子电磁形式因子。但它們的式子也可以完全用到π介子去。

$$+ \frac{i}{4} \int_{b-i\infty}^{b+i\infty} d\alpha \frac{(2\alpha+1)\pi}{\sin\pi\alpha} A^{T(e),(o)}(\alpha,s) \left[P_\alpha(-z) \pm P_\alpha(z) \right] \qquad (2)$$

$$\begin{aligned} z &= \cos\theta \\ t &= 4(q^2+\mu^2) \\ s &= -2q^2(1-\cos\theta) \\ u &= -2q^2(1+\cos\theta) \end{aligned} \qquad (3)$$

$(e),(o)$分別表示J-宇称为偶或奇的振幅。$q,\cos\theta$为质心坐标中的动量和散射角。今后討論$T=1$的π-π散射振幅。

定义

$$\begin{aligned} ch\xi_s &= 1 + \frac{s}{2q^2} \\ ch\xi_u &= 1 + \frac{u}{2q^2} \end{aligned} \qquad (4)$$

又

$$\begin{aligned} \xi_{s=4\mu^2} &= \xi_1 = ch^{-1}\left(1 + \frac{2\mu^2}{q^2}\right) \\ \xi_{u=4\mu^2} &= \xi_2 = ch^{-1}\left(1 + \frac{2\mu^2}{q^2}\right) \end{aligned} \qquad (5)$$

实际上$\xi_1=\xi_2$，但为了下面便于説明起见，我們仍保留着不同的記号。ρ介子的J-宇称为奇，我們只需$A^{1(0)}(t,z)$（以下略去标記(0)）。根据文献[4]的方法，(2)中只取$\alpha_n = \alpha_\rho$的一項

$$_\rho A^1(t,z) = R_1(t,z;\alpha_\rho) + R_2(t,z;\alpha_\rho) \qquad (6)$$

$$R_1(t,z,\alpha_\rho) = \tfrac{1}{2}\beta_\rho(t) \left[-\sqrt{\frac{1}{2}} \int_{-\infty}^{\xi_1} \frac{e^{\alpha_\rho+\frac{1}{2}} Shx dx}{(chx-z)^{3/2}} - \frac{2\pi(\alpha_\rho+\frac{1}{2}) P_{\alpha_\rho}(-z)}{\sin\pi\alpha_\rho} \right]$$

$$R_2(t,z;\alpha_\rho) = \tfrac{1}{2}\beta_\rho(t) \left[-\sqrt{\frac{1}{2}} \int_{-\infty}^{\xi_2} \frac{e^{\alpha_\rho+\frac{1}{2}} Shx dx}{(chx+z)^{3/2}} - \frac{2\pi(\alpha_\rho+\frac{1}{2}) P_{\alpha_\rho}(z)}{\sin\pi\alpha_\rho} \right] \qquad (7)$$

取对物理值l分波投射

$$\begin{aligned} _\rho A_l^1(t) &= \tfrac{1}{2}\int_{-1}^{1} P_l(z) A^1(t,z) lz \\ &= -\tfrac{1}{2}\beta_\rho(t) \frac{e^{-(l-\alpha_\rho)\xi_1}}{\alpha_\rho(t)-l} - \tfrac{1}{2}\beta_\rho(t) \frac{e^{-(l-\alpha_\rho)\xi_2}}{\alpha_\rho(t)-l} \end{aligned} \qquad (8)$$

值得注意之点是，这个单一个 Regge 极点项的分波振幅同完全的物理分波振幅 $A_l^1(t,z)$ 有相同的 t 平面解析性。众所周知，物理 l 值的分波振幅在 t 平面有右方割从 $4\mu^2$ 到 $+\infty$，左方割从 o 到 $-\infty$。交叉道对左方割的贡献重合。现在，(8)是分波振幅中只保留 ρ 介子极迹贡献的一项，它的右方割来自 $\alpha_\rho(t)$ 和 $\beta_\rho(t)$。已经有一些工作指出[8]：玻色子 $\alpha_\rho(t)$，$\beta_\rho(t)$ 只有右方割从 $4\mu^2$ 到 $+\infty$。另一方面 ξ_1，ξ_2 分别相应于来自交叉道 s,u 的奇异性（参看(4)、(5)式），

$$\xi = \xi_1 = \xi_2 = ln\left\{ 1 + \frac{2\mu^2}{q^2} + \left[\left(1+\frac{2\mu^2}{q^2}\right)^2 - 1\right]^{\frac{1}{2}} \right\} \tag{9}$$

它们贡献左方割从 $t=0$ 到 $-\infty$。因此我们看出(8)与完全的分波振幅有相同的解析性。这解析性使我们在下面可以用 N/D 分解。

说明了解析性之后，我们在(8)中用 $\xi=\xi_1=\xi_2$ 重新写成

$$_\rho A_l^1(t) = -\beta_\rho(t)\frac{e^{(\alpha_\rho(t)-l)\xi}}{\alpha_\rho(t)-l} \tag{10}$$

$T=1$，$J=1$ 的 π-π 振幅，并只取 ρ 介子极迹的贡献，得一很简单的式子：

$$_\rho A_1^1(t) = -\beta_\rho(t)\frac{e^{(\alpha_\rho(t)-1)\xi(t)}}{\alpha_\rho(t)-1}. \tag{11}$$

§ 3

π 介子电磁形式因子满足色散关系[9]

$$F_\pi(t) = \frac{1}{\pi}\int_{4\mu^2}^\infty dt' \frac{ImF_\pi(t')}{t'-t} \tag{12}$$

（除开可能有的删去项），若将 π-π 散射振幅作 N/D 分解，略去非弹性道的贡献，则

$$F_\pi(t) = \frac{D_1^1(o)}{D_1^1(t)} \tag{13}$$

$F\pi(t)$ 以电荷 e 为单位，并规一化为 $F\pi(o)=1$。

对(11)式作一些近似。因[8]

$$\beta(t) \sim q^{2\alpha_0} \qquad\qquad q^2\to 0 \tag{14}$$

又由

$$e^{\alpha \xi} \sim q^{-2\alpha_0} \qquad q^2 \to 0 \qquad (15)$$

α_0 是 $t = 4\mu^2$ 时 α_ρ 之值。

$$\therefore \quad \beta(t) e^{\alpha(t)\xi(t)} \simeq C, \qquad q^2 \sim 0 \qquad (16)$$

C 为常数。(16)式外推至 $t > 4\mu^2$ 并代入(11)，这类近似在工作[5]-[7]中表明是不坏的近似。

$$_\rho A_1^1(t) \approx \frac{C\, e^{\xi(t)}}{1-\alpha_\rho(t)} \qquad (17)$$

(17)式分子 $e^{\xi(t)}$ 只有左方割，从 $t=0$ 到 $-\infty$，分母只有右方割从 $t=4\mu^2$ 到 $+\infty$，这正好作 N/D 分解，

$$\left.\begin{array}{l} N_1^1(t) = C\, e^{\xi(t)} \\ D_1^1(t) = 1-\alpha_\rho(t) \end{array}\right\} \qquad (18)$$

故得

$$F_\pi(t) = \frac{1-\alpha_\rho(0)}{1-\alpha_\rho(t)} \qquad (19)$$

此式 $F_\pi(t)$ 的解析性完全满足(12)式。

(19)式正是文献[3]所得的式子，现在我们显然知道(19)式在 $t \approx 4\mu^2$ 附近是很好的近似。从工作[5]-[7]的经验来看，这种近似在 $t > 4\mu^2$ 则仍是可用的。我们的推导是自然的。此式在文献[3]中未能说明近似的条件和理由。

我们进一步指出，由(11)式不必再作任何近似可以作 N/D 分解，得到 $F_\pi(t)$ 一个简单而准确的式子，因 $\alpha_\rho(t)$ 只有右方割，（以下省去足标 ρ）

$$\alpha(t) = \operatorname{Re}\alpha(t) + i\theta(t-4\mu^2)\operatorname{Im}\alpha(t) \qquad (20)$$

$$A_1^1(t) = \frac{\beta(t) e^{\operatorname{Re}\alpha(t)\xi(t) + \theta(t-4\mu^2)i\operatorname{Im}\alpha(t)\xi(t) - \xi(t)}}{1-\alpha(t)} \qquad (21)$$

其中 $\theta(x) = 1, x > 0$；$\theta(x) = 0, x < 0$。

于是可设

$$N_1^1(t) = e^{(\operatorname{Re}\alpha(t)-1)\xi(t)} \qquad (22)$$

$$D_1^1(t) = \left[\frac{\beta(t) e^{i\theta(t-4\mu^2)[\operatorname{Im}\alpha(t)]\xi(t)}}{1-\alpha(t)}\right]^{-1} \qquad (23)$$

易見 $N_1^1(t)$ 只有左方割，$D_1^1(t)$ 只有右方割。

$$F_\pi(t) = \frac{\beta(t)(1-\alpha(o))}{\beta(o)(1-\alpha(t))} e^{i\theta(t-4\mu^2)\{Im\alpha(t)\}\xi(t)} \quad (24)$$

易見此式有正確的解析性。

这式子在 Khuri 表示的单极迹项近似的条件下，除开忽略了 π-π 非弹性振幅对 $F_\pi(t)$ 的貢献外，是准确的。

要应用这些式子并同实验比较，需要联系其他的过程，如核子电磁结构。但这需要对 $N + \widetilde{N} \to \pi + \pi$ 振幅作 Regge 处理。这将是另一課題。在这里我們只指出，对 $\alpha(t)$，$\beta(t)$ 作简单的假设，例如綫性地依賴于 t 等等，不难得到那些能解释实验数据的唯象的形式因子。由于目前任何对 $\alpha(t)$，$\beta(t)$ 的假设都有相当大的任意性，本文将不作进一步的討論。

摘　要

用 Regge-Kkuri 表示討論了 $T=1$，$J=1$ π-π 散射分波振幅，导出了 π 介子电磁形式因子。

参 考 文 献

〔1〕 Frazer, W. R., Fulco, J.R. Phys. Rev. 117, (1960), 1609.
〔2〕 Bowcock, J., Cottingham, W.N., Lurié, E. Nuovo Cimento 16, (1960), 914.
　　Vick, L.L.T., Nuovo Cimento 31 (1964), 643.
〔3〕 a. Mcmillan, M., Predazzi, E. Nuovo Cimento 25(1962), 838.
　　b. Domokos, G., wolf, J. Phys. Letters 1 (1962), 349.
　　以上两文，曾納入下一总结: Fubini, S. Proc. 1962 Int. Conf. on High Enugy Phyics CERN p.767.
〔4〕 Khuri, N.N. Phys. Rev. 130 (1963), 429.
〔5〕 Khuri, N.N., Udgaonkar, B.M. Phys. Rev. Lettus 10 (1963) 172.
〔6〕 Der-Sarkissian, M. Nuovo Cimento 31 (1964), 562.
〔7〕 罗蓓玲，李华鍾 "Regge 极点与 π-N 散射 $T=\frac{3}{2}$, $J=\frac{3}{2}$ P 波相移" 中山大学学报 1964,第4期.
〔8〕 Barut, A.O., Zwanziger, D, E. Phys. Rev. 127 (1962), 974.
〔9〕 Chew, G.F. S-Matrix Theory of Strong Interaction, p. 76.

ρ — Regge Trajectory and Pion Electromagnetic Form Factor

Lee Hwa—Chung

(Physics Department, Chung—Shan University)

Abstract

$T=1$, $J=1$ Partial wave awplitude of π-π Scattering is discussed on the base of Regge—Khuri representation. A new formula for pion electromagnetie form factor in terms of the position and residue parametirs of ρ—Regge trajectory is derived.

Σ、Λ超子的輕子蜕变和SU_3对称性

王 永 丰

(物理系)

摘 要

本文在 Cabibbo 理論基础上,計及到重正化效应对轉动角度的修正,以及Σ,Λ超子的膺矢耦合常数和核子的差异,进一步討論了Σ,Λ 超子的輕子蜕变。

Cabibbo[1,2]利用么正对称性(SU_3)討論了輕子蜕变和非輕子蜕变。Cabibbo 訊为,輕子蜕变中,强相互作用粒子的弱流按SU_3群的八維表示变换,弱流的矢量部分和电磁流属于同一八維表示,同时以較弱的普适性代替較强的普适性,訊为$\Delta s=0$过程和$\Delta s=1$过程的耦合常数不相等,但强相互作用粒子弱流的么正空間,相对于强相互作用粒子所填入的么正空間,所有的轉动角度是普适的。Cabibbo 成功的解决了在超子輕子蜕变过程中,V-A 理論和实驗的較大差异。我們訊为,由于么正对称的近似性質,不能期望Cabibbo預言和实驗准确符合。本文在 Cabibbo 理論基础上,假設,(i)对于Σ、Λ超子的輕子蜕变,$\Delta s=1$流的矢量部分的耦合常数不受强作用重正化效应影响,(ii)膺矢耦合常数$G_A^{\Sigma\Lambda}$由中間态为π介子的G-T关系給定,来考虑重正化效应对Σ、Λ超子輕子蜕变的影响。

根据Cabibbo假設,强相互作用粒子輕子蜕变的哈密頓量为

$$H = \frac{G}{\sqrt{2}} \left[J_{s\beta}^+ J_{L\beta} + J_{s\beta} J_{L\beta}^+ \right] \tag{1}$$

式中, $G = \frac{1.01}{m_n^2} \times 10^{-5}$, m_n—質子質量,$J_{s\beta}$为强相互作用粒子的

1665年3月9日收到

弱流
$$J^+_{s\beta} = (j^{(1)}_\beta + i j^{(2)}_\beta) \cos\alpha + (j^{(4)}_\beta + i j^{(5)}_\beta) \sin\alpha, \tag{2}$$

$J_{L\beta}$ 为轻子流
$$J_{L\beta} = (e\gamma_\beta(1+\gamma_5)\nu_e) + (\mu\gamma_\beta(1+\gamma_5)\nu_\mu)。 \tag{3}$$

Cabibbo 根据 $\Delta s=1$ 的弱流起作用的 $K^+\to\pi^0+e^++\nu$ 过程，和 $\Delta s=0$ 的弱流起作用的 $\pi^+\to\pi^0+e^++\nu$ 过程，得出

$$\alpha_{cabibbo} = 0.26 \tag{4}$$

对于 $n\to p+e^-+\bar{\nu}$、$\Sigma^-\to n+e^-+\bar{\nu}$、$\Lambda\to p+e^-+\bar{\nu}$、$\Sigma^-\to\Lambda+e^-+\bar{\nu}$ 四种过程，由 Wigner-Eckart 定理，我們得出

$$<P|J^+_{s\beta}|n> = (O_\beta + E_\beta)\cos\alpha \tag{5}$$

$$<\Lambda|J^+_{s\beta}|\Sigma^-> = \sqrt{\frac{2}{3}}\, E_\beta \cos\alpha \tag{6}$$

$$<P|J^+_{s\beta}|\Lambda> = -\left(\sqrt{\frac{3}{2}}\, O_\beta + \frac{1}{\sqrt{6}} E_\beta\right)\sin\alpha \tag{7}$$

$$<n|J^+_{s\beta}|\Sigma^-> = (-O_\beta + E_\beta)\sin\alpha \tag{8}$$

式中
$$\left.\begin{array}{l} O_\beta = F^O \gamma_\beta + H^O \gamma_\beta \gamma_5 \\ E_\beta = F^E \gamma_\beta + H^E \gamma_\beta \gamma_5 \end{array}\right\} \tag{9}$$

二

Sakurai[3] 指出，由于 K 介子和 π 介子有有限的质量差，对于膺标介子质量差是大的，故 $K^+\to\pi^0+e^++\nu$ 的有效耦合常数为 $\frac{1}{\sqrt{2}} G\sin\alpha\, z_1^{-1}(k\pi)\, z_2^{1/2}(k)\, z_2^{1/2}(\pi)$，其中 $Z_1^{-1}(k\pi)Z_2^{1/2}(k)Z_2^{1/2}(\pi) \neq 1$ \tag{10}

他从 $M\to K+\pi$ 过程，以及 $\rho\to\pi+\pi$ 过程的蜕变宽度定出

$$Z_1^{-1}(k\pi)Z_2^{1/2}(k)Z_2^{1/2}(\pi) = \frac{1}{0.81} \tag{11}$$

得出 $\quad Sin\alpha = 0.81\ Sin\alpha_{cabibbo} = 0.206 \tag{12}$

取这新角度值以后，$G\cos\alpha = 0.979G$，和观测到的β蜕变常数很好符合。

现在就取这新的角度来计算$\Sigma^- \to n + e^- + \bar{\nu}$、$\Lambda \to p + e^- + \bar{\nu}$、$\Sigma^- \to \Lambda + e^- + \bar{\nu}$三种过程的蜕变几率。$\Delta s = 0$流的矢量部分是守恒的，故无需考虑重正化效应的影响。对于$\Delta s = 1$流的矢量部分，由我们的假设可知，也无需考虑重正化效应的影响。对于赝矢流，Gell-Mann[4]给出中间态为π介子的$G-T$关系，

$$G_A^{\Sigma\Lambda} = \frac{2m_N}{m_\Lambda + m_\Sigma} \frac{g_{\Sigma\Lambda\pi}}{g_{NN\pi}} G_A^{np} \tag{13}$$

由（6）式得
$$\frac{G_A^{\Sigma\Lambda}}{G} = \sqrt{\frac{2}{3}} H^E \cos\alpha \tag{14}$$

由（5）式得
$$\frac{G_A^{np}}{G} = (H^E + H^\circ)\cos\alpha \tag{15}$$

由实验知
$$\frac{G_A^{np}}{G_V^{np}} = (H^E + H^\circ) = 1.25 \tag{16}$$

这样，由方程（13）—（16）得出

$$(H^E + H^\circ) = 1.25 \tag{17}$$

$$H^E = 1.245 \frac{g_{\Sigma\Lambda\pi}}{g_{NN\pi}} \tag{18}$$

现在是去找比值$\frac{g_{\Sigma\Lambda\pi}}{g_{NN\pi}}$。Pati[5]给出这比值的四组解

$$\left.\begin{array}{ll}
(\text{i}) & \frac{g_{\Sigma\Lambda\pi}}{g_{NN\pi}} = \pm 1.33 \\
(\text{ii}) & \frac{g_{\Sigma\Lambda\pi}}{g_{NN\pi}} = \mp 1.20 \\
(\text{iii}) & \frac{g_{\Sigma\Lambda\pi}}{g_{NN\pi}} = \pm 0.71 \\
(\text{iv}) & \frac{g_{\Sigma\Lambda\pi}}{g_{NN\pi}} = \mp 0.947
\end{array}\right\} \tag{19}$$

Sugawara[6]利用极点近似和SU_3对称性，给出

$$\frac{g_{\Sigma\Lambda\pi}}{g_{NN\pi}} = +0.84 \tag{20}$$

我们用下方法去找$\frac{g_{\Sigma\Lambda\pi}}{g_{NN\pi}}$的合理值。这合理值是应当使轻子蜕变过程中，赝矢部分的贡献小于总的值。$\Sigma^- \to n + e^- + \bar{\nu}$过程分支比的实验值为：W. Willis[8]等人

得出的 $(1.9\pm0.9)\times10^{-3}$，D.J.Mller等人[7]得出的 $(1.15\pm0.4)\times10^{-3}$，C.T.Murphy[7] 得出的 $(1.0^{+0.4}_{-0.3})\times10^{-3}$，H.Covrant[7]等人得出的 $(1.3\pm0.4)\times10^{-3}$。

根据实验值 1.9×10^{-3} 及 1.15×10^{-3}，我们分别得到 $\dfrac{g_{\Sigma\Lambda\pi}}{g_{NN\pi}}$ 的合理值阈是

$$0.09 < \frac{g_{\Sigma\Lambda\pi}}{g_{NN\pi}} < 0.91 \qquad (21)$$

$$0.19 < \frac{g_{\Sigma\Lambda\pi}}{g_{NN\pi}} < 0.82 \qquad (22)$$

因此在，考虑到重正化效应后，Pati所给出的四组值只有一个值，即 $\dfrac{g_{\Sigma\Lambda\pi}}{g_{NN\pi}} = +0.71$ 是可能被允许的。$\dfrac{g_{\Sigma\Lambda\pi}}{g_{NN\pi}} = +0.84$ 也是为(21)所允许的。$\dfrac{g_{\Sigma\Lambda\pi}}{g_{NN\pi}} = +0.84$ 处于(22)的边界。

由Cabibbo假设知，强相互作用粒子弱流的矢量部分，在 SU_3 变换下和电磁流一样变换（按我们假设 $\Delta S = 1$ 的矢量流不受重正化效应的影响）。由电磁流守恒得出

$$F^0 = 1, \quad F^E = 0 \qquad (23)$$

下面我们利用 $\dfrac{g_{\Sigma\Lambda\pi}}{g_{NN\pi}} = +0.71$ 及 $\dfrac{g_{\Sigma\Lambda\pi}}{g_{NN\pi}} = +0.84$，分别计算了 $\Sigma^- \to n + e^- + \bar{\nu}$、$\Lambda \to P + e^- + \bar{\nu}$、$\Sigma^- \to \Lambda + e^- + \bar{\nu}$ 三种过程的分支比，结果如下：

蜕变过程	$g_{\Sigma\Lambda\pi}/g_{NN\pi}$	计算值	实验值
$\Sigma^- \to \Lambda + e^- + \bar{\nu}$	+0.71	0.74×10^{-4}	$\left(0.9^{+0.5}_{-0.4}\right)\times10^{-4}$ [8]
	+0.84	1.03×10^{-4}	$(0.81\pm0.3)\times10^{-4}$ [11]
$\Lambda \to P + e^- + \bar{\nu}$	+0.71	0.55×10^{-3}	$(0.85\pm0.3)\times10^{-3}$ [9]
	+0.84	0.46×10^{-3}	$(0.82\pm0.13)\times10^{-3}$ [10]
$\Sigma^- \to n + e^- + \bar{\nu}$	+0.71	1.1×10^{-3}	$\left(1.0^{+0.4}_{-0.3}\right)\times10^{-3}$ [7]
			$(1.15\pm0.4)\times10^{-3}$ [7]
	+0.84	1.9×10^{-3}	$(1.3\pm0.4)\times10^{-3}$ [7]
			$(1.9\pm0.9)\times10^{-3}$ [8]

三

所得結果表明，考慮到重正化效应后，Pati 得出的 $\frac{g_{\Sigma\Lambda\pi}}{g_{NN\pi}} = +0.71$ 值，和 Sugawara 得出的 $\frac{g_{\Sigma\Lambda\pi}}{g_{NN\pi}} = +0.84$ 值，都給出与实驗符合較好的結果。相比較之，$\frac{g_{\Sigma\Lambda\pi}}{g_{NN\pi}} = +0.84$ 所得結果較差一些。$\frac{g_{\Sigma\Lambda\pi}}{g_{NN\pi}}$ 由 $0.71\sim 0.84$，各分支比的改变不是很大的。取 $Sin\alpha = 0.81\ Sin\alpha_{cabibbo}$ 以后，由于 $Cos\alpha \doteqdot Cos\alpha_{cabibbo}$，因此 $\Delta S = 0$ 过程的分支比改变較小，反之 $\Delta S = 1$ 过程的分支比比用 $\alpha_{cabibbo}$ 計算出的結果約小 0.6 倍。因此，由于 α 角度較小，計算 α 角度的精确程度，对 $\Delta S = 1$ 过程有較大影响。

我們假設对于 $\Delta S = 1$ 过程矢量流部分不受重正化效应影响，即

$$\left.\begin{array}{l}Z_1^{-1}(P\Lambda)Z_2^{1/2}(P)\,Z_2^{1/2}(\Lambda) = 1 \\ Z_1^{-1}(\Sigma n)\,Z_2^{1/2}(\Sigma)\,Z_2^{1/2}(n) = 1\end{array}\right\} \quad (24)$$

如果 $SU(3)$ 对称是严格正确的，則 $m_p = m_n = m_\Sigma = m_\Lambda$，那么由 Ward 等式 $Z_1^{-1}(NN)\,Z_2(N) = 1$，則(24)式是正确的。但是，p、Λ、n、Σ、的质量差相对于它們本身的质量是不很大，远不象鷹标介子的情况，因此訊为(24)式近似正确是合理的。

因此，由上面結果可以看出，在 Cabibbo 理論基礎上，依我的假設去考慮重正化效应对 Σ、Λ 超子輕子蛻变的影响，所有結果表明，理論結果和实驗符合較好。

作者对李华鍾老师、罗蓓玲老师的指导帮助表示感謝。感謝郭碩鴻老师提出宝贵的意見。

校后記：我們的关于 $\Delta S = 1$ 矢流部分的耦合常数不受重正化效应影响的假設，可以由 Cabibbo 假設，即强相互作用粒子弱流的矢量部分和电磁流处于同一八維表示，以及对称破坏作用在 SU_3 变换下和 λ_8 一样得出。Ademollo, M., 以及 Gatto, R., (Phys. Rev. Letters 13(1964), 264.) 給出这一結論的証明。这結論在对称破坏的一級是正确的，并称之为 Ademollo 和 Gatto 定理。Kawarabayashi, K., 以及 Wada, W., W., (Phys. Rev. 137(1965), B1002.) 利用張量分析作了进一步的論証。Bouchiat, c., 及 Meyer, Ph. (Nuov. Cim., 34(1964), 1122.) 从场論的角度得出相同結論。

1964年11月10日

参 考 文 献

[1] Cabibbo, N., Phys. Rev. letters, 10(1963), 531.
[2] Cabibbo, N., Phys. Rev. letters, 12(1964), 62.
[3] Sakurai, J.J., Phys. Rev. letters, 12(1964), 79.
[4] Gell−Mann, M., Phys. Rev. 125(1962), 1067.
[5] Pati, J.C., Phys. Rev. 130(1963), 2097.
[6] Sugawara, H., Nuov. Cim., 31(1964), 635.
[7] Miller, D.J., et al, Phys. lett., 11(1964), 262. 得出分支比 $R = \frac{\Sigma^- \to n + e^- + \bar{\nu}}{\Sigma^- \to n + \pi^-} = (1.15 \pm 0.4) \times 10^{-3}$, Murphy, C.T., Phys. Rev., 134(1964), B188, 得到分支比 $\Gamma(\Sigma^- \to n + e^- + \bar{\nu})/\Gamma(\Sigma^- \to n + \pi^-) = (1.0^{+0.4}_{-0.3}) \times 10^{-3}$; Covrant, H., et al., Report to the Intern. Conf. on Elementary Particles at Sienna (1963) p15, 得到分支比为 $(1.3 \pm 0.4) \times 10^{-3}$.
[8] Sillis, W., et al., Bull. Am. Phys. Soc., 8(1963), 349.
[9] Ely. R.P., et al., Proceedings of the Intern. Conf. on High-Energy Nuclear Physics, Geneva (1962) p445.
[10] Robest, P., et al. Phys. Rev. 131(1963), 868.
[11] 参看 Breme, N., Hellesen, B., Roos, M., Phys. Letters, 11(1964), 344.

Лептонные распады Σ、Λ гиперонов и SU_3 симметрия

Ван Юн−фун

Резюме

В этой статье на основе теории Кабибба исследоваем лептонные распады Σ、Λ гиперонов дальше, за счет корректирования перенормированного эффекта к уголу вращения и разници псевтовекторной константы связи между Σ、Λ гипероном и нуклоном.

关于非亚贝尔规范群的
对偶荷(单磁荷)问题

李华钟　　　　　冼鼎昌　　　　　郭硕鸿
(中山大学物理系)　(中国科学院高能物理研究所)　(中山大学物理系)

(一)

杨振宁曾经指出[1]，电荷量子化*与规范群的紧致性有密切关系，他论证自然界存在电荷量子化的现象意味着总体的(Global)亚贝尔规范变换群必需是紧致的。

在许久以前，Dirac[2]曾经从规范变换有一不可积相因子这一观点出发，推测可能存在有单磁荷，单磁荷的存在则导致电荷量子化。虽然单磁荷迄今仍未被发现，但这一问题由于它带有根本的重要性，一直引起相当的理论和实验的探讨[3]。

上述两种观点，看起来都同电荷量子化有关，但是它们采取的数学形式和出发点是如此不同，它们之间的关系过去一直未有被注意过。

最近杨振宁提出了规范场的一种积分形式[4]，它的出发点是把电磁场是一不可积的相因子这一基本观点，推广到任意的非亚贝尔规范场，这种形式的规范场理论有其优越性。我们认为从杨振宁的规范场是一不可积的相因子这一观点出发，允许讨论规范群的紧致性，这就可以将杨振宁和Dirac的两种思想结合起来，从而探讨其物理含义。并且可以讨论一般的非亚贝尔规范群，这是过去并未做到的。

这样，我们从规范场的积分定义出发，可以应用类似于在紧致流形上建立的微几何定理——Gauss—Bonnet定理[6]的论证。导致存在规范荷与对偶荷的共轭关系。电子荷与单磁荷是这种共轭关系的一例。规范荷与对偶荷的共轭关系就进一步导致这些荷的量子化，包括了电子荷的量子化。

最近'tHooft[5]也讨论过紧致非亚贝尔群的规范场方程可以存在单磁荷解，他引入自发破缺的Higgs—Kibble机制，在特殊条件下，解出一个特定的模型(SO(3)

---

* 电荷量子化(Charge Quantization)指电子和质子电荷绝对值绝对相等，一切带电物质的电荷都是这个值的倍数。

群），当它含有 $U(1)$ 子群时，场方程有一个独特的解，就是单磁荷。

我们讨论的方式和'tHooft 不一样，我们导出的规范荷与对偶荷的共轭关系，应用到 SO(3) 群时，就自然得到 Dirac—Schwinger—'tHooft[2,5,7] 等所得的结果。但是我们无需引用 Higgs—Kibble 机制或任何特殊边界条件，讨论适用于任意紧致李群，单磁荷的 Dirac 量子化条件是自然的结果。

本文第二节将用普遍的形式论证，在纯杨—Mills 场理论中，如规范群为紧致的，可存在有与规范荷相对应的对偶荷解。当规范群包含 $U(1)$ 电磁规范群为子群时，对应于电荷有单磁荷，第三节将以 SO_3 群为例，具体解出单磁荷解，我们所得的量子化条件与 Dirac—Schwinger—'tHooft[2,5,7] 相同，单磁荷解与'tHooft 相同，但无需引入奇异弦或自发破缺或 Higgs 机制。

（二）

本节我们先对对偶荷问题作一般形式的推导，然后在下一节中就 SO(3) 规范群情形具体计算单磁荷解。

研究这问题的基础是类似于微分几何的 Gauss—Bonnet 公式。为了便于我们把此公式推广应用到规范场中，我们先对此公式作一点说明。

考虑一个二维闭合曲面，其高斯曲率为 K。把一矢量绕一小闭合回路平移一周，矢量的旋转角度为

$$\Delta\theta = K\Delta\sigma$$

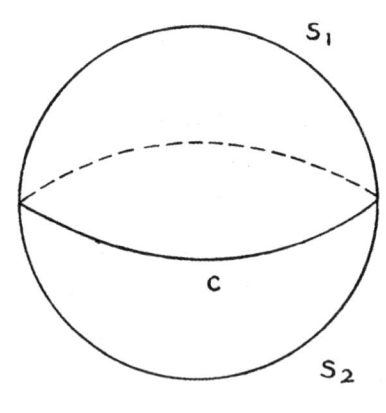

其中 $\Delta\sigma$ 为回路所围的曲面元。把上式对曲面 S_1 积分，得绕其边界 C 平移一周后矢量的旋转角度为

$$\Delta\theta = \iint_{S_1} K d\sigma \tag{1}$$

同样对曲面 S_2 积分，得绕一C 平移一周后矢量旋转角

$$\Delta\theta' = \iint_{S_2} K d\sigma \tag{2}$$

$\Delta\theta$ 不一定等于 $-\Delta\theta'$（例如当 K 到处为正数时，$\Delta\theta$ 和 $\Delta\theta'$ 都是正数）。但是由于 $\Delta\theta$ 和 $\Delta\theta'$ 实质上都表示矢量绕同一个回路 C 平行一周的旋转角，因此它们只能相差 2π 的整数倍。令 $\Delta\theta = -\Delta\theta' + 2\pi X$，得

$$\oiint K d\sigma = 2\pi X \tag{3}$$

这就是 Gauss—Bonnet 公式, 式中 X 是一个整数, 其数值依赖于流形的几何性质。对于闭合的凸曲面, $X=2$。

现在我们把上述概念推广应用到规范场中。设有规范群 G, 其生成元为 X_a, $a=1,2,\cdots\cdots n$, 规范势为 $W^a_{\mu\nu}$ 规范场为 $f^a_{\mu\nu}(X)$,

$$f^a_{\mu\nu}(x) = \frac{\partial W^a_\nu}{\partial X_\nu} - \frac{\partial W^a_\mu}{\partial X_\nu} + C^a_{bc} W^b_\mu W^c_\nu \qquad (4)$$

C^a_{bc} 为群的结构常数。根据规范场的积分定义, 由 x 点移至 $x+dx$ 点时规范无关波函数的不可积相因子[4]为

$$\Phi_{x,x+dx} = I + gW^a_\mu(x)X_a dx^\mu \qquad (5)$$

此相因子一般为一个矩阵函数。

考虑 G 的一个 $U(1)$ 不变, 子群 G_a, 其生成元 X_a 在基本表示中可用 i 代表, 这时不可积相因子为

$$\Phi_{x,x+dx} = I + igW^a_\mu dx^\mu \qquad (6)$$

这是一个普通相因子, 其位相为

$$d\theta = gW^a_\mu dx^\mu \qquad (7)$$

把(7)式对一闭合回路 C 积分, 得位相差

$$\Delta\theta = \tfrac{1}{2}\iint_S g f^a_{\mu\nu} d\sigma^{\mu\nu} \qquad (8)$$

式中 S 为以 C 为边界的一个曲面, 因此, 当有规范场存在时, 对于相因子来说, 时空具有类似于弯曲空间的特征。规范势类似于平移的 christoffel 符号, 规范场类似于曲率张量。特别是, 对于图1所示的闭合曲面, 以 $\Delta\theta$ 代表把规范场对 S_1 积分, $\Delta\theta'$ 代表对 S_2 积分:

$$\Delta\theta = \tfrac{1}{2}\iint_{S_1} g f^a_{\mu\nu} d\sigma^{\mu\nu} \qquad (9)$$

$$\Delta\theta' = \tfrac{1}{2}\iint_{S_2} g f^a_{\mu\nu} d\sigma^{\mu\nu} \qquad (10)$$

则 $\Delta\theta$ 一般可以不等于 $-\Delta\theta'$。但是由于 $\Delta\theta$ 和 $-\Delta\theta'$ 实质上都代表绕同一回路 C 一周后

的位相差，因此它们只可能相差2π的整数倍。

令$\Delta\theta = -\Delta\theta' + 2\pi n$，则由(9)和(10)式得

$$\tfrac{1}{2}\oiint gf^a_{\mu\nu}d\sigma^{\mu\nu} = 2\pi n \tag{11}$$

n是一个整数，把上式写为

$$\tfrac{1}{2}\oiint f^a_{\mu\nu}d\sigma^{\mu\nu} = \frac{2\pi}{g}n \tag{12}$$

上式左边是一种场的通量，设场源$\bar{g}$由下式定义

$$\tfrac{1}{2}\oiint f^a_{\mu\nu}d\sigma^{\mu\nu} = 4\pi \bar{g} \tag{13}$$

则有

$$\bar{g}g = \frac{n}{2} \tag{14}$$

$\bar{g}$叫做规范荷g的对偶荷(Dual charge)，对于每一个规范荷，都有对应的对偶荷。关系式(14)是规范荷与对偶荷的共轭关系。

如果所考虑的$U(1)$子群是电磁规范群，则g就是电荷e，而$\bar{g}$就是磁荷μ，两者之间有关系

$$\mu e = \frac{n}{2} \tag{15}$$

这就是Dirac的量子化条件[2]。

关系式(11)与微分几何的Gauss—Bonnet公式(3)有一不同点。在微分几何情形，整数χ是由流形性质唯一地确定的一个整数，而在规范场情形，整数n不是由曲面性质以及规范群特性所确定的，因此场所带的规范荷以及对偶荷都可以是相应基本荷的整数倍。

上述讨论与Dirac[2]的推理有相似之处。但是我们指出，量子化关系式(14)是规范场积分定义的自然结果。而且，Dirac所讨论的奇异性不是实质的，当$U(1)$群作为紧致规范群的一个子群时，可以适当选择规范来避免奇异弦的引入。正像一个球面本来没有任何奇异性，但是在它上面引入球面坐标系时就在它两极上引进了奇异性。如果把球面放进三维空间中来研究就可以避免这种奇异性。在下一节的具体计算中，将会更清楚地看到这一点。同时，我们也不需要像'tHooft那样引入自发破缺和Higgs—Kibhle机制的特殊模型来获得对偶荷的结论。

（三）

本节我们具体计算一个SO(3)规范群的例子，在这一例子中，我们将证明上节的结论；此外还得出对偶荷的规范势的具体表式，它同'tHooft解[5]全同。由此可

见'tHooft解实质上同他假设的Higgs机制无关。

考虑SO(3)规范群。设群的矢量表示空间的基矢为 $\vec{e_a}(a=1,2,3)$，在空间每点上，基矢 $\vec{e_a}$ 的取向可以任意选择。群的三维表示矢量 ψ^a 沿时空的平移关系也不是唯一确定的。存在多种可能的平移对应关系。下面我们研究一种可能性。

考虑一球面，我们选择球面每点上 $\vec{e_a}$ 的取向与球坐标曲线取向相对应（图2）。考虑SO(3)群的一个SO(2)子群，其二维表示矢量 $\psi^a(a=1,2)$ 可以看作为球面上的一个矢量。现在我们把球面几何上的平移关系引用作为矢量 ψ^a 沿球面的平移关系。这种平移关系与标架 $\vec{e_1}$、$\vec{e_2}$ 的选择无关，因此自然就是一种可能的平移关系。下面我们计算与此平移关系对应的规范场。

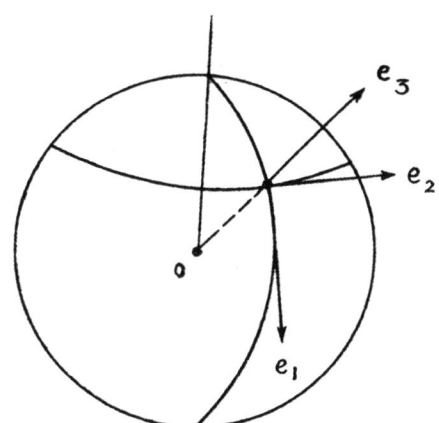

取球面坐标 θ、ϕ，球面上间隔为

$$ds^2 = r^2 d\theta^2 + r^2 \sin^2\theta d\phi^2$$

度规张量 $g_{\mu\nu}$（μ、$\nu=1,2$）为

$$g_{\mu\nu} = \begin{bmatrix} r^2 & 0 \\ 0 & r^2\sin^2\theta \end{bmatrix} \tag{16}$$

由此求出矢量平移的 Chsistoffel 符号 $\Gamma^i_{j\mu}$（$i,j,\mu=1,2$）为

$$\Gamma^2_{21} = \Gamma^2_{12} = \frac{\cos\theta}{\sin\theta}$$

$$\Gamma_{22} = -\sin\theta\cos\theta \tag{17}$$

其他分量 $=0$。

或者写成矩阵形式 $(\Gamma_\theta)^i_j$ 和 $(\Gamma_\phi)^i_j$ 得

$$(\Gamma_\theta) = \begin{bmatrix} 0 & 0 \\ 0 & \frac{\cos\theta}{\sin\theta} \end{bmatrix} \quad (\Gamma_\phi) = \begin{bmatrix} 0 & -\sin\theta\cos\theta \\ \frac{\cos\theta}{\sin\theta} & 0 \end{bmatrix} \tag{18}$$

SO(2)子群的生成元为

$$(X_3) = \begin{pmatrix} 0 & 1 \\ -0 & 0 \end{pmatrix} \tag{19}$$

矩阵 (Γ^μ) 与规范标符 $W_\mu^3(X_3)$ 相对应。但是还须注意一点：规范群中所用基矢 $\vec{e}_1$、$\vec{e}_2$ 长度不变，但在球面几何上，其矢长度随 θ 而变（两个线元为 $rd\theta$ 和 $r\sin\theta d\phi$）因此，我们把球面上的矢量 $v^i \to \tilde{v}^i$

$$\tilde{v} = Mv \qquad M = \begin{bmatrix} r & \\ & r\sin\theta \end{bmatrix} \tag{20}$$

作此变换后，Γ_μ 变为

$$\tilde{\Gamma}_\mu = M\Gamma_\mu M^{-1} + M\partial_\mu M^{-1} \tag{21}$$

由此求出

$$\tilde{\Gamma}_0 = 0 \qquad \tilde{\Gamma}_\phi = \begin{bmatrix} 0 & -\cos\theta \\ \cos\theta & 0 \end{bmatrix} = -\cos\theta X_3 \tag{21}$$

矩阵 $\tilde{\Gamma}_\mu$ 可以直接与 W_μ^3 联系

$$\tilde{\Gamma}_\mu = gW_\mu^3 X_3 \tag{23}$$

由此求出

$$gW_\theta^3 = 0, \qquad gW_\phi^3 = -\cos\theta \tag{24}$$

规范场为

$$f^3{}_{\theta\phi} = -f^3{}_{\phi\theta} = \frac{\partial W_\phi}{\partial \theta} - \frac{\partial W_\theta}{\partial \phi} = \frac{\sin\theta}{g}$$

$$\text{其他分量} = 0 \tag{25}$$

把规范场对球面积分得

$$\iint f^3{}_{\theta\phi} d\theta d\phi = \int_0^{2\pi} d\phi \int_0^\pi d\theta \frac{1}{g}\sin\theta = \frac{4\pi}{g} \tag{26}$$

因此，这规范场就是由对偶荷 $g = \frac{1}{g}$ 作为源的场。假设此规范下 W_μ^3 为电磁势 A_μ，g 为电荷 e，则此解就是单磁荷解，磁荷为

$$\mu = \frac{1}{e} \tag{27}$$

由于球面上两个线元为 $rd\theta$ 和 $r\sin\theta d\phi$，由(24)式电磁势 A_μ 写成通常矢量形式为

$$e\vec{A} = \frac{-\cos\theta}{r\sin\theta} \vec{e}_\phi \tag{28}$$

电磁场为

$$B_r = \frac{f^3_{\theta\phi}}{r^2 \sin\theta} = \frac{1}{er^2}$$

其他分量 = 0

或

$$\vec{B} = \frac{1}{er^2} \vec{e}_r \tag{29}$$

场源就是原点处的一个单磁荷。

上面得到的场在 $r=0$ 点有奇异点，而势 $\vec{A}$ 除了在 $r=0$ 点奇异外，在两极 $\theta=0,\pi$ 处亦有奇异性，繞两极周围的小迴路积分得 $\oint \vec{A} \, d\vec{e} \longrightarrow 0$，而是 $\longrightarrow 2\pi$，我们的解对应于 Schwinger[7] 的双向奇异弦解。但是这种奇异性不是本质的，仅仅是上面所采用的特殊标架系的结果。当电磁规范群作为紧致群的一个子群时，我们可以选择另一些坐标架系，使基矢 $\vec{e}_1$ 和 $\vec{e}_2$ 不限制在球面上，这样就可以在势的表式中不出现上述奇异性。例如，我们可以作规范变换使各点上基矢 $\vec{e}_a$ 都转到平行于 X、Y、Z 轴方向，这规范变换是

$$\psi' = S\psi, \quad S = \begin{bmatrix} \cos\theta\cos\phi & -\sin\phi & \sin\theta\cos\phi \\ \cos\theta\sin\phi & \cos\phi & \sin\theta\sin\phi \\ -\sin\theta & 0 & \cos\theta \end{bmatrix} \tag{30}$$

作此规范变换后，新的势为

$$gW'^a_\mu X_a = gSW^a_\mu X_a S^{-1} + S\partial_\mu S^{-1} \tag{31}$$

把空间分量 $\mu = \theta, \phi, r$ 变回到 x, y, z，得

$$gW'^a_\mu = \begin{bmatrix} 0 & -r_3/r^2 & r_2/r^2 \\ r_3/r^2 & 0 & -r_1/r^2 \\ -r_2/r^2 & r_1/r^2 & 0 \end{bmatrix} \begin{matrix} a=1 \\ a=2 \\ a=3 \end{matrix}$$

$$i = \quad x \quad\quad y \quad\quad z$$

此式与 'tHooft 文中[5]所得规范势一致。在此规范中，势的表示式除了 $r=0$ 点外没有其他奇异性。因此可以不需要引入奇异弦来研究单磁荷问题。

作者感谢北京中国科学院高能物理研究所、物理究研所、兰州大学、西北大学和中山大学等的理论物理工作者们的关心、讨论和通讯。又杨振宁教授寄来了 'tHooft 的论文复制本，特表谢意。

参 考 文 献

〔1〕 C. N. Yang, Phys. Rev. D1, 2306 (1970)。
〔2〕 P. A. M. Dirac, Proc. Roy. Soc. (London) A183, 60 (1931)。Phys. Rev. 74, 817 (1948)。
〔3〕 例如参看 B. Zumino, Strong and Weak Interaction —— Present Problems。1966 Internation School of Physics, Erice Ed. A. Zichichi。
〔4〕 C. N. Yang, Phys. Rev. Lett. 33 (1974)
〔5〕 G.' tHooft, Nacl. Phys. 79B, 276(1974)。
〔6〕 N. J. Hicke "Note on Differential Geometry", Vol 2. P. 81。吴文俊：关于微分几何的一次报告（1974. 北京）。
〔7〕 J. Schwinger, Phys. Rev. 125, 1047(1962), 144, 1087(1966)。

超 对 称 性

物理学系 郭 硕 鸿

一 引 言

基本粒子的对称性理论包括时空对称性和内部对称性两方面。虽然对这两方面都有过很多研究工作，但以前关于对称性问题的讨论有一定局限性，使人们还可能没有揭露出基本粒子的某些基本对称性质。例如，以前所研究的对称性都是玻色子和玻色子之间的对称性，或费米子和费米子之间的对称性，而没有讨论费米子与玻色子之间可能存在的对称性。另一个问题是人们还没有成功地把内部对称性与时空对称性非平凡地结合起来，组成更大的对称群。这两个问题是互相有联系的。

实验事实指出在玻色子与费米子之间可能存在着某种对称性。先看强子方面。我们知道介子的质量谱和重子的质量谱大体上是相似的[1]，介子的作用强度与重子的作用强度也是一致的。当用层子模型来描述强子相互作用时，$\bar{B}BM$顶角图（B代表重子，M代表介子）和MMM顶角图的差别仅在于"旁观"层子不同，而顶角中起作用的部分是一致的，因此，$\bar{B}BM$顶角和MMM顶角具有明显的对称性。此外如电荷半径、形式因子等性质对于介子和重子也是相似的。因此，系统地探讨玻色子与费米子之间的对称性对于解决强子理论的某些方面可能是有帮助的。

再看轻子和光子方面。目前弱电统一理论有可能把弱作用和电磁作用统一用规范场描述。这就自然会提出问题：光子与轻子之间是否存在着更基本的对称性？特别是，这里有两种零质量粒子：光子和中微子。对于光子我们了解得比较清楚，它是对应于未被破坏的对称性（电荷守恒）的规范场，因而它的质量必须为零。中微子作为零质量费米子是否也有更基本的物理原因？比如说，它是否由于某种对称性自发破坏所导致的零质量Goldstone粒子？要弄清楚这些问题，也需要研究玻色子与费米子之间的对称性，把原来属于玻色子的概念推广到费米子中去。

关于时空对称性与内部对称性的结合方面，非相对论SU(6)群对于粒子分类和静态性质有某些成功。但是它本质上是非相对论性的，任何想把它相对论化的企图都遇到困难。这些困难导致所谓"no go"定理[2]的建立。这定理断言，在相当宽的物理条件下，S矩阵的对称性只能是内部对称群与Poincaré群的直积。因此，如果用李群来表述对称性质，就不能把时空对称性与内部对称性进一步结合起来。

以往研究对称性的一种局限性是限于用李群来表述连续变换对称性。李群的生成元都是玻色型算子,李代数是这些算子的对易关系。因此,用李群不可能把玻色子与费米子联系起来,但是,如果把李群推广,使它含有一些费米型生成元,推广的李代数包括这些生成元的反对易关系,则研究对称性的范围就可以扩大。一方面,我们可以研究费米——玻色对称性;另一方面,由于越出了"no go"定理条件的限制,也就有可能把时空对称与内部对称性结合起来。这种包括玻色——费米对称性在内的新对称性称为超对称性。超对称变换是由Volkov, Akulov[3]以及Wess, Zumino[4]提出的。

本文的目的是介绍超对称性的基本概念,导出其主要数学表述形式,特别是有关规范场方面的理论,并简略地讨论有关超对称理论的一些进展和存在问题。

第二节我们引入费米荷,超对称变换和超对称代数。第三节引入超场方法,说明如何由超场组成超对称不变的作用量和拉氏密度。第四节介绍推广规范场理论和一个亚贝尔规范场模型。第五节讨论目前有关超对称理论的一些进展和存在问题。文中所用符号和一些计算公式列于附录中。

二 超对称代数

1、费米荷

通常李群的所有生成元都属于玻色荷,其李代数是这些荷的对易关系,为了研究费米子与玻色子之间的对称性,必须引进费米荷。扩大后的代数包括这些费米荷之间的反对易关系以及费米荷与玻色荷之间的对易关系。这种代数是推广的李代数[5][6],或称赝李代数。

费米荷的时空变换性质属于旋量。最简单的超对称理论是引入一个旋量费米荷 Q_r 及其共轭算子 $\bar{Q}_{\dot{r}}$。Q_r 对场量作用使标量场转变为左手旋量场,而 $\bar{Q}_{\dot{r}}$ 使标量转变为右手旋量场。一般来说,超对称模型不一定可以引入费米子数,这时左手旋量 ψ_r 与右手旋量 $\bar{\psi}_{\dot{r}}$ 合为一个Majorana旋量,不带费米子数。这种超对称模型不能用来直接描述费米子数守恒的作用。因为物理上费米子数守恒是一条基本规律,所以我们需要在理论中引进费米子数。为此,我们要求理论对于费米子数规范变换

$$Q_r \to e^{i\zeta}Q_r, \qquad \bar{Q}_{\dot{r}} \to e^{-i\zeta}\bar{Q}_{\dot{r}} \qquad (1)$$

不变。这时 Q_r 带费米子数 $f=+1$,而 $\bar{Q}_{\dot{r}}$ 带 $f=-1$,Q_r 是使标量场转变为左手费米子场的算子,而 $\bar{Q}_{\dot{r}}$ 是使标量场转变为右手反费米子场的算子。这样处理时可以保证费米子数守恒,但是却没有宇称守恒。费米子数守恒和宇称守恒相矛盾的现象是这种简单超对称理论的一个特征。[7]

超对称变换的参量是旋量 ζ^r 及其复共轭旋量 $\bar{\zeta}^{\dot{r}}$，它们互相反对易，并与所有费米场量反对易。超对称么正变换可以写为

$$U = e^{i\zeta^r Q_r + i\bar{Q}_{\dot{r}}\bar{\zeta}^{\dot{r}}} \tag{2}$$

（注意取复共轭时费米量的次序需要颠倒）。

2、超多重态

在超对称变换下，费米场与玻色场互相变换，因此多重态包括一些费米场和玻色场在内。Wess 和 Zumino[4]首先研究了一个简单的超多重态，它含有一个复标量场 Φ，一个旋量场 Ψ_r 和另一个复标量场 F。如果引入费米子数，这三个场的费米子数分别是 $f = 0, 1, 2$，标量场 F 可以看作是两个自旋反平行的费米子组成的标量。因为 Q_r 和 $\bar{Q}_{\dot{s}}$ 分别是 $\Delta f = +1$ 和 -1 的算子，由洛仑兹不变性，容易看出它们作用到场分量上的可能形式为

$$\begin{aligned}
i[Q_r, \Phi] &= \Psi_r, & -i[\bar{Q}_{\dot{s}}, \Phi] &= 0, \\
i[Q_r, \Psi_u] &= \bar{\varepsilon}_{ru} F, & -i[\bar{Q}_{\dot{s}}, \Psi_u] &= i\partial_{u\dot{s}} \Phi, \\
i[Q_r, F] &= 0, & -i[\bar{Q}_{\dot{s}}, F] &= i\partial_{u\dot{s}} \Psi^u.
\end{aligned} \tag{3}$$

由(3)式容易验证

$$\begin{aligned}
[\{Q_r, \bar{Q}_{\dot{s}}\}, \Phi] &= i\partial_{r\dot{s}} \Phi, \\
[\{Q_r, \bar{Q}_{\dot{s}}\}, \Psi_u] &= i\partial_{r\dot{s}} \Psi_u, \\
[\{Q_r, \bar{Q}_{\dot{s}}\}, F] &= i\partial_{r\dot{s}} F.
\end{aligned} \tag{4}$$

即反对易子 $\{Q_r, \bar{Q}_{\dot{s}}\}$ 作用在超多重态 (Φ, Ψ_u, F) 上相当于平移算子 $P_{r\dot{s}}$。

由这实例看出，若设 P_μ 与 Q_r 和 $\bar{Q}_{\dot{s}}$ 对易，则 Q_r，$\bar{Q}_{\dot{s}}$ 和 P_μ 可以构成闭合的代数，而多重态 (Φ, Ψ_u, F) 是相应的对称群的一个表示。在无穷小超对称变换下（ζ^r 是无穷小参量），

$$\delta\Phi = \zeta^r \Psi_r,$$

$$\delta \Psi_r = \zeta_r F + i\partial_{r\dot{s}} \Phi \, \bar{\zeta}^{\dot{s}} \tag{5}$$

$$\delta F = -i\partial_{u\dot{s}} \Psi^u \bar{\zeta}^{\dot{s}}$$

3、超对称代数

最简单的超对称代数含有一个旋量费米荷 Q_r 及其共轭 $\bar{Q}_{\dot{r}}$，它们和 Poincaré 群的生成元 $P_\mu, M_{\mu\nu}$ 组成一个推广的李代数。此代数含有对易子和反对易子（两个费米荷之间为反对易子，其它情况为对易子）：

$$\{Q_r, \bar{Q}_{\dot{s}}\} = \sigma^\mu_{r\dot{s}} P_\mu \equiv P_{r\dot{s}},$$

$$[P_\mu, Q_r] = [P_\mu, \bar{Q}_{\dot{s}}] = 0,$$

$$[M_{\mu\nu}, Q_r] = \tfrac{1}{2}(\sigma_{\mu\nu})_r{}^s Q_s$$

$$[M_{\mu\nu}, \bar{Q}_{\dot{r}}] = \tfrac{1}{2}(\bar{\sigma}_{\mu\nu})_{\dot{r}}{}^{\dot{s}} \bar{Q}_{\dot{s}}$$

这些式子连同 Poincaré 群生成元的对易子组成一个推广李代数。此代数是 poincaré 代数的扩展，反映推广的时空对称性。

如果再考虑内部对称性，我们可以引入多个费米荷 Q_r^L 及其共轭荷 $\bar{Q}_{\dot{r}}^L$，其中 L 是和内部对称性有关的指标。Haag 等人[8]曾研究了 S 矩阵最一般的超对称性质。他们指出在有质量情形费米荷的引入不导致时空对称性与内部对称性的非平凡结合。但在零质量情形，还可以引进另一类费米荷 $Q_r^{(1)L}, \bar{Q}_{\dot{r}}^{(1)L}$，它们与 P 不对易，所有费米荷之间的反对易子给出全部时空对称生成元和内部对称生成元。因此这情形下内部对称性可以和时空对称性完全结合起来。

三 超场和超对称模型

在这节中我们介绍研究超对称性的一种有力数学形式——超场表示方法，并说明怎样用超场组成具有超对称性的作用量和拉氏密度。

1、超场

在通常场论中，我们分别处理每一种不同自旋粒子的场。由于超对称性要研究几种不同自旋粒子之间的关系，所以我们应该把场的概念推广，使不同自旋粒子的场用一个场统一描述。推广的场不仅依赖于时空坐标x_μ，而且还依赖于一些自旋变量。在最简单的情况下，可以引入一个自旋变量θ^r及其复共轭$\bar{\theta}^{\dot{s}}$，推广的场是x_μ以及自旋变量θ^r，$\bar{\theta}^{\dot{s}}$的函数

$$\Phi = \Phi(x_\mu, \theta^r, \bar{\theta}^{\dot{s}})。 \tag{7}$$

这种推广的场称为超场。[9][10]

自旋变量θ^r和$\bar{\theta}^{\dot{s}}$是反对易变数。它们互相反对易，并且与所有费米场量反对易，而与玻色场量对易。

由于θ^r的反对易性，任何一个θ^r的平方为零。因此，如果把Φ按θ^r和$\bar{\theta}^{\dot{s}}$幂次展开，则展开式为θ^r和$\bar{\theta}^{\dot{s}}$的四次多项式。例如实超场Φ的展开式为

$$\Phi(x, \theta^r, \bar{\theta}^{\dot{s}}) = \Phi + \theta^r \psi_r + \bar{\phi}_{\dot{s}} \bar{\theta}^{\dot{s}} + \tfrac{1}{2}\theta^r\theta_r F + \tfrac{1}{2}\bar{\theta}_{\dot{s}}\bar{\theta}^{\dot{s}} \bar{F}$$

$$+ \bar{\theta}^{\dot{s}} \theta^r A_{r\dot{s}} + \tfrac{1}{2}\theta^r\theta_r \bar{\theta}^{\dot{s}} \lambda_{\dot{s}} + \tfrac{1}{2}\bar{\theta}_{\dot{s}}\bar{\theta}^{\dot{s}} \theta_r \lambda^r + \tfrac{1}{4}\theta^r\theta_r \bar{\theta}_{\dot{s}}\bar{\theta}^{\dot{s}} D。 \tag{8}$$

θ^r和$\bar{\theta}^{\dot{s}}$可以组成一个Majorana旋量，这时所有场量都不带费米子数。如果我们要求理论对费米子数守恒，可以令θ^r为$f=-1$的左手旋量，$\bar{\theta}^{\dot{s}}$为$f=+1$的右手旋量，这时超场Φ的所有分量都带有一定的费米子数。

对反对易变数θ^r的微分运算按通常规则进行，但需注意其反对易性质。对θ^r的积分运算规则为[6][11]

$$\int d\theta^r = 0, \qquad \int \theta^r d\theta^s = \delta^{rs} \tag{9}$$

可以证明此积分规则相当于对费米占据数求和。

拉氏密度由超场及其对时空和自旋变量的导数组成，而作用量S为L对全部时空和自旋变量的积分

$$S = \int d^4x \, d\theta^1 \, d\theta^2 \, d\bar{\theta}^{\dot{2}} \, d\bar{\theta}^{\dot{1}} \; L(x, \theta^r, \bar{\theta}^{\dot{s}}) \tag{10}$$

令

$$dv = d^4x \, d^2\theta \, d^2\bar{\theta}, \tag{11}$$

($d^2\theta = d\theta^1 d\theta^2$)则上式写为

$$S = \int dv L(x, \theta^r, \bar{\theta}^{\dot{s}}) \tag{10a}$$

把L对自旋变量展开

$$L = L_0 + \theta^r L_r + \cdots + \tfrac{1}{4}\theta^r\theta_r \bar{\theta}_{\dot{s}}\bar{\theta}^{\dot{s}} L_D(x) \tag{12}$$

则按照积分规则(9)式，只有最后一项对S有贡献，因而

$$S = \int d^4x L_D(x) \tag{13}$$

因此，L展开式的D分量$L_D(x)$就是通常的拉氏密度$L(x)$。下面我们说明如何由超场组成具有超对称性的拉氏密度。

2、由超场组成超对称不变量

按照积分规则(9)式，

$$\int dv \frac{\partial}{\partial \theta^r}(\overline{\Psi}\Phi) = 0$$

由此

$$\int dv \overline{\Psi}\frac{\partial}{\partial \theta^r}\Phi = -\int dv\left(\frac{\partial}{\partial \theta^r}\overline{\Psi}\right)\Phi$$

容易验证

$$\frac{\partial}{\partial \theta^r}\overline{\Psi} = -\left(\frac{\partial}{\partial \overline{\theta}^r}\Psi\right)^*$$

因此，如果定义内积为

$$(\Psi, \Phi) = \int dv \overline{\Psi}\Phi \tag{14}$$

则算子$\frac{\partial}{\partial \theta^r}$的厄米共轭即为$\frac{\partial}{\partial \overline{\theta}^{\dot r}}$。由此，作用在超场上时，可取算子$Q_r$和$\overline{Q}_{\dot s}$的显示形式为

$$iQ_r = \frac{\partial}{\partial \theta^r} + \frac{i}{2}\partial_{r\dot s}\overline{\theta}^{\dot s},$$

$$-i\overline{Q}_{\dot s} = \frac{\partial}{\partial \overline{\theta}^{\dot s}} + \frac{i}{2}\theta^r \partial_{r\dot s} \tag{15}$$

容易验证Q_r和$\overline{Q}_{\dot s}$满足代数(6)式，而且它们互为厄米共轭。超对称变换(2)式为么正变换。因此，取任意个超场的乘积并对dv积分（相当于取乘积的D分量）即得超对称不变量。

为了组成超对称动能项，我们引入协变微分

$$\left.\begin{aligned} D_r &= \frac{\partial}{\partial \theta^r} - \frac{i}{2}\partial_{r\dot s}\overline{\theta}^{\dot s}, \\ \overline{D}_{\dot s} &= \frac{\partial}{\partial \overline{\theta}^{\dot s}} - \frac{i}{2}\theta^r \partial_{r\dot s}。 \end{aligned}\right\} \tag{16}$$

容易看出，

$$\{D_r, Q_s\} = \{D_r, \overline{Q}_{\dot s}\} = \{\overline{D}_{\dot r}, Q_s\} = \{\overline{D}_{\dot r}, \overline{Q}_{\dot s}\} = 0 \tag{17}$$

因此，协变微分对超对称变换(2)式是不变量，而对洛仑兹变换协变（变换性质如旋量）。因此，只要由$D_r\Phi$，$\overline{D}_{\dot s}\Phi$等组成洛仑兹不变量，对$dv$积分后即得超对称不变

量。含有几个超场Φ_i的超对称拉氏密度一般可以写为

$$l = l(\Phi_i, \partial_\mu \Phi_i, D_r \Phi_i, \bar{D}_{\dot{s}} \Phi_i)。 \tag{18}$$

它的每一项都是洛仑兹不变量。

3. 一个超对称模型

利用协变微分算子对超场Φ加上一些洛仑兹协变的条件，这条件就是超对称协变的。因此，超场Φ一般可约，而用协变微分算子附加一些条件后可以得到不可约的超场。例如，对Φ附加条件

$$\bar{D}_{\dot{s}} \Phi = 0 \tag{19}$$

所得超场是不可约的。此超场称为左手超场Φ_L[15]由(16)式

$$\left(\frac{\partial}{\partial \bar{\theta}^{\dot{s}}} - \frac{i}{2} \theta^r \partial_{r\dot{s}} \right) \Phi_L = 0,$$

其解为

$$\Phi_L(x, \theta, \bar{\theta}) = e^{-\frac{i}{2} \theta^r \bar{\theta}^{\dot{s}} \partial_{r\dot{s}}} \Psi(x, \theta)$$

$$= e^{-\frac{i}{2} \theta^r \bar{\theta}^{\dot{s}} \partial_{r\dot{s}}} (\Phi + \theta^r \phi_r + \frac{1}{2} \theta^r \theta_r F) \tag{20}$$

此超场只含三个独立分量Φ，ϕ_r和F，它正是Wess-Zumino[4]第一次提出的标量超多重态。

同样可以定义右手超场

$$D_r \Phi_R = 0. \tag{21}$$

其解为

$$\Phi_R(x, \theta, \bar{\theta}) = e^{\frac{i}{2} \theta^r \bar{\theta}^{\dot{s}} \partial_{r\dot{s}}} (\bar{\Phi} + \bar{\Psi}_{\dot{s}} \bar{\theta}^{\dot{s}} + \frac{1}{2} \bar{\theta}^{\dot{s}} \bar{\theta}_{\dot{s}} \bar{F}). \tag{22}$$

自由左手超场的拉氏密度可取为

$$L_0 = \bar{\Phi}_L \Phi_L. \tag{23}$$

对自旋变量积分后即得普通拉氏密度

$$L_0(x) = \int d^2\theta d^2\bar{\theta} (\bar{\Phi}_L \Phi_L) = (\bar{\Phi}_L \Phi_L)_D \tag{24}$$

（附标D表示取乘积的D分量）由(20)式容易得出

$$L_0(x) = -\partial_\mu \bar{\Phi} \partial^\mu \Phi + i \bar{\Psi}^{\dot{s}} \partial_{r\dot{s}} \Psi^r + \bar{F} F。 \tag{25}$$

如果不引入费米子数，此模型还可以有超对称不变的质量项。注意到左手场量对

$$ds = d^4x d^2\theta \tag{26}$$

积分（相当于取被积函数的 F 分量）即可得超对称不变量，因此，可取质量项为

$$L_m = \frac{m}{2} Re\int d^2\theta \Phi_L\Phi_L = mRe(F\Phi + \frac{1}{2}\Psi^r\Psi_r)。\tag{27}$$

同样，可取 Φ_L^3 自作用项

$$L_g = gRe\int d^2\theta (\Phi_L)^3 = gRe(\Phi^2 F + \Phi\Psi^r\Psi_r)。\tag{28}$$

拉氏密度

$$L(x) = L_0 + L_m + L_g \tag{29}$$

代表具有 Φ_L^3 自作用的一个超对称模型。由于拉氏密度中不出现 F 的时空导数，F 只是一个辅助场量，可通过拉氏方程消去。因此，这模型实际上只含两个独立的场 Φ 和 Ψ_r。

Iliopoulos 和 Zumino[12] 研究了这模型的微扰论和重正化问题。这点在下面再讨论。

四 推广规范变换和规范场

1、一般理论[13]-[15]

在通常场论中，对定域规范变换

$$\Phi \to e^{i\Lambda(x)}\Phi$$

的不变性要求引入规范场。规范场是和守恒物理量相联系的。在超对称理论中，由于 $\Phi(x)$ 推广为超场 $\Phi(x,\theta,\bar\theta)$，因此，定域规范变换也应该推广为

$$\Phi \to e^{i\Lambda(x,\theta,\bar\theta)}\Phi。\tag{30}$$

若

$$\bar\Lambda = \Lambda, \tag{31}$$

则 $\bar\Phi\Phi$ 保持不变。但对 Φ 作用微分算子 ∂_μ，D_r 和 $\bar D_{\dot s}$ 时，必须引入规范场才能保持作用量的不变性。对应于 D_r、$\bar D_{\dot s}$ 和 ∂_μ，分别引入规范场 Ψ_r、$\bar\Psi_{\dot s}$ 和 A_μ。在规范变换 (30) 下，规范场作变换

$$\Psi_r \to \Psi_r + iD_r\Lambda,$$
$$\bar\Psi_{\dot s} \to \bar\Psi_{\dot s} + i\bar D_{\dot s}\Lambda, \tag{32}$$

$$A_\mu \to A_\mu + \partial_\mu \Lambda,$$

而微分算子改为规范协变微分

$$D_r \to D_r - \bar{\Psi}_r,$$

$$\bar{D}_{\dot{s}} \to \bar{D}_{\dot{s}} - \bar{\Psi}_{\dot{s}}, \tag{33}$$

$$\partial_\mu \to \partial_\mu - iA_\mu。$$

由于

$$\{D_r, \bar{D}_{\dot{s}}\} = -i\partial_{r\dot{s}}, \tag{34}$$

可以取

$$A_{r\dot{s}} = D_r \bar{\Psi}_{\dot{s}} + \bar{D}_{\dot{s}} \Psi_r。 \tag{35}$$

所以实际上只需引入一个旋量规范超场 Ψ_r 及其复共轭 $\bar{\Psi}_{\dot{s}}$。

2、一个亚贝尔规范场模型

文献[13]中研究了推广量子电动力学的超对称模型，[14]-[15]研究了非亚贝尔规范场模型。我们在这里只导出一个简单的亚贝尔规范场模型。

设 Φ 满足规范不变条件

$$(\bar{D}_{\dot{s}} - \bar{\Psi}_{\dot{s}})\Phi = 0, \tag{36}$$

其中 $\bar{\Psi}_{\dot{s}}$ 为规范场。若取

$$\bar{\Psi}_{\dot{s}} = \bar{D}_{\dot{s}}\Sigma, \tag{37}$$

则方程(36)的解为

$$\Phi = e^\Sigma \Phi_L。 \tag{38}$$

Φ_L 为左手超场。Φ 场的规范变换

$$\Phi \to e^{i\Lambda}\Phi, \quad (\Lambda = \Lambda_L + \bar{\Lambda}_L) \tag{39}$$

可以分别吸收到"物质场" Φ_L 和"规范场" Σ 的变换中去：

$$\Phi_L \to e^{i\Lambda_L}\Phi_L, \quad \Sigma \to \Sigma + i\bar{\Lambda}_L \tag{40}$$

按照这个观点，"规范场"和"物质场"是同一个超场 Φ 的不同部分，而且自然给出它们的不同变换方式。

一个超对称规范不变量可以取为

$$\bar{\Phi}\Phi = \bar{\Phi}_L e^{\Sigma+\bar{\Sigma}}\Phi_L = \bar{\Phi}_L e^{gV}\Phi_L, \tag{41}$$

其中 $g^v = \Sigma + \bar{\Sigma}$。$V$ 为实规范场，其变换为

$$V \to V + \frac{i}{g}(\bar{\Lambda}_L - \Lambda_L)。 \tag{42}$$

由于左场 Λ_L 含有三个独立分量 χ, ξ_r 和 F：

$$\Lambda_L = e^{-\frac{i}{2}\theta^r \bar{\theta}^{\dot{s}} \partial_{r\dot{s}}} (\chi + \theta^r \xi_r + \frac{1}{2}\theta^r\theta_r F) \tag{43}$$

可以选 Λ_L 的三个独立分量刚好消去 V 的三个分量 Φ, Ψ 和 F。因此，在此特殊规范下有

$$V = \bar{\theta}^{\dot{s}} \theta^r A_{r\dot{s}} + \frac{1}{2}\theta^r\theta_r \bar{\theta}^{\dot{s}} \lambda_{\dot{s}} + \frac{1}{2}\bar{\theta}_{\dot{s}} \bar{\theta}^{\dot{s}} \bar{\lambda}_r \theta^r$$

$$+ \frac{1}{4}\theta^r\theta_r \bar{\theta}_{\dot{s}} \bar{\theta}^{\dot{s}} D \tag{44}$$

在这特殊规范下，还可以作保持 $\bar{\chi} - \chi$ 不变的规范变换，即还可以改变 χ 的实部 χ_1，

$$g\Lambda \to g\Lambda + \bar{\theta}^{\dot{s}} \theta^r \partial_{r\dot{s}}\chi_1。 \tag{45}$$

由此，V 的各分量作规范变换

$$A_\mu \to A_\mu + \frac{1}{g}\partial_\mu \chi_1,$$

$$\lambda_{\dot{s}} \to \lambda_{\dot{s}}, \quad D \to D。 \tag{46}$$

这就是通常意义下的规范变换。A_μ 为规范场，$\lambda_{\dot{s}}$ 和 D 为中性场。

规范场强可以取为

$$W_r = \frac{1}{2}\bar{D}_{\dot{s}} \bar{D}^{\dot{s}} D_r V \tag{47}$$

利用 D_r 的性质容易证明 W_r 为规范不变量。规范场动能项可取为 $\frac{1}{4}(W^r W_r)_F$（附标 F 表示取展开式的 F 分量）。规范场动能项与(41)式相加即得此模型的拉氏密度，经过较繁的计算得到

$$L(x) = \frac{1}{4}(W^r W_r)_F + (\bar{\Phi}_L e^{gv}\Phi_L)_D$$

$$= -\frac{1}{4}f_{\mu\nu}f^{\mu\nu} + \frac{i}{2}\bar{\lambda}^r \partial_{r\dot{s}} \lambda^{\dot{s}} + \frac{1}{2}D^2$$

$$+ (\partial_\mu + igA_\mu)\bar{\Phi}(\partial_\mu - igA_\mu)\Phi + i\bar{\Psi}_{\dot{s}}(\partial^{r\dot{s}} - igA^{r\dot{s}})\Psi_r$$

$$+ \bar{F}F + g\bar{\Psi}_{\dot{s}}\lambda^{\dot{s}}\Phi + g\bar{\Phi}\bar{\lambda}^r\Psi_r + g\bar{\Phi}\Phi D。 \tag{48}$$

式中 $f_{\mu\nu} = \partial_\mu A_\nu - \partial_\nu A_\mu$。场量 F 和 D 为辅助场量，可通过拉氏方程消去。此模型含有

带电标量场Φ，带电左旋量场Ψ_L和中性右旋量场λ_R^s，相互作用包括带电场与A_μ的作用，Φ场与旋量场的作用以及Φ^4自作用。

虽然这模型还不是一个实际模型，但是它含有一些值得注意的特点。模型中除含有一个零质量规范场A_μ外，还含有一个零质量中性旋量场λ_R^s。中微子是否属于这类旋量场？这是一个很有意义的问题。正是由于研究这个问题最先引入了超对称变换[3]。以后一些研究工作[16]表明自发超对称破坏导致出现一个Goldstone费米子，而中微子可能是这种Goldstone粒子。此外，这模型有最大宇称破坏，如果我们能够适当引入宇称守恒项，则这模型可以用来统一描述宇称守恒的电磁作用和具有最大宇称破坏的弱作用。这模型还含有自作用的标量场Φ，通过某种自发破坏机制，它可以给模型中其他场以不同质量，导致超对称性的破坏。由于这些特点，超对称规范场问题值得进一步深入研究。

五 讨 论

现在我们简略地讨论关于超对称理论的一些进展和存在问题。

1、关于重正化问题 对一些超对称模型（如Φ^3作用模型，亚贝尔和非亚贝尔规范场模型）的重正化问题曾作过不少研究[13][14][17]。结果表明，对于可重正化理论，超对称模型的可重正化性比起对应的通常场论模型一般有所改善。例如Φ^3模型只需引入一个无穷大常数（波函数重正化）即可重正化，而没有顶角发散和交缠发散，且不需引入质量抵消项。关于杨—Mills场模型，只需引入波函数重正化，电荷重正化以及鬼态波函数重正化即可使理论重正化。但是，对于某些原来不可重正化的模型，推广到超对称模型后是否有可能重正化，这问题还没有解决。

2、关于宇称问题 上面我们指出过，超对称模型的一个困难是费米子数守恒和宇称守恒之间的矛盾。若要求费米子数守恒，则简单的模型不能有宇称守恒。引入宇称双重态可以保持宇称守恒，但是只有在明显破坏宇称的情形下，两个镜像部分才能沟通起来。Salam等人[18]研究了一个规范场模型，其中除了规范场V外，还有一个附带的规范场S_R，当两个规范场的耦合常数有一定关系时，可以保持宇称守恒。V和S_R可能是有联系的统一体，其意义还须进一步弄清楚。但由此模型可见，宇称的困难不是不可克服的。

3、关于自发破坏和Higgs机制 Salam等人[15]研究了一个非亚贝尔规范场模型，结果表明，在超对称理论中可以引入内部对称性的自发破坏，而且Higgs机制起作用。Fayet[16]还研究了超对称性的自发破坏。在规范不变拉氏密度中，引入正比于规范场D分量的一项。这项本身具有超对称性，但它的引入就触发超对称性的破坏，在一定条件下还导致内部对称性的破坏。这点是重要的。因为假如在基本粒子中实际存在超对称性的话，这种对称性必然是被破坏的。因此任何实际的模型都应该是破坏超对称性的模型。

4、关于实际模型问题 虽然在形式理论方面有不少进展，但是还没有建立比较接近实际的模型。在轻子的弱电统一超对称模型方面有一些进展。Fayet 等[18]研究了 Wess·Zumino 的推广量子电动力学模型[13]，引进超对称自发破坏，证明有一个零质量的 Goldstone 旋量粒子。在此基础上 Fayet 进一步研究了一个 $SU(2) \times U(1)$ 规范场模型，其中含有宇称双重态 Φ_L, Φ_R；规范场 $\bar{V}, V'$ 和另一标量多重态 S。引入超对称自发破坏和规范对称自发破坏后，此模型含有如下的粒子：

矢量：　　A_μ,　　Z^0_μ,　　$W^\pm_\mu$,

旋量：　　e_-,　　E_-,　　e_0,　　E_0,　　ν_L,

标量：　　Z,　　ω,　　φ,　　ω_-。

其中 ν_L 为中微子，e_0, E_0 和 E_- 为重轻子，这样型中，重轻子、中间玻色子和标量粒子的质量都属同一数量级。但这类模型还有一定任意性，它们是否能在一定程度上反映实验事实还需作进一步研究。

关于强子方面，目前还没有较好的理论分析。这方面似乎应该结合层子模型来研究，才可能得到有实际意义的超对称模型。

附　录

在这附录中，我们把本文所用的符号和一些公式列出。

我们采用 Bjorken-Drell 的符号

$$\gamma^\mu \gamma^\nu + \gamma^\nu \gamma^\mu = 2g^{\mu\nu} \tag{A-1}$$

$g^{\mu\nu}$ 的对角元为 $(+1, -1, -1, -1)$。

在 γ^5 对角表象中，Dirac 旋量写为

$$\psi^A = \begin{pmatrix} \psi_r \\ \chi^{\dot{s}} \end{pmatrix} \tag{A-2}$$

ψ_r 是左手旋量，$\chi^{\dot{s}}$ 是右手旋量。若 $\chi^{\dot{s}} = \bar{\psi}^{\dot{s}}$ 旋量 ψ^A 就是 Majorara 旋量。

γ 矩阵为

$$\gamma^\mu = \begin{pmatrix} 0 & (\sigma^\mu)_{r\dot{s}} \\ (\bar{\sigma}^\mu)^{\dot{s}r} & 0 \end{pmatrix} \tag{A-3}$$

其中

$$(\sigma^\mu)_{r\dot{s}} = (1, \vec{\sigma}), \quad (\bar{\sigma}^\mu)^{\dot{s}r} = (1, -\vec{\sigma}) \tag{A-4}$$

$\vec{\sigma}$ 为泡里矩阵。旋量符号采用

$$u^r = \bar{\varepsilon}^{rs} u_s, \quad u^{\dot{r}} = \bar{\varepsilon}^{\dot{r}\dot{s}} u_{\dot{s}} \tag{A-5}$$

$$\varepsilon^{12} = \varepsilon^{\dot{1}\dot{2}} = \bar{\varepsilon}_{12} = \bar{\varepsilon}_{\dot{1}\dot{2}} = 1$$

4-矢量v^μ可化为$v_{r\dot{s}}$形式,

$$v^\mu = \frac{1}{2} \sigma^\mu{}_{r\dot{s}} v^{r\dot{s}} \qquad (A-6)$$

$$v_{r\dot{s}} = \sigma^\mu{}_{r\dot{s}} v_\mu$$

$\sigma^{\mu\nu}$矩阵定义为

$$\sigma^{\mu\nu} = \frac{i}{2}(\sigma^\mu \bar{\sigma}^\nu - \sigma^\nu \bar{\sigma}^\mu), \qquad \bar{\sigma}^{\mu\nu} = \frac{i}{2}(\bar{\sigma}^\mu \sigma^\nu - \bar{\sigma}^\nu \sigma^\mu) \qquad (A-7)$$

参 考 文 献

[1] 关于强子谱的规律性可参看 J.L. Rosner, Phys. Reports 11c (1974) 191.
[2] S. Coleman, J. Mandula, Phys. Rev. 159 (1967) 1251.
[3] D.V. Volkov, V.P. Akulov, Phys Letters B46 (1973)109.
[4] J. Wess, B. Zumino, Nucl. Phys. B70 (1974) 39.
[5] Ф. А. Березин, Г. И. Кац, Мат. Сборник 82 (1970) 343.
[6] L. Corwin, Y. Ne'eman, S. Sternberg, Rev. Mod. Phys. 47 (1975) 573
[7] A. Salam, J. Strathdee, Nucl. phys. B87 (1975) 85
[8] R. Haag, J.T. topuszan'ski, M. Sohnius, Nucl. Phys. B88 (1975) 257.
[9] A. Salam, J. Strathdee, Nucl. phys. B76 (1974) 477; B86 (1975) 142.
[10] S. Ferrara, B. Zumino, Phys. Letters 51B (1974) 239.
[11] C. Montonen, Nuo. Cim. 19A (1974)69.
[12] J. Iliopoulos, B. Zumino, Nucl. Phys. B76(1974)310
[13] J. Wess, B. Zumino, Nucl. Phys. B78 (1974)1
[14] S. Ferrara, B. Zumino, Nucl. phys. B79 (1974)413
[15] A. Salam, J. Strathdee, Phys. Rev. D11 (1975) 1521.
[16] P. Fayet, Nucl. Phys. B90 (1975) 104; B78 (1974) 14.
P. Fayet, J. Iliopoulos, Phys. Letters 51B (1974) 461.
[17] S. Ferrara, O. Piguet, Nucl. phys. B93 (1975) 261.
D.M. Capper, G. Leibbrandt, Nucl. phys. B85 (1975)492.
F. Fujikawa, W. Lang, Nucl. Phys. B88 (1975) 61.
[18] A. Salam, J. Strathdee, Nucl. phys. B93 (1975) 23.

关于非亚贝尔规范群的(Ⅱ、Ⅲ)对偶荷(单磁荷)问题

李华钟
(中山大学物理系)

冼鼎昌
(科学院高能物理研究所)

郭硕鸿
(中山大学物理系)

(Ⅱ) 有奇异弦的 O_5 对称的 SU_2 磁单极势

1. 我们在前一工作中[1]，应用规范场的积分表述[2]，使规范势与球面上的联络对应，导出了 U_1 规范场的无奇异弦的磁单极势。U_1 群作为非亚贝尔规范群 O_3 的一个子群，所得的磁单极势具有 O_3 对称。在我们的讨论中无须引入 $Higgs$ 标量，磁单极势是定域规范对称的自然结果。

本文把文[1]的方法推广用于讨论 SU_2 磁单极势。考虑在空间每一点上联系一个 SU_2 变换，它相当于 O_3 转动，O_3 的转动可看成在一四维球面 S^4 上的转动，此四维球面应存在于五维欧氏空间 E^5 中。所寻求的 SU_2 磁单极势是对于 SU_2 及 O_5 同时具有对称性。从文[1]的观点来看，这就相应于在 E^5 中的 S^4 球面上求出其联络，并使之与 O_4 定域规范势相对应，由于 $O_4 \approx O_3 \times O_3$ (或 $SU_2 \times SU_2$)因此可导出两组独立的 SU_2 磁单极势。

采用球坐标 $(r, \theta_1, \cdots \theta_4)$，半径为 r 的球面上的线元为 (本文中希腊文附标取值 1, 2, 3, 4)

$$ds^2 = g_{\mu\nu} d\theta^\mu d\theta^\nu$$

$$0 \leq \theta_1, \theta_2, \theta_3 \leq \pi, \quad 0 \leq \theta_4 \leq 2\pi \tag{1}$$

式中 $g_{\mu\nu}$ 是球面上的度规：

$$g_{\mu\nu} = \begin{pmatrix} r^2 & \cdot & \cdot & \cdot \\ \cdot & r^2 sin^2\theta_1 & \cdot & \cdot \\ \cdot & \cdot & r^2 sin^2\theta_1 sin^2\theta_2 & \cdot \\ \cdot & \cdot & \cdot & r^2 sin^2\theta_1 sin^2\theta_2 sin^2\theta_3 \end{pmatrix}。$$

球面上的自然联络 $\left\{ \begin{matrix} \rho \\ \mu\nu \end{matrix} \right\}$ 可按下式由度规计算得出：

本文1976年10月8日收到。

$$\begin{Bmatrix} \rho \\ \mu\nu \end{Bmatrix} = \frac{1}{2} g^{\rho\sigma} \left(\frac{\partial g_{\sigma\nu}}{\partial \theta^{\mu}} + \frac{\partial g_{\sigma\mu}}{\partial \theta^{\nu}} - \frac{\partial g_{\mu\nu}}{\partial \theta^{\sigma}} \right), \qquad (3)$$

计算的结果是:

$$\begin{Bmatrix} \mu \\ 1\nu \end{Bmatrix} = \begin{pmatrix} \cdot & \cdot & \cdot & \cdot \\ \cdot & \frac{\cos\theta_1}{\sin\theta_1} & \cdot & \cdot \\ \cdot & \cdot & \frac{\cos\theta_1}{\sin\theta_1} & \cdot \\ \cdot & \cdot & \cdot & \frac{\cos\theta_1}{\sin\theta_1} \end{pmatrix}, \qquad (4a)$$

$$\begin{Bmatrix} \mu \\ 2\nu \end{Bmatrix} = \begin{pmatrix} \cdot & -\sin\theta_1\cos\theta_1 & \cdot & \cdot \\ \frac{\cos\theta_1}{\sin\theta_1} & \cdot & \cdot & \cdot \\ \cdot & \cdot & \frac{\cos\theta_2}{\sin\theta_2} & \cdot \\ \cdot & \cdot & \cdot & \frac{\cos\theta_2}{\sin\theta_2} \end{pmatrix}, \qquad (4b)$$

$$\begin{Bmatrix} \mu \\ 3\nu \end{Bmatrix} = \begin{pmatrix} \cdot & \cdot & -\sin\theta_1\cos\theta_1\sin^2\theta_2 & \cdot \\ \cdot & \cdot & -\sin\theta_2\cos\theta_2 & \cdot \\ \frac{\cos\theta_1}{\sin\theta_1} & \frac{\cos\theta_2}{\sin\theta_2} & \cdot & \cdot \\ \cdot & \cdot & \cdot & \frac{\cos\theta_3}{\sin\theta_3} \end{pmatrix}, \qquad (4c)$$

$$\begin{Bmatrix} \mu \\ 4\nu \end{Bmatrix} = \begin{pmatrix} \cdot & \cdot & \cdot & -\sin\theta_1\cos\theta_1\sin^2\theta_2\sin^2\theta_3 \\ \cdot & \cdot & \cdot & -\sin\theta_2\cos\theta_2\sin^2\theta_3 \\ \cdot & \cdot & \cdot & -\sin\theta_3\cos\theta_3 \\ \frac{\cos\theta_1}{\sin\theta_1} & \frac{\cos\theta_2}{\sin\theta_2} & \frac{\cos\theta_3}{\sin\theta_3} & \cdot \end{pmatrix}. \qquad (4d)$$

我们知道,相应于球坐标的自然基虽然正交,但不是归一的。和规范势相对应的是自然联络在正交归一标架(tetrad)上的投影 $\Gamma^A_{\mu B}$ (在本节中拉丁文大写附标是标架指标,取值 $1, 2, 3, 4$):

$$\Gamma^A_{\mu B} = \begin{Bmatrix} \rho \\ \mu\sigma \end{Bmatrix} e^A_\rho e^\sigma_B + e^A_\rho \frac{\partial}{\partial \theta^\mu} e^\rho_B, \qquad (5)$$

其中正交归一标架向量 e_μ^A 及其逆 e_B^μ 的定义是,

$$g_{\mu\nu} = e_\mu^A \delta_{AB} e_\nu^B , \tag{6}$$

$$e_\mu^A \; e_B^\mu = \delta_B^A \tag{7}$$

由式(6)及(2),我们有

$$e_\mu^A = \begin{pmatrix} r & \cdot & \cdot & \cdot \\ \cdot & r\sin\theta_1 & \cdot & \cdot \\ \cdot & \cdot & r\sin\theta_1\sin\theta_2 & \cdot \\ \cdot & \cdot & \cdot & r\sin\theta_1\sin\theta_2\sin\theta_3 \end{pmatrix} \tag{8a}$$

$$e_B^\nu = \begin{pmatrix} \dfrac{1}{r} & \cdot & \cdot & \cdot \\ \cdot & \dfrac{1}{r\sin\theta_1} & \cdot & \cdot \\ \cdot & \cdot & \dfrac{1}{r\sin\theta_1\sin\theta_2} & \cdot \\ \cdot & \cdot & \cdot & \dfrac{1}{r\sin\theta_1\sin\theta_2\sin\theta_3} \end{pmatrix} \tag{8b}$$

把式(4)和(8)代入式(5),便可算得

$$\Gamma_1 = 0 \tag{9a}$$

$$\Gamma_2 = \begin{pmatrix} \cdot & -\cos\theta_1 & \cdot & \cdot \\ \cos\theta_1 & \cdot & \cdot & \cdot \\ \cdot & \cdot & \cdot & \cdot \\ \cdot & \cdot & \cdot & \cdot \end{pmatrix}, \tag{9b}$$

$$\Gamma_3 = \begin{pmatrix} \cdot & \cdot & -\cos\theta_1\sin\theta_2 & \cdot \\ \cdot & \cdot & -\cos\theta_2 & \cdot \\ \cos\theta_1\sin\theta_2 & \cos\theta_2 & \cdot & \cdot \\ \cdot & \cdot & \cdot & \cdot \end{pmatrix}, \tag{9c}$$

$$\Gamma_4 = \begin{pmatrix} \cdot & \cdot & \cdot & -\cos\theta_1\sin\theta_2\sin\theta_3 \\ \cdot & \cdot & \cdot & -\cos\theta_2\sin\theta_3 \\ \cdot & \cdot & \cdot & -\sin\theta_3 \\ \cos\theta_1\sin\theta_2\sin\theta_3 & \cos\theta_2\sin\theta_3 & \sin\theta_3 & \cdot \end{pmatrix}. \tag{9d}$$

式(9)中矩阵Γ_μ的元素就是$\Gamma_{\mu B}^{A}$。

引入O_4群的生成元$X_{\mu\nu}$，其元素$(X_{\mu\nu})_B^A$为：

$$(X_{\mu\nu})_B^A = -\delta_{\mu A}\delta_{\nu B} + \delta_{\mu B}\delta_{\nu A} \tag{10}$$

式(9a)—(9d)可写成为

$$\Gamma_1 = 0, \tag{11a}$$

$$\Gamma_2 = cos\theta_1 X_{12}, \tag{11b}$$

$$\Gamma_3 = cos\theta_1 sin\theta_2 X_{13} + cos\theta_2 X_{23}, \tag{11c}$$

$$\Gamma_4 = cos\theta_1 sin\theta_2 sin\theta_3 X_{14} + cos\theta_2 sin\theta_3 X_{24} + cos\theta_3 X_{34}, \tag{11d}$$

由于$O_4 \approx O_3 \times O_3$，$X_{\mu\nu}$可用两组对易的$O_3$生成元$X_i^{(+)}$及$X_i^{(-)}$（$i=1,2,3$）表示：

$$X_{23} = X_1^{(+)} + X_1^{(-)}, \quad X_{31} = X_2^{(+)} + X_2^{(-)},$$

$$X_{12} = X_3^{(+)} + X_3^{(-)}, \quad X_{14} = X_1^{(+)} - X_1^{(-)},$$

$$X_{24} = X_2^{(+)} - X_2^{(-)}, \quad X_{34} = X_3^{(+)} - X_3^{(-)} \tag{12}$$

于是矩阵Γ_μ可用$X^{(+)}$及$X^{(-)}$表示。由文[1]，规范势与联络的对应关系为

$$\Gamma_{\mu B}^A = (gW_\mu^i X_i)_B^A,$$

其中g是规范场的自耦常数，X_μ^i是规范势在正交归一标架上的分量，i是SU_2指标。由此可得两组独立的SU_2规范势$W_\mu^{(\pm)i}$。把这些分量变换回球面上自然基的分量$W_A^{(\pm)i}$，$W_A^{(\pm)i}$的关系为

$$W_A^{(\pm)i} = e_A^\mu W_\mu^{(\pm)i}, \tag{14}$$

亦即

$$W_{\theta_1}^{(\pm)i} = \frac{1}{r} W_1^{(\pm)i}, \tag{14a}$$

$$W_{\theta_2}^{(\pm)i} = \frac{1}{r sin\theta_1} W_2^{(\pm)i}, \tag{14b}$$

$$W_{\theta_3}^{(\pm)i} = \frac{1}{r sin\theta_1 sin\theta_2} W_2^{(\pm)i}, \tag{14c}$$

$$W_{\theta_4}^{(\pm)i} = \frac{1}{r sin\theta_1 sin\theta_2 sin\theta_2} W_4^i, \tag{14d}$$

便可得到如下两组SU_2磁单极势：

$$(\text{I}) \begin{cases} W_{\theta_1}^{(+)i} = 0 \\ W_{\theta_2}^{(+)1} = 0, \\ W_{\theta_3}^{(+)1} = \frac{cos\theta_2}{gr sin\theta_1 sin_2}, \\ W_{\theta_4}^{(+)1} = \frac{cos\theta_2}{r sin\theta_1 g}, \end{cases} \quad \begin{cases} W_{\theta_1}^{(-)i} = 0 \\ W_{\theta_2}^{(-)1} = 0, \\ W_{\theta_1}^{(-)3} = \frac{cos\theta_2}{gr sin\theta_1 sin\theta_3}, \\ W_{\theta_4}^{(-)1} = \frac{-cos\theta_1}{gr sin\theta_1}, \end{cases}$$

$$\begin{cases} W_{\theta_2}^{(+)2} = 0, \\ W_{\theta_2}^{(+)2} = \frac{-cos\theta_1}{gr sin\theta_1}, \\ W_{\theta_4}^{(+)2} = \frac{cos\theta_2}{gr sin\theta_1 sin\theta_2}, \end{cases} \quad \begin{cases} W_{\theta_2}^{(-)2} = 0, \\ W_{\theta_3}^{(-)2} = \frac{-cos\theta_1}{gr sin\theta_1}, \\ W_{\theta_4}^{(-)2} = \frac{-cos\theta_2}{gr sin\theta_1 sin\theta_2}, \end{cases} \tag{15}$$

$$\begin{cases} W_{\theta_2}^{(+)3} = \frac{cos\theta_1}{gr sin\theta_1}, \\ W_{\theta_3}^{(+)3} = 0, \\ W_{\theta_4}^{(+)3} = \frac{cos\theta_3}{gr sin\theta^1 sin\theta_2 sin\theta}, \end{cases} \quad \begin{cases} W_{\theta_2}^{(-)3} = \frac{cos\theta_1}{gr sin\theta^1}, \\ W_{\theta_3}^{(-)3} = 0, \\ W_{\theta_3}^{(-)4} = \frac{-cos\theta_3}{gr sin\theta_1 sin\theta_2 sin\theta_3}. \end{cases}$$

这两组磁单极势在θ_1，θ_3及θ_3为0及π时有奇异弦。这是两组双弦奇异解。

3. 可以证明，选取适当的规范变换，能把这两组双弦奇异解变换成单弦奇异解。例如。取规范变换S为：

$$S = e^{\theta_4 X_{23}} e^{\theta_3 X_{12}} e^{\theta_2 X_{32}} \tag{16}$$

$$\Gamma'_\mu = S\Gamma_\mu S^{-1} + S\frac{\partial}{\partial \theta_\mu} S^{-1}, \tag{17}$$

由此可得

$$\Gamma'_{\theta_2} = (1-cos\theta_1)(cos\theta_3 X_1^{(+)} + sin\theta_3 cos\theta_4 X_2^{(+)} + sin\theta_4 X_3^{(+)})$$

$$+ (1+cos\theta_1)(cos\theta_3 X_1^{(-)} + sin\theta_3 cos\theta_4 X_2^{(-)} + sin\theta_4 X_3^{(-)}), \tag{18a}$$

第一期　　　　　关于非亚贝尔规范群的对偶荷（單磁荷）問題　　　　　31

$$\Gamma'_{\theta_3} = (1-cos\theta_1)[sin\theta_2 cos\theta_2 sin\theta_3 X_1^{(+)} + (sin\theta_2 cos\theta_2 cos\theta_3 cos\theta_4$$

$$- sin^2\theta_2 sin\theta_4 X_2^{(+)} + (sin\theta_2 cos\theta_2 cos\theta_3 sin\theta_4$$

$$+ sin^2\theta_2 cos\theta_4 X_3^{(+)}] + (1+cos\theta_1) \qquad (18d)$$

〔同前項以$X^{(-)}$代$X^{(+)}$〕,

$$\Gamma'_{\theta_4} = (1-cos\theta_1)[sin\theta_2 cos\theta_2 sin\theta_3 X_1^{(+)} - (sin^2\theta_2 sin\theta_3 cos\theta_3 cos\theta_4$$

$$- sin\theta_2 cos\theta_2 sin\theta_3 sin\theta_4)\ X_2^{(+)} +$$

$$(- sin^2\theta_2 sin\theta_3 cos\theta_3 sin\theta_3 sin\theta_4 + sin\theta_2 cos\theta_3 sin\theta_3 cos\theta_4)X_3^{(+)}]$$

$$+ (1+cos\theta_4)[同前項以X^{(-)}代^{(+)}]。 \qquad (18c)$$

不难看出，由于因子$(1\pm cos\theta_1)$，与式(18)相应的磁单极势$W'^{(\pm)i}_{\theta_\mu}$对于θ_1已化为单弦奇异解。$W'^{(+)i}_{\theta_\mu}$在E^5空间中沿第5轴的上半球解析，$W'^{(-)i}_{\theta_\mu}$在下半球解析。

5. 在本节中我们导出杨振宁的单弦奇异解[3]。

代替球坐标$(r, \theta, \cdots, \theta_4)$，我们采用投影坐标$(r, \xi_1, \xi_2, \xi_3, \theta\equiv\theta_1)$,

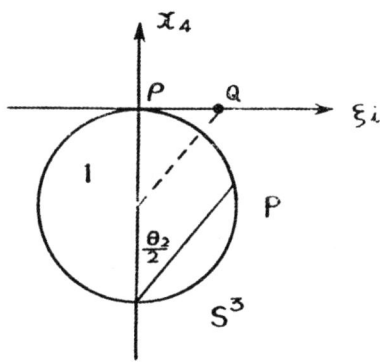

其中ξ_i由下式定义：

$$\begin{cases} \xi_1 = \rho sin\theta_3 cos\theta_4, \\ \xi_2 = \rho sin\theta_3 sin\theta_4, \\ \xi_3 = \rho cos\theta_4, \\ \rho = tan\dfrac{\theta_2}{2}, \end{cases} \qquad (19)$$

亦即为图 1 所示的单位半径的 S^3 球面上的点 P 的测地投影点 Q 的坐标。采用这些坐标，度规（2）变为

$$g\mu\nu = \begin{pmatrix} \frac{4r^2 sin^2\theta}{(1+\rho^2)^2} & \cdot & \cdot & \cdot \\ \cdot & \frac{4r^2 sin^2\theta}{(1+\rho^2)^2} & \cdot & \cdot \\ \cdot & \cdot & \frac{4r^2 sin^2\theta}{(1+\rho^2)^2} & \cdot \\ \cdot & \cdot & \cdot & r^2 \end{pmatrix} \quad (20)$$

其中第四维的指标为 o。此时 S^4 球面上的联络可由度规（20）算得为：

$$\begin{Bmatrix} \mu \\ 1\nu \end{Bmatrix} = \begin{pmatrix} \frac{-2\xi_1}{1+\rho^2} & \frac{-2\xi_2}{1+\rho^2} & \frac{-2\xi_3}{1+\rho^2} & \frac{cos\theta}{sin\theta} \\ \frac{2\xi_2}{1+\rho^2} & \frac{-2\xi_1}{1+\rho^2} & \cdot & \cdot \\ \frac{2\xi_3}{1+\rho^2} & \cdot & \frac{-2\xi_1}{1+\rho^2} & \cdot \\ \frac{-4sin\theta cos\theta}{(1+\rho^2)^2} & \cdot & \cdot & \cdot \end{pmatrix}, \quad (21a)$$

$$\begin{Bmatrix} \mu \\ 2\nu \end{Bmatrix} = \begin{pmatrix} \frac{-2\xi_2}{1+\rho^2} & \frac{2\xi_1}{1+\rho^2} & \cdot & \cdot \\ \frac{-2\xi_1}{1+\rho^2} & \frac{-2\xi_2}{1+\rho^2} & \frac{-2\xi_3}{1+\rho^2} & \cdot \\ \cdot & \frac{2\xi_3}{1+\rho^2} & \frac{-2\xi_2}{1+\rho^2} & \frac{cos\theta}{sin\theta} \\ \cdot & \frac{-4sin\theta cos\theta}{(1+\rho^2)^2} & \cdot & \cdot \end{pmatrix} \quad (21b)$$

$$\begin{Bmatrix} \mu \\ 3\nu \end{Bmatrix} = \begin{pmatrix} \frac{-2\xi_3}{1+\rho^2} & \cdot & \frac{2\xi_1}{1+\rho^2} & \cdot \\ \cdot & \frac{-2\xi_3}{1+\rho^2} & \frac{2\xi_2}{1+\rho^2} & \cdot \\ \frac{-2\xi_1}{1+\rho^2} & \frac{-2\xi_2}{1+\rho^2} & \frac{-2\xi_3}{1+\rho^2} & \frac{cos\theta}{sin\theta} \\ \cdot & \cdot & \frac{-4sin\theta cos\theta}{(1+\rho^2)^2} & \cdot \end{pmatrix} \quad (21c)$$

$$\left\{ \begin{matrix} \mu \\ 4\nu \end{matrix} \right\} = \begin{pmatrix} \frac{cos\theta}{sin\theta} & \cdot & \cdot & \cdot \\ \cdot & \frac{cos\theta}{sin\theta} & \cdot & \cdot \\ \cdot & \cdot & \frac{cos\theta}{sin\theta} & \cdot \\ \cdot & \cdot & \cdot & \cdot \end{pmatrix} \tag{21d}$$

如前把联络投影在正交归一标架上。在此情况下,标架向量 e^A_μ 及其逆 e^ν_B 为

$$e^A_\mu = \begin{pmatrix} \frac{2rsin\theta}{1+\rho^2} & \cdot & \cdot & \cdot \\ \cdot & \frac{2rsin\theta}{1+\rho^2} & \cdot & \cdot \\ \cdot & \cdot & \frac{2rsin\theta}{1+\rho^2} & \cdot \\ \cdot & \cdot & \cdot & r \end{pmatrix}, \tag{22}$$

$$e^\nu_B = \begin{pmatrix} \frac{1+\rho^2}{2rsin\theta} & \cdot & \cdot & \cdot \\ \cdot & \frac{1+\rho^2}{2rsin\theta} & \cdot & \cdot \\ \cdot & \cdot & \frac{1+\rho^2}{2\gamma sin\theta} & \cdot \\ \cdot & \cdot & \cdot & \frac{1}{r} \end{pmatrix}. \tag{23}$$

联络在此正交归一标架上的投影 $L^A_{\mu B}(\xi)$ 为:

$$\Gamma^A_{\mu B}(\xi) = e^A_\rho \left\{ \begin{matrix} \rho \\ \mu\nu \end{matrix} \right\} e^O_B + e^A_\rho \frac{\partial}{\partial \xi^\mu} e^O_B, \tag{24}$$

式中第四维指标定义为 $\xi^4 \equiv \theta$。由式(21)-(23)可得

$$\Gamma_i(\xi) = -\frac{2cos\theta}{1+\rho^2} X_{i4} + \frac{2\xi_j}{1+\rho^2} X_{ij},$$
$$\Gamma_4(\xi) = 0, \tag{25}$$
$$j = 1, 2, 3_\circ$$

引入规范变换 S:

$$S = exp\left\{ \frac{\theta_2}{\rho} \xi(X^{(+)}_i + X^{(-)}_i) \right\}, \tag{26}$$

$$\Gamma_\mu \to \Gamma'_\mu = S\Gamma\mu S^{-1} + S\partial\mu S^{-1}, \tag{27}$$

由式（25）及（26），有

$$\Gamma' = \frac{-2(\cos\theta+1)}{(1+\rho^2)^2}\bigl[(1-\rho^2)X_i^{(+)} + 2\xi_i \vec{X}^{(+)} \cdot \vec{\xi}$$

$$+ 2\epsilon_{ij\ell}X_j^{(+)}\xi_\ell\bigr] - \frac{2(1-\cos\theta)}{(1+\rho_2)^2}\bigl[(1-\rho^2)X_i^{(-)}$$

$$+ 2\xi_i\vec{X}^{(-)}\cdot\vec{\xi} + 2\epsilon_{ij\ell}X_j^{(-)}\xi_\ell\bigr],$$

$$\Gamma'_4 = 0 \tag{28}$$

$X^{(+)}$和$X^{(-)}$是两组相互独立的SU_2生成元，由式（13）及（14），它们各对应一组SU_2磁单极势：

$$W^{(\pm)j} = \frac{-(1\pm\cos\theta)}{gr(1+\rho^2)\sin\theta}\bigl[(1-\rho^2)\delta_{ij} + 2\xi_i\xi_j + 2\epsilon_{ij\ell}\bigr] \tag{29}$$

这也就是杨振宁用投影坐标所猜测出的SU_2磁单极规范势的形式[3]它们是单弦奇异解。

参 考 资 料

[1] 李华钟、冼鼎昌、郭硕鸿，中山大学学报（自然科学版），1975，3，7。
[2] C.N.Yang, Phys.ReV.Lett, 33, 445(1974)。
[3] 杨振宁，"O_5对称的SU_2磁单极"——杨振宁在北京的学术报告之二（1976年4月）。

(Ⅲ)、无奇异弦的 O_5 对称的 SU_2 磁单极势

1. 我们在前一部分中[1]，应用规范势与球面上的联络对应的方法[2]，导出了有奇异弦的 O_5 对称的 SU_2 磁单极势。在这里，我们将导出无奇异弦的 O_5 对称的磁单极势。

我们用测地投影坐标 η_μ（在本文中，希腊文小写附标取值 $1,2,3,4$）来描述 E^5 空间中的 S^4 球面。η_μ 是半径为1的球面上的点P的测地投影Q的坐标

$$\begin{aligned}
\eta_1 &= \lambda \sin\theta_2 \sin\theta_3 \cos\theta_4, \\
\eta_2 &= \lambda \sin\theta_2 \sin\theta_3 \sin\theta_4, \\
\eta_3 &= \lambda \sin\theta_2 \cos\theta_3, \\
\eta_4 &= \lambda \cos\theta_2, \\
\lambda &= \tan\theta_1/2,
\end{aligned} \quad (1)$$

其中 $\theta_1, \theta_2, \theta_3, \theta_4$ 是极坐标所用的角，亦即在 E^5 中直坐标 x_a（在本文中拉丁文小写附标取值 $1,2,3,4,5$）可写为

$$\begin{aligned}
x_1 &= r\sin\theta_1 \sin\theta_2 \sin\theta_3 \cos\theta_4, \\
x_2 &= r\sin\theta_1 \sin\theta_2 \sin\theta_3 \sin\theta_4, \\
x_3 &= r\sin\theta_1 \sin\theta_2 \cos\theta_3, \\
x_4 &= r\sin\theta_1 \cos\theta_2, \\
x_5 &= r\cos\theta_1
\end{aligned}$$

比较式(1)及式(2)，便有

$$x_\mu = \frac{2r\eta_\mu}{1+\lambda^2}, \quad x_5 = r\frac{1-\lambda^2}{1+\lambda^2}, \quad (3)$$

$$\lambda = \eta_\mu \eta^\mu, \quad r = x_a x^a,$$

2. 对于投影坐标(1)，球面上的度规 $g_{\mu\nu}$ 为

$$g_{\mu\nu} = \frac{4r^2}{(1+\lambda^2)^2} \delta_{\mu\nu} \quad (4)$$

由此度规，便可算出球面上的自然联络 $\left\{ \begin{array}{c} \rho \\ \mu\nu \end{array} \right\}$ 为

$$\left\{ \begin{array}{c} \rho \\ \mu\nu \end{array} \right\} = \frac{-2}{1+\lambda^2}(\eta_\mu \delta_\nu^\rho + \eta_\nu \delta_\mu^\rho - \eta_\rho \delta_{\mu\nu}) \quad (5)$$

现在引入球面上的正交归一标架向量 $e_\mu^A(\eta)$ 及其逆 $e_B^\nu(\eta)$（在本文中拉丁文大写附标是标架指标，取值 $1, \cdots, 4$），其定义为

$$g_{\mu\nu} = \delta_{AB} e_\mu^A(\eta) e_\nu^B(\eta),$$

$$e_\mu^A(\eta) e_B^\mu(\eta) = \delta_{AB}. \tag{6}$$

由式(4)及(6)，有

$$e_\mu^A(\eta) = \frac{2r}{1+\lambda^2} \delta_\mu^A, \quad e_B^\nu(\eta) = \frac{1+\lambda^2}{2r} \delta_B^\mu. \tag{7}$$

现在将自然联络投影在此标架上。联络在此标架上的投影 $\Gamma_{\mu B}^A$ 为

$$\Gamma_{\mu B}^A = e_\rho^A(\eta) \left\{ \begin{matrix} \rho \\ \mu\nu \end{matrix} \right\} e_B^\nu(\eta) + e_\rho^A(\eta) \frac{\partial}{\partial_\mu} e_B^\rho(\eta), \tag{8}$$

把式(5)、(7)代(8)，便有

$$\Gamma_{\mu B}^A = \frac{2}{1+\lambda^2}(\eta_A \delta_{\mu B} - \eta_B \delta_{\mu A})$$

$$= \frac{2\eta_\nu}{1+\lambda^2}(X_{\mu\nu})_B^A \tag{9}$$

式中 $X_{\mu\nu}$ 是 O_4 群的生成元，其元素 $(X_{\mu\nu})_B^A$ 为

$$(X_{\mu\nu})_B^A = \delta_{\mu B}\delta_{\nu A} - \delta_{\mu A}\delta_{\nu B}. \tag{10}$$

3. 与式(9)相对应的规范势是与[1]导出有奇异弦的单弦奇异势等价，这可由把(9)中的投影坐标换回球面上的坐标看出来。从另一个角度来看，如果代替 η_μ 我们用坐标 $(\bar{\varepsilon}_1, \bar{\varepsilon}_2, \bar{\varepsilon}_3, \bar{\varepsilon}_4 \equiv \theta_1)$，它们定义为

$$\begin{aligned} \lambda &= tan\frac{\xi_4}{2}, \\ \xi_1 &= tan\frac{\theta_2}{2} sin\theta_3 cos\theta_4, \\ \xi_2 &= tan\frac{\theta_2}{2} sin\theta_3 sin\theta_4, \\ \xi_3 &= tan\frac{\theta_2}{2} cos\theta_3. \end{aligned} \tag{11}$$

比较式(1)及(11)，有两组坐标之间的关系：

$$\begin{cases} \eta_i = \frac{2\lambda}{1+\rho^2} \xi_i \\ \eta_4 = \lambda \frac{1-\rho^2}{1+\rho^2} \end{cases} \tag{12}$$

$$\rho^2 = \xi_i \xi_i, \quad i = 1, 2, 3;$$

或
$$\begin{cases} \xi_i = \dfrac{\eta_i}{\lambda + \eta_4} \\ \xi_4 = 2\tan^{-1}\lambda \end{cases} \tag{13}$$

在作坐标交换（$\eta_\mu \to \xi_\nu$）时，联络经受如下的变换：

$$\Gamma^A_{\mu B} \to \Gamma'^A_{\mu B}(\xi) = \frac{\partial \eta^\nu}{\partial \xi^\mu} S^A_C \Gamma^C_{\nu D} (S^{-1})^D_B + S^A_C \frac{\partial}{\partial \xi^\mu}(S^{-1})^C_B, \tag{14}$$

其中

$$S^A_B = e^A_\mu(\xi)\,\frac{\partial \xi^\mu}{\partial \eta^\nu}\,e^\nu_B(\eta),$$

$$(S^{-1})^A_B = e^A_\mu(\eta)\,\frac{\partial \eta^\mu}{\partial \xi^\nu}\,e^\nu_B(\xi),$$

式中 $e^A_\mu(\varepsilon)$ 及 $e^\nu_B(\xi)$ 是采用坐标 ε_μ 时球面上的正交归一标架向量及其逆。由定义有

$$e^A_\mu(\xi) = \begin{pmatrix} \dfrac{2r\sin\xi_4}{1+\rho^2} & & & \\ & \dfrac{2r\sin\xi_4}{1+\rho^2} & & \\ & & \dfrac{2r\sin\xi_4}{1+\rho^2} & \\ & & & r \end{pmatrix} \tag{16a}$$

$$e^\nu_B(\xi) = \begin{pmatrix} \dfrac{1+\rho^2}{2r\sin\xi_4} & & & \\ & \dfrac{1+\rho^2}{2r\sin\xi_4} & & \\ & & \dfrac{1+\rho^2}{2r\sin\xi_4} & \\ & & & \dfrac{1}{r} \end{pmatrix} \tag{16b}$$

把式(7)、(13)、(16)代入(15)算得

$$S^i_j = S_{ij} - \frac{2\xi_i\xi_j}{1+\rho^2},$$

$$S^i_4 = \frac{-2\xi_i}{1+\rho^2},$$

$$S^4_i = \frac{2\xi_i}{1+\rho^2}, \tag{17}$$

$$S_4^4 = \frac{1-\rho^2}{1+\rho^2},$$

$$j = 1, 2, 3;$$

以及

$$(S^{-1})^\mu{}_\nu = S^\nu{}_\mu . \tag{18}$$

由式(17)、(18)、(9)及(14),可以得到在坐标—规范联合变换下的联络变换的表式:

$$\Gamma' = \frac{-2\cos\xi_4}{1+\rho^2} X^{(+)} + \frac{2}{1+\rho^2} \epsilon_{ijk}\xi_j X_k^{(+)}$$

$$+ \frac{2\cos\xi_4}{1+\rho^2} X_i^{(-)} + \frac{2}{1+\rho^2} \epsilon_{ijk}\xi_j X_k^{(-)}, \tag{19}$$

$$\Gamma'_4 = 0.$$

$X_i^{(+)}$ 及 $X_i^{(-)}$ 的定义为

$$X_i^{(\pm)} = \tfrac{1}{2}(\pm X_4 \pm \tfrac{1}{2}\epsilon_{ijk}X_{jk}), \tag{20}$$

它们是两组相互对易的 SU_2 生成元。式(19)可以通过一个规范变换变为

$$\Gamma' \to \frac{-2(1+\cos\theta_1)}{(1+\rho^2)^2} [(1-\rho^2)X_i^{(+)} + 2\xi_i \vec{X}^{(+)}\cdot\vec{\xi} + 2\epsilon_{ijk}X_j^{(+)}\xi^k$$

$$\frac{-2(1-\cos\theta_1)}{(1+\rho^2)^2} [(1-\rho^2)X_i^{(-)} + 2\xi_i \vec{X}^{(-)}\cdot\vec{\xi} + 2\epsilon_{ijk}X_j^{(-)}\xi_k], \tag{21}$$

与之对应的规范势[1]

$$W_{\theta_1}^{(\pm)i} = 0,$$

$$W_i^{(\pm)i} = \frac{-(1\pm\cos\theta_1)}{gr(1+\rho^2)\sin\theta_1} [(1-\rho^2)\delta_{ij} + 2\xi_i\xi_j + 2\epsilon_{ije}\xi_e]$$

显然是有单弦奇异性的。

4. 要得到无奇异弦的 SU_2 规范势,必须变回五维欧氏空间的坐标 x_a,即作坐标变换 $(\eta_2, \eta_3, \eta_4, \eta_5, r) \to (x_1, \cdots, x_5)$,在作坐标变换时,标架同时相应地转动(作 O_5 转动),这时联络 Γ_μ 经受如下的变换: $\Gamma_\mu \to \Gamma_a(x)$,

$$\Gamma_{cb}^a(x) = \frac{\partial \eta^\mu}{\partial x^c} S_A^a \Gamma_{\mu B}^A (S^{-1})_b^B + S_A^a \frac{\partial}{\partial x^c}(S^{-1})_b^A, \tag{23}$$

其中

$$S_A^a = e_A^\mu(\eta) \frac{\partial x^a}{\partial \eta^\mu} = \frac{1+\lambda^2}{2r} \frac{\partial x^a}{\partial \eta^A},$$

关于非亚贝尔规范群的对偶荷（单磁荷）问题

$$S_5^a = \frac{\partial x^a}{\partial \eta^5} = \frac{x^a}{r}, \tag{24}$$

$$(S^{-1})_b^B = e_\mu^B(\eta) \frac{\partial \eta^\mu}{\partial x^b} = \frac{2\gamma}{1+\lambda^2} \frac{\partial \eta^B}{\partial x^b}, \tag{24}$$

$$(S^{-1})_b^5 = \frac{\partial \eta^5}{\partial x^b} = \frac{x^b}{r}。$$

把式(3)、(9)及(24)代入(23)，可得

$$\overset{\mu}{\Gamma}{}_{\sigma\nu}(x) = \frac{1}{r^2}(x_\mu \delta_{\nu\sigma} - x_\nu \delta_{\mu\sigma}),$$

$$\overset{5}{\Gamma}{}_{\sigma\nu}(x) = \frac{x_5}{r^2} \delta_{\sigma\nu} \tag{25}$$

$$\overset{5}{\Gamma}{}_{5\nu}(x) = -\frac{X_\nu}{r^2}。$$

亦即

$$\Gamma^a_{ob}(x) = -\frac{1}{r^2}(xa\delta_{bo} - x_b\delta_{ao}), \tag{26}$$

此式显然是除原点外到处解析，且为O_5对称的。

由规范势与球面联络的对应关系[2]：

$$\Gamma^a_{ob}(x) = (\tfrac{1}{2} g W_o^{de}(x) x_{de})^a_b, \tag{27}$$

其中$W_o^{de}(x)$是规范势，g是规范场的自耦合常数，x_{de}是O_5群的生成元，便有

$$W_o^{ab}(x) = -\frac{1}{gr^2}(xa\delta_{bo} - x_b\delta_{ao})。 \tag{28}$$

这是以直坐标表出的、作为定域O_5群的子群O_4磁单极规范势，它具有O_5对称，无奇异弦。SU_2磁单极规范势也可由此籍$O_4 \approx SU_2 \times SU_2$如前文[1]那样分出，也是无奇异弦的。

参 考 资 料

[1] 见本文(I)。
[2] 李华钟、冼鼎昌、郭硕鸿，中山大学学报(自然科学版)，1975,3,1.
[3] C. N. Yang, phys. Rev. Lett., 33, 445, (1974).
[4] 杨振宁，O_5对称的SU^2磁单极，杨振宁在北京的学术报告之二(1976.4)

非亚贝尔规范场的类粒子解

李华钟　　　　　冼鼎昌　　　　　郭硕鸿
（中山大学物理系）　（科学院高能所）　（中山大学物理系）

1、我们在前面的工作[1][2][3]中，指出了一种求非亚贝尔规范场某些特定类型解的方法。本文指出此方法可以得到非亚贝尔规范场的类粒子解。我们的讨论是把此方法推广到 N 维空间具有 O_N 对称的非亚贝尔规范场，然后讨论 O_N 对称的亚贝尔规范场的类粒子解。

研究非线性场的类粒子解，是近年来基本粒子理论研究的方向之一[4]，它用于研究具有强相互作用粒子的结构。在这类研究中，先求出场的经典解，这些解具有有限的能量集中于空间一定区域，在运动和相互作用过程中保持这些性质，然后对经典解再加以量子修正。经典解是非微扰论的，一般设想用它来描述有结构、在空间中有一定广延的粒子。

2、文[1]、[2]、[3]中所用的方法，很容易推广到规范群为 O_N 的情况中去。现在我们来讨论一个 N 维欧氏空间 E^N，定域规范群 O_N，求其球对称的无源规范场（或磁单极场）。

考虑 E^N 中的一个 $N-1$ 维球面 S^{N-1}。我们采用测地投影坐标 η_μ（在本文中希腊文附标取值 $1, \cdots, N-1$），它们是半径为 1 的球面 S^{N-1} 上的点 P 的测地投影点 Q 的坐标（图）。E^N 中的直坐标 X_a（在本文中拉丁文小写附标取值 $1, \cdots, N$）和 η_μ 的关系为：

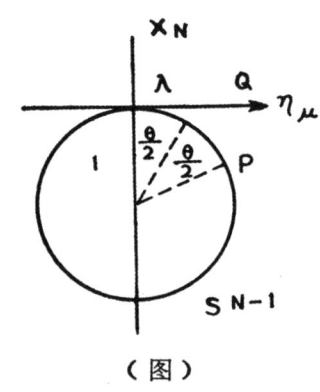

（图）

$$X_\mu = \frac{2r\eta_\mu}{1+\lambda^2}, \quad X_N = r\frac{1-\lambda^2}{1+\lambda^2},$$
$$\lambda^2 = \eta_\mu \eta^\mu, \quad r^2 = X_a X^a; \tag{1}$$

或者

本文1976年9月收到。

$$\eta_\mu = \frac{X_\mu}{r + X_N}, \quad X_N = r\cos\theta. \tag{2}$$

用投影坐标为变量，球面上的度规 $g_{\mu\nu}$ 为

$$g_{\mu\nu} = \frac{4r^2}{(1+\lambda^2)} \delta_{\mu\nu}. \tag{3}$$

由下式计算出球面上的自然联络 $\left\{ {\rho \atop \mu\nu} \right\}$：

$$\left\{ {\rho \atop \mu\nu} \right\} = \frac{1}{2} g^{\rho\tau} \left(\frac{\partial g_{\tau\nu}}{\partial \eta_\mu} + \frac{\partial g_{\tau\mu}}{\partial X_\nu} - \frac{\partial g_{\mu\nu}}{\partial \eta_\tau} \right), \tag{4}$$

$$= -\frac{2}{1+\lambda^2} \left(\eta_\mu \delta^\rho_\nu + \eta_\nu \delta^\rho_\mu - \eta^\rho \delta_{\mu\nu} \right).$$

现在引入球面上的正交归一标架向量 e^A_μ 及其逆 e^ν_B（在本文中拉丁文大写附标为标架指标，取值 $1, \cdots, N-1$），其定义为

$$g_{\mu\nu} = e^A_\mu e^B_\nu \delta_{AB},$$
$$e^A_\mu e^B_\mu = \delta_{AB}. \tag{5}$$

由(3)及(5)，有

$$e^A_\mu = \frac{2r}{1+\lambda^2} \delta^A_\mu, \quad e^\nu_B = \frac{1+\lambda^2}{2r} \delta^\nu_B. \tag{6}$$

将自然联络投影在此标架上，得联络在标架上的投影 Γ^A_B：

$$\Gamma^A_{\mu B} = e^A_\rho \left\{ {\rho \atop \mu\nu} \right\} e^\nu_B + e^A_\rho \frac{\partial}{\partial \eta^\mu} e^\rho_B$$

$$= \frac{2}{1+\lambda^2} (\eta_A \delta_{\mu B} - \eta_B \delta_{\mu A}) = \frac{2\eta_\nu}{1+\lambda^2} (X_{\mu\nu})^A_B, \tag{7}$$

其中 $X_{\mu\nu}$ 是 O_{N-1} 群的生成元，其元素 $(X_{\mu\nu})^A_B$ 为：

$$(X_{\mu\nu})^A_B = \delta_{\mu B}\delta_{\nu A} - \delta_{\mu A}\delta_{\nu B}, \tag{8}$$

把测地投影坐标换回直坐标 X_a，注意到在坐标变换时有相应的标架转动（O_N 转动）[3]，这时联络经受如下的变换：

$$\Gamma^A_{\mu B} \rightarrow \Gamma^a_{cb}(X) = \frac{\partial \eta^\mu}{\partial X^c} S^a_A \Gamma^A_{\mu B} (S^{-1})^B_b + S^a_A \frac{\partial}{\partial X^c} (S^{-1})^A_b, \tag{9}$$

其中

$$S^a_A = e^\mu_A \frac{\partial X^a}{\partial \eta^\mu} = \frac{1+\lambda^2}{2r} \frac{\partial X^a}{\partial \eta^A},$$

$$S_N^a = \frac{\partial X^a}{\partial r} = \frac{X^a}{r}, \tag{10}$$

$$(S^{-1})_b^B = e_\mu^B \frac{\partial \eta^\mu}{\partial X^b} = \frac{2r}{1+\lambda^2} \frac{\partial \eta B}{\partial X^b},$$

$$(S^{-1})_b^N = \frac{\partial r}{\partial X^b} = \frac{X_b}{r}.$$

由式(7)、(9)和(10)得到

$$\Gamma_{cb}^a(X) = \frac{1}{r^2}(X_a \delta_{cb} - X_b \delta_{ca}), \tag{11}$$

显然这是 O_N 对称的。

应用联络与规范势的对应关系[1]：

$$\Gamma_a = \frac{1}{2} g W_a^{bc} X_{bc}, \tag{12}$$

其中 X_{bc} 是 O_N 的生成元，W_a^{bc} 是规范势，g 是规范场的自耦合常数，我们便可以得出作为定域规范群 O_N 的子群 O_{N-1} 的规范势 $W_c^{ab}(X)$：

$$W_c^{ab}(X) = -\frac{1}{gr^2}(X_a \delta_{bc} - X_b \delta_{ac})。 \tag{13}$$

3、式(13)是 E^N 中具有 O_N 对称的无源规范势，这是最简单形式的解，一般来说，还容许有更复杂形式的解：

$$g W_c^{ab}(X) = -f(r)(X_a \delta_{bc} - X_b \delta_{ac}), \tag{14}$$

函数 $f(r)$ 由无源规范场方程来决定。现在来讨论 $f(r)$ 的性质定义

$$F_{ab} \equiv -\frac{1}{2} F_{ab}^{cd} X_{cd}, \quad W_c \equiv -\frac{1}{2} W_c^{ab} X_{ab}, \tag{15}$$

式中 F_{ab} 为规范场强：

$$F_{ab} = \partial_a W_b - \partial_b W_a - g[W_a, W_b]。 \tag{16}$$

无源规范场方程为

$$F_{ab,b} - g[W_b, F_{ab}] = 0, \tag{17}$$

把式(14)代入(16)，应用(15)，便有

$$g F_{ab}^{cd} = \partial_a\left(g W_b^{cd}\right) - \partial_b\left(g W_a^{cd}\right) - g^2[w_a, w_b]^{cd}$$

$$= (r^2 f^2 - 2f)(\delta_{ac}\delta_{bd} - \delta_{ad}\delta_{bc})$$

$$- \left(\frac{f'}{r} + f^2\right)(X_c X_a \delta_{bd} - X_c X_b \delta_{ad} + X_d X_b \delta_{ac} - X_a X_d \delta_{bc})。 \tag{18}$$

将（18）代入无源规范场方程（17），即

$$\frac{\partial}{\partial x^b} F_{ab}^{cd} - gW_b^{ce} F_{ab}^{ed} + gF_{ab}^{ce} W_b^{ed} = 0, \tag{19}$$

便得到 $f(r)$ 的微分方程：

$$f'' + (N+1)\frac{f'}{r} + (N-2)(3f^2 - r^2 f^3) = 0, \tag{20}$$

这是一个二阶非线性微分方程。

4、考虑如下的特定形式的解：

$$f(r) = \frac{n}{\Lambda^2 + r^2}, \tag{21}$$

其中 Λ^2 是任意参数，n 是待定的常数。由式（20）及（21），有

$$[3(N-2)n - (N-2)(n^2+2)]r^2$$
$$+ [3(N-2)n - 2(N+2)]\Lambda^2 = 0。 \tag{22}$$

令 r^2 及 Λ^2 前的系数为零，便得

$$\begin{cases}(N-2)(n-2)(n-1) = 0, \\ 3(N-2)n - 2(N+2) = 0, \end{cases} \tag{23}$$

其解为：

（Ⅰ）当 $\Lambda^2 = 0$ 时，有

$$(N-2)(n-2)(n-1) = 0,$$

即如 $N = 2$，则 n 为任意值，$f(r) = \dfrac{n}{r^2}$ ， $\qquad(24)$

如 $N \neq 2$，则 $n = 2$ 或 1，$f(r) = \dfrac{1}{r^2}$ 或 $\dfrac{1}{r^2}$ 。 $\qquad(25)$

（Ⅱ）当 $\Lambda^2 \neq 0$ 时，方程（23）给出如下的解：

$$N = 4, \quad n = 2, \quad f(r) = \frac{2}{\Lambda^2 + r^2} , \tag{26}$$

$$N = 10, \quad n = 1, \quad f(r) = \frac{1}{\Lambda^2 + r^2}。 \tag{27}$$

这些解相应的能量 E：

$$E = \frac{1}{4N} \int F_{ab}^{cd} F_{cd}^{ab} d^N X \tag{28}$$

为

$$N = 2, \quad f(r) = \frac{n}{r^2}, \qquad E = \infty, \tag{29a}$$

$$N \neq 2, \quad f(r) = \frac{1}{r^2} \qquad E = \infty, \tag{29b}$$

$$N \neq 2, \quad f(r) = \frac{2}{r^2} \qquad E = 0, \qquad (29c)$$

$$N = 4, \quad f(r) = \frac{2}{\Lambda^2 + r^2}, \quad E = \frac{4\pi^2}{g^2}, \qquad (29d)$$

$$N = 10, \quad f(r) = \frac{1}{\Lambda^2 + r^2}, \quad E = \infty, \qquad (29e)$$

由此可见，对于所讨论的这种简单形式的 $f(r)$，只有 $N=4$ 时才有有限能量的类粒子解。

5、现在来讨论我们所得到的结果。

(a) 二维情形（$N=2$）下，有无穷多个解，这反映了二维场论的特殊性。这性质为其他维数时所没有的。

(b) 对于 $N \neq 2, f(r) = \frac{2}{r^2}$ 的情况，规范场强为零。或许在考虑量子修正或对称性的自发破缺的条件下可以获得场的起伏和能量。

(c) 在 $N=4$ 时的解

$$W_c^{ab}(x) = \frac{-2}{\Lambda^2 + r^2}(x_a \delta_{bc} - x_b \delta_{ac}) \qquad (30)$$

$$a, b, c = 1, \cdots, 4$$

是一个值得注意的解，它是具有有限能量的类粒子解。这一性质，如果在延拓到 Minkowski 空间中仍能保持的话，对于讨论强子结构将有实际的意义。

由于 $O_4 \approx SU_2 \times SU_2$，这个解可以分解成为两个有 SU_2 对称的规范势的解：

$$W_a^{(\pm)i} = \frac{1}{2}(W_a^{i4} \pm \frac{1}{2}\epsilon_{ijk}W_a^{jk}), \qquad (31)$$

其能量各为

$$E = \frac{2\pi^2}{g^2}。 \qquad (32)$$

(d) 式 (30) 也就是 Polyakov 等在文[5]中所得到的解，但那里给出的式子显然是不对的，差一个因子 2。在他们的推导中，要求

$$F_{ab} = \pm \frac{1}{2}\epsilon_{abcd}F_{cd}, \qquad (33)$$

这就导致

$$abef \; F_{cd}^{ef} = \epsilon_{cdef} \; F_{ef}^{ab}, \qquad (34)$$

为使张量 F_{ab}^{cd} 满足此式，要求

$$\frac{f''}{r} + f^2 = 0。 \qquad (35)$$

这一论证是不完全的，不能得到全部无源球对称解，这是因为（33）及（34）都不是无源规范场的充要条件。例如式（25）中$N=0$，$n=1$的解就不满足（33）。本文采取的式（16）或（19）则是充要的。

谷超豪和杨振宁[6]曾证明一个非亚贝尔规范场为无源的充要条件的等价形式为

$$[W_a - W_a^* \; F_{bc}] = 0, \tag{36}$$

其中 * 号表示对偶。式（33）或（34）只是（36）的一种特殊情况，即$W_a - W_a^* = $ 常数$\cdot I$，显然还有不满足（33）-（35），但满足（16）或（19）（或即（36））的无源规范场。

(e) 我们将在另一文中讨论一般情况下$f(r)$的解。在三维情况下，如令$f(r) = -F(r)/r$，则$F(r)$的形式曾被讨论过[7]，也就是文[1]中所导出的解和 t'Hooft[8] 所得到过的解。

参 考 资 料

[1] 李华钟、冼鼎昌、郭硕鸿，中山大学学报（自然科学版），1975，3。
[2] 李华钟、冼鼎昌、郭硕鸿，非亚贝尔规范群中的磁单极（I），中山大学学报（自然科学版），1977，1。
[3] 李华钟、冼鼎昌、郭硕鸿，非亚贝尔规范群中的磁单极（II），中山大学学报）自然科学版），1977，1。
[4] 例如参看 R. Rojaraman, Phys. Rep't 21C(1975)。
[5] A. A. Belavin, A. M. Polyakov, A. S. Schwarz, Yu. S. Tyukin, Phys. Letts, 59B, 85 (1975)。
[6] 谷超豪、杨振宁，中国科学，1975，5。
[7] T. T. Wu, C. N. Yang, 在"Properties of Matter Under Unsual Conditions" ed H. Mark, S. Fernbach(Interscience, N. Y. 1969) p. 349, 参看 eq(6)。
[8] G. 'tHooft, Nucl. Phys, 79B, 276(1974)。

关于一种Yang-Mills场的类粒子解

吴咏时　　　　　　李华钟
（中国科学院物理所）　（中山大学物理系）

冼鼎昌　　　　　　郭硕鸿
（中国科学院高能所）　（中山大学物理系）

1、在最近的工作中[1]，应用球面上的联络和规范对应的方法，证明了存在有O_5对称的SU_2磁单极。用同一方法可以导出四维欧氏空间SU_2对称Yang-Mills场的类粒子解[2]，并指出只有在四维的情况下才有如文[3]所得形式的类粒子解(以下将文[3]的解简记为BPST解)。最近Jackiw和Rebbi[4]指出BPTST解实际上有O_5对称性。这个结论，其实已经包含在文[1]、[2]中。

鉴于BPST解可能有效重要的应用，因此在这篇短文中对这个解作较系统的讨论。

2、首先指出，用球面上联络对应的方法，容易系统地导出BPST解。

考虑E^4空间中的一个S^3球面，引入这个球面的测地投影坐标$\eta_\lambda(\lambda=1,2,3)$，它们和直坐标$x_\mu$（本文中希腊文附标取值1，2，3，4）的关系为：

$$x_i = \frac{2r\eta_i}{1+\lambda^2}, \qquad x_4 = r\frac{1-\lambda^2}{1+\lambda^2}, \tag{1}$$
$$\lambda^2 = \eta_i\eta^i, \qquad r^2 = x_\mu x^\mu.$$

应用此投影坐标，按照文[1]、[2]的计算，得到在S^3球面上的自然联络$\left\{{j \atop ik}\right\}$为

$$\left\{{j \atop ik}\right\} = -\frac{2}{1+\lambda^2}(\delta_i{}^j\eta_k + \delta_k{}^j\eta_i - \delta_{ik}\eta^j) \tag{2}$$

然后把它投影到正交归一标架上，正交归一标架向量e_i^I及其逆e_J^j（$I、J$为标架指标，取值1，2，3，）为

$$e_i^I = \frac{2}{1+\lambda^2}\delta_i^I,$$
$$e_J^j = \frac{1+\lambda^2}{2}\delta_J^j, \tag{3}$$

本文1976年9月收到。

得联络在标架上的投影 Γ^j_{ik}：

$$\Gamma^j_{ik}(\eta) = e^j_j \left\{ {j \atop ik} \right\} e^k_K + e^j_j \frac{\partial}{\partial \eta^i} e^i_k = \frac{2}{1+\lambda^2}(\eta^j \delta_{ik} - \eta_k \delta^j_i) \qquad (4)$$

为了明显地看出 $\Gamma^j_{ik}(\eta)$ 的 O_4 对称性质，我们把投影坐标 η_i 换回 E^4 中的直坐标 x_μ，注意到在作坐标变换时相应地有一规范变换（O_4 转动）[1]、[2] S，在坐标—规范联合变换下联络经受如下的变换

$$\Gamma^j_{ik}(\eta) \rightarrow \Gamma^\rho_{\mu\nu}(x) = \frac{\partial \eta^i}{\partial x^\mu} S^\rho_R \Gamma^R_{iN}(\eta)(S^{-1})^N_\nu$$

$$+ S^\rho_R \frac{\partial}{\partial x^\mu}(S^{-1})^R_\nu ,$$

$$i = 1, 2, 3 \qquad (5)$$
$$\mu, \rho, \nu, R, N = 1, \cdots, 4$$

其中

$$S^\rho_R = e^\mu_R \frac{\partial x^\rho}{\partial \eta^\mu} = \frac{1+\lambda^2}{2r} \frac{\partial x^\rho}{\partial \eta^R}, \quad (\text{当} R = 1, 2, 3)$$

$$S^\rho_4 = \frac{\partial x^\rho}{\partial r} = \frac{x^\rho}{r},$$

$$(S^{-1})^R_\rho = \frac{\partial \eta^\mu}{\partial x^\nu} e^R_\mu = \frac{2r}{1+\lambda^2} \frac{\partial \eta^R}{\partial x^\rho}, \quad (\text{当} R = 1, 2, 3,) \qquad (6)$$

$$(S^{-1})^4_\rho = \frac{\partial r}{\partial x^\rho} = \frac{x_\rho}{r}.$$

由式(3)—(6)得到

$$\Gamma^\rho_{\mu\nu}(x) = \frac{1}{r^2}(x^\rho \delta_{\mu\nu} - x_\nu \delta^\rho_\mu) \qquad (7)$$

式(7)可以排成成矩阵的形式，$\Gamma^\rho_{\mu\nu}$ 为矩阵 Γ_μ 的 ρ 行 ν 列元素，则(7)式可写成

$$\Gamma_\mu(x) = \frac{1}{r^2} x^\lambda X_{\mu\lambda}, \qquad (8)$$

其中 $X_{\mu\lambda}$ 是 O_4 群的生成元。

显然式(8)具有 O_4 对称性。由联络与规范势的对应关系[1]，可得 O_4 对称的规范势力为

$$gW^{\rho\nu}_\mu(x) = \frac{1}{r^2}(-x^\rho \delta^\nu_\mu + x^\nu \delta^\rho_\mu), \qquad (9)$$

式(9)是具有 O_4 对称的无源规范场方程的一个特解。现在让我们来把这个解的

形式推广一下。由于球对称，我们可以把式(8)右方的因子 $\frac{1}{r^2}$ 换成 $f(r)$：

$$gW_\mu^{\rho\nu}(x) = f(r)(-x^\rho \delta_\mu^\nu + x^\nu \delta_\mu^\rho) \quad , \tag{10}$$

函数 $f(r)$ 应于由无源规范场的运动方程来决定。由 O_4 的无源规范场运动方程可以导出，在四维的情况下(而且仅在四维的情况下)，有如下形式的解[2]：

$$f(r) = \frac{2}{1+r^2} \quad , \tag{11}$$

亦即此时的规范势为

$$W_\mu^{\rho\nu} = \frac{2}{g(1+r^2)}(-x^\rho \delta_\mu^\nu + x^\nu \delta_\mu^\rho) \quad , \tag{12}$$

这就是BPST解，显然它是对 O_4 空间群，O_4 定域规范群有同步的对称性的。

3、BPST解是否还有更高的对称性？答案已包含在文[1]、[2]中，另外又Jackiw及Rebbi[4]所发现。下面来说明这个问题。

如果我们考虑的是五维欧氏空间 E^5 中的四维球面 S^4，则用 S^4 上的测地投影坐标 η_μ，S^4 的联络在正交归一标架上投影 $\Gamma_{\mu B}^A$ [2] 为：

$$\Gamma_{\mu B}^A(\eta) = \frac{2}{1+\lambda^2}(\eta^A \delta_{\mu B} - \eta_B \delta_\mu^A) \tag{13}$$

$$\eta, A, B, = 1, \cdots, 4$$

$$\lambda^2 = \eta_\mu \eta^\mu$$

其中 A、B 为标架指标。我们知道，式(13)是具有 O_5 对称性的，因为当地把变量从 η_μ 换到 E^5 中的直坐标 x_a 时联络变成[2]：

$$\Gamma_{cb}^a(x) = \frac{1}{r^2}(x^a \delta_{bc} - x_b \delta_c^a) \tag{14}$$

$$(a, b, c = 1, \cdots, 5)$$

式(14)具有明显的 O_5 对称性。注意到式(13)所对应的规范势与式(12)一样，这就证明BPST解也具有 O_5 空间群及 O_5 定域规范群的同步对称性。在这里我们再一次强调形式如(11)的解只有在 E^4 情况下才会出现[2]，对于其他维数 N，(11) 不是有 O_N 对称的规范场方程的解。四维欧氏空间是一个例外。

4、BPST解可以写成另一种形式[3]：

$$W_\mu = \frac{r^2}{1+r^2} g^{-1} \partial_\mu g \quad ,$$

$$g = \frac{x_4 - i\vec{x} \cdot \vec{\sigma}}{r} \quad , \tag{15}$$

或者如Jackiw及Rebbi[4]写成为

$$W_\mu = \frac{-2i}{1+r^2} \Sigma^{\mu\nu} X_\nu , \qquad (16)$$

其中

$$\Sigma^{\mu\nu} = \frac{1}{4i}[\alpha^\mu,\alpha^\nu] = \begin{pmatrix} \sigma^{\mu\nu} & 0 \\ 0 & \sigma^{\mu\nu} \end{pmatrix} , \qquad (17)$$

$$\alpha^i = \begin{pmatrix} 0 & \sigma^i \\ \sigma^i & 0 \end{pmatrix}, \quad \alpha^4 = i\begin{pmatrix} 0 & -I \\ I & 0 \end{pmatrix} .$$

现在证明这些式子也可由式(13)得出。

把式(13)中的变量换记为 $x\mu$,($\lambda^2 \to r^2 = x_\mu x^\mu$),

有

$$\Gamma_\mu(x) = \frac{2}{1+r^2} x^\lambda X_{\mu\lambda} , \qquad (18)$$

其中 $X_{\mu\lambda}$ 为 O_4 群的生成元,其元素为

$$X^{\alpha\beta}_{\mu\lambda} = \delta^\beta_\mu \delta^\alpha_\lambda - \delta^\alpha_\mu \delta^\beta_\lambda \qquad (19)$$

引入两组 SU_2 群的生成元 $X_i^{(+)}$、$X_i^{(-)}$:

$$X_i^{(\pm)} = \tfrac{1}{2}(\tfrac{1}{2}\epsilon_{ijk} \pm X_{i4}), \qquad (20)$$

$$i, j, K = 1, 2, 3$$

定义

$$\Gamma_\mu = \Gamma_i^{(+)k} X_k^{(+)} + \Gamma_i^{(-)k} X_k^{(-)} , \qquad (21)$$

由式(18)-(21)得

$$\Gamma_i^{(\pm)k} = \frac{2}{1+r^2}(\epsilon_{ijk} x^j \pm x^4 \delta_{ik}) , \qquad (22)$$

$$\Gamma_4^{(\pm)k} = \mp \frac{2x^k}{1+r^2} .$$

现在引入

$$\sigma_{ij} = \frac{1}{4i}[\sigma_i,\sigma_j] = \frac{1}{2}\epsilon_{ijk}\sigma_k = \bar\sigma_{ij} ,$$

$$\sigma_{i4} = \tfrac{1}{2}\sigma_i = -\bar\sigma_{i4} , \qquad (23)$$

这时规范势与联络的对应关系(取 $g=1$)为[1]:

$$W_\mu^{(\pm)} = \Gamma_\mu^{(\pm)k} \frac{\sigma_k}{i} , \qquad (24)$$

由式(22)及(24)便可得到

$$W_\mu^{(+)} = \frac{-2i}{1+r^2}\sigma_\mu, X^\nu = \frac{r^2}{1+r^2}g^{-1}\partial_\mu g \quad,$$

$$W_\mu^{(-)} = \frac{-2i}{1+r^2}\bar{\sigma}_\mu, X^\nu = \frac{r^2}{1+r^2}g\partial g_\mu^{-1} \quad, \tag{25}$$

这就是 Jackiw—Rebbi 的形式[4]，也是BPST文[3]的另一形式。

由于规范势与S^4球面的联络的对应式为(18)，规范场强$F_{\mu\nu}^{(\pm)}$ 与 Ricci 张量应有对称关系：

$$F_{\mu\nu}^{(\pm)} = R_{\mu\nu}^{(\pm)k}\frac{\sigma_k}{i} \quad, \tag{26}$$

其中 $R_{\mu\nu}^{(\pm)k}$ 由下式所定义：

$$R_{\mu\nu} = R_{\mu\nu}^{(+)k}X_k^{(+)} + R_{\mu\nu}^{(-)k}X_k^{(-)} \quad, \tag{27}$$

$R_{\mu\nu}$ 的元素 $R_{\mu\nu}^{RN}$ 是Ricci张量在正交归一标架上的投影。由式(26)及(27)不难得出

$$F_{\mu\nu}^{(+)} = \frac{4i}{(1+r^2)^2}\sigma_{\mu\nu} \quad,$$

$$F_{\mu\nu}^{(-)} = \frac{4i}{(1+r^2)^2}\bar{\sigma}_{\mu\nu} \quad 。 \tag{28}$$

5、由以上的讨论可知 BPST 解是四维欧氏空间特有的[2]，它具有独特的拓扑性质[3]，又具有高的对称性[1]，它对四维空间共形变换的O_5子群不变[4]，并且又与O_5对称的SU_2磁单极联系[1]，这个解值得予以详细的探讨。

参 考 资 料

[1] 李华钟、冼鼎昌、郭硕鸿，非亚贝尔规范群中的磁单极Ⅲ：O_5对称的SU_2磁单极，中山大学学报（自然科学版），1977，第1期。

[2] 李华钟、冼鼎昌、郭硕鸿，非亚贝尔规范群中的类粒子解，中山大学学报1977 第2期。

[3] A. A. Belavin A. M. Polyakov, A. S. Schwartz, Y. S. Tyukin Phys. Lett. **59**B, 85(1975)。

[4] R. Jackiw R. Rebbi, Conformal Properties of a Yang—Mills Pseudo. particele MIT Preprint No. 537 (1976)。

附注：在参考资料[2]中，自(28)式至(32)式中的E.在文內称做"能量"，这一词都应加上一括号" "，改为"准能量"。这是在文[3]所用的名词"guasi—energy"，因为它是作用量的最小值，并不是一般的能量。

综合述评

磁单极的非相对论理论引论

李华钟　　冼鼎昌
（中山大学物理系）（科学院高能所）

一、引　言

正如本文标题所申明，这是一篇导论性的综合报告，它的目的是向那些**不是从事于量子场论理论的物理学工作者们**，简单地介绍磁单极的有关概念和理论问题。为此目的，比较合适的把讨论的范围限于非相对论理论的范畴，因为这样的叙述足以解说磁单极的基本概念和实质，而不致陷入形式的讨论。同时这种叙述较能保持一定程度的直觉性。

一个电子在一个磁单极场中运动的独特性质，在很早的时候就有所讨论[1]。但是以有说服力的论证指出磁单极很可能存在，并强调它的重要意义的则是 Dirac 1931年的工作[2]。Dirac 指出自然界存在的一个基本的实验事实：一切电量都是由电子电荷的整数倍。这个现象称为"电荷量子化"。如果存在有磁单极就能够自然地解释电荷量子化，Dirac 又指出从不可积的位相这种观点出发，在量子力学的已有框架之中引入磁单极也是较为自然的事，磁单极的强度与电子电荷存在一简单的关系

$$eg = \frac{n}{2} \tag{1.1}$$

称为 Dirac 电荷量子化条件。

但是，存在有磁单极时，电磁场的矢量势就不能是空间区域的无奇异性函数。它必须在某些区域内的奇异的，对于一个磁单极的场，这奇异的区域是某些曲线，称为"奇异弦"。由于这种奇异性，使带有磁单极的物理系统的量子力学和电动力学有许多独特的问题，需要予以特殊的研究[3][4]，例如理论的自洽性问题，奇异性的物理效应问题，空间转动不变性问题，规范变换问题等等……，此外在有磁单

本文1976年10月25日收到。

极的系统中，时空变换如 P.T 变换性质，交叉对称性等都与单纯电荷系统有所不同。在这篇引论中，对于上述的问题给予入门的讨论，至于相对论量子场论的磁单极理论[5]则还有像 S 阵的存在性问题，二次量子化的许多多余自由度的处理方法问题等这些问题经过一些作者的研究，表明可以构造自洽的磁单极和电荷的量子场论，但本文将不作讨论。

磁单极理论近年来有两方面重要的发展，一是非亚贝尔规范场理论中的磁单极理论的研究[6]，另一发展的方向是吴大峻、杨振宁的整体规范理论的磁单极理论[7]，这两种理论的共同重要之处，是无须引入奇异弦，因而免去了许多形式上的问题。

磁单极的概念在"基本粒子"模型的研究中有一些应用。例如有的工作假设层子同时带有电荷和磁荷，称为"偶子"(Dyon)模型[8]，有的把磁单极引进"基本粒子"弦模型中去作为弦的端点[9]，有的把带"颜色"的层子认作是带磁荷。这些工作只是一种设想，还没有什么实验的根据。

至于磁单极的实验工作方面，已有不少的工作从自然界中或从加速器产生过程中找寻磁单极，但是一直都没有发现[10]。1975年8月美国的一个实验工作组曾宣称在宇宙线中找到一个磁单极径迹的事例[11]。当时曾引起十分广泛的注意，然而仔细的分析表明，作出这个结论的根据是不够充分的，所发现的径迹可以解释为一种罕见的重核级联衰变。磁单极的存在与否，仍然是一个实验上尚待探索的问题。[12][10]

值得提出的是，如果实验上确实找到有磁单极，这固然是一项重要的发现，然而即使磁单极被认为不存在，探讨磁单极理论仍然可能有它的意义，因为既然磁单极如果是一种成功的理论的合理推论，那末它的不存在是否意味着还有一种根本的原理起制约作用，禁戒了此种形式的解，而这一未知的原理，如果果真有的话，亦必将在物质结构的深一层起着重要的作用。

本文对于磁单极理论的两种新发展和应用到基本粒子理论等问题都不涉及，但是本文的讨论将给出这些发展的先导和提供了解这些新发展必要的基础。本文的叙述方案如下：在§1引言中对磁单极的各个方面简要说明之后，在头几节中将先假定存在一磁单极点荷，讨论这种静场的各种性质和引起的问题，§2指出磁单极如何导致矢量势的奇异性，§3讨论由此导致的电荷量子化条件及其作用，§4讨论规范变换对奇异弦的关系，§5讨论奇异性与空间转动不变性问题，怎样保证在有奇异弦情况下保持空间转动不变性，§6讨论磁单极的 C.P.T. 变换性，在这几节讨论了磁单极点荷的各种问题及其解决办法之后，§7介绍 Dirac 原先的推理，如何从不可积的相因子的观点出发，在量子力学框架中引进磁单极。在这里特别着重于讨论不可积相因子，规范场（亚贝尔的）和磁单极三者的关系。这就提供了解近年来规范场磁单极理论的基础。

关于磁单极的文献资料，据说已有数百篇之多。近年来发表的资料更有增加的趋势*。鉴于本文的引论性质和限于编写者的水平,所引用的文献将只限于必要的最低限度,它们也不一定都是有代表性的。

二、奇异势和奇异弦

设有一磁荷为 g 的磁单极,位于原点;这个磁单极产生一磁场

$$\vec{B} = \frac{g}{r^2}\hat{r} \tag{2.1}$$

$\hat{r}$ 为沿径矢 $\vec{r}$ 的单位矢量。

为写出非相对论量子力学的哈密顿量,必须写出能给场强为(1.1)式的矢量势 $\vec{A}(\vec{r})$。但是由磁单极的场 $\vec{B}$ 可得

$$\nabla \cdot \vec{B} = -4\pi g \delta(\vec{r}) \tag{2.2}$$

这个式子与通常的磁场所满足的 $\nabla \cdot \vec{B} = 0$ 不同。这就使到通常用以引入矢量势的定义

$$\vec{B} = \nabla \times \vec{A} \tag{2.3}$$

$$\nabla \cdot \vec{B} = 0 \tag{2.4}$$

在包围磁单极的复连通区域内都不成立。因为(2.3)式与(2.2)式是矛盾的。

Dirac 解决这一问题的办法是,引入有奇异性的矢量势。例如取

$$A_r = 0, \quad A_\theta = 0, \quad A_\phi = \frac{g(1-\cos\theta)}{r\sin\theta} \tag{2.5}$$

这个势 $\vec{A}(r, \theta, \phi)$ 沿负 z 轴 ($\theta = \pi$) 是奇异的,由(2.5)式得

$$\nabla \times \vec{A} = \frac{g}{r^2}\hat{r} + \vec{B}_h \tag{2.6}$$

$$\vec{B}_h = \begin{cases} 4\pi g \delta(x) \delta(y) \vec{r}_z & z<0 (\theta = \pi) \\ 0 & z>0 (\theta = 0) \end{cases} \tag{2.7}$$

$\vec{B}_h$ 是在负 z 轴上为奇异的场。

磁单极的场强这时应表为

$$\vec{B} = \nabla \times \vec{A} - \vec{B}_h \tag{2.8}$$

---

*本文写于1976年上半年,此后有更多的新文献资料。——校稿时注

即是说，物理的场是 $\nabla \times \vec{A}$ 减去一奇异场 $\vec{B}_h$，将(2.3)式修改为(2.8)式后，则(2.1)(2.2)(2.5)(2.6)之间不互相矛盾。

以上所定义的磁单极矢量势，从原点沿负z轴是奇异的，这个 $\vec{A}$ 为奇异的区域，称为奇异弦，它从原点沿负z轴到无穷远。(2.5)式就称为Dirac的单弦奇异势，在奇异上有一虚拟的奇异场 $\vec{B}_h$。物理的场是(2.8)式，(2.5)式不是唯一的奇异势，还可以有其他的解，例如有另一种解

$$A_r^1 = 0, \quad A_\theta^1 = 0, \quad A_\phi^1 = -\frac{g\cos\theta}{r\sin\theta} \tag{2.9}$$

这个解沿全z轴都是奇异的

$$\nabla \times \vec{A}^1 = \frac{g}{r^2}\hat{r} + \vec{B}_h^1 \tag{2.10}$$

$$\vec{B}_h^1 = \begin{cases} 2\pi g\delta(x)\delta(y)\hat{r}_s & z<0(\theta=\pi) \\ -2\pi g\delta(x)\delta(y)\hat{r}_z & z>0(\theta=0) \end{cases} \tag{2.11}$$

$$\vec{B} = \frac{g}{r^2}\hat{r} = \nabla \times \vec{A}^1 - \vec{B}_h^1 \tag{2.12}$$

这个解，称为Schwinger的双弦奇异势。

在量子力学的哈密顿量中可以用(2.5)或(2.9)式作为矢量势，但当计算能量张量时则要用(2.8)即(2.12)式的物理的场 $\vec{B}$。

用普遍的办法可以证明点源磁单极的矢量势必定是奇异的，这个证明如下：

假如在除原点外的区域R中存在有一无奇异性的矢量势 $\vec{A}(\vec{r})$，则考虑环路积分 $\oint_c \vec{A}(\vec{r}) \cdot d\vec{r}$，取回路如图(1)此积分之值 $\Omega(r,\theta)$，$r>0$ 等于边界为c的球面部分所通过的磁通

$$\Omega(r,\theta) = 2\pi g(1-\cos\theta) \tag{2.13}$$

当 $\theta=0$ 时，$\Omega(r,0)=0$
当 θ 连续地由θ增至π，则Ω也连续地增加到

$$\Omega(r,\pi) = 4\pi g$$

但是当 $\theta=\pi$ 时，回路c收缩为一点，因为已假设 $\vec{A}(\vec{r})$ 无奇异性

$$\Omega(r,\pi) = 0 \tag{2.15}$$

这就同(2.14)矛盾，因此 $\vec{A}(\vec{r})$ 在R中不可能无奇异性。

既然必须引用奇异的矢势来描述磁单极，这就自然引起一系列的问题：例如，物理上可观测的量值必须不依赖于奇异场 $\vec{B}_h$，这是否能做到?哈密顿量中含有奇异的矢势，这就会破坏三维空间的转动不变性，那末怎样才能保持空间转动不变性以

保持角动量守恒？规范变换下奇异弦怎样交换，奇异弦如何保持理论的规范不变性？……这些问题就是以下几节要讨论的问题。

三、电荷量子化条件

现在考虑在什么条件下能保证奇异弦奇异场没有物理的效果。

讨论一个电子在磁单极点荷的静场中运动。磁单极场有一奇异区域，因此电子是在一复连通区域运动，这个情况同电子在Bohm-Aharonov实验中的情况相同。Bohm-Aharonov实验如图2(a)所示。

Bohm-Aharonov实验指示，在有磁通量的复连通区域中，如图2(a)的斜线区域磁通$\Omega \neq 0$，在此外面区域$\Omega = 0$，电子在$\Omega = 0$区域中运动，但其波函数的位相却受到一定的影响，一束相干电子束分开接路径a，b到达屏幕，由于其位相的差异，可以在屏幕上观察到干涉现象。电子波函数的位相是依赖于路径的，如一电子绕$\Omega \neq 0$区域的一闭合回路其位相环路积分不为零。现在一电子在磁单极的奇异场中运动情况也一样，环绕奇异弦一周回路，电子波函数的位相积分不为零。这个位

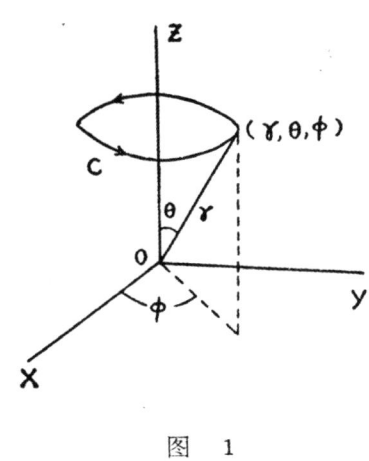

图 1

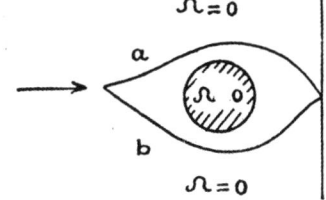

图 2 (a)
Bohm-Aharonov实验

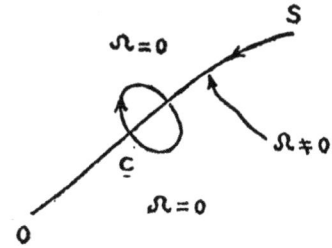

图 2 (b)
电子在奇異場中运动

相差如Bohm-Aharoonv实验所表明，是会产生可观察的物理效应的，如果要求奇异弦不产生物理效应，必要求此位相差为2π的整数倍。

电子波函数的位相可以写为*

$$i\Delta\varphi = i\int_C e\vec{A}(\vec{r}) \cdot d\vec{r} \quad (3.1)$$

($\hbar=c=1$)，将(2.5)式的单弦奇异势代入(3.1)，取回路c为环绕负z轴的小回路，可

---

* 对于电子波函数位相的这种表述的详细讨论，参看§7, (7.8)式。

计算出

$$\Delta\varphi = e\int_o \vec{A}(\vec{r})\cdot d\vec{r} = 4\pi ge \qquad (3.2)$$

要求奇异弦没有物理贡献，必须

$$\Delta\varphi = 2\pi n \qquad (3.3)$$

n为整数

$$4\pi ge = 2\pi n \qquad (3.4)$$

$$eg = \frac{n}{2} \qquad (3.5)$$

这条件称为Dirac电荷量子化条件。

如果用Schwinger的双弦奇异势代入，则导致

$$eg = n \qquad (3.6)$$

这条件则称为Schwinger的电荷量子化条件。Schwinger曾论证，n不只是整数倍而且应为偶数，但是他的论证不是被普遍接受的。

电荷量子化条件保证奇异场无物理的贡献，在§1中已提到过，由于电荷量子化条件，如果自然界只要存在一个磁单极的话，则一切电量都是某一最小量值的整数倍。

$$e = ne_o \qquad (3.7)$$

$$e_o = \frac{1}{g} \text{ 或 } \frac{1}{2g}$$

这就解释了自然界的一个普遍的实验事实。

在以下几节中还要讨论到，这个电荷量子化条件在磁单极理论的许多问题上都起着关键的作用，它是保证理论的自洽性所必须的。Schwinger曾经研究过，对于相对论量子场论的磁单极理论，电荷量子化条件也是保证存在自洽的S阵的条件，否则将写不出S阵，做不出微扰论。

现在再进一步讨论电子在固定的磁单极场中的运动，其运动方程可写为

$$\dot{\vec{\pi}} = \frac{i}{\hbar}\left[H, \vec{\pi}\right], \qquad H = \frac{1}{2m}\left(\vec{p} - \frac{e}{c}A\right)^2 \qquad (3.8)$$

$\vec{\pi}$为广义动量，m为电子质量。

$$\vec{\pi} = \vec{p} - \frac{e}{c}\vec{A}, \qquad (3.9)$$

$$\vec{P} = -i\hbar\Delta$$

H为电子—磁单极系统的哈密顿量

$$\dot{\vec{\pi}} = \frac{1}{c}\vec{j} \times (\nabla \times \vec{A}) \tag{3.10}$$

$\vec{j}$ 为电流密度。从(3.10)式可以得到，由于存在奇异场，"罗仑兹力"中就有一非物理的项来自奇异场 $\vec{B}_h$，这一项的存在使(3.10)没有确切的意义。要使(3.10)保持确定，则要求

$$j_x = j_y = 0，沿奇异弦上。 \tag{3.11}$$

满足这一要求的一充分条件就是电子的波函数在奇异弦上为零，

$$\phi(\vec{r}) = 0，沿奇异弦上。 \tag{3.12}$$

这亦即要求"奇异弦决不能碰上电子"。对于奇异弦的这一要求，称为Dirac戒律(Dirac's veto)[4]。

这里，自然会提出这样的问题，在电子的运动过程怎样能做到使奇异弦永不触及电子，对于这一问题的解答是下一节的内容之一。在§4中将指出奇异弦在空间中位置的变更相当于作规范变换。因此，为满足Dirac戒律需对奇异弦的位置作变动，也就只需作规范变换。而这样作规范变换自然是允许的，它不导致任何物理的改变。

四、奇异弦和规范变换

正如大家所熟知，可以有无穷多个势等效地描述一定的电磁场，相应于不同的势的奇异弦的选择也是无穷多的可能。本节要证明，不同的空间取位的奇异弦相当于取不同的规范。只要电荷量子化条件满足，奇异弦空间位置的变动等效于规范变换。

如§2所述，磁单极的场

$$\vec{B} = \nabla \times \vec{A} - \vec{B}_r \tag{4.1}$$

$\vec{B}$ 为物理的场，$\vec{B}_h$ 为奇异的场只在奇异弦上不为零。

取奇异弦的矢量参数表示为 $C = \vec{\alpha}(\tau)$，图3，从原点伸向无穷远处，奇异场 $\vec{B}_h$ 可以一般地表示为

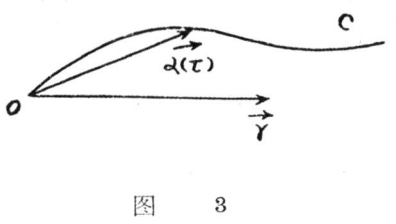

图 3

$$\vec{B}_h = -g \int_c \delta^3(\vec{r} - \vec{\alpha}) d\vec{\alpha} \tag{4.2}$$

易见 $\vec{B}_h$ 能满足

$$\nabla \cdot \vec{B}_h = g\delta^3(\vec{r}) \tag{4.3}$$

满足(4.1)式的矢量势的形式解，可写为

$$\vec{A}(\vec{r}) = \int \vec{h}(\vec{r}-\vec{r'}) \times \vec{B}(\vec{r'}) d\vec{r'} \tag{4.4}$$

其中

$$\vec{B}_h = g\vec{h}(\vec{r}) \tag{4.5}$$

$\vec{A}(\vec{r})$ 又可写成为

$$\vec{A}(\vec{r}) = -\int_c d\vec{\alpha} \times \vec{B}(\vec{r}-\vec{\alpha}) \tag{4.6}$$

易证如取奇异弦 $C = \vec{\alpha}(\tau)$ 为负 z 轴，则(4.6)式化为(2.5)式的单弦解。现考虑取两根不同的奇异弦 C_1, C_2，它们各自对应于矢量势 $\vec{A}_1, \vec{A}_2$，

$$\vec{A}_1(\vec{r}) = -\int_{c1} d\vec{\alpha} \times \vec{B}(\vec{r}-\vec{\alpha})$$

$$\vec{A}_2(\vec{r}) = -\int_{c2} d\vec{\alpha} \times \vec{B}(\vec{r}-\vec{\alpha}) \tag{4.7}$$

$$\vec{A}_2(\vec{r}) - \vec{A}_1(\vec{r}) = \left(-\int_{c2} + \int_{c1}\right) d\vec{\alpha} \times \vec{B}(\vec{r}-\vec{\gamma}) \tag{4.8}$$

令 σ 为以 $C_2 - C_1$ 为边界伸向无穷远处的一个曲面，则

$$\vec{A}_2(\vec{r}) - \vec{A}_1(\vec{r}) = -\iint_\sigma [\nabla_\alpha (\vec{B}(\vec{r}-\vec{\alpha}) \cdot d\vec{\sigma} - \nabla_\alpha \cdot \vec{B}(\vec{r}-\vec{\alpha}) d\vec{\sigma}] \tag{4.9}$$

令

$$\wedge_{21}(\vec{r}) = \iint_\sigma \vec{B}(\vec{r}-\vec{\alpha}) \cdot d\vec{\sigma}$$

$$= -g\iint_\sigma \frac{(\vec{r}-\vec{\alpha}) \cdot d\vec{\sigma}}{(\vec{r}-\vec{\alpha})^3} \tag{4.10}$$

$$\vec{A}_2(\vec{r}) - \vec{A}_1(\vec{r}) = \nabla \wedge_{21} - g\int_\sigma \delta^3(\vec{r}-\vec{\alpha}) d\vec{\sigma} \tag{4.11}$$

$\wedge_{21}(\vec{r})$ 中 $\vec{\alpha}$ 积分跑遍 σ 曲面，$\wedge_{21}(\vec{r})$ 当 $\vec{r}$ 在 σ 曲面上是不连续的，$\hat{r}, \hat{\alpha}$ 为 $\vec{r}, \vec{\alpha}$ 的单位矢。由(4.10)式第二个等号，$\wedge_{21}(\vec{r})$ 在 σ 曲面上的不连续正比于 σ 曲面在两边所张的立体角的差。这立体角的跃变量为 4π，

$$\Delta\wedge_{12} = 4\pi g \tag{4.12}$$

当电荷量子化条件

$$eg = \frac{n}{2} \tag{4.13}$$

满足时，这一跃变量可表为

$$e\Delta \wedge_{21} = 2\pi n \tag{4.14}$$

从(4.11)式，撇开δ函数一项暂时不管，除了$\wedge_{21}$在σ面上有不连续性这一点之外，奇异弦C_2, C_1相应的矢量势$\vec{A_2}, \vec{A_1}$之差别，相当于一个规范变换，规范函数为$\wedge_{21}$当$\vec{A_1} \longrightarrow \vec{A_2}$作规范变换时，电子的波函数应用时作位相变换

$$\phi_1(\vec{r}) \longrightarrow \phi_2(\vec{r}) e^{ic \wedge_{21}} \tag{4.15}$$

由于电荷量子化条件导致的(4.14)式，$e\Delta\wedge_{21} = 2\pi n$，于是$\wedge_{21}$的不连续量对于电子波函数规范变换没有影响。就是说，即使$\wedge_{21}$在跨过σ面有不连续性，但变换效果同通常规范变换没有不同。现在再来讨论(4.11)式中的δ函数项，这一奇异项实际上要同$\nabla\wedge_{21}$中由于$\wedge_{21}$不连续性微商导致的δ型奇异性相抵消。因此对于$\vec{A_1} \rightarrow \vec{A_2}$的变换，这些奇异性对没有贡献，(4.11)式对于$\vec{A}(\vec{r})$来说也是相当于一规范变换。

五、角动量和空间转动不变性

继续讨论一个电荷e在磁单极g的场中的运动，设电荷质量为n，它是一标量粒子，自旋为0。磁单极质量很大，固定在原点不动，其自旋也假设为0，如前几节所述，有磁单极的系统的矢量势有奇异弦。这一奇异性使系统的哈密顿量失去明显的空间转动不变性。如果电荷量子化条件满足，奇异弦不导致物理的效应，因此系统仍应保持实质的空间转动不变性。空间转动不变性同系统的角动量守恒是一致的。本节要讨论在电荷和磁单极作用系统中怎样构造正确的守恒的角动量算子[13]，以及这个系统的角动量的一些独特的性质及其引起的新问题。

磁单极在原点，电荷的径矢为$\vec{r}$，运动的轨道角动量

$$\vec{L} = m\vec{r} \times \dot{\vec{r}} \tag{5.1}$$

然而容易以直接计算证明，由于磁单极场性质(§2)，这个角动量是不守恒的

$$\frac{d\vec{L}}{dt} \neq 0 \tag{5.2}$$

而守恒的量是

$$\vec{J} = m\vec{r} \times \dot{\vec{r}} - e\frac{eg\vec{r}}{r} \tag{5.3}$$

即除轨道角动量之外还附加一项 $\dfrac{-eg\vec{r}}{r}$，其方向沿径矢，它的值即使在 $r \to \infty$ 处仍不会消失。存在有这样奇特的一附加角动量是早在1900年出版的 J.J.Thomson 的著作中已指出过[1]，那时还不知道有角动量量子化，如果知道把这一附加角动量量子化的话，取它在 $\vec{r}$ 方向的投射，令此投射值为 $\dfrac{h}{2}$ 的整数倍，就立即得到

$$eg = \dfrac{u}{2} h \tag{5.4}$$

这恰好就是 Dirac 量子化条件！

(5.3)式还不是规范不变的形式，正确的规范不变形式应为

$$\vec{J} = \vec{r} \times (\vec{p} - \vec{A}) - \dfrac{eg\vec{r}}{r} \tag{5.5}$$

其中为过渡到量子力学，上式作为算子表示式，$p = -i\hbar\nabla$.

空间转动的算子必须满足

$$[J_i, J_j] = i\epsilon_{ijk}J_k \quad i,j,k = 1,2,3. \tag{5.6}$$

ϵ_{ijk} 为全反对称的，$\epsilon_{123}=1$.

算子(5.5)确实满足对易关系(5.6)所以它是一正确的角动量算子，值得注意的是，如果丢掉了附加角动量一项，那末 $\vec{J}$ 就不能满足(5.6)

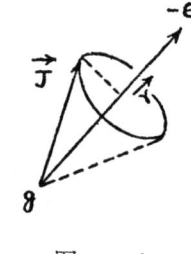

图 4

式，因此这附加角动量是保证角动量守恒亦即空间转动不变性所必需。这角动量的量子化条件也导致电荷量子化条件，这也说明理论的一致性。

经典的图象附加角动量 $\dfrac{-eg\vec{r}}{r}$ 沿径矢方向，$-e,g$ 和其间的电磁场构成一系统，$\dfrac{-eg\vec{r}}{r}$ 是电磁场的角动量。在量子化的矢量模型来看，$\vec{J}$ 是绕 $\hat{r}$ 旋动，这个系统好象陀螺，角动量 $\vec{j} = -\dfrac{eg\vec{r}}{r}$ 的性质好似自旋（图4）。

如果 Dirac 量子化条件成立。则 $\vec{j}$ 好象是半整数的自旋。这就引起一个很有兴趣的问题：e 和 g 都是自旋为0的粒子，它们服从玻色统计，可是它们如形成一束缚态，则呈现为一自旋为半整数的费米系统，服从费米统计，从玻色子可以构成费米子！这是突破了传统的概念。因此，如果存在磁单极，如果其电荷量子化条件是 Dirac 型的，那末对于自旋统计也提出新的问题。

再稍为涉及一点相对论 S 阵的问题。S 阵的交叉对称性要求在一个电荷 e 和磁

单极g的散射过程，描述反应道s

$$s: e+g \longrightarrow e+g \tag{5.7}$$

的散射矩阵，与描述反应道t

$$t: e+\tilde{e} \longrightarrow g+\tilde{g} \tag{5.8}$$

的S阵，有互相解析延拓的关系。上式中$\tilde{e}$，$\tilde{g}$为相应记号的反粒子。可是，在(5.7)式，s道过程中(e,g)系统有角动量$\vec{j}$的贡献，而在t道反应(5.8)中$(e,\tilde{e})$，$(g,\tilde{g})$系统则没有角动量$\vec{j}$。因此，难于设想两个反应道能用同一个函数来描述。交叉对称的原来的含义是否能适用也就成为一个问题[14]。

六、C, P, T变换性质，磁荷共轭变换M

寻求完全的电磁对称性是Dirac原先引入磁单极的动机之一，如存在有磁单极，描述电磁现象的Maxwell方程组，便有完全的电磁对称形式，这时修改了的Maxwell方程组，在C, P, T变换下的性质也随之有所不同。本节讨论引入磁单极系统的C, P, T变换性质。

通常的Maxwell方程组为

$$(\mathrm{I}) \begin{cases} \nabla \cdot \vec{E} = \rho & (6.1a) \\ \nabla \times \vec{E} + \dfrac{\partial \vec{B}}{\partial t} = 0 & (6.1b) \\ \nabla \cdot \vec{B} = 0 & (6.1c) \\ \nabla \times \vec{B} - \dfrac{\partial \vec{E}}{\partial t} = \vec{j} & (6.1d) \end{cases}$$

这方程组在C, P, T变换下是不变的。电磁相互作用在电荷共轭C空间反射P，时间反演T转变换下是不变的，这要求：

在P变换下：$\vec{E} \rightarrow -\vec{E}$, $\vec{B} \rightarrow \vec{B}$, $\rho \rightarrow \rho$, $\vec{j} \rightarrow -\vec{j}$ （6.2a）

在C变换下：$\vec{E} \rightarrow -\vec{E}$, $\vec{B} \rightarrow -\vec{B}$, $\rho \rightarrow -\rho$, $\vec{j} \rightarrow -\vec{j}$ （6.2b）

在T变换下：$\vec{E} \rightarrow \vec{E}$, $\vec{B} \rightarrow -\vec{B}$, $\rho \rightarrow \rho$, $\vec{j} \rightarrow -\vec{j}$ （6.2c）

有磁单极时，$Maxwell$方程组修改为

$$(\text{II}) \begin{cases} \nabla \cdot \vec{E} = \rho & (6.3a) \\ \nabla \times \vec{E} + \dfrac{\partial \vec{B}}{\partial t} = \vec{j}_m & (6.3b) \\ \nabla \cdot \vec{B} = \rho_m & (6.3c) \\ \nabla \cdot \vec{B} - \dfrac{\partial \vec{E}}{\partial t} = \vec{j} & (6.3d) \end{cases}$$

其中
$$\vec{j} = \rho \vec{v} \qquad (6.4)$$
$$\vec{j}_m = \rho_m \vec{v}$$

$\vec{v}$ 为速度。

对(II)施以变换(6.2a)，得出在 p 变换下，Maxwell 方程组(II)不是不变的。同样，施以变换(6.2c)，也得(II)对 T 变换也不是不变的。如果引入一新的变换，磁荷共轭变 M，使[15] 在 M 变换下：

$$\vec{E} \to \vec{E}, \quad \vec{B} \to \vec{B}, \rho_m \to -\rho_m, \vec{j}_m \to -\vec{j}_m \qquad (6.5)$$

则在变换 PM, TM, 下 Maxwell 方程组(II)才是不变的，CPT 不变性应换为 CMPT 不变性。又虽然(II)在 P, T 变换下不是不变，但是在 PT 变换则是不变的。

以上的表述是有些问题的，容易看出(6.2a)定义的 P 在有磁荷存在时，实际上是没有意义的。例如一个磁单极 g 的静场 $\vec{B} = g\vec{r}/r^3$，在 P 作用下，如 $\vec{r} \to -\vec{r}$ 时 $g \to g$ 则 $\vec{B} \to -\vec{B}$，即磁荷产生的场强是矢量，而不是轴矢，这与(6.2a)矛盾。只有 PM 操作才有意义。才不导致与(6.2a)矛盾。

但是(6.5)式定义的 M 变换与电荷共轭变换 C 是很不对称的，从物理上说磁荷改变符号，而不改变其余的量，如场强，也是不自然的。这些缺点以可用另一种表述而避免。注意到：

由电荷 ρ_e 产生的电场 $\vec{E}_e$ 为矢量，

由电流 $\vec{j}_e$ 产生的磁场 $\vec{B}_e$ 为轴矢，

由磁荷 ρ_m 产生的磁场 $\vec{B}_m$ 为矢量，

由磁流 $\vec{j}_m$ 产生的电场 $\vec{E}_m$ 为轴矢；

总电场，磁场可有两种成份

$$\vec{E} = \vec{E}_e + \vec{E}_m, \quad \vec{B} = \vec{B}_e + \vec{B}_m \qquad (6.6)$$

这时，在空间反演的作用下，记为 P'

$$P': \begin{array}{llll} \vec{E}_e \to -\vec{E}_e & \vec{B}_e \to \vec{B}_e \to \vec{B}_e & \rho_e \to \rho_e & \vec{j}_e \to -\vec{j}_e \\ \vec{E}_m = \vec{E}_m & \vec{B}_m \to -\vec{B}_m & \rho_m \to \rho_m & \vec{j}_m \to -\vec{j}_m \to -\vec{j}_m \end{array} \qquad (6.7)$$

Maxwell 方程组对 P' 在有电荷磁荷时是不变的。P' 在有磁荷时也有意义的。这时可以引入一与电荷共轭 C' 完全对称的磁荷共轭 M'：

$$C': \quad \vec{E}_e \to -\vec{E}_e, \quad \vec{B}_e \to -\vec{B}_e, \quad \rho_e \to -\rho_e, \quad \vec{j}_e \to -\vec{j}_e, \quad (6.8)$$
$$M': \quad \vec{E}_m \to -\vec{E}_m, \quad \vec{B}_m \to -\vec{B}_m, \quad \rho_m \to -\rho_m, \quad \vec{j}_m \to -\vec{j}_m.$$

这种形式的电荷共轭变换 C' 和磁荷共轭变换 M' 是完全对称的了。有电荷磁荷的 Maxwell 方程组（Ⅱ）对于 $C'M'$ 不变。类似地可得推广的时间反演变换 T'：

$$T': \quad \vec{E}_e \to \vec{E}_e \quad \vec{B}_e \to -\vec{B}_e, \quad \rho_e \leftarrow \rho_e, \quad \vec{j}_e \to -\vec{j}_e \quad (6.9)$$
$$\vec{E}_m \to -\vec{E}_m, \quad \vec{B}_m \to -\vec{B}_m, \quad \rho_m \to \rho_m, \quad \vec{j}_m \to -\vec{j}_m$$

由 $C', M', P'T'$ 得 $C'M'P'T' = 1$，不变性。

电荷磁荷系统的 C, P, T 变换性质问题，即使是在经典的水平上（非量子场的）也还不是一个讨论得很清楚的问题，在文献上常有互不一致的说法。这里所叙述的是一种说法，也可能并非正确。关于这方面的问题和讨论可以参考一篇较新的资料[10]及其中所引用的资料。还要指出，在普遍意义上说，电荷共轭实质应该是粒子——反粒子共轭，记之为 C，在粒子——反粒子共轭变换下，$\rho_e \to -\rho_e, \rho_m \to -\rho_m$，有的文献所说的电荷共轭实际上是指 C，它相当于 CM。

Schwinger[8] 曾提出一种模型，认为强子的组分粒子是同时带有电场和磁荷的粒子，他称之为偶子（dyon）按照 Schwinger 的论证，偶子的电荷磁荷量子化条件，允许分数的电荷和磁荷。强子的磁中性导致偶子电荷为 $(2e_0, -e_0, -e_0) e_0 = \frac{1}{3} e$，这就是夸克的电荷取值。偶子磁荷 $(2g_0, -g_0, -g_0)$, $g_0 = \frac{1}{3} g$, Schwinger 指出这种电荷磁荷取值自然导致 CP 不守恒[8]。

七、不可积相因子和规范场

Dirac 论证从量子力学波函数位相性质的分析可以允许存在有磁单极，而整个理论体系无须改动，也不须引入新的原则，因此没有外加以更多的任意性，从这个角度来引进磁单极，也就是比较自然的。

电子波函数记为 $\phi(x) = \phi_0(x) e^{i\gamma}$, $\phi_0(x)$ 为实函数 γ 称为位相，$e^{i\gamma}$ 称为相因子。正如大家所熟知，在空时某点的位相值没有物理意义，因此在某一点的位相可以是不确定的而对于物理没有影响。只有两点间的位相差，才有确定的值，它也有物理意义。Dirac 指出进一步设想，只有相邻两点的位相差才有确定的值。在有限距离的两点间波函数的位相差也是不确定的，它依赖于联结两点的路径。这样的位相性质称为位相的不可积性。问题是：这样设想是否在理论上一致，是否会由于这种不确定性而导致量子力学推论的变得含糊不确定了？而且这样设想是否有新的有意义的推论？答案是：能够明确给出必要条件，使引入不可积的位相不导致量子力学任何含糊或任何修正，相反，量子力学并没有要求有限距离两点位相差要确定的，这种确定性是多余的，一旦排除了这种多余的过分要求，就能揭露出新的物理内容——规范场和磁单极，这就是从 Weyl 到 Dirac 到最近杨振宁对于不可积相因子，规范场和磁单极的相互关系的物理思路。

现在讨论能保证免除任何物理上不确定性的条件。

电子空间波函数的交叠

$$I_{mn} = \int \Phi_m^*(x)\phi_n(x)dx \tag{7.1}$$

其模的平方是有物理意义的可观测量。这个量值依赖于 $\Phi_m^*(x)\phi_n(x)$ 在两点间的位相差，不论两点是邻近或有限距离，交叠量的位相差值必须是一确定的值。因此，$\Phi_m^*(x)\phi_n(x)$ 在绕闭回路一周的位相差为零。还要求 $\phi_n(x)$ 绕闭回路一周的位相差与 $\Phi_m^*(x)$ 绕同一闭回路的位相差在数值上大小相等，符号相反，使这两个值恰好抵消。这要求导致：对于一个给定的物理系统，描述它的可能状态的全体波函数的位相，在绕闭回路一周的位相差都必须相同。这个条件就能使波函数的不可积位相在量子力学的体系中不引起任何物理上的不确定性。这一条件从物理上来看是要求波函数位相的改变完全由系统的基本动力学性质来决定，而不依赖于系统处于那一个特定的状态。对于一个电子的系统，基本的动力学就是电子与电磁场的互作用。电子波函数的位相位变与电子受到的力场有关，且只与此力场有关。这里就引伸出位相与电磁场—规范场的关系。这里所叙述的思想可以精确地表述如下。

把电子波函数写成为具有不可积相因子

$$\overline{\psi}(x) = \phi(x)e^{i\beta(x)} \tag{7.2}$$

$\phi(x)$ 为通常的单值的波函数，$e^{i\beta(x)}$ 代表不可积的相因子，$\beta(x)$ 是不确定的，即 $\beta(x)$ 是 x 的多值函数。$\beta(x)$ 虽不确定，但它在邻近两点之差值则是确定的。即其空间导数是确切定义的*

$$k_\nu = \frac{\partial \beta(x)}{\partial x_\nu} \tag{7.2}$$

k_ν 是完全确定的，但 $x_\nu(x)$ 满足不可积条件

$$\frac{\partial k_\nu}{\partial x_\mu} \neq \frac{\partial k_\mu}{\partial x_\nu} \tag{7.3}$$

取 $k_\nu(x)$ 的环流积分，应用 Stokes 定理

$$\oint k_\mu(x)dx_\mu = \iint_S \mathrm{curl}\,\vec{k} \cdot \vec{ds} \tag{7.4}$$

---

* 在本节讨论中 μ,ν 取 $0,1,2,3$。这样取相对论协变形式比非相对论更为方便。

此处 $\vec{k}$, $\vec{ds}$ 均是四维矢量。由于不可积条件(7.3), (7.4)式不为零。

如前所述，闭回路一周电子波函数位相差与系统状态无关，而完全由系统的动力学——力场所决定，因此，令 $k_\nu(x)$ 与电磁势成正比

$$k_\nu(x) = -eA_\nu(x) \tag{7.5}$$

则

$$\frac{\partial K_\nu(x)}{\partial x_\mu} - \frac{\partial K_\mu(x)}{\partial x_\nu} = e\left(\frac{\partial A_\mu(x)}{\partial x_\nu} - \frac{\partial A_\nu(x)}{\partial x_\mu}\right)$$

$$= eF_{\mu\nu}(x) \tag{7.6}$$

可以证明由(7.6)式定义的 $F_{\mu\nu}(x)$ 自动满足

$$\epsilon_{\sigma\lambda\mu\nu}\frac{\partial F_{\mu\nu}(x)}{\partial x_\lambda} = 0 \tag{7.7}$$

这就是 Maxwell 方程，其中 $\epsilon_{\sigma\lambda\mu\nu}$ 为全反对称的。

电子波函数的位相依赖于路径

$$\beta(x) = -e\int_p^x A_\nu(x)dx_\nu \tag{7.8}$$

p 为从无穷处到 x 点的路径。

(7.8)式在§3中(3.1)式已经应用过。

现在再指出用不可积的相因子可以自然地引入规范场。(7.8)式的电磁势就是规范势。考虑以不可积位相表述的电子波函数：

$$\Psi(x) = \phi(x)e^{i\beta(x)} \tag{7.9}$$

取其导数

$$\frac{\partial \Psi(x)}{\partial x_\nu} = e^{i\beta(x)}\left[\frac{\partial}{\partial x_\nu} + ik_\nu(x)\right]\phi(x)$$

$$= e^{i\beta(x)}\left[\frac{\partial}{\partial x_\nu} - ieA_\nu(x)\right]\phi(x), \tag{7.10}$$

上式表明如果 $\phi(x)$ 满足一个包含一阶微商算子 $\frac{\partial}{\partial x_\nu}$ 的运动方程，则 $\phi(x)$ 满足同一个方程，但是要作下列代换

$$\frac{\partial}{\partial x_\nu} \longrightarrow \left(\frac{\partial}{\partial x_\nu} - ieA_\nu(x)\right), \tag{7.11}$$

或者

$$P_\mu \longrightarrow P_\mu + eA_\mu(x) \tag{7.12}$$

如写成包含有不可积位相因子的电子波函数 $\overline{\Psi}(x)$ 满足 Dirac 方程

$$\left[\gamma_\mu\left(i\hbar\frac{\partial}{\partial x_\mu}\right) - m\right]\overline{\Psi}(x) = 0 \tag{7.13}$$

则电子波函数的通常形式 $\phi(x)$，不含不可积相因子的波函数，满足

$$\left[\gamma_\mu\left(i\hbar\frac{\partial}{\partial x_\mu}+eA_\mu(x)\right)-m\right]\phi(x)=0 \tag{7.14}$$

这就是通常的电子与电磁场作用的运动方程。

显然，$\phi(x)$ 的方程 (7.14) 式对于定域规范变换

$$\phi(x)\longrightarrow\phi(x)e^{i\lambda(x)}$$
$$A_\mu(x)\longrightarrow A_\mu(x)+\frac{\partial\lambda(x)}{\partial x_\mu} \tag{7.15}$$

是不变的，因此 $A_\mu(x)$ 是规范场。

由此可见，对于电磁相互作用有两种表述方式。

（1）依赖规范的表述，概括为 (7.14)(7.15) 式，这时波函数位相位是不依赖于路径的，是一般通常的波函数，这是不依赖路径的表述。

（2）依赖于路径的表述，概括为 (7.8)(7.9)(7.13) 式，这时波函数位相是依赖于路径的，但是却是与规范无关的，是不依赖于规范的表述。

波函数

$$\Psi(x,p)=\phi(x)exp\left[-ie\int_{-\infty}^{x}A_\mu(x)dx_\mu\right] \tag{7.16}$$

在作规范变换时，规范效应都被不可积相因子中的变换抵消掉，所以 $\overline{\Psi}(x,p)$ 是依赖路径而与规范无关的形式。这两种方式是等价的。又由此可见，对于规范场有两种表述方式。

（1）通常的表述方式，从定域规范变换 (7.15) 出发，要求系统的拉格朗日量对于定域规范不变，导致 (7.11) 或 (7.12) 式，这是一般传统的做法，杨振宁称之为微分的形式。

（2）本节讨论的方式，从不可积相因子出发来引入规范场，这是近年杨振宁所提倡的规范场和积分形式，这两种表述也是等价的。

虽然这两种表述是等价的，但是在揭露和讨论磁单极时，则依赖路径的表述，应用不可积的相子是更为有效的工具。在下一节中就是这种表述出发来讨论 Dirac 原先引入磁单极的思想。

还指出一点，在上文中曾经使用位相和位相因子两词而没有作什么严格的区分，在所讨论的空间为单连通区域来说是可以的。对于一般情形，例如 Bohm-Aharonov 实验的复连通区域，最近吴大峻、杨振宁[7]明确指出具有基本意义的是相因子，而不是位相。他们证明：对于描述电磁现象，位相过分地描述电磁现象，即不同的位相可以描述同一的物理情况。而场强 $E_{\mu\nu}$ 则不足以完全描述电磁现象，即不同的物理情况可以有相同的场强，而只有位相因子才是不多不少地恰好地描述电磁现象。因此在依赖路径的表述中应该强调的是不可积的相因子。

八、不可积相因子和磁单极

本节从不可积的相因子的观点，按照Dirac原来的论证，对波函数的性质作分析，导致可以允许存在一种独特的源，解释为磁单极，这就是Dirac引进的磁单极。

绕一闭合回路C一周不可积位相的位相差

$$\Delta\beta(x) = -\oint_c eA_\mu(x)dx_\nu \tag{8.1}$$

$$= -e\iint_{S_1} \vec{B}(x)\cdot\vec{d\sigma} \tag{8.2}$$

S_1为以C边界的曲面，$\vec{d\sigma}$为其面积元。(8.2)将位相差与磁通联系起来。

把电子波函数记为用不可积相因子的表述

$$\phi(x) = \varphi(x)e^{i\beta(x)} \tag{8.3}$$

其中$\varphi(x)$是通常的单值波函数$\varphi(x) = \phi_0(x)e^{i\gamma(x)}$，$\phi_0(x)$是实函数，$\gamma(x)$是普通的位相。$\phi(x)$的总位相

$$\theta(x) = \gamma(x) + \beta(x) \tag{8.4}$$

对于位相当然可以有一任意性，加上$2\pi n$，n为整数，而不影响$\phi(x)$。但是对于位相差则不然，特别地，取闭合回路一周的位相差

$$\Delta\theta(x) = \Delta\gamma(x) + \Delta\beta(x) \tag{8.5}$$

是确定的，对它一般地说不能有加上$2\pi n$的任意性，因为对于$\Delta\beta$由(8.2)可知它与磁通联系，物理上是确定的。对于$\Delta\gamma$，由于$\varphi(x)$连续性，无穷小回路引起位相的改变也为无穷小，将回路C收缩而$\to 0$时，位相改变$\Delta\gamma$也应$\to 0$，$\Delta\gamma$不依赖于路径，所以$\Delta\gamma = 0$。

因此一般而言$\Delta\theta$没有$2\pi n$的任意性，Dirac指出可以有一种例外情况，即当$\phi(x) = 0$时，此时$\Delta\gamma$可以加上任意的$2\pi n$而与$\phi(x)$的连续性不矛盾。$\phi(x)$为一复数，$\phi(x) = 0$相当于两个实数条件，在空间中确定一条空间曲线，在此线上，$\phi(x) = 0$，这曲线叫做节点线(Nodal line)。取闭合回路绕节点线一周$\phi(x)$的位相差取为$2\pi n$，n为节点线的特征数字，为一整数。连续性的要求当此闭合回路为无穷小，位相差不改变保持$2\pi n$，而在节点线上$\phi(x) = 0$，其位相差没有任意意义，可以任意取为$2\pi n$，并不违反连续性。这样绕节点线一周的总位相改变为

$$\Delta\theta = 2\pi n - e\iint_{S_1} \vec{B}(x)\cdot\vec{ds} \tag{8.6}$$

n的符号正负依回路方向而定，而回路方向又可以与节点线的方向按右手定则定义。

取回路正反方向各一周，闭曲面 $s = s_1 + s_2$

$$0 = 2\pi n - e\oiint_s \vec{B}(x)\cdot\vec{ds} \tag{8.7}$$

$n = \Sigma_i n_i$，n_i 为 s 面内的节点线的特征数，如 s 内的节点线无端点则 $\Sigma_i n_i = 0$ 如 $\Sigma_i n_i \neq 0$ 表明在 s 内有节点线的端点。这些端点的存在只能系统的动力学相联系，而与系统的特定状态无关。它们决定于 $\vec{A}(x)$ 或 $\vec{B}(x)$，对系统的一切波函数都相同。因此从(8.7)可解释为磁通的源其强度为 g

$$\oiint \vec{B}(x)\cdot\vec{ds} = 4\pi g \tag{8.8}$$

$$2\pi n = 4\pi g \tag{8.9}$$

$$eg = \frac{\pi}{2}$$

这也就是 Dirac 量子化条件，在 §3 中导出电荷量子化条件是先假定存在点荷磁单极，分析它的奇异的矢量努，导致奇异弦，然后要求奇异弦没有物理的贡献。在本节中并不预先假设存在磁单极，也不引用矢量势的奇异性。但是引入了节点线。它的性质和作用与奇异弦十分相似，它们都是以磁单极为端点，它们都服从 Dirac 戒律（参看(3.11)(3.12)）的要求，在它们的位置上 $\phi(x) = 0$。

以上对于磁单极的非相对论作了初步的介绍。这个理论可以说是言之成理，逻辑一贯，比较自然的。然而，虽说比较自然，但仍然有着虚拟的奇异弦这一类东西，还是有相当的不自然的地方。近年来磁单极理论的发展都同这奇异弦的处理有关。在这里存在两种完全相反的观点。一种是力图消除奇异弦这种虚拟的因素。例如吴大峻、杨振宁的一系列的工作[7]，在他们的理论中完全排除了奇异弦及类似的奇异性。又如把电磁规范群嵌入于紧致的非亚贝尔规范群的磁单极理论也是属于无奇异弦之列[8]。另一种相反的观点，是把虚拟的弦变为物理的，把它同"基本粒子"结构的弦模型联系起来，这弦是代表"基本粒子"结构的几何的图象，例如介子是以正反的带磁荷的层子为端点的弦，重子是以带磁荷的层子为端点的丫形弦等等。这一方向以 Nambu 的工作[9]为代表。

还必需强调，不管磁单极理论的发展怎样完善，看起来如何合理，这些理论的正确程度及其价值都只有经受实验的检证才能核定。科学实验是检验物理理论的唯一客观标准。

参 考 资 料

[1] J. J. Thomson, "Elements of Mathematical Theory of Electrieity" (1900) 转引自 A. H. wilson Phys. Rev. 75, 309(1949).

[2] P. A. M. Dirac Proc. Roy. Soc. (London) 133A, 60 (1931), Phys Rev. 74, 817 (1948).

[3] B. Zumino "Strong and Weak Interaction-Present Problems" 1966 Erice Lecture. Ed. A. Zichichi.

[4] G. Wentzel Supp. Prog. theor. Phys. 37-38, 163 (1966).

[5] J. Schwinger Phys. Rev. 125, 1047(1962); 144, 1087 (1966).

[6] G'. tHooft Nucl, Phys B79, 279 (1974).
李华钟,冼鼎昌,郭硕鸿,中山大学学报,1975, No 3。物理学报 25,507(1976).
李华钟,冼鼎昌,郭硕鸿,无奇异弦的SU_2磁單极, 中山大学学报 1977 No.1.

[7] T. T. Wu, C. N. Yang Phys. Rev. D12, 3845 (1975).

[8] J. Schwinger Science 165, 757 (1969).

[9] Y. Nambu phys. Rev, D10, 4262 (1974).

[10] Phys. Today. Oct, (1975) Vol. 28, No. 10, p. 17. New Scientist vol 67, No. 963, p.412 Aug. (1975).

[11] P. B. Price etal Phys. Rev. Lett 35, 487 (1975).

[12] B. L. Robinson Science 190, 137 (1975).

[13] A. Peres Phys. Rev. 1676, 1449 (1968).

[14] A. S. Goldhaber Phys. Rev. 140 B, 1407 (1965).

[15] N. F. Ramsey Phys. Rev. 109, 225 (1958).
W. C. Carither, R. Stefanski, P. K. Adair Phys. Rev. 149, 1070 (1966).

[16] R. Mignani Phys. Rev. D 13. 2437 (1976).

赝 粒 子 物 理

(一个详细的评述提纲)

郭硕鸿　李华钟

(中山大学)

(一) SU(2)规范场的赝粒子解

在四维欧氏空间中，$SU(2)$ 规范场

$$F_{\mu\nu} = \partial_\mu A_\nu - \partial_\nu A_\mu + g[A_\mu, A_\nu],$$

$$A_\mu = A_\mu^a T_a, \qquad [T_a, T_b] = i\varepsilon_{a\,c}{}^c T_c \tag{1}$$

的无源场方程

$$F_{\mu\nu|\nu} = 0 \tag{2}$$

存在一种赝粒子(瞬子)解。[1,14]此解可以表为以下几种形式：

$$A_\mu^{\rho\nu} = -\frac{2}{g(r^2+\lambda^2)}\left(x^\rho \delta_\mu^\nu - x^\nu \delta_\mu^\rho\right)$$

$$A_\mu = \frac{r^2}{g(r^2+\lambda^2)}\omega^{-1}\partial_\mu\omega, \qquad \omega = (x_4 + i\vec{x}\cdot\vec{\sigma})/r.$$

$$A_\mu = -\frac{2i}{g}\frac{\Sigma_{\mu\nu}x^\nu}{r^2+\lambda^2} \qquad \Sigma_{\mu\nu} = \begin{pmatrix} \sigma^{\mu\nu} & 0 \\ 0 & \bar{\sigma}_{\mu\nu} \end{pmatrix}. \tag{3}$$

$$A_\mu^a = \frac{2}{g}\frac{\eta_{a\mu\nu}x^\nu}{r^2+\lambda^2}$$

$\eta_{a\mu\nu} = \varepsilon_{a\mu\nu}, \eta_{a4\nu} = -\eta_{\nu 4} = -\delta_{a\nu}, \eta_{a44} = 0, a\,\mu, \nu = 1、2、3。$

$$r^2 = x_1^2 + x_2^2 + x_3^2 + x_4^2$$

此解具有如下的性质：

(1) A_μ 在全欧氏空间解析，其场强存在于时空局部区域内。

(2) 自对偶性　　$F_{\mu\nu} = \frac{1}{2}\varepsilon_{\mu\nu\alpha\beta}F^{\alpha\beta}$ (4)

(3) 欧氏能量动量张量 $= 0$

$$T_{\mu\nu} = T_r\left[F_{\mu\rho}F_{\nu\sigma}g^{\rho\sigma} - \frac{1}{3}g_{\mu\nu}F_{\rho\sigma}F^{\rho\sigma}\right] = 0 \tag{5}$$

(4) 具有有限作用量

$$S = \frac{1}{2}T_r\int F_{\mu\nu}^2 d^4x = \frac{8\pi^2}{g^2} \tag{6}$$

(5) 具有非零拓扑数

$$q = \frac{g^2}{32\pi^2}\int d^4x T_r \varepsilon^{\mu\nu\alpha\beta} F_{\mu\nu}F_{\alpha\beta} = 1 \tag{7}$$

由于以上性质，特别是有拓扑数和有限作用量，使得此解受到广泛的注意。以下我们分析这个四维欧氏空间的解对闵氏空间的物理起着什么作用。

（二）瞬子和多重真空

1、经典规范场的多重零能解

先取 $A_4 = 0$ 规范。

若 $\omega_0(\vec{x})$ 为能连续变形到 1 的规范变换，则

$$\vec{A}^{(0)}(\vec{x}) = \omega_0^{-1}(\vec{x})\nabla\omega_0(\vec{x}) \tag{8}$$

为规范场的零能解并与 $\vec{A} = 0$ 等价。

存在不能连续变形为 1 的规范变换。例如

$$\omega_1(\vec{x}) = \frac{\vec{x}^2 - \lambda^2}{\vec{x}^2 + \lambda^2} + \frac{2i\lambda\vec{\sigma}\cdot\vec{x}}{\vec{x}^2 + \lambda^2} \tag{9}$$

$$\omega_1(\vec{x}) \longrightarrow \begin{cases} +1 & |\vec{x}| \longrightarrow \infty \\ -1 & |\vec{x}| \longrightarrow 0 \end{cases}$$

$$\vec{A}^{(1)}(\vec{x}) = \omega_1^{-1}(\vec{x})\nabla\omega_1(\vec{x}) \tag{10}$$

亦为零能解，但不能连续变形为 $\vec{A}^{(0)}$。同样，存在一系列不能互相连续变形的真空规范势

$$\vec{A}^{(0)}(\vec{x}), \quad \vec{A}^{(1)}(\vec{x}), \quad \cdots \vec{A}^{(n)}(\vec{x}) \cdots\cdots$$

$$\vec{A}^{(n)}(\vec{x}) = \omega_n^{-1}(\vec{x}) \nabla \omega_n(\vec{x}) \tag{11}$$

$$\omega_n(\vec{x}) = [\omega_1(\vec{x})]^n$$

这些规范势物理上不等价，产生可观测的物理效应。

把两不同规范势连接起来的路径必经过一势垒。例如取

$$\vec{A}(\vec{x};\alpha) = \left(\frac{1}{2} - \alpha\right)\vec{B}^{(1)}(\vec{x})$$

则

$$\vec{A}(\vec{x};\alpha) \longrightarrow \begin{cases} \vec{A}^{(0)}(\vec{x}) & \alpha = \frac{1}{2} \\ \vec{A}^{(1)}(\vec{x}) & \alpha = -\frac{1}{2} \end{cases}$$

$$F_{ij}(\vec{x};\alpha) = \left(\frac{1}{4} - \alpha^2\right) g [A_i^{(1)}, A_j^{(1)}]$$

势垒能量 $\propto \left(\frac{1}{4} - \alpha^2\right)^2 g^2 Tr [A_i^{(1)}, A_j^{(1)}]^2$

2、瞬子和经典多重零能解的关系

瞬子是在虚时间把不同经典零能规范势连接起来的解。拓扑数可写为

$$q = \frac{g^2}{32\pi^2} \int d^v x T r \varepsilon^{\mu\nu\alpha\beta} F_{\mu\nu} F_{\alpha\beta} = \int \partial_\mu J^\mu d^4 x \tag{12}$$

$$J^\mu = \frac{g^2}{8\pi^2} \varepsilon^{\mu\nu\alpha\beta} T r (A_\nu \partial_\alpha A_\beta + \frac{2}{3} A_\nu A_\alpha A_\beta) \tag{13}$$

取规范 $A_4 = 0$，当 $|x| \longrightarrow \infty$ 时只有 $J^4 \neq 0$，

$$q = n_+ - n_- \tag{14}$$

$$n_\pm = \int J_4 d^3 x \bigg|_{x_4 = \pm\infty} = \frac{g^2}{24\pi^2} \int d^3 x \varepsilon_{ijk} T r(A_i A_j A_k) \bigg|_{x_4 = \pm\infty} \tag{15}$$

n 称为绕数。n 正是区别不同零能解 $\vec{A}^{(0)}, \vec{A}^{(1)} \cdots \vec{A}^{(n)} \cdots$ 的数。因此瞬子 ($q=1$) 是在虚时间把 $\triangle n = 1$ 的两零能规范势连接起来的经典解。

3、量子理论中的多重真空和真空隧道效应

不考虑隧道效应时，在每一经典零能解上对应一个量子真空态

$$|0>, |1>, |2> \cdots |n> \cdots$$

设 T 为 $\triangle n = 1$ 的规范变换（如 $\omega_1(\vec{x})$），有

$$T|n\rangle = |n+1\rangle . \tag{16}$$

两真空之间有一个势垒，考虑隧道效应后，真空态为

$$|vac\rangle = \Sigma C_n |n\rangle .$$

$|vac\rangle$ 为 T 的本征态，本征值 $e^{i\theta}$。由参数 θ 表征的真空态可称为 θ 真空

$$|\theta\rangle = \Sigma e^{in\theta}|n\rangle \tag{17}$$

不同 θ 真空能量不同，$0 \leqslant \theta \leqslant 2\pi$ 构成一个能带，与周期场中能带的形成相似。

由于 $[H, T] = 0$，每一真空都是稳定的，不能互相跃迁。参数 θ 有可观测的物理效应。物理真空可能对应某一 θ 值。

4、欧氏空间经典解和量子理论的隧道效应的关系

经典运动方程

$$m\ddot{x} = -V'(x)$$

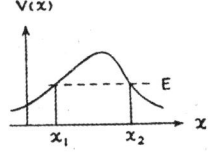

在能量 $E > V(x)$ 区有解

$$t = \int^{x_{cl}} \frac{dx}{\sqrt{2(E-V(x))/m}} \tag{18}$$

在 $E < V(x)$ 区不存在经典解，但虚时间的运动方程

$$m \frac{d^2 x}{d\tau^2} = V'(x) \qquad \tau = it$$

有解

$$\tau = \int^{x_{cl}} \frac{dx}{\sqrt{2(V(x)-E)/m}} \tag{18}$$

在量子理论的路径积分表示中，量子效应表现为经典解附近的起伏。经典轨道对路经积分有主要贡献。

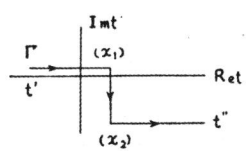

在不存在经典轨道处，换作虚时间，仍有经典解。因此，若把时间 $t' < t < t''$ 换作路径 Γ，则在整个区域都有经典解。作用量相应改为

$$S = \int_{\Gamma} L dt \tag{19}$$

可以证明，对路径积分作半经典近似 $x = x^{cl} + x^{qu}$，所得结果与 WKB 方法一致。

因此，欧氏经典解对应量子隧道效应。欧氏零能经典解（如瞬子解）对应真空隧道效应。

用路经积分表示规范场真空的跃迁幅为

$$_{out}\langle n|m\rangle_{in} = \int [DA_\mu \cdots]_{(n-m)} e^{-\int dx [L(A_\mu)+\cdots]} \tag{20}$$

$(DA)_{(n-m)}$ 表示只对拓扑数为 $n-m$ 的场组态积分。

$$_{out}\langle \theta'|\theta\rangle_{in} = \delta(\theta-\theta')I(\theta) \tag{12}$$

$$I(\theta) = \sum_\gamma e^{-i\nu\theta} \int [DA_\mu\cdots]_\nu e^{-\int d^n x[L(A_\mu)+\cdots]}$$

$$= \int [DA_\mu\cdots] e^{-\int dx(L(A_\mu)+L_\theta+\cdots)} \tag{22}$$

$$L_\theta = \frac{i\theta}{8\pi^2} tr(F_{\mu\nu}\widetilde{F}^{\mu\nu}) \quad (\widetilde{F}^{\mu\nu} \equiv \frac{1}{2}\varepsilon^{\mu\nu\alpha\beta}F_{\alpha\beta})$$

闵氏空间中建立在 θ 真空上的理论的有效拉氏量为

$$L_{eff} = tr[F_{\mu\nu}F^{\mu\nu} + \frac{\theta}{8\pi^2} F_{\mu\nu}\widetilde{F}^{\mu\nu}] \tag{23}$$

参数 θ 产生物理效应。由上式立刻可见，当 $\theta \neq 0$ 时，P,T 不守恒。赝粒子解的存在导致 P,T 自发破缺。

（三）瞬子和手征对称自发破缺

1、$U_A(1)$ 问题[5,6]

零质量费米场理论有手征对称性，例如 $SU(3)\otimes SU(3)$ 对称性。这种理论同时有 $U(1)$ 和 $U_A(1)$ 对称性：

$$\begin{aligned} U(1): & \quad \phi \to e^{i\alpha}\phi \\ U_A(1): & \quad \phi \to e^{i\alpha\gamma_5}\phi \end{aligned} \tag{24}$$

因而零质量层子模型有对称性

$$U(1) \otimes U_A(1) \times SU(3) \times SU(3),$$

$SU(3)\otimes SU(3)$ 对称性一般认为以 Goldstone 方式实现，即出现8个 Goldstone 粒子 ($\pi^+, \pi^0, \pi^-, K^+, K^0, \widetilde{K}^-, \widetilde{K}^0, \eta$)，剩下一个 $SU(3)$ 对称性实现为 $SU(3)$ 多重态。

$U(1)$ 对称实现为重子数守恒。

$U_A(1)$ 对称如何实现？若以代数方式实现，应有重子宇称双重态，若以 Goldstone 方法实现，应有第9个 Goldstone 玻色子。两种方式都与实验事实不符，因此可能存在对称实现的第三种方式。

2、Adler–Bell–Jackiw 反常

轴流 $j_5^\mu(x) = \overline{\phi}\gamma_\mu\gamma_5\phi$ 并不真正守恒，而是有反常散度

$$\partial_\mu j_5^\mu(x) = \frac{g}{16\pi^2}\widetilde{F}_{\mu\nu}(x)F^{\mu\nu}(x) \tag{25}$$

$$Q_5 = \int j_5^0(x)d^3x \quad \text{不守恒}$$

但Q_5不守恒并不消除$U_A(1)$问题。因为(25)式右边为一散度$\partial_\mu J^\mu$,

$$J^\mu = \frac{g}{8\pi^2}\varepsilon^{\mu\nu\alpha\beta}(A_\nu^a\partial_\alpha A_\beta^a + \tfrac{1}{3}gf^{abc}A_\nu^a A_\alpha^b A_\beta^c) \tag{26}$$

定义 $$\widetilde{j}_5^\mu = j_5^\mu - J^\mu \tag{27}$$

则 $$\partial_\mu \widetilde{j}_5^\mu(x) = 0$$

$$\widetilde{Q}_5 = \int \widetilde{j}_5^0(x)d^3x \quad \text{守恒} \tag{28}$$

由守恒荷$\widetilde{Q}_5$生成的$U_A(1)$对称性仍成立。

$\widetilde{Q}_5$荷守恒,对连续规范变换不变,但对总体规范变换(改变拓扑数)非不变,设T为使拓扑数改变1的总体规范变换,

$$T\widetilde{Q}_5 T^{-1} = \widetilde{Q}_5 - 2N \tag{29}$$

N为flavor数目。

3、有零质量费米子情形的真空隧道效应问题[2,7]

定义$|0\rangle$为$\widetilde{Q}_5$荷$=0$的真空态

$$\widetilde{Q}_5|0\rangle = 0 \tag{30}$$

由 $$T|n\rangle = |n+1\rangle$$

及(29)式得

$$\widetilde{Q}_5|n\rangle = 2Nn|n\rangle \tag{31}$$

但$\widetilde{Q}_5$守恒,因此绕数n不能改变,真空隧道效应被抑制。

$${}_{out}\langle n|m\rangle_{in} = \delta_{nm}\int[DA_\mu\cdots]_{(0)}e^{-\int dx(L(A_\mu)+\cdots)}$$

$${}_{out}\langle\theta'|\theta\rangle_{in} = \delta(\theta-\theta')\int[DA_\mu\cdots]_{(0)}e^{-\int dx[L(A_\mu)+\cdots]} \tag{32}$$

在有费米子场的情况下,具有非零拓扑荷的场态的真空隧道效应被抑制,但导致手征算子有非零真空期待值。设D_ν为手征数$2N_\nu$的算子

$$[\widetilde{Q}_5, D_\nu] = 2N_\nu D_\nu \tag{33}$$

则

$$\langle \theta'|D_\nu|\theta\rangle = \delta(\theta-\theta')\int[DA_\mu\cdots]_{(\nu)}e^{-\int dx[L(A_\mu)+\cdots]}D_\nu \qquad (34)$$

$\langle\theta'|D_\nu|\theta\rangle \neq 0$，因而 $\widetilde{Q}_5$ 对称自发 破 缺。$\widetilde{Q}_5$ 变换使真空 θ 值改变

$$e^{i\alpha\widetilde{\theta}_5}|\theta\rangle = e^{i\alpha\widetilde{\theta}_5}\sum e^{in\theta}|n\rangle = |\theta+2N\alpha\rangle \qquad (35)$$

即 $U_A(1)$ 变换使 $|\theta\rangle$ 变为 $|\theta'\rangle = |\theta+2N\alpha\rangle$，不伴有 Goldstone 粒子，原因是具有非零拓扑荷的场组态为长程效应，各不同时空点的场态互相关联，不能形成零质量激发，因而禁戒了 Goldstone 粒子。即存在对称实现的第三种方式。这 种 现象有时被称为"真空溶固"（vacuum seizing）这种对称实现方式的特点是：有多重真空，对称被某些算子的非零期待值自发破缺。但由于作用的长程性质 而 禁 戒 了 Goldstone 粒子。

4、瞬子与费米子的有效作用，质量的自发产生[7]

$N_f - flavor$ 费米场情形，具有 $\widetilde{Q}_5$ 荷 $= 2N_f$ 的场算子为

$$\prod_{s=1}^{N_f}\overline{\phi}_s(1+\gamma_5)\psi_s \qquad (36)$$

拓扑数 $q=1$ 的场态导致此算子有非零真空期待值

$$\langle\prod_s\overline{\phi}_s(1+\gamma_5)\psi_s\rangle \neq 0 \qquad (37)$$

此期待值可以表为[7]

$$C\prod S_F(x-x_0)(1+\gamma_5)S_F(-x+x_0)$$

由此导出瞬子与费米子的有效作用

$$L_{eff}\alpha e^{-\frac{8\pi^2}{g^2}}\prod\overline{\phi}_s(1+\gamma_5)\psi_s \qquad (38)$$

1 - flavor 情形，相当于层子的质量项。
2 - flavor 情形，对应于 η 介子的质量项
N - flavor 情形比较复杂，还没有弄清楚其物理含义。

（四）赝粒子和层子囚禁问题[8-11]

瞬子解的存在可能是层子囚禁的一个重要因素。最近的讨论认为层子囚禁和非整数拓扑荷场态有密切关系。下面先计算真空的能量，然后计算瞬子对于两个层子间相互作用的影响。

1、二维模型的真空能量密度

真空能量可由(21)和(22)式导出。在(22)式中包括各种拓扑荷的场态的贡献。在"稀薄气体"近似下,设主要的组态为远离的无相互作用的瞬子"气体"。由(22)式有

$$\langle \theta' | e^{-Ht} | \theta \rangle \sim \delta(\theta' - \theta) \sum_{n_+, n_-=0}^{\infty} e^{-(n_+ + n_-)S_{cl}} \frac{e^{i\theta(n_+ - n_-)}}{n_+! \, n_-!} \left(\frac{V}{V_0}\right)^{n_+ + n_-} \quad (39)$$

式中 $n_\pm$ 为正反瞬子数目,$V=LT$ 为时空体积,来自瞬子位置的积分,V_0 为归一化因子。上式的和式可写为

$$e^{-E1} = exp\left(2\frac{V}{V_0} e^{-S_{cl}} cos\theta\right)$$

∴ θ 真空的能量密度为

$$\epsilon_\theta = \frac{2}{V_0} e^{-S_{cl}} cos\theta \quad (40)$$

$$0 \leqslant \theta \leqslant 2\pi \, .$$

2、二维模型的层子相互作用位能

层子间的位能可由下式计算求得

$$C = \langle exp(ig \oint_L A^\mu dx_\mu) \rangle \quad (41)$$

q 为层子电荷。L 为线度为 R,T 的闭环,$T \gg R$。因

$$\oint_L A^\mu dx_\mu \approx (A^0(R) - A^0(0)) iT = i\varepsilon(R)T$$

因而 $\quad C \sim \langle e^{-\varepsilon(R)T} \rangle \quad (42)$

$\varepsilon(R)$ 为层子间的作用位能。

用稀薄气体近似计算 C。由于

$$e \oint A_\mu dx^\mu = \begin{cases} 2\pi & \text{瞬子在 } L \text{ 内} \\ 0 & \text{瞬子在 } L \text{ 外} \end{cases} \quad (43)$$

因而只有在闭环 L 之内的瞬子对 $\varepsilon(R)$ 有贡献。设 $n_\pm^L$ 为环内的瞬子数,则

$$C = I_c / I_0$$

$$I_q = \sum_{n_+, n_-} \iint \prod_{i=1}^{n_+} \frac{d^2 x_i^+}{V_0} \prod_{i=1}^{n_-} \frac{d^2 x_i^-}{V_0} \frac{1}{n_+! n_-!} e^{-(n_+ + n_-)S_{ce} + i(n_+ - n_-)\theta + i(n_+^L - n_-^L)\frac{2\pi q}{e}}$$

由此得

$$C = exp\left[\frac{RT}{V_0} e^{-S_{cl}}\left\{cos\theta - cos\left(\theta + \frac{2\pi q}{e}\right)\right\}\right]$$

$$\varepsilon(R) = \frac{R}{V_0} e^{-S_{cl}}\left[cos\theta - cos\left(\theta + \frac{2\pi q}{e}\right)\right] \tag{44}$$

(1) 若 $q/e \neq$ 整数，则 $\varepsilon(R) \sim R$，层子被囚禁，但事实上在此二维模型中 $q/e =$ 整数，因而不能实现。

(2) 当瞬子体积与 L 交迭时，$e\oint A_\mu dx^\mu \neq 2\pi$，因而对 $\varepsilon(R)$ 有贡献。但此时 C 值仅 $\propto L$ 周界 $= R+T \sim T$，与 R 无关，即只对 ε 增加一常量，相当于质量重整化。

(3) 若存在一对半拓扑荷场态，称为半子（$Meron$），此半子对的拓扑荷一半在 L 内，一半在 L 外，且

$$S_{cl}(r) \sim g^{-2}lnr$$

（r 为两半荷距离），则此场态对 $\varepsilon(R)$ 有贡献

$$\varepsilon(R)T \sim \int_{|x^+|<R} d^2x^+ \int_{|x^-|<R} d^2x^- e^{-g^{-2}lnr} \sim T R^{3-g^{-2}}$$

当 $g^2 > \frac{1}{3}$ 时导致层子囚禁。但此组态在二维理论中也是不能实现的。因为此模型下 $S_{cl}(r) \sim r$，不导致层子囚禁。

3、四维情形

(1) 瞬子（整数拓扑荷）不导致层子囚禁。

(2) 半子对组态可导致层子囚禁。

一种可能的半子对组态为 $Fubini$ 等的解[12]

$$\overset{a}{A_\mu} = \overset{a}{\eta_{\mu\nu}}\partial^\nu ln\rho(x)$$

$$\rho(x) = \left[(x-x_1)(x-x_2)\right]^{-\frac{1}{2}}$$

其拓扑荷密度为

$$Q(x) = \frac{1}{16\pi^2}\left[T_r F_{\mu\nu}\widetilde{F}^{\mu\nu}\right] = \frac{1}{2}\left[\delta^4(x-x_1) + \delta^4(x-x_2)\right]$$

其作用量 $\propto g^{-2}ln(x_1-x_2)^2$

具体计算结果表明当

$$\bar{g}^2/8\pi^2 \geqslant \frac{3}{28}$$

时，可导致层子囚禁。

由以上的综述可见，在欧氏空间的 $SU(2)$ 规范场的经典解在量子化后可以导致有兴趣的物理效应。赝粒子不是物理的粒子，但是它诱导和透露规范理论所包含深刻的物理内容。同规范场在基本粒子强相互作用的应用——量子色动力学有密切的关系。赝粒子物理是当前规范场研究的重要方向之一。

参 考 文 献

[1] A. A. Belavin, A. M. Polyakov, A. S. Schwartz, Yu. S. Tyupkin, *Phys. lett.*, 59B (1975), 85.
[2] C. G. Callan, R. F. Dashen, D. J. Gross, *Phys. lett.*, 63B (1976), 334.
[3] R. Jackiw, C. Rebbi, *Phys. Rev. Lett.*, 37 (1976), 132.
[4] R. Jackiw, *Rev. Mcd. Phys.*, 49 (1977), 681.
[5] H. R. Pagels, *Phys. Rev.*, D13 (1976), 343.
[6] J'. Kogut, L. Susskind, *Phys. Rev.*, D11 (1975), 3594.
[7] G. 't Hooft, *Phys. Rev.*, D14 (1976), 3432; *Phys. Rev. Lev. Lett.*, 37 (1976), 8.
[8] A. M. Polyakov, *Nucl. Phys.*, B120 (1977), 429.
[9] C. G. Callan, R. F. Dashen, D. J. Gross, *Phys. Lett.*, 66B (1977), 375.
[10] N. K. Nielson, B. Schroer, *Phys. Lett.*, 66B (1977), 475.
[11] S. Dimopoulos, S. T. Eguchi, *Phys. lett.*, 66B (1977), 480.
[12] V. de Alfare, S. Fubini, G. Furlan, *Phys. Lett.*, 65B (1976), 173.
[13] S. Wadic, T. Yoneya, *Phys. Lett.*, 66B (1977), 341.
[14] R. Jackiw, C. Rebbi, *Phys. Lett.*, 67B (1977), 189.

学术动态

中山大学学术委员会成立

为了促进学校科学研究工作的开展和学术水平的提高，以及便于开展国际学术交流活动，我校已于一月二日成立中山大学学术委员会。其职责是：对学校教育事业发展规划、科学研究工作和研究生培养工作中的重大问题提出建议，审查、鑑定科学研究的成果，评议研究生的毕业论文、毕业设计、参与提升教授、副教授工作审议，主持校内学术讨论会，组织参加国内和国际学术交流活动等。它也是学校的一种咨询机构，有利于贯彻群众路线和发扬民主，更好地发挥专业人员的积极作用。

学术委员会设主任和副主任，成员中包括老、中、青年的教授、学者的代表，各重要学科的学术领导人，以及教学和科研单位的领导骨干。学术委员会设正副秘书长，由委员兼任。

一月三日，学术委员会举行了第一次全体会议，讨论了加强学报工作等问题。同时，学术委员会还与教师职称评审委员会举行联席会议，讨论了去年教师职称的评审工作。

半子(Meron)解及其他

M^4中无源SU(2)规范场方程的经典解

吴咏时
(中国科学院理论物理研究所)

非Abel规范场理论是一种非线性理论，它里面包含着许多新的物理内容，是过去人们在研究线性理论或者非线性场论的线性近似(微扰论)时所不曾遇到的。为了探索这些新的物理内容，有必要从经典场论和量子场论两方面进行深入的研究。而经典理论的研究往往起着先导的作用，对量子化的非Abel规范场论的研究有重大的推动。近年来BPST瞬子解和Gribov疑难所导致的重要进展，就是明证。

E^4中BPST瞬子解的发现，开辟了瞬子物理学这一新的领域[1]。由于M^4是比E^4更为现实的物理时空，因而很自然地会提出下列问题：

(1)M^4中无源的SU(2)规范场方程有什么样的严格经典解？它们有什么特点？

(2)这些经典解有什么(经典的以及量子的)物理意义？

本文将评述总结近年来人们对第一个问题研究的结果。目前找到的M^4中无源SU(2)经典解主要有三类：(1)半子解(meron，来源于希腊文 $\mu\varepsilon\rho o\eta$ = fraction)；(2)椭园函数解；(3)自对偶解(在M^4中自对偶的定义与E^4中不同，见下文)。除了半子解的Euclid形式在关于夸克禁闭问题的讨论中用到外，还没有见到M^4中无源SU(2)经典解直接用于物理问题中。因此，对于上述第二个问题的探讨值得我们重视。

§1. 各种半子解

所谓半子解，最早是由DeAlfaro, Fubini和Furlan提出来的[2]。DFF半子解是M^4中无源SU(2)方程的处处正则，能量有限的解。把它延拓到E^4中，则有两个奇点，在每个奇点处带有SU(2)对偶荷(Pontrijagin数)$\frac{1}{2}$，因而叫做半子解。最早的DFF解实际上是个双半子解。后来就把E^4中有奇点而且每个奇点带有$\frac{1}{2}$对偶荷的解统称为半子解。一般说来，并非所有的半子解在M^4中都是无奇点的。

由于讨论半子解时，往往同时讨论其E^4形式和M^4形式，我们先简单地说明二者之间的关系。我们的记号是

$$\begin{cases} A_\mu = A_\mu^a \sigma^a/2i & F_{\mu\nu} = F_{\mu\nu}^a \sigma^a/2i \\ F_{\mu\nu} = \partial_\mu A_\nu - \partial_\nu A_\mu + [A_\mu, A_\nu] \end{cases} \quad (1)$$

其中 $a=1,2,3$ 是同位旋指标，σ^a 为 Pauli 矩阵，μ、ν 为时空指标：

对 E^4, $\quad \mu, \nu = 1,2,3,4$.

对 M^4, $\quad \mu, \nu = 0,1,2,3$.

M^4 中的度规取为 $diag(-,+,+,+)$，$E^4 \rightleftarrows M^4$ 彼此过渡的规则是

$$x_4 \rightleftarrows ix^0; \qquad A_4 \rightleftarrows -iA_0 \quad (2)$$

$$\partial_4 \rightleftarrows -i\partial_0; \qquad F_{4i} \rightleftarrows -iF_{0i} \quad (2')$$

显然，若 $A_\mu^{(E)}$ 满足 E^4 中 $SU(2)$ 场方程

$$D_\mu F_{\mu\nu} = \partial_\mu F_{\mu\nu} + [A_\mu, F_{\mu\nu}] = 0 \quad (3)$$

则由（2）得到的相应的 $A_\mu^{(M)}$ 满足 M^4 中 $SU(2)$ 场方程

$$D^\mu F_{\mu\nu} = \partial^\mu F_{\mu\nu} + [A^\mu, F_{\mu\nu}] = 0 \quad (3')$$

反之亦然。

1. DFF 双半子解

先考虑 E^4 中的场方程（3），取 Ansatz

$$A_\mu = -i\sigma_{\mu\nu} \partial_\nu \ln\phi(x) \quad (4)$$

其中 $\sigma_{ij} = \frac{1}{2}\epsilon_{ijk}\sigma_k$，$\sigma_{i4} = -\sigma_{4i} = \frac{1}{2}\sigma_i$。由（3）得

$$\Box \phi(x) = C\phi^3(x) \quad (C \text{为常数}) \quad (5)$$

不妨取 $C=-1$，DFF 解是

$$\phi(x) = \sqrt{(x_1-x_2)^2/(x-x_1)^2(x-x_2)^2} \quad (6)$$

相应的 $SU(2)$ 规范势是

$$A_\mu = -i\sigma_{\mu\nu} \left[\frac{(x-x_1)_\nu}{(x-x_1)^2} + \frac{(x-x_2)_\nu}{(x-x_2)^2} \right] \quad (7)$$

它有两个奇点 $x=x_1$ 和 $x=x_2$，在这两个奇点外处处满足场方程（3），它的对偶荷密度是

$$D(x) = (1/32\pi^2) T_\gamma(\epsilon_{\mu\nu\rho\sigma} F_{\mu\nu} F_{\rho\sigma})$$
$$= \frac{1}{2}[\delta(x-x_1) + \delta(x-x_2)] \quad (8)$$

因此我们说解（7）描写在 x_1 和 x_2 处的两个半子，每个半子有 $SU(2)$ 对偶荷 $1/2$。

为讨论简单起见，下面我们取

$$x_1 = -a, \quad x_2 = +a, \quad a_\mu = (0,0,0,1) \tag{9}$$

现在利用(2)式从 E^4 过渡到 M^4，则得

$$(x-x_1)^2(x-x_2)^2 \longrightarrow \left[\vec{x}^2 + (it-1)^2\right]\left[\vec{x}^2 + (it+1)^2\right]$$

$$= \left(\vec{x}^2 - t^2 + 1 - 2it\right)\left(\vec{x}^2 - t^2 + 1 + 2it\right) = \left(\vec{x}^2 - t^2 + 1\right)^2 + 4t^2$$

$$= \left(\vec{x}^2 - t^2\right)^2 + 2\left(\vec{x}^2 + t^2\right) + 1 = 1 + \left(t + |\vec{x}|\right)^2 + \left(t - |\vec{x}|\right)^2$$

$$+ \left(t^2 - \vec{x}^2\right)^2 = \left[1 + (t + |\vec{x}|)^2\right]\left[1 + (t - |\vec{x}|)^2\right]$$

$$= (1 + t_+^2)(1 + t_-^2) \tag{10}$$

其中 $t_\pm = t \pm |\vec{x}|$。所以

$$\phi = 2/\sqrt{(1+t_+^2)(1+t_-^2)} \tag{11}$$

$$A_\mu = -i\tau_\mu^\nu \left(\frac{t_+}{1+t_+^2} Y_\nu^+ + \frac{t_-}{1+t_-^2} Y_\nu^-\right) \tag{12}$$

其中 $Y_\mu^\pm = \partial_\mu t_\pm = \left(1 \pm \vec{x}/|\vec{x}|\right)$.

注意：M^4 中的 DFF 解(12)现在是处处正则的！

(12)式中的矩阵 $\tau_{\mu\nu}$ 定义如下：

$$\tau_{ij} = \sigma_{ij}, \quad \tau_{i0} = -\tau_{0i} = -i\sigma_{i4} = i\sigma_i/2 \tag{13}$$

由此不难看出，在 M^4 中解(12)的分量

$$A_\mu^a = iTr(A_\mu \sigma^a) \tag{14}$$

实际上是复数。然而，拉氏量密度和能量——动量张量的相应值都是实数：

$$L = -\frac{1}{8}Tr(F_{\mu\nu}F^{\mu\nu}) = 12 \cdot \frac{1}{(1+t_+^2)^2(1+t_-^2)^2} \tag{15}$$

$$\theta_{\mu\nu} = -\frac{1}{2}Tr(F_{\mu\rho}F_\nu^\rho - \frac{1}{4}g_{\mu\nu}F_{\alpha\beta}F^{\alpha\beta})$$

$$= -4(4w_\mu w_\nu - w^2 g_{\mu\nu})w^2 \tag{16}$$

其中

$$w_\mu = \frac{1}{2}\left(\frac{1}{1+t_+^2} Y_\mu^+ + \frac{1}{1+t_-^2} Y_\mu^-\right)$$

相应的作用量和能量都是有限的：

$$A = \int L d^4x = \frac{3\pi^3}{2} \tag{15'}$$

$$E = \int \theta_{00} d^3\vec{x} = 12\int \frac{1}{(1+\vec{x}^2)^4} d^3\vec{x} = \frac{3\pi^2}{2} \tag{16'}$$

此外，不难算出DFF解(12)的对偶荷密度和对偶荷为0：

$$D(x) = 0, \quad q = \int D(x) d^4x = 0 \tag{17}$$

DFF解的一个重要的对称性质是，解(12)是$O(4)\times O(2)$对称的。为看出这一点，引入六维坐标$\xi_A (A=0,1,2,3,5,6)$：

$$\begin{cases} \xi_i = x_i \ (i=1,2,3), & \xi_0 = x_0 \\ \xi_5 = \frac{1}{2}(1+x_0^2-\vec{x}^2), & \xi_6 = \frac{1}{2}(1-x_0^2+\vec{x}^2) \end{cases} \tag{18}$$

显然有

$$\xi_1^2 + \xi_2^2 + \xi_3^2 - \xi_0^2 + \xi_5 - \xi_6^2 = 0 \tag{19}$$

于是(11)式可改写为

$$\phi = 1\Big/\sqrt{(\xi_6+i\xi_0)(\xi_6-i\xi_0)} = 1\Big/\sqrt{\xi_6^2+\xi_0^2} \tag{20}$$

它显然是在保持(19)式不变的共形群$O(4,2)$的最大紧致子群$O(4)\times O(2)$下不变的，这里$O(4)\times O(2)$系由$(1,2,3,5)\times(0,6)$的转动组成的。

总结DFF解(12)的性质，不难看出，它在许多方面是与E^4中的BPST瞬子解互补的：

E^4中的BPST解	M^4中的DFF解
在 E^4 中处处正则	在 M^4 中处处正则
M^4 中有奇点	E^4 中有奇点
E^4 中作用量有限	M^4 中作用量有限
对偶荷(密度)非零	对偶荷(密度)为零
能——动张量为零	能——动张量非零
$O(5)$对称	$O(4)\times O(2)$对称

2. 单半子解和正—反半子解

为推广DFF解(12)，我们从共形变换及奇异规范变换的角度重新进行推导[3]。仍先考虑E^4，引入下列记号

$$S_\mu = (i\vec{\sigma}, 1), \quad \bar{S}_\mu = (-i\vec{\sigma}, 1)$$

$$\sigma_{\mu\nu} = \frac{1}{4i}(S_\mu\bar{S}_\nu - S_\nu\bar{S}_\mu), \quad \bar{\sigma}_{\mu\nu} = \frac{1}{4i}(\bar{S}_\mu S_\nu - \bar{S}_\nu S_\mu)$$

$$\sigma_{ij} = \overline{\sigma}_{ij} = \tfrac{1}{2}\epsilon_{ijk}\sigma_k, \qquad \sigma_{i4} = -\overline{\sigma}_{i4} = \tfrac{1}{2}\sigma_i \tag{21}$$

以及
$$g(x) = \frac{\overline{S}\cdot x}{|x|} = \frac{x_4 - i\vec{\sigma}\cdot\vec{x}}{|x|}, \qquad g^{-1}(x) = \frac{S\cdot x}{|x|} \tag{22}$$

用这些记号，熟知的BPST解可写为
$$A_\mu^{(BPST)} = -2i\sigma_{\mu\nu}\frac{x_\nu}{x^2+\lambda^2} = \frac{x^2}{x^2+\lambda^2}g^{-1}\partial_\mu g \tag{23}$$

我们现在来考察形如
$$A_\mu = C g^{-1}\partial_\mu g \qquad (C \text{ 为常数}) \tag{24}$$

的解，容易证明，除了 $C=1$ 的情形（它与真空 $A_\mu=0$ 只差一个奇异规范变换 g）之外，使(24)满足SU(2)场方程(3)的唯一可能性是 $C=1/2$，即
$$A_\mu^{(m)} = \tfrac{1}{2}g^{-1}\partial_\mu g = -i\sigma_{\mu\nu}\frac{x_\nu}{x^2}, \qquad q=1/2 \tag{25}$$

它在 $x=0$ 处有对偶荷 $1/2$，所以叫做单半子解。类似地可得单反半子解
$$A_\mu^{(\overline{m})} = \tfrac{1}{2}g\partial_\mu g^{-1} = -i\overline{\sigma}_{\mu\nu}\frac{x_\nu}{x^2}, \qquad q=-1/2 \tag{25'}$$

它在 $x=0$ 处有对偶荷 $-1/2$。注意，这两个解由奇异规范变换 $g(x)$ 相联系：
$$A_\mu^{(m)} = g^{-1}A_\mu^{(\overline{m})}g + g^{-1}\partial_\mu g$$

$$A_\mu^{(\overline{m})} = gA_\mu^{(m)}g^{-1} + g\partial_\mu g^{-1} \tag{26}$$

单半子和单反半子解(25)、(25')在点 $x=0$ 及 $x=\infty$ 处都是奇异的。用共形变换可以把这两个奇点移到点
$$y_+ \equiv x+a = 0, \qquad y_- \equiv x-a = 0 \tag{27}$$

处。方法如下：接连做下列三个变换

平移 $x_\mu \longrightarrow x_\mu - 2a_\mu$，反演 $x_\mu \longrightarrow x_\mu/x^2$，平移 $x_\mu \longrightarrow x_\mu + a_\mu$

于是可得新的解
$$A_\mu^{(m)} \longrightarrow A_\mu^{(m\overline{m})} = \tfrac{1}{2}f^{-1}\partial_\mu f \tag{28}$$

$$A_\mu^{(\overline{m})} \longrightarrow A_\mu^{(\overline{m}m)} = \tfrac{1}{2}f\partial_\mu f^{-1} \tag{28'}$$

其中
$$f(x) = \frac{(\overline{S}\cdot y_+)}{|y_+|}\cdot\frac{(S\cdot y_-)}{|y_-|}, \quad f^{-1}(x) = \frac{(\overline{S}\cdot y_-)}{|y_-|}\cdot\frac{(S\cdot y_+)}{|y_+|} \tag{29}$$

相应的对偶荷密度分别为

$$D(x) = \pm \frac{1}{2}[\delta(x+a) - \delta(x-a)] \tag{30}$$

因此 $A_\mu^{(m\bar{m})}$ 对应于 $y_+ = 0$ 处有一个半子，$y_- = 0$ 处有一个反半子，而 $A_\mu^{(\bar{m}m)}$ 恰好相反，它们叫做正—反半子解。正—反半子解与 DFF 双半子解之间只差一个奇异的规范变换 $g(y_+) = (\vec{S} \cdot y_+)/|y_+|$:

$$g^{-1}(y_+)A_\mu^{(\bar{m}m)}g(y_+) + g^{-1}(y_+)\partial_\mu g(y_+)$$
$$= -i\sigma_{\mu\nu}\left(\frac{y_{+\nu}}{y_+^2} + \frac{y_{-\nu}}{y_-^2}\right) = A_\mu^{(mm)} \tag{31}$$

正—反半子解的 M^4 形式是实的 A_μ^a:

$$\begin{cases} A_0 = i \dfrac{2x_0}{(1+t_+^2)(1-t_-^2)} \vec{\sigma} \cdot \vec{x} \\ A_i = -i \dfrac{2}{(1+t_+^2)(1-t_-^2)}\left\{\epsilon_{ijk}x_j\sigma_k + \dfrac{1+x^2}{2}\sigma_i + x_i \vec{\sigma} \cdot \vec{x}\right\} \end{cases} \tag{32}$$

实际上在 M^4 中正—反半子解仍有(28)的形状，不过此时

$$f(\vec{x},t) = -\frac{(1 - it_+\vec{\sigma}\cdot\vec{u})}{\sqrt{1+t_+^2}} \frac{(1 + it_-\vec{\sigma}\cdot\vec{u})}{\sqrt{1+t_-^2}} \tag{33}$$

其中 $\vec{u} = \vec{x}/|\vec{x}|$，在 M^4 中所有的双半子解 $(m\bar{m})$、$(\bar{m}m)$ 和 (mm) 都有同样的拉氏量密度(15)、能量—动量张量(16)和对偶荷密度(17)。

注意，在 M^4 中 $A_\mu^{(m\bar{m})}$ 的渐近行为对于类光方向是与类空或类时方向是不一样的：

对类空 $x_\mu \to \infty$，$\qquad A_\mu \sim 1/|\vec{x}|^2$
对类时 $x_\mu \to \infty$，$\qquad A_\mu \sim 1/t^2$
对类光 $x_\mu \to \infty$，$\qquad$ 例如 $t_+ \to \infty$ 而 t_- 保持有限时，

$$A_\mu \to \frac{(1 - it_-\vec{\sigma}\cdot\vec{u})}{\sqrt{1+t_-^2}} \frac{\partial}{\partial x^\mu}\left(\frac{1 + it_-\vec{\sigma}\cdot\vec{u}}{\sqrt{1+t_-^2}}\right) \tag{34}$$

虽然双半子解对偶荷密度处处为零，但是[3]指出，对 M^4 中的双半子解，可以定义一个对三维空间进行积分的守恒荷

$$Q = \int_S I_\mu dS^\mu = \int I_0 d^3\vec{x} \tag{35}$$

其中S代表任一类空曲面，I_μ为对偶荷的流

$$I_\mu = (1/8\pi^2)\epsilon_{\mu\alpha\beta\gamma}Tr(A_\alpha\partial_\beta A_\gamma + \tfrac{2}{3}A_\alpha A_\beta A_\gamma) \tag{36}$$

由于$\partial_\mu I^\mu = D(x) = 0$，因此

$$dQ/dt = 0 \tag{37}$$

值得注意的是，守恒荷Q的数值也是量子化的：

$$Q = \begin{cases} 0 & 对(mm)或(\overline{m}\,\overline{m})解 \\ \tfrac{1}{2} & 对(m\overline{m})解 \\ -\tfrac{1}{2} & 对(\overline{m}m)解 \end{cases} \tag{38}$$

M^4中$(m\overline{m})$或$(\overline{m}m)$解的物理内容很值得研究。

3. Glimm-Jaffe 的多半子解

Glimm-Jaffe 在〔4〕中用 Witten 的 Ansatz

$$\begin{cases} A_j^a = \epsilon_{ajk}\dfrac{x^k}{r}\dfrac{(\phi_1+1)}{r} + \left(\delta_{aj} - \dfrac{x^a x^j}{r^2}\right)\dfrac{\phi_0}{r} + \dfrac{x^a x^j}{r^2}A_1 \\ A_4^a = \dfrac{x^a}{r}A_0 \end{cases} \tag{39}$$

（其中待定函数A_0、A_1、ϕ_0、ϕ_1都是$(x_4, r=|\vec{x}|)$的函数）求出了E^4中的多半子解。我们知道，Witten Ansatz 就是同步球对称的 SU(2) 规范场，拉氏量密度为

$$L(x) = \tfrac{1}{4}(F_{ab})^2 + \dfrac{1}{r^2}(D_a\phi_b)^2 + \dfrac{1}{2r^4}(1-\phi^2)^2 \tag{40}$$

其中$F_{ab} = \partial_a A_b - \partial_b A_a$，$D_a\phi_b = \partial_a\phi_b + \epsilon_{bc}A_a\phi_c$。所以化为 Abel 规范势$A_a$与 Higgs 二重态$\phi = (\phi_0, \phi_1)$的二维模型。

DFF 用广义坐标变换的观点也导出了 GJ 多半子解[5]。DFF 注意到：所有各种半子解都可以写为

$$A_\mu = \tfrac{1}{2}G^{-1}(x)\partial_\mu G(x) \tag{41}$$

而且，在广义坐标变换$x_\mu \to z_\mu(x)$下，A_μ的上述形式(41)保持不变：G的变换如同标量，即

$$A'_\mu = \tfrac{1}{2}G^{-1}[z(x)]\partial_\mu G[z(x)] \tag{42}$$

当A_μ满足E^4中的方程(3)时，$A'_\mu(x)$满足下列方程

$$\partial_\mu(\sqrt{+g'}F'^{\mu\nu}(x)) + \sqrt{g'}[A'_\mu, F'^{\mu\nu}(x)] = 0 \tag{43}$$

其中

$$\sqrt{g'} = [det(g'_{\mu\nu})]^{1/2}, \quad g'_{\mu\nu}(x) = \delta_{\rho\sigma}\frac{\partial z^\rho}{\partial x^\mu}\frac{\partial z^\sigma}{\partial x^\nu} \tag{44}$$

特别是如果$x^\mu \to z^\mu(x)$是广义的共形变换，即$g'_{\mu\nu}(x) = \rho(x)\delta_{\mu\nu}$，则$A'_\mu$也是$E^4$中SU(2)场方程的解。由$Y-M$场方程的广义共形不变性，立即可以看出这一点。

DFF指出，某一种的多半子解的形式是

$$G(x) = \frac{\overline{s\cdot(x-a_1)}}{|x-a_1|} \cdot \frac{s\cdot(x-b_1)}{|x-b_1|} \cdot \frac{\overline{s\cdot(x-a_2)}}{|x-a_2|} \cdots \tag{45}$$

注意，其中s与$\bar{s}$是交替出现的。这保证了存在函数$z(x)$，使得

$$s\cdot z(x) = (s\cdot(x-a_1))(s\cdot(x-b_1))^{-1}(s\cdot(x-a_2))\cdots \tag{46}$$

由于$G_1(x) = (\overline{s\cdot x})/|x|$是$E^4$中的解，由上述广义坐标变换的观点$G_1(z(x))$导致方程(43)的解，即(45)式给出的$G(x)$是方程(43)的解，在奇点$a_i$、$b_j$附近有：

当$x \to a_i$时

$$A_\mu = \tfrac{1}{2}G^{-1}(x)\partial_\mu G(x) \sim \tfrac{1}{2}\frac{s\cdot(x-a_i)}{|x-a_i|}\partial_\mu\frac{\overline{s\cdot(x-a_i)}}{|x-a_i|} \tag{47}$$

当$x \to b_j$时

$$A_\mu = \tfrac{1}{2}G^{-1}(x)\partial_\mu G(x) \sim \tfrac{1}{2}\frac{\overline{s\cdot(x-b_j)}}{|x-b_j|}\partial_\mu\frac{s\cdot(x-b_j)}{|x-b_j|} \tag{47'}$$

因而

$$D(x) = \tfrac{1}{2}\left\{\sum_i \delta(x-a_i) - \sum_j \delta(x-b_j)\right\} \tag{48}$$

所以，在(45)中a_i代表半子的位置，b_j代表反半子的位置。

如果所有的奇点a，b都位于一条直线上，把它取为第四轴，则$G(x)$的表式(45)中出现的所有矩阵都是可对易的：

$$\begin{cases}\overline{s\cdot(x-a_i)} = x_4 - a_i - ir\vec{\sigma}\cdot\vec{u} \\ s\cdot(x-a_j) = x_4 - b_j - ir\vec{\sigma}\cdot\vec{u}\end{cases} \quad \left(r = |\vec{x}|, \vec{u} = \frac{\vec{x}}{r}\right) \tag{49}$$

选择柱坐标：

$$\begin{cases}t_\pm = x_4 \pm ir, \theta, \varphi \\ \tau_\pm = z_4 \pm ir', \theta', \varphi'\end{cases} \quad (r' = |\vec{z}|) \tag{50}$$

则相应的坐标变换为

$$\tau_\pm = f(t_\pm) \quad \theta' = \theta, \quad \varphi' = \varphi \tag{51}$$

其中
$$f(t_\pm) = \prod_i (t_\pm - a_i) / \prod_j (t_\pm - b_j) \quad (52)$$

由以上表达式不难推出，

$$\begin{cases} A_\mu(x) = \frac{1}{2} exp(i\phi\vec{\sigma},\vec{u}) \partial_\mu exp(-i\phi\vec{\sigma},\vec{u}) \\ \Psi = \frac{1}{2i} ln \frac{f(t_+)}{f(t_-)} = \sum_i arg(t_+ - a_i) - \sum_j arg(t_+ - b_j) \end{cases} \quad (53)$$

这恰好就是GJ多半子解[4]，它们满足E^4中场方程。

当a_i, b_j不在一条直线上时，(45)式的$G(x)$是否满足E^4中的场方程是一个未解决的问题。此外，(45)式的$G(x)$，包括GJ解(53)，都有一个特点：由于s和$\bar{s}$的交替出现，正、反半子是几乎成对出现的（不成对的正或反半子不多于一个）。是否有其它类型的多半子解（即总对偶荷$|q|>1/2$的多半子解的M^4形式及其性质，[4]、[7]二文均未进行讨论。

[4]中宣称，已用GJ多半子解的E^4形式讨论了夸克禁闭的问题（只引述预印本，正文尚未见到发表）。

§2. 超环表述和椭园函数解

各种半子解基本上是先在E^4中求解，然后延拓到M^4中，更为直接的办法当然是从一开始就在M^4中求解。

为充分利用无源$SU(2)$方程的共形不变性质，合适的做法是把M^4紧致化为$S^3 \times S^1$。其思路如下：我们知道，BPST瞬子解($q=\pm 1$)是在E^4的共形群$SO(5.1)$的最大紧致子群$O(5)$下不变的（只差规范变换的意义下）。为明显地表现$O(5)$对称性，把E^4紧致化为S^4是非常方便的。而DFF半子解在M^4的共形群$SO(4.2)$的最大紧致子群$O(4)\times O(2)$下不变（也是只差规范变换的意义下）。显然此时把M^4紧致为$S^3\times S^1$，对于明显地表现$O(4)\times O(2)$对称性是非常合适的。此即超环表述。

1. M^4上$SU(2)$规范场论的超环表述[6],[7]

$S^3\times S^1$可视为六维伪欧氏空间$E^{(4,2)}$中的四维超环面，先考虑$E^{(4,2)}$中的如下锥面：

$$-\xi_0^2 + \xi_1^2 + \xi_2^2 + \xi_3^2 + \xi_5^2 - \xi_6^2 = 0 \quad (1)$$

它显然在$SO(4.2)$下不变。M^4的坐标x^μ可以定为

$$x^\mu = \xi^\mu/(\xi^5 + \xi^6) \quad (2)$$

这样认定的理由是，对应于$\Lambda \epsilon SO(4.2)$的M^4中的共形变换$x^\mu \to x'^\mu$恰好可表为

$$x'^\mu = \xi'^\mu/(\xi'^5 + \xi'^6), \quad \xi'^A = \Lambda^A_B \xi^B \quad (3)$$

其中$A, B = 0, 1, 2, 3, 5, 6$。由于(1)和(2)的齐次性，我们可以限于考虑(1)的下列子

流形
$$\xi_1^2 + \xi_2^2 + \xi_3^2 + \xi_5^2 = \xi_0^2 + \xi_6^2 = 1 \tag{4}$$

这就是 $S^3 \times S^1$。由(2)式，$S^3 \times S^1 \to M^4$ 是二对一的映射，M^4 中的无穷远点对应于超环 $S^3 \times S^1$ 上满足 $\xi^5 = -\xi^6$ 的点集。M^4 可以认同为超环(4)上 $\xi_5 + \xi_6 > 0$ 的区域，M^4 的原点 $x_\mu = 0$ 对应于 $\xi_5 = \xi_6 = 1$,

令
$$\begin{cases} r_0 = \xi_5, \quad r_1 = \xi_1, \quad r_2 = \xi_2, \quad r_3 = \xi_3 \\ R_0 = \xi_6, \quad R_1 = \xi_4 \end{cases} \tag{5}$$

则
$$r_\mu r_\mu = 1, \qquad R_a R_a = 1 \qquad (\mu = 0, \cdots 3, \ a = 1, 2) \tag{6}$$

M^4 中的坐标(2)可用新坐标(5)记为
$$x^i = \frac{r_i}{r_0 + R_0} (i = 1, 2, 3), \quad x^0 = \frac{R_1}{r_0 + R_0} \tag{7}$$

反演上式则得
$$\vec{r} = \frac{2\vec{x}}{\sqrt{\lambda}}, \ r_0 = \frac{1-x^2}{\sqrt{\lambda}}; \ R_1 = \frac{2t}{\sqrt{\lambda}}, \ R_0 = \frac{1+x^2}{\sqrt{\lambda}} \tag{8}$$

其中
$$\lambda = (1 + t_+^2)(1 + t_-^2), \ x^2 = \vec{x}^2 - (x^0)^2 = -t_+ t_-。$$

在原点 $x_\mu = 0$ 附近，$\lambda \approx 1$，因而 $\vec{r} \approx 2\vec{x}$，$R_1 \approx 2t$，$\vec{r}$ 和 R_1 可分别称为赝空间、赝时间坐标，

为把 M^4 上的场论搬到 $S^3 \times S^1$ 上，需要把 $\partial/\partial x^\mu$ 和 A_μ 都映到超环上。由(8)和(6)可得
$$\begin{cases} \partial/\partial x^i = (r_0 + R_0)\hat{\partial}_i + r_i(\hat{\Delta}_0 - \hat{\partial}_0) \\ \partial/\partial x^0 = (r_0 + R_0)\hat{\Delta}_1 - R_1(\hat{\Delta}_0 - \hat{\partial}_0) \end{cases} \tag{9}$$

其中 $\hat{\partial}_\mu$ 和 $\hat{\Delta}_a$ 分别为与 S^3 和 S^1 相切的偏导数算子：
$$\begin{cases} \hat{\partial}_\mu = \frac{\partial}{\partial r_\mu} - r_\mu r_\nu \frac{\partial}{\partial r_\nu}, \quad \hat{\Delta}_a = \frac{\partial}{\partial R_a} - R_a R_b \frac{\partial}{\partial R_b} \end{cases} \tag{10}$$
$$r_\mu \hat{\partial}_\mu = 0, \quad R_a \hat{\Delta}_a = 0 \tag{10'}$$

因为 A_μ 与 $\partial/\partial x^\mu$ 的变换性质一样，仿(9)式，用
$$\begin{cases} A_i = (r_0 + R_0)\hat{a}_i + r_i(\hat{A}_0 - \hat{a}_0) \\ A_0 = (r_0 + R_0)\hat{A}_1 - R_1(\hat{A}_0 - \hat{a}_0) \end{cases} \tag{11}$$

引入定义在超环上的SU(2)规范势$\hat{a}_\mu$与$\hat{A}_a$，它们分别切于S^3和S^1：

$$r_\mu \hat{a}_\mu = 0, \qquad R_a \hat{A}_a = 0 \tag{12}$$

于是超环上的协变导数应为$\hat{\partial}_\mu + \hat{a}_\mu$，$\hat{\Delta}_a + \hat{A}_a$。

超环上的场强应由协变导数的对易子给出。注意到

$$[\partial_\mu, \partial_\nu] = 0 \Longrightarrow [\hat{\partial}_\mu, \hat{\partial}_\nu] = r_\mu \hat{\partial}_\nu - r_\nu \hat{\partial}_\mu \tag{13}$$

$$F_{\mu\nu} = [\partial_\mu + A_\mu, \partial_\nu + A_\nu] \tag{14}$$

定义超环上的场强分量

$$\hat{E}_{a\mu} = [\hat{\Delta}_a + \hat{A}_a, \hat{\partial}_\mu + \hat{a}_\mu] = \hat{\Delta}_a \hat{a}_\mu - \hat{\partial}_\mu \hat{A}_a + [\hat{A}_a, \hat{a}_\mu] \tag{15}$$

$$\hat{H}_{\mu\nu} = [\hat{\partial}_\mu + \hat{a}_\mu, \hat{\partial}_\nu + \hat{a}_\nu] - r_\mu(\hat{\partial}_\nu + \hat{a}_\nu) + r_\nu(\hat{\partial}_\mu + \hat{a}_\mu)$$

$$= \hat{\partial}_\mu \hat{a}_\nu - \hat{\partial}_\nu \hat{a}_\mu + r_\nu \hat{a}_\mu - r_\mu \hat{a}_\nu + [\hat{a}_\mu, \hat{a}_\nu] \tag{15'}$$

它们满足切向性条件

$$r_\mu \hat{H}_{\mu\nu} = 0, \qquad R_a \hat{E}_{a\mu} = r_\mu \hat{E}_{a\mu} = 0 \tag{16}$$

所以独立的分量只有六个，运动方程是

$$\begin{cases} \hat{\partial}_\mu \hat{H}_{\mu\nu} - \hat{\Delta}_a \hat{E}_{a\mu} + [\hat{a}_\mu, \hat{H}_{\mu\nu}] - [\hat{A}_a, \hat{E}_{a\mu}] = 0 \\ \hat{\partial}_\nu \hat{E}_{a\nu} + [\hat{a}_\mu, \hat{E}_{a\mu}] = 0 \end{cases} \tag{17}$$

2、$O(4)$对称的椭圆函数解[6,7]

$O(4)$对称的Ansatz

$$\hat{a}_\mu = i f(\theta) \sigma_{\mu\nu} r_\nu, \qquad \hat{A}_{va} = 0 \tag{18}$$

其中 $R_0 = \cos\theta$，$R_1 = \sin\theta$

当对r_μ做任意的$O(4)$转动时，只要再做一个相应的规范变换就能使(18)保持不变。(18)代入(17)得

$$\frac{1}{2} f'' + f(f+1)(f+2) = 0 \tag{19}$$

这个方程相当于在双底位势

$$V(f) = \frac{1}{2} f^2 (f+2)^2 \tag{20}$$

中粒子的运动方程。该粒子相应的"能量"是

$$\epsilon = \frac{1}{2} [f'^2 + f^2(f+2)^2] \tag{21}$$

方程(19)的解的类型依赖于ϵ的值。

第一期　　　　　　　　半子(Meron)解及其他　　　　　　59

(1) 与 θ 无关的常数 f 解只有稳定的 $f=0$ 及 $f=-2$（可验证对应于真空）以及不稳定的

$$f=-1, \quad \hat{a}_\mu = -i\sigma_\mu r, \quad \hat{A}=0 \tag{22}$$

不难验证，它就是 M^4 中的 $(m\overline{m})$ 双半子解[3]。

〔注：[3]中曾说过，M^4 中的 (mm) DFF 双半子复数解(1-7)与此解(22)规范等价，相差一个 $SL(2,C)$ 规范变换。实际上，[3]后来阐明：解22)的 E^4 形式即是 $(m\overline{m})$ 解(1-23)，它与 (mm) 解(1-7)相差一个奇异规范变换 $g(Y_+)$；见§1-2节〕

(2) 当 $\epsilon \leqslant 1/2$ 时，（$\epsilon = 1/2$ 对应于 $V(f)$ 在 $f=-1$ 时的凸包）

$$\begin{cases} f = -1 \pm \sqrt{1+\sqrt{2\epsilon}}\, dn[(1+\sqrt{2\epsilon})^{\frac{1}{2}}(\theta-\theta_0)|k_1] \\ k_1^2 = 2\sqrt{2\epsilon}/(1+\sqrt{2\epsilon}) \quad (\epsilon \leqslant \tfrac{1}{2}) \end{cases} \tag{23}$$

(23)中两个符号分别对应"粒子"的 $V(f)$ 的两个谷中的运动。

(3) 当 $\epsilon > \tfrac{1}{2}$ 时，

$$f = -1 + \sqrt{1+\sqrt{2\epsilon}}\, cn[(1+\sqrt{2\epsilon})^{\frac{1}{2}}(\theta-\theta_0)|k_2] \tag{24}$$

$$k_2^2 = (1+\sqrt{2\epsilon})/2\sqrt{2\epsilon} \quad (\epsilon > \tfrac{1}{2})$$

在(23)、(24)中 dn 和 cn 都是 Jacobi 椭圆函数。

注意：解(22)是 $O(4)\times O(2)$ 对称的。而解(23)与(24)对于每个固定的 k 值，都代表一组由不同的 θ_0 标记的解，这些解只是 $O(4)$ 对称的在 $O(2)$ 变换下，它们彼此变换，即它们之间相差一个共形变换：$O(2)$ 的生成元是 $H_\theta = \tfrac{1}{2}(P_0+K_0)$，这里 P_μ 与 K_μ 是 M^4 中平移和特殊共形变换的生成元。

回到 M^4 的坐标 x^μ，我们有

$$\begin{cases} A_0^a = \dfrac{4x^0 x^a}{\lambda(x)} f(\theta(x)) \quad \lambda(x) = (1+t_+^2)(1+t_-^2) \\ A_i^a = \dfrac{-4}{\lambda(x)}\left\{ \epsilon_{aij} x^j + \dfrac{1-x^2}{2}\delta_{ai} + x^a x^i \right\} f\theta((x)) \end{cases} \tag{25}$$

其中 $\theta = \theta(x)$ 可由下式定出：$|\theta(x)| < \pi$

$$\sin\theta(x) = 2x^0/\lambda^{\frac{1}{2}}, \quad \cos\theta(x) = (1+x^2)/\lambda^{\frac{1}{2}} \tag{25'}$$

而 $f(\theta(x))$ 即是解(22)、(23)、(24)之一，所有这些解在 M^4 中都是实数，而且处处正则，其作用量和能量都是有限的。

评注1、在超环表述中，过渡到 E^4 即(Wick 转动)由 $\theta \longrightarrow \theta_E = i\theta$，即 $\theta \rightleftharpoons -i\theta_E$ 给出。

评注2、由于 M^4 不是认同为整个超环(4)，而只是(4)上的 $r_0 + R_0 > 0$ 的开区域，所以 M^4 上的解不需要加在整个超环上有定义的同期性条件。

3、CJN椭圆函数解[8]

Carvero，Jacobs和Nohl[8]求得了 E^4 中SU(2)无源场方程(1—3)的一组椭圆函数解，当其椭圆函数的模——它是表征每个解的参数—— $k = 0$ 时就化为DFF的双半子解。当 $0 \leqslant k < k_c \approx 0.173$ 时，CJN解的 M^4 形式是在 M^4 中处处正则，而且作用量、能量均为有限。不过，象最初的DFF双半子解一样，CJN解在 M^4 中都是复数；然而拉氏量密度、能量—动量张量却是实的，且能量密度是正定的。

如DFF解的求法一样，在 E^4 中取Ansatz

$$A_\mu = -i\sigma_{\mu\nu} \partial \ln\phi(x) \tag{26}$$

得

$$\Box \phi(x) = C\phi^3(x) \quad (C\text{为常数}) \tag{27}$$

取 $C = -1$。又对(27)的解取Ansatz

$$\Phi(x) = \frac{2\sqrt{a^2}}{(x-a)^2} F(z), \qquad z = \frac{(x-a)^2}{(x+a)^2} \tag{28}$$

其中 a_μ 是任意常数矢量，则得

$$F'' + \frac{1}{4}(z'F)^3 = 0 \tag{29}$$

又令

$$F(z) = \exp y \cdot f(y) \qquad (y = \frac{1}{2}\ln z) \tag{30}$$

得到

$$\frac{d^2 f}{dy^2} + f^3 - f = 0 \tag{31}$$

可用椭圆函数解这个方程。CJN解是

$$\phi(x|k) = \phi_D(x) \cdot \sqrt{\frac{k' + k Cn^2(\Omega|k)}{\frac{1}{2}(1+k')}} \tag{32}$$

其中

$$\phi_D(x) = 2\sqrt{\frac{a^2}{(x-a)^2(x+a)^2}} \tag{33}$$

$$\Omega = \alpha \ln(\beta z) \qquad \alpha = 1/2\sqrt{2-k} \tag{34}$$

$$\beta = \exp[4nK(k)K/\alpha] \quad (n\text{为任意整数})$$

$k + k' = 1$ $(0 \leqslant k, k' \leqslant 1)$；$K(k)$ 为第一类全椭圆积分，k 和 β 为积分常数，(34)中积分常数 β 的选择，保证了解(32)在 M^4 中是实的且为正。

当 $k = 0$ 时 $\qquad \phi(x|k) = \phi_D(x)$ (35)

当 $k = 1$ 时 $\qquad \phi(x|k) = 2\sqrt{2}\, a/(x^2 + a^2)$ (35')

它们分别是DFF解和BPST解。

固定$a_\mu=(0,0,0,1)$，从E^4解析延拓到M^4，得

$$\phi_M(x|k) = 2\sqrt{2}\,\alpha(k)\phi_{DM}(x)\sqrt{1+\frac{sn^2(2\alpha\Psi|k')}{Cn^2(2\alpha\Psi|k')}} \quad (36)$$

其中

$$\phi_{DM}(x_0,\vec{x}) = \phi_L(\vec{x}\,ix_0) = \frac{2}{\sqrt{(1+t_+^2)(1+t_-^2)}}$$

$$\Psi = arctg[2t/(1-t_+t_-)] \quad (37)$$

可以证明，当且仅当$0 \leqslant k < k_c$时，$\phi_M(x|k)$在M^4中处处正则，其中k_c由下列方程决定：

$$\sqrt{2-k_c}\int_0^{\pi/2}\frac{d\theta}{\sqrt{cos^2\theta+k_c sin^2\theta}}=\pi \quad (38)$$

数值上$k_c \approx 0.173$. 当$k<k_c$时，作用量S是有限的，且与k无关。当$k \geqslant k_c$时，S是无穷大。此外，解(36)的能量是

$$E = 3\pi^2(1-k)/2(1-k/2)^2 \quad (39)$$

注意，Ansatz(26)在M^4中化为

$$\overset{a}{A_0} = i\delta^{ic}\partial_i ln\phi, \quad \overset{a}{A_i} = -\epsilon_{ai}\partial_i ln\phi - i\delta_{ai}\partial_0 ln\phi \quad (40)$$

对任意$\phi(x)$，A_μ在M^4中是复数，这是由Ansatz(26)本身决定的。由于$\theta_{\mu\nu}$和L都是实数，$\theta_{00}=H$是正定的，而且所有规范不变的由$F_{\mu\nu}$构造出来的量也都是实数，所以[8]猜测所有的CJN解可经过$SL(2,c)$规范变换化为实数；对于$k=0$的情形，它们明显地证明了这一点，结果是把M^4中的(mm)复数解化为$(m\bar{m})$实数解。

§3. M^4中的自对偶SU(2)解

E^4中的瞬子解是自对偶的：

$$\widetilde{F}_{\mu\nu} = \tfrac{1}{2}\epsilon_{\mu\nu}{}^{\rho\sigma}F_{\rho\sigma} = \pm F_{\mu\nu} \quad (1)$$

如何推广到M^4中？由于M^4的号差为$+2$，由对偶的定义不难看出，若要求$\widetilde{F}_{\mu\nu}=\pm F_{\mu\nu}$，则必有$F_{\mu\nu}\equiv 0$，因而修改自对偶的定义为

$$\widetilde{F}_{\mu\nu} = \tfrac{1}{2}\epsilon_{\mu\nu}{}^{\rho\sigma}F_{\rho\sigma} = CF_{\mu\nu} \quad (C为常数) \quad (2)$$

由于在M^4中有$\widetilde{\widetilde{F}}_{\mu\nu}=-F_{\mu\nu}$，即对偶算子的平方为$-1$，因而其本征值只能为$C=\pm i$。所以$M^4$中的自对偶定义或自对偶方程就是[9]

$$\widetilde{F}_{\mu\nu} = \tfrac{1}{2}\epsilon_{\mu\nu}{}^{\rho\sigma} F^{\rho\sigma} = \pm i F_{\mu\nu} \tag{3}$$

(注意：在E^4中 $\widetilde{\widetilde{F}}_{\mu\nu} = F_{\mu\nu}$，故在$E^4$中自对偶的定义(2)也同样适用，此时必有 $C = \pm 1$)。

由(3)式可见：M^4中自对偶的$SU(2)$场必为复数。不过由Bianchi等恒式 $D_\mu \widetilde{F}^{\mu\nu} = 0$，自对偶的$SU(2)$场必满足$M^4$中的运动方程(1—4)，和$E^4$的情形类似，$M^4$中自对偶的场的能号——动量张量处处为零，所以它也代表真空解，不过是复数场。

1. Rebbi自对偶解[10]

在超环表述中，将$O(4)$对称的Ansatz(2—18)用于自对偶条件的超环形式

$$\widehat{H}_{\mu\nu} = -i\epsilon_{\mu\nu\gamma\sigma}\epsilon_{\gamma b}{}^{\sigma\tau\alpha} g^\tau{}_3 R^a{}_\tau \widehat{E}^b, \tag{4}$$

则得

$$f' = -i(f^2 + 2f) = -if(f+2) \tag{5}$$

解出

$$f(\theta) = \frac{-\exp[-i(\theta-\theta_0)]}{\cos(\theta-\theta_0)} \tag{6}$$

此解的实部为$f = -1$，也是M^4中$SU(2)$场方程的解；

回到M^4的坐标x^μ，得

$$\begin{cases} \vec{A} = -i\dfrac{f(t,x^2)}{(1+t_+^2)(1+t_-^2)}\left[2\vec{x}\times\vec{\sigma} + \vec{\sigma}(1-x^2) + 2\vec{x}(\vec{x}\cdot\vec{\sigma})\right] \\[2mm] A_0 = i\dfrac{f(t,x^2)}{(1+t_+^2)(1+t_-^2)} 2\vec{x}\cdot\vec{\sigma} t \end{cases} \tag{7}$$

其中

$$f(t,x^2) = 1 - \frac{2it}{1+x^2}, \qquad x^2 = \vec{x} - t^2 \tag{7'}$$

解(7)的实部，亦即A_μ的反厄米部分，可由f换为其实部(-1)而得到，显然此即M^4中$(m\overline{m})$解。

有趣的是，整个复数解(6)或(7)可以看做是BPST的瞬子解的M^4形式。实际上，由$t \equiv x^0 \longrightarrow -ix^4$，我们有

$$R_1 \longrightarrow -iR_1, \qquad \theta \longrightarrow -i\tau \tag{8}$$

则解(6)化为

$$f(\tau) = \frac{-\exp[-(\tau-\tau_0)]}{\mathrm{ch}(\tau-\tau_0)} = \frac{-2}{1+\exp[2(\tau-\tau_0)]} \tag{9}$$

$$\widehat{a}_\mu = -i\frac{2}{1+e^{2(\tau-\tau_0)}}\sigma_{\mu\nu}r_\nu \tag{9'}$$

用
$$r_\mu = x_\mu / \sqrt{x^2}, \qquad R_0 = ch\tau, \quad R_1 = -sh\tau \tag{10}$$

其中
$$\tau = \tfrac{1}{2}\ln x^2, \quad x^2 = \vec{x}^2 + x_4^2 \tag{10'}$$

则得
$$A_\mu = \frac{a_\mu}{\sqrt{x^2}} + \frac{x_\mu}{x^2}\left(\hat{A}_0 R_1 + \hat{A}_1 R_0\right) = \frac{2i}{x^2+\lambda^2}\sigma_{\mu\nu}x^\nu \tag{11}$$

其中 $\lambda^2 = exp\,2\tau_0$，显然这就是BPST瞬子解。

评注1. 自对偶条件的超环形式的证明如下： 先在原点 $\vec{r}=0, R_1=0, r_0=R_0=1$ 附近证明此式等价于(3)式：
$$\hat{H}_{ij} = -i\epsilon_{ijk}\hat{E}_{lk} \quad (F^{ij} = i\epsilon_{ijk}F_{k4})$$

然后注意到(4)式在 $O(4)\times O(2)$ 变换下显式不变。

评注 2. (10)和(10')式系由方程(2.8)做代换(8)，然后再做一个把点 $x_4=\pm 1, \vec{x}=0$ 映为 ∞ 和原点的共形变换而得出的。

2. 某些静态的自对偶解[10][11][12]

Hsu – Ma Ansatz(同步球对称)[10]
$$A_0^a = \pm i\,\frac{G(r)x^a}{r^2}, \quad A_i^a = \epsilon_{aij}[1-\phi(r)]\frac{x^j}{r^2} \tag{12}$$

代入自对偶方程(3)，解得 ($r=\sqrt{\vec{x}^2}$)
$$\phi(r) = \pm\frac{\beta r}{sh\beta r}, \quad G(r) = (\beta r\,coth\,\beta r - 1)$$

其中 β 为实数，在本次会议上，侯伯宇—侯伯元的工作中，进一步证明：在Ansatz(12)下，只要要求解无奇异且能量有限，则无源 $SU(2)$ 场方程(1-3')的解必为自对偶，即只有解(12)。他们还从自源荷流及超导类比的观点讨论了此解的物理意义。

Oh Ansatz[11]
$$A_0^a = \pm i(\partial/\partial x^a)\ln V, \quad A_i^a = \varepsilon_{iab}\,(\partial/\partial x^b)\ln V \tag{14}$$

其中 $V=V(\vec{x})$，代入自对偶方程(3)，得
$$\nabla^2 V = 0 \quad^{[注]} \tag{15}$$

注：Uy的解[12]是 $V=hx,z$ 的特例。

注意：Ansatz(14)导致线性方程，颇类似于E^4中自对偶解的 't Hooft Ansatz

若进一步假设$V = V(r)$，则

$$V(r) = 1 + B/r \quad (B = const) \tag{16}$$

代入Ansatz(14)得

$$A_0^a = \mp i \frac{1}{r^2 + Br} \cdot \frac{x^a}{r}, \quad A_i^a = -\epsilon_{iab}\frac{1}{r^2 + Br} \cdot \frac{x^b}{r} \tag{17}$$

关于此解的物理意义尚未讨论过，但是Oh指出：若令

$$\begin{cases} A_i^a = \epsilon_{iab}(\partial/\partial x^b)lnV, \quad A_0^a = \pm shr(\partial/\partial x^a)lnV \\ \phi^a = \pm chr(\partial/\partial x^a)lnV \quad (r = const.) \end{cases} \tag{18}$$

则得SU(2)规范场A_μ^a与$Higgs$三重态ϕ^a(无自作用位势)相耦合的系统的严格解。

结论：M^4比E^4是更为现实的物理空间。现在已经求出M^4中的许多严格解，有些解甚至是无奇性的。这些解的物理意义很值得探讨。

参 考 文 献

[1] A. A. Belavin, et al., *PL*, 5B (197), 85.
[2] V. De Alfaro, S. Fubini & G. Furlan, *PL*, 65B (1976), 163.
[3] V. De Alfaro, S. Fubini & G. Farlan, *PL*, 72B (1977), 203.
[4] J. Glimm & A. Jaffe, *IL*, 73B (1978), 167.
[5] V. De Alfaro, S. Fubini & G. Furlan, *PL*, 73B (1978), 463.
[6] B. M. Schechter, *PR*, D16 (1977), 3015.
[7] Lüscher, *DESY* Preprint, 77/32.
[8] J. Carvero, L. Jacobs & C. R. Nohl, *PL*, 69B (1977), 351.
[9] C. Rebbi, *PR*, D17(1978), 483.
[10] J. P. Hsu, *IRL*, 36 (1976), 646,
    J. P. Hsu & E. Ma, *J. Math. Phys.*, 18 (1977), 100.
[11] C. H, Oh, *PL*, 74B (1978), 239.
[12] Z. E. S. Uy, *Nucl. Phys.*, B110(1976), 389.

对偶对称和磁荷守恒*

R. A. B. randt
（美国纽约大学）

杨纲凯
（香港中文大学）

摘　要

把Noether定理推广用来证明给出一个拉格朗日函数的具有守恒流J_μ的对称性G（例如通常的规范对称性），以及使"足够多"运动方程不变的另一变换D（例如对偶变换），则D把J_μ变换为第二个守恒流K_μ。这给出磁荷为什么守恒的基于对称性的论据，并且使不完全对称性（在阿贝尔以及非阿贝尔规范理论中的对偶不变性是一个例子）的概念精确化。

电动力学以及一般而言规范理论，现在成为粒子物理学中许多讨论的范例。特别是，在阿贝尔[1-3]和非阿贝尔[4-5]两种情形中，磁单极的理论可能性吸引了相当大的注意。狄拉克的磁单极理论使电动力学对于电和磁是对偶对称的，因此一个正确的非阿贝尔磁单极理论必须同样赋与杨—Mills场以对偶对称性。但是，在非阿贝尔磁单极的拉格朗日理论中，似乎不可能用多于不完全的方式来纳入对偶对称性——不仅拉格朗日函数，而且甚至一些尤拉—拉格朗日方程破坏对偶不变性。由此引出关于不完全对称性具有什么意义以及在什么程度上它是一种有用的概念的问题。

一个密切有关的问题是磁荷守恒$\partial^\mu K_\mu = 0$。人们要问为什么K_μ守恒？为了把问题正确地表述，我们回到熟知的电流J_μ的情形。电流守恒由麦克斯韦方程

$$\partial^\mu F_{\mu\nu} = J_\nu$$

和$F_{\mu\nu}$的反对称性导出。但是，有一个较好的理由：拉格朗日函数的规范不变性，而J_μ作为对应的守恒Noether流。这推理是更使人满意的，因为一个对称原理的存在保证守恒律不是偶然地出现的，而且保证它在量子化后仍然成立，记住这点，试问在多大程度上K_μ的守恒与对称性特别是与对偶对称性相联系，我们将用经典拉格朗日理论推演。概念和技巧将用阿贝尔情形说明；对于更感兴趣的非阿贝尔情形的推广是比较直接的，将在别处给出。

---

* 本文由杨綱凱在规范场專题討論会（广州，1978年5月）上报告，也是作者在物理学前沿国际会議（新加坡，1978年8月）上提出的论文。

I 作 用 量

几个等价的作用量描述点电荷和磁单极的互作用[2,8,9,10],其中Dirac原先提出的可能是最简单的一个。但是,为了讨论规范变换,电流必须由带电的场而不由点粒子携带。因此,以下的作用量比较方便[6]:

$$I = \iint d^4x [\tfrac{1}{4} F_{\mu\nu} F^{\mu\nu} - \tfrac{1}{2} F_{\mu\nu}(\partial^\mu A^\nu - \partial^\nu A^\mu)]$$

$$- \sum_i \int_{\Gamma_i} d\sigma [\dot{z}_i^\mu \phi_i^+ (i\partial_\mu + eA_\mu)\phi_i + m_i \sqrt{\dot{z}_i^2}]$$

$$+ \sum_i \int_{S_i} d\sigma d\tau [\widetilde{F}_{\sigma\tau} + \chi_i^\eta \partial_\eta] M_i \tag{1}$$

第一行就是自由电磁场的作用量。$\dot{Z}_i^\mu$是第i个粒子的坐标,Γ_i是它的世界线,以σ为参数($-\infty < \sigma < \infty$)。一点表示对$\sigma$的微分。带电的场$\phi_i$只在$\Gamma_i$上定义:$\phi_i = \phi_i(\sigma)$,它规范不变地耦合于$A_\mu$。场$\phi_i$(规变可变)是不可观察的,它仅是实现规范变换的一种设置。

众所周知,磁单极的拉格朗日理论要求对每个磁单极附带一条"弦",它随时间扫过一个二维面S_i,这曲面以σ和τ为参数:σ是世界线上的参数,$\tau(0 \leqslant \tau < \infty)$是弦参数。为了弄清楚(1)式的最后一行,想象第$i$个磁单极起源于位在弦上的偶极子组成的半无穷线,其偶极密度为$M_i(\sigma,\tau)$,$\widetilde{F}_{\sigma\tau}$为限制在曲面$S_i$上的对偶张量$\widetilde{F}_{\nu\mu}$,而$\widetilde{F}_{\tau\sigma} M_i$项描述偶极密度与磁场的耦合。拉格朗日乘子$\chi_i^\eta(\eta = 1,2)$约束$M_i$使它在曲面上为常数,加入边界值

$$M_i(\sigma,0) = g_i \tag{2}$$

使在弦端点上的磁单极有强度g_i。可以证实以上的直观图象,只要证明(1)式导致正确的运动方程,且场M_i和χ_i^η是不可观察的。

作用量(1)式在规范变换G下当然是不变的,G定义为

$$G: \begin{array}{l} A_\mu(x) \to A_\mu(x) + \partial\Lambda(x) \\ \phi(x) \to [exp\, ie\Lambda(x)]\phi(x) \end{array} \qquad x \in \Gamma_i \tag{3}$$

对应总体变换$\Lambda(x) = $ 常数的守恒$Noether$流正比于

$$J_\mu(x) = \sum_i \int_{\Gamma_i} d\sigma \dot{z}_\mu \phi_i^+ \phi_i \delta^4(x-z) \tag{4}$$

现在清楚,如果我们尝试推广到磁情形时会出现什么问题。只有一个规范场

A_μ，它通过在规范群G下协变的导数$i\partial_\mu + eA_\mu$与电耦合。**没有**第二个与磁耦合的规范场，也没有第二个规范群引起作为Noether流的磁流。回顾引入磁单极的原先动机是为了获得麦克斯韦方程的额外对称性——电和磁之间的对偶对称性。但是，在拉格朗日函数这一级上失去了对偶对称性。因此引起问题：给定一个变换D（例如对偶变换），它是运动方程的对称性，但**不是**拉格朗日函数本身的对称性，是否能导出一个守恒律？为此需要Noether定理的一个推广，现在我们离开主题来讨论它。

II Noether定理的推广

给定一个拉格朗日函数L，它是一组场量和它们的导数的泛函：$L = L(\phi_i, \partial_\mu \phi_i)$，考虑一个变换$G$

$$G: \quad \phi_i \to \phi_i + \delta_G \phi_i \tag{5}$$

Noether定理指出若L在G下不变：$\delta_G L = 0$（不动用到运动方程），则有一守恒流

$$J_\mu = J_\mu(\phi_i) = \frac{\delta L}{\delta \partial_\mu \phi_i} \delta_G \phi_i \tag{6}$$

注意若一组变换G全都使L不变，它们必构成一个群。

假设有另一个无穷小变换D：

$$D: \quad \phi_i \to \phi_i^D = \phi_i + \varepsilon \delta_D \phi_i \tag{7}$$

使得运动方程在D下不变。则我们断言存在第二个守恒流k_μ，它由下式给出

$$k_\mu(\phi_i) = \frac{1}{\varepsilon} [J_\mu(\phi_i)^D - J_\mu(\phi_i)] \tag{8}$$

上标D表示所有场量都在ϕ_i^D处取值。

这陈述的证明是直截的。考虑一个G变换。则

$$\delta_G L = \frac{\delta L}{\delta L_i} \delta_G \phi_i + \frac{\delta L}{\delta \partial_\mu \phi_i} \delta_G(\partial_\mu \phi_i) = F(\phi_i) \delta_G \phi_i + \partial_\mu J^\mu(\phi_i) \tag{9}$$

其中

$$F(\phi_i) = \frac{\delta L}{\delta \phi_i} - \partial_\mu \frac{\delta L}{\delta \partial_\mu \phi_i} \tag{10}$$

而J_μ由(6)式定义。尤拉-拉格朗日运动方程为

$$F(\phi_i) = 0 \tag{11}$$

我们强调(9)式是一恒等式，对所有场成立，不管运动方程(11)式是否满足。若G为拉氏函数的不变性，则恒有$\delta_G L = 0$，同时

$$0 = F(\phi_i) \delta_G \phi_i + \partial_\mu J^\mu(\phi_i)$$

若把此式在 $\phi_i = \phi_i^D$ 处取值，则

$$0 = F(\phi_i)^D (\delta_G \phi_i)^D + \partial_\mu J^\mu(\phi_i)^D$$

若运动方程对 D 不变，即

$$F(\phi_i)^D = 0 \tag{12}$$

则我们得

$$0 = \partial_\mu J^\mu(\phi_i)^D = \partial_\mu J^\mu(\phi_i) + \varepsilon \partial_\mu K^\mu(\phi_i)$$

因而 K^μ 守恒是 J^μ 守恒的推论。

如所周知，运动方程的一个不变性（例如 D）本身不足以保证有一个守恒律。但是，以上的推导证明，给出第一个 Noether 守恒律（$\partial_\mu J^\mu = 0$），D 导致第二个守恒律（$\partial_\mu K^\mu = 0$）。现在按次序讲几点其他注记：

(a) 我们只须考虑一个无穷小变换 D，不要求 D 的变换类构成一个群。

(b) D 本身不和一个守恒律联系。如果我们想象 D 为对偶变换而 G 为（电）规范变换，则新的守恒流不是一个"对偶流"，而是电流的对偶变换。

(c) 推导中指出，所有运动方程对 D 不变是充分条件，但不是必要条件；我们所要求的不过是和式 $F(\phi_i)^D (\delta_G \phi_i)^D$ 为零。粗略地说，只要求由对规范可变的场（$(\delta_G \phi_i)^D \neq 0$）变分而得的方程为对偶不变（$F(\phi_i)^D = 0$）。在下面将用到这个较为放宽的条件。

(d) 在核对

$$F(\phi_i)^D (\delta_G \phi_i)^D = 0$$

是否成立时我们可以用运动方程。（在完成变分**之后**，通常对禁止使用运动方程的限制不再适用。这情况类似于在对一函数 $f(x)$ 微分之前不能在某一个特殊 x 值上取值；但在微分之后可以这样做）。由于用 $F(\phi_i) = 0$ 得

$$F(\phi_i)^D = F(\phi_i) + O(\varepsilon) = O(\varepsilon)$$

无论如何，我们只计算到 $O(\varepsilon)$，$(\delta_G \phi_i)^D$ 只需算到 ε 零级，即可令

$$(\delta_G \phi_i)^D \cong \delta_G \phi_i$$

扼要地说，为了得到第二个守恒流，只要核对（必要时应用运动方程）下式就够了。

$$F(\phi_i)^D \delta_G \phi_i = 0 \tag{13}$$

满足 (12) 式的变换 D 可以称为**次级对称性**；满足 (13) 而不满足 (12) 的变换称为**不完全次级对称性**。两者都导致新的守恒律。这些考虑澄清了不完全对称性的精确含义。文献 [7] 中给出一些简单例子，包括围绕一个无限重的点磁单极运动的电荷的角动量的推导，所用方法不需用到一个补偿的规范变换。在下一节中我们把推广的 Noether 定理应用到阿贝尔磁单极情形的对偶对称性。

III 对偶对称性和磁荷守恒

为应用上述定理，我们首先必须构成D变换，它必须使

$$J_\mu \to J_\mu + \varepsilon K_\mu \tag{14}$$

其中

$$J_\mu(x) = \sum_i \int_{\Gamma_i} d\sigma \dot{z}_\mu \phi_i^\dagger \phi_i \delta^4(x-z)$$

$$K_\mu(x) = \sum_i \int_{\Gamma_i} d\sigma \dot{z}_\mu M_i(\sigma, \tau=0) \delta^4(x-z)$$

因为由(2)式，$M_i(\sigma, 0)$正是磁荷g_i。我们选,

$$D: \phi_i(\sigma) \to \phi_i^D(\sigma) = \phi_i(\sigma) + \frac{\varepsilon}{2} M_i(\sigma, 0) \phi_i(\sigma)/|\phi_i(\sigma)|^2 \tag{15a}$$

$$F_{\mu\nu} \to F_{\mu\nu}^D = F_{\mu\nu} + \varepsilon \widetilde{F_{\mu\nu}} \tag{15b}$$

所有其他场对D不变。(15a)式显然实现(14)式，注意我们**不**要求K_μ变换回到$K_\mu - \varepsilon J_\mu$。

剩下证实(13)式，即

$$F(\phi_i)^D \delta_G \phi_i = 0$$

在独立的场$\phi_i = (F_{\mu\nu}, A_\mu, z_i, \phi_i^+ \phi_i, x_i, M_i)$中只有两个在总体规范变换下变化($\delta_G \phi_i \neq 0$)，即$\phi_i^+$和$\phi_i$，相应的运动方程为

$$F(\phi_i^+) = (i\partial_\sigma + eA_\sigma)\phi_i = 0 \tag{16a}$$

$$F(\phi_i) = (-i\partial_\sigma + eA)\phi_i^+ = 0 \tag{16b}$$

我们需要核对这两方程为对偶不变($F(\phi_i)^D = 0$)。运动方程暗示M_i和$|\phi_i|^2$为常数，因此ϕ_i^D简单地正比于ϕ_i，而

$$F(\phi_i^+)^D = (i\partial_\sigma + eA_\sigma)\phi_i^D = 0$$

同样对(16b)式亦然。因此足够多的运动方程（即16a,b）为对偶不变,因而保证K_μ守恒。

以上的考虑阐明不完全对偶不变性和磁流守恒之间的关系。

参 考 文 献

[1] P. A. M. Dirac, Proc. Roy. Soc. A133. 60 (1931).
[2] P. A. M. Dirac, Phys. Rev. 74, 817 (1948).
[3] T. T. Wu, C. N. Yang, phys. Rev. D14, 437(1976).
[4] C. N. Yang, R.L. Mills, Phys. Rev. 96, 191 (1954).
[5] T. T. Wu, C. N. Yang, Phys. Rev. D12, 3845 (1975).
[6] R. A. Brandt, F. Neri, NYU Preprint (1978).
[7] R. Brandt, K.Young (在写作中).
[8] J. Schwinger, Phys. Rev. D12, 3105 (1975).
[9] T. M. Yan, Phys. Rev. 150, 1349 (1968).
[10] D. Zwanziger, Phys. Rev. D 3, 880 (1971).

（郭硕鸿译）

更　正

本刊第一期"4—6月华南地区西南风低空急流的形成、移动及其预报的研究"一文的勘误：

页	行	误	正
132—133		$\vec{\omega}$	ω
134		位势梯度作功	位势梯度力作功
134	倒 4	展开式代入上式	展开式取地转风代入上式
134	倒 4	且等高线与流线	且S与流线
136		V	V_s

磁单极、纤维丛和规范场*

杨振宁

本报告表明了通过规范场的概念将各种互作用统一起来的巨大热心和丰富内容。我要强调的一点，而其他作者还没有明确叙述的是：规范场和现代数学的某些深妙美丽的概念有紧密联系，这些概念是过去四十年来一部分数学的推动力。回忆早期物理学和数学的关系：广义相对论和黎曼几何，量子力学和希尔伯特空间。显然，物理学可能再次处于发现基本的新的自然之秘密的起点。

以上所说的数学概念是纤维丛理论。初看起来，这理论十分抽象而且和物理世界的结构没有联系。为了证明不是如此，我们先简单地说明电磁性和量子力学一起是怎样自然地引导到"非平庸纤维丛"。然后追述规范场概念及其推广的早期历史。强调三个互相连系但不相同的概念上的发展，其中每一种发展都引导出规范场的普遍公式。

磁单极和非平庸丛

磁单极即磁荷。虽然磁单极的概念也许早在经典物理学中关于电磁学的历史中讨论过，但近代讨论这个概念只是从1931年开始。当时Dirac[1]的重要文章指出在量子力学中磁单极具有某些特殊的微妙的性质。特别，若存在强度为g的磁单极，在量子力学中电荷和磁荷必须量子化。下面将给出此结果的新推导。

若要描述一个电子在一个磁单极的场中的波函数，必须找到围绕磁单极的矢量势$\vec{A}$。Dirac选一个具有奇异弦的矢量势，这种奇异弦之所以必要，从以下证明的定理[2]中就可显然。

定理：考虑在原点有一个强度$g \neq 0$的磁单极和一个绕原点，半径为R的球。则不存在一个在球上没有奇异性的描述磁单极的磁场的矢量势$\vec{A}$。

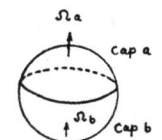

图1　半径为R的球，球心有一个磁单极。球上纬綫將球分成兩部分，上帽a和下帽b。

此定理容易用以下方法证明。设有一个没有奇异性的$\vec{A}$。考虑迴路积分

---
* 本文是楊振寧教授寄給中山大学物理系基本粒子理论研究室的。

$$\oint A_\mu dx^\mu$$

路径是沿球上的一条纬线,如图1所示。按Stoke定理,此迴路积分等于穿过上帽a的总磁通:

$$\oint A_\mu dx^\mu = \Omega_a \tag{1}$$

同样,应用Stoke定理于下帽b,得

$$\oint A_\mu dx^\mu = \Omega_b \tag{2}$$

式中,Ω_a和Ω_b分别是通过上帽a和下帽b的向上总磁通,二者都是以该纬线为边界。将二者相减得

$$0 = \Omega_a - \Omega_b \tag{3}$$

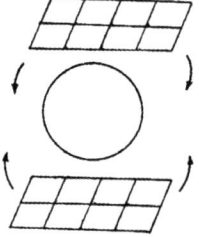 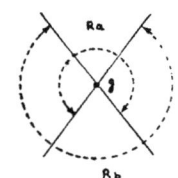

图2　将球面参数化的方式　　　图3　在磁单极g之外的空间分解为重迭的区域R_a和R_b

另一方面,它应等于磁单极由球面出来的总磁通,是等于$4\pi g \neq 0$,发生矛盾,于是定理得证。

证明此定理时,我们注意到R是任意的。于是,可得结论,在描述磁单极的场的矢量势中必须有一个或多个奇异弦。然而,我们知道围绕磁单极的磁场是没有奇异性的。这一事实提示我们,奇异弦并不是实际的物理困难。的确,这种情况使人想起在将地球表面参数化时面对的问题。我们常用的坐标系,经线和纬线并非没有奇异性,北极和南极就是奇点。然而球体的表面显然是没有奇异性。为避免奇异性,我们通常按图2所示的方式处理,取一个橡皮薄板,其上具有规矩的坐标系,然后将它拉长向下弯曲套在球面上,使它盖过北半球。同样,取另一个橡皮薄板,其上具有规矩的坐标系,然后将它拉长向上弯曲套在球面上,使它盖过南半球。于是,我们有两重坐标系来描述球面上的点,这种描述在每一个复盖球面的橡皮板上是解析的,(假设在橡皮拉长与弯曲时,球体不受到破坏)。而在两个板重迭的区域,就有两套坐标系,彼此间可通过解析的Jacobi量不为零的变换得到。这种双重坐标系是将球面参数化的一个完全合适的方法。

根据这种想法,我们现在使用将空间分成两个区域的方法来消除磁单极问题中的奇异弦。如图3所示,我们将原点之外,在较低锥体之上的点叫做区域R_a,相似

地，将原点之外，在较高锥体之下的点叫做区域 R_b。这两个区域之和给出除原点外的所有空间的点。在 R_a，我们选一个只有方位角分量不为零的矢量势 A：

$$(A_r)_a = (A_\vartheta)_a = 0$$
$$(A_\phi)_a = \frac{g}{r\sin\theta}(1-\cos\theta) \tag{4}$$

注意，这个矢量势在区域 R_a 中处处没有奇异性。相似地，在 R_b 中选矢量势为

$$(A_r)_b = (A_\theta)_b = 0$$
$$(A_\phi)_b = \frac{-g}{r\sin\theta}(1+\cos\theta) \tag{5}$$

它在 R_b 中没有奇异性。易证这两个矢量势的旋度都给出正确的磁单极的磁场。

在重迭区，因为两个矢量势给出相同的旋度，所以二者之差必须是无旋的，因而必须是一个梯度。的确，简单计算得

$$(A_\mu)_a - (A_\mu)_b = \partial_\mu \alpha \tag{6}$$

式中，$\alpha = 2g\phi$，ϕ 为方位角。于是电子在磁单极场中的Schrödinger方程为

$$\frac{1}{2m}(p-eA_a)^2\Psi_a + V\Psi_a = E\Psi_a \qquad 在区 R_a$$

$$\frac{1}{2m}(p-eA_b)^2\Psi_b + V\Psi_b = E\Psi_b \qquad 在区 R_b$$

式中，Ψ_a 和 Ψ_b 分别是电子在两个区中的波函数。在这两个方程中，两个矢量势差一个梯度，由著名的规范理论，Ψ_a 和 Ψ_b 必由相因子变换联系起来：

$$\Psi_a = S\Psi_b, \qquad S = \exp(ie\alpha) \tag{7}$$

或

$$\Psi_a = [\exp(2iq\phi)]\Psi_b, \qquad q = eg \tag{8}$$

沿着赤道，它完全在 R_a 中，Ψ_a 是单值的。同样，因为赤道也完全在 R_b 中，所以 Ψ_b 沿着赤道也是单值的。于是，当我们沿着赤道看，S 必须回到它原来的值，这就意味着Dirac的量子化条件：

$$2q = 整数 \tag{9}$$

截线的 Hilbert 空间

两个 Ψ，在 R_a 和 R_b 中分别为 Ψ_a 和 Ψ_b，在重迭区满足变换条件(8)，在数学上叫做截线。我们看到绕着磁单极，电子的波函数是一个截线，而不是通常的函数。我们将称这些函数为波截线。

不同的波截线（例如，属于不同的能量），显然满足具有相同 q 的同样的变换条

件(8)。于是,我们需要发展[3]截线的Hilbert空间的概念。为此,我们定义两个截线ξ和η(g相同)的标量积为

$$(\eta,\xi) = \int \eta^* \xi d^3 r \tag{10}$$

(在$r=0$和$r=\infty$的收敛性问题,在此忽略不讨论)。注意到在重迭区

$$(\eta_a)^* \xi_a = (\eta_b)^* \xi_b \tag{11}$$

所以方程(10)是确定的。

显然,若ξ是一个截线,则$x\xi$也是一个截线。因为

$$x\xi_a = S(x\xi_b)$$

于是,x是截线的Hilbert空间中的一个算子。相似地,我们可以证明$(\vec{p} - e\vec{A})$的分量是算子,但$\vec{p}$的分量不是,而且$\vec{x}$和$(\vec{p}-e\vec{A})$都是厄米算子。

根据Fierz[4],我们来建立角动量算子。定义

$$\vec{L} = \vec{r} \times (\vec{p} - e\vec{A}) - \frac{q\vec{r}}{r} \tag{12}$$

显然L_x,L_y和L_z是截线的Hilbert空间中的厄米算子。容易验证以下的对易关系:

$$[L_x, X] = 0, \quad [L_x, Y] = iz, \quad [L_x, Z] = -iy$$
$$[L_x, p_x - eA_x] = 0, \quad [L_x, p_y - eA_y] = i(p_z - eA_z)$$
$$[L_x, p_z - eA_z] = -i(p_y - eA_y) \tag{13}$$

由这些对易关系得

$$[L_x, L_y] = iL_z \quad 等等 \tag{14}$$

式(13)和式(14)表明L_x,L_y和L_z是角动量算子。我们强调指出,不论是Hilbert空间还是这些算子都没有任何奇异性。(A_a和A_b的奇异性不是实际的奇异性,因为它们分别出现在R_a和R_b之外)。

单极谐函数 $Y_{q,l,m}$

由$[r^2, \vec{L}] = 0$,我们可将r^2对角化,并研究在固定r^2时的算子$\vec{L}$,即研究以下形式的截线

$$\delta(r^2 - r_0^2)\xi$$

式中,ξ是只依赖角坐标θ,ϕ的截线。于是$\vec{L}$作用于"角截线"。

式(14)表明$[L^2, L_z] = 0$,将它们同时对角化,得到具有本征值为$l(l+1)$和m的熟知的多重态:

$$L^2 Y_{q,l,m} = l(l+1) Y_{q,l,m};$$
$$L_z Y_{q,l,m} = m Y_{q,l,m}, \tag{15}$$

式中，$l = 0, \frac{1}{2}, 1, \cdots\cdots$、对每一个$l$，$m = -l, -l+1, -l+2, \cdots\cdots, +l$。$Y_{q,l,m}$是本征截线，叫做[3]单极谐函数。允许的$l$和$m$的值为

$$l = |q|, \quad |q|+1, \quad |q|+2, \cdots\cdots$$
$$m = -l, \quad -l+1, \cdots\cdots, +l、 \tag{16}$$

这些l, m的每一个组合，恰好出现一次。人们可选每一个Y归一化，所以

$$\int_0^\pi \sin\theta d\theta \int_0^{2\pi} |Y_{q,l,m}|^2 d\phi = 1 \tag{17}$$

不同的$Y_{q,l,m}(q$固定$)$是正交的。这点容易由式(15)按通常方法证明。

$Y_{q,l,m}$的准确表达式，用Jacobi多项式表示出来已在文献3中给出。它们是由式(15)，用通常求球谐函数$Y_{q,l,m}$的方法求得。且

$$Y_{l,m} = Y_{0,l,m}$$

对于某个固定的q，所有的$Y_{q,l,m}(l,m$的值由式(16)给定$)$的集体形成[3]角截线的一个完备正交集。

每个$(Y_{q,l,m})_a$在R_a中解析，同样，每个$(Y_{q,l,m})_b$在R_b中解析。于是所有在$\vec{A}$和在Ψ中的不连续性，尖点和奇异性都以非常光滑的方式消除了。

注：
(A) 重要的是要体会到上述利用$(A)_a$和$(A)_b$一起来描述磁单极的磁场的方法有个优点：它处处给出正确的磁场$\vec{H}$。而在其它文章中，人们常常用带有奇异弦的单个$\vec{A}$来描述。因为，由定义

$$\nabla \cdot (\nabla \times \vec{A}) = 0$$

由$\nabla \times \vec{A}$描述的磁场必须具有连续的流线。于是它的流线如图4所示，就由虚线加上表示丛线的实线组成，以造成在原点处的净流为零。于是，$\nabla \times \vec{A}$不是正确地描述磁单极的磁场。这一点已经由Wentzel[5]强调过。

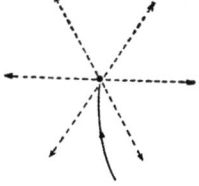

图4 $\vec{A}$引起的磁流线。由于$\nabla \cdot (\nabla \times \vec{A}) = 0$，流线处处连续，所以要有沿实线的回流。

(B) 对于通常的球谐函数，有许多重要的定理，如球谐函数加法定理，应用Clebsh—Gordon系数对球谐函数乘积的分解等。这些定理可以推广到单极谐函数[6]。

(C) 约40年来，自从Dirac的第一篇文章发表后，此题目受到奇异性困难的阻碍。现在，我们通过引进截线的概念消除了奇异弦的困难。但揭露出仍有另一种困难，我们将称之为Lipkin--Weisberger-Peshkin[7]困难。此困难出现[8]在研究一个Dirac电子绕一个磁单极的径向波函数上。此困难可以通过在Dirac电子上引进一个小的额外的磁矩来消除(可表示为表1)。

表1 研究Dirac电子在磁单极场中运动的困难及解决办法

角波函数	径向波函数
奇異弦困难	Lipkin-Weisberger-Peshkin困难
用引进截綫来解决	用引进额外磁矩来解决

(D) 回到图1所示情况，我们用A_a和A_b的组合描述其磁场。重复一下前面的推导步骤是有益的。现选纬线为赤道，于是

$$\oint (A_\mu)_a dx^\mu = \Omega_a$$

$$\oint (A_\mu)_b dx^\mu = \Omega_b$$

相减得

$$4\pi g = \Omega_a - \Omega_b = \oint [(A_\mu)_a - (A_\mu)_b]$$

式中第一个等号是根据式(6)，迴路积分等于α绕赤道的增量，即$2g(2\pi) = 4\pi g$，于是我们得到了预期的等式。我作这个简单的论证，是因为它正是有名的Gauss—Bonnet—Allendoerfer-Weil—Chern定理及稍后Chern—Weil定理证明的要点，而它在现代数学上起着生殖的作用。

事实上，规范场，其中电磁性是最简单的例子，在概念上和数学的纤维丛理论的某些概念相同。表2给出[2]物理学上使用的术语和数学上使用的术语的对照。我们特别指出，Dirac的磁单极量子化，式(9)，和第一种Chern类U(1)丛分类的数学概念是相同的。

 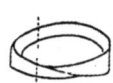

图5 平庸的(左)和非平庸的(右，Moebius带子)纤维丛的例子

磁单极、纤维丛和规范场

表2	术语对照
规范场术语	丛术语
规范（或整体规范）	主坐标丛
规范型	主纤维丛
规范势 b_μ^k	主纤维丛上的连络
S(式(8))	变换函数
相因子 Φ_{QP}	平移
场强 $f_{\mu\nu}^k$	曲率
源（电的）J_μ^k	？
电磁性	U_1丛上的连络
同位旋规范场	SU_2丛上的连络
Dirac磁单极量子化	第一Chern类U_1丛的分类
不具有磁单极的电磁性	平庸U_1丛上的连络
具有磁单极的电磁性	非平庸U_1丛上的连络

在表2的最后二项，将具有和不具有磁单极的电磁性等同于非平庸和平庸的$U(1)$丛。为什么不具有磁单极的电磁性是"平庸的"？我们可以通过研究一纸圈和一个Moebius带子来理解。如图5所示，若沿图中虚线将它们剪开，它们各自分成两部分，结果我们将区别不了二者有何差别。纸圈和Moebius带子的差别仅在将两部分连接起来的方式上，对后者必须将一片扭起来后再接。平庸的和不平庸的丛的差别只在于连结的过程；对于非平庸丛，在连结过程中需要扭一下。在电磁性的情况，连结过程由式(7)或式(8)给出。若无磁单极，$S=1$，丛是平庸的，若有磁单极，$S \neq 1$，丛是非平庸的。（我们可以用相的扭曲是必要的这句话来描述非平庸性）。

规范场的早期历史

Einstein关于引力和时空几何间的连系的发现促进了Levi-Civita, Cartan, Weyl等许多大几何学家的工作。在"Raum, Zeit und Materie"（空间，时间和物质）一书中，Weyl[9]企图利用依赖于空间—时间的标度变化的几何概念将引力和电磁性统一起来。其基本思想总结如下：

	$dx_\mu \longrightarrow$	
标度	1	$1 + S_\mu dx^\mu$
f	f	$f + \dfrac{\partial f}{\partial x^\mu}dx^\mu$
标度变化	f	$f + \left(\dfrac{\partial f}{\partial x^\mu} + S_\mu\right)f dx^\mu$

在上述总结中,第一行表示当空间—时间的一个点x^μ移到邻近的点$x^\mu + dx^\mu$时,标度是怎样变化的。第二行表示这时一个空间—时间的函数f如何随之变化的。最后,若标度变化作用于函数f上,得

$$\left(f + \frac{\partial f}{\partial x^\mu}dx^\mu\right)\left(1 + S_\mu dx^\mu\right)$$

展开到一级小量,得到最后一行,于是f的增量为

$$\left(\frac{\partial f}{\partial x^\mu} + S_\mu\right)f dx^\mu \tag{18}$$

Weyl试图利用矢量势A_μ等于依赖于空间—时间的产生上述标度变化的S_μ来使电磁性结合到几何理论中。然而,这种企图被证明是不成功的。

1925年,量子力学的概念诞生了,其关键概念是将经典哈密顿量中的动量p_μ换成算子:

$$p_\mu \longrightarrow -i\hbar\frac{\partial}{\partial x^\mu}$$

对于带电粒子,其变换为

$$p_\mu - \frac{e}{c}A_\mu \longrightarrow -i\hbar\left[\frac{\partial}{\partial x^\mu} - i\frac{e}{\hbar c}A_\mu\right] \tag{19}$$

在1927年,Fock[10]观察到人们可以将量子电动力学基于此算子。London[11]指出Fock的工作与Weyl的早期工作的相似性。比较式(18)和式(19),如果作代换

$$S_\mu \longrightarrow -i\frac{e}{\hbar c}A_\mu$$

Weyl作的等号将是正确的。换句话说,不用标度变化
$$(1 + S_\mu dx^\mu)$$
而改用相的变化

$$\left[1 - \frac{ie}{\hbar c}A_\mu dx^\mu\right] \simeq exp\left[1 - \frac{ie}{\hbar c}A_\mu dx^\mu\right] \tag{20}$$

它可看作是虚标度变化。Weyl将所有这些表示式一起[12]收进一篇显要的文章(此文也是第一次讨论自旋$\frac{1}{2}$粒子的二分量理论)。在文中,明确地讨论了电磁势的变

换

$$A_\mu \longrightarrow A'_\mu = A_\mu + \partial_\mu \alpha \quad (\text{第二类变换}) \tag{21}$$

和相应的带电粒子波函数的相的变换：

$$\phi \longrightarrow \phi' = \phi exp\left(\frac{ie}{\hbar c}\alpha\right) \quad (\text{第一类变换}) \tag{22}$$

虽然相变化因子(式(20))不再是标度变化因子，Weyl仍然保持他在1918—20年使用的早期术语*[+]，将此变换和带电粒子波函数的相的变换都叫做规范变换。

推广：第二次世界大战后发现了许多新粒子，物理学家们揭示了"基本粒子"间的各种耦合。许多可能的耦合能够写出来了，希望找到一个在这些可能性间作选择的原理正是推广Weyl关于电磁性规范原理的动力之一。在此，关键在于电磁性规范原理一下子完全确定了任意的、其电荷qe为守恒量的带电粒子作为电磁场的源的方式。比较一下，因为同位旋$\vec{I}$也是守恒的，自然发生问题："是否存在广义规范原理来确定某种方式，其中$\vec{I}$是作为新的场的源？"

试图推广此原理的另一动力是观察到$\vec{I}$的守恒意味着质子和中子是相似的。（假如电磁作用取消了），哪个叫质子，或者哪个二者的迭加叫质子，是一个人们能够任意选择的叫法。假如要求这种选择的自由不依赖于不同的空间—时间点，即若要求选择的定域自由，人们就引导到广义的规范原理。

这两个动力当然是互相交织，并且十分自然地引导到非阿贝尔规范场的公式[18]。

第三种途径[19]去推广规范原理，稍迟才得到，是规范场的"积分公式"。它是从观察用Weyl规范原理处理两个相邻点之间的相因子（式(20)）开始的，沿着从空间—时间点A到点B的路径，相因子结果为

$$\Phi_{BA} = exp\left[-\frac{ie}{\hbar c}\int_A^B A_\nu dx^\nu\right] \tag{23}$$

它依赖于路径，即不可积。（Dirac[1]在1931年已经讨论过"波函数的不可积相"）。如果人们分析在量子力学中电磁性的意义，特别是通过讨论 Bohm-Aharonov 实验[20]*，人们得到结论[2]："电磁性是不可积相因子的规范不变性表现"。

一旦得到这个结论，自然的推广就是将"不可积相因子"换成"李群的不可积元素"于是人们就自然地得到规范场的积分公式。

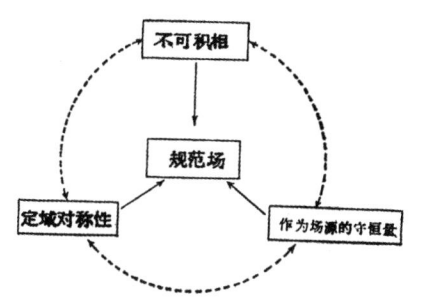

图6 引导到规范场概念的三个动力

我们在图 6 中阐明引导到规范场概念的三种途径。这三种途径当然是互相有深刻连系的，因为相、对称性和守恒律本身互有连系。

我的想法是，从概念上，规范场的积分形式比早期的微分形式更优越，积分公式有更多的结构和更多的意义，它带来的先前关于总体拓扑的问题不容易用微分形式表达。例如，在我们前面讨论磁单极周围的场，我们没有引进不可积相因子的概念，我们没有遇到任何概念上的困难，这是因为我们没有碰到象坐标轴转动这样的问题。一旦碰到这种问题，显然，积分公式就更为优越，因为它指明其固有意义是和坐标轴以及区域 R_a 和 R_b 的选择无关。

然而，微分公式是用来计算。（微分和积分公式间的关系十分相似于李代数和李群间的关系）事实上，规范—黎曼分析已经做出来了[21]。

我们已经看到，电磁性是一个规范场。引力是规范场也已普遍被接受了，虽然准确的它是怎样的一个规范场是仍待确定的问题[19,22]。弱作用和强作用是否也是由于规范场，连带非阿贝尔规范场的可重正化性问题一起，是近年来广泛研究的问题[23,24]§。如果人们可以借用生物学家们的术语，人们可以说，正逐渐形成一个"信条"：所有的互作用都是由于规范场。然而，因为包含在解量子化规范场的数学困难，我相信在能够确定地回答强作用和弱作用是怎样由规范场引起之前，将是一个长时间才能解决的问题。

回顾基于规范场的概念如何被物理学家用公式表达出来，我们看到，在每一步进展，都和描述物理世界的概念紧密连系。第一、Maxwell方程来源于电的和磁的四个基本实验定律和Faraday引进的场和通量的概念。Maxwell方程和量子力学原理引导到规范不变性的思想。试图推广这个思想，由相，对称性和守恒律等物理概念的推动，引导到非阿贝尔规范场的理论。而非阿贝尔规范场在概念上和美丽的纤维丛理论中的思想相同，后者是数学家没有参考物理世界的情况下发展起来的，这使我非常惊奇。在1975年，我将我的感觉和陈省身讨论，并说"这是又使人惊奇又使人费解，因为你们数学家捏造出的这些概念超出现实。"他立刻抗议说："不，不，这些概念不是捏造，他们是自然的而且是实在的。"

注：*标度不变性的思想，在文献9讨论过，较早在1918—19年，Weyl的三篇文章中出现，（在1918年5月2日，6月8日和1919年1月7日）。在前二篇文章，他用术语Masstab Invarianz（见文献14），在第三篇文章，他决定用 Eich Invarianz。

Eich Invarianz的英译，在Henry Brose 1921年翻译Weyl的"空间、时间和物质"[15]一书第四版（由Dover出版）时是"calibration invariance"（刻度不变性）。

我怀疑直到Weyl的1929年的文章[12]之后，还不用"gauge invariance"（规范不变性）。这术语出现在1931年Dirac的文章[1]（也许不是第一次）。

‡ 保持场强不变的变换（式(21)），必须在19世纪已经知道，然而，它似乎没有确定的名字。在1894年开始出版的关于电学和磁学的Foppl—Abraham—Becker-Sauter的许多版本中，没有用Eich或gauge，直到1964年英译本"电磁场和互作用"一书[16]才在注脚中有术语"Lorentz规范"。

+ 实验已由Chambers[20]进行了。

§ Abers和Lee[23]文中也含有关于R. P. Feynman, L. D. Faddeev, V. N. Popov和M. T. Veltman的早期工作的评述。

参 考 文 献

[1] Dirac, P. A. M. 1931. *Proc. Roy. Soc.* A**133**: 60.
[2] Wu, T. T. & C. N. Yang. 1975. *Phys. Rev.* D**12**: 3845.
[3] Wu, T. T. & C. N. Yang. 1976. *Nucl. Phys.* B**107**: 365.
[4] Fierz, M. 1944. *Helv. Phys. Acta.* **17**: 27.
[5] Wentzel, G. 1966. *Progr. Theor. Phys.* Suppl. **37—38**: 163.
[6] Wu, T. T. & C. N. Yang. 1977. To be Published.
[7] Lipkin, H. J., W. I. Weisberger & M. Peshkin. 1969. *Ann. Phys.* **53**: 203.
[8] Kazama, Y., C. N. Yang & A. S. Goldhaber. 1977. *Phys. Rev.* D. In press.
[9] Weyl, H. 1920. *Raum. Zeit und Materie.* 3rd edit. Springer Verlag. Berlin—Heidelberg. Mew York.
[10] Fock, v. 1927. *Z. Phys.* **39**: 226.
[11] London, F. 1927. *Z. Phys.* **42**: 375.
[12] Weyl, H. 1929. *Z. Phys.* **56**: 330.
[13] Pauli, W. 1933. *Handbuch der Physik.* 2nd edit. Vol. 24 (1): 83. Geiger and Scheel.;
    Pauli, W. 1941. *Rev. Mod. Phys.* **13**: 203.
[14] Weyl, H. 1918. *Sitzber.* Preuss Akad. Wiss.: 465;
    Weyl, H. 1918. *Math. Z.* **2**: 384;
    Weyl, H. 1919. *Anr. Phys.* **59**: 101.
[15] Weyl, H. 1921. *Space. Time and Matter.* Dover Publicatoins, Inc. New York, N. Y.
[16] 1964. *Electromagnetic Fields and Interactions.* Blaisdell Publishing Co. Waltham, Mass.
[17] Yang, C. N. & R. Mills. 1954. *Phys. Rev.* **95**: 631.
[18] Yang, C. N. & R. Mills. 1954. *Phys. Rev.* **96**: 191.
[19] Yang, C. N. 1974. *Phys. Rev. Lett.* **33**: 445.
[20] Aharonov, Y. & D. Bohm. 1959. *Phys. Rev.* **115**: 485;
    Chambers, R. G. 1960. *Phys. Rev. Lett.* **5**: 3.
[21] Yang, C. N. 1975. Proc. Sixth Hawaii Topical Conf. Particle Phys.
[22] Utiyama, R. 1956. *Phys. Rev.* **101**: 1957.
[23] Weinberg, S. 1967. *Phys. Rev. Lett.* **19**: 1264;
    Salan, A. 1968. *In Elementary Particle Theory.* N. Svartholm, Ed. Almquist and Forlag. Stockholm, Sweden.
[24] 'tHooft, G. 1971. *Nucl. Phys.* B**35**: 167;
    Abers, E. S. & B. W. Lee. 1973. *Phys. Rep.* **9**C: 1.

（刘金明译）

关于SU(3)群拓扑荷为4的瞬子

郭硕鸿　陈启洲　关洪

（物理学系）

摘　要

本文讨论了SU(3)群中拓扑荷为4的瞬子组态，求出它们的零模和非零模因子以及它们对重层子对相互作用位势的贡献。结果表明这种组态相对于四个远离的单瞬子组态的贡献是可以忽略的。

在SU(3)规范理论中，存在拓扑荷为4的瞬子[1-3]。这种瞬子相当于在同一位置上四个拓扑荷为1的瞬子的迭合。本文讨论这种拓扑荷为4的瞬子组态对于四个互相远离的拓扑荷为1的瞬子组态对真空跃迁幅和对重层子相互作用位势的贡献。

拓扑荷为4的瞬子解为

$$A_\mu = \frac{1}{2} A^a_\mu \lambda_a,$$
$$A^a_\mu = \frac{4}{g} \bar{\zeta}^a_{\mu\nu} \frac{\rho^2 x_\nu}{x^2(x^2+\rho^2)} \tag{1}$$

其中 $\lambda_a(a=1,2\cdots 8)$ 是SU(3)的八个生成元，

$$\bar{\zeta}^7_{\mu\nu} = \bar{\eta}^1_{\mu\nu}, \quad \bar{\zeta}^5_{\mu\nu} = -\bar{\eta}^2_{\mu\nu}, \quad \bar{\zeta}^2_{\mu\nu} = \bar{\eta}^3_{\mu\nu};$$
$$\bar{\zeta}^a_{\mu\nu} = 0, \quad a=1,3,4,6,8, \tag{2}$$

$\bar{\eta}^a_{\mu\nu}$ 是 't Hooft 符号[4]。

$\lambda_7, -\lambda_5$ 和 λ_2 组成角动量算符的三维表示。计算表明

$$[\lambda_2,[\lambda_2,\lambda_a]] + [\lambda_5,[\lambda_5,\lambda_a]] + [\lambda_7,[\lambda_7,\lambda_a]] = \begin{cases} 2\lambda_a, & \text{当} a=2,5,7 \\ 6\lambda_a, & \text{当} a=1,3,4,6,8 \end{cases} \tag{3}$$

因此，λ_2、λ_5 和 λ_7 组成同位旋 $t=1$ 的一组三重态，而余下的 λ_1、λ_3、λ_4、λ_6 和 λ_8 则组成一组 $t=2$ 的五重态。这是同嵌入瞬子（以 $\lambda_1/2$、$\lambda_2/2$、$\lambda_3/2$ 作为同位旋算符）的情况不一样的。

拓扑荷为4的瞬子组态对真空跃迁幅的贡献为[4,5]

$$W = \int \prod_i d\gamma_i J(\gamma) Q(\gamma) e^{-s^{cl}}, \tag{4}$$

其中 S^{cl} 是经典作用量，对拓扑荷为 4 的瞬子有

$$S^{cl} = -\frac{32\pi^2}{g^2}, \qquad (5)$$

γ_i 为集体坐标，$J(\gamma)$ 为零模因子，$Q(\gamma)$ 为非零模因子。't Hooft[4] 已给出非零模贡献的一般公式，只要把其中的同位旋代以(3)式意义下的同位旋，就可以求出在拓扑荷为 4 的瞬子背景场中的量子涨落非零模因子。由于现在矢量场含有一组 $t=1$ 和一组 $t=2$ 的多重态，由 't Hooft 的公式得非零模因子

$$Q(\gamma) = \exp[-\ln(\mu_0\rho) - \alpha(1) - \alpha(2)] \qquad (6)$$

其中 μ_0 为重整化参数，$\alpha(t)$ 的值在文献[4]中给出。

现在计算零模因子 $J(\gamma)$。按照一般理论，$SU(3)$ 群的拓扑荷为 4 的组态共有 48 个零模[3]。但是，瞬子场(1)式代表四个粘在一起的单瞬子，这种组态只含有 13 个参数。以 z_μ 表示瞬子中心的位置，ρ 表示瞬子的标度，$R = \exp(\frac{i}{2}\theta_a\lambda_a)$ 表示总体规范转动，则拓扑荷为 4 的瞬子有一般形式

$$A_\mu = \frac{4}{g}\bar{\zeta}^a_{\mu\nu}\frac{\rho^2(x-z)_\nu}{(x-z)^2[(x-z)^2+\rho^2]}R\frac{\lambda_a}{2}R^{-1}. \qquad (7)$$

此式含 13 个参数 z_μ，ρ 和 θ_a。对应于这 13 个参数，可以分别求出 13 个零模。

以 γ_i 表示经典解 A^{cl}_μ 所含的参数，则零模有一般形式

$$\phi^{(i)}_\mu = \frac{\partial A^{cl}_\mu}{\partial \gamma_i} + D_\mu \Lambda^{(i)}, \qquad (8)$$

式中 D_μ 为经典场中的协变微分，$D_\mu \Lambda^{(i)}$ 项是使零模 $\phi^{(i)}_\mu$ 满足背景规范条件

$$D_\mu \phi^{(i)}_\mu = 0 \qquad (9)$$

所需的规范变换。

与参数 ρ 对应的涨缩零模为

$$\phi^{(\rho)}_\mu = \frac{\partial A^{cl}_\mu}{\partial \rho}, \qquad (10)$$

其模为

$$\left\|\phi^{(\rho)}_\mu\right\| = \left(\iint \left(\phi^{(\rho)}_\mu\right)^2 d^4x\right)^{\frac{1}{2}} = \frac{8\pi}{g}. \qquad (11)$$

总平移零模为

$$\phi^{(\nu)}_\mu = \frac{\partial A^{cl}_\mu}{\partial z_\nu} + D_\mu A^{cl}_\nu = F^{cl}_{\mu\nu}, \qquad (12)$$

其模为

$$\left\| \phi_\mu^{(\nu)} \right\| = \frac{4\sqrt{2}\pi}{g}. \tag{13}$$

总体规范零模为

$$\phi_\mu^{(a)}(x) = D_\mu\left(\Lambda^{(a)} + \frac{\lambda_a}{g} \right), \tag{14}$$

其中 $\Lambda^{(a)}$ 满足方程

$$\partial^2 \Lambda^{(a)} - 2ig\left[A_\mu^{cl}, \partial_\mu \Lambda^{(a)} \right] - g\left[A_\mu^{cl}, \left[A_\mu^{cl}, \lambda_a \right] \right]$$
$$- g^2\left[A_\mu^{cl}, \left[A_\mu^{cl}, \Lambda^{(a)} \right] \right] = 0, \tag{15}$$

取试解 $\Lambda^{(a)} = B(x^2)\lambda_a$，用(3)式，得

$$\partial^2 B - \frac{4\rho^4}{gx^2(x^2+\rho^2)^2}t(t+1)(1+gB) = 0, \tag{16}$$

对 $a = 2, 5, 7$，有 $t = 1$；对 $a = 1, 3, 4, 6, 8$，有 $t = 2$。令 $\phi = 1 + gB$，解(16)式得

$$\phi = \left(\frac{x^2}{x^2+\rho^2} \right)^t,$$

由此求出

$$\Lambda^{(a)} = -\frac{\rho^2}{g}\frac{1}{x^2+\rho^2}\lambda_a, \qquad a = 2, 5, 7;$$
$$\Lambda^{(a)} = \frac{1}{g}\left[\left(\frac{x^2}{x^2+\rho^2} \right)^2 - 1 \right]\lambda_a, \qquad a = 1, 3, 4, 6, 8. \tag{17}$$

相应的零模有

$$\left\| \phi_\mu^{(a)} \right\| = \begin{cases} \dfrac{4\pi\rho}{g}, & a = 2, 5, 7, \\ \dfrac{4\sqrt{2}\pi\rho}{g}, & a = 1, 3, 4, 6, 8. \end{cases} \tag{18}$$

以上计算了四个瞬子粘在一起时的13个零模。为了求出全部零模，还需要计算四个瞬子各自独立变动时的零模。由于只有当四个瞬子粘在一起时有精确解(1)式，当四个瞬子各自变动时没有显示形式的精确解，因此不能用通常方法求出这些零模。下面我们给出一种处理方法。

设拓扑荷为4的经典解有四个互相正交的零模 ϕ_1, ϕ_2, ϕ_3 和 ϕ_4，相应于标度参数 ρ_1, ρ_2, ρ_3 和 ρ_4

$$\phi_i^\mu = \frac{\partial A_\mu^{cl}}{\partial \rho_i} + D_\mu \Lambda_i, \qquad i = 1, \cdots, 4.$$

$$(\phi_i, \phi_j) = u^2 \delta_{ij}. \tag{19}$$

对参数作变换

$$\begin{pmatrix} \rho_1 \\ \rho_2 \\ \rho_3 \\ \rho_4 \end{pmatrix} = \begin{pmatrix} 1 & 1 & 1 & 1 \\ 1 & -1 & 1 & -1 \\ 1 & 1 & -1 & -1 \\ 1 & -1 & -1 & 1 \end{pmatrix} \begin{pmatrix} \rho \\ \rho' \\ \rho'' \\ \rho''' \end{pmatrix}. \tag{20}$$

相应的零模变换为

$$\begin{pmatrix} \phi \\ \phi' \\ \phi'' \\ \phi''' \end{pmatrix} = \begin{pmatrix} 1 & 1 & 1 & 1 \\ 1 & -1 & 1 & -1 \\ 1 & 1 & -1 & -1 \\ 1 & -1 & -1 & 1 \end{pmatrix} \begin{pmatrix} \phi_1 \\ \phi_2 \\ \phi_3 \\ \phi_4 \end{pmatrix}. \tag{21}$$

取ρ为四个瞬子的总标度参数,则ρ',ρ''和ρ'''代表它们的相对标度参数,而ρ_1,ρ_2,ρ_3和ρ_4是四个瞬子各自的标度参数的某种线性组合(这种组合使四个零模互相正交)。由(19)、(21)和(11)式得

$$u = \frac{1}{2}\|\phi\| = \frac{4\pi}{g}. \tag{22}$$

因此,和标度参数有关的零模因子为

$$\left(\frac{4\pi}{g}\right)^4 d\rho_1 d\rho_2 d\rho_3 d\rho_4. \tag{23}$$

注意此式形式上和四个互相远离的单瞬子的涨缩零模因子是一样的。

对平移零模也可以用同一方法处理,得到和平移有关的零模因子为

$$\left(\frac{2\sqrt{2}\pi}{g}\right)^{16} d^4z_1 d^4z_2 d^4z_3 d^4z_4, \tag{24}$$

其中$z_{i\mu}$可以看做四个瞬子各别的位置参数。注意此式也是和四个互相远离的单瞬子零模因子形式上一样。

求总体规范零模时,注意对$a=3$和8,都只能有两个独立的零模。因此,由(18)式,总体规范零模因子为

$$\left(\frac{2\pi\rho}{g}\right)^{12}\left(\frac{2\sqrt{2}\pi\rho}{g}\right)^{12}\left(\frac{4\pi\rho}{g}\right)^4 d^4t_1 d^4t_2 d^4t_4 d^4t_5 d^4t_6 d^4t_7 d^2t_3 d^2t_8. \tag{25}$$

四个互相远离的单瞬子的规范零模为

$$\left(\frac{4\pi\rho}{g}\right)^{12}\left(\frac{2\sqrt{2}\pi\rho}{g}\right)^{16} \prod_{0=1}^{7} d^4t_i. \tag{26}$$

比较(25)和(26)式,可见拓扑荷为4的瞬子的零模因子比四个远离的单瞬子的零模因子小2^{10}倍。两者非零模因子的比值为

$$e^{-a(2)}/-e^{2a(\frac{1}{2})} < 1.$$

因此,拓扑荷为4的组态相对于四个远离的单瞬子组态对真空跃迁幅的贡献是可以忽略

的.

下面再计算拓扑荷为4的瞬子对重层子相互作用位势的贡献。距离为R的重层子对之间的位势为[8]

$$V(R) = \int \frac{d\rho}{\rho^5} D(\rho) W(R,\rho),$$

$$W(R,\rho) = -\frac{1}{3} \int d^3 z \mathrm{Tr}[P\exp(i\oint gA_\mu dx_\mu - 1)]. \tag{27}$$

式中$D(\rho)$决定于零模因子,$\vec{z}$为瞬子位置参数,P表示路径编序,回路积分沿边长为$\vec{R}$和T的长方形进行$(T\to\infty)$。设

$$L_1 = \lambda_7, \quad L_2 = -\lambda_5, \quad L_3 = \lambda_2, \tag{28}$$

则中心在z_μ处的拓扑荷为4的瞬子组态写成

$$A_\mu^a = \frac{2}{g} \vec{\eta}^a_{\mu\nu} L_a \frac{\rho^2(x-z)_\nu}{(x-z)^2[(x-z)^2+\rho^2]}, \tag{29}$$

L_a是角动量算符三维表示,其矩阵元为

$$(L_k)_{ij} = -i\varepsilon_{ijk}. \tag{30}$$

用公式

$$(\vec{L}\cdot\hat{x})^{2n}{}_{ij} = \delta_{ij} - \hat{x}_i\hat{x}_j, \quad n\geqslant 1$$

$$(\vec{L}\cdot\hat{x})^{2n+1}{}_{ij} = (\vec{L}\cdot\hat{x})_{ij} = -i\varepsilon_{ijk}\hat{x}_k, \quad n\geqslant 1 \tag{31}$$

其中$\hat{x} = \vec{x}/|\vec{x}|$。对任意函数$f(x)$有

$$e^{i\vec{L}\cdot\hat{x}f(x)} = \hat{x}_i\hat{x}_j + (\delta_{ij} - \hat{x}_i\hat{x}_j)\cos f(x) + \varepsilon_{ijk}\hat{x}_k\cos f(x). \tag{32}$$

由(29)和(27)式得

$$W(R,\rho) = -\frac{1}{3}\{2\cos f(z)\cos f(y) + 2\hat{z}\cdot\hat{y}\sin f(y)\sin f(y) - 2$$
$$- [1 - (\hat{z}\cdot\hat{y})^2][1 - \cos f(z) - \cos f(y) + \cos f(z)\cos f(y)]\} \tag{33}$$

其中

$$\vec{y} = \vec{z} - \vec{R}, \tag{34}$$

$$f(z) = \frac{2\pi|\vec{z}|}{\sqrt{\vec{z}^2 + \rho^2}}, \tag{35}$$

$\vec{R}$为层子对距离.

由$W(R,\rho)$可求得拓扑荷为4的组态所产生的重层子对间的位势$V(R)$。但由于这种组态所占的相空间远远比四个独立的单瞬子所占的相空间小,因此拓扑荷为4的瞬子对物理过程的贡献总是可以忽略的.

参考文献

[1] F. Wilczek, *Phys. Lett.*, **65B** (1976), 160.
[2] M. Marciano, H. Pegels, Z. Parsa, *Phys. Rev.*, **D**15(1977), 1044.
[3] C. W. Bernard, N. H. Christ, A. H. Guth, E. J. Weinberg, *Phys. Rev.*, **D**16 (1977), 2967.
[4] G. 't Hooft, *Phys. Rev.*, **D**14(1976), 3432; **D**18(1978), 2199(E).
[5] C. Bernard, *Phys. Rev.*, **D**19(1979), 3013.
[6] C.G. Callan, R. Dashen, D. J. Gross, *Phys.,Rev.*, **D**17 (1978), 2717.

On the SU(3) Instantons with Topological Charge 4

Guo Shuohong, Chen Qizhou, Guan Hong

Abstract

The configurations of the SU(3) instantons with topological charge 4 are discussed, and their zero mode and non-zero mode factors as well as their contributions to the interaction potential of heavy quark pairs are evaluated. It is shown that the contributions of these configurations can be neglected as compared with those of the configurations of four far-seperated single instantons.

·出·版·消·息·

山茶属植物的系统研究

张宏达著

本书是山茶属植物的研究专著。作者对全世界的山茶属植物进行了全面的整理和校订，按照系统发育的特征，把196种山茶划分为4个亚属19个组。附有划分亚属及分组和分种的检索表，便于检索和鉴定。在将近200种的山茶当中，有170余种产于我国南部及西南部，尤以云南、广西及广东最为集中。全部的山茶种子都含有油脂，是重要的木本油料植物。其中可供饮用的茶树在我国有17种之多；名贵的观尝金花茶多达10种；艳丽的红山茶多达33种。专著附有图版32幅，还有植物分布及系统发育示意图。新种有拉丁文及中文记载，旧种有扼要的特征描述。每种均附有准确的标本号数。全书约20余万字。可供农、林业工作者，高校教师及专业研究人员使用。该书已由中山大学学报编辑部编印出版。

纯格点规范场相变的变分分析

郭硕鸿 刘金明 陈启洲

(物理学系)

摘 要

应用混合方格变量—链变量作用量作为改进平均场理论的试探作用量，用变分法计算了 U(2)，U(3)，SU(2)和SU(3)纯规范场的元方格能量E_P得到这些规范场的$E_P \sim \beta$曲线。解释了 SU(2) 和 SU(3) 规范场为什么没有相变。这些结果比单纯平均场的计算更接近于 Monte Carlo 计算的结果。

近年来，在格点规范理论中，应用平均场理论讨论纯规范场的相变问题，受到人们的重视[1,2]，但单纯平均场理论过于粗略。应用于某些规范群，例如$SU(2)$规范场时，平均场理论给出有相变的结论，而Monte Carlo计算只观察到比热峰。为了改进平均场理论，已提出多种改进方法[3,4]。本文应用(4)中的方法，即应用混合方格变量—链变量工作量为试探作用量作变分计算，结果应用于SU(2)规范场时，没有发现相变。对$U(2)$，$U(3)$和$SU(3)$规范场也作出了$E_P \sim \beta$曲线。本文计算结果比单纯平均场的计算更接近于Monte Carlo 计算的结果。

一、混合方格变量-链变量试探作用量

在格点规范理论中，纯规范场的作用量S为

$$S = -\frac{\beta}{\text{tr}1}\sum_P \text{Retr} U_P \tag{1}$$

相应的配分函数Z和自由能W分别为

$$Z = \int DU e^S, \qquad DU = \prod_l dU_l \tag{2}$$

$$W = -\ln Z \tag{3}$$

式中，U_l为链l上规范群的一个元素，tr1 等于这个群表示的维数。$\beta = 1/g^2$，g为耦合常数。P代表元方格，U_P为组成元方格P的4个链上的U的乘积。

如果用试探作用量S_0代替作用量S，引进相应的试探配分函数Z_0和试探自由能W_0，

本文于1984年3月收到
● 本工作是中国科学院科学基金会以及中山大学高等学术研究中心资助的课题。

它们分别为

$$Z_0 = \int DU e^{S_0} \tag{4}$$

$$W_0 = -\ln Z_0 \tag{5}$$

利用不等式

$$\langle e^x \rangle_0 \geqslant e^{\langle x \rangle_0} \tag{6}$$

得

$$W \leqslant W_0 + \langle S_0 - S \rangle_0 \tag{7}$$

式中 $\langle \ \rangle_0$ 是在试探作用量 S_0 中的平均值。

由以上不等式可见，选 S_0 应使式(7)右边为最小。平均场理论取试探作用量 S_0 为

$$S_0 = \frac{z}{\text{tr}1} \sum_l \text{Re tr} U_l \tag{8}$$

式中 z 为变分参数，由(7)式右边为最小确定。为方便起见，我们称 U_l 为链变量，称 U_P 为方格变量。平均场作用量实际上是将(1)中对元方格变量 U_P 求迹转为对元链变量 U_l 求迹，忽略了各个链变量之间的耦合。为了改进平均场理论，我们观察到若在 S_0 中将第一个链变量 U_1 改回包含 $l=1$ 的元方格变量 $U_1' = U_1 U_2 U_3^+ U_4^+$，而得新的试探作用量 S_1 为

$$S_1 = \frac{z}{\text{tr}1} \text{Retr}(U_1' + \sum_{l \neq 1} U_l) \tag{9}$$

相应的试探配分函数 Z_1 为

$$Z_1 = \int DU e^{S_1} \tag{10}$$

则满足 $\quad Z_1 = Z_0, \quad \langle S_1 \rangle_1 = \langle S_0 \rangle_0 \tag{11}$

但 $\quad \langle S \rangle_1 \neq \langle S \rangle_0 \tag{12}$

如果 $\langle S \rangle_1 > \langle S \rangle_0$，则由(7)式可见 S_1 比 S_0 给出更接近准确的自由能的结果。这是可能的，直接计算得

$$\langle S \rangle_1 - \langle S \rangle_0 = m_0 + 5m_0^7 - 6m_0^4 \tag{13}$$

式中

$$m_0 = \langle \frac{1}{\text{tr}1} \text{Re tr} U_l \rangle_0 \tag{14}$$

为平均场理论中链变量 U_l 的平均值。从(13)式可见，只要 $m_0^3 < \frac{1}{6}$，就有 $\langle S \rangle_1 > \langle S \rangle_0$。按这个方向，我们还可以将更多的链变量改回方格变量，以得到更好的近似值。

在计算某一物理量的平均值时，还有一种选择试探作用量的可能性。设 S_i 和 S_j 为两个试探作用量，满足

$$Z_j = Z_i \tag{15}$$

$$\langle S_j \rangle_j = \langle S_i \rangle_i, \quad \langle S \rangle_j = \langle S \rangle_i \tag{16}$$

设我们求某一正定物理量 $X > 0$ 在作用量为 S 的系统中的平均值 $\langle X \rangle$ 为

$$\langle X \rangle = Z^{-1} \int DU e^S X \tag{17}$$

用试探作用量 S_i 或 S_j, 有以下不等式：

$$\ln(Z\langle X \rangle) \geqslant \ln Z_j + \langle S - S_j + \ln X \rangle_j \tag{18}$$

$$\ln(Z\langle X \rangle) \geqslant \ln Z_i + \langle S - S_i + \ln X \rangle_i \tag{19}$$

由(15)和(16)式可见, 当 $\langle \ln X \rangle_j > \langle \ln X \rangle_i$ 时, 试探作用量 S_j 给出比 S_i 更好的 $Z\langle X \rangle$ 的上限。

引进平均元方格变量平均值 E_p 为

$$E_p = \langle \frac{1}{\text{tr}1} \text{Re tr} U_p \rangle \tag{20}$$

及在 S_j 中的元链变量平均值 m 为

$$m = \langle \frac{1}{\text{tr}1} \text{Re tr} U_l \rangle_j \tag{21}$$

并取正定物理量 X 为

$$X = e^{\frac{\lambda}{\text{tr}1} \text{Retr} U_P}, \qquad 0 < \lambda \ll 1. \tag{22}$$

代进(18)式, 当 λ 很小时, 得

$$\ln Z + \lambda E_p \geqslant \ln Z_j + \langle S - S_j \rangle_j + \lambda m \tag{23}$$

由于有不等式(7), 上式一般不能给出对 E_p 的确定上限。但若假定试探作用量 S_j 已较好地逼近 S, 使 $\ln Z \approx \langle S - S_j \rangle_j$, 则若 $\langle \text{Re tr} U_p \rangle_j > \langle \text{Re tr} U_p \rangle_i$, S_j 就可能比 S_i 给出较好的 E_p 的上限。

取 S_j 是混合方格-链试探作用量, 当 S_j 的方格变量含有给定的方格 U_P 时, 它就给出较大的 $\langle \frac{1}{\text{tr}1} \text{Re} U_p \rangle = m$。于是有

$$E_p = m \tag{24}$$

为了在给定 β 下尽可能提高 m 值, 应该尽可能地提高在 S_j 中方格变量数目对链变量数目的比值。我们还注意到当 β 不大时, E_p 主要来自方格 P 附近区域的场变量的贡献。在局部区域可以得到较大的方格变量对链变量的比值, 我们在局部区域选一组链 U_i, 其他链为 U_e, 选试探作用量使 U_i 和 U_e 没有耦合, 即

$$S_j = S_e(U_e) + S_i(U_i) \tag{25}$$

$$S_e = \frac{\beta}{\text{tr}1} {\sum_P}' \text{Re tr} U_P \tag{26}$$

$$S_i = \frac{z}{\text{tr}1} \sum_{l \in i} \text{Re tr} U_l \tag{27}$$

式中 $\sum_P'$ 表示对所有不含 U_i 的方格求和, z 为变分参数。于是

$$Z_j = \int \prod dU_e e^{\frac{\beta}{\text{tr}1} {\sum}' \text{Retr} U_P} \int \prod dU_i e^{S_i(U_i)} \equiv Z_e Z_i \tag{28}$$

代进(7)式得

$$-\ln\frac{Z}{Z_e} \leq -\ln Z_j - \langle S_j - S \rangle_j \tag{29}$$

由 S_j 的性质，$\langle S_j - S \rangle_j$ 只依赖于链变量 U_l，因此，我们只要在 S_j 中把尽可能多的链变量改回方格变量，就能得到最小的 $\langle S_j - S \rangle_j$ 值。在我们考虑过的局部组态中，能够得到最大的方格变量对链变量比值的组态是双层超立体，这超立体的一个单元如图1所示。

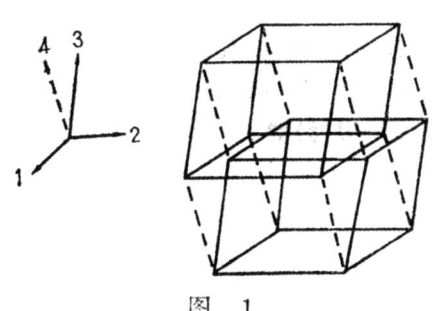

图 1

在4维超立体中记空间的三个取向为1，2，3，时间为取向4，则有6种面，称取向为12，23，31的面为底面，取向为14，24，34的面为侧面。则每个立方体有12个侧面，6个上底面，6个下底面。在每一个双层超立体单元中，有12个侧面，我们全部取为方格变量，但6个中间面中，只有5个面可作为方格变量，另一个中间面的边界的4条链都已经作为其它面的方格变量的组成部分了。我们称之为一个空位。还有6个上底面和6个下底面，全部都是空位，其中有两个为双空位，（需用9个面把它围住）。如图1所示。按上述取法得混合方格变量—链变量的试探作用量后，可得

$$\langle S \rangle_j = \beta(17m + 11m^5 + 2m^9) \tag{30}$$

$$\langle S_j \rangle_j = z(17m) \tag{31}$$

选 S_j 使 $\langle S_j - S \rangle_j$ 最大，得

$$z = \beta\left(1 + \frac{55}{17}m^4 + \frac{18}{17}m^8\right) \tag{32}$$

式中

$$m = Z_1^{-1} \int dU_l e^{\frac{z}{\mathrm{tr}1}\mathrm{Retr}U_l} \frac{1}{\mathrm{tr}1}\mathrm{Retr}U_l \tag{33}$$

$$Z_1 = \int dU_l e^{\frac{z}{\mathrm{tr}1}\mathrm{Retr}U_l} \tag{34}$$

m_l 为单链变量平均值，Z_1 为单链试探配分函数，z 为变分参数。将(32)(33)和(24)联立，便可求得 $E_P \sim \beta$ 曲线。

二、应　用

从以上的分析可见采用混合方格变量链变量作用量作变分计算，只要计算单链变量平均值就可求得 $E_P \sim \beta$ 曲线。下面对常见的几种李群作计算。

① **U(2) 群**

$$Z_1 = \begin{matrix} I_0(x) & I_1(x) \\ I_1(x) & I_0(x) \end{matrix}, \qquad x = \frac{z}{2} \tag{35}$$

直接计算可得

$$m = Z_1^{-1}\frac{dZ_1}{dz} = \frac{x^{-1}I_1^2(x)}{I_0^2(x) - I_1^2(x)} \tag{36}$$

式中$I_n(x)$为n阶虚宗量贝塞尔函数。

计算结果与Monte Carlo 计算[5]的比较见图2。

② U(3)群

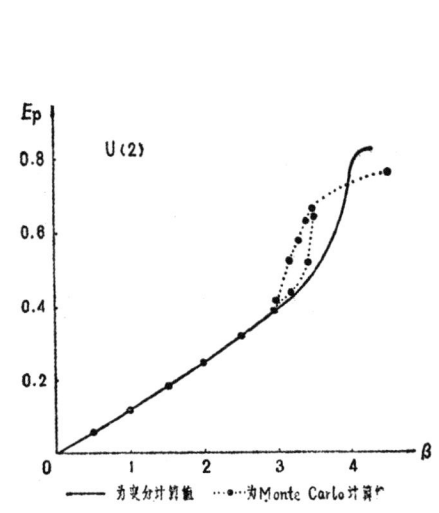

图 2

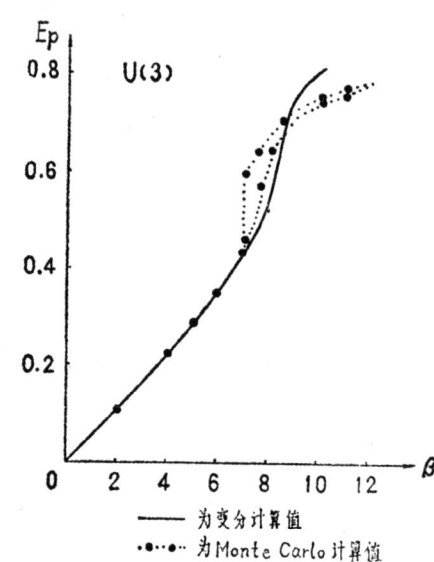

图 3

$$Z_1 = \begin{vmatrix} I_0 & I_1 & I_2 \\ I_1 & I_0 & I_1 \\ I_2 & I_1 & I_0 \end{vmatrix} \tag{37}$$

$$m = \frac{I_0(x)}{3I_1(x)} + \frac{1}{3x} \cdot \frac{I_1^2(x) - I_0(x)I_1(x)}{I_0^2(x) - I_1^2(x) - x^{-1}I_0(x)I_1(x)} \tag{38}$$

$$x = \frac{z}{3} \tag{39}$$

式中I_n是虚宗量贝塞尔函数$I_n(x)$的简写。

计算结果与Monte Carlo 计算[5]的比较见图3。

③ SU(2)群

$$Z_1 = \frac{2I_1(z)}{z} \tag{40}$$

$$m = \frac{I_2(z)}{I_1(z)} \tag{41}$$

计算结果与Monte Carlo 计算[6]的比较见图4。

④ SU(3)群[7]

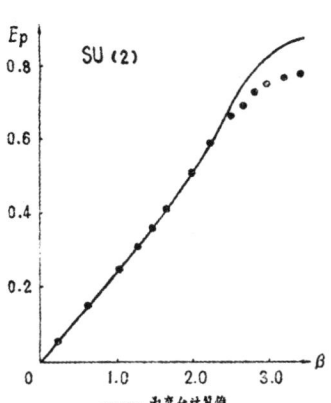

图 4

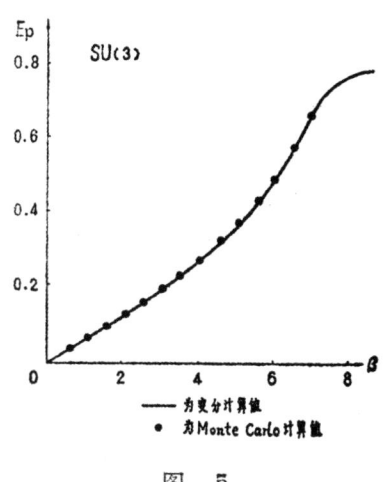

图 5

$$Z_1 = 2\sum_{k=0}^{\infty} \frac{x^{2k}}{(k+1)!(k+2)!} \sum_{n=0}^{k} \frac{(2x)^n}{n!} \binom{k+3}{k+n+3}$$

$$\simeq \sum_{k=0}^{25} C_k x^k, \qquad x = \frac{z}{6} \tag{42}$$

式中，Z_1作为x的幂级数，收敛较慢，考虑到x不大（$x<3$），展到x的25次项，误差已经比较小，因此(42)式可作为Z_1的近似值，其中系数c_n如下：

$c_0 = 1$, $c_1 = 0$, $c_2 = 1$, $c_3 = \frac{1}{3}$,

$c_4 = \frac{1}{2}$, $c_5 = \frac{1}{4}$, $c_6 = \frac{13}{72}$, $c_7 = \frac{11}{120}$,

$c_8 = \frac{139}{2880}$, $c_9 = \frac{19}{864}$, $c_{10} = \frac{23}{2400}$, $c_{11} = \frac{29}{7560}$,

$c_{12} = 1.449 \times 10^{-3}$, $c_{13} = 5.130 \times 10^{-4}$,

$c_{14} = 1.717 \times 10^{-4}$, $c_{15} = 5.440 \times 10^{-5}$,

$c_{16} = 1.637 \times 10^{-5}$, $c_{17} = 4.690 \times 10^{-6}$,

$c_{18} = 1.282 \times 10^{-6}$, $c_{19} = 3.352 \times 10^{-7}$,

$c_{18} = 1.282 \times 10^{-6}$, $c_{19} = 3.352 \times 10^{-7}$,

$c_{20} = 8.396 \times 10^{-8}$, $c_{21} = 2.019 \times 10^{-8}$,

$c_{22} = 4.667 \times 10^{-9}$, $c_{23} = 1.039 \times 10^{-9}$,

$c_{24} = 2.229 \times 10^{-10}$, $c_{25} = 4.000 \times 10^{-11}$.

由(42)式可得

$$m = \frac{1}{Z_1}\frac{\partial Z_1}{\partial z} = \frac{1}{6}\frac{\partial}{\partial x}\ln Z_1 \tag{43}$$

由此得到$E_p\sim\beta$曲线与Monte Carlo 计标[8]的比较见图 5。

三、讨 论

从图2到图5的比较可见，混合方格-链变量变分的计算与 Monre Catlo 计算的 $E_P \sim \beta$ 曲线符合得相当好。在我们研究过各种群(Z_2, Z_3, Z_4, Z_6, U(1), SU(2), U(3), SU(3)等)中只有 SU(2)和 SU(3)群在过渡区的行为比较平滑，其他群或者显示明显的相变，例如 Z_2 和 Z_3 群或者在过渡区有急剧的变化。〔例如本文中的 U(2)和 U(3)群纯格点规范场〕因此，我们的结果在一定程度上解释了为什么 SU(2)和 SU(3)群可能没有相变。

参 考 文 献

[1] J. Greensite and B. Lautrup, *phys. Lett.*, 104B (1981), 41.
[2] P. Cvitanovic, J. Greensite and B. Lautrup, *Phys. Lett.*, 105 B(1981), 197.
[3] Chung-I Tan and Xi-te Zheng, preprint Brown-HET-502(1983).
[4] 郭硕鸿等，全国格点规范理论专题会议资料（广州, 1983）, 28.
[5] M. Creutz and K. J. M. Moriarty, *Phys. Rev.*, D25(1982), 610.
[6] M. Creutz, *Phys. Rev.*, D21(1980), 2308.
[7] C. B. Lang et al., *Phys. Lett.*, 100 B (1981), 29.
[8] R. C. Edgar et al., *J. Phys.*, G7(1981), L85.

Variational Analysis of Phase Transition in Pure Lattice Gauge Theories

Guo Shuohong   Liu Jinming   Chen Qizhou

Abstract

A modified mean field theory applying an improved variational action with mixed plaquette-link variables is used to study the phase transition of 4-dimensional pure lattice gauge systems. The theory gave the overall behavior of mean plaquette energies E_P for U(2), U(3), SU(3) and SU(2) groups over a wide range of β, including the phase transition or crossover region, and explained that the phase transitions in SU(2) and SU(3) pure lattice gauge systems are absent. The $E_P \sim \beta$ curves agree with Monte Carlo results and are better than that given by simple mean field theory.

DJS——21机编译系统标准过程的扩充

姚卿达　肖金声

（数学力学系）

一、DJS——21机标准过程的扩充

目前，DJS—21计算机所采用的程序语言是 ALGOL—60，并结合机器特点作了某些增删。ALGOL—60中建议了九个标准函数，包括

ABS(E) 求表达式 E 值的绝对值；
SIGN(E) 求表达式 E 值的符号；
SQRT(E) 求表达式 E 值的平方根（$\sqrt{E}$）；
SIN(E) 求 E 值的正弦；
COS(E) 求 E 值的余弦；
ARCTAN(E) 求 E 值的反正切主值；
LN(E) 求 E 值的自然对数；
EXP(E) 求 E 值的指数函数；
ENTIER(E) 求不大于 E 值的最大整数；

而且这些标准函数的名字（函数符）是保留字，不作别用。DJS—21机算法语言则取消"保留字"规定，并增加了五个常用的标准函数，即

GN3(E) 求 E 的立方根（$\sqrt[3]{E}$）；
TAN(E) 求 E 的正切；
ARCSIN(E) 求 E 的反正弦主值；
TOINTG(E) 对 E 四舍五入取整；
TOREAL(E) 把 E 值化为实数；

另外，又规定了十三个标准过程，作为输入／输出、控制、显示、访外之用，包括：

READR
READI

READB
PRINT(E)
READ(A)
APRINT(A)
TPRINT(B,E,"行内符号")
TEST(E)
PUSH(K,E)
DCXC(E1,E2,"行内符号",E3,E4)
GUDXIN1(A,B)
XINDGU1(B,A)
JUMP(K,L)

规定这些标准过程，主要是为了使用的需要以及增强计算功能。

结合计算机的特点，适当增加标准函数及标准过程，这对计算人员来说往往是很需要的，同时也是丰富算法语言内容提高计算效率的一个方面。

我们在使用 DJS—21 机算法语言及其编译系统的过程中，觉得有些问题值得进一步完善和改进，例如：

1、输入／输出方面：如欲从鼓数据区读入四个实数，分别赋值给 a，b，c，d，那么就得分别用四个赋值语句来实现，即

$$a:=READR; \quad b:=READR;$$
$$c:=READR; \quad d:=READR;$$

如果要读入更多的数，而又不是数组，那么就要重复更多这样的语句。输出计算结果（快速打印 PRINT(E)）也有类似的情况，这显然是不太方便的。

2、ALGOL—60 没有定义矩阵一类的数组运算，而在数值计算中往往需要进行大量的数组运算，于是就得用较多的循环语句、条件语句及转向语句来描述算法，使程序编得冗长，而且由于编译系统没有考虑目标程序的优化，用直接法计算下标变量地址，致使数组运算时间过长，效率低。

3、内存数组与鼓数组交换时，目前只允许某个内存数组的全部元素与某个鼓数组的全部元素交换，未有部分记鼓、调鼓之功能，而且在交换中进行数组类型转换时有错，所以对于有大量数组的题目显得很不方便甚至难以进行计算。没有充分发挥鼓数组作用。

4、数值计算中常用的一些计算方法（如解线性方程组的消去法）尚未编出标准过程，计算人员都得花时间去编制和调整，影响计算效率。

为了扩充 DJS—21 机算法语言及编译系统之计算能力，增加使用上的方便，我们对编译系统的标准函数与标准过程作了初步扩充，其中包括如下几个方面：

读入一批数据——
　　READR1(K,R1,R2…,RK);

READI1(K,I1,I2,…,IK);
READ1(K,B1,B2,…,BK);

打印一批值——
PRINTR(K,E1,E2,…,EK);
PRINTI(K,E1,E2,…,EK);
APRINT1(K,A1,A2,…,AK);

数组运算——
SUM(A) = $\sum a_{i…j}$
ATOB(A,B,i);
SUMM(t,A,B,C);
STOA(B,A);
MUL(A,B,C);
MUL1(X,Y) = $\sum X_i Y_i$

部分记鼓、调鼓——
XINDGU(A,B,i);
GUDXIN(B,A,i);

常用计算过程——
GS1(A,b,X);
GJ(Ab,X,to1);
FACT(N) = N!
SMP(a,b,n,F,Y);

其他——
SONG;
DMH;
WRITE;

以上这些标准过程的意义及用法见后面"使用说明"。这些过程标识符有的按英语意义省写（如 SUM, MULtiplication, FACTorial）有的保留编译系统使用符号的习惯（如PRINTR, READI1）这些标识符未加"保留"的限制，因此仍可以用于其他目的，如作为某变量的标识符，但必须在分程序首部有所说明，而且在同一层分程序内，不能一符二义，如

BEGIN REAL SUM; **ARRAY** A[1 : 10];
··· SUM：= SUM + A[i]; ···
··· PRINT (SUM(A)); ···
END

这里标识符 SUM 既是一实型简变，又是数组求和的标准过程标识符，产生不确定性（二义性）这是不允许的。

为了照顾原有习惯,算法语言中原有的各个标准过程符(如READR,PRINT,XINDGU1)照样使用,未作任何改动。

扩充的标准过程共约占一个鼓区,**存贮**方式有两种:一是和编译程序其他部分一起保存在0鼓,如0鼓第十五区或十四区,一是作为代码过程**存贮**于纸带,这只是在鼓区感到比较紧张情况下才使用,但这时对代码过程的编译要作相应的改动,使代码过程不必在分程序首部作任何说明,像使用标准函数、标准过程那样加以调用。

本扩充过程已和编译系统一起放入计算机内运行,一年来的实践表明,效果是良好的,受到广大用户欢迎。

二、DJS——21标准过程(扩充)使用说明

READR1(K,R1,R2,…,RK);

序号:0030

其中:K为整型赋值参数,R1、R2、…RK均为实型简变,$1 \leq K < 10$(当$K \geq 10$时,如不经语法检查,仍然有效)。

功能:从鼓数据区顺序读入K个实数,分别赋给R1、R2、…、RK。

READI1(K,I1,I2,…,IK);

序号:0031

其中:K为整型赋值参数,I1、I2、…、IK均为整型简变,$1 \leq K < 10$。

功能:从鼓数据区顺序读入K个整数,分别赋给I1、I2、…、IK。

READ1(K,B1,B2,…,BK);

序号:0032

其中:K为整型赋值参数,B1、B2、…、BK均为数组,$1 \leq K < 10$。

功能:从鼓数据区顺序读入B1、B2、…、BK的全部元素。

PRINTR(K,E1,E2,…,EK);

序号:0033

其中:K为整型赋值参数,E1、E2、…、EK均为算术表达式,$1 \leq K < 10$。

功能:连续打印K个实数(即印出E1、E2、…、EK之值)。

PRINTI(K,E1,E2,…,EK);

序号:0034

其中:K为整型赋值参数,E1、E2、…、EK均为算术表达式,$1 \leq K < 10$。

功能:连续打印K个整数(即印出E1、E2、…、EK之值)。

SUM(A) = $\sum a_{ij...k}$

序号:0035

其中:A为实型数组。

功能：SUM(A)是函数过程，对数组A全部元素求和。

STOA(R,A);

序号：0036

其中：R为实型赋值参数，A为实型数组。

功能：将R之值送给（赋给）A的全部元素。

SUMM(t,A,B,C);

序号：0037

其中：A、B、C均为实数组，且具有相同的维数与界偶，t＝0、1。

功能：若t＝0，则A＋B→C（数组各元素求和）；若t＝1，则A－B→C（数组相减）。

MUL(A，B，C);

序号：0038

其中：A、B、C均为二维实型数组（矩阵），而且A、B满足可乘条件，即A之列数等于B之行数。

功能：实行矩阵A与B相乘，结果送C，即A·B→C。

MUL1(X，Y)＝$\Sigma X_i Y_i$

序号：0039

其中：X、Y均为实型同维、同界偶数组。

功能：MUL1是函数过程，计算X与Y之内积（即对应元素两两相乘，然后求和），特例是计算向量的数量积。

ATOB(A，B，i);

序号：00$\overline{30}$

其中：A、B为数组，i为整型赋值参数，i≥1。

功能：数组传送，将A的全部元素送到B中，从B中第i个元素（按B总元素计算）开始存放，（B的其余元素不变）如放不下则发出i太大之信号，转入参数错追综。

XINDGU(A，B，i);

序号：003$\overline{1}$

其中：A为内存数组，B为鼓数组，i为整型赋值参数，i≥1。

功能：部分记鼓，A的全部元素记入B中，从B的第i个元素开始存放，B其余元素不变，如放不下，则发出i太大之信号，转入参数错追综。

GUDXIN(B,A,i);

序号：003$\overline{2}$

其中：B为鼓数组，A为内存数组，i为整型赋值参数，i≥1。

功能：部分调鼓，B中从第i个开始的各元素调至内存数组A中，直到充满A为止。

FACT(N) = N!

序号：0033

其中：N 为整型赋值参数，$2 \leqslant N \leqslant 13$。

功能：FACT(N) 是函数过程，计算 N 的阶乘积。

GS1(A,b,X);

序号：0034

其中：A 为二维实数组，b、x 均为实向量。

功能：利用 Gauss—side1 迭代法求解形如 X = AX + b 的方程组，初值置于 X 中，结果亦在 X 中得到，A 中各元素按行存放（系数矩阵），精确度为 10^{-4}。

GJ(Ab,x,to1);

序号：0035

其中：Ab 为二维实数组，X 为实向量，to1 为实型赋值参数。

功能：利用严格主元素消去法求解方程组 Ax = b，to1 为各次选出的主元素不能小于之值（即精确度之要求值，一般取 to1 = 10^{-8} 左右），当不满足此条件时发出参数错信号，此时可将 to1 再放小一些。Ab 为 n 行 n+1 列增广矩阵，存放系数 A 及常数项，排列方式为

$$Ab = \begin{pmatrix} a_{11} & a_{12} & \cdots & a_{1n} & b_1 \\ a_{21} & a_{22} & \cdots & a_{2n} & b_2 \\ \cdots & \cdots & \cdots & \cdots & \cdots \\ a_{n1} & a_{n2} & \cdots & a_{nn} & b_n \end{pmatrix}$$

计算结果在 X 中得到。计算完时，Ab 内容已破坏。

SONG;

序号：0040

功能：SONG 是无参过程，利用第 II 寄存器发音，如在其中某一端接上喇叭，则歌唱《东方红》乐曲，供表演用。

APRINT1(K,A1,A2,⋯,AK);

序号：0041

其中：K 为整型赋值参数，A1、⋯、AK 为数组，$1 \leqslant K < 10$。

功能：将数组 A1、⋯、AK 全部元素印出。

DMH

序号：0042

功能：印出 0 鼓编译程序代码和，供软件维护人员用。

WRITE

序号：0043

功能：将计算现场写入鼓中保存，当发生意外停机时，可重调0区，启动0000，当1206等待时，电传打入Z，则调出现场并从该写鼓语句的后继语句继续做下去。

SMP(a,b,n,F,Y)

序号：0044

功能：用辛卜生公式求解积分 $Y = \int_a^b F(x)dx$，n 为分点个数，F 为实函数过程，用来算被积函数之值，使用者自编。

三、使用标准过程(扩充)的几个简单例子

例1、《东方红》

```
        y
BEGIN SONG END
```

例2、读入与输出

```
        y
BEGIN REAL X,Y,Z; INTEG A,B,C,D;
 READR1(3,X,Y,Z); PRINTR(3,X,Y,Z);
 READI1(4,A,B,C,D); PRINTI(4,A,B,C,D);
END
        S
1; 2; 3; 4; 5; 6; 7;
```

例3、数组运算

```
        Y
BEGIN ARRAY A,B,C,[1:2,1:2],D,E[1:2];
 STOA(1,A); STOA(2,B); STOA(3,D); STOA(4,E);
 MUL(A,B,C); APRINT(C);
 SUMM(0,A,B,C); APRINT(C);
 SUMM(1,A,B,C); APRINT(C);
 PRINT(MUL1(E,D)); PRINT(MUL1(A,B));
 PRINTR(2,SUM(A),SUM(B));
 ATOB(A,C,1); APRINT(C);
END
```

例4、求数组全体元素之平方和、平均值，求两点间距离。

```
        Y
BEGIN REAL Q,S,D;
    ARRAY A[1:2,1:2],X,Y,Z[1:3];
```

STOA(1,A); STOA(2,X); STOA(3,Y);
Q:=MUL1(A,A); S:=SUM(A)/(2×2);
SUMM(1,Y,X,Z); D:=GN2(MUL1(Z,Z));
PRINTR(3,Q,S,D);
END K
JISHUAN WAN

例5、对于给定的 X，在鼓内形成一个鼓数组 B[1:100,1:100]即 100×100 矩阵，其各行元素如

$$B = \begin{pmatrix} 1 & 1 & 1 & \cdots & 1 \\ X & X & X & \cdots & X \\ X^2 & X^2 & X^2 & \cdots & X^2 \\ \cdots\cdots\cdots\cdots\cdots\cdots\cdots \\ X^{99} & X^{99} & X^{99} & \cdots & X^{99} \end{pmatrix}$$

然后取出其第一行及最后一行快速打印出。假定 X=0.5。

程序
   Y
BEGIN INTEG I; **REAL** X;
  ARRAY A[1:100]; **DRUM ARRAY** B[1:100; 1:100];
X:=1; STOA(1, A); XINDGU(A, B, 1)
FOB I:=101 **STEP** 100 **UNTIL** 990 DO
BEGIN X:=X×0.5;STOA(X,A); XINDGU(A, B,I); **END**;
GUDXIN(B, A, 1) APRINT(A);
GUDXIN(B, A, 9901); APRINT(A);
 END K

JISHUAN WAN

例6.利用迭代法求解下列方程组：

$$\begin{cases} X:=0.22X_1+0.02X_2+0.12X_3+0.14X_4+0.76; \\ X_2=0.02X_1+0.14X_2+0.04X_3-0.06X_4+0.08; \\ X_3=0.12X_1+0.04X_2+0.28X_3+0.08X_4+1.12; \\ X_4=0.14X_1-0.06X_2+0.08X_3+0.26X_4+0.68; \end{cases}$$

程序：
    Y
BEGIN ARRAY A, B, C, [1:4,1:4], D, E, F [1:4];

```
READ1(3, A, E, F);
GS1(A, E, F); APRINT(F);
END
```

S

0.22; 0.02; 0.12; 0.14;
0.02; 0.14; 0.04; -0.06;
0.12; 0.04; 0.28; 0.08;
0.14; -0.06; 0.08; 0.26;
0.76; 0.08; 1.12; 0.68; 0; 0; 0; 0;

计算结果：

0 0 1 1 5 3 4 9 6 4 6 0 0
0 0 0 1 2 2 0 9 5 6 0 0
0 0 1 1 9 7 5 1 5 6 1 0 0
0 0 1 1 4 1 2 9 5 5 2 0 0

例7.利用消去法解方程组

$$496X_1 + 33X_2 + 30X_3 + 25X_4 + 39X_5 + 29X_6 = 25;$$
$$33X_1 + 33X_2 + 21X_3 + 12X_4 + 19X_5 + 16X_6 = 22;$$
$$30X_1 + 21X_2 + 30X_3 + 16X_4 + 18X_5 + 13X_6 = 20;$$
$$25X_1 + 12X_2 + 16X_3 + 25X_4 + 18X_5 + 12X_6 = 20;$$
$$39X_1 + 19X_2 + 18X_3 + 18X_4 + 39X_5 + 20X_6 = 23;$$
$$29X_1 + 16X_2 + 13X_3 + 12X_4 + 20X_5 + 20X_6 = 20;$$

程序：

Y
```
BEGIN ARRAY A[1:6,1:7], X[1:6];
READ(A);
GJ(A, X, 10⁻⁸); APRINT(X);
END
```

S

4 9 6; 3 3; 3 0; 2 5; 3 9; 2 9; 2 5;
3 3; 3 3; 2 1; 1 2; 1 9; 1 6; 2 2;
3 0; 2 1; 3 0; 1 6; 1 8; 1 3; 2 0;
2 5; 1 2; 1 6; 2 5; 1 8; 1 2; 2 0;
3 9; 1 9; 1 8; 1 8; 3 9; 2 0; 3;
2 9; 1 6; 1 3; 1 2; 2 0; 2 9; 2 0;

计算结果如下：

```
-0 1    -1 8 6 2 3 9 4 8 0 0
 0 0 0   2 9 7 3 2 5 4 5 0 0
-0 1     7 4 9 6 6 7 2 6 0 0
 0 0 0   4 3 3 4 0 9 9 8 0 0
-0 1     9 1 2 6 7 7 3 7 0 0
 0 0 0   2 6 8 3 4 6 3 8 0 0
```

例8. 在气象、水文、水产等方面的数据处理中，常常用到平隐序列的预测，即已知一个平隐序列

$$X_1, X_2, \cdots X_m$$

今要用n个值X_{m-n+1}、X_{m-n+2}、$\cdots$、X_m来预测当$t = m+1(1=1,2,\cdots,1_k)$的X值。

这里我们采用最小二乘法（参见《怎样使用121机算法语言》），其中需计算平均值、中心化、算相关系数、反复解方程组、计算预测值等，为了说明使用标准过程（扩充）的某些方便之处，下面将其源程序写出，共二十六行（原书中是七十五行）。源程序后面还附了个简单数据及计算结果。

```
                Y
BEGIN INTEG M, NO, N1, LO, L1, I, J, K, N, L;
READl1 (5, M, NO, N1, LO, L1);
BEGIN REAL P, S; ARRAY X[1:M], B[O:N1+L1-1];
LL1: READ (X) ;S: = SUM (X) /M;
FOR I: =1 STEP 1 UNTIL M DO X[I]: =X[I]-S;
LL2: FOR I: =O STEP 1 UNTIL N1+L1-1 DO
BEGIN B[I]: =O; FOR K: =1 STEP 1 UNTIL M-I DO
B[I]: =B[I]+X[I+K]×X[K];
B[I]: =B[I]/(M-I);
END B; APRINT(B);
LL3: FOR N: =NO STEP 4 UNTIL N1 DO
BEGIG ARRAY AR[1:N ,1:N+1], C[1:N];
PUSH(N,3); FOR L: =LO STEP 1 UNTIL L1 DO
BEGIN
LL4: FOR I: =1 STEP 1 UNTIL N DO
BEGIN FOR J: =I STEP 1 UNTIL N DO
AR[I, J]: =B[J-I]; K: =O;
FOR K: =K+1 WHILE K<I DO AR[I, K]: =AR[K ,I]
```

```
AR[I, N+1]:= B[N+L-I];
END AR;
LL5: GJ(AR, C, 10⁻⁸); APRINT(C);
LL6: P:= O; FOR I:= 1 STEP 1 UNTIL N DO
P:= P+C[I]×(X[M-N+I]); P:= P+S;
PRINT(P);
ENDL;
END N; END ; END
             S
```

16; 4; 8; 4; 8;
0.3; 0.32; 0.33; 0.305; 0.31; 0.31; 0.32; 0.35; 0.36; 0.37; 0.36; 0.35; 0.34; 0.33; 0.32; 0.31;

计算结果：

当 $n=4$ 时

$X_{m+4} = 0.32619480$
$X_{m+5} = 0.33290385$
$X_{m+6} = 0.33995273$
$X_{m+7} = 0.34468779$
$X_{m+8} = 0.34429554$

当 $n=8$ 时

$X_{m+4} = 0.31520718$
$X_{m+5} = 0.31706223$
$X_{m+6} = 0.32266412$
$X_{m+7} = 0.31676216$
$X_{m+8} = 0.35778429$

例9. 计算人造卫星轨道的周长

$$Y = \int_0^{\pi/2} 4 \times 7782.5 \times \sqrt{1 - \left(\frac{9725}{7782.5} \operatorname{Sin}(x)\right)^2} \, dx$$

程序

```
            Y
BEGIN REAL Y;
REAL PROC F(x); VALUE X; REAL X;
F:= 4×7782.5×GN2( 1-(972.5/7782.5×SIN(x))××2 );
Y:= SMP( 0,3.1415927/2,18,F,Y );
TPRINT( 0=0,Y,"SMP=" );
'END'
```

结果

SMP = •48707439₁₀5;

四、标准过程扩充程序

	READR1				
3FFC	000	0000	C	-36	0000
	000	0000		034	3FFD
D	-15	21C6	D	-04	0002
	02A	2740		034	1CAA
E	-37	0000	E	-36	0002
	000	0000		004	0000
F	019	0444	F	-35	0003
	022	0888		-20	000A
0000	000	0000	0010	020	1C8F
	000	0000		000	3FFE
1	-02	0010	1	-02	0005
	-20	0006		034	1D13
2	000	0000			
	000	0000		**READI1**	
3	001	0000	3FFC	000	0000
	020	3FFD		000	0000
4	022	0000	D	-15	21C6
	000	0000		02B	0740
5	000	0001	E	-37	0000
	-00	0004		000	0000
6	-31	0003	F	019	2666
	-36	0000		033	0CCC
7	034	3FFE	0000	000	0000
	034	1CA2		000	0000
8	-04	0004	1	-02	0010
	-30	0003		-20	0006
9	015	1B82	2	001	0000
	-24	0011		000	0000
A	-02	0003	3	001	0000
	019	1B82		020	3FFD
B	-04	0003	4	022	0000
	-31	000C		000	0000

5	0 0 0	0 0 0 1		0 0 0 0	0 0 0	0 0 0 0
	− 0 0	0 0 0 4			0 0 0	0 0 0 0
6	− 3 1	0 0 0 3		1	− 0 2	0 0 0 F
	− 3 6	0 0 0 0			− 2 0	0 0 0 6
7	0 3 4	3 F F E		2	0 0 0	0 0 0 0
	0 3 4	1 C A 2			0 0 0	0 0 0 0
8	− 0 4	0 0 0 4		3	0 0 1	0 0 0 0
	− 3 0	0 0 0 3			0 2 0	3 F F E
9	0 1 5	1 B 8 2		4	0 2 2	0 0 0 0
	− 2 4	0 0 1 1			0 0 0	0 0 0 0
A	− 0 2	0 0 0 3		5	0 0 0	0 0 0 1
	0 1 9	1 B 8 2			− 0 0	0 0 0 4
B	− 0 4	0 0 0 3		6	− 3 1	0 0 0 3
	− 3 1	0 0 0 C			− 3 6	0 0 0 0
C	− 3 6	0 0 0 0		7	0 3 4	3 F F E
	0 3 4	3 F F D			0 3 4	1 C A 2
D	− 0 4	0 0 0 2		8	− 0 4	0 0 0 4
	0 3 4	1 C A D			− 3 0	0 0 0 3
E	− 3 6	0 0 0 2		9	0 1 5	1 B 8 2
	0 0 4	0 0 0 0			− 2 4	0 0 1 0
F	− 3 5	0 0 0 3		A	− 0 2	0 0 0 3
	− 2 0	0 0 0 A			0 1 9	1 B 8 2
0 0 1 0	0 2 0	1 C 8 F		B	− 0 4	0 0 0 3
	0 0 0	3 F F E			− 3 1	0 0 0 C
1	− 0 2	0 0 0 5		C	− 3 6	0 0 0 0
	0 3 4	1 D 1 3			0 3 4	3 F F D
				D	− 0 4	0 0 0 2
	READ1				0 3 4	1 D E 5
3 F F C	0 0 0	0 0 0 0		E	− 3 5	0 0 0 3
	0 0 0	0 0 0 0			− 2 0	0 0 0 A
D	− 1 5	2 1 C 6		F	0 2 0	1 C 8 F
	0 2 7	1 0 0 0			0 0 0	3 F F E
E	− 3 6	0 0 0 0		0 0 1 0	− 0 2	0 0 0 5
	0 0 0	0 0 0 0			0 3 4	1 D 1 3
F	0 1 B	0 0 0 0				
	0 0 0	0 0 0 0				

		PRINTR			-20	0009
3FFC	000	0000		E	020	1CF8
	000	0000			000	3FFE
	D -1B	1564		F	-02	0004
	-38	1A80			034	1D13
	E -37	0000				
	000	0000				**PRINTI**
	F 019	0444		3FFC	000	0000
	022	0888			000	0000
0000	000	0000			D -1B	1564
	000	0000			-38	1B00
	1 -02	000E			E -37	0000
	-20	0005			000	0000
	2 001	0000			F 019	2666
	020	3FFD			033	0CCC
	3 022	0000		0000	000	0000
	000	0000			000	0000
	4 000	0001			1 -02	000E
	-00	0003			-20	0005
	5 -31	0002			2 001	0000
	-36	0000			020	3FFD
	6 034	3FFE			3 022	0000
	034	1CA2			000	0000
	7 -04	0003			4 000	0001
	-30	0002			-00	0003
	8 015	1B82			5 -31	0002
	-24	000F			-36	0000
	9 -02	0002			6 034	3FFE
	019	1B82			034	1CA2
	A -04	0002			7 -04	0003
	-31	000B			-30	0002
	B -36	0000			8 015	1B82
	034	3FFD			-24	000F
	C 034	1C44			9 -02	0002
	034	1BA6			019	1B82
	D -35	0002			A -04	0002

	-3 1	0 0 0 B		-3 0	0 0 0 2
B	-3 6	0 0 0 0	8	0 1 5	1 B 8 2
	0 3 4	3 F F D		-2 4	0 0 0 F
C	0 3 4	1 C A 2	9	-0 2	0 0 0 2
	0 3 4	1 B A E		0 1 9	1 B 8 2
D	-3 5	0 0 0 2	A	-0 4	0 0 0 2
	-2 0	0 0 0 9		-3 1	0 0 0 B
E	0 2 0	1 C 8 F	B	-3 6	0 0 0 0
	0 0 0	3 F F E		0 3 4	3 F F D
F	-0 2	0 0 0 4	C	0 3 4	1 B B 7
	0 3 4	1 D 1 3		0 0 0	0 0 0 0
			D	-3 5	0 0 0 2
	APRINT1			-2 0	0 0 0 9
3 F F C	0 0 0	0 0 0 0	E	0 2 0	1 C 8 F
	0 0 0	0 0 0 0		0 0 0	3 F F F
D	-3 1	1 B 5 5	F	-0 2	0 0 0 4
	-0 9	3 8 5 D		0 3 4	1 D 1 3
E	-3 6	0 0 0 0			
	0 0 0	0 0 0 0		**SUM**	
F	0 1 B	0 0 0 0	3 F F C	0 0 0	0 0 0 0
	0 0 0	0 0 0 0		0 0 0	0 0 0 3
0 0 0 0	0 0 0	0 0 0 0	D	-2 9	3 9 3 0
	0 0 0	0 0 0 0		0 0 0	0 0 0 0
1	-0 2	0 0 0 E	E	-3 F	3 F F F
	-0 2	0 0 0 5		-3 F	3 F F F
2	0 0 1	0 0 0 0	F	0 3 0	0 0 0 0
	0 2 0	3 F F D		0 0 0	0 0 0 0
3	0 2 2	0 0 0 0	0 0 0 0	0 0 0	0 0 0 0
	0 0 0	0 0 0 0		0 0 0	0 0 0 0
4	0 0 0	0 0 0 1	1	-3 6	0 0 0 0
	-0 0	0 0 0 3		0 3 4	3 F F E
5	-3 1	0 0 0 2	2	-3 1	0 0 0 9
	-3 6	0 0 0 0		0 2 8	1 4 1 5
6	0 3 4	3 F F E	3	0 3 2	0 0 0 0
	0 3 4	1 C A 2		-3 0	0 0 0 9
7	-0 4	0 0 0 3	4	-0 2	0 0 0 8

DJS—21机编译系统标准过程的扩充

	-04	$000A$			034	$3FFD$
5	-37	0009		7	-31	0002
	002	0000			028	1415
6	-08	$000A$		8	032	0000
	-35	0009			-30	0002
7	-21	0004		9	-02	0003
	020	$1C8F$			-37	0002
8	-00	0000		A	004	0000
	000	0000			-35	0002
9	001	0000		B	-21	0009
	000	0000			020	$1C8F$
A	000	0000				
	000	0000			**SUMM**	

STOA

$3FFC$	000	0000		$3FFC$	000	0000
	000	0000			000	0000
D	-29	$031F$		D	-29	3934
	000	0000			-20	0000
E	-37	$3FFF$		E	-36	$190F$
	$-3F$	$3FFF$			$-3F$	$3FFF$
F	013	0000		F	$01A$	0880
	000	0000			000	0000
0000	000	0000		0000	000	0000
	000	0000			000	0000
1	-20	0004		1	-34	0007
	000	0000			020	$1C8F$
2	001	0000		2	001	0000
	000	0000			000	0000
3	000	0000		3	001	0000
	000	0000			000	0000
4	-36	0000		4	001	0000
	034	$3FFE$			000	0000
5	034	$1C44$		5	000	0000
	-04	0003			000	0000
6	-36	0000		6	000	0000
					000	0008
				7	000	0000

	-36	0000		$-3F$	3FFF
8	034	3FFD	F	033	0C00
	-31	0002		000	0000
9	028	1415	0000	000	0000
	032	0000		000	0000
A	-30	0002	1	-20	0008
	-36	0000		000	0000
B	034	3FFC	2	001	0000
	-31	0003		000	0000
C	-36	0000	3	001	0000
	034	3FFB		000	0000
D	-31	0004	4	001	0000
	-36	0000		000	0000
E	034	3FFE	5	001	0000
	034	1CA2		000	0000
F	117	0006	6	001	0000
	131	0010		000	0000
0010	-02	0013	7	000	0000
	029	0008		000	0000
1	-04	0013	8	-36	0000
	137	0002		034	3FEF
2	002	0000	9	-31	0002
	137	0003		028	1415
3	008	0000	A	-18	0027
	-37	0004		032	0000
4	004	0000	B	-30	0004
	-35	0002		-36	0000
5	-21	0011	C	034	3FFD
	-20	0007		-31	0003
	MUL		D	028	1415
3FFC	000	0000		-18	0027
	000	0004	E	032	0000
D	$-0D$	3948		-30	0003
	000	0000	F	-36	0000
E	$-3F$	3FFF		034	3FFC
			0010	-31	0004

DJS—21机編譯系統标准过程的扩充

		0 2 8	1 4 1 5		− 3 1	0 0 0 2
	1	− 1 8	0 0 2 7	3	− 0 2	0 0 2 9
		− 1 8	0 0 2 7		− 0 4	0 0 0 3
	2	0 3 2	0 0 0 0	4	− 3 5	0 0 0 4
		− 3 0	0 0 0 2		− 2 0	0 0 1 6
	3	− 3 0	0 0 1 4	5	0 2 0	1 C 8 F
		− 0 2	0 0 0 3		0 0 0	0 0 0 0
	4	0 2 9	0 0 0 0	6	0 2 2	0 0 0 0
		− 0 4	0 0 0 3		0 0 0	0 0 0 1
	5	− 0 2	0 0 0 3	7	0 2 2	0 0 0 0
		− 0 4	0 0 2 9		0 0 0	0 0 0 2
	6	− 0 2	0 0 0 2	8	− 0 0	0 0 0 0
		− 0 4	0 0 0 5		0 0 0	0 0 0 0
	7	− 0 2	0 0 0 3	9	0 0 1	0 0 0 0
		− 0 4	0 0 0 6		0 0 0	0 0 0 0
	8	− 0 2	0 0 2 8			
		− 0 4	0 0 0 7		**MUL1**	
	9	− 3 7	0 0 0 5	3 FFC	0 0 0	0 0 0 0
		0 0 2	0 0 0 0		0 0 0	0 0 0 1
	A	− 3 7	0 0 0 6	D	− 0 D	3 9 4 B
		0 0 C	0 0 0 0		− 1 0	0 0 0 0
	B	− 0 8	0 0 0 7	E	− 3 F	3 F F F
		− 3 5	0 0 0 6		− 3 F	3 F F F
	C	− 2 1	0 0 1 8	F	0 3 3	0 0 0 0
		− 3 7	0 0 0 4		0 0 0	0 0 0 0
	D	0 0 4	0 0 0 0	0 0 0 0	0 0 0	0 0 0 0
		− 0 2	0 0 0 2		0 0 0	0 0 0 0
	E	− 3 1	0 0 0 5	1	− 3 4	0 0 0 5
		− 2 0	0 0 0 3		0 2 0	1 C 8 F
	F	− 1 8	0 0 2 6	2	0 0 1	0 0 0 0
		− 3 1	0 0 0 3		0 0 0	0 0 0 0
0 0 2 0		− 3 5	0 0 0 5	3	0 0 1	0 0 0 0
		− 2 0	0 0 1 7		0 0 0	0 0 0 0
	1	− 0 2	0 0 0 3	4	0 0 0	0 0 0 0
		0 2 8	1 4 1 5		0 0 0	0 0 0 0
	2	− 1 8	0 0 0 2	5	0 0 0	0 0 0 0

	-36	0000		030	0000
6	034	3FFE	E	-26	1DFF
	-31	0002		-3F	3FFF
7	028	1415	F	022	0600
	032	0000		000	0000
8	-30	0002	0000	000	0000
	-04	0004		000	0000
9	-36	0000	1	-34	0009
	034	3FFD		020	1C8F
A	-31	0003	2	001	0000
	028	1415		000	0000
B	032	0000	3	001	0000
	-13	0004		000	0000
C	-24	000E	4	000	0000
	-02	0013		000	0000
D	034	1D13	5	022	0000
	03F	0000		000	0000
E	-02	0014	6	022	0000
	-04	0004		000	0000
F	-37	0002	7	022	0000
	002	0000		000	0000
0010	-37	0003	8	000	0003
	00C	0000		-00	0005
1	-08	0004	9	000	0000
	-35	0002		-36	0000
2	-21	000E	A	034	3FFE
	-20	0005		-31	0002
3	000	0002	B	028	1415
	-00	0003		032	0000
4	-00	0000	C	-30	0002
	000	0000		-31	0007
			D	-36	0000
	ATOB			034	3FFC
3FFC	000	0000	E	034	1CA2
	000	0000		-31	0005
D	-31	031E	F	-36	0000

		0 3 4	3 F F D		0 0 0	0 0 0 0
0 0 1 0		− 0 4	0 0 0 4	0 0 0 0	0 0 0	0 0 0 0
		− 3 1	0 0 0 6		0 0 0	0 0 0 0
	1	− 0 2	0 0 0 6	1	− 3 4	0 0 0 8
		− 1 8	0 0 0 5		0 2 0	1 C 8 F
	2	0 1 9	1 B 8 2	2	− 0 0	0 0 0 3
		− 3 1	0 0 0 3		0 1 2	0 0 0 0
	3	− 0 2	0 0 0 4	3	0 0 0	0 0 0 0
		0 2 8	1 4 1 5		0 0 0	0 0 0 0
	4	0 3 2	0 0 0 0	4	0 0 0	0 0 0 0
		− 1 9	0 0 0 5		0 0 0	0 0 0 0
	5	0 1 8	1 B 8 2	5	0 2 2	0 0 0 0
		− 3 1	0 0 0 6		0 0 0	0 0 0 0
	6	− 0 2	0 0 0 6	6	0 2 2	0 0 0 0
		− 1 9	0 0 0 7		0 0 0	0 0 0 0
	7	− 2 2	0 0 1 9	7	0 0 0	0 0 0 3
		− 0 2	0 0 0 3		− 0 0	0 0 0 5
	8	0 3 4	1 D 1 3	8	0 0 0	0 0 0 0
		0 3 F	0 0 0 0		− 3 6	0 0 0 0
	9	− 3 7	0 0 0 2	9	0 3 4	3 F F C
		0 0 2	0 0 0 0		0 3 4	1 C A 2
	A	− 3 7	0 0 0 3	A	− 3 1	0 0 0 5
		0 0 4	0 0 0 0		− 3 6	0 0 0 0
	B	− 3 5	0 0 0 2	B	0 3 4	3 F F D
		− 2 0	0 0 1 9		− 0 4	0 0 0 4
	C	− 2 0	0 0 0 9	C	− 3 1	0 0 0 6
		0 0 0	0 0 0 0		− 0 2	0 0 0 6
				D	− 1 8	0 0 0 5
		XINDGU			0 1 9	1 B 8 2
3 F F C		0 0 0	0 0 0 0	E	− 3 1	0 0 0 2
		0 0 0	0 0 0 0		− 0 2	0 0 0 4
	D	− 2 F	1 9 3 E	F	0 2 8	1 4 1 5
		0 2 A	3 F 0 0		0 3 2	0 0 0 0
	E	− 2 6	1 3 F F	0 0 1 0	− 1 9	0 0 0 5
		− 3 F	3 F F F		0 1 8	1 B 8 2
	F	0 2 2	0 6 0 0	1	− 3 1	0 0 0 6

	− 3 6	0 0 0 0		0 0 0	0 0 0 1
2	0 8 4	8 F F E	5	0 2 2	0 0 0 0
	− 3 1	0 0 0 3		0 0 0	0 0 0 0
3	0 2 8	1 4 1 5	6	0 0 0	0 0 0 0
	0 3 2	0 0 0 0		− 3 6	0 0 0 0
4	− 3 0	0 0 0 3	7	0 3 4	3 F F E
	− 3 1	0 0 1 9		− 3 1	0 0 0 5
5	− 0 2	0 0 0 6	8	− 3 6	0 0 0 0
	− 1 9	0 0 1 9		0 3 4	3 F F D
6	− 2 2	0 0 1 8	9	− 3 1	0 0 0 3
	− 0 2	0 0 0 7		0 2 8	1 4 1 5
7	0 3 4	1 D 1 3	A	0 3 2	0 0 0 0
	0 3 F	0 0 0 0		− 3 0	0 0 0 3
8	− 3 3	0 0 0 2	B	− 3 6	0 0 0 0
	− 2 0	0 0 0 8		0 3 4	3 F F C
9	0 2 2	0 0 0 0	C	0 3 4	1 C A 2
	0 0 0	0 0 0 0		− 1 8	0 0 0 5
			D	− 1 9	0 0 0 4
	GUDXIN			− 3 1	0 0 0 2
3 F F C	0 0 0	0 0 0 0	E	− 3 3	0 0 0 2
	0 0 0	0 0 0 0		− 2 0	0 0 0 6
D	− 1 7	3 9 9 6			
	− 3 B	0 9 C 0		**FACT**	
E	− 2 6	1 D F F	3 F F C	0 0 0	0 0 0 0
	− 3 F	3 F F F		0 0 0	0 0 0 4
F	0 2 2	0 6 0 0	D	− 2 D	3 1 7 4
	0 0 0	0 0 0 0		0 1 0	0 0 0 0
0 0 0 0	0 0 0	0 0 0 0	E	− 3 7	3 F F F
	0 0 0	0 0 0 0		− 3 F	3 F F F
1	− 3 4	0 0 0 6	F	0 1 8	0 0 0 0
	0 2 0	1 C 8 F		0 0 0	0 0 0 0
2	− 0 0	0 0 0 3	0 0 0 0	0 0 0	0 0 0 0
	0 1 3	0 0 0 0		0 0 0	0 0 0 0
3	0 0 0	0 0 0 0	1	− 3 6	0 0 0 0
	0 0 0	0 0 0 0		0 3 4	3 F F E
4	0 2 2	0 0 0 0	2	0 3 4	1 C A 2

		-0 4	000E		-3F	3FFF
3		-1 4	000D	F	033	0C00
		-2 4	000B		000	0000
4		002	1B82	0000	000	0000
		-0 4	000F		000	0000
5		002	1B84	1	-20	0005
		-0 4	0010		000	0000
6		-0 7	000F	2	001	0000
		-0 4	000F		000	0000
7		-0 2	0010	3	001	0000
		-1 3	000E		000	0000
8		-2 4	000A	4	001	0000
		-0 2	0010		000	0000
9		018	1B82	5	-36	0000
		-2 1	0005		034	3FFE
A		-0 2	000F	6	-31	0002
		020	1C8F		028	1415
B		-0 2	000C	7	032	0000
		034	1D13		-30	0002
C		000	0001	8	-36	0000
		-0 0	000E		034	3FFD
D		022	0000	9	-31	0003
		000	000D		028	1415
E		000	0000	A	032	0000
		000	0000		-30	0003
F		000	0000	B	-36	0000
		000	0000		034	3FFC
0010		000	0000	C	-31	0004
		000	0000		028	1415
		GS1		D	032	0000
					-30	0004
3FFC		000	0000	E	-02	0027
		000	0002		-04	0020
D		-1 7	28E8	F	-02	0004
		000	0000		-04	0025
E		-3 F	3FFF	0010	-02	0002

	−0 4	0 0 2 1		3	0 0 0	0 0 0 0
1	−0 2	0 0 0 3			0 0 0	0 0 0 0
	−0 4	0 0 2 2			0 0 0	0 0 0 0
2	−0 2	0 0 0 4		4	0 0 0	0 0 0 0
	−0 4	0 0 2 4			0 0 0	0 0 0 0
3	−0 2	0 0 2 7		5	0 0 0	0 0 0 0
	−0 4	0 0 2 3			0 0 0	0 0 0 0
4	−3 7	0 0 2 1		6	−3 0	1 A 3 6
	0 0 2	0 0 0 0			−3 1	1 D 6 1
5	−3 7	0 0 2 4		7	−0 0	0 0 0 0
	0 0 C	0 0 0 0			0 0 0	0 0 0 0
6	−0 8	0 0 2 3				
	−3 5	0 0 2 4			**G J**	
7	−2 1	0 0 1 3	3 F F C	0 0 0	0 0 0 0
	−3 7	0 0 2 2			0 0 0	0 0 1 2
8	0 0 8	0 0 0 0		D	−1 7	3 4 0 0
	−0 4	0 0 2 3			0 0 0	0 0 0 0
9	−3 6	0 0 2 5		E	−3 F	3 D F F
	0 0 9	0 0 0 0			−3 F	3 F F F
A	−1 6	0 0 2 0		F	0 3 3	0 4 0 0
	−0 4	0 0 2 0			0 0 0	0 0 0 0
B	−0 2	0 0 2 3	0 0 0 0	0 0 0	0 0 0 0
	−3 7	0 0 2 5			0 0 0	0 0 0 0
C	0 0 4	0 0 0 0		1	0 0 0	0 0 0 3
	−3 5	0 0 2 5			−0 0	0 0 5 3
D	−2 0	0 0 1 2		2	−3 4	0 0 3 9
	−0 2	0 0 2 0			−0 2	0 0 4 B
E	−1 6	0 0 2 6		3	−0 4	0 0 4 E
	−2 4	0 0 0 E			−1 1	0 0 5 2
F	0 2 0	1 C 8 F		4	−0 4	0 0 4 F
	0 0 0	0 0 0 0			0 2 8	1 2 1 5
0 0 1 0	0 0 0	0 0 0 0		5	−1 8	0 0 4 3
	0 0 0	0 0 0 0			−0 4	0 0 4 A
1	0 0 0	0 0 0 0		6	−0 4	0 0 4 D
	0 0 0	0 0 0 0			−0 2	0 0 4 E
2	0 0 0	0 0 0 0		7	−0 4	0 0 4 7

		−02	004B	002	3FFF
	8	028	1415	A −0E	004C
		−30	004E	−36	004E
	9	−02	004A	B 003	0000
		−30	0047	−37	004D
	A	−02	004F	C 005	3FFF
		−04	0049	−37	004E
	B	−02	0050	D 004	0000
		−03	004F	−35	0047
	C	−05	0048	E −20	0019
		−37	004E	−02	004B
	D	016	0000	F −31	004D
		−37	0048	−02	004A
	E	000	0000	0020 −30	0048
		−24	0013	−02	004D
	F	−02	0048	1 −13	0047
		−30	0024	−23	0023
0010		−10	0052	2 −18	004A
		−1A	004E	−04	004D
	1	−31	004D	3 −21	002B
		−36	004E	−36	004D
	2	002	3FFF	4 002	0000
		−04	004C	−12	0044
	3	−35	0048	5 −04	004C
		−21	000C	−02	004E
	4	−37	004E	6 −19	004A
		000	0000	−04	004E
	5	−35	004E	7 −37	004E
		−21	000B	002	0000
	6	−16	0053	8 −0C	004C
		−24	0018	−36	004D
	7	−02	0001	9 008	0000
		034	1D13	−37	004D
	8	−02	0047	A 004	0000
		−04	004E	−35	004B
	9	−36	004D	B −20	0027

	-35	0049		032	0000
C	-21	001F	E	-30	004B
	-35	004B		-30	0054
D	-21	0006	F	-36	0000
	-02	004A		034	3FFD
E	028	0423	0040	-31	0054
	-04	004E		-36	0000
F	029	0001	1	034	3FFC
	-04	004C		034	1C44
0030	-02	004B	2	-04	0053
	-31	004E		-20	0039
1	-37	004C	3	000	0000
	000	0000		000	0001
2	-02	0051	4	000	2000
	-37	004E		000	0000
3	016	0000	5	001	0000
	-25	0032		000	0000
4	-02	004E	6	022	0000
	-19	004C		000	0002
5	032	0000	7	001	0000
	-37	004B		000	0000
6	004	0000	8	001	0000
	-37	0054		000	3FFF
7	004	0000	9	001	0000
	-35	004F		000	3FFF
8	-20	0030	A	001	0000
	020	1C8F		000	0000
9	000	0000	B	001	0000
	-02	0045		000	0000
A	-04	004B	C	001	0000
	-04	0054		000	0000
B	-36	0000	D	001	0000
	034	3FFE		000	0000
C	-31	004B	E	001	0000
	028	1415		000	0000
D	-18	0046	F	001	0000

		000	3 FFF		000	0000
0050		−00	0000	8	000	0000
		000	0000		000	0000
	1	000	1000	9	000	0000
		000	0000		000	0000
	2	000	0000	A	000	0000
		000	3 FFF		000	0000
	3	−29	1 AD7	B	000	0000
		−31	1355		000	0000
	4	001	0000	C	000	0000
		000	0000		000	0000
				D	000	0000
		SONG			000	0000
3 FFC		000	0000	E	001	0028
		000	002 A		000	0000
	D	−29	073 D	F	000	0000
		030	0000		000	0000
	E	−3 F	3 FFF	0010	000	0000
		−3 F	3 FFF		−02	000 C
	F	000	0000	1	−04	0009
		000	0000		−04	000 A
0000		000	0000	2	−03	0017
		000	0000		−35	0009
	1	−02	000 E	3	−21	0012
		−04	000 D		−03	0018
	2	−37	000 D	4	−35	000 A
		−02	0000		−20	0014
	3	−04	000 C	5	−35	000 B
		−30	000 B		−21	0010
	4	−34	0010	6	−20	0010
		−35	000 D		000	0000
	5	−20	0002	7	−3 F	3 FFF
		026	0001		−3 F	3 FFF
	6	−20	0001	8	000	0000
		020	1 C8 F		000	0000
	7	000	0000	9	000	0000

		0 0 0	0 1 4 A		0 0 0	0 1 4 A
	A	0 0 0	0 0 1 3	C	0 0 0	0 0 1 9
		0 0 0	0 0 A 5		0 0 0	0 0 F 6
	B	0 0 0	0 0 1 1	D	0 0 0	0 0 1 C
		0 0 0	0 0 B 9		0 0 0	0 0 D C
	C	0 0 0	0 0 1 9	E	0 0 0	0 0 1 E
		0 0 0	0 1 E C		0 0 0	0 0 6 8
	D	0 0 0	0 0 1 C	F	0 0 0	0 0 2 2
		0 0 0	0 0 D C		0 0 0	0 0 5 C
	E	0 0 0	0 0 1 C	0 0 3 0	0 0 0	0 0 2 6
		0 0 0	0 0 6 E		0 0 0	0 0 A 4
	F	0 0 0	0 0 2 2	1	0 0 0	0 0 1 3
		0 0 0	0 0 5 C		0 0 0	0 1 4 A
0 0 2 0		0 0 0	0 0 1 9	2	0 0 0	0 0 1 9
		0 0 0	0 1 E C		0 0 0	0 0 F 6
	1	0 0 0	0 0 1 3	3	0 0 0	0 0 1 7
		0 0 0	0 1 4 A		0 0 0	0 0 8 A
	2	0 0 0	0 0 1 3	4	0 0 0	0 0 1 9
		0 0 0	0 1 4 A		0 0 0	0 0 7 B
	3	0 0 0	0 0 1 1	5	0 0 0	0 0 1 C
		0 0 0	0 0 B 9		0 0 0	0 0 D C
	4	0 0 0	0 0 0 E	6	0 0 0	0 0 1 C
		0 0 0	0 0 D C		0 0 0	0 0 6 E
	5	0 0 0	0 0 1 1	7	0 0 0	0 0 2 2
		0 0 0	0 0 B 9		0 0 0	0 0 5 C
	6	0 0 0	0 0 1 3	8	0 0 0	0 0 1 9
		0 0 0	0 0 A 5		0 0 0	0 0 7 B
	7	0 0 0	0 0 1 C	9	0 0 0	0 0 1 7
		0 0 0	0 0 D C		0 0 0	0 0 8 A
	8	0 0 0	0 0 1 C	A	0 0 0	0 0 1 9
		0 0 0	0 0 6 E		0 0 0	0 0 7 B
	9	0 0 0	0 0 2 2	B	0 0 0	0 0 1 C
		0 0 0	0 0 5 C		0 0 0	0 0 6 E
	A	0 0 0	0 0 1 9	C	0 0 0	0 0 1 9
		0 0 0	0 1 E C		0 0 0	0 0 7 B
	B	0 0 0	0 0 1 3	D	0 0 0	0 0 1 C

		0 0 0	0 0 6 E		0 0 0	0 0 0 0
	E	0 0 0	0 0 1 E	$\bar{0}$	0 0 0	0 0 0 0
		0 0 0	0 0 6 8		1 3 6	0 0 0 0
	F	0 0 0	0 0 2 2	$\bar{1}$	0 3 4	3 5 5 4
		0 0 0	0 0 5 C		0 3 4	1 $\bar{2}$ 4 4
0 0 4 0		0 0 0	0 0 2 6	$\bar{2}$	1 0 4	0 0 0 2
		0 0 0	0 1 4 8		1 3 6	0 0 0 0
				$\bar{3}$	0 3 4	3 5 5 3
			SMP		0 3 4	1 $\bar{2}$ 4 4
3 F F C		0 0 0	0 0 0 0	$\bar{4}$	1 0 4	0 0 0 3
		0 0 0	0 0 0 0		1 3 6	0 0 0 0
	D	1 2 9	0 $\bar{3}$ 6 8	$\bar{5}$	0 3 4	3 5 5 $\bar{2}$
		0 0 0	0 0 0 0		0 3 4	1 $\bar{2}$ 0 2
	E	1 3 7	1 $\bar{3}$ 5 $\bar{5}$	0 0 1 0	1 3 1	0 0 0 8
		1 3 5	3 5 5 5		0 0 6	0 0 0 0
	F	0 1 1	0 7 4 4	1	1 0 4	0 0 0 4
		0 0 0	0 0 0 0		1 3 6	0 0 0 0
0 0 0 0		0 0 0	0 0 0 0	2	0 3 4	3 5 5 $\bar{0}$
		0 0 0	0 0 0 0		1 0 4	0 0 0 5
	1	1 3 4	0 0 0 $\bar{0}$	3	1 3 6	0 0 0 0
		0 2 0	1 $\bar{2}$ 8 5		0 3 4	3 5 5 $\bar{0}$
	2	0 0 0	0 0 0 0	4	1 0 4	0 0 0 6
		0 0 0	0 0 0 0		1 0 2	0 0 0 3
	3	0 0 0	0 0 0 0	5	1 0 9	0 0 0 2
		0 0 0	0 0 0 0		0 0 $\bar{4}$	1 $\bar{1}$ 8 5
	4	0 0 0	0 0 0 0	6	1 0 $\bar{4}$	0 0 0 4
		0 0 0	0 0 0 0		1 0 4	0 0 0 7
	5	0 0 0	0 0 0 0	7	1 2 0	0 0 1 $\bar{0}$
		0 0 0	0 0 0 0		1 0 2	0 0 0 2
	6	0 0 0	0 0 0 0	8	0 0 4	1 $\bar{4}$ 3 0
		0 0 0	0 0 0 0		0 0 2	1 $\bar{1}$ 0 1
	7	0 0 0	0 0 0 0	9	0 0 0	0 0 0 0
		0 0 0	0 0 0 0		1 2 1	0 0 1 7
	8	0 0 1	0 0 0 0	$\bar{0}$	1 0 2	0 0 0 5
		0 0 0	0 0 0 0		0 3 4	1 $\bar{2}$ 2 1
	9	0 0 0	0 0 0 0	$\bar{1}$	1 0 4	0 0 0 9

	0 0 0	0 0 0 0	$\bar{4}$	0 0 0	0 0 0 0
$\bar{2}$	1 2 0	0 0 1 $\bar{5}$		1 2 1	0 0 1 $\bar{2}$
	1 0 2	0 0 0 3	5	1 0 2	0 0 0 5
$\bar{3}$	0 0 4	1 $\bar{4}$ 3 0		0 3 4	1 $\bar{2}$ $\bar{2}$ 1
	0 0 2	1 $\bar{1}$ 0 1			

参 考 资 料

〔1〕 P. Neur: Report on the Algorithmic Language ALGOL 60. "NUMERISCHE MATHEMATIC", 1960.6.

〔2〕 八三〇厂程序组: DJS--21机编译系统。"数学的实践与认识" 1973.4.

科 学 研 究 动 态

脉 冲 氮 分 子 激 光 器

近两年来,我校研制的脉冲氮激光器已可提供实际应用。

氮激光器的结构简单(原理并不简单),制作容易,耗电少(整机耗电不大于200瓦),使用也很方便。

在氮激光器的研试过程中,由于有工农兵学员参加,并且同本校电子工厂紧密协作,实行教学、科研、生产三结合,作了较大量的试验,性能不断提高。

氮激光器大约经历了十年左右的发展,到1972年前后,在结构上有了较大的改进,这类激光器才比较成熟,并在国际上获得较为普遍的应用。

氮激光器输出的波长为3371埃,是紫外光。单个脉冲功率可达1—2兆瓦,脉冲宽度约10毫微秒。现有的用途大致包括:

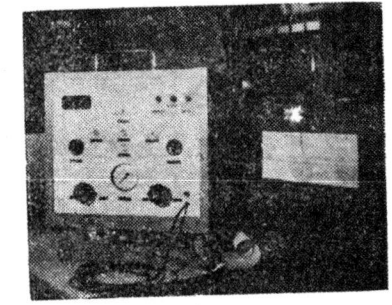

脉冲氮分子激光器

(一)作为染料激光器的激励源;

(二)用于激光辐射诱变育种试验(生物系用氮激光器对水稻种子照射,已发现一谷三芽等奇特变异现象);

(三)作为医学、生物学、细胞学等研究试验工具;

(四)作为各种荧光试验的紫外激励源,……等。

可 调 谐 染 料 激 光 器

我校物理系已研制出可调谐染料激光器,波长在400Å范围内连续可调,正提供有关单位试验。

可调谐染料激光器,在国际上是七十年代才进入使用阶段的一类较新型的激光器,它和其他品种激光器的主要不同点是:它的输出波长是可变的,可以在一个相当宽的范围内实现连续可调。正是由于这一特点,它在光谱化学方面获得了广泛的应用。

可调谐染料激光器在改换染料的工作条件下可以实现从4000埃到8000埃（即整个可见区及近红外区）连续可调。国际上这类激光器目前在下述诸方面已获得应用：

可调谐激光器

（一）光谱化学分析（分子定性、定量、结构分析）；
（二）远程测污染雷达（污染监控）；
（三）同位素分离（如铀的同位素分离）、激光化学；
（四）细胞生理学、医学方面的研究……等。

用掺砷二氧化硅乳胶源作砷在硅中扩散的研究

物理系半导体专业73级师生赴连县实习分队

摘　要

本工作研究了掺砷二氧化硅乳胶源的制备、涂布及扩散工艺、扩散规律。把掺砷乳胶源应用到集成电路TTLSM323生产的隐埋扩散中去，得到了显著降低低电平开启电压的良好效果。实验表明，掺砷乳胶源扩散的扩散系数明显地高于气相扩散的扩散系数，扩散后的热处理对电活性砷总量有显著影响，扩散激活能随温度增高而变小。本文提出掺砷乳胶源扩散除了砷的空位扩散机构之外，还存在填隙式扩散机构，解释了实验结果。

一、引　言

用掺杂的二氧化硅乳胶作涂源扩散是近几年才发展起来的一种新的固-固扩散工艺[1-3]。二氧化硅乳胶源可掺的杂质元素达十余种之多，扩散表面浓度能够在很大范围内进行调节，均匀性与重复性也较好，工艺设备简单易行，且大大限制了扩散过程有毒杂质的析出量。因此，这种新工艺愈来愈引起人们的重视。

目前研究得较多的有掺砷乳胶源扩散[1]。砷作为施主杂质扩散到硅中去，具有共价半径匹配好、固溶度高、扩散系数小等独特优点，可获得高表面浓度、低缺陷、浅结的扩散层。因此，在诸如集成电路的隐埋扩散、微波管发射区的扩散等工艺中，砷是一种相当理想的掺杂元素。由于砷的毒性大，过去在使用上受到限制。用掺砷的二氧化硅源进行扩散，室温操作时乳胶液中的砷不会挥发，又因乳胶中含砷量不多，在扩散过程中散发出来的砷也很少，因此使用安全，对环境的污染小。

本工作在工厂的工人和技术人员的支持协助下，研究了掺砷乳胶源的配制及涂布扩散工艺、扩散规律，并用作集成电路TTLSM323生产中的隐埋扩散，取得了低电平开启电压显著降低的良好效果。

二、实验过程与结果

（一）掺砷乳胶源的制备和涂布工艺

1、掺砷乳胶源的制备

本工作使用的掺砷乳胶源有两种。1号源是我们自己配制的，配制的方法如下：取约30克As_2O_5的无水乙醇室温饱和溶液，用双层滤纸滤过，然后加入纯二氧化硅乳胶（SiO_2含量为11%），纯乳胶与砷的乙醇饱和溶液的体积比为1:3。将上述混合好的乳胶液用G_3或G_4号砂芯漏斗滤过，即可使用。如果涂源后的氧化硅膜太薄或扩散后的表面浓度不高，则可用真空减压使乳胶液中的无水乙醇蒸发四分之一左右，使之浓缩。配好的乳胶源可贮于20℃以下的干燥处备用。2号掺砷乳胶源是某厂产品，SiO_2含量为5.9%，As含量为36%；使用时加入无水乙醇稀释，乳胶与乙醇之比为3:1。

2、乳胶源的自旋涂布工艺

要得到均匀涂布在硅片表面的厚2500——3000埃的乳胶膜，需要用转速在3000转/分左右的中心自旋式甩胶机，采用真空吸附法固定硅片。

实验样品是7.5—10欧姆-厘米的〈111〉晶向的p型硅单晶片（厚约0.3毫米，直径约30毫米）。将样品先后用$NH_4OH:H_2O_2:H_2O = 1:1:5$的清洗液及$HCl:H_2O_2:H_2O = 1:1:5$的清洗液煮过，再用冷去离子水冲洗15分钟左右，随即浸在去离子水中作短时保存，准备涂布乳胶源。涂源时将硅片由水中取出，放在甩胶盘正中，开动机械泵将硅片吸住，再打开马达电源，将电压调至甩胶盘转速为3000转/分的对应数值上，利用旋转的离心力甩去硅片表面的水。待转速稳定后，用滴管吸取掺砷乳胶，对准硅片中心（即自旋中心）连滴二至三滴，经过5至10秒之后，待硅片表面胶膜颜色基本不变，即可关掉马达及机械泵，取下硅片。用肉眼观察硅片表面的胶膜，应是颜色均匀，光亮如镜；用40—100倍的显微镜观察，无斑点、无辐射状的不均匀条纹，方为合格。涂胶后的硅片放于石英舟上在扩散炉管口内(200—400℃)烘烤半小时，以除去胶膜中残存的有机溶剂，使之形成较牢固的二氧化硅膜。

本实验的二氧化硅膜经腐蚀阶棱及真空淀积薄的铝反射层之后，用干涉显微镜测定厚度为3000埃左右。

涂胶过程应注意以下几点：

(1) 若硅片不是园形的，会因表面张力的不均匀而造成棱角部位的胶膜不均匀。

(2) 涂胶前硅片上若残留有水痕，则胶膜会出现相应的明显痕迹，如图1(a)所示。

(3) 若乳胶未滴在转盘的正中，胶膜会出现明显的中央和边缘的颜色差别，导致扩散后薄层电阻的差别。

（4）涂胶时的环境温度和湿度不宜高，否则乳胶滴在硅片上来不及甩匀便迅速固化，出现辐射状的不均匀条纹，如图1(b)，严重的还造成表面斑驳发暗，在显微镜下观察，表面呈现颗粒状，如图1(c)。这种表面在扩散后往往会造成合金点，应该注意避免。

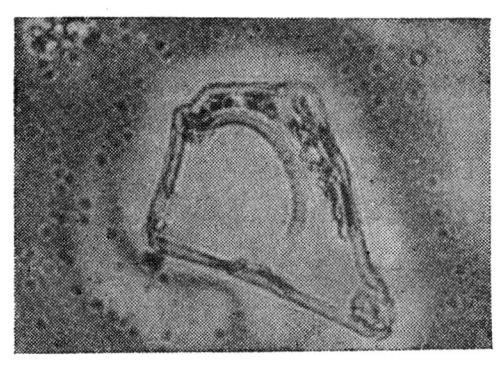
（a）表面有水痕

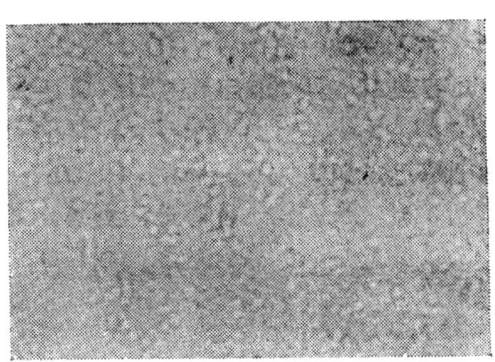
（b）不均匀条纹

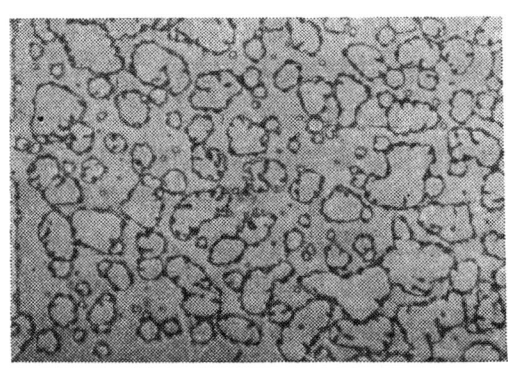
（c）由于乳胶固化太快出现的密集颗粒

图1　涂胶时出现的几种表面不良情况的显微照片（×100）

（5）若胶膜涂得不理想，不要烘烤，即用前述两种清洗液分别再煮一遍，或用HF腐蚀，便可去掉胶膜，重新涂胶。

（二）扩散工艺和实验结果

1、扩散工艺

用Y2B型自动恒温扩散炉进行扩散。扩散前需先通15—30分钟的氮气，氮气流量为700毫升/分左右。气体通过分子筛及G_4或G_5号滤球，最后通过扩散炉的石英管，再送到通风处排出。炉温用铂-铂铑热电偶和UJ-31型电位差计来测量。

本实验做了改变气氛的氮氧比例、改变扩散温度、改变扩散时间以及高、低温热处理效果等几方面实验。同一方面的实验均是将一片直径约30毫米的大硅片涂胶之后，再裁成若干小片，分别按不同实验条件进行的。

扩散后样品的薄层电阻用四探针方法测量；扩散深度用磨角器作斜剖面（3°20′的角），染铜之后，由读数显微镜测出。

2、实验结果

（1）改变气氛对薄层电阻的影响

固定扩散温度为1200℃，扩散时间为1小时，将扩散气氛由$N_2:O_2=0:100$逐炉改变到$N_2:O_2=100:0$，进行扩散实验。测量到的归一化的表面薄层电阻与氮氧比的关系曲线如图2所示。图中黑点表示的曲线是赖因德尔发表的[1]，与本实验的结果对比，有所偏离。

（2）扩散时间对薄层电阻和扩散深度的影响

固定扩散温度为1200℃，$N_2:O_2=40:60$，将扩散时间从20分钟逐炉延长，得到扩散深度x_j与薄层电阻$R_{□}$随扩散时间变化的关系曲线，如图3所示。

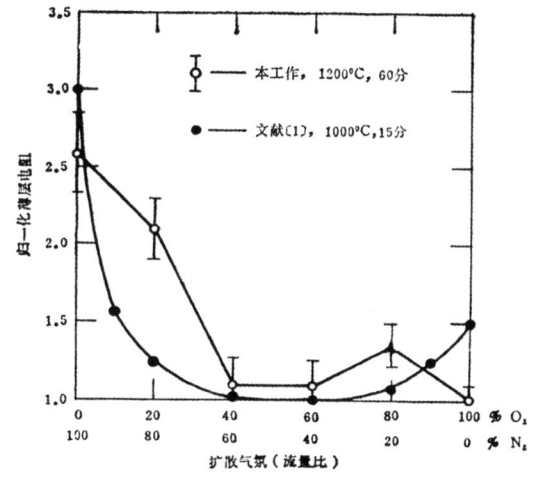

图2 扩散气氛对薄层电阻的影响

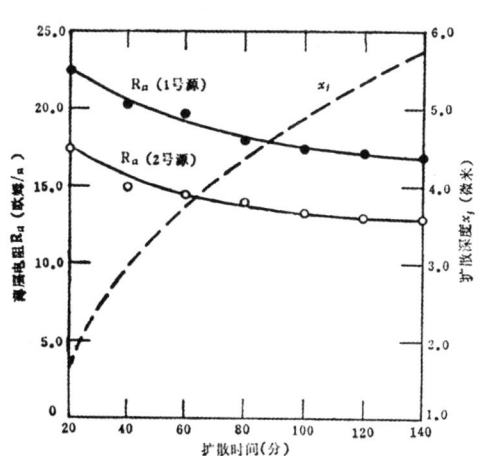

图3 扩散深度、薄层电阻与扩散时间的关系
（扩散温度1200℃、气氛$N_2:O_2=40:60$）

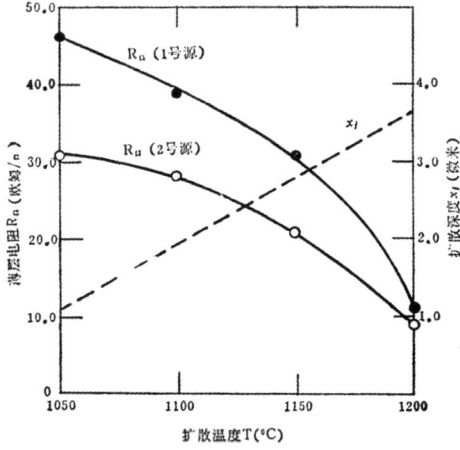

图4 扩散深度、薄层电阻与扩散温度的关系
（扩散时间60分，气氛$N_2:O_2=40:60$）

(3) 扩散温度对扩散深度和薄层电阻的影响

固定扩散时间为1小时，$N_2:O_2 = 40:60$，将扩散温度从1050℃逐炉增高至1200℃，得到扩散深度x_j与薄层电阻$R_□$随扩散温度变化的关系曲线，如图4所示。

实验还发现，扩散温度不宜过高。经1250℃、30分钟扩散之后的样品，表面会出现合金斑点。这种样品再作外延生长，层错密度竟高达10^5/厘米^2。

(4) 均匀性实验

对直径为30毫米左右的硅片涂源扩散以后，在表面不同位置上测量薄层电阻，典型结果如图5所示，平均偏差±2%。由此可见，只要涂源操作正确，是可以达到较好的均匀性的。

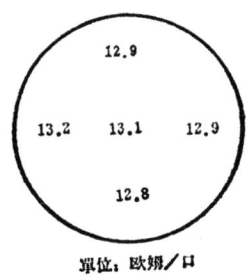

图5 涂源扩散薄层电阻的均匀性结果

(5) 砷扩散隐埋对外延层缺陷的影响

将一批电阻率相同的p型硅片，分别进行1210℃、2.5小时的锑气相扩散和1200℃、2小时的掺砷乳胶涂源扩散，然后同炉生长外延层。腐蚀表面后，在显微镜下作金相观察，发现砷扩散隐埋的外延层与锑扩散隐埋的外延层相比，层错密度

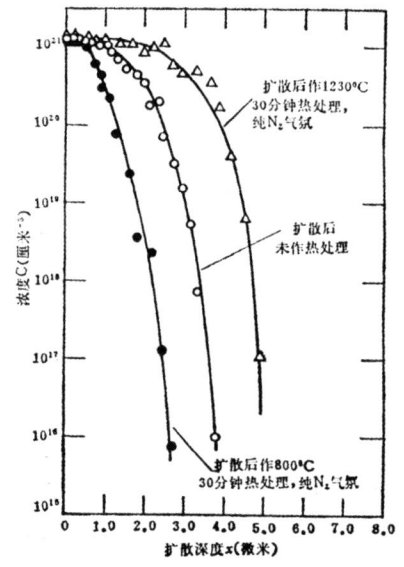

图6 热处理对电活性砷分布的影响
（样品先进行1200℃、2小时扩散，$N_2:O_2 = 40:60$）

并无显著的增加。表面浓度高于$1×10^{21}$/厘米^{3}的砷扩散隐埋外延层，最佳结果（外延生长前经HCl抛光2—4分钟）层错密度不高于700/厘米^2。

(6) 扩散后的热处理对扩散浓度分布的影响

为了研究工艺中加温过程对砷扩散层电学性能的影响，我们作了热处理实验。将涂源的大片硅样品，进行1200℃、2小时扩散之后，用HF把掺砷二氧化硅膜腐蚀掉，切成小片，分别在纯N_2气氛中作高温（1230℃，30分钟）热处理、低温（800℃，30分钟）热处理、和不作热处理。然后，用腐蚀去层和四探针方法逐层测量其薄层电阻，用微分电导法计算出电活性砷浓度分布。经热处理之后，电活性砷的分布有显著的变化，如图6所示。

3、掺砷乳胶扩散在集成电路中的应用试验

我们用扩散温度为1200℃、扩散时间为2小时、气氛为$N_2:O_2=40:60$的条件，进行了集成电路TTLSM323的隐埋扩散。集成电路的其他工艺流程不变。用砷扩散隐埋的结果，使低电平开启电压普遍由原来（锑扩散隐埋）的0.35伏降至0.18伏以下，最低可达0.13伏。用砷扩散隐埋的成品率（包括其他参数合格）不差于原来用锑扩散隐埋的成品率。

三、讨 论

（一） 扩散浓度分布

由电学测量得出的浓度分布表明，掺砷乳胶源扩散浓度分布既不符合余误差分布，也不符合高斯分布，而是更近似于"盒形分布"，如图7所示。

由p-n结势垒电容随负偏压变化的 $C-V$ 特性测量结果（图8）可知，掺砷乳胶源扩散的p-n结势垒电容 $C_j \propto V^{-\frac{1}{2}}$，遵从突变结的规律；同时对同样材料的参数的一些硅片进行锑的气散形成的p-n结作测量，锑扩散的p-n结电容 $C_j \propto V^{-\frac{1}{3}}$，遵从缓变结的规律，两者具有明显的不同。

由浓度分布的结果，可以预期，把掺砷乳胶源扩散工艺使用到制造变容二极管之类的器件中去，能够提高器件的特性。

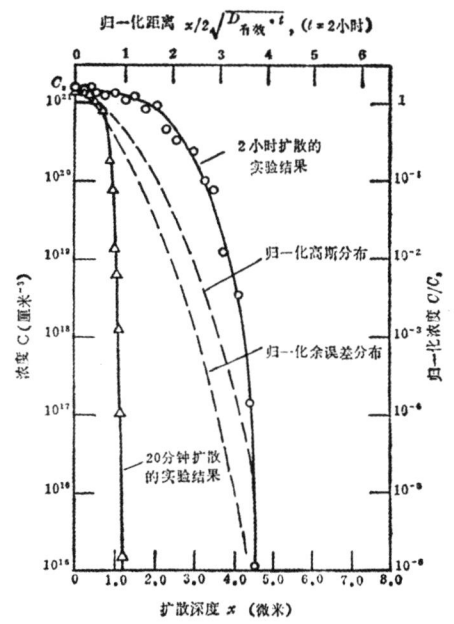

图7 掺砷乳胶源扩散的电活性砷浓度分布
（扩散温度1200℃，气氛$N_2:O_2=40:60$）

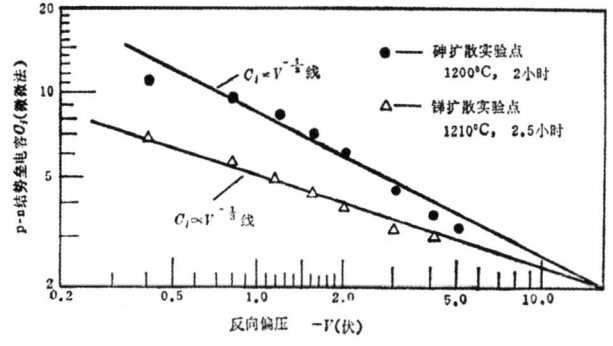

图8 扩散后测量的P-N结势垒电容与反向偏压的关系

（二）有效扩散系数

根据不同温度下扩散的 p-n 结深度测量，由假设按高斯分布，计算出掺砷乳胶扩散时砷在硅中的有效扩散系数与温度的关系，如图9所示。为了对比，图中同时列出了几个研究者得出的不同结果[1],[4],[5]。由这些结果可以看出，掺砷乳胶源的扩散系数明显地高于气相扩散的扩散系数，而且表面浓度愈高，扩散系数愈大。本工作的结果与赖因德尔[1]的结果接近而略高，这可能是由于本工作的掺砷浓度较高的缘故。

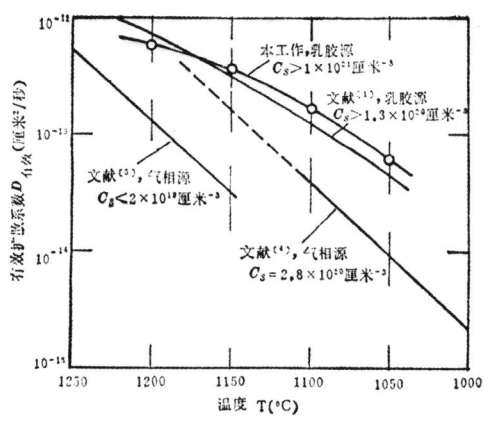

图9　砷在硅中的有效扩散系数与温度的关系

在高浓度时砷在硅中扩散系数比低浓度时要大，这一事实可解释为进入硅晶体中的砷变成离化施主和电子同时扩散，因而在高浓度时"场助扩散"的影响相当显著。一般还认为，As^+ 的扩散机构是经由带负电的空位进行的扩散，故扩散系数比起单纯由于浓度影响增加得更快[6]。这也解释了为什么砷在硅中的分布偏离余误差型和高斯型，而更接近突变型的分布。

（三）热处理的结果

扩散后样品作热处理的实验结果表明，通过热处理，能使扩散层中电活性砷的总量变高或变低，分布也有相应的改变。可以推想，扩散后的砷在硅中并非完全以代位施主形式存在，而有一部分砷会以填隙状态(非电离状态)存在，或者可能形成几个代位状态的砷原子积聚在一起而处于非电活性状态[1],[4]。高温热处理可使砷原子的积聚被解散，且使填隙状态的砷进入代位状态；低温热处理则实现了相反的变换。如下式所示：

$$As_{代位} \underset{高温热处理}{\overset{低温热处理}{\rightleftarrows}} As_{填隙} + 空位。$$

在工艺上，应注意利用或防止热处理对砷扩散层的电学性能的影响。

（四）扩散激活能与扩散机构

由扩散系数与温度倒数 $1/T(K)^{-1}$ 的关系，计算出激活能，发现激活能随扩散温度上升而变小。在1050°C时，激活能为3.1电子伏特，与赖因德尔[1]涂源扩散的结果（3.1电子伏特）相符。在1200°C时，激活能仅为1.6电子伏特。在本实验的温度范围内，求得的激活能均明显地低于目前已发表的气相扩散时的激活能（例如文献[4]报导为4.45电子伏特，文献[5]报导为5.20电子伏特）。

由于本工作在不同扩散温度下的实验样品，都是由同一大片均匀涂源的样品裁出的，所以不能如文献[1]那样用源的掺砷浓度差异来解释上述现象。考虑到热处理过程硅中电活性砷总量变化的情况，我们有理由认为：在掺砷乳胶源扩散过程中，除了存在砷与空位交换的扩散机构之外，还存在着相当一部分的砷以填隙式机构进行扩散。并且，在较高的温度下，由于空位数目增加，这些填隙式扩散的砷比较容易转变为代位状态，致使填隙扩散的砷数量减小，导致扩散系数与温度的关系偏离线性而变小。

参 考 文 献

[1] K. Reindl, Solid-State Electronics, **16 (1973)**, 181.
[2] J. A. Backer, ibid., **17 (1974)**, 87.
[3] P. C. Parekh, et al., ibid., **17 (1974)**, 395.
[4] Shinji Ohkawa, et al., Japanese J. Appl. Phys., **14 (1975)**, 458.
[5] Y. W. Hsueh, Electronchem. Tech., **6 (1968)**, 361.
[6] B. J. Masters and J. M. Fairfield, J. Appl. Phys., **40 (1969)**, 2390.

铁电体电畴转动的电极化过程

史隆培　许煜寰

(物理系电介质室)

提　要

本文提出了铁电体电矩转动振动和伸缩振动的运动方程，由方程解出单畴铁电体的电极化率$\chi_\perp(\omega)$和$\chi_\parallel(\omega)$，据此讨论了铁电体的谐振型和弛豫型的介电色散和吸收。由电晶各向异性场的考虑，论证了钙钛矿型铁电材料的介电常数与材料晶相的关系。将这一理论应用到$Pb(Zr, Ti)O_3$系铁电陶瓷中去，成功地解释了一系列重要的实验现象。

一、引　言

很早以前人们就发现铁电体$BaTiO_3$的介电常数随频率变化的特性[1]。大约在10^5赫附近，出现电畴壁共振弛豫现象，而在10^9赫时，则出现固有电矩转动或伸缩的共振弛豫现象。畴壁共振需要加比较大的交变电场（约10^3伏/厘米）才观察到，而电矩转动或伸缩共振只须较小的交变电场（约10伏/厘米便可发生[2]。本文主要讨论小讯号的作用下固有电矩转动和伸缩的电极化过程，并解释在共振频率时出现介电常数实部显著下降和介电常数虚部出现最大值这一共振吸收现象。

实际使用的铁电和压电陶瓷，一般多是掺杂的多元系〔例如掺杂的$Pb(Zr_xTi_{1-x})O_3$系〕，事实表明，多元系的成分取结构为四方－三角准同型相界附近时，可获得显著大的介电常数和机电耦合系数等优良性能[3]。对于准同型相界处介电常数出现最大值的现象，曾有过一些含糊的热力学分析[4]。本文从电矩绕平衡位置运动的模型出发，得出了介电常数与物质结构的本质联系，将这一结果应用到$Pb(Zr_xTi_{1-x})O_3$系铁电陶瓷中去，成功地解释了三角－四方相界处介电常数、机电耦合系数、压电系数均出现最大值的现象，以及人工极化、应力、热处理等对介电常数的影响。

二、模　型

我们讨论的多晶铁电体（铁电陶瓷）可以分为细晶粒和粗晶粒两种情况。一般说，细晶粒往往是单畴结构，这时在外加交变电场的作用下电极化过程是畴转动过程。对于粗晶粒,则往往是多畴结构,如果内部存在杂质,或应力不均匀性较大,或空间电荷较多,畴壁运动就可以被冻结;或者外加电场较小,低于畴反转的阈值;或者交变场的频率很高,畴壁移动跟不上外电场的变化;这些情况下,在粗晶铁电体中也可以忽略畴壁的运动。

这样,在交变的小讯号电场外作用下,电畴的电矩将绕平衡位置作微小的转动振动或伸缩振动。

1、横向转动振动情形。 铁电体的固有电矩在电场作用下的运动方程可以由牛顿运动方程 $m\dfrac{d^2s}{dt^2}=F$ 直接得出。式中 m 为离子实的质量,$s=l\theta$ 为位移弧。当外极化场很弱的情况下,即极化场远远小于分子场时,铁电体的固有电矩可近似看成具有自发极化强度 $p_s=Ql$ 的刚性偶极子。这样,当外电场沿 X 方向(或 Y 方向)施加时,电矩沿圆弧方向的运动方程为

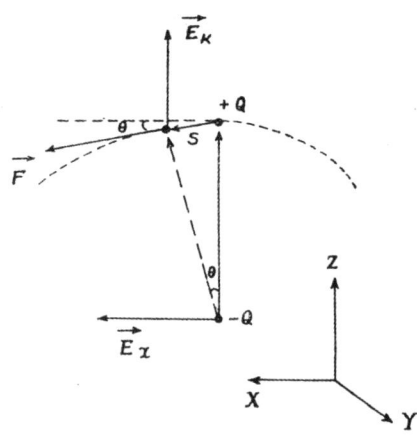

图1 电矩转动模型

$$ml\frac{d^2\theta}{dt^2}=QE_x\cos\theta-QE_K\sin\theta-\lambda\frac{d\theta}{dt}, \qquad (1)$$

式中 Q 为离子实的电荷,E_x 是外加电场,E_K 是电晶各向异性场(包括分子场 E_m 的各向异性部分),也可换成应力各向异性场(E_σ)或空间电荷电场(E_{sp});λ 为阻尼系数。

对于立方晶系,电晶各向异性能 F_K 和应力能 F_σ 分别可写成:

$$F_K=K_1(\alpha_1^2\alpha_2^2+\alpha_2^2\alpha_3^2+\alpha_3^2\alpha_1^2)+\text{高次项}, \qquad (2a)$$

$$F_\sigma=-\tfrac{3}{2}\lambda_{100}\sigma(\alpha_1^2\gamma_1^2+\alpha_2^2\gamma_2^2+\alpha_3^2\gamma_3^2)-3\lambda_{111}\sigma(\alpha_1\alpha_2\gamma_1\gamma_2+$$
$$+\alpha_2\alpha_3\gamma_2\gamma_3+\alpha_3\alpha_1\gamma_3\gamma_1), \qquad (2b)$$

α_1、α_2、α_3 为电矩对立方晶轴的方向余弦,γ_1、γ_2、γ_3 为应力方向对晶轴的方向余弦。K_1 为电晶各向异性常数,对于[001]为易极化轴的情况(例如铁电四方相),$K_1>0$;对于[111]为易极化轴的情况(例如铁电三角相),$K_1<0$。σ 为应力的大小,受张力时,$\sigma>0$;受压力时,$\sigma<0$。λ_{100} 为电矩沿[100]方向自发极化引起的相对伸长($\lambda_{100}>0$)或缩短($\lambda_{100}<0$),λ_{111} 为电矩沿[111]方向自发极化引起的相对伸长($\lambda_{111}>0$)或缩短($\lambda_{111}<0$)。

当电矩绕晶体易极化轴作微小转动时,不难得出电晶各向异性场[5]

$$E_K = \frac{2K_1}{p_s} \quad \text{四方相}(K_1>0)$$
$$E_K = -\frac{4K_1}{3p_s} \quad \text{三角相}(K_1<0)$$
(3)

当电矩绕应力各向异性易极化轴作微小转动时，若设 $\lambda_s \simeq \lambda_{100} \simeq \lambda_{111}$，则有

$$E_\sigma = \frac{3\lambda_s \sigma}{P_s}。 \tag{4}$$

对于铁电体，在电畴的边缘往往形成空间电荷，使其静电能降低，这些空间电荷形成了空间电荷场E_{sp}[6]。

当外加极化场很弱的情况下，由于 θ 很小，$p_x = Ql\sin\theta \approx Ql\theta$。当略去二级小量 θ^2 后，根据方程(1)，电矩在 X 方向上的投影 p_x 的运动方程为

$$\frac{d^2 p_x}{dt^2} = \gamma p_s E_x - \gamma E_k p_x - \beta \frac{dp_x}{dt}, \tag{5}$$

其中 $p_s = Ql, \gamma = Q/ml, \beta = \lambda/ml$。若交变的外电场以复数形式表示为 $E_x = E_0 e^{j\omega t}$，则方程(5)的解为

$$p_x = \frac{\gamma p_s}{\gamma E_k - \omega^2 + j\beta\omega} E_x,$$

横向电极化率 $\chi_\perp(\omega) = \frac{dp_x}{dE_x} = \frac{p_s}{E_k} \frac{1}{\left[1-\left(\frac{\omega}{\omega_\perp}\right)^2\right] + j\frac{\omega}{\omega_c}} = \chi'_\perp(\omega) - j\chi''_\perp(\omega),$ (6)

其中 $\omega_\perp = \sqrt{\frac{Q}{ml} E_k}, \frac{1}{\omega_c} = \frac{\beta}{\gamma E_k} = \frac{\lambda}{QE_k}$。

(1) 共振型

当 $\omega_\perp \ll \omega_c$ (阻尼很小时)，有

$$\chi'_\perp(\omega) = \chi_0 \frac{\left[1-\left(\frac{\omega}{\omega_\perp}\right)^2\right]}{\left[1-\left(\frac{\omega}{\omega_\perp}\right)^2\right]^2 + \left(\frac{\omega}{\omega_c}\right)^2},$$

$$\chi''_\perp(\omega) = \chi_0 \frac{\omega/\omega_c}{\left[1-\left(\frac{\omega}{\omega_\perp}\right)^2\right]^2 + \left(\frac{\omega}{\omega_c}\right)^2},$$

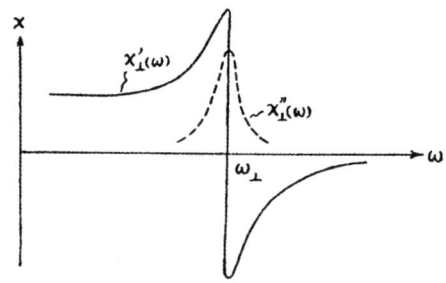

图 2 共振型的极化率色散和吸收特性

其中 $\chi_0 = \frac{p_s}{E_K}$，此时色散和吸收特性如图2所示：

(2) 弛豫型

当阻尼很大时，$\omega_\perp \gg \omega_c$，有

$$\chi'_\perp(\omega) = \chi_0 \frac{1}{1+(\omega/\omega_c)^2}$$

$$\chi''_\perp(\omega) = \chi_0 \frac{\omega/\omega_c}{1+(\omega/\omega_c)^2},$$

此时色散和吸收性特如图3所示，电矩转动的弛豫时间 $\tau = \frac{1}{\omega_c}$。

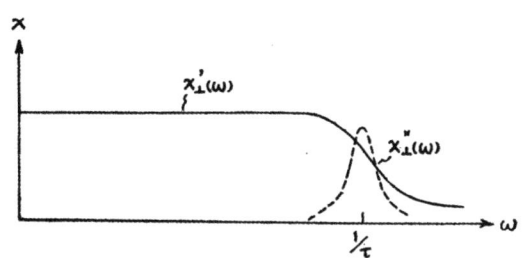

图 3 弛豫型的极化率色散和吸收特性

2、纵向伸缩振动情形。 在外加交变场与电矩方向（Z轴）一致时，电矩作微小的伸缩振动，此时按弹性偶极子模型处理，Z方向的运动方程应为

$$m\frac{d^2z}{dt^2} = QE_m - Q\alpha z - \lambda'\frac{dz}{dt} + QE_z, \qquad (7)$$

其中z为外电场E_z作用下电矩在Z方向的长度（或$+Q$的位置），E_m为分子场，恢复力电场$E_R(z) = -\alpha z - \alpha'z^2 - \cdots\cdots$，只取线性近似。

当$E_z=0$时，$z=l$，得出$E_m = \alpha l$，故$\alpha = \frac{E_m}{l}$。令$p_z = Qz$，方程(7)化为

$$\frac{d^2 p_z}{dt^2} = \gamma p_z E_z - \gamma E_m(p_z - p_s) - \beta'\frac{dp_z}{dt}, \qquad (8)$$

其中$p_s = Ql$，$\gamma = Q/ml$，$\beta' = \frac{\lambda'}{m}$。若交变场$E_z = E_0 e^{j\omega t}$，可由(8)式解出

$$p_z = p_s + \frac{p_s}{E_m}\frac{E_z}{\left[1-\left(\frac{\omega}{\omega_\parallel}\right)^2\right]+j\frac{\omega}{\omega_c'}},$$

其中$\omega_\parallel = \sqrt{\frac{Q}{ml}E_m}$，$\frac{1}{\omega_c'} = \frac{\beta'}{\gamma E_m}$。

纵向电极化率

$$\chi_\parallel(\omega) = \frac{p_s}{E_m}\frac{1}{\left[1-\left(\frac{\omega}{\omega_\parallel}\right)^2\right]+j\frac{\omega}{\omega_c'}} \qquad (9)$$

$$= \chi'_\parallel(\omega) + j\chi''_\parallel(\omega),$$

同样，$\chi_{\parallel}(\omega)$也出现共振型或弛豫型的色散现象，但此时$\omega_{\parallel}$及ω'_o与分子场E_m有关而与E_k无关。

三、多晶铁电体的电极化率

对于多晶铁电体，可以看成是由无规则分布的单畴粒子所组成，其平均电极化率为$\bar{\chi}(\omega)$。设θ为外加电场$\vec{E}$与$\vec{p}_s$的夹角，则

$$\bar{\chi}(\omega) = \chi_\perp(\omega)\overline{\sin^2\theta} + \chi_{\parallel}(\omega)\overline{\cos^2\theta} \tag{10}$$

1. 在未经人工极化时此时剩余极化强度$p_r = 0$，多晶体是各向同性的。由(10)式可得极化率

$$\bar{\chi}(\omega) = \frac{2}{3}\chi_\perp(\omega) + \frac{1}{3}\chi_{\parallel}(\omega), \tag{11}$$

$$\approx \frac{2}{3}\chi_\perp(\omega) \quad (当\ E_m \gg E_k)。$$

在一般低频测量时，当$\omega \to 0$，有

$$\bar{\chi}(\omega) = \frac{2}{3}\frac{p_s}{E_k} + \frac{1}{3}\frac{p_s}{E_m}$$

2、经过人工极化之后，这时剩余极化强度p_r为

$$p_r = p_s \overline{\cos\theta}, \tag{12}$$

当达到最大剩余极化时，由(12)式有[7]

$$\left.\begin{array}{l} p_r = 0.50 p_s \quad (六角相) \\ p_r = 0.831 p_s \quad (四方相) \\ p_r = 0.866 p_s \quad (三角相) \end{array}\right\} \tag{13}$$

设外加交变电场沿着人工极化轴方向，由(10)式可得极化率

$$\left.\begin{array}{l} \bar{\chi}(\omega) = \frac{2}{3}\chi_\perp(\omega) + \frac{1}{3}\chi_{\parallel}(\omega) \quad (六角相) \\ \bar{\chi}(\omega) = 0.298\chi_\perp(\omega) + 0.702\chi_{\parallel}(\omega) \quad (四方相) \\ \bar{\chi}(\omega) = 0.242\chi_\perp(\omega) + 0.758\chi_{\parallel}(\omega) \quad (三角相) \end{array}\right\} \tag{14}$$

为简化起见，考虑到四方相和三方相$\overline{\cos^2\theta} \approx \overline{\cos\theta}^2$，可得到近似关系：

$$\bar{\chi}(\omega) \simeq \left[1 - \frac{p_r^2}{p_s^2}\right]\chi_\perp(\omega) + \frac{p_r^2}{p_s^2}\chi_{\parallel}(\omega)。 \tag{15}$$

比较(11)式与(14)式可看出，对三角相和四方相的情形，经过人工极化后，当

$x_\perp > x_\parallel$ 时，极化率将降低，当 $x_\perp < x_\parallel$ 时极化率将升高；而对六角相，经人工极化前后极化率不变。此外，由(15)式给出的结论对不同晶格类型来说，随着 p_r/p_s 的减小，$\bar{x}(\omega)$ 可能增加，也可能减少，这取决于 $x_\perp > x_\parallel$ 还是 $x_\perp < x_\parallel$。一般钙钛矿型铁电体往往表现为 $x_\perp > x_\parallel$，这是由于分子场远远大于电晶各向异性场的缘故。下面在结果与讨论中我们都基于 $x_\perp \gg x_\parallel$ 的前提下进行讨论。

四、结 果 与 讨 论

1、压电陶瓷的介电、压电和机电耦合性能与组份的关系

以常用的锆钛酸铅 $[Pb(Zr_x Ti_{1-x})O_3]$ 系压电陶瓷为典型例子，如所周知，材料在四方—三角准同型相界处 ($x \approx 0.53$) 介电常数 ϵ^T_{33}、压电系数 d_{31} 径向机电耦合系数 k_p 等均出现最大值，如图4所示。

由(14)、(6)、(9)、(3)各式，在 $\vec{E}_a$ 与 $\vec{E}_{sp}$ 可忽略的情况下，又根据相界附近 E_K 比较小，有

$$\epsilon^T_{33} = 1 + 4\pi \bar{x}$$

$$\epsilon^T_{33} \propto \frac{1}{|K_1|}。$$

由四方相 ($K_1 > 0$) 转变到三角相 ($K_1 < 0$) 的准同型相界处，电晶各向异性常数 K_1 需要通过零点，因而在相界处 ϵ^T_{33} 出现最大值。这可以认为是铁电材料的一个普遍规律。

根据熟知的关系

$$d_{31} = 2\epsilon_0 \epsilon^T_{33} Q_{31} P_3$$

和

$$k_p = 2\sqrt{\frac{2}{1-\sigma^E}} \sqrt{\frac{\epsilon_0 \epsilon^T_{33}}{s^E_{11}}} Q_{31} P_3$$

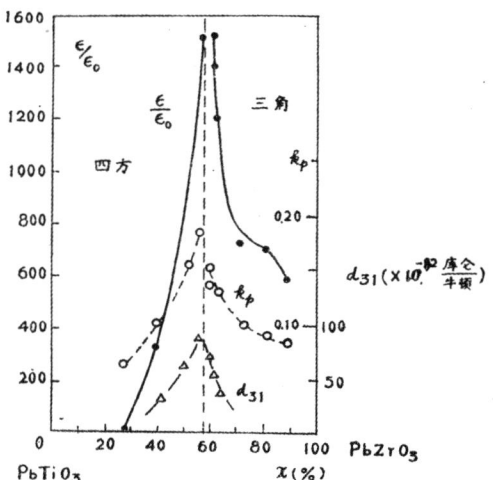

图4　$Pb(Zr_x Ti_{1-x})O_3$ 系压电陶瓷的介电、压电、机电耦合特性与组成的关系

其中 Q_{31} 是电致伸缩系数，P_3 是极化方向的极化强度，s^E_{11} 是弹性柔顺系数，σ^E 是泊松比，ϵ_0 是真空介电常数；不难理解，当 ϵ^T_{33} 出现最大值时，d_{31} 与 k_p 也出现最大值。

2、人工极化对粗晶（多畴）和细晶（单畴）铁电陶瓷介电常数的影响

对于未极化的铁电陶瓷，同一配方的材料，介电常数可能随晶粒平均直径增加而增加[8,9]，也可能随晶粒平均直径增加而减小[10]。但是，对于极化以后的铁电陶瓷，介电常数变化对于粗晶和细晶的情况就有所不同。图5表示极化前后粗晶和细晶的电畴结构示意。按照(15)式，对于单畴晶粒（细晶），极化之后 p_r 增大，使得 ϵ_{33}^T 下降，极化程度愈高， ϵ_{33}^T 就愈小。图6表示了一种细晶（平均晶粒直径2微米）PbTiO₃陶瓷的实验结果[11]根据上述理论能够很好地解释这一实验结果。但是对某些粗晶铁电陶瓷，特别是在准同型相界处的铁电体，极化之后往往出现介电常数增大的现象（例如文献[12]的实验，平均晶粒直径>5微米），这可以由"畴夹持"效应[13,14]的消除得到解释。当这种效果大于 p_r/p_s 增加的影响时，介电常数 ϵ_{33}^T 总的效果便是随极化程度的增加而变大。另外，也有人认为[8]，粗晶陶瓷中的空间电荷场 E_s 比较小，故可以使 ϵ_{33}^T 比细晶的为大（见下面讨论）。

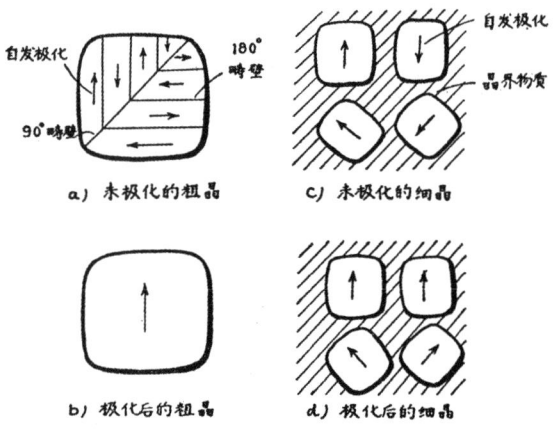

图 5 极化前后粗晶和细晶的电畴结构示意

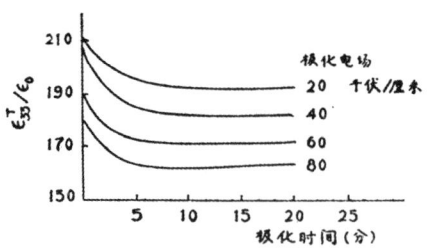

图 6 PbTiO₃陶瓷的介电常数对极化情形的关系

3、沿极化轴方向施加压力对 ϵ_{33}^T 的影响

许多实验表明，沿压电陶瓷的极化轴方向施加压缩应力，可使介电常数 ϵ_{33}^T 提高。图7表示了几种锆钛酸铅系压电陶瓷的实验结果[15]。对于BaTiO₃陶瓷也有类似的情况[16]。

据应力各向异性能公式(2b)可知,对压电陶瓷沿其极化轴施加压缩力,对$\lambda > 0$的材料则电矩倾向于转到垂直于极化轴的方向。这样,垂直于外加电场方向的电矩分量增加,由前面讨论可知,将导致介电常数ϵ^T_{33}随之而增加,由此可以解释上述的实验结果。

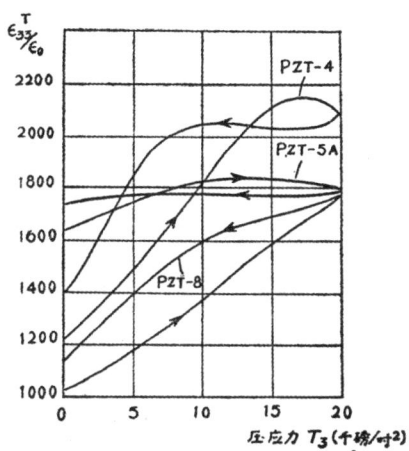

图 7 在沿极轴方向压应力的影响下,几种锆钛酸铅陶瓷介电常数的变化(第一次加压力的循环)

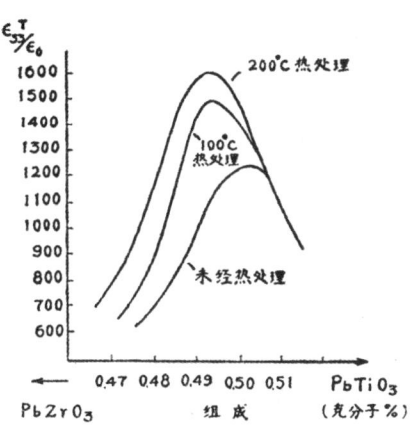

图 8 某种锆钛酸铅压电陶瓷经受不同热处理后介电常数的变化

4、热处理对介电常数的影响

实验表明压电陶瓷经过热处理之后,对介电常数$\epsilon^T_{33}/\epsilon_0$有明显的影响,特别是在准同型相界附近,随着热处理温度升高,$\epsilon^T_{33}/\epsilon_0$有显著的提高,如图8所示[12]。文献[17]曾分析热处理对压电陶瓷谐振频率温度稳定性的影响,主要归因于ϵ^T_{33}的变化。对于ϵ^T_{33}的变化可以作如下解释:

在准同型相界附近,电晶各向异性系数$K_1 \approx 0$,故应力各向异性将成为阻碍电矩运动的主要因素,从(14)、(6)、(9)、(4)各式可知,

$$\epsilon^T_{33} \propto \frac{1}{\lambda_s \sigma}。$$

通过热处理方法消除内部的不均匀应力,使σ减小,这样将有助于提高ϵ^T_{33}。

5、空间电荷对介电常数的影响

实际使用的锆钛酸铅压电陶瓷往往掺入少量的杂质元素,通过这些添加物达到改进材料物理性能的目的。实验表明[6],某些添加物(如La、Nb、Ta、Sb、Bi、W、Th等的氧化物)在锆钛酸铅中并不产生束缚性的空间电荷,而另一些添加物(如Mn、Co、Ni、Fe、Ir、In、Cr、U、Rh等的氧化物)在锆钛酸铅中却能够产生相当数量束缚性

的空间电荷。添加第一类的杂质往往可使材料的介电常数增大，通常又称"软"性添加物；添加第二类的杂质却使介电常数减小，通常又称为"硬"性添加物。束缚性的空间电荷电场的存在阻碍着电畴转动。如果存在"硬"性添加物，束缚性的空间电荷电场 $\vec{E}_{sp}^{b}$ 便不能再忽略了，由(1)、(6)、(9)、(14)各式可得

$$\epsilon_{33}^{T} \propto \frac{1}{E_{sp}^{b}}。$$

由于 $E_{sp}^{b} \propto$ 空间电荷折合量 $(P_s - P_i)/P_s^{(0)}$，因此，随着束缚性空间电荷量的减少，ϵ_{33}^{T} 的值就愈大。这也可以理解为空间电荷电场变小，它对电畴运动的阻碍作用也变小，从而导致了 ϵ_{33}^{T} 的提高。

如前面所述，可以自由运动的空间电荷所形成的空间电场 E_{sp}^{f}，它并不阻碍电畴的运动。因而随着束缚性空间电荷转化为可自由运动的空间电荷的数量愈多，或者说随着材料的电导增加，ϵ_{33}^{T} 亦可提高。

参 考 文 献

[1] A.R. Von Hippel, *Rev. Mod. Phys.*, 22 (1950), 221.
[2] A.R. Von Hippel, *J. phys. Soc. Japan*, 28 Sup. (1970), 1—6.
[3] B. Jaffe, et al., *Piezoelectric Ceramics*, Academic Press Inc., London, 1971; 及其他專著。
[4] K. Carl & K. H. Härdtl, *Physica Status Solidi (a)*, 8 (1971), 1, 87.
[5] S. Chikazumi, *Physics of Magnetism*, John Wiley & Sons Inc., New York, 1964, 138, 251.
[6] M. Takahashi, *Japan. J. Appl. phys.*, 9 (1970), 1236.
[7] H. G. Baerwald, *phys. Rev.*, 105 (1957), 480.
[8] K. Okazaki & K. Nagata, *J. Amer. Ceram. Soc.*, 56 (1973), 82; *Ferroelectrics*, 7 (1974), 153.
[9] A. J. Burggraaf & K. Krizer, *Mat. Res. Bull.*, 10 (1975), 521.
[10] 岡崎清、永田邦裕、电子通信学会论文志, 53—C (1970), 11, 815.
[11] 池上清治・他、电子通信学会论文志, 55—C (1972), 3, 165.
[12] H. Banno & T. Tsunooka, *Japan. J. Appl. phys.*, 6 (1967), 954.
[13] M. E. Drougard & D. R. Young, *Phys. Rev.*, 94 (1954), 1561.
[14] J. Stankowski, et al., *proc. Phys. soc. (London)*, 72 (1958), 1144; *Ibid*, 75 (1960), 455.
[15] Helmut H. A. Krueger, *J. Acoust. Soc. Amer.*, 42 (1967), 3, 636.
[16] W. R. Buessem, L. E. Cross, & A. K. Goswami, *J. Amer. Ceram. Soc.*, 49 (1966), 1, 33, 36.
[17] 許煜寰, 物理学报, 27 (1978), 2, 146.

简 报

引力波探测器结构设计

陈嘉言　管同仁　丘仲兴
于　珀　陈耀和　甘百青

（引力物理研究室）

我们的引力波探测器的总体设计分三部走：

〈1〉建立常温下振子型探测器，作一些改革，提高灵敏度。

〈2〉引进超低温技术，降低热噪声，进一步提高灵敏度。

〈3〉在此基础上研究新的天线型式及新的探测方法。

我们所使用的天线是LC4铝棒（成份：$Cu 1.66\%$，$Mg 2.43\%$，$Mn 0.25\%$，$Fe 0.43\%$，$Si 0.15\%$，$Zn 5.95\%$，$Cr 0.11\%$，$Ti < 0.05\%$，$Ni < 0.05\%$），重2吨，长177厘米，直径71厘米。

减震系统除了使用空气弹簧，减震器，减震堆组合外，还增加吸震设备并将整个装置安放在2米深的洞内。

所有输入、输出引线经埋在地下的铁管连接到一装有两层铜网的恒温恒湿室内，该室将放置全部检测仪器，该室照明使用直流电，仪器电源是市电经过滤波后进行稳压屏蔽供电。

探测器工作时，抽气机组改为无油真空机组以减少干扰。

由于我们在模拟实验中发现天线偏离水平位置几分，Q值就明显减少，因此在我们的设计中加上一个自动水平调节装置，目前正在研究之中。

为了研究清楚各种因素对天线Q值的影响，我们采用在τ时间内计算振动次数的方法进行测Q值。这样准确度比直接测τ会高一些。

在模拟实验中我们发现天线谐振频率随温度而变的现象比较严重，（约$0.2 Hz/℃$）。为了使频率合成器输出的讯号频率能准确跟踪天线谐振频率，我们准备在真空室内安置一条对比天线，利用电子装置使该天线维持自激状态，然后从对比天线取出讯号与频率合成器的输出讯号加以比较，产生误差讯号，输给频率合成器对频率进行控制。

定标时将采取多种讯号形式进行比较。

设计结构方框图附后。

引力波探測器結構設計

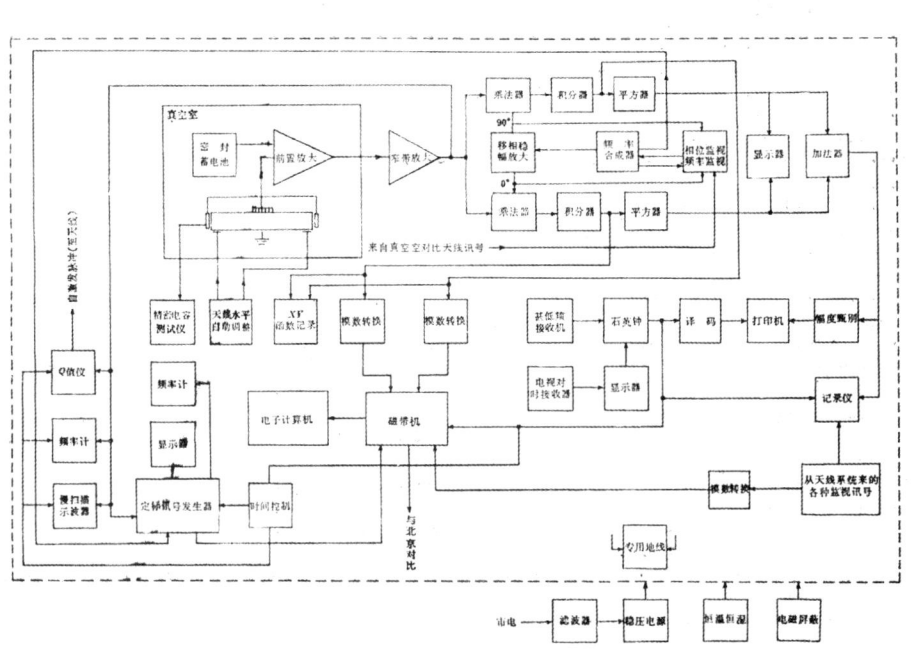

一种可调谐的引力波天线

郑庆璋 崔世治

(物理学系)

提要 本文研究了一种以扭摆为基础的可调谐引力波天线。调整系在扭摆两端的弹性线的张力,很容易使天线的共振频率在0.1——10Hz范围内调谐,这正是预期由天体物理过程产生的引力波频谱的峰值范围。

引 言

目前引力波探测实验预期的引力波源来自天体物理过程。理论预言[1,2],低频段的引力辐射最为丰富。脉冲星的辐射多在0.1—100Hz内,某些设想由中子星或黑洞组成的双星,以及宇宙本底辐射,都在频率0.1—10Hz范围内有较强的辐射。

当今世界上使用的引力波天线大多是韦伯型机械共振天线[3],这类天线属于机械I型天线[4],它的本征频率与天线线度的一次方成反比。使用这类天线的主要缺陷有两方面:其一是它的本征频率较高,要达到10^3Hz以下比较困难,不能满足探测低频引力辐射的要求;第二是它的共振频率固定,不能调谐,且带宽很窄,不利于探测某些未知频率的窄带引力波(如双星和脉冲星等产生的引力波)。

本文以扭摆的振动为基础,提出一种可调谐的引力波天线设计方案。计算表明,这种引力波天线能在0.1—10Hz范围内方便地调谐,这无疑对探测预期的低频单色引力波十分有利。

扭摆的吸收截面

我们首先讨论扭摆作为引力波天线的可能性。为简单起见,以哑铃状扭摆为例。它由一根质量可忽略的细棒及两端固联的重小球构成,中间由一上端固定的弹性杆悬挂着,如图1所示。

大家知道,张量引力波具有"+"和"×"两种偏振状态。沿x_3轴传播的引力波的两种偏振态如图2所示意。若沿x_1轴放置一弹簧振子,则在"+"偏振态引力波的策动下,经受伸长和缩短的纵向振动;韦伯天线所探测的也正是引力波的这种偏振态。若沿x_1轴放置一个哑铃状扭摆,则在"×"偏振态引力波的策动下,扭摆以x_3轴为转轴扭转摆动。可见扭摆对引力波的一个偏振态是有响应的。

进一步的计算表明,一般扭摆对引力波的吸收截面同纵模振动的谐振子天线在数量

一种可调谐的引力波天线

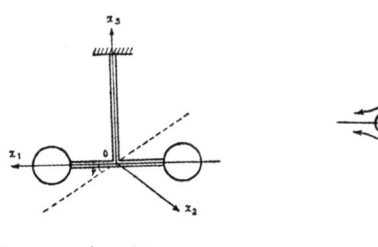

图1 哑铃状扭摆

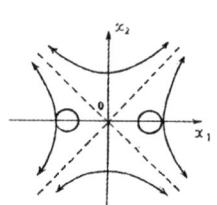

a."+"偏振态　　b."×"偏振态
图2 引力波的偏振状态

级上是一样的。换句话说,扭摆作为引力波天线的可用性,就其吸收截面来讲,与其他类型机械振子天线是不相上下的。

可调频扭摆

1. 扭摆的本征频率

大家知道,当图1所示的扭摆扭过一偏角 φ 时,它受到的恢复力矩 M 和本征振动角频率分别为

$$M = -\mu\varphi \tag{1}$$

$$\omega_0 = \sqrt{\frac{\mu}{I}} \tag{2}$$

其中 I 为扭摆的转动惯量,μ 为弹性悬杆或悬线的扭转模量。当弹性悬杆为园柱体,且其半径为 r,长度为 h,切变模量为 N 时,其扭转模量为

$$\mu = \frac{\pi}{2}N \cdot \frac{r^4}{h} \tag{3}$$

这个关系式很容易在一般教科书中找到。

由(2)式可见,由于表征扭摆特征的参数 μ 和 I 不容易连续改变,因此通常扭摆的 ω_0 是很难连续调节的。但是,如果在扭摆两端各系上一条弹性线(图3),则由以下的讨论可

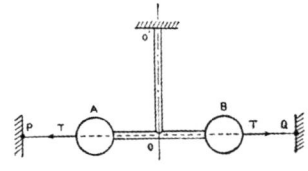

图3 可调频扭摆

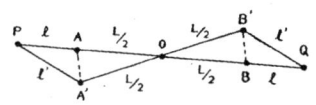

图4 弹性线伸长变化示意图

以看到,通过改变线中的张力 T,能够方便地达到连续改变扭摆本征角频率 ω_0 的目的。

2. 可调频扭摆的势能

我们将通过写出扭摆系统的拉格朗日方程来找出它的本征频率。为此，我们先计算扭摆系统的势能。

由于扭摆绕铅垂轴 oo' 在水平面上摆动，故它只有一个自由度。我们选扭转角 φ 为广义坐标。

假定弹性线原长为 l_0，拉伸至具有张力 T 时的长度为 l，则由弹性定律有

$$T = k(l - l_0) \tag{4}$$

其中 k 为弹性线的倔强系数。当扭摆扭过微小角度 φ 时，弹性线的长度伸长至 l'（图4）。若扭摆两端的距离为 L，则在 $\triangle OPA'$ 中，由余弦定律得

$$l'^2 = (l + \frac{L}{2})^2 + (\frac{L}{2})^2 - 2(l + \frac{L}{2}) \cdot \frac{L}{2} \cos\varphi$$

由于 $\varphi \ll 1$，近似地有 $\cos\varphi \approx 1 - \frac{\varphi^2}{2}$，于是上式化为

$$l'^2 = l^2 + (l + \frac{L}{2}) \frac{L}{2} \varphi^2$$

或

$$l' = l[1 + (1 + \frac{L}{2l}) \frac{L}{2l} \varphi^2]^{\frac{1}{2}}$$

注意到 $\varphi \ll 1$，上式又可展成

$$l' \approx l[1 + \frac{1}{2}(1 + \frac{L}{2l}) \frac{L}{2l} \varphi^2]$$

即

$$l' - l = \frac{1}{2}(1 + \frac{L}{2l}) \frac{L}{2} \varphi^2 \tag{5}$$

弹性悬线的伸长为

$$\Delta l = l' - l_0 = (l' - l) + (l - l_0)$$

把（4）和（5）代入上式，得

$$\Delta l = \frac{1}{2}(1 + \frac{L}{2l}) \frac{L}{2} \varphi^2 + \frac{T}{k} \tag{6}$$

平方并略去高级微量 φ^4 项，得

$$(\Delta l)^2 = \frac{T}{k}(1 + \frac{L}{2l}) \frac{L}{2} \varphi^2 + \frac{T^2}{k^2}$$

故每一条弹性线的势能为

$$V_1 = \frac{1}{2} k (\Delta l)^2 = \frac{TL}{4}(1 + \frac{L}{2l})\varphi^2 + \frac{T^2}{2k} \tag{7}$$

考虑到悬杆的扭转势能 $V_2 = \frac{1}{2}\mu\varphi^2$，得整个扭摆系统的势能为

$$V = 2V_1 + V_2$$
$$= \frac{1}{2}[\mu + TL(1+\frac{L}{2l})]\varphi^2 + \frac{T^2}{k} \tag{8}$$

3. 可调频扭摆的拉格朗日方程

可调频扭摆的动能为

$$T = \frac{1}{2}I\dot{\varphi}^2 \tag{9}$$

其中 I 为扭摆对 ox_3 轴的转动惯量，$\dot{\varphi} \equiv \frac{d\varphi}{dt}$ 为扭摆的角速度。拉格朗日函数为

$$L = T - V$$
$$= \frac{1}{2}I\dot{\varphi}^2 - \frac{1}{2}[\mu + TL(1+\frac{L}{2l})]\varphi^2 - \frac{T^2}{k} \tag{10}$$

代入拉格朗日方程：$\frac{d}{dt}\frac{\partial L}{\partial \dot{\varphi}} - \frac{\partial L}{\partial \varphi} = 0$，得

$$I\ddot{\varphi} + \mu[+TL(1+\frac{T}{2l})]\varphi = 0 \tag{11}$$

这就是我们所要寻求的扭摆运动方程。

4. 可调频扭摆的本征振动频率

(11)式是典型的简谐振动方程。由此可见，可调频扭摆的本征振动角频率为

$$\omega_0 = \sqrt{\frac{1}{I}[\mu + TL(1+\frac{L}{2l})]} \tag{12}$$

而本征振动频率则为

$$\nu_0 = \frac{1}{2\pi}\sqrt{\frac{1}{I}[\mu + TL(1+\frac{L}{2l})]} \tag{13}$$

作为一个估计，假定扭摆是一个由相距 $L=1$ 米的两个质量各为 $M/2 = 500$ 千克 的小球构成的哑铃状扭摆（整个系统的质量为 $M = 1000$ 千克），于是它的转动惯量为

$$I = 2 \cdot \left(\frac{M}{2}\right) \cdot \left(\frac{L}{2}\right)^2 = \frac{1}{4}ML^2 = 250 \text{千克} \cdot \text{米}^2$$

此外，弹性悬杆为一半径 $r = 6$ 毫米，长度 $h = 1$ 米的钢质园柱体，其切变模量为 $N = 7000$ 千克力·毫米^2，故其扭转模量为

$$\mu = \frac{\pi}{2}N\frac{r^4}{h} = 1.4 \times 10^4 \text{千克力} \cdot \text{毫米}$$
$$= 1.4 \times 10^2 \text{牛顿} \cdot \text{米}$$

当弹性线的张力(外加张力)$T = 0$时，得到扭摆的最低本征频率

$$\nu_{0min} = \frac{1}{2\pi}\sqrt{\frac{\mu}{I}} = 0.12 Hz$$

而当$T = 10Mg, l = \frac{L}{10}$时，扭摆的本征频率变为

$$\nu_0 = \frac{1}{2\pi}\sqrt{\frac{4}{ML^2}[\mu + 10MgL(1+5)]}$$

$$= 7.7 Hz$$

结　论

1. 具有质量四极矩的扭摆对引力波有响应，可以作为探测引力波的天线。在相同的探测条件下，扭摆的吸收截面与纵模谐振子天线的数量级相同。

2. 由(12)及(13)可见，通过不断改变弹性线中的张力T(这在实际上是很容易进行的)，能够使扭摆的本征频率连续改变，从而达到调谐的目的。

3. 以上述的典型数值估计为例，当外加张力由$T = 0$变到$T = 10Mg$时，天线的共振频率从$0.12Hz$变到$7.7Hz$。这个频段正是预期的天体物理引力波源辐射最为丰富的频段。对引力辐射的这一频段进行过细的探测和研究，无疑对理论和实验都有很大的意义。

参 考 文 献

[1] C. W. Misner, et al., *Gravitation*, Freeman, San Francisco, 1973, Chap. 36
[2] 秦荣先，物理，8 (1979)，332.
[3] G. Papini, *Can. J. Phys.*, 52 (1974), 880.
[4] D. H. Douglass and J. A. Tyson, *Nature*, 229 (1971), 34.
[5] ibid [1], Chap. 37.

A Tunable Gravitational Wave Antenna

Zheng Qingzhang　　Cui Shizhi

Abstract

In this article, we have studied a tunable gravitational wave antenna on the basis of torsional pendulum. By tuning the tension of elastic wire that has bound to either end of the torsional pendulum, it is easily to tune resonant frequency of the antenna in the range of 0.1−10Hz, which is the pridictive peak range of the spectrum of gravitational wave that should be produced by astrophysical process.

· 研究简报 ·

主动型天线用于引力波探测的可能性探讨

唐孟希

(物理学系)

圆柱形引力波接收天线受到激发会发生纵向振动，激发后天线具有能量与引力波的无量纲振幅h_0的平方成正比。由于h_0很小，这就对换能器、前置放大器等天线的后续设备的噪声带来了严格的要求。如果设法提高天线吸收的能量，即使信噪比没有得到改善，对天线系统的工作状态也是有好处的。下面的计算表明，采用预激发振动的主动型天线可以达到这个目的。

在外加激发力和引力波联合作用下，中间支承的圆柱体天线的振动方程为

$$\frac{\partial^2 \xi}{\partial t^2} + k\frac{\partial \xi}{\partial t} - v_s^2 \frac{\partial^2 \xi}{\partial x^2} = \frac{1}{\rho S}(F_e + F_g), \tag{1}$$

其中$\xi = \xi(x,t)$是天线的位移，k是阻尼系数，v_s为天线中的纵波传播速度，ρ为材料的密度，S为天线的横截面积，F_e和F_g分别为激发力密度和引力波作用的起潮力密度，即天线单位长度上受的激发力和起潮力。

天线纵模振动的固有频率为

$$\omega_n = \frac{n\pi v_s}{L} \quad (n = 1, 3, 5, \cdots). \tag{2}$$

天线的运动可以写成各次振动模的叠加

$$\xi = \sum_{n=2l+1} e^{-\frac{k}{2}t}\varphi_n(t)\sin\frac{n\pi}{L}x. \tag{3}$$

其中φ_n满足

$$\sum_{n=2l+1}\left(\frac{d^2\varphi_n}{dt^2} + \omega_n'^2 \varphi_n\right)\sin\frac{n\pi}{L}x = \frac{1}{\rho S}e^{\frac{k}{2}t}(F_e + F_g), \tag{4}$$

$$\omega_n'^2 = \omega_n^2 - \frac{1}{4}k^2 \approx \omega_n^2. \tag{5}$$

天线在简谐力

$$F_e = F_0[\delta(x-\frac{L}{2}) - \delta(x+\frac{L}{2})]\cos pt \tag{6}$$

激发下运动，可求得

$$\varphi_n = A\cos(\omega_n' t + \eta_n) + \frac{4F_0 e^{\frac{k}{2}t}}{M\left(\sqrt{(\omega_n^2 - p^2)^2 + \frac{1}{4}k^2 p^2}\right)}\cos(pt - \alpha_n), \tag{7}$$

本文1982年12月收到。

其中 $\alpha_n = \text{arctg} \dfrac{kp}{2(\omega_n^2 - p^2)}$, $M = L\rho S$. (8)

令 $e^{-\frac{k}{2}t} \to 0$, 得天线稳定振动方程为

$$\xi = \sum_{n=2l+1} \dfrac{4F_0}{M\sqrt{(\omega_n^2 - p^2)^2 + \frac{1}{4}k^2p^2}} \cos(pt - \alpha_n)\sin\dfrac{n\pi}{L}x. \quad (9)$$

一、天线在平面引力波作用下的运动

若平面引力波沿天线垂直的方向到达天线，可以算出引力波作用的起潮力密度为

$$F_g = 2x\rho S \dfrac{d^2 h_{11}}{dt^2}. \quad (10)$$

设引力波为脉冲形式

$$h_{11}(t) = \begin{cases} h_0 \cos\Omega t & t \in [0,\tau] \\ 0 & t \overline{\in} [0,\tau] \end{cases} \quad (11)$$

并考虑引力波到达时刻与天线激发力之间的位相差 β_n，天线的稳定振动为

$$\xi = \sum_{n=2l+1} \dfrac{4F_0}{M\sqrt{(\omega_n^2 - p^2)^2 + \frac{1}{4}k^2p^2}} \cos(pt + \beta_n - \alpha_n)\sin\dfrac{n\pi}{L}x. \quad (12)$$

把起潮力密度按函数族 $\left\{\sin\dfrac{n\pi}{L}x\right\}$ 展开，代入(4)得天线在激发力和起潮力联合作用下 φ_n 满足的方程

$$\dfrac{d^2\varphi_n}{dt^2} + \omega_n'^2 \varphi_n = (-1)^{\frac{n-1}{2}}\left[\dfrac{4F_0}{L}\cos(pt+\beta_n) - \dfrac{8Lh_0\Omega^2}{n^2\pi^2}\cos\Omega t\right] e^{\frac{k}{2}t}$$
$$t \in [0,\tau]. \quad (13)$$

φ_n 同时应满足连续性条件

$$\left.\begin{array}{l} e^{-\frac{k}{2}t}\varphi_n\big|_{t=0} = \dfrac{4F_0}{M\sqrt{(\omega_n^2 - p^2)^2 + \frac{1}{4}k^2p^2}} \cos(pt + \beta_n - \alpha_n)\big|_{t=0} \\[2ex] \dfrac{d}{dt}\left[e^{-\frac{k}{2}t}\varphi_n\right]\bigg|_{t=0} = \dfrac{d}{dt}\left[\dfrac{4F_0}{M\sqrt{(\omega_n^2 - p^2)^2 + \frac{1}{4}k^2p^2}} \cos(pt + \beta_n - \alpha_n)\right]\bigg|_{t=0} \end{array}\right\} \quad (14)$$

解(13)及(14)可得

$$\varphi_n = A_n\cos(\omega_n' t + \delta_n) + e^{\frac{k}{2}t}[E_0\cos(pt + \beta_n - \alpha_n) + G_0\cos(\Omega t - \theta_n)], \quad (15)$$

其中 $\theta_n = \text{arctg}\dfrac{k\Omega}{2(\omega_n^2 - \Omega^2)}$, $E_0 = \dfrac{4F_0}{M\sqrt{(\omega_n^2 - p^2)^2 + \frac{1}{4}k^2p^2}}$ (16)

$G_0 = -\dfrac{8h_0\Omega^2 L}{n^2\pi^2 \sqrt{(\omega_n^2 - \Omega^2)^2 + \frac{1}{4}k^2\Omega^2}}$. A_n, δ_n 可由连续条件(14)定出。

二、共振情形下方程的解

考虑共振情形下的基模振动，这时有 $\omega_1 = p = \Omega$，$n=1$。由(8)，(14)，(15)及(16)得

$$\alpha_1 = \theta_1 = \frac{\pi}{2}, \quad \delta_1 = \frac{\pi}{2}, \quad A_1 = \frac{16h_0\omega_1 L}{\pi^2 k} \text{ 及 } E_0 = \frac{8F_0}{k\omega_1 M}.$$

$$\xi_1 = \left\{ \left[\frac{8F_0\cos\beta_1}{k\omega_1 M} - \frac{16h_0\omega_1 L}{\pi^2 k}(1 - e^{-\frac{k}{2}t}) \right] \sin\omega_1 t + \frac{8F_0\sin\beta_1}{k\omega_1 M}\cos\omega_1 t \right\} \sin\frac{\pi}{L}x. \tag{17}$$

对于超新星爆发产生的脉冲引力波，$\omega_1 \sim 10^{-4} \text{sec}^{-1}$，$\tau \sim 10^{-3} \text{sec}$，若天线 $Q \sim 10^7$，便有 $\frac{k}{2}t = \frac{\omega_1}{2Q}t \ll 1$。故 $e^{-\frac{k}{2}t} \approx 1 - \frac{k}{2}t$，即

$$\xi_1 = \left[\left(\frac{8F_0\cos\beta_1}{k\omega_1 M} - \frac{8h_0\omega_1 Lt}{\pi^2} \right) \sin\omega_1 t + \frac{8F_0\sin\beta_1}{k\omega_1 M}\cos\omega_1 t \right] \sin\frac{\pi}{L}x, \tag{18}$$

在 $x = \frac{L}{2}$ 处可能达到的最大振幅

$$\xi_{\max} = \sqrt{\left(\frac{8F_0}{k\omega_1 M}\right)^2 + \left(\frac{8h_0\omega_1 L\tau}{\pi^2}\right)^2 - \frac{128h_0 L\tau F_0}{kM\pi^2}\cos\beta_1}, \tag{19}$$

根号内有三项，第一项是天线在激发力单独作用下的本底振动，第二项是引力波引起的振动，第三项是二者耦合引起的。由于 h_0 很小，第二项与 h_0^2 成比例，第三项与 h_0 成比例，故第二项与第三项相比要小得多。把第二项略去，得

$$\xi_{\max} = \sqrt{\left(\frac{8F_0}{k\omega_1 M}\right)^2 - \frac{128h_0 L\tau F_0}{kM\pi^2}\cos\beta_1}. \tag{20}$$

对应天线由于引力波作用引起的能量增量

$$|\triangle E_v| = \frac{1}{4}M\omega_1^2 \frac{128h_0 F_0 L\tau}{kM\pi^2}|\cos\beta_1|, \tag{21}$$

而静态天线在同样的引力波作用下能量增量

$$|\triangle F_s| = \frac{1}{4}M\omega_1^2 \left(\frac{8h_0\omega_1 L\tau}{\pi^2}\right)^2 \tag{22}$$

显然，只要适当控制 F_0，便可以使 $|\triangle E_v| > |\triangle E_s|$。

β_1 是天线的本底振动和引力波的位相差，它是无法事先知道的。为此，我们可以用两根同样的天线，使它们彼此以 $\frac{\pi}{2}$ 的位相差作稳定振动，就可以保证有一根天线 $|\cos\beta_1| > \frac{\sqrt{2}}{2}$。

对于我们的天线 $M = 2 \times 10^6 g$，$\omega_1 = 9 \times 10^3 \text{sec}^{-1}$，$L = 2 \times 10^2 \text{cm}$，$Q = 10^5$。取 $\tau = 10^{-3} \text{sec}$，$h_0 = 10^{-17}$，$|\cos\beta_1| = 0.7$，只要 $F_0 > 2 \times 10^{-5} \text{dyne}$，便可使 $|\triangle E_v| > |\triangle E_s|$。

三、非共振情形下方程的解：

假定激发力频率不等于天线的基频，而引力波频率与天线的基频相等，即 $p = m\omega_1$，

$\Omega = \omega_1$. 可得 $\alpha_1 \approx 0$, $\theta_1 = \frac{\pi}{2}$, $E_0 \approx \frac{4F_0}{M\omega_1^2(m^2-1)}$, $G_0 = -\frac{16h_0\omega_1 L}{k\pi^2}$, $\delta_1 = \frac{\pi}{2}$, $A_1 = \frac{16h_0\omega_1 L}{k\pi^2}$. 在 $\frac{\omega_1}{2Q}t \ll 1$ 的条件下,得

$$\xi_1 = \left[\frac{8h_0 L\omega_1 t}{\pi^2}\sin\omega_1 t + \frac{4F_0}{M\omega_1^2(m^2-1)}\cos(m\omega_1 t + \beta_1)\right]\sin\frac{\pi}{L}x. \quad (23)$$

在 h_0 的精度下,天线振动的总能量:

$$E = \frac{1}{2}S\rho\int_{-L/2}^{L/2}\left[\left(\frac{\partial \xi_1}{\partial t}\right)^2 + \frac{\omega_1^2 L^2}{\pi^2}\left(\frac{\partial \xi_1}{\partial x}\right)^2\right]dx$$

$$\approx \frac{1}{4}M\left[\frac{4F_0}{M\omega_1(m^2-1)}\right]^2 \cdot \left[m^2\sin^2(m\omega_1 t+\beta_1)+\cos^2(m\omega_1 t+\beta_1)\right]$$

$$+ \frac{4F_0 h_0 L}{\pi^2(m^2-1)}\left\{m\omega_1 t\sin[(m-1)\omega_1 t-\beta_1]+(m-\omega_1 t)\cos[(m-1)\omega_1 t-\beta_1]\right\}$$

$$+ \frac{4F_0 h_0 L}{\pi^2(m^2-1)}\left\{m\omega_1 t\sin[(m+1)\omega_1 t+\beta_1]-(m+\omega_1 t)\cos[(m+1)\omega_1 t+\beta_1]\right\}.$$

(24)

第一项是天线在激发力作用下的本底振动能量,第二、三项是引力波来时天线增加的能量。增加的部分以频率 $\omega_\pm = (m \pm 1)\omega_1$ 变化。其能量变化的幅值

$$\triangle E_\pm = \frac{4h_0 F_0 L}{\pi^2(m^2-1)}\sqrt{(mm_1\tau)^2 + (\omega_1\tau \mp m)^2}. \quad (25)$$

显然,只要适当控制 F_0,便可使 $|\triangle E| > |\triangle E_s|$。若取 $m=3$,我们的天线来说,$F_0 > 2\text{dyne}$。

四、讨论

(1) 运用预激发的方法,可以使天线能量的增量与 h_0 成正比。

(2) 由于天线热噪声也与天线本底振动产生耦合,故本法不能改善信噪比。但由于此时天线处于较高的能量状态,可以降低对后续设备的要求,这与文献[1]的结果是符合的。

(3) 在共振时,天线增加的能量与本底振动的能量同以 ω_1 的频率变化,所以无法把它们分离。但若把天线工作于非共振态,在输出中就会出现以 $\omega_\pm$ 为频率变化的能量增量,这就有可能将它们分离。

(4) 为了避免激发源引入新的噪声,可以把天线激发到预定振幅后,把 F_0 撤除,由高Q天线维持时间常数很大的衰减振动,用这方法对引力波进行间断检测。

(5) 对于连续引力波,由于这时引力波源的方向能够确定,可以用两根互相垂直放置的天线作比较测量:一根的轴线与引力波的入射方向平行,一根与之垂直。用外力激发它们同步振动,并调整激发力使与引力波同相,然后再测量两根天线能量的差。

参 考 文 献

[1] J. Weber, *Phys. Lett.*, 81A, 9 (1981), 542.

Investigation of the Possibility to Detect Gravitational Wave by Means of an Active Antenna

Tang Mengxi

Abstract

The advantage would be brought by the means of adding external force to excite a cylindrical antenna before the coming of the gravitational wave. Under the action of the gravitational wave, vibrated antenna would get more energy than static antenna. It is shown that the vibrating energy got by the antenna from gravitational wave is linear in h_0 and F_0, the additional exciting force. Although the means cannot improve the signal-noise ratio, it would be active in detection of the gravitational wave. Because the antenna operates on the state of greater energy, so we can reduce the limitation to the noise to the following equipments, — the transducer, pre-aplifier and etc.

更 正

本刊1983年第4期《扰动不稳定……》一文，由于校对疏漏，须作如下刊误：

错 漏 处	误	正
(1.1),(1.2),(1.3)式	$\vec{V}_k$	$\vec{V}_h$
(1.6)式	$\dfrac{\partial \phi' \phi'}{\partial p}$	$\dfrac{\partial \phi'}{\partial p}$
I 式；(2.17)	$p=p$; ϕ	$p=p_0$; Ψ
(2.22);(2.25),(2.27)	Ψ' ; c_γ	ψ' ; c_r
(3.4)式下一行	(………转换线)	(………转换函数)
(5.1)和(5.2)式	$\dfrac{\partial h'}{\partial X}$; $\dfrac{\partial h}{\partial X}$; v'_0	$\dfrac{\partial h'}{\partial x}$; $\dfrac{\partial h'}{\partial x}$; v'_0
(5.5)式,及该页倒2行	v'	v'
(2.24)式分母	$\dfrac{\overline{(u'^2+u'^2)}}{2}$	$\dfrac{\overline{(u'^2+v'^2)}}{2}$
*图 5	$\partial h'/\partial X$; V'_0 ; u'_0	$\partial h'/\partial x$; v'_0 ; v'_0
*图 6 右侧文字	v'_0 ;	v'_0 ;
参考文献[2];[3]	KVO; Charuey	KUO; Charney
英文摘要题目	Instabilty	Instability
………第9行	dased	based

*此外，图5和图6互相调换，图下说明不变。

引力波对电磁场的作用与引力波的电磁探测的可能性

陶福臻
（中山大学物理系）

何志强
（暨南大学数学系）

摘 要

本文从弯曲时空的麦克斯威方程出发，发现在引力波的作用下，电磁场的运动类似于一受迫振动，振动力与引力波、常数电磁场和反向传播的电磁波有关，而与同向传播的电磁波无关。文章给出了几种不同情况下方程的解和它们的物理效应，最后讨论了可供探测的能量大小。

利用引力波对电磁场的作用，直接地通过电磁场的变化来探测引力波，可望避免对韦伯型天线微弱振动检测的困难。因为电磁场在受引力波作用后将被诱发放出自己的部份能量，使可供探测的能量比机械天线为高。

曾有一些作者对引力波的电磁探测进行过讨论[1-6]。L.P.Grishchuk, A.G.Polnarev对此有过很好的评述[7]。本文从弯曲时空的麦克斯威方程出发，发现在引力波的作用下电磁场运动相当于一受迫振动，受迫力与引力波、常数电磁场以及反向传播的电磁波有关，而与同向传播的电磁波无关，文章还给出了在各种情况下运动方程的解以及相应的物理效应，最后讨论了可供探测的能量的大小。

一、场 方 程

选用高斯单位制，一个引力场与电磁场共存系统的场方程为

$$\begin{cases} R_{\mu\nu} - \dfrac{1}{2} g_{\mu\nu} R = \dfrac{8\pi k}{c^4} T_{\mu\nu} & (1.1) \\ g^{\nu\lambda} F_{\mu\nu;\lambda} = 0 . & (1.2) \end{cases}$$

其中

$$T_{\mu\nu} = \frac{1}{4\pi}\left(g^{\rho\sigma} F_{\mu\rho} F_{\nu\sigma} - \frac{1}{4} g_{\mu\nu} g^{\rho\lambda} g^{\sigma\tau} F_{\rho\sigma} F_{\lambda\tau} \right) \tag{1.3}$$

$$F_{\mu\nu;\lambda} = \partial_\lambda F_{\mu\nu} - \begin{Bmatrix} a \\ \mu\lambda \end{Bmatrix} F_{a\nu} - \begin{Bmatrix} a \\ \nu\lambda \end{Bmatrix} F_{\mu a}.$$

场方程(1.1), (1.2)有明显的物理意义。引力场引起时空弯曲，引力场对电磁场的

本文1983年9月收到.

作用通过弯曲时空的电磁场方程(1.2)反映出来，而电磁场的能量-动量张量(1.3)在引力场方程(1.1)中作为引力场的源而影响引力场。

注意到方程(1.1)右方之系数 $8\pi k/c^4$ 是一个小量，因此纯粹电磁场所产生的引力效应是很小的，我们忽略它，方程(1.1)，(1.2)可简化为

$$\begin{cases} R_{\mu\nu} = 0. & (1.4) \\ g^{\nu\lambda}F_{\mu\nu;\lambda} = 0. & (1.5) \end{cases}$$

又因为 $F_{\mu\nu} = \partial_\mu A_\nu - \partial_\nu A_\mu$，所以自然满足毕安基恒等式

$$F_{\mu\nu,\alpha} + F_{\alpha\mu,\nu} + F_{\nu\alpha,\mu} = 0. \qquad (1.6)$$

考虑一弱引力场，在弱引力场中时空度规是"近欧基里德"的，即

$$g_{\mu\nu} = g_{\mu\nu}^{(0)} + h_{\mu\nu} + O(h^2) \qquad (1.7)$$

其中 h 是由引力场决定的小修正，把(1.7)式代入(1.4)式，并选择一定的坐标条件，可得

$$\Box h_{\mu\nu} = 0. \qquad (1.8)$$

其中 $\Box$ 为达朗贝尔算符，方程(1.8)是一般的波动方程，最简单的解就是单色平面波解，对沿 x 轴正方向传播，频率为 ω 的平面波，可以证明不为零的分量仅为[8]

$$h_{22} = -h_{33} = \mathrm{Re}[A_+ e^{i\frac{\omega}{c}(ct-x)}] \qquad (1.9)$$

$$h_{23} = h_{32} = \mathrm{Re}[A_\times e^{i\frac{\omega}{c}(ct-x)}].$$

即引力波为横波，波的极化由 YZ 平面内二阶对称张量所决定，且张量迹为零。因此有引力波时，时空度规为

$$g_{\mu\nu} = \begin{pmatrix} 1 & 0 & 0 & 0 \\ 0 & 1+h_{22} & h_{23} & 0 \\ 0 & h_{32} & 1+h_{33} & 0 \\ 0 & 0 & 0 & -1 \end{pmatrix} \qquad (1.10)$$

其中 A_+，$A_\times$ 为两个独立偏振态的振幅。

把(1.10)式代入(1.5)方程，得到引力波存在时的麦克斯威方程：

$$\begin{cases} g^{22}F_{12;2} + g^{23}F_{12;3} + g^{32}F_{13;2} + g^{33}F_{13;3} + g^{44}F_{14;4} = 0 \\ g^{11}F_{21;1} + g^{32}F_{23;2} + g^{33}F_{23;3} + g^{44}F_{24;4} = 0 \\ g^{11}F_{31;1} + g^{22}F_{32;2} + g^{23}F_{32;3} + g^{44}F_{34;4} = 0 \\ g^{11}F_{41;1} + g^{22}F_{42;2} + g^{23}F_{42;3} + g^{32}F_{43;2} + g^{33}F_{43;3} = 0 \end{cases} \qquad (1.11)$$

一般可以认为两个偏振态的振幅近似相等，$A_+ = A_\times = \mathscr{A}$。

引入记号 $A = \frac{1}{2}\mathscr{A}\frac{\omega}{c}\sin\frac{\omega}{c}(ct-x)$，当只考虑平面解，即 $\vec{E}$，$\vec{B}$ 仅为 x，t 的函数时，方程组(1.11)简化为

$$\begin{cases} \partial_4 E_1 = 0. & (1.12) \\ \partial_4 E_2 + \partial_1 B_3 - 2A[(B_3 - B_2) - (E_2 + E_3)] = 0. & (1.13) \\ \partial_4 E_3 - \partial_1 B_2 - 2A[(B_2 + B_3) + (E_3 - E_2)] = 0, & (1.14) \\ \partial_1 E_1 = 0 & (1.15) \end{cases}$$

而毕安基恒等式写为

$$\begin{cases} \partial_4 B_1 = 0, & (1.16) \\ \partial_4 B_2 - \partial_1 E_3 = 0, & (1.17) \\ \partial_1 E_2 + \partial_4 B_3 = 0, & (1.18) \\ \partial_1 B_1 = 0, & (1.19) \end{cases}$$

由方程(1.12), (1.15), (1.16)和(1.19)可见 E_1, B_1 必为常数。

即沿引力波传播方向的电磁场分量不发生变化。而垂直的横向分量则满足方程 (1.13), (1.14), (1.17), 和(1.18)。

二、受迫振动的电磁场

引入一个求解的微扰方法，把 E_2, E_3, B_2 和 B_3 按 h 的数量级展开：

$$E_2 = E_2^{(0)} + E_2^{(1)} + 0(h^2).$$

$$E_3 = E_3^{(0)} + E_3^{(1)} + 0(h^2).$$

$$B_2 = B_2^{(0)} + B_2^{(1)} + 0(h^2).$$

$$B_3 = B_3^{(0)} + B_3^{(1)} + 0(h^2).$$

其中 $E^{(0)}$ 表示 h 的零级项，$E^{(1)}$ 表示 h 的一级项，代入方程(1.14), (1.15), (1.17)和(1.18)中，显然零级项满足方程

$$\begin{cases} \dfrac{1}{c}\dfrac{\partial E_2^{(0)}}{\partial t} + \dfrac{\partial B_3^{(0)}}{\partial x} = 0; & \dfrac{1}{c}\dfrac{\partial B_2^{(0)}}{\partial t} - \dfrac{\partial E_3^{(0)}}{\partial x} = 0. \\ \dfrac{1}{c}\dfrac{\partial E_3^{(0)}}{\partial t} - \dfrac{\partial B_2^{(0)}}{\partial x} = 0; & \dfrac{1}{c}\dfrac{\partial B_3^{(0)}}{\partial t} + \dfrac{\partial E_2^{(0)}}{\partial x} = 0. \end{cases} \quad (2.1)$$

这是一般形式的波动方程，有一静场和频率 ω_0 的平面波解。

$$\begin{cases} E_2^{(0)} = a_0 + a\cos k_0(ct+x) + b\sin k_0(ct+x) \\ \qquad\quad + a'\cos k_0(ct-x) + b'\sin k_0(ct-x). \\ E_3^{(0)} = c_0 + c\cos k_0(ct+x) + d\sin k_0(ct+x) \\ \qquad\quad + c'\cos k_0(ct-x) + d'\sin k_0(ct-x). \\ B_2^{(0)} = e_0 + c\cos k_0(ct+x) + d\sin k_0(ct+x) \\ \qquad\quad - c'\cos k_0(ct-x) - d'\sin k_0(ct-x). \\ B_3^{(0)} = g_0 - a\cos k_0(ct+x) - b\sin k_0(ct+x) \\ \qquad\quad + a'\cos k_0(ct-x) + b'\sin k_0(ct-x). \end{cases} \quad (2.2)$$

其中 a_0, c_0, e_0, g_0 为一组静电磁场，a, b, c, d 为沿 x 轴负方向传播的电磁波振幅，a',

b', c', d' 为正方向传播的电磁波振幅，而 $k_0 = \omega_0/c$

一级项满足方程

$$\begin{cases} \dfrac{1}{c}\dfrac{\partial E_2^{(1)}}{\partial t} + \dfrac{\partial B_3^{(1)}}{\partial x} = 2A\left[-\left(E_2^{(0)} + E_3^{(0)}\right) - \left(B_2^{(0)} - B_3^{(0)}\right)\right]. \\[4pt] \dfrac{1}{c}\dfrac{\partial E_3^{(1)}}{\partial t} - \dfrac{\partial B_2^{(1)}}{\partial x} = 2A\left[\left(E_3^{(0)} - E_2^{(0)}\right) + \left(B_2^{(0)} + B_3^{(0)}\right)\right]. \\[4pt] \dfrac{1}{c}\dfrac{\partial B_2^{(1)}}{\partial t} - \dfrac{\partial E_3^{(1)}}{\partial x} = 0. \\[4pt] \dfrac{1}{c}\dfrac{\partial B_3^{(1)}}{\partial t} + \dfrac{\partial E_2^{(1)}}{\partial x} = 0. \end{cases} \quad (2.3)$$

把零级解式代入后，方程组(2.3)相应的二阶偏微分方程为

$$\begin{cases} \dfrac{1}{c^2}\dfrac{\partial^2 E_2^{(1)}}{\partial t^2} - \dfrac{\partial^2 E_2^{(1)}}{\partial x^2} = \mathscr{A} k^2 \cos k(ct-x) \\ \qquad \cdot [\alpha + \sigma \cos k_0(ct+x) + \tau \sin k_0(ct+x)] \\ \qquad - \mathscr{A} kk_0 \sin k(ct-x)[\sigma \sin k_0(ct+x) - \tau \cos k_0(ct+x)]. \\[4pt] \dfrac{1}{c^2}\dfrac{\partial^2 E_3^{(1)}}{\partial t^2} - \dfrac{\partial^2 E_3^{(1)}}{\partial x^2} = \mathscr{A} k^2 \cos k(ct-x) \\ \qquad \cdot [\beta + \mu \cos k_0(ct+x) + \nu \sin k_0(ct+x)] \\ \qquad - \mathscr{A} kk_0 \sin k(ct-x)[\mu \sin k_0(ct+x) - \nu \cos k_0(ct+x)]. \\[4pt] \dfrac{1}{c^2}\dfrac{\partial^2 B_2^{(1)}}{\partial t^2} - \dfrac{\partial^2 B_2^{(1)}}{\partial x^2} = -\mathscr{A} k^2 \cos k(ct-x) \\ \qquad \cdot [\beta + \mu \cos k_0(ct+x) + \nu \sin k_0(ct+x)] \\ \qquad - \mathscr{A} kk_0 \sin k(ct-x)[\mu \sin k_0(ct+x) - \nu \cos k_0(ct+x)] \\[4pt] \dfrac{1}{c^2}\dfrac{\partial^2 B_3^{(1)}}{\partial t^2} - \dfrac{\partial^2 B_3^{(1)}}{\partial x^2} = \mathscr{A} k^2 \cos k(ct-x) \\ \qquad \cdot [\alpha + \sigma \cos k_0(ct+x) + \tau \sin k_0(ct+x)] \\ \qquad + \mathscr{A} kk_0 \sin k(ct-x)[\sigma \sin k_0(ct+x) - \tau \cos k_0(ct+x)]. \end{cases} \quad (2.4)$$

其中
$$\alpha = -a_0 - c_0 - e_0 + g_0.$$
$$\beta = -a_0 + c_0 + e_0 + g_0.$$
$$\sigma = -2(a+c).$$
$$\tau = -2(b+d).$$
$$\mu = -2(a-c).$$
$$\nu = -2(b-d).$$

这是一组强迫振动方程，强迫力由 $E^{(0)}$，$B^{(0)}$ 中的常数场和反向传播的电磁波决定而与同向传播的电磁波无关。即探测电磁场在引力波作用下发生一受迫振动。如果探测

场是与引力波同向传播的电磁波，则不受引力波的影响.

三、几种探测场的讨论

1. 探测场为一与引力波反向传播的自由电磁波

设探测场为沿负x轴方向传播的单色平面电磁波，即

$$\begin{cases} E_2^{(0)} = a\cos k_0(ct+x) + b\sin k_0(ct+x). \\ E_3^{(0)} = c\cos k_0(ct+x) + d\sin k_0(ct+x). \\ B_2^{(0)} = E_3^{(0)}. \\ B_3^{(0)} = -E_2^{(0)}. \end{cases} \tag{3.1}$$

于是 $E_2^{(1)}$, $E_3^{(1)}$, $B_2^{(1)}$ 和 $B_3^{(1)}$ 满足下列方程

$$\begin{cases} \dfrac{1}{c}\dfrac{\partial E_2^{(1)}}{\partial t} + \dfrac{\partial B_3^{(1)}}{\partial x} = 2A[\sigma\cos k_0(ct+x) + \tau\sin k_0(ct+x)]. \\ \dfrac{1}{c}\dfrac{\partial E_3^{(1)}}{\partial t} - \dfrac{\partial B_2^{(1)}}{\partial x} = 2A[\mu\cos k_0(ct+x) + \nu\sin k_0(ct+x)]. \\ \dfrac{1}{c}\dfrac{\partial B_2^{(1)}}{\partial t} - \dfrac{\partial E_3^{(1)}}{\partial x} = 0. \\ \dfrac{1}{c}\dfrac{\partial B_3^{(1)}}{\partial t} + \dfrac{\partial E_2^{(1)}}{\partial x} = 0. \end{cases} \tag{3.2}$$

方程组(3.2)是一非齐次线性方程组，其解是相应的齐次方程的通解 $\mathscr{A} E''$ 与非齐次方程组一特解之和，即

$$E^{(1)} = \mathscr{A} E'' + E'''.$$
$$B^{(1)} = \mathscr{A} B'' + B'''.$$

假定当$t>0$时引力波出现，故应满足初条件

$$\begin{cases} (\mathscr{A} E_2'' + E_2''')\big|_{t=0} = 0. \\ (\mathscr{A} E_3'' + E_3''')\big|_{t=0} = 0. \\ (\mathscr{A} B_2'' + B_2''')\big|_{t=0} = 0. \\ (\mathscr{A} B_3'' + B_3''')\big|_{t=0} = 0. \end{cases} \tag{3.3}$$

经过一些复杂而不困难的计算，就可以给出方程组(3.2)的解，当引力波频率与探测电磁波频率相一致时（$\omega = \omega_0$），解有较简单的形式，为节约篇幅，我们只写出此种情况下的电磁场表示式

$$E_2 = E_2^{(0)} + \frac{c_1}{4k_0} - \frac{c_1}{8k_0}\cos 2k_0(ct-x) + \frac{D_1}{8k_0}\sin 2k_0(ct-x)$$
$$+ \frac{c_1}{8k_0}\cos 2k_0(ct+x) + \frac{D_1}{8k_0}\sin 2k_0(ct+x)$$
$$- \frac{1}{4k_0}(D_1 \sin 2\omega_0 t + c_1 \cos 2\omega_0 t).$$

$$E_3 = E_3^{(0)} + \frac{c_1'}{4k_0} - \frac{c_1'}{8k_0}\cos 2k_0(ct-x) + \frac{D_1'}{8k_0}\sin 2k_0(ct-x)$$
$$+ \frac{c_1'}{8k_0}\cos 2k_0(ct+x) + \frac{D_1'}{8k_0}\sin 2k_0(ct+x)$$
$$- \frac{1}{4k_0}(D_1' \sin 2\omega_0 t + c_1' \cos 2\omega_0 t).$$

$$B_2 = B_2^{(0)} + \frac{c_1'}{8k_0}\cos 2k_0(ct-x) - \frac{D_1'}{8k_0}\sin 2k_0(ct-x)$$
$$+ \frac{c_1'}{8k_0}\cos 2k_0(ct+x) + \frac{D_1'}{8k_0}\sin 2k_0(ct+x)$$
$$- \frac{1}{4k_0}(D_1' \sin 2k_0 x + c_1' \cos 2k_0 x).$$

$$B_3 = B_3^{(0)} - \frac{c_1}{8k_0}\cos 2k_0(ct-x) + \frac{D_1}{8k_0}\sin 2k_0(ct-x)$$
$$- \frac{c_1}{8k_0}\cos 2k_0(ct+x) - \frac{D_1}{8k_0}\sin 2k_0(ct+x)$$
$$+ \frac{1}{4k_0}(D_1 \sin 2k_0 x + c_1 \cos 2k_0 x).$$

其中 $\quad c_1 = -2\mathscr{A}k_0(a+c); \quad\quad D_1 = -2\mathscr{A}k_0(b+d),$
$\quad\quad\quad c_1' = -2\mathscr{A}k_0(a-c); \quad\quad D_1' = -2\mathscr{A}k_0(b-d).$

所以一传播方向与引力波相反、频率相等的电磁波，在引力波的作用下将会叠加上一个 $\mathscr{A}$ 级的变化，其中包括一沿正 x 方向和负 x 方向传播的倍频电磁波，对电场分量还包括一频率为 $2\omega_0$ 的交变场，对磁场分量则是与空间坐标有关的定常变化，所有这些变化，是具有十分明显的实验效应的。

2. 探测场为一驻波形式的电磁场

沿 x 轴垂直放置一对距离为 L 的平行金属板，在金属板上 ($x=0$, $x=L$) 必须满足边界条件

$$\begin{cases} E_t = 0; & D_n = 4\pi\sigma \\ \vec{n}\times\vec{B} = \frac{4\pi}{c}\vec{J}; & B_n = 0 \end{cases} \quad\quad (3.4)$$

当电磁场仅为 x, t 函数时，满足上述边界条件的驻波解为

$$\begin{cases} E_2^{(0)} = -2b\cos\omega_0 t \sin k_0 x. \\ B_3^{(0)} = 2b\sin\omega_0 t \cos k_0 x. \\ B_3^{(0)} = B_2^{(0)} = 0. \quad\quad k_0 = \frac{m\pi}{L}, \quad m=1,2,\cdots\cdots \end{cases} \quad\quad (3.5)$$

讨论一特殊情况：调节金属板的距离 L，使探测场的本征频率与引力波的频率相等，则满足初始条件和边界条件的解为

$$\begin{cases} E_2 = E_2^{(0)} + \dfrac{\mathscr{A}b}{2}\sin 2\omega_0 t\,(\cos 2k_0 x - 1). \\ E_3 = \dfrac{\mathscr{A}b}{2}\sin 2\omega_0 t\,(\cos 2k_0 x - 1). \\ B_2 = \dfrac{\mathscr{A}b}{2}\sin 2k_0 x\,(\cos 2\omega_0 t - 1). \\ B_3 = B_3^{(0)} - \dfrac{\mathscr{A}b}{2}\sin 2k_0 x\,(\cos 2\omega_0 t - 1). \end{cases} \quad (3.6)$$

这组结果表明电磁驻波在引力波作用下叠加上一个 $\mathscr{A}$ 级的变化，其中包括倍频的驻波，对电场还有一倍频的交变场（$\sim\sin 2\omega_0 t$），对磁场分量为一倍频随空间坐标变化的定常场（$\sim\sin 2k_0 x$），特别是 E_3, B_2 分量由零变为非零。

3. 探测场为常数电磁场

即探测场为

$$E_2^{(0)} = a_0, \quad E_3^{(0)} = c_0, \quad B_2^{(0)} = e_0, \quad B_3^{(0)} = g_0. \quad (3.7)$$

在引力波作用下，电磁场的变化为

$$\begin{cases} E_2 = a_0 - \dfrac{1}{4}\mathscr{A}\alpha - \dfrac{3}{8}\mathscr{A}\alpha\cos k(ct-x) - \dfrac{\pi}{4}\mathscr{A}\alpha\sin k(ct-x) \\ \qquad + \dfrac{1}{4}\mathscr{A}\alpha\cos k(ct+x) + \dfrac{1}{4}\mathscr{A}k\alpha(ct+x)\sin k(ct-x) \\ \qquad + \sum_{n=2}^{\infty}\dfrac{1}{2(n^2-1)}\mathscr{A}\alpha\cos nk(ct-x). \\[4pt] E_3 = c_0 - \dfrac{1}{4}\mathscr{A}\beta - \dfrac{3}{8}\mathscr{A}\beta\cos k(ct-x) - \dfrac{\pi}{4}\mathscr{A}\beta\sin k(ct-x) \\ \qquad + \dfrac{1}{4}\mathscr{A}\beta\cos k(ct+x) + \dfrac{1}{4}\mathscr{A}k\beta(ct+x)\sin k(ct-x) \\ \qquad + \sum_{n=2}^{\infty}\dfrac{1}{2(n^2-1)}\mathscr{A}\beta\cos nk(ct-x). \\[4pt] B_2 = e_0 + \dfrac{1}{4}\mathscr{A}\beta + \dfrac{3}{8}\mathscr{A}\beta\cos k(ct-x) + \dfrac{\pi}{4}\mathscr{A}\beta\sin k(ct-x) \\ \qquad + \dfrac{1}{4}\mathscr{A}\beta\cos k(ct+x) - \dfrac{1}{4}\mathscr{A}k\beta(ct+x)\sin k(ct-x) \\ \qquad - \dfrac{1}{2}\mathscr{A}\beta\cos k(ct-x) + \sum_{n=2}^{\infty}\dfrac{-1}{2(n^2-1)}\mathscr{A}\beta\cos nk(ct-x). \\[4pt] B_3 = g_0 - \dfrac{1}{4}\mathscr{A}\alpha - \dfrac{3}{8}\mathscr{A}\alpha\cos k(ct-x) - \dfrac{\pi}{4}\mathscr{A}\alpha\sin k(ct-x) \\ \qquad - \dfrac{1}{4}\mathscr{A}\alpha\cos k(ct+x) + \dfrac{1}{4}\mathscr{A}k\alpha(ct+x)\sin k(ct-x) \\ \qquad + \dfrac{1}{2}\mathscr{A}\alpha\cos k(ct-x) + \sum_{n=2}^{\infty}\dfrac{1}{2(n^2-1)}\mathscr{A}\alpha\cos nk(ct-x) \end{cases} \quad (3.8)$$

其中 $\alpha = -a_0 - c_0 - e_0 + g_0$, $\beta = -a_0 + c_0 + e_0 + g_0$,

从解(3.8)可以看出，常数电磁场受引力波作用后会叠加上一个 $\mathscr{A}$ 级变化，其中包括一常数场以及频率为 ω 的沿 χ 正方向和负方向传播的电磁波，特别值得注意的是在与引力波同向传播的电磁波的振幅中包含因子 $(ct+x)$ ，由于条件(3.7)是在有限空间中成立，而且引力波作用的时间是有限的，所以 $(ct+x)$ 是一个有限的因子，并表示随着引力波的作用时间增加而增加。

四、能 量 密 度

能量密度

$$T_{44} = \frac{1}{4\pi}\left(g^{\rho\sigma}F_{4\rho}F_{4\sigma} + \frac{1}{4}g^{\rho\lambda}g^{\sigma\tau}F_{\rho\sigma}F_{\lambda\tau}\right). \tag{4.1}$$

由于(1.10)式，上式可写为

$$T_{44} = \frac{1}{8\pi}\left\{\left(E_i^2 + B_i^2\right) + h_{23}\left[\left(E_3^2 - E_2^2 - 2E_2E_3\right) - \left(B_3^2 - B_2^2 - 2B_2B_3\right)\right]\right\} \tag{4.2}$$

因为在引力波作用下电磁场都表示为。

$$E = E^{(0)} + E^{(1)}, \qquad B = B^{(0)} + B^{(1)}.$$

所以(4.2)式可写为

$$T_{44} = T_{44}^{(0)} + T_{44}^{(1)}.$$

其中 $T_{44}^{(0)} = \frac{1}{8\pi}\left(E_i^{(0)2} + B_i^{(0)2}\right)$ ，是探测场的能量察度， $T_{44}^{(1)}$ 是在引力波作用下产生的，它可以写为

$$T_{44}^{(1)} = \mathscr{A}M + \mathscr{A}^2 M$$

例如对探测场为驻波的情况，有

$$M = \frac{b^2}{4\pi}\{\cos\omega t \sin kx \sin 2\omega t\,(1 - \cos 2kx)$$
$$+ \sin\omega t \cos kx \sin 2kx\,(1 - \cos 2\omega t)$$
$$- 2k \sin k(ct-x)(\cos^2\omega t \sin^2 kx + \sin^2\omega t \cos^2 kx)\}.$$

$$N = \frac{b^2}{4\pi}\left\{\frac{1}{2}\sin^2 2\omega t\,(\cos 2kx - 1)^2\right.$$
$$+ k \sin k(ct-x)\left[\frac{9}{4}\sin 2\omega t \cos\omega t \sin kx\,(\cos 2kx - 1)\right.$$
$$\left.\left.+ \sin 2kx \sin\omega t \cos kx\,(\cos 2\omega t - 1)\right]\right\}.$$

引力波的能量正比于振幅平方（$\sim \mathscr{A}^2$），现在 $T_{44}^{(1)}$ 含有更高的项，其原因是它包含了在引力波作用下电磁波辐射出的能量。

参 考 文 献

[1] V. B. Braginsky, et al., Sov. Phys.-JETP, 38(1974), 865.
[2] L. p. Grishchuk, M. V. Sazhin, Sov. Phys. –JETP, 41(1975), 787.
[3] D. Bocaletti, et al., Nuovo Cimento Ser. X, 70B (1970), 129.
[4] D. Bocaletti, F. Occhionero, Lett. Nuovo Cimento, 2(1971), 549.
[5] F. Cooperstock, Ann. Phys., 47(1968), 173.
[6] M. E. Gertsenshtein, Sov. Phys.–JETP, 14 (1962), 84.
[7] L. P. Grishchuk, A. G. Plonaraw in "General Relativity and Gravitation" Edited by A. Held, Plenum Press., New York and London, 1980.
[8] Charles W. Misner, kip S. Thorne, John A. Wheeler, "Gravitation", Freeman and Company, San Francisco, 1973.

The Effect of Gravitational Wave on Electromagnetic Field and the Possibility About Electromagnetic Detection of Gravitational Wave

Tao Fuzhen   *He Zhiqiang*

Abstract

In this paper, starting from the Maxwell equations on the curved spacetime, we gave a perturbation method for solving these equations. We discovered that, under the effect of gravitational wave, the motion of electromagnetic fields behaves as the motion of oscillator with driving force, the driving force depends on the gravitational wave, a constant electromagnetic field and the electromagnetic wave propagating in the inverse direction. We have given the solutions of the equations of motion and their physical effects in different cases also. Finally, the energy density is discussed.

用稳态与时间分辨光谱研究新的激光染料及其溶剂效应*

高兆兰 汪河洲 源永安 黄祯启 余振新

(物理学系)

摘 要

对新合成的紫外区激光染料进行了光谱、激光特性及其溶剂效应的研究。首次报导了该染料在一系列有机溶剂中的稳态吸收、荧光光谱及时间分辨动力学光谱。探索了溶剂效应对其光谱特性、相对发光效率及激光能量转换效率的影响。在适当的混合配比的溶剂中，具有相当高的激光转换效率及化学稳定性。

我们的工作目的在于合成新的香豆素衍生物，寻求能够在紫外波段产生高效率、稳定性好的染料工作物质。已经成功地合成了一个系列的新激光染料，其代号为CZS01、CZS02、CZS03及CZS04[1,2]。其第一单重态电子吸收带峰值在320nm附近，半带宽约60nm。可用N_2激光、适当的准分子激光(如XeCl*)、红宝石激光二次谐波和Nd:YAG激光三次谐波等进行共振抽运。它们的第二单重态吸收带在210nm附近，半带宽约25nm，可选用合适的准分子激光(如KrCl*、ArF*)作非共振抽运。

本系列新激光染料的荧光发射峰波长在380nm附近，这比熟知的、被广泛应用的典型蓝紫区染料4MU(即4-Methylnmbelliferone)[3]的荧光峰值波长往短波方向移动了约60nm。

利用在前一阶段研究报告[2]中所描述过的实验装置及技术方法，测定了溶剂效应对新染料的稳态吸收光谱、荧光光谱、相对发光效率、荧光寿命和激光能量转换效率的影响。

一、稳态吸收光谱与荧光光谱

我们选用了在近紫外区透明的16种有机溶剂，把本系列新染料中激射效率最高的

本文于1984年8月收到

* 本研究项目是在教育部及中国科学院研究基金会的资助下进行的。并得到化学系罗允康的协作。

CZS03样品制成浓度相同的溶液，对其吸收光谱、荧光光谱的溶剂效应进行了观测，结果如图1、图2所示，数据分别列于表1、2。

表1 CZS03染料吸收光谱的溶剂效应

溶剂	第一单重态电子吸收带		
	吸收峰 λ_m(nm)	吸收系数 ε(mole^{-1}cm^{-1})	吸收带面积 (mole^{-1})
乙醇:水=1:1	323.0	3.96×10^4	2.05×10^5
乙二醇	322.5	3.95	1.19
甲醇	320.5	3.51	1.78
甘油	324.0	3.54	1.83
乙醇	322.0	3.80	1.92
正丁醇	322.5	3.69	1.90
异丙醇	322.0	3.69	1.88
叔丁醇	322.0	3.69	1.97
乙酸酐	318.5	3.44	1.94
二甲基甲酰胺	320.0	3.36	1.76
甲苯	321.5	3.17	1.74
二氧六环	318.5	3.05	1.70
苯	321.5	3.17	1.70
乙酸乙酯	317.5	3.17	1.68
乙酸正丁酯	318.0	3.12	1.66
环已烷	317.5	3.17×10^4	1.68×10^5

表2 CZS03染料荧光谱的溶剂效应

溶剂	荧光谱带	
	峰值波长 λ_m(nm)	相对强度
甘油	380.0	100
乙醇:水=1:1	380.5	97
乙二醇	380.0	67
甲醇	380.0	38
正丁醇	380.0	37
异丁醇	380.0	34
乙醇	380.0	33
叔丁醇	380.0	24
乙酸酐	380.0	9
二甲基甲酰胺	380.0	8
二氧六环	380.0	3
甲苯	380.0	3
苯	380.0	3
乙酸乙酯	379.5	2
乙酸正丁酯	379.0	2
环已烷	378.5	1

实验表明，不同溶剂对这种染料的吸收光谱与荧光光谱的波长位置影响不大。但最值得注意的是混合溶剂（水:乙醇=1:1）所产生的效应：吸收带的峰值强度及面积均达最大，且荧光的相对强度也增加。据此，可预期能获得较高的激光能量转换效率。

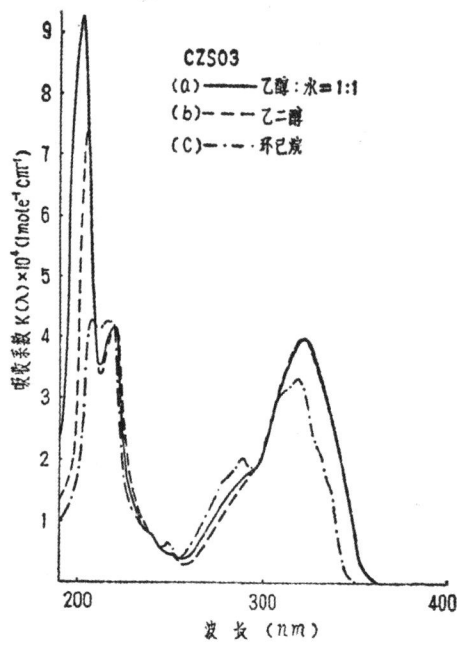 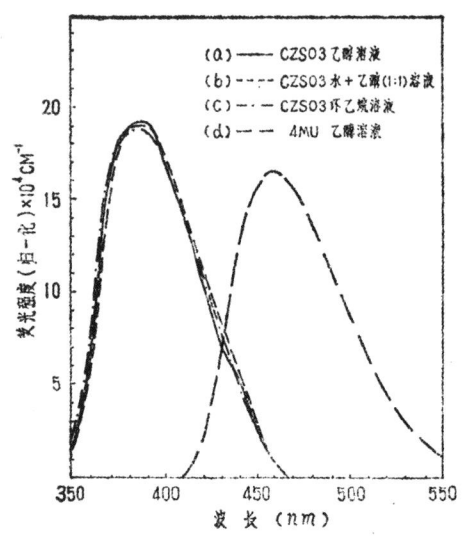

图1 染料CZSO3在不同溶剂中的吸收光谱　　图2 染料CZSO3在不同溶剂中的荧光光谱

二、动力学荧光

用如图3所示的时间分辨光谱实验系统测量了新染料的动力学荧光。

由反射镜M_1、M_2,激光棒YAG及饱和吸收体SA组成的被动锁模YAG激光器产生一串锁模脉冲列,经过由正交偏振器P_1、P_2和高压N_2火花隙以及普克尔盒KDP组成的单脉冲选取器之后,获得一个波长为$1.06\mu m$、脉宽为40ps的单脉冲激光,再经三级放大之后由分束器B_1分为两束。其一经光学延迟线OD及反射镜R_4、小反射棱镜R_6入射到光学快速开关器CS_2盒,作为选通脉冲;另一路经反射镜R_5由倍频晶体SHG产生二倍频(即$0.53\mu m$激光),再经非线性晶体THG产生三倍频$0.355\mu m$紫外激光并入射至染料样品池SC。来自样品池的荧光经透镜L_1聚焦后通过光学开关CS_2盒,并经精细调节,令荧光光路的焦点与选通脉冲光路在CS_2盒中准确叠交。用透镜L_2把荧光会集在探测器D_F上。偏振器P_3与P_4组成正交体系,它们的偏振方向与选通的偏振脉冲光的电场方向构成45°角。样品的荧光经P_3起偏之后是不能通过P_4的,但由于在通过CS_2盒时,受选通光电场E的作用(光克尔效应)[4,5],产生瞬时的双折射,其偏振面将发生旋转,旋转角度θ与选通光电场E的二次方及光场交叠区域长度l成正比($\theta \propto lE^2/\lambda$),从而使荧光信号能通过检偏器$P_4$达到探测器$D_F$。分段移动光学延迟线OD,逐步改变选通光与荧光在$CS_2$盒中的交会时间,使得探测器$D_F$可以在不同的延迟时间上从光闸开启的时隔里(在本实验系统中约为20ps)观测来自样品的荧光,从而获得样品的荧光强度随时间演变的函数曲线。利用探测器D_M接收样品池的荧光,从而直接监视每次激励光束强度的变化。

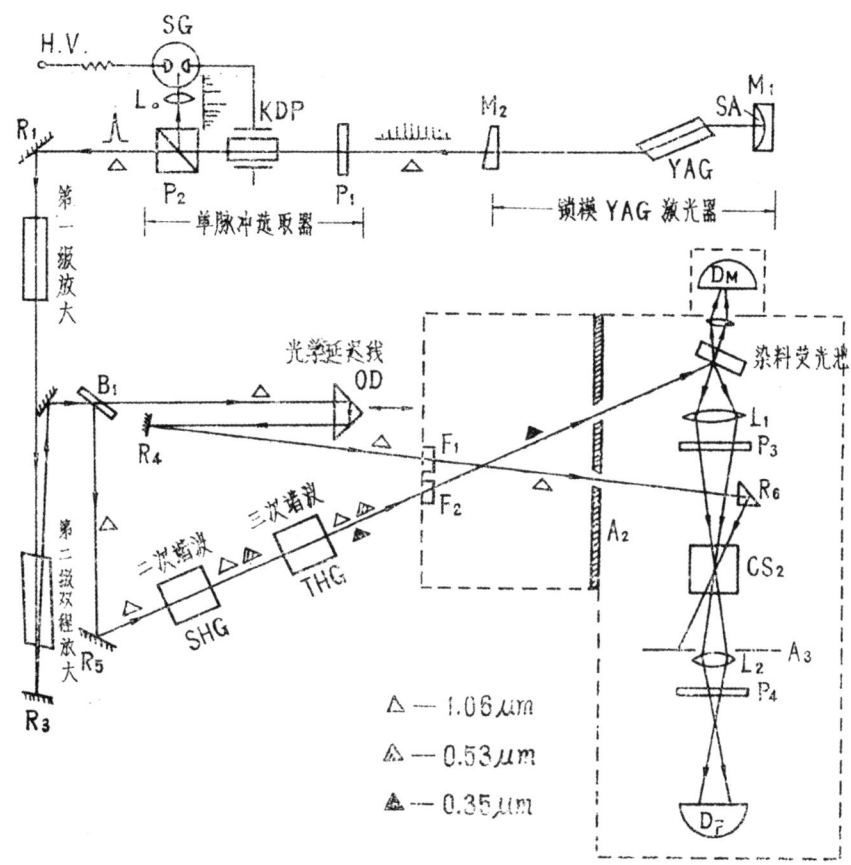

图3 时间分辨（微微秒）荧光实验系统

用这个时间分辨光谱实验系统对上述表1中荧光强度较大的8种不同溶剂所制备的 CZS03 染料溶液测量其动力学荧光,如图4所示。荧光衰减过程与单指数函数曲线很好地吻合。从而获得在各种溶剂中 CZS03 染料的荧光寿命,分别列于表3。其中乙二醇和甘油溶液在室温下粘度较大,由于碰撞驰豫、转动驰豫等非辐射过渡几率减少,故显示出较长的荧光寿命,这是合理的。然而,其中特别有趣的是在混合溶剂(乙醇:水=1:1)中,荧光寿命明显增长。这意味着辐射过渡几率对非辐射过渡几率的比值增大,从而也预示着有可能获得较高的激光能量转换效率。

表3 染料CZS03在不同溶剂中的荧光寿命 （溶液浓度 5×10^{-3} M）

溶剂	乙醇:水=1:1	乙二醇	甲醇	甘油	乙醇	正丁醇	异丙醇	叔丁醇
荧光寿命	1728±50 ps	2140	790	2000	900	974	696	798±50 ps

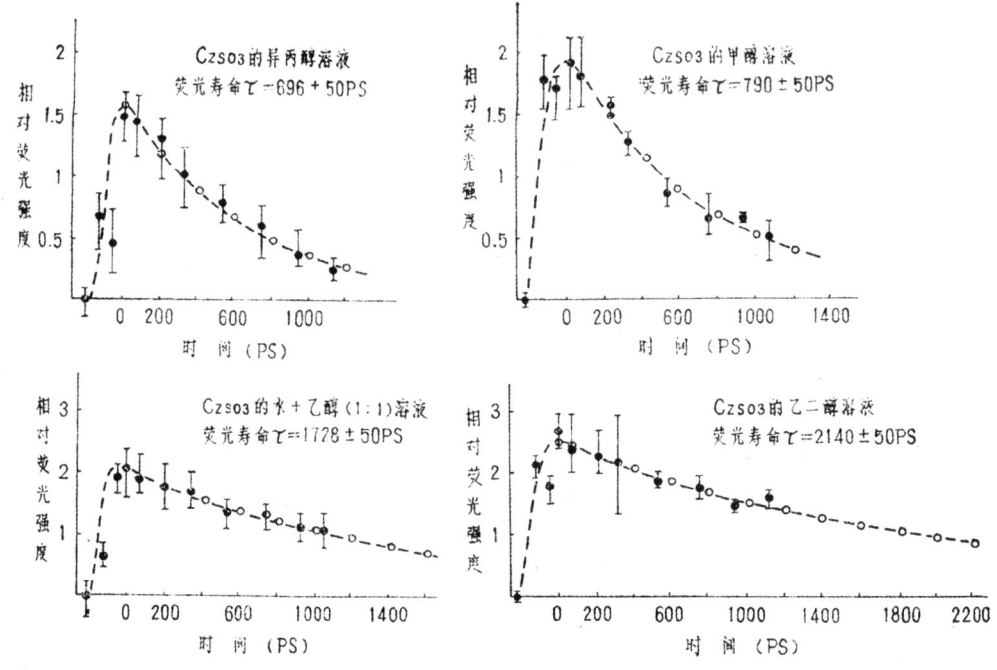

图 4　染料 CZSO3 在不同溶剂中的时间分辨荧光光谱

三、激光波长调谐范围及激光能量转换效率

我们采用本实验室研制的200KW、脉宽约1ns、波长337nm的大气压N_2激光器作激励源,用全反射铝镜及50%反射率铝镜组成谐振腔,以石英棱镜作腔内色散元件,测量了染料CZS03在各种溶剂中的激射调谐范围,波长区域最宽可达3700～4200Å。另外,为了避免谐振腔准直过程引进的误差,用一侧镀反射铝膜的平行石英池作固定谐振腔来测量新染料的激光能量转换效率。

在上述16种近紫外区透明的有机溶剂中有9种CZS03染料溶液是可以在200KW的N_2激光激励下产生激射的。表4列出了它们的激光能量转换效率的测定结果。用混合溶剂(乙醇:水)制备的染料溶液具有最高的能量转换效率。为了进一步弄清混合溶剂的最佳配比,又以相同的实验条件测量了不同配比的溶剂对激光能量转换效率的影响,结果示于表5。

表4　染料CZS03在不同溶剂中的激光能量转换效率

溶剂	乙醇:水 1:1	乙二醇	甲醇	甘油	乙醇	正丁醇	异丙醇	叔丁醇	乙酸酐
激光能量转换效率	12.1%	10.9%	9.9%	9.8%	8.6%	8.3%	7.4%	6%	2.1%

表5 染料CZS03在不同配比的混合溶剂中的激光能量转换效率

乙醇:水 =	2:1	1:1	1:2	1:0
激光能量转换效率	11.6%	12.1%	10.5%	8.6%

为了跟熟知的典型染料做比较,并同时用作实验系统测量重复性的检核,在整个系列实验操作的前、后均对RH6G和4MU进行测量。在本实验装置相同条件下,测得RH6G的乙醇溶液(5×10^{-3}M)和4MU的乙醇醇溶液(1×10^{-2}M)的转换效率分别为18.5%和13%。

四、pH值的影响和光化学稳定性

令溶液的pH值在2至13范围改变,实验表明:pH值的变化对本系列染料的波长移动影响不大,但对荧光效率及激光能量转换效率则有显著的影响,当pH=7时(中性溶液)荧光最强。

本系列激光染料配成溶液经长期曝光存放后,其激光特性基本不变。以200KW、每秒4次的脉冲重复率N_2激光作为泵浦源连续操作4小时,染料激光的输出功率没有可察觉的变化。

五、结　语

本文是研究工作的阶段实验报告之二。主要目的是对新合成的紫外激光染料CZS系列的光谱与激光特性的溶剂效应进行研究。

对16种在近紫外区透明的有机溶剂制备的CZS染料溶液的光谱与激光特性所进行的测量结果表明:不同溶剂对染料的吸收光谱和荧光光谱的波长位置影响不大。最大的波长移动小于2nm。但溶剂对染料CZS03的荧光效率和激光能量转换效率的影响则很大。与荧光效率和激光能量转换效率有关的溶剂参数主要有:极性、粘度、α和β常数等。导至上述效应的物理、化学原因正作进一步分析。

特别值得注意的是:当乙醇与一定比例的水混合作溶剂时,与相同浓度的无水乙醇溶液相比,其溶液的荧光效率和激光能量转换效率可以大大提高。当混合溶剂的配比为乙醇:水=1:1时,激光能量转换效率与在蓝光区的典型染料4MU的乙醇溶液的转换效率相接近。

室温下,甘油的粘度最大,碰撞弛豫与转动弛豫的非辐射过渡几率均减少,使其荧光效率在16种溶液中达到最高,但由于甘油在激光工作波长范围,其1cm厚(样品池)的透过率<70%,从而造成激光腔内损耗较大,所以激光能量转换效率受这项因素影响而下降。

在16种溶剂配成的溶液中有9种能产生激光,其余7种由于荧光强度很弱,观测不到激射现象。

参 考 文 献

[1] Yu Zhenxin et al., International Conference on Lasers, Digest, 1983. p.388.
[2] 余振新等，光学学报，4 (1984), 7, 621.
[3] C.V.Shank and A.Dienes, *Appl. Phys. Lett.*, 16 (1970), 10, 405.
[4] M.A Duguay, U.M.Hansen, *Appl. Phys. Lett.*, 15(1979), 2, 192.
[5] R.R.Alfano, S.L.Sharpiro et al., *Optical Comrnun.*, 7 (1973), 2, 191.

Studies on Solvent Effects of Several New Laser Dyes with Time-resolved Spectral Technigues

Gao Zhaolan   Wang Hezhou   Yuan Yong'an   Huang Zhenqi

Yu Zhenxin

Abstract

The spectral, lasing properties and their solvent effects of several new laser dyse in the ultra-violet rig on have been investigated, reporting first measurement of their absorption spectra, fluorescence spectra and kinetics fluorescence in varied organic solvents. The spectral properties, luminescence efficiency and laser energy conversion ratio influenced by solvents were also investigatad. These new dyes have high laser energy conversion efficiency and good chemical stability in a suitable mixture of solvent.

研究固态相变中界面动力学的
一个新方法

张进修 李燮均
(物理学系)

摘 要

固态相变中相界面或畴界面的运动特征决定了相变系统的多方面宏观物性。界面的平均运动速度 V 可用净驱动力 $\Delta G'$ (相变驱动力 ΔG 与界面运动时的临界起动力 ΔG_R 之差) 的函数 $\varphi(\Delta G')$ 来描述, $V = \varphi(\Delta G - \Delta G_R)$。当有单向的外场 (场强为 ξ, 如电场、磁场、应力、温度梯度等) 作用于相变系统使界面作单向运动时, 叠加一交变场可使界面的单向运动叠加一交变运动。计算得出了动力学关系式 $\varphi(\Delta G')$ 与交变运动的能量损耗 Q^{-1}、测量频率 ω、材料弹性模量 μ、相转变率 $dF/d\xi$ 以及场强变化率 $d\xi/dt$ 间的关系式为

$$c\frac{d\ln\varphi(\Delta G')}{d\Delta G'} = Q^{-1}\omega/\mu \cdot \frac{dF}{d\xi}\frac{d\xi}{dt}$$

此处 c 为与耦合系数有关的常数。上式右方均为实验可测知的物理量, 因此通过适当的实验程序即可求解出界面动力学关系式 $V = \varphi(\Delta G - \Delta G_R)$ 以及其中的有关动力学参数。

本文讨论了这一方法在固态相变研究中的若干应用。

一、前 言

固态相变是固体物理中一个引人注目的重要领域。它不仅牵涉到不同结构相间的转化, 而且还与相变过程中相界面的运动或相变产物中畴界面的运动特征密切相关。这些界面的移动产生了一些物理性能的变化, 如铁磁、铁电体中的 B_r, H_c, μ_0, P_c, E_c 以及相变滞后、形状记忆效应等。因此, 研究相变中界面运动的动力学规律, 不但能了解材料性能的微观本质, 而且能对改善材料性能、研制新型材料提供有用的信息[1]。

具有相界或畴界的固体在实际应用时往往都受到外场 (电场、磁场、应力场或变化的温度场等) 的作用, 因此将有广义力作用于界面并使它在力的方向上运动。像晶体中位错 (线缺陷) 一样, 固体中的界面 (面缺陷) 在运动时也受到粘滞阻力的作用, 当驱动力与阻力达到平衡时, 界面以某一确定的速度运动。由于界面在驱动力作用下达到其稳态速度所需的时间很短。因此, 像固体在粘滞流体中的运动一样, 位错动力学和界面动力学主要就是研究作用在位错或界面上的驱动力与其稳态平均运动速度间关系的问

本文1984年8月收到

题[2]。但以往关于界面动力学的研究没有考虑到固体中的运动界面和粘滞流体中运动固体间的差别，亦即没有考虑由于固体中界面间的相互作用对运动界面的影响，因此，所得结果与粘滞流体中固体的运动类似：界面运动速度正比于驱动力[2]。这意味着只要存在驱动力，界面速度V就不为零，这是与实验结果不符的。实验表明，只有当驱动力ΔG增加到某一临界值ΔG_R后，界面才能运动；且在ΔG增加的过程中，V不一定总是增大，它有时可能减小甚至还可能等于零[3]。这说明V不但与ΔG有关，而且还与界面的分布状态以及界面间交互作用有关；亦即存在一个与界面分布有关的临界阻力ΔG_R，它既作用在静止界面上，也作用在运动界面上。界面分布改变时，ΔG_R随之变化，只有当$\Delta G > \Delta G_R$时，界面速度V才不为零。因此，我们可假设界面的运动速度依赖于净驱动力$\Delta G' = \Delta G - \Delta G_R$，而界面的平均速度$V$（试样中各界面速度在时刻$t$的平均或某界面在某段时间的平均）是净驱动力$\Delta G'$的函数，可写为$V = \varphi(\Delta G - \Delta G_R)$，称为界面动力学关系。

显然，与界面运动有关的物性都将与界面的动力学关系式以及其中的各项参数密切相关。但由于上述的原因，到目前为止，文献中未曾报导过测量或计算界面运动时所需克服的临界起动阻力ΔG_R的方法。本文的目的就是提供一个测量固态相变中界面动力学关系式以及ΔG_R等有关参数的方法并讨论它的可能应用。

二、研究界面动力学的能量损耗法

在一个单向运动的客体（如界面、位错等）上叠加一个简谐变化的运动速度，即$V = V_0 + V_0' \sin\omega t$时，可通过"滤波"的方法将简谐部分分离出来并测定它的衰减，由这一衰减值的大小即可计算客体在运动过程中所受的阻力以及其动力学关系[4]。这一简谐运动可由交变的电场、磁场或机械振动的力场来提供，采用何种外场，取决于界面运动与外场耦合的灵敏度以及测量的方便。例如，对铁电畴界，采用交变电场或力场；铁磁畴界、超导体中的量子涡旋线——交变磁场或力场；相界面、马氏体畴、公度错等——交变的力场。当采用交变电场或由交变电流来提供交变磁场时，可由电压与电流间相角或Q值来测定界面简谐运动部分的能量损耗；当采用交变应力场时就可直接测量试样的内耗值Q^{-1}。求得了能量损耗和相转变速率$dF/d\xi$（F为相转变量或畴转变量，ξ为外场的场强）、dF/dt等的关系后，就可计算出$V = \varphi(\Delta G')$的动力学关系式。下面以变温马氏体相变（一级相变）为例，给出一个简短的计算结果。

变温马氏体相变是当相变系统降温至母相和马氏体相的自由能相等的温度T_0以下的温度之后才进行的，此时相变驱动力就是两相单位体积的化学自由能差ΔG。假定相界面的平均运动速度V与净驱动力$\Delta G' = \Delta G - \Delta G_R$间存在函数关系$V = \varphi(\Delta G')$，此处的平均速度是指对试样中各界面速度在某一时刻的平均或某一界面在某一时间间隔内的平均。当存在外加交变应力$\tau' = \tau_0' \sin\omega t$时，只要交变运动的周期远大于界面加速到它的平均速度所需的时间，就可得

$$V = \varphi(\Delta G' + n\tau') \simeq \varphi(\Delta G') + \frac{d\varphi(\Delta G')}{d\Delta G'} n\tau'$$

$$= V_0 + \frac{d\varphi(\Delta G')}{d\Delta G'} n\tau' \tag{1}$$

此处 n 为耦合系数，V_0 为净驱动力 $\Delta G'$ 作用下界面的平均单向运动速度。假定 t 时刻存在的相界总面积为 A，则 $AV_0 = dF/dt$，F 为马氏体所占体积份数。振动一周所消耗的能量 $\Delta \overline{W}$ 以及试样的内耗 Q^{-1} 分别为

$$\Delta \overline{W} = \int_0^p An\tau' \left(V_0 + n\tau' \frac{d\varphi(\Delta G')}{d\Delta G'}\right) dt = \pi n^2 \frac{d\varphi(\Delta G')}{d\Delta G'} \tau_0'^2 A/\omega$$

$$= \frac{d\ln\varphi(\Delta G')}{d\Delta G'} n^2 A V \pi \tau_0'^2 /\omega \tag{2}$$

$$Q^{-1} = \frac{1}{2\pi} \frac{\Delta \overline{W}}{\overline{W}} = \frac{n^2}{2} \left[\frac{d\ln\varphi(\Delta G')}{d\Delta G'}\right] \mu A V/\omega \tag{3}$$

此处 $\overline{W}$ 为总振动能，μ 为与振动模式有关的弹性模量。令 $c = n^2/2$，对变温和等温过程分别可得

$$Q^{-1} = c\frac{d\ln\varphi(\Delta G')}{d\Delta G'} \mu \frac{dF}{dT} \dot{T}/\omega \quad \text{（变温）} \tag{4}$$

$$Q^{-1} = c\frac{d\ln\varphi(\Delta G')}{d\Delta G'} \mu \frac{dF}{dt} /\omega \quad \text{（等温）} \tag{5}$$

由于 dF/dT—T 曲线或 dF/dt—T 曲线一般都存在极大值，所以变温和等温过程中 Q^{-1} 都有极大值出现。但由于 $d\ln\varphi(\Delta G')/d\Delta G'$ 中的参数以及 μ、ω（软模）等亦随 T 或 t 而变化，所以 Q^{-1}—T、Q^{-1}—t 曲线的形状和 dF/dT—T 或 dF/dt—t 曲线的形状不尽相同。

(4)式给出的是一种 Maxwell 型粘弹性内耗，它有下述三个特点：1，在我们所用的低频范围内，峰高与 $\dot{T}/\omega$ 有正变关系；2，内耗与测量振幅无关；3，一旦 $\dot{T} = 0$，即变温相变停止进行，相界面的平均速度为零，相变过程中的特征内耗立即消失。这些结果与文献中变温相变过程中的低频内耗数据[5-7]以及我们新近所得的结果符合得很好。

将(4)式改写为

$$\Phi(\Delta G') = c\frac{d\ln\varphi(\Delta G')}{d\Delta G'} = Q^{-1}\omega/\mu \frac{dF}{dT} \dot{T} \tag{6}$$

上式右方均为实验可测知的物理量，因此，通过适当的实验程序，由所得数据即可求解出界面动力学关系式 $V = \varphi(\Delta G - \Delta G_R)$ 以及其中的热力学和动力学参数（包括临界起动阻力 ΔG_R）。因此，这一方法可用来研究相变中界面（包括相界和畴界）的动力学行为以及它与宏观物性的联系。这将为研究相变系统宏观物性的微观本质以及微观理论的进一步发展提供有用的信息。

三、与实验结果的比较和应用

1. 文献中已报导过的若干变温转变的结果虽然定性地与(4)式相符[5-7]，但由于

没有系统的dF/dT数据，因此不能由(6)式来计算界面运动的动力学关系式。新近，我们以不同的升温速度$\dot{T}$测量了TiNi合金在马氏体相变过程中（张进修、罗来中，1984）以及$Fe_{40}Ni_{40}P_{10}B_{10}$非晶合金在升温晶化不可逆转变过程中（林德明等，1984）的电阻、模量以及低频内耗的变化。由电阻的变化可求得dF/dT，因此可由这些实验数据计算出界面的动力学关系。对于Ti—50.3at%Ni合金中的马氏体(B_{19}结构)/母相(B_2结构)相界面以及上述FeNiPB非晶合金中的非晶/晶态界面，其动力学关系式均为

$$V = V_0 \exp\{-\Delta G^*/(\Delta G - \Delta G_R)\} \tag{7}$$

其中的V_0为界面运动的极限速度，ΔG^*是界面以V_0/e的速度运动时所需的有效驱动力，ΔG_R则是界面运动的临界起动阻力。对于上述TiNi合金马氏体→母相转变内耗峰温（~90℃）处的$\Delta G_R \simeq 0.028\Delta H = 10\text{Cal/mol}$（$\Delta H$为相变时焓差）；对于上述FeNiPB非晶合金，晶化内耗峰温（~380℃）处的$\Delta G_R \simeq 0.06\Delta H = 30\text{Cal/mol}$。

2. 应力诱导相变中的界面运动

当应力能诱导产生可逆相变时，系统的自由能差$\Delta G = \Delta G^0 + (\sigma - \sigma_0)\varepsilon^{(8)}$，此处$\Delta G_0$为无应力时两相自由能差，$\sigma_0$为两相平衡应力，$\varepsilon$为相变产生的应变。将(4)式用于应力诱导相变时应改写为

$$Q^{-1} = C' \frac{d\ln\varphi(\Delta G')}{d\Delta G'} \mu \frac{dF}{d\sigma} \dot{\sigma}/\omega \tag{8}$$

或

$$Q^{-1} = C' \frac{d\ln\varphi(\Delta G')}{d\Delta G'} \mu \frac{dF}{d\varepsilon} \dot{\varepsilon}/\omega \tag{8a}$$

我们已在超弹性态的Ti—51at%Ni合金中观测到了应力诱导的I相（无公度相，畸变了的B_2结构）/C相（公度相，菱形结构）转变，并在应力诱导相变过程中同时测量了$\sigma-\varepsilon$、$Q^{-1}-\varepsilon$、$\Delta\rho/\rho$（电阻）$-\varepsilon$以及M/M_0（模量）$-\varepsilon$曲线，所得内耗结果与(8)式预期的相符。讨论了由这些结果计算I/C相界面运动动力学关系式的可能性（张进修，李江宏，1984）。

3. 铁磁体中的运动磁畴壁

当以一定的速率$\dot{H}$增大磁化场强度H时，铁磁体的磁化曲线的起始部分（约占饱和磁感应强度B_{max}的70—80%）都是由于磁畴壁的可逆或不可逆运动来实现的。由于磁场强度保持恒定时磁畴壁的运动很快停止，因此畴壁的运动是一个类似于变温相变的变场强过程并因而满足推导(4)式时的各项条件，不过其具体形式应改写为

$$Q^{-1} = c' \frac{d\ln\varphi(\Delta G')}{d\Delta G'} \mu \frac{dF}{dH} \dot{H}/\omega, \tag{9}$$

此处F为畴转变量，且$dF/dH = c''dB/dH$（c''为依赖于结构的系数）。因此，在以不同的$\dot{H}$增大H的过程中，测量了试样的$Q^{-1}-H$以及$dB/dH-H$曲线之后，即可由(9)式解出磁畴壁的运动动力学关系式。新近我们已在99.9%纯Ni中观测到运动磁畴壁所引起的这一Maxwell型内耗峰。如(9)式的预期的那样，Q^{-1}峰高正变于$\dot{H}/\omega$；内耗无振幅效应；当$\dot{H}$突然由某一既定值改变至零时，运动磁畴壁引起的特征内耗立即消失（张进修等，1984）。当冷加工引入位错时，由于畴壁与位错的交互作用使畴壁运动时所遇阻力增

大，因此内耗峰移至更大的磁场处且内耗峰的高度大为降低（林洁青等）。这些结果可用来计算磁畴壁的运动动力学以及畴壁阻力与宏观性能的关系，它将能获得目前尚不能用其他方法测得的畴壁运动阻力等的重要信息。

参 考 文 献

[1] 冯端，物理，1984，3，1.
[2] T. H. O'Dell, Ferromagnetodynamics, The dynamics of magnetic bubbles, domains and domain walls, Macmillan (1981), Chapt., 1—2.
[3] 徐祖耀，马氏体相变和马氏体，第四章，科学出版社，1980.
[4] 张进修，中山大学学报（自然科学版），1982，3，1；J de Physipue, 42 (1981), C5—399.
[5] 王业宁等，南京大学学报（自然科学版），7 (1963),3；高等学校自然科学学报（物理学版），1965，试刊第五期，352.
[6] O. Mercier et al., Acta Met., 27 (1979), 1467.
[7] 夏伍戎、水嘉鹏、王子孝、周如松，武汉大学学报（自然科学版），1983，3，41.
[8] F. Wollants et al., Zeit. Metallkde., 70 (1979),113.

A New Method for Interface Dynamic Investigation in Solid State Phase Transformations

Zhang Jinxiu   Li Xiejun

Abstact

There are two forces, phase transition driving force ΔG and resistant force, exerting on the moving interface in the process of solid state phase transformation (SSPT). The interface moves when the driving force ΔG reaches a critical value ΔG_R to overcome the resistant force. It is reasonable to postulate the average velocity of moving $\Delta G' = \Delta G - \Delta G_R$, i.e. $V = \varphi(\Delta G - \Delta G_R) = \varphi(\Delta G')$. Starting from the elementary consideration of solid state transition theory and internal friction theory, the relation between interface dynamic function $V = \varphi(\Delta G')$ and some physical parameters was obtained as

$$c \frac{d\ln\varphi(\Delta G')}{d\Delta G'} = Q^{-1}\omega/\mu \; \frac{dF}{d\xi} \; \frac{d\xi}{dt}$$

where c is a coupling coefficient, Q^{-1} is the internal friction in the process of SSPT, ω is the frequency of vibration of the specimen in the internal friction measurement process, μ is modulus, $\frac{dF}{d\xi}$ is transformation rate and $\frac{d\xi}{dt}$ is the varying rate of the acting field. All the parameters in the right side are measurable. So, it is possible to drive the dynamic function $V = \varphi(\Delta G - \Delta G_R)$ from experimental data.

The possible applications of this method to the investigation of SSPT were discussed and some application examples were listed.

中山大学常温共振型引力波探测器

胡恩科　　管同仁　　于　珀
唐孟希　　陈树森　　黄庆翔

（物理学系）

1. 概述

引力波探测是验证广义相对论以及检验其它与之并行的引力理论正确性的一个重要手段。1976年中山大学引力物理研究室开始了常温共振型引力波探测系统的建设，经过模拟实验、试运转和技术改进等几个阶段，于1984年正式运转（图1）。

目前用于引力波探测的有共振型天线、激光干涉和宇宙飞船多普勒跟踪三大类方法。其中用高Q值材料制成并置于超低温中的共振天线具有最高的灵敏度[1]。理论计算表明，只有大质量、高速运动的天体才有可能产生目前技术上可探测的引力辐射，其中最强的引力辐射来源于恒星的引力坍缩。若位于银河系中心、质量为$8M_\odot$的恒星发生转换因子为0.01的坍缩，在地球上就产生$h \simeq 2 \times 10^{-17}$的时空度规畸变[2]。

我们的天线系统选上述事件作为探测目标，它是在室温下工作的圆柱形共振天线系统。天线材料是LC4铝合金，化学成份为Cu：1.66%，Mg：2.43%，Zn：5.95%，Mn：0.25%，Fe：0.43%，Si：0.15%，Cr：0.11%，余量为铝。用超声波探伤仪测得材料声速为$v_s = 5.0 \times$

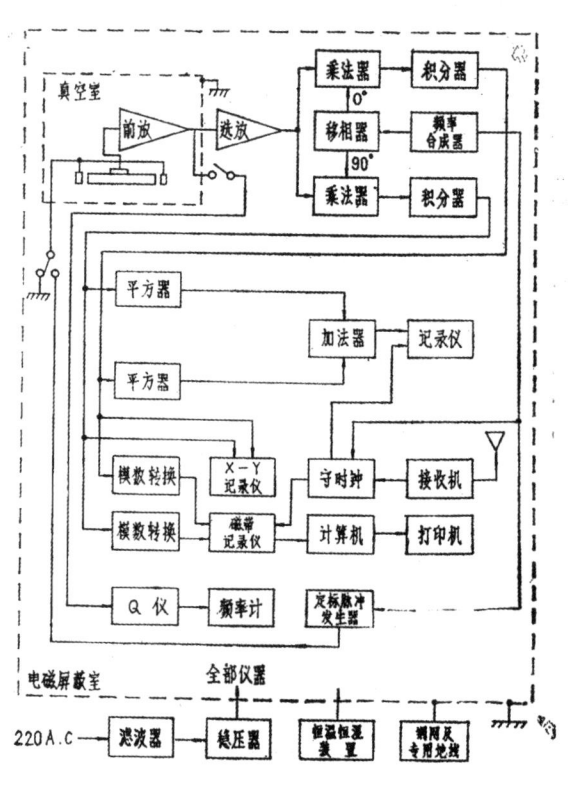

图　1

本文于1985年4月收到

10^5cm/s，用内耗测试仪[3]测得其空载时的品质因数$Q = 1.0 \times 10^5$。天线的长度$L = 1778.5$mm，直径$D = 713.8$mm，质量$M = 1963$kg，纵模振动的基频$f_m = 1.40 \times 10^3$Hz。

圆柱形天线的灵敏度，主要决定于探测器的热运动噪声，这种热噪声使天线产生的应变为[2]
$$\frac{x}{L} \simeq 3 \times 10^{-21} \left[\left(\frac{f_m}{10^3 \text{Hz}}\right) \left(\frac{10^{17}\text{erg}}{Mv_s^2}\right) \left(\frac{10^9}{Q}\right) \left(\frac{T}{1K}\right) \left(\frac{\tau_{\text{meas}}}{0.01\text{sec}}\right) \right]^{\frac{1}{2}}, \tag{1}$$

式中T为天线的工作温度，τ_{meas}为测量取样时间。天线在持续时间为τ、强度为h的脉冲引力波作用下产生的纵向应变为
$$\frac{x}{L} \simeq f_g h \tau, \tag{2}$$

式中f_g为引力波的频率。当(1)、(2)式中的$\frac{x}{L}$相等时，即信噪比为1时对应的h就是天线的理论灵敏度。对于我们的天线，理论灵敏度为2.7×10^{-17}。

2．换能器及前置放大器

和其它换能器相比，压电陶瓷换能器有易于制作以及能在常温和低温下使用等优点。为了提高灵敏度必须选择低损耗的压电陶瓷和粘胶，并要求有较高的压电系数。经实验比较，我们选用淄博无线电瓷件厂生产的PZT—F型压电陶瓷，单片几何尺寸为$60 \times 40 \times 20$mm^3，质量为$m = 363.3$g。谐振频率$f_m = 26184$Hz，反谐振频率为$f_n = 26585$Hz，电容$C_2 = 1298.6$pf，损耗角正切$\text{tg}\delta = 1.4 \times 10^{-3}$。

换能器由12片压电陶瓷组成，分成两组对称安装于天线中部。用天津市延安化工厂生产的环氧接着剂在一定预应力下粘合，加压固化，并保证各粘合面之间有良好的电接触。

换能器的重要参数是能量耦合系数β，它是换能器储存的电能E_e与天线储存的机械能E_m之比。我们用并联电容的方法[4,5]测得
$$\beta = 3.76 \times 10^{-3}。$$
机电耦合常数[5]
$$\alpha = \sqrt{\frac{M\beta\omega^2}{2C_2}} = 8.3 \times 10^6 \text{v/cm}, \tag{3}$$

它表示天线单位形变时的输出电压。

前置放大器的噪声对引力波探测系统的灵敏度有十分重大的影响，在低温时它的噪声将成为系统噪声的主要来源。我们的前置放大器使用2SK68A低噪声场效应管组成的共源——共栅输入电路[7]，在1.6KHz处测得的电流噪声I_n和电压噪声v_n分别为
$$I_n = 5.4 \times 10^{-15} \text{A}/\sqrt{\text{Hz}},$$
$$V_n = 0.83 \times 10^{-9} \text{V}/\sqrt{\text{Hz}}。$$
在最佳匹配时，放大器的等效噪声温度为
$$T_N = 0.162\text{K}。$$

3．天线等效参数及灵敏度

应用机电类比方法[6]，天线与换能器可等效为RLC电路(图2)，其中R_1, L_1, C_1为

天线及换能器的机电等效参数，$R_2, C_2, \text{tg}\delta_2$ 为换能器的等效电参数。由电路分析可得

$$\omega^2 = \frac{1}{L_1 C_1 (1-\beta)} \simeq \frac{1}{L_1 C_1} \tag{4}$$

$$\beta = \frac{C_1}{C_1 + C_2(1+\text{tg}^2\delta_2)} \simeq \frac{C_1}{C_2} \tag{5}$$

$$Q = \frac{\omega L_1}{R_1 + R_2}, \tag{6}$$

$$R_2 = \frac{\text{tg}\delta_2}{\omega C_2}. \tag{7}$$

由实验测得并经计算所得的天线等效参数如图2所示。

根据 S.Hawking 的公式[8]，天线可检测的引力波无量纲振幅的最小值 $h_{0\min}$ 和最小可检测能量 $E_{\min}$ 为

$$h_{0\min} = \frac{\pi^2}{\omega_0^2 L \tau} \left(\frac{kT}{M}\right)^{\frac{1}{2}} \left(\frac{8\text{tg}\delta_2}{Q\beta}\right)^{\frac{1}{4}}, \tag{8}$$

$$E_{\min} = \frac{1}{4} kT \cdot \left(\frac{8\text{tg}\delta_2}{Q\beta}\right)^{\frac{1}{2}}, \tag{9}$$

其中 c 为光速，ω 为天线的共振角频率，k 为 Boltzmann 常数，G 为引力常数。由此求得

$$h_{0\min} = 2.0 \times 10^{-17},$$
$$E_{\min} = 8.7 \times 10^{-3} kT,$$

相应的热噪声温度 $T_N = 2.6\text{K}$。

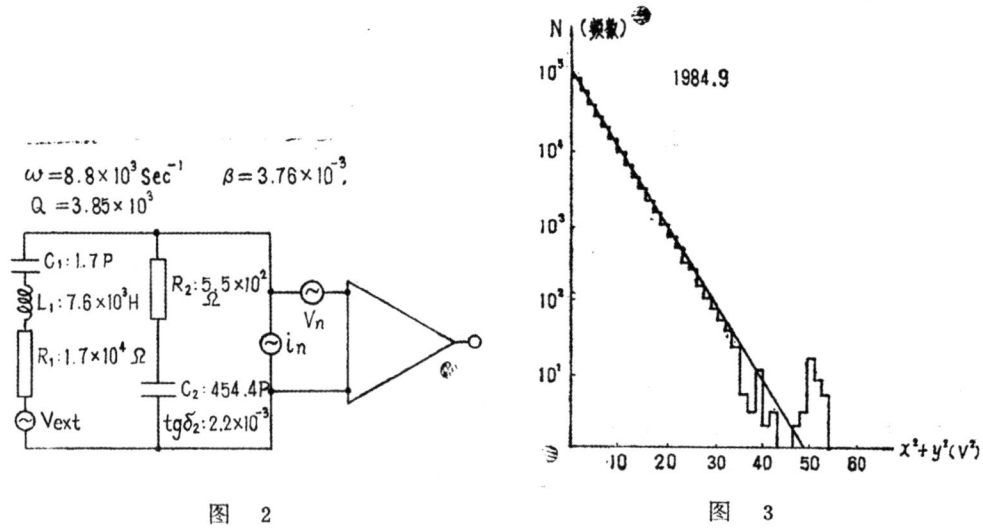

图 2　　　　　　　图 3

4．讨论

(1)图1为探测器系统的方框图。由两路锁相放大器组成正交相关检测，两路讯号经模数转换后由计算机按要求的取样时间自动记录于磁带上。磁带所记录的讯息可以按不同的方法来处理[9]。图3为一组连续记录的天线热噪声数据的频数——能量分布曲线。由曲线可看到，所得数据符合 Boltzmann 分布。少量偏离直线的点说明还存在干

扰，这可以通过改进滤波的方法使之进一步减少。

(2) 由于采用了机械损耗的压电陶瓷，使天线工作时的Q值比空载时的Q值降低了一个数量级以上。若压电陶瓷损耗较低，则天线Q值可以接近10^6的理论值，这时灵敏度将可以提高一个数量级。

(3) 由于前置放大器的噪声远低于天线的热噪声，所以计算时只考虑了天线的热噪声。但当天线应用于低温时，前置放大器的噪声就不可忽略了。

(4) 系统的隔振及真空装置、数据采集与处理将另文叙述。

参 考 文 献

[1] K.S. Thorne, *Rev. Mod. Phys.*, 52 (1980), 285.
[2] D.H. Douglass & V.B. Braginsky, In Gerenal Relativity (Cambridge Univ. Press, Cambridge, London, New York, 1979).
[3] 管同仁等，引力波天线Q值测试仪，中山大学学报，1980, 2.
[4] H. Billing & W. Winkler, *IL Nuovo Cimento*, 33B (1976), N2, 665.
[5] G.V. Pallottino & G. Pizzella, *IL Nuovo Cimento*, 45B (1978) N2, 275.
[6] G.V. Pallottino & G. Pizzella, *IL Nuovo Cimento*, 4C (1981), N3, 237.
[7] 管同仁等，微弱信号检测动态，1981年，第4、5期.
[8] S.W. Hawking, *Phys. Rev.*, D4 (1971), 2191.
[9] P. Bonifazi et al., *IL Nuovo Cimento*, 1C. (1978), N1, 465.

Resonant Gravitational Wave Detector Operating in Room Temperature in Zhongshan University

Hu Enke Guan Tongren Yu Bo Tang Mengxi Chen Shushen Huang Qingxiang

Abstract

This paper gives a brief report on resonant gravitational wave detector operating in room temperature in Zhongshan University. Main parameters of the antenna, the transducer made of piezoelectric ceramics and the preamplifier are shown. A diagram of the system is drawn. As a result of experiments, the sensitivity of the system reaches $h_0 \min = 2.0 \times 10^{-17}$. Correspondently, the thermal noise temperature is $T_N = 2.6K$.

一个精确的引力 Soliton 解

陶 福 臻

(物理学系)

摘 要

本文给出了真空爱因斯坦方程的一组严格的Soliton解，证明了存在一种处处正则，稳定而不扩散且以光速传播的引力波，并对它们的奇异性和能量分布问题进行了讨论。

关键词 引力波，引力孤立波，奇异性，能量密度的正定性

一、引 言

最早讨论孤立波问题的是S. Russell。1834年一次偶然的机会，他观察到船只在运河上激发出来的、不变形不扩散并以一定速度向前移动的水包，这就是历史上第一次讨论的Soliton（孤立波）现象。1895年，Korteweg和de Vries导出了浅水波方程（Kdv方程），解释了Russell的现象，对孤立波问题作了比较完整的分析。

可是，这种稳定、无奇异性的波能否在流体力学以外的物理领域出现？长期以来仍然是一个问题。直到1955年由于Fermi，Pasta和Ulam的工作，证明了谐振子在非线性耦合下它的能量交换过程也存在孤立波现象，于是对孤立波的研究空前地活跃起来。1973年，Scott, Chu和Mclanghlin发表了有关孤立波研究综述性的文章[1]，近年来孤粒子的研究有了广泛的发展。例如应用于场论和基本粒子理论，凝聚态物理，非线性光学，还发展了高维的孤粒子研究。

在引力理论方面，爱因斯坦首先在弱场近似下，选用适当的坐标条件，证明引力场方程有一波动解[2]，这是一种普通的横波。1937年，爱因斯坦和Rosen给出了引力场方程的严格柱面波解[3]。1959年，Bondi等给出了严格的平面波解[4]。1985年，刘宏亚、周培源给出了满足谐和条件的严格平面波解[5]。

引力场方程是一种高度非线性方程，是否存在引力孤立波，自然是一个非常吸引人的问题。1978年，Belinskii和Zakharov把逆散射方法成功地应用于爱因斯坦方程[6]。1980年，Belinskii和Fargion在上述工作基础上找到了引力孤立波解[7]，但这种波的传

本文于1985年月5收到

播速度大于光速,所以是非物理的,而且这个解不是明显的行波形式。1983年,Ibanoz 和Verdagner找到了四个孤立波解[8],解的局域性和碰撞行为类似于经典的孤立波。1985年他们进一步找到多孤立波解[9],并证明速度一定小于光速,他们的工作是基于逆散射方法。

本文从一特定的度规出发,给出了真空爱因斯坦方程的一组严格孤立波解。这组解是明显的行波形式,且在空间的有限区域内稳定地存在,没有奇异性并以光速传播。

二、引力场方程的严格Soliton解

我们由下述间隔表示式出发

$$ds^2 = e^{-f}(c^2dt^2 - dz^2) - L^2(e^{2\beta}dx^2 + e^{-2\beta}dy^2)$$
$$= e^{-f}dudv - L^2(e^{2\beta}dx^2 + e^{-2\beta}dy^2). \tag{2.1}$$

其中 $u \equiv ct - z$, $v \equiv ct + z$, 而 L, β 仅仅是 u 的函数, f 是 u 和 v 的函数,即

$$L = L(u), \quad \beta = \beta(u), \quad f = f(u,v)$$

相应于(2.1)式的克里斯托菲记号的非零分量仅为:

$$\left. \begin{array}{ll} \Gamma^x_{xu} = \dfrac{L'}{L} + \beta', & \Gamma^y_{yu} = \dfrac{L'}{L} - \beta'. \\ \Gamma^u_{uu} = -f'_u, & \Gamma^v_{vv} = -f'_v. \\ \Gamma^v_{xx} = efL^2e^{2\beta}\left(\dfrac{L'}{L} + \beta'\right), & \Gamma^v_{yy} = efL^2e^{-2\beta}\left(\dfrac{L'}{L} - \beta'\right). \end{array} \right\} \tag{2.2}$$

其中: $L' = \dfrac{dL}{du}$, $\beta' = \dfrac{d\beta}{du}$, $f'_u = \dfrac{\partial f(u,v)}{\partial u}$, $f'_v = \dfrac{\partial f(u,v)}{\partial u}$.

非零的黎曼张量分量为

$$\left. \begin{array}{l} R^x_{uxu} = -\left(\dfrac{L''}{L} + \beta'' + \beta'^2 + \dfrac{2L'\beta'}{L}\right) - f'_u\left(\dfrac{L'}{L} + \beta'\right). \\ R^y_{uyu} = -\left(\dfrac{L''}{L} - \beta'' + \beta'^2 - \dfrac{2L'\beta'}{L}\right) - f'_u\left(\dfrac{L'}{L} - \beta'\right). \\ R^v_{vuv} = -f''_{uv}. \end{array} \right\} \tag{2.3}$$

非零的Ricci张量分量为

$$\left. \begin{array}{l} R_{uu} = -2\left(\dfrac{L''}{L} + \beta'^2\right) - 2\dfrac{f'L'}{L}. \\ R_{uv} = f''_{uv}. \end{array} \right\} \tag{2.4}$$

所以真空爱因斯坦方程可以写为:

$$\begin{cases} \dfrac{L''}{L} + \beta'^2 + \dfrac{L'f'_u}{L} = 0. & (2.5) \\ f''_{uv} = 0. & (2.6) \end{cases}$$

把方程（2.5）对v微分，有

$$\frac{L'}{L} f''_{uv} = 0$$

所以只要$L' \neq 0$，则方程（2.5），（2.6）是相容的。

积分方程（2.5）得一组解：

$$\left. \begin{array}{l} L = \mathrm{sech}\, u. \\ \beta = 2\tan^{-1} e^u. \\ f = -\log \mathrm{sech}\, u + g(v). \end{array} \right\} \quad (2.7)$$

其中$g(v)$是v的任意函数，为方便起见在以下的讨论中皆选择$g(v) =$常数。相应的度规非零分量为：

$$\left. \begin{array}{l} g_{00} = -\mathrm{sech}\, u. \\ g_{11} = \mathrm{sech}^2 u \quad \exp(4\tan^{-1} e^u) \\ g_{22} = \mathrm{sech}^2 u \quad \exp(-4\tan^{-1} e^u) \\ g_{33} = \mathrm{sech}\, u. \end{array} \right\} \quad (2.8)$$

(2.8)式代表一不扩散、不变形的引力Soliton，并以光速沿正z方向传播，它的波形如图1。

这样，我们从度规（2.1）出发，给出了真空爱因斯坦方程的一组严格解，这些解是明显形式的行波解，在传播过程中不扩散不变形，且以不变的速度c沿正z方向传播。下面我们对这些波的能量和奇异性进行讨论。

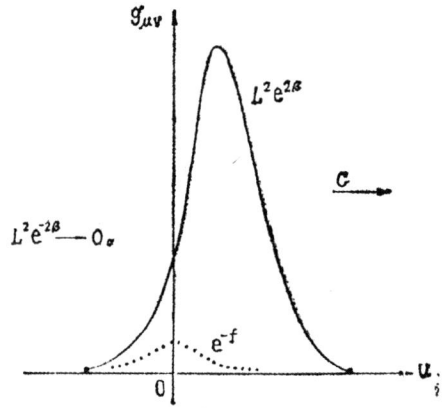

图1　引力Soliton波形
Fig. 1. Wave shape of a Gravitation Soliton

三、奇异性问题的讨论

注意到线元表示式（2.1），当$L = 0$时g_{11}, g_{22}为0，所以我们必需小心研究$L = 0$时线元中的病态行为是否会导至时空的奇异，或者这种病态仅由坐标的选择而引起。〔例如，Schwarzshild度规

$$ds^2 = -\left(1 - \frac{2M}{r}\right) c^2 dt^2 + \frac{dr^2}{1 - 2M/r} + r^2 (d\theta^2 + \sin^2\theta d\phi^2).$$

在$r = 0$，$r = 2M$和$\theta = 0$时线元都是病态的，但经过小心的研究证明[2]，只有$r = 0$时是真正的物理奇异；而在$r = 2M$和$\theta = 0$时空不是奇异的，它们的病态行为仅由坐标选择而引起。〕

一般认为，如果时空中存在一条或一条以上的不完备的类时或类光测地线，则称这时空具有奇异性，测地线方程为

$$\frac{dk^\mu}{d\lambda} + \Gamma^\mu_{\alpha\beta} k^\alpha k^\beta = 0. \tag{3.1}$$

其中　$k^\mu = \frac{dx^\mu}{d\lambda}$，$\lambda$—仿射参数

第1期　　　　　　　　　　　一个精确的引力 Soliton 解　　　　　　　　　　　69

注意到 $\Gamma^{\mu}_{\alpha\beta}$ 的表示式（2.2），所以在一般情况下当 $L=0$ 时，Γ 是奇异的，故由（3.1）式确定的测地线在 $L=0$ 点没有定义，即测地线是不完整的；但具体地把我们的解（2.7）代入（2.2）式，马上可以看出相应的 Γ 各分量是处处正则的不存在奇点，所以对应于解（2.7）的测地线是完备的。

此外，短程线偏离方程

$$\frac{\delta^2 n^{\mu}}{\delta s^2} + R^{\mu}_{\alpha\beta\gamma} U^{\alpha} n^{\beta} U^{\gamma} = 0. \tag{3.2}$$

是引力波探测理论的基本方程[2]，所以 Riemann 张量是一个可测量，可以用来表征引力波的存在。由（2.3）式可知，我们的解对应的 Riemann 张量是处处正则的，所以用 Riennma 张量作为奇异性的判断和从测地线完备性出发的结论是一致的。

四、能量分布的讨论

如果把线元（2.1）代入 Landau—Lifshitz 的能量动量赝张量 $t^{\mu\nu}$ 表示式[10]，就得到能量密度和沿 z 方向传播的能流密度的表示式

$$t^{00} = t^{03} = \frac{c^4}{4\pi\kappa} L^2 (L^2 \beta'^2 + LL'f' - 3L'^2). \tag{4.1}$$

把解（2.7）代入（4.1）式，就得到相应的能量密度和能流密度的具体表示。可以看到，我们的解所描述的引力波的能量分布在一有限空间，而不像普通的平面波弥散于整个空间，这正是孤立波的特点之一。

但是由（4.1）式可以看出，由它决定的能量密度在一般情况下并非恒正的，虽然处处有限但可以有负值，由于负的能量相应于负的质量，而自然界迄今尚未发现质量为负的物质，所以人们总希望引力场的能量是恒正的。其实在场论中对能量在空间中的分布的问题一般不能给出确定的答案，因为场论中是由守恒律

$$\partial_{\mu} t^{\mu\nu} = 0 \tag{4.2}$$

来定义一能量动量赝张量，所以 $t^{\mu\nu}$ 的表示式总可以相差一个散度为零的量，所以表示式（4.1）并不是唯一的。

1977年，胡宁给出了另一个能量动量赝张量的表示式[11]，

$$t^{(n)\mu\nu} = \frac{c^4}{16\pi\kappa} [(-g)^{n-1}(-gg^{\mu\nu}g^{\lambda\sigma} + gg^{\mu\sigma}g^{\nu\lambda})_{,\lambda}]_{,\sigma}. \tag{4.3}$$

其中 n 为一任意常数，当 $n=1$ 时（4.3）式就化为 L—L 表示式，$n=\frac{1}{2}$ 时就是爱因斯坦表示式，把线元（2.1）代入（4.3）式就得到

$$t^{(n)00} = \frac{c^4}{4\pi\kappa} (L^4 e^{-2f})^{n-1} L^2 [L^2 \beta'^2 + (2n-1)LL'f' - L'^2(4n-1)]. \tag{4.4}$$

（4.4）式表示，对于线元（2.1），相应的能量密度仍然不一定是恒正的。但是对于我们的解，只要适当地选择 n，则相应的 $t^{(n)00}$ 可以是恒正的，例如

$$t^{(n)00} = \frac{c^4}{4\pi\kappa} (\mathrm{sech}^6 u)^{n-1} \mathrm{sech}^2 u (\mathrm{sech}^4 u + 2(1-n) \mathrm{sech}^2 u \tanh^2 u). \tag{4.5}$$

所以当 $n \leqslant 1$ 时，$t^{(n)00}$ 是恒正的，特别当 $n=1$ 时有

$$t^{(1)00} = \frac{c^4}{4\pi\kappa}\operatorname{sech}^6 u. \tag{4.6}$$

参 考 文 献

[1] A. C. Scott, F. Y. F. Chu and D. W. Mckaughlin, *Pro. of the IEEE*, 61 (1973) 10, 1443.
[2] Charles W. Misner, Kip S. thorne, John A. Wheeler, *Gravitation*, Freeman and Company, San Francisco.
[3] A. Einstein and N. Rosen, *J. Franklin Inst.*, 223 (1937), 43.
[4] B. Bondi, F. A. Pirani and I. Robinson, *Pro. Roy. Soc.* (London), A251 (1959), 519.
[5] 刘宏亚、周培源，中国科学，A辑，1983, 3, 264.
[6] V. A. Belinskii, V. E. Zakharov, *Sov. Phys. JETP*, 48 (1978), 984.
[7] V. Belinskii, D. Fargion, *Nuovo Cimento*, B59 (1980), 143.
[8] J. Ibanez, E. verdaguer, *Phys. Rev. Lett.*, 51 (1983), 1313.
[9] J. Ibanez, E. Verdaguer, *Phys. Rev.*, D31 (1985), 251.
[10] L. D. Landau and E. M., Lifshitz, *The Classical Threory of Fields*, Pergamon Press.
[11] 胡宁，中国科学，1977, 3, 210.

An Exact Solutlon of Graviltational Soliton

Tao Fuzhen

Abstract

A System of exact gravitational soliton solution of Einstein's equations in vacuum is given. It is shown that, gravitational solitons exist, which are regular everywhere, nondispersive and stable, and which propagate with an invariable velocity. Finally, the singularity and the energy density of this gravitational soliton is discussed also.

Keywords gravitational wave, gravitational soliton, singularity, positive definition of energy dersity..

硅衬底上薄金膜的椭偏光谱和光学性质*

陈 东　　　　　莫 党
(微电子研究所)　　(物理学系)

摘 要

用椭圆偏振光谱法测量了 Au 膜—Si 衬底系统在紫外—可见光范围的光学性质，其结果不能用理想的突变界面模型来解释。分析了空洞、表面粗糙及过渡层对椭圆偏振光谱的影响。此外，还考虑了界面处形成的 Au—Si 合金层，并用经典振子模型来进行分析。分析表明，后者对 Au—Si 系统的椭偏光谱影响最大。综合上述因素，可使椭圆偏振光谱的理论计算值与实验结果符合得很好。低温退火后（100℃，10分钟），Si 原子扩散到 Au 膜表面并容易与氧作用形成氧化层。

关键词　金属半导体接触，界面，固体光学性质，椭偏光法

一、引 言

由于技术上的重要性，金属与半导体的接触在近半个世纪中得到广泛的研究[1]。随着实验技术的不断发展，从不同的侧面对这个问题所进行的细微研究表明，金属与半导体接触的界面附近会出现各种现象，诸如原子结构的改变，化学反应，相互扩散和混杂等等。不同的金属与半导体接触的界面情况亦能有很大的区别。

Au—Si 接触是一种典型的金属—半导体接触，也是近十多年来在这一领域中研究得最多的对象之一[2]。大量的研究表明 Au—Si 的接触界面很不稳定，有显著的界面相互作用。从背散射、电子能谱、电子衍射及电镜等表面和深度剖析技术得出的主要结果可以概括如下：当 Au 膜淀积在清洁的 Si 表面时，由于 Au 与 Si 的界面相互作用，Si 原子会从晶格中释出，在界面处与 Au 混杂，形成一个 Au—Si 界面合金层。该界面层是不稳定的。低温加热（远低于 Au—Si 共溶温度375℃）会增加 Si 原子的释出，并向外表面扩散。扩散到 Au 表面的 Si 原子很容易与氧分子化合形成氧化物。

本文于1986年3月收到

* 本文部分内容曾在第二届亚太物理学会议（印度 Bangalore, 1986.1）上报告过

本文用椭圆偏振光谱方法对 Au—Si 界面的光学性质进行了研究。光学性质反映了物质的微观结构与宏观介电响应的关系。用椭圆偏振光谱法来讨论 Au—Si 界面的结构，就作者所知，过去还没有。本工作测量了不同膜厚，不同处理的 Au—Si 样品在紫外—可见光范围的椭圆偏振光谱，其结果不能用理想的突变界面模型来解释。我们分析了空洞、表面粗糙及过渡层对椭圆偏振谱的影响。考虑了这些因素后，理论曲线趋向于接近实验曲线。为了在整个测量波段范围内使理论曲线与实验曲线有较好的符合，我们采用经典振子模型来描述 Au—Si 界面合金层的贡献。计及上述因素，可以得出与实验结果符合得相当好的理论谱线。此外，我们还研究了退火对椭圆偏振光谱和结构的影响。结果表明椭圆偏振光谱法也是一个研究金属—半导体接触界面的有效途径，所得的结果与背散射和电子能谱研究的结果是基本吻合的。

二、实验方法

椭圆偏振光谱法[3]通过分析偏振光从样品反射后偏振状态的改变，获得所测样品的光学参数和结构参数。本研究采用中山大学物理系研制的 TPP-1 型椭圆偏振光谱仪[4]。该仪器采用光度法进行测量，测定方法见文献[5]。测量波长范围为2900～6000Å。对应于某一波长，转动检偏器，测出达到光电倍增管处的光强变化，根据〔5〕中有关公式，可算出椭偏参数 ϕ，Δ。改变波长 λ，便测得 $\phi(\lambda)$，$\Delta(\lambda)$ 的偏振光谱。

样品制备采用真空蒸发淀积方法。在蒸镀 Au 膜前，经过清洗后的单晶硅衬底放于 5%HF 酸中腐蚀几分钟，以去掉表面氧化层；然后，立即放于真空室内。蒸发时，真空度为10^{-4}毛。样品与蒸发源相距40cm，不同的 Au 膜厚度由玻璃陪片的透过率区分。曾制备一系列不同膜厚（30～200Å）的样品。

三、结果及分析

1. 测量结果与突变界面模型

图1中符号点是对样品1与样品2所测得的偏振光谱 $\phi_m(\lambda)$，$\Delta_m(\lambda)$（m 表示测量值），其中样品2的膜厚比样品1的为大，蒸发时间为20～30秒。首先考察突变界面模型是否可用。设 Au 膜与衬底 Si 的界面是理想突变的，即没有过渡层存在。那末，给定膜的厚度 d，对于已知的膜与衬底的光学常数，在不同的波长下可以算得椭圆偏振光谱 $\phi_c(\lambda)$，$\Delta_c(\lambda)$[6]。（c 表示计算值）其中纯 Au 和纯 Si 的光学常数取自文献〔7，8〕。调节参数 d 作最优化计算，与测量曲线 $\phi_m(\lambda)$，$\Delta_m(\lambda)$ 进行拟合。图1还给出了拟合的结果。其中实线为模型计算曲线。很明显，仅仅改变 d，不能使 $\phi_c(\lambda)$，$\Delta_c(\lambda)$ 与测量曲线同时具有较好的拟合。因为，随参数 d 增加，$\phi_c(\lambda)$ 向上移，$\Delta_c(\lambda)$ 向下移，减小 d 则相反，也就是说，当 $\phi_c(\lambda)$ 与 $\phi_m(\lambda)$ 符合较好时，$\Delta_c(\lambda)$ 与 $\Delta_m(\lambda)$ 就偏离，反之亦然。图2是四块不同 Au 膜厚度的样品测得的 $\phi_m—\Delta_m$ 值与由突变界面模型计算的 $\phi_c—\Delta_c$ 曲线的比较。测量波长为6328Å，Au 膜的光学常数取自文献〔9〕。可见，当

膜较厚时，测量点与理论计算曲线相符合，但是随着膜厚 d 的减小，测量点与计算出现偏离。图 1 与图 2 表明，实际 Au 膜 d 很小时，Au—Si 衬底系统不能用 理想的突变界面模型来定量描述。

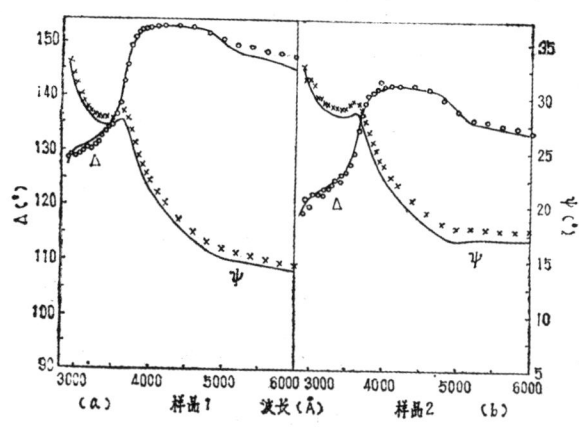

图 1 (a)(b) 分别为两块不同膜厚的样品测得的偏振光谱 (符号点) 与用突变界面模型调节膜厚 d 所计算的偏振光谱 (实线) 的比较

Fig. 1. Ellipsometric spectra of Au film on Si which are compared with the curves calculated from ideal abrupt interface model.

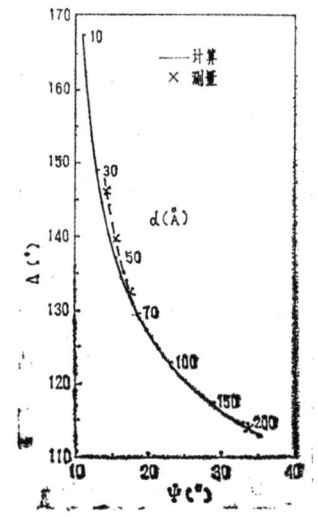

图 2 不同 Au 膜厚度的样品测得的 $\psi-\Delta$ 曲线 (虚线) 与突变界面模型计算的 $\psi-\Delta$ 曲线 (实线) 比较

Fig. 2. $\psi-\Delta$ curves of Au-Si samples with different film thicknesses. Dash line: Experimental result. Solid line: Calculated from ideal abrupt interface model.

2. 空洞、表面粗糙及过渡层的影响

下面我们来分析可能引起图 1 与图 2 中测量与计算的偏离的两方面原因。一是由于 Au 膜中存在空洞及表面粗糙等因素的影响[10]，使其光学常数与文献〔7〕中的纯 Au 体内光学常数不同。二是由于 Au 膜与 Si 衬底的界面不是突变的，而是存 在一个过渡层。首先考虑一下 Au 膜光学性质的变化所产生的影响。这里采用 Bruggeman 有效介质近似公式 (EMA)[10]

$$f_v \frac{1-(\varepsilon)}{1+2(\varepsilon)} + (1-f_v) \frac{\varepsilon_{Au}-(\varepsilon)}{\varepsilon_{Au}+2(\varepsilon)} = 0 \tag{1}$$

讨论空洞对光学常数的影响。其中，空洞的介电常数为1，ε_{Au}为纯Au的介电常数，$\langle\varepsilon\rangle$为膜的等效介电常数，$f_v$为膜中空洞体积分数。用一个50Å Au膜—Si衬底模型对系统进行模拟，对于不同的f_v，$\langle\varepsilon\rangle$由（1）式给出，进而计算出椭偏谱。图3(a)，(b)分别为不同的f_v对$\langle\varepsilon\rangle$和偏振光谱的影响。将图3(b)与图1进行比较分析，可以判定，即使考虑了空洞的影响，仍不能明显改善图1中实验与模型计算的偏差。

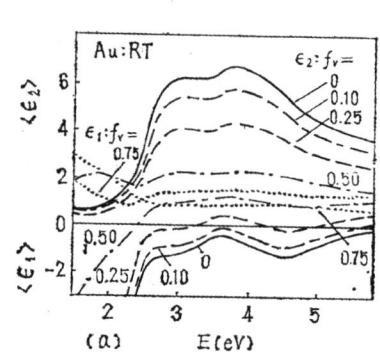 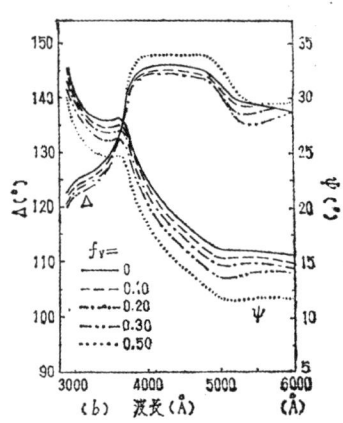

图3　(a)为空洞体积分数f_v对Au的介电常数的影响，(b)为—50Å Au膜—Si衬底模型中膜内f_v对偏振光谱曲线的影响

Fig. 3. (a) Effect of increasing void fraction f_v on the apparent dielectric function of Au, (b) Effect of increasing void fraction f_v of 50Å Au film on the ellipsometric spectra of Au-Si model.

表面粗糙可以用一个有效介质表面层来模拟[10]。设一个55Å Au膜—Si衬底模型，其中Au膜有25Å的表面粗糙层，该层的粗糙度由所含空洞体积分数f_v来表示，介电常数仍由（1）式给出。图4(a)，(b)分别给出了不同表面粗糙度对Au介电常数和椭圆偏振光谱的影响。计算表明，Au膜表面粗糙的影响与空洞的相类似。因此可以认为，这时，空洞和表面粗糙不是引起图1中偏差的主要原因。

下面讨论界面处过渡层的影响。设过渡层为Au与Si的混杂层，则过渡层的光学模型仍可用EMA模型来近似。设Si的介电常数为ε_{Si}，用它代替（1）式中空洞的介电常数，并以Si的体积分数f_{Si}代替f_v，则Au—Si混合的EMA公式写成

$$f_{Si}\frac{\varepsilon_{Si}-\langle\varepsilon\rangle}{\varepsilon_{Si}+2\langle\varepsilon\rangle}+(1-f_{Si})\frac{\varepsilon_{Au}-\langle\varepsilon\rangle}{\varepsilon_{Au}+2\langle\varepsilon\rangle}=0 \qquad (2)$$

考察一个50Å Au膜—过渡层—Si衬底系统，保持Au量不变，改变过渡层的厚度，计算椭圆偏振光谱的变化趋势。其中过渡层内Si的体积分数$f_{Si}=0.3$，介电常数由（2）式给出。图5给出了计算的结果，(a)、(b)分别相应于过渡层由单晶Si或非晶Si与Au混合的情形。非晶Si的光学常数取自文献[11]。将图5与图1比较，可以看到，如果计及在界面处的过渡层，可以使模型计算更接近测量曲线。

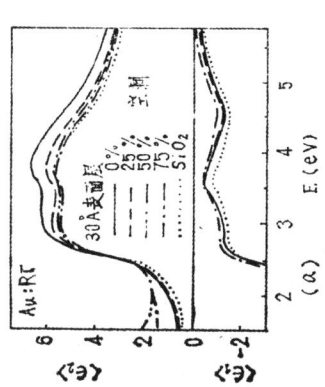
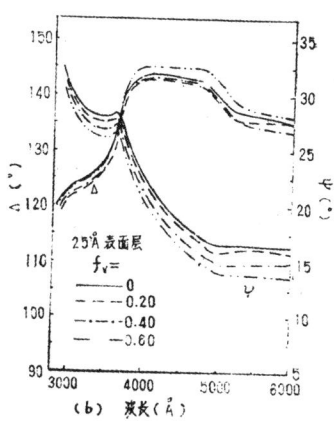

图 4 (a)模拟表面粗糙层的粗糙度对Au的介电常数的影响,(b)模拟表面粗糙层的粗糙度对椭圆偏振光谱曲线的影响

Fig. 4. (a) Effect of varying degree of surface roughness on the apparent dielectric function of Au. (b) Effect of varying degree of surface roughness of Au film on the ellipsometric spectra of Au-Si model.

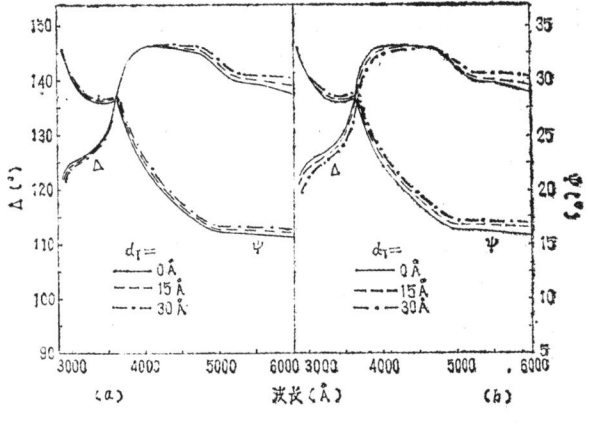

图 5 模拟计算不同的过渡层厚度对偏振光谱曲线的影响
(a)设过渡层为单晶Si 与Au混合
(b)设过渡层为非晶Si与Au混合

Fig. 5. Effect of Au-Si alloy interface layer on the ellipsometric spectra of Au-Si model. (a) Interface layer consists of c-Si and Au. (b) Interface layer consists of a-Si and Au.

3. Au—Si 合金过渡层的经典振子模型

考虑了用 EMA 有效介质近似描述的过渡层,可以缩小图1中实验与理论计算的分歧,然而,还不能做到在整个测量波段范围内使计算与测量有很好的符合。一些研究表明,在 Au—Si 界面的过渡层中是一个富 Au 的 Au—Si 合金层。Hiraki[12]等指出,在富Au的Au—Si 合金中,Si 呈金属状态。另一方面,也有工作研究了大块Au—Si合金的光学性质,例如Hauser[13]等研究结果表明,随着合金组分的改变,自由电子的弛豫时间,有效电子密度均会发生明显的变化。E.Huber 和 M.von Allmen[14]曾用经典振子模型描述了大块Au—Si合金的光学性质，得到了较好的结果。因此，我们把他们用的振子模型推广到界面过渡层。具体计算上，把合金过渡层的光学性质看成来自三个方面的贡献，即

$$\epsilon(\omega) = \epsilon^d(\omega) + \epsilon^b(\omega) + \epsilon^f(\omega) \tag{3}$$

式中 $\epsilon^d(\omega)$ 为金属带间跃迁的贡献，$\epsilon^b(\omega)$ 为Si束缚电子的贡献，$\epsilon^f(\omega)$ 表示自由电子的贡献。将（3）式写成振子形式，得

$$\epsilon(\omega) = 1 + \frac{4\pi e^2}{m_0}\left[\frac{n_d^*}{\omega_{0d}^2 - \omega^2 + i\Gamma_d\omega} + \frac{n_b^*}{\omega_{0b}^2 - \omega^2 + i\Gamma_b\omega} - \frac{n_f^*}{\omega(\omega + i/\tau)}\right] \tag{4}$$

其中 e 为电子电量，m_0 为电子质量，n_d^* 和 n_b^* 分别为对应于 Au 中带间跃迁和 Si 束缚电子的有效电子密度，ω_{0d} 和 ω_{0b} 为它们的共振频率，Γ_d，Γ_b 为相应振子的阻尼系数。n_f^* 为自由电子有效密度，τ 为弛豫时间，ω 为光的频率。参数 τ，n_d^*，n_b^*，n_f^* 及 Γ_d，Γ_b 与合金的组分有关，而与光的波长关系很小[13][14]可以认为它们与波长无关。具体的计算表明，用振子模型描述的合金过渡层，此有效介质过渡层更好地描述Au—Si界面的光学性质，能与椭圆偏振光谱测量结果定量地符合。

如图6所示，第一层为纯Au层，厚度为 d_f，空洞体积分数为 f_v，光学常数为 n_f，k_f，由文献〔7〕给出。第二层为富Au的Au—Si合金过渡层，厚度为 d_T，Si组分为 f_{si}，光学常数为 n_T，k_T，由（4）式确定。此外，考虑到由于Au与Si在界面处相互作用使界面处呈凹凸状而加上的一个等效粗糙界面层第三层，厚度估计为10Å左右，光学常数为 n_r，k_r。为简单起见，设该层为单晶硅与金的混合层，n_r，k_r 由 EMA 求得，其中Si的组分约为0.4。最后为Si衬底，光学常数为 n_s，k_s，由文献〔8〕给出。

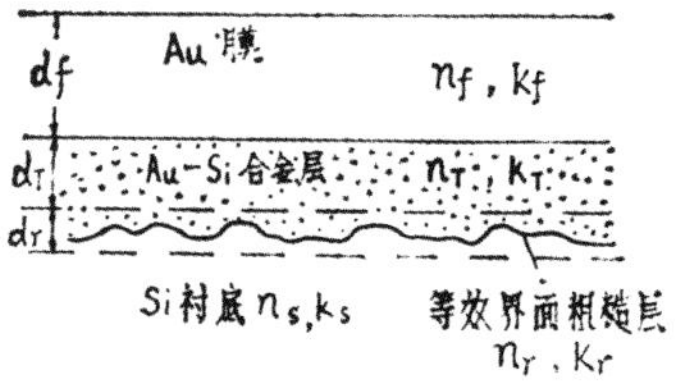

图6 Au膜—Si衬底系统的光学结构示意图
Fig. 6. An optical model of Au film on Si.

综合以上分析，我们对实验测量的椭圆偏振光谱进行拟合计算，主要采用振子模型的合金过渡层模型，还加上Au膜中空洞及界面粗糙的影响。调节一系列与波长无关的参数，可以在所测波长范围内与实验曲线进行拟合。其中主要参数有厚度 d_f 和 d_T（它们主要决定了偏振谱的上下位置），自由电子弛豫时间 τ（它主要对光谱的长波部分起作用），Si束缚电子阻尼系数 Γ_b（它主要对曲线的中间部分比较敏感），Au带间跃迁参数 n_d^* 和 Γ_d（主要起调节短波范围的作用）。电子有效密度 n_b^*，n_f^*，根据文献〔14〕由 f_{si} 决定。图7是对样品1和样品2的拟合结果，其中实线为模型计算曲线。可见，这时实验与模型计算曲线符合得很好。

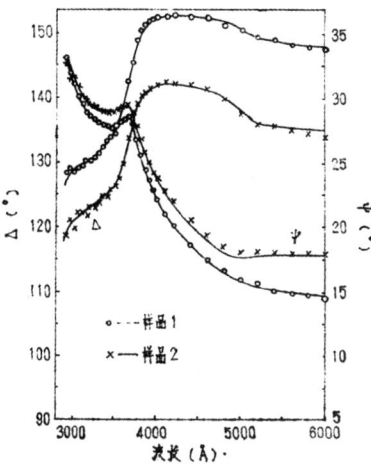

图7 由图6结构计算的偏振光谱（实线）与样品1，2测得的偏振光谱（符号点）比较

Fig. 7. Comparison between curves calculated from our model and experimental points.

4. 低温退火实验及外表面氧化硅层

将样品1和样品2放在空气中，100℃温度下退火10分钟，然后进行测量，发现偏振光谱$\Delta_m(\lambda)$与$\psi_m(\lambda)$发生了明显的变化。变化的情形表明Si衬底上总的膜厚增加了。这是由于在退火时，Si向外面扩散，在Au膜表面与氧作用形成氧化层所引起的。在图6的结构上加上一SiO_2层，折射率取$n_{SiO_2}=1.46$，在保持退火前后Au量不变的条件下对样品进行拟合计算。图8(a)(b)分别为样品1和样品2退火前后偏振光谱的比较以及拟合计算的结果。它表明，在样品1表面退火后生长了一层37Å厚的SiO_2层，在样品2上生长了15Å左右的氧化硅层。

本工作得到中国科学院科学基金的资助。

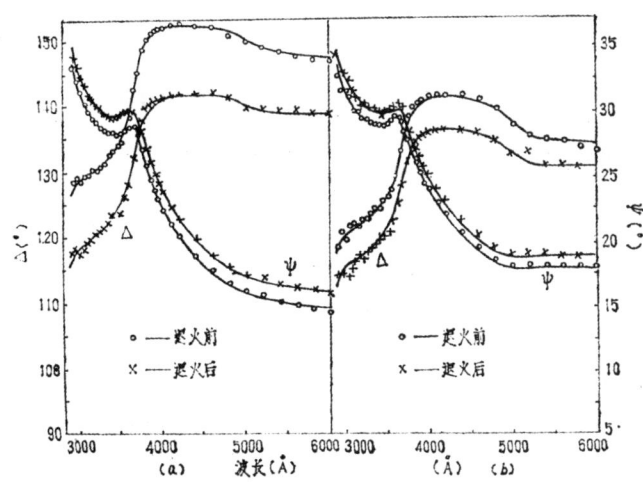

图8 (a)样品1和(b)样品2在低温(100℃)退火(10分钟)前后偏振光谱的变化(符号点)以及它们的拟合计算结果(实线)

Fig. 8. Ellipsometric spectra of Au-Si samples before and after low temperature annealing (100℃, 10min.).

参 考 文 献

[1] 潘士宏、莫党，物理学进展，5 (1985), 66.
[2] A. Hiraki, *Jap. J. Appl. Phys.*, 22 (1983), 549.
[3] R. M. A. Azzam and N. M. Bashara, *Ellipsometry and Polarized Light* (North-Holland, Amsterdam 1977).
[4] 江任荣、陈树光、叶贤京、莫党，仪器仪表学报，4 (1983), 440.
[5] 莫党、陈树光、余玉贞、黄炳忠，物理学报，29 (1980), 673.
[6] 莫党、叶贤京，物理学报，30 (1981), 1287.
[7] P. B. Johnson and R. W. Christy, *Phys. Rev.*, **B**6(1972), 4370.
[8] D. E. Aspnes and A. A. Studna, *Phys. Rev.*, **B**27(1982), 985.
[9] I. Ohlidal, F. Lukes, *Thin Solid Films* 85(1981),181.
[10] D. E. Aspnes, E. Kinsbron and D. D. Bacon, *Phys. Rev.*, **B**21 (1980), 3290.
[11] D. T. Pierce and W. E. Spicer, *Phys. Rev.*, **B**5 (1972), 3017.
[12] A. Hiraki, A. Shimzu and M. Iwami, *Appl. Phys. Lett.*, 26 (1975), 57.
[13] E. Hauser, R. J. Zirke and J. Tauc., *Phys. Rev.*, **B**19 (1979), 6331.
[14] E. Huber, M. von Allmen, *Phys. Rev.*, **B**28 (1983), 2979.

Ellipsometric Spectra and Optical Properties of Thin Gold Film on Silicon Substrate

Chen Dong   Mo Dang

Abstract

Optical properties of a system consisting of thin Au film and Si substrate have been measured by a spectroscopic ellipsometry over the range from ultraviolet to visible light. The ideal abrupt interface model is no longer reasonable for explaining the experimental results. The influences of voids, surface roughness and transition interface layer on ellipsometric spectra and the formation of an Au—Si alloy interface layer, in which the optical properties are described by a classical vibrator model, have been analysed. Our calculated results show that the formation of an Au—Si alloy interface lager is the major factor influencing the ellipsometric spectra of Au film-Si substrate systems. The ellipsometric spectra calculated from our analysis fit in with the measured values. After low temperature annealing (100°C, 10 min.) Si atoms migrate through the Au film to the surface where they react with oxygen and form an oxide layer.

Keywords metal-semiconductor contact; interface; optical properties of solids; ellipsometry

相变潜热测量的扫描速率依赖性*

——RbNO₃在结构相变中的热耗散

张进修 钟 凡

(物理学系)

摘 要

用差分扫描量热仪(DSC)测量了硝酸铷在380K至460K温度范围内升、降温过程中的三角(α)⇌立方(β)结构相变。所用的扫描速率为1.25~40K/min。结果表明,升温相变的潜热(吸热)大于降温相变的潜热(放热),其差值ΔQ(Cal/g)随扫描速率的增大而增大。用结构相变中的热耗散对实验结果进行了解积。因此,可以用本文的方法来研究一级相变过程的不可逆耗散。

关键词 相变,潜热,DSC,速率依赖,热耗散

1 引 言

相变过程的基本热力学量,特别是化学焓的变化和潜热,通常都是用热分析、特别是差分扫描量热仪(DSC)方法来测量的。虽然许多因素(例如扫描速率T)对所得结果有影响,但一般认为通过仔细的校正可以消除这些影响。最近,Ortin和Planes通过热弹性马氏体相变过程的热分析,对DSC方法测量的潜热提出过校正的方法[1]。然而,由于所指出的修正方法与比热等的测量结果有关,而且还假设消耗的能量不转化为热量并与T无关,因此所提出的理论不可能广泛应用。

由于一级固态相变过程涉及晶格的重构,因而会导致相变过程的能量耗散,并用相变过程的内耗数据计算出相变过程的耗散函数[2,3]。但是,这种测量和计算都是间接的,不如相变过程热分析的结果直接和有说服力。因此,本文利用硝酸铷在430K附近的三角一立方转变,用不同的扫描速率于DSC上测量了它在升温和降温过程的相变潜热。所得结果表明,升温潜热(吸热)大于降温潜热(放热),其差值ΔQ(Cal/g)则随扫描速率的增大而增大。用结构相变过程的耗散对所得结果进行了解积。

2 试样和实验方法

用99.9%的金属铷与蒸馏水反应生成RbOH,再滴入HNO₃至中性RbNO₃溶液,蒸

本文1991年1月2日收到
● 中山大学科研基金资助项目

去水份成白色$RbNO_3$结晶态粉末以备DSC测量。另压制成$30 \times 5 \times 1 mm^3$的小片用作X光结构分析。

DSC测量在Perkin-Elmer DSC-ⅡC型仪器上测量。所用的扫描速率为± 1.25，± 2.5，± 5，± 10，± 20，± 40K/min。在N_2气保护下于320～480K逐个进行DSC升、降温扫描。数据处理在MOP-Videolan半自动图象仪及Apple-Ⅱ微型计算机上完成。

结构分析在日本理学Dmax-ⅢA X射线衍射仪上进行。在室温和473K进行了结构分析。结果表明，室温为三角晶系，473K时为立方晶系（图略）。

为了保证实验的精度，每一个扫描速率都先以铟标样的固/液转变对温度和热焓值进行校正，结果表明其相变热焓值不随扫描速率而变化。每条DSC曲线都利用随机标准程序作峰分析，通过取定上、下限温度，由计算机分析出相变开始温度（Onset）、峰温T_p及热量值。每个$\dot{T}$均采用了至少两个试样实验测量的平均值。

选择$RbNO_3$作为试样是因为它在320～480K范围内发生的三角/立方转变也是热分析中用作校正温度和热焓值的一种标样，因此，用它所测得的结果，具有更高的可信度。所得潜热值为4.57～5.13Cal/g，精度为± 0.05Cal/g。

3 实验结果

图1(a)和(b)分别给出了$\dot{T}=\pm 1.25$，± 10，± 40K/min时，$RbNO_3$粉末晶体在加热(a)和冷却(b)时的DSC图。图的纵坐标已归一化为单位质量（g）。峰值由小到大分别对应于$\dot{T}=\pm 1.25$，± 10和± 40K/min。由图可见，随着$\dot{T}$的增大，每克$RbNO_3$在α/β转变时所吸收（或放出）的热量与$\dot{T}$的乘积（峰曲线所包括的面积）随$\dot{T}$的增大要比$\dot{T}$本身的变化要快。

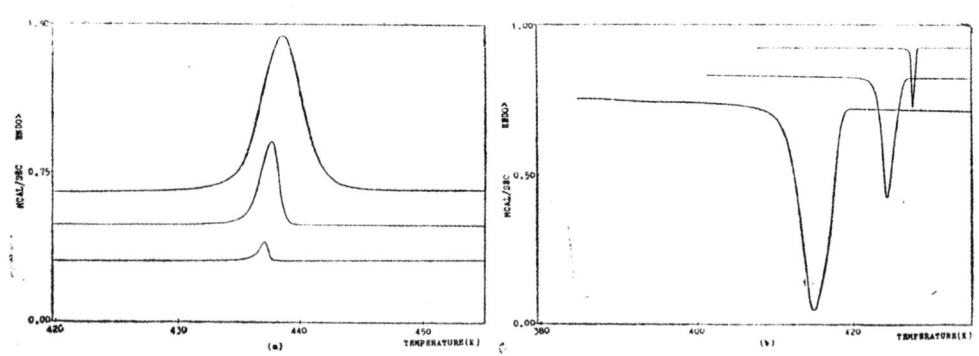

图1 $RbNO_3$的DSC曲线，纵坐标已归一化为1 g
(a)升温，(b)冷却。依峰值的大小，扫描速率分别为1.25，10和40K/min
Fig.1 Typical DSC thermograms, normalized to unit mass, of (a)heating and (b)cooling of $RbNO_3$ powder. Peaks sequentially from small to large correspond to scanning rate of 1.25, 10, 40K/min respectively

图 2 则给出了不同 $\dot{T}$ 时,每克 $RbNO_3$ 在升温、降温相变循环中所吸收的净热量 ΔQ（以吸热为正）随 $\dot{T}$ 的变化。可见,一个相变热循环的净吸热量 ΔQ 与 $\dot{T}$ 存在取对数后的线性关系,即

$$\Delta Q = A_0 + A\dot{T}^n \tag{1}$$

此处 $A = 0.16 \pm 0.01$, $n = 0.28 \pm 0.04$。由于所用的 $\dot{T}$ 不可能太小,所得 A_0 值很小（在测量精度范围可以视为零）。

图 3 给出了 $RbNO_3$ 在升、降温相变时 DSC 曲线峰温之差 $\Delta T p$（热滞）随 $\dot{T}$ 的变化。可见 $\log \Delta T p$ 与 $\log \dot{T}$ 亦存在线性关系,即

$$\Delta T p = B_0 + B^m \dot{T} \tag{2}$$

此处 $B = 8.1 \pm 0.1$, $m = 0.26 \pm 0.02$。B_0 值亦接近于零。

由上述结果可见, $RbNO_3$ 在一个三角 $\rightleftharpoons$ 立方相变的热循环过程中净的吸热值 ΔQ 和热滞 $\Delta T p$ 均随扫描速率 $\dot{T}$ 的上升而增大。

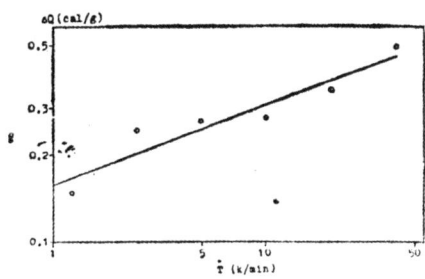

图 2　$RbNO_3$ 在相变热循环中的净吸热值 ΔQ 对 $\dot{T}$ 的依赖关系

Fig.2　Logarithm-logarithm plots of energy dissipations ΔQ vs scanning rate $\dot{T}$

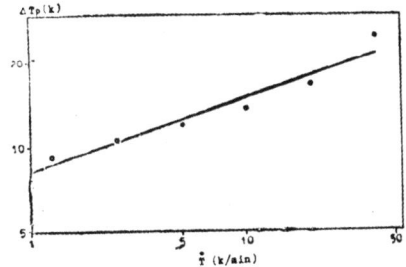

图 3　$RbNO_3$ 的相变热滞 $\Delta T p$ 对 $\dot{T}$ 的依赖关系

Fig.3　Logarithm-logarithm plots of hysterisis $\Delta T p$ vs scanning rate $\dot{T}$

4　讨论与结论

由于一级固态相变过程中存在两相共存,相变过程是新相和母相的相界朝母相推移、最后使母相全部转变为新相的过程。在相变系统的不同处发生相变的先后（温度的高低）不同,所以相变是在一定的温度范围内完成的,图 1(a)、(b)中的峰曲线就是相变并非同时发生的结果。将图 1 转换成 Gibbs 自由能—温度图（$G-T$ 图）即如图 4(a) 所示。其中的 $\alpha-\alpha(\beta-\beta)$ 线表示了 $\alpha(\beta)$ 相的 Gibbs 自由能随 T 的变化。当 $T > T_0$ 时, $G_\beta < G_\alpha$,所以 β 相更稳定而发生 $\alpha \to \beta$ 的转变;而 $T < T_0$ 时,则发生 $\beta \to \alpha$ 的转变。如果热循环从 a 点开始,相变系统中的某一体积元由 $ah'g'e'obb'c'd'$ 而达到 d' 点,而另外的一些体积元则由 $ah'g'e'obc(d)c'(d')d'$ 而达到 d' 点。这将问题的分析复杂化。因此,我们考虑系统中的一个体积元 dv 的转变图。如图 4(b) 所示,它在一个 AOBCODA 的热循环中于 $T^{\alpha/\beta}$ 点由 $\alpha \to \beta$,而在 $T^{\beta/\alpha}$ 点由 $\beta \to \alpha$。

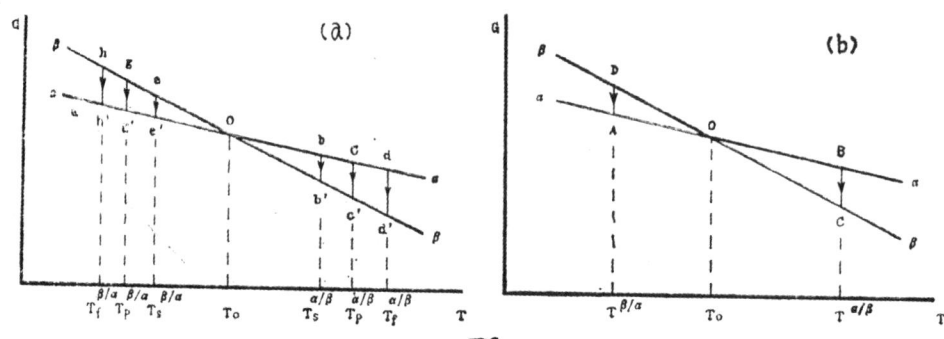

图 4 一级固态相变时的 G—T 示意图
(a) 相变系统中各小体积处的转变；(b) 体积元中的转变图。
(T_o 表示两相平衡温度。T_s 和 T_f 分别表示相变开始发生和完成的温度。)
$T^{\alpha/\beta}$，$T^{\beta/\alpha}$ 中的上标则表示相变发生的方向

Fig.4 G-T plots for the first-order transformation system
(a) transformation paths for various volume elements;
(b) transformation path for a volume element

先讨论 $\dot{T}\sim 0$、即准静态的情形。按照升温相变潜热(L)的定义，在相变点 $T^{\alpha/\beta}$ 可得

$$L^1 = H^\beta_{T_r} - H^\alpha_{T_r} = T^{\alpha/\beta}(S^\beta_{T_r} - S^\alpha_{T_r}) > 0 \tag{3}$$

下标 T_r 表示该量在发生相变时的值。由于高温相的熵 S^β 大于低温相的熵 S^α，所以升温相变潜热 $L^1 > 0$，即为吸热。

降温至 $T^{\beta/\alpha}$ 点时的相变潜热为

$$L^2 = H^\alpha_{T_r} - H^\beta_{T_r} = T^{\beta/\alpha}(S^\alpha_{T_r} - S^\beta_{T_r}) < 0 \tag{4}$$

因此，在一个准静态的热循环 AOBCODA 完成时，系统的净吸热量为

$$\Delta Q_o = L^1 + L^2 = (S^\beta_{T_r} - S^\alpha_{T_r})(T^{\alpha/\beta} - T^{\beta/\alpha}) > 0 \tag{5}$$

可见，即使是准静态过程，除非 $T^{\alpha/\beta} = T^{\beta/\alpha}$，否则一个完全的相变热循环也将导致净的吸热。

推广以上讨论至图 4(b) 所代表的实际情形时，除了要进行对各体积元的积分外，还需考虑 α 和 β 相比热的差别及其对温度的依赖关系[1]。但是，由图 1 可见，相变前后的基线基本上是水平的，所以，两相的比热差在实验精度的范围内可以忽略。因此，(3)～(5)式的结果对该实际相变系统的准静态热循环也是适用的。

本文的 DSC 实验是以一定的扫描速率 $\dot{T}$ 进行的，因而属于非准静态、亦即不可逆过程。因为一个完全的相变热循环完成之后，不可逆过程将引起熵增 ΔS_i，因此，实际 DSC 测量($\dot{T} \neq 0$)的完全相变热循环完成时系统的净吸热量应为

$$\Delta Q = \Delta Q_0 + \Delta Q_i \tag{6}$$

此处不可逆热焓ΔQ_i起源于不可逆熵增。$\dot{T}$越大，过程的不可逆性越大，因而不可逆熵增和不可逆热焓ΔQ_i也越大。由于ΔQ_o是一个准静态过程的吸热，应与过程速率$\dot{T}$无关。对比(1)式和(6)式，我们有

$$\begin{cases} \Delta Q_o = A_o \\ \Delta Q_i = A\dot{T}^n \end{cases} \tag{7}$$

由于一级固态相变涉及晶格的重组，当重组过程以一确定的速度进行时，它就是一个不可逆过程，因而会引起熵增和不可逆的热量耗散（以晶格重组时的格波或声波辐射而耗散）。重组的速度越快，相变阻力越大，耗散的能量越多。所以，$\Delta Q_i = A\dot{T}^n$就是固态相变中能量耗散和相变阻力的量度。积累了各种一级相变中速率指数n与晶格重组间相互关系的数据，就可能对一级相变的本质有更深入一步的了解，因而会有助于建立一级固态相变的统一唯象理论。

此外，本文结果清楚地表明，固态相变中的潜热值与变温速率及相变的方向有关。因此，在用DSC方法来测量相变潜热或比较有关的数据时，必须注意标明扫描速率和相变方向。在本文所测量的$RbNO_3$的潜热数据中，这种差别可达10%。而在扩散相变（例如AlZn合金，待发表的工作）中，其差别可达20%以上。对于一种精确的热分析方法而言，这种差别是不能容许的。但是，对于固-液转变而言，由于液态是无规相，所以转变时重组或熔化时的阻力要小得多。因此，用铟的熔化潜热来校正DSC的测量结果时，在一定的精度下（例如准确到(6)式中ΔQ_o的量级）仍是可行的。

本文的分析表明，通过相变潜热对扫描速率依赖关系的研究可以将过程中不可逆熵产生定量算出。因此，本文的方法亦可用于不可逆过程相变热力学的定量研究。

综上所述，可得如下结论：

(1) 当两相的比热差可以忽略时，一个完全的固态相变热循环中的升温潜热大于降温潜热，因此将吸收热量并将其耗散掉。

(2) 固态相变过程的潜热和热耗散随变温速率的增大而增大。

(3) 研究相变潜热对速率的依靠关系可提供不可逆过程相变热力学中熵产生的定量测量方法。

感谢化学系罗裕基副教授在制备样品中提供的帮助以及测试中心热分析室协作DSC测量。

参 考 文 献

[1] Ortin J et al., *Acta Met.*, 36(1988),1873
[2] 张进修等，中山大学学报(自然科学版)，29(1990)，2，1
[3] 张进修等，中山大学学报(自然科学版)，29(1990)，3，43

Scanning-Rate Dependence of Transformation Latent Heat
——Heat Dissipation of Structural Transition in Rubidium Nitrate

Zhang Jinxiu*   Zhong Fan

Abstract

By means of differential scanning calorimeter(DSC), several temperature changing rates varying from 1.25 to 40K/min are used for heat measurements in the process of structural phase transition in rubidium nitrate($RbNO_3$). Results of the differences in heat energies and peak temperatures between heating and cooling show a power-form dependence upon the scanning rate. This implies the existence of rate-dependent energy dissipations characterizing first-order phase transition. A collection of various kinds of the power exponents would be helpful to further investigation of first-order transition.

Keywords phase transition, latent heat, DSC, scanning rate dependence, heat dissipation

*Department of Physics

部份熔融YBCO超导体的载流特性

林光明　方　衡　张进修　曾文光　　冯戬云**
（中山大学物理学系）　　　　　　（香港大学物理学系）

摘　要

通过高温短时间处理，获得不同程度的晶界熔融态的YBCO超导块状试样。研究表明，部份熔融使试样体积收缩6%时，临界电流密度可提高26%。测量了在不同磁场强度变化率$\dot{H}$（从1.3Oe/s至50Oe/s）时试样的磁阻曲线$R(H)$。发现$R(H)$曲线随H的增大而增大，在某一H值处产生拐点：在拐点之前$d^2R(H)/dH^2>0$，$R(H)$随$\dot{H}$增加而增大；在拐点之后，$d^2R(H)/dH^2<0$，$\dot{H}$对$R(H)$影响不大。$R(H)$曲线的拐点对应的磁场相当于下临界场H_{c1}。

关键词　超导体，弱连接，磁通，颗粒超导性

1　引　言

一般认为，高温超导氧化物陶瓷（如Y-Ba-Cu-O和Ba-Sr-Ca-Cu-O系等）属于脏极限超导体。由于这些材料特有的弱连接颗粒超导电性和玻璃超导态特性[1~3]，使它们的电磁性能与传统的硬超导体有很大的不同。弱连接颗粒超导电性是导致氧化物超导材料块材特别低的临界电流密度(J_c)的重要原因。为了提高块材的J_c值，需要改善其弱连接特性，例如提高单个弱连接的临界电流，增加连接密度，提高块材致密程度等。有报道[2,4]认为，熔融法可有效地改善块材的J_c值。但简单的熔融处理亦可使材料偏离化学配比成分以及失氧等现象并导致超导性能下降甚至丧失。

改善J_c值的另一个途径是提高磁通运动的阻力即磁通的钉扎力。新近的研究表明，在这类材料中磁通运动亦有独特的现象。如在低于下临界场H_{c1}下，有磁通侵入产生的磁阻效应[2,3]，磁通运动具有热激活与不可逆特性等[1,2,5~7]。因此研究磁通运动规律以及相关的电磁现象正受到广泛的注意。

本文通过高温短时处理获得了晶界局部熔融与正常烧结混合结构的超导体，测量了熔融程度对载流性能的影响以及磁场强度变化率$\dot{H}$对磁阻曲线$R(H)$的影响。

2　实验方法
2.1　样品制备

将分析纯的Y_2O_3，$BaCO_3$和CuO粉末按原子比$Y:Ba:Cu=1:2:3$称量，充分

本文1990年4月3日收到
● 国家超导研究开发中心和广东省科委资助项目
●● 中山大学客座教授

混和研磨后压成尺寸为 $1.5\times6.0\times60mm^3$ 的坯料。坯料处理如下：①在940℃通氧气氛下烧结12h，然后炉冷至室温，②将坯料分成4块试样(A,B,C,D)，每块试样尺寸为 $1.5\times2.5\times30mm^3$，其中试样A为参考试样；③将试样B,C,D在1100℃分别加热5, 10, 20min后迅速移至900℃处并炉冷到室温；④所有试样从新加热至940℃，保持2h然后炉冷至室温。经此处理后样品有不同程度的体积收缩率($\Delta V/V$)，发现($\Delta V/V$)正比于1100℃处理时间，因而可作为熔融程度的量度。

2.2 超导性能测定

超导性能测定包括电阻(R)—温度(T)曲线，交流磁化率(χ)—T曲线，临界超导温度T_c，零场下的J_c以及外加磁场H对J_c的影响等曲线和参数。

采用通常的直流四端点法测量电阻和J_c值。电极以压铟方法固定，压铟后两极间电阻约为 $20m\Omega$ (室温下)。在恒定电流($5mA$)下降温，由高精度X-Y记录仪(3086型，精度 $5\mu V/cm$)记录R—T曲线，在$R=0$处读出T_c值。测量零场下的J_c值时，将试样继续降温至77.4K，逐渐加大电流在出现非零电压处($2\mu V$)读出I_c值，则$J_c=I_c/S$(S为试样横截面积)。测量有外场情况下的J_c值时，试样在降温至77.4K，由零逐渐加大磁场、测量对应的J_c值。磁场由自绕的$n=78$匝/cm的螺线管产生。样品放置于螺线管中间，磁场方向与试样电流方向垂直。交流磁化率的测定采用自行安装的简易交流互感法，信号频率为225Hz。

在进行有关磁场性能的测量中，发现试样状态与加磁场历史有关，增加与减少磁场的过程是不可逆的。因此重复测量时需要撤场后升温至失超，然后重新降温再加场。

2.3 磁阻曲线测定

在零场下降温至77.4K，通以一定密度电流，以一定加场速率$\dot H$从零逐渐加大外场，记录电压对磁场的响应曲线$V(H)$。加场速率由控制螺线管电流的可调速马达决定，磁场速率范围由1.3Oe/s至500Oe/s。最大磁场为200Oe。

2.4 形貌测定

在完成上述测量之后，将试样折断在扫描电镜下观察显微形貌，测量不同熔融试样的晶粒度，孔隙密度并用能谱分析晶粒与晶界熔融产物的成分。

3 实验结果与讨论

3.1 显微组织分析

图1是4个试样的SEM显微组织照片。试样A的颗粒最大，颗粒间的孔隙最小且分布均匀，而经熔融处理的试样颗粒变小并有分布不均匀的较大孔隙（或孔洞），而且在孔洞周围常有一些不规则的析出物。随着熔融处理时间增加，小孔洞和析出物也增多。能谱分析表明，试样A中各晶粒的成分基本相同，约为16.8at%Y，34.5at%Ba和48.7at%Cu，接近1:2:3比例。而试样B中小孔洞颗粒有二种不同的成分比例：①58.0%Y，19.3%Ba和22.6%Cu以及②8.3%Y，48.8%Ba和42.8%Cu（均为原子比），表明这些颗粒可能是熔融后在重新结晶过程中从123相析出的Y_2BaCuO_5和$BaCuO_2$相[8]。集中的小孔洞和这些杂相的出现将使试样的T_c和J_c值下降。

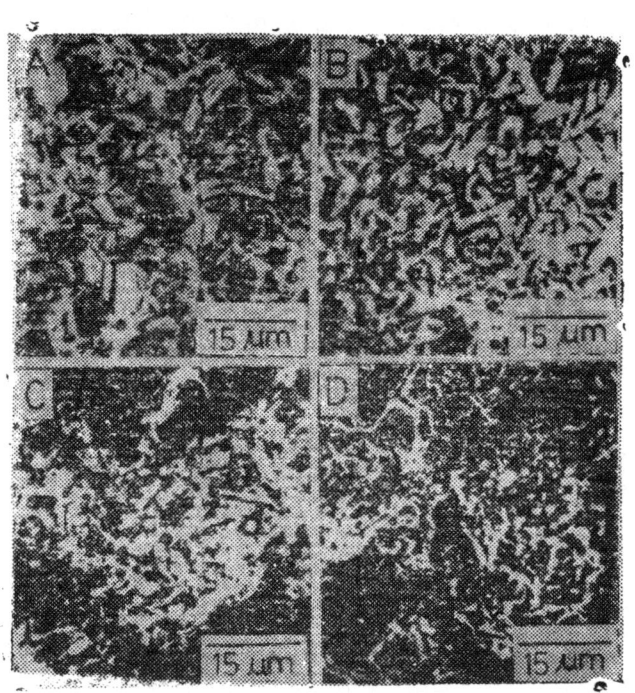

图1 四种样品的扫描电镜照片
Fig.1 SEM photographs of four samples
A. $\delta = \Delta V/V = 0$, B. $\delta = 3\%$, C. $\delta = 6\%$, D. $\delta = 17\%$

其次,熔融处理对晶粒尺寸也有影响。表1列出了试样A和不同熔融程度的试样B,C,D的晶粒尺寸,空隙面积等数据。可见随着局部熔融程度($\Delta V/V$)增大,晶粒尺寸和长宽比减少,单位面积内的晶粒数增加而空隙面积增大。可以预计,形貌的变化必将影响材料的弱连接特性。

表1 试样的显微组织数据
Tab.1 The microstructure data of samples

试 样	A	B	C	D
晶粒尺寸(μm)	5.2	3.7	3	2.5
晶粒密度(mm^{-1})	3.9×10^4	5.8×10^4	7.6×10^4	8.8×10^4
空隙面积(μm^2)	0.7	3.5	4.2	5.0
$\Delta V/V(\%)$	0	3.0	6.0	17.0

3.2 超导性能测定

图2是各试样的交流磁化率χ随温度的变化曲线。从曲线可以观察到磁化率开始下降处的温度T_c^{onset}对于不同的试样基本是相同的,$T_c^{onset} \approx 93K$。这个温度对应于123相颗粒的超导转变温度,在该温度下各颗粒进入超导态,因此抗磁信号开始明显增大。随着熔融程度增加,抗磁性减弱,说明超导相的体积分数减少,这与试样显微组织分析结果一致。

图 3 是试样在零场下的 T_c 和 J_c(77K)值随($\Delta V/V$)的变化曲线。随着($\Delta V/V$)的增大 T_c 值开始基本不变,然后迅速下降,而 J_c 值则先升后降。在 $\Delta V/V = 6\%$ 处存在峰值,亦即 T_c 值开始明显下降的位置。

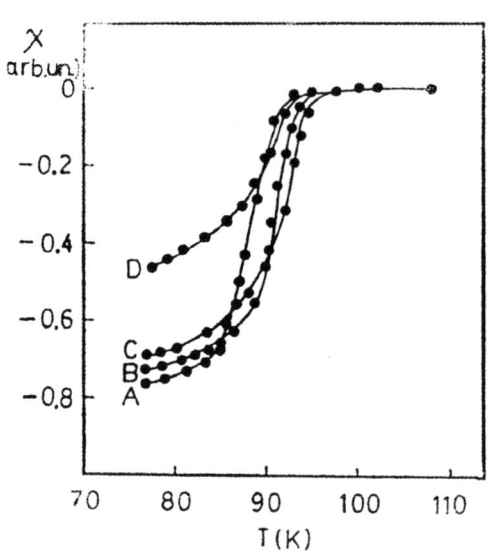

图 2　相对交流磁化率随温度的变化
Fig.2　Relative AC susceptibility of samples A, B, C and D against temperature

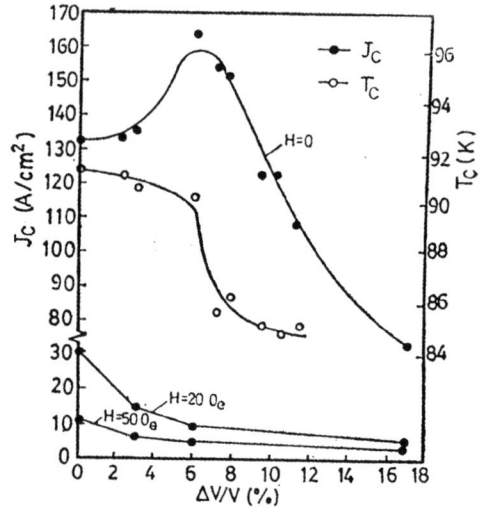

图 3　T_c 和 J_c(77.4K)随体积收缩率 $\Delta V/V$ 的变化曲线
Fig.3　Dependence of the T_c and the current density J_c on $\delta = \Delta V/V$ at 77.4K

由表 1 可见,随着 $\Delta V/V$ 的增大,试样的晶粒尺寸减少,晶粒密度增大,按弱连接颗粒超导模型,弱连接数目也增加。由于在 $\Delta V/V < 6\%$ 范围,T_c 值基本不变,可见所增加的弱连接的 T_c 值变化不大,我们称这种连接为"好"连接。J_c 值的提高是"好"连接数目增加的结果。当熔融程度进一步增加时,弱连接数虽然继续增加但连接质量却显著下降,因此 T_c 值便迅速下降。这种新增的弱连接为"坏"连接,它的增加还伴随"好"连接数的减少,J_c 值也随之而下降。

按颗粒超导模型[2],在零场下的临界电流密度可近似表示为:$J_c \approx \sum_{i=1}^{n} i_{cn} \approx N\langle i_c \rangle$,其中 $\langle i_c \rangle$ 为平均单结临界电流密度,N 为弱连结点数,近似为晶粒数。利用表 1 的数据可以估算 A, B, C 和 D 试样的 $\langle i_c \rangle$ 值分别为 3.3×10^{-5},2.3×10^{-5},2.1×10^{-5} 和 0.8×10^{-5} A,可见结的 $\langle i_c \rangle$ 值,即结的质量随着熔融程度增加,晶粒尺寸减少,杂相和小空洞出现而变坏。图 3 中 J_c 随($\Delta V/V$)而先升后降现象是晶粒数增加和 $\langle i_c \rangle$ 值下降的综合结果。

图 3 还给出试样的 J_c(77K)值随外加磁场 H 的变化。所有试样的 J_c 值在不大的磁场(低于 H_{c1})下便急骤下降。晶粒(或颗粒)尺寸减少,J_c 值随 H 而下降得更快。这与上述弱连结平均单结临界电流密度 $\langle i_c \rangle$ 随晶粒尺寸减少而下降的结果相一致。

3.3　磁阻曲线

图 4 是 A 试样恒定电流($J = 2\text{A/cm}^2$)和恒温(77.4K)下不同磁场增加速率 $\dot{H}$ 时的

$V(H)$—H曲线。由图4，$V(H)$曲线有二个特点：①在起始阶段，$V(H)$曲线明显受$\dot{H}$的影响，$\dot{H}$越大开始产生磁阻的H值越小，同一H值下的$V(H)$值也越大。这可由磁通运动速度效应说明，磁通运动速度越大，起动越早，所受摩擦阻力也越大。在后阶段，$\dot{H}$的影响大大减弱，说明此时磁通运动的空间比较均匀，运动的速度效应不显著。②随着H的增大，不同$\dot{H}$的$V(H)$曲线在某一H值处汇合而$V(H)$曲线的曲率也发生改变即出现拐点Pa。在此之前 $d^2V(H)/dH^2>0$，拐点之后$d^2V(H)/dH^2\leqslant 0$，说明拐点前后磁通运动空间的性质有了变化。

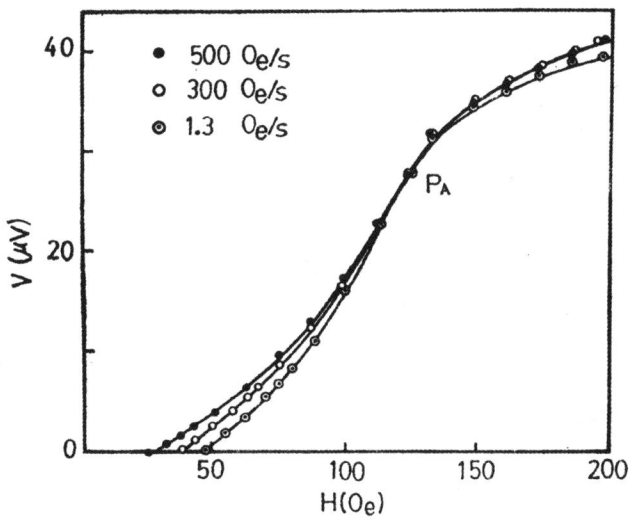

图4 试样电压降随磁场变化率及磁场大小的变化(试样A，测量电流$J=2A/cm^2$)

Fig.4 The voltage across the bulb samples as a function of field and its time variation rates $\dot{H}$ (Sample A, transport current $J=2A/cm^2$)

如果认为$V(H)$曲线的起始段对应于磁通运动破坏弱连接过程，而拐点之后是磁通浸入晶粒内部，则$V(H)$拐点Pa相应于通常的下临界场位置。由于各弱连接质量不尽相同，所以拐点扩展为$V(H)$曲线上的一段。下面作进一步讨论。

在起始阶段，磁通并未进入超导颗粒内，只是开始破坏表面的弱连接。设单个弱连接的平均临界电流为$i_{c\alpha}$，磁场引起的超流流经该结部分为$i_{s\alpha}$，外加电流流经该结部分为i_α，该结的正常电阻为r，则电压为

$$U_\alpha = r(i_\alpha + i_{s\alpha} - i_{c\alpha}) \qquad (1)$$

设想截面积为$L\times h$，长为D的一维结组(图5)，单位面积上的结数为n，则在长度D上产生的电压为

$$U = \sum_{\alpha=1}^{N} r(i_\alpha + i_{s\alpha} - i_{c\alpha}) \approx Nr(i + i_s - i_c) \qquad (2)$$

其中$N = D\sqrt{n}$。

设各个结的i_c和r大致相同，表面处$x=0$，由于并联关系

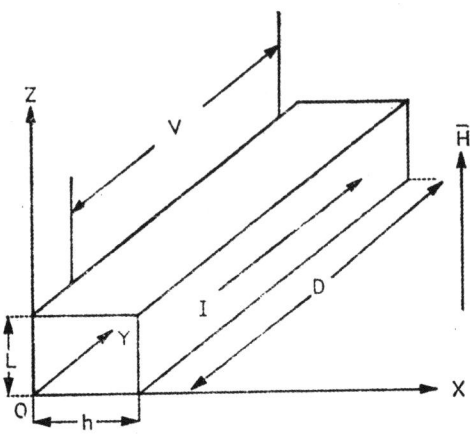

图 5 试样的几何坐标
Fig.5 Sample geometry

$$Nr[i(x)+i_s(x)-i_c]=Nr[i(0)+i_s(0)-i_c]$$
$$i(x)=i_s(0)+i(0)-i_s(x) \quad (3)$$

外加电流 I 为

$$I=\int n\,i(x)\mathrm{d}s=2n\int_0^L \mathrm{d}z\int_0^{h/2} i(x)\mathrm{d}x \quad (4)$$

外加磁场产生的超流 $i_s(x)$ 为

$$i_s(x)=J_s(x)/n \quad (5)$$

由伦敦方程 $\quad J_s(x)=-\dfrac{1}{\mu}\left(\dfrac{\mathrm{d}B_z}{\mathrm{d}x}\right)=\dfrac{1}{\mu\lambda}B_0 e^{-x/\lambda} \quad (6)$

其中 μ 为材料导磁率,λ 为等效伦敦穿透深度[9]。由(3)~(6)式可得

$$I=nhL[i_s(0)+i(0)]-\dfrac{2B_0 L}{\mu nh}(1-e^{-h/2\lambda})$$

或 $\quad [i_s(0)+i(0)]=\dfrac{I}{nLh}+\dfrac{2B_0}{\mu nh}(1-e^{-h/2\lambda}) \quad (7)$

(7)式代入(2)式得

$$U=Nr\left[\dfrac{I}{nLh}+\dfrac{2B_0 L}{\mu nh}(1-e^{-h/2\lambda})-i_c\right]=AH+C \quad (8)$$

式中,$A=\dfrac{2LrD}{h\sqrt{n}}(1-e^{-h/2\lambda})$,$C=\dfrac{rD}{\sqrt{n}}(J-J_c)$,$(J=I/Lh, J_c=ni_c)$

实验中以不同速率 $\dot{H}$ 加场,由此产生的表面纵向单位长度感应电动势为

$$\oint E_l\,\mathrm{d}l=\dfrac{\partial\phi}{\partial t}=\dfrac{\partial}{\partial t}\left(\int B\mathrm{d}s\right)=\lambda\dot{B}(1-e^{-h/2\lambda})$$

测量电极间的电势差为

$$\varepsilon=\lambda\mu\dot{H}(1-e^{-h/2\lambda})D \quad (9)$$

总的电压 $V(H)$ 为(8)式与(9)式之和

$$V(H) = U + \varepsilon = AH + \lambda\mu D\dot{H}(1 - e^{-h/2\lambda}) + C \qquad (10)$$

令$V(H) = 0$，由式(10)可求得$V(H)$曲线上电压不为零的起始磁场H'与磁场变化率$\dot{H}$的关系

$$\dot{H} = -C/AG - (1/G)H' \qquad (11)$$

其中$G = \mu h \lambda \sqrt{n/2Lr}$。

由式(11)可见，$\dot{H}$增大时H'减少，所得结论与图4实验结果相符。

$V(H)$曲线的第二部份涉及磁通浸入超导颗粒内部，即通常非理想第二类超导体的磁通流阻$R = V(H)/I - I_c$，由于式中I_c也与外场H有关，因此所测得的$V(H)$与$R(H)$不尽相同。由于在该磁场范围内的J_c值已接近常数(图3)，所以$V(H)$曲线也大致反映了$R(H)$曲线的走向。因为$R(H) = V(H)/(I - I_c)$，也即$\rho(H) = E/(J - J_c)$。其中E是磁通以速度v运动感生的电场，$\vec{E} = \vec{V} \times \vec{B}$，当$\vec{V} \perp \vec{B}$时$E = vB$。因而有$\rho(H) = v \cdot B/(J - J_c)$即$\rho(H)$正变于$\dot{H}$。

由于(1)式中的i_{sa}起源于变化磁场引起的感应电流，如果系统地测量了试样各侧面上电压随$\dot{H}$的变化，则可以求得更多的与超导电性有关的参数。这方面的工作我们将另行报导。

4 结 论

(1) YBCO超导体具有颗粒弱连接超导特性。局部熔融处理可使晶粒(颗粒)尺寸减少，增加弱连接数目。但由于脱溶第二相出现和微缩孔现象导致弱连接质量即结的临界电流密度下降。

(2) 在低于下临界场时，由于弱连接的破坏使YBCO超导体的承载电流的能力急剧下降。

(3) 外加磁场产生的磁阻曲线$R(H)$可分为二部分，分别对应于由磁通运动破坏弱连接和磁通浸入超导颗粒产生流阻两个过程。前者受$\dot{H}$的影响较为显著。

参 考 文 献

1　Müller K A, Takashige M, Bendnorz J G. Phys Rev Lett, 1987; 58: 1143
2　王世光，戴远东。氧化物超导材料物性专题报告文集，甘子钊，韩汝珊，张瑞明主编，北京：北京大学出版社，1988; 188
3　赵勇，夏健生，陈祖耀等。低温物理学报，1989; 11: 273
4　Jin S, Tiefel T H, Sherwood R C et al. Appl Phys Lett, 1987; 51: 943
5　Palstra T T M, Batlogg B, Schneemeyer L F et al. Phys Rev Lett, 1988; 61: 1662
6　Tinkham M. ibid, 1988; 61: 1658
7　Yeshurum Y, Malozemoff A P. Phys Rev Lett, 1988; 60: 2202
8　Wadayama Y, Kudo K, Nagata A. Jpn J Appl Phys, 1988; 27: L 1221
9　Rorenblatt J. Revue de Physique Appliquee, 1974; 9: 217

The Current Carrying Characteristics in Partial Melted YBCO Superconductor

Lin Guangming*   *Fang Heng*   *Zhang Jinxiu*   *Zeng Wenguang*   *P.C.W.Fung*

Abstract

The partial melted bulk $YBa_2Cu_3O_{7-x}$ superconductor can be obtained by means of high temperature treatment technique. The microstructure, diamagnetism χ critical temperature Tc, critical current Jc and magnetoresistance curve R(H) are studied. As increasing of melting extent, Tc decreases monotonously, and Jc increases first and then decreases. Weak magnetic field results in the Jc coming down quickly. The effect of $\dot{H}$ (variance rate of magnetic field strength, from 1.3 Oe/s to 500 Oe/s) on R(H) curve is measured and its characteristics are described.

Keywords   superconductor, weak linking, flux, granular superconductivity

* Department of Physics

高 T_c 超导体的室温飞秒时间分辨谱研究*

皮飞鹏 曾文生 朱德瑞 林位株 莫党

(中山大学物理学系，广州 510275)

摘 要 本文研究了室温下 $YBa_2Cu_3O_{7-x}$ ($x=0.1, 0.4, 0.8$) 和 $PrBa_2Cu_3O_{6.9}$ 外延膜的飞秒瞬态反射谱. 结果表明，瞬态反射信号 $\triangle R(t)$ 的符号和弛豫时间与载流子浓度密切相关，对超导的 $YBa_2Cu_3O_{6.9}$ 样品进行不同程度的去氧处理或者用 Pr 替代 Y 后，$\triangle R(t)$ 的符号由正变负，弛豫时间由小于 100 fs 增加到大于 1 ps，说明在高 T_c 氧化物超导体中，载流子浓度的减少使载流子-声子耦合强度降低.

关键词 高 T_c 超导体，飞秒脉冲，时间分辨谱
分类号 O433.54, O511.1

在常规超导体中，成对机制主要是电子-声子相互作用，电声相互作用的强度对常规超导体的超导电性具有决定性的意义. 用飞秒（泵浦-探测）时间分辨谱，通过测量非平衡载流子的能量弛豫速度，可以测量电声耦合常数 λ[1]. 这个理论在常规超导体中已经得到了证实[2,3]. 在高 T_c 氧化物超导体中，尽管主要的成对机制可能不是载流子-声子耦合，但是能量弛豫速度可能仍然与成对相互作用相关.

高 T_c 超导体的室温飞秒时间分辨谱已经用推广的 Hubbard 模型得到了比较好的定性解释，并用 Allen 理论估算了载流子-声子耦合常数 λ[4,5]. 而临界温度附近的飞秒谱的研究也得到了许多有意义的结果[6~8]，处于超导态的载流子受激后的弛豫行为明显区别于正常态受激载流子的弛豫行为，但是对这种区别的理论解释还存在分歧，这可能主要是缺乏足够的实验数据和对超导电性的物理机制缺乏了解.

本文我们报道了超导的 $YBa_2Cu_3O_{6.9}$ 外延膜以及用 Pr 替代 Y 的非超导膜的室温飞秒谱的研究结果，还首次报告经过不同程度去氧处理的 $YBa_2Cu_3O_{7-x}$ ($x=0.4, 0.8$) 薄膜的室温飞秒研究的有意义的结果.

1 原理和实验方法

在飞秒泵浦-探测实验中，当用一束由锁模激光器输出的超快泵浦脉冲（脉宽≤100

收稿日期：1993-06-02
* 国家自然科学基金和国家超导研究发展中心资助项目

fs）照射样品时，泵浦脉冲加热样品中的载流子，在很短的时间内（<1 ps），载流子被激发而偏离和晶格的热平衡，这样，载流子的温度将升高到远高于晶格的温度，产生一种局域的非平衡．然后，通过声子发射，载流子将能量向晶格转移，载流子和晶格逐渐达到热平衡，而达到平衡的速度是由载流子-声子耦合强度决定的．

根据 Allen 的理论[1]，金属中非平衡载流子（电子）的能量弛豫速度可近似写为

$$\frac{\partial T_e}{\partial t} = \gamma_T(T_L - T_e)$$

其中 $\gamma_T = 3\hbar\lambda<\omega^2>/\pi k_B T_e$，$k_B$ 为 Boltzmann 常数，T_e 为电子温度，T_L 为晶格温度，而 λ 为电声耦合常数．

因此，测量非平衡载流子的弛豫过程就可以得到载流子声子耦合常数 λ．

在实验中，将探测飞秒脉冲相对于泵浦脉冲适当延迟，由于随着电子态的抽空和填充，样品对探测脉冲的瞬态吸收会发生变化，通过测量不同延迟时间样品对探测束的瞬态吸收的变化就可以得到非平衡载流子的能量弛豫过程的情况．通常，我们测量样品对探测束的瞬态反射信号的变化或者瞬态透射信号的变化，只是后者的符号与前者相反，也与样品的瞬态吸收相反．

飞秒时间分辨谱的测量装置如图 1 所示．飞秒脉冲列由同步泵浦染料激光器产生，中心波长 630 nm（相当于光子能量 1.98 eV），脉冲全半宽度为 150 fs，重复速率为 100 MHz，飞秒脉冲列经分束器分为泵浦束和探测束，光强比为 10∶1．泵浦光聚焦于样品上加热载流子，引起的瞬态响应通过延迟的探测束测量，探测束的延迟是通过由计算机控制的步进电机实现的．泵浦束和探测束会聚于样品同一点上，并且偏振方向正交，以通过在探测器前放置偏振片的方法挡掉大部分由泵浦光引起的杂散光．信号是经样品反射的探测束的光强变化 $\triangle R$ 随着探测光相对于泵浦光的延迟时间 t 的变化．为了进行锁相放大，我们将泵浦束斩波，斩波频率为 2.7 kHz，探测束的反射信号由光电管接收后经差分和锁相放大进入微机控制的实验数据获取和处理系统进行分析处理．

实验中所用样品是外延生长于 ZrO_2 衬底上的 2000 Å 厚的 $YBa_2Cu_3O_{7-x}$（$x = 0.1, 0.4, 0.8$）和 $PrBa_2Cu_3O_{6.9}$ 薄膜，通过电阻和直流电极化率测量，超导的 $YBa_2Cu_3O_{6.9}$ 样品的超导临界温度 $Tc \approx 89K$．

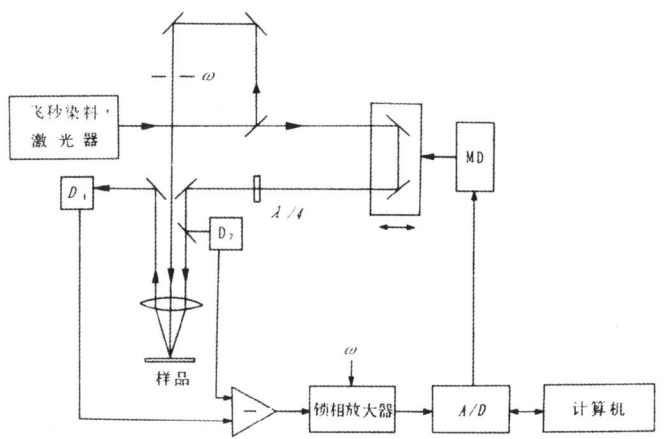

图 1 飞秒泵浦—探测实验装置示意图

Fig. 1 Schematic of femtosecond pump-probe experimental setup

MD 为可变延迟线驱动器，ω 为斩波器，$\lambda/4$ 为 1/4 波片，D_1，D_2 为探测器

2 实验结果与讨论

室温下，$YBa_2Cu_3O_{6.9}$ 和 $PrBa_2Cu_3O_{6.9}$ 样品的瞬态反射信号作为延迟时间的函数 $\Delta R(t)$ 如图 2 所示。图中正信号对应于超导的 $YBa_2Cu_3O_{6.9}$ 样品，而负信号对应于不超导的 $PrBa_2Cu_3O_{6.9}$ 样品，两个信号已按振幅归一化。结果表明，在 $YBa_2Cu_3O_{6.9}$ 中用 Pr 替代 Y 引起 $\Delta R(t)$ 的变号。这个结果也为 Kazeroonian 等[9]报导过。我们可以用推广的 Hubbard 模型解释。

实验中观察到的探测束的瞬态反射信号来源于样品吸收的变化，这种吸收对应于 Cu-O 面上的空穴吸收光子后从 $Cu d^8/d^{10}$ 带上的填充态向 O_p 带上空态的跃迁。按照 Hubbard 模型（如图 3），Cu 的 d 带劈裂为两个带，而空穴 Fermi 面居于 O_p 带中的某处，但是其精确位置并不知道，并且随着空穴浓度变化，也就随着氧含量变化。

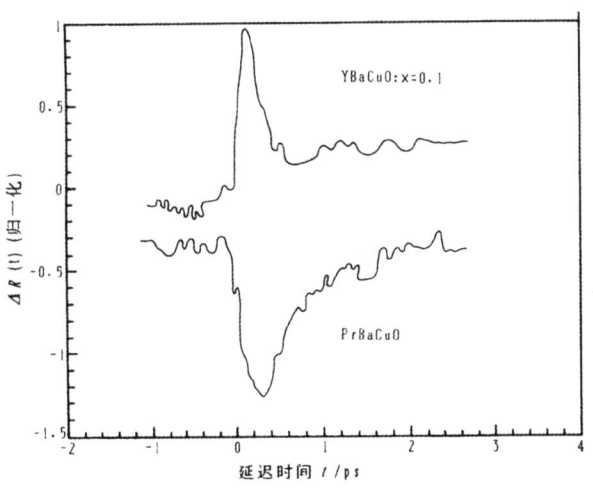

图 2 $YBa_2Cu_3O_{6.9}$ 和 $PrBa_2Cu_3O_{6.9}$ 的瞬态反射信号 $\Delta R(t)$ 随延迟时间的变化。信号已按振幅归一化

Fig. 2 The transient reflecfivity signals $\Delta R(t)$ VS delay time for $YBa_2Cu_3O_{6.9}$ and $PrBa_3Cu_3O_{6.9}$. The amplitudes of the signals are normalized

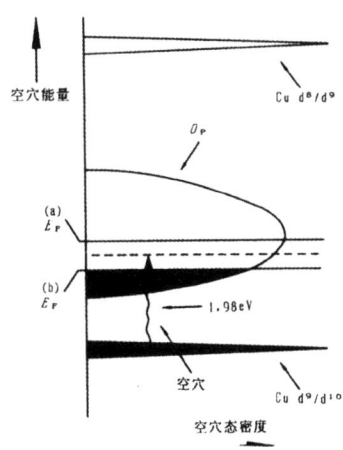

图 3 Cu-O 面能带示意图

Fig. 3 Schemtic of energy states present in the Cu-O plane. E_F is the Formi level for holes

$E_F^{(a)}$，$E_F^{(b)}$ 分别为超导样品和非超导样品的空穴 Fermi 面

泵浦脉冲的作用是加热载流子空穴，当载流子气体的温度被泵浦光所升高时，Fermi 分布的尾部在能量上扩展很远，即出现 Fermi 面的模糊，打开了 Fermi 面以下的态而填充了 Fermi 面以上的态。我们知道，样品对探测光的吸收表现为空穴吸收光子（能量 ≈ 1.98 eV）向 O_p 带中的 Fermi 面附近的终态的激发，因此，如果空穴的 Fermi 面高于可探测态（图 3 中的 E_F^a），那么 Fermi 面的模糊显然有利于吸收，于是 $\Delta R(t) > 0$；与此相反，如果空穴 Fermi 面稍低于可探测态（图 3 中的 E_F^b），那么 Fermi 面的模糊将关闭一部分跃迁终态，引起负的 $\Delta R(t)$。前者对应于 $YBa_2Cu_3O_{6.9}$ 超导样品的情况，而后者对应于 Pr-

$Ba_2Cu_3O_{6.9}$ 非超导样品的情况,因为用 Pr 替代 Y 的直接影响是载流子空穴从 Cu-O 面向 Y 位转移,降低了 Cu-O 面上的空穴浓度,空穴 Fermi 面由 $YBa_2Cu_3O_{6.9}$ 的高于探测态的位置降低到可探测态之下.

飞秒瞬态反射信号的符号对于空穴 Fermi 面相对于探测态的位置相当敏感,因而对于高 Tc 氧化物超导体的 Cu-O 面上载流子的浓度也就相当敏感.因此,将超导的 $YBa_2Cu_3O_{6.9}$ 样品进行去氧处理以降低 Cu-O 面上载流子空穴的浓度,一定能观察到瞬态反射信号符号的变化,实验结果证实了这点.

我们将超导的 $YBa_2Cu_3O_{6.9}$ 样品在 450 ℃ 真空下退火 10 min 进行去氧处理,由电阻测量知道,$YBa_2Cu_3O_{7-x}$ 中 x 变为约 0.4,处理过的样品得到了负的 $\triangle R(t)$(如图 4 (b)).Brorson 等[4]也报道了类似的结果.

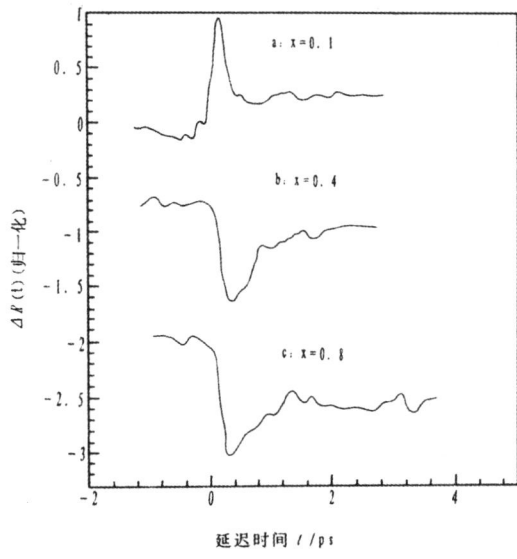

图 4 $YBa_2Cu_3O_{7-x}$ 的瞬态反射信号 $\triangle R(t)$ 随延迟时间的变化

Fig. 4 $\triangle R(t)$ VS. delay time for $YBa_2Cu_3O_{7-x}$

(a:$x=0.1$,b:$x=0.4$,c:$x=0.8$)

在图 2 和图 4 中,我们除了看到 $\triangle R(t)$ 符号的变化外,$\triangle R(t)$ 的弛豫时间也随着载流子浓度的降低而明显增加,超导的 $YBa_2Cu_3O_{6.9}$ 样品的弛豫时间估计小于 100 fs,而在 $YBa_2Cu_3O_{7-x}(x=0.4)$ 及不超导的 $PrBa_2Cu_3O_{6.9}$ 样品中弛豫时间增加到大于 1 ps.

我们知道,在声子中介的常规超导体中,能量弛豫速度和超导温度相关联[1],弛豫时间和 Tc 都是由电声耦合强度所决定的.当载流子声子耦合较强时(λ 较大),Tc 高,而瞬态弛豫快;相反,较弱的耦合(λ 较小),则有较低的 Tc 和较长的弛豫时间.尽管目前对高 Tc 氧化物超导体的耦合机制还没有深入的认识,但是从我们的实验结果中,可以定性地看到载流子弛豫时间和 Tc 间存在某种对应关系,载流子弛豫是由载流子声子耦合决定的,这种耦合可能同样也在成对机制中起某种作用.

为了进一步了解载流子浓度与载流子弛豫的关系,将上述退火的 $YBa_2Cu_3O_{7-x}(x\sim 0.4)$ 样品再一次在较高的温度(550 ℃)下真空退火 10 min,这时 $x\sim 0.8$.这个样品的瞬态反射信号 $\triangle R(t)$ 也示于图 4(c).可以看到,$\triangle R(t)$ 的弛豫时间明显增加,说明载流子浓度越低,载流子声子耦合也越弱,非平衡载流子的能量弛豫时间也越长.进一步说明对于

高 Tc 氧化物超导体，Allen 关于非平衡载流子弛豫与电声耦合强度的关系的理论至少定性上是正确的。实际上，已有一些作者根据瞬态反射（透射）信号的弛豫过程，由 Allen 理论估算了不同超导体中载流子声子耦合常数 λ 的值[4,5]。

不同温度下特别是超导临界温度 Tc 上下的飞秒瞬态谱的研究，对于了解由正常态向超导态转变时载流子行为的变化及超导电性的机制可能有帮助，特别是考虑到在稍低于临界温度的样品，在泵浦脉冲的激发下，成对载流子可能因为激发而首先拆散，然后经过能量弛豫重新配对。目前，尽管已有一些作者进行了这方面的工作[6~8]，但其结果和对结果的解释还存在互相矛盾情况，这可能一方面是因为实验数据不够充分，另一方面对超导机制缺乏更清楚的认识。因此，更多的这方面的工作是必要的，这对于进一步了解高 Tc 超导体中载流子相互作用的机制是有意义的，这也是我们下一步的工作。

3 结 论

本文采用飞秒泵浦-探测技术，测量了"1 2 3"系高 Tc 氧化物超导体的瞬态光致反射信号 $\triangle R(t)$ 随延迟时间的变化，特别是研究了用 Pr 替代 $YBa_2Cu_3O_{6.9}$ 中的 Y 和对超导的 $YBa_2Cu_3O_{6.9}$ 样品进行不同程度的真空退火去氧处理的样品的瞬态谱。结果表明，对于超导样品，$\triangle R(t)$ 的弛豫时间小于 100 fs；而通过去氧或用 Pr 替代 Y，降低 Cu-O 面上的空穴浓度后，引起了 $\triangle R(t)$ 符号由正到负的变化，这是由于位于 Op 能带内的空穴 Fermi 面的移动引起的，说明 $\triangle R(t)$ 的符号对于 Fermi 面相对于探测终态的位置是敏感的。载流子浓度降低之后，$\triangle R(t)$ 的弛豫时间明显增加，而且空穴浓度越低，弛豫时间越长，这是由于局域载流子-声子耦合强度下降引起的。由于载流子浓度降低的同时也降低了 Tc（或由超导变为不超导），可以认为引起能量弛豫的载流子声子耦合机制可能在成对机制中也起某种作用。高 Tc 氧化物超导体瞬态谱的进一步研究可能为了解高 Tc 超导电性的物理机制提供有用的信息。

感谢北京大学物理学系、介观物理国家实验室在实验上的大力支持。

参 考 文 献

1 Allen P B. Phys Rev Lett, 1987, 59: 1460
2 Broson S D, Kazeroonian A, Face D W et al. Phys Rev Lett, 1990, 64: 2172
3 Schoenlein R W, Lin W Z, Fujimoto J G et al. Phys Rev Lett, 1987, 58: 1680
4 Broson S D, Kazeroonian A, Moodera J S et al. Solid State Commun, 1990, 74: 1305
5 Chekalin S V, Farztdinor V M, Golovlyov V V et al. Phys Rev Lett, 1991, 67: 3860
6 Eesley G L, Heremans J, Meyer M S et al. Phys Rev Lett, 1990, 65: 3445
7 Han S G, Vardeny Z V, Wong K S et al. Phys Rev Lett, 1990, 65: 2708
8 Chwalek J M, Uher C, Whitaker F J et al. Appl Phys Lett, 1990, 57: 1690
9 Kazeroonian A, Broson S D, Moodera J S et al. Solid State Commun, 1991, 78: 95

Room Temperature Femtosecond Time-Resolved Spectroscopy in High Tc Superconductors

Pi Feipeng*   Zeng Wensheng   Zhu Derei   Lin Weizhu   Mo Dang

Abstract Femtosecond time-resolved reflection spectroscopy in high Tc oxide superconductors $YBa_2Cu_3O_{7-x}$ (x=0.1, 0.4, 0.8) and $PrBa_2Cu_3O_{6.9}$ is studied. It is observed that the signs and the relaxation times of the reflectivity signals $\triangle R(t)$ are related to the carrier concentration. The signs of $\triangle R(t)$ in $YBa_2Cu_3O_{7-x}$ are found to change from positive (x=0.1) to negative and the relaxation times are measured to increase from less than 100 fs to more than 1 ps, with increasing x and with substitution of Pr for Y. These results reveal that the carrier-phonon coupling reduces with the decrease of the carrier concentration.

Keywords high Tc superconductor, femtosecond pulses, time-resolved spectroscopy

---

·简 讯·

英国科学文摘（SA）继续收录中山大学学报

据中国科学技术信息研究所1993年12月公布的《1992中国科技论文统计与分析》（年度研究报告），1992年英国《科学文摘》（SA）收录我国刊物67种，总数与1991年相同。中山大学学报（自然科学版）继续为SA收录的刊物之一。我国高校学报共有12家被SA收录，按公布的序号排列为：⑮湖南师范大学学报，⑯北京大学学报，⑰中山大学学报，㉒大连理工大学学报，㉕华中理工大学学报，㉗东南大学学报，㉘上海交通大学学报，㉙哈尔滨工业大学学报，㉚同济大学学报，㉛清华大学学报，㉜厦门大学学报，㉝浙江大学学报。

其中，湖南师范大学学报为1992年新收录刊物。

（张楚民）

---

* Department of Physics, Zhongshan University, Guangzhou 510275

理想介观环 AC 型持续流

周义昌　朱诗亮*　曾柱石
(中山大学物理学系，广州 510275)　(广东教育学院)

摘　要　本文导出了电子在电磁场中合 AC 效应的哈密顿量，结果比 Aharonov—Casher 的中子哈密顿多了 1/2 因子．应用到同时存在 AB，AC 效应的介观环中，精确求出了能谱，持续电流，自旋流的解析表达式．讨论了 $T=0K$ 时 AC 效应诱发的持续流，在强电场下，AC 效应有极重要影响．

关键词　介观环，AC 效应，持续流

分类号　O412.3

介观环被磁通 Φ 穿过而诱发以 $\Phi_0=hc/e$ 为基本周期的持续电流，已被三个实验证实[1]．这种持续电流，实质上是 Aharonov—Bohm 效应在量子力学定态的表现，因而被称为 AB 型持续电流．Aharonov 和 Casher 提出，电中性但带磁矩的粒子（例如中子）在电场中运动时也产生类似 AB 效应的拓扑相位因子[2]，他们的预言尽管效应较弱，但也被实验证实[3]．电子的 AC 效应对介观环持续电流的影响已引起人们研究兴趣[4,5]．

文献[5]在计算中作了近似，只考虑了电场径向分量 Er 的效果，没有讨论近似的准确程度．本文精确讨论了含 AC 效应的介观环的解析解．结果表明，若电场 $E\sim 10^7 V/m$，径向电场远比轴向电场贡献大，文献[5]的结果是可靠的．但当电场 $E\sim 10^{10} V/m$ 时，则轴向电场贡献远比径向电场大．此时文献[5]的结论需作修正．

1　含 A-C 效应的电子哈密顿量

考虑电子 $(-e)$ 在矢势 $\vec{A}$ 和标势 A_0 中运动．相对论性电子狄拉克方程是
$$[c\vec{\alpha}\cdot(\vec{p}+(e/c)\vec{A})+\beta mc^2-eA_0]\psi(\vec{X})=E\psi(\vec{X}) \tag{1}$$

令波函数
$$\psi=\begin{pmatrix}\psi_1\\\psi_2\end{pmatrix}$$

其中 ψ_1 是正能的大分量，ψ_2 是负能的小分量．并设 $E=\varepsilon+mc^2$，经过不复杂的运算，可得到

收稿日期：1993—12—03

* 1992 级硕士研究生

正能大分量 ψ_1 满足

$$\hat{h}\psi_1 = e\psi_1 \tag{2}$$

其中

$$\hat{h} = \vec{\sigma}[\vec{p}+(e/c)\vec{A}][c^2/(E+eA_0+2mc^2)]\vec{\sigma}\cdot[\vec{p}+(e/c)\vec{A}] - eA_0 \tag{3}$$

由(3)式经过非相对论近似,可得到

$$\hat{h} = (1/2m)[\vec{p}+(e/c)\vec{A}]^2 - (he/4\pi mc)\vec{\sigma}\cdot\vec{B} + (1/2c)\vec{\mu}\cdot(\vec{V}\times\vec{E}) - eA_0 \tag{4}$$

这里静磁场 $\vec{B} = \nabla\times\vec{A}$ 及静电场 $\vec{E} = -\nabla A$. (3)式第一项为电子动能,第二项为 Zeeman 磁矩—磁场耦合能,第三项即 AC 效应.

(4)式近似写为

$$\hat{h} = (1/2m)[\vec{p}+(e/c)\vec{A} - \frac{1}{2c}\vec{\mu}\times\vec{E}]^2 + \vec{\mu}\cdot\vec{B} - eA_0 \tag{5}$$

电子的 AC 效应项与中子情况比较,多出因子 1/2,源于电子受到电场的加速,产生 Thomas 进动.

2 哈密顿量的精确对角化

我们不考虑 Zeeman 项,同时(5)式中的 eA_0 是常数项,可以吸收到电子的化学势 μ_0 中,则一维环的单电子哈密顿为

$$\hat{h} = (1/2m)[\vec{p}+(e/c)\vec{A}+(\mu_B/2C)\vec{\sigma}\times\vec{E}]^2 \tag{6}$$

N 电子的哈密顿

$$\hat{H} = \sum_{i=1}^{N} \hat{h}_i - \mu_0 \hat{N} \tag{7}$$

对于半径为 R 的精确一维圆环,矢势 $A_\theta = \theta/2\pi R$,只考虑 $\vec{e}_\theta$ 方向的运动,$P_\theta = -(ih/2\pi R)(d/d\theta)$, $\vec{\sigma}\times\vec{E}$ 只取 $\vec{e}_\theta$ 分量 $\hat{\sigma}_z E_r - \hat{\sigma}_r E_z$,得到

$$\hat{h} = hw/2\pi[-id/d\theta + \varphi/\varphi_0 + \hat{\sigma}_z\varphi_{AC} - \varphi_z(\hat{\sigma}_x\cos\theta + \hat{\sigma}_y\sin\theta)]^2 \tag{8}$$

这里记 $w = h/4\pi mR^2$, $\varphi_0 = ch/e$, $\varphi_{AC} = \pi\mu_B E_r R/ch$, $\varphi_z = \pi\mu_B E_z R/ch$, 以后用到 $w_1 = w\varphi_z$.

下面用二次量子化方法来求出 N 电子的哈密顿量,取表示的基

$$hw/2\pi(-i\partial/\partial\theta + \varphi/\varphi_0)^2\psi_n(\theta) = \epsilon_n\psi_n(\theta) \tag{9}$$

这里 $\psi_n(\theta) = (1/\sqrt{2\pi})e^{in\theta}$, $\hat{\sigma}_z\chi_\sigma = \sigma\chi_\sigma$, $\epsilon_n = (hw/2\pi)(n+\varphi/\psi_0)^2$, χ_σ 是自旋波函数. 算符

$$\begin{cases} \hat{\psi}(\theta) = \sum_{n\sigma} \psi_n(\theta)\chi_\sigma C_{n\sigma} \\ \hat{\psi}^+(\theta) = \sum_{n\sigma} \psi_n^*(\theta)\chi_\sigma^+ C_{n\sigma}^+ \end{cases}$$

这样,哈密顿(8)式简化成

$$\hat{H} = \int \hat{\psi}^+(\theta)\hat{h}\psi(\theta)d\theta$$
$$= \sum_{n\sigma}[e_{n\sigma}C_{n\sigma}^+ C_{n\sigma} + \triangle_n(C_{n\uparrow}^+ C_{n-1\downarrow} + C_{n+1\downarrow}^+ C_{n\uparrow})] \tag{10}$$

其中
$$\epsilon_{n\sigma} = (hv/2\pi)(n+\varphi/\varphi_0+\sigma\varphi_{AC})^2 + hv\varphi_z^2/2\pi - \mu_0$$
$$\Delta_n = -(hv_1/\pi)(n+1/2+\varphi/\psi_0) \qquad (11)$$

$\hat{H}$ 中的第二项给出了环中运动电子自旋的改变,从中看出轨道状态的改变 $\Delta_n = \pm 1$ 和自旋方向的改变是同时的,只要轴向电场 $E_z \neq 0$, 介观环中的电子自旋方向总有一定的几率改变.

作实系数波戈留波夫变换,哈密顿(10)式可精确对角化成
$$\hat{H} = \sum_n (A_n \alpha_n^+ \alpha n + B_n \beta_n^+ \beta n) \qquad (12)$$
$$A_n = (\epsilon_{n-} + \epsilon_{n+1-})/2 + \sqrt{g_n^2 + \Delta_n^2} \qquad (13)$$

这里的 $g_n = (\epsilon_{n+1-} - \epsilon_{n+})/2$, 代表了环中电子能级的分立值.

从能谱 A_n, B_n 的形式看,它们总是宗量 $n+\varphi/\psi_0$ 的函数,因此,能量或热力学函数是 φ 以 φ_0 为周期的周期函数. 但是,我们首次指出,当轴向电场 $E_z \neq 0$ 时,能谱及热力学量都不是 φ_{AC}, 以及 φ_z 的周期函数. 当 $E_z = 0$ 时,能谱及热力学量都变为 φ_{AC} 的周期性函数.

从我们的结果,很容易看出 $\varphi_z = 0$ 时,
$$E_n = E_n(\varphi_{AB} + \sigma\varphi_{AC}) \qquad (14)$$

同文献[5]完全一致. 我们这里是严格求出了能谱的解析式,同时还可以指出,当 $\varphi_z \neq 0$ 时,因为 $\Delta_n \neq \Delta_n(\varphi_{AB}+\sigma\varphi_{AC})$, 导致了(14)式不成立,这样,便确定了文献[5]的适应范围.

从(12)式可以看出,环中电子激发的准粒子分为两支. 这跟环中 $\vec{E}=0$, 而 $\vec{B}\neq 0$ 且非均匀时的自旋—轨道相互作用给出的能谱极相似[6]. 实际上,这种相似不是表面上的,理应可以更统一地描述,我们以后再详细讨论.

3 持续电流

利用对角化了的哈密顿(12)式,可以直接写出自由能
$$F = -(1/\beta) \sum_n \{\ln[1+\exp(-\beta A_n)] + \ln[1+\exp(-\beta B n)]\} \qquad (15)$$

持续电流与自由能的关系是[2]
$$I(\varphi) = -C \,\partial F/\partial \varphi \qquad (16)$$

所以
$$I(\varphi) = -C \sum_n \left[\frac{\partial A_n/\partial\varphi}{\exp(\beta A_n)+1} + \frac{\partial B_n/\partial\varphi}{\exp(\beta B n)+1} \right] \qquad (17)$$

由(13)式求出
$$\begin{cases} \partial A_n/\partial\varphi = (hv/\pi\varphi_0)(n+1+\varphi/\varphi_0) + (hv/2\pi\varphi_z)[(1-2\varphi_{AC})\sqrt{1+x^2}-1] \\ \partial B_n/\partial\varphi = (hv/\pi\varphi_0)(n+\varphi/\varphi_0) - (hv/2\pi\varphi_0)[(1-2\varphi_{AC})\sqrt{1+x^2}-1] \end{cases} \qquad (18)$$

这里 $x = \Delta n/gn = -2\varphi_z/(1-2\varphi_{AC})$. 由(17)、(18)式联合,可以确定温度 T 时,介观环中由 AB, AC 效应联合产生的持续电流.

当温度 $T=0$ 时,
$$I(\varphi) = -c\,\partial E/\partial\varphi = -C \sum_n (\partial A_n/\partial\varphi + \partial B_n/\partial\varphi) \qquad (19)$$

求和局限于费米能 μ_0 之下的能级. 为简单,我们以后的讨论局限于 $T=0K$ 情况,所得的

主要结论一般在极低温下都适应. 下面把 AB 效应, AC 效应诱发的持续电流分离并加以讨论.

当 $\varphi_{AC}=\varphi_z=0, \varphi\neq 0$ 时, 是纯 $A-B$ 效应. 此时, 易得到 $A_n=\epsilon_{n+1-}, B_n=\epsilon_{n+}$, 故以后求和时 A_n 的动量对应于 $\pm(n+1)$, 而 B_n 对应于 $\pm n$. 在 $-1/2\leqslant\varphi/\psi_0\leqslant 1/2$ 情况下, 电子的填充顺序是: $\cdots>(A_n=B_{n+1})>(A_{n-1}=B_n)>\cdots$. 利用这种能级顺序, 可以求出持续电流

$$I(\varphi)=\begin{cases}-I_0(\varphi/\varphi_0-1/4) & N_e \text{ 是奇数} \\ -I_0\varphi/\varphi_0 & N_e \text{ 是偶数}\end{cases} \quad (20)$$

这里 $I_0=Neh w c/2\pi\varphi_0$, 这种情况被许多作者讨论过, 上式与如考虑自旋时文献 [7] 式 2—4 的持续电流完全一致.

当 $\varphi_z=0$, 但是 φ_{AC}, φ 有限时, 仍有 $A_n=\epsilon_{n+1-}, B_n=\epsilon_{n+}$, 表明能谱 A_n 代表自旋 $\sigma_z=+1$ 状态, 而 B_n 表征 $\sigma_z=-1$ 自旋态, 电场的作用是使自旋简并度解除. 当 φ_z 逐渐增加时, 能谱 A_n 中从纯态 $\sigma_z=+1$ 逐渐混有 $\sigma_z=-1$ 的状态, 而 B_n 从 $\sigma_z=-1$ 的纯态, 慢慢混有 $\sigma_z=+1$ 的状态.

当轴向、径向电场同时并存时, 很容易证明(18)式 $\partial A_n/\partial\psi, \partial B_n/\partial\varphi$ 的前一项求和代表的是自由电子在纯 $A-B$ 磁通诱发的持续电流(20)式, 而后一项代表的是 $A-C$ 电场诱发的持续流. 这样, 零温时 AB, AC 型持续电流可以分离. 当有限温度时, 两种效应混杂在一起. 这样, AC 效应诱发的持续电流可表为

$$\begin{cases}I_{AC}=-C\sum_n(\partial A'_n/\partial\varphi+\partial B'_n/\partial\varphi) \\ \partial A'_n/\partial\varphi=-\partial B'_n/\partial\varphi=(hw/2\pi\varphi_0)[(1-2\varphi_{AC})\sqrt{1+x^2}-1]\end{cases} \quad (21)$$

在费米面 F 求和, 给出由 AC 效应诱发的持续电流

$$I_{AC}=(N_{Bn}-N_{An})(hw/2\pi\varphi_0)[(1-2\varphi_{AC})\sqrt{1+x^2}-1] \quad (22)$$

N_{An}, N_{Bn} 分别表示占据能谱 A_n, B_n 中的电子数. 前面已指出, A_n, B_n 分别近似是自旋向下, 向上的状态, 即 $N_{Bn}-N_{An}\approx n_\uparrow-n_\downarrow$, 所以, AC 型电流 I_{AC} 正比 $n_\uparrow-n_\downarrow$.

现有实验中, 电场强度 $E\sim 10^7 V/m$, 介观环 $R\sim 10^{-5}m$, 则 $\varphi_{AC}, \varphi_E, x\approx 10^{-3}$, 则 $\sqrt{1+x^2}\approx 1+x^2/2$, 这样, (22)式展开成

$$I_{AC}\approx(N_{Bn}-N_{An})(hw/2\pi\varphi_0)(-2\varphi_{AC}+x^2/2) \quad (23)$$

由上式看出, 当电场较小时, I_{AC} 随 φ_{AC} 线性变化, 而随 φ_E 二次方变化. φ_z 的贡献远比 φ_{AC} 小. 如果实验可达 $E\sim 10^{10}m$ 时, φ_z, φ_{AC} 可达到 1, φ_z 的作用将比 φ_{AC} 大. 另外, 比较细致的讨论可证明, $N_{Bn}-N_{An}$ 将随 φ_z, φ_{AC} 上升而跳跃式增加, 致使 I_{AC} 也随电场上升而跳跃式上升. 因此, 要使 AC 效应在金属环持续电流中有明显影响, 需要电场足够强, 同时具有自旋极化的系统.

4 持续自旋流

介观环中持续自旋流可表示成[5]

$$j_\rho^{\sigma_z}=-(c/2\pi R)\partial E/\partial\varphi_{AC} \quad (T=0) \quad (24)$$

在温度为 T 时,

$$j_{ie}^{\sigma z} = -(c/2\pi R)\sum_n \left(\frac{\partial An/\partial \varphi_{AC}}{\exp(\beta An)+1} + \frac{\partial Bn/\partial \varphi_{AC}}{\exp(\beta B_n)+1}\right) \quad (25)$$

由式(13)可求出

$$\begin{cases} \partial An/\partial \varphi_{AC} = (h\omega/2\pi)(2\varphi_{AC}-1) - (h\omega/\pi\sqrt{1+x^2})(n+1/2+\varphi/\varphi_0) \\ \partial Bn/\partial \varphi_{AC} = (h\omega/2\pi)(2\varphi_{AC}-1) + (h\omega/\pi\sqrt{1+x^2})(n+1/2+\varphi/\varphi_0) \end{cases} \quad (26)$$

对 $T=0$ 时,类似于前面求持续电流的过程,得到持续自旋流

$$j_\varphi^{\sigma z} = -(c/2\pi R)[N_e(hw/\pi)\varphi_{AC} + j_\varphi^1] \quad (27)$$

其中

$$j'_\sigma = \begin{cases} (N_e hw/2\pi)(1/\sqrt{1+x^2}-1) & Ne \text{ 是偶数} \\ (Ne\, hw/2\pi)(2/\sqrt{1+x^2}-1) & Ne \text{ 是奇数} \end{cases}$$

j_φ^1 是 $\varphi_{AC}=0$ 时的自旋流,$X=0$ 时跟纯 AB 效应中的自旋流一致。所有粒子由 φ_{AC} 诱发的自旋流方向一致。因此,AC 效应可以在介观环中产生极强的自旋流。当 $x\ll 1$ 时,可写出纯电场产生的 AC 型自旋流

$$j_{AC}^{\sigma z} = \begin{cases} -(N_e hcw/2\pi^2 R)(\varphi_{AC}+\chi^2/2) & \text{奇数 } N_e \\ -(N_e hcw/2\pi^2 R)(\varphi_{AC}+\chi^2/4) & \text{偶数 } N_e \end{cases} \quad (28)$$

从以上讨论可知,AB 效应易诱发持续电流,而 AC 效应易产生自旋流。

5 结论和展望

对于金属介观环,在现有电场 $E\sim 10^7$V/m 下,AC 效应引起的 $\varphi_{AC}\sim 10^{-3}$,是一个极其小的效应。但是如有轴向电场 E_z,这电场不仅比 E_r 易实现,而且,前面得到的结果表明,持续电流 I_{AC} 在弱场中正比于 φ_{AC},而与 E_z 的关系是 $I_{AC}\propto \varphi_z^2$,故当电场增加时,$\varphi_z$ 的作用越来越重要。当 $E\sim 10^{10}$V/m 时,$\varphi_{AC},\varphi_z\sim 1$,AC 效应在介观环中的作用必不可少。

在金属中,需要强电场 AC 效应才明显。有作者[5]指出,在半导体中,$\mu=g^*\mu B$,$g^*\sim 10^2$,更弱的电场即可产生明显效应。他们还认为,在 III—V 族半导体,如 GaAs 中,可能晶体内部的极化场即可使 φ_{AC} 达到 1 的数量级,在达到 $\varphi_{AC}\sim 1$ 的区域,我们的讨论结果很重要。

由前面的讨论,我们得到:能谱、持续流及其它热力学量永远是 φ 以 φ_0 为周期的周期函数。当 $\varphi_z=0$ 时,它们同时还是 φ_{AC} 以 1 为周期的周期函数,但不是 φ_z 的周期函数;当 $\varphi_z\neq 0$ 时,能谱及热力学量也不是 φ_{AC} 的周期函数。

AC 效应在介观环持续电流中影响远比 AB 效应小,原因一是不容易产生很强的电场,另一点是 AC 效应产生的持续电流方向与自旋方向有关,自旋相反的粒子产生的电流互相抵消,而 AB 效应产生的持续电流方向一致。对自旋流正好相反,AB 效应不易诱发,而 AC 效应可诱发较强的自旋流。

从我们得到的精确解可以知道,提高 AC 效应的实验方法有:寻找如文献[4]指出的类似于 ^{3}He—A_1 相中存在 $(n_\uparrow-n_\downarrow)$ 自旋极化较大的系统或文献[6]指出的存在极化晶体场的物质。而更根本的方法是提高电场强度。

参 考 文 献

1. Mailly D, chapetier C, Benoit A. Experimental observation of persistent current in a GaAs—AlGaAs single loop. Phys Rev Lett, 1993, 70:2020
2. Aharonov Y, Casher A. Topological quantum effects for neutral particles. Phys Rev lett, 1984, 53:319
3. Cimmino A, Opart G. Observation of the topological Aharonov—Casher Phase shift by neutron interferometry, phys Rev Lett, 1989, 63:380
4. Balatshkg A, Altshuler B. persistent spin and mass currents and Aharonov—Casher effect. phys Rev Lett, 1993, 70:1678
5. Harsh M, Stone A. Quantum transport and electronic Aharonov—Casher effect. Phys Rev Lett, 1992, 68:2964
6. Loss D, Goldbart P, Balastsky A. Berry's phase and persistent charge and spin currents in texture mesoscopic ring. Phys Rev Lett, 1990, 65:1655
7. Cheung H, Gefen Y. Persistent current in small one—dimensional metal rings. Phys Rev, 1988, B37:6050

Aharonov—Casher Type Persistent Currents in Mesoscopic Ring

Zhou Yichang*   *Zhu Shiliang*   *Zeng Zhushi*

Abstract An effective Hamiltonian describing AC effect for electrons in electromagnetic field is derired and a factor of 1/2 over Anaronov—Casher Hamiltonian is obtained. Based on an exact second guantized Hamiltonian of non—interacting electron gas in the mesoscopic ring mixed with AB, AC effect, analytic solutions for energy eigenvalues, the persistent current and persistent spin curreut are obtained It is shown that AC effect is extremely important for electrons in some semiconductors applied with intense electric field.

Keywords mesoscopic ring, AC effect, persistent current

* Department of Physics, Zhongshan University, Guangzhou 510275

线性驱动下一级相变的重正化群理论

钟 凡

(中山大学物理学系,广州 510275)

摘 要 把重正化群理论应用于一受外场驱动而发生一级相变的系统中,结果表明,与有序化过程一样,该系统也由零温不动点所决定,并得到磁化强度及结构函数的新的动力学标度关系. 由此可获得滞后回线面积与变场速率的标度关系.

关键词 一级相变,滞后,变场速率,标度关系,重正化群

分类号 O414.21,O482.51

滞后现象是一级相变的一个普遍特征. 早在上个世纪末,对交流磁化的损耗就发现很多软磁材料中等磁场都服从 Steinmetz 定律[1]. 90 年代以来,有序化理论被应用于对 Steinmetz 定律的研究. 考虑具有交变磁场作用下的 $(\Phi^2)^2$ 模型在 N 趋于无穷时的动力学,由数值解可得到磁滞回线,并求得小磁场振幅 H_0 及频率 ω 下回线面积的标度关系[2]为: $A \approx H_0^\alpha \omega^\beta$. 其中 $\alpha = \beta = 1/2$. Somoza 等[3] 对小的磁场肯定了这一结果,并证明它与自由能的形式无关,只由零温不动点决定,具有普适性. 因为小振幅及频率时正弦变化的磁场可以展开,因而实际上与以振幅及频率的乘积为速率的线性变化磁场一样. 因此,对以 $\dot{H}$ 为变化速率的磁场,滞后回线的面积可表为[4,5]

$$A \approx a\dot{H}^n, \quad n = 1/2 \tag{1}$$

而对平均场模型,普适关系则为: $A \approx A_0 + a\dot{H}^n$, $n = 2/3$.

这些结果的普适性意味着重正化群理论可能有助于对其理解. 对于大 N 模型的相分离动力学,结构函数及畴的长大规律是由零温不动点所决定的这一点,已得到肯定,并由动量空间的重正化群理论所证实[6,7]. 实际上,由于模型的连续对称性,存在无能隙的 Goldstone 激发,因此系统的长大过程与温度无关,完全由模型本身的结构所决定,因而物理上自然应该由零温强相互作用不动点所决定. 可以预期,对于小的外场变化速度,系统的响应也应该由相同的不动点所决定.

1 重正化群理论

1.1 模 型

利用外场 H 中具有 N 分量序参量的 Ginzburg — Landau — Wilson 自由能泛函[2]

收稿日期:1995-03-06 钟凡,男,29 岁,讲师

$$F[\boldsymbol{\Phi}] = \frac{1}{2} \int d^d x [c(\nabla \boldsymbol{\Phi})^2 + r\boldsymbol{\Phi}^2 + \frac{u}{2N}(\boldsymbol{\Phi}^2)^2 - 2\sqrt{N} H \cdot \boldsymbol{\Phi}] \tag{2}$$

其动力学由 Langevin 方程决定

$$\frac{\partial \boldsymbol{\Phi}(x,t)}{\partial t} = -\lambda \frac{\delta F[\boldsymbol{\Phi}]}{\delta \boldsymbol{\Phi}(x,t)} + \eta(x,t) \tag{3}$$

其中 λ 为动力学系数, T 为温度, d 为空间维数, $\eta(x,t)$ 是具有零平均且方差为

$$<\eta_i(x,t)\eta_j(x',t')> = 2\lambda T \delta_{ij} \delta(x-x') \delta(t-t') \tag{4}$$

当 $N \to \infty$ 时, 上述方程约化为一组耦合积分—微分方程[2]

$$dM/dt = -\lambda(\xi_\perp M - H) \tag{5}$$

$$\partial C_\perp(k,t)/\partial t = 2\lambda T - 2\lambda(ck^2 + \xi_\perp) C_\perp(k,t) \tag{6}$$

$$\xi_\perp = r + uS + uM^2 \tag{7}$$

$$S = \int [d^d k/(2\pi)^d] C_\perp(k,t) \tag{8}$$

其中 $C_\perp(k,t)$ 为横向结构函数, M 为磁化强度. 我们只考虑横模. 为简洁起见, 下面我们略去 $\perp$.

1.2 重正化分析

考虑一处在负外场下达到平衡的系统, 且外场以恒速率 $\dot{H}$ 增加. 我们把时间零点取在外场为零处, 即有

$$H = \dot{H} t \tag{9}$$

按照重正化群的标准做法[8], 先消去"硬模", 即波数满足 $\wedge/b < k < \wedge \ (b > 1)$ 的模. 方法是从方程(5~8)中解出这些模的演化规律, 然后代入到余下的"软模" $k < \wedge/b$ 的方程中. 经过这一步骤之后, 软模的演化还是由方程(5~8)决定, 只是 ξ 变为

$$\xi(t) = r + uM(t)^2 + uS_s(t) + uS_h(t) \tag{10}$$

其中下标 s 和 h 分别表示对软和硬模的积分.

对于小的外场变化速率, 硬模的结构函数近似能按稳态解演化, 即 $\xi_{st} M = H$, 一直到 $H > 0$. 因此, 硬模的结构函数近似为

$$C_h(k,t) \approx T/(ck^2 + \xi_{st}) \approx T/(ck^2 + H/M)$$

因而对小的速率及磁场, 相对于硬模的大的 k, 上式中 H/M 可以忽略. 所以,

$$S_h(t) \sim TK_c(1 - b^{2-d})/c \tag{11}$$

其中 $K_c = 2^{-d+1} \pi^{-d/2} \wedge^{d-2}/[(d-2)\Gamma(d/2)]$[8], 而 $\Gamma(d/2)$ 为 gamma 函数. 因此, 粗化过程没有产生新的项.

重正化的第二步是重新标度. 把软模的波数通过 $k = k'/b$ 的变换而使这些模的紫外截断 $\wedge$ 重新回到原来的值, 同时为使标度不变, 必须把时间 t 及序参量 $\boldsymbol{\Phi}$ 也随着改变. 按文献[8]的记号

$$\begin{aligned} k &= bk, \quad x = x'/b, \quad t = b^z t' \\ \boldsymbol{\Phi}(x) &= b^y \boldsymbol{\Phi}'(x'), \quad \boldsymbol{\Phi}_k = b^{y+d/2} \boldsymbol{\Phi}' k', \end{aligned} \tag{12}$$

因此,

$$\begin{aligned} M(t) &= <\boldsymbol{\Phi}> = b^y M'(t'), \\ C(k,t) &= <\boldsymbol{\Phi}_k(t) \boldsymbol{\Phi}_{-k'}(t)> = b^{d+2y} C'(k', t'), \\ S(t) &= b^{2y} S'(t') \end{aligned} \tag{13}$$

将方程(12,13)代入(5～8),并利用式(9),可以把得到的方程改写为原来(5～8)式的形式,只是现在是关于带撇量的方程.由此我们得到递推关系

$$c' = b^{z-2}c \qquad T' = b^{z-d-2y}T, \qquad \dot{H}' = b^{2z-y}\dot{H}$$
$$\xi'(t') = r' + u'M'^2(t') + u's'(t') = b^z\xi(b^zt) \tag{14}$$

利用方程(10)和(11)可以得到另两个关系

$$u' = b^{z+2y}u, \qquad \tau' = b^z\tau \tag{15}$$

其中 $\tau = r + uTK_c/c = r(T_c - T)/T_c$,且 $T_c = -rc/(uK_c)$.

1.3 结　果

对零温不动点, c 和 τ/u 必须有限[7],因此,

$$z = 2, \qquad y = 0$$

所以,　　　　$\tau' = b^2\tau, \qquad u' = b^2u$

Hamiltonian 中的高阶项,如 $(\Phi^2)^3$ 的系数,除了重正化低阶项的系数之外,也以相同的方式变换.因而 Hamiltonian 也按 b^{d-2} 的形式转换.因此结果与 $F[\Phi]$ 的具体形式无关.这与先前的结果一致.

由式(14)可见,温度按 b^{2-d} 变换,与 Hamiltonian 一致.实际上为使运动方程(3)不变,可通过让 Hamiltonian 不变而只使温度变.因而我们可以只考虑温度.所以

$$M(\dot{H}, t, T) \quad M'(\dot{H}', t', T') = M(\dot{H}', t', T') = M(b^4\dot{H}, b^2t, b^{2-d}T)$$
$$C(k, \dot{H}, t, T) = C'(k', \dot{H}', t', T') = C(k', \dot{H}', t'T') = b^dC(k/b, b^4\dot{H}, b^2t, b^{2-d}T)$$

令 $b = \dot{H}^{-1/4}(>1)$,最后得到主要结果

$$M(\dot{H}, t, T) = f(\dot{H}^{1/2}t, \dot{H}^{(d-2)/4}T) \tag{16}$$
$$C(k, \dot{H}, t, T) = \dot{H}^{-d/4}f'(\dot{H}^{-1/4}k, \dot{H}^{1/2}t, \dot{H}^{(d-2)/4}T) \tag{17}$$

改变 $\dot{H}$ 的符号,可得到滞后回线的另一半,因而由式(16)可求得滞后回线面积 $A \sim 2\int MdH$,即

$$A = \dot{H}^{1/2}g(\dot{H}^{(d-2)/4}T) \tag{18}$$

上三式中 f, f' 和 g 都是标度函数. $g(x)$ 是对(1)式的修正.对足够低的温度和小的 $\dot{H}$,上式回到方程(1).

2　与数值结果的比较与分析

本文的主要结果包含在式(16～18)中.对 $d=2, T$ 是不变量,因而 α 准确地等于 1/2.对 $d>2$,当 T 及 $\dot{H}$ 足够小时, $\dot{H}^{(d-2)/4}T$ 也很小,因而 α 接近于 1/2.这些与数值解的结果一致[4].这里我们主要验证方程(16,17).

对 $d=2$,只要将磁化强度以变量 $\dot{H}^{1/2}t$ 为标度作图,不同速率下的曲线就能重合.而结构函数的标度形式则需将 $C(k, \dot{H}, t, T)\dot{H}^{d/4}$ 以约化波数 $\dot{H}^{-1/4}K$ 和时间 $\dot{H}^{1/2}t$ 为标度作图.而当 $d>2$ 时,由式(16,17)可见,为使不同变化速率的曲线能重合为同一标度形式,对大的 $\dot{H}$,温度 T 必须同时降低,以便抑制涨落以使形貌与低 $\dot{H}$ 的相似.因此,对一具有 $\dot{H}$ 和 T 的参考曲线,速率为 $\dot{H}'$ 的曲线的温度必须等于 $(\dot{H}/\dot{H}')^{(d-2)/4}T$,这样才能使结果重合为同一曲线.图 2 给出图 1 的原始磁化强度曲线的标度形式.其中速率为 0.005 的曲线的

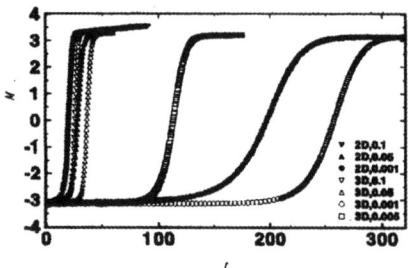

图 1 2D 和 3D 下不同温度和速率的磁化曲线
Fig. 1 Magnetization vs time with different temperatures and field rates in 2D and 3D

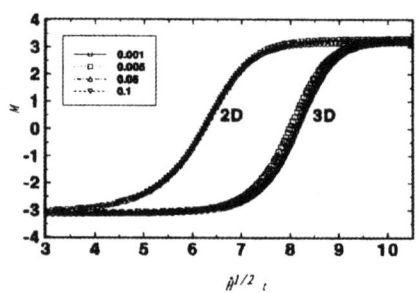

图 2 二、三维空间的标度化磁化曲线
Fig. 2 Scaled magnetization curves

温度没有作相应改变,因而不可能重合在其它曲线上,它只是用来显示温度的效应.图 4 给出二维情况下图 3 中不同速率的原始结构函数曲面的标度形式.可见结果符合得极好.

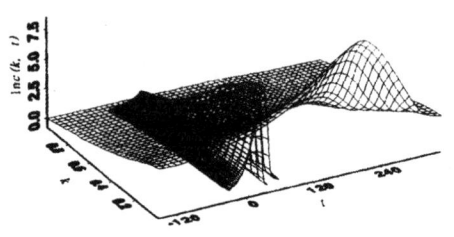

图 3 速率分别为 0.1,0.01 和 0.001 的结构函数
Fig. 3 Structure factors with different field rates

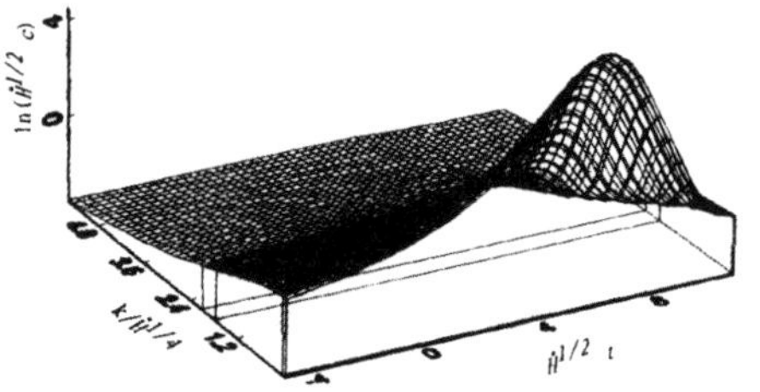

图 4 标度化结构函数
Fig. 4 Scaled structure factors

最后需要指出,在 $T=0$ 的极限情况下,H 必须趋于无穷,因而转变磁场移向有限值,即 Spinodal 点.因为这种情况下的平衡结构函数为零,动力学方程退化到平均场理论的形式,耗散指数 α 也就过渡到平均场的 2/3.

本文把重正化群理论应用于大 N 模型中外场线性驱动下的一级相变,得到了与驱动速率有关的新的动力学标度关系,对相变循环中的能量耗散这一特殊情形也得到新的标度形式,结果很好地与数值计算一致.由此建立起与驱动速率标度关系的理论基础.

参 考 文 献

1 北京大学物理系. 铁磁学. 北京:科学出版社,1976
2 Rao M, Krishnamurthy H R, Pandit R. Magnetic hysteresis in two model systems. Phys Rev B,1990, 42:856

3 Somoza A M, Desai R C. Kinetics of systems with continuous symmetry under the effect of an external field. Phys Rev Lett, 1993, 70: 3279

4 Zhong F, Zhang J X, Siu G G. Dynamic scaling of hysteresis in a linearly driven system. J Phys Condens Matter, 1994, 6: 7785

5 Zhong F, Zhang J X. Scaling of thermal hysteresis with temperature scanning rate. Phys Rev E, 1995, 51: 2898

6 Bray A J. Exact renormalization-group results for domain-growth scaling in spinodal decomposition. Phys Rev Lett, 1989, 62: 2841; and Renormalization-group approach to domain-growth scaling. Phys Rev B, 1990, 41: 6724

7 Conglio A, Zannetti M. Scaling and crossover in the large-N model for growth kinetics. Phys Rev E, 1994, 50: 1046

8 Ma S K. Modern Theory of Critical Phenomena, Benjamin, Reading, Massachusetts, 1976

Renormalization Group Theory of First-Order Phase Transitions under Linear Driving External Field

Zhong Fan [*]

Abstract We apply for the first time renormalization group theory to a system with a first-order phase transition between opposite magnetizations driven linearly by an external magnetic field. The system is described by the large-N model with continuous symmetry and its dynamics is governed by the time-dependent Ginzburg-Landau model. We show explicitly that the driven transition is also governed by the zero-temperature fixed point, and obtain novel dynamic scaling forms for the magnetization and the structure factor. From these relations the scaling form for the area of hysteresis loop with corrections follows naturally. Numerical results agree excellently with the theoretical predictions.

Keywords first-order phase transitions, hysteresis, change rate of external field, scaling relations, renormalization group

---

[*] Department of Physics, Zhongshan University, Guangzhou 510275

冷阴极电子源在微波器件上的应用*

邓少芝[1]　陈 军[1]　许宁生[1,2]

(1) 中山大学物理学系,广州 510275; 2) 中国科学院物理所表面物理国家重点实验室)

摘 要 介绍了冷阴极电子源的研究进展和它们在现代微波器件和系统上的应用,并预测它们在这一方面应用的可能发展趋势.

关键词 电子发射,冷阴极电子源,微波器件

分类号 O 462.4, O 462.1

近 10 年来,场致电子发射的研究所取得的喜人进展,使冷阴极电子源的研制和应用受到了越来越明显的重视[1~3]. 有些学者甚至认为,在某些情况下,尤其是在感性的微波器件和系统中,冷阴极电子源是现用的热阴极电子源最有希望的替换品[3]. 与热阴极电子源比较,冷阴极电子源的特点列于表 1.

冷阴极电子源所具有的特点,为解决微波等器件和系统的电子束的质量问题提供了机会. 推进这一研究,可直接促使未来微波等器件和系统的性能改善和功率水平提高.

表 1　冷阴极电子源的特点
Tab.1　Characteristics of cold cathode electron source

项 目	冷阴极	热阴极
温度/K	≤300	≥1 000
电流密度/(A·cm^{-2})	10^7	≤100
电容	小	受限制
工作频率/GHz	>10	受限制
启动	立即	需预热

1 冷阴极电子源的研究进展

单个钨尖针就是一个简单的冷阴极电子源. Spindt 在 80 年代成功地发展了用薄膜沉积技术制作钼尖针阵列的片状电子源,如图 1a 所示. Spindt 等后来用相似的技术制成了尖劈阵列. Thomas 等还发展了用常用的集成工艺制作硅尖针阵列的技术. 这一类电子源利用了一个物理理论结果:即由于尖端局部电场增强而易于引起导电体表面发生 Fowler-Nordheim 电子发射过程.

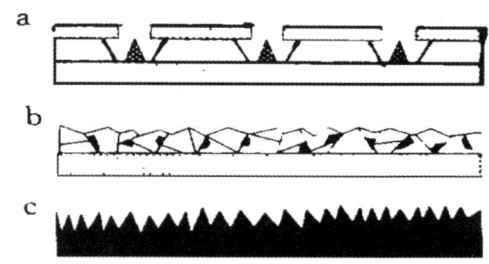

图 1　冷阴极电子材料
Fig.1　Cold cathode material
(a) 尖针阵列; (b) 金刚石薄膜; (c) 天鹅绒

---

* 国家杰出青年科学基金(59525206)资助项目
　收稿日期:1998-04-20　　邓少芝,女,35岁,副教授

90年代初期,英国和美国的3个研究组分别对CVD金刚石薄膜表面[4],半导体-CVD薄膜-金属多层结构[5]和类金刚石薄膜表面[6]的电子发射现象作了开创性的研究.这些工作引起了国际同行的极大兴趣,不少研究者现在正致力于研究如图1b所示的薄膜型冷阴极电子材料.这类电子材料利用的物理原理是:金刚石薄膜表面具有较低以至负表面电子亲和势的条件[4],易于受电场诱发电子发射.而且,这类薄膜中的石墨颗粒等杂质和缺陷也被普遍认为有利于引起低电场诱发电子发射[4,7].特别是这类薄膜可相对容易地沉积在不同形状的电极表面上,构成不同形状的冷阴极,这一优点对一些微波器件和系统来说是重要的.

在微波或大功率脉冲型器件和系统中,还经常用到天鹅绒作冷阴极电子源的材料(如图1c所示)[8].它的优点是便宜,实用方便;在强脉冲电场作用下能产生足够强的电流.电脉冲会引起天鹅绒表面产生等离子体,而电子则是从这些等离子体中,在电场的作用下发射出来的.

近几年来,被研究得比较多的另一类冷阴极电子源的材料是:场诱发电子发射铁电体薄膜[2,9].其电子发射机制普遍认为:储存在薄膜表面的电子,当内电场快速翻转时,会被其束缚电荷排斥而滑出薄膜表面.我国工程物理研究院的研究人员对这类冷阴极材料的制作技术与发射机制都作了比较系统的研究[2],其成果受到国际同行的重视.

2 应用例子

一些重要的微波系统或器件,如自由电子受激辐射微波放大器(即Masers)性能,往往受到电子束的质量限制.为了解决这一问题,人们正在探索冷阴极电子源在克服上述困难所能发挥的作用.英国Strathclyde大学的Allen Phelps教授领导的研究组做了不少开创性工作.我们将以他们的工作为例来说明冷阴极电子源在微波器件与系统的应用潜力.

在他们建立的可调频(20~100 GHz)Gyrotron系统中,采用了图2a所示的冷阴极二极管结构.起初,阴极是一根机械加工出来的金属尖针,电子在强的脉冲电场的作用下,主要从尖端发射出来.但在上百个脉冲作用后,尖端变钝,电子便无规则地从尖端周围的表面发射出来.而经过几百个脉冲后,在实验条件允许的电场强度下,阴极停止发射电子.为

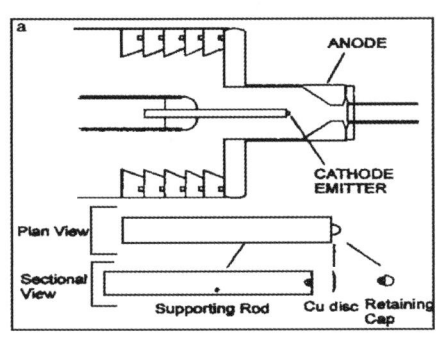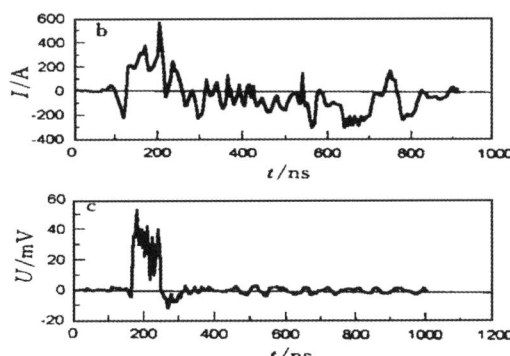

图2 冷阴极二极管的结构(a)、脉冲电流波形(b)和输出微波波形(c)

Fig.2 (a) Structure of electron gun; (b) Waveform of pulsed current;
(c) Waveform of microwave output

了降低所需诱发电场强度,进一步提高电子束质量,并增长阴极使用寿命,他们设计了图2a 的阴极结构,采用了英国 Aston 大学所研制的材料做冷阴极材料[4]. 按设计需要把阴极做在铜圆台的周边表面上,技术上是一大难题. 采用制作尖端阵列的微电子加工技术直接加工,或用天鹅绒阴极材料都无法解决这个问题. 图 2b 描绘了从图 2a 所示的二极管测到的脉冲电流,其峰值接近 600 A. 图 2c 采用了图 2a 的二极管结构的 Gyrotron 系统上测量到的毫米波脉冲. 从这些初步结果,可以感觉到冷阴极电子源在这一类系统的应用前景.

上述研究组还把冷阴极电子源引入磁控管(magnetron). 在这一应用中,他们采用硅尖针阵列的冷阴极电子源,获得了一些有意义的成果. 但是,他们同时发现有两个暂时无法解决的问题. 一是采用贴片的方法来安装电子源很难达到它们正常工作要求的条件;二是在 1.333×10^{-4} Pa 的环境气压条件下,所用电子源工作不稳定. 可见,要在这方面的应用获得成功,还需要下大功夫才能找到出路.

另外,片状冷阴极电子源(图 1a)在分布式微波放大器(图 3)上的应用也受到比较多关注. 最近,环形片状冷阴极电子源在射频微波放大器上应用获得成功[3,10].

3 今后的发展趋势

未来的研究还会集中在 3 个方面:
① 新式的分布式微波放大器(distributed amplifier)中的冷阴极电子源. ② 传统微波管,如行波管和速调管(klystrode or twystrode amplifier tubes)等器件中的冷阴极电子源. ③ 采用真空电弧脉冲电子源的大功率微波系统,如自由电子受激辐射微波放大器(masers).

①和②方面都采用针尖阵列式的真空微电子源,并有比较高的性能要求. 以后者为例,目前其电子源已经达到的工作指标为:长期稳定性 > 8 500 h,电流密度 > 10^9 A/cm², 总电流 > 180 mA, 电容 < 10 nF/cm², 电导/电容 > 2×10^{12}.

稳定性的问题受环境条件、针尖表面和材料纯度制约. 在针尖表面镀上金刚石薄膜是提高稳定性的一条出路. 其次,为了达到指标二,必须制作尖端半径更小,尖针密度更高的(超过 $10^8\sim10^9$ tips/cm²)、带控制电极的电子源. 做到这一点,再加上提高每个针尖能承受的电流量,即超过 15 μA/tip,会帮助实现指标二. 不过,要在一个 600 μm 半径大小的芯片上诱发出超过 180 mA 的电

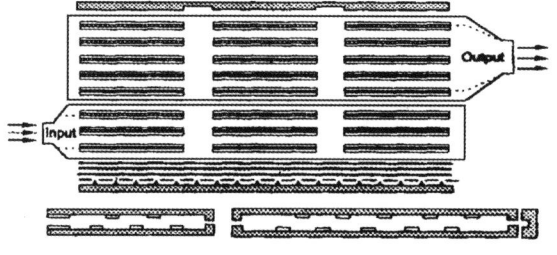

图 3　分布式微波放大器

Fig.3　Distributed microwave amplifier

表 2　决定指标的因素和达到指标的途径

Tab.2　The factors deciding the operating parameters and the ways to achieve the parameters

参数	决定因素	措施
稳定性	环境条件,尖针表面,材料纯度	阴极尖针表面镀金刚石薄膜
电流密度	阴极结构	制作尖端半径更小的阴极,尖针密度更高(超过 $10^8\sim10^9$ tips/cm²)带控制电极
电容	带栅极发射尖针阵列结构,栅极与衬底之间材料参数	增加尖针的高度获小电容,采用高频介电常数小的材料
电导	发射尖针材料,尖针尖端结构	增加尖针密度来提高电导,采用纳米尖端

流，如何解决散热的问题也必须解决．要降低电容，则必须增加针尖的高度，而这一参数的提高要受到针尖的机械稳定性考虑的限制．最后，人们可以通过增加尖针密度来提高电导．表 2 归纳出了决定工作指标的因素和达到指标的途径．

未来材料的发展，还会向人们提供可以满足真空电弧脉冲电子源要求的冷阴极材料，以及特殊加工工艺的要求．

参 考 文 献

1. Latham R V, Xu N S. Electron pin-hole: the limiting defect for insulating high voltages by vacuum, a basis for new cold cathode electron sources. Vacuum, 1991, 42: 1173~1181
2. Zhan E G, Yan X L. Experiment studies of ferroelectric cathodes. Proc of 1994 Tri-Service/NASA Cathode Workshop, 1994. 205~209
3. Parker P K, Jensen K L, Abrams R H. Field emitter array development for high frequency applications. 10th International Vacuum Microelectronics Conference, 1997. 92~97
4. Xu N S, Latham R V, Tzeng Y. Field dependence of the area-density of cold electron emission sites on broad-area CVD diamond films. Electron Lett, 1993, 29: 1596~1597
5. Gies M W, Gregory A, Pate B B. Electron field emission from diamond and other carbon materials after H_2, O_2 and Cs treatment. Appl Phys Lett, 1995, 67 (9): 1328~1330
6. Wang C W, Garcia A, Ingram D C, et al. Cold field emission from CVD diamond films observed in emission electron microscopy. Elect Lett, 1991, 27: 1459~1461
7. Zhu W, Kochanski G P, Jin S, et al. Field emission from chemical vapor deposited diamond. J Vac Sci Technol (B), 1996, 14 (3): 2011~2019
8. Hughes T P, Carlson R L, Moir D C. High-brightness electron-beam generation and transport. J Appl Phys, 1990, 68 (6): 2562~2571
9. Gundel H, Handerek J, Riege H. Time-dependent electron emission from ferroelectrics by external pulsed electric fields. J Appl Phys, 1991, 69 (2): 975~982
10. Zakharchenko Y F. Two stage distributed amplifier on field emitter arrays. J Vac Sci Technol (B), 1996, 14 (3): 1982~1985

Application of Cold Cathode Electron Source in Microwave Devices

Deng Shaozhi[*]   *Chen Jun*   *Xu Ningsheng*

Abstract   An introduction is presented on progresses in the research of cold cathode electron sources and their application in modern microwave devices. A prediction is given about the future development of this kind of application.

Keywords   electron emission, cold cathode electron source, microwave device

[*] Department of Physics, Zhongshan University, Guangzhou 510275, China

中山大学学报（自然科学版）
ACTA SCIENTIARUM NATURALIUM
UNIVERSITATIS SUNYATSENI

修正 Pöschl-Teller 势的 Schrödinger 方程散射态的精确解

陈昌远[1]　孙东升[1]　孙国耀[2]

（1）江苏盐城师范专科学校物理系，江苏盐城 224002；2）中山大学物理学系）

摘　要　给出修正 Pöschl-Teller 势 Schrödinger 方程散射态的精确解（一维和三维 S 波），获得了与束缚态不同的一些物理结果．有关散射态的结果均作为特例包含在一般结论之中．

关键词　修正 Pöschl-Teller 势，Schrödinger 方程，散射态，精确解

分类号　O 413.1

修正 Pöschl-Teller 势（以下简称修正 PT 势）

$$V(x) = -\lambda(\lambda+1)\frac{\hbar^2}{2\mu}\mathrm{sech}^2 x, (\lambda>0) \tag{1}$$

是一种双原子分子模型势的吸引部分．修正 PT 势 Schrödinger 方程的解，文献中一般采用超几何函数求极限或 Darboux 变换等方法[1,2]求解．最近，周光辉[3,4]对参数 λ 取自然数（无反射势）这一特殊情况，通过对自变量作双曲函数变换，得到了用 associated-Legendre 多项式表示的束缚态的归一化波函数以及散射态精确解波函数．我们在以前的工作[5]中，获得了普遍的 associated-Legendre 多项式表示的束缚态的归一化波函数（一维和三维 S 波），它把文献中有关束缚态的结果均作为特例包含之中．在此基础上，进一步研究了修正 PT 势的 K-G 方程和 Dirac 方程的束缚态解[6,7]．

在文献[5]的基础上，本文进一步把上述结果应用于散射中．通过对自变量作双曲函数变换，使修正 PT 势的 Schrödinger 方程转化为普遍的 associated-Legendre 方程，然后利用普遍的 associated-Legendre 函数和超几何函数间的关系，给出精确的散射态波函数（一维和三维 S 波），在此基础上，给出透射系数、反射系数和低能散射的相移表达式．本文的结果具有普遍性，文献[1~4]是有关散射态的结果均作为特例包含在本文更为一般的结论之中．

1　一维修正 PT 势的散射态

在坐标表象中，一维修正 PT 势的 Schrödinger 方程为

$$-\frac{\hbar^2}{2\mu}\frac{\mathrm{d}^2\psi(x)}{\mathrm{d}x^2} - \lambda(\lambda+1)\frac{\hbar^2}{2\mu}\mathrm{sech}^2 x\,\psi(x) = E\psi(x) \tag{2}$$

式中，E 为粒子的能量，$\psi(x)$ 是相应的波函数．为了方便，引入参数 $k=\sqrt{2\mu E/\hbar^2}$，对于散

收稿日期：1998-02-26　　陈昌远，男，40岁，副教授

射态，$k>0$. 于是方程（2）化为

$$\psi''(x)+[k^2+\lambda(\lambda+1)\text{sech}^2 x]\psi(x)=0 \quad (3)$$

对（3）式作变换 $y=\tanh x$，则可化为

$$(1-y^2)\frac{d^2\psi}{dy^2}-2y\frac{d\psi}{dy}+\left[\lambda(\lambda+1-\frac{(\pm ik)^2}{1-y^2}\right]\psi=0 \quad (4)$$

这是普遍的 associated-Legendre 方程[8]，因而解为复数指标的普遍的 associated-Legendre 函数

$$\psi_{\lambda k}(x)=CP_\lambda^{ik}(\tanh x)+DP_\lambda^{-ik}(\tanh x) \quad (5)$$

式中，C 和 D 是待定常数，与边界条件和归一化有关.

因为我们研究的是散射态，而势函数(1)式在 $x\to\pm\infty$ 时严格为 0. 按常规设粒子由左边入射，则波函数应满足这样的边界条件

$$\psi_{\lambda k}(x)=\begin{cases}\frac{1}{\sqrt{2\pi}}\exp(ikx)+R'\exp(-ikx), & x\to-\infty \\ T'\exp(ikx), & x\to\infty\end{cases} \quad (6)$$

入射波前面的因子 $1/\sqrt{2\pi}$ 是因为平面波归一化为 δ 函数而引入的. 于是反射振幅和透射振幅分别为

$$R=\sqrt{2\pi}R', \quad T=\sqrt{2\pi}T' \quad (7)$$

散射波函数(5)在 $x\to\pm\infty$ 时应满足边界条件(6)式. 利用普遍的 associated-Legendre 函数和超几何函数的关系[8]

$$P_\gamma^\mu(x)=\frac{1}{\Gamma(1-\mu)}\left(\frac{1+x}{1-x}\right)^{\mu/2}F\left(-\gamma,\gamma+1,1-\mu,\frac{1-x}{2}\right) \quad (8)$$

(5)式可改写成

$$\psi_{\lambda k}(\tanh x)=\frac{C}{\Gamma(1-ik)}\exp(ikx)F\left(-\lambda,\lambda+1,1-ik,\frac{1-\tanh x}{2}\right)+$$
$$\frac{D}{\Gamma(1+ik)}\exp(-ikx)F\left(-\lambda,\lambda+1,1+ik,\frac{1-\tanh x}{2}\right) \quad (9)$$

由于 $F(\alpha,\beta,\gamma,0)=1$，所以

$$\psi_{\lambda k}(\tanh x)\xrightarrow{x\to\infty}\frac{C}{\Gamma(1-ik)}\exp(ikx)+\frac{D}{\Gamma(1+ik)}\exp(-ikx) \quad (10)$$

对比(10)式和(6)式得

$$D=0, T'=\frac{C}{\Gamma(1-ik)}, T=\frac{\sqrt{2\pi}C}{\Gamma(1-ik)} \quad (11)$$

再利用普遍的 associated-Legendre 函数和超几何函数间的另一关系式[8]

$$P_\gamma^\mu(x)=\frac{\Gamma(-\mu)}{\Gamma(1+\gamma-\mu)\Gamma(-\gamma-\mu)}\left(\frac{1+x}{1-x}\right)^{\mu/2}F\left(-\gamma,\gamma+1,1+\mu,\frac{1+x}{2}\right)-$$
$$\frac{\sin\gamma\pi}{\pi}\Gamma(\mu)\left(\frac{1-x}{1+x}\right)^{\mu/2}F\left(-\gamma,\gamma+1,1-\mu,\frac{1+x}{2}\right)$$

并注意到 $D=0$,(5)式还可改写成

$$\psi_{\lambda k}(\tanh x)=\frac{C\Gamma(-ik)}{\Gamma(1+\lambda-ik)\Gamma(-\lambda-ik)}\exp(ikx)F\left(-\lambda,\lambda+1,1+ik,\frac{1+\tanh x}{2}\right)-$$
$$\frac{C\Gamma(ik)\sin\lambda\pi}{\pi}\exp(-ikx)F\left(-\lambda,\lambda+1,1-ik,\frac{1+\tanh x}{2}\right) \quad (12)$$

于是

$$\psi_{\lambda k}(\tanh x)\xrightarrow[x\to-\infty]{}\frac{C\Gamma(-ik)}{\Gamma(1+\lambda-ik)\Gamma(-\lambda-ik)}\exp(ikx)-\frac{C\Gamma(ik)\sin\lambda\pi}{\pi}\exp(-ikx) \quad (13)$$

对比(13)式和(6)式得

$$C=\frac{\Gamma(1+\lambda-ik)\Gamma(-\lambda-ik)}{\sqrt{2\pi}\Gamma(-ik)},\quad R'=-\frac{\sin\lambda\pi}{\pi}\frac{\Gamma(ik)\Gamma(1+\lambda-ik)\Gamma(-\lambda-ik)}{\sqrt{2\pi}\Gamma(-ik)} \quad (14)$$

把(14)式代入(7)和(11)式得

$$R=-\frac{\sin\lambda\pi}{\pi}\cdot\frac{\Gamma(ik)\Gamma(1+\lambda-ik)\Gamma(-\pi-ik)}{\Gamma(-ik)},\quad T=\frac{\Gamma(1+\lambda-ik)\Gamma(-\lambda-ik)}{\Gamma(1-ik)\Gamma(-ik)} \quad (15)$$

利用 $\Gamma(-z)=\dfrac{-\pi}{\Gamma(z+1)\sin\pi z}$

得

$$R=\frac{\sin\lambda\pi}{\sin(\lambda+ik)\pi}\cdot\frac{\Gamma(ik)}{\Gamma(-ik)}\cdot\frac{\Gamma(1+\lambda-ik)}{\Gamma(1+\lambda+ik)},$$

$$T=\frac{\sin(ik\pi)}{\sin(\lambda+ik)\pi}\cdot\frac{\Gamma(1+\lambda-ik)}{\Gamma(1+\lambda+ik)}\cdot\frac{\Gamma(1+ik)}{\Gamma(1-ik)} \quad (16)$$

于是,反射系数

$$|R|^2=\frac{\sin^2\lambda\pi}{\sin(\lambda+ik)\pi\cdot\sin(\lambda-ik)\pi}=\frac{\sin^2\lambda\pi}{\sin^2\lambda\pi+\sinh^2k\lambda\pi}$$

$$|T|^2=\frac{\sin(ik\pi)\cdot\sin(-ik\pi)}{\sin(\lambda+ik)\pi\cdot\sin(\lambda-ik)\pi}=\frac{\sinh^2k\lambda\pi}{\sin^2\lambda\pi+\sinh^2k\lambda\pi} \quad (17)$$

由此可见,$|R|^2+|T|^2=1$.当 $\lambda=n$ 时,$|R|^2=0$,$|T|^2=1$.也就是说无反射,各种能量的入射粒子全部透射过来.另一方面,在 $E=0$ 的极限下(即 $k\sim0$),将得到全反射,即 $|T|^2=0$,$|R|^2=0$.把(14)式代入(8)式和(12)式,得透射波和反射波的精确解波函数分别为

$$\psi_{\lambda k,\text{透}}(\tanh x)=\frac{\Gamma(1+\lambda-ik)\Gamma(-\lambda-ik)}{\sqrt{2\pi}\Gamma(1-ik)\Gamma(-ik)}\exp(ikx)\cdot$$
$$F\left(-\lambda,\lambda+1,1-ik,\frac{1-\tanh x}{2}\right)$$
$$\psi_{\lambda k,\text{反}}(\tanh x)=-\frac{\sin\lambda\pi\Gamma(ik)\Gamma(1+\lambda-ik)\Gamma(-\lambda-ik)}{\pi\sqrt{2\pi}\Gamma(-ik)}\exp(-ikx)\cdot$$
$$F\left(-\lambda,\lambda+1,1-ik,\frac{1+\tanh x}{2}\right) \quad (18)$$

由(18)式可知,透射波和反射波均为调制的平面波.如表示势场强度的 $\lambda=0$,即入射粒子不受势场的作用,因而就不存在反射波,而透射波应完全和入射波相同,为归一化的 δ 函数的平面波.(18)式完全符合这一情况,这时 $\psi_{0k,\text{反}}=0$.而 $F(0,\beta,\gamma,x)=1$,得 $\psi_{0k,\text{透}}=(1/\sqrt{2\pi})\exp(ikx)$,这和入射波完全相同.

当 $\lambda=n$ 时,由(18)式可知,反射波为 0.而超几何函数 $F(-n,n+1,1-ik,(1-\tanh x)/2)$ 退化成宗量为 $(1-\tanh x)/2$ 的 n 次多项式,也就是说为 $\tanh x$ 的 n 次多项式.因此若在(18)式中前面仅保留因子 $1/\sqrt{2\pi}\prod_{s=1}^{n}(ik-s)$,其他均合并到展开系数中,则(18)式可表示为

$$\psi_{\lambda k,\text{透}}(\tanh x)=1/\sqrt{2\pi}\prod_{s=1}^{n}(ik-s)\exp(ikx)\sum_{l=0}^{n}a_{nl}\tanh^l x \quad (19)$$

这就回到了文献[4]给出的无反射势散射态波函数的形式.也就是说,(18)式具有普遍性,包括了无反射势这一特例.

2 三维修正 PT 势的散射态

三维修正 PT 势为

$$V(r) = -\lambda(\lambda+1)(\hbar^2/2\mu) \cdot \mathrm{sech}^2 r, \quad (\lambda>0) \tag{20}$$

于是坐标表象中 Schödinger 方程为

$$-\frac{\hbar^2}{2\mu}\nabla^2\psi(r,\theta,\varphi) - \lambda(\lambda+1)\frac{\hbar^2}{2\mu}\mathrm{sech}^2 r\psi(r,\theta,\varphi) = E\psi(r,\theta,\varphi) \tag{21}$$

引入参数 $k=\sqrt{2\mu E/\hbar^2}$，对于散射态，$k>0$。令 $\psi(r,\theta,\varphi)=\dfrac{U(r)}{r}Y(\theta,\varphi)$，以分离出(21)式的径向部分得

$$\frac{\mathrm{d}^2 U(r)}{\mathrm{d}r^2} + \left[k^2 + \lambda(\lambda+1)\mathrm{sech}^2 r - \frac{l(l+1)}{r^2}\right]U(r) = 0 \tag{22}$$

(22)式一般只能近似求解，但对于 S 波($l=0$)可严格求解。对 S 波作变量代换 $\rho=\tanh r$，则可得

$$(1-\rho^2)\frac{\mathrm{d}^2 U}{\mathrm{d}\rho^2} - 2\rho\frac{\mathrm{d}U}{\mathrm{d}\rho} + \left[\lambda(\lambda+1) - \frac{(\pm ik)^2}{1-\rho^2}\right]U = 0 \tag{23}$$

(23)式和(4)式相同，因而其解为

$$U_{\lambda k}(r) = A P_\lambda^{ik}(\tanh r) + B P_\lambda^{-ik}(\tanh r) \tag{24}$$

式中 A 和 B 为与边界条件和归一化有关的常数，而 $P_\lambda^{\pm ik}(\tanh r)$ 是以 $\tanh r$ 为宗量的复数指标的普遍的 associated-Legendre 函数。利用(8)式，(24)式可改写为

$$U_{\lambda k}(r) = \frac{A}{\Gamma(1-ik)}\exp(ikr)F\left(-\lambda,\lambda+1,1-ik,\frac{1-\tanh x}{2}\right) + \\ \frac{B}{\Gamma(1+ik)}\exp(-ikr)F\left(-\lambda,\lambda+1,1-ik,\frac{1-\tanh x}{2}\right) \tag{25}$$

上式应满足边界条件 $U_{\lambda k}(0)=0$，

$$\frac{A}{\Gamma(1-ik)}F(-\lambda,\lambda+1,1-ik,1/2) + \frac{B}{\Gamma(1+ik)}F(-\lambda,\lambda+1,1-ik,1/2) = 0 \tag{26}$$

利用上式，(25)式可改写成

$$U_{\lambda k}(r) = \frac{A}{\Gamma(1-ik)F(-\lambda,\lambda+1,1+ik,1/2)} \cdot \\ [F(-\lambda,\lambda+1,1+ik,1/2)F(-\lambda,\lambda+1,1+ik,(1-\tanh r)/2)\exp(ikr) - \\ F(-\lambda,\lambda+1,1-ik,1/2)F(-\lambda,\lambda+1,1+ik,(1-\tanh r)/2)\exp(-ikr)] \tag{27}$$

如果波函数按"$k/2\pi$ 标度"归一化[2]，则归一化常数（原因见后）

$$A = \Gamma(1-ik) \tag{28}$$

于是散射态径向波函数的精确解为

$$R_{\lambda k}(r) = \frac{1}{F(-\lambda,\lambda+1,1+ik,1/2)} \cdot \\ [F(-\lambda,\lambda+1,1+ik,1/2)F(-\lambda,\lambda+1,1-ik,(1-\tanh r)/2 \cdot (\exp(ikr))/r - \\ F(-\lambda,\lambda+1,1-ik,1/2)F(-\lambda,\lambda+1,1+ik,(1-\tanh r)/2(\exp(-ikr))/r] \tag{29}$$

由此可见，三维问题的散射态波函数为发散球面波和会聚球面波的叠加，它们都是调制的球面波。(19)式满足如下的归一化条件[2]

$$\int_0^\infty r^2 R_{\lambda k'}^*(r) R_{\lambda k}(r)\mathrm{d}r = 2\pi\delta(k'-k) \tag{30}$$

按散射态的物理解释,(29)式可描述低能量的粒子受中心力场 $-\lambda(\lambda+1)\dfrac{\hbar^2}{2\mu}\text{sech}^2 r$ 的散射过程,所以可直接从精确解求散射波在 $r\to\infty$ 时的渐近式,来确定低能($l=0$)S分波的散射相移 δ_0,并说明(28)式取法的理由. 因 $r\to\infty$ 时 $\tanh r\to1$,而 $F(\alpha,\beta,\gamma,0)=1$,故(29)式的渐近行为

$$R_{\lambda k}(r)\xrightarrow[r\to\infty]{}\frac{1}{F(-\lambda,\lambda+1,1+ik,1/2)}\cdot$$
$$\left[F(-\lambda,\lambda+1,1+ik,1/2)\frac{\exp(ikr)}{r}-F(-\lambda,\lambda+1,1-ik,1/2)\frac{\exp(-ikr)}{r}\right] \quad (31)$$

令 $F(-\lambda,\lambda+1,1+ik,1/2)$ 的模为 D,辐角为 φ_0,即

$$F(-\lambda,\lambda+1,1+ik,1/2)=D\exp(i\varphi_0)$$
$$F(-\lambda,\lambda+1,1-ik,1/2)=D\exp(-i\varphi_0) \quad (32)$$

把(32)式代入(31)式得

$$R_{\lambda k}(r)\xrightarrow[r\to\infty]{}\frac{2\exp i(\pi/2-\varphi_0)}{r}\sin(kr+\varphi_0) \quad (33)$$

即低能散射的相移 $\delta_0=\varphi_0$. 由于因子 $\exp i(\pi/2-\varphi_0)$ 的模是1,这对归一化无影响,因此由文献[2]具有这一渐近形式的波函数已按"$k/2\pi$ 标度"归一化了. 这就是我们把归一化常数取为(28)的原因. 由文献[8]给出的超几何函数的求和公式

$$F(\alpha,1-\alpha,\gamma,1/2)=\frac{\Gamma(\gamma/2)\Gamma((1+\gamma)/2)}{\Gamma((\gamma+\alpha)/2)\Gamma((1+\gamma-\alpha)/2)},$$

得 $$F(-\lambda,\lambda+1,1+ik,1/2)=\frac{\Gamma((1+ik)/2)\Gamma((2+ik)/2)}{\Gamma((1+ik-\lambda)/2)\Gamma((2+ik+\lambda)/2)} \quad (34)$$

$$\varphi_0=\arg F(\lambda,\lambda+1,1+ik,1/2)=$$
$$\arg\Gamma((1+ik)/2)+\arg\Gamma(1/2+(1+ik)/2)+\arg\Gamma(1-z)-\arg\Gamma(1/2+z) \quad (35)$$

式中,$z=(1+ik+\lambda)/2$. 由一般恒等式 $\Gamma(2z)=1/(2\sqrt{\pi})\exp(2z\ln 2)F(z)\Gamma(1/2+z)$, $\Gamma(z)\Gamma(1-z)=\pi/\sin\pi z$,以及由此而来的辐角关系 $\arg\Gamma(2z)=2\ln2\cdot\text{Im}z+\arg\Gamma(z)+\arg\Gamma(1/2+z)$,$\arg\Gamma(z)+\arg\Gamma(1-z)=-\arg\sin\pi z$,得到

$$\arg\Gamma(1-z)-\arg\Gamma(1/2+z)=-\arg\Gamma(1+\lambda+ik)+k\ln2-\arg\sin\frac{\pi(1+ik+\lambda)}{2}$$
$$\arg\Gamma((1+ik)/2)+\arg\Gamma(1/2+(1+ik)/2)=\arg\Gamma(1+ik)-k\ln2 \quad (36)$$

把(36)式代入(35)式得

$$\varphi_0=-\arg\Gamma(1+\lambda+ik)+\arg\Gamma(1+ik)-\arg\sin\frac{\pi(1+ik+\lambda)}{2} \quad (37)$$

剩下的2个 Γ 函数的辐角可以用2个级数来表示

$$\arg\Gamma(1+\lambda+ik)=k\left\{-C+\sum_{s=1}^{\infty}\left(\frac{1}{s}-\frac{1}{k}\tan^{-1}\frac{k}{\lambda+s}\right)\right\},$$
$$\arg\Gamma(1+ik)=k\left\{-C+\sum_{s=1}^{\infty}\left(\frac{1}{s}-\frac{1}{k}\tan^{-1}\frac{k}{s}\right)\right\}$$

两者之差是

$$-\arg\Gamma(1+\lambda+ik)+\arg\Gamma(1+ik)=\sum_{s=1}^{\infty}\left(\tan^{-1}\frac{k}{\lambda+s}-\tan^{-1}\frac{k}{s}\right) \quad (38)$$

把(38)式代入(37)式,即得低能散射的相移

$$\delta_0=\sum_{s=1}^{\infty}\left(\tan^{-1}\frac{k}{\lambda+s}-\tan^{-1}\frac{k}{s}\right)-\tan^{-1}\left[\tan\frac{\pi(1+\lambda)}{2}\tanh\frac{\pi k}{2}\right] \quad (39)$$

注意到文献[3]和本文对同一势场强度的关系为 $\lambda'(\lambda'-1)=\lambda(\lambda+1),(\lambda'\geqslant 1,\lambda\geqslant 0)$，即 $\lambda'=(\lambda+1)$. 因此(39)式和文献[3]给出的相移表达式完全一致.

对于无反射势，$\lambda=n$，这时(39)式右边第一项求和仅含有 n 项，而第二项为 $\pi/2$（λ 为奇数）或者是 0（λ 为偶数）. 得无反射势的相移表达式[5]

$$\delta_0=(\pi/4)[1+(-1)^{n+1}]-\sum_{s=1}\left(\tan^{-1}\frac{k}{s}\right) \tag{40}$$

本文通过对修正 PT 势的 Schrödinger 方程做自变量的双曲函数变换，使其转化为普遍的 associated-Legendre 方程，再利用普遍的 associated-Legendre 函数和超几何函数间的关系，给出了精确的一维和三维 S 波的散射态波函数，从而得到了反射系数、透射系数以及低能散射的相移. 由于无反射是修正 PT 势的参数 $\lambda=n$ 时的特例，所以本文把文献[2～5]中有关散射态的结果均作为特例包含之中，综合本文和文献[1]，修正 PT 势的 Schrödinger 方程的精确解已全部给出了.

参 考 文 献

1. 朗道著. 量子力学非相对论理论（上册）. 严肃译. 北京：人民教育出版社，1980
2. 福里格著. 实用量子力学. 宋孝同等译. 北京：人民教育出版社，1982
3. 周光辉. 无反势阱的 Schrödinger 方程的精确解. 物理学报，1993，42：173～179
4. 周光辉，文根旺. 无反射势的 Schrödinger 方程严格解的三维推广. 物理学报，1993，42：345～350
5. 陈昌远，胡嗣柱. 修正 Pöschl-Teller 势的 Schrödinger 方程束缚态的精确解. 物理学报，1995，44：9～15
6. 胡嗣柱，陈昌远. 修正 Pöschl-Teller 势的 Klein-Gordon 方程的束缚态. 复旦学报（自然科学版），1996，35：578～582
7. 陈昌远，孙国耀. 一维修正 Pöschl-Teller 势的 Dirac 方程束缚态. 中山大学学报（自然科学版），1997，36(1)：34～39
8. 王竹溪，郭敦仁. 特殊函数概论. 北京：科学出版社，1979

Exact Solutions of Scattering States of the Schrödinger Equation with Modified Pöschl-Teller Potential

Chen Changyuan*   Sun Dongsheng   Sun Gouyao

Abstract   The discussion for the exact solution of bound states of the Schrödinger equation with modified Pöschl-Teller potential is extended to scattering states. Exact solutions of the scattering states of the one-dimensional and three-dimensional S-wave are obtained. Some physical significance is found to be different from that in the bound states. The results of scattering states are shown to be special cases contained in more general conclusions.

Keywords   modified Pöschl-Teller potential, Schrödinger equation, scattering states, exact solutions

---

* Department of Physics, Jiangsu Yancheng Normal College, Yancheng 224002, China

文章编号：0529-6579（1999）06-0021-05

n 型掺杂 GaAs 中电子与空穴的超快弛豫特性

张海潮，黄 淳，文锦辉，赖天树，林位株

(中山大学超快速激光光谱学国家重点实验室/物理学系，广州 510275)

摘 要：研究了 n 型重掺杂 GaAs 中的光生电子与空穴的超快弛豫特性. 在 n 型重掺杂情况下，由于费米面已进入导带之中，抑制了费米面附近光激发电子的弛豫过程对泵浦探测信号的贡献，而突出了空穴弛豫在饱和吸收谱中的地位. 理论计算表明空穴通过吸收光声子在 ~300 fs 时间内达到与晶格热平衡，并由此所导出的材料光学形变势常数 $d_0 = 31$ eV. 计算值与实验测量结果相符合.

关键词：飞秒激光光谱学； n 型重掺杂 GaAs；空穴-光学声子散射

中图分类号：O 472$^+$.3；TN 201　　**文献标识码**：A

半导体中载流子的基本散射过程非常之快，约在几十飞秒到几百飞秒. 人们用非相干光学技术（比如时间分辨荧光技术和饱和吸收光谱技术），在飞秒时间尺度上对载流子的能量交换和再分配过程进行了广泛研究，已经揭示出载流子的基本散射过程的许多重要信息[1~3]. 这些技术一般都基于带间的光学跃迁，电子和空穴的弛豫都对观测信号有贡献. 然而，由于半导体的能带结构特性，对探测信号的解释比较复杂，不容易把电子与空穴的贡献区分开来. 在高能量激发时，往往忽略了空穴对瞬态测量信号的贡献. 这大概是基于以下理由：即认为电子的过超能量比空穴大，而其态密度则比空穴的少得多，于是，电子的响应对瞬态测量信号起决定作用. 因此，尽管人们对电子的相互作用过程已经有了较好的了解，但对空穴的弛豫动力学的认识还比较缺乏，这就是为什么最近有关空穴的弛豫和输运特性的研究特别引起了人们的兴趣[4~6].

本文介绍 n 型掺杂 GaAs 中的光生载流子的超快弛豫动力学，分析电子和空穴对瞬态饱和吸收信号的贡献大小，说明了静态屏蔽效应对空穴-LO 光学声子散射的作用，并把理论模型与实验数据进行比较，得出有关空穴热弛豫速率和光学形变势的新的信息.

1　n-GaAs 中的光生空穴对瞬态饱和吸收谱的贡献

n 型重掺杂 GaAs 的能级图和光激发载流子跃迁的情况示于图 1. 其中 $h\omega$ 表示激发和探测光子能量. 掺杂注入的电子处于热平衡，满足费米分布. 对于光

---

* 基金项目：国家自然科学基金（69676015）资助项目；广东省自然科学基金（19874082）资助项目
　收稿日期：1999-02-09　　作者简介：张海潮，男，1963年生，讲师，博士生.

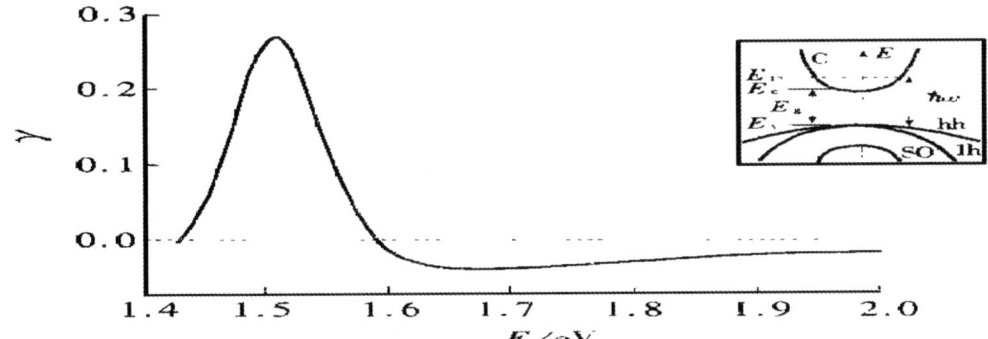

图 1 Si-GaAs 中空穴和电子布居数变化的对比率 γ 随泵浦-探测光子能量的变化情况

Fig.1 The relative ratio of the differential distributions of heavy holes and electrons in n-doped GaAs

掺杂浓度 $n = 2\times 10^{18}$ cm^{-3}；光生载流子浓度 $N = 5\times 10^{17}$ cm^{-3}

注入的电子和空穴，可假定在初始时刻它们在波矢 k 空间的分布是高斯型的。因为在半导体的直接吸收过程中，光激发的跃迁只有对价带和导带的同样的波矢才是允许的，所以，在泵浦探测实验中，光生空穴和光生电子一样也对瞬态饱和吸收谱起着"饱和"作用。尽管有限带宽的激光脉冲所产生的电子和空穴在波矢空间的初始分布宽度相同，但由于电子的有效质量比空穴的有效质量小得多，所以初始的光生电子的能量分布宽度就比初始的光生空穴的能量分布宽度大得多。但是，在这 2 个能量宽度中包含着同样多的状态数目。因此，并不会因为空穴的态密度比电子的态密度大而削弱空穴对饱和吸收谱的贡献。事实上，相应于带填充效应的饱和吸收系数就是正比于电子布居数和空穴布居数之和[5]：

$$\alpha = \sum_v \alpha_0 C_v(\hbar\omega, \rho) \sqrt{\hbar\omega - E_g(\rho)}[1 - f_c(k) - f_v(k)] \quad (1)$$

其中，α_0 是未受激发时($\hbar\omega, \rho = 0$)的带间吸收，$E_g(\rho)$ 是存在浓度为 ρ 的电子-空穴等离子体时的带隙能量，$C_v(\hbar\omega, \rho)$ 是跃迁能量为 $\hbar\omega$ 时的库仑增强因子，$f_c(k)$ 和 $f_v(k)$ 分别是波矢为 k 的电子与空穴探测态的分布函数。可以看出，吸收饱和信号取决于载流子分布函数之和，故电子和空穴带填充均对吸收饱和有贡献。因此，如果通过选择实验条件，抑制电子或空穴的影响，就可以使得空穴或者电子对饱和吸收信号起主导作用。例如，通过对 GaAs 重掺杂 Si 就可使费米面进入导带之中，以便抑制近费米面附近光激发电子的弛豫过程对泵浦探测信号的贡献，而突出空穴弛豫在饱和吸收谱的中的主导地位。根据泵浦探测原理，探测光在某波矢位置测量到的非平衡饱和吸收信号的强弱可以由初始时在该处的布居数与热平衡时布居数之差表征。我们引入布居数变化 Δf_i，它是指在初始时刻的分布函数与热平衡后分布函数之差，$i = c, v$ 分别代表导带电子和价带空穴。定义空穴和电子布居数变化的对比率为 $\gamma = \dfrac{\Delta f_v - \Delta f_c}{\Delta f_v + \Delta f_c}$。

图 1 示出 n 型掺杂 GaAs 中，掺杂浓度 $n = 2\times 10^{18}$ cm^{-3}，激发光生载流子浓度 $n = 5\times 10^{17}$ cm^{-3}时，γ 随泵浦-探测光子能量的变化情况。当 $\gamma < 0$ 时，电子的弛豫在饱和吸收谱中占优；当 $\gamma > 0$ 时，空穴的弛豫在饱和吸收谱中占优。可看到当激发光子能量为 1.52 eV 处（电子过超能量比费米面约高出约 20 meV），空穴的贡献最大，这时电子的贡献受到遏制。于是，在 1.52 eV 附近探测到的信号主要是空穴弛豫的信息，而当光子能量增加至大于 1.60 eV 时，电子的贡献略占优，这一点在低温时尤其明显。

2 空穴-光学声子散射

由载流子散射决定的空穴和电子的初始散射过程很快（约在几十飞秒），我们着眼于较慢的空穴热化过程，约在亚皮秒量级. 一般说来，空穴的热化过程主要由空穴与 LO 及 TO 光学声子的散射决定[7,8]. 空穴与光学声子的散射有两种类型，即空穴-极性光学声子（LO 声子）散射和空穴-非极性光学声子（LO 与 TO 声子）散射.

在屏蔽条件下，我们导出空穴对极性光学声子的吸收率和发射率公式为

$$S_{h,po}^- = \frac{e^2 \omega_{LO} m_v}{4\pi \varepsilon_0 \hbar^2 k_i} \left(\frac{1}{\varepsilon_\infty} - \frac{1}{\varepsilon_s} \right) \begin{Bmatrix} N_0 \\ N_0+1 \end{Bmatrix} \frac{\Xi}{8} \quad (2)$$

N_0 为 LO 声子占有数，N_0 和 N_0+1 分别对应吸收和发射. Ξ 由下式定义

$$\Xi = \frac{3}{8 k_i^2 k_f^2} \left[\frac{(k_f+k_i)^6}{(k_f+k_i)^2+q_D^2} - \frac{(k_f-k_i)^6}{(k_f-k_i)^2+q_D^2} - \frac{6(k_i^2+k_f^2+3q_D^2/4)}{k_i k_f} + \right.$$
$$\left[1 + \frac{3}{4}\frac{(k_f+k_i)^2}{k_i^2 k_f^2} + \frac{3}{2}\frac{k_i^2+k_f^2+3q_D^2/4}{k_i^2 k_f^2} \cdot q_D^2 \right] \cdot \left[\frac{q_D^2}{(k_f+k_i)^2+q_D^2} - \frac{q_D^2}{(k_f-k_i)^2+q_D^2} \right] +$$
$$\left. \left[1 + \frac{3}{4}\frac{(k_f+k_i)^2}{k_i^2 k_f^2} + 3\frac{q_D^2}{k_i^2 k_f^2}\left(k_i^2+k_f^2+\frac{3}{4}q_D^2 \right) \right] \ln \frac{(k_f+k_i)^2+q_D^2}{(k_f-k_i)^2+q_D^2} \right] \quad (3)$$

其中，q_D 为德拜屏蔽波矢，k_i 为空穴的初始波矢，k_f 为吸收或发射频率为 ω_{LO} 的 LO 声子后的末态波矢，且 $k_f = \left(k_i^2 \pm \frac{2 m_v \omega_{LO}}{\hbar} \right)^{1/2}$，$\pm$ 分别对应吸收和放出光学声子. 这里的德拜屏蔽波矢 q_D 有 2 个来源：$q_D^2 = q_1^2 + q_2^2$，其中，q_1 对应于光注入载流子所形成的屏蔽，当激发光频宽 $\Delta\omega$ 较窄时，经计算有

$$q_1^2 = \frac{e^2 N(m_c + m_v)}{\varepsilon_0 \varepsilon(\infty) \hbar^2 k_i^2} \quad (4)$$

N 为光激发浓度，ε_0 和 $\varepsilon(\infty)$ 分别为真空介电常数和半导体的高频介电常数. 而由掺杂注入的电子所对应的德拜屏蔽波矢 q_2 的形式稍微复杂一些，经推导它可表示为

$$q_2^2 = \frac{e^2}{\varepsilon(\infty)\varepsilon_0} \frac{\partial n}{\partial (E_{fc}-E_c)} \quad (5)$$

E_{fc} 和 E_c 分别是费米能和导带底能量，n 是掺杂载流子浓度.

空穴-非极性光学声子的散射率公式比较简单，不必考虑屏蔽效应，它可写为

$$S_{h,np}^- = \frac{3 d_0^2 m_v k_f}{4\pi \hbar^2 a_0^2 \rho \omega_0} \begin{Bmatrix} N_0 \\ N_0+1 \end{Bmatrix} \quad (6)$$

其中，a_0 是半导体的晶格常数，ρ 是半导体的质量密度，N_0 为光学声子占有数，N_0 和 N_0+1 分别对应吸收和发射光学声子，d_0 表示光学形变势，k_f 的定义和上述的相似. 此式与文献 [8] 中引用的公式 (5) 在形式上不同，在这里我们采用了人们习惯的光学形变势常数 d_0 以及波矢 k_f 表示该公式，但本质上是一致的. 图 2 为 n-GaAs 中空穴和极性光学声子与非极性光学声子散射时间随空穴过超能量变化的计算曲线.

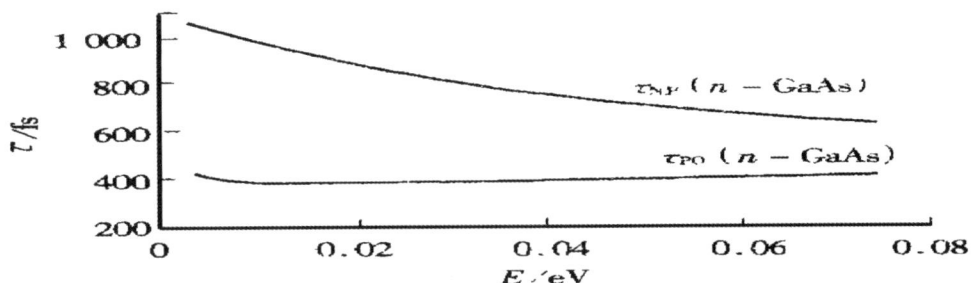

图 2　Si-GaAs 中空穴和极性光学声子与非极性光学声子散射时间随空穴过超能量变化的计算曲线

Fig.2　The calculated heavy hole-optical phonon scattering times versus the excess energies of heavy holes

3　实验结果分析与结论

在室温下对掺杂浓度为 2×10^{18} cm^{-3} 的 Si-GaAs 样品进行了泵浦探测实验. 选择泵浦-探测光子能量为 1.52 eV，脉冲宽度为 60 fs，激发浓度为 5×10^{17} cm^{-3}，相应的 Si-GaAs 的飞秒饱和吸收曲线示于图 3 曲线(a). 曲线(b)为本征 GaAs(i-GaAs)的相应实验曲线，以作对比. 所有曲线均已扣除相干耦合假象的影响. 可以看出，i-GaAs 的曲线显示出一个飞秒量级的初始散射过程，即非平衡载流子通过载流子间散射（电子-电子、电子-空穴、空穴-空穴）和载流子-光声子散射等各种散射过程从受激态过渡到准平衡态过程；一个皮秒级的热弛豫过程，即由准平衡态的载流子通过载流子-光声子互作用与晶格交换能量，达到热平衡的过程；和一个纳秒级的电子-空穴复合过程（图 3 虚线所示成分）. 然而，Si-GaAs 的实验曲线中，对应于受激载流子的初始散射过程的成分很低，几乎观察不到，只观测到较慢的热弛豫过程和复合过程. 拟合结果表明热弛豫时间约为 300 fs.

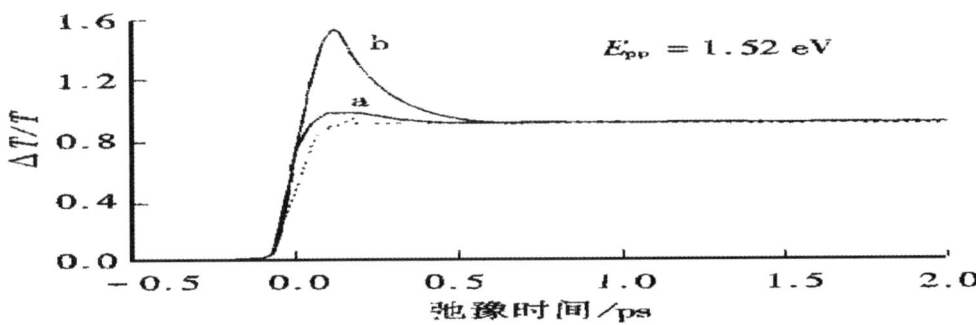

图 3　室温下 Si-GaAs(a) 和 i-GaAs(b) 的飞秒饱和吸收曲线

Fig.3　Femtosecond absorption saturation traces of Si-GaAs (a) and i-GaAs(b)

由于在 Si-GaAs 中光激发重空穴的能量较小（~ 16 meV），远小于室温下的平均能量（$\sim 3/2 k_B T_L = 39$ meV），所以测量信号中较慢的热弛豫过程实际上反映的是空穴从晶格那里获得能量的热化过程，表现为吸收声子. 测量到的热化时间取决于空穴吸收极性和非极性声子的时间 T_{PO} 和 T_{NP}：$T_{th}=(1/T_{PO}+1/T_{NP})^{-1}$，由图 2 可计得 $T_{th}=303$ fs，与实验值 300 fs 吻合. 由此实验值算出 n-型重掺杂 GaAs 的光学形变势常数 d_0 约为 31 eV，这一取值与文献 [4] 对 n-型重掺杂 GaAs 的 d_0 的估计值 (25^{+10}_{-5}) eV 一致.

本文在理论和实验上研究了 Si-GaAs 在室温下近费米面激发时重空穴的超快弛豫特性,结果表明此时测量到的吸收饱和信号中的亚皮秒级的成分反映的主要是重空穴吸收光学声子的热化过程,其热化时间~300 fs,理论计算值与实验值很好符合,由此所导出的材料光学形变势常数 $d_0 = 31$ eV。此值和已报导的 Si-GaAs 中的估计值一致,但比本征 GaAs 中 d_0 ($d_0 \sim 41$ eV[5])小,这可能反映了掺杂物对空穴与光学声子互作用的影响.

参考文献:

[1] TALOR A J, ERSKINE D J, TANG C L. Ultrafast relaxation dynamics of photoexcited carriers in GaAs and related compounds [J]. J Opt Soc Am, 1985, B2 (4): 663.

[2] LIN W Z, SCHOENLEIN R W, FUJIMOTO J G, et al. Femtosecond absorption saturation of hot carriers in GaAs and AlGaAs [J]. IEEE JQE, 1988, 24: 267~275.

[3] LEITENSTORFER A, FURST C, LAUBEREAU A, et al. Femtosecond carrier dynamics in GaAs far from equilibrium [J]. Phys Rev Lett, 1996, 76: 1545~1548.

[4] ZHOU X Q, LEO K, KURZ H. Ultrafast relaxation of photoexcited holes in n-doped Ⅲ—Ⅴ compounds studies by femtosecond luminescence [J]. Phys Rev (B), 1992, 45: 3886~3889.

[5] FATTI N D, TOMMASI P, VALLEE F. Ultrafast hole-phonon interactions in GaAs [J]. Appl Phys Lett, 1997, 71: 75~77.

[6] GANIKHANOV F, BURR K C, TANG C L. Ultrafast dynamics of holes in GaAs probed by two-color femtosecond spectroscopy [J]. Appl Phys Lett, 1998, 73: 64~66.

[7] COLLET J H. Screening and exchange in the theory of the femtosecond kinetics of the electron-hole plasma [J]. Phys Rev (B), 1993, B47: 10279~10291.

[8] BRUDEVOLL T, FJELDLY T A, BAEK J, et al. Scattering rates for holes near the valence-band edge in semiconductors [J]. J Appl Phys, 1990, 67: 7373~7382.

Ultrafast Dynamics of Electrons and Holes in Highly n-doped GaAs

ZHANG Hai-chao[*], HUANG Chun, WEN Jin-hui, LAI Tian-shu, LIN Wei-zhu

Abstract: The ultrafast dynamics of photoexcited electrons and holes in highly n-doped GaAs are studied theoretically and experimentally. The contributions of the electrons to the absorption saturation signal are reduced due to the screening of the electron Fermi distribution in the conduction band of n-GaAs. The effects of the holes are then enhanced. A heavy hole-optical phonon scattering time of 303 fs is calculated and an optical deformation potential $d_0 = 31$ eV is deduced. The calculated values are in consistent with those measured in the experiments.

Keywords: femtosecond spectroscopy; n-GaAs; hole-phonon scattering

---

[*] State Key Laboratory of Ultrafast Laser Spectroscopy, Zhongshan University, Guangzhou 510275, China

在脉冲星的观测证据中寻找夸克解禁态*

文德华[1]，刘良钢[2]

(1. 中山大学数学与计算科学学院，广东 广州 510275；
2. 澳门科技大学信息技术学院，澳门)

摘 要：简述了中子星结构、组成、演化的理论研究以及相关的观测进展，对演化后期孤立毫秒脉冲星和处于双星系统中的脉冲星可能存在夸克解禁和夸克重囚禁的现象进行了理论上和观测证据上的探讨。认为双星系统中的脉冲星可能会由于条件不同，会分别出现夸克解禁和夸克重囚禁的现象。

关键词：脉冲星；孤立中子星；双星系统；夸克相变

中图分类号：O412.1　**文献标识码**：A　**文章编号**：0529-6579 (2006) 05-0026-05

1 中子星的理论研究和脉冲星的观测

现在所说的中子星（在观测上称为脉冲星），通常是指那些质量在 1~3 倍 $M_\odot$（太阳质量）、半径在 10 km 左右、脉冲周期分布在 1.6 ms~8 s 之间以及中心密度数倍于饱和核密度的致密星体。质量大而体积小的中子星会产生很强的引力场，中子星内部达到引力平衡时必然存在一个超高压环境，在这种环境中的致密物质只能是以较基本的粒子态而存在，因此中子星是一个天然的基本粒子实验室，研究中子星的一个重要目标就是研究致密物质的物态，即研究超高密度下的物质组成及其相互作用机制等规律。现在我们已经知道，中子星物质并不是象当初认为的那样，单纯只由中子组成，其内部具有复杂的物质组成。不同质量的中子星其内核的密度是不同的，当然其物态也可能是不同的。现在流行的观点认为中子星中可能存在的物态有：中子化物质 (n, p, e, μ)、奇异粒子 ($\Sigma, \Lambda, \Xi, \Delta$ 等)、Boson 凝聚态 (π^-, K^- 等) 和夸克解禁态 (u, d, s) 等。中子星超强的引力场还提醒我们，在研究中子星结构时采用的动力学不能再是牛顿的引力理论，而必须使用广义相对论。因此研究中子星的另一个目标就是验证更普适的引力理论——广义相对论，特别是验证其关于引力波的预言。中子星演化是研究中子星的又一个重要课题。中子星诞生是中子星演化的开始。一般认为中子星是诞生于大质量恒星（大于 $8M_\odot$）在燃料耗尽后的引力坍缩（超新星爆发）。尽管现在可观测的宇宙范围内也许中子星的诞生事件很少，但我们还是有机会观测到很多中子星的诞生，因为有的中子星尽管已经诞生了一百万年，但如果它离我们的距离有一百万光年那么远，则它诞生时的信号到现在才传到我们地球上来，只不过距离越远，观测越困难。有的中子星的演化已经经历了数亿年甚至更长的时间，我们不可能通过跟踪某一颗或几颗星体来研究其演化过程，在宇宙中分布有众多的中子星，这些中子星的集合就是一部中子星的演化史。这就象认识人的一生，只需要看看我们周围各种不同年龄的人就知道人一生要经历那些阶段，每一阶段会有什么特征。但对于中子星我们会遇到一个困难——怎么去判断众多的中子星中哪一颗是刚诞生的、哪一颗是正值壮年，哪一颗又已步入晚年呢？尽管有个别中子星可通过当年大爆发的记录来判断其年龄，但这种个案不是解决问题的根本出路，最多只能作为验证演化模型的一个判据。研究中子星的演化需要把中子星的各种可观测因素例如热演化、转动周期的演化、辐射频谱的演化等综合考虑才有可能得出合理的结果。

在观测上，把周期在 0.02~8 s 的中子星称为典型中子星 (canonical pulsars)，占观测到的中子星的绝大部分；把周期更短的中子星称为毫秒脉冲星 (millisecond pulsars)，一般认为毫秒脉冲星经历了更长时间的演化——新生的中子星（一般是典型中子星）在其漫长的演化过程中自转速度将由于辐射对角动量的损失而逐渐变慢，如果由于偶然的机会俘获了伴星，则由于吸积作用会使得转动

---

* **收稿日期**：2006-02-20
基金项目：国家自然科学基金资助项目 (10275099)；中国博士后科学基金资助项目 (2005037175)
作者简介：文德华 (1972 年生)，男，在站博士后；E-mail: wendehua@ scut. edu. cn

加速,从而变成毫秒脉冲星。而孤立的毫秒脉冲星则认为是与伴星分离后的老年脉冲星,其转动速度将随时间逐渐变慢(如果没有夸克等相变过程产生)。刚诞生的脉冲星具有很强的磁场($10^{12} \sim 10^{13}$ G),把新生的脉冲星看成是一个旋转的磁偶极子,其转动动能维持辐射大约10^7年,此后如果没有转动加速机制,将由于转动太慢而停止辐射。但如果这些脉冲星在自行的过程中俘获了伴星,由于中子星的强引力场,大多会对伴星有吸积作用,从而进入转动加速期,但磁场将进一步减弱($10^8 \sim 10^9$ G)。现在已经积累了丰富的脉冲星观测资料。图1显示了已观测到的脉冲星的周期分布情况[1]。从图1可以看出,在已观测到的脉冲星中,周期为数百毫秒的脉冲星最多,这些脉冲星多是处在演化初期的年轻中子星,辐射活动较强,容易被观测到。对于短脉冲周期区域,也存在一个较低的分布峰值,它们对应的是毫秒脉冲星,一般认为它们已经历了双星系统的吸积加速阶段。

就越小,星体半径就越大。对于快速旋转的中子星例如毫秒脉冲星,其中心具有较小的密度,对应的物态可能是中子化物质(n, p, e, μ),但由于辐射将减小中子星的转动动能,将使得中子星的转速越来越慢,旋转效应将越来越弱,中心密度将越来越大,当转速低于某一临界值时中心密度将变得足够大,以至出现新的物态,即发生了通常所说的相变,相变将导致物质的重新分布从而影响中子星的整体结构,反映在观测上就是脉冲周期将出现异常变化。根据量子色动力学(QCD)理论,当密度大于某一临界值时,将出现夸克解禁。反之,在双星系统中的中子星由于吸积将使转速加快,从而导致中心密度变小,这就有可能使得原本处于解禁态的夸克物质重囚禁。本文将就中子星的演化过程中可能存在的夸克解禁和重囚禁以及相对应的观测效应进行阐述。

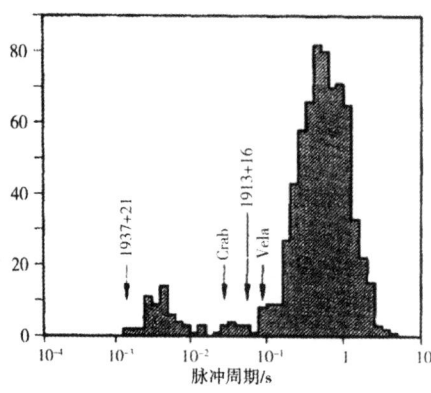

图1 已观测到的脉冲星的周期分布

Fig. 1 Distribution of the observed pulsars' periods

在中子星的理论研究方面,一般是从广义相对论出发,结合量子场论和粒子物理来探索中子星的结构、物质组成及其相互作用机制。在图2中我们给出了确定中心密度条件下中子星质量、半径随周期的变化规律,其中物态方程采用了相对论模型,传统中子星(Traditional neutron star)主要由中子化物质(n, p, e, μ)、组成,超子星(Hyperon star)主要由中子星化物质和奇异粒子($\Sigma, \Lambda, \Xi, \Delta$ 等)组成[2-3]。从图2中容易看出,对于中心密度一定的中子星,转动效应将增大中子星的质量和半径。相应地,对于质量一定的孤立中子星,由于离心力的作用,自转速度越快,中心密度

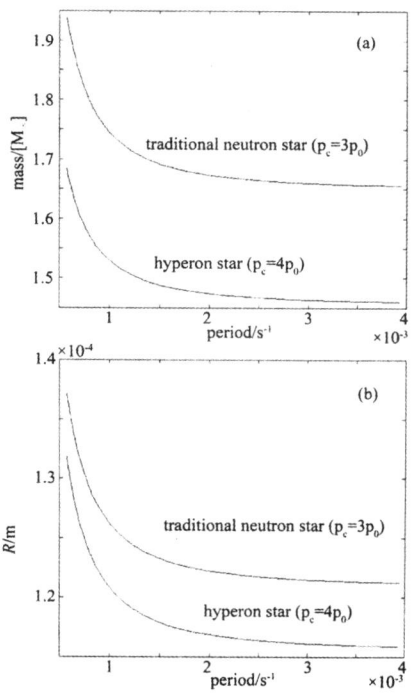

图2 在一定的中心密度下,中子星的(a)质量和(b)半径随周期的变化关系。其中,ρ_0 是饱和核密度

Fig. 2 Masses (fig. a) and radii (fig. b) of neutron stars as a function of the periods at a given central density, where ρ_0 is the saturated nuclear density

2 解禁的奇异夸克态物质

根据量子色动力学我们知道:强子(hadron)

由夸克组成，夸克与夸克通过色相互作用结合在一起，色相互作用通过玻色子（boson）——胶子（gluon）来传递。胶子没有静质量，但带有色荷。夸克吸收一个或放出一个胶子时会改变颜色。色相互作用具有禁闭的特性，即只有夸克和胶子组成的无色系统才能独立存在，有色的粒子只能禁锢在系统内部。虽然夸克和胶子被禁锢在强子内部，但在极端条件下，它们在强子中可近似看成无相互作用，即达到所谓的色相互作用的"渐近自由"。在中子星内核，物质极端致密，有机会出现色相互作用的渐近自由，中子、质子以及其它强子等将"溶解"为更基本的粒子，即出现夸克解禁态。理论证明[4]，如果中子星中心的致密区存在夸克解禁态，则一定是只含（u,d,s）三味夸克的奇异夸克物质，因为这种物态是可以稳定存在的最低能态。图3给出了含夸克物质和强子的混合星（Hybrid star）的物质组成随重子密度的变化关系[5]。从图中可以看出，在重子密度较大的区域（大于3.5倍饱和核密度），将出现解禁的奇异夸克态物质。如果重子密度大于10倍饱和核密度，则所有强子将被"溶解"，成为完全解禁的纯奇异夸克态物质。

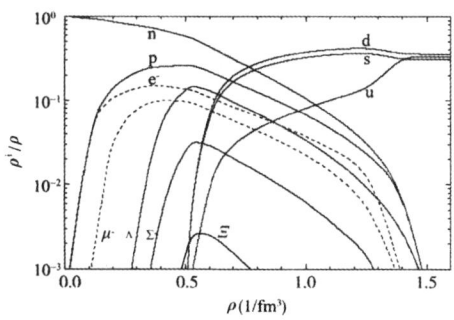

图3 含夸克态物质和强子的混合星（Hybrid star）的物质组成随重子密度的变化关系

Fig. 3 Composition of hybrid star (quark-hadron matters) as a function of baryon density

3 演化后期的中子星可能存在夸克解禁或重囚禁

3.1 孤立毫秒脉冲星

对于一颗质量适当的孤立毫秒脉冲星，由于磁场较弱，因此辐射相对较弱，由其引起的转速减慢也会减小（$\Omega \propto B^2$），但经过较长时间的积累后，转速会减到很慢，如前文所述，当转速减慢时，中心密度会逐渐变大。例如对于一种较软的物态方程 G_{B180}^{K300}[6]，一个质量为 $1.42 M_\odot$ 的中子星，在开普勒（Kepler）角速度下的中心密度约为 450 MeV/fm^3（不到2倍饱和核密度），但在无转动情形下中心密度可达 1 500 MeV/fm^3（约为6倍饱和核密度），这样大的密度变化必然导致中心区物质组成的变化。根据量子色动理论，对于某一孤立中子星，当转速变慢，内层密度逐渐变大，当密度增大到某一临界值时，会出现夸克的解禁现象。这种由于中心密度增大而导致的夸克解禁相变将使物态方程变软，从而使得中心区的密度更大、引力场更强，强引力场将改变星体结构和物质分布，较外层的物质密度也会超过临界相变密度，因此相变将由内向外逐层进行，一直到密度小于临界相变密度为止。对于质量一定的中子星，如果相变使中心区密度变得更大，则相变后的星体半径将变小，这种相变就象是对中子星实施了一个压缩过程。计算表明，夸克相变可使中子星的半径缩小数百米。出现了夸克相变的中子星一般称为奇异星（Strange star），对于奇异星，在没有外加压力时也可以通过自身约束形成星体，即没有引力存在也可形成奇异星，引力的作用只是使奇异星更致密，因此奇异星具有半径较小的特点。奇异星在质量一定的情况下比通常的中子星的半径要小很多，一般小3~4 km[7]，因此观测到脉冲星半径小的特征是证认夸克相变存在的重要依据。同时，由于夸克相变可以有效地减小中子星的转动惯量，根据角动量守恒可以判断，发生了夸克解禁相变的中子星必然会观测到一个转动加速的演化期。观测孤立中子星的转动加速也可作为夸克相变存在的又一个证据。

下面我们再探讨一下孤立中子星自转减速导致的夸克相变在观测上的另一个效应。辐射消耗的能量源自于中子星的自转动能，因此，中子星的转动速度将随着辐射的进行而缓慢变小。在观测上通常可以测出自转角速度 Ω 随时间的一阶变化率 $\dot{\Omega}$ 和二阶变化率 $\ddot{\Omega}$。对于脉冲星，根据观测有

$$\dot{\Omega} = -K\Omega^n \quad (1)$$

其中，K 为常数，n 称为制动指数。该式两边对时间求导数，有

$$\ddot{\Omega} = -Kn\Omega^{n-1}\dot{\Omega} = -Kn\Omega^n\dot{\Omega}/\Omega = n\dot{\Omega}^2/\Omega \quad (2)$$

因此有

$$n = \Omega\ddot{\Omega}/\dot{\Omega}^2 \quad (3)$$

缓慢减速旋转的中子星演化到某一阶段，如果忽然出现了转动加速，则势必导致制动系数的反常变化，因此测量 n 的反常变化可以提供夸克态存在的证据。对于较慢旋转的中子星，例如周期大于几百

毫秒的中子星,在演化过程中当转速再变慢时,由于离心力的变化小,中心密度不会出现大的变化,因此也就不会出现夸克相变。所以只有转速很快的毫秒脉冲星在辐射减速过程中才有可能出现夸克相变,从而出现制动系数的反常现象。计算表明[7],对于一颗质量为 1.42 $M_\odot$ 的中子星,假设在转速为 $\Omega = 1370$ s^{-1}(周期为 4.59 ms)时出现了宽度为

$$\Delta\Omega = \Omega_{\text{末}} - \Omega_{\text{初}} = -50 \text{ s}^{-1} \quad (4)$$

即

$$\Delta P \approx -2\pi\Delta\Omega/\Omega^2 \approx 1.5 \times 10^{-4} \text{s} \quad (5)$$

的转速变化(或周期变化),根据观测,对于转速为 $\Omega = 1370$ s^{-1} 的毫秒脉冲星其年龄一般在 10^9 年,周期变化率通常为 $\dot{P} \approx 10^{-19}$,根据 $\Delta T \approx -\Delta\Omega/\dot{\Omega} = \Delta P/\dot{P}$ 可以算出其转动加速的时间约为 0.5×10^8 年,也就是说如果存在夸克相变,由相变产生的转动加速可以持续 1 亿年之久。从这个意义上讲,夸克相变引起的转动加速不能用于解释周期突变(Glitch)。对于周期突变,只有较小的相对转速变化或相对转动惯量变化:$\Delta\Omega/\Omega = \Delta I/I \approx 10^{-6}$ 或更小,而且周期突变的产生时间、周期恢复时间都比较短。粗略的估计表明,对于已观测到的近 30 颗孤立毫秒脉冲星,应该有 10% 左右处在夸克相变引起的转动加速阶段[7]。

3.2 双星系统中转动加速的中子星

在双星系统中,吸积作用将使中子星的转动加速,由于离心力的作用,转动加速会导致中心密度变小,当转动加速积累到一定程度(至少已变成毫秒脉冲星),对于一定质量、原本处于夸克解禁态的中子星,有可能又出现夸克的重因禁,也就是说,会出现与孤立中子星完全相反的演化过程。

3.3 中子星存在夸克相变的观测证据

在观测上,根据已有的观测资料,下面几颗星被认为很有可能是奇异星:① SAX J1808.4 − 3658[8]:1996 年由 BeppoSAX 卫星发现,位于双星系统,为 X − 射线爆,距离约为 4kpc,爆发时的发光度为 6×10^6 erg/s,同时也探测到周期为 2.49 ms 脉冲辐射,轨道周期为 2 h。根据对该双星系统的观测和理论计算,该星的半径不超过 10 km,这种小半径是奇异星所具有的特征,也就是说该中子星中可能存在夸克解禁态。当然,位于双星系统的 SAX J1808.4 − 3658 如果是奇异星,则表明它的中心密度足够大,其物质还处于夸克解禁态;② RX J1856.5 − 3754[9]:到地球的距离约为 120 pc,年龄约为 10^6 年。可以通过热辐射来探测质量和半径的孤立中子星,通过热辐射计算表明星体半径在 4 ~ 8 km 之间,这样小半径的中子星很有可能是一颗裸奇异星。RX J1856.5 − 3754 是最亮的一颗 X − 射线孤立中子星,其 X − 射线被认为是黑体辐射。没有观测到脉冲辐射,也许是磁场太弱或转速太慢,脉冲辐射已经停止了;也有可能是它的辐射束由于方位的原因永远都照不到地球上,因此我们无法从该孤立中子星中寻找转动加速的证据。③ PSR0205 + 6449[10]:位于仙后座的超新星爆发残余 3C58 中,周期 65 ms。该残余与 1811 年观测到的超新星爆发成协。根据观测,该脉冲星的温度小于 1.08×10^6 K,这比标准的中子星冷却模型温度低很多,也就是说它的冷却速度太快。只有用奇异夸克星模型才可以给出一个合理的解释。

虽然从理论上我们可以从孤立中子星的转动加速、制动系数的反常变化等去寻找夸克相变存在的证据,但从上面的几个典型的观测证据我们可以看到,目前我们的观测证据还主要局限在半径小以及冷却快的间接证据上。如果能观测到一颗同时具有转动加速、制动系数反常以及半径小等特征的孤立中子星,则能很有说服力地证明夸克解禁态的存在。

4 讨 论

从前面的阐述我们知道,中子星中的夸克相变可以出现在孤立中子星和双星系统中的吸积加速中子星两种情形,前者为夸克解禁,后者是夸克的重因禁。在观测上,如果中子星中存在夸克解禁态,则会导致中子星的半径变小。而一个质量为 1.4 $M_\odot$ 的含夸克解禁态的奇异星,如果在两倍饱和核密度下都存在夸克解禁态,则在奇异星的表面都可以存在夸克解禁态,这种奇异星一般称为裸奇异星(而在普通中子星的表面其密度可减至 $0.1 \sim 1$ g/cm^3),它的半径就更小,因此观测到小半径的脉冲星可以作为中子星中存在夸克相变的一个重要证据。同时,这种相变也会有效地减小中子星的转动惯量,由角动量守恒容易判断相变后的中子星将出现转动加速,观测到孤立中子星在缓慢减速的演化过程中如果出现了转动加速的演化期,则有可能在该中子星中存在夸克相变。尽管已经观测到转动加速的孤立中子星,例如 PRS0021 − 72C 和 PRS0021 − 72D[5],但由于没有相应的其它证据佐证,还无法直接把它们作为夸克解禁态存在的证据,因为在中子星内部还可能出现其它使物态方程变软的相变,例如超子的出现以及 Boson 凝聚态等相变等都有可能使孤立中子星转动加速。另一方面出现了夸克相变的孤立中子星,将观测到制动系数的反常变

5. Changchun Institute of Optics, Fine Mechanics and Physics, Chinese Academy of Science, Changchun 130033, China
6. Arospace Information Research Institute, Chinese Academy of Science, Beijing 100094, China

Abstract: In order to serve the needs of precise orbit determination for the three satellites of the Tianqin Project, lunar laser ranging analysis and experimental research were carried out. The TianQin laser ranging station in Sun Yat-sen University uses a 1.2 m diameter laser ranging telescope with a laser wavelength of 1064 nm, a laser energy of 320 mJ, a laser repetition frequency of 100 Hz, and a laser pulse width of 80 ps. It also uses a 2×2 multi-element array superconducting detector for lunar laser ranging for the first time. After two years of lunar laser ranging experiments, on the evening of June 8, 2019 (the sixth day of the lunar calendar), four sets of effective echo signals from the Apollo 15 corner reflector array were obtained for the first time, and then on November 7, 2019 (the tenth day of the lunar calendar), successfully received effective echo signals from all 5 laser retro-reflector arrays on the lunar surface, with cm level precision, indicating that the TianQin laser ranging station has acquired regular lunar laser ranging capability.

Key words: lunar laser ranging; superconducting nanowire single photon detector array; corner reflector array

1 引 言

月面上共有 5 个可供激光测距的角反射器阵列，针对这 5 个激光角反射器开展了大量的激光测距理论分析和实验研究[1-4]。目前，国际上有近 50 个台站可以进行人造卫星激光测距，高精度的卫星激光测距数据得到了广泛应用。然而，能够开展常规月球激光测距（Lunar Laser Ranging，LLR）工作的仅有美国的 MLRS（McDonald laser ranging station）[5-7]观测站（0.76 m 望远镜）、Apache point 观测站[8-10]（3.5 m 望远镜）、法国的 Grasse[11-13]观测站（1.5 m 望远镜）、意大利的 MLRO 观测站（1.5 m 望远镜）和德国的 Wettzell 观测站[14]（0.75 m 望远镜）。因受激光测距望远镜口径和激光器等众多因素的限制，国内开展 LLR 实验的台站较少。20 世纪末，中国科学院云南天文台的 1.2 m 望远镜是当时国内口径最大的测距望远镜，是最具潜力的激光测月望远镜之一。云南天文台从 20 世纪 80 年代末至今一直致力于 LLR 的研究。近年来，国内其他测站亦陆续开始进行 LLR 技术研究，如上海天文台、中国科学院国家天文台长春人造卫星观测站和中山大学等。

来自月面 5 个激光反射器的观测数据量差异较大，其中 Apollo 15 反射器由于其有效反射面积大，获得的数据量最多。Lunakhod 1 反射器仅仅在放置初期曾由法国和苏联的观测站获得有效回波信号，此后未收到过任何回波信号。直到 2010 年 4 月 Apache Point 天文台利用探月卫星图像重新计算 Lunakhod 1 反射器位置后，采用 3.5 m 激光测月系统重新获得了该反射器回波信号。美国的 McDonald 和 Apache point 观测站，法国的 Grasse 观测站，中国的天琴台站都已经实现了月面 5 个角反射器的测量。但是，即便重新找到了"丢失"已久的 Lunakhod 1 信号，其回波数据量还是较少，目前国内还没有满月段测距数据。

2 月球激光测距系统

2.1 月球激光测距望远镜系统

中山大学激光测距系统采用口径 1.2 m 的望远镜作为地面激光发射端和回波接端，如图 1 所示。望远镜跟踪机架主要包括水平轴、垂直轴、导电环、力矩电机、轴角编码器、机下单杆、驱动控制系统等，具有数字引导（包含利用中心机引导信息与利用轨道自引导）跟踪功能。同时望远镜系统配置了可见光粗跟踪电视、近红外粗跟踪电视自动跟踪能力。主要技术指标为：

（1）转动范围：方位±270°，俯仰 0°~90°；
（2）最大速度：方位 15°/s，俯仰 6°/s；
（3）最大加速度：方位 4°/s²，俯仰 2°/s²；
（4）引导跟踪精度：≤1″（RMS，恒星）；
（5）修正最小响应步长：0.2″；
（6）跟踪回路闭环跟踪精度：≤2″（RMS）。

可见光粗跟踪电视子系统包括光学镜头、CCD

图1 1.2 m激光测距望远镜

Fig. 1 1.2 m telescope for laser ranging

探测器、图像传输接口、信息处理系统。主要用于在轨道数据引导下,对目标稳定跟踪。该系统设置独立的光学系统,并加挂主光学系统旁边,其光轴和主光学系统光轴平行,可以利用该电视子系统捕获与跟踪目标。光学镜头带有调光调焦机构。该粗跟踪电视加装有光谱调光系统,以适应不同的天光背景条件。主要技术指标为:

(1) 通光口径:300 mm;

(2) 探测器单元数:1 k×1 k(可见光波段);

(3) 帧频:15 Hz;

(4) 像元尺寸:8 μm×8 μm;

(5) 通光波段:450~800 nm;

(6) 视场:0.5°×0.5°;

(7) 与主望远镜光轴不平行度:10″(RMS,修正后);

(8) 探测能力:10 Mv(在设备工作仰角大于30°、天空背景暗于18 Mv/arcsec²、大气水平能见度≥20 km的条件下);

(9) 测角精度:8″。

Coude光路暗弱相机系统为独立成像系统。在库德光路通过光谱分光,和激光测距系统同时工作。主要包括中继光学系统、高灵敏度CCD探测器和信息处理系统,以适应目标亮度低、运动速度慢的特点。主要技术指标为:

(1) 通光口径:约1 200 mm;

(2) 探测器单元数:512×512;

(3) 帧频:2、1、0.5、0.25和0.125 Hz(可根据器件适当调整);

(4) 像元尺寸:10 μm×10 μm;

(5) 通光波段:450~900 nm;

(6) 探测能力:12 Mv(在设备工作仰角大于30°、天空背景暗于18 Mv/arcsec²、大气水平能见度≥20 km条件下);

(7) 测角精度:5″(轴系测量指向精度)。

2.2 月球激光测距超导探测器阵列及记时系统

探测器作为月球激光测距系统中的重要组成单元之一,其性能将直接影响月球激光探测能力。中山大学激光测距系统采用由南京大学自主研发的4像元超导纳米线单光子阵列探测器。该类型探测器具有探测效率高、暗计数低、死时间短等特点,其能够在一个距离门探测范围内进行多次光子探测,可有效提高探测概率和探测信噪比,从而提升系统的探测能力。每个像元占空比为50%,使用芯径为200 μm的多模光纤对探测光敏面进行耦合,光纤出口后连接准直镜可以将出射光斑缩小且完整覆盖在阵列器件光敏面上,探测器阵列如图2所示。主要技术指标为:

(1) 多通道探测器响应信号灵敏度达到单光子级别;

(2) 通过光纤输入到探测器,所有4像元的探测效率需高于30%(工作波长1 064 nm,非偏振光);

(3) 在没有光输入的时候,$0.9 I_c$偏置电流下,单像元暗计数≤100 cps,其中I_c为临界电流;

(4) 接收光敏面(光纤芯径)200 μm;

(5) 有效值抖动(标准差JRMS)80 ps;

(6) 输出信号使用SMA接头,上升沿时间小于1 ns。

图2 2×2超导阵列探测器

Fig. 2 Superconducting nanowire single photon detector

事件计数器作为激光测距实验中主、回波光子到达时刻的记录器件,其性能将直接影响月球激光测距精度与探测能力。天琴台站月球激光测距系统采用Guide Tech系列事件计数器,记录主波发出时刻和回波到达时刻,其时间分辨率达到0.9 ps,本实验也是首次将该类型的事件计数器应用于月球激光测距中。主要技术指标与要求为:

（1）单次时间分辨率：0.9 ps；

（2）最大测量速率：4 M次/s。

2.3 月球激光测距激光器系统

月球激光测距系统中激光采用重复频率100 Hz、脉冲宽度80 ps、单脉冲能量320 mJ、波长1064 nm近红外波段、光束质量$M^2<2.5$的皮秒激光输出。该高性能皮秒激光器用于地-月激光测距，可以实现厘米级高精度距离探测。这也是国内首次在近红外波段进行月球激光测距实验，其他月球激光测距台站激光器指标参数如表1。

表 1　激光器性能
Table 1　Laser index

站名	激光能量（功率）	激光重频	激光脉宽	波长
云南天文台[15]	3 J	10 Hz	10 ns	532 nm
天琴台站	300 mJ	100 Hz	80 ps	1064 nm
Grasse[12]	300 mJ	10 Hz	150 ps	532nm/1064 nm
APOLLO[16]	115 mJ	20 Hz	120 ps	532 nm
Matera[17]	100 mJ	10 Hz	40 ps	532 nm
Wettzell[18]	180 mJ	/	200 ps	532 nm/1064nm
McDonald[19]	1.2 J	20/min	3 ns	532 nm

3　月球激光测距实验

3.1　月球激光测距观测实验

针对月球激光测距，含有角反射器的合作目标的回波光子数可以表示为[15]

$$n_1 = \frac{\lambda}{hc} \cdot E_t \cdot T^2 \cdot K_t \cdot K_r \cdot \frac{D^2 \rho \sigma}{\pi \theta_{corn}^2 R^2 \left(d/2 + R\theta_t/2\right)^2},$$

其中λ为激光波长，h和c分别为普朗克常数和真空中光速，E_t为激光单脉冲能量，T为大气透过率，K_t和K_r分别为发射系统和接收系统效率，σ为目标等效截面积，ρ为目标反射率，D为望远镜接收口径，θ_{corn}为角反射器发散角，d和θ_t分别为激光经望远镜发射时口径和发散角。

天琴台站月球激光测距系统参数如表2所示。不同角反射器阵列由于口径的不同，造成了激光发散角的不同。针对Apollo系列角反射器（口径：3.8 cm），采用532 nm和1064 nm波段，发散角分别为7″和14″；针对Lunakhod系列角反射器（口径：11 cm），采用532 nm和1064 nm波段，发散角分别为2.4″和4.8″。可以得到使用近红外1064nm波段进行月球激光测距时Apollo 11、Apollo 14、Apollo 15、Lunakhod 1和Lunakhod 2反射器阵列的有效回波光子数分别为每秒2.66、2.66、7.99、14.66和14.66个。同时针对532 nm和1064 nm两种波长分析得到，在相同激光功率的条件下，1064 nm波段的单脉冲光子数为532 nm波段的2倍。

表 2　天琴台站激光测距系统参数
Table 2　System parameters

参数	数值
接收望远镜口径	1.2 m
发射系统光学效率	0.64
遮拦比	0.25
探测器探测效率	60%@ 1064nm
接收系统光学效率	0.28
激光中心波长	1064 nm
激光发散角（全角）	2″

采用1.2 m共光路激光测距系统，首次实现了在近红外波段（1064 nm）、高重频（100 Hz）技术条件下的月球激光测距。天琴台站激光测距系统在2019年4月完成安装和调试后，于2019年6月8日（农历初六），首次成功接收到来自Apollo 15激光角反射器阵列的有效回波信号4组，实现月球激光测距。于同年的11月7日（农历十一）成功得到月面全部5个激光角反射器阵列的有效回波信号，其中共成功测量Apollo 11有效回波信号1组、Apollo 14有效回波信号1组、Apollo 15有效回波信号3组、Lunakhod 1有效回波信号2组、Lunakhod 2有效回波信号5组。标志着天琴台站激光测距系统已经具备常规月球激光测距能力。图3所示，为

于2019年11月07日测得的2个月面激光角反射器阵列（A15和L1）残差数据情况，横坐标为测量时刻（UTC），纵坐标为测量距离与预报距离之间的偏差（ns），红色点表示有效回波信号，蓝色点表示噪声信号。通过分析数据残差图后得到A15角反射器的测量内符合精度为0.5 ns（7.5 cm），L1角反射器的测量内符合精度为0.7 ns（10.5 cm）。

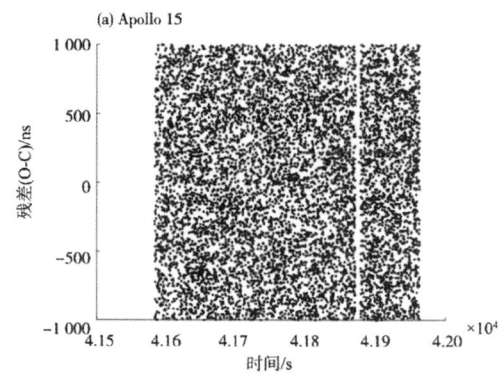
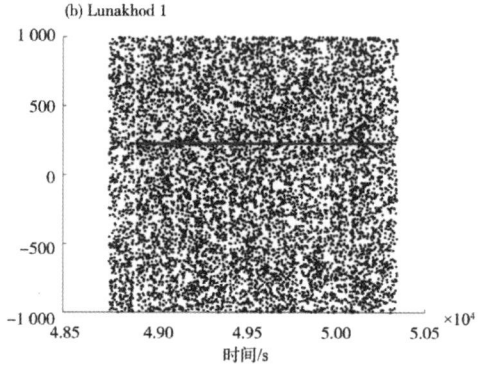

图3 Apollo 15和Lunakhod 1角反射器回波信号残差

Fig. 3 Apollo 15 and Lunakhod 1 corner reflector echo signal

3.2 国内外比较

为评估中山大学月球激光测距系统探测能力，本文从系统指标参数（激光能量、激光重频、激光波长、探测器类型）分析并总结系统特点。表2总结了国内外月球激光测距系统激光器参数，其中只有Grasse观测站、Wettzel观测站和天琴台站在1064 nm近红外波段实现了月球激光测距，但是天琴台站发射激光重复频率达到100 Hz，为Grasse观测站发射激光重复频率的10倍。表3总结了各个月球激光测距观测站所使用的探测器类型，其中Apache观测站使用了由林肯实验室为其研制的16像元阵列APD探测器。中山大学首次将4像元超导纳米线单光子探测器阵列应用于月球激光测距实验中，其暗计数约为100 cps，远远低于其他类型探测器暗计数，同时该4像元探测器具有很高的探测效率（60%@1064nm）。表4总结了各个月球激光测距观测站针对5个月面角反射器阵列的测距统计情况。其中，只有美国的McDonald和Apache观测站、法国的Grasee观测站、中国的天琴台站成功接收到月面全部激光角反射器的有效回波信号。

4 总 结

随着深空探测和月球科学研究热度的不断升温，月球激光测距再次成为天文观测领域的研究热点之一。通过分析和处理月球激光测距数据，可以进行引力物理、地月系统物理的研究。天琴

表3 探测器类型

Table 3 Detector type

站名	探测器种类	探测器名称
APOLLO[16]	阵列型	APDs
McDonald[20]	单元型	APD
Grasse[12]	单元型	SPAD
Matera	单元型	MCP
云南天文台[15]	单元型	C-SPAD
天琴台站	阵列型	SNSPD

表4 各测月站得到角反射器回波情况

Table 4 Observation result

站名	A11	A14	A15	L17	L21
APOLLO（美）	√	√	√	√	√
McDonald（美）	√	√	√	√	√
Grasse（法）	√	√	√	√	√
Matera（意）	√	√	√	×	√
Wettzell（德）	×	×	√	√	×
天琴台站（中）	√	√	√	√	√

1）√表示测到；×表示未测到。

台站，采用1.2 m口径地平式望远镜，1064 nm近红外波段、100 Hz高重复频率激光器实现了月球激光测距。目前，天琴台站已经成功接收到月面全部5个激光角反射器阵列反射的有效回波信号，测量精度达厘米量级。

参考文献：

[1] MÜLLER J, MURPHY T W, SCHREIBER U, et al. Lunar laser ranging: a tool for general relativity, lunar geophysics and earth science[J]. Journal of Geodesy, 2019 (24):2195-2210.

[2] ILRS[EB/OL]. https://ilrs.cddis.eosdis.nasa.gov/science/scienceContributions/lunar.html.

[3] WILLIAMS J G, BOGGS D H, TURYSHEV S G, et al. Lunar laser ranging science[C]// Proceedings of 14th International Laser Ranging Workshop. San Fernando, Spain, 2004.

[4] CHAPRONT J. Francou, Lunar Laser Ranging G.: measurements, analysis, and contribution to the reference systems[J]. ITN, 2006, 34:97-116.

[5] FALLER J, WINER I, CARRION W, et al. Laser beam directed at the lunar retro-reflector array: observations of the first returns [J]. Science, 1969, 166 (3901):99-102.

[6] ALLEY C O, CHANG R F, CURRIE D G, et al. Laser ranging retro-reflector: continuing measurements and expected results [J]. Science, 1970, 167 (3918): 458-460.

[7] BENDER P L, CURRIE D G, POULTNEY S K, et al. The lunar laser ranging experiment [J]. Science, 1971, 182(4109):229-238.

[8] MURPHY T, ADELBERGER E G, BATTAT J, et al. The apache point observatory lunar laser-ranging operation: instrument description and first detections [J]. Publication of the Astronomical Society of the Pacific, 2008, 120(863):29-40.

[9] MURPHY T W J, MICHELSON E L, ORIN A E, et al. Apollo a new push in lunar laser ranging [M]. From Quantum to Cosmos, 2009.

[10] MURPHY T W, MICHELSEN E L, ORIN A E, et al. Apollo: next generation lunar laser ranging [M]. CPT and Lorentz Symmetry, 2015.

[11] ORSZAG A, ROESCH J. Calame O (1972) La station de télémétrie laser de l'observatoire du Pic-du-Midi et l'acquisition des cataphotes français de Luna 17 [C]// Space Research Conference, 2007(1):205-209.

[12] COURDE C, TORRE J M, SAMAIN E, et al. Lunar laser ranging in infrared at the Grasse laser station[J]. Astronomy & Astrophysics, 2017(602):12.

[13] VEILLET C, CHABAUDIE J, FERAUDY D, et al. LLR at OCA: on the way to millimeter accuracy[C]// Proceedings of 9th International Workshop on Laser Ranging Insteumentation, 1994.

[14] SCHREIBER U, MUELLER J, DASSING R, et al. LLR: activities in wettzell[C]//Proceedings of 18th International Workshop on Laser Ranging Instrumentation, 1993.

[15] 李语强，伏红林，李荣旺，等. 云南天文台月球激光测距研究与实验[J]. 中国激光，2019，46(1):188-195.
LI Y Q, FU H L, LI R Y. Research and Experiment of Lunar Laser Ranging in Yunnan Observatories [J]. Chinese Journal of Lasers, 2019, 46(1):188-195.

[16] MURPHY T W. The apache point observatory lunar laser-ranging operation (apollo) [EB/OL]. https://tmurphy.physics.ucsd.edu/apollo/doc/matera.pdf.

[17] ILRS[EB/OL]. https://ilrs.cddis.eosdis.nasa.gov/network/stations/active/MATM_sitelog.html.

[18] Geodätisches Observatorium Wettzell [EB/OL]. http://www.fs.wettzell.de/.

[19] SILVERBERG E C. Operation and performance of a lunar laser ranging station[J]. Applied Optics, 1974, 13 (3):565.

[20] SHELUS P J, RICKLEES R L, RIES J G, et al. McDonald observatory lunar laser ranging: beginning the second 25 years[C]// Proceedings of the International Astronomical Union, 1996:172.

（责任编辑　王海蓉）